Fehlzeiten-Report 2010

B. Badura · H. Schröder · J. Klose · K. Macco (Hrsg.)

Fehlzeiten-Report 2010

Vielfalt managen:
Gesundheit fördern – Potenziale nutzen

Zahlen, Daten, Analysen aus allen Branchen der Wirtschaft

Mit Beiträgen von
T. Altgeld · C. Baxter · B. Beermann · L. Bellmann · W. Bödeker · W. Boysen ·
P. Brzoska · K. Busch · P. Deemer · M. Ehling · A. Fitzgerald · H. Friebel ·
A. Frohnweiler · E. Grofmeyer · M. Harms · E. Hörnlein · F. Isidoro Losada ·
B. Jastrow · M. Jogi · J. Jung · H. Kaiser · I. Koall · B. Köper · P. Köppel ·
C. Kowalski · G. Krell · E. Kuhlmann · S. Lambert · T. Lampert · C. Larsen ·
A. Losert · P. Lück · K. Macco · M. Mellenthin-Schulze · B. Misch · M. Niehaus ·
C. Oldenburg · R. Ortlieb · H. Pfaff · S. Pfahl · S. Raasch · D. Rastetter ·
O. Razum · K. Reiss · S. Reuyß · L. Ryl · R. Salman · A.C. Saß · B. Sieben ·
A. Siefer · B. Sommer · M. Sporket · M. Stallauke · A. Starker · G. Vater ·
C. Watrinet · T. Ziese

Prof. Dr. Bernhard Badura
Universität Bielefeld
Fakultät für Gesundheitswissenschaften
Universitätsstraße 25
33615 Bielefeld

Helmut Schröder
Joachim Klose
Katrin Macco
Wissenschaftliches Institut
der AOK (WIdO)
Rosenthaler Straße 31
10178 Berlin

ISBN 978-3-642-12897-4   Springer-Verlag Berlin Heidelberg New York

Bibliografische Information der Deutschen Nationalbibliothek
Die Deutsche Nationalbibliothek verzeichnet diese Publikation in der Deutschen Nationalbibliografie;
detaillierte bibliografische Daten sind im Internet über http://dnb.d-nb.de abrufbar

Dieses Werk ist urheberrechtlich geschützt. Die dadurch begründeten Rechte, insbesondere die der Übersetzung, des Nachdrucks, des Vortrags, der Entnahme von Abbildungen und Tabellen, der Funksendung, der Mikroverfilmung oder der Vervielfältigung auf anderen Wegen und der Speicherung in Datenverarbeitungsanlagen, bleiben, auch bei nur auszugsweiser Verwertung, vorbehalten. Eine Vervielfältigung dieses Werkes oder von Teilen dieses Werkes ist auch im Einzelfall nur in den Grenzen der gesetzlichen Bestimmungen des Urheberrechtsgesetzes der Bundesrepublik Deutschland vom 9. September 1965 in der jeweils geltenden Fassung zulässig. Sie ist grundsätzlich vergütungspflichtig. Zuwiderhandlungen unterliegen den Strafbestimmungen des Urheberrechtsgesetzes.

SpringerMedizin
Springer-Verlag GmbH
ein Unternehmen von Springer Science+Business Media
springer.de
© Springer-Verlag Berlin Heidelberg 2010

Die Wiedergabe von Gebrauchsnamen, Warenbezeichnungen usw. in diesem Werk berechtigt auch ohne besondere Kennzeichnung nicht zu der Annahme, dass solche Namen im Sinne der Warenzeichen- und Markenschutzgesetzgebung als frei zu betrachten wären und daher von jedermann benutzt werden dürften.

Produkthaftung: Für Angaben über Dosierungsanweisungen und Applikationsformen kann vom Verlag keine Gewähr übernommen werden. Derartige Angaben müssen vom Anwender im Einzelfall anhand anderer Literaturstellen auf ihre Richtigkeit überprüft werden.

Planung: Hanna Hensler-Fritton, Heidelberg
Projektmanagement: Hiltrud Wilbertz, Heidelberg
Titelfoto: © [M] Personengruppe: Kurhan/fotolia.com | Mann mit Frau im Rollstuhl: Lisa F. Young/shutterstock.com | Mann rechts: panthermedia.net
Einbandgestaltung: deblik, Berlin
Satz: wiskom e.K., Friedrichshafen

SPIN: 12819225

Gedruckt auf säurefreiem Papier   18/2111 wi - 5 4 3 2 1 0 -

Vorwort

Vor dem Hintergrund zunehmender Globalisierungsprozesse und dem demografischen Wandel vollziehen sich grundlegende Veränderungen in der Arbeitswelt, welche die Unternehmen vor zentrale Herausforderungen stellen: Um weiterhin attraktiv für Arbeitnehmer zu bleiben und somit auch wettbewerbsfähig und innovativ auf dem Markt agieren zu können, wird es für Unternehmen immer wichtiger, die Ressourcen der Belegschaft zu fördern und zu nutzen. Durch die zunehmende Alterung und Schrumpfung der Gesellschaft wird ein Mangel an Nachwuchskräften entstehen sowie das Wissen und die Erfahrung älterer Arbeitnehmer verloren gehen. Zunehmende Wanderungsbewegungen und Internationalisierung der Wirtschaftsbeziehungen tragen dazu bei, dass immer mehr unterschiedliche Nationen und Kulturen zusammenarbeiten. Entsprechend werden die Belegschaften immer heterogener und rekrutieren sich aus verschiedenen Kulturen, Geschlechtern, Professionen, Werten, Überzeugungen und unterschiedlichem Alter.

In diesem Zusammenhang wird seit einigen Jahren das Konzept des Diversity Managements diskutiert. Ziel von Diversity Management ist es, durch die Wertschätzung, Förderung und Nutzung der Vielfalt der Mitarbeiter Wettbewerbsvorteile zu erlangen. Hierbei spielt die Entwicklung einer motivations- und ressourcenförderlichen Personal- und Unternehmenskultur eine entscheidende Rolle. Ein unterstützender, vertrauens- und respektvoller Umgang mit und zwischen den Mitarbeitern wirkt sich positiv aus auf Motivation und Arbeitsklima und somit auch auf die Produktivität der Mitarbeiter. Einen ähnlichen Ansatz verfolgt das Betriebliche Gesundheitsmanagement. Durch den Abbau von physischen und psychischen Belastungen und die Stärkung des Sozial- und Humankapitals können das Wohlbefinden und Gesundheitsverhalten der Beschäftigten gefördert und somit Betriebsergebnisse und Wettbewerbsfähigkeit des Unternehmens gesteigert werden.

So können der Abbau der Belastungen am Arbeitsplatz und die Steigerung des Wohlbefindens im Rahmen eines Betrieblichen Gesundheitsmanagements die Entwicklung einer motivations- und ressourcenförderlichen Personal- und Unternehmenskultur unterstützen und dadurch zu einem erfolgreichen Diversity Management beitragen und umgekehrt. In dem vorliegenden Band des zwischenzeitlich seit zwölf Jahren erscheinenden Fehlzeiten-Reports werden diese beiden Managementsysteme beispielhaft an den Merkmalen Alter, Geschlecht, Migration und Behinderung beschrieben. Parallelen und Ergänzungen von Diversity Management und Betrieblichem Gesundheitsmanagement werden – auch in konkreten Praxisberichten – aufgezeigt. So können Maßnahmen zur Förderung der Work-Life-Balance zum einen – im Sinne eines Diversity Managements – die berufliche Integration von Frauen fördern und zum anderen – im Sinne eines Betrieblichen Gesundheitsmanagements – die psychischen Belastungen reduzieren helfen. Dadurch können – im Sinne beider Managementsysteme – sowohl die Motivation der Beschäftigten als auch die Produktivität erhöht werden. Auch Maßnahmen wie die Einführung des Elterngeldes, welches die stärkere Einbeziehung der Väter bei der Kindererziehung zum Ziel hat, können zu einem erfolgreichen Betrieblichen Gesundheitsmanagement beitragen, weil dadurch ermöglicht wird, die Belastungen der Frauen zu reduzieren.

Aus Unternehmenssicht spielt es eine große Rolle, dass Mitarbeiter, die sich am Arbeitsplatz wohlfühlen, eine starke Bindung an ihr Unternehmen entwickeln, motivierter arbeiten und sich weit über ihre vertragliche Verpflichtung hinaus engagieren. Dies kann durch beide Managementsysteme gelingen. Gerade in Zeiten der Krise und aufgrund immer knapper werdender finanzieller und personeller Ressourcen können diese beiden Managementsysteme synergetisch genutzt werden. Erste Praxisbeispiele, welche beide Managementsysteme berücksichtigen, verdeutlichen diese Erfolge.

Neben den Beiträgen zum Schwerpunktthema liefert der Fehlzeiten-Report, wie in jedem Jahr, aktuelle Daten und Analysen zu den krankheitsbedingten Fehlzeiten in der deutschen Wirtschaft. Er beleuchtet detailliert die Entwicklung in den einzelnen Wirtschaftszweigen und gewährleistet einen schnellen und umfassenden Überblick über das branchenspezifische Krankheitsgeschehen. Neben ausführlichen Beschreibungen der krankheitsbedingten Fehlzeiten der 9,7 Millionen AOK-versicherten Beschäftigten im Jahr 2009 informiert er ausführlich über die Krankenstandsentwicklung aller gesetzlich krankenversicherten Arbeitnehmer.

Aus Gründen der besseren Lesbarkeit wird innerhalb der Beiträge in der Regel die männliche Schreibweise verwendet. Wir möchten deshalb darauf hinweisen, dass diese ausschließliche Verwendung der männlichen Form explizit als geschlechtsunabhängig verstanden werden soll.

Herzlich bedanken möchten wir uns bei allen, die zum Gelingen des Fehlzeiten-Reports 2010 beigetragen haben. Zunächst gilt unser Dank den Autorinnen und Autoren, die trotz vielfältiger anderer Verpflichtungen die Zeit gefunden haben, uns aktuelle Beiträge zur Verfügung zu stellen. Danken möchten wir auch den Kolleginnen im WIdO, die an der Buchproduktion beteiligt waren. Zu nennen sind hier vor allem Manuela Stallauke, die uns bei der Aufbereitung und Auswertung der Daten und bei der redaktionellen Arbeit vorzüglich unterstützt hat, wie auch Isabel Rehbein für ihre Unterstützung bei der Datenvalidierung. Unser Dank geht weiterhin an Frau Ulla Mielke für die gelungene Erstellung des Layouts und der Abbildungen sowie Frau Miriam Höltgen für das ausgezeichnete Lektorat und Frau Susanne Sollmann für die professionellen Übersetzungen. Nicht zuletzt gilt unser Dank den Mitarbeiterinnen und Mitarbeitern des Springer-Verlags für ihre wie immer gelungene verlegerische Betreuung.

Bielefeld und Berlin, im Juni 2010

B. Badura
H. Schröder
J. Klose
K. Macco

Inhaltsverzeichnis

Vorwort v

**A. SCHWERPUNKTTHEMA VIELFALT MANAGEN:
GESUNDHEIT FÖRDERN – POTENZIALE NUTZEN**

Personelle Vielfalt in Unternehmen

1 Personelle Vielfalt in Organisationen und deren Management 3
 G. Krell

    1.1 Einleitung: Vielfalt nicht länger ein „blinder Fleck" 3
    1.2 Vielfalt der Beschäftigten: Facetten und Perspektiven 4
    1.3 Die Ausgangssituation: Dominante und Dominierte bzw. Diskriminierte 5
    1.4 Organisationaler Wandel durch Diversity Management 7
    1.5 Ökonomische Argumente für Diversity als Strategie 7
    1.6 Schlussbemerkungen 9
         Literatur 9

2 Allgemeines Gleichbehandlungsgesetz (AGG): Gesetzliche Regelungen und
 Umsetzung im Betrieb 11
 S. Raasch · D. Rastetter

    2.1 Was ist neu am Allgemeinen Gleichbehandlungsgesetz? 12
    2.2 Die Unternehmensbefragung 13
    2.3 Ergebnisse der Studie 13
    2.4 Fazit: Bisher kaum Veränderungsdruck durch das AGG 20
         Literatur 20

3 Diversity Management in Deutschland – eine Unternehmensbefragung 23
 P. Köppel

    3.1 Was ist Vielfalt? Was ist Diversity Management? 23
    3.2 Ein internationaler Vergleich zu Cultural Diversity Management 25
    3.3 Die Entwicklung von Vielfalt in Deutschland in den letzten Jahren 29
    3.4 Ausblick 35
         Literatur 35

4 Betriebliches Gesundheitsmanagement – eine Unternehmensbefragung ... 37
P. Lück · K. Macco · M. Stallauke

4.1	Einleitung	37
4.2	Die Betriebsbefragung	38
4.3	Verbreitung und Ausgestaltung von BGM	39
4.4	Hindernisse und Hilfestellungen für BGM	42
4.5	Zukünftige Entwicklung von BGM	43
	Literatur	45

5 Personelle Vielfalt und BGM – Integration zweier Managementsysteme – geht das? ... 47
T. Altgeld

5.1	Einleitung	47
5.2	Wie funktioniert Betriebliches Gesundheitsmanagement?	48
5.3	Personelle Vielfalt – Managing Diversity. Ein ähnlich gelagerter Managementansatz?	52
5.4	Erste Integrationsansätze beider Managementsysteme	53
5.5	Gemeinsame Herausforderungen, aber unterschiedliche Ansätze: Gesundheitsmanagement ist das umfassendere Managementkonzept und deshalb integrationsfähiger	54
	Literatur	56

Bevölkerungsstruktur, gesundheitliche Lage und Erwerbstätigkeit in Deutschland

6 Struktur und Entwicklung der Bevölkerung in Deutschland ... 57
M. Ehling · B. Sommer

6.1	Einleitung	57
6.2	Bevölkerungsentwicklung	58
6.3	Ausländer und Bevölkerung mit Migrationshintergrund	63
6.4	Künftige Entwicklung der Bevölkerung	65

7 Gesundheitliche Lage und Gesundheitsverhalten der Bevölkerung im Erwerbsalter in Deutschland ... 69
T. Lampert · L. Ryl · A. C. Sass · A. Starker · T. Ziese

7.1	Gesundheitliche Lage der Bevölkerung im Erwerbsalter	69
7.2	Gesundheitsverhalten der Bevölkerung im Erwerbsalter	71
7.3	Gesundheitliche Lage und Gesundheitsverhalten nach sozialem Status	75
7.4	Gesundheitliche Lage und Gesundheitsverhalten von Menschen mit Migrationshintergrund	77
7.5	Fazit	79
	Literatur	79

8 Erwerbstätigkeit und Arbeitslosigkeit in Deutschland ... 83
L. Bellmann

8.1	Einleitung	83
8.2	Trends des Wandels der Erwerbsgesellschaft	84
8.3	Fachkräftebedarf der Wirtschaft	85
8.4	Arbeitslosigkeit	87
8.5	Schlussfolgerungen	89
	Literatur	89

Nutzen und Messung personeller Vielfalt in Unternehmen

9 Der DiversityCultureIndex™: Kernstück eines ganzheitlichen Diversity-Controllings 91
C. Watrinet

    9.1 Vom Bauchgefühl zur ökonomischen Plausibilität 91
    9.2 Gestaltungsfaktoren und Indikatoren einer Diversity-gerechten Unternehmenskultur 92
    9.3 Harte Zahlen für ein „weiches Thema" 94
    9.4 Fazit – Ganzheitliche Ansätze sind erforderlich 99
        Literatur 100

10 Arbeitskräftemanagement als Diversity Management: Innovationspotenziale für Qualität und Effizienz im Gesundheitssystem 101
E. Kuhlmann · C. Larsen

    10.1 Einleitung 101
    10.2 Die europäische Agenda für das Management der Arbeitskräfte im Gesundheitssystem 102
    10.3 Dynamiken des Gesundheitsarbeitsmarktes in Deutschland: empirische Ergebnisse 104
    10.4 Zukunftsmodell Arbeitskräftemanagement als Diversity Management: gesundheitspolitische Herausforderungen 107
        Literatur 108

11 Diversity und das Sozialkapital der Krankenhäuser 111
A. Fitzgerald

    11.1 Einleitung 111
    11.2 Sozialkapital in den Krankenhäusern 112
    11.3 Diversity in den Krankenhäusern 115
    11.4 Diversity Management 118
        Literatur 119

Vielfalt der Belegschaft – Migration

12 Beschäftigte mit Migrationshintergrund in der Berliner Wirtschaft: Empirische Befunde zu Personalstrukturen, -praktiken und -strategien 121
R. Ortlieb · B. Sieben

    12.1 Hintergrund, Ziel und Design der Studie 121
    12.2 Ergebnisse der telefonischen Unternehmensbefragung 122
    12.3 Ergebnisse der Unternehmens-Fallstudien 125
    12.4 Fazit 127
        Literatur 127

13 Arbeit, Migration und Gesundheit 129
P. Brzoska · K. Reiss · O. Razum

    13.1 Einleitung 129
    13.2 Sozioökonomische Lage von Migranten 131
    13.3 Gesundheitszustand von Migranten 133
    13.4 Fazit 137
        Literatur 138

14 Migration als Prädiktor für Belastung und Beanspruchung? 141
C. Oldenburg, A. Siefer, B. Beermann

14.1 Einleitung 141
14.2 Die BIBB/BAuA-Erwerbstätigenbefragung 142
14.3 Belastungen und Beanspruchung am Arbeitsplatz 144
14.4 Ressourcen: Unterstützung und Handlungsspielräume 146
14.5 Gesundheitliche Beschwerden 147
14.6 Geschlechtseffekte und Vollzeit/Teilzeit-Effekte 147
14.7 Fazit 150
Literatur 150

15 Interkulturelles Betriebliches Gesundheitsmanagement: Konzept und praktische Erfahrungen . . . 153
M. Harms · R. Salman · W. Bödeker

15.1 Einführung 153
15.2 Das Konzept des IBGM 154
15.3 Bausteine zur Einführung von IBGM 154
15.4 Evaluation – Erfahrungen aus den Pilotprojekten 158
15.5 Ausblick 159
Literatur 160

Vielfalt der Belegschaft – Alter

16 Alternsmanagement in der betrieblichen Personalpolitik 163
M. Sporket

16.1 Einleitung – Demografischer Wandel und Arbeitswelt 163
16.2 Alternsmanagement – konzeptionelle und empirische Grundlagen 164
16.3 Alternsmanagement in der betrieblichen Praxis 166
16.4 Fazit 172
Literatur 173

17 Betriebliches Gesundheitsmanagement und alternde Belegschaften – eine Untersuchung in der deutschen Informationstechnologie und Kommunikations-(ITK-)Branche 175
J. Jung · C. Kowalski · H. Pfaff

17.1 Hintergrund 175
17.2 Datenbasis 177
17.3 Ergebnisse 178
17.4 Diskussion und Schlussfolgerungen 180
Literatur 181

18 Betriebliche Konzepte zur Integration älterer Mitarbeiter am Beispiel der Automobilindustrie . . . 183
H. Friebel · W. Boysen

18.1 Einleitung 183
18.2 „Best practice" in der Automobilindustrie 184
18.3 Do it or lose it 187
18.4 Fazit 188
Literatur 188

Vielfalt der Belegschaft – Behinderung

19 Aktueller Stand der Umsetzung des Betrieblichen Eingliederungsmanagements 189
M. Niehaus · G. Vater

    19.1 Handlungsbedarf. 189
    19.2 Das Betriebliche Eingliederungsmanagement 191
    19.3 Studie zum Betrieblichen Eingliederungsmanagement der Universität zu Köln............. 191
    19.4 Fazit. 194
         Literatur 195

**20 Entwicklung und Integration eines Betrieblichen Eingliederungsmanagements –
das Projekt EIBE** 197
H. Kaiser · B. Jastrow · E. Hörnlein · A. Frohnweiler

    20.1 Einleitung. 197
    20.2 Das Projekt EIBE. 198
    20.3 Praxiserfahrungen und Ergebnisse. 200
    20.4 Unternehmen profitieren – auch finanziell! 202
    20.5 BEM – schon erwachsen?. 203
    20.6 BEM für KMU – eine zusätzliche Last?. 204
    20.7 10 praktische Tipps zur BEM-Einführung 204
    20.8 Ein Blick nach vorne – ist schon alles getan? 205
         Literatur 205

Vielfalt der Belegschaft – Geschlecht

**21 Die Integration von Gender und Diversity Management im Betrieblichen
Gesundheitsmanagement – Ansätze zur Implementierung eines Gender- und
Diversity-gerechten Betrieblichen Gesundheitsmanagements**............................. 207
B. Misch · I. Koall

    21.1 Was ist und was will Betriebliches Gesundheitsmanagement?........................... 207
    21.2 Erste Überlegungen zu den Beziehungen von Managing Diversity und Betrieblicher
         Gesundheitsförderung 208
    21.3 Was ist und was will Managing Gender & Diversity? 209
    21.4 Wie kann Managing Diversity von der Geschlechterforschung profitieren? 209
    21.5 Vom Managing Diversity zur Geschlechtergleichstellung............................... 210
    21.6 Zur Situation des Betrieblichen Gesundheitsmanagements und Veränderungsmöglichkeiten
         durch ein *Managing Gender & Diversity* 212
    21.7 Die Synthese: Betriebliches Gesundheitsmanagement und Managing Diversity 213
         Literatur 214

22 Geschlechtsspezifische Differenzierung von BGF-Konzepten 215
B. Köper · A. Siefer · B. Beermann

    22.1 Ausgangssituation/Hintergrund 215
    22.2 Datenbasis und Methode 216
    22.3 Ergebnisse. 217
    22.4 Diskussion 220
    22.5 Fazit und Ausblick. 222
         Literatur 223

23 Das neue Elterngeld: Erfahrungen und betriebliche Nutzungsbedingungen von Vätern 225
   S. Pfahl · S. Reuyss

   23.1 Ausgangslage 225
   23.2 Forschungsfrage und methodisches Vorgehen 226
   23.3 Unterschiedliche Typen von Elterngeld-Vätern 227
   23.4 Motive für eine Inanspruchnahme der Elterngeldmonate 229
   23.5 Einflussfaktoren auf die Inanspruchnahme von Elterngeldmonaten 230
   23.6 Nachhaltige Effekte 231
   23.7 Schlussfolgerungen 232
         Literatur 233

24 Die Dimension ‚sexuelle Orientierung' im Kontext von (Anti-)Diskriminierung, Diversity
   und betrieblicher Gesundheitspolitik 235
   A. Losert

   24.1 Einleitung 235
   24.2 Die Dimension ‚sexuelle Orientierung' am Arbeitsplatz 236
   24.3 Die Dimension ‚sexuelle Orientierung' im Diversity Management 238
   24.4 Anknüpfungspunkte zur betrieblichen Gesundheitspolitik 239
   24.5 Fazit 241
         Literatur 241

Erfahrungen aus der Unternehmenspraxis

25 Diversity Management im National Health Service 243
   M. Jogi · P. Deemer · C. Baxter

   25.1 Einführung 243
   25.2 Die Vorteile der Vielfalt im NHS 243
   25.3 Das NHS Employers Equality and Diversity Team 245
   25.4 Das Programm Equality and Diversity Partners 246
   25.5 Fortschritte 249
   25.6 Zusammenfassung 250
         Literatur 250

26 Anforderungen und Lösungen kultureller Diversifizierung im Rahmen der Betrieblichen
   Gesundheitsförderung – Ein Praxisbeispiel aus der Metallbranche 253
   E. Grofmeyer

   26.1 Einleitung 253
   26.2 Der Arbeitskreis Gesundheit steuert die Aktivitäten des Betrieblichen
         Gesundheitsmanagements 254
   26.3 Die Vielfalt der Belegschaft berücksichtigen (Das Diversity-Projekt als vertiefende
         Projektphase) 255
   26.4 Evaluation und Erfolgsfaktoren 261
   26.5 Fazit und Möglichkeiten der Systematisierung 262
         Literatur 262

Inhaltsverzeichnis

27 Gesunde Vielfalt in Berufs- und Lebenssituationen – Diversity Management bei der AOK Hessen... 263
S. Lambert

27.1 Mit Diversity Management Vielfalt in der Einheit gestalten 263
27.2 Personalstrukturanalyse 264
27.3 Das Diversity-Management-Konzept bei der AOK Hessen 264
27.4 Generationenvielfalt – mit allen Generationen in die Zukunft 265
27.5 GeVi-Jet – Job-Alter statt Lebensalter 266
27.6 Erfahrungen und Effekte 268
Literatur 268

B. DATEN UND ANALYSEN

28 Krankheitsbedingte Fehlzeiten in der deutschen Wirtschaft im Jahr 2009 271
K. Macco · M. Stallauke

28.1 Überblick über die krankheitsbedingten Fehlzeiten im Jahr 2009....................... 271
Literatur 313
28.2 Banken und Versicherungen 314
28.3 Baugewerbe 323
28.4 Dienstleistungen 334
28.5 Energie, Wasser, Entsorgung und Bergbau 346
28.6 Erziehung und Unterricht 357
28.7 Handel 368
28.8 Land- und Forstwirtschaft 377
28.9 Metallindustrie 386
28.10 Öffentliche Verwaltung 397
28.11 Verarbeitendes Gewerbe 407
28.12 Verkehr und Transport... 422

29 Die Arbeitsunfähigkeit in der Statistik der GKV... 433
K. Busch

29.1 Arbeitsunfähigkeitsstatistiken der Krankenkassen 433
29.2 Erfassung von Arbeitsunfähigkeit... 434
29.3 Entwicklung des Krankenstandes... 435
29.4 Entwicklung der Arbeitsunfähigkeitsfälle 436
29.5 Arbeitsunfähigkeitsfälle und Krankengeldfälle... 439

30 Betriebliches Gesundheitsmanagement und Krankenstand in der Bundesverwaltung............ 441
F. Isidoro Losada · M. Mellenthin-Schulze

30.1 Einführung.. 441
30.2 Gesundheitsmanagement/Betriebliche systematische Gesundheitsförderung........... 444
30.3 Allgemeine Krankenstandsentwicklung 445
30.4 Kurz- und Langzeiterkrankungen... 446
30.5 Krankenstand nach Geschlecht.. 446
30.6 Krankenstand nach Laufbahngruppen.. 447
30.7 Fehltage nach Alter 447
30.8 Vergleich mit dem Krankenstand der AOK-Versicherten.............................. 449
30.9 Zwischenbilanz und Ausblick 450
Literatur 451

Anhang

1 Internationale Statistische Klassifikation der Krankheiten und verwandter
  Gesundheitsprobleme (10. Revision, Version 2008, German Modification)   455

2 Branchen in der deutschen Wirtschaft basierend auf der Klassifikation der Wirtschaftszweige
  (Ausgabe 2008/NACE)   463

Die Autorinnen und Autoren   467

Stichwortverzeichnis   487

Teil A:

Schwerpunktthema
Vielfalt managen: Gesundheit fördern – Potenziale nutzen

Kapitel 1

Personelle Vielfalt in Organisationen und deren Management

G. Krell

Zusammenfassung. *Diversity Management bzw. Diversity als Strategie zielt auf das „richtige" Management personeller Vielfalt in Organisationen. Zunächst geht es darum, Facetten personeller Vielfalt – und auch verschiedene Perspektiven auf diese – vorzustellen. Die Begriffe „dominante Gruppe" und „dominierte Gruppen" lenken den Blick darauf, dass Vielfalt herkömmlich kein gleichberechtigtes Nebeneinander von Geschlechtern, Generationen, Nationen, Ethnien usw. bedeutet. Es wird gezeigt, dass die mit bestimmten Zugehörigkeiten verbundenen Diskriminierungen nicht nur ein Verstoß gegen Moral und Recht, sondern auch aus ökonomischer Sicht problematisch sind – und wie dem durch Diversity Management entgegengewirkt werden kann. Und schließlich werden auch mit Diversity als Strategie verbundene Dilemmata angesprochen.*

1.1 Einleitung: Vielfalt nicht länger ein „blinder Fleck"

Als wir vor etwa 20 Jahren bei einer Personal-Tagung über eine Individualisierung oder auch Differenzierung der Personallehre diskutierten[1], meinte einer meiner Kollegen, das sei für Deutschland kein Thema. Im Unterschied zum „melting pot" USA hätten wir hierzulande doch eher homogene Belegschaften. Diese Wahrnehmung von Homogenität war und ist eng verbunden mit dem Bild eines prototypischen Arbeitnehmers bzw. Norm(al)arbeitnehmers – und der ist männlich, deutsch, im „besten Alter", Familienvater bzw. -ernährer und durch nichts in seiner Schaffenskraft beeinträchtigt. Personen, die von dieser Norm abweichen, werden dementsprechend als „besondere Arbeitnehmergruppen" kategorisiert. Davon zeugt z. B. das „Handwörterbuch des Personalwesens" (Gaugler et al. 2004), das Artikel über „ältere", „ausländische", „behinderte" und „weibliche" Beschäftigte enthält. Mitglieder dieser Gruppen wurden – und werden zum Teil noch immer – nicht nur als „besonders", sondern auch als „defizitär" betrachtet und behandelt.

Genau da setzt das aus den USA stammende Konzept Diversity Management bzw. Diversity als Strategie an. Das Ziel ist, in erster Linie Führungskräfte, aber auch andere Organisationsmitglieder

- dafür zu sensibilisieren, das Vorhandensein aller Facetten personeller Vielfalt hinsichtlich „ihrer" Organisation überhaupt erst einmal wahrzunehmen,
- darüber aufzuklären, welche Folgen es hat, nicht zur „dominanten Gruppe" der Norm(al)arbeitnehmer zu gehören, sondern zu einer oder mehreren „dominierten Gruppe(n)",
- darüber zu informieren, dass die mit bestimmten Zugehörigkeiten verbundenen Diskriminierungen

---

[1] Die Tagungsbeiträge sind dokumentiert in Drumm (1989).

nicht nur ein Verstoß gegen Moral und Recht sind, sondern auch aus ökonomischer Sicht problematisch – und das bedeutet zugleich: sie davon zu überzeugen, dass Vielfalt, wenn sie richtig gemanagt wird, kein Problem darstellt, sondern eine Chance,
- zum richtigen Management von bzw. Umgang mit personeller Vielfalt zu befähigen.

1.2 Vielfalt der Beschäftigten: Facetten und Perspektiven[2]

Vielfalt als Konstrukt wird bezogen auf Geschlecht, Alter, Nationalität, Ethnie, „Rasse", Hautfarbe, Religion, Behinderung oder auch Gesundheitszustand, sexuelle Identität und Orientierung, familiäre bzw. Lebenssituation, Klasse bzw. soziale Herkunft, (Aus-)Bildung, Beruf, Funktion, Werte, Verhaltensmuster usw. Das fast schon obligatorische „usw." am Ende einer solchen Auflistung verdeutlicht, dass die Liste um viele weitere Faktoren ergänzt werden kann. So kann es in Deutschland auch 20 Jahre nach dem Mauerfall noch eine Rolle spielen, ob jemand „Ossi" oder „Wessi" ist. Traditionell für die Personalpolitik bedeutsame Kategorien sind Arbeiter bzw. Arbeiterinnen[3] und Angestellte; im deutschen öffentlichen Dienst kommen noch Beamte bzw. Beamtinnen dazu. Eine ebenfalls klassische Unterscheidung ist die zwischen Stamm- und Randbelegschaft. Konzeptionell betrachtet ist die Liste möglicher Diversity-Dimensionen also unendlich lang.

Faktisch wird allerdings die damit verbundene Komplexität reduziert, und das gilt für Forschung und Praxis: Forschenden und Beratenden zufolge werden in den USA die sogenannten „Big 8" (Race, Gender, Ethnicity/Nationality, Organizational Role/Function, Age, Sexual Orientation, Mental/Physical Ability, Religion) am häufigsten berücksichtigt (Plummer 2003, S. 25 ff.). Eine Studie zur Diversity-Praxis in deutschen (Groß-)Unternehmen kommt zu dem Ergebnis, dass dort Geschlecht die wichtigste Rolle spielt, gefolgt von Behinderung, Herkunft/Religion, Alter, sexueller Orientierung und Work-Life-Balance[4] (Lederle 2008, S. 227).[5] In der Personalforschung zu Diversity im deutschsprachigen Raum dominiert ebenfalls Geschlecht, dicht gefolgt von Kultur, und mit weitem Abstand: Alter, Vereinbarkeit von Beruf und Privatleben bzw. Work-Life-Balance; Behinderung und Religion werden nur selten als (exklusive) Forschungsgegenstände genannt; sexuelle Orientierung gar nicht (Krell et al. 2006).

Vielfalt spiegelt die oben angeführte Auflistung aber nicht nur hinsichtlich der genannten und möglichen Dimensionen bzw. deren Ausprägungen. Es handelt sich dabei auch um eine Mischung von
- auf der Gruppenebene angesiedelten bzw. gruppenbildenden Kategorien (wie z. B. Geschlecht) und auf der individuellen Ebene angesiedelten Faktoren (wie z. B. Werte);
- Faktoren, die bei Begegnungen unmittelbar sichtbar sind (wie z. B. Hautfarbe) und nicht auf den ersten Blick erkennbaren Faktoren (wie z. B. sexuelle Orientierung); auch Behinderungen können mehr, weniger oder gar nicht sichtbar sein. Mit Blick auf die Personalpolitik kann neben der (Un-)Sichtbarkeit im persönlichen (Erst-)Kontakt auch die (Un-)Sichtbarkeit in Bewerbungsunterlagen (diskriminierungs-)relevant sein;
- Faktoren, die gar nicht, mehr oder weniger leicht wählbar und veränderbar sind oder sich im Laufe eines Lebens ohne unser Zutun verändern (wie das Alter).

Diversity-Dimensionen sind bedeutsam sowohl für Fremdbilder (wie sehen die anderen eine junge türkische Ingenieurin?) als auch für Selbstbilder (Wie sieht diese Person sich selbst? Welche Bedeutungen hat es – jeweils – für sie, jung zu sein, Frau zu sein, Türkin zu sein und Ingenieurin zu sein?). So führt Cox (1993, S. 43 ff.) an, dass bei farbigen Frauen die Geschlechtszugehörigkeit und die rassisch-ethnische Zugehörigkeit als Teil-Identitäten gleichermaßen relevant sind, während

---

2 Verknüpfungen mit der Vielfalt auf dem Arbeits- und Absatzmarkt sowie hinsichtlich anderer Bezugsgruppen werden im Abschnitt Organisationaler Wandel durch Diversity Management dieses Beitrages vorgenommen.

3 Auf ausdrücklichen Wunsch der Autorin wird in diesem Beitrag auf die in diesem Buch aus Gründen der besseren Lesbarkeit verwendete sprachliche Regelung der männlichen Schreibweise verzichtet.

4 Unter Work-Life-Balance werden sowohl Programme und Maßnahmen zur Erleichterung der Vereinbarkeit von Beruf und Privatleben als auch solche zur betrieblichen Gesundheitsförderung rubriziert. In einer Auflistung von Diversity-Dimensionen mag diese Facette von Vielfalt etwas befremdlich erscheinen. In der deutschen Praxis findet sich Work-Life-Balance sowohl als Diversity-Dimension (womit auch eine Entkopplung von Gender signalisiert werden kann) wie auch als eigene Strategie, d. h. gegebenenfalls neben Diversity Management. Zum Verhältnis von Betrieblichem Gesundheitsmanagement und Diversity Management vergleiche auch Altgeld in diesem Band.

5 Vergleiche dazu auch die Praxisbeispiele in Krell (2008a).

bei weißen Frauen die Geschlechtszugehörigkeit dominiert. Damit ist bereits darauf verwiesen, dass es nicht „die" Identität als Frau oder Mann bzw. als Weiße(r) oder Schwarze(r) gibt – und eben auch nicht „die" Identität als weiße oder schwarze Frau. Dies leitet dazu über, dass gruppenbildende Diversity-Dimensionen ganz unterschiedlich betrachtet werden können und betrachtet werden.

Konstruktivistische Positionen verweisen darauf, dass solche Kategorien und die damit verbundenen Unterscheidungen sozial konstruiert sind. Auch „Fremdheit" ist nicht etwas, das einer Person als Eigenschaft anhaftet, sondern etwas, das diskursiv und auch interaktiv hergestellt wird. Zur Bezeichnung und Betonung solcher Konstruktionsprozesse werden Begriffe wie Gendering, Rassierung oder Ethnisierung verwendet. In diesem Sinne untersucht Frohnen (2005) in ihrer empirischen Studie „Diversity in Action" am Beispiel Ford, wie in interaktiven Prozessen Personen zu Amerikanern oder Ingenieuren, also zu Trägern bestimmter Merkmale, gemacht werden. Aus einer solchen Position oder Perspektive wird auch erkennbar, dass sich die Wichtigkeit von Zugehörigkeiten situations- und kontextabhängig verändern kann (ebd., S. 36) – und insofern die oben zitierte „Fest-Stellung" von an Zugehörigkeiten geknüpften Teilidentitäten, deren Relevanz ein für alle mal existiert, noch zu statisch ist.

Eine *Verbindung konstruktivistischer Perspektiven mit strukturalistischen* lenkt den Blick darauf, dass Akteure und Akteurinnen zwar individuell und kollektiv soziale Wirklichkeit(en) konstruieren, dafür aber Kategorien benutzen, die sie nicht selbst konstruiert haben. Vielmehr handelt es sich bei Kategorisierungen als Klassifikationsschemata immer um „inkorporierte soziale Strukturen" (Bourdieu 1987, S. 730; vgl. auch Bourdieu u. Waquant 2006, S. 28 f.).

Mit anderen Worten: Was beispielsweise als „männlich" oder „älter" gilt, welche Zuschreibungen und sozialen Ordnungsvorstellungen mit diesen Kategorien verbunden sind, ist nicht unabhängig von den in einer Gesellschaft (oder auch Organisation) herrschenden Verhältnissen – und damit auch geprägt durch die vorherrschenden Männlichkeits- und Alter(n)sdiskurse.

Essenzialistische Positionen gehen dagegen davon aus, dass Zugehörigkeiten „das Wesen" oder gar „die Natur" von Personen bestimmen und prägen: „Eine Frau oder ein Ausländer hat ganz andere Gedankenstrukturen", sagt z. B. eine von Lederle (2008, S. 218) interviewte Managerin. Ein anderes Beispiel ist die weit verbreitete Vorstellung, dass Frauen anders führen als Männer.[6] Mit Blick auf die kulturelle Herkunft von Personen wird eine solche Auffassung als „Kulturkonservatismus" bezeichnet und kritisiert (Sen 2009, S. 160 ff.). Bienfaith (2006) spricht von einem „Gehäuse der Zugehörigkeit", in das alle Mitglieder einer Gruppe „eingesperrt" werden und bleiben sollen. Da nicht nur die oben als Beispiel angeführte junge türkische Ingenieurin, sondern wir alle Mehrfachzugehörige sind, handelt es sich sogar um mehrere „Gehäuse der Zugehörigkeiten", in die wir gepresst werden können.

Bei Diversity Management besteht diese Gefahr v. a. dann, wenn Vielfalt nur als „Unterschiede" verstanden wird. Ein solches Verständnis trägt zwar der Tatsache Rechnung, dass alle Individuen einzigartig und deshalb unterschiedlich sind. Es schreibt aber Mitgliedern von Gruppen verallgemeinernd Identitäten, Interessen, Eigenschaften, Verhaltensweisen usw. zu. Damit wird ausgeblendet, dass es auch innerhalb von Gruppen Unterschiede gibt und zwischen ihnen Gemeinsamkeiten – und sich diese auch kontext- und situationsabhängig ändern können. Ein Verständnis von Vielfalt als „Unterschiede und Gemeinsamkeiten" ist dagegen weniger anfällig für solche „Fest-Stellungen" oder „Einsperrungen".[7]

Allerdings gibt es hier auch ein *Diversity-Dilemma*: Einerseits ist es, wie gezeigt, nicht angemessen, Personen aufgrund von Zugehörigkeiten zu bestimmten Gruppen zu „Anderen" oder „Besonderen" zu machen und für alle Mitglieder einer Gruppe verallgemeinernd bzw. allgemeingültig Zuschreibungen vorzunehmen. Anderseits bewirken bestimmte Zugehörigkeiten, dass Personen diskriminiert werden können und auch werden; bei Mehrfachzugehörigkeiten kann es sich sogar um Mehrfachdiskriminierungen handeln. Um solche Benachteiligungen aufzuzeigen und bekämpfen zu können, ist es dann eben doch erforderlich, eine an Gruppen orientierte Betrachtung vorzunehmen.

1.3 Die Ausgangssituation: Dominante und Dominierte bzw. Diskriminierte

Fundamental für das Verständnis von Vielfalt in Organisationen und deren Management ist zunächst die Unterscheidung in eine dominante Gruppe und dominierte Gruppen (z. B. Thomas 2001, S. 30 f.). Mit Blick auf Organisationen vor der Realisierung von Diversity Management, die auch als „monolithisch" oder „monokulturell" charakterisiert werden, wird verallgemeinernd folgende Diagnose des Ist-Zustandes vorgenommen: Es

---

6 Dazu kritisch: Krell (2008c).

7 Ausführlicher dazu: Krell (2008b).

gibt dort auf der einen Seite eine dominante Gruppe (in den USA: „caucasian" bzw. „white males") und auf der anderen Seite dominierte oder auch: untergeordnete, marginalisierte oder (potenziell) diskriminierte Gruppen (wie Frauen, Schwarze, Menschen mit Migrationshintergrund oder auch mit Behinderungen, Schwule und Lesben).

Die dominante Gruppe muss statistisch gesehen nicht in der Mehrheit sein, besetzt aber die entscheidenden Positionen und prägt die Organisationskultur. Ihre Werte, Normen und Verhaltensmuster werden zum Standard und damit zum Maßstab, an dem die Mitglieder dominierter Gruppen gemessen werden und deshalb als „abweichend" oder gar „defizitär" erscheinen. Auch gibt es zahlreiche Mechanismen und Praktiken, mittels derer solche Dominanzstrukturen bewusst oder unbewusst aufrechterhalten werden.[8] Eine wichtige Rolle in diesem Zusammenhang spielen Vorurteile. Eine aktuelle Studie dazu in acht europäischen Ländern (darunter Deutschland) fördert zu Tage: 60,2 % der Befragten befürworten traditionelle Geschlechterrollen, 42,6 % lehnen gleiche Rechte für Schwule und Lesben ab und halten Homosexualität für „unmoralisch", 31,3 % sind davon überzeugt, es existiere eine „natürliche Hierarchie" zwischen Schwarzen und Weißen" – um nur einige der erschütternden Ergebnisse zu nennen.[9]

Diskriminierungen von Mitgliedern dominierter Gruppen können nicht nur durch Einstellungen von und in der Interaktion mit Personen erfolgen, sondern auch durch die Kriterien und Verfahren der Personalpolitik. Davon zeugen auch die rechtlich festgeschriebenen Diskriminierungsverbote wie das Allgemeine Gleichbehandlungsgesetz (AGG) (vgl. auch Raasch in diesem Band). Es zielt darauf, jegliche „Benachteiligungen aus Gründen der Rasse oder wegen der ethnischen Herkunft, des Geschlechts, der Religion oder Weltanschauung, einer Behinderung, des Alters oder der sexuellen Identität zu verhindern oder zu beseitigen" (§ 1), und zwar bezogen auf u. a. „Auswahlkriterien und Einstellungsbedingungen", „Beschäftigungs- und Arbeitsbedingungen einschließlich Arbeitsentgelt und Entlassungsbedingungen" sowie den Zugang zur beruflichen Aus- und Weiterbildung (§ 2). Was genau unter Benachteiligungen verstanden wird, ist in § 3 wie folgt definiert:

„(1) Eine unmittelbare Benachteiligung liegt vor, wenn eine Person wegen eines in § 1 genannten Grundes eine weniger günstige Behandlung erfährt, als eine andere Person in einer vergleichbaren Situation erfährt, erfahren hat oder erfahren würde [ ]." Das ist z. B. der Fall, wenn bei der Personal-Vorauswahl bei gleicher Qualifikation Personen allein aufgrund von Geschlecht und/oder Migrationshintergrund „aussortiert" werden (vgl. hierzu die Studie von Akman et al. 2005).

„(2) Eine mittelbare Benachteiligung liegt vor, wenn dem Anschein nach neutrale Vorschriften, Kriterien oder Verfahren Personen wegen eines in § 1 genannten Grundes gegenüber anderen Personen in besonderer Weise benachteiligen können, es sei denn, die betreffenden Vorschriften, Kriterien oder Verfahren sind durch ein rechtmäßiges Ziel sachlich gerechtfertigt und die Mittel sind zur Erreichung dieses Ziels angemessen und erforderlich." Mittelbar diskriminierend sind beispielsweise die Kriterien und Verfahren der Arbeitsbewertung, wenn sie so ausgestaltet sind, dass frauendominierte Arbeitsplätze im Vergleich zu männerdominierten Arbeitsplätzen systematisch unterbewertet werden (Krell u. Winter 2008).[10] Um nachzuweisen, dass ein Verdacht mittelbarer Diskriminierung besteht, ist es demnach zwingend erforderlich, an Gruppenzugehörigkeiten orientierte Analysen vorzunehmen, denn nur so kann gezeigt werden, dass scheinbar neutrale Regelungen im Ergebnis Mitglieder einer bestimmten Gruppe benachteiligen oder benachteiligen können.

§ 3 Abs. 3 AGG schützt Mitglieder dominierter Gruppen auch vor „Belästigungen", die an Zugehörigkeiten geknüpft sind, wie z. B. die Benutzung rassistischer oder ethnisierender Schimpfwörter gegenüber Kolleginnen oder Kollegen, das Anbringen von ausländerfeindlichen Plakaten oder Parolen, schwulenfeindliche Witze oder Anspielungen (Schiek 2007, S. 148 f). Geknüpft an die Geschlechtszugehörigkeit sind „sexuelle Belästigungen", die § 3 Abs. 4 AGG ebenfalls verbietet. Und schließlich ist festgeschrieben, dass auch die „Anweisung zur Benachteiligung einer Person aus einem in § 1 genannten Grund [ ] als Benachteiligung [gilt]" (§ 3 Abs. 5 AGG).

Mitglieder dominierter Gruppen sind nicht nur besonders diskriminierungsgefährdet. Von ihnen wird

---

8 Ausführlicher dazu: Krell (2010). Dort werden zwar speziell Geschlechterverhältnisse in Führungspositionen thematisiert, aber vieles lässt sich auch auf andere Dominanzverhältnisse übertragen.

9 In dem vom Institut für Interdisziplinäre Konflikt- und Gewaltforschung der Universität Bielefeld koordinierten Projekt geht es um „gruppenbezogene Menschenfeindlichkeit". Die beteiligten EU-Länder sind Deutschland, Großbritannien, Frankreich, Italien, Niederlande, Polen, Portugal und Ungarn. Die zitierten ersten Ergebnisse wurden am 13. November 2009 auf einer Pressekonferenz in Berlin vorgestellt (Der Tagesspiegel, 14.11.2009, S. 4 und Aviva-Berlin 2009 [www. aviva-berlin.de]).

10 Ausführlicher zur mittelbaren Diskriminierung: Schiek (2008).

auch erwartet, dass sie sich an die Normen und Werte der dominanten Gruppe anpassen, insbesondere dann, wenn sie „etwas werden wollen".

Zugespitzt formuliert: In einer monokulturellen Organisation nehmen die Führungskräfte bzw. die Mitglieder der dominanten Gruppe in der Regel gar nicht wahr, dass, wie und in welchem Ausmaß Mitglieder der dominierten Gruppen benachteiligt werden. Typisch dafür sind Aussagen wie „Frauen werden bei uns gleichbehandelt", „sexuelle Orientierung ist bei uns Privatsache" oder auch: „Schwule, die gibt es bei uns gar nicht". Zeigen sich Probleme, wie z. B. hohe Fehlzeiten von Mitgliedern bestimmter Gruppen, werden die Ursachen (nur) bei den Betroffenen gesucht bzw. personalisiert als bedingt durch bestimmte Zugehörigkeiten oder auch „motivationsbedingt" und nicht gefragt, ob es eventuell (auch) die Verhältnisse in der Organisation sind, die dazu beitragen. In Zusammenhang mit Diversity-Audits zur Analyse des Ist-Zustandes in einer konkreten Organisation wären erhöhte Fehlzeiten bestimmter Beschäftigtengruppen dagegen ein Indikator für einen Bedarf an Diversity Management, das bedeutet hier: Verbesserung der Bedingungen der (Zusammen-)Arbeit.

1.4 Organisationaler Wandel durch Diversity Management

Das Ziel von Diversity Management wird auch als Wandel von „monokulturellen" zu „multikulturellen Organisationen" konkretisiert. Das Etikett „multikulturell" wird oft nur mit Blick auf kulturelle Zugehörigkeiten im engeren Sinne (also nationale bzw. ethnische Herkunft, manchmal auch noch Religion) verwendet. Cox (1993, 2001), von dem das Leitbild „multikulturelle Organisation" stammt, versteht „kulturelle Identitäten" im weiteren Sinne und schließt damit auch Alter, Geschlecht, sexuelle Orientierung usw. mit ein. Ihm zufolge ist eine multikulturelle Organisation charakterisiert durch:
- eine Kultur, die Vielfalt fördert und wertschätzt bzw. Pluralismus,
- vollständige strukturelle Integration aller Mitarbeiter und Mitarbeiterinnen, d. h., dass niemand aufgrund bestimmter Zugehörigkeiten vom Zugang zu Positionen, Weiterbildung und/oder Einkommen ausgeschlossen wird,
- vollständige Integration aller Beschäftigten in informelle Netzwerke, d. h., dass niemand aufgrund bestimmter Zugehörigkeiten sozial ausgegrenzt wird,
- vorurteils- und diskriminierungsfreie(re) personalpolitische Kriterien, Verfahren und Praktiken,
- minimale Intergruppenkonflikte durch ein pro-aktives Diversity Management bzw. keine „Sündenbockzuschreibungen" wie „Die Alten – oder auch die Frauen, die Ausländer – nehmen uns die (guten) Arbeitsplätze weg" oder auch keine Forderungen wie „(deutsche) Kinder statt Inder", um nur einige Beispiele zu nennen.

Der Verwirklichung dieser Ziele dienen folgende *Maßnahmen* (Süß u. Kleiner 2006; Gieselmann u. Krell 2008):
- die Ermittlung und Überprüfung des Bedarfs an Diversity Management durch Diversity-Audits (mittels Personal-Statistiken, Mitarbeitenden-Befragungen und Indikatoren wie z. B. Fehlzeiten) sowie die regelmäßige Evaluation der Maßnahmen des Diversity Managements;
- Schaffung einer Stelle oder Abteilung für Diversity Management, Verankerung von Diversity als Strategie in Betriebsvereinbarungen und/oder organisationalen Leitbildern, flankiert von einer entsprechenden Kommunikationspolitik nach innen und außen;
- Mentoringprogramme, Beratungsgebote oder Netzwerke für bislang dominierte Gruppen;
- gemischte Teams;
- flexible Arbeitszeiten;
- Diversity-orientierte Umgestaltung der Personalpolitik und
- Diversity-Trainings.

Einiges davon, z. B. die Umgestaltung der Personalpolitik oder auch Schulungen bzw. Trainings der Beschäftigten, gebietet auch das AGG. Das Betriebsverfassungsgesetz, das Bundespersonalvertretungsgesetz und die Personalvertretungsgesetze der Länder enthalten ebenfalls Diversity-relevante Regelungen.

1.5 Ökonomische Argumente für Diversity als Strategie

Diversity als Strategie bzw. Diversity Management ist aber nicht nur rechtlich geboten, sondern auch ökonomisch vorteilhaft. Das verdeutlichen die folgenden Argumente (Krell 2008b in Anlehnung an Cox u. Blake 1991):

Beschäftigtenstruktur-Argument

Dieses Argument verweist auf Veränderungen auf dem Arbeitsmarkt und deren Bedeutung für die Beschäftigtenstruktur und Personalpolitik in Unternehmen und anderen Organisationen. So war die amerikanische Studie „Workforce 2000" (Johnston und Packer 1987), der zufolge der Anteil der weißen Männer an der Erwerbsbevölkerung rückläufig wird, ein wichtiger Auslöser für die Entwicklung und Verbreitung von Diversity Management in den USA. Auch hierzulande steigt bekanntlich der Anteil der Älteren, der Frauen und der Menschen mit Migrationshintergrund an der Erwerbsbevölkerung – eine Entwicklung und Herausforderung, die im Diskurs um den demografischen Wandel hervorgehoben wird (vgl. hierzu auch Bellmann in diesem Band).

Kosten-Argument

Das Kosten-Argument kann zunächst auf die durch Klagen von Diskriminierten entstandenen Kosten bezogen werden. Schon dabei geht es nicht nur um durch verlorene Prozesse entstandene Kosten, sondern auch um den mit Prozessen verbundenen Reputationsverlust für Unternehmen – oder sogar ganze Branchen.[11] Aber das ist nur die Spitze des Eisbergs. Hinzu kommt: Diskriminierungen bewirken Demotivation (Weibel u. Rota 2000) – und wirken sich damit negativ auf die Produktivität und die Wettbewerbsfähigkeit aus. Der Zwang zur Anpassung absorbiert Energien, die andernfalls der Leistungserstellung zugute kommen könnten (Thomas 1991, S. 8 f.).

Kreativitäts- und Problemlösungs-Argument

Es wird unterstrichen, dass homogene Gruppen zwar Probleme schneller lösen, aber gemischt zusammengesetzte kreativer sind und zu tragfähigeren Problemlösungen kommen. Dies gilt jedoch nur, wenn die gemischten Teams richtig gemanagt werden.[12]

Personalmarketing-Argument

Hierbei geht es um die Vorteile bei der Gewinnung und Bindung von Beschäftigten durch ein – auch entsprechend kommuniziertes – Diversity Management.

Marketing-Argument

Angesichts der ebenfalls vielfältigen Absatzmärkte, so das *Marketing-Argument*, können durch Diversity Management (oder speziell Diversity Marketing) Kunden und Kundinnen gewonnen und gebunden werden. Mit Blick auf die Produktpolitik und andere Instrumente des Marketing-Mix wird davon ausgegangen, dass eine vielfältig zusammengesetzte und entsprechend trainierte Belegschaft besser in der Lage ist, sich auf die Bedürfnisse und Wünsche der vielfältigen Kundschaft einzustellen. Des Weiteren können im Rahmen der Öffentlichkeitsarbeit Programme und Erfolge in Sachen Diversity kommuniziert werden, um insbesondere jene Kunden und Kundinnen anzusprechen, deren Kaufverhalten an entsprechenden Aspekten orientiert ist. Auch bei der Vergabe öffentlicher Aufträge können Programme und Maßnahmen zur Chancengleichheit der Beschäftigten eine Rolle spielen.

Finanzierungs-Argument

Das *Finanzierungs-Argument* gibt zu Bedenken, dass nicht nur Kaufentscheidungen, sondern auch Anlageentscheidungen oder Kreditvergaben zunehmend an sozialen Aspekten orientiert werden, weswegen auch Vorteile auf Finanzmärkten zu erzielen sind.

Flexibilitäts-Argument

Beim *Flexibilitäts-Argument* geht es darum, dass monokulturelle als sogenannte „starke" Organisationskulturen aufgrund ihrer Homogenität in den Entscheidungsgremien und des hohen Konformitätsdrucks die Anpassung an veränderte Bedingungen der sozialen Umwelt erschweren (Steinmann u. Schreyögg 2002, S. 641). Im Gegensatz dazu versprechen multikulturelle Organisationen die Bereitschaft und Fähigkeit zur Anpassung an veränderte Umwelt-Bedingungen.

Internationalisierungs-Argument

Angesichts dessen, dass die Aktivitäten von Unternehmen und auch von Non-Profit-Organisationen zunehmend die Grenzen von Ländern und Kontinenten überschreiten, zielt das *Internationalisierungs-Argument* schließlich darauf, dass eine multikulturelle Organisation mit Diversity-kompetenten Mitgliedern auch das Agieren und Interagieren in Ländern mit „fremden" Kulturen erleichtert.

Dass es sich bei diesen Argumenten nicht um bloße oder leere Versprechungen handelt, belegen zahlreiche empirische Studien. Um nur ein Beispiel anzuführen: In einer EU-weiten Untersuchung zum „Geschäftsnutzen von Vielfalt" wurden von den befragten 798 Unternehmen folgende wahrgenommene Nutzenfaktoren bzw.

---

[11] So berichtet die Süddeutsche Zeitung vom 17.11.2009 über die Klage einer Londoner Fonds-Managerin wegen Belästigung auf vier Millionen Pfund Schadenersatz unter der Überschrift „Der Prozess beleuchtet die von Männern dominierte Finanzbranche". Im Text wird ergänzt, dass die „systematische Diskriminierung von Frauen in dieser Branche" nicht nur sexuelle und andere Belästigungen (wie im konkreten Fall die Beschimpfung als „blöde Blondine") betrifft, sondern auch das Entgelt.

[12] Ausführlicher dazu: Rastetter (2006).

Verbesserungen angeführt (gereiht nach der Häufigkeit der Nennung)
1. Zugang zu einem neuen Arbeitskräftereservoir
2. Nutzen für den Ruf des Unternehmens
3. Engagement für Gleichstellung und Vielfalt am Arbeitsplatz als Unternehmenswerte
4. Innovation und Kreativität
5. Bessere Motivation und Effizienz
6. Einhaltung von Rechtsnormen
7. Wettbewerbsvorteile
8. Wirtschaftlichkeit
9. Absatzmöglichkeiten
10. Größere Kundenzufriedenheit
(Europäische Kommission 2005, S. 22)

1.6 Schlussbemerkungen

Zusammenfassend lässt sich festhalten, dass Diversity als Strategie auf eine Wertschätzung von Vielfalt und eine Aufwertung von Personen zielt, die bislang aufgrund der Zugehörigkeit zu dominierten Gruppen abgewertet wurden, bzw. auf eine Anerkennung vielfältiger Individualitäten.

Das wirft die Frage auf, ob damit gemeint ist, dass jedwede Zugehörigkeit, Einstellung oder Verhaltensweise positiv gewertet oder zumindest akzeptiert werden muss, z. B. auch Rechtsradikalismus und Ausländerfeindlichkeit. Hier lautet die Antwort eindeutig „nein", und zwar sowohl aus rechtlichen Gründen als auch deshalb, weil dies mit den Zielen von Diversity Management nicht vereinbar ist. Es gibt allerdings Fälle, in denen nicht so schnell Eindeutigkeit und auch Einigkeit hergestellt werden können. Ein Beispiel dafür ist die „Kopftuchdebatte". Auch professionelle Kleiderordnungen oder der Ring im Ohr des Diplomkaufmanns, der sich bei einer Wirtschaftsprüfungsgesellschaft bewirbt, können im Einzelfall zum Diskussionsgegenstand werden. Schließlich geht es hier auch um die Frage nach der Definitionsmacht oder auch nach Verständigungsprozessen darüber, was geschätzt oder zumindest toleriert werden soll und was nicht.

Mit der Aufwertung bislang abgewerteter Gruppen ist ein weiteres Diversity-Dilemma oder auch Diversity-Paradox verbunden: Solange die „Defizit-Modelle" weit verbreitet und tief in unseren Köpfen verankert sind (oft auch unbewusst), gilt es einerseits, dies bewusst zu machen und darüber aufzuklären, dass negative Vorurteile gegenüber Älteren, weiblichen Führungskräften oder auch Jugendlichen mit Migrationshintergrund problematisch sind – generell und erst recht bezogen auf einzelne Personen, die sich z. B. bewerben. Der scheinbar nahe liegende Weg, dies zu tun, indem auf die „besonderen Potenziale" von Mitgliedern herkömmlich dominierter Gruppen verwiesen wird, ist jedoch ein Irrweg. Wer damit argumentiert, dass (alle) Frauen sozial kompetent(er), Homosexuelle besonders sensibel, Ältere verantwortungsbewusst(er), Jüngere flexibler und Menschen mit Migrationshintergrund kulturell kompetent(er) sind, nimmt zwar positive Bewertungen vor, verwendet aber dennoch Stereotype und Vorurteile und beteiligt sich damit an der Produktion von „Gehäusen der Zugehörigkeit". Anders ausgedrückt: Wenn nur alte Stereotype durch neue ersetzt werden, dann werden die durch Diversity Management ermöglichten und wie gezeigt erheblichen Lern- und Entwicklungschancen für Unternehmen und andere Organisationen sowie für deren Mitglieder vertan.

Literatur

Akman S, Gülpinar M, Huesmann M et al (2005) Auswahl von Fach- und Führungsnachwuchskräften: Migrationshintergrund und Geschlecht bei Bewerbungen. Personalführung 38 (10):72–76

Bienfait A (2006) Im Gehäuse der Zugehörigkeit. Eine kritische Bestandsaufnahme des Mainstream-Multikulturalismus. VS Verlag für Sozialwissenschaften, Wiesbaden

Bourdieu P (1987) Die feinen Unterschiede. Kritik der gesellschaftlichen Urteilskraft. Suhrkamp, Frankfurt am Main

Bourdieu P, Wacquant LJD (2006) Reflexive Anthropologie. Suhrkamp, Frankfurt am Main

Cox TH Jr (1993) Cultural Diversity in Organizations. Theory, Research and Practice. Berrett-Koehler, San Francisco

Cox TH Jr (2001) Creating the Multicultural Organization. Jossey-Bass, San Francisco

Cox TH, Blake S (1991) Managing Cultural Diversity: Implications for Organizational Competitiveness. Academy of Management Executive 5 (3):45–56

Drumm HJ (1989) Individualisierung der Personalwirtschaft – Grundlagen, Lösungsansätze und Grenzen. Haupt, Bern Stuttgart

Europäische Kommission (2005) Geschäftsnutzen von Vielfalt. Bewährte Verfahren am Arbeitsplatz. http://ec.europa.eu/social/BlobServlet?docId=1428&langId=de. Gesehen 10 Dez 2009

Frohnen A (2005) Diversity in Action. Multinationalität in globalen Unternehmen am Beispiel Ford. Transcript, Bielefeld

Gaugler E, Oechsler WA, Weber W (2004) Handwörterbuch des Personalwesens. 3. Aufl. Schäffer-Poeschel, Stuttgart

Gieselmann A, Krell G (2008) Diversity-Trainings: Verbesserung der Zusammenarbeit und Führung einer vielfältigen Belegschaft. In: Krell G (Hrsg) Chancengleichheit durch Personalpolitik. Gabler, 5. Aufl. Wiesbaden, S 331–351

Johnston WB, Packer AH (1987) Workforce 2000: Work and Workers for the 21st Century. Hudson Institute, Indianapolis

Krell G (2008a) Chancengleichheit durch Personalpolitik: Gleichstellung von Frauen und Männern in Unternehmen und Verwaltungen, 5. Aufl. Gabler, Wiesbaden

Krell G (2008b) Diversity Management: Chancengleichheit für alle und auch als Wettbewerbsfaktor. In: Krell G (Hrsg) Chancengleichheit durch Personalpolitik. Gabler, 5. Aufl. Wiesbaden, S 63–80

Krell G (2008c) „Vorteile eines neuen, weiblichen Führungsstils": Ideologiekritik und Diskursanalyse. In: Krell G (Hrsg) Chancengleichheit durch Personalpolitik. Gabler, 5. Aufl. Wiesbaden, S 319–330

Krell G (2010) Führungspositionen. In: Projektgruppe GiB Geschlechterungleichheiten im Betrieb. Edition Sigma, Berlin (im Druck)

Krell, G, Winter R (2008) Anforderungsabhängige Entgeltdifferenzierung: Orientierungshilfen auf dem Weg zu einer diskriminierungsfreieren Arbeitsbewertung. In: Krell G (Hrsg) Chancengleichheit durch Personalpolitik. Gabler, 5. Aufl. Wiesbaden, S 263–282

Krell G, Pantelmann H, Wächter H (2006) Diversity(-Dimensionen) und deren Management als Gegenstände der Personalforschung in Deutschland, Österreich und der Schweiz. In: Krell G, Wächter H (Hrsg) Diversity Management: Impulse aus der Personalforschung. Rainer Hampp, München Mering, S 25–56

Lederle S (2008) Die Ökonomisierung des Anderen: Eine neoinstitutionalistisch inspirierte Analyse des Diversity Managament-Diskurses. VS Verlag für Sozialwissenschaften, Wiesbaden

Plummer DL (2003) Overview of the Field of Diversity Management. In: Plummer DL (Hrsg) Handbook of Diversity Management. University Press of America, Lanham et al, pp 1–49

Rastetter D (2006) Managing Diversity in Teams: Erkenntnisse aus der Gruppenforschung. In: Krell G, Wächter H (Hrsg) Diversity Management: Impulse aus der Personalforschung. Rainer Hampp, München Mering, S 81–108

Sen A (2009) Der Freiheit eine Chance: Warum wir die Idee der multikulturellen Gesellschaft nicht aufgeben dürfen. In: Felixberger P, Gleich M (Hrsg) Culture Counts: Wie wir die Chancen kultureller Vielfalt nutzen können. Econ, Berlin, S 159–168

Schiek D (2007) Allgemeines Gleichbehandlungsgesetz (AGG) – Ein Kommentar aus Europäischer Perspektive. Sellier. European Law Publishers, München

Schiek D (2008) Was Personalverantwortliche über das Verbot der mittelbaren Geschlechtsdiskriminierung wissen sollten. In: Krell G (Hrsg) Chancengleichheit durch Personalpolitik. Gabler, 5. Aufl. Wiesbaden, S 39–56

Steinmann H, Schreyögg G (2002) Management, Nachdruck der 5. Aufl. Gabler, Wiesbaden

Süß S, Kleiner M (2006) Diversity Management: Verbreitung in der deutschen Unternehmenspraxis und Erklärungen aus Neo-Institutionalistischer Perspektive. In: Krell G, Wächter H (Hrsg) Diversity Management: Impulse aus der Personalforschung. Rainer Hampp, München Mering, S 57–79

Thomas RR Jr (1991) Beyond Race and Gender. Unleashing the Power of Your Total Work Force by Managing Diversity. AMACOM, New York

Thomas RR Jr in Zusammenarbeit mit MI Woodruff (2001) Management of Diversity. Neue Personalstrategien für Unternehmen. Gabler, Wiesbaden

Weibel A, Rota S (2000) Fairness als Motivationsfaktor. In: Frey BS, Osterloh M (Hrsg) Managing Motivation. Gabler, Wiesbaden, S 193–206

Kapitel 2

Allgemeines Gleichbehandlungsgesetz (AGG): Gesetzliche Regelungen und Umsetzung im Betrieb

S. Raasch · D. Rastetter

Zusammenfassung. *Das Allgemeine Gleichbehandlungsgesetz (AGG) fasst die schon geltenden Diskriminierungsverbote zugunsten des Merkmals Geschlecht und zugunsten schwerbehinderter Menschen in einem eigenen Gesetz zusammen und weitet diesen Schutz aus auf alle Behinderten sowie die Merkmale zugeschriebene Rasse, Ethnie, Religion und Weltanschauung, Alter und sexuelle Identität. Neben Beschäftigung und Beruf ist jetzt auch der allgemeine Zivilrechtsverkehr in den Diskriminierungsschutz einbezogen. Das AGG enthält Detailverbesserungen und möchte mit Verbandsbeteiligung, der neuen Antidiskriminierungsstelle des Bundes und Klagerechten für Betriebsräte und im Betrieb vertretene Gewerkschaften die Rechtsdurchsetzung verbessern. Letztlich bleibt es aber dabei, dass die Diskriminierten selber mit der Individualklage ihre Rechte durchsetzen müssen und dabei insbesondere Beweisprobleme haben. Klagen sind deswegen unverändert selten. Die Unternehmen fühlen sich durch das Gesetz bislang nicht veranlasst, personalpolitisch grundlegend umzusteuern. Eine Unternehmensbefragung zeigt, dass Anpassungen an das neue Gesetz v. a. dort vorgenommen wurden, wo eine Diskriminierung ansonsten nach außen erkennbar würde. Die eigentliche Personalpolitik wurde nicht verändert.*

In Zeiten der Globalisierung und im Hinblick auf den demografischen Wandel wird es für Unternehmen immer wichtiger, die Ressourcen einer vielfältigen Belegschaft zu nutzen, um so weiterhin wettbewerbsfähig zu bleiben. Das Konzept „Diversity Management" zielt auf Aktivierung und Nutzung des strategischen Potenzials einer heterogenen Belegschaft. Dabei werden insbesondere Themen wie Alter, Geschlecht und kulturelle Herkunft fokussiert. Am 14. August 2006 ist das Allgemeine Gleichbehandlungsgesetz (AGG) in Kraft getreten, welches sich ebenfalls mit diesen Aspekten beschäftigt. Ziel des AGG ist es, im Erwerbsbereich und zum Teil im Zivilrechtsverkehr den Menschen Schutz vor Diskriminierungen aus rassistischen Gründen, wegen der ethnischen Herkunft, des Geschlechts, der Religion oder Weltanschauung, wegen einer Behinderung, des Alters sowie der sexuellen Identität zu bieten. Es will die vier Antidiskriminierungsrichtlinien der Europäischen Gemeinschaft aus den Jahren 2002 bis 2004[1] umsetzen. Der nachfolgende Beitrag möchte aufzeigen, inwieweit die neue gesetzliche Regelung in den Unternehmen Eingang gefunden hat und wie die konkrete Umsetzung aussieht bzw. ob das AGG für die Unternehmen überhaupt eine Rolle spielt.

---

1 RL 76/207/EWG mit Änderungen durch RL 2002/73/EG (Geschlecht im Erwerbsbereich); RL 2000/43/EG (zugeschriebene Rasse und ethnische Herkunft im Erwerbsbereich und Zivilrechtsverkehr); RL 2000/78/EG (Religion, Weltanschauung, Behinderung, Alter, sexuelle Ausrichtung im Erwerbsbereich); RL 2004/113/EG (Geschlecht im Zivilrechtsverkehr).

2.1 Was ist neu am Allgemeinen Gleichbehandlungsgesetz?

Schon seit 1949 verbietet das Grundgesetz (GG) Diskriminierung wegen des Geschlechts (Art. 3 Abs. 2 und 3 Satz 1 GG) sowie Diskriminierung aus rassistischen Gründen, wegen der Abstammung, der Sprache, der Heimat und Herkunft, des Glaubens und der religiösen oder politischen Anschauungen (Art. 3 Abs. 3 Satz 1 GG). Seit 2004 ist auch Diskriminierung wegen einer Behinderung verboten (Art. 3 Abs. 3 Satz 2 GG). Diskriminierungen wegen der sexuellen Identität sind im Grundgesetz nicht explizit erwähnt, aber nach dem Allgemeinen Gleichbehandlungsgebot aus Art. 3 Abs. 1 GG im Zusammenhang mit dem Allgemeinen Persönlichkeitsrecht aus Art. 2 Abs. 1 GG ebenfalls unzulässig. Allerdings richten sich diese Diskriminierungsverbote nur an den Staat. Die Privatwirtschaft ist nur dann an grundgesetzliche Diskriminierungsverbote gebunden, wenn eine Einstrahlung in das Privatrecht über zivilrechtliche Generalklauseln wie „Treu und Glauben" in bereits bestehende Vertragsbeziehungen angenommen werden kann. Gerade die diskriminierende Verweigerung eines Vertragsschlusses durch Private wird vom Grundgesetz also nicht erfasst.

Geschlechtsdiskriminierung im Arbeitsverhältnis schon vom Zeitpunkt der Bewerbung an wurde 1980 mit dem Arbeitsrechtlichen EG-Anpassungsgesetz über §§ 611a ff. Bürgerliches Gesetzbuch (BGB) verboten. 1994 folgten mit dem Beschäftigtenschutzgesetz ein Schutz vor sexueller Belästigung am Arbeitsplatz und mit § 81 Abs. 1 Sozialgesetzbuch IX ein arbeitsrechtliches Diskriminierungsverbot zugunsten schwerbehinderter Menschen, welches § 611 BGB nachgebildet war.

Insofern verwundert es, dass die Verabschiedung des AGG in der Wirtschaft und Teilen der Rechtswissenschaft auf derartig heftigen Widerstand stieß. Offenbar war selbst vielen Juristen und Juristinnen[2] nicht bewusst, in welchem Umfang Diskriminierung schon längst unzulässig war. In einem „Stimmungsbild" unter Personalmanagern (Personalmagazin 2006) wurde aber geurteilt: *„Das AGG ist ein Hammergesetz, das uns in vielen Punkten fordern wird." „Das AGG lädt dazu ein, es schamlos auszunutzen." „Vor allem in der Anfangszeit wird es Klagen hageln." „Alles in allem sehen wir zu viel Regelungs- und Überwachungsbedarf."* In diesen Zitaten drückt sich letztlich ein Spannungsverhältnis zwischen Privatautonomie und Gleichbehandlungsgeboten aus, wie es auch Teile der Rechtswissenschaft schon länger gegen gesetzliche Diskriminierungsverbote vorbrachten: Der freie Vertrag werde abgeschafft (Adomeit 2003) und eine „Tugendrepublik der neuen Jakobiner" eingeführt (Säcker 2002).

Es ist ein Verdienst des neuen AGG, die längst bestehenden Diskriminierungsverbote in einem einheitlichen Spezialgesetz zusammengefasst und dadurch sichtbarer gemacht sowie im Detail verbessert zu haben. Der Schutz wurde zudem auf die oben genannten weiteren Merkmale ausgedehnt. Schließlich wurde bei allen Merkmalen der Zivilrechtsverkehr, insbesondere Massengeschäfte sowie privatrechtliche Versicherungen, einbezogen. Hier überschreitet das AGG sogar die Vorgaben der EG-Richtlinien. Zum ersten Mal sind damit in einem horizontalen gesetzlichen Ansatz alle typischen Merkmale, an die Gruppendiskriminierung anzuknüpfen pflegt und denen sich auch Diversity Management widmet, gegen Diskriminierung geschützt – zumindest in der Theorie.

Als neue Instrumente zur Rechtsdurchsetzung bietet das AGG konkrete Handlungspflichten für die Arbeitgeber/innen (§ 12 AGG), detailliertere Schadensersatz- und Entschädigungsansprüche (§§ 15, 21 AGG) als bisher, eine Verbandsbeteiligung bei der Rechtsdurchsetzung (§ 23 AGG), ein Klagerecht für Betriebsräte und im Betrieb vertretene Gewerkschaften (§ 17 Abs. 2 AGG) sowie die Einrichtung einer Antidiskriminierungsstelle des Bundes (§§ 25 ff. AGG). Die in der Anhörung zum AGG von der Wirtschaft zu unrecht als „volle Beweislastumkehr" bezeichnete bloße Beweiserleichterung zugunsten Benachteiligter (§ 22 AGG) gab es für die Merkmale Geschlecht und Schwerbehinderung bereits vor dem AGG. Unverändert müssen Benachteiligte dem Gericht zuerst Indizien beweisen, die eine Benachteiligung wegen eines im AGG genannten Grundes vermuten lassen, bevor die Unternehmensseite gezwungen ist darzulegen, warum ihre Maßnahme dennoch ohne Diskriminierung erfolgt ist (Däubler u. Bertzbach 2008, § 23 Rn 23 ff.). Die typische Beweisnot von Benachteiligten ist damit nur geringfügig abgemildert, weil diese in der Regel über keinerlei unternehmensinterne Informationen bezüglich ihrer Benachteiligung verfügen, wenn das Unternehmen solche nicht selber liefert. Einen Auskunftsanspruch Benachteiligter gegenüber dem Unternehmen bietet das AGG weiterhin nicht, aus sonstigen Nebenpflichten bei der Vertragsanbahnung ist er umstritten (dafür Däubler u. Bertzbach 2008, § 2 Rn 253, dagegen Bauer et al. 2008, § 2 Rn 22). Bleibt bei Wohnungen oder Diskotheken-

---
2 Auf ausdrücklichen Wunsch der Autorinnen wird in diesem Beitrag auf die in diesem Buch aus Gründen der besseren Lesbarkeit verwendete sprachliche Regelung der männlichen Schreibweise verzichtet.

Allgemeines Gleichbehandlungsgesetz (AGG)

besuchen noch ein paralleles Testverfahren, also ein paralleler Versuch ohne das Merkmal, um dessentwillen eine Diskriminierung vermutet wird, ist derartiges bei Bewerbungen um Arbeitsplätze kaum möglich.

Dennoch bleibt das AGG dabei, die Rechtsdurchsetzung nahezu ausschließlich dem benachteiligten Individuum selbst aufzubürden. Durch zeitaufwändige und kostenriskante Einzelklagen wird es damit dem schwächsten Glied in einer diskriminierenden Gesellschaftsstruktur überlassen, die notwendigen gesellschaftlichen Strukturveränderungen über den eigenen Fall zu erkämpfen. Weder Antidiskriminierungsverbände noch Antidiskriminierungsstelle können aus eigenem Recht gegen Unternehmen wegen Diskriminierung vorgehen. Verbände haben überhaupt keinerlei Rechte, die über die Rechte der Benachteiligten hinausgehen. Nicht einmal die Antidiskriminierungsstelle des Bundes selber kann klagen und hat durchsetzbare Auskunftsansprüche nur gegenüber anderen Bundesbehörden (§ 28 Abs. 2 AGG), nicht aber gegenüber Landesbehörden oder der Privatwirtschaft. Allerdings ist aus der Antidiskriminierungsstelle zu hören, dass Unternehmen und Behörden ihre Anfragen in der Praxis bislang zuvorkommend beantworten. Betriebsräte und Gewerkschaften dürfen nach § 17 Abs. 2 AGG ebenfalls keine Rechte Benachteiligter geltend machen, allerdings bei grobem Verstoß des Arbeitgebers gegen die Vorgaben des AGG eine Feststellungsklage vor dem Arbeitsgericht erheben. Die Rechtsdurchsetzung ist im AGG also unverändert schwach geregelt.

Vor diesem Hintergrund überrascht es kaum, dass es in Deutschland unter dem neuen AGG weiterhin nur wenig Diskriminierungsklagen gibt (IWD 2008). Das Institut der Deutschen Wirtschaft (IWD) möchte diesen Befund allerdings darauf zurückführen, dass die Unternehmen sich auf das AGG so gut vorbereitet hätten und dadurch den Unternehmen Kosten von rund 1,7 Milliarden Euro entstanden seien. Hierfür liefert eine von den Autorinnen[3] durchgeführte Unternehmensbefragung (Raasch u. Rastetter 2009) allerdings keinerlei Anhaltspunkte.

2.2 Die Unternehmensbefragung

Im Laufe des Jahres 2008 wurden im Großraum Hamburg Unternehmen zur Umsetzung des AGG befragt.

Nichts spricht dagegen, dass die Befunde auch auf Unternehmen in anderen Bundesländern zutreffen. Angestrebt wurde ein Vergleich zwischen Großunternehmen und kleinen/mittleren Unternehmen, da größere Betriebe mehr öffentliche Aufmerksamkeit auf sich ziehen, und damit die öffentliche Diskussion übermäßig prägen, während bei kleineren Betrieben ein direkterer Einfluss durch die Personalverantwortlichen oder Geschäftsführer zu erwarten ist. Ein innovativer und aktiver Umgang mit dem AGG setzt einerseits entsprechende Ressourcen voraus, die eher in Großbetrieben zu finden sind. Andererseits können kleinere Betriebe häufig schneller und flexibler auf konkrete Probleme reagieren.

Die befragten Unternehmen verteilen sich über verschiedene Branchen. Um unterschiedliche Perspektiven innerhalb eines Unternehmens zu erfassen, wurden – soweit vorhanden – jeweils Vertreter/innen dreier Gruppen befragt: 1. der/die Personalleiter/in oder, wenn keine Personalabteilung vorhanden war, ein/e Vertreter/in der Geschäftsleitung, 2. ein/e Vertreter/in des Betriebsrats, 3. Beauftragte für Gleichstellung, für Behinderte oder sonstige Minoritäten. Erwartet wurde, dass unterschiedliche Akteure/innen unterschiedliche Erfahrungen mit der Umsetzung des AGG haben.

Um Einblicke in den konkreten Umgang mit dem AGG zu gewinnen, wurden leitfadengestützte Experteninterviews durchgeführt. Die Interviews wurden aufgezeichnet, transkribiert, codiert (Meuser u. Nagel 1991) und anschließend in einem Auswertungsschema zusammengefasst. Am Ende konnten 52 Interviews aus 41 Betrieben analysiert werden, darunter 16 Großbetriebe und 25 kleinere und mittlere Betriebe (KMU, 21–250 Mitarbeiter/innen), d. h. KMU sind innerhalb der Betriebe überrepräsentiert. Dies ist insofern erfreulich, weil Unternehmensbefragungen in der Regel eher die Sichtweise großer Unternehmen widerspiegeln. Da die befragten KMU zumeist nicht über Betriebsräte oder Beauftragte verfügten, die hätten befragt werden können, ist nach der Anzahl der Interviews jedoch nahezu eine Gleichverteilung zwischen großen und kleinen Unternehmen gegeben.

2.3 Ergebnisse der Studie

2.3.1 Betriebliche Informationspolitik, Schulungen

Das AGG will über Arbeitgeberpflichten sicherstellen, dass im Betrieb ein Informationsminimum über das neue AGG hergestellt wird: Das Gesetz ist im Betrieb

---

[3] Projektleitung: Sibylle Raasch und Daniela Rastetter, Projektmitarbeiterinnen: Nina Bielau, Diana Fazari, Ursula Kisse, Katarzyna Najlepsza, Emma Patrignani, Tinka Rieckhoff, Regine Starck, Guanayu Hou.

durch Aushang, Auslegen oder im Betrieb übliche Kommunikationstechnik bekannt zu machen (§ 12 Abs. 5 AGG). Des Weiteren sollen die Unternehmen ihre Beschäftigten „in geeigneter Art und Weise" auf die Unzulässigkeit von Diskriminierungen hinweisen, insbesondere im Rahmen der beruflichen Aus- und Fortbildung (§ 12 Abs. 2 Satz 1 AGG). Information und Schulung ist für die Betriebe ein zwiespältiges Unterfangen – auch unabhängig von den Kosten. Einerseits können dadurch spätere Diskriminierungen verhindert werden. Diskriminieren Beschäftigte anschließend dennoch, hat das der Betrieb nicht zu vertreten und haftet nicht für den Schaden (§§ 12 Abs. 2, 15 Abs. 1 AGG). Doch die Geschulten sind andererseits nicht nur verhinderte Diskriminierer/innen, sondern vielleicht ebenso künftige Kläger/innen wegen Diskriminierung.

Die meisten Betriebe (83 %) kamen ihrer Informationspflicht nach und setzten die Belegschaft durch Rundschreiben, über das Intranet oder durch Aushänge sowie auf Betriebsversammlungen über das AGG in Kenntnis. Aber eine beachtliche Minderheit von 13 % – fast ausschließlich KMU – vernachlässigte ihre Informationspflicht.

Schulungen führten 71 % der Betriebe durch, jedoch häufig nur für Führungskräfte oder Personalverantwortliche, obwohl das Gesetz Schulungen des Betriebs für „seine Beschäftigten" fordert (§ 12 Abs. 2 Satz 2 AGG). Eine Enthaftung tritt nur ein, wenn die Beschäftigten, die diskriminiert haben, zuvor geschult worden sind (Bauer et al. 2008, § 12 Rn 27). Dies scheint vielen Unternehmen jedoch nicht klar zu sein. Da Diskriminierungen nicht nur bei Einstellungen, Beförderungen oder dem Entgelt vorkommen, also im Bereich der Personalverwaltung, sondern auch durch diskriminierende Arbeitsbedingungen, insbesondere durch Belästigung oder sexuelle Belästigung, sollte eine breitere Schulung eigentlich im Interesse der Betriebe liegen.

Als vorbildlich können zwei Großunternehmen bezeichnet werden, die als Schulung einen internen Test für alle Beschäftigten angeboten haben, allerdings nicht sagen können, ob tatsächlich alle diesen Test gemacht haben. Umgekehrt wurde zuweilen eine rigide Ablehnung jeder Art von Schulung durch die Geschäftsleitung bekundet: *„Wir haben jedem freigestellt, dass er die Bild-Zeitung liest, da stand alles drin … Wir bekamen körbeweise Post von Anwaltssozietäten, die sich bekannt machen wollten … Nein, niemand von uns hat eine Schulung gemacht. Da habe ich keinen Handlungsbedarf gesehen."* (Geschäftsführer, Großunternehmen, Papierverarbeitung)

2.3.2 Beschwerdestelle

Um Konflikte im Zusammenhang mit Ungleichbehandlungen und Belästigungen nicht eskalieren zu lassen, ist es wichtig, klare Beschwerdewege vorzugeben, so dass es gar nicht erst zu Schäden oder gar Klagen vor Gericht kommt. Eine Beschwerdestelle kann jedoch nur dann in diesem Sinne wirken, wenn sie niederschwellig ist, also von den Beschäftigten als leicht erreichbar und vertrauenswürdig erlebt wird. Deshalb wird in der Literatur die Unabhängigkeit der Beschwerdestelle angeraten (Horstmeier u. Trost 2006). § 12 Abs. 5 Satz 1 AGG verlangt die Benennung einer Beschwerdestelle, die jedoch nicht eigens neu geschaffen werden muss. Tatsächlich wurde auch nirgends eine neue Beschwerdestelle geschaffen.

Ca. drei Viertel der Betriebe benannten eine Beschwerdestelle, immerhin 23 % nicht. Wo vorhanden, ist die Beschwerdestelle in mehr als der Hälfte der Fälle in der Personalabteilung oder gar bei der Unternehmensleitung angesiedelt, was für Ratsuchende eine Hürde darstellen dürfte. Bei einigen Großunternehmen wurden Personalstelle, Betriebsrat und ggf. Gleichstellungsbeauftragte nebeneinander als Beschwerdestellen benannt, womit sichergestellt sein dürfte, dass jede/r Hilfesuchende eine passende Ansprechstelle findet. Vor allem kleinere Betriebe ignorierten jedoch die Empfehlung, eine Beschwerdestelle zu benennen.

Beschwerden wegen Diskriminierung dürften Beschäftigten in Kleinbetrieben besonders schwer fallen. Dort gibt es faktisch kaum eine Alternative zur Beschwerde bei den Personalverantwortlichen oder der Geschäftsführung selbst, was den Fall sogleich mit der ersten Anfrage offiziell macht. Besonders heikel ist die Situation, wenn ein Verhalten des Chefs oder die Chefin Anlass zur Beschwerde gibt und kein Betriebsrat existiert. Hier könnte die Einbeziehung einer externen Beschwerdestelle Abhilfe schaffen, beispielsweise bei der zuständigen Kammer. Ein solches Angebot konnten sich auf Nachfrage jedoch nur wenige KMU vorstellen. Ein Problembewusstsein für die missliche Lage der Beschäftigten in kleineren Betrieben und für die Gefahr, dass Konflikte durch fehlende niederschwellige Beschwerdemöglichkeiten herangezüchtet werden und eskalieren könnten, ist offensichtlich in den befragten Unternehmen nicht vorhanden.

2.3.3 Personalentscheidungen

Traditionell bergen Einstellungsverfahren große Diskriminierungspotenziale, da durch sie entschieden wird, wer neues Organisationsmitglied wird und wer nicht. In diesem Bereich gab es in der Vergangenheit mithin die meisten Diskriminierungsklagen. Es stellte sich deshalb die Frage, ob Teile des Rekrutierungsverfahrens aufgrund des AGG geändert wurden.

In der Tat antworteten von den 52 befragten Personen 41, also knapp 80 %, dass sich etwas in der Einstellungspraxis geändert habe, zumeist bei der Ausschreibung von neu zu besetzenden Stellen. Häufig wurden die Texte auf die Konformität mit dem AGG hin überprüft und gegebenenfalls angepasst. Insbesondere wurden Formulierungen wie „jung" oder „jung und dynamisch" aus den Anzeigen getilgt, um Altersdiskriminierung zu vermeiden. Gelegentlich wurde „m/w" als Kürzel für „männlich/weiblich" hinter die geschlechtsspezifische Stellenbezeichnung gesetzt.

Bei den nachfolgenden Verfahrensschritten im Einstellungsprozess werden die Änderungen deutlich seltener. Sollen Bewerber/innen ihre Bewerbungsunterlagen zusenden, greift man gerne zur Formulierung „bitte senden Sie die üblichen Unterlagen". Damit vermeidet man die Forderung nach einem Bewerbungsfoto, die nach dem AGG als Vorbereitung einer diskriminierenden Auswahl problematisch sein könnte, schließt das Zusenden eines Fotos aber auch nicht aus. Fragen Bewerber/innen nach, ob ein Foto erwünscht ist, überlässt man ihnen die Entscheidung. Der Betrieb ist damit auf der sicheren Seite. Für die Bewerber/innen bedeutet dies, selbst zu entscheiden, ob sie wie in Deutschland bislang üblich ein Foto mitschicken oder nicht. Da einige Personalverantwortliche offen zugeben, dass sie hoffen, die Bewerber würden freiwillig ein Foto senden, ist zu vermuten, dass sie evtl. unbewusst Unterlagen ohne Foto ungünstiger beurteilen bzw. sich am optischen Eindruck, z. B. Alter, Kopftuch, Bart, auch orientieren möchten.

Bei der Dokumentation der Unterlagen, die im Fall einer Diskriminierungsklage einen hohen Beweiswert haben, verfährt ca. die Hälfte der Betriebe wie vor dem Inkrafttreten des Gesetzes. Die andere Hälfte hat die Dokumentation ausgeweitet. Eine Personalverantwortliche sagte dazu: *„Wenn ich da ganz sauber arbeiten wollte, müsste ich das dokumentieren, das wäre ein erheblicher Personalaufwand, und da kann man die Rechnung stellen, wenn sich jemand einklagt und der bekommt höchstens drei Monatsgehälter, dann ist das sicherlich am Ende weniger, als wenn wir den Personalaufwand nach oben treiben. Wir haben 10.000 Bewerber, von denen werden am Ende 100 eingestellt, das würde ins Unermessliche gehen."* (Personalreferentin, Großunternehmen, Technikbranche); ein Beleg dafür, dass in der Praxis abgewogen wird zwischen Kosten, die durch das Gesetz, und Kosten, die bei einem Gesetzesbruch entstehen, wobei Letztere häufig niedriger eingeschätzt werden.

Bei den Einstellungsinterviews gehen die meisten Betriebe wie bisher vor. Einige führen die Gespräche aufgrund des AGG zu zweit oder haben – selten – einige Fragen im Interview modifiziert. Praktisch kein Unternehmen aber hat die eigentlichen betriebsspezifischen Einstellungskriterien geändert, um dort bislang nicht beschäftigten Gruppen besseren Zugang zu gewähren oder um gezielt Gleichstellung zu fördern.

Insgesamt entsteht der Eindruck, dass im Rekrutierungsprozess jene Verfahrenselemente überprüft wurden, bei denen die Gefahr bestand, dass ein Verstoß gegen das AGG leicht erkennbar würde: Formulierungen im Ausschreibungstext sowie die Art der geforderten Unterlagen. So ist man gegen Klagen gefeit. Nicht geändert wurden die internen, schwer von außen zu prüfenden Elemente wie Kriterien beim Bewerbungsunterlagen-Screening oder Inhalte der Einstellungsinterviews. Die Betriebe versuchen, ihre bisherige Praxis beizubehalten, ohne mit dem Gesetz erkennbar in Konflikt zu geraten. Eingestellt werde unverändert, wer *„zur Firma passt"* (Personalreferentin, Großunternehmen, Technikbranche). Alte Barrieren und Vorteile werden auf diese Weise trotz des AGG fortgeschrieben.

Um keinen Klagegrund zu liefern, wird von vornherein einer Ablehnung keine Begründung mehr beigefügt. *„Wir schreiben so einen lapidaren Satz, der ist mit den Anwälten abgestimmt."* (Geschäftsführer, Großunternehmen, Papierverarbeitung) Viele Personalverantwortliche bedauern dies ausdrücklich. Hier zeigt sich eine kontraproduktive unerwünschte Nebenwirkung des AGG. Schließlich wollte der Gesetzgeber Arbeitnehmer/innen gegen Diskriminierung schützen, nicht gegen offenes Feedback bezüglich einer möglicherweise ungünstigen Selbstdarstellung, welches ihnen für weitere Bewerbungen nützen könnte.

Bei der Personalentwicklung, also Weiterqualifikation und beruflichem Aufstieg, wurden nirgends Veränderungen benannt. Bei Kündigungen verneinten 47 Befragte (90 %) Änderungen wegen des AGG, der Rest machte keine Angaben. Nur in einem Großunternehmen der Metallbranche meinte das befragte Betriebsratsmitglied, dass bei den anstehenden 3.000 Stellenstreichungen künftig das AGG beachtet werden müsste.

2.3.4 Abbau von Entgeltdiskriminierung?

Hatte die Vorläuferregelung zum AGG in § 612 Abs. 3 BGB Entgeltdiskriminierung ausdrücklich verboten, wird Entgelt in § 8 Abs. 2 AGG nur im Zusammenhang mit Ausnahmen vom allgemeinen Diskriminierungsverbot des § 7 AGG angesprochen und damit gesetzlich wieder unsichtbar gemacht. Diese Verschlechterung dürfte kaum dazu beitragen, Unternehmen für Entgeltbenachteiligung im eigenen Bereich zu sensibilisieren.

So war es zu erwarten, dass es in diesem Bereich kaum Veränderungen gab. Nur zwei Befragte aus den 41 Unternehmen gaben als Änderung die Entwicklung neuer Gehaltsgruppen an. Tarifverträge wurden nur in einem Unternehmen im Zusammenhang mit dem neuen Entgeltrahmentarifvertrag (ERA) des Metallbereichs problematisiert, bezüglich eventueller Geschlechtsdiskriminierung dabei jedoch von den Befragten konträr bewertet. Die betrieblichen Akteure/innen haben demnach die kollektivvertragliche Ebene bei der Frage nach Entgeltdiskriminierung eher nicht im Blick und können vermutlich tarifvertragliche Details nur schlecht auf Diskriminierung hin beurteilen. Dass das AGG über § 15 Abs. 3 Unternehmen von der Haftung für Diskriminierungen durch Kollektivverträge weitgehend freistellt, dürfte dieses Ausblenden der Kollektivebene bei der Suche nach Diskriminierung zusätzlich begünstigen.

2.3.5 Religiöse oder weltanschauliche Zeichen

Die Frage der Einstellungen der betrieblichen Akteure/innen zu religiösen und weltanschaulichen Zeichen kristallisierte sich erst im Verlauf der Studie als brisant heraus, wurde dann aber von uns systematisch aufgegriffen. Wir fragten beispielhaft, ob muslimische Frauen mit Kopftuch im Betrieb akzeptiert würden. Im Ergebnis ergaben sich drei unterschiedliche Einstellungsmuster:

Eine erste Gruppe, ca. ein Viertel der Befragten, duldete das Kopftuch als religiöses Zeichen nicht mit den Begründungen, dass im Betrieb Neutralität gefordert werde, ein Kopftuch genauso unerwünscht wie Piercing oder eine Plakette sei oder dass es nicht zur Unternehmenskultur passe: *„Als wir eine Stelle in der Buchhaltung ausgeschrieben haben, da hatten wir 80 Bewerbungen, da waren auch 20 Kopftücher dabei, die wurden gleich aussortiert"*, (Personalleiter, Großunternehmen, Papierverarbeitung) drückt es unverblümt der Befragte aus und gibt als Begründung *„die Störung des Betriebsfriedens"* an. Bei den dezidiert ablehnenden Haltungen überwogen die kleineren Betriebe.

Eine zweite Gruppe, knapp die Hälfte der Befragten, hatte explizit keine Probleme mit kopftuchtragenden Beschäftigten und gab als Begründung an: *„gehört zur Kundenorientierung"*, *„war schon immer zugelassen"*, *„darauf wird nicht geschaut"*. Zwei Aussagen dazu: *„Da habe ich gar kein Problem mit. Es wäre bestimmt komisch, wenn hier jemand mit einem Kopftuch rumlaufen würde. Aber ich glaube, man würde erstmal gucken und dann wäre es okay."* (Personalleiterin, Großunternehmen, Maschinenbau) *„Ich bin unter Nonnen aufgewachsen, mich schockt so ein Kopftuch nicht."* (Geschäftsführer, KMU, Optik)

Die dritte Gruppe, das restliche Viertel der Betriebe, differenzierte bei eingeschränkter Toleranz. Es wurden Unterschiede je nach Arbeitsbereich gemacht. Beschäftigte ohne Kundenkontakt, v. a. im Reinigungsdienst oder im Küchenbereich, dürfen Kopftuch tragen, aber *„kein Kopftuch am Empfang"* (Geschäftsführerin, KMU, Personaldienstleistungen) ist eine symptomatische Aussage für die Haltung der meisten eingeschränkt Toleranten. *„Hinten (Küche, Anm. der Autorinnen) haben wir damit keine Probleme, vorne (Restaurant, Anm. der Autorinnen) geht das gar nicht."* (Geschäftsführer, KMU, Gastronomie) *„Kopftuch? Ich glaube, das wäre kein Problem. Im Außendienst würde das wohl nichts werden."* (Betriebsrat, KMU, Konsumgüter)

Die Ergebnisse zeigen, dass in ungefähr der Hälfte der Betriebe Vorbehalte gegenüber diesem religiösen Zeichen bestehen, entweder generell oder bei bestimmten Arbeitnehmergruppen. Hier eröffnet sich ein Problemfeld, das in der Öffentlichkeit noch nicht ausreichend erkannt oder behandelt wurde. Die Kopftuch-Diskussion beschränkt sich bislang auf den öffentlichen Dienst, insbesondere auf Lehrerinnen. Es ist aber jede Ablehnung einer Bewerbung aufgrund eines weltanschaulichen Zeichens ein Verstoß gegen § 7 Abs. 1 AGG, wenn nicht eine bestimmte Religion eine nach Art der Tätigkeit gerechtfertigte berufliche Anforderung darstellt (Horstmeier u. Trost 2006), insbesondere die sogenannte „Kirchenklausel" des § 9 Abs. 1 AGG greift. Doch selbst in der christlichen Kirche dürfen nichtchristliche Bewerber/innen nicht generell abgelehnt werden, sondern sind im sogenannten verkündungsfernen Bereich zuzulassen (Bauer et al. 2008, § 9 Rn 15). Die Ablehnung einer kopftuchtragenden Bewerberin aufgrund einer Tätigkeit mit Kundenkontakt oder im Service würde im privatwirtschaftlichen Bereich von den Gerichten nicht akzeptiert werden (Wisskirchen 2006). Das Bundesarbeitsgericht (BAG) hat bereits 2002 im Verkaufsbereich pro Kopftuch entschieden und befürchtete Kundenvorbehalte als Rechtfertigung nicht akzeptiert (BAG 10.10.2002 AP Nr. 44 zu § 1 KSchG 1969) und wurde darin vom Bundesverfassungsgericht bestätigt (BVerfG 30.07.2003 NZA 2003, 2815).

Bislang gab es vermutlich nur deswegen wenige Konfliktfälle, weil die meisten Beschäftigten mit Kopftuch als Reinigungskräfte, Küchenhilfen und dergleichen arbeiteten oder weil die eigentlichen Ablehnungsgründe nicht offen lagen. Dies könnte sich in Zukunft ändern, wenn sich kopftuchtragende Hochschulabsolventinnen – und solche gibt es zunehmend – auf qualifizierte Arbeitsplätze bewerben und selbstbewusster auf ihre Rechte bestehen. Die Betriebe sind hier gefordert dazuzulernen und ihre Prinzipien zu überdenken, nicht nur um Konflikte mit dem Gesetz zu vermeiden, sondern auch um qualifizierte Arbeitskräfte zu gewinnen.

2.3.6 Mehrkosten durch das AGG?

Eine Studie im Auftrag der unternehmensnahen Initiative neue Marktwirtschaft zu den Kosten des AGG aus dem Sommer 2007, also noch kein Jahr nach Inkrafttreten des AGG, hat ihre Befragungsergebnisse auf 1,73 Mrd. Euro hochgerechnet, wovon 40 % fortlaufende Kosten seien (Hoffjan u. Bramman 2007). Diese Hochrechnung löste öffentliche Debatten über das AGG bis in den Deutschen Bundestag hinein aus (Bundesregierung 2008) und wurde von der Antidiskriminierungsstelle des Bundes (ADS), die ansonsten bisher betont unternehmensfreundlich agiert, als nicht valide kritisiert (ADS 2008). Angesichts dessen fragten auch wir nach den ökonomischen Auswirkungen des AGG. Dafür wurde zunächst nach dem zusätzlichem Personal- und Zeitaufwand und erst danach nach den allgemein gestiegenen Kosten gefragt. Dadurch sollten voreilige Pauschalierungen der Befragten vermieden werden.

Mehr Personal forderte das AGG nur aus Sicht zweier Befragter. 90 % der Befragten meinten, dass die Arbeit mit demselben Personal erledigt werde. Beim Zeitaufwand waren die Meinungen gespalten: 44 % sahen keinen höheren Zeitaufwand, 54 % bejahten diesen. Die meisten Befragten begründeten den zusätzlichen Zeitaufwand durch einmalige Einführungsmaßnahmen wie Überarbeitungen von Stellenanzeigen und Formularen, Verfassen von Rundschreiben und Durchführung von Schulungen. Dabei ist zu bedenken, dass zumeist nur wenige Beschäftigte, nämlich Führungskräfte und Personalverantwortliche, geschult wurden, deren Zeit aber naturgemäß besonders teuer ist. Nur wenige meinten, dass generell mehr Zeit für Auswahlgespräche oder die Dokumentation verwendet werde. Dreimal wurde von geringfügigem Mehraufwand oder bloßen Kleinigkeiten gesprochen. Insgesamt betrachtet hat das AGG den Zeitaufwand vor allem einmalig, nämlich bei seiner Einführung, steigen lassen.

Das bestätigen auch die Antworten auf die direkte Frage nach den Kosten, die überwiegend als einmalig klassifiziert wurden. Ansonsten sind die Antworten auch hier gespalten: Keine Kostensteigerung sahen 48 % der Befragten und 48 % sahen im Gegenteil Kostensteigerungen. Dauerhafte Kosten wurden bei der Dokumentation gesehen (vier Befragte), weil wegen unspezifischer Ausschreibungstexte mehr Bewerbungen abzuarbeiten seien oder ohne Fotos der Auswahlaufwand höher sei. In einem Fall seien die Urlaubskosten gestiegen, weil jetzt allen Beschäftigten der gleiche Urlaubsanspruch eingeräumt werde.

Als Ergebnis unserer Befragung können wir für die befragten Unternehmen zwar keine genauen durch das AGG verursachten Kosten angeben. Die Befragung belegt jedoch, dass die meisten Betriebe Zeitaufwand und Kosten als einmalig und zudem gering einstufen und hohe Kosten bei keinem der befragten Unternehmen entstanden sind. Die 1,7 Mrd. Euro Gesamtkosten für die deutsche Wirtschaft wegen des AGG erscheinen angesichts dieser Befunde wenig realistisch und deutlich zu hoch gegriffen.

2.3.7 Gab es Konfliktfälle und Klagen?

Auch wenn die Klageflut offenbar ausgeblieben ist (IWD 2008), könnte das AGG in den Unternehmen zu Konflikten geführt haben, die dann intern oder durch Vergleich, also jedenfalls ohne Gerichtsentscheid, hätten beigelegt werden können.

Nur 17 % der Befragten berichteten jedoch überhaupt von Konfliktfällen, 75 % verneinten die Frage nach Konflikten. Das wurde in zwei Antworten ausdrücklich nicht auf die diskriminierungsfreie Praxis des Unternehmens zurückgeführt, sondern auf schlechte Information der Bewerber/innen oder Desinteresse potenziell Betroffener: *„Die meisten wissen gar nicht, was im AGG drin steht. Deswegen hatten wir nämlich auch noch keine Klagen."* (Geschäftsführer, KMU, KFZ-Branche) Auf eine *„Sekretärin-Anzeige gab es 100 Bewerbungen, aber niemand hat sich beschwert."* (Personalleiter, Großunternehmen, Personaldienstleistungen) Vorhandene Konflikte wurden intern gelöst, nur einmal kam es im Fall der Bewerbung einer Schwerbehinderten zu einer Klage. Ansonsten ging es eher um Bagatellfälle und zweimal um mögliche sexuelle Belästigung. Sogenanntes AGG-Hopping, also eine missbräuchliche Klagedrohung, um an Geld zu kommen, wurde in zwei Fällen beobachtet, aber problemlos abgewehrt.

Vor diesem Hintergrund überrascht es nicht, dass viele Befragte das Gesetz für wenig wirksam hielten. Es dauere *„bestimmt noch Jahre, bis das in den Köpfen verankert ist"* (Geschäftsführer, KMU, soziale Dienste). Eine Mehrheit von 52 % (27) der Befragten meinte, das AGG habe, egal ob gut oder schlecht, zumindest im eigenen Unternehmen gar keinen Einfluss gehabt: *„Das AGG hat bei uns intern absolut keine Rolle gespielt."* (Geschäftsführer, KMU, Gastronomie) Ein Befragter hatte sogar erst durch die Befragung festgestellt, dass das AGG in Kraft ist. Das AGG sei überschätzt worden; das meiste habe man schon gelebt; wegen der Kosten und des geringen Risikos bei Gesetzesbrüchen mache man manches einfach nicht. *„Wenn die Anwälte uns nicht so vollgemüllt hätten, hätten wir gar nicht gemerkt, dass das Gesetz eingeführt wurde!"* (Geschäftsführer, Großunternehmen, Papierverarbeitung)

2.3.8 Benachteiligte Gruppen im Betrieb

Die geringen Veränderungen im Diskriminierungsschutz wären unbedenklich, wenn in den Unternehmen tatsächlich keine Benachteiligungen bezogen auf die Merkmale des § 1 AGG mehr existieren würden. Daher fragten wir direkt nach in den Unternehmen vorhandenen Benachteiligungen aus Sicht der Befragten. Nicht selten weichen die persönlichen Meinungen der betrieblichen Akteure/innen von der Unternehmenspolitik ab, und zwar nicht nur bei den Betriebsräten oder den Beauftragten, sondern auch bei Personalverantwortlichen.

Nach der eigenen Wahrnehmung befragt, benannten immerhin 35 (67 %) der Befragten klar umrissene Benachteiligungen. Bei vier Unternehmen wurden sogar drei oder mehr Gruppen als benachteiligt eingestuft. 17 (33 %) der Befragten sehen keine Benachteiligungen im Unternehmen.

Geschlecht, Alter und Religion waren die meist genannten Merkmale für Benachteiligung im Betrieb. 22 Befragte sahen Frauen benachteiligt, u. a. beim Zugang zu gewerblich-technischen oder sogenannten Männerberufen, bei der Vereinbarkeit von Beruf und Familie, beim Zugang zu Führungspositionen und beim Entgelt. Frauenbenachteiligung wird damit am stärksten und differenziertesten von allen Benachteiligungen wahrgenommen. Elf Befragte sahen in den Unternehmen Altersbenachteiligungen, zumeist, aber nicht immer, bezogen auf Ältere. Jüngere würden bevorzugt eingestellt, Ältere würden nicht mehr weitergebildet und hätten einen schweren Zugang zu Führungspositionen. Einige vermuteten aber, dass das Thema in Kürze im Betrieb aufgegriffen würde, weil der demografische Wandel dazu zwinge, sich mit der Beschäftigung und Weiterbildung Älterer auseinanderzusetzen. Benachteiligung wegen der Religion wurde von 17 Befragten benannt, wobei sich wegen der überwiegend angeführten Kopftuchfrage zumeist Religion und Migration/Ethnie überschneiden dürften. Benachteiligung wegen der ethnischen Herkunft wurde explizit jedoch nur in zwei Fällen wahrgenommen. Die Probleme von Migranten/innen scheinen ohne Kopftuch noch nicht in das Blickfeld der betrieblichen Akteure geraten zu sein.

Ebenfalls nicht gesehen wurden Benachteiligungen wegen einer Behinderung und der sexuellen Identität. Nur drei Befragte bemerkten Behindertenbenachteiligung in ihrem Unternehmen. Das überrascht, denn eingangs hatten nur sieben Interviewte erklärt, dass ihr Unternehmen die Schwerbehindertenquote erfülle, und sogar sieben andere Befragte meinten, dass im Betrieb gar keine Behinderten beschäftigt würden – wobei vermutlich nicht immer zwischen Behinderten und Schwerbehinderten unterschieden wurde. Benachteiligung wegen der sexuellen Identität wurde nur einmal genannt: Abweichende sexuelle Identität führe im Unternehmen zur Kündigung. Eine andere Personalverantwortliche erklärte sich persönlich für außerstande, mit einer homosexuellen Person zusammenarbeiten zu können. Auch in diesem Fall dürfte das Problem bislang unsichtbar bleiben, weil die sexuelle Identität in der Regel im Betrieb nicht thematisiert wird. Das kann auf eine heterosexuelle „Normalität" hinweisen oder darauf, dass Homosexuelle ein Outing nicht wagen. Nur acht Befragte wussten von homosexuellen Beschäftigten im Betrieb. Es liegt auf der Hand, dass eine tabuisierte Homosexualität nicht durch das AGG geschützt werden kann. Durch die Ausbreitung der eingetragenen Partnerschaft werden homosexuelle Lebensformen künftig allerdings in den Betrieben sichtbarer werden.

Insgesamt scheint es einer gewissen sichtbaren Präsenz einer möglicherweise benachteiligten Gruppe im Betrieb zu bedürfen, bis die anderen Beschäftigten deren Probleme bewusst wahrnehmen. Frauen und Ältere erfüllen diese Voraussetzungen besser als andere potenziell benachteiligte Gruppen. Aber auch hier bedeutet Problemwahrnehmung nicht automatisch Problembearbeitung. Denn Gleichstellungspolitik ist in den meisten der von uns befragten Unternehmen bislang ein Fremdwort.

2.3.9 Gleichstellungspolitische Maßnahmen

Wir fragten explizit nach den bisherigen gleichstellungspolitischen Aktivitäten der Unternehmen, um zu überprüfen, ob wegen des AGG bisherige Gleichstellungsaktivitäten zurückgefahren würden. 37 Befragte, also 71 %, verneinten generell gleichstellungspolitische Maßnahmen in ihrem Betrieb. *„Personalpolitik wird aus dem Bauch entschieden!"* (Geschäftsführer, KMU, Personaldienstleistungen) Dreimal wurde darauf verwiesen, dass eine Gleichstellung von Frauen im Betrieb bereits gegeben sei, man sei *„schon vorher nicht hinterwäldlerisch"* gewesen, oder Frauen stellten schon heute die Mehrzahl der im Betrieb Beschäftigten. Ein Personalleiter nannte *„gelebtes Miteinander"* als ausreichende Gleichstellungspolitik. Zweimal wurde berichtet, dass im Gegenteil bestehende Förderungsinstrumente wie ein Betriebskindergarten oder eine Gleichstellungsbeauftragte wieder abgebaut worden seien, allerdings nicht wegen des AGG, sondern weil sie sich als nicht erforderlich bzw. zu teuer erwiesen hätten. Gezielter fragten wir im Anschluss nach vier Gleichstellungsmaßnahmen oder -politiken: Gleichstellung Frau/Mann, Familienfreundlichkeit, Gender Mainstreaming sowie Diversity Management.

Nur zehn Befragte (19 %) meinten, dass bei ihnen eine speziell die Gleichstellung von Frauen und Männern fördernde Personalpolitik verfolgt werde. Darunter befanden sich drei zertifizierte Unternehmen nach Total-E-Quality oder dem Audit Beruf und Familie. 41 Befragte (79 %) verneinten eine Gender-orientierte Gleichstellungspolitik. Als mögliche Begründung wurde die *„mangelnde Notwendigkeit"* angeführt, Geschlecht sei *„kein Thema"* und für die Besetzung von Positionen *„nicht wichtig"*. Man habe sowieso Fachkräftemangel, nehme also jede/n, oder hätte eigentlich gern eine Männerquote, fände aber keine Männer für die Tätigkeit. Neun Befragte, also 17 %, äußerten in diesem Zusammenhang deutliche Vorbehalte gegenüber Frauenquoten: *„Von Frauenquoten halte ich gar nichts!"* (Geschäftsführer, Großunternehmen, Papierverarbeitung) *„Ich möchte keine Quotenfrauen! Und auch keine Quotenmänner!"* (Behindertenvertreter, Großunternehmen, Metallverarbeitung) Der Umfang der Aktivitäten der fördernden Unternehmen ist unterschiedlich. Nur vier Unternehmen, darunter auch ein nichtzertifiziertes, betreiben umfassende Gleichstellungspolitik zugunsten von Frauen. Insgesamt sind Großunternehmen bei den Förderungen stärker vertreten als KMU, was sich mit den Ergebnissen anderer Untersuchungen deckt (vgl. Krell 2008).

Etwas mehr, nämlich 14 Befragte (27 %), verwiesen auf die besondere Familienfreundlichkeit ihrer Unternehmen. Bei 34 Befragten (65 %) hingegen wurde keine besondere Personalpolitik bzgl. der Familienfreundlichkeit verfolgt. Zwei Personalverantwortliche aus Kleinbetrieben meinten, ihr Betrieb könne nur wenige bzw. nur eine Mutter verkraften. Eine Personalreferentin gab an, mit der Planung regelmäßiger Familienfeste für Betriebsangehörige bereits familienfreundlich genug zu sein. Einem Betriebsrat und AGG-Beauftragten fiel zu familienfreundlicher Personalpolitik nur der freie Samstag für den Vater ein. Die Personalverantwortliche eines Großbetriebes sagte, man müsse sich eben zwischen Kind und Beruf entscheiden: *„Wenn ich so einen kleinen Wurm habe, dann muss ich damit leben, dass ich zwei oder drei Jahre nicht zur Arbeit gehe."* (Personalleiterin, Großunternehmen, Maschinenbau) Elternförderung wurde für eine Diskriminierung Kinderloser gehalten: *„Wenn ich etwas für Muttis mache, ist das nicht diskriminierend den Kinderlosen gegenüber?"* (Geschäftsführer, KMU, Transport und Logistik) Kleinere Betriebe haben hier – wenig überraschend – mehr Probleme als Großbetriebe, weil ihnen Flexibilitätsspielräume fehlen.

In der modernen Personalwissenschaft propagierte neuere Handlungskonzepte, mit denen im Ausland Erfolge erzielt wurden, spielen in den von uns befragten Unternehmen der Privatwirtschaft keine Rolle. Nur einmal wurde vom Betriebsrat Gender Mainstreaming bejaht, ohne aber von den parallel Befragten aus Personalabteilung und Beauftragtenbereich bestätigt zu werden. Auch Diversity Management wird in nur zwei Großunternehmen praktiziert, allerdings auch hier nicht aus Sicht aller Befragten. Insofern müssen auch diese Nennungen etwas zweifelhaft bleiben.

Eine systematische Gleichstellungspolitik zugunsten bisher benachteiligter Gruppen ist in den befragten Unternehmen also selten. Sie bezieht sich dann vorrangig auf die bessere Vereinbarkeit von Beruf und Familie, bedient sich dabei konventioneller Mittel und hat auch dabei ausschließlich Frauen im Blick. Männer in Elternzeit waren in den befragten Unternehmen noch kein Thema. Das AGG stellt keinen Anreiz dar, Fördermaßnahmen über die rechtlichen Verpflichtungen hinaus einzuführen. Selbst die ausdrückliche Gestattung positiver Maßnahmen durch § 5 AGG ist offenbar nicht überall bekannt.

2.4 Fazit: Bisher kaum Veränderungsdruck durch das AGG

Die Klageflut ist ausgeblieben. Konflikte gab es auch unternehmensintern kaum. Aufwand und Kosten wegen des AGG hielten sich in Grenzen. Die Unternehmen sind eher um Kosmetik nach außen bemüht als um Veränderung ihrer Personalpolitik nach innen. Eine kleine Minderheit, darunter eher Großunternehmen, betreibt unberührt vom AGG weiter ihre bisherige Gleichstellungspolitik, zumeist als Frauenförderung oder – häufiger – als bessere Vereinbarkeit von Beruf und Familie für Frauen. Das bedeutet zugleich, dass Frauen auch hier implizit weiterhin als Beschäftigte mit Defizit und als Hauptverantwortliche für Kinder wahrgenommen werden. Bei Frauen und insbesondere Musliminnen konnte unsere Befragung deutliche Gruppendiskriminierungen zeigen. Benachteiligungen von Menschen mit Behinderung, Migrationshintergrund oder nicht heterosexueller Geschlechtsidentität werden in den Betrieben bislang noch nicht einmal wahrgenommen, weil es diese Gruppen in den befragten Betrieben tatsächlich oder angeblich zumeist gar nicht gibt.

Das AGG ist eine notwendige, aber keine hinreichende Bedingung für den Abbau von Benachteiligungen. Offenbar wird in den Betrieben wenig Veränderungsdruck erlebt. Die Antworten der Beauftragten unterschieden sich hierbei nicht von denen der Personalverantwortlichen, wenngleich Betriebsräte und Beauftragte das AGG tendenziell etwas positiver einschätzten. Manche brachten in der Befragung beiläufig zum Ausdruck, dass in den ausländischen Müttern oder Töchtern ihrer Unternehmen gleichstellungspolitisch mehr gemacht werde – weil der gesetzliche Druck hier stärker sei und/oder das Bewusstsein ein anderes.

Die größte Wirkung erzielt das AGG bislang also symbolisch: Es drückt den politischen Willen zur Gleichstellung ebenso wie eine gesteigerte gesellschaftliche Sensibilität gegenüber Diskriminierungen aus. Allerdings haben in jüngster Zeit Diskriminierte durch Gerichtsentscheidung oder im Vergleich bei nachgewiesenem Verstoß gegen Diskriminierungsverbote des AGG höhere Schadensersatz- bzw. Entschädigungssummen erstreiten können als vor Einführung des AGG üblich (LAG Berlin 26.11.2008 Az. 15 Sa 517/08; Schadensersatz 2009). Mit bloß drei Monatsgehältern oder wenigen Tausend Euro dürften sich Unternehmen in Zukunft nicht mehr so sicher wie bislang von Diskriminierung freikaufen können.

Nichtdiskriminierung und Gleichstellung bisher benachteiligter Beschäftigtengruppen sollten jedoch eigentlich nicht nur Rechtspflicht sowie Gebot sozialer Gerechtigkeit sein. Sie wären auch ein Gebot wirtschaftlicher Vernunft und zukunftsweisender Personalpolitik, um sich künftig neue Personengruppen auf einem Arbeitsmarkt zu erschließen, der demografisch bedingt schrumpft und immer „älter" wird. Das neue AGG böte die Chance, den deswegen in den Betrieben erforderlichen personalpolitischen Wandel in geordneten Bahnen und weitgehend im Gleichschritt aller Unternehmen, also ohne innerstaatliche oder europäische Konkurrenz, einzuleiten. Diese Chance wird in den Unternehmen bislang jedoch zu selten gesehen und noch seltener genutzt.

Literatur

Adomeit K (2003) Schutz gegen Diskriminierung – eine neue Runde. Neue juristische Wochenschrift Ausgabe 16:1162

Antidiskriminierungsstelle des Bundes (2008) Wissenschaftliche Kommission. Nutzen und Kosten des Allgemeinen Gleichbehandlungsgesetzes (AGG). Nomos, Baden-Baden

Bauer JH, Göpfert B, Krieger S (2008) Allgemeines Gleichbehandlungsgesetz. Kommentar. 2. Aufl. C H Beck, München

Bundesregierung (2008) Kosten des Allgemeinen Gleichbehandlungsgesetzes. Antwort der Bundesregierung auf die Kleine Anfrage der Abgeordneten Rainer Brüderle u. a. und der Fraktion der FDP, BT Drs 16/10728 vom 30.10.2008

Däubler W, Bertzbach M (2008) Allgemeines Gleichbehandlungsgesetz. Handkommentar, 2. Aufl. Nomos, Baden-Baden

Hoffjan A, Bramann A (2007) Empirische Erhebung der Gesetzesfolgekosten aus dem Allgemeinen Gleichbehandlungsgesetz (AGG), Dortmund

Horstmeier G, Trost A (2006) Ein neues Handlungsfeld. Personalführung Heft 10:60–73

Institut der deutschen Wirtschaft (IWD) (2008) Kaum Klagen wegen Diskriminierung. iwd 11.12.2008:8

Krell G (2008) Programme und Maßnahmen zur Realisierung von Chancengleichheit in deutschen Großunternehmen von Mitte der 1990er Jahre bis 2006 – Befragung der Mitglieder des „Forum Frauen in der Wirtschaft". In: Krell G (Hrsg) Chancengleichheit durch Personalpolitik. 8. Aufl. Gabler, Wiesbaden, S 57–62

Meuser M, Nagel U (1991) Experteninterviews – vielfach erprobt, wenig bedacht. In: Garz D, Krainer K (Hrsg) Qualitativ-empirische Sozialforschung, Westdeutscher Verlag, Opladen, S 71–93

Personalmagazin (2006) Das AGG im Urteil der Personalmanager. Heft 7:28–29

Raasch S, Rastetter D (2009) Die Anwendung des AGG in der betrieblichen Praxis. Projektbericht. Universität Hamburg, Fakultät Wirtschafts- und Sozialwissenschaften in Zusammenarbeit mit dem Zentrum GenderWissen

Säcker FJ (2002) „Vernunft statt Freiheit" – Die Tugendrepublik der neuen Jakobiner. Zeitschrift für Rechtspolitik 35:286–290

Schadensersatz (2009) Urteile und Verfahren zum Schadensersatz (http://www.dgadr.org/printable/024cc19be10f5b401/024cc19be10ff9d03/index.html)

Wisskirchen G (2006) Der Umgang mit dem Allgemeinen Gleichbehandlungsgesetz – ein „Kochrezept" für Arbeitgeber. Der Betrieb. Heft 27/28:1491–1499

Kapitel 3

Diversity Management in Deutschland – eine Unternehmensbefragung

P. Köppel

Zusammenfassung. *Um eine konkrete Vorstellung zu bekommen, welche Ausprägungen Diversity Management in den verschiedenen Unternehmen beinhaltet, wurde eine internationale Studie durchgeführt. Diese lässt auf einen Nachholbedarf Deutschlands schließen: Weder wird die Relevanz der verschiedenen Dimensionen von Vielfalt erkannt, noch werden ausreichend effektive Maßnahmen praktiziert. Auch das Verständnis, dass Vielfalt den Unternehmenserfolg beeinflusst, ist unzureichend ausgeprägt.*
Jedoch ist in den letzten Jahren ein Umdenken festzustellen: Bedingt durch die Erkenntnis des demografischen Wandels, gesellschaftlicher Veränderungen und v. a. auch durch die Einsicht, dass über Vielfalt Mitarbeiterbindung, Marktzugänge und Innovation zu erreichen sind, führen mehr und mehr Unternehmen Diversity Management ein. Eine aktuelle Benchmarkstudie unter den DAX-30-Unternehmen ergab, dass 16 Unternehmen ein aktives Diversity Management betreiben und dazu einen zentralen Diversity Manager einsetzen. Zuweilen berichtet dieser sogar an das Topmanagement und kann auf diese Weise die Geschäftsstrategie unterstützen.

3.1 Was ist Vielfalt? Was ist Diversity Management?

Vielfalt als deutsche Übersetzung des amerikanischen Konzepts „Diversity" umfasst im weitesten Sinne die Existenz von Unterschieden zwischen den Angehörigen einer sozialen Gruppe (vgl. Jackson et al. 1995). Doch nicht nur die Präsenz ist entscheidend, sondern die Wahrnehmung von Vielfalt und deren soziale Konstruktion. Dies wird besonders deutlich bei den Debatten in der Diversitätsdimension „gender", welche die sozialen Geschlechterrollen über die biologisch gegebenen Unterschiede hinaus und ihre Wirkung auf die soziale Interaktion thematisieren (z. B. Krell 2005).

Ein wesentlicher Bestandteil neben den Unterschieden sind jedoch auch die Gemeinsamkeiten (vgl. Thomas 1996), denn was unterscheidet, kann auch verbinden: Sind zwei Personen in ihrer Kultur unterschiedlich, gehören sie vielleicht derselben Altersgruppe an. In diesem Artikel ist Vielfalt in Unternehmen von besonderem Interesse, daher ist auch das speziell auf ökonomische Fragen zugeschnittene Konzept von Cox (2001) zu erwähnen, das Vielfalt als die Variationen von sozialen und kulturellen Identitäten zwischen Menschen in einem Unternehmen oder Marktgebiet fasst.

Die konkreten Kriterien, hinsichtlich derer sich Menschen unterscheiden und ähneln, versuchen die Diversitätsdimensionen zu erfassen. Am weitesten verbreitet hat sich die Differenzierung in offensichtliche und latente Attribute nach Jackson et al. (1995) (◘ Abb. 3.1). Die offensichtlichen Eigenschaften beziehen sich auf sofort wahrnehmbare, meist unveränderbare Merkmale

Abb. 3.1 Taxonomie von Diversitätsdimensionen

oder biologische Charakteristika, die meist in physischen Prägungen erkennbar sind. Sie können unmittelbar beobachtet oder zumindest direkt abgefragt und in einfachen, validen Arten gemessen werden. Klassischerweise fallen hierunter Alter, Geschlecht und Hautfarbe, die zu den beziehungsorientierten Merkmalen gezählt werden. Dauer der Unternehmenszugehörigkeit, Abteilung, Hierarchieebene usw. zählen zu den aufgabenorientierten Dimensionen.

Die latenten Attribute können die Interaktionspartner nur durch anhaltende, individualisierte Zusammenarbeit und reflektierte Analyse erkennen. Es sind jene Phänomene, die v. a. sozial konstruiert werden und damit auch veränderlich sind. Aufgabenbezogene Merkmale sind Wissen, Fähigkeiten und Erfahrungen und beziehungsorientierte sind Werte, Einstellungen, sozialer Status und Persönlichkeit. Im Arbeitsleben spielen nicht nur die aufgabenbezogenen Dimensionen eine Rolle, sondern auch die beziehungsorientierten, welche die Kommunikation und Kooperation zwischen den Mitarbeitern beeinflussen (vgl. Köppel 2007b).

Ein schwerwiegendes Problem liegt darin, dass Menschen dazu neigen, nach stereotypem Muster von den offensichtlichen Merkmalen auf die latenten zu schließen (Köppel 2009). Eine Korrelation mag zwar zuweilen vorliegen, ist jedoch nicht pauschal richtig und verhindert die Wahrnehmung individueller Unterschiede.

Unterschiedlichkeit bezieht sich nun auf den Vergleich von zwei (oder mehr) Individuen anhand dieser Merkmale; Diversität ist also immer relational zu sehen.

Des Weiteren ist ein Individuum Mitglied verschiedener sozialer Gruppen und sozialer Identitäten, sodass die Realität bei weitem komplexer ist als es die bisherige einfache Kategorisierung vortäuscht. Je nach Situation tritt die eine oder die andere Gruppenzugehörigkeit und Identität in den Vordergrund, was zusätzlich Dynamik und Wechsel verursacht (vgl. Köppel 2007b).

Diversity Management kann definiert werden als der zielgerichtete und konstruktive Einsatz von Vielfalt bzw. deren Förderung im Sinne eines strategieorientierten Management-Instruments, das top-down und idealerweise von unten gestützt angewandt wird. Es bedient einerseits den moralischen Anspruch nach Gleichberechtigung und Gleichbehandlung, ermöglicht jedoch andererseits auch wirtschaftliche Vorteile (Business Case) (vgl. Thomas 1998). Dafür gilt es Unterschiede zu erkennen, Konflikten, die durch Unterschiedlichkeit bedingt sind, präventiv vorzugreifen und Potenziale zu nutzen. Inzwischen umfasst Diversity Management häufig explizit auch Inclusion, d. h., die Einbeziehung aller Mitarbeiter, um den Unterschieden eine Klammer und gemeinsame Bestimmung zu geben.

Ursprünglich als Maßnahme aus der amerikanischen Bürgerrechtsbewegung für die Umsetzung von Gleichberechtigung gedacht, hat sich Diversity Management weiterentwickelt zu einem betriebswirtschaftlichen Instrument zur verbesserten Nutzung der Humanressource. Um im Wettbewerb bestehen zu können, sind Ressourcen nicht nur effizient, sondern auch flexibel einzusetzen, und so auch die Mitarbeiter. Deren Wissen und Kompetenz wird in hochtechnologischen Bereichen

Diversity Management in Deutschland – eine Unternehmensbefragung

hochbrisant; die Kombination und der gezielte Einsatz ihrer Expertise sind Erfolgskriterien in der Erstellung von innovativen Produkten und Dienstleistungen (Köppel 2007b). Dies sind allein die ökonomischen Bedürfnisse der Unternehmen; auf der anderen Seite stehen der demografische Wandel und eine Pluralisierung der Gesellschaft, denen sich das Unternehmen zu stellen hat (► Abschn. 3.3).

3.2 Ein internationaler Vergleich zu Cultural Diversity Management

3.2.1 Ziele der Studie

Ausgehend von der Internationalisierung der Wirtschaft und der grenzüberschreitenden Zusammenarbeit von Unternehmensangehörigen tritt insbesondere die kulturelle Dimension in den Vordergrund. Daher galt der Fokus der Studie der Bertelsmann Stiftung aus dem Jahre 2007 dem Cultural Diversity Management und der Frage, inwiefern Deutschland sein Potenzial im internationalen Vergleich ausschöpft (vgl. für die folgenden Ausführungen Köppel et al. 2007).

Die Daten wurden mittels eines standardisierten Fragebogens erhoben, der an die Geschäftsleitung der Top 600 Unternehmen in Deutschland und Top 600 international versandt wurde. Der Rücklauf beläuft sich auf 78 Fragebögen. Dies ist vergleichbar mit anderen Studien zum Thema Vielfalt, wobei natürlich aus wissenschaftlicher Perspektive Abstriche an die Repräsentativität gemacht werden müssen. Als statistisch besonders aussagefähige Gruppen wurden die Kategorien Deutschland (39 %), USA und Großbritannien (16 %), restliches Europa (28 %) und übrige Länder (17 %) gebildet, die in ihren Antworten deutliche Gemeinsamkeiten in sich, aber Unterschiede zueinander aufwiesen.

3.2.2 Relevanz der Diversitätsdimensionen im Vergleich

In jedem Land, in jedem Unternehmen ist Vielfalt historisch anders gewachsen. Um einen Überblick zu bekommen, wo die regionalen Schwerpunkte liegen, wurden als Vereinfachung zur obigen Breite an Diversitätsdimensionen die sechs Dimensionen entsprechend den Kategorien der beiden EU-Richtlinien zur Nichtdiskriminierung ausgewählt (vgl. Der Rat der Europäischen Union 2000a und b). Dabei stellte sich heraus, dass über alle Länder hinweg Geschlecht die zentrale Rolle spielt. Jedoch auch Alter, Kulturzugehörigkeit und Behinderung werden auf einer Skala von 0 (keine Relevanz) bis 7 (höchste Relevanz) mit durchschnittlichen Werten über 4 oder sogar 5 angegeben (◘ Abb. 3.2). Religion und sexuelle Orientierung haben eine nachrangige Bedeutung. In der Formulierung der Frage wurde mit dem Begriff „Relevanz" darauf geachtet, dass Diversität und ihre Dimensionen nicht als ein negatives, sondern als neutrales Phänomen erscheinen.

Beim Ländervergleich fällt auf, dass Unternehmen in allen anderen Ländern Kulturzugehörigkeit bedeutender einschätzen als deutsche Unternehmen. Dies zeigt, dass das Thema kulturelle Diversität in Deutsch-

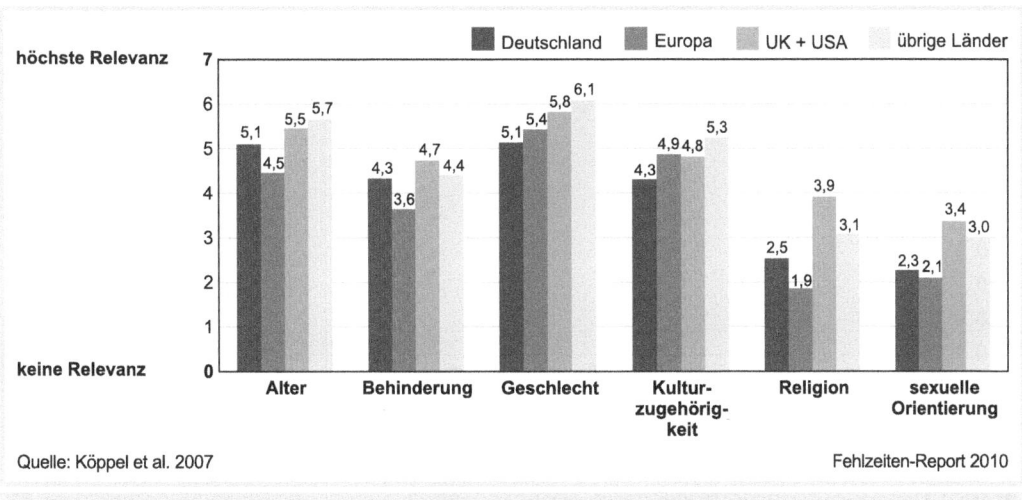

◘ Abb. 3.2 Relevanz verschiedener Diversitätsdimensionen nach Regionen

land nicht den gleichen Raum einnimmt wie in anderen Regionen, auch wenn in Deutschland nach dem Mikrozensus mehr als 18,4 % der Bevölkerung einen Migrationshintergrund aufweisen (Statistisches Bundesamt 2008).

Als handlungsleitende Aussage lässt sich aus diesen Ergebnissen schließen, dass Diversität von Kontext zu Kontext differenziert betrachtet werden muss und die Unternehmensleitung den Umgang mit ihr, d. h. Diversity Management, entsprechend in Zielen, Schwerpunkten und Maßnahmen in den jeweiligen regionalen Niederlassungen anzupassen hat.

3.2.3 Die Verbreitung von Cultural Diversity Management

Entsprechend der nachrangigen Gewichtung der kulturellen Dimension ist es nicht verwunderlich, dass in den deutschen Unternehmen im internationalen Vergleich wenig Cultural Diversity Management betrieben wird: nur in 42 % im Vergleich zu 77 % der europäischen und 92 % der US-amerikanischen/britischen Unternehmen (◘ Abb. 3.3). Zu beachten ist, dass in den USA aufgrund rechtlicher Vorschriften (Cultural) Diversity Management in den Unternehmen verankert ist.

Ein beträchtlicher Abstand ist generell zwischen kleineren und größeren Unternehmen zu erkennen.

3.2.4 Synergieeffekte aus kultureller Vielfalt

Ob sich ein Unternehmen für Cultural Diversity Management entscheidet, hängt in starkem Maße davon ab, ob es dieses Instrument als sinnvoll erachtet. Daher wurde explizit untersucht, welchen Nutzen die Unternehmen mit kultureller Diversität und Cultural Diversity Management verbinden. Die Unternehmen stimmten überwiegend zu, dass sich einerseits der demografische Zwang begegnen lässt und dass andererseits Konfliktreduktion und Zufriedenheit unter den Mitarbeitern, Kundenorientierung und Marktzugang sowie Zusammenarbeit und internationaler Erfolg zu erreichen sind. Generell ist der internationale Erfolg über verbesserte Zusammenarbeit und Innovation das wichtigste Zugpferd. Die bessere Ansprache von Kunden ist in deutschen Unternehmen relevanter als die Vermeidung von kulturell bedingten Konflikten – in amerikanischen/britischen Unternehmen ist dies umgekehrt (◘ Abb. 3.4):

Die „Pull"-Faktoren (der demografische Zwang wird als „Push"-Faktor verstanden, wonach Vielfalt nicht als Ressource gilt) werden auf der Treppe der Synergie abgebildet (◘ Abb. 3.5). Auf der obersten Stufe steht besagter internationaler Erfolg, der nach Angabe der befragten Unternehmen zu erreichen ist durch 1. die Entwicklung von interkultureller Kompetenz, 2. erhöhte Kreativität mittels Nutzung verschiedener Perspektiven und 3. bessere internationale Aufgabenerledigung mithilfe globaler und lokaler Experten und damit

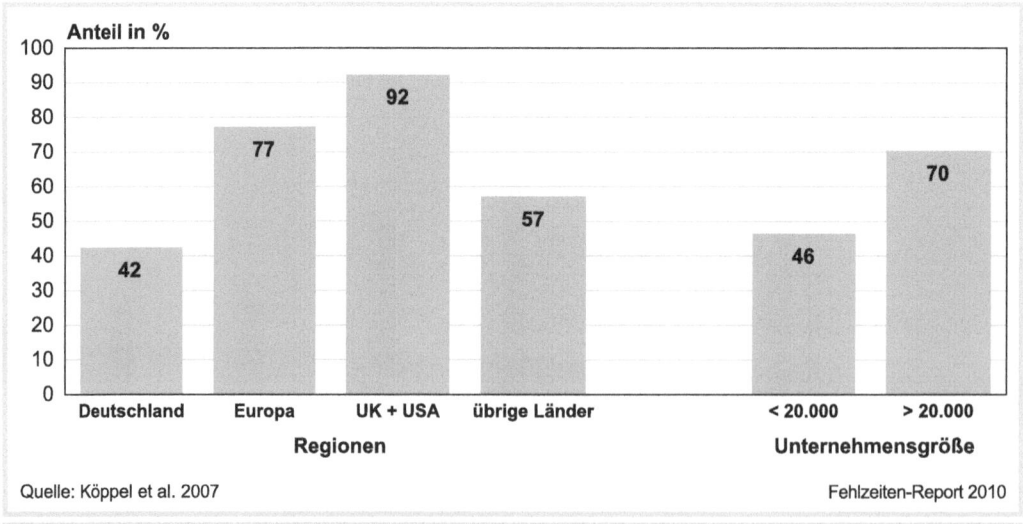

Quelle: Köppel et al. 2007

Fehlzeiten-Report 2010

◘ Abb. 3.3 Verbreitung von Cultural Diversity Management

Diversity Management in Deutschland – eine Unternehmensbefragung

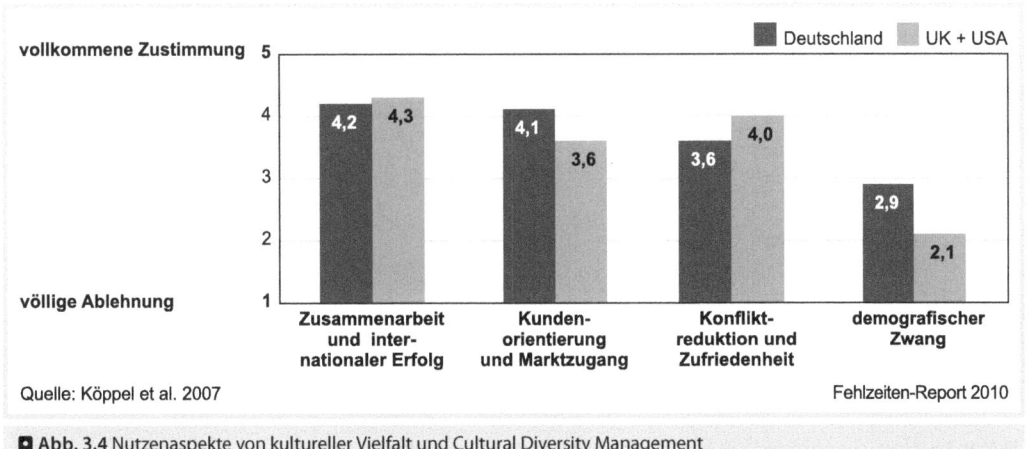

◘ Abb. 3.4 Nutzenaspekte von kultureller Vielfalt und Cultural Diversity Management

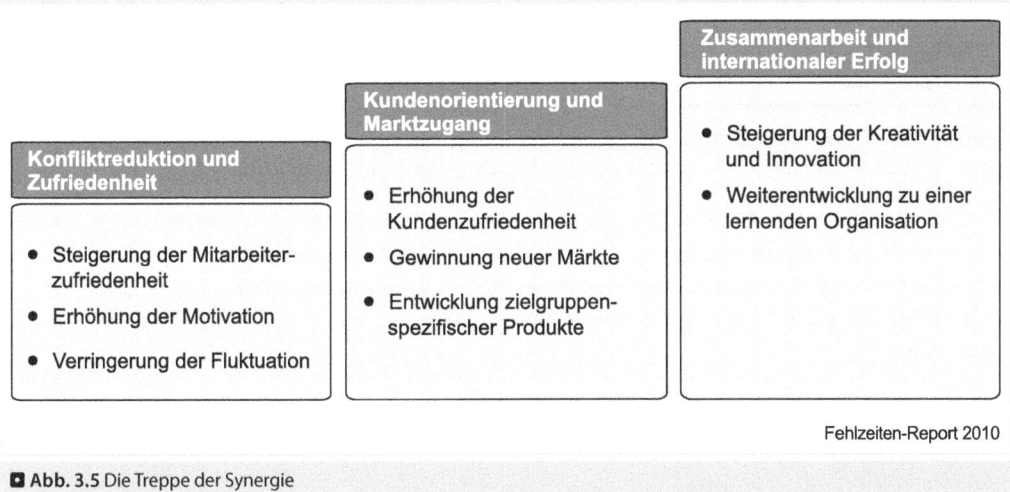

◘ Abb. 3.5 Die Treppe der Synergie

schließlich auch durch bessere internationale Reputation. Logisch gesehen ist die unterste Stufe – nämlich die Vermeidung von Konflikten und eine ausreichende Mitarbeiterzufriedenheit – die Voraussetzung für die Nutzung von weiteren Synergieeffekten: Nur bei erfolgreichem Einbezug aller Mitarbeiter können schließlich Stärken (Stufe 2) spezifisch eingesetzt und ausgetauscht und gemeinsam zu Neuem weiterentwickelt (Stufe 3) werden. Stufe 2 beinhaltet den verbesserten Marktzugang im In- und Ausland über Mitarbeiter mit denselben kulturellen Hintergründen wie die Kunden und eine kundenorientiertere Produktentwicklung und Serviceleistung. Für Praxisbeispiele für jede der genannten Stufen, beispielsweise bei ThyssenKrupp Steel, Deutsche Bank oder E-Plus, wird auf die Best-Practice-Sammlung von Köppel und Sandner (2008) verwiesen.

3.2.5 Schwierigkeiten beim Cultural Diversity Management

Hinsichtlich der Schwierigkeiten bezüglich Diversity Management wurden vier Problembereiche identifiziert: Widerspruch zur Unternehmenskultur, Akzeptanzprobleme, Komplexität und Kosten sowie Umsetzungsprobleme. Jeder der genannten Aspekte – v. a. die Umsetzungsprobleme – fallen in deutschen Unternehmen schwerwiegender aus als in USA/Großbritannien, wo eine längere Tradition und mehr Erfahrungen vorliegen (◘ Abb. 3.6).

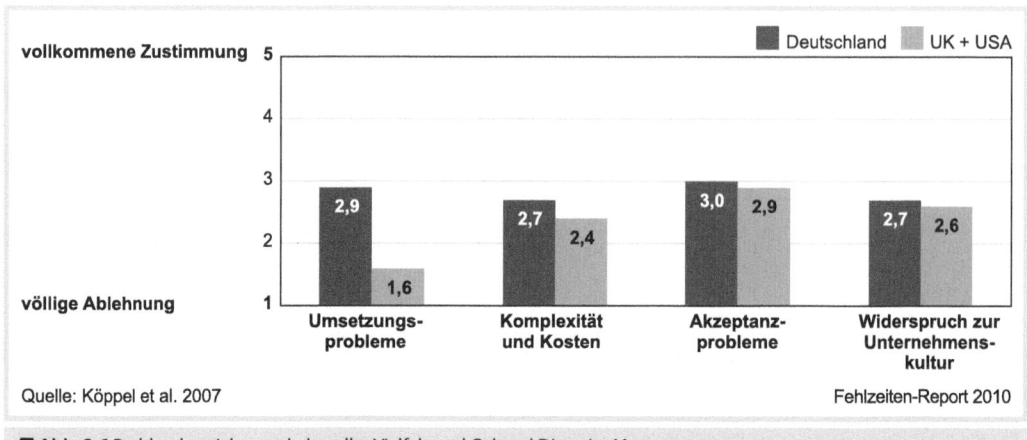

Abb. 3.6 Problembereiche von kultureller Vielfalt und Cultural Diversity Management

3.2.6 Die Instrumente von Cultural Diversity Management

Abb. 3.7 gibt wieder, welche Instrumente in den verschiedenen Ländern eingesetzt werden. Es fällt auf, dass in Großbritannien/USA stärker eine strukturelle Institutionalisierung von Cultural Diversity Management betrieben wird: Diversity-Beauftragte, Informationsveranstaltungen und Trainings sorgen dafür, dass ein Umfeld geschaffen wird, in dem die vorhandenen Ressourcen genutzt werden können. In Deutschland gilt eher „learning by doing", d. h., es werden mehr Kontakte mit fremdkulturellen Kollegen im Nebeneffekt durch Auslandseinsätze (bei 93,5 % der befragten Unternehmen) und in Netzwerken (83,9 %) geschaffen, aber nicht systematisch begleitet – Trainings und Coachings liegen abgeschlagen bei 48,4 %, ganz zu schweigen von einem Diversity-Beauftragten (12,9 %).

3.2.7 Die Wirkung auf den Unternehmenserfolg

Um der Frage auf den Grund zu gehen, ob ein Unternehmen Cultural Diversity Management aus gesellschaftspolitischen Gründen oder aus betriebswirtschaftlichem

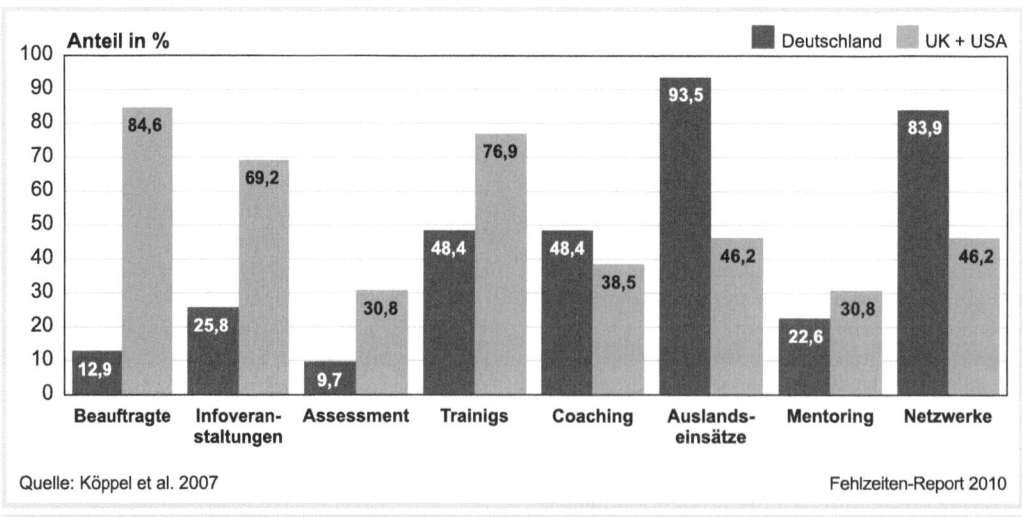

Abb. 3.7 Die Verbreitung von Diversity-Instrumenten

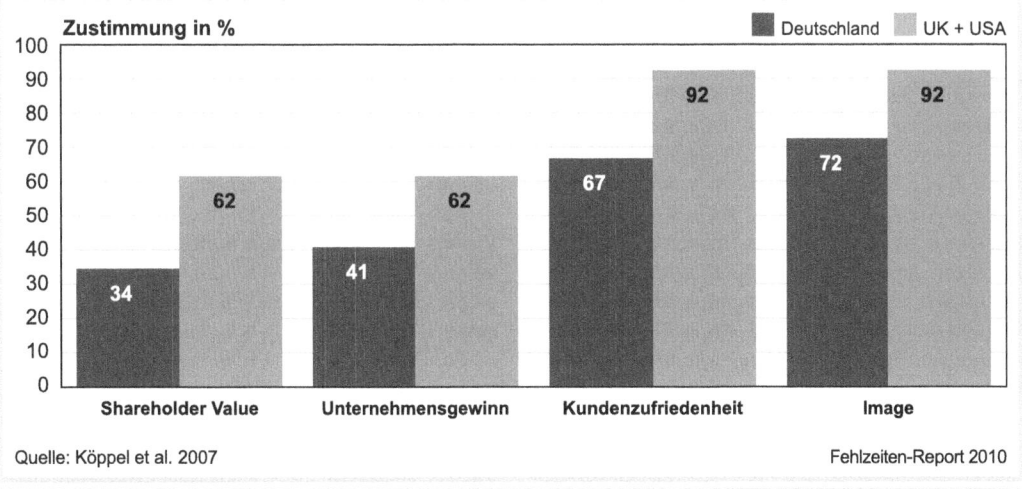

Abb. 3.8 Wirkung auf den Unternehmenserfolg

Kalkül eingeführt hat, wurde im Fragebogen schließlich auch die Wirkung auf den Unternehmenserfolg thematisiert. Unternehmenserfolg wird dabei in die vier Kategorien Unternehmensgewinn, Kundenzufriedenheit, Shareholder Value und Image unterteilt. Erstaunlicherweise ist die Zustimmung dafür sehr hoch, dass sich die Umsetzung von Cultural Diversity in Zukunft auf zumindest einen der genannten Erfolgsfaktoren niederschlägt. Jedoch ist auch erkennbar, dass Unternehmen in USA/Großbritannien eine noch intensivere Wirkung erkennen als deutsche Unternehmen. In beiden Regionen wird der Einfluss auf die weichen und kunden-/öffentlichkeitswirksamen Bereiche stärker eingeschätzt als auf die harten Erfolgskennzahlen (◘ Abb. 3.8).

3.2.8 Zwischenfazit

Diversity Management hat nach der vorliegenden Studie in Deutschland noch nicht den Stellenwert wie in seinem Ursprungsland USA erreicht: Die Dimensionen von Vielfalt werden als weniger relevant eingestuft, das Instrumentarium wird noch wenig genutzt, im Vordergrund stehen Umsetzungsprobleme. Dennoch sehen die Unternehmensentscheider das Potenzial hinsichtlich Marktzugang und Innovation sowie die positiven Wirkungen auf den Geschäftserfolg. Dies weist darauf hin, dass mit einer stärkeren Bekanntheit und Vertrautheit sowie einer Hilfestellung bei der Einführung eines Diversity Managements noch weiter wachsen wird. Dies kann zum Teil bereits in den letzten Jahren seit Durchführung jener Studie beobachtet werden, worauf im Folgenden näher eingegangen wird.

3.3 Die Entwicklung von Vielfalt in Deutschland in den letzten Jahren

3.3.1 Demografische und gesellschaftliche Veränderungen

Keinem mehr unbekannt sind die demografischen Veränderungen: Zunehmend ist eine Alterung der Gesellschaft in den meisten Industrieländern und so auch in Deutschland zu vermerken. Dies bedeutet, dass Unternehmen Mitarbeiter länger beschäftigen (müssen) und der Altersdurchschnitt der Belegschaft steigt. Ältere Arbeitnehmer scheiden in Zukunft nicht wie bisher durch Altersteilzeit oder Frühruhestand bereits vor dem offiziellen Renteneintrittsalter aus, sondern sind stärker weiter in das Arbeitsleben und in die Mitarbeiterschaft zu integrieren (Böhne u. Wagner 2002).

Zudem drängen mehr Frauen auf den Arbeitsmarkt. Das Statistische Bundesamt (2006) gibt an, dass die Erwerbsquote der Frauen in den 10 Jahren bis 2004 um 3,3 Prozentpunkte auf 55,5 % gestiegen ist (zum Vergleich: die Erwerbsquote der Männer lag in 2004 bei 66,3 %).

Einwanderung führt zu einer Zunahme der kulturellen Diversität. Der Anteil an Menschen mit Migrationshintergrund liegt bei 18,4 % der Bevölkerung mit steigender Tendenz v. a. in den Ballungsgebieten (Statistisches Bundesamt 2008).

Blickt man auf die Internationalisierung der Unternehmen, erkennt man, dass ebenso am Arbeitsplatz die Heterogenität steigt. Unter die wichtigsten internationalen Geschäftstätigkeiten fallen die Expansion auf ausländische Märkte zum Bestehen im Wettbewerb, die Auslagerung von Produktionsteilen in kostengünstigere Länder und temporäre oder permanente Zusammenarbeit mit anderen Firmen. Für Führungskräfte und Mitarbeiter hat dies zur Folge, mit anderskulturellen Vorgesetzten, Untergebenen, Kollegen, Kunden, unternehmerischen und öffentlichen Partnern zu kooperieren (vgl. Frohnen 2005).

Die Belegschaft besteht also zunehmend weniger aus männlichen Deutschen bestimmter Altersklassen, sondern rekrutiert sich aus unterschiedlichen sozialen, nationalen, ethnischen, kulturellen, sprachlichen und religiösen Hintergründen und vereint verschiedene Altersklassen und Geschlechter.

Abgesehen davon beinhalten gesellschaftspolitische Zielvorstellungen eine stärkere Integration von Minderheiten im Arbeitsleben, seien es Menschen mit Migrationsgeschichte, Frauen, Ältere oder auch Behinderte und sozial Benachteiligte. Organisationen werden hierzu über gesetzliche Vorschriften angehalten: Beispielsweise erstreben Gleichstellungsgesetze auf Bundes- und Länderebene eine Gleichstellung von Männern und Frauen, von Behinderten und Nichtbehinderten in der öffentlichen Verwaltung. Das Allgemeine Gleichbehandlungsgesetz zielt auf die Etablierung einer diskriminierungsfreien (Arbeits-)Welt in den europäisch festgelegten Dimensionen ethnische Herkunft, Geschlecht, Religion oder Weltanschauung, Behinderung, Alter oder sexuelle Identität. Darüber hinaus greifen Unternehmen zum Teil ihre Verantwortung im Rahmen von Corporate Social Responsibility auf, um Benachteiligungen entgegenzutreten.

Aus den genannten Gründen sind Arbeitgeber regelrecht gezwungen, sich auf eine neue Belegschaftsstruktur einzustellen: Demografische und gesellschaftliche Veränderungen sowie moralischer Druck bringen Vielfalt in die Betriebe, ob gewollt oder ungewollt, und können als Push-Faktoren bezeichnet werden.

Andererseits erkennen Unternehmen das Potenzial der unter ▶ Abschn. 3.2.4 erläuterten Pull-Faktoren und sehen die wirtschaftlichen Synergieeffekte, die aus einem Diversity Management resultieren: Mitarbeiterbindung, Marktzugänge und Innovation. In der Literatur wird dieser sehr stark betriebswirtschaftlich orientierte Zugang unter dem Modell des „value in diversity" gefasst (vgl. Sepehri 2002; Polzer et al. 2001). In der Praxis kann man analog erkennen, dass Unternehmen derzeit ihren konkreten Business Case erarbeiten, um Vielfalt strategisch einzusetzen und zu fördern. Dies überrascht v. a. nicht in Zeiten der Wirtschaftskrise, in der vorhandenes Potenzial – in diesem Falle sind das die Mitarbeiter und ihre ungenutzten Stärken und Fähigkeiten – noch intensiver genutzt werden muss.

Auf jeden Fall bedeutet die Wertschätzung von Vielfalt eine Veränderung in der Unternehmenskultur: Wenn vorher nach Gleichheit und Konformität gestrebt wurde, geht es nun darum, Vielfalt konstruktiv einzubetten (Köppel 2007a).

Um Unternehmen und Organisationen zu informieren und zu unterstützen, haben sich in den letzten Jahren zahlreiche Initiativen gegründet: von bundesweiten, politisch gestützten Kampagnen wie die „Charta der Vielfalt" zu unternehmerisch getragenen Zusammenschlüssen wie das Netzwerk „Synergie durch Vielfalt".

3.3.2 Die aktuelle Verbreitung von Diversity Management in den DAX-30-Unternehmen

In den letzten drei Jahren seit Erscheinen der unter ▶ Abschn. 3.2 dargestellten Studie gab es lebhafte Entwicklungen. Zahlreiche Unternehmen bekennen sich inzwischen zu Vielfalt und führen Diversity Management (mehr oder weniger systematisch) ein. In vielen Unternehmen hat Vielfalt allerdings noch Projektstatus; Ziele, Struktur und Maßnahmen werden gerade erst erarbeitet. In einigen ist Diversity Management bereits erfolgreich implementiert und wird aktuell der Prüfung und Weiterentwicklung unterzogen. Dies gilt für Großunternehmen, kleine und mittelständische Unternehmen, die öffentliche Verwaltung und NGOs gleichermaßen, wobei sich Konzepte und Instrumente stark unterscheiden. Als Spiegelbild der großen, international tätigen Unternehmen in Deutschland können die DAX-30-Unternehmen gelten, die nicht zuletzt Vorbildcharakter für die übrigen Firmen in Deutschland haben.

Um eine aussagekräftige Momentaufnahme zu erhalten, wurde in einer neuen Studie der Stand von Diversity Management in den DAX-30-Unternehmen erfasst. Hierfür wurden Veröffentlichungen der Unternehmen v. a. im Internet und auf ihrer eigenen Webpage recherchiert sowie eine persönliche Befragung im IV. Quartal des Jahres 2009 durchgeführt. Ziel war, in einem Benchmark-Überblick festzuhalten,

1. welche der Unternehmen hinsichtlich eines Diversity Managements aktiv sind und seit wann,

2. wie stark Diversity Management institutionalisiert ist und
3. wo die inhaltlichen Schwerpunkte liegen.

Der erste Punkt ist äußerst schwierig zu erfassen, denn was heißt „hinsichtlich Diversity Management aktiv sein"? Bereits die Aufnahme eines Diversity-Sensibilisierungs-Trainings in den Weiterbildungskatalog erfüllt diese Maßgabe. Daher wurde in der vorliegenden Studie darunter definiert, dass es eine zentrale Ansprechperson für das Gesamtunternehmen gibt, die sich für das Thema verantwortlich zeichnet. ◘ Tab. 3.1 zeigt die Ergebnisse.

„Keine Angabe" (k. A.) wurde hier statt „nein" gewählt, da es durchaus sein kann, dass die Existenz einer zentralen Ansprechperson nicht bekannt gegeben wird bzw. sie auch nicht öffentlich in Erscheinung tritt. Allerdings würde dies bedeuten, dass das Unternehmen nicht von der Wirkung von Vielfalt auf Employer Branding profitiert und damit Diversity Management nicht voll nutzt. Daher ist eher davon auszugehen, dass die Unternehmen, die sich zum Teil explizit gegen eine Teilnahme an der Studie ausgesprochen haben, tatsächlich noch nicht in dem Maße aktiv sind.

Zur Validierung dieser Aussage wurde ein zweiter Indikator hinzugenommen: die Unterzeichnung der Charta der Vielfalt als öffentliche Absichtserklärung. Dabei gibt es eine große Deckung: Unternehmen ohne identifizierbaren Ansprechpartner haben auch nicht die Charta unterzeichnet. Lediglich bei drei Unternehmen kommt es hierbei zu einer Diskrepanz, wobei bei ThyssenKrupp als auch bei Infineon bekannt ist, dass in einzelnen Unternehmensteilen Vielfalt praktiziert wird: So sind etwa die Kulturmittler von ThyssenKrupp Steel bekannt und bei Infineon ist eine Mitarbeiterin als Director Diversity Manager Deutschland aktiv.

BMW und MAN bauen nach eigenen Angaben gerade ein Diversity Management auf.

Von den DAX-30-Unternehmen sind 16 Unternehmen, also etwas mehr als die Hälfte, hinsichtlich eines Diversity Managements aktiv. Diese werden nun etwas genauer unter die Lupe genommen (vgl. ◘ Tab. 3.2):

◘ Tab. 3.1 Die DAX-30-Unternehmen

		Zentrale Ansprechperson für Diversity Management	Charta der Vielfalt unterzeichnet
1	Bayer	k. A.	nein
2	Beiersdorf	k. A.	nein
3	Fresenius Med Care	k. A.	nein
4	Fresenius Vz	k. A.	nein
5	K+S	k. A.	nein
6	Linde	k. A.	nein
7	Merck	k. A.	nein
8	Münchener Rückversicherung	k. A.	nein
9	Salzgitter	k. A.	nein
10	Adidas	k. A.	ja
11	Infineon Technologies	k. A.	ja
12	ThyssenKrupp	k. A.	ja
13	BMW	in Arbeit	nein
14	MAN	in Arbeit	nein
15	Allianz	ja	ja
16	BASF	ja	ja
17	Commerzbank	ja	ja
18	Daimler	ja	ja
19	Deutsche Bank	ja	ja
20	Deutsche Börse	ja	ja
21	Deutsche Lufthansa	ja	nein
22	Deutsche Post	ja	ja
23	Deutsche Telekom	ja	ja
24	E.ON	ja	ja
25	Henkel	ja	ja
26	Metro	ja	ja
27	RWE	ja	ja
28	SAP	ja	ja
29	Siemens	ja	geplant
30	Volkswagen	ja	ja

Fehlzeiten-Report 2010

Tab. 3.2 Die in Diversity Management aktiven DAX-30-Unternehmen

	Unternehmen	Positionsbezeichnung des Diversity-Verantwortlichen	Jahr der Einführung des Diversity-Verantwortlichen	Stärke des Diversity-Teams	Vorgesetzter des Diversity-Verantwortlichen	Weitere Diversity-Institutionen	Schwerpunkt
1	Allianz	Group Diversity Manager	2006	2	Head Global HR Solutions	Vorstandsmitglied als Sponsor Global Allianz Diversity Council Lokale Councils/Task Forces Lokale Diversity Champions Diversity Manager in den Geschäftsbereichen	Geschlecht Behinderung Alter Kultur
2	BASF	Diversity Project Leader und Leiterin „Global Human Resources Executive Management and Development"	2008	12	Vorstandsvorsitzender Jürgen Hambrecht	Lokale Diversity Implementation Manager in allen Regionen	Fähigkeiten Talent Pools (Gender, Nationality, Age) Unternehmenskultur
3	Commerzbank	Zentraler Stab Personal Diversity	2002	k. A.	k. A.	k. A.	Familie und Beruf, Frauen, Väter kulturelle Vielfalt Schwule und Lesben Generationen und Demografie Behinderte kulturelle Vielfalt
4	Daimler	Director Global Diversity Office	2005	8	Vorstand für Personal und Arbeitspolitik, Wilfried Porth	Gobal Diversity Council (aus 10 Vertretern der obersten Führungsebenen aller Geschäftsbereiche inkl. Vorstandsmitglieder Dr. Thomas Weber und Wilfried Porth) Diversity Manager in den Geschäftseinheiten	Gender Diversity mit Fokus Förderung von Frauen in Führungspositionen Internationalität Generationen
5	Deutsche Bank	Gobal Head of Diversity	1999	9 Consultants	Global Head of Talent & Development	Regionale Diversity Councils, regionale HR Diversity Councils und Demography Councils Vorstandsmitglieder als Sponsoren Sponsoren in den einzelnen Geschäftsbereichen, im Aufsichtsrat und im Betriebsrat Global Diversity Business Consultancy	Ganzheitlicher Ansatz, aktuelle Schwerpunktthemen: Frauen bzw. Gender Generationen (Unternehmens-)Kultur

◘ Tab. 3.2 (Fortsetzung)

Unternehmen	Positionsbezeichnung des Diversity-Verantwortlichen	Jahr der Einführung des Diversity-Verantwortlichen	Stärke des Diversity-Teams	Vorgesetzter des Diversity-Verantwortlichen	Weitere Diversity-Institutionen	Schwerpunkt
6 Deutsche Börse	Head of Unit Corporate Responsibility	k. A.	2	k. A.	k. A.	k. A.
7 Deutsche Lufthansa	Leiterin Change Management und Diversity	2001	3 (mit weiteren Themenverantwortlichkeiten)	Bereichsleiter „Konzern-Personalpolitik", der wiederum an den Vorstand „Verbund-Airlines und Personalpolitik" berichtet	Lokale HR-Manager, die für DM verantwortlich sind	Ganzheitlich, explizit: Geschlecht Alter Herkunft Behinderung sexuelle Orientierung
8 Deutsche Post	Director Corporate Culture & Global Compliance Office	2006	12	Zentralbereichsleiterin HR Guidelines Personnel and Labour Management	HR-Management in den einzelnen Geschäftsbereichen	Unternehmenskultur
9 Deutsche Telekom	Leiterin Group Diversity Management Chief Diversity Officer	2004	14	Personalvorstand Thomas Sattelberger	k. A.	Alters- und Generationenmanagement weiblicher Führungskräftenachwuchs Work-Life
10 E.ON	Diversity Manager	2007	4	Personalvorstand Christoph Dänzer-Vanotti	Mentor im Vorstand lokale Diversity Manager internationales Projektteam	Frauen Employability Familie & Beruf Schwerbehinderte Mitarbeiter/Auszubildende Gesundheitsmanagement
11 Henkel	Head of Global Diversity & Inclusion Management	2007	3	Vorstandsvorsitzender Kasper Rorstedt	Weltweites Diversity Ambassador Net Diversity Spezialistenteams	Holistischer Diversity & Inclusion Ansatz Controlling über ein Diversity Cockpit bestehend aus Gender, Nationality & Age
12 Metro	Head of International HR Policies	2006	k. A.	Bereichsleiter Personal und Soziales	k. A.	Migration Behinderung Geschlecht Alter

◘ Tab. 3.2 (Fortsetzung)

	Unternehmen	Positionsbezeichnung des Diversity-Verantwortlichen	Jahr der Einführung des Diversity-Verantwortlichen	Stärke des Diversity-Teams	Vorgesetzter des Diversity-Verantwortlichen	Weitere Diversity-Institutionen	Schwerpunkt
13	RWE	Diversity Officer	2006	5	Personalvorstand	Diversity Champions in allen operativen Einheiten	Ganzheitlicher Ansatz mit Fokus auf: Cross Culture Gender Age Inclusive Culture
14	SAP	Leiterin Health & Diversity	2006	k. A.	k. A.	Sponsor im Vorstand Claus Heinrich	Ganzheitlich
15	Siemens	Chief Diversity Officer	2008	k. A.	Vorstandsvorsitzender Peter Löscher	k. A.	Nationalitäten, Kulturen, Weltanschauungen soziale Herkunft Frauen Work-Life Behinderung
16	Volkswagen	Leiterin der Frauenförderung	1989	k. A.	k. A.	k. A.	Frauenförderung Vereinbarkeit von Familie und Beruf

Fehlzeiten-Report 2010

Allen gemein ist die zentrale Verankerung von Diversity im internationalen Konzern; unterschiedlich ist jedoch der Kompetenzbereich, erkennbar an der jeweiligen hierarchischen Aufhängung. Vom Referent im Personalbereich wie bei Allianz oder Metro bis hin zur direkten Berichterstattung des Diversity-Verantwortlichen an den Vorstandsvorsitzenden wie bei BASF, Henkel und Siemens ist alles möglich. Die Namen der Diversity-Verantwortlichen sind hier nicht veröffentlicht, doch kann erwähnt werden, dass es sich in den meisten Fällen um weibliche Angestellte handelt: Von den 16 Diversity Managern sind 14 Frauen, 2 Männer.

In den meisten Fällen agieren die Diversity Manager mithilfe eines kleinen Teams bis max. 14 Personen, das entweder national/zentral oder international/dezentral den Diversity-Aufgaben nachgeht. In den meisten Fällen sind die Diversity-Verantwortlichen im Personalbereich angesiedelt, zuweilen kombiniert mit anderen Verantwortungen wie z. B. Führungskräfteentwicklung (BASF), CSR (Deutsche Börse), Change (Deutsche Lufthansa), Compliance (Deutsche Post) oder Gesundheit (SAP).

Als Ergänzung zur Institution Diversity Manager oder Officer gibt es in den meisten Fällen weitere Gremien und Verantwortliche, um Vielfalt auch in den Fachbereichen zu implementieren. Eine häufig anzutreffende Einrichtung sind die internationalen, regionalen, lokalen oder bereichsspezifischen Councils, d. h. ein Kreis von festen Verantwortlichen, meist aus den Fachbereichen und überwiegend in Führungspositionen, die sich in regelmäßigen Abständen treffen. Zudem arbeiten viele Unternehmen mit Sponsoren/Mentoren/Champions aus dem Vorstandsbereich, die signalisieren, dass Diversity Unterstützung des Topmanagements erfährt. Operative Unterstützung kommt von lokal angesiedelten Diversity oder HR-Managern.

Die inhaltliche Ausrichtung rangiert von einem ganzheitlichen Ansatz, der alle Unterschiede einbezieht und manchmal ganz ohne Priorisierung auskommt, bis hin zu akuten Schwerpunktthemen. Bei fast allen Unternehmen ist das Thema Frau bzw. Gender ganz oben auf der Tagesordnung. Rang zwei teilen sich Alter und Kultur.

Einen Sonderfall bildet Volkswagen, wo man sich auf oberster Ebene explizit gegen Diversity Management und für Frauenförderung ausgesprochen hat.

3.4 Ausblick

An den dargestellten Trends ist erkennbar, dass sich Diversity Management in deutschen Unternehmen etabliert. War es vor einigen Jahren Appell in Sonntagsreden, ist es inzwischen ein strategisches Instrument zur Unternehmenssteuerung geworden. Eine höhere Ernsthaftigkeit ist zu erkennen: Von fast allen DAX-30-Unternehmen, die sich öffentlich für Vielfalt aussprechen, liegen Belege vor, dass sie sich aktiv mit Vielfalt auseinandersetzen, diesem Thema Ressourcen und inhaltliche Aufgaben zuweisen. Inzwischen sind einige Unternehmen bereits damit beschäftigt, das früher als „Soft Faktor" oder „Nice-to-have-Thema" verbrämte Diversity Management in einem Business Case für Vielfalt zu berechnen und die Wirkung von Maßnahmen mithilfe von Kennzahlen zu erfassen.

Aus der Praxis der DAX-30-Unternehmen kann abgeleitet und als Empfehlung für alle Unternehmen geschlossen werden, dass

1. es einer zentralen Stelle bedarf, die Diversity im Auftrag des Topmanagements von der Geschäftsstrategie ableitet, als Treiber fungiert und mit (zuweilen extern eingekaufter) Expertise unterstützt,
4. Ressourcen in Form von Personalaufwand einkalkuliert werden müssen,
5. weitere verantwortliche Führungskräfte v. a. aus den Fachbereichen in die Implementierung einbezogen werden müssen,
6. die inhaltliche Ausgestaltung je nach Branche, Produkt und Unternehmenskultur festgelegt werden sollte.

Literatur

Böhne A, Wagner D (2002) „Managing Age" im Rahmen von „Managing Diversity" – Alter als betriebliches Erfolgspotential. In: Behrend C (Hrsg) Chancen für die Erwerbsarbeit im Alter. Betriebliche Personalpolitik und ältere Erwerbstätige. Verlag für Sozialwissenschaften, Opladen, S 33–46

Cox T (2001) Creating the multicultural organization. A strategy for capturing the power of diversity. John Wiley & Sons Inc, San Francisco CA

Der Rat der Europäischen Union (2000a) Richtlinie 2000/43/EG des Rates vom 29. Juni 2000 zur Anwendung des Gleichbehandlungsgrundsatzes ohne Unterschied der Rasse oder der ethnischen Herkunft. Brüssel

Der Rat der Europäischen Union (2000b) Richtlinie 2000/78/EG des Rates vom 27. November 2000 zur Festlegung eines allgemeinen Rahmens für die Verwirklichung der Gleichbehandlung in Beschäftigung und Beruf. Brüssel

Frohnen A (2005) Diversity in action. Multinationalität in globalen Unternehmen am Beispiel Ford. Transcript, Bielefeld

Jackson S, May K, Whitney K (1995) Understanding the dynamics of diversity in decision-making teams. In: Guzzo R, Salas E, Associates (eds) Team effectiveness and decision making in organizations. Pfeiffer & Company, San Francisco CA, pp 204–261

Köppel P (2007a) Diversität als Ressource nutzen. Personal 59 (1):12–14

Köppel P (2007b) Konflikte und Synergien in multikulturellen Teams. Virtuelle und face-to-face-Kooperation. DUV, Wiesbaden

Köppel P (2009) Kulturelle Vielfalt: Das Problem der Sichtbarkeit verborgener Talente. In: Weitz A (Hrsg) Talentmanagement im Mittelstand. Pabst, Lengerich, S 108–119

Köppel P, Sandner D (2008) Synergie durch Vielfalt. Praxisbeispiele zu Cultural Diversity in Unternehmen. Bertelsmann Stiftung, Gütersloh

Köppel P, Yan J, Lüdicke J (2007) Cultural Diversity Management in Deutschland hinkt hinterher. Bertelsmann Stiftung, Gütersloh

Krell G (2005) Betriebswirtschaftslehre und Gender Studies. Gabler, Wiesbaden

Polzer J, Milton L, Swann W (2001) Capitalizing on diversity: Interpersonal congruence in small work-groups http://www.hbs.edu/research/facpubs/workingpapers/papers2/0102/02-003.pdf. Gesehen 12 Dez 2009

Sepehri P (2002) Diversity und Diversity Management in internationalen Organisationen. Rainer Hampp, München

Statistisches Bundesamt (2006) Frauen in Deutschland 2006 (www.destatis.de; Abrufdatum 12.12.2009)

Statistisches Bundesamt (2008) Ergebnisse des Mikrozensus 2006. Wiesbaden

Thomas, RR (1996) Redefining diversity. Amacom Books, New York

Thomas, RR (1998) The concept of managing diversity. In: Weaver G (ed) Culture, communication and conflict. Readings in intercultural communication. Simon and Schuster, Needham Heights MA, S 114–119

Kapitel 4

Betriebliches Gesundheitsmanagement – eine Unternehmensbefragung

P. Lück · K. Macco · M. Stallauke

Zusammenfassung. Bisher liegen nur wenige Studien über die Verbreitung von Betrieblichem Gesundheitsmanagement vor. Dem Präventionsbericht zufolge, welcher die Aktivitäten der gesetzlichen Krankenkassen erfasst, kann das Engagement in diesem Bereich noch verstärkt werden. Gerade vor dem Hintergrund, dass Betriebe, die BGM nachhaltig implementiert haben, den dadurch entstandenen Nutzen als sehr positiv bewerten, stellt sich die Frage, weshalb die Verbreitung von BGM in Deutschland noch immer relativ gering ist. Im Rahmen einer repräsentativen Betriebsbefragung wurde der Frage nach Motiven und Hemmnissen für Betriebliches Gesundheitsmanagement nachgegangen. Diese sowie die Verbreitung von BGM werden in dem vorliegenden Beitrag vorgestellt.

4.1 Einleitung

Unter Betrieblichem Gesundheitsmanagement (BGM) wird ein systematischer und nachhaltiger Ansatz zur Förderung der Gesundheit und des Wohlbefindens von Beschäftigten im Betrieb verstanden. BGM umfasst sowohl Maßnahmen zur Verbesserung des Gesundheitsverhaltens der Beschäftigten als auch Maßnahmen zur Gestaltung des Arbeitsplatzes, der Arbeitsorganisation und der Organisationsentwicklung. Ziel ist es unter Beteiligung der Mitarbeiter, Verantwortlichen und Gesundheitsexperten im Betrieb auf Grundlage von Analysen der betrieblichen Situation gesundheitliche Ressourcen und Fähigkeiten zu entwickeln und zu stärken sowie die Arbeitsbedingungen und -organisation zu verbessern.

Nach § 20a SGB V sind die Krankenkassen gesetzlich dazu verpflichtet, Betriebe bei der Implementierung gesundheitsförderlicher Strukturen zu unterstützen. Zur Wahrnehmung dieser Aufgaben arbeiten die Krankenkassen mit den Trägern der Unfallversicherung zusammen. Dem aktuellen Präventionsbericht (2009) der GKV zufolge, welcher alle durch die Krankenkassen gemeldeten Aktivitäten zum Betrieblichen Gesundheitsmanagement erfasst, wurden im Jahr 2008 Maßnahmen in knapp 4.800 Betrieben durchgeführt. Dadurch konnten insgesamt mehr als 800.000 Personen erreicht werden. Mehr als ein Drittel der Maßnahmen wurden in Betrieben aus dem Verarbeitenden Gewerbe durchgeführt.

Die Aktivitäten im Rahmen von BGM konzentrieren sich v. a. auf Betriebe mit mehr als 100 Mitarbeitern, da hier die Zahl der zu erreichenden Personen größer ist (MDS Präventionsbericht 2009). Obwohl nur 4,4 % der Unternehmen in Deutschland mehr als 50 Mitarbeiter beschäftigen, sind dort jedoch knapp 60 % aller Beschäftigten tätig (◘ Tab. 4.1).

Tab. 4.1 Verteilung der Beschäftigten nach Unternehmensgröße

Größenklasse	Beschäftigte	Anteil der Unternehmen in Deutschland	Anteil der Beschäftigten in Deutschland
Kleinstunternehmen	≤ 9	80,1 %	17,2 %
Kleine Unternehmen	10–49	15,5 %	23,2 %
Mittlere Unternehmen	50–249	3,7 %	27,6 %
Großunternehmen	≥ 250	0,7 %	31,9 %
Gesamt (absolut)		2,057 Mio.	27,632 Mio.

Quelle: Statistisches Bundesamt 2008

Fehlzeiten-Report 2010

Neben der höheren Anzahl der zu erreichenden Personen bestehen in größeren Unternehmen tendenziell günstigere Strukturverhältnisse hinsichtlich der Einführung eines nachhaltigen Betrieblichen Gesundheitsmanagements. Je kleiner Unternehmen sind, desto weniger verfügen sie über finanzielle, zeitliche und personelle Ressourcen für Betriebliches Gesundheitsmanagement. Die Betreuungszeiten der betrieblichen Arbeits- und Gesundheitsschutzexperten wie Sicherheitsfachkräfte oder Betriebsärzte richten sich nach der Betriebsgröße, sie werden von kleineren Unternehmen häufig extern eingekauft und stehen weniger als betrieblicher Ansprechpartner zur Verfügung (vgl. Slesina 2008). Andererseits verfügen kleinere Unternehmen auch über Merkmale, die durchaus förderlich für die Implementierung eines BGM sein können, wie beispielsweise kurze Kommunikationswege und flache Hierarchien. Aufgrund struktureller Unterschiede zwischen größeren und kleineren Unternehmen sind die erprobten Standardinstrumente in der Betrieblichen Gesundheitsförderung, wie Mitarbeiterbefragungen, erst ab einer bestimmten Betriebsgröße praktikabel.

Im Präventionsbericht 2009 werden die BGM-Aktivitäten dokumentiert, die von den Unternehmen in Kooperation mit den gesetzlichen Krankenkassen durchgeführt und gemeldet wurden. Gemessen an der Zahl der Betriebe in Deutschland stellt sich die Frage, warum die Verbreitung von BGM immer noch relativ gering ist. Denn viele Unternehmen, die BGM nachhaltig implementiert haben, bewerten den dadurch entstandenen Nutzen als sehr positiv (vgl. Lück et al. 2009, Baumanns u. Münch 2010). Ist also davon auszugehen, dass der Nutzen von BGM viele Betriebe noch nicht erreicht hat? Oder liegt es an den angebotenen Maßnahmen und Unterstützungsangeboten, welche den Betrieben als nicht praktikabel erscheinen? Was muss getan werden, um mehr Betriebe für Betriebliches Gesundheitsmanagement zu gewinnen?

Vor diesem Hintergrund wurde im Jahr 2009 durch die Initiative Gesundheit und Arbeit (iga) bei TNS Infratest eine repräsentative Betriebsbefragung in Auftrag gegeben, welche die Ziele verfolgt, die Reichweite und den Bekanntheitsgrad von BGM in Deutschland zu ermitteln sowie förderliche und hinderliche Faktoren für die Implementierung Betrieblichen Gesundheitsmanagements in Unternehmen mit und ohne BGM-Erfahrung zu erfassen.

4.2 Die Betriebsbefragung

Im Jahr 2009 wird die Befragung zum Thema „Motive und Hemmnisse für Betriebliches Gesundheitsmanagement (BGM)" durchgeführt. Ziel der Befragung ist, die Verbreitung des Betrieblichen Gesundheitsmanagements in Betrieben in Erfahrung zu bringen sowie die Schwierigkeiten auszumachen, die Betriebe bei der Einführung und Umsetzung des Betrieblichen Gesundheitsmanagements sehen und welche Schritte notwendig sind, um diese zukünftig zu vermeiden. Hindernisse, die Betriebe bisher davon abgehalten haben, BGM zu implementieren, werden erfragt und Hilfen exploriert, die das eigene Unternehmen zu BGM motivieren könnten. Die Befragung soll Ansatzpunkte für Hilfestellungen und Unterstützungsleistungen liefern, um Betriebe für BGM zu gewinnen.

Die Befragung wurde in kleinen und mittelständischen Betrieben mit 50 bis 499 Mitarbeitern aus dem produzierenden Gewerbe durchgeführt. Betriebe, denen aufgrund ihrer Betriebsgröße weniger Ressourcen als Großbetrieben für BGM zu Verfügung stehen, auf die aber das BGM-Konzept angewandt werden kann, sind die Zielgruppe der vorliegenden Untersuchung. In dieser Zielgruppe können eigene BGM-Erfahrungen, zumindest aber Grundkenntnisse dieses Konzepts vorausgesetzt werden.

Insgesamt sind in 500 Betrieben Geschäftsführer, Personalleiter oder BGM-Zuständige im Rahmen eines Telefoninterviews befragt worden. Die Zielperson wurde zu Beginn des Interviews ermittelt. Als Grundlage für die Stichprobenziehung diente die Betriebsdatei der Bundesagentur für Arbeit, welche Angaben zum Wirtschaftszweig und zur Beschäftigtenzahl enthält. Dadurch ist eine nach Branche und Betriebsgröße gewichtete Stichprobe möglich.

Beschreibung der Stichprobe

Die Grundgesamtheit der Befragung umfasst 500 Betriebe aus dem produzierenden Gewerbe. Mehr als die Hälfte der Betriebe sind im Bereich der Investitions- und Gebrauchsgüter (54 %) tätig. Bei 23 % liegt der Schwerpunkt im Bereich der Produktionsgüter und bei 11 % im Bereich der Verbrauchsgüter. In der Nahrungs- und Genussmittelbranche finden sich 11 % der Betriebe.

Die Betriebsgrößen verteilen sich in der Stichprobe zu 20 % auf Betriebe mit 50 bis 99 Beschäftigten, zu 30 % auf Betriebe mit 100 bis 199 Beschäftigten und zu 50 % auf Betriebe mit 200 bis 499 Beschäftigten. Knapp 40 % der Betriebe gaben an, keinen Betriebsrat zu haben, wobei dies in Zusammenhang mit der Betriebsgröße steht. Je mehr Beschäftigte ein Betrieb hat, desto häufiger gab es nach eigenen Angaben einen Betriebsrat.

Der Gedanke, dass Betriebe sich für die Gesunderhaltung ihrer Mitarbeiter engagieren sollten, hat in vielen Betrieben schon Eingang gefunden. Knapp 80 % der befragten Betriebe sind der Meinung, dass sich ein Betrieb über die gesetzlichen Vorgaben hinaus darum kümmern sollte, dass seine Mitarbeiter nicht nur gesund, sondern auch motiviert und zufrieden sind und bleiben. 18 % hingegen vertreten die Meinung, dass ein Engagement im Rahmen des gesetzlichen Arbeitsschutzes, mit dem Ziel, dass die Beschäftigten am Arbeitsplatz keinen Risiken und Gesundheitsgefahren ausgesetzt sind, ausreichend ist. Lediglich ein kleiner Teil von 1 % der Befragten sieht die Gesunderhaltung der Mitarbeiter als Privatsache an.

Von den 500 befragten Betrieben wird nach eigenen Angaben bei 36 % ein Betriebliches Gesundheitsmanagement durchgeführt. ◘ Abb. 4.1 zeigt im Überblick, dass diesen Betrieben ein Anteil von Unternehmen in Höhe von 53 % gegenübersteht, die bisher kein BGM eingeführt haben.

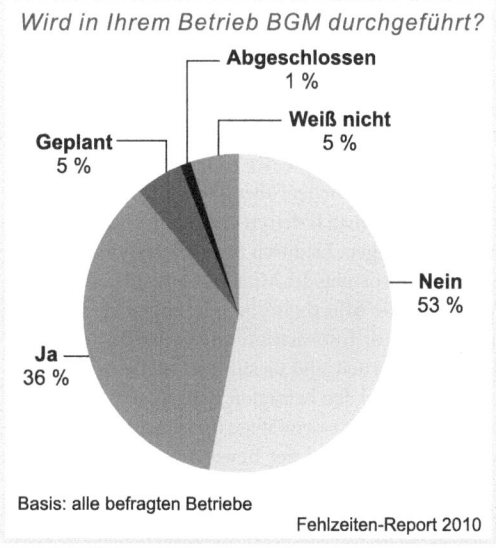

◘ Abb. 4.1 Verteilung des BGM in den befragten Unternehmen

4.3 Verbreitung und Ausgestaltung von BGM

BGM stellt eine freiwillige betriebliche Maßnahme dar, die über die Maßnahmen des gesetzlich vorgeschriebenen Arbeitsschutzes zur Vermeidung arbeitsbedingter Erkrankungen hinausgeht. Je nach Akteur zeigen sich Unterschiede, in welche bestehenden Managementsysteme bzw. in welchen organisatorischen Rahmen Betriebliches Gesundheitsmanagement im Unternehmen integriert werden kann. Drei Viertel der Betriebe geben an, dass BGM bei ihnen im Arbeitsschutz integriert ist. Diese strukturelle Einbindung von BGM steht in einem Zusammenhang mit der Betriebsgröße. Je kleiner das Unternehmen ist, desto eher wird BGM in bestehende Arbeitsschutzgremien integriert, um keine weiteren Personalressourcen binden zu müssen.

Von den befragten Betrieben mit BGM[1] haben 37 % einen kontinuierlichen Steuerkreis, in dem alle Interessengruppen gemeinsam Analysen und Maßnahmen des BGM beschließen und beraten, eingerichtet. Auch hier zeigt sich ein Zusammenhang mit der Betriebsgröße. In 62 % der größeren Unternehmen mit mindestens 200 Mitarbeitern geben die Befragten an, einen Steuerkreis zu haben, während nur 24 % der kleineren Betriebe

---

1 Für die nachfolgenden Auswertungen werden die Gruppen der Betriebe mit implementiertem BGM und bereits abgeschlossenem BGM-Projekt zusammengefasst.

mit 50 bis 99 Mitarbeitern einen Steuerkreis für BGM angeben.

63 % der befragten Betriebe, die BGM durchführen, beteiligen ihre Mitarbeiter bei der Planung und Durchführung der entsprechenden Maßnahmen. Die Mitarbeiterbeteiligung dient einer Nutzung des spezifischen Wissens des Mitarbeiters über den eigenen Arbeitsplatz und kann zu einer höheren Akzeptanz bei Veränderungen beitragen. Dadurch kann die Motivation und Eigenverantwortung der Mitarbeiter gesteigert werden. Zudem ist die Mitarbeiterbeteiligung ein geeignetes Instrument zur Information und Sensibilisierung für das Thema Arbeit und Gesundheit. Die Mitarbeiterbeteiligung[2] bei den befragten Betrieben erfolgte zu je knapp 70 % durch regelmäßige Information, Bedarfsabfragen sowie in Form der Bewertung durchgeführter Maßnahmen durch die Teilnehmer. Ebenso gaben rund 60 % der befragten Betriebe an, die Mitarbeiter an Arbeitskreisen und Gesundheitszirkeln zu beteiligen. Auch andere Beteiligungsinstrumente, wie beispielsweise ein betriebliches Vorschlagswesen oder die Einführung eines sogenannten Kümmerers, werden genutzt.

Für die erfolgreiche Implementierung gesundheitsförderlicher Strukturen im Betrieb ist es unverzichtbar, dass sowohl Konzept und Vorgehen als auch die Veränderungsvorschläge im BGM von der Geschäftsleitung und den Führungskräften mitgetragen und gleichzeitig die erforderliche Finanzierung sichergestellt wird. Auf die Frage nach dem Initiator für BGM geben die befragten Betriebsverantwortlichen an, dass dies am häufigsten durch einen Vorschlag seitens des Managements (75 %) oder der Personalabteilung (61 %) erfolgt ist.

Je größer jedoch der Betrieb ist, desto stärker wird die Einführung von BGM auch von anderen Interessengruppen angeregt. Bei den Betrieben mit mehr als 200 Beschäftigten wächst in dieser Frage der Einfluss der Personalabteilung (70,8 %), des Betriebsarztes und der Mitarbeitervertretung (48,6 %) sowie der Krankenkassen (48,6 %). Die Sicherheitsfachkräfte sind in allen Betriebsgrößen mit 50 % wichtige treibende Kräfte. Bei den Berufsgenossenschaften und bei den Mitarbeitern ist dieser Einfluss in umgekehrter Richtung zu verzeichnen. Bei den kleinsten befragten Betrieben bis 100 Mitarbeiter ist die Initiative der Berufsgenossenschaften mit 28,6 % und die der Beschäftigten mit 22,4 % am größten.

Gründe und Ziele für die Einführung von BGM

Etwa 90 % der Betriebe haben nach eigenen Angaben aus sozialer Verantwortung gegenüber den Mitarbeitern BGM eingeführt. Bei knapp der Hälfte der Betriebe spielen eher wirtschaftliche Überlegungen eine zentrale Rolle und zeigen sich in der externen Unterstützung, z. B. seitens der Krankenkasse (44 %) sowie hohen krankheitsbedingten Fehlzeiten (42 %). Bei mehr als 8 % der Betriebe ist die Initiative des Betriebsarztes, des Betriebsrates oder der Berufsgenossenschaft der Grund für die Einführung eines Betrieblichen Gesundheitsmanagements. Bei 4 % der befragten Betriebe spielt das Thema Demografie eine Rolle (◘ Abb. 4.2).

Mit den Beweggründen für die Einführung eines Betrieblichen Gesundheitsmanagements gehen zum Teil auch die damit verfolgten Ziele einher. Nach Meinung fast aller befragten Betriebe soll durch BGM die Gesundheit der Mitarbeiter verbessert, Produktivität und Leistungsfähigkeit erhöht sowie die Arbeitsmotivation gesteigert werden. Darüber hinaus erhoffen sich die Betriebe Hinweise zur Verbesserung der Arbeitsbedingungen – auch vor dem Hintergrund einer alternden Belegschaft. Rund zwei Drittel der befragten Betriebe gaben an, durch BGM ihr Image verbessern zu wollen.

Eingeführte BGM-Maßnahmen

Im Betrieblichen Gesundheitsmanagement sollte vor der Einführung gesundheitsförderlicher Strukturen eine Analyse der IST-Situation erfolgen. Das bedeutet, dass zunächst Erkenntnisse gewonnen werden, die durch umfassende Bedarfsermittlungen, beispielsweise Arbeitsunfähigkeitsanalysen und/oder Mitarbeiterbefragungen, gewonnen werden. 84 % der befragten Betriebe haben auf diese Instrumente zur Erfassung der betrieblichen Situation zurückgegriffen (◘ Abb. 4.3). Ein nachhaltiges BGM umfasst sowohl verhaltens- als auch verhältnispräventive Maßnahmen. Verhältnisbezogene Maßnahmen zielen auf die Verbesserung des Arbeitsplatzes (rund 95 %) und die Verbesserung von Arbeitsabläufen, aber auch kommunikativer Rahmenbedingungen im Unternehmen ab. Verhaltensbezogene Maßnahmen versuchen in ebendiesen optimierten Arbeitsbedingungen auch Anregungen für gesundheitsgerechteres Verhalten zu geben und Ressourcen zu stärken. So haben mehr als die Hälfte der befragten Betriebe Mitarbeiterschulungen zu gesundheitsgerechtem Verhalten im Betrieb angeboten. Bei fast der Hälfte der Betriebe werden Gesundheitszirkel durchgeführt,

---
[2] Mehrfachantworten waren möglich.

Betriebliches Gesundheitsmanagement – eine Unternehmensbefragung

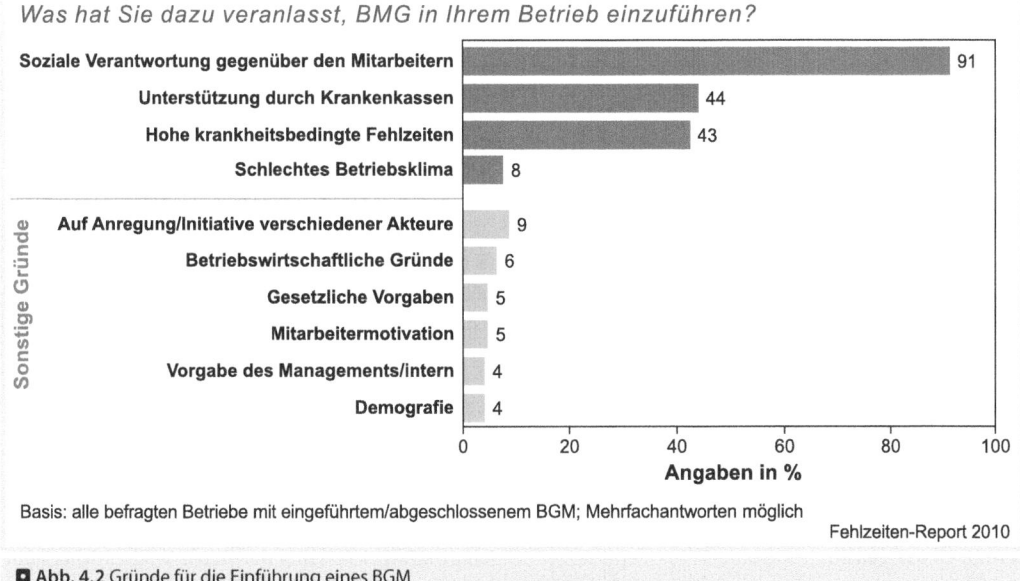

◘ Abb. 4.2 Gründe für die Einführung eines BGM

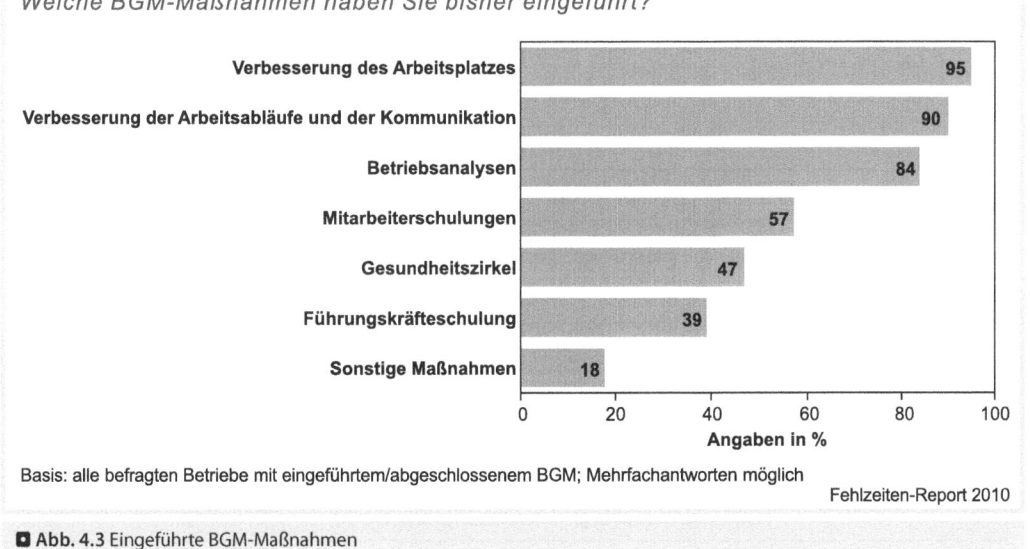

◘ Abb. 4.3 Eingeführte BGM-Maßnahmen

die nicht nur zu einer verbesserten Kommunikation beitragen, sondern insbesondere das Mitarbeiterverhalten und die Arbeitsbedingungen positiv beeinflussen und der Verschränkung von Verhaltens- und Verhältnisprävention dienen.

4.4 Hindernisse und Hilfestellungen für BGM

4.4.1 Hindernisse bei der Einführung und Umsetzung von BGM

Betriebe, die ein Betriebliches Gesundheitsmanagement eingeführt haben bzw. BGM-Maßnahmen in naher Zukunft planen, wurden nach ihren Erfahrungen mit den Schwierigkeiten im Rahmen der Einführung gefragt. Zu den größten Hindernissen, die es bei einer Implementierung zu bewältigen gilt, zählen die Priorität des Tagesgeschäfts sowie die fehlenden personellen und zeitlichen Ressourcen (60 % bzw. 57 %). Auffällig hierbei ist, dass gerade bei Betrieben mit mehr als 200 Beschäftigten bei 70 % das Tagesgeschäft als Hürde für ein erfolgreiches BGM angesehen wird. Welche Schwierigkeiten die Betriebe verschiedener Betriebsgröße bei der Einführung von BGM zu bewältigen hatten, ist in ◘ Abb. 4.4 dargestellt.

Viele Unternehmen geben Informationsdefizite in Bezug auf die Umsetzung von BGM wie auch über externe Anbieter, die sie bei der Umsetzung unterstützen könnten, an. Insbesondere die Unternehmen mit über 200 Beschäftigten (48 %) beklagen, dass vorgeschlagene Maßnahmen zu kostspielig seien, weit mehr als die Unternehmen mit unter 200 Mitarbeitern (30 %). Des Weiteren beklagen viele Unternehmen fehlendes persönliches Engagement für den BGM-Prozess (35 %) sowie mangelnde Motivation von Seiten der Belegschaft (32 %). Wie vorab aufgezeigt, verfügt etwa ein Drittel der Betriebe mit BGM über einen Steuerkreis. Würden Mitarbeiter stärker in den BGM-Prozess miteinbezogen, könnte dadurch sicherlich auch die Motivation erhöht werden.

Betriebe, die noch keine BGM-Maßnahmen eingeführt haben, wurden gefragt, was sie bisher von einer Umsetzung abgehalten hat. Auch hier sind die Priorisierung des Tagesgeschäfts und anderer Themen sowie die fehlenden zeitlichen und personellen Ressourcen die größten Hindernisse für die Einführung von Betrieblichem Gesundheitsmanagement. Gut die Hälfte der Betriebe gab an, dass BGM bisher kein Thema war.

Wurde bei einem Großteil der Betriebe, welche BGM eingeführt haben, dieses durch die oberen Etagen angeregt, stößt ein Drittel der Betriebe, die bisher kein BGM eingeführt haben, auf Widerstände seitens der Führungskräfte. Auch hier zeigt sich, wie wichtig es ist, dass Geschäftsführung und Führungskräfte hinter dem Projekt stehen und dieses fördern.

◘ Abb. 4.5 zeigt die am häufigsten genannten Hindernisse, die Betriebe bei der Einführung eines BGM-

50 bis 99 Beschäftigte		
– Vorrang des Tagesgeschäfts	60 %
– Fehlende zeitliche/personelle Ressourcen	57 %
– Fehlendes Wissen bzgl. Umsetzungsmöglichkeiten	45 %
– Fehlendes persönliches Engagement	36 %
– Fehlendes Wissen bzgl. Anbieter gesundheitsförderlicher Maßnahmen	36 %

100 bis 199 Beschäftigte		
– Vorrang des Tagesgeschäfts	56 %
– Fehlende zeitliche/personelle Ressourcen	55 %
– Fehlendes persönliches Engagement	42 %
– Fehlendes Wissen bzgl. Umsetzungsmöglichkeiten	41 %
– Fehlendes Wissen bzgl. Unterstützungsangeboten	37 %

200 bis 499 Beschäftigte		
– Vorrang des Tagesgeschäfts	70 %
– Fehlende zeitliche/personelle Ressourcen	55 %
– Umsetzung der Maßnahmen zu kostspielig	48 %
– Fehlendes persönliches Engagement	34 %
– Fehlende Motivation der Belegschaft	34 %

Basis: alle befragten Betriebe mit oder geplantem BGM; Mehrfachnennungen möglich

Quelle: in Anlehnung an Initiative Gesundheit und Arbeit (iga) 2010   Fehlzeiten-Report 2010

◘ **Abb. 4.4** Die fünf wichtigsten Hürden für erfolgreiches BGM nach Betriebsgröße

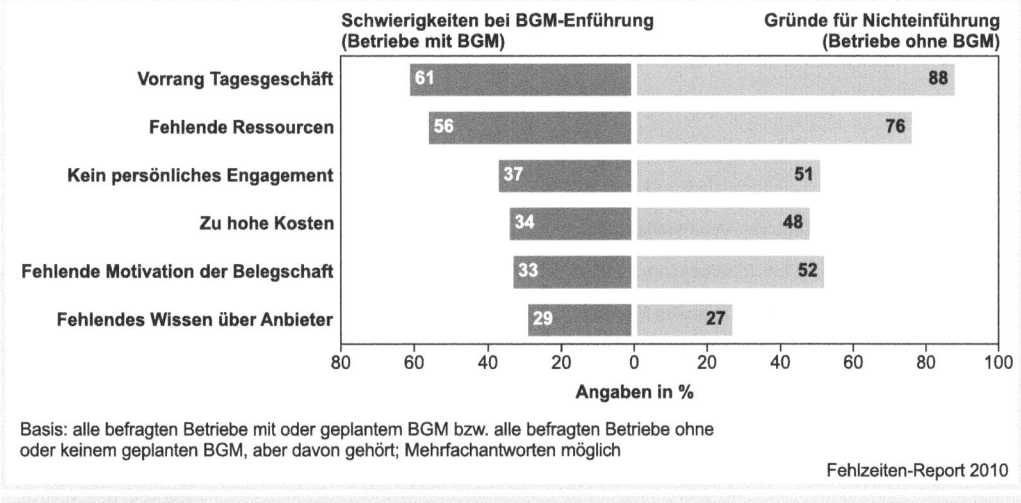

Abb. 4.5 Hindernisse bei der Einführung von BGM und Gründe für die Nichteinführung

Projektes hatten. Ebenso ist dargestellt, welche Gründe Unternehmen ohne BGM in Bezug auf eine Nicht-Einführung haben. Dabei zeigt sich, dass v. a. der Vorrang des Tagesgeschäfts mit 88 % die Reihe der Gründe gegen BGM anführt. Womöglich schrecken Unternehmensleiter aus Angst vor Überlastung vor der Implementierung eines Projektes zur Förderung der Gesundheit zurück. Der Nutzen eines Betrieblichen Gesundheitsmanagements scheint hingegen wenig bekannt zu sein und in keiner Weise diese Sorge ausräumen zu können.

4.4.2 Gewünschte Hilfestellungen

Nachdem die Hindernisse für die Einführung bzw. Umsetzung von BGM erfragt wurden, sollten potenzielle Hilfestellungen, um diese Hürden zu überwinden, von den Befragten eingeschätzt werden.

Genannt wurden an erster Stelle gute Praxisbeispiele aus der Region oder Branche (55 %), die aus Sicht der Befragten Wissens- und Informationsdefizite über BGM sehr anschaulich überwinden helfen könnten. Als hilfreich eingeschätzt wurden auch Informationen über steuerliche Vorteile (52 %), den ausnehmend wirtschaftlichen Nutzen von BGM (42 %) und die konkrete persönliche Beratung und Unterstützung durch Krankenkassen (48 %) oder Berufsgenossenschaften (29 %). Von 33 % der Befragten wurde eine zentrale Anlaufstelle bzw. Hotline sowie die Zusammenarbeit in einem Netzwerk mit anderen Betrieben der gleichen Branche oder Größe gewünscht.

Wie aus ▶ Abb. 4.6 ersichtlich wird, zeigen sich nur wenige Unterschiede zwischen Betrieben, die ein BGM schon eingeführt haben oder dies planen und jenen Betrieben, die kein BGM implementiert haben. Betriebe ohne BGM wünschen sich mehr persönliche Unterstützung durch die Krankenkassen, zunehmend mit der Größe des Betriebs. Praktische Informationen im Internet wünschen sich hingegen die schon in einem BGM aktiven Betriebe.

4.5 Zukünftige Entwicklung von BGM

Abschließend wurden alle Betriebe gebeten, eine Einschätzung abzugeben, wie sich Betriebliches Gesundheitsmanagement angesichts der Veränderungen der Arbeitswelt und der gegenwärtigen wirtschaftlichen Krise in den nächsten zwölf Monaten in ihrem Unternehmen voraussichtlich entwickeln wird (▶ Abb. 4.7).

Knapp die Hälfte der Befragten geht davon aus, dass BGM auch in Zeiten der Krise gleichbleibend wichtig sein wird. Vergleicht man jedoch das Antwortverhalten der Betriebe mit BGM mit jenen ohne BGM, so zeigen sich deutliche Unterschiede. 70 % der Betriebe mit BGM gehen davon aus, dass sich auch in Zeiten der Krise hinsichtlich der Wichtigkeit von BGM in ihrem Betrieb nichts verändern wird; weitere 12 % sagen sogar, dass BGM wichtiger denn je wird. Lediglich 17 % erwarten einen Rückgang der Priorität für BGM. Daraus kann man folgern, dass BGM-erfahrene Unternehmen sich der Wichtigkeit des Prozesses auch – oder gerade – in Krisenzeiten bewusst sind.

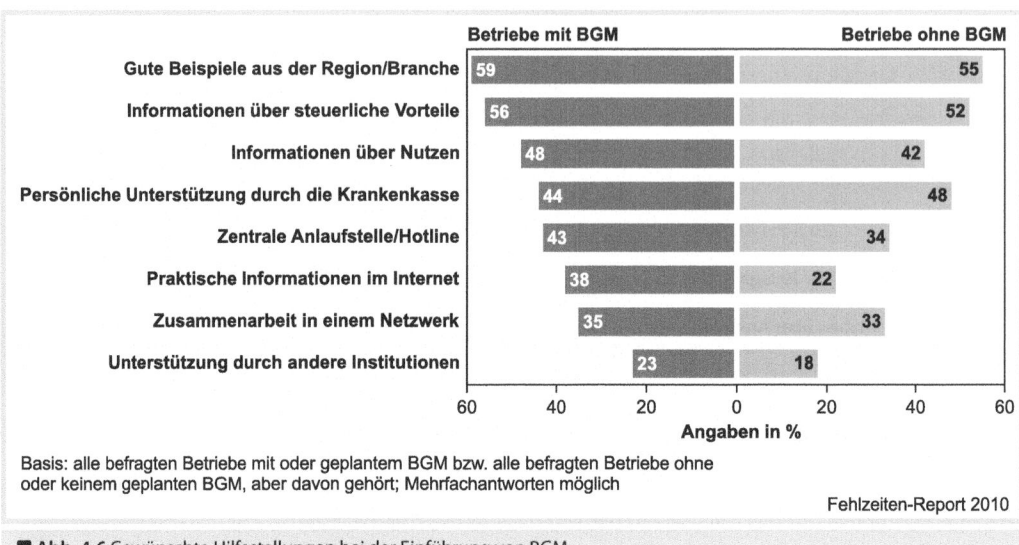

Abb. 4.6 Gewünschte Hilfestellungen bei der Einführung von BGM

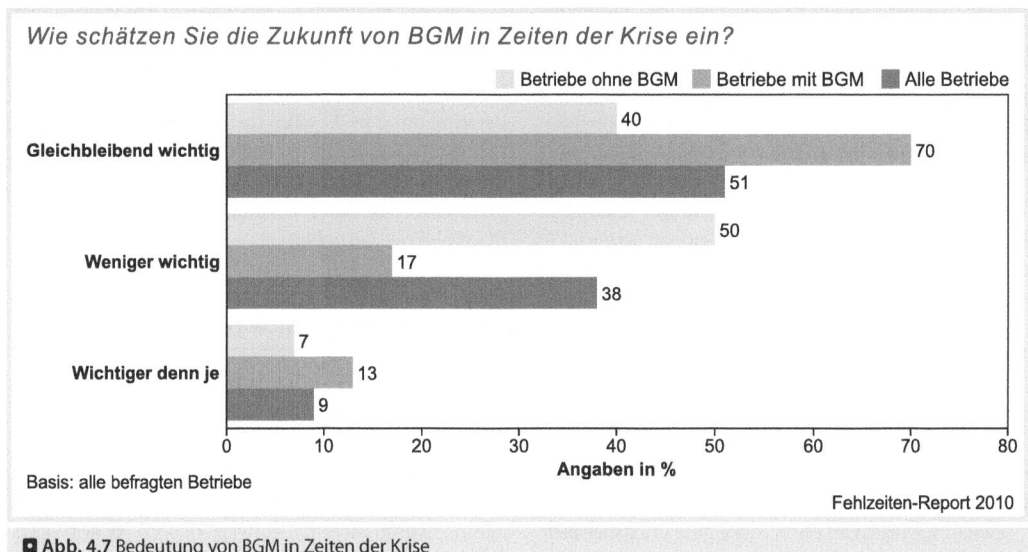

Abb. 4.7 Bedeutung von BGM in Zeiten der Krise

Bei den Betrieben ohne BGM ist diese Zahl deutlich geringer. Hier gehen 50 % der befragten Betriebe davon aus, dass BGM in Zukunft weniger wichtig sein wird, da andere Aufgaben vorrangig zu bewältigen sind und die Unterstützungsleistung durch BGM im Hinblick auf Wirtschaftlichkeit, aber auch sozialer Begleitung in einer schwierigen Phase für Unternehmen und Mitarbeiter nicht wahrgenommen wird.

Dieses Ergebnis korrespondiert auch mit dem Antwortverhalten der vorhergehenden Fragen. Für einige der Betriebe war die wirtschaftliche Lage ein Grund für die Nichteinführung von BGM; Hilfestellungen wünschen sich die befragten Unternehmen v. a. in Form von Informationen zu steuerlichen Vorteilen und zum wirtschaftlichen Nutzen von BGM.

Auf der anderen Seite gaben Unternehmen, die BGM implementiert haben, gerade die Kosten- und Produktivitätsaspekte als das Argument für BGM an. BGM wird als direkter Erfolgsfaktor gesehen, der sich positiv auf Kommunikation und Betriebsklima auswirkt und somit zu einer höheren Motivation, Zufriedenheit und Leistungsfähigkeit der Mitarbeiter beiträgt.

Betriebe, die ein BGM bereits eingeführt haben, sehen darin also durchaus einen Nutzen. Unbeantwortet bleibt jedoch, wie sich diese Erfolgsfaktoren erheben und messen lassen, da diese sich nicht nur in Absentismus- und Unfallquoten und den daraus resultierenden Kosten der Entgeltfortzahlung niederschlagen, sondern sich vor allem in intangiblen Vermögenswerten wie dem Sozialkapital einer Unternehmung zeigen. In einer aktuellen Fall-Kontroll-Studie konnte aufgezeigt werden, dass Investitionen in das Sozialkapital eines Unternehmens wesentlichen Einfluss auf den Unternehmenserfolg nehmen können, obwohl bei den Fehlzeiten und Unfallquoten keine wesentlichen Veränderungen festgestellt wurden. Ein hohes Sozialkapital hat demnach eine salutogene Wirkung auf die Mitarbeiter und somit auch auf deren Arbeitsleistung. Ferner konnte gezeigt werden, dass BGM aus komplexen Wirkungszusammenhängen besteht, weshalb die Implementierung eines ganzheitlichen Systems zu empfehlen ist. Es sollte sowohl bei den Menschen und deren Verhalten wie auch in der Organisation ansetzen (Baumanns u. Münch 2010).

Vorrangig beabsichtigen die Unternehmen, die Arbeitsbedingungen für ihre Mitarbeiter so zu verbessern, dass diese – auch vor dem Hintergrund einer immer älter werdenden Belegschaft – lange gesund arbeiten können. Für ein nachhaltiges und erfolgreiches Betriebliches Gesundheitsmanagement ist es wichtig, dass Mitarbeiter bei der Implementierung, beispielsweise im Rahmen eines Steuerkreises, beteiligt werden. Hier ist ein deutlicher Nachholbedarf sichtbar. Des Weiteren hat sich gezeigt, dass für Betriebe, die bisher kein BGM eingeführt haben, der daraus resultierende Nutzen und die effektive Kostenersparnis nicht deutlich sind. Entsprechend müssten diese Betriebe gezielt ausführlicher über die Vorteile von BGM informiert werden, z. B. darüber, dass hierbei nicht nur Kosten entstehen und ein BGM zum Teil bei anderen Managementsystemen, wie Diversity Management oder Qualitätsmanagement, integriert werden kann.

Bei Betrieben, die ein BGM bereits eingeführt haben, liegen die Schwierigkeiten eher in Wissensdefiziten bezüglich der Umsetzung und der Angebote oder es fehlt an Unterstützungsmöglichkeiten durch externe Partner. Dies ist insofern nachvollziehbar, als dass Maßnahmen der Betrieblichen Gesundheitsförderung an die jeweilige betriebsspezifische Situation angepasst werden und daher nur ein maßgeschneidertes und kein Standardkonzept eingesetzt werden kann. Hier bedarf es verschiedener Experten u. a. auf den Gebieten des Arbeits- und Gesundheitsschutzes und der Organisations- und Personalentwicklung. Insbesondere für die Prozessbegleitung sind erfahrene Begleiter in Kombination mit betrieblichen Experten nicht immer bekannt, worauf die Ergebnisse aus der Befragung zum Umgang mit auftretenden Schwierigkeiten bereits hindeuten. Dies zeigt sich u. a. auch in dem Wunsch der Befragten nach Informationen und Praxisbeispielen aus der Region bzw. Branche und in ihrem Interesse an einer Zusammenarbeit in Netzwerken. Hier könnten neue Konzepte und Umsetzungsmöglichkeiten auch für kleinere Unternehmen entwickelt und erprobt werden. Darüber hinaus scheint es auch Informationsdefizite hinsichtlich der Verfügbarkeit und der Angebote der Krankenkassen, Berufsgenossenschaften und weiterer Anbieter zu geben. An dieser Stelle sind die Institutionen gefragt, ihre Angebote stärker öffentlich zu machen bzw. auszubauen.

Literatur

Baumanns R, Münch E (2010) Erfolg durch Investitionen in das Sozialkapital – Ein Fallbeispiel. In: Badura B, Walter U, Hehlmann T (Hrsg) Betriebliche Gesundheitspolitik. Der Weg zur gesunden Organisation. 2. Auflage. Springer Berlin Heidelberg, S 166–180

Lück P, Eberle G, Bonitz D (2009) Der Nutzen des betrieblichen Gesundheitsmanagements aus der Sicht von Unternehmen. In: Badura B, Schröder H, Vetter C (Hrsg) Fehlzeiten-Report 2008. Betriebliches Gesundheitsmanagement: Kosten und Nutzen. Springer Medizin Verlag, Heidelberg

Medizinischer Dienst des Spitzenverbandes Bund der Krankenkassen e.V. (MDS) (2009) Präventionsbericht 2009. Leistungen der gesetzlichen Krankenversicherung: Primärprävention und betriebliche Gesundheitsförderung. Berichtsjahr 2008

Slesina W (2008) Betriebliche Gesundheitsförderung in der Bundesrepublik Deutschland. Bundesgesundheitsblatt – Gesundheitsforschung – Gesundheitsschutz. Bd 51/2008, H 3:296–304

Statistisches Bundesamt (2008) Kleine und mittlere Unternehmen in Deutschland. http://www.destatis.de/jetspeed/portal/cms/Sites/destatis/Internet/DE/Content/Publikationen/STATmagazin/UnternehmenGewerbeInsolvenzen/2008__8/PDF2008__8,property=file.pdf. Gesehen 09 März 2010

TNS Infratest Sozialforschung GmbH (2009) Betriebsbefragung zu Anreizen und Hemmnissen für Betriebliches Gesundheitsmanagement (BGM). Eine Untersuchung im Auftrag des AOK Bundesverbandes. Interne Veröffentlichung, München

Kapitel 5

Personelle Vielfalt und BGM – Integration zweier Managementsysteme – geht das?

T. ALTGELD

Zusammenfassung. *Bei Betrieblichem Gesundheitsmanagement und Diversity Management handelt es sich um zwei unterschiedliche Managementsysteme, welche ähnlichen wirtschaftlichen Argumenten unterliegen. Durch eine gezielte Förderung soll die Motivation der Mitarbeiter erhöht und dadurch ihre jeweiligen Potenziale besser genutzt werden. In dem vorliegenden Beitrag werden die Gemeinsamkeiten beider Systeme näher analysiert und Möglichkeiten integrativer Vorgehensweisen aufgezeigt. Darüber hinaus werden Unterschiede und Grenzen einer Integration deutlich gemacht.*

5.1 Einleitung

Ähnlich wie sich Individuen kaum vor gut gemeinten Gesundheitstipps aller Art retten können – insbesondere von der Gesundheitspolitik, Leistungserbringern und Forschungseinrichtungen – propagieren Heerscharen von Unternehmensberatungen, Hochschulen und die Wirtschaftspolitik immer neue vermeintlich ideale Managementmethoden für Unternehmen. Die meisten der unzähligen Managementmethoden erheben einen Anspruch auf Innovation und Optimierung von Organisationsroutinen und Outcomeparametern.

So können ähnliche Modetrends auch in der Propagierung hochaktueller Herausforderungen für das Management von Wirtschaftsbetrieben oder für die öffentlichen Verwaltungen verzeichnet und die Entwicklung „neuer" standardisierter Managementsysteme als Antworten darauf festgestellt werden. Die Taktung dieser vom selbst gesteckten Anspruch her innovativen Managementsysteme ist im Bereich der Wirtschaft sicherlich schneller, finanziell attraktiver für die Anbieter und deshalb marktförmiger organisiert als im Bereich der öffentlichen Verwaltungen. Genau wie im Bereich der Prävention dominieren bestimmte Moden auch Managementmethoden immer zu bestimmten Zeiten mit bestimmten Themenstellungen und Strategien. Wurde in den 1990er Jahren v. a. das Qualitätsmanagement in den Vordergrund gestellt, waren es bald darauf eher Shareholder-Value-Ansätze und Lean-Managementsysteme, die zumindest in der Managementtheorie und bei Unternehmensberatungen hoch im Kurs standen. Die jeweiligen Moden im Bereich der Managementmethoden haben mit den realen Modetrends eines gemeinsam: Sie mögen zwar aktuell und „in" sein, aber sie passen nicht automatisch zu jedem Wirtschaftsbetrieb oder jeder Verwaltung. So kann es passieren, dass spezifische Methoden am falschen Ort zur Anwendung kommen, dann aber schnell wieder abgelegt werden, wenn ein passenderer Trend am Horizont erscheint; oder auch durch die alten Routinen ersetzt werden.

Bislang ist die Umsetzungspraxis von Betrieblichem Gesundheitsmanagement und des Managements von Vielfalt in Unternehmen eher auf größere Unternehmen beschränkt. Eine Umfrage der Initiative Gesundheit & Arbeit 2010 ergab, dass bei Betriebsgrößen unter 200 Beschäftigten Betriebliches Gesundheitsmanagement nur bei einem Drittel der Unternehmen umgesetzt wird. Bei Betrieben über 200 Beschäftigten waren es 47 % (vgl. Bechmann et al. 2010, S. 11). Die Umsetzung der Diversity-Dimensionen in den Unternehmen dürfte noch deutlich darunter liegen. Betriebliches Gesundheitsmanagement und Management von Vielfalt in Unternehmen müssen für eine erfolgreiche, flächendeckende Umsetzungspraxis eine deutlich größere Verbreitung erfahren als bislang.

Bei der Implementierung von Betrieblichem Gesundheitsmanagement sind die Hauptziele, gesundheitsgerechte und persönlichkeitsförderliche Arbeitsbedingungen zu schaffen, die Gesundheitssituation der Beschäftigten zu verbessern und die Arbeitszufriedenheit zu steigern. Auch die Identifikation mit dem Unternehmen kann so gesteigert werden. Betriebswirtschaftlich gesehen sollen dadurch v. a. die Motivation und Leistungsbereitschaft der Beschäftigten erhöht sowie krankheitsbedingte Fehlzeiten vermieden oder reduziert werden.

Ähnliche wirtschaftliche Argumente liegen häufig der Einführung von Diversity-Management-Strategien zugrunde. „Diversity stellt eine neue Art und Weise dar, Geschäfte zu machen: a new way of doing business" (Stuber 2003, S. 5). Die Potenziale der Beschäftigen sollen besser genutzt, die Rekrutierungsbasis für qualifiziertes Personal verbreitert sowie das Firmenimage nach außen verbessert – und damit auch der Stamm potenzieller Kunden ausgedehnt – werden. Über diese Ähnlichkeiten bei der Argumentation zur jeweiligen Einführung haben beide Managementsysteme weitere wesentliche Gemeinsamkeiten, z. B. die ressourcenorientierte Grundhaltung und die Prozessorientierung. Nachfolgend sollen diese und weitere Gemeinsamkeiten näher analysiert und dabei auch Möglichkeiten integrativer Vorgehensweisen aufgezeigt werden. Implizit weist das Management von Vielfalt in Unternehmen bereits einige positive gesundheitsförderliche Effekte auf, ebenso wie das Gesundheitsmanagement auch zur Anerkennung von und dem produktiven Umgang mit Vielfalt im Unternehmen (z. B. unterschiedliche Ressourcen und Risiken verschiedener Altersgruppen) beiträgt. Darüber hinaus werden jedoch auch Unterschiede in beiden Ansätzen und Grenzen der Integration deutlich.

5.2 Wie funktioniert Betriebliches Gesundheitsmanagement?

Betriebliches Gesundheitsmanagement fußt auf einem neuartigen Verständnis von Gesundheit und deren Förderung. Die Weltgesundheitsorganisation (WHO) hat dies vorangetrieben mit der Verabschiedung der Ottawa-Charta 1986, in der festgehalten wird: „Gesundheitsförderung zielt auf einen Prozess, allen Menschen ein höheres Maß an Selbstbestimmung über ihre Gesundheit zu ermöglichen und sie damit zur Stärkung ihrer Gesundheit zu befähigen. Um ein umfassendes körperliches, seelisches und soziales Wohlbefinden zu erlangen, ist es notwendig, dass sowohl einzelne als auch Gruppen ihre Bedürfnisse befriedigen, ihre Wünsche und Hoffnungen wahrnehmen und verwirklichen sowie ihre Umwelt meistern bzw. verändern können. In diesem Sinne ist die Gesundheit als ein wesentlicher Bestandteil des alltäglichen Lebens zu verstehen und nicht als vorrangiges Lebensziel." (Franzkowiak u. Sabo 1993, S. 96)

Mit dieser Neudefinition ist der Weltgesundheitsorganisation nicht nur die radikale Loslösung der Deutungshoheit über Gesundheit vom Expertenstatus, sondern auch die Verknüpfung von Gesundheit mit Selbstwahrnehmung und Handlungsmöglichkeiten im Alltag gelungen. Damit werden keine unrealistischen Gesundheitsforderungen an Individuen von außen herangetragen, sondern gleichzeitig die Relativität von Gesundheit verdeutlicht und deren Abhängigkeit von Lebenslagen sowie -räumen.

Betriebliches Gesundheitsmanagement ist das erfolgreichste Umsetzungsfeld des gesundheitsfördernden Setting-Ansatzes, der mit der Ottawa-Charta zeitgleich begründet wurde. Die Kerngedanken der gesundheitsfördernden Setting-Arbeit wurden dort so ausformuliert: „Gesundheit wird von Menschen in ihrer alltäglichen Umwelt geschaffen und gelebt: dort, wo sie spielen, lernen, arbeiten und lieben. Gesundheit entsteht dadurch, dass man sich um sich selbst und für andere sorgt, dass man in die Lage versetzt ist, selber Entscheidungen zu fällen und eine Kontrolle über die eigenen Lebensumstände auszuüben [...]" (Franzkowiak u. Sabo 1993, S. 99). Eine wichtige Aufgabe des Betrieblichen Gesundheitsmanagements ist es somit, gesundheitliche Risiken am Arbeitsplatz zu reduzieren, Entscheidungsspielräume zu erweitern und soziale Netzwerke zu stärken.

Personelle Vielfalt und BGM – Integration zweier Managementsysteme – geht das?

Es geht beim Gesundheitsmanagement nicht darum, den Beschäftigten bereits fertige Angebote für ein gesundheitsförderlicheres Verhalten zu präsentieren, sondern mit ihnen gemeinsam an den Ursachen für Unzufriedenheiten und gesundheitlichen Belastungen zu arbeiten. Gesundheitsmanagement geht also einen Schritt weiter. Es legt den Fokus auf gesundheitsfördernde Bedingungen bei der Arbeit und Gesundheitsressourcen in der Person. Wie diese Aspekte zusammenwirken und welche Wirkungen sich daraus ergeben, wird in ◘ Abb. 5.1 verdeutlicht.

„Ziele des Betrieblichen Gesundheitsmanagements sind die Entwicklung und Verankerung eines Managementsystems zur Reduzierung von Belastungen, zur Stärkung des Sozial- und Humankapitals, zur Verbesserung von Wohlbefinden und Gesundheitsverhalten der Mitarbeiterinnen und Mitarbeiter sowie zur Steigerung von Betriebsergebnissen und Wettbewerbsfähigkeit." (Zentrum für Weiterbildung an der Universität Bielefeld 2008, S. 19) Diese umfassenden Zielstellungen bleiben in der Umsetzung keineswegs abstrakt, sondern lassen sich in sehr konkrete Teilziele präzisieren, die wiederum messbar sind. Über diese Messbarkeit lassen sich auch Fortschritte und Erfolge des Betrieblichen Gesundheitsmanagements abbilden. Zusätzlich lassen sich über die so gewonnenen Zwischenergebnisse die Gesamtprozesse steuern und die Maßnahmen entsprechend anpassen (◘ Abb. 5.2).

Soziale Unterstützung ist eine der wichtigsten Gesundheitsressourcen. Durch Kollegen und Vorgesetzte, die ihrem Gegenüber Unterstützung, Vertrauen und Fürsorge entgegenbringen oder einem Team, in dem es fair und kollegial zugeht, können Belastungen abgepuffert und somit reduziert werden. Betriebliches Ge-

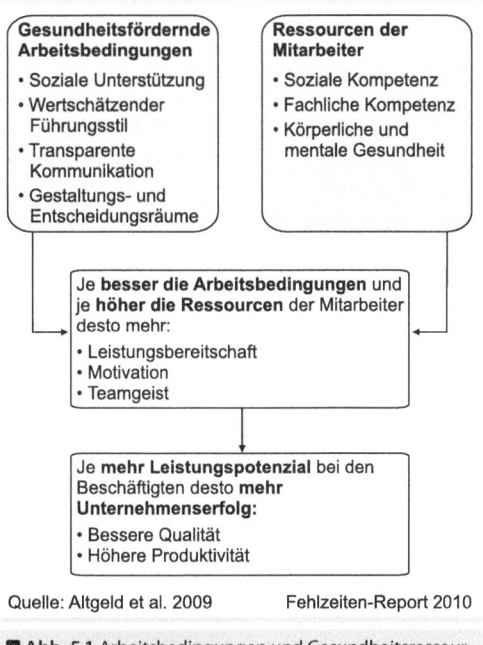

◘ Abb. 5.1 Arbeitsbedingungen und Gesundheitsressourcen der Beschäftigten

sundheitsmanagement zielt somit auf „kontinuierliche Verbesserungen insbesondere an den Mensch-Mensch-Schnittstellen" (ebd.). Es stärkt so die Motivation der Beschäftigten und reduziert Belastungssituationen.

Ein weiterer Aspekt von gesunder Arbeit ist der Bereich der Mitsprache und Mitgestaltung. „Ein hohes Maß an Gestaltungsmöglichkeiten und Entscheidungsspielräumen in Bezug auf die eigene Arbeit kann sich positiv auf die Gesundheit auswirken, wenn keine

◘ Abb. 5.2 Ziele des Betrieblichen Gesundheitsmanagements und geeignete Messgrößen

Überforderungssituationen entstehen. Transparente Kommunikationsstrukturen, ausreichend Informations- und Kommunikationsmöglichkeiten sowie eine direkte und mitarbeiterorientierte Informationspolitik der Führungskräfte tragen maßgeblich dazu bei, dass Beschäftigte ihre Arbeit als durchschaubar, sinnhaft und gestaltbar erleben. Dies fördert die Gesundheit, die Zufriedenheit und das persönliche Engagement der Beschäftigten. Führungskräfte nehmen durch die Art und Weise der Arbeitsgestaltung und ihr persönliches Führungsverhalten eine Schlüsselrolle in Bezug auf die Gesundheit der Beschäftigten ein." (Altgeld et al. 2009, S.15)

Betriebliches Gesundheitsmanagement stellt aufgrund dieser breit angelegten Zielstellungen eine Managementaufgabe dar, durch welche die Gesundheit der Beschäftigten als strategischer Faktor in das Firmenleitbild sowie in die Kernprozesse und Unternehmensstrukturen einbezogen wird. Die Entwicklung und Verankerung des Managementsystems erfolgt dann in den Prozessschritten, wie sie in ◘ Abb. 5.3 dargestellt sind.

Wenn diese Prozesse nicht gut vorbereitet werden und nicht gleichzeitig auch die Unternehmensleitungen für die Implementierung gewonnen werden können, fehlen wesentliche Voraussetzungen für den Erfolg eines Betrieblichen Gesundheitsmanagements. Gerade die Partizipation von Beschäftigten, sei es über Befragungen, Gesundheitszirkel oder andere beteiligungsorientierte Verfahren, setzt Veränderungspotenziale frei, die aber gerade von dem Willen zur Veränderung durch die Unternehmensführung getragen und unterstützt werden müssen. Wenn die vorgeschlagenen Lösungen für bestimmte Problemlagen keine Umsetzung finden, erhöht sich die Unzufriedenheit der Beschäftigten. Im Rahmen der derzeit mehr als zwanzigjährigen Umsetzungsgeschichte des Betrieblichen Gesundheitsmanagements wurden eine ganze Reihe von Standardumsetzungselementen und Instrumenten entwickelt. Die wichtigsten hierbei sind:

– Aufnahme von Gesundheit in das Unternehmensleitbild,
– regelmäßige Mitarbeiterbefragungen,
– Fehlzeitenanalysen, Betriebliche Gesundheitsberichte,
– Altersstrukturanalysen,
– Gesundheitszirkel, Fokusgruppen, Workshops etc.,
– regelmäßige Mitarbeitergespräche,
– Projekte und Maßnahmen zur gesundheitsförderlichen Personal- und Organisationsentwicklung.

Während Gesundheitsmanagementprozesse v. a. in den 1990er Jahren und seit Beginn dieses Jahrhunderts in größeren Industriebetrieben erfolgreich umgesetzt

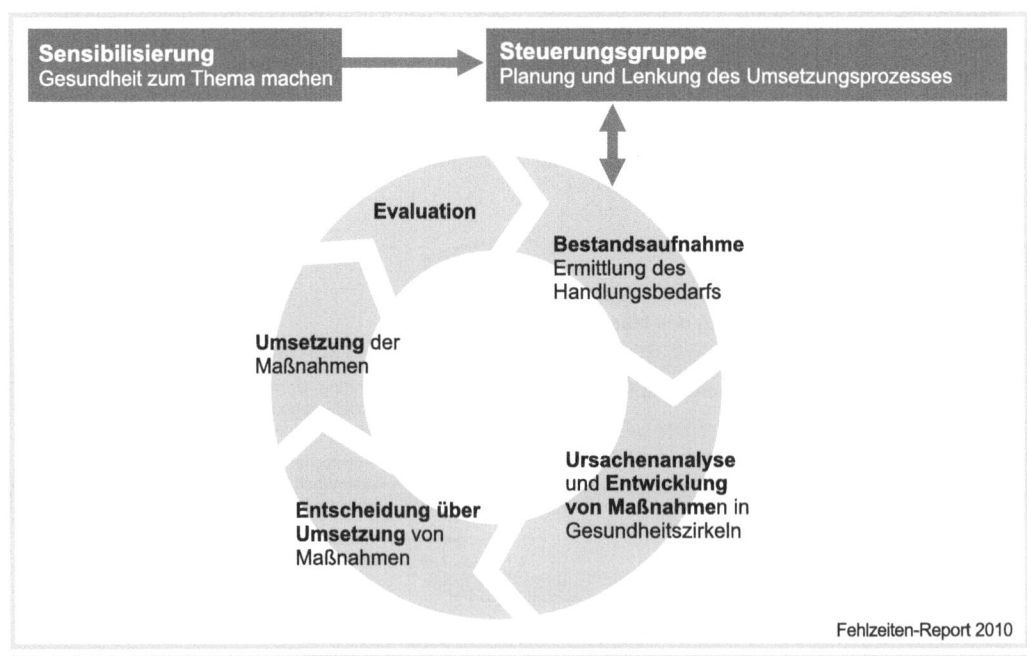

◘ Abb. 5.3 Betriebliches Gesundheitsmanagement als Prozess

werden konnten, wurden für Klein- und Mittelbetriebe sowie öffentliche Verwaltungen erst langsam konzeptuelle Anpassungen vorgenommen. Doch das Interesse aus diesen Feldern ist nach wie vor deutlich geringer ausgeprägt als in größeren Unternehmen. Viele kleine und mittlere Unternehmen (KMU) sind damit nach wie vor überfordert. „Die Arbeits- und Produktionsbedingungen in Klein- und Kleinstunternehmen unterscheiden sich in vielfacher Hinsicht von denen größerer Unternehmen. Die formalen Organisationsstrukturen sind einfacher, es gibt ein höheres Ausmaß direkter Kommunikation und vielfach bestehen familienähnliche soziale Beziehungen zwischen Besitzern und Mitarbeitern. Betriebliche Gesundheit ist hier nicht arbeitsteilig organisiert, sondern unmittelbar in den Arbeitsalltag eingebunden." (Nationale Kontaktstelle des ENBGF 2001, S. 6)

Diese strukturellen Unterschiede führen dazu, dass die Betriebliche Gesundheitsförderung innerhalb dieser Strukturen drei Handlungsfelder umfasst, welche in der Praxis eng miteinander verbunden sind:

- Maßnahmen des gesetzlich vorgeschriebenen Arbeits-, Umwelt- und Gesundheitsschutzes,
- Maßnahmen zur gesundheitsgerechten Arbeitsgestaltung sowie zur Unterstützung gesundheitsgerechten Verhaltens, die über die gesetzlichen Vorschriften hinausgehen und auf die Verbesserung der Arbeitsbedingungen (Verhältnisse) abzielen und/oder einen gesünderen Lebensstil unterstützen (Verhalten),
- Maßnahmen im Bereich der sozialen Verantwortung von KMU (ebd.).

Auch strukturelle Unterschiede in öffentlichen Verwaltungen erforderten Anpassungen des Konzeptes. „Der vergleichsweise hohe Krankenstand bei relativ hohem Durchschnittsalter der Beschäftigten im öffentlichen Dienst verbunden mit seinem schlechten Image in der Öffentlichkeit ist hier ein weiteres Indiz für einen dringenden Handlungsbedarf. Eine Reduzierung der Fehlzeiten sollte ein integraler Bestandteil der Reformbemühungen sein." (Deutsches Netzwerk für Betriebliche Gesundheitsförderung 2009, S. 1) Mittlerweile existieren sowohl in Bundes-, Landes- und kommunalen Behörden erfolgreiche Umsetzungsbeispiele. Das Forum für den öffentlichen Dienst innerhalb des Deutschen Netzwerks für Betriebliche Gesundheitsförderung benennt für die zukünftige Arbeit sechs prioritäre Themen:

- gesundheitliche Belastungen durch Veränderungsprozesse,
- ganzheitliche betriebliche Gesundheitsförderung,
- Führung und Gesundheit,
- demografische Entwicklung,
- Erfolgsbewertung der betrieblichen Gesundheitsförderung,
- Nachhaltigkeit (ebd., S. 4).

Schon bei der Aufzählung dieser prioritären Themen werden die Anknüpfungspunkte zu Inhalten des Diversity Managements sichtbar. Zusätzlichen Auftrieb bekommt die Einführung eines BGM in den öffentlichen Verwaltungen durch die Notwendigkeit der Umsetzung des Betrieblichen Eingliederungsmanagements Behinderter oder von längerer Erkrankung Betroffener; hier zeigt sich wiederum ein Anknüpfungspunkt an Dimensionen der Vielfalt.

Die rechtlichen Rahmenbedingungen für das Betriebliche Gesundheitsmanagement wurden durch die Neuformulierung des § 20 SGB V 2002 und mit dem Jahressteuergesetz 2009 entscheidend verbessert. So wurde die Zusammenarbeit mit den gesetzlichen Unfallversicherern neu und kooperativ geregelt. Nach dem seit dem 01.01.2009 gültigen Steuerrecht können Leistungen des Arbeitgebers, die den allgemeinen Gesundheitszustand der Arbeitnehmer verbessern, bis zu einem Betrag von 500 € grundsätzlich von der Steuer freigestellt werden. Die geförderten Maßnahmen müssen hinsichtlich Qualität, Zweckbindung und Zielgerichtetheit den Anforderungen der §§ 20 und 20a des SGB V entsprechen. Diese verbesserten strukturellen Voraussetzungen sollen zu einer vermehrten Umsetzung des Betrieblichen Gesundheitsmanagements in Deutschland führen.

Zusammenfassend lässt sich festhalten, dass von einer erfolgreichen Etablierung eines Betrieblichen Gesundheitsmanagements sowohl die Beschäftigten auf der individuellen Ebene profitieren als auch das gesamte Unternehmen selbst. Auf der Unternehmensseite zeigt sich dies v. a. in Kostenreduktionen durch eine Verminderung von Fehlzeiten und Fluktuationen sowie der Steigerung der Produktivität. Die gelernte Mitarbeiterorientierung im Rahmen des Gesundheitsmanagementprozesses kann zudem zur Verbesserung der Flexibilität und Innovationsfähigkeit des Unternehmens beitragen. Das Betriebsklima wird verbessert und die Identifizierung mit dem Unternehmen erhöht. Damit wird die Ausbildung einer Corporate Identity im Sinne einer positiven Unternehmenskultur gefördert. Trotz insgesamt verbesserter rechtlicher Rahmenbedingungen wird der Ansatz eher in Großbetrieben als in anderen Bereichen umgesetzt.

5.3 Personelle Vielfalt – Managing Diversity. Ein ähnlich gelagerter Managementansatz?

Das von der EU-Kommission 2007 ausgerufene „Europäische Jahr der Chancengleichheit für alle" hatte ausdrücklich für die EU-Staaten auch das Ziel proklamiert, Vielfalt zu fördern und zu würdigen. „Das Europäische Jahr soll den positiven Beitrag herausstellen, den alle Menschen für die Gesellschaft in ihrer Gesamtheit leisten können, unabhängig von Geschlecht, Rasse, ethnischer Herkunft, Religion oder Weltanschauung, einer Behinderung, vom Alter oder von der sexuellen Ausrichtung."[1] Zur Begründung ihrer Initiative führt die EU-Kommission die Herausforderungen durch die Globalisierung und den demografischen Wandel an: „Die unaufhaltsam wachsende Vielfalt konfrontiert uns mit Herausforderungen, auf die wir effektiver reagieren müssen, und bietet gleichzeitig eine Fülle von Chancen, die wir uns nicht entgehen lassen dürfen." (ebd.)

Diese politischen Zielstellungen wurden von Unternehmen insbesondere in den USA und Europa schon vorher aus wirtschaftlichen Erwägungen in ihre Personalwirtschaftskonzepte aufgenommen. Zunehmende Heterogenisierungsprozesse in allen entwickelten Ländern erforderten hier schon seit Längerem Handlungskonzepte, die differenzorientiert sind und den entstehenden „Diversitäten" Rechnung tragen. Im Vordergrund dieser profitorientierten Erwägungen stand v. a. die Erschließung neuer Konsumentengruppen sowie die verstärkte Einstellung und Bindung von Beschäftigten aus einem größeren Kreis von hoch qualifiziertem Personal. Hier wird aufgrund der hohen gesellschaftlichen Akzeptanz von Konzepten der Vielfalt ein besseres Firmenimage nach innen und außen erwartet. Außerdem sind Unternehmen mit pluralen Belegschaften („Multikultur") eher als homogen strukturierte Organisationen („Monokultur") in der Lage, dem ständigen Strukturwandel der Wirtschaft mit flexiblen und tragfähigen Problemlösungen zu begegnen (vgl. Belinszki et al. 2003).

In Europa ist Diversity Management später als in den USA aufgegriffen worden. In der Bundesrepublik Deutschland wurden mit dem Allgemeinen Gleichstellungsgesetz, das am 18. August 2006 in Kraft getreten ist, neue rechtliche Rahmenbedingungen für Maßnahmen gegen Diskriminierung geschaffen. Damit entstand neben wirtschaftlichen Interessen auch eine stärkere Verpflichtung, Unternehmen und Betriebe diskriminierungsfrei zu gestalten.

Der Ansatz und die Umsetzung des Diversity Managements in Unternehmen wurden einleitend bereits ausführlich dargestellt (vgl. Krell in diesem Band). Diversity Management wird – ähnlich wie Betriebliches Gesundheitsmanagement – mit Organisationsentwicklungskonzepten insbesondere in größeren Unternehmen umgesetzt. Personelle Vielfalt in Unternehmen lässt sich nicht einfach verordnen, sondern erfordert Veränderungsprozesse und längerfristige Strategien. Stuber benennt hierzu folgende Phasen:

- Anerkennung und Akzeptanz für das Thema,
- Erkenntnis für Chance und Notwendigkeit von Veränderungen,
- Verpflichtung für eigenes Engagement,
- Nachhaltige Verankerung der Neuerungen (vgl. Stuber 2003, S. 249).

Nachdem er die Vorteile und Umsetzungsmöglichkeiten des gesamten Ansatzes eingehend dargelegt hat, benennt er abschließend auch die fünf häufigsten Fehler im Zusammenhang einer Diversity-gerechten Arbeit:

- Fokussierung auf (einige) Unterschiede: entweder die Begrenzung auf ausgewählte Unterscheidungsfacetten oder die Gefahr der Schubladisierung,
- keine Vollzeitstelle für die Diversity-Implementierung,
- Einsatz von Quoten,
- Marginale Budgets,
- reines Human-Resource-Projekt (vgl. ebd., S. 256).

Die Erläuterung des letzten Fehlers bei der Umsetzung erweist sich auch im Hinblick auf die bislang kaum vernehmbare Kritik an dem Ansatz als aufschlussreich: „Während der Ausgangspunkt für Diversity in vielen Fällen der HR-Bereich ist, bleibt weder die Implementierung noch die Tragweite auf diese Funktion beschränkt. Schon bei der Grundlagenentwicklung erscheint daher eine Vernetzung mit der Unternehmenskommunikation, dem Marketing, dem Investor Relations und den operativen Geschäftsbereichen erforderlich." (ebd.) In den „Diversity"-Ansätzen wird Vielfalt fast immer als Ressource bezeichnet, die es gilt, ökonomisch oder sozial zu nutzen.

Mecheril hat die entscheidende Frage aufgeworfen, für wen „Diversity" eine Ressource darstellt.[2] Mit Bezug auf migrationsgesellschaftliche Unterscheidungen lässt

---

[1] http://europa.eu/legislation_summaries/human_rights/fundamental_rights_within_european_union/c10314_de.htm, Zugriff 1/2010

[2] s. hier und zu den folgenden Ausführungen Mecherils http://www.migration-boell.de/web/diversity/48_1012.asp, Zugriff 1/2010

sich beispielsweise beobachten, dass die Praxis „Diversity" es Mehrheitsangehörigen ermöglicht, den Diskurs um Differenz für das eigene berufliche Fortkommen zu nutzen und formelle und informelle Privilegien gegenüber Minoritätsangehörigen nunmehr auch auf dem Feld professioneller Differenzpraxis auszuspielen. Bezogen auf das „Managing Diversity" kann man feststellen, dass durch entsprechende Ansätze einerseits eine gezieltere Rekrutierung des „Humankapitals", andererseits die effizientere Abschöpfung menschlicher Leistungspotenziale möglich wird: Wer nicht diskriminiert wird, arbeitet besser, und schwarze Mitarbeiterinnen sprechen schwarze Kundinnen profitabler an: difference sells. Sobald nun der Unterschied nicht (mehr) gewinnbringend eingesetzt werden kann, gerät er – dies ist im Rahmen der ökonomistischen Logik notwendig – aus dem Blick des „Managing Business".

Mecheril kritisiert in seiner scharfen Analyse v. a. drei „Machtmomente", die mit der Praxis „Diversity" und der mit ihr verbundenen Achtsamkeit für Differenzen einhergehen. Diese wurden bislang in der öffentlichen Diskussion des Ansatzes zu wenig beachtet:
— „Das fixierende Identitätsdenken wird nicht überwunden, sondern vervielfältigt,
— der Zugang zum Bildungsmarkt ist durch komplexe Verhältnisse der Ungleichheit (z. B. Sprache, Qualifikationszertifikate, soziale Netzwerke, physiognomisches Kapital) strukturiert, „Diversity"-Angebote tendieren dazu, diese Struktur zu bekräftigen, was auch auf die Inhalte und die Art und Weise der Angebote, gleichsam nach „innen" wirkt,
— immer da, wo „Diversity" eingesetzt wird, um bestimmte organisatorische Abläufe zu verbessern, dort wo es als Mittel zum Zweck eingesetzt wird, ordnet sich „Diversity" der Logik anderer Zweckkalküle unter".

Eben weil das Diversity-Management-Konzept auch die Grundrechte aller Menschen auf Gleichbehandlung umsetzt, ist bislang wenig Kritik an seiner Instrumentalisierbarkeit erfolgt. Anders als innerhalb des Betrieblichen Gesundheitsmanagements, das sich nur über Partizipation der Beschäftigten sinnvoll umsetzen lässt, sind Diversity-Management-Ansätze leichter zu verordnen, z. B. durch entsprechende Regelungen bei der Rekrutierung von neuem Personal. Im Rahmen der Umsetzung von Diversity Management wird v. a. die Führungs- und Leitungsebene nach dem Top-Down-Prinzip in die Verantwortung genommen. Die erforderlichen Veränderungen von Organisationsroutinen werden nicht relativ ergebnisoffen mit den Beschäftigten gemeinsam erarbeitet, sondern erfolgen zielgerichteter auf die Ermöglichung von Vielfalt. Dabei hängt der Umsetzungserfolg von erfolgreichen betriebsinternen Marketingstrategien ab. Implementationsstrategien für mehr Diversity setzen deshalb insbesondere darauf, dass Diversity-Kompetenzen erworben werden. Deshalb spielen Awareness- und Skill-Building-Trainings, also Qualifizierungsansätze sowie Sensibilisierungsmaßnahmen, eine wesentliche Rolle.

5.4 Erste Integrationsansätze beider Managementsysteme

Da sowohl das Diversity Management als auch das Betriebliche Gesundheitsmanagement beschäftigtenorientierte Managementstrategien darstellen, deren Umsetzung in der Organisations- und Personalentwicklung angesiedelt ist, liegen erste Ansätze zur Integration beider Managementsysteme vor. Dabei werden v. a. vonseiten des Betrieblichen Gesundheitsmanagements Einzelaspekte des Diversity Managements aufgegriffen. Die Initiative Arbeit und Gesundheit hat beispielsweise 2009 einen Leitfaden zum Interkulturellen Betrieblichen Gesundheitsmanagement (vgl. Harms, Salman, Bödeker in diesem Band) herausgegeben. Das Konzept basiert auf Erfahrungen aus zwei Betrieben, „die den Bedarf für ein kultursensibles Gesundheitsmanagement für sich erkannten, und steht nun ‚marktreif' für den Einsatz in anderen Unternehmen bereit" (Initiative Gesundheit und Arbeit, 2009, S. 3).

Das Interkulturelle Betriebliche Gesundheitsmanagement „fokussiert auf zwei Faktoren, die durch die Betriebe gut zu beeinflussen sind:
— das Führungsverhalten der direkten Vorgesetzten insbesondere von Mitarbeitern mit Migrationshintergrund und
— die Einbindung von Beschäftigten in das Betriebliche Gesundheitsmanagement, unter anderem durch Schulung zu Interkulturellen Betrieblichen Gesundheitslotsen" (vgl. ebd., S. 4).

Das Konzept setzt dabei v. a. auf Sensibilisierung der wesentlichen Akteure und Informationsvermittlung, auch in Form von Gesundheitswegweisern in unterschiedlichen Sprachen, die betriebliche Gesundheitsmanagementroutinen erläutern. „Als zentrale Barrieren wurden sprachliche und soziokulturelle Verständigungshindernisse identifiziert, die mit den Lotsen überwunden werden können. Weil Arbeitnehmer mit Migrationshintergrund oft ebenso wenig die Angebote des Betrieblichen Gesundheitsmanagements kennen, unterstützen engagierte Beschäftigte – mit und ohne

Migrationshintergrund – die Betriebliche Gesundheitsförderung mit muttersprachlichen und kultursensiblen Informationen" (vgl. ebd., S. 7). Es stellt damit quasi nur eine „Übersetzung" des BGM-Konzeptes für Beschäftigte mit Migrationshintergrund dar, keinen integrierten Managementansatz. Zudem ist es von der Anlage her nur für größere Unternehmen anwendbar.

Umfassender angelegt sind die Zielstellungen eines Projektes der Universität Dortmund „GemNet", das ein integriertes Betriebliches Gesundheitsmanagement anstrebt, das Diversity-Ansätze schon in den Zielstellungen mitdenkt und integriert. Als Zielstellung des Projektes wird festgehalten: die „Vernetzung der Akteure Kranken-, Rentenversicherung und Betrieb zur Steuerung der betrieblichen Gesundheitsförderung mit einem Steuerungsinstrument: Aufzeigen und Analysieren von Zielkonflikten und Vernetzungsmöglichkeiten der Akteure des Gesamtsystems zur Überwindung von Systemgrenzen sowie der Bewertung hinsichtlich der Gesundheitswirkung. Identifikation möglicher Wechselwirkungen zwischen den einzelnen Akteuren (einschließlich Anbietern ehrenamtlicher Arbeit) und Optimierung der Zusammenarbeit. Die Organisation des traditionellen Arbeits-, Gesundheits- und Sicherheitsschutzes (AGS) soll dabei mit innovativen, zukunftsfähigen Themen angereichert werden; z. B. neue Arbeits- und Organisationsformen, diversity management (inkl. Gender), demografischer Wandel, Bildung, Auswirkungen von Arbeitsintensivierung und -flexibilisierung auf die Gesellschaft, soziale Verantwortung von Unternehmen" [3]. Hier werden die Ansätze des Diversity Managements in ein umfassendes Gesundheitsmanagement integriert.

Ein anderes, aber ähnlich breit angelegtes Praxisbeispiel wird im Rahmen des Projektes „Gesundheitsorientierte Führung im Demografischen Wandel" am Münchner Flughafen erprobt. Hier wird aber vonseiten des Diversity Managements ein Gesundheitsmanagement integriert. In der Liste von Diversity-Handlungsfeldern taucht Gesundheitsmanagement als ein wesentliches Handlungsfeld unter vielen anderen Aktivitäten auf:
- FiF – Frauen in der FMG,
- Work-Life-Balance (Betriebskindergarten, Elternkurse, etc.),
- Ausschuss „Frauen und Gleichstellung",
- Netzwerke und Teams,
- Eingliederungsmanagement,
- Arbeit und Religion,
- „Diversity" – ein Wettbewerbsvorteil,
- sexuelle Orientierung,
- Gesundheitsmanagement,
- Diversity, Arbeitsbedingungen und Unternehmenskultur,
- Diversity und Führungsverhalten.[4]

Entscheidend für die genannten Praxisbeispiele war das Interesse der jeweiligen Unternehmensleitungen, auch die jeweils andere Managementstrategie zumindest in Teilbereichen mit aufzugreifen und in die bereits umgesetzte Managementstrategie zu integrieren.

5.5 Gemeinsame Herausforderungen, aber unterschiedliche Ansätze: Gesundheitsmanagement ist das umfassendere Managementkonzept und deshalb integrationsfähiger

Die Herausforderungen des demografischen Wandels beflügeln sowohl Gesundheits- als auch Diversity-Management-Ansätze. Insbesondere die Herausforderungen einer älter und bunter werdenden Gesellschaft im Hinblick auf die Zusammensetzung von Belegschaften und die Entwicklung von Marktchancen steigern den Bedarf von Unternehmen an Managementkonzepten, die den Einsatz von Beschäftigten effektiv ermöglichen. Gesundheitsmanagement hat jedoch anders als das Diversity Management dabei stärker den Charakter einer Querschnittsaufgabe in Organisationen. Auch wenn einzelne Strategien identisch sind, etwa die Verankerung in Firmenleitbildern oder ein hoher Grad an Prozessorientierung, konzentriert sich das Diversity Management intern meist auf die Personalentwicklung und das Produktmarketing. Es ist letztlich stärker an der Steigerung der Betriebsergebnisse und der Wettbewerbsfähigkeit von Unternehmen orientiert als das Gesundheitsmanagement. Es kann damit leichter als Mittel zum Zweck eingesetzt werden und sich der Logik unterschiedlicher Zweckkalküle unterordnen. So kommt Mecheril zu dem Fazit: „Erst wenn die Kritik an den Machtwirkungen von ‚Diversity' ernst genommen und auf die eigene Praxis bezogen wird, wenn also die Frage gestellt wird, wer von ‚Diversity' wie profitiert und wer durch den ‚Diversity'-Einbezug auf Identitätspositionen festgelegt oder gar in einer eher inferioren Position bestätigt wird, kann ‚Diversity' etwas anderes sein als die raffinierte Fortsetzung von Machtverhältnissen mit auf den ersten Blick ‚irgendwie achtbar' wirkenden Mitteln."

Gesundheitsmanagement ist ebenfalls instrumentalisierbar, aber funktioniert in der Umsetzung nur, wenn

---

3 http://www.gemnet.de/, Zugriff 3/2010

4 http://www.munich-airport.de, Zugriff 3/2010

ein hoher Partizipationsgrad der Beschäftigten erreicht werden kann.

Anders als für das Diversity Management liegen für das Gesundheitsmanagement klare Qualitätskriterien vor, die bereits in der Luxemburger Deklaration zur Betrieblichen Gesundheitsförderung festgehalten wurden:
- Ganzheitlichkeit (BGM beinhaltet sowohl verhaltens- als auch verhältnisorientierte Maßnahmen. Es verbindet den Ansatz der Risikoreduktion mit dem des Ausbaus von Schutzfaktoren und Gesundheitspotenzialen),
- Integration (Berücksichtigung bei allen wichtigen Entscheidungen und in allen Unternehmensbereichen, Verankerung im Leitbild),
- Partizipation (Förderung einer aktiven Mitarbeiterbeteiligung in allen Prozessstufen),
- Projektmanagement (Alle Maßnahmen und Programme müssen systematisch durchgeführt werden: Bedarfsanalyse, Prioritätensetzung, Planung, Ausführung, kontinuierliche Kontrolle und Bewertung der Ergebnisse) (vgl. Bundeszentrale für gesundheitliche Aufklärung 2003).

Eine vergleichbare Entwicklung von transparenten Qualitätskriterien steht für den Diversity-Management-Ansatz noch aus. Er zielt zwar auf eine Beachtung aller relevanten sozialen Strukturmerkmale, läuft aber in der Praxis nicht selten Gefahr, doch bestimmte Aspekte, wie z. B. die ethnische Herkunft oder Familienfreundlichkeit, stärker zu betonen als andere. Wie die verschiedenen Dimensionen systematisch und qualitätsgesichert berücksichtigt werden können, bleibt in den meisten Konzepten offen. Diversity Management ist aufgrund der gesellschaftlichen Rahmenbedingungen des demografischen Wandels der jüngere und vermeintlich modernere Ansatz, aber auch das weniger entwickelte Managementkonzept. Aufgrund seiner stark gewinnorientierten Ausrichtung lassen sich andere Managementstrategien auch nur bedingt integrieren.

Gesundheitsmanagement dagegen greift bereits viele Aspekte der Berücksichtigung von Dimensionen der Vielfalt auf, etwa durch das betriebliche Eingliederungsmanagement oder die stärkere Berücksichtigung der Interessen älterer Beschäftigter. Geschlechterbezogene Schwerpunkte spielen innerhalb des Betrieblichen Gesundheitsmanagements dagegen noch eine sehr marginale Rolle. Hierfür liegen bislang nur Einzelbeispiele vor.

Innerhalb eines Projektes zur „Reduzierung von Fehlzeiten/Frühpensionierungen und Unterstützung eines dienststelleninternen Gesundheitsmanagements" wurde ein Leitfaden zur Etablierung und Umsetzung von Gesundheitsmanagement in den Dienststellen des Landes Niedersachsen mit insgesamt 200.000 Beschäftigten erarbeitet, der Gender Mainstreaming erstmals als Prinzip innerhalb des Gesundheitsmanagements verankert (vgl. Niedersächsisches Innenministerium 2002). Bezogen auf die Analyse der Ausgangssituation wurde dort festgehalten, dass Frauen selten in höheren Hierarchieebenen, häufiger in Teilzeitarbeitsverhältnissen und eher in Dienstleistungsbereichen mit geringen Qualifikations- und Anforderungsstrukturen arbeiten. Die Standardinstrumente zur Erfassung von Belastungssituationen am Arbeitsplatz oder zur Analyse des Betriebsklimas erfassen bislang keine geschlechtstypischen Belastungen am Arbeitsplatz und sind eher androzentrisch ausgerichtet, d. h. sie gehen von männlichen Lebenswelten als Maßstab aus.

Für die niedersächsische Landesverwaltung werden deshalb Instrumente entwickelt, die diese Defizite nicht aufweisen. Bei der Planung des dienststelleninternen Gesundheitsmanagements müssen ebenfalls Benachteiligungsstrukturen besonders berücksichtigt und möglichst abgebaut werden, sofern dies auf Dienststellenebene möglich ist. Gender Mainstreaming wurde als eines von fünf Qualitätskriterien definiert und soll deshalb auch in die Evaluation von Maßnahmen konsequent miteinbezogen werden. Aber Schwerpunkte in der geschlechtersensiblen Umsetzung in den Dienststellen wurden bislang kaum gesetzt (vgl. Altgeld 2004). Die Entwicklung eines geschlechtersensibleren Gesundheitsmanagements ist ähnlich wenig fortgeschritten wie die Entwicklung von männer- und frauenspezifischen effektiven Präventionsstrategien in anderen Bereichen (vgl. Kolip u. Altgeld 2006).

Betriebliches Gesundheitsmanagement könnte insbesondere für die stärkere Berücksichtigung der Dimensionen Geschlecht und ethnische Herkunft von Diversity-Management-Ansätzen einiges dazulernen. Das Konzept an sich ist breit genug angelegt, um auch diese Dimensionen zu integrieren. Der Top-down-Ansatz des Diversity Managements ist jedoch nicht ohne Weiteres übertragbar. Gerade in Deutschland und Europa lebt das Betriebliche Gesundheitsmanagement auch vom Einsatz der Beschäftigten selbst und ihrer Organisationen. Ob der Diversity-Management-Ansatz sich dagegen breiter aufstellen und Gesundheit und Wohlbefinden der Beschäftigten integrieren kann, ist jedoch eher unsicher. Dafür ist dieser Ansatz bislang zu wenig beteiligungsorientiert angelegt worden.

Eine weitere große Herausforderung für beide Managementansätze ist die nachhaltige Umsetzung in Klein- und Mittelbetrieben. Hier besteht die Notwendigkeit – vor deren Einsatz – überzeugende Instrumente und Qualifizierungsangebote zu schaffen. Da sich die rechtlichen Rahmenbedingungen verbessert haben und klare Rechtsgrundlagen sowie steuerliche Anreizsysteme zumindest für das Betriebliche Gesundheitsmanagement geschaffen wurden, kann dies eine Möglichkeit eines breiten dualen Einsatzes beider Ansätze auch in Klein- und Mittelbetrieben sein. Insgesamt bleibt beiden Ansätzen aufgrund ihres gemeinsamen Ziels der Stärkung des Human- und Sozialkapitals zu wünschen, dass sie nicht als Modeerscheinungen oder gar konkurrierende Ansätze wahrgenommen werden von den zentralen Akteuren in den Betrieben, den Unternehmensleitungen und Beschäftigtenvertretungen. Es sollten deshalb in der Kommunikation die verbindenden Elemente stärker herausgestellt und die beiden Ansätze nicht gegeneinander ausgespielt werden. Beide Konzepte werden nur dauerhaft auf dem Markt Bestand haben, wenn sie stabile Erfolge aufweisen und qualitätsgesicherte, auf die Bedürfnisse des Einzelunternehmens zugeschnittene Umsetzungsstrategien anbieten können.

Literatur

Altgeld T (2004) Männergesundheit – Neue Herausforderungen für Gesundheitsförderung und Prävention. Juventa Verlag, Weinheim München

Altgeld T, Bindl C, Claus M (2009) Betriebliches Gesundheitsmanagement in öffentlichen Verwaltungen – Ein Leitfaden für die Praxis. Landesvereinigung für Gesundheit und Akademie für Sozialmedizin Niedersachsen e.V., Hannover

Bechmann S, Jäckle R, Lück P et al (2010) Motive und Hemmnisse für Betriebliches Gesundheitsmanagement. IGA-Report 20, Berlin und Essen

Belinszki E, Hansen K, Müller U (2003) Diversity Management: Best Practices im internationalen Feld. LIT Verlag, Münster

Bundeszentrale für gesundheitliche Aufklärung (2003) Leitbegriffe der Gesundheitsförderung. 4. erweiterte und überarbeitete Aufl. Fachverlag Peter Sabo, Schwabenheim an der Selz

Deutsches Netzwerk für Betriebliche Gesundheitsförderung (2009) Positionspapier Forum Öffentlicher Dienst/Stand 02.04.2009. http://www.dnbgf.de/fileadmin/texte/Downloads/uploads/dokumente/2009/OED_Positionspapier.pdf. Gesehen Jan 2010

Franzkowiak P, Sabo P (1993) Dokumente der Gesundheitsförderung. Peter Sabo Verlag, Schwabenheim an der Selz

Initiative Gesundheit und Arbeit (2009) Alle anders – alle gleich – alle gesund im Betrieb: Das Interkulturelle Betriebliche Gesundheitsmanagement. Eigenverlag, Berlin Dresden Essen

Kolip P, Altgeld T (2006) Geschlechtergerechte Gesundheitsförderung und Prävention. Juventa Verlag, Weinheim München

Nationale Kontaktstelle des ENBGF (2001) Klein, gesund und wettbewerbsfähig – Neue Strategien zur Verbesserung der Gesundheit in Klein- und Mittelunternehmen. Essen

Niedersächsisches Innenministerium (2002) Leitfaden zur Etablierung und Umsetzung von Gesundheitsmanagement in den Dienststellen des Landes, Hannover

Stuber M (2003) Diversity – Das Potenzial von Vielfalt nutzen – den Erfolg durch Offenheit stärken. Wolters Kluwer Deutschland GmbH, München Unterschleißheim

Zentrum für wissenschaftliche Weiterbildung an der Universität Bielefeld (2008) Betriebliches Gesundheitsmanagement, Bielefeld

Kapitel 6

Struktur und Entwicklung der Bevölkerung in Deutschland

M. Ehling · B. Sommer

Zusammenfassung. *Deutschland hat etwa 82 Mio. Einwohner. Seit 2003 nimmt die Bevölkerungszahl ab. Die Geburtenzahlen haben sich gegenüber ihrem Hoch in den 1960er Jahren inzwischen etwa halbiert. Es sterben jährlich deutlich mehr Menschen als geboren werden. Die Lebenserwartung steigt weiter an. Die aktuelle Altersstruktur der Bevölkerung ist durch stark besetzte mittlere Jahrgänge und schwächer besetzte jüngere Jahrgänge gekennzeichnet. Bis zum Alter unter 50 Jahren überwiegt der Männeranteil, in den Altersgruppen ab 60 Jahren gibt es mehr Frauen als Männer. In 2008 ergab sich ein negativer Saldo aus Wanderungen und Registerbereinigungen für Deutschland. Die ausländische Bevölkerung machte 2008 etwa 9 % der Gesamtbevölkerung Deutschlands aus. Weitere 10 % der Bevölkerung hatten zwar die deutsche Staatsangehörigkeit, waren aber aus dem Ausland zugewandert oder Kinder von Zuwanderern. Somit hatten 19 % der Bevölkerung, das sind 15,6 Millionen Menschen, einen Migrationshintergrund. In den nächsten 50 Jahren wird Deutschlands Bevölkerung deutlich zurückgehen. Die Altersstruktur wird sich schon in den nächsten 20 Jahren signifikant zugunsten der Älteren verschieben. Aus diesen zu erwartenden Bevölkerungsentwicklungen ergibt sich ein vielfältiges Gesellschaftsbild, das sich auch in Unternehmen in Form von zunehmend heterogenen Belegschaften (u. a. in Bezug auf Alter, Geschlecht, Herkunft) zeigen wird. Die Potenziale und Ressourcen jener Belegschaften optimal zu fördern ist gleichermaßen Ziel und Herausforderung für zukunftsorientierte Maßnahmen des Betrieblichen Gesundheitsmanagements und Diversity Managements in Unternehmen.*

6.1 Einleitung

Mit rund 82 Mio. Einwohnern auf 357.112 km² ist Deutschland eines der am dichtesten besiedelten Länder der Welt. Während in der Europäischen Union durchschnittlich 116 Personen je km² leben, liegt die Bevölkerungsdichte in Deutschland bei knapp 230 Personen je km².

Im ersten Quartal 2009 ist die Zahl der Einwohner in Deutschland erstmals wieder unter die 82-Millionen-Grenze gefallen. Grund hierfür sind neben dem anhaltenden Geburtendefizit auch die steigenden Fortzugszahlen, wobei diese jedoch zum Teil auf eine Bereinigung der Melderegister zurückzuführen sind: Seit 2008 werden aufgrund der bundesweiten Einführung der Steuer-Identifikationsnummer für jeden Bundesbürger umfangreiche Bereinigungen der Melderegister vorgenommen. Dies führt zu zahlreichen Abmeldungen von Amts wegen. In welchem Umfang der Rückgang der Bevölkerungszahlen auf die Bereinigungen zurückzuführen ist, kann jedoch nicht quantifiziert werden.

Die Bevölkerung Deutschlands nimmt seit 2003 ab, da mehr Menschen sterben als Kinder geboren werden und zudem die Wanderungen aus dem Ausland zu gering sind, um diese Geburtendefizite auszugleichen. Des Weiteren sind Verschiebungen der Altersstruktur zugunsten der Älteren zu erwarten. Der vorliegende Artikel wird zunächst die allgemeine Entwicklung der Bevölkerung skizzieren um danach die einzelnen Faktoren, die diese Entwicklung beeinflussen, näher zu erläutern.

6.2 Bevölkerungsentwicklung

Langfristig gesehen hat Deutschland die Phase der starken Bevölkerungszunahme hinter sich. So lebten Ende 1950 69 Mio. Menschen in Deutschland und bis 1973 stieg die Bevölkerungszahl auf 79 Mio. Bis Ende der 1980er Jahre folgte dann eine Periode von Rückgängen und Stagnation. In Folge des Mauerfalls sowie der Öffnung der osteuropäischen Länder und des Bürgerkriegs in Jugoslawien nahm die Bevölkerung danach wieder deutlich zu und erreichte im Jahr 2002 ihren Höchststand mit 82,5 Mio. Menschen. Ende 2008 verzeichnete Deutschland noch 82 Mio. Einwohner, wovon 41,8 Mio. Frauen und 40,2 Mio. Männer waren (◘ Abb. 6.1).

Die Struktur einer Bevölkerung wird von der Anzahl der Geburten und Sterbefälle sowie durch die Zu- und Abwanderung bestimmt. In ◘ Abb. 6.2 ist die Veränderung der Bevölkerung durch Geburten, Sterbefälle sowie Wanderungen dargestellt. Seit 1972 gibt es mehr Sterbefälle als Geburten. Bis 2002 fielen die Wanderungsgewinne gegenüber dem Ausland jedoch zumeist so hoch aus, dass die Zahl der Bevölkerung relativ konstant blieb.

In West- und Ostdeutschland verlief die Bevölkerungsentwicklung gegenläufig. Während sich die Bevölkerungszahl in Westdeutschland von 1950 bis 2008 um 34 % auf 65,5 Mio. erhöhte, sank sie im gleichen Zeitraum in Ostdeutschland um 24 % auf 13,0 Mio. (jeweils ohne Berlin). In Westdeutschland werden seit 1972 weniger Kinder geboren als Menschen sterben. In Ostdeutschland hingegen gab es in den 1970er Jahren ebenfalls Geburtendefizite, in den 1980er Jahren aber auch Geburtenüberschüsse. Während die Wanderungsgewinne gegenüber dem Ausland v. a. Westdeutschland zugute kamen, nahm in Ostdeutschland schon vor 1990 die Bevölkerung durch innerdeutsche Wanderungsbewegungen ab. Seit der Wiedervereinigung hat die Bevölkerung in Westdeutschland bis 2008 um 6,5 % zugenommen, in Ostdeutschland hingegen um 11,7 % abgenommen (jeweils ohne Berlin).

Die Entwicklung des Geburtenverhaltens und der Sterblichkeit sowie die Auswirkungen auf die Altersstruktur der Bevölkerung werden nachfolgend näher dargestellt.

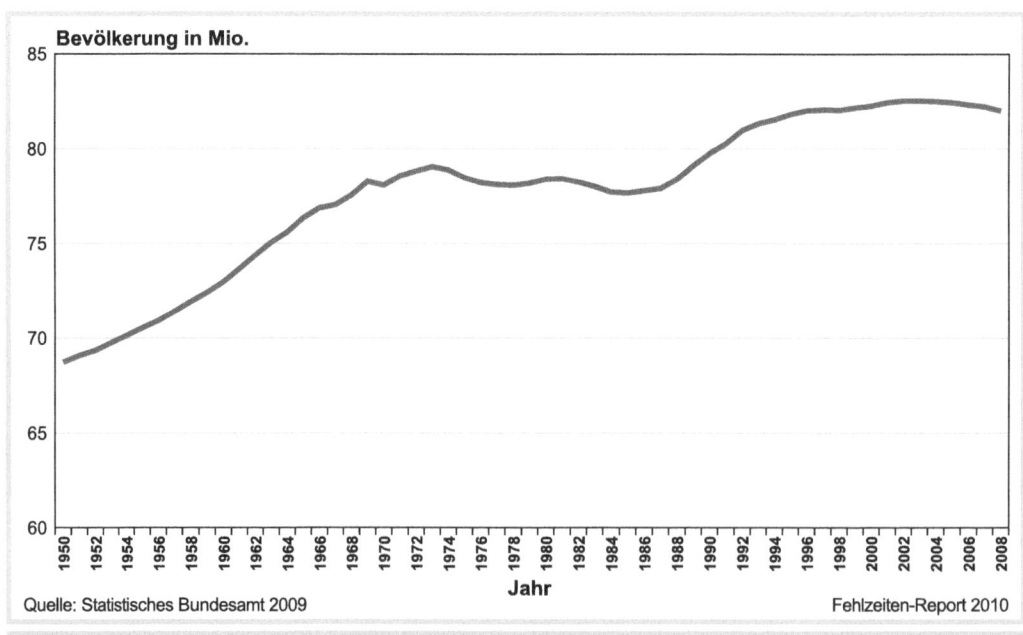

◘ Abb. 6.1 Entwicklung der Bevölkerung Deutschlands 1950 bis 2008

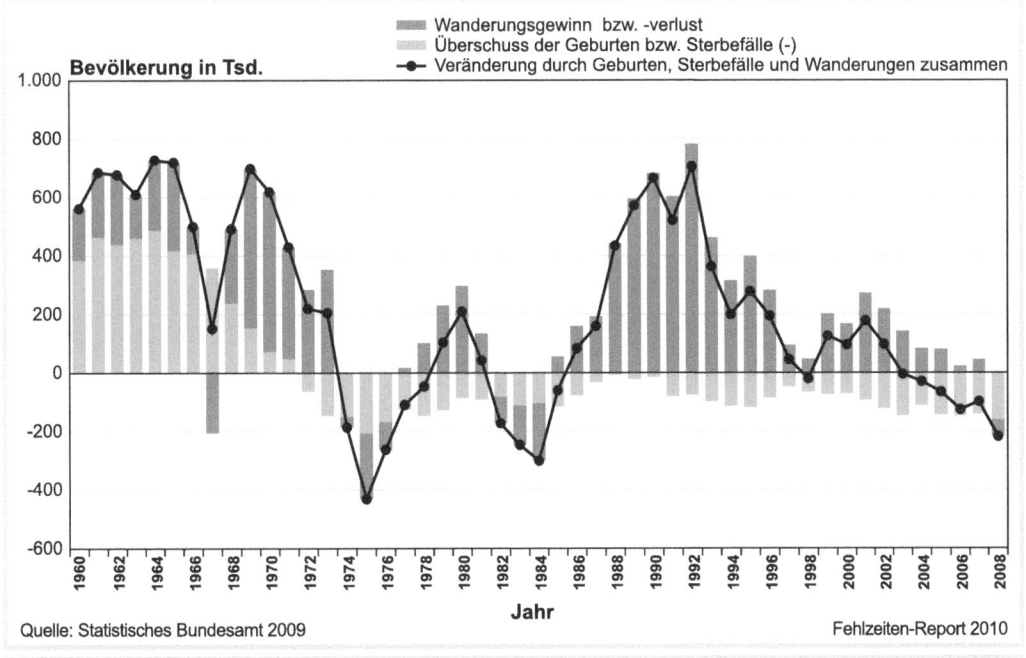

◘ Abb. 6.2 Veränderung der Bevölkerung durch Geburten, Sterbefälle und Wanderungen 1960 bis 2008

6.2.1 Geburtenverhalten und Sterblichkeit

In Deutschland bleiben immer mehr Frauen ohne Kinder. Nach den Ergebnissen des Mikrozensus 2008 hatten 21 % der Frauen zwischen 40 und 44 Jahren (Jahrgänge 1964 bis 1968) keine Kinder. Dagegen waren unter den Frauen aus den Jahrgängen 1954 bis 1958 lediglich 16 % kinderlos. (Jahrgänge 1944 bis 1948: 12 %). Der Anteil der kinderlosen Frauen zwischen 35 und 39 Jahren belief sich auf 26 %, wobei in dieser Altersgruppe noch Veränderungen erwartet werden können.

Im Osten Deutschlands gibt es deutlich weniger kinderlose Frauen als im Westen. Während von den 40- bis 75-jährigen Frauen in Ostdeutschland 8 % keine Kinder haben, sind es in Westdeutschland doppelt so viele. Auch bei den jüngeren Frauen bestehen deutliche Unterschiede. Von den 35- bis 39-Jährigen (Jahrgänge 1969 bis 1973) haben in Westdeutschland bisher 28 % keine Kinder, in Ostdeutschland sind es lediglich 16 %.

Die Ergebnisse zeigen darüber hinaus für Westdeutschland, dass Zusammenhänge zwischen Bildungsstand und Kinderlosigkeit bestehen: Je höher der Bildungsstand, desto häufiger ist eine Frau kinderlos. Betrachtet man Frauen ab 40 Jahre, die ihre Familienplanung größtenteils abgeschlossen haben, hatten 26 % der Frauen mit hoher Bildung keine Kinder. Dieser Anteil ist mehr als doppelt so hoch wie der bei Frauen mit niedriger Bildung (11 %). Für Ostdeutschland trifft dieser Zusammenhang nicht zu (◘ Abb. 6.3).

Weitere Unterschiede bei der Kinderlosigkeit zeigen sich auch bei dem Merkmal Migration. Die Kinderlosigkeit von im Ausland geborenen und nach Deutschland zugewanderten Frauen ist deutlich geringer. So haben von den 35- bis 44-jährigen Zuwanderinnen 13 % keine Kinder, bei den in Deutschland geborenen Frauen sind es 25 %. Unter den 25- bis 34-Jährigen haben 39 % der Frauen mit Migrationserfahrung bisher noch keine Kinder, bei den Frauen ohne Migrationserfahrung sind es dagegen 61 %. Doch auch in dieser Altersgruppe wird der Anteil der Kinderlosen aller Voraussicht nach noch sinken.

◘ Abb. 6.4 zeigt die Entwicklung der Geburten und Sterbefälle in Deutschland seit 1950. 1964 belief sich die Zahl der Lebendgeborenen in Deutschland auf 1,36 Mio. Seither hat die Zahl der Lebendgeborenen – mit Ausnahme einiger Schwankungen – abgenommen und beläuft sich heute auf knapp 683.000.

Die Zahl der Geburten wird von der Anzahl der potenziellen Mütter und dem Geburtenverhalten bestimmt. Als Indikator für das jeweils aktuelle Geburtenverhalten dient die „durchschnittliche Kinderzahl je

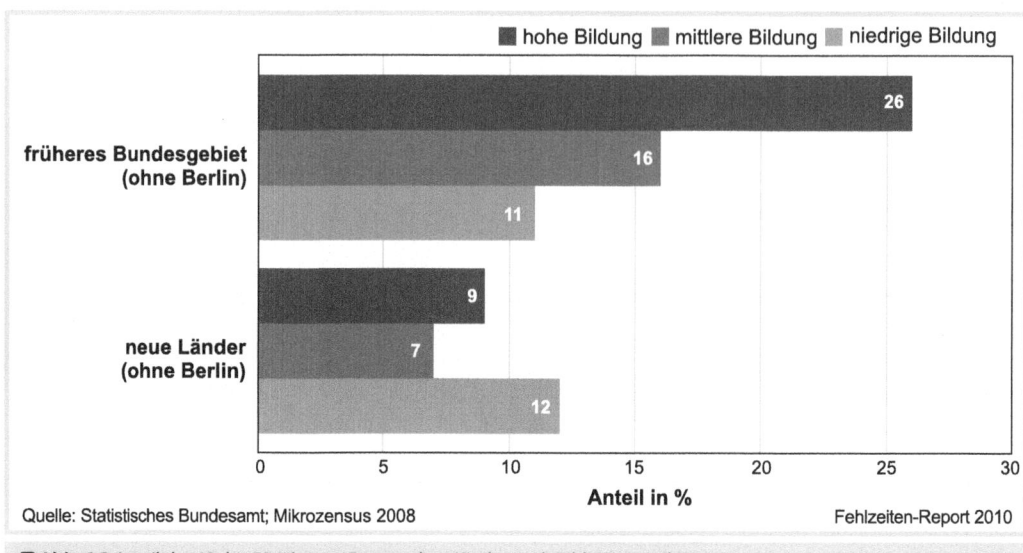

Abb. 6.3 Anteil der 40- bis 75-jährigen Frauen ohne Kinder nach Bildungsstand

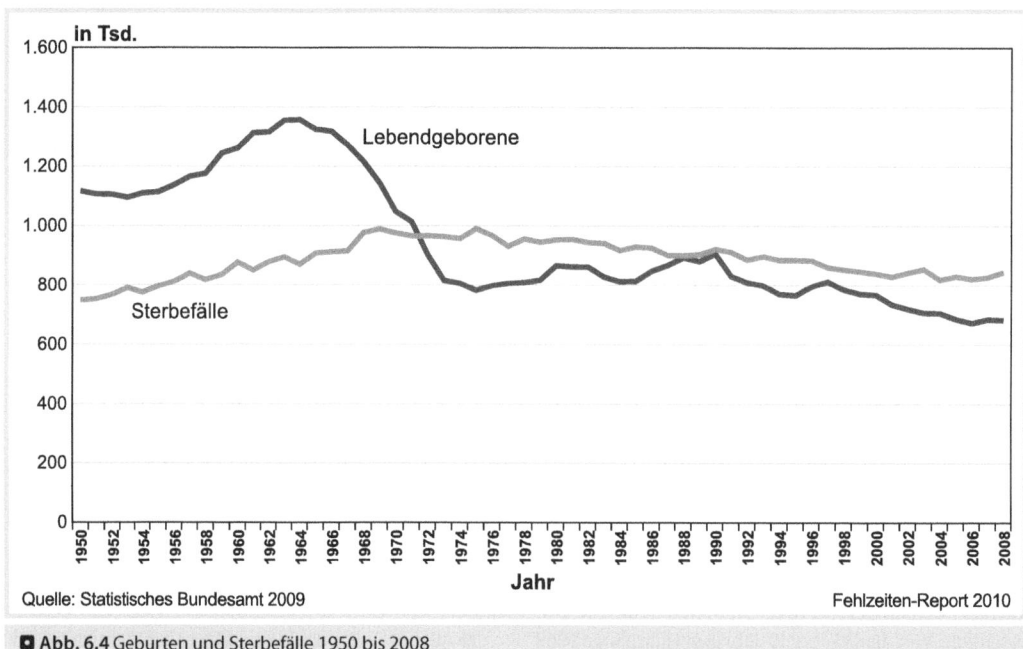

Abb. 6.4 Geburten und Sterbefälle 1950 bis 2008

Frau" (berechnet als zusammengefasste Geburtenziffer). Lag die Geburtenziffer noch Mitte der 1960er Jahre bei 2,5, hat sie seitdem immer weiter abgenommen und erreichte ihren Tiefpunkt Mitte der 1980er Jahre mit 1,3 Kindern je Frau. In der ehemaligen DDR gab es bis Mitte der 70er Jahre ähnliche Entwicklungen. Mitte der 1980er Jahre lag hier die Geburtenziffer allerdings mit 1,7 höher als in Westdeutschland. Nach 1990 kam es in den neuen Ländern vorübergehend zu einem scharfen Einschnitt. 2008 war die durchschnittliche Kinderzahl je Frau im Osten Deutschlands erstmals seit 1990 wieder geringfügig höher als im Westen. Insgesamt lag die Geburtenziffer in Deutschland im Jahr 2008 bei 1,4 Kindern je Frau. Um die Größe der Elterngeneration

Struktur und Entwicklung der Bevölkerung in Deutschland

konstant zu halten, müssten jedoch 2,1 Kinder je Frau geboren werden.

Die Zahl der Sterbefälle ist von 748.000 Personen im Jahr 1950 auf 990.000 im Jahr 1975 angestiegen. In den nachfolgenden Jahren konnte ein leichter Rückgang verzeichnet werden. 2008 wurden 844.000 Sterbefälle gezählt, wovon 53 % Frauen und 47 % Männer waren. Somit wurden in diesem Jahr 162.000 mehr Todesfälle als Geburten registriert.

Während die Zahl der Sterbefälle in den letzten Jahrzehnten immer weiter abgenommen hat, ist die durchschnittliche Lebenserwartung in Deutschland in den vergangenen Jahrzehnten erheblich gestiegen: Sie beträgt derzeit für einen neugeborenen Jungen 77,2 Jahre, für Mädchen 82,4 Jahre. Die durchschnittliche Lebenserwartung hat demnach in den letzten 20 Jahren bei Jungen um 5,5 Jahre und bei Mädchen um 4,4 Jahre zugenommen. Auch für ältere Menschen steigt die Lebenserwartung weiter an. Nach der Sterbetafel 2006/2008[1] beläuft sich die fernere Lebenserwartung von 60-jährigen Männern auf weitere 20,9 Jahre; 60-jährige Frauen können sogar mit weiteren 24,7 Jahren rechnen. Statistisch gesehen wird jeder zweite Mann in Deutschland wenigstens 80 Jahre alt werden, jede zweite Frau sogar 85 Jahre. 94 % der Frauen und 89 % der Männer werden mindestens ihr 60. Lebensjahr erreichen. Nach wie vor ist die Lebenserwartung im früheren Bundesgebiet etwas höher als in den neuen Bundesländern. In Westdeutschland liegt die Lebenserwartung Neugeborener bei Mädchen um 0,3 Jahre höher, bei Jungen sogar um 1,3 Jahre (jeweils ohne Berlin).

Zwischen dem Altersaufbau der Bevölkerung und der Zahl der Geburten sowie der Sterbefälle bestehen enge Wechselbeziehungen. So beeinflusst die Stärke der einzelnen Altersjahrgänge die Zahl der Geburten und Sterbefälle. Umgekehrt wirken sich Veränderungen der Geburtenhäufigkeit oder der Sterblichkeit unmittelbar auf die zahlenmäßige Besetzung der jeweiligen Jahrgänge aus. Langfristig führen solche Veränderungen u. a. zu einer Verschiebung der Relationen zwischen den Bevölkerungsgruppen im Kindes- bzw. Jugendalter, im erwerbsfähigen Alter und im Rentenalter. Gleichzeitig ändern sich damit auch die Quotienten zwischen dem Teil der Bevölkerung, der sich aktiv am Erwerbsleben beteiligt, und dem Teil, der von den Erwerbstätigen unterhalten werden muss.

Um den Altersaufbau der Bevölkerung zu veranschaulichen, verwendet man in der Statistik eine grafische Darstellungsform, die als Alterspyramide bezeichnet wird – auch wenn sie für Deutschland inzwischen keine Pyramidenform mehr darstellt. In dieser Darstellung treten die Wandlungen des Bevölkerungsaufbaus optisch besonders deutlich zutage, wie beispielsweise der Geburtenausfall am Ende des Zweiten Weltkriegs, der „Baby-Boom" (die heute 40- bis 50-Jährigen) oder der anschließende Geburtenrückgang (◘ Abb. 6.5).

In Deutschland werden etwas mehr Jungen als Mädchen geboren. So kommen im Durchschnitt auf 100 neugeborene Mädchen 106 Jungen. Wegen des erhöhten „Sterberisikos" der männlichen Bevölkerung baut sich dieses zahlenmäßige „Übergewicht" jedoch mit zunehmendem Lebensalter ab. Bis zum Alter unter 50 Jahre überwiegt in der heutigen Bevölkerung der Männeranteil. Ab etwa 60 Jahren sind die Frauen in der Überzahl. Unter den 60- bis unter 70-jährigen Personen liegt der Anteil der Frauen bei knapp 52 % und steigt bis auf 69 % bei den 80-Jährigen oder älteren Personen. Maßgebend hierfür sind neben der höheren Lebenserwartung der Frauen auch die starken Männerverluste durch den Zweiten Weltkrieg.

Zusammenfassend lässt sich festhalten, dass es aufgrund niedriger Geburtenraten und einer steigenden Lebenserwartung sowie der aktuellen Altersstruktur zukünftig immer mehr ältere und immer weniger jüngere Menschen in Deutschland geben wird. Die Auswirkungen dieser demografischen Entwicklungen auf den Arbeitsmarkt sind heute bereits spürbar und werden weiter zunehmen. Diese Tendenz kann aufgrund von Zuwanderung abgemildert werden. Wie sich die Entwicklung hierbei verhält wird in den nachfolgenden Abschnitten dargestellt.

---

1 Die Sterbetafeln basieren auf den Daten über die Gestobenen und die Durchschnittsbevölkerung der letzten drei Jahre. Es handelt sich hierbei um eine Momentaufnahme der Sterblichkeitsverhältnisse der gesamten Bevölkerung für diesen Zeitraum. Die durchschnittliche und die fernere Lebenserwartung geben daher an, wie viele weitere Lebensjahre Neugeborene oder Menschen eines bestimmten Alters nach den in der aktuellen Berichtsperiode – hier 2006/2008 – geltenden Sterblichkeitsverhältnissen im Durchschnitt noch leben könnten. Eine mögliche Zunahme der Lebenserwartung in der Zukunft wird dabei nicht berücksichtigt.

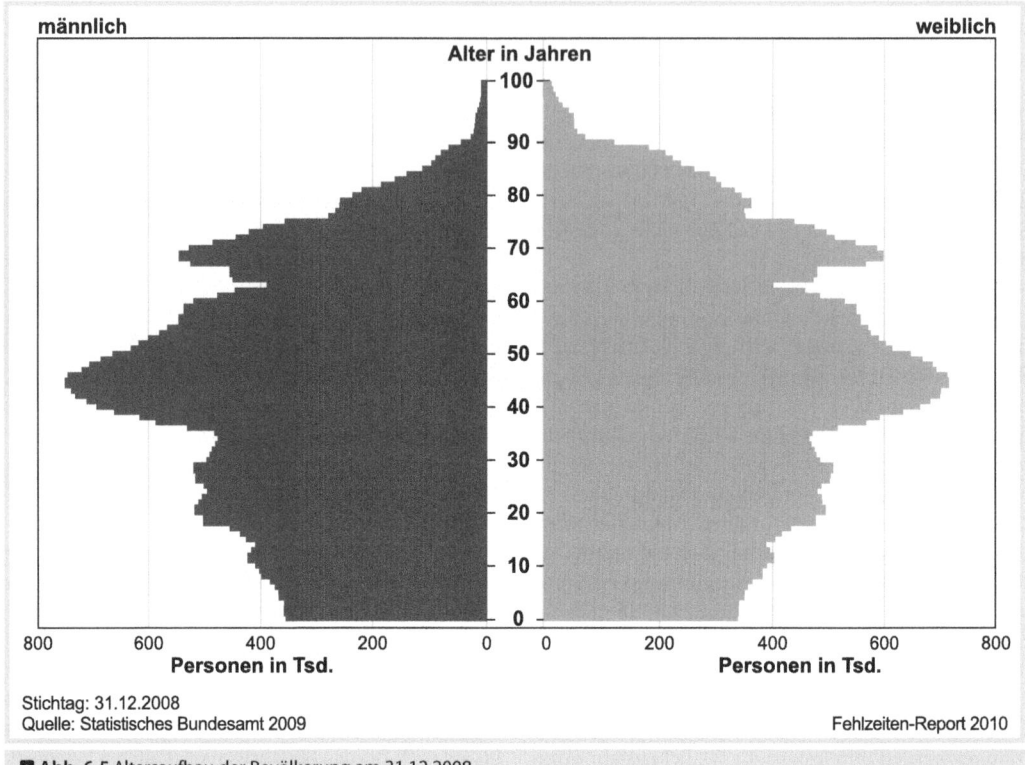

◘ **Abb. 6.5** Altersaufbau der Bevölkerung am 31.12.2008

6.2.2 Wanderungen

Neben den Geburten und Sterbefällen bestimmen räumliche Veränderungen der Bevölkerung die Einwohnerzahl. Bei den Wanderungen wird zwischen Wohnsitzwechseln von Personen innerhalb Deutschlands (Binnenwanderung) und denjenigen über die Grenzen (Außenwanderung) unterschieden. 2008 wurden statistisch 738.000 Fortzüge aus Deutschland ermittelt, das waren rund 100.000 mehr als im Vorjahr. Grundlage der Fortzugszahlen sind die Mitteilungen der Meldebehörden über Abmeldungen von Personen an die Statistischen Landesämter. Aufgrund der vorab angesprochenen Bereinigung der Melderegister bleibt der tatsächliche Umfang der Fortzüge im Jahr 2008 und die Entwicklung gegenüber den Vorjahren unklar. Von den 738.000 Fortzügen im Jahr 2008 entfielen 175.000 auf deutsche Personen (2007: 161.000) und 563.000 auf ausländische Personen (2007: 476.000). Demgegenüber stehen 682.000 Zuzüge nach Deutschland. Entsprechend ergibt sich daraus für 2008 ein negativer Wanderungssaldo von 56.000 Personen (◘ Abb. 6.6).

Bei der Binnenwanderung haben die Wanderungsströme zwischen dem früheren Bundesgebiet und den neuen Ländern eine besondere Bedeutung. Nach der hohen Abwanderung von Ost nach West in den ersten Jahren nach dem Mauerfall (1989 bis 1992) ging das Ausmaß zurück. Doch Ende der 1990er Jahre kam es wieder im verstärkten Maß zu Abwanderungen in den Westen: Im Jahr 2008 verlegten 174.000 Menschen ihren Wohnsitz von Ost- nach Westdeutschland. Rund 132.500 Personen wählten den umgekehrten Weg. Daraus ergibt sich für die neuen Länder ein Abwanderungsverlust von 41.500 Personen (einschließlich Berlin). Dies ist der niedrigste Binnenwanderungssaldo seit 1999.

Diese Abwanderungsbewegung aus dem Osten in den Westen Deutschlands macht sich auch auf dem Arbeitsmarkt bemerkbar: Der Verlust an potenziellen Arbeitskräften hält an, wenn die Zahl der Abwanderungen aus dem Osten auch insgesamt wieder zurückgegangen ist.

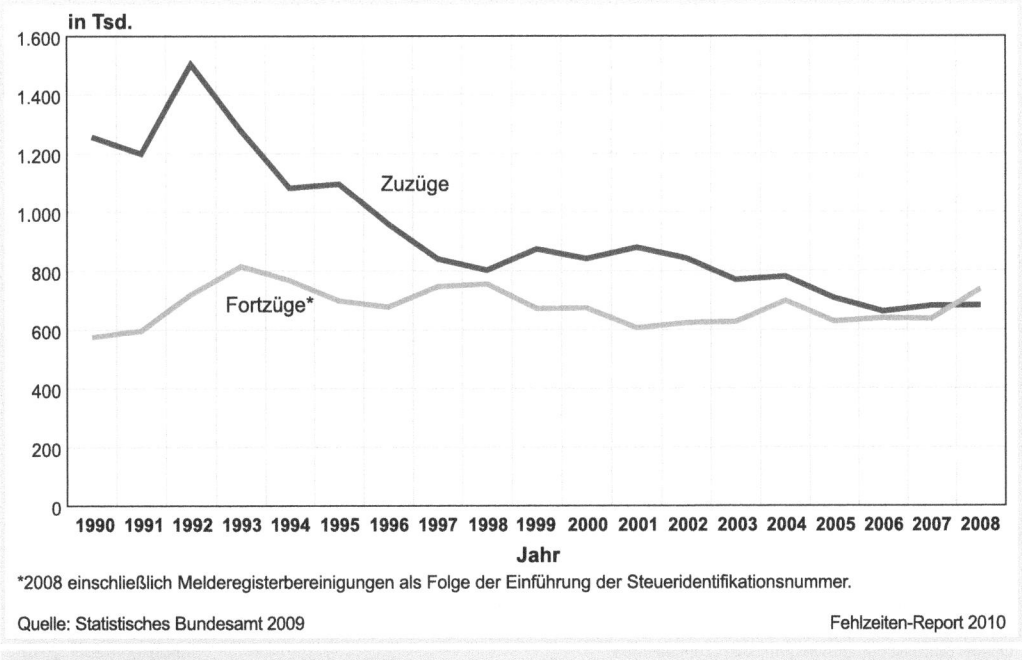

Abb. 6.6 Außenwanderungen 1990 bis 2008

6.3 Ausländer und Bevölkerung mit Migrationshintergrund

Seit 1991 ist die Zahl der Menschen mit einer ausländischen Staatsangehörigkeit um 1,2 Mio. Personen auf 7,2 Mio. im Jahr 2008 angestiegen. Entsprechend stieg ihr Anteil an der Bevölkerung in diesem Zeitraum von 7,6 % auf 8,8 %. Hierbei handelt es sich jedoch nur um einen Teil der in Deutschland lebenden Menschen mit fremden Wurzeln. Um die ausländische Bevölkerung zu beschreiben, hat die amtliche Statistik in Deutschland bisher überwiegend zwischen Deutschen und Ausländern unterschieden. Aufgrund von Einbürgerungen, der Vielfalt des Migrationsgeschehens und der seit dem Jahr 2000 geltenden Ius-soli-Regelung (Staatsbürgerschaftserwerb hängt vom Geburtsort ab) lässt sich damit die Anzahl der Migranten jedoch nur noch unzureichend abbilden.

Auf diese Entwicklung reagierte die amtliche Statistik mit dem Konzept der „Bevölkerung mit Migrationshintergrund". Seit 2005 ist die Identifizierung von Personen mit Migrationshintergrund im Mikrozensus, der größten Stichprobenerhebung in Europa, möglich. Im Jahr 2008 hatten von den etwa 82 Mio. Einwohnern in Deutschland 15,6 Mio. Personen einen Migrationshintergrund. Der Anteil der Deutschen mit Migrationshintergrund an der Gesamtbevölkerung beträgt 10 %, der Anteil der Ausländer 9 %. Insgesamt beläuft sich der Anteil aller Personen mit Migrationshintergrund damit auf 19 % an der Gesamtbevölkerung. Bei Kindern unter fünf Jahren liegt dieser Anteil sogar bei einem Drittel.

Die Bevölkerung mit Migrationshintergrund besteht aus den seit 1950 nach Deutschland zugewanderten Personen und deren Nachkommen. Für ihre Bestimmung werden Angaben zum Zuzug nach Deutschland, zur Staatsangehörigkeit und zur Einbürgerung verwendet. Insgesamt sind etwa zwei Drittel der Personen mit Migrationshintergrund selbst Migranten (erste Generation), während knapp ein Drittel bereits in Deutschland geboren wurde (zweite oder dritte Generation). Insbesondere Personen mit einem Migrationshintergrund aus den ehemaligen Anwerbestaaten von „Gastarbeitern" sind überproportional häufig in Deutschland geboren und gehören damit zur zweiten Generation der Migranten.

Zu den 10,6 Mio. Menschen mit Migrationserfahrung (erste Generation) zählen rund 5 Mio. Deutsche (darunter 2,8 Mio. (Spät-)Aussiedler) und etwa 5,6 Mio. ausländische Zuwanderer. Mehr als drei Viertel der ausländischen Zuwanderer kommen aus europäischen Ländern (77 %), knapp ein Drittel aus den 27 Mitgliedsländern der Europäischen Union (32,7 %). Unter den Menschen mit Migrationserfahrung und ihren Nachkommen bilden mit 16 % die Personen

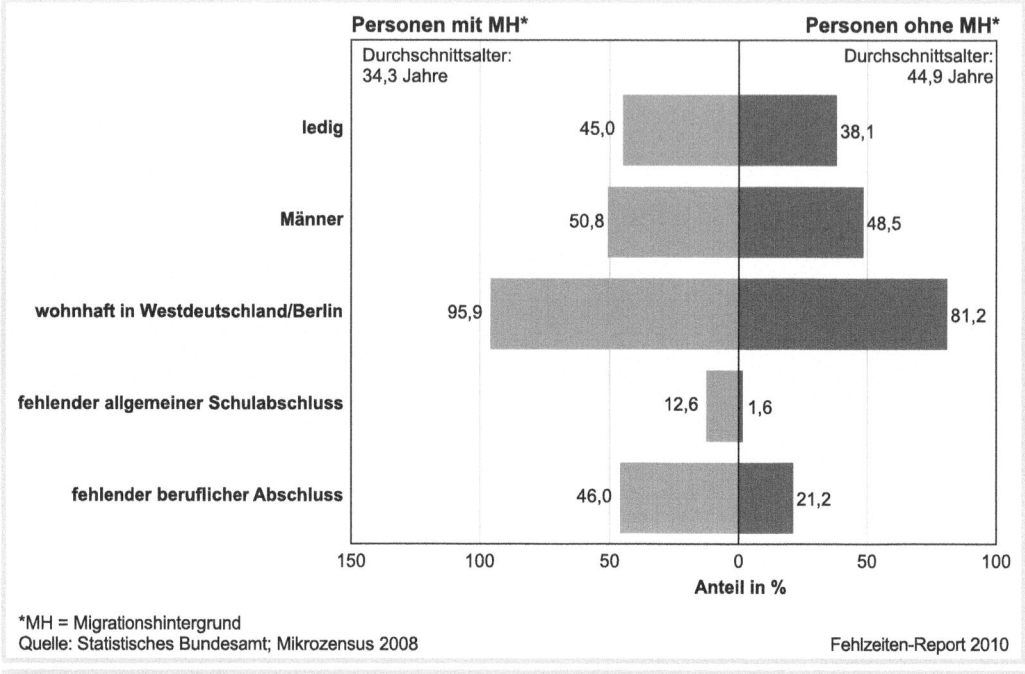

Abb. 6.7 Unterschiede in der Bevölkerungsstruktur nach Migrationshintergrund

türkischer Herkunft die größte Gruppe, gefolgt von Personen mit polnischem (7,5 %), russischem (6,7 %) und italienischem Hintergrund (4,9 %).

Bei einem Vergleich der Altersstruktur der Bevölkerung zeigt sich, dass Personen mit Migrationshintergrund deutlich jünger sind als jene ohne Migrationshintergrund (◘ Abb. 6.7). Sie leben bevorzugt in Westdeutschland oder in Berlin. Im Vergleich zur Bevölkerung ohne Migrationshintergrund verfügen sie deutlich seltener über einen allgemeinen Schulabschluss oder eine Berufsausbildung.

Zusammenfassend lässt sich festhalten, dass aufgrund der niedrigen Geburtenrate die Bevölkerung Deutschlands abnimmt. Durch Zuwanderung kann der Rückgang zwar verringert, aber nicht aufgehalten werden. Aufgrund dessen wie auch durch die aktuelle Altersstruktur und die steigende Lebenserwartung wird sich die Struktur der Bevölkerung Deutschlands verändern. Es wird immer weniger Jüngere, aber dafür mehr Ältere geben. Dies hat Auswirkungen auf die gesellschaftliche Struktur – auch in den Unternehmen. Zukünftig wird es immer schwieriger sein, junge Nachwuchskräfte zu finden. Unternehmen müssen künftig auf bisher nicht ausgeschöpfte Arbeitspotenziale Älterer, von Frauen und Zuwanderern zurückgreifen. Wie die bisherigen Analysen zeigen, betrifft dies vor allem schon heute den Osten Deutschlands. Die wirtschaftliche Lage überdeckt dies allerdings. Es wandern immer noch Menschen in den Westen ab und Zuwanderer leben auch vorzugsweise im alten Bundesgebiet. Migranten sind im Vergleich zu der ansässigen Bevölkerung jünger und eher ledig – also auch eher flexibel. Jedoch verfügen sie häufig über eine niedrige Qualifikation bzw. ihre im Heimatland erworbenen Qualifikationen werden nicht anerkannt. Eine Entgegnung des demografischen Wandels erfordert eine entsprechende Einstellung – sowohl in der Politik als auch bei Unternehmen und in der Bevölkerung. Die Politik kann dieser Problematik durch entsprechende Gesetzgebungsverfahren begegnen. Wie die nachfolgenden Beiträge in diesem Band aufzeigen, können Unternehmen im Rahmen von Managementkonzepten – wie Diversity Management und Betrieblichem Gesundheitsmanagement – ansetzen, um weiterhin mit einer gesunden, motivierten und produktiven Belegschaft wettbewerbsfähig zu bleiben.

Struktur und Entwicklung der Bevölkerung in Deutschland

6.4 Künftige Entwicklung der Bevölkerung

Zur Abschätzung der Entwicklung der Bevölkerung in den kommenden Jahrzehnten werden Bevölkerungsvorausberechnungen durchgeführt. Damit soll nicht die Zukunft vorhergesagt, sondern gezeigt werden, wie sich die Bevölkerung unter bestimmten Annahmen entwickeln würde. Dabei wird deutlich, dass die heute gegebene Altersstruktur die künftige Entwicklung nachhaltig prägen wird.

Aktuell liegt die 12. zwischen den Statistischen Ämtern des Bundes und der Länder koordinierte Bevölkerungsvorausberechnung vor, die bis zum Jahr 2060 reicht. Hier werden Ergebnisse der zwei Varianten beschrieben, welche die Entwicklung aufzeigen unter der Annahme

- annähernd konstanter Geburtenhäufigkeit von 1,4 Kindern je Frau mit einem weiteren Anstieg des Alters der Mütter bei der Geburt ihrer Kinder bis 2020,
- einer Zunahme der Lebenserwartung um etwa acht (Männer) beziehungsweise sieben Jahre (Frauen) auf 85 beziehungsweise etwa 89 Jahre im Jahr 2060 und
- eines langfristigen Wanderungssaldos von 100.000 oder 200.000 Personen im Jahr.

Diese Varianten markieren die Grenzen eines Korridors, in welchem sich die Bevölkerungsgröße und der Altersaufbau entwickeln werden, wenn sich die aktuellen demografischen Trends fortsetzen. Sie werden als Unter- und Obergrenze der „mittleren" Bevölkerung bezeichnet.

Die Geburtenzahl wird künftig weiter zurückgehen. Die niedrige Geburtenhäufigkeit führt dazu, dass die Anzahl potenzieller Mütter immer kleiner wird. Die jetzt geborenen Mädchenjahrgänge sind bereits zahlenmäßig kleiner als die ihrer Mütter. Sind diese Mädchen einmal erwachsen und haben ebenfalls durchschnittlich weniger als 2,1 Kinder, wird es somit weniger potenzielle Mütter geben und die künftige Kinderzahl weiter sinken.

Die Zahl der Sterbefälle wird – trotz steigender Lebenserwartung – zunehmen, weil die stark besetzten Jahrgänge der 1950er und 1960er Jahre ins hohe Alter hineinwachsen werden. Das wachsende Geburtendefizit kann nicht durch die Nettozuwanderung nach Deutschland kompensiert werden. Die Bevölkerungszahl, die bereits seit 2003 rückläufig ist, wird demzufolge weiter abnehmen. Bei der Fortsetzung der aktuellen demografischen Entwicklung wird die Einwohnerzahl von circa 82 Mio. am Ende des Jahres 2008 auf etwa 65 (Untergrenze der „mittleren" Bevölkerung) beziehungsweise 70 Mio. (Obergrenze der „mittleren" Bevölkerung) im Jahr 2060 abnehmen (◘ Abb. 6.8)

Das Altern der heute stark besetzten mittleren Jahrgänge führt zu gravierenden Verschiebungen in der Altersstruktur. Im Ausgangsjahr 2008 bestand die Bevölkerung zu 19 % aus Kindern und jungen Menschen unter 20 Jahren, zu 61 % aus 20- bis unter 65-Jährigen und zu 20 % aus 65-Jährigen und Älteren. Bereits in den kommenden beiden Jahrzehnten wird der Anteil älterer Menschen deutlich steigen. Im Jahr 2060 wird jeder Dritte (34 %) mindestens 65 Lebensjahre durchlebt haben und es werden doppelt so viele 70-Jährige leben wie Kinder geboren werden. Die Alterung schlägt sich insbesondere in den Zahlen der Hochbetagten nieder. Im Jahr 2008 lebten etwa 4 Mio. 80-Jährige und Ältere in Deutschland, dies entsprach 5 % der Bevölkerung. Ihre Zahl wird kontinuierlich steigen und mit über 10 Mio. im Jahr 2050 den bis dahin höchsten Wert erreichen. Zwischen 2050 und 2060 wird diese Zahl dann auf 9 Mio. sinken. Das bedeutet, dass in 50 Jahren etwa 14 % der Bevölkerung – also jeder Siebte – 80 Jahre oder älter sein wird.

Ähnlich wie die Bevölkerung insgesamt wird auch die Bevölkerung im Erwerbsalter (hier von 20 bis 65 Jahren) deutlich altern und schließlich schrumpfen. Heute gehören knapp 50 Mio. Menschen dieser Altersgruppe an. Ihre Zahl wird erst nach 2020 deutlich zurückgehen und 2035 etwa 39 bis 41 Mio. betragen. 2060 werden dann etwa 36 Mio. Menschen im Erwerbsalter sein (-27 %), falls der Saldo der Zu- und Fortzüge jährlich etwa 200.000 Personen betragen wird. Fällt die Nettozuwanderung nur halb so hoch aus, gibt es 2060 ein noch kleineres Erwerbspersonenpotenzial: knapp 33 Mio. oder -34 % gegenüber 2008.

Die Abnahme der Zahl der 20- bis 65-Jährigen insgesamt geht mit einer Verschiebung hin zu den Älteren im Erwerbsalter einher. Zurzeit gehören 20 % der Menschen im erwerbsfähigen Alter zur jüngeren Gruppe der 20- bis unter 30-Jährigen, 49 % zur mittleren Altersgruppe von 30 bis unter 50 Jahren und 31 % zur älteren von 50 bis unter 65 Jahren. Eine besonders einschneidende Veränderung der Altersstruktur erwartet die deutsche Wirtschaft zum ersten Mal bereits zwischen 2017 und 2024. In diesem Zeitraum wird das Erwerbspersonenpotenzial jeweils zu 40 % aus 30- bis unter 50-Jährigen und 50- bis unter 65-Jährigen bestehen.

Der Bevölkerung im Erwerbsalter werden künftig immer mehr Senioren gegenüberstehen. Im Jahr 2008 entfielen auf 100 Personen im Erwerbsalter (20 bis unter 65 Jahre) 34 Ältere (65 oder mehr Jahre). Bis Ende

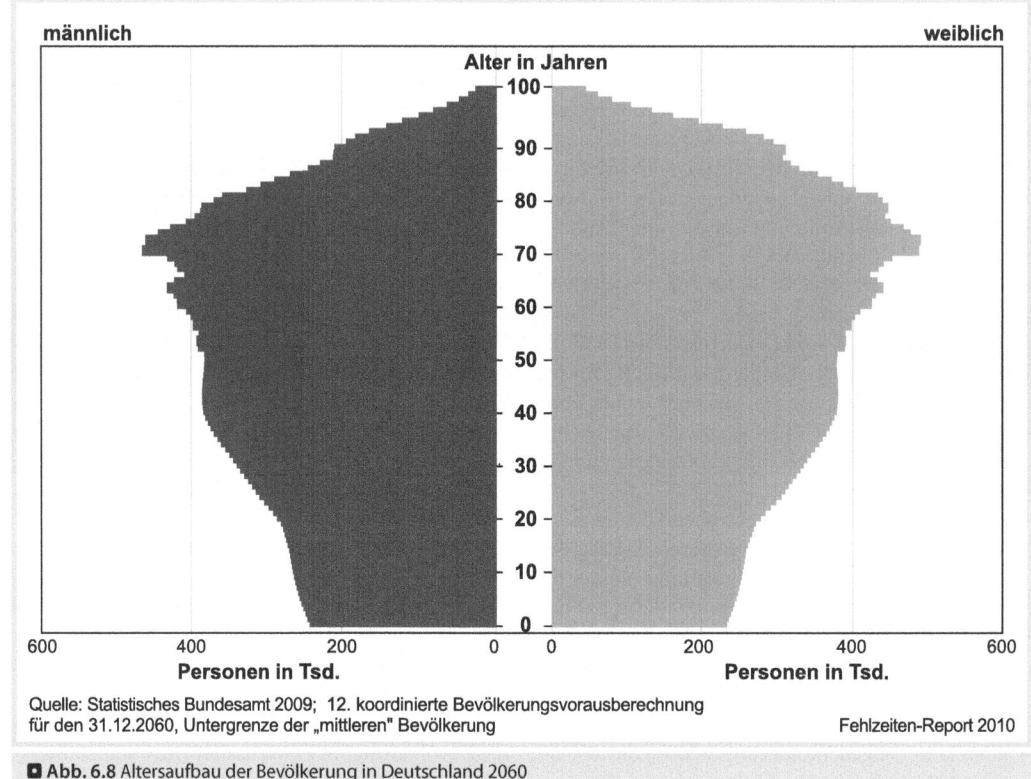

◘ Abb. 6.8 Altersaufbau der Bevölkerung in Deutschland 2060

der 2030er Jahre wird dieser sogenannte Altenquotient besonders schnell – um über 80 % – ansteigen. Im Jahr 2060 werden dann je nach Ausmaß der Zuwanderung 63 oder 67 potenzielle Rentenbezieher 100 Personen im Erwerbsalter gegenüberstehen. Auch bei einer Heraufsetzung des Renteneintrittsalters wird der Altenquotient für 67-Jährige und Ältere 2060 deutlich höher liegen als es heute der Altenquotient für 65-Jährige und Ältere ist (◘ Abb. 6.9).

Das Verhältnis zwischen den jungen Menschen unter 20 Jahren und der Bevölkerung im Erwerbsalter – der sogenannte Jugendquotient – bleibt im Vorausberechnungszeitraum relativ stabil. Der Grund hierfür ist, dass die Rückgänge der Bevölkerung unter 20 Jahren und der Bevölkerung im Erwerbsalter fast parallel verlaufen werden. Der Jugendquotient schwankt um 30 Personen unter 20 Jahren je 100 Personen im Erwerbsalter (hier von 20 bis unter 65 Jahren).

Neben den getroffenen Annahmen bestimmt die Altersstruktur der heute in Deutschland lebenden Bevölkerung mit den starken mittleren und den schwachen jungen Jahrgängen die Quotienten noch für lange Zeit.

Für die künftige Bevölkerungsentwicklung ist neben Geburten und Sterbefällen, die sich relativ zuverlässig abschätzen lassen, die Migration bedeutsam. Die Differenz zwischen Zu- und Fortzügen hängt auf der einen Seite vom Migrationspotenzial infolge politischer, wirtschaftlicher, demografischer oder auch ökologischer Entwicklungen in den Herkunftsländern ab. Auf der anderen Seite wird sie von der Migrationspolitik in Deutschland sowie der wirtschaftlichen und sozialen Attraktivität Deutschlands als Zielland beeinflusst. Die empirischen Altersverteilungen der Zu- und Fortzüge weisen bei den ausländischen Personen eine große Stabilität auf, wobei die nach Deutschland zuziehenden Personen im Durchschnitt jünger sind als die fortziehenden. Daraus ergibt sich ein „Verjüngungseffekt" für die in Deutschland verbleibende Bevölkerung. Eine Steuerung der Zuwanderung nach Qualifikation bzw. Bildung könnte das Arbeitskräftepotenzial stärken und positive Arbeitsmarkteffekte nach sich ziehen.

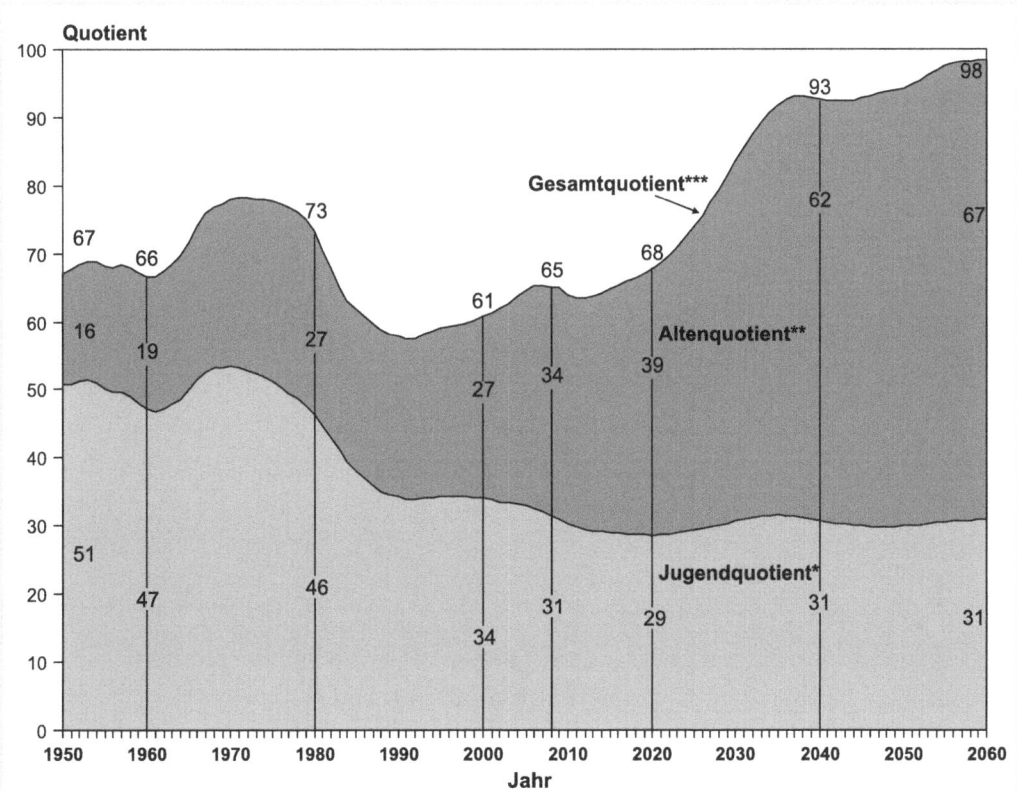

*Jugendquotient: unter 20-Jährige je 100 Personen im Alter von 20 bis 64 Jahren
**Altenquotient: 65-Jährige und Ältere je 100 Personen im Alter von 20 bis 64 Jahren
***Gesamtquotient: unter 20-Jährige und ab 65-Jährige je 100 Personen im Alter von 20 bis 64 Jahren

Quelle: Statistisches Bundesamt 2009; Ergebnisse der 12. koordinierten Bevölkerungsvorausberechnung;
Untergrenze der „mittleren" Bevölkerung   Fehlzeiten-Report 2010

◘ Abb. 6.9 Jugend-, Alten- und Gesamtquotient mit den Altersgrenzen 20 und 65 Jahre

Kapitel 7

Gesundheitliche Lage und Gesundheitsverhalten der Bevölkerung im Erwerbsalter in Deutschland

T. Lampert · L. Ryl · A. C. Sass · A. Starker · T. Ziese

Zusammenfassung. *Der Beitrag beschreibt auf der Grundlage aktueller Daten und Erkenntnisse der Gesundheitsberichterstattung des Bundes die gesundheitliche Lage und das Gesundheitsverhalten der Bevölkerung im Erwerbsalter in Deutschland. Neben der aktuellen Zustandsbeschreibung wird auch, soweit aussagekräftige Daten verfügbar sind, auf zeitliche Entwicklungen und Trends eingegangen. Dabei wird eine differenzierte Betrachtung angestrebt, um zu verdeutlichen, dass die Gesundheitschancen und Krankheitsrisiken in verschiedenen Bevölkerungsgruppen sehr unterschiedlich sein können. In diesem Zusammenhang wird zum einen auf alters- und geschlechtsspezifische Unterschiede eingegangen. Zum anderen wird die Bedeutung des sozialen Status und des Migrationshintergrundes für die gesundheitliche Lage und das Gesundheitsverhalten erörtert.*

7.1 Gesundheitliche Lage der Bevölkerung im Erwerbsalter

In den Jahren 2006/2008 betrug die mittlere Lebenserwartung bei Geburt für Frauen 82,4 Jahre und für Männer 77,2 Jahre. Auch mit der ferneren Lebenserwartung ab dem 65. Lebensjahr lässt sich belegen, dass Frauen länger leben als Männer (20,4 Jahre gegenüber 17,1 Jahre). Allerdings hat die Differenz in der Lebenserwartung seit Anfang der 1990er Jahre in Bezug auf die mittlere Lebenserwartung bei Geburt von 6,5 auf 5,2 Jahre abgenommen (Statistisches Bundesamt 2010).

Die geringere mittlere Lebenserwartung der Männer wird durch ihre Übersterblichkeit bei den Haupttodesursachen bewirkt. So haben Männer in fast allen Altersgruppen bis 65 Jahre ein höheres Sterberisiko als Frauen (◘ Abb. 7.1).

Auffällig ist v. a. die Übersterblichkeit der Männer aufgrund von Verletzungen und Vergiftungen (ICD10: S00–T98), z. B. infolge von Unfällen, Suiziden oder tätlichen Angriffen. Nach der Todesursachenstatistik für das Jahr 2008 starben an Unfällen insgesamt 10.115 Männer und 8.031 Frauen, bei beiden Geschlechtern in der Mehrzahl im Freizeitbereich. Etwa 7.000 Männer und 2.400 Frauen kamen durch Suizid ums Leben. Auch für Herz-Kreislauf-Krankheiten, Krankheiten des Verdauungssystems, Krankheiten des Atmungssystems und bösartige Neubildungen ist festzustellen, dass mehr Männer als Frauen vorzeitig sterben. Eine Ausnahme stellt die Übersterblichkeit von Frauen aufgrund von bösartigen Neubildungen in der Altersgruppe der 25- bis 44-Jährigen dar. Zurückzuführen ist diese v. a. auf Todesfälle infolge von Brustkrebs.

Um geschlechtsspezifische Unterschiede in der Krankheitslast der 18- bis 64-jährigen Bevölkerung zu verdeutlichen, wird im Folgenden exemplarisch auf Herz-Kreislauf-Krankheiten, Krebserkrankungen und psychische Erkrankungen eingegangen. Herz-Kreis-

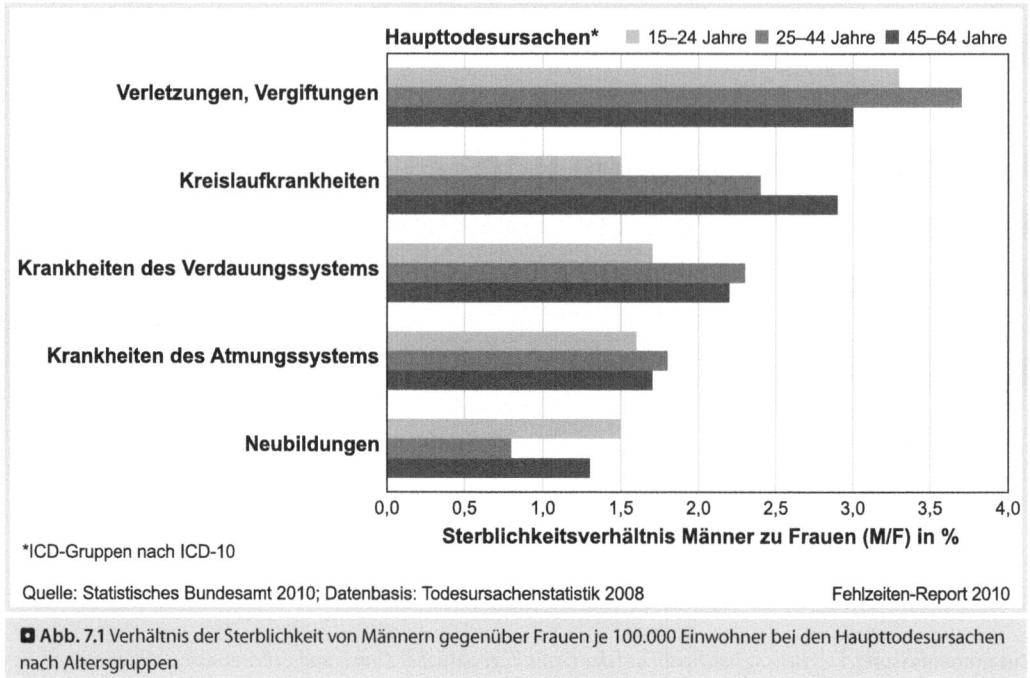

◘ Abb. 7.1 Verhältnis der Sterblichkeit von Männern gegenüber Frauen je 100.000 Einwohner bei den Haupttodesursachen nach Altersgruppen

lauf-Krankheiten führen oftmals zu Arbeitsunfähigkeit, Invalidität und vorzeitigem Tod von Erwerbstätigen und damit zu einem großen Ressourcenverlust für die Gesellschaft. Darüber hinaus verursacht die Gruppe der Herz-Kreislauf-Krankheiten insgesamt die höchsten Behandlungskosten, v. a. die koronare (ischämische) Herzkrankheit (KHK) sowie der Schlaganfall als eine Form zerebrovaskulärer Erkrankungen. Als Indikator für die Verbreitung von Herz-Kreislauf-Erkrankungen kann die Häufigkeit stationärer Behandlungen herangezogen werden. Unter den stationären Behandlungsfällen nehmen Krankheiten des Kreislaufsystems die führende Position ein. Die zeitliche Entwicklung zeigt für Deutschland eine abnehmende Tendenz. Insbesondere gilt dies für ischämische Herzerkrankungen und zerebrovaskuläre Erkrankungen. Die stationären Fallzahlen der Männer übertreffen bei kardiovaskulären Erkrankungen die der Frauen, v. a. verursacht durch ischämische Herzkrankheiten (Frauen: 555 Fälle je 100.000 Einwohner, Männer: 1.112 Fälle je 100.000 Einwohner).

Auch Krebserkrankungen bedingen eine hohe Arbeitsunfähigkeit und Frühberentung, wodurch erhebliche gesellschaftliche Kosten verursacht werden. Nach Schätzungen für das Jahr 2006 erkrankten 197.000 Frauen und 229.200 Männer neu an Krebs (RKI u. GEKID 2010). Die drei häufigsten Krebslokalisationen bei Frauen waren Brustkrebs (29 % aller aufgetretenen Krebsneuerkrankungen), Dickdarm-/Mastdarmkrebs (16 %) und Lungenkrebs (7 %). Bei Männern ist mit 26 % der Prostatakrebs die häufigste Krebsart, gefolgt von Dickdarm-/Mastdarmkrebs (16 %) und Lungenkrebs (14 %). In den verschiedenen Lebensphasen unterscheiden sich Frauen und Männer hinsichtlich der Neuerkrankungsraten sowie der Sterblichkeit an Krebserkrankungen. Die Schätzungen der Neuerkrankungsraten zeigen, dass Frauen zwischen 15 und 54 Jahren häufiger an Krebs erkranken als gleichaltrige Männer. Zwischen dem 55. und 64. Lebensjahr liegt die Neuerkrankungsrate bei Männern höher als bei Frauen (◘ Abb. 7.2).

Insgesamt belegen die jährlichen (altersstandardisierten) Neuerkrankungsraten für Krebs bei beiden Geschlechtern seit dem Jahr 1980 einen Anstieg, bei Frauen auf niedrigerem Niveau als bei Männern. Hingegen geht die altersstandardisierte Krebsmortalität bei beiden Geschlechtern kontinuierlich zurück (RKI u. GEKID 2010). Der Rückgang der Krebssterblichkeit bei zunehmender Erkrankungshäufigkeit ist im Wesentlichen auf eine frühzeitigere Entdeckung und Behandlung zurückzuführen, die zu einer kontinuierlichen Verbesserung der Überlebensaussichten für Menschen mit Krebs geführt haben.

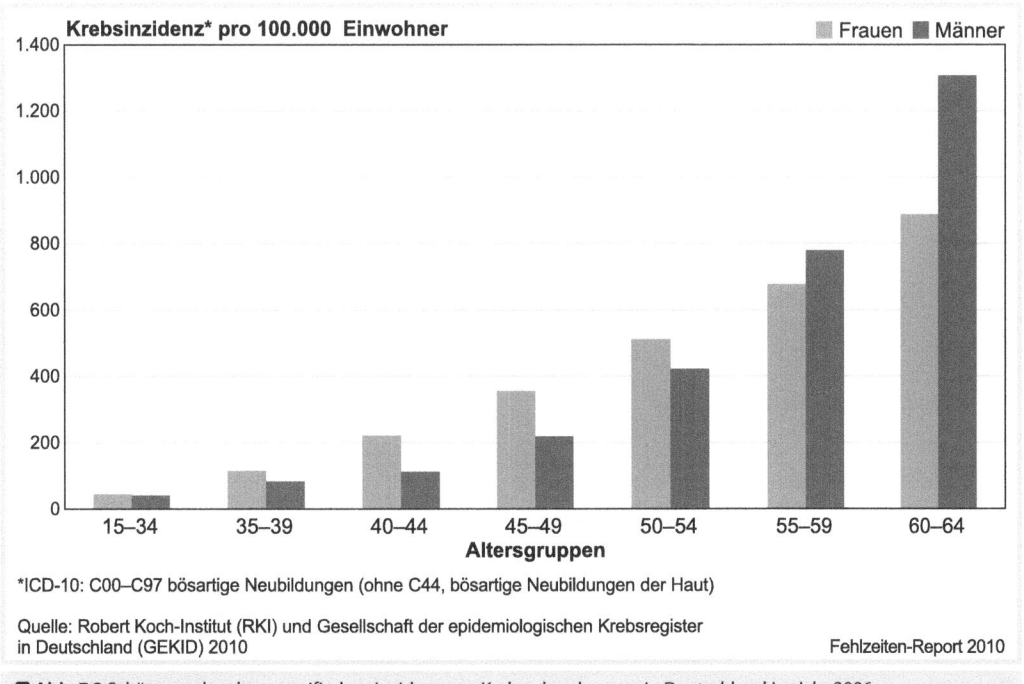

◘ Abb. 7.2 Schätzung der altersspezifischen Inzidenz von Krebserkrankungen in Deutschland im Jahr 2006

Zu den häufigsten psychischen Erkrankungen in der deutschen Bevölkerung zählen Angststörungen, affektive Störungen, darunter v. a. Depressionen, sowie Substanzstörungen, hierbei v. a. die alkoholbedingten Störungen (Wittchen u. Jacobi 2001). Frauen sind von vielen psychischen Erkrankungen häufiger betroffen als Männer (Merbach et al. 2002, Böhm u. Cordes 2010). Sie berichten in Befragungsstudien auch häufiger als Männer, jemals psychisch erkrankt gewesen zu sein (RKI 2005a). Bei Krankenhausaufenthalten spielen psychische Erkrankungen ebenfalls eine große Rolle: Im Jahr 2008 wurden 519.705 Frauen und 608.265 Männer mit der Diagnose „Psychische und Verhaltensstörung" entlassen (Statistisches Bundesamt 2009). Vor allem im Alter zwischen 35 und 55 Jahren stellen psychische und Verhaltensstörungen eine der Hauptdiagnosen für Krankenhausaufenthalte dar. Der Ressourcenverlust für die Gesellschaft durch psychische Erkrankungen entsteht durch Fehlzeiten am Arbeitsplatz oder dauernde Abwesenheit und mündet in hohe Kosten durch Produktivitätsausfall. Personen mit aktueller Diagnose einer psychischen Erkrankung berichten im Durchschnitt 19,8 Ausfalltage, Personen ohne diese Diagnose 9,9 Tage (Jacobi et al. 2004). Nach Berichten von Krankenkassen zum Krankenstand liegt der Anteil der psychischen Störungen unter den sechs führenden Hauptdiagnosen je nach Krankenkasse zwischen 6 % und 13 % (Lademann et al. 2006, Macco u. Schmidt 2010). Bei Frühberentungen stehen psychische Erkrankungen an erster Stelle (◘ Abb. 7.3), gefolgt von Krankheiten des Muskel-Skelett-Systems und des Bindegewebes, Neubildungen sowie Krankheiten des Kreislaufsystems (DRV 2009). Die Zahlen für Frühberentungen sind zwar insgesamt rückläufig, die Zahl der Rentenzugänge aufgrund psychischer und Verhaltensstörungen steigt jedoch seit Beginn der 1980er Jahre an. Von den insgesamt 161.265 Rentenzugängen wegen verminderter Erwerbsfähigkeit im Jahr 2008 entfielen 57.409 auf psychische und Verhaltensstörungen, davon 31.123 bei Frauen und 26.286 bei Männern (Statistisches Bundesamt 2009).

7.2 Gesundheitsverhalten der Bevölkerung im Erwerbsalter

Vielen Krankheiten und Gesundheitsprobleme, die das Krankheits- und Todesursachenspektrum prägen, liegen Risikofaktoren zugrunde, die mit dem individuellen Gesundheitsverhalten im Zusammenhang stehen, wie z. B. Rauchen, Bewegungsmangel und Adipositas. Zu

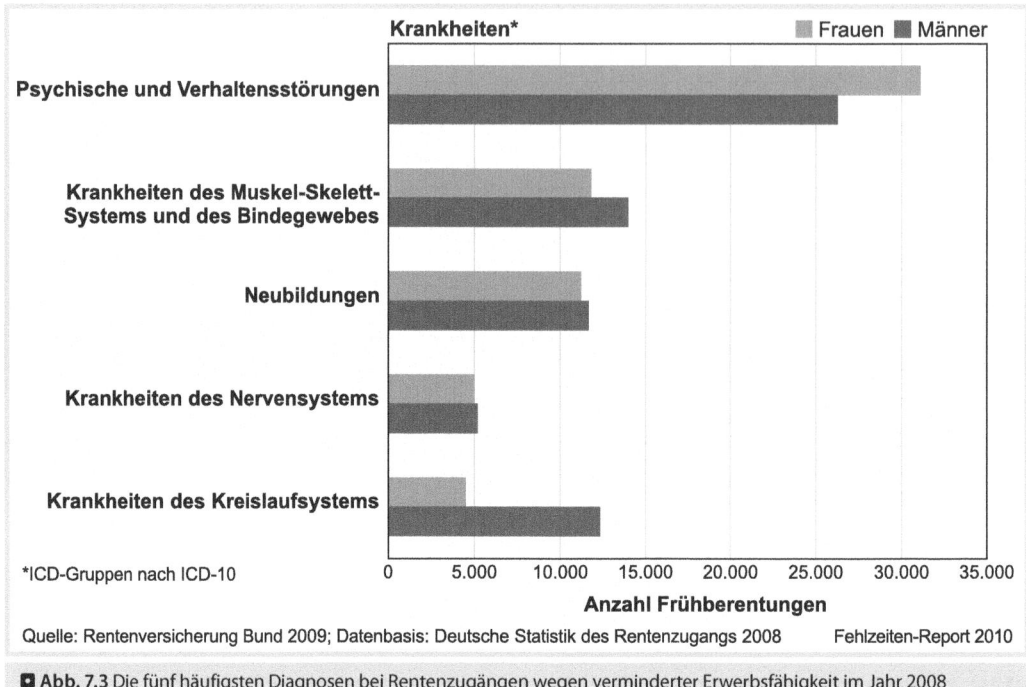

Abb. 7.3 Die fünf häufigsten Diagnosen bei Rentenzugängen wegen verminderter Erwerbsfähigkeit im Jahr 2008

den Krankheiten, die bei Rauchern vermehrt auftreten, zählen u. a. Herzinfarkt, Schlaganfall, Arteriosklerose, Lungenentzündung, chronische Bronchitis sowie bösartige Neubildungen der Lunge, Mundhöhle, des Kehlkopfes und der Verdauungsorgane. Außerdem schwächt das Rauchen die körpereigenen Abwehrkräfte und erhöht das Risiko von Infektionskrankheiten (IARC 2004, USDHHS 2004). Nach Daten der vom Robert Koch-Institut durchgeführten Studie „Gesundheit in Deutschland aktuell (GEDA)" rauchten im Jahr 2009 39 % der 18- bis 64-jährigen Männer und 33 % der gleichaltrigen Frauen. Am häufigsten wird im jungen Erwachsenenalter geraucht, aber auch im mittleren Lebensalter raucht ein erheblicher Anteil der Bevölkerung. Dass Männer häufiger rauchen als Frauen, zeigt sich in allen betrachteten Altersgruppen (◘ Abb. 7.4).

Unter Hinzuziehung früherer Gesundheitssurveys des Robert Koch-Instituts lässt sich zeigen, dass die Rauchquote bei Männern seit Mitte der 1990er Jahre kontinuierlich gesunken ist. Bei Frauen zeigte sich bis zum Jahr 2003 ein Anstieg der Rauchquote, wodurch sich die ehemals sehr großen Unterschiede im Rauchverhalten der Geschlechter allmählich verringert haben. In den letzten Jahren ist auch bei Frauen ein Rückgang der Rauchquote festzustellen, der ähnlich stark ausgeprägt ist wie bei Männern (Lampert u. List 2009).

Ein Mangel an körperlich-sportlicher Aktivität erhöht u. a. das Risiko für Herz-Kreislauf-Krankheiten, Diabetes mellitus Typ II, Osteoporose, Rückenschmerzen und verschiedene Krebserkrankungen. Außerdem sind negative Auswirkungen auf die psychische Gesundheit und die gesundheitsbezogene Lebensqualität nachgewiesen (DHS 2004, Sallis u. Owen 1998). Wie die Ergebnisse der GEDA-Studie 2009 zeigen, haben 32 % der 18- bis 64-jährigen Männer und 31 % der gleichaltrigen Frauen in den letzten drei Monaten vor der Befragung keinen Sport ausgeübt. Die Sportbeteiligung ist bei jungen Erwachsenen am höchsten, wobei Männer etwas häufiger Sport treiben als Frauen. Im Zeitverlauf zeigt sich aber, dass in den letzten 20 Jahren die Sportbeteiligung im jungen und mittleren Lebensalter rückläufig war, während sie bei älteren Menschen deutlich zugenommen hat (Lampert et al. 2005).

Das Bewegungsverhalten wird nicht nur durch den Sport, sondern auch durch die körperliche Aktivität im Alltag und in der Freizeit bestimmt. Mit Blick auf die Gesundheit wird empfohlen, an mindestens drei, besser jedoch an allen Tagen in der Woche sich eine halbe Stunde körperlich so zu betätigen, dass dabei die Atmung und der Pulsschlag zunehmen und man leicht ins Schwitzen gerät (Pate et al. 1995). Mit Daten des Bundes-Gesundheitssurveys aus dem Jahr 1998 wurde hierzu gezeigt, dass nur etwa 13 % der erwachsenen

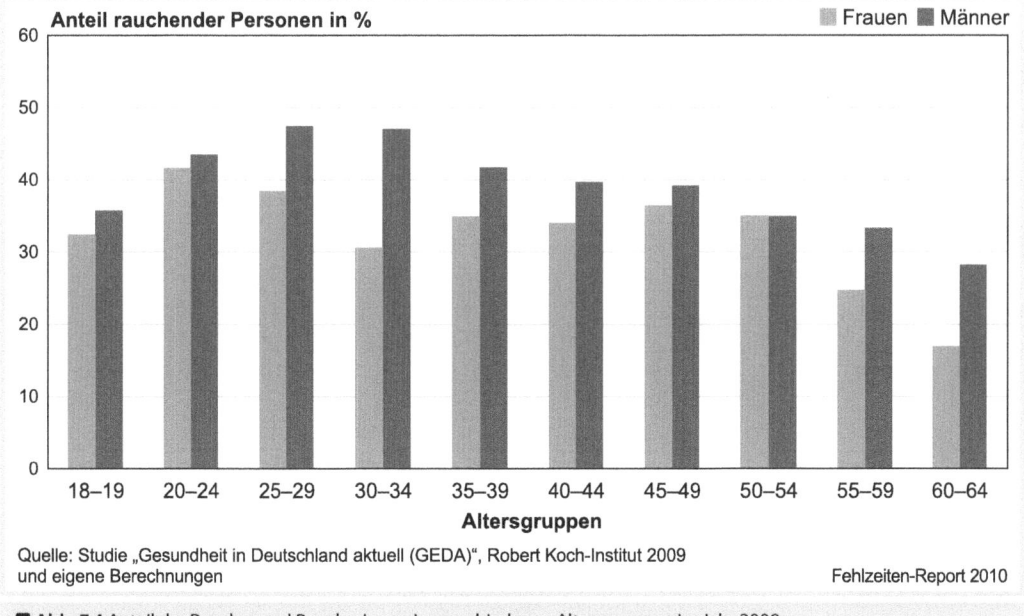

Abb. 7.4 Anteil der Raucher und Raucherinnen in verschiedenen Altersgruppen im Jahr 2009

Bevölkerung das vorgegebene Bewegungspensum erreichen, Männer etwas häufiger als Frauen und junge Erwachsene häufiger als Erwachsene im mittleren und höheren Lebensalter (Mensink 1999).

Adipositas kann – vermittelt über Fettstoffwechselstörungen, erhöhten Blutdruck und eine erhöhte Beanspruchung des Skelettsystems – zu verschiedenen Folge- bzw. Begleiterkrankungen führen, wie z. B. Herz-Kreislauf-Krankheiten, Diabetes mellitus Typ II, Arthrose und bestimmte Krebserkrankungen (Villareal et al. 2005, NIH 1998). Nach Daten des Mikrozensus waren im Jahr 2005 in der Altersgruppe der 18- bis 64-Jährigen rund 14 % der Männer und 13 % der Frauen adipös. Dabei lässt sich eine deutliche Zunahme der Adipositasprävalenz im Altersgang beobachten (◘ Abb. 7.5).

Im Zeitvergleich ist ein kontinuierlicher Anstieg der Adipositasprävalenz festzustellen. Für den Zeitraum von 1999 bis 2005 kann dieser in der 18-jährigen und älteren Bevölkerung mit etwa zwei Prozentpunkten beziffert werden. In der Bevölkerung im Erwerbsalter zeichnet sich dieser allerdings deutlich schwächer ab als in der älteren Bevölkerung (RKI 2009). Bei der Bewertung der Mikrozensus-Ergebnisse zur Verbreitung der Adipositas ist zu berücksichtigen, dass sie auf Selbstangaben zu Körpergröße und Körpergewicht basieren. Wird der Body-Mass-Index mit Messwerten ermittelt, liegen die Prävalenzen deutlich höher (Mensink et al. 2005, RKI 2009).

Ein weiterer wichtiger Aspekt des Gesundheitsverhaltens ist die Inanspruchnahme von Angeboten der Prävention und Gesundheitsförderung. Große Bedeutung kommt in diesem Zusammenhang den Früherkennungsmaßnahmen der gesetzlichen Krankenversicherung (Gesundheitsuntersuchung, Krebsfrüherkennung) zu. Das Ziel der Früherkennungsmaßnahmen ist es, möglichst frühe Krankheitsstadien zu entdecken und nachfolgend eine geeignete Therapie einzuleiten. Dies schließt Änderungen gesundheitsriskanter Verhaltensweisen und damit verbundener Risikofaktoren mit ein (Gemeinsamer Bundesausschuss 2009). Die Daten des Zentralinstituts für die Kassenärztliche Versorgung sprechen dafür, dass eine wachsende Zahl von Menschen in Deutschland die angebotenen Gesundheits- und Krebsfrüherkennungsuntersuchungen in Anspruch nimmt. Allerdings wird weiterhin ein Teil der Bevölkerung durch diese präventiven Maßnahmen nicht erreicht, wobei sich geschlechts- und altersspezifische Unterschiede feststellen lassen. So nahmen, bezogen auf die Anspruchsberechtigten im Jahr 2007, 48 % der Frauen und 22 % der Männer an Krebsfrüherkennungsuntersuchungen teil (ZI 2009). Frauen im Alter von 35 bis 39 Jahren nutzen das Angebot der Krebsfrüherkennungsuntersuchungen am häufigsten. In den höheren Altersgruppen geht die Beteiligung zurück, ein starker Abfall ist ab dem 70. Lebensjahr zu beobachten. Bei den Männern ist ein langsamer Anstieg der Teilnahmeraten

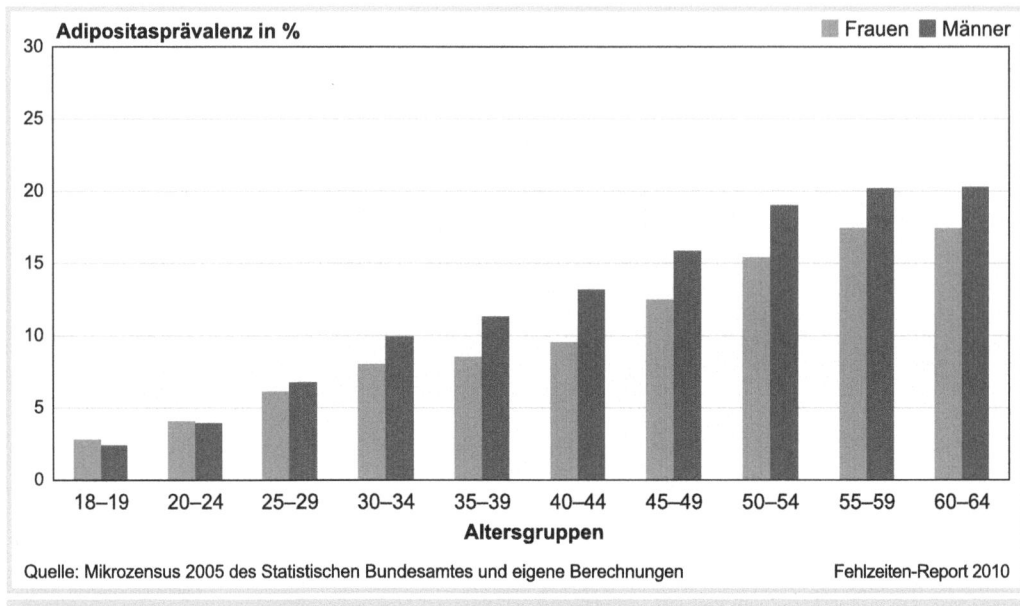

◘ **Abb. 7.5** Anteil der adipösen Männer und Frauen in den verschiedenen Altersgruppen im Jahr 2005

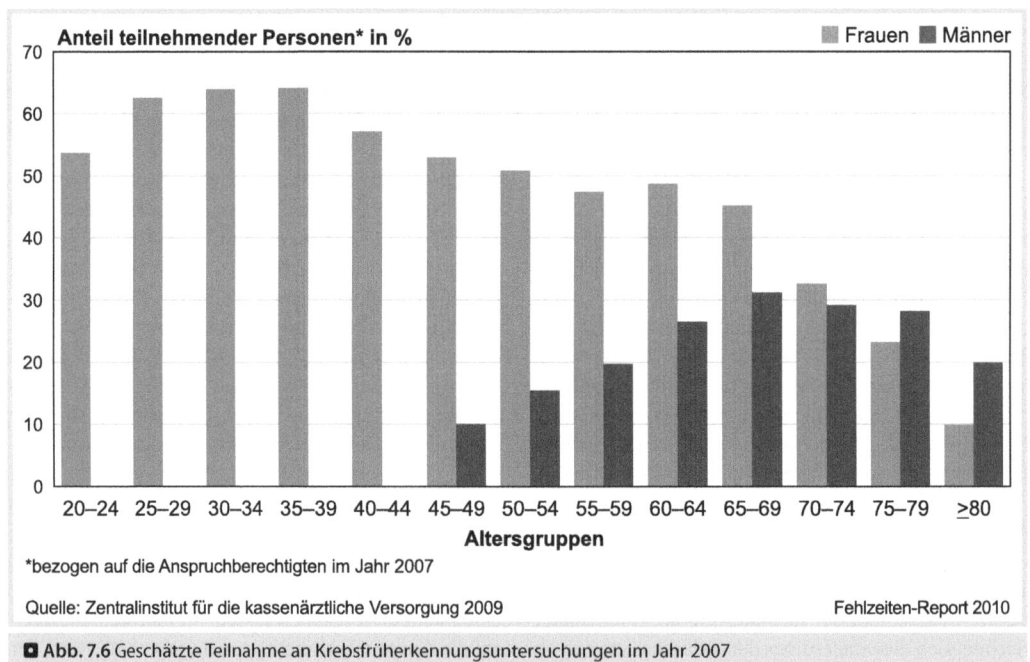

◘ **Abb. 7.6** Geschätzte Teilnahme an Krebsfrüherkennungsuntersuchungen im Jahr 2007

mit zunehmendem Alter zu sehen. Die höchsten Teilnahmeraten finden sich in der Altersgruppe der 65- bis 69-Jährigen. Danach sinken die Raten wieder. Ab einem Alter von 75 Jahren liegt die Teilnahmequote der Männer über derjenigen der Frauen (◘ Abb. 7.6).

7.3 Gesundheitliche Lage und Gesundheitsverhalten nach sozialem Status

Für Deutschland und viele andere Länder wird regelmäßig gezeigt, dass ein enger Zusammenhang zwischen der sozialen und gesundheitlichen Lage besteht, der je nach gesellschaftlichen Rahmenbedingungen, wie z. B. der Höhe des allgemeinen Wohlstands, des Ausmaßes der sozialen Ungleichheit und des Ausbaus der sozialen Sicherungssysteme, unterschiedlich ausgeprägt ist (Mielck 2000, Mackenbach 2006). Die soziale Lage wird dabei zumeist entlang der Merkmale Bildung, berufliche Stellung und Einkommen beschrieben, die entweder einzeln oder mehrdimensional als aggregierter Sozialstatusindex betrachtet werden (Lampert u. Kroll 2006). Beispielsweise wurde mit Daten des Sozio-oekonomischen Panels (SOEP) aus den Jahren 1995 bis 2005 gezeigt, dass Männer und Frauen aus der niedrigsten im Verhältnis zur höchsten Einkommensgruppe einem 2,7- bzw. 2,4-fach erhöhten Mortalitätsrisiko unterliegen. Bei Männern lässt sich auch für die mittleren Einkommensgruppen ein erhöhtes Mortalitätsrisiko feststellen. Entsprechend ist der Anteil der Männer und Frauen, die vor dem 65. Lebensjahr sterben, in der niedrigsten im Vergleich zur höchsten Einkommensgruppe mehr als doppelt so hoch (◘ Abb. 7.7). Bezogen auf die mittlere Lebenserwartung bei Geburt macht der Unterschied zwischen der niedrigsten und höchsten Einkommensgruppe bei Männern 11 und bei Frauen 8 Jahre aus. Berücksichtigt man nur den Anteil der Lebensjahre, die bei guter Gesundheit verbracht werden können, erhöhen sich die Differenzen in der Lebenserwartung auf 14 Jahre bei Männern und 10 Jahre bei Frauen (Lampert et al. 2007).

Eine Untersuchung mit Daten des telefonischen Gesundheitssurvey 2003 des Robert Koch-Instituts kommt zu dem Ergebnis, dass Personen mit niedrigem Sozialstatus ihren allgemeinen Gesundheitszustand auf einer fünfstufigen Skala häufiger als mittelmäßig, schlecht oder sehr schlecht bewerten im Vergleich zu denjenigen mit mittlerem und v. a. zu denjenigen mit hohem Sozialstatus. Bezüglich der Bevölkerung im Erwerbsalter lässt sich feststellen, dass diese Unterschiede in allen Altersgruppen zutage treten und bei Männern und Frauen ähnlich stark ausgeprägt sind (◘ Abb. 7.8). Bei statistischer Kontrolle des Alterseffektes ist das Risiko einer mittelmäßigen bis sehr schlechten Gesundheit bei Männern und Frauen aus der niedrigen im Vergleich zur hohen Statusgruppe um den Faktor 3,8 bzw. 3,5 erhöht (Lampert 2005).

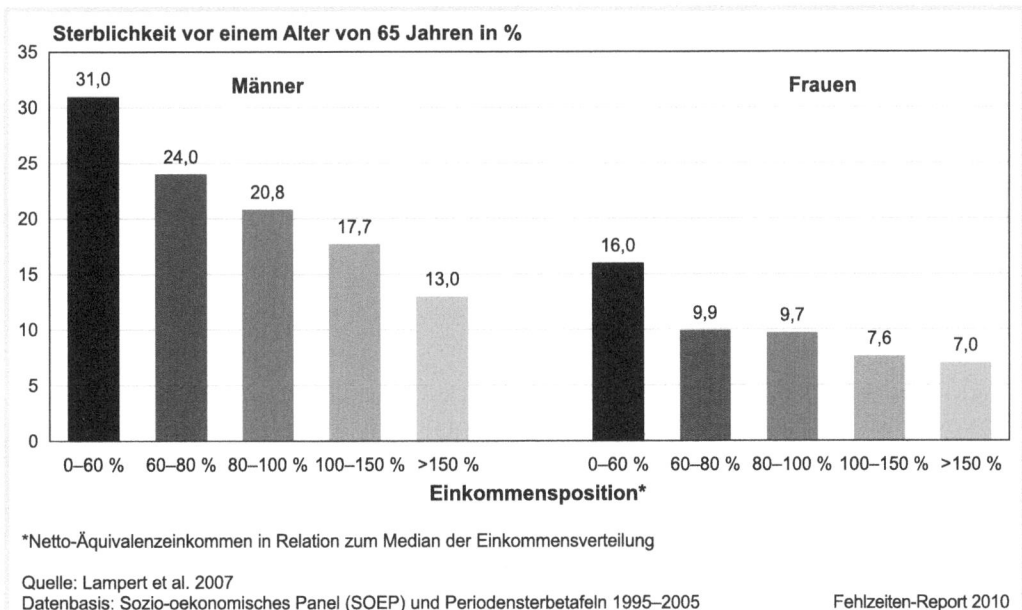

◘ Abb. 7.7 Anteil der Männer und Frauen, die vor dem 65. Lebensjahr sterben, nach relativer Einkommensposition

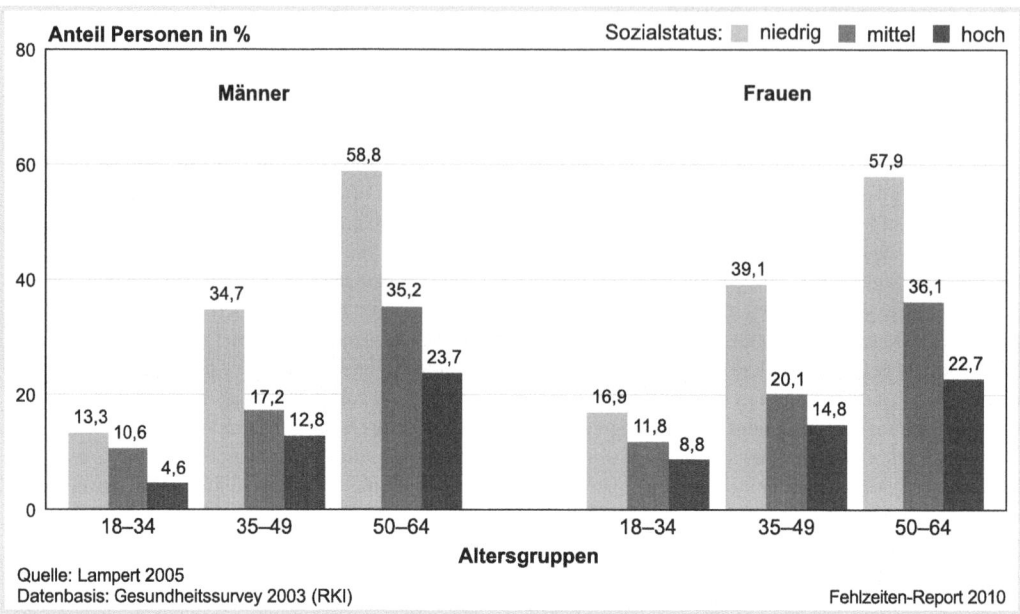

Abb. 7.8 Anteil der Männer und Frauen mit mittelmäßigem bis sehr schlechtem allgemeinem Gesundheitszustand nach sozialem Status und Altersgruppe

Tab. 7.1 Diagnosespezifische Erwerbsunfähigkeit nach beruflicher Qualifikation

	Herz-Kreislauf-Krankheiten (ICD 390–459)	Muskel-Skelett-Krankheiten (ICD 710–739)	Psychiatrische Krankheiten (ICD 290–319)
Männer			
Fachhochschule/Hochschule	Referenz	Referenz	Referenz
Abitur	2,24 (1,54–2,21)	2,95 (2,10–4,15)	1,85 (1,54–2,21)
Berufsausbildung	3,20 (2,71–3,77)	3,81 (3,00–4,88)	1,86 (1,65–2,10)
Keine Berufsausbildung	3,51 (2,88–4,27)	4,60 (3,51–6,02)	2,68 (2,28–3,14)
Frauen			
Fachhochschule/Hochschule	Referenz	Referenz	Referenz
Abitur	1,54 (0,95–2,48)	2,22 (1,49–3,32)	1,19 (0,99–1,42)
Berufsausbildung	2,20 (1,51–3,19)	2,53 (1,81–3,45)	1,16 (1,01–1,33)
Keine Berufsausbildung	2,81 (1,88–4,20)	3,38 (2,37–4,81)	1,49 (1,27–1,75)

Datenbasis: Deutsche Rentenversicherung 1999 (Dragano et al. 2008)

Fehlzeiten-Report 2010

Auch im Auftreten chronischer Krankheiten und Beschwerden sind statusspezifische Unterschiede zu beobachten. Ergebnisse des Bundes-Gesundheitssurvey 1998 weisen auf ein erhöhtes Vorkommen von Diabetes mellitus, chronischer Bronchitis sowie Magen- und Zwölffingerdarmgeschwüren in den niedrigen Statusgruppen hin (Knopf et al. 1999). Mit Daten der Deutschen Rentenversicherung konnte gezeigt werden, dass Männer ohne Berufsausbildung im Vergleich zu Männern mit einem Fachhochschul- oder Hochschulabschluss ein um den Faktor 3,5 erhöhtes Risiko haben wegen einer Herz-Kreislauf-Erkrankung erwerbsunfähig zu werden. Bei Frauen beträgt dieses Verhältnis 2,8:1. Für das Risiko einer Erwerbsunfähigkeit infolge von muskuloskelettalen und psychiatrischen Krankheiten lassen sich ebenfalls deutliche Unterschiede zu Ungunsten von Beschäftigen mit beruflich niedrigem Qualifikationsniveau feststellen (Tab. 7.1; Dragano et al. 2008).

Auch Krankenkassendaten liefern Evidenz für die sozial ungleich verteilte Krankheitslast. Wie Daten der AOK-Mettmann belegen, erlitten Männer mit niedriger schulischer und beruflicher Bildung in den Jahren 1987 bis 1996 viermal häufiger einen Herzinfarkt als Männer mit hohem Bildungsniveau. Un- und angelernte Arbeiter unterlagen einem doppelt so hohen Infarktrisiko wie Angestellte und Führungskräfte. Bei Frauen ging nur von der beruflichen Stellung ein signifikanter Einfluss auf das Infarktrisiko aus, der zudem schwächer ausgeprägt war als bei Männern (Geyer u. Peter 1999). Eine Auswertung von Daten der Gmünder Ersatzkasse aus den Jahren 1990 bis 2003 bestätigt das höhere Herzinfarktrisiko von Männern mit niedriger Bildung und niedrigem Berufsstatus und weist zudem auf ein verstärktes Auftreten von Lungenkrebs und Leberzirrhose in diesen Gruppen hin (Voges et al. 2004).

Die statusspezifischen Unterschiede im Krankheits- und Sterbegeschehen sind vermutlich auf ein komplexes Zusammenspiel verschiedener Einflussfaktoren zurückzuführen (Mielck 2000). Exemplarisch kann auf die Arbeitsbedingungen und das Gesundheitsverhalten verwiesen werden. Im Zusammenhang mit den Arbeitsbedingungen zeigen die vorhandenen Daten, dass diese mit dem beruflichen Status variieren und in den niedrigen Statusgruppen häufiger mit Belastungen und Gefahren für die Gesundheit verbunden sind. Dies gilt nicht nur für körperliche, sondern auch für psychosoziale Belastungen, die z. B. aus monotonen Arbeitsabläufen, Konflikten mit Kollegen und Vorgesetzten oder beruflichen Gratifikationskrisen resultieren (Siegrist u. Dragano 2006). Angesichts der aktuellen Arbeitsmarktsituation und der Zunahme geringfügiger und unsicherer Beschäftigungsverhältnisse ist auch die wachsende Sorge um den Arbeitsplatz zu berücksichtigen. Wie aktuelle Untersuchungen zeigen, haben Personen, die ihren Arbeitsplatz als unsicher einschätzen, deutlich erhöhte Fehlzeiten und leiden häufiger an psychischen Erkrankungen und psychosomatischen Beschwerden (Ferrie 2006, Haupt 2010).

Mit Blick auf das Gesundheitsverhalten sprechen die vorliegenden Studien dafür, dass Personen mit einem niedrigen sozialen Status seltener Sport treiben und sich auch im Alltag weniger bewegen, dass sie sich ungünstiger ernähren und häufiger Tabak, Alkohol und andere Suchtmittel konsumieren (RKI 2005b). Unterschiede zu Ungunsten der niedrigen Statusgruppen lassen sich zudem im Mundgesundheitsverhalten, der Unfallprävention und dem Umgang mit Krankheiten feststellen, einschließlich des Arzneimittelgebrauchs (Mielck 2000).

7.4 Gesundheitliche Lage und Gesundheitsverhalten von Menschen mit Migrationshintergrund

Die Bevölkerungsgruppe der Migranten ist aufgrund der verschiedenen Herkunftsländer, Wanderungsmotive und Statusgruppen in ihrer Zusammensetzung äußerst heterogen. Je nach Definition (Staatsangehörigkeit, Geburtsland, ethnische Zugehörigkeit etc.) werden andere Personengruppen in die statistischen Betrachtungen einbezogen und somit vergleichende Aussagen zwischen unterschiedlichen Datenquellen erschwert (RKI 2008). Die weitgefasste Definition der „Menschen mit Migrationshintergrund" schließt sowohl Menschen mit eigenen Migrationserfahrungen als auch deren Nachkommen ein, auch wenn diese bereits im Zielland geboren wurden. Umsetzen lässt sich diese Definition u. a. mit Daten des Mikrozensus und des Sozio-oekonomischen Panels. Bei Verwendung anderer Datenquellen muss sich zumeist auf eine Unterscheidung zwischen Personen mit nicht-deutscher und deutscher Nationalität beschränkt werden.

Daten des Sozio-oekonomischen Panels aus dem Jahr 2006 zeigen, dass Migranten häufiger in ihrer Gesundheit beeinträchtigt sind als Frauen und Männer ohne Migrationshintergrund (RKI 2010a). Von einer gesundheitlichen Beeinträchtigung wird dabei ausgegangen, wenn der eigene allgemeine Gesundheitszustand nur als „weniger gut" oder „schlecht" beurteilt wird und in mindestens drei von fünf vorgegebenen Bereichen des alltäglichen Lebens eine erhebliche funktionelle Einschränkung vorliegt. Unterschiede zu Ungunsten von Migranten zeigen sich in der Altersgruppe der 35- bis 49-Jährigen und insbesondere der 50- bis 64-Jährigen (◘ Abb. 7.9).

Weiteren Aufschluss über die gesundheitliche Situation von Migranten geben Daten der Arbeitsunfallstatistik und der Berufsgenossenschaften. Für das Jahr 2000 lässt sich z. B. zeigen, dass ausländische im Vergleich zu deutschen sozialversicherungspflichtig Beschäftigten etwa 1,2-mal häufiger von Arbeitsunfällen betroffen waren. Für türkische Beschäftigte betrug dieses Verhältnis sogar 1,5:1. Dies ist vor dem Hintergrund zu sehen, dass ausländische Beschäftigte häufiger in Berufszweigen tätig sind, in denen körperlich anstrengende Arbeiten verrichtet werden und bewegliche Maschinen zum Einsatz kommen (RKI 2008). Mitte der 1990er Jahre betrugen diese Verhältnisse allerdings noch 1,4:1 und 1,7:1, sodass sich die Unterschiede im Zeitverlauf verringert haben. Bei Beschäftigten türkischer Nationalität werden außerdem zweimal häufiger Berufskrankheiten, die zumeist die Folge einer längeren Exposition gegenüber

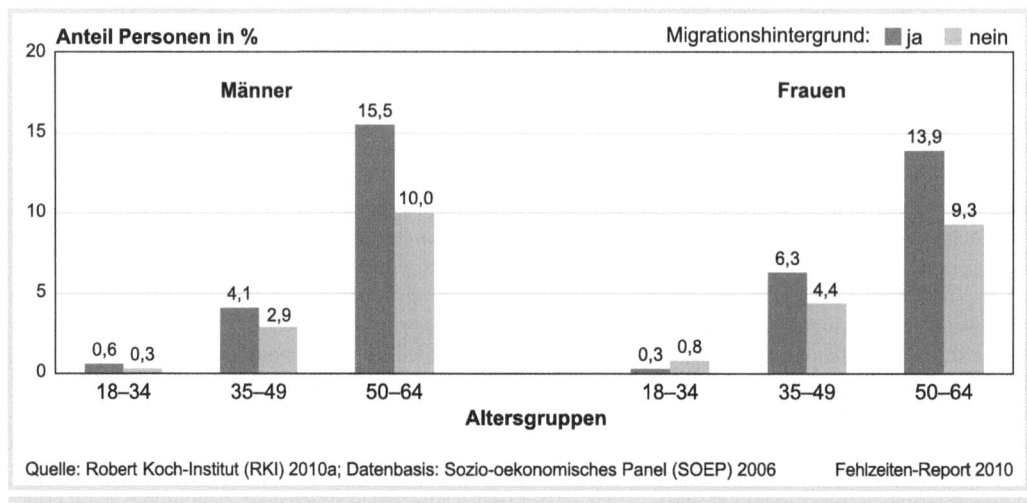

◘ Abb. 7.9 Anteil an Männern und Frauen mit einer gesundheitlichen Beeinträchtigung nach Migrationshintergrund im Jahr 2006

schädlichen Arbeitsbedingungen sind, anerkannt. In den anderen ausländischen Beschäftigtengruppen liegt der Anteil mit anerkannten Berufskrankheiten hingegen nicht über dem der deutschen Beschäftigten.

Zugewanderte Personen sind häufig in Ländern aufgewachsen, in denen Infektionskrankheiten stark verbreitet sind. Die mögliche Folge ist, dass im Herkunftsland erworbene Infektionen nach Deutschland „importiert" werden. Besonders deutlich wird dies bei der Tuberkulose: Im Jahr 2008 wurden durch die Meldestatistik des Robert Koch-Instituts 4.543 Neuerkrankungen an Tuberkulose registriert. Die Inzidenz von Tuberkuloseerkrankungen betrug unter deutschen Staatsbürgern lediglich 4,2 je 100.000 Einwohner, unter ausländischen Staatsbürgern war sie mit 22,8 je 100.000 Einwohner mehr als fünfmal so hoch (RKI 2010b).

Unterschiede zwischen Menschen mit und ohne Migrationshintergrund zeigen sich auch in Bezug auf das Gesundheitsverhalten und damit verbundenen Risikofaktoren. Beispielsweise liegen nach Daten des Mikrozensus 2005 die mittleren BMI-Werte und die Adipositasprävalenzen bei Frauen mit Migrationshintergrund im mittleren Lebensalter über denen gleichaltriger Frauen ohne Migrationshintergrund. Bei Frauen im jungen Erwachsenenalter sind diesbezüglich keine Unterschiede festzustellen. Bei Männern besteht weder im jungen noch im mittleren Erwachsenenalter ein Zusammenhang zwischen dem Migrationshintergrund und der Verbreitung von Adipositas (RKI 2008).

Der Mikrozensus ermöglicht zudem Aussagen über den Tabakkonsum von Migranten (Lampert 2010). Im Jahr 2005 rauchten demnach 35 % der Männer mit Migrationshintergrund im Vergleich zu 32 % der Männer ohne Migrationshintergrund. Frauen mit Migrationshintergrund rauchten mit 19 % seltener als Frauen ohne Migrationshintergrund, die zu 24 % rauchten. Eine Betrachtung nach Herkunftsland bzw. Herkunftsregion weist auf signifikant erhöhte Rauchquoten für Männer aus der Türkei, dem ehemaligen Jugoslawien, der Russischen Föderation, Polen, den sonstigen osteuropäischen Ländern, Griechenland, Italien und den arabischen Ländern hin. Nur bei Männern aus Spanien und Portugal sowie den mittel- und nordeuropäischen Ländern bestehen hinsichtlich des Tabakkonsums keine Unterschiede zu Männern ohne Migrationshintergrund. Frauen aus der Türkei, der Russischen Föderation, Spanien und Portugal, den mittel- und nordeuropäischen sowie arabischen Ländern rauchen signifikant seltener als Frauen ohne Migrationshintergrund. Für andere Herkunftsgruppen sind erhöhte Rauchquoten zu beobachten, so z. B. für Frauen aus dem ehemaligen Jugoslawien, Polen, Griechenland und Italien (◘ Tab. 7.2).

Die Inanspruchnahme gesundheitlicher Leistungen durch Migranten in Deutschland kann derzeit nur lückenhaft beschrieben werden, da bevölkerungsbezogene Daten zu diesem Themenfeld noch weitgehend fehlen (RKI 2008). In regionalen Untersuchungen zeigte sich eine signifikant niedrigere Inanspruchnahme von Haus- und Zahnärzten durch Migrantinnen im Vergleich zu Nicht-Migrantinnen (Zeeb et al. 2004). Gleiches gilt für die Teilnahme an Vorsorge- und Früherkennungsangeboten, insbesondere für die Krebsfrüherkennung (Zeeb

◘ Tab. 7.2 Rauchquoten bei 18-jährigen und älteren Männern und Frauen nach Migrationshintergrund und Herkunftsland bzw. Herkunftsregion. Prävalenzen und altersstandardisierte odds ratio (OR) mit 95 %-Konfidenzintervallen (95 %-KI)

	Männer		Frauen	
	%	OR (95%-KI)	%	OR (95%-KI)
Ohne Migrationshintergrund	32,1	1,00 (Referenz)	23,5	1,00 (Referenz)
Mit Migrationshintergrund	35,4	1,10 (1,07–1,13)	19,4	0,74 (0,72–0,76)
Türkei	43,4	1,66 (1,55–1,78)	21,3	0,81 (0,74–0,88)
Ehemaliges Jugoslawien	39,1	1,42 (1,28–1,58)	27,8	1,27 (1,12–1,43)
Russische Föderation	33,1	1,16 (1,01–1,33)	11,2	0,38 (0,31–0,46)
Polen	39,4	1,39 (1,18–1,64)	34,7	1,63 (1,42–1,86)
Sonstiges Osteuropa	40,5	1,45 (1,18–1,78)	29,1	1,31 (1,10–1,57)
Griechenland	45,5	1,93 (1,64–2,28)	28,5	1,23 (1,01–1,49)
Italien	38,5	1,39 (1,24–1,55)	27,6	1,19 (1,03–1,36)
Spanien, Portugal	32,5	1,06 (0,86–1,30)	20	0,82 (0,65–1,04)
Mittel- und Nordeuropa	31,7	1,04 (0,94–1,15)	21,6	0,92 (0,83–1,02)
Arabische Länder	38,6	1,32 (1,12–1,57)	12,4	0,42 (0,32–0,54)

Datenbasis: Mikrozensus 2005 (Lampert 2010)

et al. 2004, Borde 2002). Auch darüber hinaus finden sich Hinweise darauf, dass der Zugang zur Gesundheitsversorgung für Migranten erschwert ist, insbesondere aufgrund von Sprachbarrieren, Informationslücken und kulturellen Unterschieden im Gesundheits- und Krankheitsverständnis (RKI 2008, vgl. Brzoska et al. in diesem Band).

7.5 Fazit

Der vorliegende Beitrag unterstreicht den Stellenwert einer differenzierten Beschreibung der gesundheitlichen Lage und des Gesundheitsverhaltens der Bevölkerung im Erwerbsalter. Neben alters- und geschlechtsspezifischen Unterschieden wurde insbesondere auf die Bedeutung des sozialen Status und des Migrationshintergrundes für die Gesundheitschancen und Krankheitsrisiken hingewiesen. Auch wenn nur einzelne Gesundheitsindikatoren betrachtet werden konnten und die Darstellung kursorisch bleiben musste, so ergeben sich doch zahlreiche Ansatzpunkte für die Analyse und Diskussion des Gesundheitspotenzials der Bevölkerung im Erwerbsalter.

Literatur

Badura B, Schröder H, Klose J, Macco K (2010) Fehlzeiten-Report 2009. Arbeit und Psyche: Belastungen reduzieren – Wohlbefinden fördern. Springer Medizin Verlag, Heidelberg

Böhm K, Cordes M (2010) Kosten psychischer Erkrankungen im Vergleich zu anderen Erkrankungen. In: Badura B, Schröder H, Klose J et al (Hrsg) Fehlzeiten-Report 2009. Arbeit und Psyche: Belastungen reduzieren – Wohlbefinden fördern. Springer Medizin Verlag, Heidelberg, S 51–60

Borde T (2002) Patientinnenorientierung im Kontext der soziokulturellen Vielfalt im Krankenhaus. Vergleich der Erfahrungen und Wahrnehmungen deutscher und türkischsprachiger Patientinnen sowie des Klinikpersonals zur Versorgungssituation in der Gynäkologie. Dissertation. Technische Universität Berlin, Fakultät VIII- Wirtschaft und Management. http://webdoc.gwdg.de/ebook/le/2003/tu-berlin/borde_theda.pdf. Gesehen 24 Feb 2010

DRV – Deutsche Rentenversicherung Bund (2009) Rentenzugang 2008. Band 173. DRV, Würzburg

DHS – Department of Health (2004) Physical activity – health improvement and prevention: At least five a week. DHS, London

Dragano N, Friedel H, Bödeker W (2008) Soziale Ungleichheit bei der krankheitsbedingten Frühberentung. In: Bauer U, Bittlingmayer UH, Richter M (Hrsg) Health inequalities. Determinanten und Mechanismen gesundheitlicher Ungleichheit. VS Verlag für Sozialwissenschaften, Wiesbaden, S 108–124

Ferrie JE (2006) Gesundheitliche Folgen der Arbeitsplatzunsicherheit. In: Badura B, Schellschmidt H, Vetter C (Hrsg) Fehlzeiten-Report 2005. Arbeitsplatzunsicherheit und Gesundheit. Springer, Berlin, S 93–123

Gemeinsamer Bundesausschuss (2009) Richtlinien des Bundesausschusses der Ärzte und Krankenkassen über die Früherkennung von Krebserkrankungen („Krebsfrüherkennungs-Richtlinien"). Aktuelle Fassung in Kraft getreten am 03.10.2009, Bundesanzeiger Nr. 148a vom 18.06.2009

Geyer S, Peter R (1999) Occupational status and all-cause mortality. A study with health insurance data from North Rhine-Westphalia. European Journal of Public Health 9:114–118

Haupt CM (2010) Der Zusammenhang von Arbeitsplatzunsicherheit und Gesundheitsverhalten in einer bevölkerungsrepräsentativen epidemiologischen Studie. In: Badura B, Schröder H, Klose J et al (Hrsg) Fehlzeiten-Report 2009. Arbeit und Psyche: Belastungen reduzieren – Wohlbefinden fördern. Springer Medizin Verlag, Heidelberg, S 101–107

IARC – International Agency for Research on Cancer (2004) Monographs on the Evaluation of the Carcinogenic Risks to Humans. Tobacco Smoke and Involuntary Smoking. IARC, Lyon

Jacobi F, Klose M, Wittchen HU (2004) Psychische Störungen in der deutschen Allgemeinbevölkerung: Inanspruchnahme von Gesundheitsleistungen und Ausfalltage. Bundesgesundheitsblatt – Gesundheitsforschung – Gesundheitsschutz 47:736–744

Knopf H, Ellert U, Melchert H-U (1999) Sozialschicht und Gesundheit. Das Gesundheitswesen 61, Sonderheft 2:169–177

Lademann J, Mertesacker H, Gebhardt B (2006) Psychische Erkrankungen im Fokus der Gesundheitsreporte der Krankenkassen. Psychotherapeutenjournal Ausgabe/Nr. 2:123–129

Lampert T (2005) Schichtspezifische Unterschiede im Gesundheitszustand und Gesundheitsverhalten. Blaue Reihe des Berliner Zentrums für Public Health (BZPH). BZPH, Berlin

Lampert T (2010) Soziale Determinanten des Tabakkonsums bei Erwachsenen in Deutschland. Bundesgesundheitsblatt – Gesundheitsforschung – Gesundheitsschutz 53:108–116

Lampert T, Kroll LE (2006) Messung des sozioökonomischen Status in sozialepidemiologischen Studien. Gesundheitliche Ungleichheit – Theorien, Konzepte und Methoden. VS Verlag für Sozialwissenschaften, Wiesbaden, S 297–319

Lampert T, List S (2009) Tabak – Zahlen und Fakten zum Konsum. In: Deutsche Hauptstelle für Suchtfragen (Hrsg) Jahrbuch Sucht 2009. Neuland, Geesthacht, S 51–71

Lampert T, Kroll LE, Dunkelberg A (2007) Soziale Ungleichheit der Lebenserwartung in Deutschland. Aus Politik und Zeitgeschichte 42:11–18

Lampert T, Mensink GBM, Ziese T (2005) Sport und Gesundheit bei Erwachsenen in Deutschland. Bundesgesundheitsblatt – Gesundheitsforschung – Gesundheitsschutz 48:1357–1364

Macco K, Schmidt J (2010) Krankheitsbedingte Fehlzeiten in der deutschen Wirtschaft im Jahr 2008. In: Badura B, Schröder H, Klose J et al (Hrsg) Fehlzeiten-Report 2009. Arbeit und Psyche: Belastungen reduzieren – Wohlbefinden fördern. Springer Medizin Verlag, Heidelberg, S 275–424

Mackenbach J (2006) Health inequalities: Europe in Profile. An independent expert report commissioned by the UK Presidency of the EU. Department of Health, London

Marmot M (2004) The status Syndrome. How social standing affects our health and longevity. Times Books, New York

Mensink GBM (1999) Körperliche Aktivität. Das Gesundheitswesen 61:126–131

Mensink GBM, Lampert T, Bergmann E (2005) Übergewicht und Adipositas in Deutschland 1984–2003. Bundesgesundheitsblatt – Gesundheitsforschung – Gesundheitsschutz 48:1348–1356

Merbach M, Singer S, Brähler E (2002) Psychische Störungen bei Männern und Frauen. In: Hurrelmann K, Kolip P (Hrsg) Geschlecht, Gesundheit und Krankheit. Frauen und Männer im Vergleich. Huber, Bern, S 258–272

Mielck A (2000) Soziale Ungleichheit und Gesundheit. Empirische Ergebnisse, Erklärungsansätze, Interventionsmöglichkeiten. Verlag Hans Huber, Bern Göttingen Toronto Seattle

NIH – National Institute of Health (1998) Clinical guidelines on the identification, evaluation, and treatment of overweight and obesity in adults. The Evidence report. NIH-Publications No. 98-4083. NIH, Bethesda

Pate RR, Pratt M, Blair SN (1995) Physical activity and public health. Journal of the American Medical Association 273:281–289

RKI – Robert Koch-Institut (2005a) Gesundheit von Frauen und Männern im mittleren Lebensalter. Schwerpunktbericht der Gesundheitsberichterstattung des Bundes. RKI, Berlin

RKI – Robert Koch-Institut (2005b) Armut, soziale Ungleichheit und Gesundheit. Expertise des Robert Koch-Instituts zum 2. Armuts- und Reichtumsbericht der Bundesregierung. Beiträge zur Gesundheitsberichterstattung des Bundes. RKI, Berlin

RKI – Robert Koch-Institut (2008) Migration und Gesundheit. Schwerpunktbericht der Gesundheitsberichterstattung des Bundes. RKI, Berlin

RKI – Robert Koch-Institut (2009) 20 Jahre nach dem Fall der Mauer: Wie hat sich die Gesundheit in Deutschland entwickelt? RKI, Berlin

RKI – Robert Koch-Institut (2010a) Lebenslagen und Gesundheit. RKI, Berlin

RKI – Robert Koch-Institut (2010b) Bericht zur Epidemiologie der Tuberkulose in Deutschland für 2008. RKI, Berlin

RKI – Robert Koch-Institut, Gesellschaft der epidemiologischen Krebsregister in Deutschland e.V. (GEKID) (2010) Krebs in Deutschland 2005/2006. Häufigkeiten und Trends. 7. Ausgabe

RKI – Robert Koch-Institut, Statistisches Bundesamt (2006) Gesundheit in Deutschland. RKI, Berlin

Sallis JF, Owen N (1998) Physical activity and behavioural medicine. Sage, Thousand Oaks

Siegrist J, Dragano N (2006) Berufliche Belastungen und Gesundheit. Soziologie der Gesundheit. Kölner Zeitschrift für Soziologie und Sozialpsychologie, Sonderheft 46:109–124

Statistisches Bundesamt (2009) Gesundheit. Diagnosedaten der Patienten und Patientinnen in Krankenhäusern (einschl. Sterbe- und Stundenfälle) 2008. Fachserie 12, Reihe 6.2.1 Statistisches Bundesamt, Wiesbaden

Statistisches Bundesamt (2010) Todesursachenstatistik. www.gbe-bund.de. Gesehen 24 Feb 2010

USDHHS – US Department of Health and Human Services (2004) The Health Consequences of Smoking: A Report of the Surgeon General. USDHHS, Centers for Disease Control and Prevention, National Center for Chronic Disease Prevention and Health Promotion, Office on Smoking and Health. USDHHS, Atlanta/GA

Villareal DT, Apovian CM, Kushner RF et al (2005) Obesity in older adults: technical review and position statement of the American Society for Nutrition and NAASO, The Obesity Society. Am J Clin Nutr 82:923–934

Voges W, Helmert U, Timm A et al (2004) Soziale Einflussfaktoren von Morbidität und Mortalität. Sonderauswertung von Daten der Gmünder Ersatzkasse. Zentrum für Sozialpolitik, Bremen

Wittchen HU, Jacobi F (2001) Die Versorgungssituation psychischer Störungen in Deutschland. Eine klinisch-epidemiologische Abschätzung anhand des Bundes-Gesundheitssurveys 1998. Bundesgesundheitsblatt – Gesundheitsforschung – Gesundheitsschutz 44:993–1000

Zeeb H, Baune BT, Vollmer W et al (2004) Gesundheitliche Lage und Gesundheitsversorgung von erwachsenen Migranten – ein Survey bei der Schuleingangsuntersuchung. Das Gesundheitswesen 66:76–84

ZI – Zentralinstitut für die kassenärztliche Versorgung in der Bundesrepublik Deutschland, Altenhofen L (2009) Schätzungen zur Akzeptanz der bestehenden Krankheitsfrüherkennungsprogramme. Unveröffentlichte Sonderauswertung für das Robert Koch-Institut (Stand 13.08.2009)

Kapitel 8

Erwerbstätigkeit und Arbeitslosigkeit in Deutschland

L. Bellmann

Zusammenfassung. *Die Entwicklung der Erwerbstätigkeit ist durch vier sich überlagernde Trends zu charakterisieren: erstens durch die zunehmende Bedeutung des Dienstleistungsbereichs bzw. der Wissenswirtschaft. Zweitens nimmt die qualifizierte Beschäftigung zu. Drittens befindet sich das sogenannte Normalarbeitsverhältnis zugunsten atypischer Beschäftigungsverhältnisse auf dem Rückzug. Viertens altert und schrumpft das Erwerbspersonenpotenzial. Daraus ergeben sich für die Betriebe Probleme bei der Besetzung von Facharbeiterstellen, die nicht nur durch verstärkte Bildungsanstrengungen, sondern auch durch die Nutzung der Potenziale von Älteren, Frauen und Migranten gelöst werden können. Allerdings zeigen aktuelle empirische Befunde, dass die Betriebe bislang noch zu wenig auf Ältere setzen.*

8.1 Einleitung

Vor dem Hintergrund der zunehmenden Globalisierung und der demografischen Herausforderungen vollziehen sich seit Längerem grundlegende Prozesse der Veränderung der Arbeitswelt nicht nur in Deutschland, sondern auch in anderen industrialisierten Gesellschaften. Daraus ergeben sich gravierende Auswirkungen für die Beständigkeit des Generationenvertrags und des Sozialstaats.

Dieser soziokulturelle und demografisch bedingte beobachtbare Wandel der Erwerbsgesellschaft wirkt sich gegenwärtig wie zukünftig in den einzelnen Wirtschaftsbereichen unterschiedlich aus. In diesem Zusammenhang können ein bewusster(er) Umgang mit Diversity Management sowie eine gelebte Wertschätzung personeller Vielfalt für Unternehmen ihr Potenzial entfalten und somit auch steigender Arbeitslosigkeit entgegenwirken. Die Chancen einer multinationalen, multikulturellen Belegschaft zu erkennen, diese in der Zusammenarbeit effektiv zu fördern, um nicht zuletzt die unternehmerische zu steigern, ist ein Gesamtkonzept, durch dessen Umsetzung Unternehmen in einem sich wandelnden Arbeitsmarkt nur profitieren können.

Auch wenn die aktuelle Finanz- und Wirtschaftskrise stärker die jüngeren Arbeitskräfte trifft (v. a. international gesehen, vgl. Bell u. Blanchflower 2009), ist zu befürchten, dass die jugendzentrierte Personalpolitik sowie die überwunden geglaubten Frühverrentungs- und Vorruhestandsregelungen in Deutschland wieder an Bedeutung gewinnen, wenn sich die Finanz- und Wirtschaftskrise in naher Zukunft stärker auf den Arbeitsmarkt auswirken wird. In der Folge wird dies zu einem erneuten Anstieg der Arbeitslosigkeit führen, der v. a. deshalb als problematisch zu bewerten ist, weil damit der Rückgang der strukturellen Arbeitslosigkeit in den letzten Jahren gefährdet werden könnte. Diese

Probleme zeigen die Bedeutung des Themas. Der vorliegende Beitrag soll zu dieser Problematik einige systematische Argumente liefern. Zunächst werden die beobachtbaren Trends des Wandels der Erwerbsgesellschaft (Tertiarisierung, Zunahme der qualifizierten Tätigkeiten und der atypischen Beschäftigungsverhältnisse sowie die demografischen Veränderungen) behandelt (▶ Abschn. 8.2). Im Folgenden werden in ▶ Abschn. 8.3 die daraus ableitbaren Strategien gegen den Fachkräftemangel diskutiert und schließlich in ▶ Abschn. 8.4 die Entwicklung der Arbeitslosigkeit auch mit ihren gesundheitlichen Folgen dargestellt.

8.2 Trends des Wandels der Erwerbsgesellschaft

Vergleichsweise bekannt ist, dass sich im Verlauf des gesamtwirtschaftlichen Wachstumsprozesses die einzelnen Wirtschaftsbereiche nicht gleichmäßig entwickeln, sondern es zu Veränderungen in der Struktur der Wertschöpfung und der Beschäftigung kommt. Im Zeitraum 1991 bis 2007 hat sich danach der Anteil der Beschäftigten

- im Bergbau und in der Landwirtschaft von 3,9 % auf 2,1 % und
- im Produzierenden Gewerbe von 36,6 % auf 25,4 % verringert, während er
- im Dienstleistungsgewerbe von 59,5 % auf 69,0 % gestiegen ist (vgl. Statistisches Jahrbuch 2008).

Ursache für den sektoralen Strukturwandel ist zum einen die mit steigendem Einkommen zunehmende Nachfrage nach Dienstleistungen, zum anderen das verhältnismäßig geringe Produktivitätswachstum in diesem Wirtschaftsbereich.

Die abnehmende Bedeutung des Verarbeitenden Gewerbes und die zunehmende Bedeutung der Wissenswirtschaft finden auch in der Zunahme der Akademiker ihren Ausdruck. Die gestiegene Nachfrage nach qualifizierten Arbeitskräften, also für Tätigkeiten, die mindestens einen Berufsabschluss erfordern, lässt sich anhand der Ergebnisse des IAB-Betriebspanels zeigen. Danach hat sich der Anteil der Stellen für qualifizierte Tätigkeiten von 1996 bis 2007 in Deutschland von 67 % auf 77 % erhöht (Bellmann u. Stegmaier 2007). Trotz des Trends zu qualifizierter Arbeit muss aber auch darauf hingewiesen werden, dass es in einigen Bereichen der deutschen Wirtschaft wie in den sonstigen und unternehmensnahen Dienstleistungen, im Bereich Verkehr und Nachrichten und in der Land- und Forstwirtschaft größere Anteile von un- und angelernten Arbeitskräften gibt. Interessanterweise hat zwar die aktuelle Krise die größeren und exportstarken Unternehmen – und damit auch solche mit einem höheren Anteil von qualifizierten Beschäftigten – stärker getroffen als andere Unternehmen. Allerdings zeigen neueste Berechnungen mit den Daten der Europäischen Arbeitskräfteerhebung, dass im Zeitraum 2008–2009 (jeweils 2. Quartal) die Beschäftigung von Personen ohne abgeschlossene Berufsausbildung um 2,3 % gesunken ist, während die Beschäftigung von Akademikern sogar um 5,9 % gestiegen ist. Der Rückgang bei den Qualifizierten fiel mit 1,2 % vergleichsweise moderat aus.

Ein weiterer Trend ist die Zunahme von sogenannten atypischen Beschäftigungsverhältnissen, von denen gesprochen wird, wenn mindestens eines der folgenden Merkmale zutrifft:
- Teilzeitbeschäftigung, wenn sie weniger als die Hälfte der üblichen Vollzeitwochenstunden beträgt
- befristete Beschäftigung
- Leih- bzw. Zeitarbeit
- geringfügige Beschäftigung

Gemeinsam ist diesen Beschäftigungsverhältnissen, dass für sie bestimmte gesetzliche, tarifvertragliche oder betriebliche Standards nicht gelten, die für die in sogenannten Normalarbeitsverhältnissen Beschäftigten Anwendung finden (Mückenberger 1985). Ein Beispiel dafür ist der Kündigungsschutz, der Entlassungen für die Betriebe verteuert. Oftmals sind Befristungen bei privaten Arbeitgebern eine Vorstufe für unbefristete Beschäftigungsverhältnisse, was aber bei öffentlichen Verwaltungen und gemeinnützigen Betrieben wesentlich seltener der Fall ist. Zudem nutzen die öffentlichen Arbeitgeber atypische Beschäftigungsverhältnisse weitaus häufiger als private Arbeitgeber. Ein anderes Beispiel für atypische Beschäftigungsverhältnisse ist die Leiharbeit. Diese wird bei akutem und in seiner zeitlichen Dauer nicht absehbarem Arbeitskräftebedarf eingesetzt. In größeren Betrieben, v. a. im Produzierenden Gewerbe, werden damit aber auch tarifvertragliche Standards im Lohnkosten- und Lohnnebenkostenbereich umgangen. Auch wenn es klare Unterschiede zwischen sozialversicherungspflichtiger Teilzeitbeschäftigung und der geringfügigen Beschäftigung (in sogenannten Minijobs) gibt, bestehen doch auch enge Beziehungen. Im Handel sowie im Gast- und Reinigungsgewerbe spielen beide Beschäftigungsformen eine große Rolle, da Betriebe dadurch flexibel auf Kundenströme reagieren und sich erweiterte Öffnungszeiten leisten können. Eine weitere Domäne geringfügiger Beschäftigungsverhältnisse sind Privathaushalte.

Seit 1997, als 16 % aller Beschäftigungsverhältnisse nach den Ergebnissen des Sozio-oekonomischen Panels als atypisch zu klassifizieren waren, ist der Anteil bis zum Jahr 2007 deutlich auf 23 % gestiegen (Lang 2009). ◘ Tab. 8.1 und ◘ Tab. 8.2 zeigen den Anteil der atypisch Beschäftigten in der Gruppe der Beschäftigten, die jünger als 25 Jahre sind:

◘ **Tab. 8.1** Atypische Beschäftigung von Frauen 1997 und 2007 nach Altersgruppen und Regionen (Angaben in %)

Altersgruppe	West		Ost	
	1997	2007	1997	2007
unter 25 Jahre	30	57	24	39
25 bis unter 35 Jahre	21	29	12	30
35 bis unter 45 Jahre	24	37	7	21
45 bis unter 55 Jahre	20	27	10	22
55 bis unter 65 Jahre	28	28	11	21

Quelle: Lang 2009

Fehlzeiten-Report 2010

◘ **Tab. 8.2** Atypische Beschäftigung von Männern 1997 und 2007 nach Altersgruppen und Regionen (Angaben in %)

Altersgruppe	West		Ost	
	1997	2007	1997	2007
unter 25 Jahre	25	49	20	61
25 bis unter 35 Jahre	16	22	11	27
35 bis unter 45 Jahre	5	9	11	21
45 bis unter 55 Jahre	5	6	9	11
55 bis unter 65 Jahre	5	9	19	11

Quelle: Lang 2009

Fehlzeiten-Report 2010

- in Westdeutschland stieg der Anteil bei den Frauen von 30 % (1997) auf 57 % (2007), in Ostdeutschland von 24 % (1997) auf 39 % (2007), während
- in Westdeutschland sich der Anteil bei den Männern von 25 % (1997) auf 49 % (2007) und in Ostdeutschland sogar von 20 % (1997) auf 61 % (2007) erhöht hat.

Der Anteil der atypisch Beschäftigten ist zu beiden Zeitpunkten bei Frauen wesentlich höher als bei Männern, insbesondere in der Altersgruppe 25 bis unter 45 Jahre, d. h. beim beruflichen Wiedereinstieg nach der Elternzeit. Hinzuweisen ist darauf, dass dabei die Teilzeitbeschäftigung, die Minijobs und befristete Beschäftigung die größten Anteile haben, während der Anteil der Leiharbeitnehmer vergleichsweise gering ist (Bellmann u. Kühl 2008; Bellmann et al. 2009).

Als mögliche Folgen atypischer Beschäftigungsverhältnisse können ungünstige Zukunftsaussichten, nicht existenzsichernde Einkommen, eine unzureichende soziale Absicherung und die Gefährdung der Beschäftigungsfähigkeit gelten – auch wenn nicht alle atypischen Beschäftigungsverhältnisse als prekär einzustufen sind (Bellmann et al. 2009).

Wegen des Bevölkerungsrückgangs aufgrund der niedrigeren Geburtenzahlen, die nicht durch die höhere Erwerbsbeteiligung der Frauen und die Migration nach Deutschland kompensiert werden kann, wird das Angebot an Arbeitskräften in Deutschland spätestens in 10 bis 15 Jahren spürbar abnehmen. Der erwerbstätige Teil der Bevölkerung wird v. a. in den beiden Jahrzehnten nach 2030 stark zurückgehen. In Ostdeutschland ist sogar mit einem dramatischen Einbruch zu rechnen (Fuchs u. Dörfler 2005; Fuchs u. Söhnlein 2006).

Bereits seit dem Jahr 2000 ist eine Zunahme des Anteils der 50-Jährigen am Erwerbspersonenpotenzial zu beobachten, während der Anteil der unter 50-Jährigen immer noch abnimmt (Fuchs u. Dörfler 2005). Dieser Prozess wird etwa im Jahr 2020 seinen Höhepunkt erreichen. Danach geht der Anteil der 50-Jährigen wieder fast auf das heutige Niveau zurück.

Durch die schrittweise Anhebung des Eintrittsalters in der gesetzlichen Rentenversicherung auf 67 Jahre steigt das Erwerbspersonenpotenzial bis zum Jahre 2030 und sinkt danach wieder etwas, bevor es auf einem höheren Niveau als gegenwärtig verbleibt (Fuchs 2006). Nach diesen Berechnungen des IAB erhöht sich die Anzahl der Erwerbspersonen um 1,3 bis 3,4 Mio., wobei ca. 30 % des Anstiegs erst nach 2020 erfolgt. Der Prozess der Alterung des Erwerbspersonenpotenzials wird damit aber verstärkt, da er bereits 2020 seinen Höhepunkt erreicht.

8.3 Fachkräftebedarf der Wirtschaft

Aufgrund der beschriebenen demografischen Entwicklung und der bis zum Jahr 2008 auch günstigen konjunkturellen Entwicklung rückt die Frage nach der Deckung des branchenspezifischen und gesamtwirtschaftlichen Fachkräftebedarfs zunehmend in den Vordergrund der aktuellen wirtschafts- und arbeitsmarktpolitischen Diskussion in Deutschland.

Aus zwei weiteren Gründen verbessern sich die beruflichen Perspektiven der Akademiker. Erstens, wird die derzeitige Akademikererwerbstätigkeit hauptsächlich von den mittleren Altersgruppen getragen. Diese geburtenstarken Jahrgänge werden nach Berechnungen von Reinberg und Hummel (2003) in den nächsten 10 bis 20 Jahren aus dem Erwerbsleben ausscheiden. Zweitens ist die Bildungsexpansion früherer Jahrzehnte seit den 1990er Jahren weitgehend zum Stillstand gekommen. Diese Bildungsstagnation ist dadurch gekennzeichnet, dass in Westdeutschland etwa ein Drittel der Bevölkerung im erwerbsfähigen Alter keine Berufsausbildung hat.

Um dem Mangel an (hoch-)qualifizierten Arbeitskräften zu begegnen, sind zunächst höhere Absolventenzahlen sowie die Verbesserung der Qualität und der Durchlässigkeit des Bildungs- und Ausbildungssystems erforderlich. Hinzu kommt die betriebliche Aus- und Weiterbildung. In diesem Zusammenhang ist die Flexibilität des dualen Systems der Berufsausbildung im Hinblick auf die sich wandelnden Bedürfnisse der Betriebe für die Schaffung zusätzlicher Ausbildungsplätze von besonderer Bedeutung. Im Bereich der betrieblichen Weiterbildung stellen „weiterbildungsabstinente" Bereiche wie kleine und mittlere Unternehmen, Ältere, Personen mit Migrationshintergrund und Geringqualifizierte ein besonderes Problem dar (Bellmann u. Leber 2008). Dabei kann die Förderung der beruflichen Weiterbildung als Instrument der aktiven Arbeitsmarktpolitik dazu beitragen, die Weiterbildung in den Problembereichen gezielt zu fördern. Schließlich kann der Mangel an qualifizierten Arbeitskräften durch Nutzung des Potenzials bei Frauen und Älteren sowie durch Anwerbung von (hoch-)qualifizierten Arbeitskräften aus dem Ausland verringert werden.

„Die Situation von Älteren auf dem Arbeitsmarkt ist immer noch alles andere als rosig, hat sich aber in den letzten Jahren verbessert" (Arlt et al. 2009). Neben den konjunkturellen Effekten zeigt sich bei der Entwicklung der Arbeitslosigkeit und der Beschäftigung der Gruppe der 55- bis 59-Jährigen der Einfluss rentenpolitischer Entscheidungen wie die Angleichung des Rentenzugangsalters von Frauen und Männern oder Vorlaufeffekte der „Rente mit 67". Die Verkürzung der Bezugsdauer des Arbeitslosengeldes I für Ältere mit dem 2005 eingeführten Grundsicherungssystems war und ist für die Älteren schmerzhaft (Arlt et al. 2009). Auch ist es seit Anfang 2008 über 57-Jährigen nicht mehr möglich, Arbeitslosengeld zu beziehen ohne zur Arbeitssuche verpflichtet zu sein.

Zur Erhaltung der Arbeitsfähigkeit älterer Arbeitnehmer müssen sich aber auch mehr Betriebe in wichtigen personalpolitischen Bereichen engagieren. Die Ergebnisse des IAB-Betriebspanels liefern dazu auf repräsentativer Basis aktuelle Informationen, die auch mit früheren Angaben vergleichbar sind. Das IAB-Betriebspanel wird seit 1993 in Westdeutschland und seit 1996 auch in Ostdeutschland jährlich erhoben. Mittlerweile werden fast 16.000 Betriebe durch Interviewer von TNS Infratest Sozialforschung in persönlichen Interviews zu Fragen der Beschäftigung, betrieblichen Aus- und Weiterbildung, Geschäftsentwicklung, betrieblichen Investitions- und Innovationstätigkeit sowie zu organisatorischen Änderungen, um nur einige Beispiele zu nennen, befragt. Es werden Betriebe mit mindestens einem sozialversicherungspflichtig Beschäftigten berücksichtigt.

In den Befragungen der Jahre 2002 und 2004 wurde beispielsweise festgestellt, dass nur knapp ein Fünftel der Betriebe Maßnahmen der Gesundheitsprävention jenseits der gesetzlichen Mindestnormen praktiziert – wobei auch noch Krankenstandsanalysen und Mitarbeitergespräche im Vordergrund stehen. Der Anteil der Betriebe, der sich an Weiterbildungskosten beteiligt oder die ihre Mitarbeiter für die Teilnahme an Weiterbildungsmaßnahmen freigestellt haben, ist laut IAB-Betriebspanel (jeweils auf das 1. Halbjahr bezogen) zwischen 1997 und 2005 von 37 auf 43 % gestiegen. Allerdings hat der Anteil der geförderten Personen nur bis 2003 zugenommen und stagnierte dann 2005 bei 22 % aller Beschäftigten. Die Panel-Ergebnisse zeigen auch, dass Beschäftigte mit geringerem beruflichem Status weit unterdurchschnittlich am betrieblichen Weiterbildungsangebot partizipieren (Bellmann u. Leber 2008).

Eigentlich müsste mit der Alterung der Erwerbsbevölkerung die berufliche Weiterbildung an Bedeutung gewinnen. Die Erstausbildung allein wird den Herausforderungen der modernen Arbeitswelt in aller Regel nicht mehr gerecht – insbesondere, wenn Ältere immer länger erwerbstätig sein sollen. Bei einer längeren Erwerbstätigkeit steigt aber auch die Rendite von Humankapitalinvestitionen für Betriebe und Beschäftigte, da der Amortisationszeitraum länger wird. Ähnliches lässt sich über die Betriebliche Gesundheitsförderung sagen.

Insofern ist es besonders problematisch, dass die sowieso geringe Verbreitung von personalpolitischen Maßnahmen für ältere Beschäftigte (Bellmann et al. 2007) sogar leicht abgenommen hat: Der Anteil der Betriebe mit Maßnahmen für Ältere an allen Betrieben mit über 50-jährigen Beschäftigten ist zwischen 2002 und 2006 von 19 % auf 17 % zurückgegangen (◘ Abb. 8.1). Dabei ist zu beachten, dass die meistgenannten Maßnahmen auch noch Altersteilzeitregelungen sind, die in der Regel eher das frühere Ausscheiden denn das längere Arbeiten Älterer unterstützen. Erschwerend kommt hinzu, dass nur wenige Betriebe Ältere in Weiterbildungsmaßnahmen einbeziehen oder spezifische Weiterbildungsmaßnahmen für Ältere fördern – und ihr Anteil sogar leicht gesunken ist.

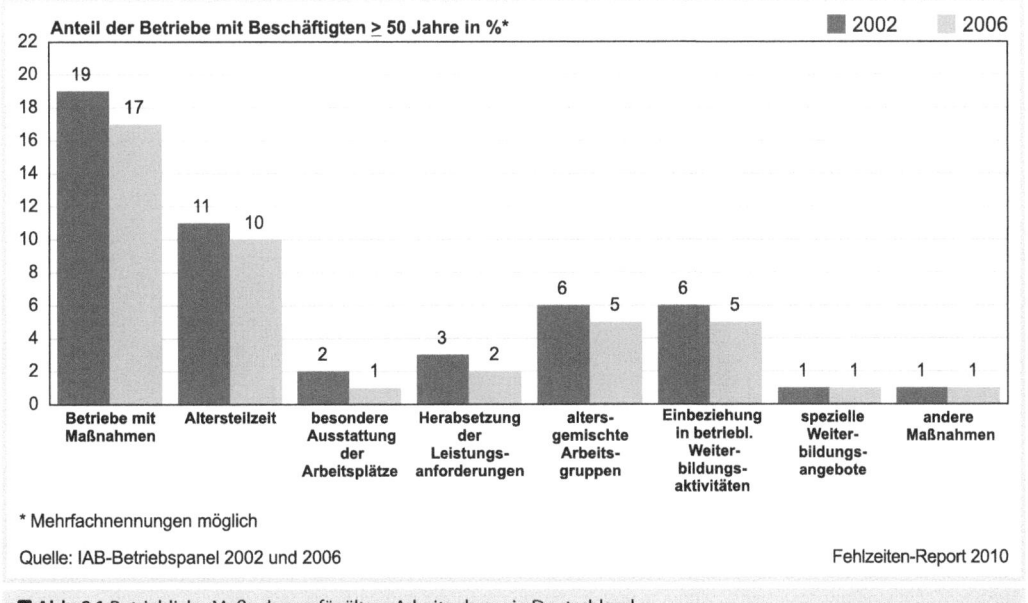

Abb. 8.1 Betriebliche Maßnahmen für ältere Arbeitnehmer in Deutschland

Eine weitere Strategie, einem künftigen Fachkräftebedarf zu begegnen, ist die stärkere Einbindung von Frauen auf dem Arbeitsmarkt. Angesichts ihrer Zugewinne auf allen Ebenen des Bildungs- und Ausbildungssystems bilden sie eine immer bedeutendere Gruppe des qualifizierten Erwerbspersonenpotenzials. In Bezug auf die Erhöhung der Erwerbsquoten gibt es allerdings bei (hoch-)qualifizierten Frauen kaum noch Spielräume. Der genauere Blick auf die Arbeitsmarktsituation von Frauen zeigt jedoch, dass im Hinblick auf das Arbeitsvolumen noch erhebliche Potenziale vorhanden sind. 2004 besetzten Frauen nur ein gutes Drittel der Vollzeitarbeitsplätze, aber drei Viertel aller Teilzeitstellen und konnten so lediglich 41 % zum Arbeitsvolumen beitragen, obwohl 49 % aller Beschäftigten weiblich waren. Insbesondere die familiäre Einbindung versperrt vielen Frauen den Weg in Vollzeitarbeit. So öffnet sich die Lücke zwischen Beschäftigten- und Arbeitsvolumenanteilen von Frauen besonders stark im Alter von Anfang bis Mitte 30 also in der Phase der Familiengründung (vgl. Wanger 2005). Es ist daher notwendig, die Vereinbarkeit von Beruf und Familie zu verbessern. Nicht nur der Staat, sondern auch die Betriebe sollten dabei stärker als bisher in Pflicht genommen werden, um Frauen eine kontinuierliche Vollzeitbeschäftigung zu ermöglichen. In nur 14 % aller Betriebe mit mehr als zehn Beschäftigten gibt es betriebliche, tarifliche oder freiwillige Vereinbarungen für eine familienfreundliche Arbeitsplatzgestaltung. Insbesondere Programme, die über die Möglichkeit von Teilzeiterwerbstätigkeit hinausgehen, wie etwa die Bereitstellung von Kinderbetreuung, werden vergleichsweise selten angeboten (Allmendinger et al. 2006).

8.4 Arbeitslosigkeit

Dem Aufschwung um die Jahrtausendwende folgte ein Anstieg der Arbeitslosigkeit, die im Jahre 2003 einen Höhepunkt erreichte, bevor Anfang 2005 die Hartz-IV-Reform die Zusammenlegung von Arbeitslosen- und Sozialhilfe zum Arbeitslosengeld II dazu führte, dass die 5-Millionen-Marke überschritten wurde. Die Einführung des Arbeitslosengeldes II veranlasste viele zuvor verdeckt Arbeitslose, sich nun bei den Agenturen für Arbeit registrieren und ihren Anspruch auf Grundsicherung überprüfen zu lassen. Der bereits im Jahr 2006 einsetzende Aufschwung führte zu einem Rückgang der Arbeitslosigkeit bis auf 3,27 Mio. im Durchschnitt des Jahres 2008. Im Übrigen trug auch die Expansion der atypischen Beschäftigung dazu bei, dass die Zahl der Erwerbstätigen zwischen 2003 und 2005 sich weit weniger veränderte (Bach et al. 2009).

Der Anteil der Langzeitarbeitslosenquote spiegelt dabei in besonderer Weise die unzureichende Integration in das Erwerbsleben wider. Konle-Seidl und Eichhorst (2008) weisen darauf hin, dass die Erwerbsunfähigkeit aufgrund von Krankheit und Invalidität ebenfalls zu

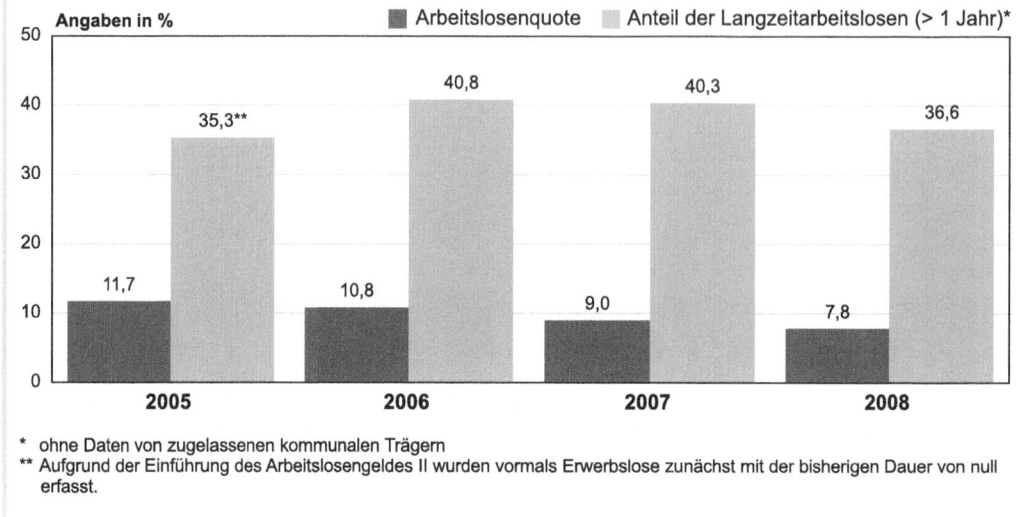

Abb. 8.2 Entwicklung der Arbeitslosenquote und des Anteils der Langzeitarbeitslosen 2005–2008

sozialer Exklusion führen kann. Im internationalen Vergleich ist in Deutschland die Langzeitarbeitslosigkeit vergleichbar hoch, während die Erwerbsunfähigkeit besonders niedrig ist. In ◘ Abb. 8.2 ist nicht nur die Entwicklung der Arbeitslosenquote sondern auch der Anteil der Langzeitarbeitslosen an allen Arbeitslosen für den Zeitraum seit 2005, also seit der Einführung des Arbeitslosengeldes II, dargestellt. Seit 2005 ist zunächst die Arbeitslosenquote deutlich von 11,7 % auf 7,8 % gesunken. Absolut betrachtet ist die Zahl der Arbeitslosen von 4,86 Mio. (2005) auf 3,27 Mio. 2008 zurückgegangen, also in diesem Zeitraum von 3 Jahren um fast 33 %.

Der Rückgang der Langzeitarbeitslosigkeit ist als wichtiger Indikator für die Überwindung struktureller Verfestigungen am Arbeitsmarkt zu interpretieren. Der Übergang aus einer Phase der Erwerbslosigkeit und des Transferbezugs in ein bezahltes Beschäftigungsverhältnis verbessert die Chancen einer dauerhaften Integration. „Wichtiger als bestimmte Anteile an Erwerbslosen oder relativ Armen zu einem bestimmten Zeitpunkt zu vergleichen, ist folglich die Dynamik von Armut und Erwerbslosigkeit auf individueller Ebene zu betrachten." (Konle-Seidl u. Eichhorst 2008, S. 11) Die Autoren heben folgende individuelle Charakteristika und erwerbsbiografische Risikofaktoren für die dauerhafte Erwerbslosigkeit hervor:
- mangelnde schulische Bildung und beruflich nutzbare Qualifikation

- längere Phasen der „prekären" Beschäftigung
- Entwertung früher erworbener Fähigkeiten und Fertigkeiten durch längere Erwerbslosigkeit
- gesundheitliche Einschränkungen und Behinderungen
- familiäre Verpflichtungen, die eine existenzsichernde Erwerbstätigkeit erschweren, etwa bei alleinerziehenden Müttern und der Pflege von betreuungsbedürftigen Angehörigen

Dabei handelt es sich um einen sich kumulativ verstärkenden Prozess, wenn – wie erläutert – Arbeitslosigkeit selber zu einer Verfestigung beiträgt. Insofern ist auf die Vielzahl von Studien hinzuweisen, die den Zusammenhang von Arbeitslosigkeit und
- dem Auftreten von Depressionen,
- reduzierter Lebenserwartung,
- dem späteren Auftreten von Herzinfarkten,
- der Neigung zum Unglücklichsein und
- zu kriminellem Verhalten

nachgewiesen haben. Bell und Blanchflower (2009) geben einen guten Überblick über die themenbezogenen wissenschaftlichen Arbeiten.

8.5 Schlussfolgerungen

Im Zusammenhang mit dem Wandel der Erwerbsgesellschaft sind verschiedene Trends zu beobachten, die Auswirkungen auf die Besetzung von offenen Stellen und die Entwicklung der Arbeitslosigkeit haben. Diese Trends, Fragen des Fachkräftebedarfs der Wirtschaft und die Arbeitslosigkeit sind die behandelten Themen dieses Beitrags.

Vier zentrale Entwicklungen bestimmen den Wandel der Erwerbsgesellschaft, der sich vor dem Hintergrund der zunehmenden Globalisierung und der demografischen Herausforderungen vollzieht, wobei beim demografischen Wandel Entwicklungen in industrialisierten Ländern Europas aufgrund unterschiedlicher Geburtenziffern unterschiedlich verlaufen werden: Erstens nimmt die Bedeutung des Dienstleistungsbereich bzw. der Wissenswirtschaft zu Lasten des Verarbeitenden Gewerbes nicht nur bei den Anteilen an der Wertschöpfung, sondern auch an der Beschäftigung zu. Zweitens kommt es zu einem Anstieg der Erwerbstätigkeit von Personen, die über eine abgeschlossene Berufsausbildung und/oder einen Hochschulabschluss verfügen, wobei allerdings zu beachten ist, ob dadurch dann auch qualifizierte Tätigkeiten ausgeübt werden. Drittens haben sogenannte atypische Beschäftigungsverhältnisse, bei denen mindestens eines der Merkmale der Teilzeitbeschäftigung (mit weniger als der Hälfte der üblichen Vollzeitwochenstunden), Befristung, Leih- bzw. Zeitarbeit und Geringfügigkeit (sogenannte Minijobs) zutrifft, deutlich zugenommen. Zu den möglichen Folgen atypischer Beschäftigungsverhältnisse gehört auch die Gefährdung der Beschäftigungsfähigkeit. Als vierter Trend kommen die Alterung und die Schrumpfung des Erwerbspersonenpotenzials hinzu.

Damit rückt die Frage nach der Deckung des branchenspezifischen und gesamtwirtschaftlichen Fachkräftebedarfs zunehmend in den Vordergrund der aktuellen wirtschafts- und arbeitsmarktpolitischen Diskussion in Deutschland. Zusätzlich verbessern sich die beruflichen Perspektiven der Akademiker – auch wegen des Ausscheidens der geburtenstarken Jahrgänge aus dem Erwerbsleben in 10 bis 20 Jahren und der sogenannten Bildungsstagnation.

Um den Mangel an (hoch-)qualifizierten Arbeitskräften zu begegnen, sind neben höheren Absolventenzahlen und der Verbesserung der Qualität und der Durchlässigkeit des Bildungs- und Ausbildungssystems, Verbesserungen bei der betrieblichen Aus- und Weiterbildung erforderlich. Hinzu müssen die stärkere Nutzung des Potenzials bei Frauen und Älteren sowie die Anwerbung von (hoch-)qualifizierten Arbeitskräften aus dem Ausland kommen.

Was die Förderung der Erwerbstätigkeit Älterer angeht, ist an sozialpolitische Entscheidungen ebenso zu denken wie an die Gesundheitsprävention und die Einbeziehung Älterer in Weiterbildungsmaßnahmen, um nur einige der personalpolitischen Bereiche zu nennen. Aktuelle Daten zeigen aber, dass die Betriebe bislang noch zu wenig auf die Älteren setzen, um den demografischen Herausforderungen zu begegnen. Auch für die atypisch Beschäftigten gilt, dass ihre Beteiligung an Maßnahmen der betrieblichen Weiterbildung unterproportional ist, da in der Regel die Bindung an den Betrieb und die erwartete Dauer der Beschäftigung kürzer als bei regulär Beschäftigten ist.

Die Entwicklung der Arbeitslosigkeit seit der Hartz-IV-Reform 2005, als Arbeitslosen- und Sozialhilfe zum Arbeitslosengeld II zusammengelegt wurden, ist durch einen deutlichen Rückgang gekennzeichnet – auch bedingt durch die bereits im Jahr 2006 einsetzende konjunkturelle Erholung. Die Langzeitarbeitslosigkeit, die als Indikator für strukturelle Verfestigungen am Arbeitsmarkt zu interpretieren ist, sank ebenfalls im Zuge des Aufschwungs. Damit konnte ein wichtiger Beitrag zur Begrenzung solch unterschiedlicher, aber sozial schädlicher Begleiterscheinungen der Arbeitslosigkeit, wie dem Auftreten von Depressionen, Herzerkrankungen und kriminellem Verhalten geleistet werden. Zwar trifft die aktuelle Finanz- und Wirtschaftskrise in besonderer Weise die wettbewerbsstarken Global Player unter den Betrieben, die einen hohen Anteil von Beschäftigten mit abgeschlossener Berufsausbildung und/oder Hochschulstudium aufweisen, aber für die Gruppe der Un- und Angelernten sind größere Beschäftigungsverluste feststellbar.

Literatur

Allmendinger J, Kohaut S, Möller J (2006) Förderung der Chancengleichheit – Ganz schön schwierig. IAB Forum 1/2006:64–69

Arlt A, Dietz M, Walwei U (2009) Besserung für Ältere am Arbeitsmarkt: Nicht alles ist Konjunktur. IAB Kurzbericht 16

Bach HU, Hummel M, Klinger S et al (2009) Arbeitsmarkt-Projektion 2010: Die Krise wird deutliche Spuren hinterlassen. IAB Kurzbericht 20

Bell DNF, Blanchflower DG (2009) What Should Be Done About Rising Unemployment in the OECD? IZA DP 4455

Bellmann L, Fischer G, Hohendanner C (2009) Betriebliche Dynamik und Flexibilität auf dem deutschen Arbeitsmarkt. In: Möller J, Walwei U (Hrsg) Handbuch Arbeitsmarkt. WBV, Bielefeld, S 359–404

Bellmann L, Kistler E, Wahse J (2007) Betriebe müssen sich auf alternde Belegschaften einstellen. IAB Kurzbericht 21

Bellmann L, Kühl A (2008) Expansion der Leiharbeit. Edition Hans-Böckler-Stiftung, Düsseldorf

Bellmann L, Leber U (2008) Weiterbildung für Ältere in KMU. Sozialer Fortschritt 57:43–48

Bellmann L, Stegmaier J (2007) Perspektiven der Erwerbsarbeit: Einfache Arbeit in Deutschland. Friedrich-Ebert-Stiftung WISO-Diskurs, Bonn

Fuchs J (2006) Rente mit 67 – Neue Herausforderungen für die Beschäftigungspolitik. IAB Kurzbericht 16

Fuchs J, Dörfler G (2005) Projektion des Arbeitsangebots bis 2050 – Demografische Effekte sind nicht mehr zu bremsen – IAB Kurzbericht 11

Fuchs J, Söhnlein D (2006) Einflussfaktoren auf das Erwerbspersonenpotenzial: Demografie und Erwerbsverhalten in Ost- und Westdeutschland. IAB Discussion Paper 12

Konle-Seidl R, Eichhorst W (2008) Erwerbslosigkeit, Aktivierung und soziale Ausgrenzung: Deutschland im internationalen Vergleich Friedrich-Ebert-Stiftung. WISO-Diskurs, Bonn

Lang C (2009) Erwerbsformen im Wandel. Wirtschaft im Wandel 15:165–171

Mückenberger U (1985) Die Krise des Normalarbeitsverhältnisses. Mitteilungsblatt der Zentralen wissenschaftlichen Einrichtung „Arbeit und Betrieb" 11/12

Reinberg A, Hummel M (2003) Bildungspolitik: Steuert Deutschland langfristig auf einen Fachkräftemangel zu? IAB Kurzbericht 9

Statistisches Bundesamt (2009) Statistisches Jahrbuch 2008. Wiesbaden

Wanger S (2005) Frauen am Arbeitsmarkt: Beschäftigungsgewinne sind nur die halbe Wahrheit. IAB Kurzbericht 22

Kapitel 9

Der DiversityCultureIndex™: Kernstück eines ganzheitlichen Diversity-Controllings

C. WATRINET

Zusammenfassung. *Unternehmer und Führungskräfte sind grundsätzlich von einem Zusammenhang zwischen der Integration und dem Leistungsgrad ihrer Beschäftigten überzeugt. Durch die zunehmende Heterogenität der Belegschaften wird der Wunsch nach Ansätzen verstärkt, die eine Einbeziehung der vielfältigen Fähigkeiten und Kompetenzen der Beschäftigten unterstützen. So konnte sich die Idee des Diversity Managements in den letzten Jahren kontinuierlich verbreiten. Wie Untersuchungen zeigen, basiert die Implementierung eines Diversity Managements häufig noch auf mimetischen Prozessen und (Glaubens-)Bekenntnissen, nicht aber auf fundierten (Kosten-Nutzen-)Analysen, selten wird ein Diversity-Controlling eingesetzt. Für die langfristige an den betriebswirtschaftlichen Zielen orientierte Umsetzung eines Diversity Managements ist der Einsatz von Kennzahlen erforderlich, die zum einen die Bestimmung der wirklich relevanten Diversity und zum anderen eine Evaluation des Umsetzungserfolges eines Diversity Managements ermöglichen. Der Einsatz eines derartigen Kennzahlensystems, des DiversityCultureIndex™, wird anhand konkreter Beispiele in dem vorliegenden Beitrag dargestellt.*

9.1 Vom Bauchgefühl zur ökonomischen Plausibilität

Unternehmen in Deutschland sehen sich aufgrund der bekannten tiefgreifenden Veränderungen der gesellschaftlichen und wirtschaftlichen Rahmenbedingungen gefordert, die Bindung und Motivation insbesondere ihrer hochqualifizierten Beschäftigten langfristig sicherzustellen. Um allein den Personalbedarf, der durch altersbedingtes Ausscheiden in den kommenden 15 Jahren entsteht, auszugleichen, gilt es alle Potenziale des Arbeitsmarktes auszuschöpfen: Arbeitnehmer mit Migrationshintergrund, untypischen Biografien und vielfältigen individuellen Unterschieden (Alter, Geschlecht, Gender, Bildung, Werte etc.) müssen in die Unternehmen sowie die Prozesse integriert werden. Vor diesem Hintergrund gewinnen Konzepte zur Steigerung der Arbeitgeberattraktivität, zur Implementierung eines gelungenen Retention Managements[1], zur Entwicklung eines wirkungsvollen Talent Managements[2] und zur Gestaltung vielfaltsgerechter, insbesondere altersgerechter Arbeitssysteme an Bedeutung.

Als Lösungsvorschlag für diese Aufgaben wird seit einigen Jahren das Diversity Management diskutiert,

---

[1] Unter Retention Management wird das Zusammenspiel der personalpolitischen Maßnahmen verstanden, die auf die Bindung der Beschäftigten an das Unternehmen abzielen. Bindung wird dabei nach dem Motto verstanden „Frei zu gehen, aber glücklich zu bleiben"(Thom 2002).

[2] Ein Talent Management umfasst die personalpolitischen Maßnahmen, die zur langfristigen Sicherstellung der Besetzung von Schlüsselpositionen ergriffen werden.

welches die Wertschätzung und Nutzung der Vielfalt der Mitarbeiter als Wettbewerbsvorteil propagiert. Analog zu verfügbaren Technologien und Rohstoffen wird unter Diversity eine Ressource verstanden, die den Führungskräften zur Erzielung von Effektivitätsvorteilen zur Verfügung steht (Fine 1995).

Mit dem Begriff des Diversity Managements ist ein amerikanischer Management-Ansatz gemeint, welcher von der ökonomischen Vorteilhaftigkeit der individuellen Heterogenität ausgeht, wenn sie im Sinne der Unternehmensziele eingesetzt und genutzt wird. Schnell wird offensichtlich, dass ein derartiges Konzept nicht nur die Neuausrichtung der klassischen Bereiche des Personalmanagements inklusive des betrieblichen Gesundheitsmanagements umfasst, sondern dass hierfür gleichsam als Fundament eine Unternehmenskultur notwendig wird, in der Vielfalt als ein Wert an sich geschätzt wird (Thomas u. Ely 1996). Diversity Management wird so zu einem kulturmodifizierenden, kompetenzorientierten Managementansatz, der die Bedeutung der Kultur für organisatorische Veränderungen und strategische Neuorientierungen explizit berücksichtigt (Watrinet 2007).

Es ist allerdings nahezu unmöglich, Diversity- oder vielfaltsgerechte Unternehmenskulturen zu „machen", sondern sie sind nur in langsamen Prozessen zu „kultivieren" (Wunderer 2001, S. 168); denn die Erfolgsaussichten einer gewaltsamen Kulturöffnung sind gering. Conrad und Sydow gehen davon aus, dass sich die Diskussion über die Möglichkeit oder Unmöglichkeit einer gezielten Gestaltung der Unternehmenskultur in „der Formel eines kulturbewussten Managements auflösen wird" (Conrad u. Sydow 1991, S. 95). Voraussetzung für ein kulturbewusstes Management sind die entsprechende Sensibilisierung und Überzeugung von Führungskräften. In der Regel konzentrieren sich Führungskräfte auf die Erreichung von Quartalszahlen, ökonomischen Kennzahlen und die für ihre Kostenstelle definierten messbaren Ziele. Daher reichen soziomoralische Appelle und interne Marketingstrategien allein nicht aus, um den Boden für ein Diversity Management zu ebnen. Der Kosten-Nutzen-Aspekt muss in der Praxis transparent sein. Das reine Erfassen von Personalkennzahlen und organisationsdemografischen Daten ist nicht ausreichend, um die wirklichen Bedarfe an Diversity Management und entsprechenden Maßnahmen zu bestimmen. Es sind Instrumente erforderlich, die erfassen können, wie viel Vielfalt von Seiten der Mitarbeiter wahrgenommen wird und wie groß die empfundene soziale und personale Identität oder Dissonanz ist, die indirekt auf den Unternehmenserfolg wirkt. Auf diese Art und Weise kann das Bauchgefühl hinsichtlich der Sinnhaftigkeit eines Diversity Managements mit überprüfbaren Zahlen bestätigt werden. Dies leistet der hier vorgestellte DiversityCultureIndex™.

Grundlage für den hier vorgestellten DiversityCultureIndex™ ist die allgemein akzeptierte Beziehung zwischen der Unternehmenskultur und Leistungsmotivation der Beschäftigten. Schein (1985) geht davon aus, dass nicht alle Aspekte der Unternehmenskultur für die Effizienz relevant sind. Von Bedeutung für den Erfolg sind insbesondere die Belange, die sich auf die Integration, Wertschätzung und Motivation der individuellen Kompetenzen der Mitarbeiter beziehen, was unter einer Diversity-gerechten Unternehmenskultur subsumiert werden kann.

Um eine entsprechende Evaluation der Prozesse von der ersten Absichtserklärung bis zur Umsetzung eines Diversity Managements im unternehmerischen Alltag zu ermöglichen, muss das jeweilige Maßnahmenpaket mit den strategischen Zielen des Unternehmens abgestimmt sein. Deshalb gilt es, bei der Entwicklung eines Diversity Managements klassische Strukturen vorliegender Managementkonzepte zu berücksichtigen. Im Folgenden wird exemplarisch aufgezeigt, welcher Nutzen aus einer derartigen Vorgehensweise hervorgeht und wie die Interpretation der Indexwerte zur Modifizierung sowie Optimierung eines Diversity Managements genutzt werden kann.

9.2 Gestaltungsfaktoren und Indikatoren einer Diversity-gerechten Unternehmenskultur

9.2.1 Integratives Gesamtkonzept für ein Diversity Management

Als Basis für die Entwicklung der einzelnen Indikatoren des DiversityCultureIndex™ konnten in verschiedenen Unternehmen die folgenden Gestaltungsfaktoren für eine Diversity-gerechte Unternehmenskultur identifiziert und empirisch – sowohl quantitativ als auch qualitativ – bestätigt werden[3]:
— das Unternehmensleitbild
— das Führungsverhalten
— der grundsätzliche Umgang mit Vielfalt
— die Ausprägung eines Diversity-Klimas

---

[3] Der Index wurde in Unternehmen aus den Branchen Handel und Dienstleitungen, Automotive, Konsumgüter und Versicherungen mit Stichprobengrößen 400<N<800 mit einem Strukturgleichungsmodell und den Gütemaßen GFI, AGFI, RMSEA, TLI und CFI überprüft (vgl. auch Watrinet 2007).

Der DiversityCultureIndex™: Kernstück eines ganzheitlichen Diversity-Controllings

Bezüglich des Diversity-Klimas werden zwei relevante Komponenten unterschieden: ein Personen-orientierter Aspekt, der auf die Integration in Abhängigkeit von individuellen Diversity-Merkmalen hinweist, und ein organisationsspezifischer Aspekt, der die individuelle Integration in Abhängigkeit organisationaler Merkmale aufzeigt. Somit ergeben sich fünf Gestaltungsfaktoren, die jeweils auf der normativen, der strategischen und der operativen Managementebene gestaltet, umgesetzt und nachfolgend evaluiert werden müssen. Inhaltlich sind diese Gestaltungsfaktoren sowohl in horizontaler als auch in vertikaler Richtung zu verknüpfen und abzustimmen. Für alle Gestaltungselemente muss eine klare Zielvorstellung auf normativer Ebene beschrieben werden. Diese Absichtserklärungen gilt es dann auf der strategischen Ebene in konkrete Programme zu transformieren, die praktikabel im operativen Arbeitsalltag eingesetzt werden können. Die Wirkung wird auf der operativen Ebene mit dem DiversityCultureIndex™ quantitativ erfasst. In ◘ Abb. 9.1 wird dies in Form einer Gestaltungsmatrix visualisiert. Die einzelnen Elemente werden im Folgenden kurz skizziert. Im Anschluss daran wird das gesamte Evaluationskonzept in ▶ Abschn. 9.3 beschrieben.

9.2.2 Leitbilder für ein Diversity-Bewusstsein

Das schriftliche Unternehmensleitbild beschreibt eine wertorientierte Zukunftsvorstellung von der Unternehmung und bildet die explizite Grundlage für ein Kulturmanagement.

Ein Diversity-gerechtes Unternehmensleitbild beinhaltet ein klares Bekenntnis zum Diversitätsgrundsatz. Die gegenseitige Anerkennung der Menschen innerhalb und außerhalb des Unternehmens als Wesen gleicher Würde unabhängig von individuellen Eigenschaften und Merkmalen ist eine notwendige Grundlage für ein tatsächliches Diversity Management. Ein Leitbild muss darüber hinaus ständig fortgeschrieben werden, damit es „nicht von der soziokulturellen Entwicklung überrollt wird und seine richtungsweisende Funktion verliert" (Kippes 1993, S. 187). Derzeit wird eine Abkehr von Top-down-Strategien hin zu einer partizipativen Erarbeitung von Unternehmensleitbildern unter Einbeziehung der Mitarbeiter beobachtet. Nur unter Berücksichtigung der Wahrnehmungen der unterschiedlichen Beschäftigten(-gruppen) kann das Leitbild seine Identifikations-, Orientierungs- sowie organisationskulturelle Transformationsfunktion erfüllen. Diese Passung muss kontinuierlich qualitativ und quantitativ evaluiert werden.

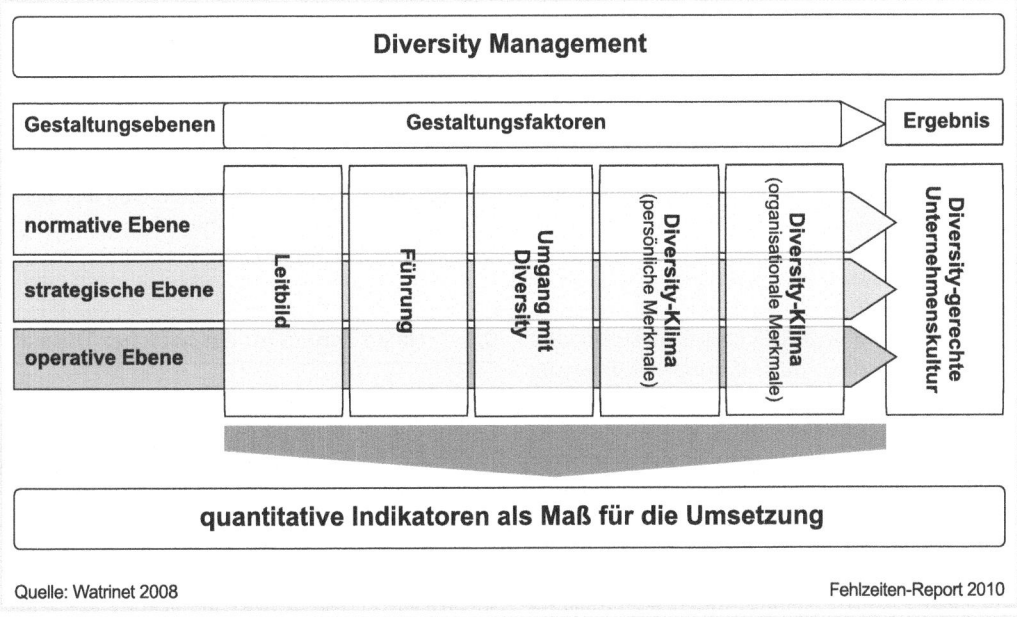

◘ Abb. 9.1 Integratives Gesamtkonzept für das Diversity Management

9.2.3 Wertschätzung von Vielfalt durch Führung

Unter Berücksichtigung der individuellen Vielfalt der Beschäftigten kann unter Führung ein „sozialer, interaktiver, zukunftsgerichteter Einflussprozess mit dem Ziel, über Einstellungs- und Verhaltensbeeinflussung einen kulturellen Raum zu gestalten und zu schützen, in dem die ergebnisorientierte Erfüllung gemeinsamer Aufgaben unter der Einbeziehung individueller Fähigkeiten möglich wird", verstanden werden (Watrinet 2007, S. 93).

Unternehmenskulturen zu vermitteln und lebendig werden zu lassen, gelingt nur, wenn Führungskräfte sich ihrer Vorbildfunktion bewusst sind und vereinbarte Werte konsequent vorleben: „Jedem Verhaltensakt kommt eine symbolische Bedeutung zu, die von den Mitarbeitern aufmerksam auf ihre Übereinstimmung mit in Leitlinien schriftlich deklarierten Grundsätzen hin überprüft wird" (Bleicher 1986, S. 186). Anzustreben ist daher aus der Diversity-Perspektive ein kooperativ-delegatives Konzept, welches den pluralistischen Wertvorstellungen der Mitarbeiter gerecht werden kann. Es ist unbedingt sinnvoll, das gelebte Führungsverhalten regelmäßig qualitativ zu evaluieren und die Wahrnehmung des Führungsverhaltens bei den Beschäftigten mit reliablen und validen Instrumenten quantitativ zu erfassen.

9.2.4 Umgang mit Vielfalt im Arbeitsalltag

Dieser Faktor bezieht sich zum einen auf die Wahrnehmung der Beschäftigten hinsichtlich des grundsätzlichen Umgangs mit der Vielfalt – dieser Aspekt kann quantitativ evaluiert werden – und zum anderen beschreibt er das grundsätzliche Verständnis von Vielfalt in einem Unternehmen. Damit ist die Ausprägung der Unternehmenskultur auf dem Kontinuum zwischen einer möglichen Resistenzperspektive und einer Lern- und Effektivitätsperspektive gemeint: Wird Vielfalt in einigen Bereichen negiert und als Bedrohung empfunden oder wird Vielfalt als Bereicherung für eine lernende Organisation angesehen? Wird eher einer Fairness- und Diskriminierungsperspektive oder einer Marktzutritts- und Legitimationsperspektive gefolgt? Welche Kostenargumente werden herangezogen, wird in erster Linie angestrebt, die Kosten für Fluktuation und Personalsuche und -auswahl zu reduzieren, werden die Chancen der Vielfalt vor allem in der Erschließung neuer Märkte gesehen und/oder wird in der Vielfalt vor allem eine Chance für Kreativität und Innovationen gesehen?

In der Realität werden unterschiedliche Kombinationen der einzelnen Kostenargumente und Verständnisansätze vorgefunden. Für eine zielkonforme Maßnahmendefinition und die Beschreibung des unternehmensspezifischen Business-Case für ein Diversity Management muss auch dieser Faktor zuverlässig mit teilstandardisierten Instrumenten qualitativ und quantitativ erfasst sein.

9.2.5 Komponenten eines Diversity-Klimas

Unter dem Diversity-Klima ist ein Teilaspekt des Organisationsklimas zu verstehen. Es kann als Abgleich der individuellen Wahrnehmung der organisationalen Gegebenheiten mit den individuellen Bedürfnissen und Ansprüchen verstanden werden. In dieses Begriffsverständnis fließen affektiv-evaluative Komponenten ein, so kann das Diversity-Klima in Anlehnung an Gebert (1991) auch als Diversity-Zufriedenheit bezeichnet werden.

Das Diversity-Klima ist
- typisch für eine Organisation oder Organisationseinheit,
- mehrdimensional,
- längerfristig stabil,
- kollektiv wahrnehmbar,
- mess- und gestaltbar.

Aus interaktionstheoretischer Perspektive entsteht das Diversity-Klima aufgrund von gegenseitigen, dynamischen Interaktionen zwischen Einflussfaktoren der Situation und individuellen, persönlichen Merkmalen wie Motivation oder Zugehörigkeitsdauer zum Unternehmen. Dieser Faktor kann ebenfalls mit dem nachfolgend beschriebenen Evaluationskonzept qualitativ und quantitativ erfasst werden.

9.3 Harte Zahlen für ein „weiches Thema"

9.3.1 Evaluationsprozess

In ihrer Gesamtheit stellen die im vorhergehenden Abschnitt beschriebenen Faktoren ein Maß für den Grad der Ausprägung einer Diversity-gerechten Unternehmenskultur dar. Sie zeigen das Ausmaß der Übereinstimmung zwischen einer auf normativer Ebene angestrebten Diversity-gerechten Unternehmenskultur und der tatsächlichen Umsetzung auf strategischer sowie operativer Ebene auf.

Um die Ausprägung der Gestaltungsfaktoren auf den verschiedenen Ebenen erheben und darüber hinaus den Handlungsbedarf sowie die Indikatoren ermitteln zu können, wurde ein umfangreiches Instrumentarium entwickelt. Mit diesem sogenannten Diversity-Culture-Kit, dessen Kernstück der DiversityCultureIndex™ bildet, ist u. a. die Durchführung von zielgerichteten Unternehmensstrukturanalysen, Dokumentenanalysen, Kultur- und Klimaaudits, halbstandardisierten Interviews und validen Mitarbeiterbefragungen möglich. Mit derartigen aufeinander abgestimmten Instrumenten kann neben einer Bedarfsanalyse, die Definition eines Soll-Zustandes und die Erhebung des Ist-Zustandes sowie eine Überprüfung der strategischen Stimmigkeit der Maßnahmen vorgenommen werden, ◘ Abb. 9.2 bietet einen Überblick. Die ermittelten Kennzahlen können zum einen in vorhandene Planungs- und Steuerungsinstrumente, beispielsweise eine Balanced Scorecard, oder in eine spezielle Diversity-Scorecard integriert werden.

Im Rahmen der Stimmigkeitsprüfung wird der DiversityCultureIndex™ als Maß für die erreichte Integration der Vielfalt und verschiedene Zusammenhangsmaße berechnet. Bei den einzelnen Indikatorwerten, aus denen sich der Gesamtindex zusammensetzt, handelt es sich um statistisch unabhängige Faktoren die im Rahmen von Facettenanalysen auf den Wahrnehmungen der Mitarbeiter beruhend ermittelt werden können. Aus den berechneten Werten lässt sich ein konkreter Handlungsbedarf für einzelne Gestaltungsfelder generieren.

Im Rahmen des vorliegenden Beitrags können im Folgenden nur Beispiele für den DiversityCultureIndex™ vorgestellt werden, nicht aber für das komplette Diversity-Culture-Kit (vgl. hierzu ausführlicher Watrinet 2009).

Die Auswahl der Beispiele bezieht sich auf die beiden Diversity-Gruppen, die derzeit am häufigsten in den Unternehmen thematisiert werden: älter werdende Beschäftigte und Frauen.

9.3.2 Betriebszugehörigkeit und Alter – keine zwangsläufigen Korrelationen

Den folgenden Ausführungen liegt die Datenmenge aus einer Stichprobe von 769 Beschäftigten eines Dienstleistungsunternehmens zugrunde. Die Befragten arbeiten ausschließlich in Büro- und Servicetätigkeiten. Die Altersverteilung wird in der ◘ Tab. 9.1 dargestellt.

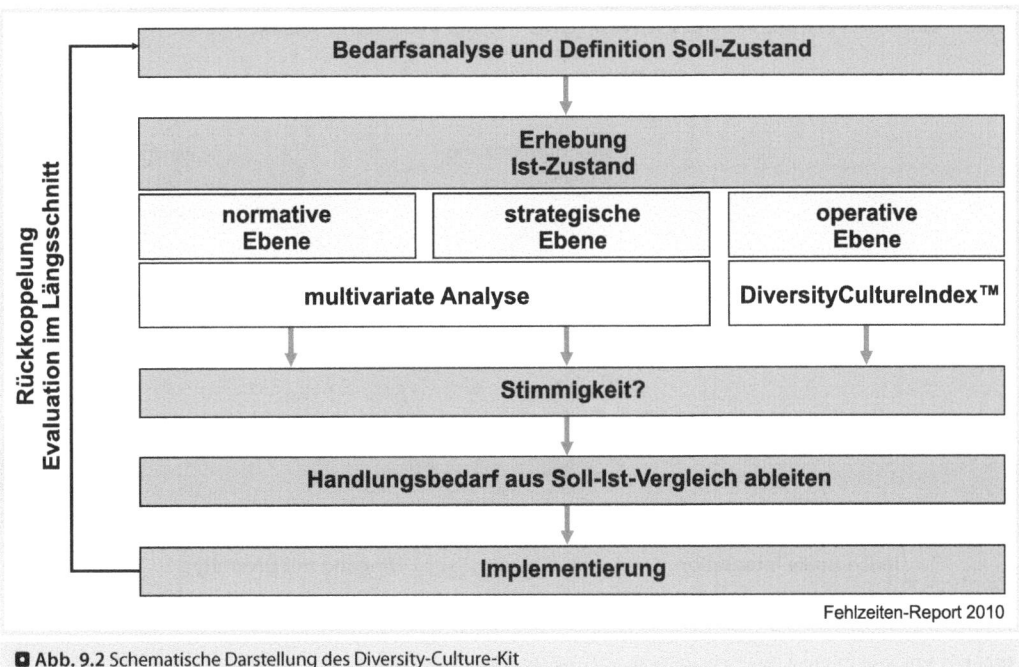

◘ Abb. 9.2 Schematische Darstellung des Diversity-Culture-Kit

Tab. 9.1 Altersverteilung der Stichprobe

	Anzahl Mitarbeiter in der jeweiligen Altersgruppe				
	< 31 Jahre	31–40 Jahre	41–50 Jahre	51–60 Jahre	Gesamt
Unabhängig von Betriebszugehörigkeit	68	247	318	136	769
Betriebszugehörigkeit > 10 Jahre	13	216	303	134	666

Fehlzeiten-Report 2010

■ Abb. 9.3 zeigt den DiversityCultureIndex™ für drei Beschäftigtengruppen in Abhängigkeit von der Dauer der Betriebszugehörigkeit in diesem Unternehmen. Die Indexwerte können maximal den Wert 5 annehmen, je höher die einzelnen Indikatorwerte sind, desto besser ist die Gesamtperformance für das Unternehmen, d. h. die integrative Funktion der Diversity-Kultur. Die Abbildung zeigt, dass die Beschäftigten unabhängig von der Dauer ihrer Betriebszugehörigkeit den grundsätzlichen Umgang mit der Diversity ähnlich gut beurteilen.

Es ist plausibel, dass die Beschäftigten mit einer Betriebszugehörigkeit von weniger als einem Jahr (hellgraue Linie) sich weder individuell noch organisational so gut in das Unternehmen integriert fühlen, wie die anderen beiden Gruppen. Interessant ist aber vor allem die unterschiedliche Wahrnehmung des Führungsverhaltens der drei Gruppen. Offensichtlich bringen die Führungskräfte den „neuen" Beschäftigten wesentlich mehr Aufmerksamkeit entgegen als den „alten" Mitarbeitern. Der Indexwert „wertschätzendes Führungsverhalten" beträgt für die Gruppe, die weniger als ein Jahr im Unternehmen ist, 4,27, für die Gruppe, die länger als ein Jahr, aber weniger als sechs Jahre im Unternehmen ist, 4,01 und für die Gruppe, die länger als zehn Jahre im Unternehmen ist, 3,76. Diese Unterschiede zwischen den Gruppen sind mit Skalenunterschieden von 0,28 bzw. 0,25 augenscheinlich nicht sehr groß, aber sie sind statistisch signifikant. Auf die Darstellung der Gruppe mit einer Betriebszugehörigkeit von fünf bis zehn Jahren wurde zugunsten einer besseren Übersichtlichkeit verzichtet. Grundsätzlich ist auch bei diesem Indexwert nachvollziehbar, dass Beschäftigte mit einer kürzeren Dauer der Betriebszugehörigkeit einen höheren Bedarf an Unterstützung durch die Führungskraft haben, als die Mitarbeiter, die bereits mehrere Jahre dabei sind. Allerdings besteht hier die Gefahr, dass die niedrigere Wahrnehmung der Wertschätzung durch die Führungskraft zu einer geringeren Leistungsmotivation und langfristig zu einer resignativen Arbeitszufriedenheit führt (Watrinet 2009).

In der Gruppe mit einer Betriebszugehörigkeit von mehr als zehn Jahren sind weitere Analysen notwendig. Diese Gruppe verfügt über eine hohe Intragruppenheterogenität hinsichtlich der persönlichen Merkmale (Alter, Geschlecht, Bildung etc.).

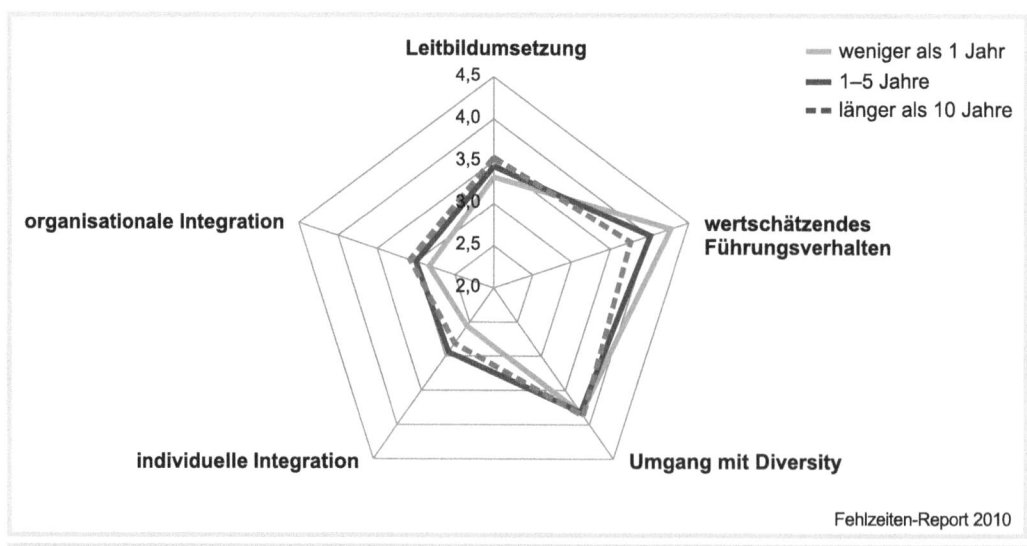

■ Abb. 9.3 DiversityCultureIndex™, Dauer der Betriebszugehörigkeit

Der Index „wertschätzendes Führungsverhalten" beruht auf verschiedenen Items, die sich beispielsweise darauf beziehen, inwieweit die Führungskraft in der Lage ist zu delegieren, die Beschäftigten individuell zu fördern, mit Kritik umzugehen, die Beschäftigten ihren individuellen Fähigkeiten entsprechend einzusetzen und welches Verständnis die Führungskraft von Hierarchie hat.

In ◘ Abb. 9.4 sind die Ergebnisse für vier der Items, die eindimensional auf diesen Faktor „wertschätzendes Führungsverhalten" laden, für die Gruppe mit einer Betriebszugehörigkeit von mehr als zehn Jahren dargestellt. Die Eindimensionalität, die im Strukturgleichungsmodell überprüft wurde, zeigt, dass mit diesen Items wirklich das „wertschätzende Führungsverhalten" erfasst wird. Insgesamt wird hier deutlich, dass sich die Beschäftigten mit zunehmendem Alter weniger wertgeschätzt fühlen. Dieses quantitative Ergebnis bestätigt die Ergebnisse einer vorausgegangenen qualitativen Analyse (hier nicht ausführlich dargestellt): Auf normativer Ebene sind die Weichen im Unternehmen für die Gestaltung einer Diversity-gerechten Unternehmenskultur gestellt, die Umsetzung auf der strategischen Ebene weist aber auf Optimierungspotenzial hinsichtlich der Wahrnehmung der älter werdenden Beschäftigten hin. Insbesondere die qualitative Analyse des Führungsverhaltens zeigt Tendenzen zu einem Defizitmodell des Alterns. Dieses Ergebnis wird insbesondere durch das Antwortverhalten auf das dritte Item „Mein/e Vorgesetzte/r und ich vereinbaren Ziele zu meiner persönlichen Weiterentwicklung" in der ◘ Abb. 9.4 gestützt. Weitere Analysen zeigen, dass in der Gruppe der 51- bis 60-Jährigen insbesondere die Beschäftigten mit einem höheren Bildungsabschluss sich nicht entsprechend ihren Fähigkeiten eingesetzt fühlen. Aufbauend auf weiteren Analysen müssen nun zielgerichtete Korrekturmaßnahmen ergriffen werden, um langfristig Kosten durch Demotivation bis hin zu Fehlzeiten zu vermeiden. In Fällen wie des hier beschriebenen Beispiels ist es sinnvoll, die Führungskräfte für die Kompetenzen älter werdender Beschäftigter und hinsichtlich eines altersgerechten Führungsverhaltens in Anlehnung an die Ergebnisse von Braedel-Kühner zu sensibilisieren und befähigen. Braedel-Kühner (2005) prägt mit ihren Untersuchungen maßgeblich den Begriff der altersgerechten Führung und stellt fest, dass älter werdende Beschäftigte das Verhalten ihrer Führungskraft stärker reflektieren als Jüngere. Sie wünschen sich häufig eine beratende Rolle und eine stärkere Beteiligung an der Entscheidungsfindung. Die Bewertung der Teamzielerreichung gewinnt mit zunehmendem Alter gegenüber der individuellen Leistungsbeurteilung an Bedeutung. Anerkennung und Wertschätzung der Persönlichkeit werden zu einem bedeutenden, wenn nicht dem wichtigsten Aspekt für die Leistungsmotivation. Für diese Zwecke sind im Diversity-Culture-Kit Workshop-Bausteine vorgesehen, die in vorhandene Trainingseinheiten für die Führungskräftequalifizie-

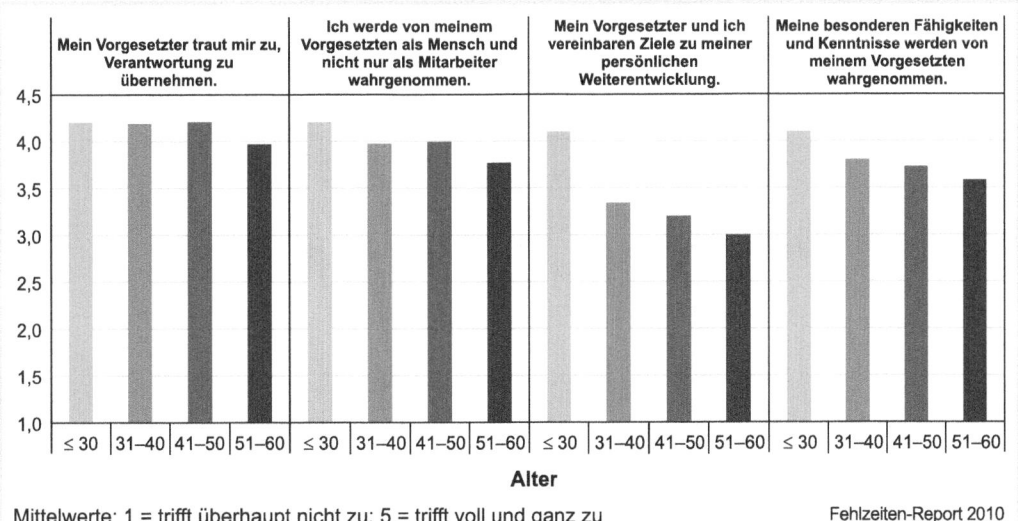

◘ Abb. 9.4 Wahrnehmung des Führungsverhaltens in der Gruppe der Beschäftigten mit einer Betriebszugehörigkeit von mehr als 10 Jahren

rung integriert werden können. Hinsichtlich der Bewältigung der Herausforderungen des demografischen Wandels besteht für viele Unternehmen erheblicher Handlungsbedarf. Viele Unternehmen versuchen, den sich abzeichnenden Fachkräftemangel durch eine explizite Förderung von Frauen zu begegnen. Deshalb wird im nächsten Abschnitt noch kurz auf diese Diversity-Gruppe eingegangen.

9.3.3 Geschlecht und Gender – Überlegenheit der sozialen Rolle

Grundlage für die folgenden Ausführungen sind die Daten einer Stichprobe aus einem Unternehmen der Konsumgüterindustrie (Produktionsstandort). Die Stichprobengröße ist in diesem Fall 378. Der Frauenanteil beträgt 30 %. Auch für dieses Unternehmen konnte die Gültigkeit des Indikatormodells statistisch gezeigt werden. Die Indexwerte können auch hier maximal den Wert 5 annehmen, je höher die einzelnen Indikatorwerte, desto besser ist die Gesamtperformance für das Unternehmen, d. h. die integrative Funktion der Diversity-Kultur. Vor der Überprüfung des quantitativen Konzeptes wurde in diesem Unternehmen ebenfalls eine umfangreiche qualitative Analyse durchgeführt. Ein Ziel dieses Unternehmens ist, gerade auch im Produktionsbereich, die Erhöhung des Frauenanteils in Führungspositionen. Und die Ausgangsfrage war, ob es offensichtliche Unterschiede in der Wahrnehmung der Diversity-Kultur zwischen männlichen und weiblichen Beschäftigten gibt.

◘ Abb. 9.5 zeigt, dass die Beschäftigten unabhängig vom Geschlecht alle Gestaltungsfaktoren der Diversity-Gerechtigkeit der Unternehmenskultur ähnlich gut beurteilen. Zwischen den Geschlechtern gibt es nur geringfügige, keinesfalls signifikante Unterschiede. Männer und Frauen fühlen sich im Unternehmen gleichermaßen respektiert.

Im Rahmen des Kultur-Audits konnte für dieses Unternehmen festgestellt werden, dass das Merkmal Geschlecht als rein individuelles Merkmal beurteilt wird und nicht mit organisationalen Merkmalen wie hierarchische Zugehörigkeit oder Funktion in Verbindung steht. Insgesamt kann für diesen Produktionsstandort nicht von einer am homogenen Ideal und/oder männlichen Lebenswelten orientierten Unternehmenskultur, sondern durchaus von einer von den Prinzipien des Diversity Managements geleiteten Kultur ausgegangen werden. In weiteren Analyseschritten wurde deutlich, dass für viele der Beschäftigten, unabhängig vom Geschlecht, die Vereinbarkeit von beruflichem und privatem Leben als schwierig eingestuft wird. Dies kann auch anhand des Indexes aufgezeigt werden, wenn man die Indexwerte für Menschen mit und ohne familiäre Verpflichtungen aufzeigt (◘ Abb. 9.6). Gut 37 % der Beschäftigten haben keine Kinder im Haushalt zu versorgen und knapp 58 % haben Kinder, die im Haushalt zu versorgen sind. Die niedrigeren Ausprägungen der individuellen und organisationalen Integration weisen

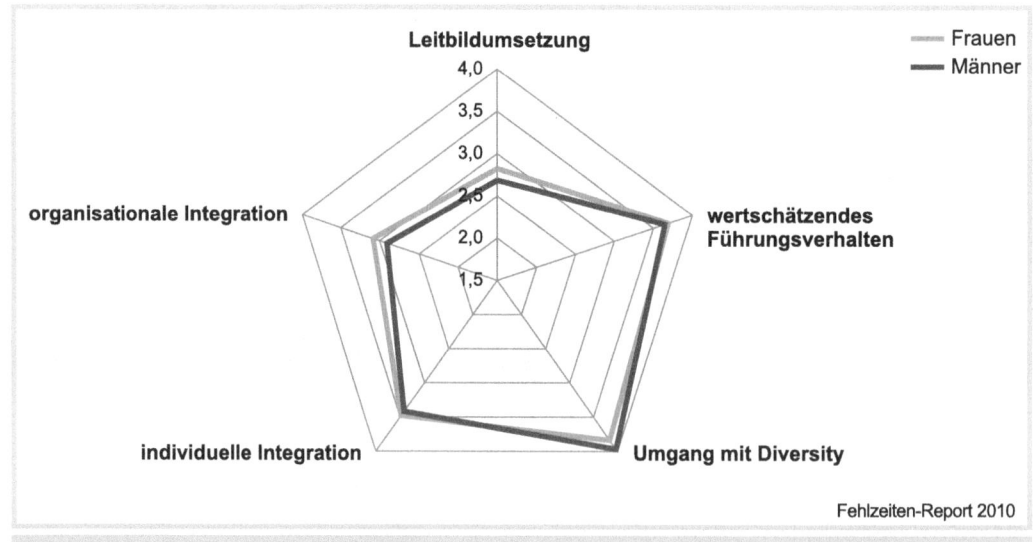

◘ **Abb. 9.5** DiversityCultureIndex™x, Geschlecht

darauf hin, dass die Menschen mit familiären Pflichten sich weniger gut eingebunden fühlen. Die motivationalen Grundstrukturen dieser beiden Gruppen sind sicherlich verschieden, die Bedeutung der Arbeit im Leben an sich hat für Familienmenschen eine andere als für Menschen ohne familiäre Verpflichtungen. Dennoch konnte bei der Interpretation der sich hinter den Indexwerten stehenden Regressionsgewichte in Verbindung mit weiteren qualitativen Analyseschritten aufgezeigt werden, dass insbesondere kurzfristige Änderungen der Arbeitszeit, bedingt durch Schwankungen in der Auslastung und einem damit verbunden Anstieg der wöchentlichen Arbeitszeit, die Vereinbarkeit von Beruf und Familie stark erschweren. Insbesondere um Konflikte zwischen Beschäftigten mit und ohne Familienpflichten zu vermeiden, müssen in derartigen Fällen die Planung und auch die Kommunikation von Zusatzschichten überarbeitet werden. Das Unternehmen setzt auf neue Regelungen bei der Flexibilisierung der Arbeitszeit und möchte in der Zukunft für Eltern in Fach- und Führungspositionen Role-Models vorstellen, d. h. Beispiele von Vätern und Müttern, die die Vereinbarkeit von Beruf und Familie in Fach- und Führungspositionen erfolgreich leben. Damit verbunden ist eine Modifikation der Diversity-Aspekte im Leitbild, welches bisher vor allem älter werdende Beschäftigte und Beschäftigte mit Migrationshintergrund im Fokus hat.

9.4 Fazit – Ganzheitliche Ansätze sind erforderlich

Insgesamt zeigen die Ausführungen, dass der Erfolg eines gelungenen Diversity Managements maßgeblich von der strategischen Stimmigkeit der Gestaltungsfaktoren Unternehmensleitbild, Führungsverhalten, Umgang mit der Vielfalt sowie dem Diversity-Klima abhängt. Voraussetzung hierfür ist eine mehrdimensionale Analyse der Ausgangssituation. Dabei ist es neben einem Kultur-Audit erforderlich, die Bedürfnisse, Wünsche und Erwartungen der Mitarbeiter an das Unternehmen detailliert mit einem validen Instrumentarium zu erheben, um sie so berücksichtigen zu können. Das eingesetzte Managementkonzept muss den pluralistischen Wertvorstellungen der Mitarbeiter gerecht werden und mit den strategischen Zielen des Unternehmens im Einklang stehen. Dies ist nur im Rahmen eines ganzheitlichen Ansatzes möglich.

Dies setzt ebenfalls eine Sensibilisierung der Führungskräfte für die Themenstellungen Leitbild, Diversity und Kulturtransformation voraus. Um sowohl die Vielfalt der Beschäftigten an sich zu integrieren als auch deren Kompetenzen gezielt weiterzuentwickeln, sind ein hohes Maß an kommunikativen Fähigkeiten und die Kenntnis diversitätsbedingter Wahrnehmungsfilter erforderlich. Damit Führungskräfte bereit sind, sich mit der Thematik intensiv zu beschäftigen, muss das Kosten-Nutzen-Verhältnis transparent werden. Das bedeutet, ein unternehmensspezifisches multivariates

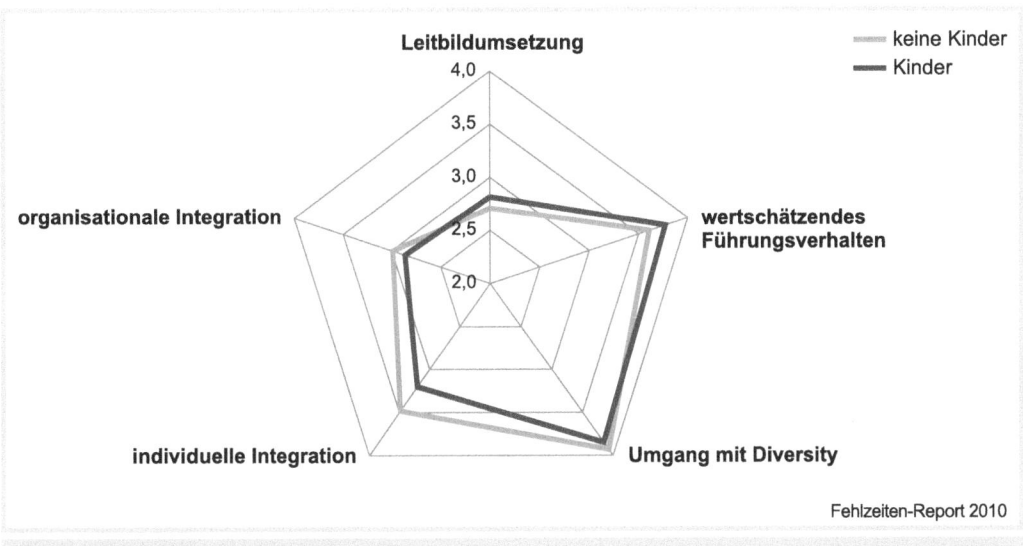

◘ Abb. 9.6 DiversityCultureIndex™, soziale Rolle

Kennzahlensystem zu implementieren, das sowohl Zahlen des klassischen Personalcontrollings als auch diversitätsorientierte, qualitative und quantitative Indikatoren beinhaltet. So kann erreicht werden, dass ein Diversity Management von Führungskräften und Beschäftigten gleichermaßen akzeptiert sowie mitgetragen wird und somit einen entscheidenden Beitrag zum Unternehmenserfolg leisten kann.

Literatur

Bleicher K (1986) Strukturen und Kulturen der Organisation im Umbruch. Herausforderung für den Organisator. Zeitschrift für Organisation 55:100

Braedel-Kühner C (2005) Individualisierte, altersgerechte Führung. Peter Lang Verlag, Frankfurt/M

Conrad P, Sydow J (1991) Organisationskultur, Organisationsklima und Involvement. In: Dülfer E (Hrsg) Organisationskultur. Phänomen – Philosophie – Technologie. Schäfer-Poeschel-Verlag, Stuttgart, S 93–110

Fine MG (1995) Building successful multicultural organizations. Challenges and opportunities. Quorum Books, Westport Connecticut London

Gebert D (1991) Organisationsklima. In: Gaugler E, Weber W (Hrsg) Handwörterbuch des Personalwesens. Schäfer-Poeschel, Stuttgart, S 1498–1507

Kippes S (1993) Der Leitbilderstellungsprozess. Weichenstellung für Erfolg oder Misserfolg von Unternehmensleitbildern. ZfO 3/93:184–188

Schein EH (1985) Organizational Culture and Leadership. A Dynamic View. Jossey-Bass, San Francisco London

Thom N (2002) http://www.iop.unibe.ch/forschung/referate/Rede-Retention-Workshop-19.11.2002.pdf. Gesehen 17 Feb 2010

Thomas DA, Ely RJ (1996) Making differences matter: a new paradigm for managing diversity. Harvard Business Review, Sept-Oct 1996:79–89

Watrinet C (2007) Indikatoren einer diversity-gerechten Unternehmenskultur. Universitätsverlag, Karlsruhe

Watrinet C (2008) Diversity-Kultur messen. Personal 60/1:30–32

Watrinet C (2009) Demografischer Wandel in Unternehmenskulturen. In: Knauth P, Elmerich K, Karl D (Hrsg) Risikofaktor demografischer Wandel – Generationenvielfalt als Unternehmensstrategie. Symposium Publishing, Düsseldorf

Wunderer R (2001) Führung und Zusammenarbeit. Luchterhand, Neuwied Kriftel

Kapitel 10

Arbeitskräftemanagement als Diversity Management: Innovationspotenziale für Qualität und Effizienz im Gesundheitssystem

E. Kuhlmann · C. Larsen

Zusammenfassung. *Die Sicherung einer qualitativ hochwertigen Gesundheitsversorgung für alle Bürger hängt zukünftig nicht nur von den finanziellen Ressourcen, sondern auch von der Verfügbarkeit qualifizierter Arbeitskräfte und v. a. von der effektiven Nutzung der Vielfalt von Kompetenzen ab. In diesem Beitrag stellen wir die Innovationspotenziale eines systematischen Arbeitskraftmanagements ins Zentrum. Angelehnt an das Green Paper der Europäischen Kommission und neue Modelle zum Thema Qualifikationsmix diskutieren wir zentrale Herausforderungen an ein zukunftsweisendes Arbeitskräftemanagement und kontrastieren diese mit empirischen Daten zu berufsstrukturellen Entwicklungen im deutschen Gesundheitssystem. Drei Fallbeispiele werden analysiert: Vergleiche zwischen Trends in der Ärzteschaft und Pflege, Karrierechancen von Frauen in der Medizin sowie Berufsverläufe in der Altenpflege. Die Ergebnisse zeigen, dass Potenziale nicht effektiv genutzt werden. Die mangelnde Berücksichtigung von Arbeitskräftemanagement als gesundheitspolitische Aufgabe führt zu Entwicklungen, die konträr zu den neuen Anforderungen verlaufen. Wir diskutieren abschließend den dringenden Bedarf eines Arbeitskräftemanagements, das die Vielfalt der Kompetenzen effektiv nutzen und mit Konzepten des Diversity Managements verknüpfen kann.*

10.1 Einleitung

Die Gesundheitsreformen der letzten Jahre sind nahezu ausschließlich von Veränderungen in der Finanzierungsbasis und Fragen der Kostenkontrolle und der Beitragsstabilität in der gesetzlichen Krankenversicherung (GKV) dominiert. Steigende Personalkosten in allen Bereichen der Versorgung spielen hierbei eine zentrale Rolle, dennoch mangelt es an systematischen Strategien, um auf veränderte Anforderungen zu reagieren. Die Sicherung einer qualitativ hochwertigen Gesundheitsversorgung für alle Bürgerinnen und Bürger[1] wird jedoch zukünftig nicht ausschließlich von den finanziellen Ressourcen abhängen. Vielmehr geht es zunehmend auch darum, ein entsprechendes Potenzial an qualifizierten Arbeitskräften sicherzustellen und effektiv einzusetzen. Damit wird das Arbeitskräftemanagement zu einer zentralen gesundheitspolitischen Anforderung und die Entwicklung nachhaltiger, sozial verantwortlicher Modelle zu einem Schlüssel für die Zukunft einer Gesundheitsversorgung auf hohem Qualitätsniveau.

---

[1] Auf ausdrücklichen Wunsch der Autorinnen wird in diesem Beitrag auf die in diesem Buch aus Gründen der besseren Lesbarkeit verwendete sprachliche Regelung der männlichen Schreibweise verzichtet.

In diesem Beitrag diskutieren wir die Herausforderungen und die Chancen eines systematischen Arbeitskräftemanagements. Ziel ist es, die Gesundheitsfachkräfte nicht länger primär als „Kostenfaktor", sondern v. a. als eine Ressource für die Innovation der Versorgung zu betrachten und die Vielfalt von Kompetenzen und Potenzialen in unterschiedlichen beruflichen und sozialen Gruppen effektiv zu nutzen. Bisher sind diese Perspektiven und die daran anknüpfenden Möglichkeiten der Entwicklung und Steuerung dieses Innovationspotenzials ein „blinder Fleck" im deutschen Gesundheitssystem. Demgegenüber wird von der WHO sowie im europäischen Kontext zunehmend auf die Relevanz von Arbeitskräftemanagement hingewiesen (Commission of the European Communities 2008a,b; Rechel et al. 2006). Dabei sind die im internationalen Kontext verwendeten Begriffe „health human resource management" oder „health (professional) workforce governance" kaum angemessen zu übersetzen (s. z. B. Dubois et al. 2006; Kuhlmann u. Saks 2008). Der hier gewählte Begriff „Arbeitskräftemanagement" ist als Arbeitsdefinition und als ein Versuch der Annäherung an die internationale Debatte zu verstehen. Die sperrigen Übersetzungen spiegeln in gewisser Weise auch die Probleme des deutschen Versorgungssystems, in dem die Arbeitskräfte selten auf der Agenda der Gesundheitspolitik stehen, sieht man einmal von der Ärzteschaft ab.

Im Gegensatz zu einem komplexen Verständnis von Arbeitskräften in der Gesundheitsversorgung in der internationalen Debatte konzentrieren sich die Strategien im deutschen Gesundheitssystem weiterhin auf die Ärzteschaft. Im Vordergrund stehen dabei die Versuche, ärztliches Entscheidungsverhalten durch wettbewerbliche Anreize und dem Management entlehnten Kontrollmechanismen zu steuern. Hinzu kommen die Debatten um Unterbezahlung, EU-Arbeitszeitdirektive und mangelnde Arbeitszufriedenheit, insbesondere bei den KrankenhausärztInnen, und neuerdings auch der drohende Ärztemangel, v. a. in den neuen Bundesländern und in ländlichen Gebieten. Diese Fragen sind ohne Zweifel wichtig und die Verbesserung der Arbeitssituation von KrankenhausärztInnen eine dringliche Aufgabe. Sie bilden jedoch nur einen Ausschnitt der gegenwärtigen Probleme und Herausforderungen ab und können kaum zukunftsfähige Lösungen aufzeigen. Der Fokus auf die Ärzteschaft verstellt den Blick für die Bedarfslagen ebenso wie für die sich bietenden Innovationspotenziale eines breiten Spektrums von Gesundheitsfachberufen.

Auch auf die steigende Beteiligung von Frauen in der Medizin wird kaum angemessen reagiert. Hinter der Fassade sporadischer, medienwirksamer Inszenierungen einiger weniger Vorzeigefrauen und den (irreführenden) Schlagzeilen zur „Feminisierung der Medizin" setzen sich relativ unverändert die Normen und Standards von Männern fort. Weitere Herausforderungen stellen sich durch den demografischen Wandel sowie durch Migration und Mobilität im Kontext von Europäisierung und Globalisierung. Diese unterschiedlichen Facetten neuer Anforderungen erzeugen komplexe Dynamiken auf dem Gesundheitsarbeitsmarkt, auf die existierende berufsgruppenspezifische Strategien nicht angemessen reagieren können. Vielmehr sind integrative Konzepte gefragt, die das Zusammenspiel von veränderten Professionsgrenzen, Geschlechterverhältnissen und Altersgruppen sowie die Europäisierung und Globalisierung des Gesundheitsarbeitsmarktes erfassen. Hier kann Diversity Management einen Ansatz für die systematische Weiterentwicklung integrativer Konzepte bieten.

Wir stellen in diesem Beitrag zunächst die europäische Debatte zum Arbeitskräftemanagement und das unter Federführung der Europäischen Kommission erarbeitete Green Paper vor (Commission of the European Communities 2008a) und zeigen Defizite in der deutschen gesundheitspolitischen Debatte auf. Daran anschließend fragen wir, wie sich diese Defizite in den berufsstrukturellen Entwicklungen manifestieren. Drei empirische Beispiele unserer Analyse erfassen die unterschiedlichen Berufsgruppen, Geschlechterverhältnisse und Versorgungsbereiche. Abschließend zeigen wir Ansatzpunkte eines als Diversity Management konzipierten Modells von Arbeitskräftemanagement auf.

10.2 Die europäische Agenda für das Management der Arbeitskräfte im Gesundheitssystem

Auf europäischer Ebene werden der Bedarf und Nutzen eines systematischen Managements der Arbeitskräfte bereits länger und intensiver als in Deutschland diskutiert. Wir beziehen uns zunächst auf das „Green Paper on the European Workforce for Health" und den daran anknüpfenden Workshop „Promoting a Sustainable Workforce for Health in Europe" (Commission of the European Communities 2008a und 2008b). Allein die Tatsache, dass sich auf EU-Ebene eine hochkarätig besetzte Arbeitsgruppe des Themas angenommen und ein konsensuelles, zukunftsweisendes Dokument ausgearbeitet hat, weist auf die hohe Relevanz einer nachhaltigen Regulierung des Arbeitskräftemarktes im Gesundheitssektor hin. Das Green Paper hebt die wirtschaftliche Bedeutung der Gesundheitsberufe hervor, die zusammen etwa zehn Prozent des EU-Ar-

beitsmarktes ausmachen. Hinzu kommt, dass in den EU-Ländern etwa 70 % der Budgets der Gesundheitsversorgung auf die Personalkosten entfällt. Wir greifen in diesem Beitrag drei der zentralen Anforderungen an ein zukunftsweisendes Arbeitskräftemanagement auf, die in der zusammenfassenden Darstellung des Green Papers hervorgehoben werden:
- *veränderte Geschlechterverhältnisse und die Chancen von Frauen*: „Important issues raised in the green paper include investing in training and developing robust human resource strategies to improve recruitment and retention. One such area is, for example, improving the status and participation of women in the health workforce";
- *die „alternde" Bevölkerung als Rekrutierungsproblem*: „[…] the health workforce is itself an ageing one and there are insufficient new recruits to replace those that are retiring or leaving the EU";
- *Migration und Mobilität*: „Migration of health professionals into and out of the EU and mobility within the EU also has impacts on the supply and distribution of health workers" (Commission of the European Communities 2008b).

Das Green Paper führt ein komplexes Modell von Arbeitskräften im Gesundheitssystem ein und spannt einen Rahmen zwischen dem klinischen Sektor, Sozialarbeit und informellen Versorgungsleistungen sowie zwischen administrativen Berufsgruppen und einem breiten Spektrum von Gesundheitsfachberufen, einschließlich alternativer TherapeutInnen (s. Grafik in: Commission of the European Communities 2008a, S. 4). Weiterführende Fragen der Regulierung und Organisation der Zusammenarbeit der Sektoren und Berufsgruppen waren jedoch nicht Gegenstand des Green Papers. Hier ist vielmehr auf verschiedene Initiativen auf EU-Ebene zu verweisen. Im Zentrum stehen dabei Fragen der Zusammenarbeit von Ärzteschaft und Pflege sowie die systematische Erweiterung der Kompetenzen der Pflegekräfte (Bourgeault et al. 2008; Buchan u. Calman 2005; Rechel et al. 2006). Ergänzend zu den drei zuvor genannten Anforderungen beziehen wir uns auf diese Debatten, die für die konkrete Umsetzung eines Arbeitskräftemanagements zentral sind:
- Qualifikationsmix und Aufgabenverschiebungen: die unter den Stichworten „skill-mix" und „task-shifting" zusammengefassten Strategien einer Restrukturierung der Kompetenzen und Aufgaben der unterschiedlichen Berufsgruppen sind richtungsweisend für Veränderungen; wesentlicher Motor sind Professionalisierungsstrategien der Pflege (Bourgeault et al. 2008).

Mit diesen vier Facetten sind die zentralen Herausforderungen an ein nachhaltiges Management der Arbeitskräfte benannt. Zwar liegen bisher keine Patentlösungen vor, doch ist entscheidend, dass die neuen Anforderungen auf EU-Ebene als gesellschaftliche und gesundheitspolitische Anforderungen von hoher Priorität diskutiert werden.

Wie stellt sich demgegenüber die Situation in Deutschland dar? Zunächst ist festzustellen, dass neue Modelle des Qualifikationsmix und der Aufgabenverschiebung marginal bleiben und zum Teil durch fehlende gesetzliche Grundlagen blockiert werden. Dennoch bleiben die v. a. durch das Gutachten des Sachverständigenrats (SVR 2007) ausgelösten Debatten nicht gänzlich ohne Wirkung und erzeugen einen Veränderungsdruck in der Berufsstruktur. Qualifikationsmix und Aufgabenverschiebungen beziehen sich grundsätzlich auf das gesamte Spektrum der qualifizierten Gesundheitsberufe; im Zentrum stehen jedoch die Verschiebungen in den Kompetenzen und Zuständigkeiten der Pflege und der Ärzteschaft als die beiden größten Berufsgruppen im Gesundheitssektor; ein weiteres Beispiel sind die aktuellen Diskussionen um „Direktzugang" der PatientInnen zu physiotherapeutischer Behandlung ohne ärztliche Überweisung (Bourgeault et al. 2008; Groenewegen 2008; SVR 2007). Weitere Möglichkeiten für Veränderungen bieten sich im Rahmen des Konzepts Gender Mainstreaming, das allerdings auf EU-Ebene ebenso wie in Deutschland erst ansatzweise im Gesundheitssektor aufgegriffen wird (für einen Überblick s. Kuhlmann u. Kolip 2005; Payne 2009). Die Konsequenzen einer alternden Bevölkerung für die Rekrutierung von Gesundheitsfachkräften werden erst seit Kurzem, und ebenfalls nur sporadisch, als Thema der Gesundheitspolitik wahrgenommen; systematische Konzepte liegen (noch) nicht vor.

Weitere, in der Bedeutung kaum zu überschätzende Dynamiken gehen von der europäischen Mobilität der Arbeitskräfte sowie den internationalen Migrationsbewegungen und Rekrutierungspolitiken des Gesundheitsarbeitsmarktes aus. Auf die Herausforderungen wird zwar seit Längerem auf EU-Ebene hingewiesen (Buchan 2008), doch ergeben sich in Deutschland aufgrund der noch bis 2011 geltenden eingeschränkten Freizügigkeit spezifische Probleme. Vor allem in der Ärzteschaft und bei den Pflegefachkräften werden der europäische und internationale Arbeitsmarkt zukünftig an Bedeutung gewinnen. Erste Hinweise auf neue Rekrutierungsstrategien liegen vor, wie beispielsweise die Anwerbung von ÄrztInnen aus Österreich zur Facharztausbildung in den neuen Bundesländern oder die steigende Beschäftigung polnischer und zunehmend auch russischer Ärztinnen und Ärzte, um nur einige Beispiele zu nennen. Bei den Pflegekräften zeigen sich die Folgen von Migration in einer zunehmenden Zahl selbständiger Pflegekräfte aus Polen (Ein-Personen-Unternehmen); in deutschen Privathaushalten gibt es darüber hinaus zunehmend Pflege- und Betreuungskräfte, die in der Tschechischen Republik angestellt sind. In diesem Kontext zeichnen sich bisher völlig vernachlässigte Anforderungen an ein sozial verantwortliches Management von Arbeitskräften ab.

Gegenwärtig liegen in Deutschland nicht einmal ansatzweise evidenzbasierte Daten vor, die eine zuverlässige Abschätzung der Mobilitäts- und Migrationsströme zulassen würden; der Aufbau neuer Monitoringsysteme stellt deshalb eine zentrale Anforderung dar (Larsen et al. 2007). Ebenso notwendig sind Richtlinien zur systematischen Rekrutierung von hochqualifizierten Gesundheitsfachkräften, die Dynamiken der europäischen und globalen Gesundheitsarbeitsmärkte berücksichtigten. Hier ist ein weiterer Aspekt zu nennen: die zunehmend relevante Rolle illegaler (meist weiblicher) Migranten in der häuslichen Versorgung älterer Menschen (s. dazu Larsen et al. 2009).

Zusammenfassend ist festzustellen, dass ein systematisches Management der Gesundheitsfachkräfte im deutschen Kontext nicht entwickelt ist und neue Anforderungen kaum als Aufgabe der Gesundheitspolitik wahrgenommen und diskutiert werden. Im nächsten Kapitel fragen wir nach den berufsstrukturellen Konsequenzen einer mangelnden gesundheitspolitischen Verantwortung für das Management der Arbeitskräfte.

10.3 Dynamiken des Gesundheitsarbeitsmarktes in Deutschland: empirische Ergebnisse

Wir greifen nachfolgend drei der zuvor diskutierten Herausforderungen auf und stellen Fallbeispiele vor; der Schwerpunkt liegt auf den berufsstrukturellen Effekten in der Ärzteschaft und Pflege. Auf die Dynamiken von Migration und Mobilität der Gesundheitsfachkräfte können wir hier nicht näher eingehen. Wir möchten jedoch auf einen dringenden Handlungsbedarf gerade in diesem Bereich hinweisen, da zukunftsweisende Modelle von Arbeitskräftemanagement nur unter Berücksichtigung eines sich internationalisierenden deutschen Gesundheitsarbeitsmarkts sowie der Abwanderung deutscher ÄrztInnen (kaum der Pflegekräfte) zu entwickeln sind.

10.3.1 Berufsstrukturelle Trends und Organisationsmodelle der Krankenhäuser

Die Entwicklungen in der Ärzteschaft und Pflege als die beiden größten Berufsgruppen in der Gesundheitsversorgung geben Hinweise darauf, wie sich die Gesundheitsreformen auf die Berufsstrukturen auswirken. Bisher liegt kein systematisches Monitoring der Arbeitskräfteentwicklung vor, aber dennoch sind repräsentative Aussagen über die Trends möglich. Verknüpfungen mit regionalen Monitoringsystemen des Gesundheitsarbeitsmarktes und den Berichtssystemen der Ärztekammern bieten hier Möglichkeiten für Fallstudien (Larsen et al. 2007). In unserer Analyse beziehen wir uns auf den Krankenhaussektor und auf Hessen und zeigen Entwicklungen im 10-Jahres-Zeitraum auf. Die darin abgebildeten Entwicklungsverläufe sind mit großer Wahrscheinlichkeit auf die meisten westlichen Bundesländer übertragbar.

Unsere Analyse zeichnet ein Bild, das konträr zu den gesundheitspolitischen Zielen von Integration und Kooperation liegt. In einem 10-Jahres-Zeitraum (1998–2008) sind Beschäftigungstrends in der Pflege um sieben Prozent rückläufig, wohingegen die Ärzteschaft einen fünfprozentigen Zuwachs verzeichnen kann (für detaillierte Angaben s. Larsen u. Kuhlmann 2009). Auf einen einfachen Nenner gebracht heißt das: Stellenabbau in der Pflege und Zuwächse in der Ärzteschaft! Somit verfestigen die Reformen der letzten Jahre im Ergebnis die Dominanz der Ärzteschaft und die berufsstrukturellen Hierarchien, statt die unterschiedlichen Kompetenzen und Potenziale der Berufsgruppen zu integrieren und effektiv zu nutzen. Die Daten der amtlichen Krankenhausstatistik für Hessen lassen jedoch weitere differenzierte Aussagen – insbesondere zu den neueren Entwicklungen – zu.

Vor dem Hintergrund der Privatisierungspolitik im Krankenhaussektor stellt sich die Frage, wie die unterschiedlichen Träger auf die veränderten Anforderungen reagieren. Analysen für den Zeitraum 2004–2008 weisen auf auffällige Unterschiede zwischen den Trägern hin (◘ Tab. 10.1). So zeigt sich ein insgesamt positiver Beschäftigungstrend in der Ärzteschaft (+8 %) und bei den gering qualifizierten Pflegekräften (+15 %). Diese Entwicklung geht hauptsächlich auf private Träger zurück; hier zeigen sich überproportionale Beschäftigungsgewinne, wobei der Anstieg in der Ärzteschaft deutlich größer als bei den Pflegekräften ist. Die freigemeinnützigen Träger weisen demgegenüber einen radikalen Stellenabbau auf, der primär alle Gruppen der Pflegekräfte trifft (die Spanne liegt zwischen -11 und -21 %) und in geringerem Umfang auch die Ärzteschaft

Tab. 10.1 Berufsstrukturelle Trends in der Ärzteschaft und Pflege nach Trägerorganisation, 2004 und 2008 im Vergleich (Veränderung in %)

Berufsgruppe	insgesamt	Trägerschaft		
		öffentlich	frei gemeinnützig	privat
Ärzte	8	-9	-10	195
Examinierte KrankenpflegerInnen	-1	-12	-11	117
1-jährig ausgebildete PflegehelferInnen	15	-6	-21	18
Angelernte Pflegehilfskräfte	15	22	-16	106

Quelle: Eigene Berechnungen auf der Grundlage von Daten der Hessischen Krankenhausstatistik; Hessisches Statistisches Landesamt.

Fehlzeiten-Report 2010

(-10 %). Eine Mittelstellung nehmen die öffentlichen Träger als die größte Gruppe der Krankenhäuser ein: Im qualifizierten Bereich, insbesondere bei den Pflegekräften, zeigt sich ein deutlicher Stellenabbau; gleichzeitig werden gering qualifizierte Bereiche stark erweitert (z. B. 22 % Zunahme von angelernten Pflegekräften).

Die Ergebnisse deuten auf unterschiedliche Reaktionen der Träger hin. Neben einer radikalen Rationalisierungspolitik der frei-gemeinnützigen Träger, die proportional ansteigt mit abnehmender Qualifizierung der Arbeitskräfte und mittel- bis längerfristig kaum vereinbar ist mit einer qualitativ hochwertigen Versorgung, zeichnen sich zwei konträre Modelle ab:

- Öffentliche Träger rüsten im Niedriglohnsektor auf (Hilfskräfte) und dünnen ein breites und in absoluten Zahlen am stärksten besetztes Mittelfeld (hoch und niedrig qualifizierte Pflegekräfte) erheblich aus.
- Private Träger setzen verstärkt auf einen Ausbau der qualifizierten Kräfte (ÄrztInnen und Pflege). Niedrig qualifizierte Stellen werden langsamer entwickelt, sodass es zu einer Verschiebung zugunsten der Ärzteschaft kommt.

Der Vergleich zwischen den drei Trägerformen der Krankenhäuser legt unterschiedliche Managementstrategien der Organisationen offen. Vor dem Hintergrund des zukünftig noch zunehmenden Ressourcenmangels der qualifizierten Arbeitskräfte (Pflege wie Ärzteschaft) sind beide Modelle jedoch kaum zukunftsfähig. Im öffentlichen Sektor weisen diese Trends zudem auf eine Politik der Aufgabenverschiebung in der Pflege in Richtung nicht hinreichend qualifizierter Hilfskräfte hin. Internationalen Studien folgend birgt eine solche Strategie der Substitution von höher qualifizierten durch niedrig qualifizierte Kräfte neue Risiken für die Qualität der Versorgung (für einen Überblick s. Bourgeault et al. 2008).

Darüber hinaus bringt der Vergleich auch bisher nicht berücksichtigte Konsequenzen der Privatisierungspolitik in den Blick. So deutet sich an, dass eine weiter fortschreitende Privatisierung der Krankenhäuser den prognostizierten Mangel an ÄrztInnen (SVR 2009) weiter verschärfen wird. In keiner der Trägerorganisationen zeichnet sich eine priorisierte Nutzung des breiten Spektrums von Arbeitskräften im Feld der mittleren Qualifizierung ab; genau hier liegen aber Chancen für ein nachhaltiges, zukunftsweisendes Management der Arbeitskräfte unter Bedingungen finanzieller Restriktionen und zunehmender Rekrutierungsprobleme im Bereich der hoch qualifizierten Kräfte. Besonders problematisch ist der Abbau von Fachkräften in der Pflege im öffentlichen Sektor, da hier internationalen Befunden folgend die höchsten Potenziale für Veränderungen liegen (Buchan u. Calman 2005; Groenewegen 2008). Weiter wirkt sich der Abbau von Pflegekräften primär als Nachteil für Frauen aus, da sie die Mehrheit der Pflegekräfte stellen. Die gegenwärtige Politik verstärkt somit eher die bestehende Geschlechterungleichheit auf dem Arbeitsmarkt, statt die Chancen von Frauen zu verbessern.

Zusammenfassend ist festzustellen, dass die fehlende Berücksichtigung von Arbeitskräftemanagement als gesundheitspolitische Aufgabe zu einer Situation führt, in der Ressourcenprobleme verschärft werden; dies gilt im Besonderen für die Privatisierungspolitik der Krankenhäuser. Zu befürchten sind zumindest längerfristig ernst zu nehmende Probleme der Qualität und Bedarfsdeckung der Gesundheitsversorgung, die mit differenzierteren Daten und Analysen zu prüfen wären.

10.3.2 Karrierechancen von Frauen in der Medizin

Frauen stellen mittlerweile über 50 % der Studienanfänger in der Medizin. Dieser Trend wird seit Längerem unter dem Stichwort „Feminisierung der Medizin" diskutiert und trotz zunehmend positiverer Einstellungen immer noch primär als „Problem" dargestellt. Allein der Begriff ist erklärungsbedürftig, da es sich bisher eher um die Herstellung einer ausgeglichenen Geschlechterrelation, denn um eine Übermacht von Frauen in der Medizin handelt. Der Slogan von der „weiblichen Zukunft" der Medizin mag zwar für einige Frauen schmeichelhaft klingen, er hält aber der Realität nicht stand. Empirische Daten belegen – nicht nur für Deutschland – dass sich eine horizontale und vertikale Geschlechterungleichheit auch unter den Bedingungen höherer Frauenquoten fortsetzt oder neu ausgebildet wird (Riska 2010).

Die zunehmende Attraktivität der Medizin bei Frauen und das zum Teil abnehmende Interesse in der Gruppe der Männer werden zwar seit Jahren kritisch beobachtet und in der Fach- und Standespresse kommentiert, doch ist bisher kein systematisches Monitoringsystem aufgebaut. Wir wählen deshalb auch hier ein Fallbeispiel und beziehen uns auf Entwicklungen im Krankenhaussektor in Hessen[2]. Die Daten zeigen, dass sich die insgesamt steigenden Anteile von Frauen sehr unterschiedlich auf die einzelnen Fachgebiete verteilen und nicht alle Fachrichtungen positive Trends aufweisen; so war der Frauenanteil in der Neurologie (28 %) und der Anästhesie (39 %) unverändert und in der Psychiatrie/Psychotherapie sogar um fünf Prozentpunkte (40 % vs. 45 %) rückläufig im Untersuchungszeitraum. Diese Befunde weisen auf ein allmähliches „de-gendering" medizinischer Fachgebiete hin. Hohe prozentuale Zuwächse zeichneten sich in der Gynäkologie, gefolgt von der Pädiatrie, Inneren Medizin und Chirurgie ab. Selbst in der als Männerdomäne geltenden Chirurgie stellten Frauen 16 %, gefolgt von 27 % in der Inneren Medizin (s. auch Larsen u. Kuhlmann 2009). Trotz deutlicher Veränderungen in den Fachgebieten mit traditionell niedrigem Frauenanteil bleibt abzuwarten, ob und wie sich die Trends fortsetzen.

Die als „weiblich" prognostizierte Zukunft der Medizin erweist sich jedoch noch weitaus deutlicher als ein Mythos, wenn wir die Statuspositionen in den einzelnen Fachgebieten im Zeitverlauf betrachten. ◘ Tab. 10.2 zeigt über die Fachgebiete hinweg in der höchsten Position, bei den leitenden ChefärztInnen, eher Stillstand und durchgängig niedrige bis extrem niedrige Anteile von Frauen. Die Gynäkologie bildet hier eine Ausnahme mit deutlich steigender Tendenz auf immer noch sehr niedrigem Niveau, wohingegen sich in drei der insgesamt sieben hier betrachteten Fachrichtungen negative Trends zeigen, darunter auch in der als Frauendomäne geltenden Anästhesie. Die Psychiatrie/Psychotherapie weist als einziges Fachgebiet vergleichsweise hohe Frauenanteile und leichte Zuwächse auf.

◘ **Tab. 10.2** Entwicklung der Frauenquoten bei den leitenden Ärzten nach Fachgebieten, 1998–2006

Fachrichtung	Frauenanteil leitende Ärzte 2006 in %	Veränderung 1998–2006, Prozentpunkte
Anästhesie	10	-5
Chirurgie	1	-1
Gynäkologie	8	6
Innere Medizin	5	1
Pädiatrie	4	0
Neurologie	4	-3
Psychiatrie/Psychotherapie	22	2

Quelle: Eigene Berechnungen auf der Grundlage von Daten der Hessischen Krankenhausstatistik; Hessisches Statistisches Landesamt.

Fehlzeiten-Report 2010

In der Konsequenz zeigen sich ähnliche Probleme, wie sie zuvor für die berufsstrukturelle Entwicklung in der Ärzteschaft und Pflege beschrieben sind: Die vorhandenen Potenziale, in diesem Fall die Ärztinnen, werden nicht effektiv genutzt und soziale Ungleichheiten setzen sich fort; Ärztinnen gelingt es weitaus seltener als ihren Kollegen, in leitende Positionen aufzusteigen, daran ändern auch die steigenden Zahlen weiblicher Absolventen in der Medizin nichts. Bisher liegen keine umfassenden Interventionsmodelle vor, die auf die steigende Beteiligung von Ärztinnen angemessen reagieren könnten. Vielmehr bewegt sich die Debatte weiterhin im traditionellen Kanon der besseren Vereinbarkeit von Familie und Beruf, womit zugleich auch allen Frauen gleichermaßen Familieninteressen und -verpflichtungen unterstellt werden. Aus dieser Perspektive bleiben Ärztinnen weiterhin der „Sonderfall" in der Medizin. So gerät aus dem Blick, dass die Gesundheitsversorgung ohne eine verbesserte Integration von Ärztinnen zukünftig gar nicht zu leisten ist. Dabei geht es auch um „menschliche" Arbeitsbedingungen im Krankenhaus,

---

[2] Quelle: Eigene Berechnungen auf der Grundlage von Daten der hessischen Krankenhausstatistik; Hessisches Statistisches Landesamt, 1998–2006

die nicht auf Frauen- oder Familienfreundlichkeit reduziert werden können; so wäre möglicherweise auch einem sinkenden Interesse an der medizinischen Ausbildung in der Gruppe der Männer entgegenzuwirken. Es ist also dringend notwendig, die Fragen anders zu stellen und die vorhandenen Kompetenzen effektiver zu nutzen.

10.3.3 Berufsverläufe und Verbleib in der Altenpflege

Die Altenpflege ist in doppelter Weise mit den Herausforderungen einer alternden Gesellschaft konfrontiert: Erstens steigt der Bedarf an Versorgungsleistungen älterer Menschen infolge der steigenden Lebenserwartung rapide an; zweitens nehmen die Rekrutierungsprobleme zu. Zugleich sind aber viele AltenpflegerInnen nicht berufstätig oder haben längere Unterbrechungszeiten, was als charakteristisch für Berufsgruppen mit hohen Frauenanteilen gilt (ca. 85 %; s. IWAK 2009, S. 6). Die Gründe hierfür sind komplex und nicht hinreichend erforscht; sie lassen sich aber keineswegs nur auf das stereotype Erklärungsmodell der höheren Verantwortung von Frauen für die Kinderbetreuung reduzieren, da Männer ebenfalls hohe Unterbrechungszeiten haben (IWAK 2009). Insgesamt besteht ein dringender Bedarf, die verfügbaren Kompetenzen und Ressourcen effektiver zu nutzen und „Abwanderungstendenzen" zu verringern.

Eine kürzlich abgeschlossene repräsentative Studie im Auftrag des Bundesministeriums für Familie, Senioren, Frauen und Jugend (IWAK 2009) lässt erstmals Aussagen über die quantitative Größe dieser „Reserve" in der Altenpflege zu. Die Ergebnisse weisen auf ein enormes Potenzial hin, da die Unterbrechungszeiten mit 40 zu 60 % Beschäftigungszeiten im Berufsverlauf sehr hoch sind; dieser Befund ist für Frauen und Männer nahezu identisch. Insgesamt werden nach diesen Daten nur etwa drei Fünftel des vorhandenen Arbeitskräftepotenzials in der Altenpflege tatsächlich genutzt.

Weitere Daten weisen grundsätzlich auf gute Chancen hin, dieses Reservoir von zwei Fünftel Unterbrechungszeiten, beziehungsweise einen Teil davon, zu aktivieren, da die Berufsbindung von AltenpflegerInnen insgesamt eher hoch ist. So wird berichtet, dass 15 Jahre nach der Ausbildung noch fast zwei Drittel der AltenpflegerInnen (64 %) in ihrem Beruf tätig oder nach einer Unterbrechungszeit zurückgekehrt waren; fünf Jahre nach der Ausbildung waren es 77 %. Der Vergleich zwischen der Berufsbindung nach 5 und nach 15 Jahren deutet auf Verluste insbesondere in den ersten Berufsjahren hin. Insgesamt widerlegen die Ergebnisse der Strukturanalyse eine „weit verbreitete Vorstellung, dass die meisten Altenpflegerinnen und Altenpfleger ihren Beruf nach kurzer Zeit verlassen" (IWAK 2009, S. 12).

Ergänzende qualitative Analysen bestätigten einen hohen Bestand an AltenpflegerInnen, der gegenwärtig nicht in der Altenpflege beschäftigt ist und sich in vielfach vermeidbaren oder zu verringernden Unterbrechungszeiten befindet. Demzufolge wurden praxisorientierte Handlungsansätze entwickelt, die zu kontinuierlicheren Berufsverläufen beitragen können. Hervorzuheben sind drei aufeinander bezogene Strategien: Mitarbeiterinnen-orientiertes und stärker partizipatives Management in den Einrichtungen; Qualifizierung von Führungskräften, um Anreizstrukturen zum Berufsverbleib und unterstützende Arbeitsbedingungen zu entwickeln; kommunal organisierte Beratungsstrukturen zur Mobilisierung dieser Reserven (IWAK 2009). Es wäre hier dringend geboten, solche Ansätze in ein umfassendes Arbeitskräftemanagement der Gesundheitsfachberufe zu integrieren.

10.4 Zukunftsmodell Arbeitskräftemanagement als Diversity Management: gesundheitspolitische Herausforderungen

Wir haben in diesem Beitrag auf die komplexen Herausforderungen neuer Dynamiken des Gesundheitsarbeitsmarktes aufmerksam gemacht und die europäische Debatte vorgestellt. Die berufsstrukturellen Entwicklungen in Deutschland weisen auf einen dringenden Handlungsbedarf hin. Die Ergebnisse zeigen, dass Potenziale nicht effektiv genutzt werden, wie beispielsweise die Kompetenzen von Pflegekräften und Ärztinnen im Krankenhaussektor ebenso wie die Reserve der BerufsunterbrecherInnen in der Altenpflege. Zugleich deutet sich ein neuer Regulierungsbedarf im Bereich der internationalen Rekrutierung von hoch qualifizierten Arbeitskräften an sowohl mit Blick auf die Sicherung von Qualitätsstandards als auch einer international verantwortungsvollen Lösung von Ressourcenproblemen des Gesundheitsarbeitsmarktes.

Die Ergebnisse bestätigen einen dringenden Bedarf an systematischen Modellen für ein effektiveres Management der Arbeitskräfte und gesundheitspolitische Reformen, die sensibler auf die berufsstrukturellen Dynamiken reagieren. Bisher deutet sich für keine der auf EU-Ebene beschriebenen Herausforderungen eine systematische Strategie in Deutschland an, vielmehr mangelt es bereits an einer öffentlichen Debatte und dem entsprechenden Problembewusstsein. Weiter deuten unsere Analysen unterschiedlicher Brennpunkte des Arbeitskräftemanagements auf die Notwendigkeit grundlegender Umorientierungen hin. Im Gegensatz dazu werden Lösungen jedoch weiterhin primär in Veränderungen in der Ärzteschaft gesucht, wie beispielsweise zuletzt an Pressestimmen zum Gutachten des Sachverständigenrats abzulesen ist (SVR 2009). Die Diskussion von Qualifikationsmix und Professionalisierung der Gesundheitsfachberufe im Gutachten 2007 fand hingegen relativ wenig Beachtung in der Fachöffentlichkeit (SVR 2007).

Wir schlagen vor, die unterschiedlichen Dynamiken des Gesundheitsarbeitsmarktes als interagierende Einflussfaktoren zu betrachten und in einem komplexen, integrativen Modell des Arbeitskräftemanagements zu verknüpfen. Das Konzept Diversity Management kann einen Rahmen für die Entwicklung eines solchen Modells bieten. Es hat allerdings auch erhebliche Schwachstellen und bedarf in vielen Punkten der Weiterentwicklung für den Gesundheitssektor. Dabei geht es v. a. darum, Machtaspekte sowie Fragen der sozialen Gerechtigkeit und der nachhaltigen globalen Regulierung zu integrieren (s. z. B. Özbilgin u. Tatli 2008), um die betriebswirtschaftliche Vereinseitigung des Diversity-Management-Konzepts zu überwinden. Der Krankenhaussektor bietet sich für eine solche konzeptionelle Entwicklung an: zum einen aufgrund der hohen Relevanz der Personalkosten, zum anderen durch die vergleichsweise guten Steuerungsbedingungen des Krankenhauses als organisationale Einheit. Eine konzeptionelle Entwicklung im ambulanten Sektor würde aufgrund der Struktur selbständiger Arztpraxen oder Pflegedienste als „Kleinunternehmer" hingegen ungleich schwieriger ausfallen. Trotz der Chancen eines an Vielfalt der Arbeitskräfte orientierten Konzepts sind die anstehenden Aufgaben weder auf der Ebene der Krankenhausorganisation noch durch Konzepte des Managements allein zu lösen.

Die entscheidende Bedingung für eine zukunftsweisende Entwicklung des Arbeitskräftemanagements ist, dass der dringende Handlungsbedarf als eine gesellschaftliche Anforderung mit höchster Priorität für die Gesundheitspolitik erkannt wird (Commission of the European Communities 2008a). Hier mangelt es bisher an politischer Verantwortung, um die institutionellen Rahmenbedingungen für ein zukunftsweisendes Arbeitskräftemanagement in Deutschland zu schaffen.

Die Entwicklung und Implementation von Arbeitskräftemanagement erfordert nichts Geringeres als die Neuordnung von Zuständigkeiten und Kompetenzen innerhalb des Regulierungssystems der gesetzlichen Krankenversicherung ebenso wie der gesetzlichen Rahmenbedingungen für die Ausbildung und Praxis eines breiten Spektrums der Gesundheitsfachberufe. Nur so wird es möglich sein, die Innovationspotenziale eines systematischen Arbeitskräftemanagements kreativ als Ressource für ein zukunftsfähiges Versorgungssystem auf hohem Qualitätsniveau zu nutzen. Die Entwicklung von zukunftsfähigen Modellen steht noch aus und ist nicht „am grünen Tisch", sondern nur in enger Kooperation der unterschiedlichen Akteure zu leisten. Das heißt, die Entwicklung zukunftsfähiger Modelle eines systematischen Arbeitskräftemanagements kann sowohl von Seiten des Gesetzgebers als auch von den Zuständigen „vor Ort" – wie beispielsweise dem Management der Krankenhäuser oder den berufsständischen Organisationen – angestoßen werden. Denkbar sind hierbei zunächst wissenschaftlich begleitete Pilotprojekte mit einem kontinuierlichen Monitoring und einer Prozessevaluation, um dadurch evidenzbasierte Entscheidungsgrundlagen zu liefern. Wir hoffen, dass unsere Analysen die Dringlichkeit dieser Aufgabe deutlich machen konnten und Hinweise auf Ansatzmöglichkeiten bieten.

Literatur

Bourgeault IL, Kuhlmann E, Neiterman E et al (2008) How to effectively implement optimal skill-mix and why? Health Evidence Network – WHO Europe, Policy Brief Series. http://www.euro.who.int/document/hsm/8_hsc08_ePB_11.pdf. Gesehen 08 Nov 2009

Buchan J (2008) How can the migration of health professionals be managed so as to reduce any negative effects on supply? Health Evidence Network – European Observatory on Health Systems and Policies, Policy Brief Series. http://www.euro.who. Gesehen 08 Nov 2009

Buchan J, Calman L (2005) Skill-mix and policy change in the health workforce: Nurses in advanced roles. Paris: OECD Health Working Paper No 17. http//:www.oecd.org. Gesehen 08 Nov 2009

Commission of the European Communities (2008a) Green Paper on the European workforce for health. Brussels, 10.12.2008, COM(2008) 725 final. http://ec.europa.eu/health/ph_systems/workforce_en.htm. Gesehen 08. Nov 2009

Commission of the European Communities (2008b) Promoting a Sustainable Workforce for Health in Europe. http://ec.europa.eu/health/ph_overview/workforce/index_en.htm. Gesehen 08 Nov 2009

Dubois CA, McKee M, Nolte E (2006) Human resources for health in Europe. Open University Press, Berkshire

Groenewegen PP (2008) Nursing as a grease in the primary care machinery. Quality in Primary Care 16:313–314

IWAK – Institut für Arbeit, Wirtschaft und Kultur (2009) Berufsverläufe von Altenpflegerinnen und Altenpflegern: Zentrale Studienergebnisse im Überblick. Goethe-Universität, Frankfurt/M

Kuhlmann E, Kolip P (2005) Public Health und Gender: Grundlegende Orientierungen für Politik, Praxis und Forschung. Juventa, Weinheim

Kuhlmann E, Saks M (2008) Health policy and workforce dynamics: The future. In: Kuhlmann E, Saks M (eds) Rethinking professional governance: International directions in healthcare. Policy Press, Bristol, pp 231–244

Larsen C, Mathejczyk W, Schmid A (2007) Monitoring of regional labour markets in European states. Concepts – experiences – perspectives. Rainer Hampp Verlag, Mering

Larsen C, Joost A, Heid S (2009) Die Zukunft von Betreuung und Pflege in Europa. In: Larsen C, Joost A, Heid S (Hrsg) Illegale Beschäftigung in Europa. Die Situation in Privathaushalten älterer Menschen. Rainer Hampp Verlag, Mering, S 159–168

Larsen C, Kuhlmann E (2009) Gesundheitspolitik und Arbeitskräftemanagement: internationale Debatten und Beschäftigungstrends im deutschen Gesundheitssektor. Zeitschrift für Sozialreform 55:396–387

Özbilgin M, Tatli A (2008) Global diversity management: An evidence based approach. Palgrave, London

Payne S (2009) How can gender equity be addressed through health systems? Joint Policy Brief 12, World Health Organization, on behalf of the European Observatory on Health Systems and Policies. http://www.euro.who.int/document/E92846.pdf. Gesehen 11 Okt 2009

Rechel B, Dubois CA, McKee M (2006) The health care workforce in Europe. Learning from experience. Copenhagen, WHO Regional Office for Europe. http://www.euro.who.int/Document/E89156.pdf. Gesehen 25 Okt 2009

Riska E (2010) Women in the medical profession: International trends. In: Kuhlmann E, Annandale E (eds) The Palgrave handbook of gender and healthcare. Palgrave, Basingstoke (im Druck)

SVR – Sachverständigenrat im Gesundheitswesen (2007) Kooperation und Verantwortung. Voraussetzungen einer zielorientierten Gesundheitsversorgung, Gutachten. http://www.svr-gesundheit.de. Gesehen 08 Nov 2009

SVR – Sachverständigenrat im Gesundheitswesen (2009) Koordination und Integration – Gesundheitsversorgung in einer Gesellschaft des längeren Lebens, Gutachten. http://www.svr-gesundheit.de. Gesehen 25 Okt 2009

Kapitel 11

Diversity und das Sozialkapital der Krankenhäuser

A. Fitzgerald

Zusammenfassung. Bei steigendem Kostendruck und wachsender Konkurrenz spielt der Einsatz immaterieller Ressourcen wie Motivation, Kooperationsfähigkeit und Kreativität eine immer wichtigere Rolle für den Organisationserfolg. Mithilfe des Sozialkapitalansatzes lassen sich die immateriellen Ressourcen identifizieren. Seit geraumer Zeit wird das Sozialkapital vieler Krankenhäuser als mangelhaft und optimierungswürdig bezeichnet. Das schlechte Arbeitsklima in vielen Einrichtungen wird häufig als Ursache für die hohen Fluktuationsraten, Krankheitsstände und die Abwanderung von Fachkräften in die Industrie oder ins Ausland genannt. In dem Kampf um Fachkräfte sehen sich Personalverantwortliche gezwungen, sich von ihren alten Vorstellungen des typischen Kandidaten zu trennen, und rekrutieren aus einem erweiterten Bewerberpool. Diese Tendenzen werden durch demografische und wirtschaftliche Entwicklungen verstärkt, sodass die personelle Vielfalt (Diversity) in vielen Gesundheitseinrichtungen steigt. Vor dem Hintergrund des schwachen Sozialkapitals lässt sich die personelle und dadurch kulturelle Vielfalt als eine weitere Komplexitätsebene im personellen Zusammenspiel der Krankenhausbeschäftigten betrachten. Es stellt sich die Frage, welche Auswirkungen eine steigende Diversity auf das vorhandene Sozialkapital der Krankenhäuser haben wird und vice versa. Inwieweit lässt sich Diversity Management als möglicher Lösungsansatz für Krankenhäuser in Betracht ziehen? Mit einem Blick auf den aktuellen Forschungsstand werden in dem folgenden Beitrag Antworten auf diese Fragen gesucht.

11.1 Einleitung

In Zeiten knapper finanzieller Ressourcen, steigender Konkurrenz und einer wachsenden Nachfrage nach kostenintensiven Therapien werden Faktoren wie Effizienz, Effektivität und Innovation zu Schlüsselgrößen für das Überleben der Krankenhäuser. Nur diejenigen Einrichtungen, die ihre vorhandenen Ressourcen optimal einsetzen und sich von ihren Konkurrenten qualitativ abheben, können auf dem Markt bestehen. Aus wirtschaftswissenschaftlicher Sicht können alle Ressourcen, die eine Organisation zum Herstellen von Produkten und Dienstleistungen wertschöpfend einsetzt, als Kapital betrachtet werden. Auf der Suche nach Erklärungsgrößen für den Erfolg oder Misserfolg von Organisationen umfasst der Kapitalbegriff heute nicht nur die physisch vorhandenen, materiellen Ressourcen sondern auch immaterielle Werte. Denn weder das Vorhandensein des Sachkapitals (in Form von Ausstattung, Technik, Geräten usw.) noch des Humankapitals allein kann erfolgsrelevante Einflussgrößen wie Motivation, Bindung und Kreativität ausreichend erklären. Organisationen müssen, darüber sind sich die Experten einig, über andere nicht-monetäre, nicht-physische Ressourcen verfügen, mit deren Hilfe die Beschäftigten zum koordinierten, kooperativen und kreativen Handeln motiviert werden. Der Sozialkapitalansatz, der in diesem Beitrag vertreten wird, nimmt die immateriellen Ressourcen ins Visier und betrachtet sie als Merkmale sozialer Systeme, die sowohl die Leistungsfähigkeit als auch die Gesundheit der Mitglieder fördern (vgl. Pfaff et al. 2005; Badura et al. 2008). Bezogen auf Organisationen bildet sich das Sozialkapital aus dem Vorrat an gemeinsamen Regeln, Werten und Überzeugungen, auch Wertekapital genannt, aus der Qualität der sozialen Beziehungen, die eine vertrauensvolle Vernetzung der Mitglieder untereinander ermöglicht und das Netzwerkkapital darstellen, sowie aus dem Führungskapital, welches für die Gestaltung eines produktiven und zielgerichteten Arbeitsklimas verantwortlich ist. Neueste Studienergebnisse liefern Hinweise dafür, dass das Sozialkapital sowohl die Zielerreichung und die Qualität der Betriebsergebnisse beeinflusst als auch eine Auswirkung auf personenbezogene Variablen wie Krankenstand, freiwillige Fluktuation und Unfallgeschehen hat (Badura et al. 2008).

Krankenhäuser stehen seit Jahren im Ruf, unter organisatorischen, kulturellen und kommunikationsbezogenen Defiziten zu leiden, die sich negativ auf die Zusammenarbeit auswirken, und zwar sowohl zwischen den verschiedenen Berufsgruppen als auch innerhalb der einzelnen Berufsgruppen selbst (vgl. Büssing 1997; Eiff u. Stachel 2007). Das schlechte Arbeitsklima vieler Einrichtungen wird vielfach für die hohen Krankenstände und Fluktuationsraten sowie den Verlust an Attraktivität des Arztberufs und die Abwanderung der Fachkräfte in die Industrie oder ins Ausland verantwortlich gemacht. Diese Abwanderung zusammen mit weiteren demografischen und marktwirtschaftlichen Entwicklungen führen dazu, dass sich Personalverantwortliche von ihren alten Vorstellungen des „typischen Kandidaten" trennen und aus einem erweiterten Bewerberpool rekrutieren müssen. Das Ergebnis ist eine steigende personelle Vielfalt oder „Diversity" in den Gesundheitseinrichtungen. Es stellt sich die Frage, was für Auswirkungen eine steigende Diversity auf das vorhandene Sozialkapital der Krankenhäuser haben wird. Und in der Umkehrung, welche Bedeutung hat das schwach ausgeprägte Sozialkapital der Krankenhäuser für den Umgang mit Diversity? Ist Diversity im Krankenhauskontext als Chance oder als Risiko zu betrachten? Wie lassen sich mögliche Gefahren umgehen und wie die Potenziale ausschöpfen? Um diese Fragen beantworten zu können, werden zunächst die Voraussetzungen für Sozialkapital in Organisationen dargestellt und Faktoren identifiziert, welche zur Entstehung und Entwicklung des Sozialkapitals speziell im Krankenhauskontext beitragen. Im zweiten Teil des Beitrags werden die aktuellen und prognostizierten Diversity-Merkmale aufgezeigt (▶ Abschn. 11.2). Vom aktuellen Forschungsstand ausgehend werden in Teil drei die Wechselwirkungen zwischen Diversity und Sozialkapital untersucht und ihre Bedeutung für den Krankenhauskontext ausgearbeitet (▶ Abschn. 11.3). Im letzten Abschnitt dieses Beitrags geht es um die Frage, ob Diversity Management ein möglicher Lösungsansatz zur Erhaltung bzw. Stärkung des Sozialkapitals in Krankenhäusern sein kann (▶ Abschn. 11.4).

11.2 Sozialkapital in den Krankenhäusern

11.2.1 Warum Krankenhäuser Sozialkapital brauchen

Auf Organisationen bezogen, beschäftigt sich der Sozialkapitalansatz mit der Güte der vorhandenen sozialen Beziehungen, mit dem Ausmaß der gemeinsamen Werte und Überzeugungen sowie mit der Qualität der Führung. Das Ziel besteht darin, den Einfluss dieser Elemente auf die Leistung und Gesundheit der Beschäftigten sichtbar und messbar zu machen. Als Herzstück der Organisationskultur kann das Wertekapital betrachtet werden, das auf der unbewussten Ebene die Wahrnehmungen, Anschauungen, Gedanken und Gefühle der Organisationsmitglieder beeinflusst[1]. Ein großer Vorrat an Wertekapital gibt den Beschäftigten Orientierung, fördert Vertrauen und verringert die Wahrscheinlichkeit von Missverständnissen und Konflikten. Der benötigte Aufwand an Koordination und Kontrolle sowie das empfundene Stressniveau sinken. Wie sich ein Vorrat an gemeinsamen Werten und Überzeugungen innerhalb einer Organisation entwickelt und zum Ausdruck kommt, hängt maßgeblich von der Qualität des Führungskapitals ab – denn es sind die Vorgesetzten, die das Arbeitsklima durch ihr Kommunikationsverhalten, durch die Festlegung der Arbeitsorganisation und den Modus der Entscheidungsfindung prägen. Führungskapital lässt sich durch Faktoren wie Mitarbeiterorientierung, Macht- und Kontrollbedürfnis, Fairness gegenüber den Mitarbeitern, Vertrauen zum Vorgesetzten sowie Qualität der Kommunikation abbilden. Sowohl das Führungs- als auch das Wertekapital wirken sich auf die Bildung der sozialen Beziehungen, auf das Netzwerkkapital in einer Organisation aus. Sozi-

---

1 Vgl. Schein (1995), der in seinem 3-Ebenen-Modell der Unternehmenskultur die unbewusste Ebene der Werte und Überzeugungen, die sichtbare Ebene der Unternehmensstrukturen und -prozesse und die bekundete Ebene der Unternehmensstrategien, -leitgedanken und -ziele beschreibt.

ale Beziehungen, welche die Organisationsmitglieder als vertrauensvoll und unterstützend erleben, wirken sich positiv auf Motivation und Arbeitsklima aus. Werden soziale Beziehungen dagegen als feindselig oder bedrohlich wahrgenommen, können Unsicherheit, Angst, Misstrauen, Frustration und Demotivation entstehen (Badura et al. 2008).

Eine Befragung von Krankenhausbeschäftigten aus dem Jahr 2002 ergab, dass das Sozialkapital in den Krankenhäusern – als Kombination aus Wertekapital und Netzwerkkapital – im Allgemeinen nur schwach ausgeprägt ist, wenn auch mit großen Unterschieden zwischen den Stationen (Pfaff et al. 2005). Diese Ergebnisse geben zu denken, denn Ommen et al. (2007) konnten mit einer Befragung von Klinikärzten belegen, dass gerade die Qualität des Sozialkapitals ein Prädiktor für die Arbeitszufriedenheit ist, neben Alter der Beschäftigten und Arbeitsintensität. Gegenseitiges Vertrauen, Verständnis füreinander sowie gemeinsame Werte stärken das Sozialkapital, verbinden Mitglieder sozialer Netzwerke und ermöglichen kooperatives Handeln im Krankenhauskontext (ebd.). Sozialkapital stellt demnach eine wichtige Ressource für Krankenhäuser dar. Woran liegt es also, dass sich Sozialkapital in Krankenhäusern nicht ausreichend entwickelt?

11.2.2 Ausgewählte Einflussfaktoren im Krankenhauskontext

Organisationsstrukturen

Als Expertenorganisationen betrachtet, zeichnen sich Krankenhäuser durch eine hohe Spezialisierung und Aufgabenteilung aus. Einzelne Beschäftigte, überwiegend leitende Ärzte, aber auch Fachkräfte des Pflegepersonals, genießen dank ihres qualitativ hochwertigen, spezialisierten Fachwissens den Status des Experten und erhalten eine große Handlungsautonomie. Im Krankenhauskontext neigen die Experten dazu, im Sinne ihrer Fachexpertise zu handeln; sie fühlen sich eher den Standards und Werten ihrer Profession als denen des Hauses verpflichtet, da es meist die Professionen sind, welche die Regeln für das berufliche Weiterkommen festlegen (vgl. Grossmann 1993; Schmidt-Rettig 2002). Der Erfolg eines Krankenhauses ist vielfach vom Ruf und Behandlungserfolg einzelner Experten abhängig. Diese aber verfolgen eher die eigenen professionellen Ziele, statt gesamtorganisatorisch zu denken und zu handeln – und fördern so Abteilungsegoismus (vgl. Grossmann 1993; Eiff 2000). Es entstehen Konkurrenzdenken und Misstrauen gegenüber anderen Fachbereichen. Es besteht wenig Bereitschaft, andere Fachbereiche bei ihrer Zielerreichung zu unterstützen, wenn dies keine Vorteile für den eigenen Erfolg verspricht. Die für Krankenhäuser noch typische organisatorische Trennung der Berufe in einem Drei-Säulen-Aufbau der medizinischen, pflegerischen und verwaltungstechnischen Dienste unterstützt die ausgeprägt berufsständische Denkweise und fügt eine starre Hierarchisierung hinzu. Medizin, Pflege und Verwaltung verlaufen parallel in vertikalen Funktionshierarchien, die eigene Weisungsstrukturen und Rangordnungen besitzen. Aber nicht nur die Vertikalstruktur und ihre formalen Autoritätsregeln spielen eine Rolle. Die funktionale Autorität der Mediziner, die in den speziellen Fachkenntnissen begründet liegt, führt beispielsweise dazu, dass Pflegekräfte einer Station zwar dem Pflegeleiter bzw. der Stationsschwester unterstellt sind, aber gleichzeitig fachliche Weisungen der Ärzte in Bezug auf die Patientenbehandlung zu befolgen haben. Es entstehen Machtverhältnisse seitens der Medizin, die nicht in den formalen Organisationsstrukturen begründet sind (vgl. Rohde 1974).

Berufliche Selbstverständnisse

Wenn die organisatorischen Strukturen wenig zum Aufbau von Sozialkapital in Krankenhäusern beitragen, so könnte die gemeinsame Ausübung humanitärer Tätigkeiten möglicherweise eine gute Basis für kollektive Überzeugungen, für vertrauensvolle Zusammenarbeit und die Bildung von Sozialkapital bieten. In der öffentlichen Meinung zumindest gilt die Arbeit im Krankenhaus per Definition als sinnstiftend und lohnend. Die beteiligten Berufsgruppen weisen aber erhebliche Unterschiede in ihren beruflichen Selbstverständnissen auf. Diese stehen in engem Zusammenhang mit der jeweiligen, berufsspezifischen Subkultur, die innerhalb der Gesamtorganisationskultur eines Expertensystems gebildet werden. Subkulturen können zu erheblichen Unterschieden in der Wahrnehmung und Wertung von Situationen und Abläufen führen (vgl. Schottmayer 2003). Am Beispiel der Subkulturen Medizin, Pflege und Verwaltung können die abweichenden Selbstverständnisse veranschaulicht werden[2].

---

2 Weitere, genauso bedeutsame Bereiche wie Medizintechnik, Labortechnik etc. bleiben hier unberücksichtigt. Doch auch sie bilden eigene Subkulturen, die ebenfalls relevant für das Zusammenspiel des Krankenhausalltags sind.

Medizin

Als zunächst für die Berufswahl entscheidend werden humanistische, beziehungsorientierte Werte wie „Berufung" und „Fürsorge" genannt, die allerdings im Verlauf der Ausbildung der Fortschritts- und Prestigeorientierung weichen (Abele 2001). Das Selbstbild wird durch den Auftrag „Heilen" und das Karriereziel „Aufstieg" geprägt (vgl. Mayrhofer 1996), Verantwortung und Entscheidungsfreiheit werden erwartet. Auch wenn heute der „mündige" Patient Mitbestimmungsansprüche bei der Behandlung geltend macht, wird die Behandlungsmethode weitestgehend vom Arzt entschieden. Die Abhängigkeit des Kranken vom Heilenden begünstigt Unterwerfungsmuster, welche die Position des Heilenden stärken. Solche Muster sind nicht nur in der Arzt-Patienten-Beziehung, sondern auch in den Chefarzt-Oberarzt- bzw. Oberarzt-Assistenzarzt-Beziehungen zu finden, wo besonders auf den Chefarzt- und Oberarzt-Ebenen Männer in der Überzahl sind. Inszenierungen von Zeremonien und Ritualen, wie etwa Visiten nach klassischem „König-und-Gefolge"-Muster bringen nach Mayrhofer (ebd.) die patriarchalischen Machtverhältnisse zwischen Chefarzt bzw. Oberarzt und seinen Untergebenen zum Ausdruck. Für den Karriereaufstieg bedeuten diese Strukturen, so Degenhardt (1998), „den Vater bei guter Laune zu halten, ihn für sich einzunehmen und geduldig auf den Tag zu warten, an dem jahrelange stärkere oder schwächere Unterwerfung durch das Erbe der Chefposition belohnt wird". Erlebte, gelernte Unterwerfungs- und Machtverhältnisse werden durch die Oberärzte an deren „Untergebene" sowohl in medizinischen als auch in pflegerischen und sonstigen Bereichen durch die Generationen weitergegeben.

Pflege

Als Berufsmotivation werden am häufigsten Grundwerte wie „Menschen helfen" und „etwas Sinnvolles tun" angegeben (Veit 1998). Die überwiegend weiblichen Angehörigen dieser Subkultur sind stärker praxisorientiert und weniger akademisch ausgebildet. Der Pflegende erlebt sich häufig als „Vollziehungsgehilfe ärztlicher Arbeit" (Degenhardt 1998), der Auftrag besteht in „Heilungsunterstützung" (Mayrhofer 1996). Bischoff-Wanner und Reiber (2006) sehen allerdings bei steigender Qualifizierung einen Wandel im Berufsbild der Pflegeberufe von einem arztabhängigen, eher „dienenden" Beruf zu einem vergleichsweise selbstständigen, modernen Dienstleistungsberuf. Im Vergleich zum ärztlichen Personal haben Angehörige der Pflegeberufe oft deutlich größere und intimere Patientennähe, sodass sie sich, laut Mayrhofer (ebd.), oft im Besitz überlegen Heilungswissens vermuten, was zu Spannungen zwischen dem ärztlichen und dem pflegerischen Personal führen kann.

Verwaltung

Angehörige dieser Subkultur stammen aus sehr unterschiedlichen Berufszweigen mit unterschiedlichen Qualifikationen und Aufgaben. Entsprechend uneinheitlich fallen ihre Grundwerte und die Motivationen zur Berufswahl aus. Der Auftrag dieser Subkultur liegt im Bereich „Kosteneffektivität" und „Betriebsfähigkeit" (vgl. Mayrhofer 1996). Im Hinblick auf die Wertschätzung durch die anderen Berufsgruppen lassen sich eher abschätzige Tendenzen feststellen, wirtschaftliche und organisatorische Aufgaben werden immer noch verpönt, als lästig empfunden und geringer bewertet als die medizinisch-therapeutische Arbeit. Allerdings hat die Verwaltung durch die DRG-Einführung an Status gewonnen. Mit ihren neuen Aufgaben des Medizin-Controllings kann die Verwaltung neu gewonnenen, wirtschaftlichen Druck auf die ärztlichen und Pflegedienste ausüben (Buhr u. Klinke 2006). Degenhardt (1998) sieht eine Nähe des Verwaltungsdiensts zur Geschäftsleitung, die selbst kaum Einfluss auf den medizinischen und wenig Interesse am pflegerischen Bereich hat. Mithilfe dieser Nähe lässt sich das Selbstbild der Subkultur Verwaltung weiter stärken. Erscheinungsformen dieser Subkultur sind formalisiert-bürokratische Prozesse, die beispielsweise in standardisierten Vorgehensweisen und Formularen zum Ausdruck kommen – welche zur Machtausübung gegenüber den medizinischen und pflegerischen Bereichen dienen (vgl. Mayrhofer 1996).

Kommunikation

Die unterschiedlichen Ausrichtungen und Selbstverständnisse der beteiligten Professionen schlagen sich in der Kommunikation nieder und wirken sich auf die Informationsübertragung aus. Vor allem auf der sozialen Ebene sind Hemmschwellen und Kommunikationsbarrieren zu verzeichnen. Grund hierfür sei das latente gegenseitige Misstrauen der beteiligten Gruppen oder Personen, so Mühlbacher (2002). Anstatt Information bereitzustellen, um Zusammenarbeit zu ermöglichen, kann sie als Machterhaltungsinstrument eingesetzt werden. Es kann aber auch schlichtweg zu Missverständnissen bei der Weitergabe von Informationen kommen, ohne dass die Gesprächsbeteiligten dies bemerken (Schottmayer 2002). Begriffe werden von den verschiedenen Krankenhausprofessionen anders ausgelegt und interpretiert, wie verschiedene Studien bestätigen (z. B. Vlastarakos u. Nikalopoulos 2007; Reeves u. Lewin 2004; Krogstad et al. 2004). So wurden

Diversity und das Sozialkapital der Krankenhäuser

in 2004 Krankenhausbeschäftigte zum Thema Interdisziplinarität befragt (Lützenkirchen 2005). Während Pflegekräfte Interdisziplinarität als wünschenswerte Zusammenarbeit aller Berufsgruppen und Einrichtungen im Gesundheitswesen verstehen, bedeutet der Begriff für die Medizin in erster Linie die Kooperation mit verschiedenen medizinischen Fachgebieten „auf gleicher Augenhöhe". In der Verwaltung wird Interdisziplinarität als ein ökonomisches Erfordernis verstanden und als Aufgabe der kaufmännischen Leitung betrachtet, für interdisziplinäre Strukturen zu sorgen. Kaum verwunderlich also, dass die Erwartungen einiger erfüllt werden, während andere die Qualität der Zusammenarbeit als mangelhaft oder nicht zufriedenstellend bewerten.

Zusammenfassend lässt sich festhalten, dass weder die organisatorischen Strukturen noch die berufsständischen Kulturen zur Bildung von Sozialkapital in den Krankenhäusern beitragen. Vielmehr unterstützen sie die Entwicklung von Abteilungsegoismus, Misstrauen, Spaltung und Kommunikationsproblemen. Auch muss an dieser Stelle darauf hingewiesen werden, dass, wenn sich soziale Netzwerke bei ungünstigen Rahmenbedingungen bilden, sich diese nicht per se positiv auf eine Organisation auswirken – besonders dann nicht, wenn sie ausschließenden Charakter entwickeln. Basieren sie etwa auf einer Monokultur oder schließen sie nur Mitglieder einer Hierarchieebene ein, kann von „ungleichem" Sozialkapital gesprochen werden, durch das nicht alle Organisationsmitglieder gleichermaßen profitieren (vgl. Gamarnikow u. Green 2009; Badura et al. 2008).

11.3 Diversity in den Krankenhäusern

11.3.1 Entwicklungen und Trends

Wirtschaftliche und demografische Entwicklungen verändern zunehmend die Personalstrukturen in Krankenhäusern. Bestimmte Trends lassen sich am Beispiel des Krankenhausarztes verdeutlichen. Der Beruf des Krankenhausarztes verliert seit Jahren an Attraktivität und sorgt dafür, dass immer weniger Mediziner auf dem Arbeitsmarkt zur Verfügung stehen. Stattdessen wandern ausgebildete deutsche Mediziner ins Ausland aus oder gehen in die Industrie, wo sie sich jeweils bessere Arbeitsbedingungen und höhere Gehälter erhoffen (Eiff u. Stachel 2007). In 2007 verließen 2.439 Ärzte das Land, ein Jahr später waren es mehr als dreitausend (Kopetsch 2008, 2009). Der Mangel an Nachwuchskräften lässt das Durchschnittsalter der im Krankenhaus tätigen Ärzte steigen, von 38,5 Jahren in 1996 auf 41 Jahre in 2007.

4,6 % der Ärzteschaft ist über 60 Jahre alt (Kopetsch 2008). Mangels des typischen Kandidaten für den Posten des Krankenhausarztes – weiß, männlich, deutsch, mittleren Alters – werden immer mehr Medizinerinnen sowie Fachpersonal aus dem Ausland eingestellt. Im Jahr 2008 waren von den insgesamt 136.267 Krankenhausbeschäftigten 12.002 in den ärztlichen Diensten tätig (Statistisches Bundesamt 2008) und 8,8 % der Mediziner kamen aus dem Ausland – ein Zuwachs zum Vorjahr von 7,3 % (BÄK 2008). An der Spitze waren Fachkräfte aus Russland und der ehemaligen Sowjetunion mit 1.051 Beschäftigten vertreten, gefolgt von Medizinern aus Österreich (1.112), Griechenland (943) und Polen (925) (ebd.). Der Anteil der Frauen, die im medizinischen Dienst angestellt sind, ist von ca. 30 % Anfang der 1990er (Gerste et al. 2002) auf 41,3 % in 2007 angestiegen (Kopetsch 2008). Mit der Zunahme an weiblichen Beschäftigten hat sich auch der Anteil der Teilzeitbeschäftigten im ärztlichen Dienst erhöht und zwar auf 18.596 oder 13,6 % (Statistisches Bundesamt 2008).

Die Situation in den nicht-ärztlichen Diensten sieht etwas anders aus. Die Zahl der Pflegenden über 50 Jahre ist in den letzten Jahren stark angestiegen. In 2005 gehörten 17,2 % der Pflegedienste zu dieser Altersgruppe, im Jahr 1999 waren es nur 12,2 %[3] (dip 2007). Das Durchschnittsalter in der Pflege betrug 38,4 Jahre im Jahr 2006, wobei es Kliniken gibt, in denen das Durchschnittsalter deutlich höher – bei 47,4 Jahren – lag (CKM 2006). Ein aktives Anwerben aus dem Ausland findet in den Pflegediensten im Gegensatz zu den ärztlichen Diensten kaum statt. Schambortski et al. (2008) sprechen von 21.000 ausländischen Pflegekräften zum Stichtag 2004 in den deutschen Krankenhäusern oder 5 % des Pflegepersonals. Laut Krankenhaus Barometer 2005 geht man von durchschnittlich 12 ausländischen Pflegekräften pro Krankenhaus aus, wobei sie fast ausschließlich in den alten Bundesländern zu finden sind. Die Beschäftigten in den Pflegediensten sind traditionell weiblich, knapp 47 % arbeiten Teilzeit bzw. sind geringfügig beschäftigt (Statistisches Bundesamt 2008). Die 70.055 Beschäftigten in der Verwaltung sind ebenso überwiegend Frauen, die Mehrzahl von ihnen ist vollzeitbeschäftigt (63,5 %). Im Jahr 2006 betrug das Durchschnittsalter der Beschäftigten in der Krankenhausverwaltung 41 Jahre, wobei es Kliniken gab, die ein deutlich höheres Durchschnittsalter von 55 Jahren hatten (CKM 2006). Zur Anzahl der ausländischen Mit-

---

3 Die Zahlen beziehen sich auf die sozialversicherungspflichtig Beschäftigten in der Pflege.

arbeiter in den Verwaltungsdiensten existieren keine Statistiken.

Grundsätzlich kann festgehalten werden, dass die drei Hauptbereiche der Medizin, Pflege und Verwaltung eine gemeinsame Alterung der Beschäftigten verzeichnen, analog der demografischen Entwicklung in der Gesellschaft. Während die traditionell weiblich dominierten Bereiche der Pflege und Verwaltung nach wie vor weiblich geblieben sind, weist die Medizin neuerdings eine Feminisierung des Berufs auf, die gleichzeitig einen Anstieg bei den Teilzeitbeschäftigten mit sich bringt. Ebenso ist die hohe Zahl der ausländischen Kräfte v. a. im ärztlichen Bereich zu verzeichnen, also dort, wo Führung und Weisungsbefugnisse einen sehr starken Einfluss auch auf andere Berufsgruppen haben.

11.3.2 Wechselwirkungen zwischen Diversity und Sozialkapital

Wertekonflikte

Personelle Vielfalt kann eine Vielfalt an Ansichten, Wertvorstellungen und Überzeugungen mit sich bringen. Diese können zum einen in den unterschiedlichen Kulturkreisen der Herkunftsländer oder aber beispielsweise durch die unterschiedlichen Kulturen der Altersgruppen, der Geschlechter, der sozialen Schichten usw. begründet liegen. Ein Vorrat an gemeinsamen Werten und Überzeugungen gibt den Beschäftigten eine Orientierung und Stabilität. Wenn Menschen unterschiedliche Auffassungen von richtigem und falschem bzw. akzeptablem und inakzeptablem Verhalten haben, wirkt dies verunsichernd auf die Beteiligten, die sich in ihren Grundwerten bedroht und sich gegenseitig abgelehnt fühlen. Werden die Grundwerte als inkompatibel empfunden, kann dies eine konstruktive Zusammenarbeit behindern und sowohl das Wohlbefinden der Gruppenmitglieder als auch deren Leistung negativ beeinflussen (Messick u. Mackie 1989 zit. nach Van der Zee et al. 2004). Dauerhaft können unterschiedliche Grundwerte nicht nebeneinander bestehen, die Situation wird früher oder später entweder durch offene Konfrontation und Kampf, durch das Machtwort des Vorgesetzten oder durch Konsensfindung geklärt (vgl. Judy u. Milowiz 2007). Eine Konsensfindung setzt allerdings voraus, dass eine Offenheit für unterschiedliche Meinungen und Auffassungen gegeben ist. Wenn Vorurteile und Stereotypisierungen vorherrschen, wird der Stärkere dazu neigen, sich durchzusetzen, während der Schwächere sich zurückzieht. Eine Integration neuer Mitglieder in bestehende Netzwerke wird so erschwert bzw. unmöglich gemacht. Ist der Stärkere derjenige, der abweichende Wertvorstellungen mitbringt (dies wäre etwa der Fall bei einem neuen Oberarzt aus einem anderen kulturellen Kreis), so können sich seine mitgebrachten Überzeugungen destabilisierend auf das Sozialkapital auswirken. Untergebene sehen sich in einem Dilemma zwischen den Erwartungen des Vorgesetzten und denen der restlichen Netzwerkmitglieder. Es muss aber nicht notwendigerweise eine offene Konfliktsituation entstehen. Widersprüche können auch dann belastend sein, wenn zwischen dem Wunsch, einerseits kulturellen Unterschieden gerecht zu werden, und dem Bedürfnis, andererseits die eigenen kulturellen Werte zu schützen, entschieden werden muss (vgl. Baker 1997).

Kohäsion, Integration, Innovation

Studien haben gezeigt, dass Arbeitsgruppen effektiver arbeiten, wenn ihre Arbeit durch soziale Netzwerke und insbesondere Kommunikationsnetzwerke unterstützt wird, da die Netzwerke den Austausch von Informationen fördern, den Abstimmungsbedarf zwischen den Mitgliedern verringern und Vertrauen schaffen (u. a. Weimann 1982; Abrahamson u. Rosenkopf 1997 zit. nach Bodin et al. 2006; Badura et al. 2008). Vor allem homogene Arbeitsgruppen zeigen eine hohe Gruppenkohäsion und bilden starke Kommunikationsnetzwerke. Weisen aber die Arbeitsgruppen einen hohen Grad an Diversity auf, leiden sie häufiger unter Kommunikationsbarrieren und haben eine niedrigere Gruppenkohäsion (z. B. Milliken u. Martins 1996; Williams u. O'Reilly 1998 zit. nach Jayne u. Dipboye 2004). Auch eine Integration neuer Mitglieder in eine bestehende Gruppe wird erschwert, wenn durch ihre soziokulturelle Herkunft der „soziale Fit"[4] nicht stimmt. Putnam stellte in seiner kontrovers diskutierten Veröffentlichung von Forschungsergebnissen eine Korrelation zwischen hoher ethnischer Diversity in einer Gesellschaft und abnehmendem gesellschaftlichen Vertrauen her. Demnach führt eine Zunahme der Diversity nicht nur zu einer Abnahme des Vertrauens zwischen den verschiedenen ethnischen Gruppen untereinander, sondern auch sogar innerhalb der existierenden heimischen Gruppen (Putnam 2007).

Nicht alle Formen von Vielfalt führen in einer Arbeitsgruppe zu den gleichen Ergebnissen. Vielmehr scheint eine Unterscheidung in „soziale" Merkmale

---

[4] Der „soziale Fit" beschreibt inwieweit Mitglieder einer Gruppe auf zwischenmenschlicher Ebene zueinander passen (vgl. Badura et al. 2008).

wie Alter, ethnische Herkunft und Geschlecht und „arbeitsbezogene" Merkmale wie Betriebszugehörigkeit und Bildungsstand sinnvoll (vgl. Mayo u. Pastor 2005). Mayo und Pastor untersuchten die Auswirkungen von Vielfalt auf Kommunikationsnetzwerke und Teameffektivität und konnten nachweisen, dass Dimensionen der sozialen Vielfalt, definiert durch Alter, ethnische Herkunft („race") und Geschlecht, die Netzwerkdichte reduzieren, während arbeitsbezogene Vielfalt, definiert durch Betriebszugehörigkeit und Bildungsstand, die Netzwerkdichte steigert. Demnach hat die Vielfalt in Gruppen eine Auswirkung auf Gruppeneffektivität vermittelt durch das Netzwerkkapital, das sich aus der Gruppenkonstellation entwickelt. Allerdings scheint die Vielfalt einer Arbeitsgruppe die Kreativität und Innovation zu fördern. Zumindest bei der Lösung komplexer Problemstellungen war die Qualität der Ergebnisse bei heterogenen Arbeitsgruppen höher als bei homogenen (u. a. Bantel u. Jackson 1989 zit. nach Jayne u. Dipboye 2004; Weiserman u. Bantel 1992 zit. nach Mayo u. Pastor 2005). Diese Erkenntnisse liegen teilweise darin begründet, dass die Homogenität und die Kohäsion einer Arbeitsgruppe auch die Gefahr von „Groupthink"[5] verstärken und so die Entwicklung neuer Ideen und Betrachtungsweisen behindern. Die Forschungsergebnisse von Ely und Thomas (2001) brachten eine neue Dimension in die Diskussion um Diversity in Arbeitsgruppen: Sie fanden Hinweise dafür, dass „die Einstellung der Gruppe zu ihren Unterschiedlichkeiten" ausschlaggebend für die Gruppenergebnisse ist. Gruppen, die ihrer Vielfalt an Ansichten und Betrachtungsweisen offen gegenüberstehen und sie als Bereicherung verstehen, sind eher in der Lage, diese zur Erzielung besserer Ergebnisse einzusetzen (ebd.).

Führungsrolle

Angesichts der potenziell negativen Auswirkungen von Diversity sowohl auf das Wertekapital als auch auf das Netzwerkkapital gewinnt die Rolle des Führungskapitals an Bedeutung. Eine Aufgabe der Führungskräfte besteht daher darin, destabilisierenden Effekten von Diversity entgegenzuwirken, und dafür Sorge zu tragen, dass die Beschäftigten eine Orientierung erhalten und in einem produktiven Arbeitsklima arbeiten können. Wenn Beschäftigte aus unterschiedlichen Kulturkreisen oder Bevölkerungsgruppen stammen und „von Haus aus" keine gemeinsamen Werte und Überzeugungen besitzen, brauchen sie klare Vorgaben und ein eindeutiges Wertesystem von Seiten der Organisation, um ihr gemeinsames Arbeitsleben gestalten zu können. Bei steigender personeller Vielfalt gilt: Die Beschäftigten müssen nicht gleich denken und handeln. „Aber Partner müssen – bei aller Unterschiedlichkeit – füreinander berechenbar sein." (Doppler u. Lauterburg 1995) An der Ausgestaltung eines berechenbaren Arbeitsklimas sind die Führungskräfte maßgeblich beteiligt. Dazu gehört es auch, eine eindeutige Haltung des Hauses gegenüber Vielfalt festzulegen. Nur so kann einer Ausgrenzung einzelner Personen vorgebeugt oder bestehende Kommunikationshemmnisse abgebaut werden. Insbesondere die Rolle der mittleren Führungsebene gewinnt bei steigender Vielfalt an Bedeutung, denn diese Akteure sind es, die auf der operativen Ebene die Organisationskultur durch ihr tägliches Handeln, ihren Kommunikationsstil und die Arbeitsprozessgestaltung formen. Durch ihren Umgang mit Unterschiedlichkeiten können sie die Beschäftigten dazu animieren, Veränderungen am bisherigen Wertesystem zu vollbringen: „cultural norms arise and change because of what leaders focus their attention on, how they react to crises, the behaviors they role model, and whom they attract to their organizations" (Bass u. Avolio 1990). In den meisten Fällen aber nehmen Ärzte berufsgruppenübergreifende Führungsaufgaben wahr, ohne die geringste Managementausbildung genossen zu haben und ohne adäquate Möglichkeiten zu erhalten, sich mithilfe von Führungsseminaren weiterzubilden. Ob sie ohne Weiteres in der Lage sind, ihre eigenen Vorurteile und Stereotypisierungen gegenüber personeller Vielfalt zu erkennen und eine Offenheit gegenüber Unterschiedlichkeiten zu schaffen, ist bei den heutigen Strukturen und Kulturen in den Krankenhäusern fraglich.

Ein möglicher Lösungsansatz, der die Führungskräfte und Beschäftigten bei der Bewältigung neuer, vielfaltsbezogener Herausforderungen unterstützen will, ist das Konzept des Diversity Managements, das bereits in zahlreichen anglo-amerikanischen und zunehmend in deutschen Unternehmen eingesetzt wird. Inwieweit ein Diversity Management für Krankenhäuser sinnvoll bzw. realistisch ist, wird nachfolgend diskutiert.

---

5 Groupthink bezeichnet einen Denkvorgang, bei dem eine Gruppe von Personen schlechte oder realitätsferne Entscheidungen trifft, weil jede Person ihre eigene Meinung an die angenommene Gruppenmeinung anpasst. Es können Situationen entstehen, bei der die Gruppe Handlungen oder Kompromissen zustimmt, die jedes Gruppenmitglied unter normalen Umständen ablehnen würde. Groupthink ist ein „Denkmodus, den Personen verwenden, wenn das Streben nach Einmütigkeit in einer kohäsiven Gruppe derart dominant wird, dass es dahin tendiert, die realistische Abschätzung von Handlungsalternativen außer Kraft zu setzen" (Janis 1982).

11.4 Diversity Management

11.4.1 Der Lösungsansatz

Diversity Management zielt darauf ab, eine Gestaltungsebene zu schaffen, auf der eine Organisation die Vielfalt von Lebens- und Berufserfahrungen, Sichtweisen und Ideen ihrer Beschäftigten als Kapital erkennen, wertschätzen und zum Vorteil der Organisation einsetzen kann. Durch die Schaffung einer wertschätzenden *Grundhaltung* und Offenheit gegenüber Vielfalt sollen die Beschäftigten den benötigten Freiraum erhalten, um ihr Leistungspotenzial und ihre Kreativität entfalten zu können. Diversity Management gibt Unterschiedlichkeiten und Differenzen in einer Organisation eine neue Perspektive. Sie werden nicht mehr nur als zu beseitigende Probleme betrachtet, sondern auch als Chance erkannt, die eigenen Werte und Handlungsmuster zu überdenken und neue Denk- und Verhaltensweisen zu entwickeln (Judy u. Milowiz 2007). Die Wertschätzung von Unterschiedlichkeit wird dabei als werteorientierter Leitgedanke in der strategischen Ausrichtung der Organisation verankert (vgl. Stuber 2004; Krell 2008). Da demnach die Einführung von Diversity Management eine Veränderung der Organisationskultur erfordert, wird die Unterstützung auf allen Führungsebenen für den Erfolg vorausgesetzt, v. a. auf der Ebene des Top-Managements, damit eine Diversity-gerechte Organisationsphilosophie entwickelt und den Beschäftigten überzeugend kommuniziert wird. Die weiteren Vorgehensweisen der Umsetzung fallen von Unternehmen zu Unternehmen unterschiedlich aus. Idealerweise wird neben der Benennung eines Diversity-Beauftragten eine Bestandsaufnahme (Ist-Analyse) der vorhandenen Vielfalt unternommen, um Handlungsfelder zu identifizieren und Maßnahmen zu priorisieren. Typische Instrumente eines Diversity Managements sind Trainingsmaßnahmen und Aufklärungsarbeit sowohl auf Führungsebene als auch auf allen anderen Ebenen, damit eine organisationsweite Offenheit für Vielfalt geschaffen werden kann. Weitere Maßnahmen können neue Strategien in den Bereichen Personalbeschaffung und -entwicklung, Marketing, Produktentwicklung, interne und externe Kommunikation beinhalten (vgl. Jayne u. Dipboye 2004). Verstanden als Zyklus der kontinuierlichen Verbesserung ist auch in einem Diversity-Management-Konzept nach den Planungs- und Umsetzungsphasen eine Prüfung der Ergebnisse der Umsetzung vorgesehen, damit Korrekturmaßnahmen ergriffen und nächste Schritte erarbeitet werden können.

11.4.2 Hat Diversity Management eine Chance in deutschen Krankenhäusern?

Krankenhausbeschäftigte sind in den letzten Jahren förmlich überschwemmt worden von organisatorischen und strukturellen Veränderungen, die zusätzlich zu den alltäglichen Aufgaben verkraftet werden mussten. Die Einführung der DRGs, die Umsetzung von Qualitätsmanagementmaßnahmen, integrierten Versorgungskonzepten, Case Management und klinischen Pfaden dienen hier nur als Beispiel. Gleichzeitig führt der Verdrängungswettbewerb zwischen Krankenhäusern dazu, dass das Krankenhausmanagement Instrumente aus der Industrie einsetzt, um eine wettbewerbsfähige Kultur zu fördern. Es wird allerdings bemängelt, dass viel geredet, aber wenig tatsächlich verändert wird. Beispielsweise sind laut Eiff (2007) die Krankenhausmanager schon mit dem Thema Leitbildprozess fertig, sobald eine Hochglanzbroschüre „mit markanten Worthülsen über Selbstverständlichkeiten und Utopien" fertig gestellt ist. Es gelingt nur selten, dass eine Organisationsphilosophie bis zur operativen Ebene durchdringt. Eine Befragung der Krankenhausbeschäftigten in 2003 ergab, dass lediglich ein Drittel von ihnen die Ziele der Krankenhäuser nachvollziehen konnten (Bandemer 2005). Krankenhausbeschäftigte sind inzwischen reformmüde. Vor allem die Defizite der Arbeitsorganisation und der hohe zeitliche Aufwand für fachfremde Tätigkeiten und Dokumentation werden sowohl in den medizinischen als auch in den pflegerischen Diensten als zermürbend empfunden. Der vorherrschende Zeitmangel ist, so Bandemer, für die Ablehnung von Verbesserungsvorschlägen entscheidend. Eiff (ebd.) spricht zudem von einer bedrückenden Misstrauenskultur, wenn die Führung Prozesse der Partizipation einleitet oder Kommunikationstrainings anbietet. Aus der militärisch geprägten Krankenhausgeschichte ist ein zentralistisch-direktiver Führungsstil entstanden, der heute noch dafür sorgt, dass den Beschäftigten „der Glaube an die Ernsthaftigkeit der Partizipationsbemühungen ihrer Führung" (ebd.) fehle.

Dies lässt nichts Gutes für eine Einführung eines Diversity Managements ahnen. Führungskräfte spielen eine zentrale Rolle bei der Einführung von Diversity-Strategien. Gelingt es ihnen nicht, diese überzeugend und glaubwürdig zu präsentieren, sind Bemühungen, die Organisation offen für Vielfalt zu gestalten, zum Scheitern verurteilt. In Zeiten der knappen finanziellen und personellen Ressourcen sind ein unproduktives Betriebsklima und schlecht integrierte Beschäftigte nicht vertretbar. Inzwischen ist Diversity keine wählbare Option für Krankenhäuser mehr, sondern eine

Realität geworden. Somit müssen Methoden gefunden werden, um mit den Risiken von Diversity umzugehen und das Potenzial, das Vielfalt bietet, auszuschöpfen. Ob die Krankenhäuser dies in Form einer umfassenden Diversity-Management-Strategie umsetzen oder durch Insellösungen wie freiwillige Schulungen, Teambuilding-Maßnahmen oder Supervision in Konfliktfällen vornehmen, wird von vielen Faktoren abhängen, nicht zuletzt aber von der Bereitschaft der Geschäftsleitung, sich mit dem Thema Diversity auseinanderzusetzen. Ebenso wenig vertretbar ist das Nichtnutzen der vorhandenen Diversity, etwa bei der Entwicklung innovativer Problemlösungen. Durch die Bündelung verschiedener Instrumente zu einem Gesamtkonzept lassen sich diese auch zu Zwecken des Personalmarketings und der Imageverbesserung einsetzen. An allererster Stelle aber müssen sich die Führungskräfte mit dem Nutzen eines Diversity Managements auseinandersetzen und ihre Glaubwürdigkeit in diesem Kontext verbessern, bevor ein neues Management-Konzept eine Chance hat. Dass grundsätzlich ein Diversity-Management-Konzept für Krankenhäuser gestaltet und umgesetzt werden kann, zeigt das Beispiel des englischen Gesundheitswesens (NHS – National Health Service) (s. Beitrag Jogi et al. in diesem Band).

Literatur

Abele A (2001) Arztberuf. Zwischen Erwartungen und Realität. Dtsch Ärzteblatt, Jg 98, Heft 46:16

Badura B, Greiner W, Rixgens P et al (2008) Sozialkapital Grundlagen von Gesundheit und Unternehmenserfolg. Springer Berlin, Heidelberg

Baker C (1997) Cultural Relativism and Cultural Diversity: Implications for Nursing Practice. ANS, Vol 20 (1), September 1997:3–11

BÄK – Bundesärztekammer (2008) Ärztestatistik 2007 (www.bundesaerztekammer.de; Abrufdatum 07.07.2009)

Bandemer S v (2005) Verbesserung von Qualität, Wirtschaftlichkeit und Arbeitsbedingungen. In: Badura B, Schellschmidt H, Vetter C (Hrsg) Fehlzeiten-Report 2004. Gesundheitsmanagement in Krankenhäusern und Pflegeeinrichtungen. Springer, Berlin Heidelberg, S 125–139

Bass B, Avolio B (1990) Transformational leadership development: Manual for the Multifactor Leadership Questionnaire. Consulting Psychologist Press, Palo Alto, CA

Bischoff-Wanner C, Reiber K (2006) Abschlussbericht des Projektes „Studienmodelle mit Bachelor und Master in der Pflege in nationaler und internationaler Perspektive. Ein hochschuldidaktisches Forschungs- und Entwicklungsprojekt". Gefördert von der Robert Bosch Stiftung GmbH Stuttgart. Hochschule Esslingen

Bodin O, Crona B, Ernstson H (2006) Social Networks in Natural Resource Management: What Is There to Learn from a Structural Perspective? Ecology and Society 11 (2) (www.ecologyandsociety.org)

Buhr P, Klinke S (2006) Qualitative Folgen der DRG-Einführung für Arbeitsbedingungen und Versorgung im Krankenhaus unter Bedingungen fortgesetzter Budgetierung. Eine vergleichende Auswertung von vier Fallstudien. Veröffentlichungsreihe der Forschungsgruppe Public Health (WZB), Berlin

Büssing A (1997) Von der funktionalen zur ganzheitlichen Pflege: Reorganisation von Dienstleistungsprozessen im Krankenhaus. Verlag für Angewandte Psychologie, Göttingen

CKM – Centrum für Krankenhausmanagement (2006) Professionelles Personalmanagement im Krankenhaus (www.krankenhaus-management.de/ index_krankenhausmanagement_de.php; Abrufdatum 07.07.2009)

Degenhardt J (1998) Struktur- und Führungswandel im Krankenhaus – Emotionen als Wegweiser zur Veränderung. Kohlhammer, Stuttgart Berlin Köln

dip – Deutsches Institut für angewandte Pflegeforschung e.V. (2007) Pflege-Thermometer 2007. Köln

Doppler K, Lauterburg C (1995) Change Management. Campus, Wien New York

Eiff W von (2000) Führung und Motivation in Krankenhäusern. Perspektiven und Empfehlungen für Personalmanagement und Organisation. Kohlhammer, Stuttgart Berlin Köln

Eiff W von, Stachel K (2007) Unternehmenskultur im Krankenhaus. Band 1 der Reihe Leistungs-orientierte Führung und Organisation im Gesundheitswesen. 2. Aufl. Bertelsmann Stiftung, Gütersloh

Ely R, Thomas D (2001) Cultural Diversity at Work: The Effects of Diversity Perspectives on Work Group Processes and Outcomes. Administrative Science Quarterly, Vol 46, No 2, June 2001:229–273

Gamarnikow E, Green A (2009) Social capitalism for linking professionalism and social justice in education. In: Allan J, Ozga J, Smith G (eds) Social Capital, Professionalism and Diversity. Sense Publishers, Rotterdam

Gerste B, Schellschmidt H, Rosenow C (2002) Personal im Krankenhaus: Entwicklungen 1991 bis 1999. In: Arnold M, Klauber J, Schellschmidt H (2002) Krankenhaus-Report 2001. Schwerpunkt: Personal. Schattauer, Stuttgart, S 13–46

Grossmann R (1993) Leitungsfunktion und Organisationsentwicklung im Krankenhaus. In: Badura B, Feuerstein G, Schott T (Hrsg) System Krankenhaus. Juventa, Weinheim München, S 301–308

Janis IL (1982) Victims of groupthink. Houghton Mifflin, Boston

Jayne M, Dipboye R (2004) Leveraging Diversity to Improve Business Performance: Research Findings and Recommendations for Organizations. Human Resource Management, 43 (4):409–424

Judy M, Milowiz W (2007) Moralen – Wertekonflikte und ihre Folgen. In: Koall I, Bruchhagen V, Höhe F (Hrsg) Diversity Outlooks – Managing Diversity zwischen Ethik, Profit und Antidiskriminierung. LIT Verlag, Münster

Kopetsch T (2008) Entwicklung der Arztzahlen: Zahl der angestellten Ärzte im ambulanten Bereich steigt. Dtsch Ärzteblatt 105 (19):A-985

Kopetsch T (2009) Arztzahlentwicklung: Hohe Abwanderung ins Ausland – sehr geringe Arbeitslosigkeit. Dtsch Ärzteblatt 106 (16):A-757

Krell G (2008) Diversity Management: Chancengleichheit für alle und auch als Wettbewerbsfaktor. In: Krell G (Hrsg) Chancengleichheit durch Personalpolitik. Gabler, Wiesbaden, S 63–80

Krogstad U, Hofoss D, Hjortdahl P (2004) Doctor and nurse perception of inter-professional co-operation in hospitals. International journal for Quality in Health Care. Vol 16, No 6, Oxford University Press

Lützenkirchen A (2005) Interdisziplinäre Kooperation und Vernetzung im Gesundheitswesen – eine aktuelle Bestandsaufnahme. Gruppendynamik und Organisationsberatung. 36. Jg, H 3:311–324

Mayo M, Pastor JC (2005) Networks and Effectiveness in Work Teams: The Impact of Diversity. Instituta de Empresa, IE Working Paper WP05-10. Madrid, S 17–18

Mayrhofer W (1996) Jenseits von Asien. Kommunikation und Kooperation im multikulturellen Kontext „Krankenhaus". In: Müller M (Hrsg) Personal Management im „Unternehmen" Krankenhaus. Manz, Wien

Mühlbacher A (2002) Integrierte Versorgung: Management und Organisation: eine wirtschaftswissenschaftliche Analyse von Unternehmensnetzwerken der Gesundheitsversorgung. Hans Huber, Bern

Ommen O, Driller E, Janssen C et al (2007) Der Zusammenhang zwischen Arbeitszufriedenheit und dem Sozialkapital in einer Organisation – Ergebnisse einer Befragung von Klinikärzten in vier Krankenhäusern. Beitrag zum Kongress Medizin und Gesellschaft 2007. German Medical Science GMS Publishing House, Düsseldorf

Pfaff H, Badura B, Pühlhofer F et al (2005) Das Sozialkapital der Krankenhäuser – wie es gemessen und gestärkt werden kann. In: Badura B, Schellschmidt H, Vetter C (Hrsg) Fehlzeiten-Report 2004. Gesundheitsmanagement in Krankenhäusern und Pflegeeinrichtungen. Springer, Berlin Heidelberg, S 81–109

Putnam R (2007) E Pluribus Unum: Diversity and Community in the Twenty-first Century – The 2006 Johan Skytte Prize Lecture. Scandinavian Political Studies 30 (2):137–174

Reeves S, Lewin S (2004) Interprofessional collaboration in the hospital: strategies and meanings: Journal of Health Services Research & Policy, Vol 9, No 4:218–225

Rohde JH (1974) Soziologie des Krankenhauses. Zur Einführung in die Soziologie der Medizin. Enke, Stuttgart

Schambortski H Dohm S, Gerstner A, Wilhelm M (2008) Mitarbeitergesundheit und Arbeitsschutz. Gesundheitsförderung als Führungsaufgabe. Elsevier, München

Schein E (1995) Unternehmenskultur. Ein Handbuch für Führungskräfte. Frankfurt, New York, S 20–35

Schmidt-Rettig B (2002) Anforderungen an das Personalmanagement im Krankenhaus. In: Arnold M, Klauber J, Schellschmidt H (Hrsg) Krankenhaus-Report 2001. Schwerpunkt Personal. Schattauer, Stuttgart, S 65–75

Schottmayer M (2002) Subkulturen im Betrieb. LIT Verlag, Münster

Statistisches Bundesamt (2008) Gesundheit. Grunddaten der Krankenhäuser. Fachserie 12, Reihe 6.1.1, Wiesbaden

Stuber, M (2004) Diversity. Das Potenzial von Vielfalt nutzen – den Erfolg durch Offenheit steigern. Luchterhand, Neuwied

Van der Zee K, Atsma N, Brodbeck F (2004) The Influence of Social Identity and Personality on Outcomes of Cultural Diversity in Teams. Journal of Cross-Cultural Psychology 35:283

Veit A (1998) Erwartungen an den Pflegeberuf zu Ausbildungsbeginn und ihre Realisierung am Ende des zweiten Ausbildungsjahres (Längsschnittstudie). Pflege, Bd 11, H 2/98:100–107

Vlastarakos P, Nikolopoulos T (2007) The interdisciplinary model of hospital administration: do health professionals and managers look at it in the same way? European Journal of Public Health, Vol 18, No 1:71–76

Kapitel 12

Beschäftigte mit Migrationshintergrund in der Berliner Wirtschaft: Empirische Befunde zu Personalstrukturen, -praktiken und -strategien

R. ORTLIEB · B. SIEBEN

Zusammenfassung. *In dieser Studie wird die betriebliche Integration von Personen mit Migrationshintergrund in Berliner Unternehmen untersucht. Es wird gefragt, inwieweit sich die Vielfalt auf dem Berliner Arbeitsmarkt in der Personalstruktur der Unternehmen widerspiegelt und welche personalpolitischen Praktiken damit verbunden sind. Die aus einer telefonischen Befragung von 500 Unternehmen sowie sechs Unternehmens-Fallstudien gewonnenen Ergebnisse zeigen, wie die Chancen der Beschäftigung von Personen mit Migrationshintergrund von Unternehmen genutzt werden und wo sich weitere Ansatzpunkte zur Förderung der betrieblichen Integration von Personen mit Migrationshintergrund ergeben.*

12.1 Hintergrund, Ziel und Design der Studie

Welche Chancen mit der Beschäftigung von Personen mit Migrationshintergrund für Unternehmen verbunden sind, wird sowohl von Arbeitgebern, von der Politik wie auch von der Forschung immer wieder hervorgehoben. So wird z. B. argumentiert, dass Personen mit Migrationshintergrund über spezielle kulturelle Kenntnisse und Fähigkeiten verfügen, dass sie sich mit Kundinnen und Kunden[1] aus demselben Kulturkreis besser verständigen können und in der Lage sind, Produkte und Dienstleistungen auf entsprechende Zielgruppen zuzuschneiden. Die Frage, inwieweit solche Chancen in der Berliner Wirtschaft realisiert werden, war Anlass für die Studie, die wir im Folgenden präsentieren (s. auch Anders et al. 2008). Die Studie wurde am Institut für Management der Freien Universität Berlin durchgeführt und finanziell aus Mitteln des Europäischen Sozialfonds und des Landes Berlin gefördert.

Ziel der Studie war es, die betriebliche Integration von Personen mit Migrationshintergrund in Berliner Unternehmen zu untersuchen. Aus Diversity-Perspektive interessierte dabei insbesondere, inwieweit sich die Vielfalt auf dem Berliner Arbeitsmarkt in der Personalstruktur der Unternehmen widerspiegelt und welche personalpolitischen Praktiken damit verbunden sind. Dafür wurden im Herbst/Winter 2007/2008 zunächst mit Personalverantwortlichen in 500 Berliner Unternehmen standardisierte telefonische Interviews durchgeführt. Darauf aufbauend wurden in sechs Unternehmen insgesamt 40 leitfadengestützte Tiefen-Interviews mit verschiedenen betrieblichen Akteuren geführt.

---

[1] Auf ausdrücklichen Wunsch der Autorinnen wird in diesem Beitrag auf die in diesem Buch aus Gründen der besseren Lesbarkeit verwendete sprachliche Regelung der männlichen Schreibweise verzichtet.

Hinsichtlich der Unternehmensbefragung konzentrieren wir uns auf die Verbreitung der Beschäftigung von Personen mit Migrationshintergrund (▶ Abschn. 12.2.1), Begründungen, die dafür angeführt werden (▶ Abschn. 12.2.2) sowie die Verbreitung betrieblicher Maßnahmen zur Integration von Personen mit Migrationshintergrund (▶ Abschn. 12.2.3). Aus den Unternehmensfallstudien präsentieren wir Ergebnisse dazu, wie Unternehmen die Kompetenzen von Personen mit Migrationshintergrund nutzen (▶ Abschn. 12.3.1) und wie Personalpraktiken mit Personalstrukturen zusammenhängen (▶ Abschn. 12.3.2).

Insgesamt gibt unsere Studie Aufschluss darüber, wie die Potenziale der Beschäftigung von Personen mit Migrationshintergrund von Unternehmen genutzt werden und wo sich weitere Ansatzpunkte zur Förderung der betrieblichen Integration von Personen mit Migrationshintergrund ergeben.

Zum Konzept des Migrationshintergrundes sei noch erwähnt, dass in Forschung und Praxis der Fokus bislang zumeist auf „Ausländerinnen" und „Ausländer" im Vergleich zu Deutschen gerichtet wurde. Ein alleiniger Fokus auf die Staatsangehörigkeit greift jedoch in vielerlei Hinsicht zu kurz. Er verstellt beispielsweise den Blick auf die Integrationserfolge von Eingebürgerten oder Nachkommen der ehemals als „Gastarbeiter" Angeworbenen; genauso wenig sind deren mögliche Benachteiligungen und Schlechterstellungen oder umgekehrt deren Potenziale, z. B. durch Mehrsprachigkeit, erkennbar. Das Konzept Migrationshintergrund ist in dieser Hinsicht weiter gefasst. Entsprechend der vom Statistischen Bundesamt (2008) verwendeten Definition zählen wir zu Personen mit Migrationshintergrund Personen nichtdeutscher Staatsangehörigkeit, (Spät-)Aussiedler und Aussiedlerinnen, Eingebürgerte sowie Nachkommen dieser Personengruppen. Aus forschungspraktischen Gründen fokussieren wir in unserer Studie Beschäftigte mit Migrationshintergrund als eine Personengruppe, obwohl diese Gruppe durchaus vielfältig ist, u. a. hinsichtlich Geschlecht und Alter und vor allem der regionalen (urbanen oder ländlichen) Herkunft. Schließlich sind auch Zuschreibungsprozesse entscheidend dafür, was als Migrationshintergrund wahrgenommen wird und welche subjektiven Einstellungen damit verbunden sind – ein Aspekt, der in der Analyse unserer Unternehmensfallstudien zum Tragen kommt.

12.2 Ergebnisse der telefonischen Unternehmensbefragung

Für die standardisierten Telefon-Interviews wurde eine Zufallsstichprobe gezogen, die nach Branche und Unternehmensgröße geschichtet war (vgl. ◘ Tab. 12.1). Von den 500 ausgewählten Unternehmen zählten 14 % zu(m) verarbeitenden Gewerbe, Energie/Wasser und Bau, 22 % zu(m) Handel und Gastgewerbe und 64 % zu(m) Verkehr, Kredit- und Versicherungsgewerbe sowie weiteren Dienstleistungen. Diese Anteile entsprechen der Verteilung der Grundgesamtheit, also aller Berliner Unternehmen. Hinsichtlich der Unternehmensgröße wurden überproportional viele größere Unternehmen ausgewählt, um auch über diese in der Grundgesamtheit vergleichsweise selten vorkommenden Unternehmen Aussagen treffen zu können. Mehr als 200 Beschäftigte hatten insgesamt 14 % der ausgewählten Unternehmen, 16 % hatten zwischen 51 und 200 Beschäftigte und die übrigen 70 % zwischen 5 und 50 Beschäftigte.

In den befragten Unternehmen sind insgesamt rund 83.000 Personen beschäftigt (zwischen 5 und 5.000 Personen). Von diesen Personen haben durchschnittlich 12 % einen Migrationshintergrund, ihr Anteil variiert in den betrachteten Unternehmen zwischen 0 und 100 %. Insgesamt sind es 340 von den 500 befragten Unternehmen (68 %), die Personen mit Migrationshintergrund beschäftigen. Im Folgenden stellen wir dar, wo Personen mit Migrationshintergrund vertreten sind, welche Gründe aus Managementsicht für ihre

◘ Tab. 12.1 Befragte Unternehmen nach Unternehmensgröße und Wirtschaftszweig

Wirtschaftszweig	Unternehmensgröße: Anzahl Beschäftigte			
	5–50	51–200	> 200	Gesamt
Verarbeitendes Gewerbe, Energie und Wasser, Bau	52 (15 %)	9 (11 %)	10 (14 %)	71 (14 %)
Handel, Gastgewerbe	88 (25 %)	13 (17 %)	7 (10 %)	108 (22 %)
Verkehr, Kredit- und Versicherungsgewerbe, weitere Dienstleistungen	210 (60 %)	56 (72 %)	55 (76 %)	321 (64 %)
Gesamt	350 (100 %)	78 (100 %)	72 (100 %)	500 (100 %)

Fehlzeiten-Report 2010

Beschäftigung sprechen und welche Maßnahmen zur Integration dieser Beschäftigten in den Unternehmen umgesetzt werden.

12.2.1 Wo sind Personen mit Migrationshintergrund beschäftigt?

Unsere Ergebnisse zeigen, dass die Unternehmensgröße für die Beschäftigung von Personen mit Migrationshintergrund lediglich eine untergeordnete Rolle spielt. Während der durchschnittliche Anteil der Beschäftigten mit Migrationshintergrund bei 12 % liegt, beträgt er in kleinen Unternehmen (5–50 Beschäftigte) 11 %, in mittelgroßen (51–200 Beschäftigte) 12 % und in großen (mehr als 200 Beschäftigte) 13 %.

Dahingegen variiert die Beschäftigung von Personen mit Migrationshintergrund stark zwischen Branchen. ◘ Abb. 12.1 zeigt, dass Unternehmen des verarbeitenden Gewerbes inklusive der Energie- und Wasserversorgung mit 21 % den höchsten Anteil von Beschäftigten mit Migrationshintergrund aufweisen. Überdurchschnittlich schneiden außerdem mit jeweils 16 % der Handel und der Bereich Grundstücks- und Wohnungswesen sowie weitere wirtschaftliche Dienstleistungen ab. Deutlich unter dem Durchschnitt liegen Kredit- und Versicherungsgewerbe (4 %), Baugewerbe (5 %) sowie Verkehr und Nachrichtenübermittlung (6 %).

Beschäftigte mit Migrationshintergrund sind in unterschiedlichen Positionen tätig. Im Management der befragten Unternehmen beträgt ihr Anteil durchschnittlich 9 %, in anderen qualifizierten Tätigkeiten 21 %, in einfachen Tätigkeiten 19 % und der Anteil der Auszubildenden mit Migrationshintergrund liegt bei 7 %. Diese Anteile in verschiedenen Tätigkeitsbereichen und Hierarchiestufen variieren ebenfalls stark nach der Branche der Unternehmen (vgl. Anders et al. 2008). Einen weiteren bedeutsamen Zusammenhang konnten wir in Hinblick auf sogenannte Diversity-Strategien der Unternehmen (s. u.) feststellen, die auf den im Folgenden dargestellten Begründungen für die Beschäftigung von Personen mit Migrationshintergrund basieren.

12.2.2 Warum beschäftigen Unternehmen Personen mit Migrationshintergrund?

Die von uns befragten Unternehmen versprechen sich vielfältige Vorteile durch die Beschäftigung von Personen mit Migrationshintergrund. So sagen knapp zwei Drittel (64 % = 217 Unternehmen) derjenigen Unternehmen, die Personen mit Migrationshintergrund beschäftigen, dass diese besser qualifiziert waren als Mitbewerber ohne Migrationshintergrund. Fast jedes dritte dieser Unternehmen (29 % = 100 Unternehmen)

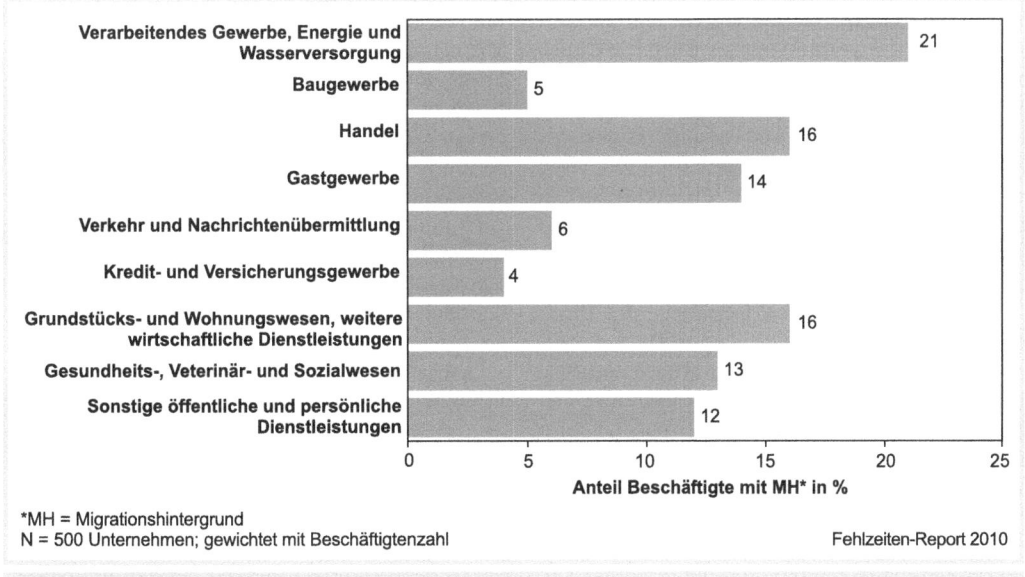

◘ Abb. 12.1 Beschäftigte mit Migrationshintergrund nach Branchen

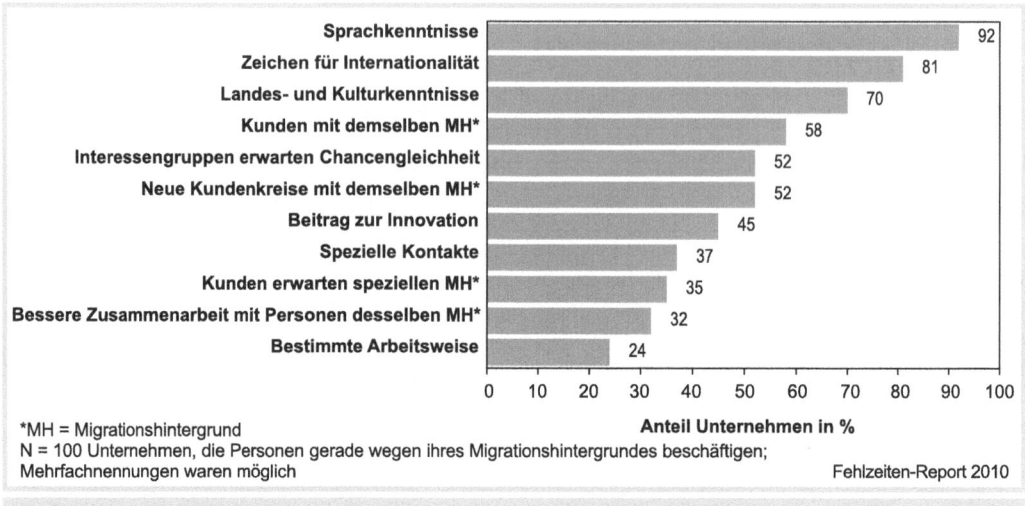

◘ Abb. 12.2 Begründungen für die bevorzugte Beschäftigung von Personen mit Migrationshintergrund (MH)

beschäftigt diese Personen sogar gerade wegen ihres Migrationshintergrundes (Mehrfachnennungen waren möglich). Im Vordergrund stehen für diese 100 Unternehmen dabei insbesondere Sprach-, Landes- und Kulturkenntnisse, besondere Fähigkeiten im Umgang mit Kunden mit demselben Migrationshintergrund sowie das Signalisieren von Internationalität nach außen (◘ Abb. 12.2).

Basierend auf den Begründungen für die Beschäftigung von Personen mit Migrationshintergrund lassen sich zudem verschiedene Diversity-Strategien identifizieren. Solche Diversity-Strategien, d. h., Strategien zum Umgang mit der Vielfalt des Personals, ergeben sich als eine Kombination aus den genannten Begründungen, Personalstrukturen und Personalpraktiken. Wir können nun auf der Basis unserer Telefon-Interviews zeigen, dass diese Strategien mit Wettbewerbsstrategien der Unternehmen im Sinne von Porter (1980) einhergehen (vgl. Ortlieb u. Sieben 2008). So verfolgen z. B. zahlreiche Unternehmen eine sogenannte (Produkt-) Differenzierungsstrategie und gleichzeitig eine Diversity-Strategie, die wir (in Anlehnung an Thomas u. Ely 1996) „Lernen" nennen. Diese Unternehmen versuchen sich von ihren Konkurrenten durch qualitativ hochwertige und innovative Produkte abzugrenzen und zielen in Hinblick auf das Personal auf gegenseitige Wertschätzung und darauf, dass vielfältige Perspektiven in Problemlösungs- und Produktentwicklungsprozesse eingebracht werden. Überdies können wir zeigen, dass Personen mit Migrationshintergrund in solchen Unternehmen, die die Strategie „Lernen" verfolgen, die besten Beschäftigungschancen und Karriereaussichten haben (Ortlieb u. Sieben 2010) – auch aufgrund der im Folgenden dargestellten Maßnahmen, die in diesen Unternehmen umgesetzt werden.

12.2.3 Welche Maßnahmen zur Integration von Beschäftigten mit Migrationshintergrund werden praktiziert?

Aus Managementsicht ist besonders interessant, welche Maßnahmen Unternehmen durchführen, die auf die Integration von Personen mit Migrationshintergrund zielen, und welche betrieblichen Einrichtungen es in diesem Zusammenhang gibt. Unsere Befragung hat dabei ergeben, dass nicht nur das Management, sondern insbesondere auch Betriebsräte entsprechende Aktivitäten initiieren. So gaben 43 % der befragten Unternehmen, in denen es einen Betriebsrat gibt, an, dass dieser sich aktiv für die Belange der Beschäftigten mit Migrationshintergrund einsetzt. Entsprechende Maßnahmen des Managements sind in ◘ Abb. 12.3 dargestellt.

Anhand von ◘ Abb. 12.3 lässt sich erkennen, dass die Verankerung von Chancengleichheit in der Unternehmensphilosophie oder in Führungsgrundsätzen mit 84 % die am weitesten verbreitete Maßnahme ist. Ein Diversity-Management-Programm haben nur 4 % der Unternehmen. Die unteren beiden Punkte beziehen sich auf die sogenannte „Charta der Vielfalt", ein Ergebnis der bundesweiten Kampagne „Vielfalt als Chance" (www.vielfalt-als-chance.de) der Bundesbeauftragten

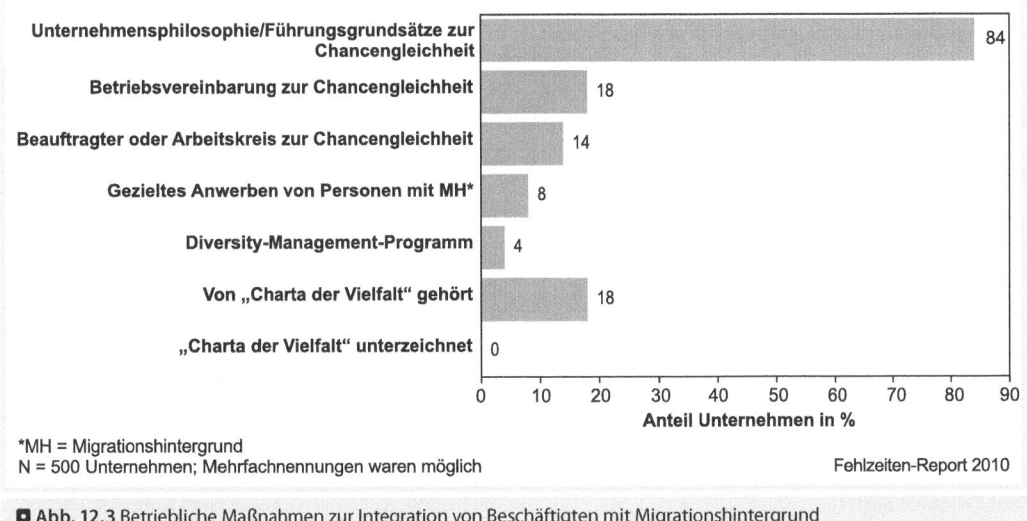

Abb. 12.3 Betriebliche Maßnahmen zur Integration von Beschäftigten mit Migrationshintergrund

für Migration, Flüchtlinge und Integration. Unterzeichnet wurde die „Charta der Vielfalt" bislang von keinem der befragten Unternehmen. Wenn Befragte von der Charta bereits gehört haben, ist dies jedoch zumindest ein Zeichen dafür, dass ihnen das Thema Diversity bekannt ist.

Diese Maßnahmen korrespondieren tatsächlich eng mit den Begründungen für die Beschäftigung von Personen mit Migrationshintergrund (vgl. Ortlieb u. Sieben 2010). So geben z. B. 54 % der Unternehmen mit der oben bereits genannten „Lernen"-Strategie an, dass sie gezielt Beschäftigte mit Migrationshintergrund anwerben. Dies ist etwa siebenmal so viel wie der Durchschnitt aller Unternehmen. In 42 % dieser Unternehmen gibt es außerdem Beauftragte für Chancengleichheit und in 44 % Betriebsvereinbarungen zu Chancengleichheit.

12.3 Ergebnisse der Unternehmens-Fallstudien

Für die Fallstudien wurden sechs Unternehmen aus verschiedenen Branchen ausgewählt (verarbeitendes Gewerbe, Gesundheit, Transport, Kreditwesen, öffentliche Medien und Handel), in denen insgesamt 40 Interviews mit Personalverantwortlichen, Betriebsrats-Mitgliedern, Beschäftigten mit Migrationshintergrund und Beschäftigten ohne Migrationshintergrund geführt wurden. Diese Interviews wurden um Informationen zur Personalstruktur sowie um öffentlich zugängliche Informationen ergänzt und zu Fallstudien verdichtet. Im Folgenden stellen wir zunächst Ergebnisse zur Bedeutung der Kompetenzen von Personen mit Migrationshintergrund dar. Daran anschließend erläutern wir Befunde zum Zusammenhang zwischen Personalstrukturen und Personalpraktiken bezogen auf Beschäftigte mit Migrationshintergrund.

12.3.1 Kompetenzen von Personen mit Migrationshintergrund

Dass die Beschäftigten mit Migrationshintergrund über besondere Kompetenzen verfügen, die für das Unternehmen nützlich sind, war eines der zentralen Themen in den Interviews. Ein Blick auf die Personalstrukturen und die Personalpraktiken in den untersuchten Unternehmen bestätigt die hohe Relevanz der Kompetenzen und zeigt, wie die Unternehmen das Potenzial der Beschäftigten mit Migrationshintergrund nutzen.

Die Kompetenzen der Beschäftigten mit Migrationshintergrund werden insbesondere dann relevant, wenn es um den persönlichen Umgang mit der Kundschaft geht. Auf der einen Seite können dabei mangelnde Deutschkenntnisse das persönliche Gespräch mit deutschsprachigen Kundinnen und Kunden beeinträchtigen. Auf der anderen Seite wurden aber in den Interviews Vorteile für den Umgang mit Personen aus anderen Kulturkreisen betont. So profitiert z. B. eine Filiale der von uns untersuchten Bank mit Sitz in einem Bezirk, in dem viele Bürger türkischer Herkunft leben, sehr stark von einer Beraterin mit ebenfalls türkischem Hintergrund. Ihr war es aufgrund dieser Gemeinsamkeit gelungen, einen überdurchschnittlich großen und sehr zufriedenen Kundenstamm aufzubauen. Der Migrationshintergrund der Beraterin verschaffte der Filiale einen klaren Wettbewerbsvorteil gegenüber benachbarten Bankfilialen. Da der Beratungserfolg außerdem ein Kriterium für das leistungsabhängige Entgelt war, profitierte die Mitarbeiterin selbst ebenfalls von ihren besonderen Kenntnissen und Fähigkeiten.

Ganz ähnlich wie in der Bank stellte auch für das untersuchte Krankenhaus die Beschäftigung von Personen mit Migrationshintergrund einen strategischen Wettbewerbsvorteil dar. Hier ging es insbesondere um die sogenannte kultursensible Pflege. Das Krankenhaus beschäftigte gezielt solche Personen mit Migrationshintergrund, die zu den Anforderungen der Patientinnen und Patienten passten.

Während es sich sowohl bei der Pflege als auch bei der Finanzberatung um Tätigkeiten handelt, für die fachliche Qualifikationen sehr wichtig sind und die Kenntnisse einer bestimmten Sprache und Kultur eine zusätzliche wertvolle Qualifikation darstellen, standen bei dem untersuchten internationalen Handelsunternehmen sowie bei dem Öffentliche-Medien-Betrieb der Migrationshintergrund im Vordergrund. In beiden Fällen wurden gezielt Personen mit Migrationshintergrund beschäftigt, die Kundenanfragen aus entsprechenden Ländern bearbeiten konnten bzw. Reportagen aus dem und in das Ausland lieferten.

In den beiden übrigen Unternehmen schließlich waren zwar die Beschäftigten mit Migrationshintergrund nicht explizit wegen der damit verbundenen Sprach- und Kulturkenntnisse eingestellt worden. Im Laufe der Zeit während ihrer Tätigkeit für das Unternehmen wurde jedoch das Potenzial dieser Beschäftigten erkannt. Hier zeigte sich, dass mit dem Migrationshintergrund verbundene Qualifikationen als wichtig erachtet und eingesetzt werden, wenn es sich aus der Situation oder der Entwicklung des Unternehmens ergibt. Dazu gehörten in den betrachteten Unternehmen z. B. die gezielte Ansprache von Auszubildenden mit Migrationshintergrund, denen die im Personalmanagement beschäftigten Personen mit Migrationshintergrund auch als „role model" dienen können, sowie der Ausbau und die Pflege von internationalen Geschäftsbeziehungen.

Insgesamt verdeutlichen die Fallstudien, dass die Qualifikationen von Personen mit Migrationshintergrund auf vielfältige Weise genutzt werden können. Die Fähigkeiten zum Umgang mit Kundinnen und Kunden aus dem gleichen Herkunftsland oder Kulturkreis sind dabei oftmals ein wichtiger Aspekt für Unternehmen.

Dies ist jedoch nur ein möglicher Beitrag, den Beschäftigte mit Migrationshintergrund zum Unternehmenserfolg leisten können; das Potenzial, das Unternehmen durch die Beschäftigung von Personen mit Migrationshintergrund eröffnet wird, geht weit darüber hinaus.

12.3.2 Zusammenhang zwischen Personalstrukturen und Personalpraktiken

Anhand der Fallstudien lässt sich der Zusammenhang zwischen Personalstrukturen und Personalpraktiken in den Unternehmen analysieren. So tragen z. B. eine positive Grundeinstellung zu Diversity sowie (inter-)kulturelle Sensibilität von Personalverantwortlichen und weiteren im Prozess der Personalauswahl beteiligten Personen zur Entwicklung einer kulturell heterogenen Belegschaft bei. Eine solche Haltung von einzelnen Personen ist oftmals die Folge von früheren positiven Erfahrungen mit Beschäftigten mit Migrationshintergrund im Unternehmen.

Darüber hinaus wurde deutlich, dass die Karriereentwicklung von Personen mit Migrationshintergrund begünstigt wurde, wenn ein Unternehmen standardisierte Verfahren für die Personalbeurteilung verwendet. Besonders förderlich für Beschäftigte mit Migrationshintergrund ist dabei die Fokussierung auf Arbeitsergebnisse, z. B. im Rahmen von Zielvereinbarungen.

Die Fallstudien zeigen außerdem, wie in den Unternehmen durch bestimmte Praktiken Unterscheidungen und Hierarchisierungen zwischen Personen mit unterschiedlichem Migrationshintergrund hergestellt und aufrechterhalten werden – sodass eine sogenannte Diversity-Ordnung entsteht, quasi eine Rangordnung der Beschäftigten mit und ohne Migrationshintergrund (vgl. Ortlieb u. Sieben 2009). Die dabei wirksamen Unterscheidungen und Hierarchisierungen sind insofern wichtig, als Klassifikations- und Zuschreibungsprozesse nicht nur zur Entstehung von informellen Hierarchien in Unternehmen, sondern auch zur Ausgestaltung der formalen Hierarchie beitragen. So lässt sich z. B. in dem untersuchten internationalen Handelsunternehmen deutlich erkennen, dass die Restrukturierung von Abteilungen und Zuständigkeiten dazu führte, dass Angehörige derjenigen Länder, für die eine eigene Abteilung eingerichtet wurde, einflussreicher sind als Personen mit einem anderen Migrationshintergrund. Unter anderem bei regelmäßigen Mahlzeiten und auf Betriebsfeiern konnten sich die Beschäftigten gut gegenseitig beobachten. Bei diesen Anlässen gestaltete und verfestigte sich ihr persönliches Bild von den Beschäftigten mit (einem anderen) Migrationshintergrund. Die interviewten Personen schilderten etwa, dass ihre Kolleginnen und Kollegen mit französischem oder italienischem Hintergrund besonders hohe Ansprüche an das Essen haben. Deutsche dagegen galten als besonders ernst und wenig Spaß zeigend.

Insgesamt stellte sich heraus, dass Personalpraktiken eine gewichtige Rolle bei der Herstellung der Diversity-Ordnungen spielen, z. B. im Bereich der Karriereplanung oder von Trainings. Dabei tragen sowohl Management als auch die Beschäftigten selbst aktiv zu diesem Prozess bei. Unsere Analyse vermag so zum einen für die Prozesse zu sensibilisieren, durch die Ungleichheiten am Arbeitsplatz entstehen; zum anderen zeigt sie zugleich die Möglichkeiten für Management und Beschäftigte, die bestehenden Verhältnisse zu ändern.

12.4 Fazit

Berlin ist international: Unternehmen aus diversen Ländern sind in der Hauptstadt vertreten und viele Berliner Unternehmen agieren auch im Ausland. Menschen aus 186 Nationen leben und arbeiten in Berlin, sie prägen die Vielfalt der Stadt (Amt für Statistik Berlin-Brandenburg 2009). Mit 26 % im Jahr 2007 – in manchen Bezirken bis über 40 % – liegt der Anteil der Einwohnerinnen und Einwohner mit Migrationshintergrund in Berlin ähnlich hoch wie in anderen westdeutschen Großstädten und Bundesländern (Börnermann et al. 2008).

In unserer Studie untersuchten wir, wie sich diese Vielfalt des Arbeitsmarktes in den Unternehmen widerspiegelt. Auf der Basis der telefonischen Unternehmensbefragung sowie der Unternehmens-Fallstudien zeigte sich, dass die Chancen, die die Beschäftigung von Personen mit Migrationshintergrund eröffnet, durchaus von den Berliner Unternehmen genutzt werden. So beschäftigen gut zwei Drittel der telefonisch befragten Unternehmen Personen mit Migrationshintergrund, durchschnittlich liegt deren Anteil an allen Beschäftigten bei 12 %. Bemerkenswert ist, dass jedes fünfte Unternehmen angibt, Personen mit Migrationshintergrund gerade wegen ihres Migrationshintergrundes zu beschäftigen. Die Vorteile der Beschäftigung von Personen mit Migrationshintergrund werden am häufigsten in den Sprachkenntnissen gesehen. Des Weiteren sind die Vielfalt der Belegschaft als Zeichen für die Internationalität des Unternehmens sowie die Landes- und Kulturkenntnisse der Personen mit Migrationshintergrund von großer Bedeutung.

Zudem zeigen die Unternehmens-Fallstudien, dass der direkte Kontakt mit Kundinnen und Kunden von besonderer Bedeutung für die Beschäftigung von Personen mit Migrationshintergrund ist. Darüber hinaus ergeben sich deutliche Zusammenhänge zwischen der Personalstruktur und Praktiken des Personalmanagements. So tragen z. B. eine positive Grundeinstellung zu Diversity der Personalverantwortlichen zur Entwicklung einer (kulturell) heterogenen Belegschaft bei.

Insgesamt betrachtet eröffnet die Beschäftigung von Personen mit Migrationshintergrund Potenziale für Unternehmen, die sie noch wesentlich stärker als bisher nutzen können (vgl. dazu auch Köppel et al. 2007 und Köppel in diesem Band). Ein Diversity-orientiertes Personalmanagement (vgl. u. a. Krell in diesem Band) kann dazu beitragen, die betriebliche Integration von Personen mit Migrationshintergrund weiter zu fördern (Anders et al. 2008): Durch eine entsprechende Organisationsanalyse kann der Handlungsbedarf ermittelt werden. Gezielte Maßnahmen können dann darauf hinwirken, dass die Vielfalt im Unternehmen erhöht wird, Personen mit Migrationshintergrund besser integriert und die Chancen der Vielfalt genutzt werden.

Wie die Beiträge von Oldenburg et al. und Brzoska et al. in diesem Band zeigen, sind Personen mit Migrationshintergrund aufgrund ihrer Arbeits- und Lebensumstände anderen Belastungen und Risiken ausgesetzt als deutsche Arbeitnehmer. Mit einem Diversity-orientierten Personalmanagement können auch Maßnahmen im Rahmen eines Betrieblichen Gesundheitsmanagements effektiver gestaltet werden, denn eine Fehlzeitenanalyse wird oftmals durch Stigmatisierungen und Vorurteile gegenüber Personen mit Migrationshintergrund und anderen Beschäftigtengruppen beeinträchtigt (Ortlieb 2003; Beblo u. Ortlieb 2005). Dem kann Diversity Management entgegenwirken.

Literatur

Amt für Statistik Berlin-Brandenburg (2009) Über 460.000 Ausländer aus 186 Staaten in Berlin gemeldet. Pressemitteilung Nr. 327 vom 20.10.2009. www.statistik-berlin-brandenburg.de. Gesehen 30 Nov 2009

Anders V, Ortlieb R, Pantelmann H, Reim D, Sieben S, Stein S (2008) Diversity und Diversity Management in Berliner Unternehmen. Im Fokus: Personen mit Migrationshintergrund. Ergebnisse einer quantitativen und qualitativen empirischen Studie. Hampp, München Mering

Beblo M, Ortlieb R (2005) Der Einfluss von Arbeitsbedingungen und Haushaltskontext auf krankheitsbedingte Fehlzeiten. Eine geschlechterbezogene Analyse auf Basis des Sozioökonomischen Panels. Zeitschrift für Arbeits- und Organisationspsychologie 49:187–195

Börnermann H, Rehkämper K, Rockmann U (2008) Neue Daten zur Bevölkerung mit Migrationshintergrund zum Stand 31.12.2007. Zeitschrift für Statistik Berlin-Brandenburg 2 (3):20–28. www.statistik-berlin-brandenburg.de. Gesehen 30 Nov 2009

Köppel P, Yan J, Lüdicke J (2007) Diversity Management in Deutschland hinkt hinterher. Gütersloh. www.bertelsmann-stiftung.de. Gesehen 01. Aug 2008

Ortlieb R (2003) Betrieblicher Krankenstand als personalpolitische Arena. Eine Längsschnittanalyse. Gabler, Wiesbaden

Ortlieb R, Sieben B (2008) Diversity strategies focused on employees with a migration background: An empirical investigation based on resource dependence theory. Management Revue 19:70–93

Ortlieb R, Sieben B (2009) Diversity orders in organizations. A critical analysis based on structuration theory. Paper presented at the 6th Critical Management Conference, Warwick, GB

Ortlieb R, Sieben B (2010) Migrant employees in Germany: Personnel structures and practices. Erscheint in: Equality, diversity and Inclusion 28

Porter, M (1980) Competitive strategy: Techniques for analyzing industries and competitors. Free Press, New York

Statistisches Bundesamt (2008) Bevölkerung und Erwerbstätigkeit. Bevölkerung mit Migrationshintergrund – Ergebnisse des Mikrozensus 2006, Fachserie 1 Reihe 2.2, Wiesbaden. www.destatis.de. Gesehen 01. Aug 2008

Thomas, DA, Ely RJ (1996) Making differences matter: A new paradigm for Managing Diversity. Harvard Business Review, 74 (6):79–90

Kapitel 13

Arbeit, Migration und Gesundheit

P. Brzoska · K. Reiss · O. Razum

Zusammenfassung. *Deutschland ist ein bevorzugtes Ziel von internationaler Mobilität und Zuwanderung. Insgesamt haben rund 15,4 Millionen Menschen in Deutschland einen Migrationshintergrund und machen damit fast ein Fünftel der Gesamtbevölkerung aus. Daten des Mikrozensus 2007 und des Sozio-oekonomischen Panels (SOEP) zeigen, dass Migranten im Hinblick auf unterschiedliche sozioökonomische Faktoren im Vergleich zur einheimischen Mehrheitsbevölkerung benachteiligt sind. Sie haben geringere schulische und berufliche Abschlüsse und arbeiten in Berufen, die ein geringeres Qualifikationsniveau erfordern. In der Folge ist ihre wirtschaftliche Situation durchschnittlich ungünstiger. Darüber hinaus sind sie größeren berufsbedingten Gesundheitsrisiken ausgesetzt und haben einen schlechteren Gesundheitszustand. Das geht aus Statistiken der Sozialversicherungsträger zu Arbeitsunfällen, Berufskrankheiten, Arbeitsunfähigkeitszeiten und gesundheitlicher Frühberentung hervor. Es ist daher die Aufgabe der Akteure im Sozial- und Gesundheitswesen dafür zu sorgen, dass Arbeitsbedingungen für Migranten verbessert, ihr Zugang zum Arbeitsmarkt durch Reduzierung von Bildungsungleichheit erleichtert und bereits eingetretene berufsbedingte gesundheitliche Beeinträchtigungen bedarfs- und bedürfnisgerecht adressiert werden.*

13.1 Einleitung

Als Armando Rodrigues de Sá aus Vale de Madeiros in Portugal am 10. September 1964 am Hauptbahnhof Köln-Deutz ankam, begrüßte ihn eine Menschenmenge mit Applaus, Blumen und einem neuen Moped. Er war der einmillionste Arbeitsmigrant, der auf dem Höhepunkt der deutschen „Gastarbeitergeschichte" nach Westdeutschland kam (Göktürk et al. 2007). Dem vorausgegangen war ein Arbeitskräftemangel seit Mitte der 1950er Jahre auf Grund eines Wirtschaftsaufschwungs bis dahin ungekannten Ausmaßes. Bis zum Anwerbestopp 1973 folgten Armando Rodrigues weitere 1,9 Millionen ausländische Arbeitnehmer, vornehmlich aus den klassischen Anwerbestaaten Italien, Spanien, Portugal, Griechenland, Jugoslawien und der Türkei.

Seitdem haben sich die Gründe für die Zuwanderung nach Deutschland verändert. Anders als von Politik und Arbeitgebern zunächst vorgesehen, blieben viele der angeworbenen ausländischen Arbeitnehmer in Deutschland und holten ihre Familien nach. Sie leben heute in der zweiten, dritten und vierten Generation in Deutschland und haben teilweise die deutsche Staatsangehörigkeit angenommen. Aus Gastarbeitern sind so Zuwanderer geworden. Weitere große Zuwanderergruppen waren und sind Flüchtlinge, Vertriebene, Asylsuchende, EU-Binnenmigranten, (Spät-)Aussiedler und Bildungsmigranten (Razum et al. 2008).

Menschen mit Migrationshintergrund sind ein wichtiger Teil der deutschen Gesellschaft und machen heute knapp ein Fünftel der Bevölkerung Deutschlands (das sind knapp 15,4 Millionen Menschen) aus. Über

8,1 Millionen dieser Menschen haben die deutsche, die verbleibenden 7,3 Millionen eine ausländische Staatsangehörigkeit (Statistisches Bundesamt 2009a). Sowohl die Gruppe der Ausländer als auch die der Menschen mit deutscher Staatsangehörigkeit und Migrationshintergrund umfasst dabei Migranten der ersten Generation sowie Teile der Folgegenerationen ihrer hier geborenen und/oder aufwachsenden Kinder und Enkel.

Die Bevölkerung mit Migrationshintergrund unterscheidet sich in ihrer Altersstruktur deutlich von der einheimischen Bevölkerung ohne Migrationshintergrund. Dazu hat auch die Anwerbepolitik in den 1950er und 60er Jahren beigetragen, durch die in erster Linie junge Männer im Alter von 20 bis 30 Jahren nach Deutschland kamen. ◘ Abb. 13.1 zeigt getrennt für Frauen und Männer die relativen Anteile einzelner Altersgruppen an der jeweiligen Gesamtbevölkerung für Menschen mit und ohne Migrationshintergrund sowie für Ausländer und Deutsche. Deutlich wird, dass im Vergleich zur Bevölkerung ohne Migrationshintergrund der Anteil jüngerer Altersgruppen unter den Menschen mit Migrationshintergrund und Ausländern höher ist. Der Anteil älterer Menschen ist bei diesen Bevölkerungsgruppen hingegen heute noch verhältnismäßig gering, wird in Zukunft jedoch deutlich ansteigen, wenn die heute große Gruppe der Menschen im erwerbsfähigen Alter in das Rentenalter übergeht.

Doch nicht nur in ihrer Altersstruktur unterscheiden sich Menschen mit Migrationshintergrund von der Bevölkerung ohne Migrationshintergrund, sondern auch hinsichtlich gesundheitlich relevanter Expositionen, denen sie in ihrem Leben ausgesetzt sind. Hierzu gehört neben Einflussfaktoren im Herkunftsland auch die sozioökonomische Situation in der aufnehmenden Gesellschaft. Beide haben Auswirkungen auf den Gesundheitszustand von Migranten und tragen dazu bei, dass sie sich in ihrer Gesundheit von der nicht migrierten Mehrheitsbevölkerung unterscheiden (Razum 2006; Spallek u. Razum 2008).

In dem vorliegenden Beitrag widmen wir uns der Gesundheit von Migranten im Kontext von Arbeit und sozioökonomischer Situation. Dabei stehen mit Arbeitsunfällen, Berufskrankheiten, Arbeitsunfähigkeitszeiten und Frühberentung Indikatoren im Zentrum, die einen Rückschluss auf die gesundheitliche Lage der Erwerbsbevölkerung im Zusammenhang mit arbeitsbedingten

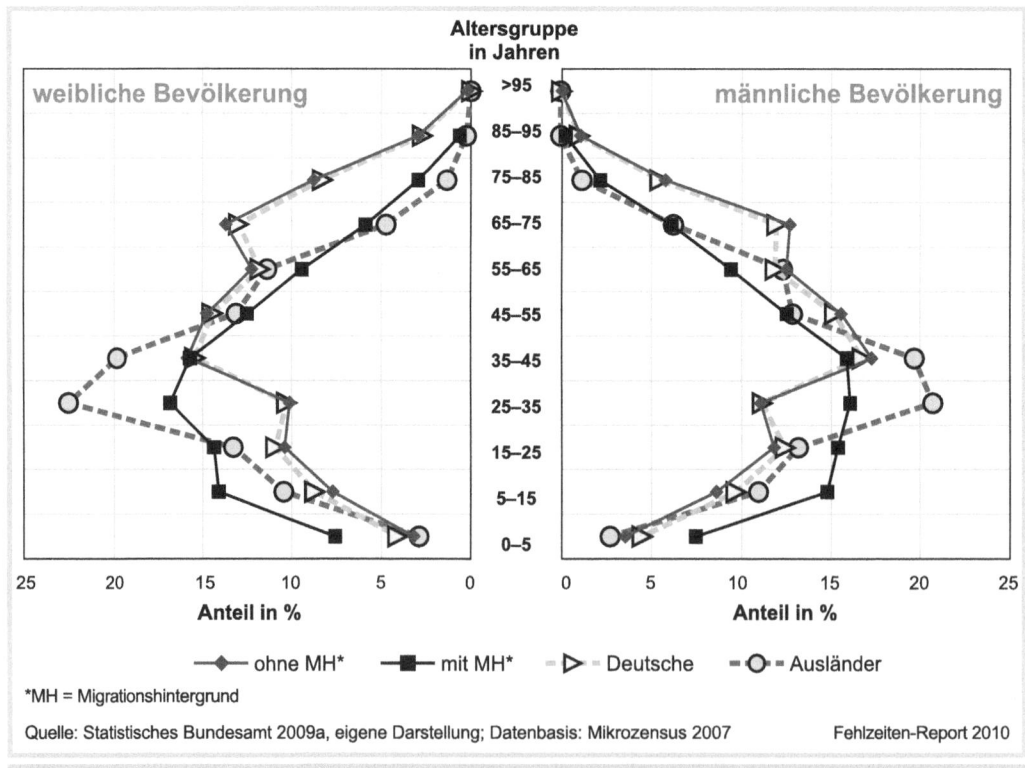

◘ Abb. 13.1 Altersstruktur von unterschiedlichen Bevölkerungsgruppen in Deutschland nach Geschlecht, Jahr 2007

Gesundheitsrisiken erlauben. Es handelt sich hierbei um Indikatoren, die auch Grundlage für gesundheits- und/oder arbeitsmarktpolitische Entscheidungen sein können. Für diese Indikatoren und zur Beschreibung der sozioökonomischen Lage ziehen wir unterschiedliche Datenquellen heran. Mit Ausnahme des Mikrozensus 2007 erlauben sie nur eingeschränkt, die Zielgruppe „Menschen mit Migrationshintergrund" exakt zu beschreiben. Gerade die Routinedaten der Sozialversicherungsträger unterscheiden in der Regel nur nach der Staatsangehörigkeit und ermöglichen so nur Aussagen über diejenigen Menschen mit Migrationshintergrund, die nicht die deutsche Staatsangehörigkeit besitzen. Auf die jeweiligen Einschränkungen gehen wir bei unseren Ausführungen ein.

13.2 Sozioökonomische Lage von Migranten

Im Durchschnitt weisen Menschen mit Migrationshintergrund im Vergleich zu Menschen ohne Migrationshintergrund einen ungünstigeren sozialen Status auf. Auswertungen des Mikrozensus 2007 (Statistisches Bundesamt 2009a) zeigen, dass der Anteil von Personen ohne Schul- oder Berufsabschluss bei Menschen mit Migrationshintergrund und insbesondere Menschen mit einem türkischen Migrationshintergrund höher ist als bei Menschen ohne Migrationshintergrund. Während in der einheimischen, sich nicht mehr in Ausbildung befindenden Bevölkerung 1,7 % aller Personen keinen Schulabschluss erworben haben, trifft das auf 12,7 % der Menschen mit Migrationshintergrund und 28,9 % der Teilgruppe der Menschen mit türkischem Migrationshintergrund zu (◘ Abb. 13.2).

Menschen mit einem türkischen Migrationshintergrund haben auch bei den Berufsabschlüssen ein deutlich niedrigeres Ausbildungsniveau als der Durchschnitt der Migranten. Auch das geht teilweise auf die damalige Anwerbepolitik der Bundesregierung zurück. So stammten viele der angeworbenen ausländischen Arbeitnehmer aus ländlichen Regionen und hatten bereits vor der Zuwanderung nach Deutschland niedrige berufliche Qualifikationen (Göktürk et al. 2007).

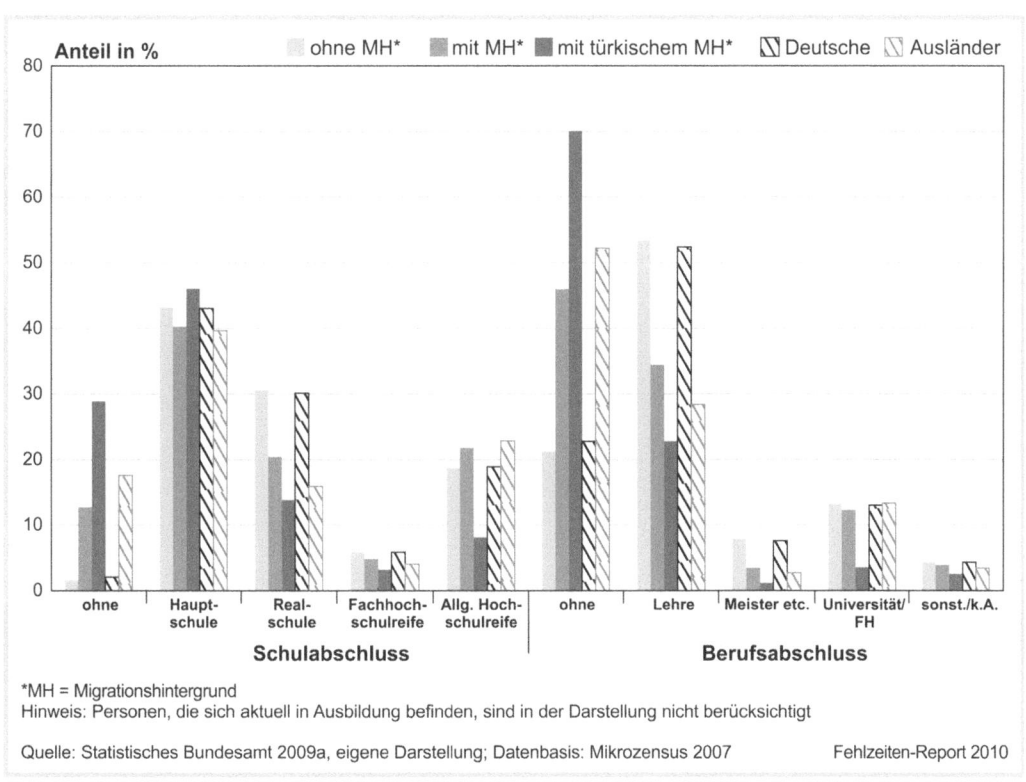

◘ Abb. 13.2 Bevölkerung Deutschlands nach Schul- bzw. Berufsabschluss und Migrationshintergrund

Trotz des höheren Anteils von Menschen ohne Schul- und/oder Berufsabschluss zeigt ◘ Abb. 13.2, dass sich die Anteile von Hoch- oder Fachhochschulabschlüssen sowie der allgemeinen Hochschulreife zwischen Nicht-Migranten und Migranten nur wenig unterscheiden, und bei Letzteren teilweise sogar höher sind. Dieses ist allerdings überwiegend auf den Zuzug von gut ausgebildeten Migranten zurückzuführen. Die Statistik der allgemeinbildenden und beruflichen Schulen für das Jahr 2008 zeigt, dass von den Ausländern, die in Deutschland ihre schulische Laufbahn abschließen, nur 10,7 % das Abitur erwerben, während es bei Deutschen fast dreimal so viele sind (30,5 %) (Statistisches Bundesamt 2009b).

Eine gute Schul- und Berufsausbildung ist eine wichtige Determinante für beruflichen Erfolg. Menschen mit Migrationshintergrund sind hierbei benachteiligt. Ihr durchschnittlich geringeres schulisches und berufliches Ausbildungsniveau führt zu einem schlechteren Zugang zum Arbeitsmarkt. Daten des Sozio-oekonomischen Panels (SOEP) zeigen, dass der Anteil von nicht-erwerbstätigen Personen im erwerbsfähigen Alter bei Migranten deutlich höher ist als bei Nicht-Migranten. So sind zum Beispiel türkische Zuwanderer in dieser Altersgruppe fast doppelt so häufig nicht-erwerbstätig wie einheimische Deutsche, was u. a. auf einen hohen Anteil von nicht-erwerbstätigen türkischen Frauen zurückzuführen ist (Statistisches Bundesamt 2008). Des Weiteren zeigt der Mikrozensus 2007, dass Menschen mit Migrationshintergrund und Ausländer häufiger von Erwerbslosigkeit betroffen sind als Menschen ohne Migrationshintergrund (2007: 14,1 bzw. 16,3 vs. 7,4 %) und häufiger Leistungen nach Hartz IV in Anspruch nehmen (2007: 8,5 bzw. 11,2 vs. 3,6 %). Insbesondere türkische Migranten sind mit 19,0 % besonders stark von Erwerbslosigkeit betroffen. Auch nehmen sie mit 13,1 % häufiger Leistungen nach Hartz IV in Anspruch als der Durchschnitt der Migranten (Statistisches Bundesamt 2009a).

Menschen mit Migrationshintergrund, die einer Erwerbstätigkeit nachgehen, weisen im Durchschnitt einen geringeren beruflichen Status auf (◘ Abb. 13.3). Sie sind mit 48,7 % deutlich häufiger in einem Arbeiterverhältnis angestellt als Menschen ohne Migrationshintergrund (26,4 %), bei denen Angestelltenverhältnisse überwiegen. Wie beim Zugang zum Arbeitsmarkt, sind Menschen mit einem türkischen Migrationshintergrund auch beim beruflichen Status stärker als der Durchschnitt der Migranten benachteiligt. Mehr als 60 % von ihnen sind als Arbeiter beschäftigt (Statistisches

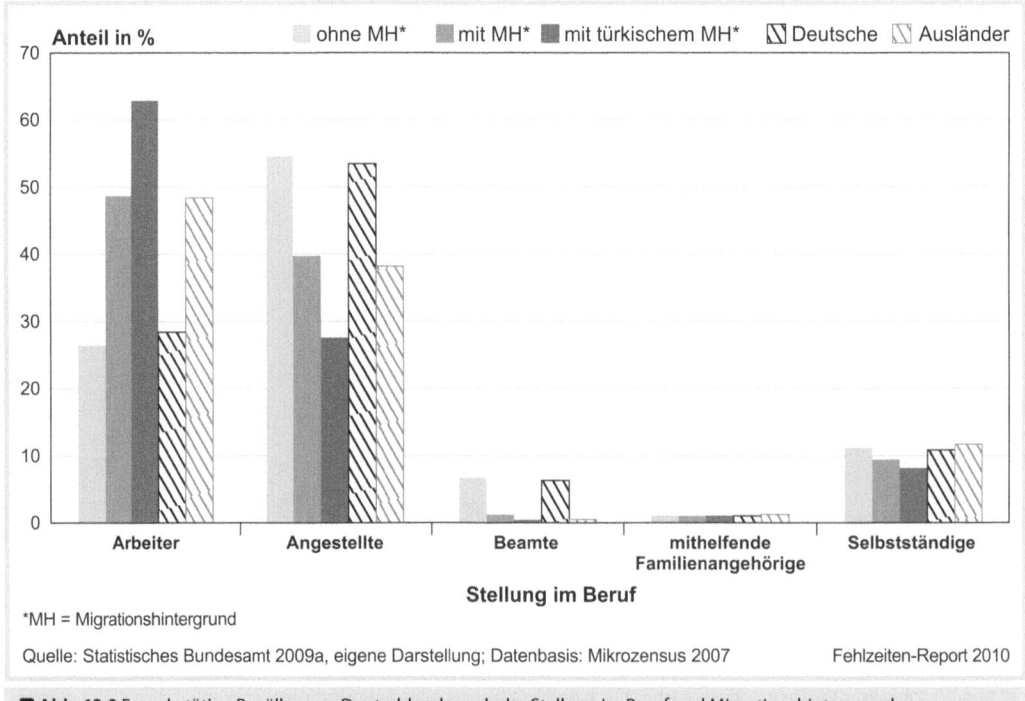

◘ Abb. 13.3 Erwerbstätige Bevölkerung Deutschlands nach der Stellung im Beruf und Migrationshintergrund

Bundesamt 2009a; s. hierzu auch Oldenburg et al. in diesem Band).

Auswertung des SOEP zeigen, dass sich das Beschäftigungsprofil von Menschen mit Migrationshintergrund über die Zeit verändert und der hohe Anteil von Personen, die in einem Arbeiterverhältnis beschäftigt sind, sich in Richtung einfacher Angestelltenverhältnisse verschiebt. Jedoch wird im Verhältnis von einfachem zu mittlerem und höherem Angestelltenverhältnis auch hier ein durchschnittlich geringerer beruflicher Status von Zuwanderern deutlich (Statistisches Bundesamt 2008).

Im Hinblick auf die sektorale Verteilung sind Zuwanderer vermehrt in Berufen mit einem höheren körperlichen Belastungsniveau tätig (Razum et al. 2008; s. weiterführend Oldenburg et al. in diesem Band). Während mehr als die Hälfte aller erwerbstätigen einheimischen Deutschen im Dienstleistungssektor beschäftigt ist, arbeiten Zuwanderer mehrheitlich in der Industrie. Dieses gilt insbesondere für türkische Zuwanderer, die mehr als doppelt so häufig wie einheimische Deutsche im industriellen Sektor tätig sind. Ferner arbeiten Zuwanderer aus der Türkei, aber auch aus dem ehemaligen Jugoslawien, überproportional häufig im Baugewerbe (Statistisches Bundesamt 2008).

Der geringere berufliche Status trägt zu einem geringeren durchschnittlichen Nettoeinkommen bei und führt auch dazu, dass ausländischen Zuwanderergruppen ein durchschnittlich geringeres monatliches Haushaltsäquivalenzeinkommen zur Verfügung steht und sie häufiger von Armut betroffen sind als einheimische Deutsche (Statistisches Bundesamt 2008).

13.3 Gesundheitszustand von Migranten

In der Zeit direkt nach der Migration ist der Gesundheitszustand von Migranten in der Regel besser als der von gleichaltrigen Menschen aus der Herkunftsbevölkerung. Dieses Phänomen wird als „Healthy-Migrant-Effect" bezeichnet (Razum 2006). Es kommt dadurch zustande, dass in der Regel nur diejenigen migrieren, die jung sind und eine gute gesundheitliche Konstitution besitzen. Das traf auch auf die ausländischen „Gastarbeiter" in Deutschland zu, die explizit vor dem Hintergrund dieser Kriterien angeworben wurden (Geiselberger 1972). Mit zunehmender Aufenthaltsdauer im Zielland (meist aber erst nach Jahrzehnten) weisen Migranten allerdings oft einen höheren oder stärker steigenden physischen und psychischen Krankheitsstand als die Mehrheitsbevölkerung auf (Razum et al. 2008). Die Ursachen hierfür sind durch einen gesundheitlichen Übergang im Zuge des Migrationsprozesses zu erklären. Bestimmte Risiken wie z. B. Herzinfarkt oder Darmkrebs sind in vielen südeuropäischen Herkunftsländern seltener als in Deutschland; sie nehmen erst nach vielen Jahren mit einem westlichen Lebensstil zu. Allerdings haben Migranten aus diesen Ländern oft erhöhte gesundheitliche Risiken beispielsweise für Schlaganfall und Magenkrebs aufgrund von Expositionen im Herkunftsland. Hinzu kommen dann die neu erworbenen Risiken des Ziellandes (Razum 2006; Razum und Twardella 2002).

Ein weiteres gesundheitliches Risiko stellt eine schlechte soziale Lage dar (Lampert et al. 2005, s. auch Lampert in diesem Band), von der Migranten zu größeren Anteilen betroffen sind als die Mehrheitsbevölkerung. Zusätzliche gesundheitliche Risiken entstehen für Migranten u. a. durch unterschiedliche Wertesysteme, Schwierigkeiten mit der deutschen Sprache und Diskriminierung. Diese führen zu einem schlechteren Informationsstand, der den Zugang zur Gesundheitsversorgung erschwert und seinerseits zu einem schlechteren Gesundheitszustand beitragen kann. Mitverantwortlich für die schlechtere gesundheitliche Lage von Migranten sind schließlich auch die ungünstigen Arbeitsbedingungen, denen besonders Migranten als „Gastarbeiter" ausgesetzt waren und auch heute noch größtenteils sind (Razum et al. 2008).

Als Indikatoren berufsbedingter gesundheitlicher Belastung vergleichen wir im Folgenden die Häufigkeit von Arbeitsunfällen und Berufskrankheiten, von Arbeitsunfähigkeitszeiten sowie von gesundheitlicher Frühberentung zwischen Migranten und Nicht-Migranten. Anders als in den Daten des Mikrozensus ist es dabei nur möglich, nach Staatsangehörigkeit zu differenzieren.

13.3.1 Arbeitsunfälle und Berufskrankheiten

Unfälle von Versicherten, die infolge einer versicherten Tätigkeit entstanden sind und zu einem Gesundheitsschaden führen, werden laut Sozialgesetzbuch (SGB) als Arbeitsunfälle bezeichnet (§ 8 SGB VII, Seidel et al. 2007). Sie stellen einen Versicherungsfall in der gesetzlichen Unfallversicherung dar. Berufskrankheiten gehören neben Arbeitsunfällen zum zweiten Versicherungsfall der gesetzlichen Unfallversicherung. Eine Berufskrankheit ist eine nach der Berufskrankheiten-Verordnung (BKV) gesetzlich anerkannte Krankheit, die – wie auch der Arbeitsunfall – ursächlich im Zusammenhang mit der versicherten Berufstätigkeit steht (§ 9 SGB VII; Seidel et al. 2007).

Arbeitsunfälle

Auf Grundlage von Daten der Arbeits- und Sozialstatistik können Aussagen über das Arbeitsunfallrisiko von deutschen und ausländischen Staatsangehörigen gemacht werden. Hierzu berechneten Razum et al. (2008) das Anteilsverhältnis der jeweiligen Bevölkerungsgruppe an den Arbeitsunfällen für den Zeitraum 1995 bis 2003 und setzten es zum Anteil der jeweiligen Bevölkerungsgruppe an sozialversicherungspflichtig Beschäftigten in Beziehung (Razum et al. 2008). Die Auswertung zeigte, dass ausländische und insbesondere türkische Beschäftigte in diesem Zeitraum ein deutlich höheres Anteilsverhältnis an Arbeitsunfällen aufwiesen und daher stärker von Arbeitsunfällen betroffen waren als deutsche Beschäftigte (ebd.).

Zu vergleichbaren Ergebnissen kommt auch eine neuere Studie von Razum et al. (2009) im Auftrag des Bundesministeriums für Arbeit und Soziales, welche die Häufigkeit von Arbeitsunfällen (ohne Wegeunfällen) in der gewerblichen Wirtschaft zwischen Menschen unterschiedlicher ausländischer Staatsangehörigkeit im Vergleich zu Deutschen im Jahreszeitraum 1999 bis 2007 untersuchte. Die Studie zeigt, dass die relative Häufigkeit von Arbeitsunfällen (gemessen als Quote aus der Anzahl meldepflichtiger Arbeitsunfälle und der Anzahl sozialversicherungspflichtig Beschäftigter in der gewerblichen Wirtschaft) im Zeitverlauf zwar rückläufig ist, jedoch bei den einzelnen Personengruppen von einem jeweils unterschiedlichen Niveau ausgeht (◘ Abb. 13.4).

Bis zum Jahr 2005 gleicht sich der Unterschied zwischen Personen deutscher Staatsangehörigkeit und ausländischer Staatsangehörigkeit an, wobei die entsprechenden Quoten bei Personen aus dem ehemaligen Jugoslawien und der Gruppe der Ausländer insgesamt ab 2005 bzw. 2006 unter denen deutscher Personen liegen. Zukünftige Auswertungen müssen zeigen, ob sich dieser Trend fortsetzt. Menschen aus der Türkei weisen eine deutlich höhere relative Häufigkeit von Arbeitsunfällen auf. Sie sinkt im Betrachtungszeitraum kontinuierlich, liegt bis zum Jahr 2006 aber über der von Deutschen. Größere Unterschiede werden dabei innerhalb einzelner Diagnosen deutlich: So haben insbesondere türkische Staatsangehörige, aber auch Ausländer allgemein trotz der Angleichung im Vergleich zu deutschen Beschäftigten auch noch im Jahr 2007 ein 1,3- bis 1,6-mal so hohes Risiko, Frakturen, Verbrennungen oder Quetschungen zu erleiden (Razum et al. 2009).

Mögliche Gründe für das lange Zeit erhöhte allgemeine Arbeitsunfallrisiko der ausländischen Beschäftigten und das nach wie vor höhere Risiko spezifischer Unfallarten liegen u. a. in deren Beschäftigungsprofil. Wie oben dargelegt wurde, sind sie proportional häufiger in körperlich belastenderen Berufen des Baugewerbes und der Industrie beschäftigt, die auch ein erhöhtes Risiko für Arbeitsunfälle bergen. Außerdem sind geringe Deutschkenntnisse, mangelnde Aufklärung über Gefahren und Schutzmaßnahmen und risikoreiche Arbeitsaufträge als weitere Ursachen zu vermuten (Razum et al. 2008, Ansay 1980, Henter et al. 2002,

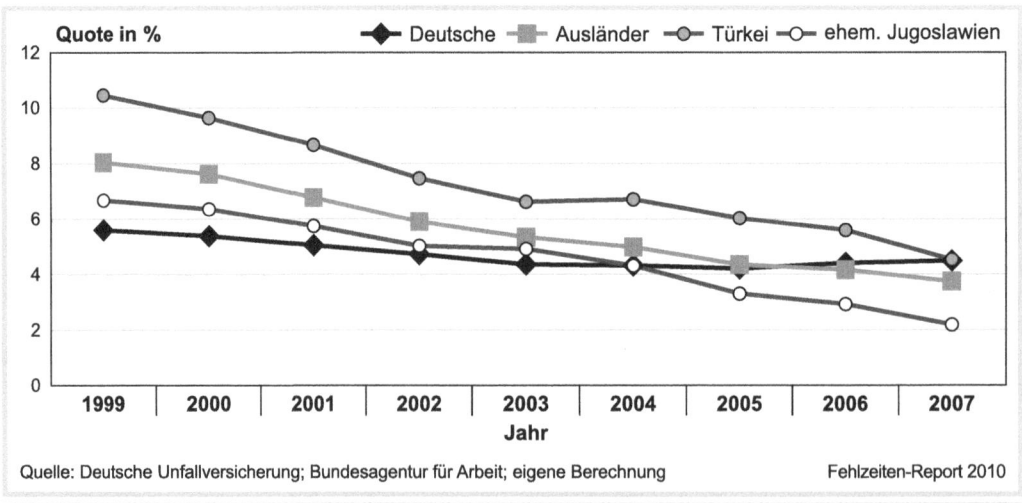

◘ **Abb. 13.4** Quote aus der Anzahl meldepflichtiger Arbeitsunfälle und der Anzahl sozialversicherungspflichtig Beschäftigter nach Staatsangehörigkeit und Jahr

Arbeit, Migration und Gesundheit

s. weiterführend auch den Beitrag von Oldenburg et al. in diesem Band).

Berufskrankheiten

Im Gegensatz zu Arbeitsunfällen liegt bei Berufskrankheiten oft eine lange Latenzzeit zwischen der Exposition gegenüber einer arbeitsplatzbezogenen Gesundheitsbelastung und dem Auftreten einer Erkrankung. Eine Berufskrankheit kann also auch noch lange Zeit nach Ende der Belastung am Arbeitsplatz auftreten (Razum et al. 2008).

Mit der gleichen Methodik wie bei Arbeitsunfällen berechneten Razum et al. (2008) für deutsche, türkische und ausländische Staatsangehörige Anteilsverhältnisse im Zusammenhang mit anerkannten Berufskrankheiten für den Zeitraum 1995 bis 2000. Die Auswertung zeigt, dass sich das Anteilsverhältnis deutscher und der Gesamtheit ausländischer Beschäftigter von 1995 bis 2000 nur geringfügig unterscheidet, wohingegen türkische Beschäftigte im Vergleich zu deutschen zwischen 1995 und 2000 proportional etwa doppelt so viele Berufskrankheiten erlitten (ebd.).

Die Daten der Berufskrankheitenstatistik der Deutschen Gesetzlichen Unfallversicherung machen deutlich, dass die absolute Zahl anerkannter Berufskrankheiten (bezogen auf den Bereich der gewerblichen Wirtschaft) seit Ende der 1990er Jahre rückläufig ist (Razum et al. 2009). Während 1999 rund 17.400 Berufskrankheiten anerkannt wurden, waren es im Jahr 2007 nur ca. 12.300. Dem gleichen Trend folgte auch die Anzahl anerkannter Berufskrankheiten pro 100 sozialversicherungspflichtig Beschäftigter in der gewerblichen Wirtschaft, wobei sich wie bei Arbeitsunfällen auch hier Unterschiede im Ausgangsniveau zwischen Deutschen und Personen ausländischer Staatsangehörigkeiten zeigen (◘ Abb. 13.5): Bis zum Jahr 2003 ist die Berufskrankheitenquote bei türkischen Personen fast doppelt so hoch wie bei Deutschen. Ab 2003 verringert sich der Unterschied zwar, jedoch ist die Quote auch noch im Jahr 2007 bei türkischen Beschäftigten höher als bei Deutschen.

Darüber hinaus bestehen wie auch bei Arbeitsunfällen deutliche Unterschiede in Abhängigkeit von der Berufskrankheitsdiagnose. So erleiden ausländische Personen im Vergleich zu Deutschen überproportional häufig eine lärmbedingte Schwerhörigkeit. Sie tritt bei Ausländern 1,6-mal so oft, bei Personen aus der Türkei und dem ehemaligen Jugoslawien mehr als doppelt so oft wie bei Deutschen auf. Türkische Arbeitnehmer sind darüber hinaus mehr als dreimal so häufig von Silikose betroffen, einer Lungenerkrankung, die durch das Einatmen von mineralhaltigem Staub verursacht

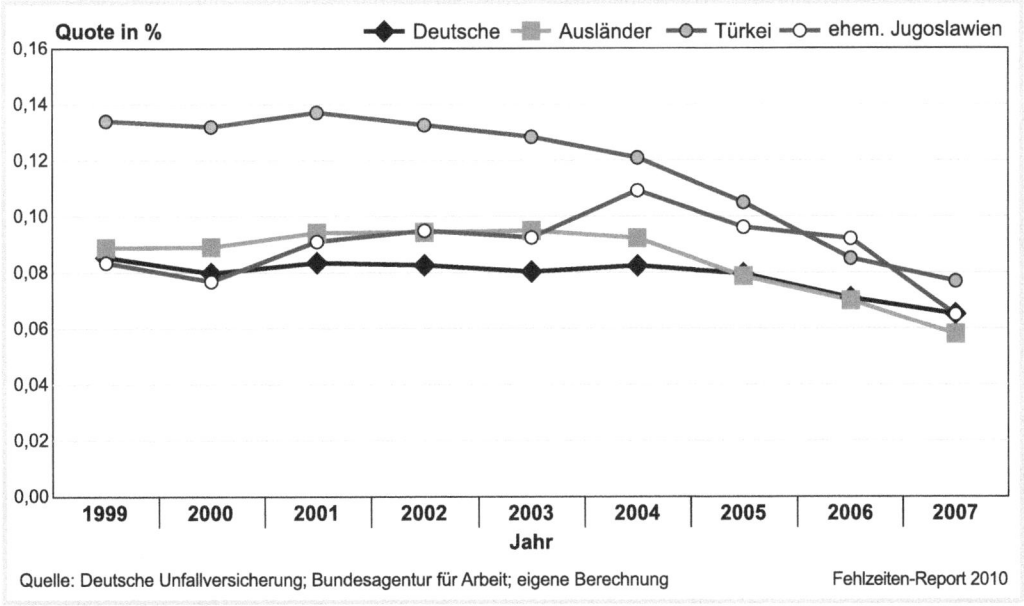

◘ Abb. 13.5 Quote aus der Anzahl anerkannter Berufskrankheiten und der Anzahl sozialversicherungspflichtig Beschäftigter nach Staatsangehörigkeit und Jahr

wird. Asbestbedingte Lungenerkrankungen treten bei Ausländern hingegen im Durchschnitt seltener als bei Deutschen auf (Razum et al. 2009).

Ausländische Beschäftigte erkranken im Mittel ca. 5 Jahre früher an Berufskrankheiten als Deutsche, wobei das durchschnittliche Erkrankungsalter auch hier zwischen den unterschiedlichen Staatsangehörigkeits- und Diagnosegruppen variiert. So sind an Silikose erkrankte türkische Arbeitnehmer im Durchschnitt ca. 11 Jahre jünger als Deutsche. Dieses lässt sich zum einen durch die demografische Zusammensetzung der jeweiligen Bevölkerungen und zum anderen durch einen unterschiedlichen Belastungsgrad am Arbeitsplatz erklären.

In Erweiterung zu früheren Untersuchungen (Razum et al. 2008; Erdogan 2002) macht die Studie von Razum et al. (2009) deutlich, dass sich das Risiko von Berufskrankheiten zwischen deutschen und ausländischen Beschäftigten über die Zeit angleicht. Dieses ist auch bei türkischen Personen der Fall, die lange Zeit eine höhere Wahrscheinlichkeit für das Auftreten von Berufskrankheiten hatten. Es bleibt ebenso wie bei Arbeitsunfällen abzuwarten, ob sich diese Angleichung auch in Zukunft fortsetzt. Allerdings zeigt die Untersuchung, dass Migranten auch im Hinblick auf Berufskrankheiten heterogen sind und dass sich ihr Erkrankungsrisiko außerdem von der Art der Erkrankung unterscheidet. So kann davon ausgegangen werden, dass sich in den Häufigkeiten einzelner Berufskrankheitsdiagnosen die beruflichen Tätigkeitsfelder der Betroffenen widerspiegeln. Das geringere Risiko asbestbedingter Berufskrankheiten könnte zum Beispiel damit zusammenhängen, dass Migranten aufgrund ihres Zuwanderungszeitpunktes nicht so lange wie Deutsche gegenüber Asbest exponiert waren oder die (jahrzehntelange) Latenzzeit zwischen Exposition und Erkrankung noch nicht abgelaufen ist.

13.3.2 Arbeitsunfähigkeit

Nach der Definition der Arbeitsunfähigkeits-Richtlinien (AURL) liegt eine Arbeitsunfähigkeit (AU) vor, wenn ein Arbeitnehmer auf Grund einer gesundheitlichen Beeinträchtigung nicht in der Lage ist, seiner arbeitsvertraglich geregelten Arbeitsleistung nachzugehen. Arbeitsunfähigkeitszeiten sind daher ein Indikator für den allgemeinen Gesundheitszustand von Arbeitnehmern.

Der 2007 erschienene Gesundheitsreport des Bundesverbandes der Betriebskrankenkassen (BKK) erlaubt es, Aussagen über die Arbeitsunfähigkeit der beschäftigten Pflichtmitglieder getrennt nach Staatsangehörigkeit zu machen (BKK Bundesverband 2007). Insgesamt ergeben sich dabei zwischen den BKK-Pflichtmitgliedern in Abhängigkeit zur Staatsangehörigkeit große Unterschiede hinsichtlich der krankheitsbedingten Fehlzeiten (◘ Tab. 13.1).

Türkische Migranten, welche die größte ausländische Versichertengruppe der BKK ausmachen, weisen die höchste Zahl von AU-Fällen je 100 Pflichtmitglieder sowie die höchste Zahl von AU-Tagen pro Mitglied auf, gefolgt von Beschäftigten aus dem ehemaligen Jugoslawien sowie den Staaten Südeuropas (Spanien, Portugal, Italien, Griechenland). Darüber hinaus ist bei türkischen Beschäftigten die Erkrankungsdauer mit durchschnittlich 14,7 Fehltagen pro Fall am höchsten. Deutsche Versicherte weisen mit durchschnittlich 12,2

◘ Tab. 13.1 Beschäftigte Pflichtmitglieder der BKK nach Staatsangehörigkeit und Arbeitsunfähigkeit 2006

Staatsangehörigkeit	AU-Fälle je 100 Pflichtmitglieder	AU-Tage je Pflichtmitglied	AU-Tage je Fall
Deutschland	100,7	12,2	12,1
Südeuropa	117,4	15,7	13,3
Ehemaliges Jugoslawien	115,2	16,7	14,5
Türkei	124,0	18,2	14,7
Sonstiges Ost-Europa	85,9	9,7	11,3
Sonstiges West-Europa	88,3	12,0	13,6
Afrika	113,6	13,3	11,7
Asien	82,1	8,8	10,7
Sonstige Nicht-Europäer	91,1	10,8	11,9
Gesamt	**101,3**	**12,4**	**12,2**

Quelle: BKK Bundesverband 2007

Fehlzeiten-Report 2010

krankheitsbedingten Fehltagen pro Pflichtmitglied und 12,1 AU-Tagen je Fall deutlich niedrigere Ausfallzeiten im Vergleich zu den ausländischen Versicherten auf. Die höheren Ausfallzeiten von Ausländern sind dabei altersunabhängig, sodass sich diese Beobachtung nicht durch die unterschiedliche Altersstruktur der ausländischen Versichertengruppen erklären lässt, sondern eher durch das jeweils unterschiedliche Beschäftigungsprofil (BKK Bundesverband 2007).

Bei den männlichen Versicherten aus der Türkei, dem ehemaligen Jugoslawien und Südeuropa tragen Muskel-Skelett-Erkrankungen, Erkrankungen des Atmungssystems, Verletzungen und psychische Erkrankungen am stärksten zu den Fehlzeiten bei. Auch bei den weiblichen Versicherten aus diesen Regionen spielen Muskel-Skelett-Erkrankungen eine vorrangige Rolle, jedoch werden überdurchschnittlich hohe Fehlzeiten durch psychische Erkrankungen verursacht, die im Jahr 2006 am zweithäufigsten zu krankheitsbedingten Fehlzeiten beitrugen (BKK Bundesverband 2007).

13.3.3 Frühberentung

Die höheren berufsbedingten Belastungen und damit verbundenen gesundheitlichen Risiken wirken sich letztlich auch auf die Frühberentung von Migranten aus. Aus verschiedenen Untersuchungen geht hervor, dass ausländische Arbeitnehmer ein höheres Frühberentungsrisiko als solche mit deutscher Staatsangehörigkeit haben.

So ergeben Auswertungen der Gesundheitsberichterstattung in Berlin, dass die Frühberentungsquote ausländischer Frauen und Männer im Jahr 2006 mit 497 bzw. 435 pro 100.000 aktiv Versicherten deutlich über der Frühberentungsquote deutscher Frauen und Männer lag (397 bzw. 418 pro 100.000 aktiv Versicherte). Im Durchschnitt des Jahreszeitraumes 2001 bis 2006 ergibt das eine um insgesamt 7 Prozentpunkte höhere Frühberentungsquote bei Ausländern im Vergleich zu Deutschen. Eine altersspezifische Betrachtung zeigt, dass die Frühberentungsquoten von Ausländern bis zum 45. Lebensjahr unter denen von Deutschen liegen und von da an überproportional ansteigen (Meinlschmidt 2007).

Die höheren Frühberentungsquoten bei Ausländern lassen sich auch auf Bundesebene beobachten: Im Jahr 2003 lag die Frühberentungsquote bei Ausländern mit 31,3 % deutlich über der Frühberentungsquote von Deutschen (17,8 %). Ähnlich wie bei den anderen herangezogenen Indikatoren sind Migrantengruppen auch hinsichtlich der Häufigkeit von vorzeitiger Berentung sehr heterogen. So betrug die Frühberentungsquote bei Ausländern aus Italien nur 23,7 %, wohingegen sie bei DRV-Versicherten türkischer Staatsangehörigkeit bei 39,0 % lag (Höhne u. Schubert 2007).

Neben den Frühberentungsquoten unterscheidet sich zwischen Deutschen und Ausländern auch die Verteilung von Diagnosen, die zur Frühberentung geführt haben. So wurden im Jahr 2003 Ausländer signifikant häufiger als Deutsche wegen psychischen und Verhaltensstörungen frühberentet (33,9 vs. 28,7 %; $p < 0{,}05$), wobei bei ausländischen Frauen fast die Hälfte aller Frühberentungen (45,7 %) aufgrund dieser Diagnose gewährt wurde. Bösartige Neubildungen spielen im Zusammenhang mit der Frühberentung bei Ausländern hingegen eine geringere Rolle als bei Deutschen (11,7 vs. 15,2 %; $p < 0{,}05$) (Höhne u. Schubert 2007). Dieser Unterschied dürfte allerdings teilweise auf die jüngere Altersstruktur der ausländischen Arbeitnehmerbevölkerung zurückzuführen sein.

13.4 Fazit

Der vorliegende Beitrag zeigt, dass Menschen mit Migrationshintergrund im Hinblick auf unterschiedliche sozioökonomische Faktoren im Vergleich zu Menschen ohne Migrationshintergrund benachteiligt sind. Sie haben im Durchschnitt geringere schulische und berufliche Abschlüsse, was mit einem ungünstigeren Zugang zum Arbeitsmarkt einhergeht. Ihr beruflicher Status ist in der Folge schlechter und sie arbeiten in Berufen, die ein geringeres Qualifikationsniveau erfordern. Daten der Gesundheitsberichterstattung, die es erlauben, differenzierte Aussagen für Menschen mit Migrationshintergrund zu treffen, sind bisher nur vereinzelt verfügbar und unterscheiden darüber hinaus lediglich nach der Staatsangehörigkeit. Die Daten, die im Rahmen dieses Beitrages vorgestellt wurden, machen deutlich, dass Migranten größeren berufsbedingten Gesundheitsrisiken ausgesetzt sind und einen schlechteren Gesundheitszustand haben. Es steht dabei außer Frage, dass ihre größere Häufigkeit spezifischer Arbeitsunfälle und Berufskrankheiten sowie dadurch bedingter Arbeitsunfähigkeit und langfristiger Erwerbsminderung als Indikatoren berufsbedingter Belastungen in engem Zusammenhang zur ausgeübten beruflichen Tätigkeit steht.

Von diesen Belastungen sind Migranten offenbar stärker betroffen als die Mehrheitsbevölkerung. Anscheinend sind sie Arbeitsbedingungen ausgesetzt – darauf gehen Oldenburg et al. in diesem Band noch näher ein –, die für die Mehrheit der Erwerbsbevölkerung in

Deutschland bereits der Vergangenheit angehören und die verändert werden können und müssen. Dies ist zum einen die Aufgabe der gewerblichen Wirtschaft, die dafür Sorge tragen muss, dass Arbeitsbedingungen weiter verbessert werden und dass von dieser Entwicklung alle Erwerbsgruppen gleichermaßen profitieren. Auf Ebene einzelner Unternehmen kann ein funktionierendes und auf die Bedürfnisse und Bedarfe von Migranten zugeschnittenes Betriebliches Gesundheitsmanagement ferner dazu beitragen, die Förderung und den Schutz der Gesundheit von Migranten zu erhöhen (s. hierfür weiterführend den Beitrag von Harms et al. in diesem Band). Zum anderen muss aber auch die Bildungs- und Arbeitsmarktpolitik dafür sorgen, dass Menschen mit Migrationshintergrund eine bessere Qualifikation durch einen besseren Zugang zur schulischen und beruflichen Ausbildung ermöglicht wird. Gleichzeitig muss das gesundheitliche und soziale Versorgungssystem Strategien entwickeln, welche die gesundheitlichen Folgen früherer Belastungen minimieren und die Gesundheit von Migranten wiederherstellen. Dieses ist auch deshalb wichtig, da in naher Zukunft ein großer Anteil von erwerbsfähigen Migranten in das Rentenalter übergehen und verstärkt auf Angebote des Gesundheits- und sozialen Sicherungssystems angewiesen sein wird.

Die in diesem Beitrag vorgestellten Auswertungen zeigen, dass auch im Zusammenhang mit berufsbedingten Gesundheitsrisiken Bevölkerungsgruppen mit Migrationshintergrund sehr heterogen sind. Berufsbedingte Belastungen und gesundheitliche Risiken können sich darüber hinaus zwischen unterschiedlichen Wirtschaftszweigen unterscheiden und selbst innerhalb einzelner Branchen von Arbeitsplatz zu Arbeitsplatz stark variieren. Maßnahmen des Gesundheitsschutzes und der Gesundheitsversorgung müssen diese mehrdimensionale Diversität berücksichtigen, da nur so nachhaltige bedarfs- und bedürfnisgerechte Angebote lanciert werden können – dieses gilt für Menschen mit und ohne Migrationshintergrund gleichermaßen (s. weiterführend den Beitrag von Ortlieb und Sieben in diesem Band).

Für die Entwicklung bedarfs- und bedürfnisgerechter Interventionen sind systematische Daten der Gesundheitsberichterstattung notwendig, die sowohl für einzelne Berufszweige als auch für einzelne Bevölkerungsgruppen differenzierte Aussagen zu zeitlichen Verläufen erlauben. Während die Statistiken der Sozialversicherungsträger und Krankenkassen detaillierte Auswertung bis hin zu einzelnen Berufen zulassen, wird im Zusammenhang mit dem Migrationshintergrund bestenfalls eine Klassifikation beruhend auf der Staatsangehörigkeit angewandt. Diese Klassifikation erlaubt es lediglich, Aussagen über diejenigen 15,4 Millionen Menschen mit Migrationshintergrund in Deutschland zu machen, die eine ausländische Staatsangehörigkeit besitzen. Untersuchungen, die auf dieser Grundlage gemacht werden, haben dadurch nur für weniger als die Hälfte dieser Bevölkerungsgruppe Gültigkeit. Zukünftig muss daher verstärkt darüber nachgedacht werden, auch in Routinedaten der Sozialversicherungsträger eine über die Staatsangehörigkeit hinausgehende Operationalisierung des Migrationshintergrundes zu implementieren. Als Vorbild hierfür könnten zum Beispiel der Mikrozensus ab 2005 (Duschek et al. 2006) oder der Kinder- und Jugendgesundheitssurvey (KIGGS) (Schenk et al. 2007) dienen. Wünschenswert wären darüber hinaus detailliertere Informationen zur Art der beruflichen Tätigkeit und zum Sozialstatus. Zusammengenommen würden es diese Daten ermöglichen, den bestehenden Unterschieden in den Gesundheitsrisiken auf den Grund zu gehen und so zu mehr Chancengleichheit beizutragen.

Literatur

Ansay EM (1980) Krankheits- und Arbeitsunfallursachen türkischer Arbeitnehmer im Heimatland und in der Bundesrepublik Deutschland. Dissertation. Universität Hamburg

BKK Bundesverband (2007) BKK Gesundheitsreport 2007. Gesundheit in Zeiten der Globalisierung. BKK Bundesverband, Essen

Duschek KJ, Weinman J, Böhm K et al (2006) Leben in Deutschland. Haushalte, Familien und Gesundheit. Ergebnisse des Mikrozensus 2005. Statistisches Bundesamt, Wiesbaden

Erdogan MS (2002) Berufskrankheiten türkischer Arbeitnehmer in Deutschland. Hauptverband der Gewerblichen Berufsgenossenschaften, Sankt Augustin

Geiselberger S (1972) Schwarzbuch Ausländische Arbeiter, Fischer Taschenbuch-Verlag, Frankfurt a. M.

Göktürk D, Gramling D, Kaes A (2007) Germany in transit: Nation and migration, 1955–2005. University of California Press, Berkeley

Henter A, Hermanns D, Wittig P (2002) Tödliche Arbeitsunfälle 1998–2000. Statistische Analyse nach einer Erhebung der Gewerbeaufsicht. Forschungsberichte der Bundesanstalt für Arbeitsschutz und Arbeitsmedizin. Wirtschaftsverlag NW, Bremerhaven

Höhne A, Schubert M (2007) Vom Healthy-migrant-Effekt zur gesundheitsbedingten Frühberentung. Erwerbsminderungsrenten bei Migranten in Deutschland. In: Deutsche Rentenversicherung Bund (Hrsg) DRV-Schriften, Etablierung und Weiterentwicklung. Bericht vom vierten Workshop des Forschungsdatenzentrums der Deutschen Rentenversicherung (FDZ-RV), Berlin, 28./29. Juni 2007. Deutsche Rentenversicherung Bund, Berlin

Lampert T, Saß AC, Häfelinger M et al (2005) Armut, soziale Ungleichheit und Gesundheit. Expertise des Robert Koch-

Instituts zum 2. Armuts- und Gesundheitsbericht der Bundesregierung. Beiträge zur Gesundheitsberichterstattung des Bundes. Robert Koch-Institut, Berlin

Meinlschmidt G (2007) Gesundheitsberichterstattung Berlin. Basisbericht 2006/2007. Daten des Gesundheits- und Sozialwesens. Senatsverwaltung für Gesundheit, Umwelt und Verbraucherschutz, Berlin

Razum O (2006) Migration, Mortalität und der Healthy-migrant-Effekt. In: Richter M, Hurrelmann K (Hrsg) Gesundheitliche Ungleichheit. Verlag für Sozialwissenschaften, Wiesbaden, S 255–270

Razum O, Twardella D (2002) Time travel with Oliver Twist – towards an explanation for a paradoxically low mortality among recent immigrants. Tropical Medicine and International Health 7:4–10

Razum O, Voigtländer S, Brzoska P et al (2009) Medizinische Rehabilitation für Personen mit Migrationshintergrund – Zwischenergebnisse eines Forschungsprojektes im Auftrag des Bundesministeriums für Arbeit und Soziales. In: Bundesministeriums für Arbeit und Soziales (Hrsg) Gesundheitliche Versorgung von Personen mit Migrationshintergrund. Bundesministerium für Arbeit und Soziales, Berlin, S 36–52

Razum O, Zeeb H, Meesmann U et al (2008) Migration und Gesundheit. Robert Koch-Institut, Berlin

Schenk L, Ellert U, Neuhauser H (2007) Kinder und Jugendliche mit Migrationshintergrund in Deutschland. Methodische Aspekte im Kinder- und Jugendgesundheitssurvey (KIGGS). Bundesgesundheitsblatt – Gesundheitsforschung – Gesundheitsschutz 50:590–599

Seidel D, Solbach T, Fehse R et al (2007) Arbeitsunfälle und Berufskrankheiten. Gesundheitsberichterstattung des Bundes. Robert Koch-Institut, Berlin

Spallek J, Razum O (2008) Erklärungsmodelle für die gesundheitliche Situation von Migrantinnen und Migranten. In: Bauer U, Bittlingmayer UH, Richter M (Hrsg) Health Inequalities. Determinanten und Mechanismen gesundheitlicher Ungleichheit. VS Verlag für Sozialwissenschaften, Wiesbaden, S 271–288

Statistisches Bundesamt (2008) Datenreport 2008. Ein Sozialbericht für die Bundesrepublik Deutschland. Statistisches Bundesamt, Wiesbaden

Statistisches Bundesamt (2009a) Bevölkerung und Erwerbstätigkeit. Bevölkerung mit Migrationshintergrund. Ergebnisse des Mikrozensus 2007. Statistisches Bundesamt, Wiesbaden

Statistisches Bundesamt (2009b) Bildung und Kultur. Allgemeinbildende Schulen. Schuljahr 2008/09 Fachserie 11, Reihe 1. Statistisches Bundesamt, Wiesbaden

Kapitel 14

Migration als Prädiktor für Belastung und Beanspruchung?

C. Oldenburg, A. Siefer, B. Beermann

Zusammenfassung. *Dieser Beitrag überprüft anhand der Auswertung einer repräsentativen Erwerbstätigenbefragung (durchgeführt vom Bundesinstitut für Berufsbildung (BIBB) und der Bundesanstalt für Arbeitsschutz und Arbeitsmedizin (BAuA)), inwiefern der Faktor Migration zu unterschiedlichen Belastungs- und Beanspruchungsprofilen führt. Es zeigt sich, dass Beschäftigte mit Migrationshintergrund höheren physischen Belastungen ausgesetzt sind als Deutsche ohne Migrationshintergrund. Ebenso sind die Beanspruchungen und die sich daraus ableitenden gesundheitlichen Beschwerden, welche sich aus den Arbeitsbedingungen ergeben, in den untersuchten Gruppen mit Migrationshintergrund höher als bei Deutschen ohne Migrationshintergrund. Vor allem für Beanspruchungen und gesundheitliche Beschwerden ist Migration ein Prädiktor.*

14.1 Einleitung

Seit der Nachkriegszeit kamen in verschiedenen Wellen Migranten – insbesondere Arbeitsmigranten, (Spät-)Aussiedler und Flüchtlinge – nach Deutschland. Deren Integration in den Arbeitsmarkt und die Gesellschaft nahm im Verlauf der Zeit unterschiedliche Formen und Prioritäten an. Beschäftigte mit nicht-deutscher Staatsbürgerschaft und Beschäftigte, die selbst oder deren Eltern migrierten und die die deutsche Staatsbürgerschaft annahmen, stellen einen signifikanten Anteil am Arbeitsmarkt. Bedingt durch den demografischen Wandel, die Zunahme von Migration im Rahmen der (wirtschaftlichen) Globalisierung und die erweiterten Arbeitnehmerfreizügigkeitsregelungen der Europäischen Union erlangt die Frage der Qualität der Integration, die auch bzw. v. a. am Arbeitsplatz stattfindet, immer größere Bedeutung.

Im Allgemeinen ist in den europäischen Staaten der Arbeitsmarkt für Migranten stark segregiert. Deutschland bildet hier keine Ausnahme. Trotz eines Gerechtigkeitspostulats und des im Grundgesetz verankerten Diskriminierungsverbots gibt es strukturelle Unterschiede in den Beschäftigungsverhältnissen und der Arbeitsplatzgestaltung zwischen Beschäftigten mit und ohne Migrationshintergrund.

Verschiedene Faktoren tragen zu dieser Segregation des Arbeitsmarktes bei. Auf der individuellen Ebene sind dies Faktoren wie geringere deutsche Sprachkenntnisse, ein niedrigerer (Aus-)Bildungsstand, geringere finanzielle Ressourcen, kulturelle Prägung, mangelnde persönliche und berufliche Netzwerke und mangelndes spezifisches Wissen in Hinblick auf das Bildungssystem, Zugangsmöglichkeiten und Alternativen bei der Berufswahl, das Arbeitsrecht, Arbeitsschutzvorschriften (Houtman et al. 2008). Aufgrund rechtlicher Beschränkungen für die Beschäftigung (Nohl u. Weiß

2009) wie die Nicht-Anerkennung von ausländischen (Aus-)Bildungsabschlüssen und die Erteilung von Aufenthaltstitel und Arbeitserlaubnis werden häufiger befristete Arbeitsverhältnisse geschlossen. Hinzu kommen strukturelle arbeitsmarktpolitische Faktoren, beispielsweise eine geringere Beteiligung von Migranten am Wirtschaftsleben und eine wesentlich höhere Arbeitslosigkeitsquote unter den Migranten (Statistisches Bundesamt 2009, Beauftragte für Migration, Flüchtlinge und Integration 2009). All diese Unterschiede spiegeln sich in der Berufswahl, den Tätigkeiten und den damit verbundenen Arbeitsbedingungen wider:

Migranten nehmen öfter befristete und saisonale, niedrig- oder unqualifizierte und damit auch prekäre Beschäftigungsverhältnisse auf (Statistisches Bundesamt 2007, Filsinger 2008). Sie sind stärker von Arbeitslosigkeit und Armut bedroht (BMAS 2008) und eher dazu bereit, für einen geringeren Lohn zu arbeiten (Beauftragte für Migration, Flüchtlinge und Integration 2009). Sie arbeiten häufiger in sogenannten „3D-Jobs (dirty, dangerous, difficult)" (Drever u. Hoffmeister 2008) und im Vergleich zu Deutschen verbleiben sie außerdem auch länger in diesen Beschäftigungsverhältnissen, aus denen ein Aufstieg erschwert ist (European Foundation for the Improvement of Living and Working Conditions 2007).

Zusammenfassend werden Beschäftigte mit Migrationshintergrund häufiger in Tätigkeiten eingesetzt, die durch eine höhere Exposition gegenüber schlechteren Arbeitsbedingungen gekennzeichnet sind. Aufgrund der Branchen, in denen sie tätig sind, und aufgrund der Art ihrer Tätigkeiten sind sie höheren Risiken für gesundheitliche Beschwerden, Berufskrankheiten und Arbeitsunfälle ausgesetzt (Houtman et al. 2008, European Agency for Safety and Health at Work 2008).

Ziel dieses Beitrages ist es, zu überprüfen, ob sich diese Arbeitsmarktsegregation in ungleichen Belastungsprofilen von Migranten und Nicht-Migranten widerspiegelt. Es wird darüber hinaus untersucht, ob und inwiefern sich die Ressourcen von Beschäftigten mit und ohne Migrationshintergrund unterscheiden und ob dieses Konsequenzen für das subjektive Beanspruchungserleben (bei gleichen Arbeitsbedingungen) und für die Gesundheit der Beschäftigten hat.

14.2 Die BIBB/BAuA-Erwerbstätigenbefragung

Ausgangspunkt des vorliegenden Artikels ist die Auswertung von Daten aus der BIBB/BAuA-Erwerbstätigenbefragung. Bei der Befragung handelt es sich um eine aktuelle repräsentative Telefonbefragung von 20.000 Erwerbstätigen in Deutschland. Es wurden zu den Themenkomplexen Arbeitssituation und Arbeitsbelastungen, Erwerb und Verwertung beruflicher Kenntnisse und Veränderungen der Arbeitswelt aufgrund des technischen und organisatorischen Wandels Daten erhoben und ausgewertet. Neben der Erfassung der Häufigkeit eines Belastungsfaktors wurde erhoben, ob dieser von der befragten Person auch als „belastend" bewertet wird, im Folgenden als „Beanspruchung" bezeichnet. In die Untersuchung wurden Personen aufgenommen, die mindestens zehn Stunden pro Woche entgeltlich arbeiteten. Es wurden nur Personen befragt, deren deutsche Sprachkenntnisse ausreichend waren, mit der Konsequenz, dass v. a. schlecht integrierte Migranten mit geringem Bildungsstand und Sprachkenntnissen unterrepräsentiert sind.

Die Analyse der Daten erfolgte in drei Kategorien, welche die Staatsbürgerschaft und Muttersprache berücksichtigen, denn mit dem Erwerb der deutschen Staatsbürgerschaft sind erhebliche Erleichterungen hinsichtlich der Aufenthalts- und Arbeitserlaubnis, aber auch des Erwerbs und der Anerkennung von (Aus-)Bildungsabschlüssen verbunden. Diese können wiederum sowohl die Berufs- und Tätigkeitswahl als auch den Zugang zu und den Erfolg am Arbeitsmarkt beeinflussen. So bestätigt Seibert (2008), dass Migranten mit deutscher Staatsbürgerschaft durchschnittlich höhere Schulabschlüsse erlangen und auch besser in den Arbeitsmarkt integriert sind als Ausländer, aber im Vergleich zu Deutschen ohne Migrationshintergrund nicht die gleichen Arbeitsmarktpositionen erreichen. Des Weiteren ist „Einbürgerung [...] ein Indikator für die Integrationsbereitschaft des Eingebürgerten" (Beauftragte für Migration, Flüchtlinge und Integration 2009) und es „ist anzunehmen, dass sich tendenziell Ausländer mit längerem Aufenthalt, guten Deutschkenntnissen, höherem Sozialstatus und stärkerem Integrationswillen einbürgern lassen" (Hunger und Thränhardt 2004). Man kann also davon ausgehen, dass sich in Abhängigkeit vom Migrationshintergrund und dem Grad der rechtlichen und sozialen Integration für die Beschäftigten andere Belastungs- und Beanspruchungsprofile ergeben. Folgende Kategorien wurden analysiert:
- Deutsche ohne Migrationshintergrund mit den Merkmalen „Staatsbürgerschaft deutsch" und „Deutsch im Kindesalter als Muttersprache erlernt",
- Deutsche mit Migrationshintergrund mit den Merkmalen „Staatsbürgerschaft deutsch" und „eine andere Sprache als Deutsch im Kindesalter als Muttersprache erlernt" und

Migration als Prädiktor für Belastung und Beanspruchung?

Tab. 14.1 Zusammensetzung der Stichprobe

		Deutsche ohne Migrationshintergrund	Deutsche mit Migrationshintergrund	Ausländer
Branche (Auszug)				
	Verarbeitendes Gewerbe	25,5	33,0	32,1
	Handel, Instandhaltung, Reparatur	10,7	13,5	12,7
	Öffentliche Verwaltung	8,5	3,1	3,0
	Immobilien, Verwaltung, Dienstleistungen hauptsächlich für Unternehmen	8,4	7,2	8,4
	Gesundheits-, Veterinär-, Sozialwesen	11,3	14,5	7,7
Stellung im Beruf				
Angestellte		52,2	46,5	48,3
Arbeiter		28,2	42,3	37,7
	Angelernter oder Hilfsarbeiter	38,3	53,4	54,5
	Facharbeiter	46,1	37,5	33,1
	Vorarbeiter, Kolonnenführer	12,0	–	11,3
	Meister, Polier	3,1	–	–
Beamter		8,2%	*	*
Selbständig		7,6%	5,6%	6,9%
Freiberuflich tätig		1,8%	*	*
Mithelfende Familienangehörige		1,3%	*	*
Insgesamt		85,4	5,8	8,7

* Häufigkeiten zu gering

Fehlzeiten-Report 2010

- Ausländer mit dem Merkmal „eine andere als die deutsche Staatsbürgerschaft"[1].

Die jeweils größten Gruppen stellen diejenigen Beschäftigten mit deutscher Staatsbürgerschaft und Russisch als Muttersprache (Deutsche mit Migrationshintergrund) und die Beschäftigen mit türkischer Staatsangehörigkeit und Türkisch als Muttersprache (Ausländer).

Tab. 14.1 zeigt die Zusammensetzung der Stichprobe. Der Anteil der Deutschen mit Migrationshintergrund ist mit 5,8 % geringer als die Gruppe der Ausländer mit 8,7 %.

Bei der Analyse von Arbeitsbedingungen bzw. -belastungen und Beanspruchungen ist es zudem wichtig zu überprüfen, ob die bekannten systematischen Zusammenhänge hinsichtlich des Geschlechts bzw. der Arbeitszeitdauer sich bestätigen. Daher erfolgte die Auswertung getrennt nach Migrationshintergrund, Geschlecht und Arbeitszeitdauer, d. h. Vollzeit (regelmäßig mindestens 35 Wochenstunden) und Teilzeit (10 bis unter 35 Wochenstunden). Da der Fokus des Beitrags auf dem Migrationshintergrund liegt, wird in den folgenden Abschnitten nicht explizit auf die Unterschiede eingegangen, die durch Geschlechts- und Arbeitszeitdauereffekte begründet sind. Die abgebildeten Tabellen führen daher zunächst die Daten von Vollzeitbeschäftigten auf. Die Ausführungen zu den Effekten von Geschlecht und Teilzeit/Vollzeit folgen dann in ▶ Abschn. 14.6.

Das Verarbeitende Gewerbe ist der Wirtschaftszweig mit den meisten Beschäftigten in allen drei Gruppen, wobei jedoch der Anteil der Migranten[2] größer ist als der der Deutschen. Im Sektor Handel/Instandhaltung/Reparatur sind Migranten ebenfalls häufiger beschäftigt als Deutsche ohne Migrationshintergrund. Im Dienst-

---

1 Der Anteil der nicht-deutschen Staatsangehörigen mit Muttersprache Deutsch ist zu vernachlässigen.

2 Im Folgenden wird der Begriff „Migranten" für die Gruppen „Deutsche mit Migrationshintergrund" und „Ausländer" genutzt.

leistungssektor, wo viele unqualifizierte Stellen mit schlechter Bezahlung und höheren Risiken entstehen, sind häufiger Migranten beschäftigt. Dagegen ist der Anteil der Beschäftigten mit Migrationshintergrund in der Öffentlichen Verwaltung wesentlich geringer als der Anteil der Deutschen ohne Migrationshintergrund. Insgesamt spiegelt sich die Arbeitsmarktsegregation auch in der beruflichen Stellung wider: Beträgt der Anteil der Deutschen ohne Migrationshintergrund bei den Arbeitern 30,2 %, so liegt dieser wesentlich höher bei den Deutschen mit Migrationshintergrund (44,5 %) und bei den Ausländern (41,3 %). Bei den Angestellten verkehrt sich dieses Verhältnis: Bei Deutschen ohne Migrationshintergrund befinden sich 50,3 % im Angestelltenverhältnis, wohingegen bei Deutschen mit Migrationshintergrund 44,0 % und bei Ausländern 47,7 % angestellt sind.

Auch innerhalb der Gruppe der Arbeiter sind die Migranten öfter als Deutsche ohne Migrationshintergrund un- und bzw. angelernte Arbeiter und seltener Facharbeiter oder Gesellen. Deutsche ohne Migrationshintergrund sind seltener in einfachen Tätigkeiten beschäftigt als Migranten; sie übernehmen dagegen häufiger leitende Tätigkeiten.

14.3 Belastungen und Beanspruchung am Arbeitsplatz

Im Folgenden wird betrachtet, ob sich in Abhängigkeit vom Faktor Migration die Belastungen durch die Arbeitsbedingungen und die durch sie bedingten subjektiven Beanspruchungen unterscheiden. Es ist zu erwarten, dass sich die Segregation des Arbeitsmarktes auch in den Belastungsprofilen widerspiegelt, die sich durch die Arbeitsplatzcharakteristika ergeben (◘ Tab. 14.2). Bei gleichen Arbeitsbedingungen können aber auch die subjektiven Beanspruchungen (d. h. die Beschäftigten fühlen sich durch die Arbeitsbedingung belastet) bei Migranten höher ausfallen als bei Deutschen ohne Migrationshintergrund. Diese höhere Beanspruchung kann begründet sein in:
— Unterschieden innerhalb der gleichen Arbeitsbedingung,
— Unterschieden bei Zugang zu und Verfügbarkeit von Ressourcen,
— kulturellen Unterschieden der Wahrnehmung und
— einem kumulierenden Effekt mit Bedingungen, die außerhalb der Arbeit liegen.

Migranten sind im Allgemeinen öfter physisch belastenden Arbeitsbedingungen ausgesetzt als deutsche Beschäftigte ohne Migrationshintergrund. Dies gilt für das Arbeiten im Stehen, Arbeiten unter Zwangshaltungen, das Heben und Tragen schwerer Lasten sowie für das Tragen von Schutzkleidung. Die einzige Ausnahme hierzu bildet das Arbeiten im Sitzen: Hier ist der Anteil von Beschäftigten, die dieser Belastung ausgesetzt sind, für Deutsche ohne Migrationshintergrund höher. Bei der Betrachtung der entsprechenden Beanspruchungen fällt auf, dass die Werte für die Migranten bis auf wenige Ausnahmen höher ausfallen als die Beanspruchungswerte der Deutschen ohne Migrationshintergrund. Dies bedeutet: Migranten arbeiten wesentlich häufiger in belastenden Arbeitsbedingungen und gleichzeitig empfinden sie diese wesentlich häufiger als belastend.

Insbesondere bei der Betrachtung der Arbeitsumgebung fällt auf, dass Migranten wesentlich häufiger unter körperlich belastenden Umgebungsbedingungen arbeiten. Dies gilt für die Faktoren Lärm, grelles Licht/schlechte Beleuchtung, Arbeiten bei Rauch, Staub oder unter Gasen, Dämpfen, für das Arbeiten unter Kälte, Hitze, Nässe, Feuchtigkeit und Zugluft und für das Arbeiten mit Öl, Fett, Schmutz, Dreck. Auffallend sind hier die sehr hohen Beanspruchungswerte der Ausländer und der noch darüber liegenden Beanspruchungswerte der Deutschen mit Migrationshintergrund, die z. B. für das Arbeiten bei Rauch, Staub, Gas und Dämpfen bis zu 70,8 % bzw. 73,2 % erreichen können, aber in der Gruppe der Deutschen ohne Migrationshintergrund nur 55,8 % betragen. Gleichzeitig liegen aber auch die Belastungswerte für diese Gruppen wesentlich höher (für dieses Beispiel Deutsche ohne Migrationshintergrund 14,7 %, Deutsche mit Migrationshintergrund 20,9 % und Ausländer 23,1 %).

Für weitere Arbeitsbedingungen, wie Arbeiten an einem Platz, an dem viel geraucht wird, Arbeiten mit gefährlichen Stoffen, Arbeiten mit mikrobiologischen Stoffen etc., kann ebenfalls die allgemeine Tendenz bestätigt werden, dass innerhalb der gleichen Arbeitsbedingung die subjektive Beanspruchung erheblich höher liegt als bei den Deutschen ohne Migrationshintergrund.

Hinsichtlich der psychischen Belastungen zeichnet sich kein einheitlicher Befund ab. Einerseits sind Migranten häufiger Belastungen ausgesetzt, die strenge Zeit- und Mengenvorgaben beinhalten (beispielsweise sehr schnelles Arbeiten, genaue Stückzahlen/Mindestleistung und Arbeitsgänge, die sich bis in alle Einzelheiten wiederholen). Dies deutet darauf hin, dass Migranten häufiger als Deutsche ohne Migrationshintergrund in taktgebundenen Arbeitsabläufen beschäftigt sind. Andererseits sind deutsche Beschäftigte ohne Migrationshintergrund häufiger psychischen Belastungen ausgesetzt,

Migration als Prädiktor für Belastung und Beanspruchung?

◘ Tab. 14.2 Arbeitsbedingungen und Belastungen von Vollzeitbeschäftigten nach Migrationshintergrund (Anteil in %)

Arbeitsbedingungen und Belastungen dadurch		Deutsche ohne Migrationshintergrund	Deutsche mit Migrationshintergrund	Ausländer	Durchschnitt/ gesamt
Arbeit im Stehen	Belastung häufig	54,7	64,8	61,9	55,9
	Beanspruchung dadurch	23,3	38,9	38,9	25,9
Arbeit im Sitzen	Belastung häufig	56,1	41,5	47,5	54,5
	Beanspruchung dadurch	20,1	26,7	24,4	20,7
Arbeit unter Zwangshaltungen	Belastung häufig	14,2	15,9	21,3	14,9
	Belastung dadurch	49,5	65,2	60,1	51,8
Heben, Tragen schwerer Lasten > 10 kg (Frauen), > 20 kg (Männer)	Belastung häufig	23,9	27,3	25,4	24,2
	Beanspruchung dadurch	48,8	65,4	66,6	51,5
Arbeitsdurchführung in allen Einzelheiten vorgeschrieben	Belastung häufig	21,9	27,0	29,0	22,8
	Beanspruchung dadurch	30,7	34,8	32,0	31,1
Ständig wiederkehrende Arbeitsvorgänge	Belastung häufig	48,0	50,9	50,3	48,4
	Beanspruchung dadurch	13,9	17,7	25,9	15,4
Stückzahl, Leistung oder Zeit vorgegeben	Belastung häufig	32,0	39,7	37,5	32,9
	Beanspruchung dadurch	45,1	48,1	54,1	46,2
Starker Termin- und Leistungsdruck	Belastung häufig	59,9	52,1	55,0	59,0
	Beanspruchung dadurch	59,0	64,6	61,8	59,5
Verschiedenartige Arbeiten gleichzeitig betreuen	Belastung häufig	62,6	55,4	56,0	61,7
	Beanspruchung dadurch	26,1	25,1	39,5	27,1
Bei der Arbeit gestört, unterbrochen	Belastung häufig	50,1	42,6	42,8	49,0
	Beanspruchung dadurch	60,5	59,7	65,1	60,8
Konfrontation mit neuen Aufgaben	Belastung häufig	43,5	36,4	35,6	42,4
	Beanspruchung dadurch	15,3	*	23,9	15,8
Arbeiten an der Grenze der Leistungsfähigkeit	Belastung häufig	18,5	17,0	24,1	18,9
	Beanspruchung dadurch	68,5	77,6	74,5	69,7
Sehr schnell arbeiten	Belastung häufig	44,5	50,1	50,5	45,4
	Beanspruchung dadurch	42,3	50,1	50,8	43,6
Arbeit unter Lärm	Belastung häufig	26,5	30,8	32,2	27,2
	Beanspruchung dadurch	52,4	60,5	59,4	53,7
Rauch, Gas, Staub, Dampf	Belastung häufig	14,7	20,9	23,1	15,8
	Beanspruchung dadurch	55,8	73,2	70,8	59,0
Kälte, Hitze, Nässe, Feuchtigkeit, Zugluft	Belastung häufig	23,0	24,1	27,8	23,5
	Beanspruchung dadurch	50,5	67,7	67,6	53,3

* Häufigkeit zu klein

Fehlzeiten-Report 2010

die einen hohen Grad an Verantwortung beinhalten (z. B. das Verbessern von bisherigen Verfahren, etwas Neues ausprobieren, die Konfrontation mit neuen Aufgaben) oder die einen hohen koordinativen Aufwand bedeuten (z. B. bei der Arbeit gestört/unterbrochen werden; Termin-/Leistungsdruck; verschiedenartige Arbeiten/Vorgänge gleichzeitig im Auge behalten).

Die Beanspruchung, die sich durch strenge Zeit- und Mengenvorgaben ergibt, liegt auch hier bei den Migranten (meist) über den Werten der Deutschen ohne Migrationshintergrund.

14.4 Ressourcen: Unterstützung und Handlungsspielräume

Als Ressourcen (s. hierzu ausführlich Fuchs 2006) werden solche Faktoren bezeichnet, die Stress mindern und somit die Gesundheit positiv beeinflussen und fördern können. Ressourcen ermöglichen es, das Beanspruchungsempfinden aufgrund einer objektiven Belastung wesentlich zu verringern. Dazu gehören neben den personalen Ressourcen (z. B. Wissen/Kompetenz, Optimismus, Kontaktfähigkeit, Selbstwirksamkeit)[3], die hier untersuchten sozialen Ressourcen (Unterstützung z. B. durch die Kollegen und den Vorgesetzten, Arbeitsklima) und die organisationalen Ressourcen (Handlungsspielräume, z. B. die Möglichkeit, die Arbeit selbst planen und einteilen zu können, Einfluss auf die Arbeitsmenge nehmen zu können und über die eigene Pause entscheiden zu können).

Die Daten der BIBB/BAuA-Erwerbstätigenbefragung zeigen, dass Migranten nicht in gleichem Maße Ressourcen zur Verfügung stehen, die solch eine puffernde Wirkung haben. Dies betrifft die Handlungsspielräume und die soziale Unterstützung.

Werden den Mitarbeitern Handlungsspielräume eingeräumt und erfahren sie Unterstützung, wird die gleiche psychische Arbeitsbelastung als weniger beanspruchend wahrgenommen. Die Größe der Handlungsspielräume ist jedoch abhängig von der Art der Tätigkeit. Da, wie bereits oben angeführt, Migranten eher in reglementierten Arbeitsabläufen arbeiten (Zeit-, Prozess- und Mengenvorgaben), stehen ihnen in der Regel auch nur begrenzt Handlungsspielräume zur Verfügung, wie in ◘ Tab. 14.3 erkenntlich wird.

Der Anteil der Migranten, die eigenständig über die Pause entscheiden dürfen, ist geringer als der Anteil der Deutschen ohne Migrationshintergrund. Die Auswertungen zeigen des Weiteren, dass Deutsche ohne Migrationshintergrund seltener ihre Arbeit „nie" oder „nur selten" selbst planen und einteilen können als Deutsche mit Migrationshintergrund und Ausländer.

Aber auch die sozialen Ressourcen stehen Migranten seltener zur Verfügung als Deutschen ohne Migrationshintergrund. Hier ist zu berücksichtigen, „dass die wahrgenommene Verfügbarkeit der sozialen Unterstützung das eigentlich wichtige ist und weniger die konkrete Hilfeleistung" (Fuchs 2006). Auffällig sind auch die Unterschiede zwischen den Deutschen ohne Migrationshintergrund und Migranten. Insgesamt wird die Unterstützung durch die Kollegen und die Zusammenarbeit mit den Kollegen durchgängig als besser bewertet als die Unterstützung durch den Vorgesetzten. Diese Zahlen sind insbesondere vor dem Hintergrund interessant, dass „die Vorgesetzten von zentraler Bedeutung für die Wahrnehmung sozialer Unterstützung sind" (Fuchs 2006).

◘ Tab. 14.3 Ressourcen von Vollzeitbeschäftigten nach Migrationshintergrund (Anteil in %)

Arbeitsbedingungen (selten oder nie) und Belastungen dadurch		Deutsche ohne Migrationshintergrund	Deutsche mit Migrationshintergrund	Ausländer	Durchschnitt/gesamt
Am Arbeitsplatz Teil einer Gemeinschaft	Belastung häufig	8,3	13,3	16,8	9,3
	Beanspruchung dadurch	27,1	*	24,2	26,4
Unterstützung vom direkten Vorgesetzten	Belastung häufig	16,6	18,7	15,8	16,6
	Beanspruchung dadurch	39,9	47,3	44,5	40,7
Arbeit selbst planen	Belastung häufig	12,0	23,5	18,1	13,3
	Beanspruchung dadurch	12,8	*	*	13,4
Einfluss auf die Arbeitsmenge	Belastung häufig	39,7	37,3	35,0	39,2
	Beanspruchung dadurch	21,4	17,9	21,2	21,2
Eigene Entscheidung, wann Pause	Belastung häufig	27,2	36,9	30,5	28,1
	Beanspruchung dadurch	17,3	18,8	23,2	18,0
* Häufigkeit zu klein					

Fehlzeiten-Report 2010

---

3 Die entsprechenden Daten wurden nicht erhoben.

Der Grad der Integration am Arbeitsplatz spiegelt sich in einer weiteren Ressource. Die Betrachtung des Aspekts, sich am Arbeitsplatz als Teil einer Gemeinschaft zu fühlen, zeigt nämlich, dass der Anteil der Migranten, die nicht das Gefühl haben, Teil einer Gemeinschaft zu sein, höher ist (Deutsche mit Migrationshintergrund 13,3 %, Ausländer 16,8 %); bei Deutschen ohne Migrationshintergrund ist er am kleinsten (8,3 %).

14.5 Gesundheitliche Beschwerden

Sowohl die höhere Belastung aufgrund der Arbeitsbedingungen als auch das höhere Beanspruchungsempfinden bei Beschäftigten mit Migrationshintergrund zeigen ihre Auswirkungen sehr deutlich bei einem Vergleich der gesundheitlichen Beschwerden, den Beanspruchungsfolgen. Beschäftigte mit Migrationshintergrund berichten häufiger über gesundheitliche Beschwerden als deutsche Beschäftigte ohne Migrationshintergrund. Die Anteile der Deutschen ohne Migrationshintergrund, die über gesundheitliche Beschwerden berichten, liegen unter den Anteilen der Deutschen mit Migrationshintergrund und der Ausländer, wobei bei den letzteren Gruppen keine einheitliche Tendenz ersichtlich ist. Dies gilt für somatische, psychosomatische und psychische Beschwerden gleichermaßen (◘ Tab. 14.4).

Zu den am häufigsten genannten Beschwerden zählen in allen Gruppen die muskulo-skelettalen Erkrankungen, insbesondere Schmerzen im Rücken, Schmerzen im Nacken-/Schulterbereich, Schmerzen in den Armen und Händen, Schmerzen in den Beinen/Füßen oder geschwollene Beine und Kopfschmerzen.

14.6 Geschlechtseffekte und Vollzeit/Teilzeit-Effekte

Zusätzlich erfolgte eine Auswertung getrennt nach Migration, Geschlecht und Arbeitsdauer, d. h. Vollzeit (regelmäßig mindestens 35 Wochenstunden) oder Teilzeit (mindestens 10 und unter 35 Wochenstunden). Es sind neben den oben beschriebenen Unterschieden hinsichtlich des Migrationshintergrunds auch Geschlechts- und Teilzeiteffekte zu beobachten.

Die Anteile der Gruppen „Frauen Teilzeit", „Frauen Vollzeit" und „Männer Vollzeit" sind in den Kategorien „Deutsche ohne Migrationshintergrund", „Deutsche mit Migrationshintergrund" und „Ausländer" vergleichbar. 44 bis 50 % der Frauen arbeiten in Teilzeit. Dagegen arbeiten lediglich ca. 10 bis 12 % der Männer in Teilzeit. Da die Häufigkeiten für „Männer/Teilzeit/mit Migrationshintergrund" und „Männer/Teilzeit/Ausländer" zu gering waren, wurde die Gruppe der Männer in Teilzeit nicht näher betrachtet. Somit ergaben sich neun Gruppen (◘ Tab. 14.5).

◘ Tab. 14.4 Gesundheitliche Beschwerden bei Vollzeitbeschäftigten nach Migrationshintergrund (Anteil in %)

Gesundheitliche Beschwerden während oder nach der Arbeit	Deutsche ohne Migrationshintergrund	Deutsche mit Migrationshintergrund	Ausländer	Durchschnitt/gesamt
Schmerzen im unteren Rücken	42,2	50,1	50,1	43,3
Schmerzen im Nacken-/Schulterbereich	44,0	49,6	51,9	45,0
Schmerzen in Armen und Händen	18,3	27,7	31,7	20,0
Schmerzen in den Knien	18,6	21,9	29,6	19,7
Schmerzen in Beinen und Füßen, geschwollene Beine	18,0	27,0	27,8	19,4
Kopfschmerzen	27,7	34,5	35,9	28,8
Laufen der Nase/Niesreiz	12,3	14,5	16,5	12,8
Augen: Brennen, Schmerzen, Rötung, Jucken, Tränen	19,6	22,9	23,2	20,1
Nächtliche Schlafstörungen	20,5	25,4	21,9	20,9
Allgemeine Müdigkeit, Mattigkeit und Erschöpfung	43,0	49,6	57,8	44,7
Magen-, Verdauungsbeschwerden	10,6	11,4	14,0	10,9
Nervosität oder Reizbarkeit	27,7	33,1	34,1	28,5
Niedergeschlagenheit	18,6	21,2	20,8	18,9

Fehlzeiten-Report 2010

Tab. 14.5 Zusammensetzung der Stichprobe nach Migration, Geschlecht und Vollzeit/Teilzeit (Anteil in %)

Deutsche ohne Migrationshintergrund				Deutsche mit Migrationshintergrund				Ausländer			
Frauen		Männer		Frauen		Männer		Frauen		Männer	
43,9		56,1		44,4		55,6		41,9		58,1	
Teilzeit	Vollzeit	Teilzeit	Vollzeit	Teilzeit	Vollzeit	Teilzeit	Vollzeit	Teilzeit	Vollzeit	Teilzeit	Vollzeit
20,7	23,2	4,6	51,5	19,4	24,8	5,8	49,7	21,1	20,8	4,8	53,2

Fehlzeiten-Report 2010

Bei Betrachtung des Belastungs- und Beanspruchungsgeschehens ist – besonders bei den psychischen Belastungen – auffällig, dass hinsichtlich des Geschlechts und hinsichtlich der Arbeitsdauer große Unterschiede zu erkennen sind, teilweise erheblich größer als die Unterschiede nach Migration.

Auch anhand der Daten zu den Ressourcen wird deutlich, dass nicht nur der Migrationshintergrund, sondern auch das Geschlecht und die Arbeitsdauer einen erheblichen Einfluss auf den Zugang zu bzw. auf das Fehlen von Ressourcen haben. Besonders hervorzuheben sind die 27,0 % der deutschen Männer mit Migrationshintergrund in Vollzeit, die ihre Arbeit „nie" oder „nur selten" selbst planen und einteilen können (deutsche Männer ohne Migrationshintergrund in Vollzeit: 12,9 %, Frauen mit Migrationshintergrund in Vollzeit: 18,5 %, ausländische Männer in Vollzeit: 20,1 %). Ebenso ist der Anteil der Migranten, die eigenständig über die Pause entscheiden dürfen, geringer als der Anteil der Deutschen ohne Migrationshintergrund. Eine Ausnahme bilden die in Vollzeit arbeitenden Ausländerinnen (29,1 %).

Die Daten hinsichtlich des Einflusses auf die Arbeitsmenge sind uneindeutig: Ausländische Frauen in Teilzeit haben den geringsten Einfluss auf die Arbeitsmenge von allen in Teilzeit Arbeitenden (52,2 %). Demgegenüber stehen die ausländischen Männer in Vollzeit (36,4 %) und die ausländischen Frauen in Vollzeit (36,1 %), die nie oder selten Einfluss auf die Arbeitsmenge haben und denen so in ihren Vergleichsgruppen die Ressource am häufigsten zur Verfügung steht. Dies deutet darauf hin, dass der Migrationshintergrund nur bedingt dazu geeignet ist, mangelnde Handlungsspielräume der Beschäftigten zu erklären. Vielmehr könnte dies auf die Art der Tätigkeiten zurückzuführen sein.

Des Weiteren ist auffällig, dass die in Vollzeit arbeitenden deutschen Männer und Frauen mit Migrationshintergrund (20 % bzw. 21,5 %) seltener Unterstützung durch ihre Vorgesetzten erhalten als die Deutschen ohne Migrationshintergrund (Männer 18,5 %, Frauen 18,8 %). Demgegenüber ist der Anteil der in Vollzeit arbeitenden Ausländer, die nie oder selten Unterstützung erhalten (Männer 17,2 %, Frauen 17,6 %), geringer als der Anteil der Deutschen ohne Migrationshintergrund. Betrachtet man dagegen die in Teilzeit arbeitenden Frauen, sind es die Ausländerinnen, die seltener Unterstützung durch ihre Vorgesetzten erfahren (21,6 %), als die Deutschen ohne Migrationshintergrund (17,4 %).

Ein Geschlechtseffekt, Teilzeiteffekt und ein Migrationseffekt können ebenfalls bei den gesundheitlichen Beschwerden beobachtet werden. Frauen in Teilzeit berichten seltener als Frauen in Vollzeit gesundheitliche Beschwerden; die Frauen in Vollzeit berichten häufiger gesundheitliche Beschwerden als Männer in Vollzeit.

Bei Betrachtung der muskulo-skelettalen Beschwerden sind Unterschiede v. a. in Abhängigkeit von der Arbeitszeitdauer und vom Geschlecht zu erkennen: Vollzeit arbeitende Frauen leiden häufiger als Teilzeit arbeitende Frauen und Vollzeit arbeitende Männer an Schmerzen im Nacken- und Schulterbereich und Schmerzen im unteren Rücken. Weniger ausgeprägt ist dieser Effekt bei Schmerzen in den Beinen und Füßen, Ähnliches gilt für Kopfschmerzen und Augenbeschwerden. Dieses Muster zeichnet sich auch im Bereich der psycho-vegetativen Beschwerden (nächtliche Schlafstörungen, allgemeine Müdigkeit, Mattigkeit oder Erschöpfung, Nervosität oder Reizbarkeit und Niedergeschlagenheit) ab.

Eine systematische Kumulation von Geschlechts-, Teilzeit- und Migrationseffekten kann nicht konstatiert werden. Diese kann in der Inhomogenität der ausgeübten Tätigkeiten begründet sein. Denn eine Vielzahl von Faktoren stehen in Zusammenhang mit der ausgeübten Tätigkeit: Qualifikation, Berufswahl und Branche sind bestimmende Einflussfaktoren für die Rahmenbedingungen der Arbeit und die Arbeitsplatzgestaltung. Diese wiederum sind bestimmende Einflussfaktoren für die Gesundheit.

Migration als Prädiktor für Belastung und Beanspruchung?

◻ **Tab. 14.6** Vollzeit- und Teilzeitbeschäftigte nach Migrationshintergrund und Geschlecht im Vergleich (Anteil in %)

	Deutsche ohne Migrationshintergrund			Deutsche mit Migrationshintergrund				Ausländer		
	Frauen TZ**	Frauen VZ***	Männer VZ	Frauen TZ	Frauen VZ	Männer VZ	Frauen TZ	Frauen VZ	Männer VZ
Arbeitsbedingungen (Auszüge)									
Termin-/Leistungsdruck									
Belastung häufig	38,9	57,4	61,0	28,7	53,4	51,4	32,2	55,3	55,1
Beanspruchung dadurch	61,2	64,7	56,6	*	69,4	55,3	57,4	65,4	60,5
Gestört/unterbrochen									
Belastung häufig	40,5	54,2	48,3	34,6	53,5	37,2	30,3	49,3	40,2
Beanspruchung dadurch	56,2	60,4	60,5	*	61,6	58,3	67,3	62,1	66,5
Genaue Stückzahl, Mindestleistung, Zeitvorgaben									
Belastung häufig	25,7	29,8	33,0	23,4	37,3	40,9	28,2	26,9	41,6
Beanspruchung dadurch	44,5	50,8	42,8	*	55,6	44,7	*	51,8	54,7
Bis an die Grenze Ihrer Leistungsfähigkeit									
Belastung häufig	11,6	20,1	17,8	*	18,4	16,4	*	21,1	25,4
Beanspruchung dadurch	70,3	76,1	64,6	*	*	72,3	*	72,8	75,0
Sehr schnell arbeiten									
Belastung häufig	40,9	49,4	42,4	46,1	53,6	48,6	45,2	51,6	50,1
Beanspruchung dadurch	38,0	42,3	42,3	*	55,9	46,9	37,8	45,8	52,8
Im Stehen									
Belastung häufig	57,4	51,6	56,2	64,4	60,2	67,1	64,6	50,7	66,2
Beanspruchung dadurch	23,7	29,8	20,6	35,7	44,3	36,5	37,3	30,3	41,5
Im Sitzen									
Belastung häufig	50,8	60,1	54,3	43,7	49,9	37,3	41,4	59,1	42,9
Beanspruchung dadurch	15,9	25,2	17,5	*	35,6	*	*	27,4	22,8
Ressourcen									
Eigene Arbeit selbst planen und einteilen	16,7	11,4	12,9	*	18,5	27,0	22,5	15,4	20,1
Einfluss auf die Arbeitsmenge	45,9	45,7	39,3	43,8	32,8	41,3	52,2	36,1	36,4
Eigene Entscheidung, wann Pause	33,3	32,9	26,1	36,0	42,6	35,5	42,7	29,1	32,7
Hilfe/Unterstützung von Ihrem direkten Vorgesetzten	17,4	18,8	18,5	*	21,5	20,0	21,6	17,6	17,2
Gesundheit (Auszüge)									
Schmerzen im unteren Rücken, Kreuzschmerzen	42,0	47,0	40,1	49,1	58,3	46,1	43,5	50,4	50,0
Schmerzen im Nacken-, Schulterbereich	53,9	60,1	36,8	53,5	66,4	41,2	56,9	67,5	45,8
Kopfschmerzen	30,6	39,2	22,5	36,9	45,0	29,3	42,4	49,4	30,7
Augenbeschwerden	16,5	25,6	16,9	*	29,3	19,7	17,8	32,7	19,4

* Häufigkeit zu klein
** Teilzeit
*** Vollzeit

Fehlzeiten-Report 2010

14.7 Fazit

Die vorliegende Analyse konnte aufzeigen, dass der Migrationshintergrund ein bestimmender Faktor für die Arbeitsbedingungen, die Ressourcen und daher auch für den Gesundheitszustand von Beschäftigten ist. In Abhängigkeit vom Migrationshintergrund wurde untersucht, ob und inwiefern sich die Belastungen und Beanspruchungen bzw. die den Beschäftigten zur Verfügung stehenden sozialen und organisationalen Ressourcen, die sich aus den Arbeitsbedingungen ergeben, und die gesundheitlichen Beschwerden im Anschluss an die Arbeit unterscheiden.

Es zeigt sich eine deutliche Segregation des Arbeitsmarktes, die in hohem Maße mit den Arbeitsbelastungen konfundiert ist. Migranten arbeiten häufiger unter körperlich anstrengenden und reglementierten Arbeitsbedingungen. Da mit diesen Arbeitsbedingungen nur begrenzte organisationale Ressourcen zur Verfügung stehen, ist damit für die Migranten ein stärkeres Beanspruchungserleben verbunden, was letztlich auch in häufigeren gesundheitlichen Beeinträchtigungen resultiert.

Deutsche ohne Migrationshintergrund arbeiten häufiger im Sitzen und in eigenverantwortlichen Arbeitsbedingungen. Es ist auffällig, dass insbesondere die wahrgenommenen Beanspruchungen und die Beanspruchungsfolgen der Beschäftigten Migranten in den meisten Fällen über denen der Deutschen ohne Migrationshintergrund liegen. Dieses spiegelt sich deutlich in den Häufigkeiten von gesundheitlichen Beschwerden wider.

Die festgestellten Unterschiede zwischen der Gruppe der Deutschen mit Migrationshintergrund und der Gruppe der Ausländer in Bezug auf die Belastungen, Beanspruchungen, Ressourcen und gesundheitlichen Beschwerden sind dabei eher unsystematisch. Dies kann dadurch bedingt sein, dass nur Ausländer befragt wurden, deren Deutschkenntnisse ausreichend waren. Somit ist zu erwarten, dass Ausländer mit geringer (Aus-)Bildung und damit einhergehend mit besonders belastenden und beanspruchenden Arbeitsbedingungen in der Stichprobe systematisch unterrepräsentiert sind.

Die Berücksichtigung der Einflussfaktoren Geschlecht und Teilzeit/Vollzeit zeigt, dass diese Faktoren ebenso wie der Faktor Migration einen Einfluss haben.

Aufgrund der Komplexität und der vielfältigen Wechselbeziehungen erscheint es unerlässlich, auf mehreren Ebenen Maßnahmen zu ergreifen und Veränderungsprozesse zu initiieren.

Auf der betrieblichen Ebene besteht die Anforderung darin, die spezifischen Besonderheiten interkultureller Unterschiedlichkeit in die Konzeption des Arbeits- und Gesundheitsschutzes zu integrieren. Dazu müssen Analysen der spezifischen Anforderungen der Beschäftigten mit und ohne Migrationshintergrund intensiviert werden. Ebenso müssen darauf aufbauend spezifische Maßnahmen des Arbeitsschutzes und der Prävention entwickelt und umgesetzt werden. Durch die Gestaltung der Arbeitsplätze und durch die Umsetzung von Maßnahmen des Betrieblichen Gesundheitsmanagements – mit besonderer Rücksicht auf den kulturellen Hintergrund der Belegschaft – können die Belastungen und Beanspruchungen reduziert und Gesundheitskompetenzen aufgebaut werden. Dies ist insbesondere sinnvoll vor dem Hintergrund, dass die Auswertung der Daten auf höhere Teilnahmeraten an BGM-Maßnahmen bei Beschäftigten mit Migrationshintergrund hinweist gegenüber denen der deutschen Beschäftigten ohne Migrationshintergrund.

Hinsichtlich der gesellschaftlichen und rechtlichen Ebene ist es notwendig, die Sprachkenntnisse zu verbessern und auch für einen höheren (Aus-)Bildungsstand und -abschlüsse Sorge zu tragen bzw. durch Anerkennung von Abschlüssen den Zugang zum Arbeitsmarkt zu verbessern. Es ist davon auszugehen, dass in der Gruppe der Migranten zusätzlich verschiedene Belastungsfaktoren wie befristete/saisonale und andere prekäre Beschäftigung kumulieren. Deshalb müssen die strukturellen Rahmenbedingungen, die zu der migrationsbedingten Segregation der Arbeit führen, geändert werden, um die Beschäftigten unabhängig von ihrer Nationalität, der Art und Dauer ihres Arbeitsvertrags und ihres Aufenthaltstitels zu schützen und zu fördern.

Literatur

Beauftragte der Bundesregierung für Migration, Flüchtlinge und Integration (Hrsg) (2009) Integration in Deutschland. Erster Integrationsindikatorenbericht: Erprobung des Indikatorensets und Bericht zum bundesweiten Integrationsmonitoring. http://www.bundesregierung.de/Content/DE/Publikation/IB/Anlagen/2009-07-07-indikatorenbericht,property=publicationFile.pdf. Gesehen 29 Sept 2009

Bundesministerium für Arbeit und Soziales (2008) Lebenslagen in Deutschland. Der 3. Armuts- und Reichtumsbericht der Bundesregierung, Berlin

Drever AI, Hoffmeister O (2008) Immigrants and Social Networks in a Job-Scarce Environment: The Case of Germany, International Migration Review, IMR 42 (2):425–448

European Agency for Safety and Health at Work (2008) Literature study on migrant workers. http://osha.europa.eu/

en/priority_groups/migrant_workers/migrantworkers.pdf. Gesehen 10 Nov 2009

European Foundation for the Improvement of Living and Working Conditions (2007) Employment and working conditions of migrant workers. http://www.eurofound.europa.eu/docs/ewco/tn0701038s/tn0701038s.pdf. Gesehen 10 Nov 2009

Filsinger D (2008) Bedingungen erfolgreicher Integration – Integrationsmonitoring und Evaluation. Friedrich-Ebert-Stiftung, Bonn. http://library.fes.de/pdf-files/wiso/05767.pdf. Gesehen 10 Nov 2009

Fuchs T (2006) Was ist gute Arbeit? Anforderungen aus der Sicht von Erwerbstätigen. Konzeption und Auswertung einer repräsentativen Untersuchung. 2. Aufl. Wirtschaftsverlag NW, Berlin Dortmund Dresden

Houtman I, Douwes M, de Jong T et al (2008) New Forms of Physical and Psychosocial Health Risks at Work, Brussels. http://www.europarl.europa.eu/activities/committees/studies/download.do?language=en&file=23111. Gesehen 30 Nov 2009

Hunger U, Thränhardt D (2004) Migration und Bildungserfolg: Wo stehen wir? IMIS-BEITRÄGE No. 23:179–197

Nohl AM, Weiß A (2009) Jenseits der Greencard: Ungesteuerte Migration Hochqualifizierter. APuZ 44:12–18

Seibert H (2008) Junge Migranten am Arbeitsmarkt. Bildung und Einbürgerung verbessern die Chancen. In: IAB-Kurzbericht 17/08. http://doku.iab.de/kurzber/2008/kb1708.pdf. Gesehen 27 Nov 2009

Statistisches Bundesamt (2007) Bevölkerung und Erwerbstätigkeit. Bevölkerung mit Migrationshintergrund – Ergebnisse des Mikrozensus 2005, Wiesbaden

Statistisches Bundesamt (2009) Statistisches Jahrbuch für die Bundesrepublik Deutschland, Wiesbaden

Kapitel 15

Interkulturelles Betriebliches Gesundheitsmanagement: Konzept und praktische Erfahrungen

M. Harms · R. Salman · W. Bödeker

Zusammenfassung. Mit dem Konzept des Interkulturellen Betrieblichen Gesundheitsmanagements (IBGM) liegt ein Instrumentarium vor, das es ermöglicht, kulturelle Unterschiede und Gemeinsamkeiten im Rahmen des Betrieblichen Gesundheitsmanagements gezielt zu berücksichtigen. Der vorliegende Aufsatz ordnet zunächst das IBGM in bestehende Ansätze zum Gesundheitsmanagement und Diversity Management ein. Anschließend werden die Bausteine des IBGM beschrieben und durch Erfahrungen aus ersten Pilotprojekten ergänzt.

15.1 Einführung

Kulturelle Vielfalt gehört heute in vielen Unternehmen zum Alltag. Wie in den vorhergehenden Beiträgen gezeigt, unterliegen Menschen mit Migrationshintergrund oftmals höheren Gesundheitsrisiken aufgrund schlechterer Arbeits- und Lebensbedingungen. Zudem erleiden sie vermehrt Arbeitsunfälle und erkranken häufiger an Berufskrankheiten (vgl. Brzoska et al., Oldenburg et al., Ortlieb et al. in diesem Band). Eine Berücksichtigung dieser Vielfalt bei Maßnahmen zum Erhalt und zur Förderung der Gesundheit der Beschäftigten ist daher nur konsequent. Auch die betriebliche Prävention sollte entsprechend die verschiedenen kulturellen Hintergründe der Belegschaft berücksichtigen. Das im Folgenden vorgestellte Interkulturelle Betriebliche Gesundheitsmanagement (IBGM) basiert auf dem Betrieblichen Gesundheitsmanagement, das – ganz im Sinne des Diversity Managements – um interkulturelle Aspekte erweitert wird.

Die Autoren haben hierzu im Rahmen der Initiative Gesundheit und Arbeit (iga)[1] ein Konzept entwickelt, mithilfe dessen auf betriebliche Einflussfaktoren von Arbeitsunfähigkeit eingewirkt werden soll. Dieses Konzept wurde in den Jahren 2008 und 2009 in zwei Pilotprojekten in der betrieblichen Praxis erprobt und anhand der dort gemachten Erfahrungen weiterentwickelt.

Mit dem im Folgenden vorgestellten Konzept steht somit ein interkulturelles Betriebliches Gesundheitsmanagement zur Verfügung, durch das unternehmensspezifische Veränderungsprozesse eingeleitet und begleitet werden können.

Der vorliegende Artikel beschreibt zunächst das Konzept des IBGM und berichtet danach aus den Pilotprojekten.

---

1 Bei der Initiative Gesundheit und Arbeit (iga) handelt es sich um eine dauerhafte Kooperation von BKK Bundesverband, AOK-Bundesverband, dem Verband der Ersatzkassen (vdek) und der Deutschen Gesetzlichen Unfallversicherung (DGUV). (www.iga-info.de)

15.2 Das Konzept des IBGM

Durch Betriebliches Gesundheitsmanagement (BGM) sollen betriebliche Rahmenbedingungen, Strukturen und Prozesse so gestaltet werden, dass eine „gesundheitsförderliche Gestaltung von Arbeit und Organisation und die Befähigung zum gesundheitsfördernden Verhalten der Mitarbeiterinnen und Mitarbeiter" (Badura u. Hehlmann 2003) erreichbar wird. Betriebliches Gesundheitsmanagement bedeutet auch, die Gesundheit der Mitarbeiter als strategischen Faktor in das Leitbild, die Kultur sowie in die Strukturen und Prozesse der Organisation einzubeziehen (Badura et al. 1999). Es berücksichtigt die gewachsenen Strukturen im Bereich des Arbeits- und Gesundheitsschutzes und integriert Gesundheitsförderungs- und Suchtpräventionsprogramme. Zugleich stellt es die notwendige Verzahnung zur Personal- und Organisationsentwicklung sowie zu den externen Trägern der Prävention her (Wattendorff u. Wienemann 2004).

Das IBGM baut auf dem BGM auf und bezieht Beschäftigte mit Migrationshintergrund als besondere Zielgruppe mit ein. Durch diese explizite Einbeziehung von Beschäftigten mit Migrationshintergrund ergibt sich zugleich eine Schnittstelle zum Diversity Management. Dieses stellt einen seit einigen Jahren in deutschen Unternehmen viel diskutierten Ansatz dar, im Zuge dessen auch die Nationalität der Mitarbeiter als zentrale Kategorie erkannt wurde (neben weiteren Dimensionen wie Alter, Gender, religiöse Prägung, Behinderung oder Befähigung). Diversity Management versucht, bestehende Einzelmaßnahmen der Personal- und Organisationsentwicklung zu verknüpfen und die Potenziale der Organisation optimal zu nutzen. Ähnlich dem Betrieblichen Gesundheitsmanagement soll auch beim Diversity Management durch organisationales Lernen eine kontinuierliche Veränderung der Unternehmenskultur angestrebt werden (Harms u. Müller 2004).

Das IBGM stellt ein spezifisches Instrumentarium dar, das den Anforderungen und Problemstellungen von Beschäftigten mit Migrationshintergrund gerecht wird. Dabei ist dem Umstand Rechnung zu tragen, dass im Zusammenhang mit Gesundheit nicht von isolierten Einflussfaktoren ausgegangen werden kann, die auf die Gesundheit der Beschäftigten Einfluss nehmen, sondern hier wirkt ein vielschichtiges Bündel von Faktoren, das sich wie folgt aufgliedern lässt:

– persönliche Faktoren (z. B. körperliche Konstitution, familiäre und soziale Bedingungen, Geschlecht, Alter etc. – und eben auch die Nationalität)
– äußere Faktoren (z. B. Gesetze, Konjunkturlage, Krankheitswellen etc.)
– betriebliche Faktoren (z. B. belastende Arbeitsbedingungen) sowie Führung

Das IBGM beschränkt sich notwendigerweise auf durch Betriebe beeinflussbare Faktoren. Dabei stehen Maßnahmen des Betrieblichen Gesundheitsmanagements im Mittelpunkt, welche um eine interkulturelle Komponente erweitert werden sollen. Insbesondere zwei Aspekte werden herausgehoben:

– das Führungsverhalten der direkten Vorgesetzten von Mitarbeitern mit Migrationshintergrund
– die Einbindung von Beschäftigten mit Migrationshintergrund in das BGM, z. B. durch Schulung dieser zu Interkulturellen betrieblichen Gesundheitslotsen (IBGL); nach der Schulung fungieren sie als Ansprechpartner und Promotoren für BGM

Das Konzept des IBGM beruht entsprechend im Wesentlichen auf zwei Säulen: Zum einen auf der Schulung der Führungskräfte zum interkulturell kompetenten gesunden Führen und zum anderen auf der Auswahl und Schulung von sogenannten „Gesundheitslotsen", d. h. Beschäftigten mit oder ohne Migrationshintergrund, die das Gesundheitsmanagement vor Ort im Unternehmen unterstützen. Voraussetzung für eine erfolgreiche Umsetzung ist die Anpassung dieses Konzept an die jeweiligen betrieblichen Gegebenheiten. Es bedarf einer gezielten Analyse der Ausgangssituation im Unternehmen sowie einer kontinuierlichen Projektbegleitung durch das BGM.

15.3 Bausteine zur Einführung von IBGM

Die Einführung eines IBGM verläuft in drei Schritten, die im Folgenden näher spezifiziert werden. Alle Bausteine sind so angelegt, dass sie flexibel an spezifische betriebliche Belange angepasst werden können. Die nachstehende ◘ Abb. 15.1 stellt den Ablauf der Einführung von IBGM im Überblick dar.

15.3.1 Baustein 1: Beratung der Akteure des BGM

Das IBGM soll auf dem bestehenden BGM aufbauen und sich die dort bereits vorhandenen Strukturen zum Gesundheitsmanagement im Unternehmen zunutze machen. Entsprechend sind daher alle Akteure des Betrieblichen Gesundheitsmanagements zusammen-

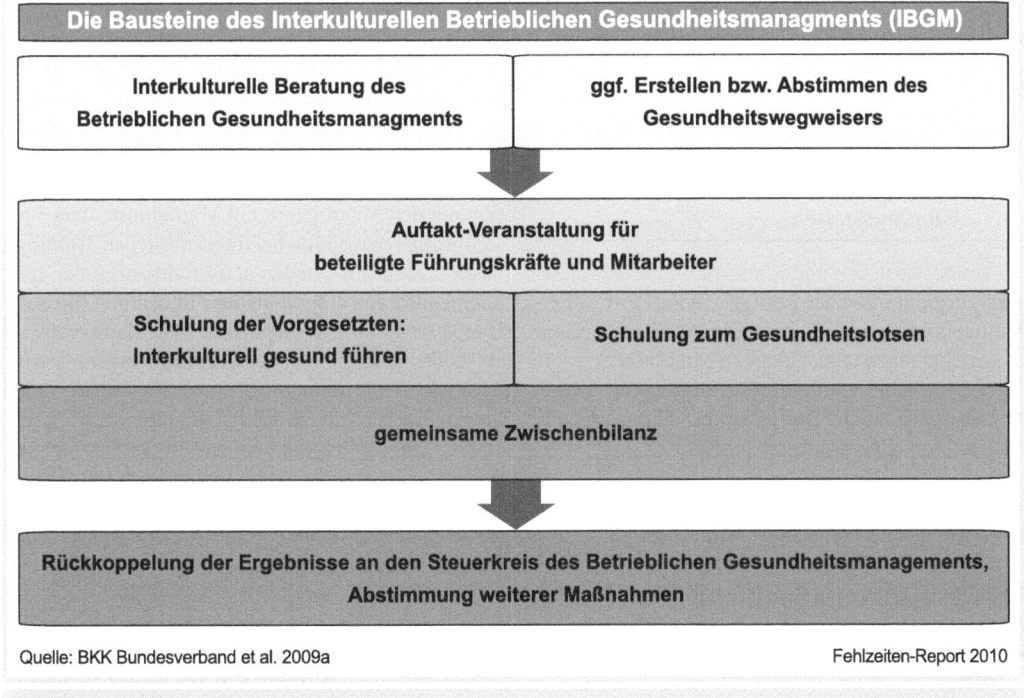

Abb. 15.1 Ablauf und Einführung von IBGM

zubringen, damit sie für die interkulturellen Aspekte des BGM sensibilisiert werden. Zusätzlich sollten auch die innerbetrieblichen Ansprechpartner und Vertreter der Migranten beteiligt werden, denn diese spielen in ihrer Multiplikatorenfunktion bei der Einführung des IBGM und im weiteren Verlauf eine wichtige Rolle.

Idealerweise sollten demnach – je nach Unternehmen – folgende Personengruppen am IBGM beteiligt werden:

- Vertreter des BGM
- Arbeitgebervertreter
- Betriebsrat
- Betriebsarzt
- Fachkraft für Arbeitssicherheit
- Sicherheitsbeauftragte
- Sozial- und Suchtbeauftragte
- Gleichstellungsbeauftragte, Diversity-Beauftragte
- Schwerbehindertenvertretung
- Personalentwicklung/Organisationsentwicklung
- Information und Kommunikation
- Führungskräfte aus der Linie
- innerbetriebliche Ansprechpartner und Vertreter von Migranten im Unternehmen

Die Öffnung der Teilnehmer für das Erkennen von und den Umgang mit Stereotypen sind wichtige Bestandteile dieses Bausteins. Zunächst sollen Anstöße zur Auseinandersetzung mit den bisherigen eigenen Erfahrungen in interkulturellen Überschneidungssituationen gegeben werden. Hier geht es v. a. darum, eigene kulturspezifische und kulturtypische Verhaltensweisen zu verdeutlichen und diese den Teilnehmern bewusst zu machen. Mögliche Themen der Beratung sind:

- Reflexion der eigenen individuellen Erfahrungen in interkulturellen Überschneidungssituationen
- Diskussion der bisherigen betrieblichen Erfahrungen in der Zusammenarbeit mit Beschäftigten mit Migrationshintergrund
- Vorstellung von Studien zu Fehlzeiten von Menschen mit und ohne Migrationshintergrund
- Vorstellung von Maßnahmenbeispielen für IBGM
- Definition eines Aktivitätenkatalogs (Projektplan für das Unternehmen)

Dieser Aktivitätenkatalog, der zum Anschluss des ersten Bausteins erstellt wird, beschreibt die potenziellen nächsten Schritte und soll zielgenau auf das jeweilige Unternehmen zugeschnitten werden. Unterstützend kann zudem die hierfür speziell entwickelte Broschüre

„Gesund arbeiten – Ein Wegweiser für Gesundheit im Betrieb" (BKK Bundesverband et al. 2009b) eingesetzt werden

15.3.2 Baustein 2: Interventionsmaßnahmen – Schulung von Gesundheitslotsen und Führungskräften

Der zweite Baustein – und somit der offizielle Projektstart – beginnt mit einer halbtägigen Kick-off-Veranstaltung für alle an den Führungskräfte-Trainings und Lotsenschulungen teilnehmenden Mitarbeiter.

Im Sinne einer optimalen Verzahnung des IBGM-Projekts sollten an der Auftaktveranstaltung folgende Personen bzw. Gruppen beteiligt werden:
- Vertreter des IBGM
- Vertreter der BGM-Steuerungsgruppe
- Vertreter von Migranten im Unternehmen

Vertreter der an diesem Baustein beteiligten Beschäftigten:
- an Führungskräfte-Schulung beteiligte Führungskräfte
  (Die Auswahl dieser erfolgt im BGM-Team im Baustein 1. Es kann beispielsweise, je nach betrieblichen Verhältnissen, sinnvoll sein, Führungskräfte einer bestimmten Hierarchieebene aus dem gesamten Unternehmen für die Trainings zu gewinnen, oder aber die Maßnahme auf Führungskräfte einer Abteilung zu fokussieren.)
- potenzielle Gesundheitslotsen
  (Auswahl erfolgt durch BGM-Team im Baustein 1)

Die halbtägige Auftaktveranstaltung sollte idealerweise in den Räumlichkeiten des Unternehmens stattfinden. Neben dem Kennenlernen und dem Vernetzen der beteiligten Akteure steht die Präsentation des Konzepts des IBGM im Vordergrund. Es sollen die Idee, Ziele und Maßnahmen sowie der Projektablauf insgesamt dargestellt werden. Des Weiteren können offene Fragen geklärt werden, um ein hohes Commitment aller Beteiligten für das IBGM zu erreichen.

Baustein 2a: „Interkulturell kompetent gesund führen"

Das Führungsverhalten direkter Vorgesetzter kann sich sowohl positiv als auch negativ auf die Gesundheit der Beschäftigten auswirken. Gleichzeitig ist davon auszugehen, dass Mitarbeiter mit unterschiedlicher kultureller Prägung tendenziell unterschiedliches Führungsverhalten bevorzugen. Durch Sensibilisierung für interkulturelle Themen und den Aufbau interkultureller Kompetenz im Rahmen einer Schulung sollen Führungskräfte in die Lage versetzt werden, ihre Aufgaben besser zu erledigen und die Zusammenarbeit und Kommunikation mit den Mitarbeitern mit Migrationshintergrund zu optimieren. Gerade bei interkulturellen Trainings ist die Arbeit mit den eigenen Erfahrungen der Teilnehmenden von entscheidender Bedeutung (Bosse u. Harms 2004; Harms u. Zinglersen 2004; Harms u. Bosse 2002), da man eigene Verhaltensmuster erkennen und diese ggf. modifizieren muss, um als Führungskraft im interkulturellen Kontext handlungsfähig zu sein (Harms 2003). Daher sollen die Lernziele unter Anknüpfung an das Erfahrungswissen der Teilnehmenden mithilfe von Vorträgen, interaktiven Übungen, Gruppenarbeiten sowie mit der Bearbeitung von Fallbeispielen oder Rollenspielen erreicht werden.

Die Schulung umfasst drei Themenblöcke:
- kulturelle Unterschiede und Gemeinsamkeiten
- Führung und Gesundheit
- Entwicklung von Handlungsstrategien/Lösungsansätzen
- Erarbeitung von Handlungsfeldern

Hierzu sind zunächst die Klärung des Kulturbegriffs allgemein und die Reflexion des eigenen Verhaltens wichtig. Hierbei wird auf theoretische sowie empirische Modelle von Hofstede (2001), Hall (1990) sowie von Trompenaars und Hampden-Turner (1997) zurückgegriffen. Die Übertragung auf die eigene Situation erfolgt anhand von moderierter Kleingruppenarbeit. Durch Rollenspiele und Simulationen werden alternative Handlungsstrategien erarbeitet und erprobt. Anschließend werden generelle Handlungsstrategien bzw. Lösungsansätze für die eigene Arbeit entwickelt. Zum Abschluss der Führungskräfte-Schulung erarbeiten die Teilnehmer unternehmensspezifische Erfolgsfaktoren für ein gelungenes IBGM. Diese Punkte werden auf der Zwischenbilanz-Sitzung, die den Baustein 2 abschließt, präsentiert und somit an das BGM-Team zurückgemeldet.

Baustein 2b: Interkulturelle betriebliche Gesundheitslotsen

Laut Salman (2007), Zeeb et al. (2004) und Schenk (2005) sind Migranten in vielen Fällen die Strukturen und Möglichkeiten des deutschen Gesundheitssystems und seine Angebote nicht vertraut, als Hindernisse dafür werden meistens sprachliche und soziokulturelle Verständigungsschwierigkeiten identifiziert (Salman 2001). Dies gilt auch für Kenntnisse über Pflichtaufgaben und Angebote der Unternehmen, wie z. B. Arbeitsschutzmaßnahmen, Maßnahmen der Betrieblichen Gesundheitsförderung oder des Betrieblichen Gesundheitsmanagements. Im Rahmen dieses Bausteins sollen engagierte Deutsche und Migranten im Unternehmen zu sogenannten Interkulturellen betrieblichen Gesundheitslotsen (IBGL) ausgebildet werden, die die Betriebliche Gesundheitsförderung besonders für Migranten durch muttersprachliche und kultursensible Informationen und Hilfestellungen unterstützen.

Je nach betrieblichen Verhältnissen sollten pro Schulung zwischen 10 und 25 Migranten zu Interkulturellen betrieblichen Gesundheitslotsen (IBGL) ausgebildet werden. Bei der Auswahl der IBGL stehen v. a. Beschäftigte mit Migrationshintergrund, die die zwei oder drei größten Sprachgruppen im Unternehmen repräsentieren, aber ebenso auch geeignete Beschäftigte ohne Migrationshintergrund im Fokus. Wichtige Kriterien bei der Auswahl von IBGL als Schulungsteilnehmer sind:

— Migranten müssen gute Deutschkenntnisse in Wort und Schrift besitzen und zugleich ihre Herkunftssprache beherrschen. Die Schulungen werden in deutscher Sprache abgehalten.
— Idealerweise sind unter den Lotsen Vertreter der zwei bis drei größten Sprachgruppen des Unternehmens.
— Die Bewerber müssen anderen Kulturen gegenüber aufgeschlossen sein.

Weitere Auswahlkriterien, beispielsweise aus welchen Abteilungen die Teilnehmer rekrutiert werden sollen, legt das betreffende Unternehmen fest. Die Gewinnung erfolgt in Zusammenarbeit mit dem BGM-Team entweder durch persönliche Ansprache oder über Medien wie betriebsinterne Zeitungen, Plakate und Aushänge. Die persönliche Ansprache durch direkte Vorgesetzte hat sich in Pilotprojekten bewährt.

Die Schulung hat einen Umfang von 40 bis 50 Stunden und muss an die Gegebenheiten im Betrieb (Schichtdienst, Bildungsurlaub, Vergütung der Schulung, Freistellung von der Arbeit für die Schulungsmaßnahme etc.) entsprechend angepasst werden. Die Schulung gliedert sich in einen theoretischen und in einen methodischen Teil. Im Theorieteil werden folgende Themen behandelt:

— Einführung: Gesundheit im Betrieb und Migration (1 Tag)
— Betriebliches Gesundheitsmanagement und betriebliche Ansprechpartner (2 Tage)
— Gesund leben – Was kann ich selbst für meine Gesundheit tun? Hier werden Themen wie gesunde Ernährung, Stress, Bewegung, Sucht etc. angesprochen. (1 Tag)
— Erarbeitung der künftigen Aufgaben und Rolle der IBGL im Betrieb, Vorbereitung der Zwischenbilanzpräsentation (1 Tag, ggf. zusätzlich ½ Tag für Vorbereitung der Präsentation direkt vor Beginn der Zwischenbilanz-Sitzung)

Im methodischen Teil der Schulung werden die IBGL auf die vielfältigen Aufgaben im Betrieb vorbereitet. So könnten IBGL als Vertrauenspersonen agieren und ihre Landsleute mehrsprachig über Neuerungen (Gesetzesänderungen, veränderte Betriebsabläufe, Betriebsversammlungen, Betriebsratswahlen etc.) im Betrieb informieren. Des Weiteren können sie die Kommunikation über Maßnahmen des Arbeitsschutzes in den Abteilungen unterstützen und Kollegen zur Teilnahme an betriebsinternen Gesundheitskampagnen (z. B. Grippeschutzimpfungen, freiwillige Vorsorgeuntersuchungen, gesunde Ernährung) oder an Maßnahmen des IBGM motivieren. Als mehrsprachige Schulungskräfte sollten sie gemeinsam mit entsprechenden Fachkräften Fortbildungen im Betrieb durchführen. Sie können auch bei der Übersetzung von Informationsmaterialien und bei der kultursensiblen Anpassung von Materialien mitwirken. Nach Möglichkeit sollten die IBGL einen Vertreter im Arbeitskreis des BGM haben. Denkbar ist darüber hinaus auch die verstärkte Gewinnung von Migranten als Sicherheitsbeauftragte. Die genannten Aufgaben werden unternehmensspezifisch mit den IBGL gemeinsam erarbeitet.

Baustein 2c: Zwischenbilanz

Bei einem weiteren Treffen werden alle am IBGM beteiligten Personen zusammengebracht. Erstes Ziel ist der Erfahrungsaustausch, d. h. die Teilnehmer der Führungskräfte- und IBGL-Schulung berichten von ihren Erfahrungen und haben zudem die Möglichkeit offene Punkte zu klären.

Zweites Ziel ist die Zusammenstellung eines Katalogs von Maßnahmenvorschlägen, der an die BGM-Gruppe weitergegeben wird. Um hierbei keine unnötigen zeitlichen Verzögerungen aufkommen zu lassen, sollte möglichst direkt im Anschluss an Baustein 2c eine Sitzung durchgeführt werden, an der die Vertreter des BGM-Teams, die auch an der Zwischenbilanz teilgenommen haben, die Ergebnisse an das restliche BGM-Team berichten.

In den Pilotprojekten hat es sich bewährt, dass Vertreter des BGM-Teams sowie Führungskräfte, z. B. Werksleiter, bei der Zwischenbilanz anwesend sind, um – sofern möglich – auch spontan direkt auf Fragen und Vorschläge eingehen zu können.

15.3.3 Baustein 3: Ableitung weiterer Maßnahmen

Nun muss das BGM-Team über die Umsetzung der vorgeschlagenen Maßnahmen beraten. Eine Information hierüber an die Beteiligten aus Baustein 2 ist verpflichtend. Sollte ein Vorschlag gewesen sein, künftig Migrantenvertreter an den BGM-Sitzungen zu beteiligen, so sollte gleich in dieser Sitzung damit begonnen werden. Es wird empfohlen, Aspekte des IBGM als regelmäßige Tagesordnungspunkte für BGM-Treffen festzulegen.

15.4 Evaluation – Erfahrungen aus den Pilotprojekten

Für eine Erprobung des Konzepts IBGM konnten die BMW Group und die Münchner Stadtentwässerung als Projektpartner gewonnen werden. In den Jahren 2008 und 2009 sind die beiden Pilotprojekte durchgeführt worden. In den für die Erprobung des IBGM ausgewählten Betriebsbereichen liegt der Anteil von Beschäftigten mit Migrationshintergrund bei ca. 40 %. Die größte Gruppe stellen türkische Staatsangehörige, wobei insgesamt eine große Anzahl an unterschiedlichen Nationalitäten vertreten ist. In den Unternehmensbereichen wurden unter Berücksichtigung der Bereichsorganisation und des Schichtbetriebs 10 bzw. 20 Gesundheitslotsen ausgebildet.

Die Durchführung von IBGM in den Betrieben verlief recht ähnlich und brachte die Beteiligten auch zu ähnlichen Bewertungen und Schlussfolgerungen.

In beiden Unternehmen erwies es sich als sehr unterstützend, dass das Projekt von den Unternehmensleitungen unterstützt und als „Chefsache" aufgefasst wurde. Eine hohe Verbindlichkeit wurde nicht nur durch die Freistellungen der Führungskräfte und Mitarbeiter für die Schulungen erreicht, sondern auch durch die persönliche Ansprache der Unternehmensleitung während der Auftaktveranstaltung und der Zwischenbilanz.

In den Zwischenbilanzen wurden v. a. die folgenden Aspekte betont:

1. Die Gesundheitslotsen sollen die Gelegenheit bekommen, sich regelmäßig zu treffen. Die Gesundheitslotsen werden hierfür von ihrer Arbeit freigestellt, um an diesen Terminen teilzunehmen. Inhalt dieser Treffen sind, neben der Intensivierung von Arbeitsschutz- und Gesundheitsthemen, die Organisation der Lotsenarbeit und der Austausch der Lotsen untereinander.
2. Die Gesundheitslotsen sollen sich mit anderen Akteuren des Betrieblichen Gesundheitsmanagements vernetzen, indem sie je nach Bedarf an den jeweiligen Arbeitskreisen teilnehmen.
3. Die Gesundheitslotsen sollen aktiv in Maßnahmen und Aktionen des Betrieblichen Gesundheitsmanagements miteinbezogen werden. Sie fungieren als Multiplikatoren im Betrieb, verbreiten Informationen über Aktivitäten des BGM und sie motivieren die Kollegen zur Teilnahme.
4. Die Gesundheitslotsen können ihre Rolle erfolgreich ausfüllen, wenn sie von ihren Kollegen als Unterstützung wahrgenommen und akzeptiert werden. Sie sollen nicht „überwachen" oder „missionieren" und keine Konkurrenz zu anderen betrieblichen Einrichtungen darstellen. Eine Funktionsverknüpfung dadurch, dass vorhandene Funktionsträger zusätzlich zu Gesundheitslotsen ausgebildet werden, kann sinnvoll sein.

Auch nach Abschluss der Schulungen und erfolgter Zwischenbilanz sind die Interkulturellen Gesundheitslotsen noch in den Betrieben aktiv. Beide Unternehmen haben die Lotsen in bestehende Strukturen aufgenommen und somit ihre Vernetzung sichergestellt (◘ Abb. 15.2 und ◘ Abb. 15.3). Die Arbeitsweise unterscheidet sich je nach betrieblichem Bedarf und Möglichkeiten. So nehmen beispielsweise Lotsenvertreter regelmäßig an Sitzungen des Steuerkreises BGM teil, die Führungskräfte und Meister werden regelmäßig über Arbeit und Aktivitäten der Lotsen informiert, Führungskräfte nehmen an den Lotsentreffen teil, in abteilungsinternen Gruppengesprächen berichten Lotsen über gesundheitsbezogene Themen und Aktivitäten des Betriebs (Granrath 2009; Spohn 2009).

Abb. 15.2 Einbindung der Gesundheitslotsen bei der BMW Group

15.5 Ausblick

Nach dieser ersten Erprobungsphase steht mit dem IBGM nun ein Instrumentarium zur Verfügung, das in weiteren Unternehmen eingesetzt werden kann. Insbesondere für Unternehmen, die sich im BGM engagieren und die zugleich das Diversity Management für sich entdeckt haben, stellt das IBGM einen guten Weg dar, beide Ansätze zu integrieren.

Im Rahmen eines Pilotprojektes in zwei Unternehmen konnten erste Erfahrungen gesammelt werden. In beiden Pilotunternehmen werden die Gesundheitslotsen in ihren Arbeitsbereichen akzeptiert und von ihren Kollegen auch informell zu Gesundheitsthemen angesprochen. Die Führungskräfte unterstützen das Projekt, indem sie die Gesundheitslotsen – wenn möglich – für ihre Aufgabe freistellen. Beide Unternehmen planen, das Konzept in weiteren Unternehmensbereichen einzuführen.

Wichtig ist, dass das Konzept des IBGM für den Betrieb eine Orientierung geben kann, wobei jedoch Maßnahmen und Strukturen an die betriebliche Umgebung angepasst werden müssen. So wurde beispielsweise festgestellt, dass die Anzahl der Gesundheitslotsen (ebenso wie die Verteilung der Gesundheitslotsen auf Schichten und Betriebsbereiche) so bemessen werden

Abb. 15.3 Einbindung der Gesundheitslotsen bei der Münchner Stadtentwässerung (MSE)

sollte, dass verschiedene Schichten wie auch räumlich voneinander entfernte Arbeitsplätze berücksichtigt werden können.

Auch sollte das IBGM nicht als Projekt, das sich exklusiv an Mitarbeiter mit Migrationshintergrund richtet, aufgefasst werden. IBGM ist Teil des BGM unter Wahrung von besonderen Bedarfslagen der Beschäftigten mit Migrationshintergrund. Auch deutsche Mitarbeiter ohne Migrationshintergrund können daher als Interkulturelle betriebliche Gesundheitslotsen fungieren.

Stand in den ersten Projekten die Erprobung und Weiterentwicklung der Instrumente des IBGM im Vordergrund, so wird bei künftigen Implementierungen der projektbegleitenden Evaluation eine größere Rolle zuteil werden.

Literatur

Badura B, Hehlmann T (2003) Betriebliche Gesundheitspolitik. Der Weg zur gesunden Organisation. Springer-Verlag, Berlin Heidelberg

Badura B, Ritter W, Scherf M (1999) Betriebliches Gesundheitsmanagement – Ein Leitfaden für die Praxis. Edition Sigma, Berlin

BKK Bundesverband, Deutsche Gesetzliche Unfallversicherung, AOK-Bundesverband, Verband der Ersatzkassen (2009a) Alle anders – alle gleich – alle gesund im Betrieb: Das Interkulturelle Betriebliche Gesundheitsmanagement. Dresden. http://www.iga-info.de/fileadmin/Veroeffentlichungen/Einzelveroeffentlichungen/Interkulturelles_Betriebliches_Gesundheitsmanagement_Broschuere.pdf

BKK Bundesverband, Deutsche Gesetzliche Unfallversicherung, AOK-Bundesverband, Verband der Ersatzkassen (2009b) Gesund arbeiten – Ein Wegweiser für Gesundheit im Betrieb" (http://www.iga-info.de/fileadmin/rs-dokumente/dateien/Wegweiser_IGA_A5__d_.pdf)

Bosse E, Harms M (2004) Förderung interkultureller Kompetenz von Studierenden: Ein hochschulübergreifendes Projekt in Hamburg. In: Bolten J (Hrsg) Interkulturelles Handeln in der Wirtschaft – Positionen, Modelle, Perspektiven, Projekte. Wissenschaft & Praxis, Sternenfels, S 318–329

Granrath N (2009) Interkulturelles Betriebliches Gesundheitsmanagement. Ein Pilotprojekt zur Gesundheitsförderung von Mitarbeiterinnen und Mitarbeitern in der Automobilbranche. Vortrag auf der Tagung Dresdner Gespräche Gesundheit und Arbeit am 17.11.2009 (www.iga-info.de)

Hall ET (1990) The silent language. Anchor, New York

Harms M (2003) Führung across cultures. Vortrag auf der Fachtagung „Aktuelle Trends im Personalwesen" am 25.04.2003. Universität der Bundeswehr Hamburg

Harms M, Bosse E (2002) Intercultural Training for Students: Insights into a Pilot Project Supporting the Internationalisation

Process of Hamburg's Universities. Vortrag auf der SIETAR Conference am 13.04.2002, Wien

Harms M, Müller P (2004) Diversity Management. In: Seebacher U, Klaus G (Hrsg) Handbuch Führungskräfteentwicklung. Theorie, Praxis und Fallstudien. USP-Publishing, München, S 97–111

Harms M, Zinglersen H (2004) Strategies for Dealing with Cultural Differences in International Business Interaction. Vortrag auf der SIETAR Conference am 01.04.2004, Berlin

Hofstede G (2001) Cultures Consequences: Comparing values, behaviours, institutions and organisations across nations. Sage Publications, Thousand Oaks

Salman R (2001) Sprach- und Kulturvermittlung. Konzepte und Methoden der Arbeit mit Dolmetschern in therapeutischen Prozessen. In: Hegemann T, Salman R (Hrsg) Transkulturelle Psychiatrie – Konzepte für die Arbeit mit Menschen aus anderen Kulturen. Psychiatrie-Verlag, Bonn, S 169–190

Salman R (2007) Gemeindedolmetscherdienste als Beitrag zur Integration von Migranten in das regionale Sozial- und Gesundheitswesen – das Modell des Ethno-Medizinischen Zentrums Hannover. In: Bundesbeauftragte für Migration, Flüchtlinge und Integration (Hrsg) Gesundheit und Integration. Berlin, S 246–256

Schenk L (2005) Migrationshintergrund – ein Krankheitsrisiko oder eine Gesundheitschance? Gesundheitswesen 67:71–78

Spohn D (2009) Interkulturelles Betriebliches Gesundheitsmanagement bei der Münchener Stadtentwässerung. Vortrag auf der Tagung Dresdner Gespräche Gesundheit und Arbeit am 17.11.2009 (www.iga-info.de)

Trompenaars F, Hampden-Turner C (1997) Riding the waves of culture. Understanding Diversity in Global Business. McGrill-Hill, New York

Wattendorff F, Wienemann E (2004) Betriebliches Gesundheitsmanagement. In: Gesundheit mit System. Unimagazin. Zeitschrift der Universität Hannover 4/5:28–31

Zeeb H, Baune T, Vollmer W et al (2004) Gesundheitliche Lage und Gesundheitsversorgung von erwachsenen Migranten: ein Survey bei der Schuleingangsuntersuchung. Gesundheitswesen 66:76–84

Kapitel 16

Alternsmanagement in der betrieblichen Personalpolitik

M. Sporket

Zusammenfassung. *Unternehmen kommt bei der Bewältigung der Herausforderungen des demografischen Wandels eine Schlüsselrolle zu, denn hier entscheidet sich in weiten Teilen, inwiefern die mit der „Rente mit 67" anvisierte Verlängerung der Lebensarbeitszeit auch tatsächlich realisiert werden kann. Betriebliches Alternsmanagement bedeutet die Arbeit so zu gestalten, dass ein gesundes und motiviertes Arbeiten bis ins höhere Erwerbsalter ermöglicht wird. Durch die gezielte Schaffung von Gelegenheits- und Unterstützungsstrukturen soll einer strukturellen Benachteiligung Älterer auf dem Arbeitsmarkt und in Unternehmen entgegengewirkt werden. Der vorliegende Beitrag berichtet vor diesem Hintergrund aus der betrieblichen Praxis, wie Organisationen im Rahmen eines betrieblichen Alternsmanagement (organisations-)demografischen Veränderungsprozessen begegnen.*

16.1 Einleitung – Demografischer Wandel und Arbeitswelt

Vor dem Hintergrund sich vollziehender Alterungs- und Schrumpfungsprozesse der Bevölkerung hat ein Paradigmenwechsel in der Arbeitsmarkt- und Beschäftigungspolitik stattgefunden. Herrschte bis vor einiger Zeit noch ein gesellschaftlicher Konsens zur Frühverrentung (Naegele 2004), so ist es heute erklärtes Ziel, ältere Menschen länger und in größerem Ausmaß als bisher in das Erwerbssystem zu integrieren. Grund hierfür ist v. a., dass die zu erwartenden demografischen Verwerfungen dazu führen werden, dass zukünftig immer weniger jüngere Menschen die Leistungen für immer mehr ältere Menschen werden aufbringen müssen (Rürup 2003).

Niedergeschlagen hat sich dieser Paradigmenwechsel in einer Reihe von durchaus umstrittenen arbeitsmarkt- und rentenpolitischen Reformen, von denen die „Rente mit 67" vielleicht die prominenteste ist (Bäcker 2006). Doch auch die Betriebe sehen sich im demografischen Wandel Herausforderungen gegenüber. Das Altern der Belegschaften, der drohende Verlust von Wissen und Erfahrung sowie ein in Teilen absehbarer Mangel an Nachwuchskräften können die Innovations- und Wettbewerbsfähigkeit der Unternehmen in erheblichem Maße gefährden. Für die Beschäftigten sind die Folgen des demografischen Wandels mittelbar zu spüren. Für sie wird ein vorzeitiger Ausstieg aus dem Arbeitsleben in Zukunft nur noch unter Inkaufnahme finanzieller Verluste realisierbar sein. Wer jedoch weiterarbeiten muss oder weiterarbeiten will, sieht sich in den Betrieben Bedingungen ausgesetzt, die eine Weiterarbeit bis ins höhere Erwerbsalter oftmals nicht zulassen. Viele Betriebe sind, was die Gestaltung ihrer Personalpolitik und ihrer Arbeitsbedingungen betrifft, noch nicht altersgerecht aufgestellt und damit nur unzureichend auf den demografischen Wandel vorbereitet (Naegele 2005).

Dem Betrieb kommt bei der Bewältigung der Herausforderungen des demografischen Wandels eine zentrale Rolle zu, da hier über die Beschäftigungschancen und -risiken der älteren Arbeitnehmer in weiten Teilen entschieden wird. Denn die politischen Reformbemühungen einer verlängerten Lebensarbeitszeit lassen sich nur umsetzen, wenn Ältere in Organisationen auch tatsächlich länger und in stärkerem Maße als bisher beschäftigt werden. Aus diesem Grund ist es nicht nur für die Organisationen selbst von Bedeutung, ob sie ihre Personalpolitik altersgerecht gestalten, sondern darüber hinaus auch für die gesellschaftliche bzw. die individuelle Ebene.

16.2 Alternsmanagement – konzeptionelle und empirische Grundlagen

Altern, so könnte man meinen, ist einer der wenigen Prozesse, die nicht zu managen sind, da dies ein Prozess ist, der gleichsam ohne Zutun von außen abläuft. Dies allerdings ist ein Fehlschluss, da das Altern – auch und v. a. das Altern in der Arbeit – durchaus gestaltbar ist. Nicht umsonst spricht zum Beispiel Ulich (2005) vom „arbeitsbedingten Voraltern", das sich dann einstellt, wenn die Arbeitsbedingungen als alternskritisch eingestuft werden müssen, also z. B. keine lern-, entwicklungs- und gesundheitsförderlichen Maßnahmen angeboten werden.

Alternsmanagement bedeutet vor diesem Hintergrund, den Altersaspekt in das Kalkül personalpolitischer Entscheidungen einzubeziehen und die Arbeit so zu gestalten, dass ein gesundes und motiviertes Arbeiten bis ins höhere Erwerbsalter ermöglicht wird. Dies ist für die Betriebe zunächst Neuland, da bis in die jüngste Vergangenheit das Alter bei der strategischen Ausrichtung der Personalpolitik eine eher untergeordnete Rolle spielte. Ältere kamen hier allenfalls als Manövriermasse vor, mit der die rationalisierungsbedingten Personalabbaumaßnahmen v. a. der 1980er und 1990er Jahre gestemmt wurden (Gatter 2004, George u. Struck 2000). Diese Praxis der Frühausgliederung hat nicht nur zu einer nur geringen Erwerbsbeteiligung der älteren Menschen geführt, sondern darüber hinaus bereits existierende negative Altersbilder in der Arbeitswelt verfestigt. Ältere, so die simple wie demütigende Botschaft dieser Praxis, werden nicht mehr gebraucht (Kruse u. Schmitt 2005, Filipp u. Mayer 2005, Sporket 2009).

Der Blick auf ältere Arbeitnehmer hat sich jedoch gewandelt. Allmählich scheint sich die Erkenntnis auf unterschiedlichen Ebenen der Gesellschaft durchzusetzen, dass eine Fortführung der „Entberuflichung des Alters" (Naegele u. Bäcker 1993) bereits heute in vielen Betrieben an ihre Grenzen stößt. Aus diesem Grund stellt sich heute v. a. in einer zukunftsorientierten Personalpolitik nicht mehr so sehr die Frage, wie Ältere möglichst früh aus dem Unternehmen verabschiedet werden, sondern – im Gegenteil – wie Mitarbeiter in Zukunft länger produktiv, gesund und motiviert im Unternehmen gehalten werden können.

Auch wenn sich diese Erkenntnis noch nicht flächendeckend durchgesetzt hat, so gibt es bereits eine Reihe von Organisationen, die sich mit dem demografischen Wandel und der Alterung ihrer Belegschaften auseinandergesetzt und entsprechende Maßnahmen auf den Weg gebracht haben. Diese sogenannten Beispiele der „guten Praxis" liegen einerseits zwar zahlreich vor. Andererseits wurden diese bisher kaum für wissenschaftliche Untersuchungen und Analysen genutzt.

Im Rahmen des europäischen Forschungsprojekts „Employment Initiatives for an Ageing Workforce" (durchgeführt 2005–2007) wurden betriebliche Beschäftigungsinitiativen für ältere Beschäftigte in insgesamt 20 Ländern der Europäischen Union identifiziert und dokumentiert, um Wege und Möglichkeiten zu einer stärkeren und längeren Integration von älteren Arbeitnehmern in das Berufs- und Erwerbsleben aufzuzeigen.[1]

Um Aussagen über Fragen nach einer guten Praxis im betrieblichen Alternsmanagement machen zu können, wurde auf diesen bereits existierenden qualitativen Datensatz zurückgegriffen und 32 betriebliche Fallbeispiele der guten Praxis im Alternsmanagement aus neun EU-27-Ländern ausgewertet. Hier sollte ein Mix aus unterschiedlichen Branchen und Betriebsgrößen erreicht werden.

Im Sample der Sekundärauswertung spiegelt sich eine Dominanz großer Unternehmen wider. So sind Großunternehmen (über 500 Beschäftigte) hier mit einem Anteil von 84,4 % vertreten, mittlere Unternehmen (100–499 Beschäftigte) mit einem Anteil von 9,4 % und Kleinunternehmen (1–99 Beschäftigte) mit einem Anteil von 6,2 %. Damit weicht die Auswahl vom Sample der Primärerhebung insofern ab, als dass anteilig mehr große Unternehmen und weniger kleine und mittlere Unternehmen einbezogen wurden. Die grobe Einteilung in verarbeitendes Gewerbe bzw. Industrie

---

[1] Die Fallstudien sowie die nationalen Berichte und alle weiteren Dokumente sind über die Internetseite der Europäischen Stiftung zugänglich. (http://www.eurofound.europa.eu/research/0296.htm)

Alternsmanagement in der betrieblichen Personalpolitik

und Dienstleistung (inkl. Öffentlicher Dienst und Sozial- und Gesundheitssektor) zeigt, dass im Sample der Sekundärauswertung das verarbeitende Gewerbe mit 53,1 % gegenüber 46,9 % im Dienstleistungsbereich knapp überwiegt, während sich im Sample der Primärerhebung das Verhältnis umgekehrt darstellte (verarbeitendes Gewerbe: 40 %, Dienstleistungen: 60 %).

Im vorliegenden Beitrag geht es nicht darum, eine Repräsentativität der Stichprobe zu erreichen, sondern im Rahmen einer Auswahl des Datenmaterials die mit Bezug auf die jeweilige Dimension guter Praxis im Alternsmanagement bedeutenden Aspekte aufzuzeigen.

Eine gute Praxis im Alternsmanagement definiert sich in Anlehnung an Ilmarinen (2005), Naegele und Walker (2006) wie folgt:

- Beschäftigte dürfen nicht aufgrund ihres Alters benachteiligt und diskriminiert werden, z. B. bei Einstellungen oder dem Zugang zur betrieblichen Weiterbildung.
- Arbeit und Arbeitsprozesse sind so zu gestalten, dass ein gesundes und motiviertes Arbeiten bis ins höhere Erwerbsalter möglich ist.
- Von einer guten Praxis im Alternsmanagement müssen sowohl die Beschäftigten als auch das Unternehmen profitieren.

Ein betriebliches Alternsmanagement umfasst dabei die in ◘ Abb. 16.1 dargestellten acht Handlungsfelder.

Exemplarisch sollen in diesem Beitrag die Handlungsfelder Betriebliche Gesundheitsförderung (BGF) und Wissensmanagement (als Teil von Diversity Ma-

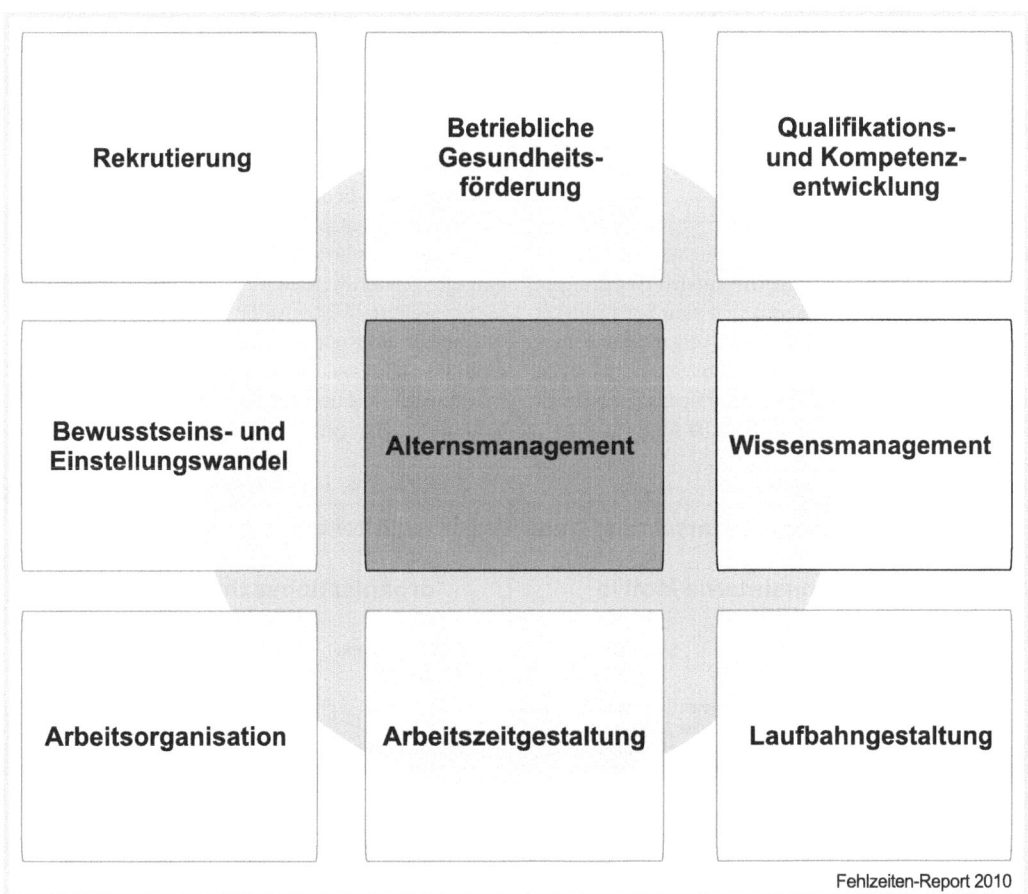

◘ Abb. 16.1 Handlungsfelder einer guten Praxis im Alternsmanagement

nagement) im Hinblick auf eine gute Praxis im Alternsmanagement herausgegriffen und anhand zweier Unternehmensbeispiele aufgezeigt werden, welche Maßnahmen hier zu diskutieren sind.

16.3 Alternsmanagement in der betrieblichen Praxis

Die Analyse der 32 Fallbeispiele in den acht Dimensionen hat gezeigt, dass es bei der Umsetzung eines betrieblichen Alternsmanagements keinen „one-best-way" gibt, der gleichsam für alle Organisationen gilt. Vielmehr gibt es eine Vielzahl unterschiedlicher Maßnahmen, Instrumente und Umsetzungsstrategien, die jeweils in Abhängigkeit der fallbezogenen Rahmenbedingungen zu sehen sind. Da aufgrund der Heterogenität und Vielfältigkeit der einzelnen Maßnahmen und Instrumente hierzu nur begrenzt generalisierende Aussagen möglich sind, werden im Folgenden die Aspekte Motive, Umsetzung und Effekte ins Zentrum der Diskussion gerückt.

16.3.1 Motive für die Umsetzung von Maßnahmen guter Praxis im Alternsmanagement

Die Gründe, weshalb Organisationen Maßnahmen guter Praxis im Alternsmanagement auf den Weg bringen, sind vielfältig und überlagern sich zum Teil (Sporket 2008). Generell kann hier zwischen organisationsinternen und organisationsexternen Motiven unterschieden werden, wobei sich jeweils weitere Differenzierungen an diese Unterscheidung anschließen (Abb. 16.2).

Unter organisationsinternen Motiven werden hier alle organisationalen Beweggründe gefasst, die nicht auf die Umwelt der Organisation verweisen, sondern intern generiert werden. Dabei kann wiederum zwischen den Aspekten Organisationsdemografie und Strategie unterschieden werden.

In den meisten Fallbeispielen spielten für die Umsetzung von Maßnahmen guter Praxis im Alternsmanagement organisationsinterne Motive eine Rolle, die sich dabei in erster Linie auf Veränderungen in der altersbezogenen Organisationsdemografie beziehen. Die demografisch bedingte Alterung der Belegschaften stellt die Organisationen vor neue Herausforderungen, die bisher nicht in das Entscheidungskalkül einbezogen wurden oder einbezogen werden mussten. Die in den Fallbeispielen umgesetzten Maßnahmen und Strategien sind aus diesem Grund – auch wenn sie präventiv ausgerichtet sind – als eher reaktiv zu bezeichnen, da die Maßnahmen aufgrund von organisationsdemografischen Veränderungsprozessen auf den Weg gebracht wurden. Dabei geht es in den meisten Fällen auf der individuellen Ebene um den Erhalt der Leistungsfähigkeit der Mitarbeiter und auf der organisationalen Ebene um den Erhalt oder den Ausbau der Produktivität und Wettbewerbsfähigkeit. Insbesondere den alterstypischen Krankheits- und Qualifikationsrisiken sowie einer möglicherweise nachlassenden Motivation soll hier durch entsprechende Maßnahmen im Bereich der Gesundheitsförderung und Kompetenzentwicklung entgegengewirkt werden.

Ein weiteres Motiv ist die Sicherung des betriebs- und produktionsrelevanten Erfahrungswissens der älteren Beschäftigten. In einer Reihe von Unternehmen wird in naher Zukunft aufgrund des Aufrückens großer Kohorten in die rentennahen Jahrgänge und den damit

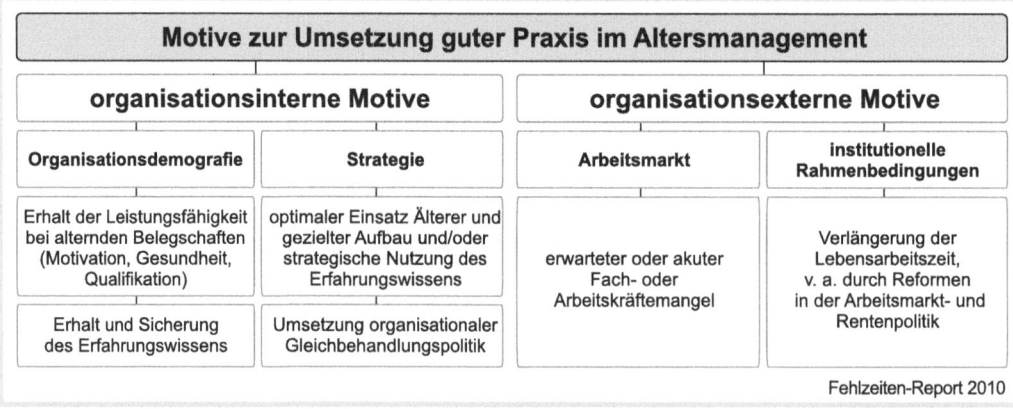

 Abb. 16.2 Motive zur Umsetzung guter Praxis im Alternsmanagement

verbundenen erwarteten Austritten aus den Organisationen mit einem immensen Verlust von Erfahrungswissen gerechnet. Durch unterschiedliche Maßnahmen des Wissensmanagements und des Wissenstransfers soll dieses Wissen den Organisationen zugänglich und verfügbar gemacht werden.

Neben diesen eher reaktiven Strategien, die angesichts antizipierter Veränderungen in der Organisationsdemografie entwickelt werden, sind solche zu identifizieren, die sich aus der generellen strategischen Ausrichtung der Organisation heraus erklären lassen. Dabei geht es in erster Linie darum, dass z. B. durch entsprechende Rekrutierungsmaßnahmen oder Personalentwicklungskonzepte jene Kompetenzen und Fähigkeiten für die Organisation nutzbar gemacht werden, die v. a. von älteren Arbeitnehmern vorgehalten werden. Hierbei steht insbesondere die strategische Bedeutung des Erfahrungswissens im Fokus.

Ein weiteres Motiv ist die Umsetzung einer Gleichbehandlungspolitik, der gleichsam eine strategische Bedeutung in der generellen Ausrichtung der Personalpolitik zukommt.

Auch bei den organisationsexternen Motiven für die Umsetzung von Maßnahmen guter Praxis im Alternsmanagement sind zwei Cluster von Motiven zu unterscheiden. Organisationen bewegen sich nicht im luftleeren Raum, sondern sind in vielfältiger Weise mit ihrer Umwelt verbunden, was dazu führt, dass auch Prozesse außerhalb der Organisationen Relevanz für interne Entscheidungen zukommt. Dies bezieht sich zum einen auf die Arbeitsmarktentwicklung. Hier spielte insbesondere die demografisch bedingte Abnahme des Arbeits- und Fachkräfteangebots eine Rolle. Vor allem über eine längere Integration der älteren Beschäftigten und über die Berücksichtigung Älterer bei Einstellungen wird diesen Entwicklungen in den Organisationen entgegengewirkt. Gerade auf betrieblicher Ebene hat das Interesse am Thema Wissensmanagement und Wissenstransfer in den letzten Jahren stark zugenommen, da die Betriebe die Wissenspotenziale ihrer Mitarbeiter besser zugänglich und besser nutzbar machen möchten, um hierdurch eine verbesserte Nutzung der Humanressourcen und damit Wettbewerbsvorteile zu erzielen. Während in den ersten Jahren des „Wissensbooms" v. a. die Implementation von technologisch basierten Wissensmanagementsystemen im Vordergrund stand und es vorrangig um die Zugänglichkeit und Verfügbarkeit von explizitem Wissen ging, hat sich herausgestellt, dass mit einem solchen Vorgehen nicht das gesamte relevante Wissen der Organisation erfasst und nutzbar gemacht werden kann – das implizite Wissen und in diesem Zusammenhang auch das Erfahrungswissen der älteren Mitarbeiter rückt nun immer stärker in das Zentrum des Interesses.

Ein weiteres organisationsexternes Motivbündel ist in den institutionellen Rahmenbedingungen zu sehen. Hier sind in den letzten Jahren in Deutschland, aber auch in vielen anderen Ländern der Europäischen Union, politische Reformprojekte in der Arbeitsmarkt- und Rentenpolitik auf den Weg gebracht worden, die auf eine Verlängerung der Lebensarbeitszeit abzielen. Für die Organisationen bedeutet dies in vielen Fällen, dass die bisherige Praxis der Frühausgliederung nicht weiter fortgeführt werden kann und entsprechende Personalstrategien entwickelt und umgesetzt werden müssen, die eine verlängerte Erwerbsphase unterstützen.

Die analytische Trennung der einzelnen Motive deutet an, dass in den meisten Fallbeispielen nicht nur ein Motiv, sondern gleich ein ganzes Motivbündel hinter der Umsetzung von Maßnahmen steht. Zumeist wirken dabei organisationsinterne und organisationsexterne Motive zusammen.

16.3.2 Umsetzungsstrategien

Neben der Frage, weshalb Organisationen Maßnahmen im Bereich des Alternsmanagements durchführen, lag ein Schwerpunkt der Auswertung auf der Frage, wie die Organisationen diese Maßnahmen auf der betrieblichen Ebene konkret umgesetzt haben. Es hat sich gezeigt, dass in einer Vielzahl der Fallbeispiele die Umsetzung in drei Schritten erfolgte. Einer Analyse der Ausgangssituation, die zunächst das Bezugsproblem identifiziert und benennt, folgt die konkrete Umsetzung von Maßnahmen. Im Idealfall folgt der Umsetzung der Maßnahmen eine Evaluation, die die Wirksamkeit der Maßnahme anhand unterschiedlicher Parameter bewertet (◘ Abb. 16.3).

Analyse der Ausgangssituation

Die Analyse der Ausgangssituation bildet in der überwiegenden Zahl der Fallbeispiele den Ausgangspunkt für alle weiteren Aktivitäten. Dabei geht es in diesem Schritt in erster Linie darum, über die Erhebung, Aufbereitung und Darstellung relevanter Informationen eine Handlungs- und Diskussionsgrundlage für das weitere Vorgehen zu schaffen. In den meisten Organisationen kamen in diesem ersten Schritt Altersstrukturanalysen zum Einsatz. Eine Altersstrukturanalyse bildet die derzeitige Altersstruktur der Beschäftigten der Organisation ab und ermöglicht es, ausgehend vom Status quo und unter Berücksichtigung weiterer Parameter (u. a.

◘ Abb. 16.3 Umsetzungsstrategien von Maßnahmen guter Praxis im Alternsmanagement

Fluktuationsrate, geplantes/durchschnittliches Austrittsalter), zukünftige Entwicklungen abzuschätzen. Um qualitativ gehaltvolle Aussagen zu den altersbezogenen Entwicklungen und den daraus resultierenden Gestaltungserfordernissen machen zu können, wurde die Altersstrukturanalyse in vielen Fallbeispielen mit einer Reihe weiterer Daten verknüpft, so z. B. mit den Daten zur Weiterbildungsbeteiligung und/oder zum Krankenstand. Weitere Instrumente, die in der Analysephase zum Einsatz kamen, sind Qualifikations- und Kompetenzbedarfsanalysen, Mitarbeiterbefragungen und Arbeitsmarktanalysen.

Die Ergebnisse einer solchen Befragung können anschließend in sogenannten Gesundheitsworkshops vertiefend diskutiert und erste Umsetzungsschritte geplant werden. Schließlich können die Umsetzung der Verbesserungsvorschläge sowie eine Wirksamkeitsanalyse der Maßnahmen erfolgen.

Konkrete Umsetzung

Betrachtet man die Art und Weise, wie die an die Analysephase anschließenden Maßnahmen in den einzelnen Fallbeispielen konkret umgesetzt wurden, so wird deutlich, dass – zunächst einmal unabhängig von den einzelnen Inhalten – die drei Aspekte Kooperation, Beteiligung und Nachhaltigkeit von Bedeutung waren.

Kooperation

Nicht immer verfügen Organisationen über die notwendigen Kompetenzen, um die erforderlichen Maßnahmen eigenständig umsetzen zu können, weshalb in vielen der hier ausgewählten Fallbeispiele Kooperationen mit unterschiedlichen Partnern eingegangen wurden. Einen breiten Raum nimmt hierbei die Kooperation mit wissenschaftlichen Einrichtungen und Beratungsinstituten ein. Darüber hinaus wurde, v. a. bei Rekrutierungsmaßnahmen, eng mit den jeweiligen Arbeitsverwaltungen zusammengearbeitet. Schließlich ist die interne Kooperation von unterschiedlichen betrieblichen Akteuren zu nennen, die im Rahmen der Umsetzung von Maßnahmen ihre jeweiligen Perspektiven einbringen (z. B. betrieblicher Arbeits- und Gesundheitsschutz, Betriebsrat, Personalabteilung).

Beteiligung

Jede Initiative und Maßnahme im Unternehmen bedeutet Veränderung und kann nur realisiert werden, wenn in der Belegschaft ein gewisses Maß an Veränderungsbereitschaft vorhanden ist oder hergestellt wird. In den Fallbeispielen haben sich eine Reihe unterschiedlicher Partizipationsoptionen gezeigt. So spielt neben der Beteiligung der Arbeitnehmervertretung v. a. die aktive Einbindung der Beschäftigten selbst eine große Rolle. So kann hierdurch die Veränderungsbereitschaft und -motivation gestärkt und das arbeitsbezogene und berufspraktische Wissen in Veränderungsprozesse eingebracht werden. Dies wurde in den Fallbeispielen u. a. durch Gesundheitszirkel, Kleingruppenmodelle und Mitarbeitergespräche realisiert.

Nachhaltigkeit

Arbeitsprozesse altersgerecht zu gestalten, das haben die Fallbeispiele gezeigt, ist oftmals nicht im Rahmen eines zeitlich begrenzten Projektes oder einer einzelnen Maßnahme zu leisten. Vielmehr muss es darum gehen, Prozesse im Betrieb zu verstetigen und möglichst in den Arbeitsalltag zu integrieren. In einer Reihe von Fallbeispielen wurden hierfür entsprechende Strukturen geschaffen. Unter Strukturbildung ist die Festlegung von Kompetenzen (im Sinne von Verantwortlichkeit) zu verstehen.

Eine weitere Möglichkeit, Prozesse in den Organisationen zu verstetigen, zeigt sich in der Integration der Maßnahmen in bestehende Management- bzw. Zielvereinbarungssysteme und der Festschreibung in Betriebsvereinbarungen und Leitlinien.

Evaluation

Die Evaluation von Maßnahmen dient gleich mehreren Zwecken. Zum einen kann eine prozessbegleitende Evaluation dazu beitragen, mögliche Schwachstellen in Konzeption oder Durchführung einer Maßnahme aufzudecken und Veränderungen vorzunehmen, um so Prozesse effektiver zu gestalten. Durch die Evaluation findet dann gleichsam ein organisationaler Lernprozess statt. Neben dem Lerneffekt können im Rahmen der Gesamtevaluation der Maßnahme die Vorteile und der Erfolg der Maßnahme sowohl für die Beschäftigten als auch für das Unternehmen sichtbar gemacht werden, was schließlich ebenfalls einen Beitrag zur Nachhaltigkeit leisten kann.

Nur in den wenigsten Fällen wurden die umgesetzten Maßnahmen wissenschaftlich evaluiert. Zumeist wurden auf der betrieblichen Ebene Veränderungen der Kennziffern z. B. der Krankenstände, der Weiterbildungsbeteiligung oder anderer betrieblicher Kennzahlen zur Bewertung herangezogen. Darüber hinaus wurde auch die Mitarbeiterbefragung als Evaluationsinstrument genutzt. Gleichwohl bleibt auch festzuhalten, dass sich eine Evaluation in vielen Fällen schwierig gestaltet, da der Output nicht direkt messbar ist bzw. Kausalbeziehungen nur schwerlich hergestellt werden können.

16.3.3 Ergebnisse und Effekte guter Praxis

Auch wenn in nur wenigen Fällen die Effekte und Wirkungen guter Praxis im Alternsmanagement wissenschaftlich evaluiert wurden, lassen sich v. a. auf Grundlage der Berichte der Interviewpartner von Arbeitgeber- und Arbeitnehmerseite Aussagen dazu machen, welche Effekte die Maßnahmen zum einen auf organisationaler und zum anderen auf individueller Ebene gezeigt haben. Die aus den Fallstudien gebündelten Informationen zu den Effekten guter Praxis auf den Ebenen Individuum und Organisation sind in ◘ Abb. 16.4 zusammengefasst.

Dabei zeigt sich, dass die positiven Effekte von Maßnahmen guter Praxis auf den beiden Ebenen oftmals zwei Seiten derselben Medaille abbilden. Dies verwundert nicht, da eines der definierten Kriterien guter Praxis im Alternsmanagement ist, dass von einer guten Praxis sowohl die Beschäftigten als auch die Organisationen profitieren müssen. Wie genau die Vorteile und Gewinne auf den beiden Ebenen aussehen, hängt natürlich wiederum stark vom jeweiligen Bezugsproblem bzw. dem Ziel guter Praxis und den entsprechend umgesetzten Maßnahmen ab. Ohne auf die Effekte an dieser Stelle hinreichend eingehen zu können, sei festgehalten, dass auf der individuellen Ebene in den meisten Fällen ein Ausbau der Arbeits- und Beschäftigungsfähigkeit erreicht werden konnte, während auf der organisationalen Ebene von einer Verbesserung der Wettbewerbsfähigkeit berichtet wurde.

16.3.4 Umsetzung im Unternehmen – zwei Beispiele guter Praxis

Beispiel 1: Integriertes Gesundheitsmanagement

Die Frage einer altersgerechten Gestaltung der Arbeit stellte sich ein deutscher Betrieb aus dem produzierenden Gewerbe mit dem Ziel, die Beschäftigungsfähigkeit auch und gerade der älteren Mitarbeiter langfristig zu erhalten. Das Durchschnittsalter der Beschäftigten liegt bei 46 Jahren und damit vergleichsweise hoch. Etwa 70 Prozent der Beschäftigten arbeiten in der Produktion, der Großteil von ihnen ist an- oder ungelernt mit einem hohen Frauenanteil.

Effekte guter Praxis im Altersmanagement

	Individuum	Organisation
Rekrutierung	• Reintegration in der Arbeit • Wertschätzung der Kompetenzen • Neue Perspektive	• Aufbau kompetenter Belegschaften • Nutzung der Kompetenzen Älterer
Betriebliche Gesundheitsförderung	• verbesserte Gesundheit • bessere Arbeitsbewältigung • größere Arbeitszufriedenheit	• weniger Fehlzeiten • produktivere und motiviertere Belegschaft
Qualifikations- und Kompetenzentwicklung	• Wiedereinstieg in Lernprozesse • Ausbau der Arbeitsfähigkeit • bessere Arbeitsbewältigung • Entwicklungsoptionen	• Ausbau der organisationalen Wissensbasis • Stärkung der Produktivität • strategischer Kompetenzaufbau
Wissensmanagement	• höhere Wertschätzung von Erfahrung • neue Rollen als Wissensvermittler • Lernen im Austausch mit Jüngeren • Aktualisierung des Wissens	• Erhalt des Erfahrungswissens Älterer • Integration komplementärer Wissensbestände von Alt und Jung
Laufbahngestaltung	• präventiver Berufswechsel (horizontale Karriere) • Entwicklungsoptionen • bessere Passung	• Kostenreduktion • besserer Qualifikationstransport • erhöhte Produktivität • längerer Verbleib Älterer
Arbeitsorganisation	• Reintegration in wertschätzende Tätigkeit • Arbeiten in gesundheits- und lernförderlichen Zusammenhängen	• flache Hierarchien • erhöhte Einsatzflexibilität • verbesserte Integration Leistungsgeminderter
Arbeitszeitgestaltung	• Reduktion von Arbeitsbelastungen • gleitender Übergang an die Nacherwerbsphase • bedarfsgerechte Arbeitszeitgestaltung	• geringere Fehlzeiten • erhöhte Produktivität • motiviertere Belegschaft
Bewusstseins- und Einstellungswandel	• höhere Wertschätzung • Einbezug in Personalentwicklungs- und Rekrutierungsprozesse	• Sensibilisierung von Führungskräften • Abbau von Altersstereotypen • Umsetzung von Gleichbehandlung

Fehlzeiten-Report 2010

Abb. 16.4 Effekte guter Praxis im Alternsmanagement für Individuum und Organisation

Aspekte guter Praxis im Beispiel 1

Das Beispiel enthält eine Reihe von Aspekten guter Praxis, die sich sowohl auf die Inhalte aber auch und gerade auf die Umsetzung von Maßnahmen im Bereich der betrieblichen Gesundheitsförderung beziehen. So wurde die Entwicklung hin zu einem ganzheitlichen und umfassenden Gesundheitsmanagement, das in der Organisation verankert ist und sowohl verhältnisorientierte als auch verhaltensorientierte Maßnahmen umfasst, in enger Kooperation mit einer Krankenkasse bewerkstelligt. Dabei wurde insbesondere das Umsetzungs- und Implementierungswissen des Kooperationspartners genutzt. Besonders hervorzuheben ist, dass das Gesundheitsmanagement als Führungsaufgabe in das Zielsystem des Unternehmens integriert ist und die Führungskräfte damit als die für die Umsetzung des Gesundheitsmanagements Verantwortlichen benannt sind. Die Wahrnehmung der betrieblichen Gesundheitsförderung als Führungsaufgabe gewährleistet eine Verstetigung und Integration von Prozessen in betriebsalltägliche Abläufe. Grundlage für ein erfolgreiches BGM ist die Beteiligung der Mitarbeiter. Daher ist als weiterer wichtiger Aspekt guter Praxis die Mitarbeiterbeteiligung zu nennen, die in verschiedenen Maßnahmen des Gesundheitsmanagements realisiert ist. Ein solches beteiligungsorientiertes Gesundheitsmanagement berücksichtigt, dass gerade ältere Beschäftigten ein spezifisches Wissen über die Gefährdungslage ihrer Arbeitsplätze besitzen. Die Beteiligung dient der Information und der Sensibilisierung der Mitarbeiter für das Thema Gesundheit und kann die Motivation, die Eigenverantwortung und damit die Gesundheitskompetenz der Beschäftigten steigern. Denn nur über ein solches beteiligungsorientiertes Vorgehen kann das Thema Gesundheit als Bestandteil der Unternehmenskultur etabliert werden. Somit kann das Thema Gesundheit offen zwischen den Beschäftigten und über Hierarchieebenen hinweg kommuniziert und gelebt werden.

So werden die Beschäftigten sowohl bei der Analyse der Ausgangs- und Arbeitsbedingungen als auch bei der Bewertung von Maßnahmen über Mitarbeiterbefragungen einbezogen. Zentrales Element der Mitarbeiterbeteiligung bilden jedoch die Gesundheitszirkel, in denen Analyse, Problemdefinition und Lösungserarbeitung zusammenfallen und gemeinsam von den Beschäftigten geleistet werden.

Neben der Entwicklung von Gesundheitsleitlinien wurden auf Basis einer fundierten Analyse der Arbeitssituation – anhand verschiedener Daten wie abteilungsbezogene Arbeitsunfähigkeitsdaten, Unfallstatistik, Daten der Mitarbeiterbefragung – beispielsweise folgende Maßnahmen entwickelt:
- Einführung von Job-Rotation in der Montage (inkl. der Qualifizierung der Beschäftigten für alle Arbeitsplätze)
- praktikable Arbeitsplatzbewertung; Berücksichtigung der Ergonomie bei der Planung und dem Bau von Anlagen
- Minipausen als verhaltensorientierte Maßnahme; Angebote einer Teilzeitschicht

Diese Maßnahmen wurden über Zielsysteme und Mitarbeiterbefragung evaluiert. Auf individueller Ebene unterstützen die dargestellten Maßnahmen v. a. die Gesundheit der Beschäftigten und damit ihre Arbeitsfähigkeit. Neben der Reduzierung von Arbeitsbelastungen und der Verbesserung von Arbeitsbedingungen spielt in diesem Feld auch die Stärkung der Ressourcen der Beschäftigten, z. B. durch (gesundheitsbezogene) Qualifizierungsmaßnahmen eine Rolle, durch die eine bessere Arbeitsbewältigung erreicht werden kann. Zudem tragen insbesondere partizipative Formen wie z. B. Gesundheitszirkel zu einer erhöhten Arbeitszufriedenheit und Motivation der Beschäftigten bei. Die Vorteile der Organisationen sind gleichsam in den aggregierten individuellen Effekten zu sehen. So führt eine verbesserte Gesundheit der Beschäftigten zu weniger Fehlzeiten und damit zu weniger krankheitsbezogenen Kosten. Aber nicht nur auf der Kostenseite ergeben sich Vorteile. Durch eine gesündere und motiviertere Belegschaft erzielten die Organisationen zudem Produktivitätsgewinne.

Beispiel 2: Wissensaufbau und -austausch durch Diversity Management

Ein Technologieunternehmen im Bereich der werkzeuglosen Serienproduktion von Mikrokunststoffbauteilen und Mikrosystemen beschäftigt 25 Mitarbeiter. Die Belegschaftsstruktur gestaltete sich zum Zeitpunkt der Unternehmensgründung im Jahr 1996 recht homogen: ein fast rein männliches Team (nur eine Frau) mit demselben kulturellen Hintergrund, aber sich ergänzenden technischen und kaufmännischen Qualifikationen, das sich in der Altersklammer von 25 bis 40 Jahren bewegte.

Diese homogene Struktur in der Mitarbeiterschaft entsprach jedoch nicht den vielfältigen Anforderungen des Marktes, denn aufgrund der internationalen Ausrichtung des Unternehmens war klar, dass viele Kunden im Ausland sitzen und in vielen unterschiedlichen Branchen zu finden sein werden. Das Produkt hat also einen diversen Markt angesprochen, der mit dem Gründungsteam noch nicht optimal zu bedienen war. Das Unternehmen verfolgte daher bereits seit seiner Gründung kontinuierlich Strategien, die zu einer höheren Diversifizierung der Belegschaft führten.

Aspekte guter Praxis im Beispiel 2

So wurde z. B. die Arbeit in geschlechtsgemischten Teams auch bei Führungsfragestellungen realisiert. Seitdem wird das Diversity-Konzept in der Personalpolitik des Unternehmens in unterschiedlichen Maßnahmen weiterverfolgt. Das Konzept zielt insgesamt darauf ab, Leistung und Lernbereitschaft bei der Einstellungsentscheidung in den Mittelpunkt zu stellen. So werden auch Neu- und Quereinsteigern (Frauen, Migranten und eben auch ältere Arbeitnehmer) Chancen ermöglicht. Darüber hinaus ist es das Ziel des Unternehmens, kontinuierlich eine Mischung der verfügbaren Qualifikationen im Unternehmen zu erreichen, um unterschiedliche Kundenbedürfnisse und -wünsche flexibel und kompetent bedienen zu können.

Neben jüngeren, unter 20-jährigen Mitarbeitern konnten 2002 im Rahmen einer Einstellungswelle auch vier ältere, über 45-jährige Mitarbeiter eingestellt werden, wobei neben einer Altersmischung auch auf eine Mischung der Qualifikationen Wert gelegt wurde (Ingenieure, Techniker, Meister, Facharbeiter und kaufmännische Kräfte). Das Arbeiten bei dem Unternehmen erfordert aufgrund unterschiedlicher und wechselnder Kundenbedürfnisse ein permanentes Lernen. Durch eine Mischung der Teams und durch die gemeinsame Arbeit und konkrete Projektverantwortung soll neben der komplementären Nutzung von Fähigkeiten und Kompetenzen auch der Wissenstransfer zwischen den Beschäftigten befördert sowie der Abbau von Vorurteilen erreicht werden. Dieses kontinuierliche, gemeinsame und wechselseitige Lernen im Prozess der Arbeit realisiert sich über eine sogenannte „Nutzenpartnerschaft". Das bedeutet, dass der konkrete Austausch von Wissen und Erfahrungen immer in beide Richtungen laufen muss und beide, sowohl Wissensgeber als auch Wissensnehmer, dabei vom Wissensaustausch profitieren müssen. Nicht nur die Älteren lernen dabei von den Jüngeren die neusten Technologien kennen, sondern auch die Jüngeren lernen von den älteren Mitarbeitern bestimmte Fähigkeiten, wie z. B. in der Ablaufplanung oder der Projektorganisation.

Das bedeutet allerdings nicht, dass das Unternehmen ein konfliktfreier Raum ist. Zentral für eine gelingende Zusammenarbeit im Team sind zunächst der Abbau von Barrieren und die Überwindung von Vorurteilen, nicht nur zwischen den Generationen, sondern auch zwischen weiteren Mitarbeitergruppen. Die Jüngeren hatten zunächst Vorbehalte in Bezug auf die Einstellung älterer Mitarbeiter. Es wurde befürchtet, dass die Älteren ihnen gegenüber, die bereits seit längerer Zeit im Unternehmen arbeiten, einen Führungsanspruch geltend machen könnten. Umgekehrt hatten die Älteren, gerade wenn sie zuvor in Großunternehmen tätig waren, Zweifel daran, ob sie wirklich noch gebraucht würden und ob sie schnell genug in den Umgang mit neuen Technologien hineinwachsen würden. Hier war es insbesondere die Aufgabe der Führungskräfte, in Gesprächen und Diskussion ein Klima gegenseitigen Respekts und eines produktiven Miteinanders zu schaffen. Die Geschäftsführerin des Unternehmens berichtet, dass in Bezug auf das Lernen von technischen Inhalten zwischen Jüngeren und Älteren keine Unterschiede festzustellen seien. Differenzen seien jedoch hinsichtlich des sozialen Lernens bzw. der sozialen Kompetenz zu beobachten. Waren die Älteren vor der Arbeitslosigkeit in großbetriebliche rigide Strukturen mit rein männlicher Führungskultur eingebunden, die nur wenig Raum für eigeninitiatives Handeln lassen, so fällt die Integration in das innovative und leistungsorientierte Milieu des Unternehmens mit seinem geschlechtergemischten Geschäftsführerteam durchaus nicht immer leicht. Um hier eine Hilfestellung zu leisten, wurde diesen Mitarbeitern ein Mehr an Struktur angeboten. So wurden in den Gründungsjahren Teamleiterfunktionen eingerichtet und Unternehmensleitlinien entwickelt. Für die älteren Beschäftigten bedeutet diese Personalpolitik des Unternehmens zweierlei: Zum einen ermöglicht ihnen diese Einstellungspraxis, wieder einen neuen Arbeitsplatz zu finden – selbst im fortgeschritten Alter. Zum anderen wird durch die lernförderliche Gestaltung der Arbeitsbedingungen in Form von gemischten Teams das Lernen in der Arbeit unterstützt und somit die Beschäftigungsfähigkeit erhalten und sogar ausgebaut. Für das Unternehmen bedeutet eine gemischte Belegschaft, dass komplementäre Wissensbestände zusammengeführt und ausgetauscht werden können, sodass hierdurch ein organisationaler Lernprozess in Gang kommt.

Maßnahmen wie altersgemischte Teams, Mentorensysteme und Tandems sowie das Bilden von Wissensgemeinschaften können den Transfer und Austausch von Wissen und damit Lernen befördern (vgl. Zimmermann 2005). Das vorgestellte Unternehmen achtet schon bei der Einstellung auf eine Vielfalt in der Belegschaft (u. a. nach Alter, Geschlecht, kulturellem Hintergrund, Qualifikation), um unterschiedliche Kompetenzen, Wissenselemente und Erfahrungen integrieren zu können. Für Ältere bedeutet eine solche Personalpolitik, dass sie aufgrund ihrer erfahrungsbasierten Kompetenzen bei Einstellungen des Unternehmens berücksichtigt werden. Neben der Rekrutierung bilden die altersgemischten Teams ein Schlüsselelement im internen Wissensmanagement, da hier die komplementären Wissensbestände von älteren und jüngeren Beschäftigten zusammengeführt werden können. Positiv ist hieran v. a., dass in den Teams über sogenannte Nutzenpartnerschaften ein gegenseitiges Lernen und nicht nur ein einseitiger Wissenstransfer stattfindet. Die Aufgabe der Führungskräfte ist es in diesem Zusammenhang, durch Gespräche und Diskussionen mögliche intergenerationelle Konflikte und (Alters-)Stereotype abzubauen.

16.4 Fazit

Der demografische Wandel, insbesondere die Alterung und Schrumpfung der allgemeinen wie auch der Erwerbsbevölkerung, wird weitreichende Konsequenzen für die Arbeitswelt haben.

Unternehmen werden hiervon zunehmend betroffen sein; äußern wird sich dies v. a. in der Alterung der Belegschaften und in einem (zumindest teilweisen) Mangel an qualifizierten Nachwuchskräften. Vor diesem Hintergrund wird es für die Unternehmen schon bald um die Fragen gehen, wie erstens die betriebliche Produktivität, Innovationsfähigkeit und Wettbewerbsfähigkeit mit alternden Belegschaften nicht nur erhalten, sondern weiter ausgebaut werden kann; wie zweitens der drohende Verlust des betriebsrelevanten Erfahrungswissens durch den nahezu zeitgleichen Austritt großer Gruppen der hochqualifizierten Babyboomer-Generation abgewendet oder kompensiert werden kann; und wie drittens den Engpässen auf dem Arbeitsmarkt strategisch begegnet werden kann.

Die erläuterten Aspekte zeigen, dass die Umsetzung von Maßnahmen guter Praxis im Alternsmanagement organisationale Fähigkeiten und Kompetenzen erfordert, die sich nicht zwingend aus der gängigen Personalarbeit der Unternehmen ergeben. Viele Unternehmen müssen eine organisationale Schlüsselkompetenz erst noch entwickeln. Es geht nicht allein darum, Statistiken und Altersstrukturanalysen zu erstellen, sondern v. a. darum, demografisch relevante Informationen kompetent und vorausschauend in der Personalpolitik zu verarbeiten. Dazu bedarf es einerseits des Bewusstseins für die Relevanz demografischer Prozesse und andererseits eines handlungsbezogenen Wissens über geeignete Maßnahmen und die Fähigkeit, diese auch im Betrieb umzusetzen. Jedoch müssen auch nicht zwingend neue Instrumente entwickelt werden, um die Arbeit alters- und alternsgerecht zu gestalten. Vielmehr geht es darum, bekannte Instrumente überhaupt einzusetzen und gegebenenfalls den jeweiligen betrieblichen Bedingungen anzupassen. Gleichwohl ist es unumgänglich, dass Unternehmen oftmals neue und zum Teil ungewöhnliche Lösungen entwickeln, da herkömmliche und eingefahrene personalpolitische Strategien hier an ihre Grenzen stoßen.

Somit sind Kreativität und Phantasie gefragt, wenn es darum geht, Erwerbsbiografien neu zu konzipieren und die erfahrungsbasierte Kompetenz der älteren Beschäftigten gezielt und einem möglichen Leistungswandel entsprechend einzusetzen.

Literatur

Bäcker G (2006) Rente mit 67: Länger arbeiten oder länger arbeitslos? In: Friedrich-Ebert-Stiftung (Hrsg) Rente mit 67 – Steuerungspotenziale in der Renten- und Beschäftigungspolitik. Diskussionspapier der Friedrich-Ebert-Stiftung, Bonn

Filipp SH, Mayer AK (2005) Zur Bedeutung von Altersstereotypen. Aus Politik und Zeitgeschichte 49/50:25–31

Gatter J (2004) Personalpolitik und alternde Belegschaften: Betriebliche Ursachen für die Persistenz der Frühverrentung aus Sicht der Neuen Institutionenökonomie. Rainer Hampp, München Mering

George R, Struck O (2000) Generationenaustausch im Unternehmen. Rainer Hampp, München Mering

Ilmarinen J (2005) Towards a longer worklife! Ageing and the quality of worklife in the European Union. Finnish Institute of Occupational Health, Helsinki

Kruse A, Schmitt E (2005) Zur Veränderung des Altersbildes in Deutschland. Aus Politik und Zeitgeschichte 49/50:9–16

Naegele G (2004) Verrentungspolitik und Herausforderungen des demografischen Wandels in der Arbeitswelt. In: Cranach M v, Schneider HD, Ulich E et al (Hrsg) Ältere Menschen im Unternehmen. Chancen, Risiken, Modelle. Haupt Verlag, Bern, S 189–219

Naegele G (2005) Nachhaltige Arbeits- und Erwerbsfähigkeit für ältere Arbeitnehmer. WSI Mitteilungen 4:214–219

Naegele G, Bäcker G (1993) Geht die Entberuflichung des Alters zu Ende? – Perspektiven einer Neuorganisation der Alterserwerbsarbeit. In: Naegele G, Tews HP (Hrsg) Lebenslagen im Strukturwandel des Alters. Westdeutscher Verlag, Opladen, S 135–157

Naegele G, Walker A (2006) A guide to good practice in age management. Office for Official Publications of the European Communities, Luxembourg

Rürup B (2003) Die Empfehlungen der „Kommission für die Nachhaltigkeit der sozialen Sicherungssysteme": Nun ist die Politik gefordert. Soziale Sicherheit 8/9:256–267

Sporket M (2008) Age Management – Betriebliche Motive und Umsetzungsstrategien. In: Deller J, Kern S, Hausmann E et al (Hrsg) Personalmanagement im demografischen Wandel. Ein Handbuch für Veränderungsprozesse. Springer, Berlin, S 20–23

Sporket M (2009) Organisationale Altersbilder. Kontexte und Differenzierungen. Expertise für den 6. Altenbericht der Bundesregierung. Dortmund, unveröffentlicht

Ulich E (2005) Arbeitspsychologie. 6. überarbeitete und erweiterte Aufl. Schäffer-Pöschel, Stuttgart

Zimmermann H (2005) Kompetenzentwicklung durch Erfahrungstransfer. Betriebliche Ansätze zum Erfahrungstransfer zwischen älteren und jüngeren Beschäftigten. BWP – Berufsbildung in Wissenschaft und Praxis, 34. Jg, H 5:26–30

Kapitel 17

Betriebliches Gesundheitsmanagement und alternde Belegschaften – eine Untersuchung in der deutschen Informationstechnologie und Kommunikations-(ITK-)Branche

J. Jung · C. Kowalski · H. Pfaff

Zusammenfassung. *Ausgangspunkt des vorliegenden Beitrags ist die These, dass Betriebliches Gesundheitsmanagement (BGM) eine innovative Strategie u. a. zum Umgang mit den Herausforderungen durch den demografischen Wandel darstellt. Es werden Ergebnisse einer Studie mit Unternehmen in der deutschen Informationstechnologie- und Kommunikations-(ITK-)Branche vorgestellt, die neben der Verbreitung von BGM auch erfasst, inwieweit die Unternehmen mit alternden Belegschaften konfrontiert sind und ob hierbei ein empirischer Zusammenhang besteht. Darüber hinaus werden deskriptive und bivariate Analysen mit dem Altersdurchschnitt der Belegschaften, dem Krankenstand im Unternehmen sowie dem Gesundheitszustand der Mitarbeiter durchgeführt.*

17.1 Hintergrund

Neben Herausforderungen durch Globalisierung, zunehmende Technisierung und Anforderungen an die Flexibilität bestehen für Unternehmen infolge des demografischen Wandels zunehmend Anforderungen durch ältere und alternde Belegschaften. Insbesondere die Altersstruktur der Belegschaft ist verantwortlich für das Fehlzeitengeschehen im Unternehmen und den damit einhergehenden Kosten. So geht die Zahl der Krankmeldungen zwar mit steigendem Alter zurück, die Dauer der Arbeitsunfähigkeitsfälle steigt jedoch. Im Zuge des demografischen Wandels kann dies in der Konsequenz zu einem steigenden Krankenstand in den Unternehmen führen (Heyde et al. 2009; BKK Bundesverband 2008; Techniker Krankenkasse 2009). Dieser ist aber nicht nur per se vom Alter der Beschäftigten abhängig, sondern auch von anderen soziodemografischen Merkmalen der Mitarbeiter, der betrieblichen Gesundheitspolitik, von der Art der Führung im Unternehmen, dessen Kultur und den vorherrschenden Arbeitsbedingungen (Badura 2001; Boedicker 2008; Naumanen 2006). Letztere haben insbesondere durch die Entwicklung der letzten Jahre hin zu einer Wissensgesellschaft bei den Arbeitnehmern zu einem Zuwachs an Aufgabenkomplexität und Verantwortung (s. Bellmann in diesem Band; Siemers et al. 2009; Luczak et al. 2002) und damit zu neuen und veränderten Belastungen in der Arbeits- und Lebenswelt geführt. Um nachhaltig innovativ und wettbewerbsfähig zu sein, müssen sich Unternehmen und Politik mit diesen Herausforderungen intensiv auseinandersetzen, adäquate Strategien zum Umgang damit entwickeln und anwenden.

Mit dem Übergang von der Industrie- zur Wissensgesellschaft ist Wissen und seine Anwendung ein entscheidender Produktivitäts- und Innovationsfaktor (Buck u. Weidenhöfer 2006; Bullinger et al. 2000). Hier ist die Informationstechnologie- und Kommunikations-

(ITK-)Branche Vorreiter. Jedoch ist davon auszugehen, dass nur (psychisch) gesunde Wissensarbeiter auch dauerhaft innovativ arbeiten können. Es gibt bisher wenig Hinweise darauf, dass in der (noch) jungen ITK-Branche ein Bewusstsein für den demografischen Wandel besteht oder bereits eine Auseinandersetzung mit dessen Folgen stattfindet. Älter werdende Beschäftigte treffen auf Arbeitsbedingungen, die bisher vorrangig auf jüngeres Personal zugeschnitten sind (Buck u. Weidenhöfer 2006; Boedicker 2008). IT-Arbeiter werden häufig spätestens ab einem Lebensalter von 40 Jahren als „ältere Mitarbeiter" klassifiziert, welche mit scheinbar überholten Systemen und Methoden arbeiten und deren Erfahrungen oft als gering oder ungeeignet erachtet werden (Lünstroth 2002).

Ein langfristiger Wettbewerbsvorteil kann nicht allein durch Restrukturierungen, sondern muss auch durch eine systematische Entwicklung der Humanressourcen erlangt werden (Buck u. Weidenhöfer 2006). Betriebliche Gesundheitsförderung kann als innovative Lösung zur Verbesserung und v. a. zur Erhaltung der Gesundheit der Beschäftigten und damit auch zum Umgang mit den Herausforderungen des demografischen Wandels gelten. Gestalten sich die Strukturen und Prozesse in einem Unternehmen gesundheitsförderlich, so steigt auch die Wahrscheinlichkeit gesunder und leistungsfähiger Mitarbeiter (Badura 2001). Betriebliche Gesundheitsförderung verspricht in diesem Zusammenhang nachgewiesenen Nutzen, beispielsweise durch höhere Arbeitszufriedenheit bei den Beschäftigten, einen geringeren Krankenstand, weniger Krankheitskosten und geringe Fluktuation (Sockoll et al. 2008; Bonitz et al. 2007).

Um nachhaltig wirksam zu sein, sollte dieser Ansatz in alle Prozesse und Strukturen des Unternehmens integriert und somit als Betriebliches Gesundheitsmanagement (BGM) angelegt sein. Betriebliches Gesundheitsmanagement umfasst dabei die Optimierung der Arbeitsorganisation und -umgebung, der Arbeitsbedingungen und soll Anreize für gesundheitsbewusstes Verhalten geben, jeweils unter aktiver Einbeziehung aller Beteiligten (Slesina 2008; Pfaff u. Slesina 2001; Badura u. Hehlmann 2003). Ein wesentlicher Schwerpunkt muss dabei auf demografierelevanten Aspekten von Belastungen und Bewältigungen und damit der Gesundheit liegen. Hierbei geht es zum einen darum, alternsspezifische Aspekte der Arbeitsbedingungen zu berücksichtigen sowie entsprechende innovative Lösungen der Anpassung zu entwickeln und v. a. frühzeitig einzusetzen. Bei ITK-Arbeit ist eine kontinuierliche Erneuerung der Wissensbestände der Mitarbeiter unabdinglich (Bullinger et al. 2000). Zudem sind die Arbeitsbedingungen in dieser Branche vorwiegend gekennzeichnet von hohen Ansprüchen an Flexibilität, hoher Arbeitsintensität und -komplexität, langen Arbeitszeiten, aufwändiger und umfangreicher Projektarbeit, engen Terminen und widersprüchlichen Anforderungen, um nur einige Faktoren zu nennen (Messersmith 2007; Siemers et al. 2009). Damit einher geht ein entscheidender Anstieg an gesundheitlichen Belastungen, v. a. der psychosomatischen Beschwerden, beispielsweise eine Zunahme des Burnout-Risikos (Boes et al. 2008a,b). Der nahezu konstant niedrige Altersdurchschnitt der Branche in den letzten Jahren könnte auch damit zusammenhängen, dass diese Herausforderungen mit zunehmendem Alter nicht mehr zu bewältigen sind und bisher ältere Mitarbeiter, deren Fähigkeiten den Anforderungen durch z. B. Projektarbeit, hohe Reaktionsgeschwindigkeit und Kombinationsfähigkeit (scheinbar) nicht mehr entsprechen, einfach durch jüngeres Personal ersetzt wurden (Boedicker 2008). Diese Strategie des Ersetzens älterer und damit auch erfahrener Mitarbeiter wird zukünftig jedoch nicht mehr aufrechtzuerhalten sein, wenn jüngere Fachkräfte nicht mehr in bisherigem Umfang zu rekrutieren sind (Siemers et al. 2009; Behr u. Geissler 2005).

Mehrere branchenunspezifische Untersuchungen und Studien in anderen Branchen zur Verbreitung des BGM in Deutschland zeigten, dass zwar ein gewisser Aufwärtstrend zugunsten des BGM zu verzeichnen ist, die Situation insgesamt aber noch weit von einer flächendeckenden Implementation entfernt ist (Sachverständigenrat zur Begutachtung der Entwicklung im Gesundheitswesen 2005). Dies gilt insbesondere für Klein- und Mittelbetriebe, bei denen BGM (noch) eine untergeordnete Rolle spielt, was auf häufig knappe finanzielle und personelle Ressourcen zurückgeführt wird (Hollederer 2007; Ulmer u. Gröben 2005). Es besteht demnach ein hoher Handlungsbedarf für die Verbreitung von BGM in den Unternehmen, insbesondere vor dem Hintergrund alternder Belegschaften. Bei einer Befragung von 1.001 deutschen Unternehmen im Jahre 2006 zur Wahrnehmung und Bewertung der Auswirkungen des demografischen Wandels (Buck und Weidenhöfer 2006), gaben nur 12 % an, dass sie eine Überalterung ihrer Belegschaft bzw. mehr ältere Mitarbeiter erwarten. Nur etwa 4 % erwarten jeweils höhere Kosten, Krankenstände und Erfahrungsverluste durch ausscheidende Mitarbeiter. Etwa 10 % der befragten Unternehmen befürchten jeweils Produktivitätseinbußen und verminderte Leistungsfähigkeit der Mitarbeiter infolge der Auswirkungen des demografischen Wandels. Nach Ansicht der Autoren legen die Ergebnisse den Schluss nahe „[…], dass nur wenige Unternehmen sich damit auseinander gesetzt haben, welche konkreten Veränderungen notwendig werden, wenn der Anteil der Älteren steigt" (Buck u. Weidenhöfer 2006).

Im Rahmen des BMBF-geförderten Verbundprojektes PräKoNet[1] zur Verbreitung von BGM in der deutschen ITK-Branche wurde u. a. untersucht, inwiefern die Unternehmen mit einer alternden Belegschaft konfrontiert sind. Im Folgenden werden die Ergebnisse dieser Erhebung dargestellt und in Zusammenhang mit der Durchführung von BGM gebracht. Darüber hinaus wird untersucht, ob der Altersdurchschnitt in den Unternehmen mit dem Gesundheitszustand und dem Krankenstand sowie mit dem Vorhandensein von BGM assoziiert ist. Denkbar wäre beispielsweise, dass Unternehmen, die von einer älteren und/oder alternden Belegschaft betroffen sind, einen schlechteren Gesundheitszustand und höheren Krankenstand berichten sowie mehr Anstrengungen in den Erhalt der Beschäftigungsfähigkeit in Form eines BGM investieren. Darüber hinaus wird untersucht, ob es diesbezügliche Unterschiede hinsichtlich der Unternehmensgröße gibt.

17.2 Datenbasis

Im Rahmen des Projektes PräKoNet wurden mittels CATI[2] mit Geschäftsführern oder deren Stellvertretern (z. B. Eigentümer, Assistent der Geschäftsführung, Abteilungsleiter) deutscher ITK-Unternehmen u. a. die Verbreitung von BGM erhoben. Die Befragung fand in den Monaten Juli bis August 2008 statt. Einschlusskriterium für die Untersuchung war neben der Zugehörigkeit zur ITK-Branche auch eine Mitarbeiteranzahl von ≥ 10 Personen. Um möglichst repräsentative Daten für diese Branche zu erheben, wurde infolge einer intensiven Recherche aller verfügbaren Datenbankanbieter auf diesem Sektor der Anbieter Schober Group International (www.schober.de) als umfangreichste und größte Adressdatenbank für Unternehmen in Deutschland ermittelt und für die vorliegende Studie herangezogen.

Aus der Bruttogesamtheit von etwa 11.500 ITK-Unternehmen mit ≥ 10 Mitarbeitern wurden zunächst zufällig 6.505 Unternehmensadressen gezogen. Nach Ausschluss stichprobenneutraler Ausfälle und nach Abzug der Unternehmen, bei denen kein Teilnehmer zu erreichen war, ergab sich eine bereinigte Bruttostichprobe von n = 2.527 Unternehmen mit Kontaktdaten eines Geschäftsführers. Von dieser konnte schließlich eine Nettostichprobe von n = 522 Unternehmen realisiert werden. Dies entspricht einer Rücklaufquote von 21 % (◘ Abb. 17.1). ◘ Tab. 17.1 zeigt die Stellung des Interviewpartners im jeweiligen Unternehmen.

Die disproportionale Stichprobe setzt sich zusammen aus 223 Kleinbetrieben (42,7 %), 171 Mittelbetrieben (32,8 %) und 128 Großbetrieben (24,5 %)[3]. Ziel der Disproportionalität war es, den relativ geringen Anteil von Groß- und Mittelbetrieben (ca. 5 % und 14 %) im Vergleich zu Kleinbetrieben (ca. 81 %) in der Grundgesamtheit in der Stichprobe zu überrepräsentieren, um bei speziellen Analysen Gruppenvergleiche hinsichtlich der Unternehmensgröße zu ermöglichen. Für die vorliegende Untersuchung werden die gewichteten Ergebnisse berichtet, um hinsichtlich der Unternehmensgröße repräsentative Aussagen zu treffen, welche durch das randomisierte Vorgehen bei der Stichprobenziehung ermöglicht werden. Lediglich bei Analysen, die Vergleiche hinsichtlich der Unternehmensgröße anstreben, wird auf die ungewichteten, disproportionalen Daten zurückgegriffen.

In der Branche sind mit 43,1 % am häufigsten Softwareunternehmen vertreten, gefolgt von 11,5 % EDV-Dienstleistungsunternehmen und 7,3 % Internetserviceunternehmen. Weitere Branchen sind mit entsprechend geringerer Verteilung enthalten. 95 % der befragten Unternehmen haben ihren Hauptsitz in Deutschland und 91,4 % in den alten Bundesländern, davon die meisten in NRW mit 22,5 %.

Die Befragung erfolgte mit dem Healthy Organisational Resources and Strategies (HORST-)Fragebogen (Pfaff et al. 2008), welcher Kennzahlen zur Betrieblichen Gesundheitsförderung und zum Betrieblichen Gesundheitsmanagement sowie weitere Unternehmenskennzahlen, wie den Altersdurchschnitt oder Gesundheitszustand der Belegschaft, den Krankenstand und die Betroffenheit von einer alternden Belegschaft beinhaltet.

---

1 PräKoNet = Entwicklung von Präventionskompetenz in ITK-Unternehmen durch gezielte Vernetzung der Akteure (www.praekonet.de)
2 CATI: Computer Assisted Telephone Interview
3 Die Einteilung in Kleinbetriebe (10–49 Mitarbeiter), Mittelbetriebe (50–249 Mitarbeiter) und Großbetriebe (≥ 250 Mitarbeiter) entspricht der Empfehlung der Europäischen Union zur Kategorisierung der Unternehmensgröße.

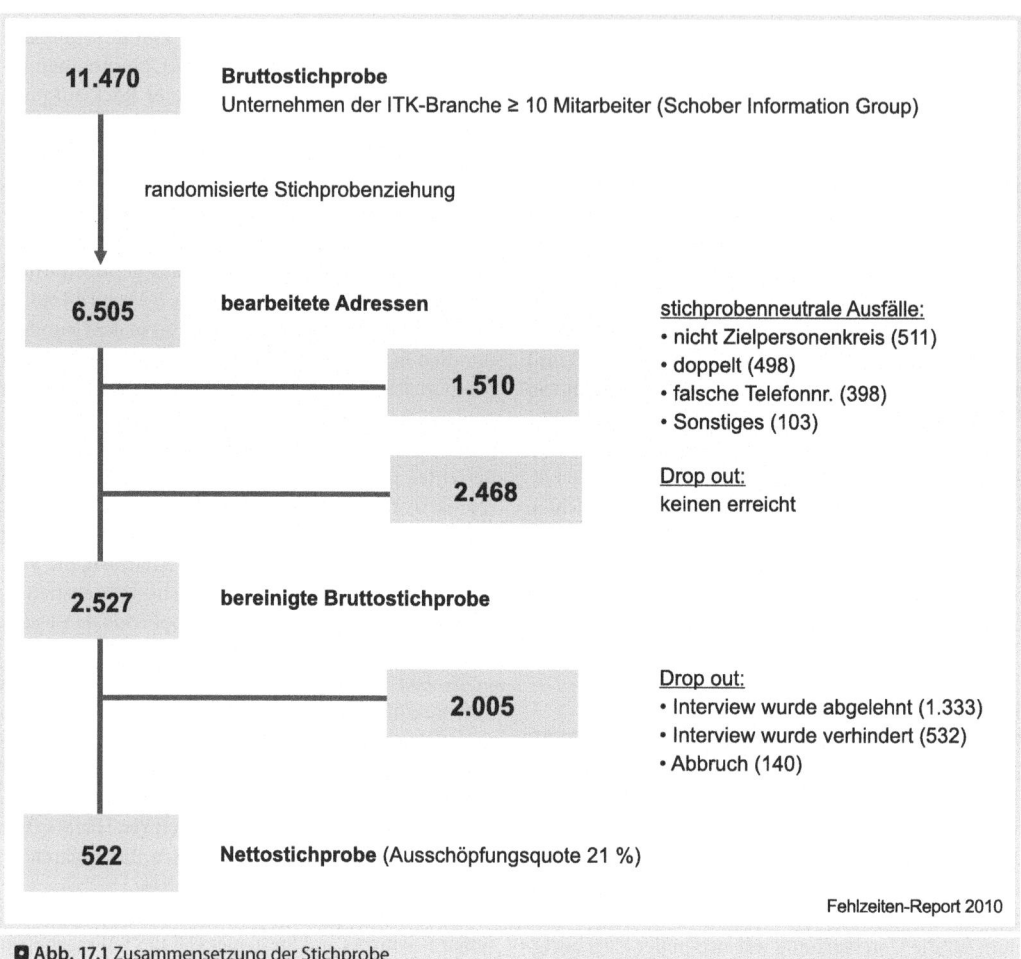

Abb. 17.1 Zusammensetzung der Stichprobe

Tab. 17.1 Berufliche Stellung der Interviewpartner (n = 522)

Berufliche Stellung	n	%
Inhaber, Eigentümer	37	7,1
Geschäftsführer, Vorstand	168	32,2
Geschäftsbereichsleiter, Hauptabteilungsleiter	117	22,4
Abteilungsleiter	85	16,3
Assistent der Geschäftsleitung	37	7,1
Personalmanager/-leiter	51	9,8
Andere	27	5,1
Gesamt	**522**	

Fehlzeiten-Report 2010

17.3 Ergebnisse

Zunächst sollen nun mittels einfacher Häufigkeitsauszählung für die Fragestellung relevante Ergebnisse der Befragung dargestellt werden.

Der Altersdurchschnitt der Beschäftigten in der ITK-Branche (Unternehmen ≥ 10 Mitarbeiter) beträgt 35,8 Jahre (Min: 24 Jahre; Max: 52 Jahre) (Tab. 17.2). In Abb. 17.2 finden sich zudem die Verteilungen in sechs Alterskategorien. Die Betroffenheit von einer alternden Belegschaft wurde auf einer 11-stufigen Skala von „gar nicht betroffen" (0) bis „sehr stark betroffen" (10) erhoben. Hierbei gaben die Befragten im Durchschnitt den Wert 3 (Min: 0; Max: 10) an. Im Hinblick auf den eingeschätzten Gesundheitszustand der Mitarbeiter gaben die Befragten auf einer Skala von „sehr schlecht" (0) bis „sehr gut" (10) einen Durchschnittswert von 8 (Min: 2;

Betriebliches Gesundheitsmanagement und alternde Belegschaften

Tab. 17.2 Deskriptive Statistiken (gesamt)

	M	Sd	Med	Min	Max
Altersdurchschnitt der Belegschaft (in Jahren)	35,8	5,1	35,0	24,0	52,0
Betroffenheit von einer alternden Belegschaft: „gar nicht betroffen" (0) bis „sehr stark betroffen" (10)	3,0	2,6	3,0	0,0	10,0
Gesundheitszustand der Beschäftigten: „sehr schlecht" (0) bis „sehr gut" (10)	8,0	1,2	8,0	2,0	10,0
Krankenstand im Unternehmen (in %)	2,8	2,0	2,5	0,0	17,0

M = Mittelwert; Sd = Standardabweichung; Med = Median; Min = Minimum; Max = Maximum

Fehlzeiten-Report 2010

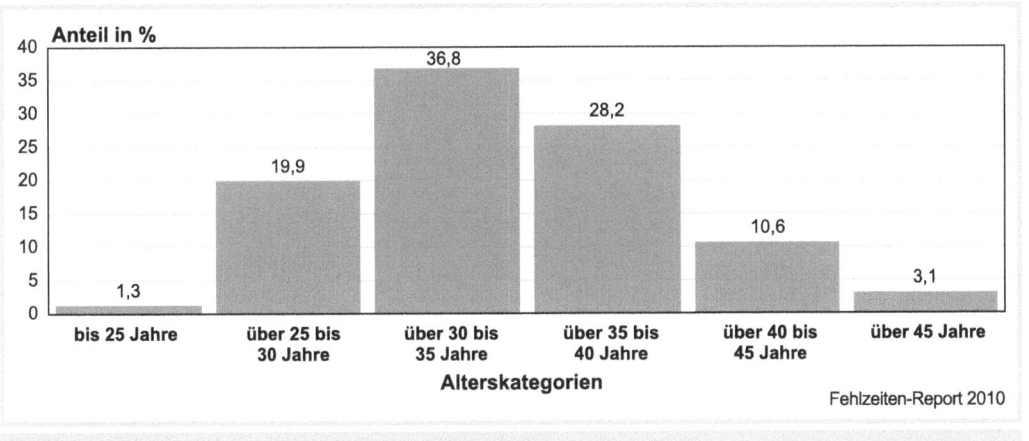

Abb. 17.2 Verteilung des Durchschnittsalters in den Unternehmen in Kategorien

Max: 10) an. Der durchschnittliche Krankenstand im Jahre 2007 betrug 2,8 % (Min: 0 %; Max: 17 %). Hinsichtlich der Situation zum BGM in der Branche zeigte sich, dass lediglich 18 % der ITK-Unternehmen über ein Betriebliches Gesundheitsmanagement verfügen.

Im nächsten Schritt wurden die Ergebnisse hinsichtlich der drei Unternehmensgrößen verglichen (Tab. 17.3). Es zeigt sich, dass knapp die Hälfte der großen Unternehmen in der Branche über ein BGM verfügt. Bei mittleren und kleinen Betrieben trifft dies nur auf 25 % bzw. 15 % der Unternehmen zu. Von einer alternden Belegschaft sind eher die Großunternehmen betroffen. Diese geben auch einen höheren Krankenstand im Vergleich zu den Mittel- und Kleinbetrieben an. Letztere haben hier die geringsten Quoten und geben ebenfalls die höchsten Durchschnittswerte bei der Einschätzung des Gesundheitszustands der Mitarbeiter an. Zudem ist das Durchschnittsalter bei den großen Unternehmen um etwa zwei Jahre höher als bei den kleinen und mittleren Unternehmen.

Infolge der bivariaten Analysen ergaben sich keine signifikanten Zusammenhänge zwischen der Betroffenheit von einer alternden Belegschaft und dem Vorhandensein eines BGM sowie der Höhe des Krankenstandes im Unternehmen. Jedoch konnte ein signifikanter negativer Zusammenhang zwischen einer alternden Belegschaft und dem Gesundheitszustand ermittelt werden. Das heißt, je stärker sich ein Betrieb mit einer alternden Belegschaft konfrontiert sieht, umso schlechter wird der Gesundheitszustand der Mitarbeiter eingeschätzt. Der Altersdurchschnitt der Unternehmen war nicht assoziiert mit dem Vorhandensein eines BGM, jedoch hing dieser negativ zusammen mit dem Krankenstand und dem Gesundheitszustand der Mitarbeiter. Das heißt, je älter die Belegschaft im Unternehmen, desto geringer war der Krankenstand – allerdings bei einer zugleich schlechteren Beurteilung des Gesundheitszustandes der Mitarbeiter.

Ergänzend wurde auch untersucht, ob die Beurteilung des Gesundheitszustandes der Mitarbeiter mit der Implementierung eines BGM korrelierte. Hier fand sich ein signifikanter positiver Zusammenhang. Die Ergebnisse der bivariaten Analysen sind in Tab. 17.4 dargestellt.

◘ Tab. 17.3 Deskriptive Statistiken nach Unternehmensgröße

	BGM vorhanden (in %)	Betroffenheit von einer alternden Belegschaft: „gar nicht betroffen" (0) bis „sehr stark betroffen" (10) (Mittelwert)	Krankenstand im Unternehmen (in %)	Gesundheitszustand der Beschäftigten: „sehr schlecht" (0) bis „sehr gut" (10) (Mittelwert)	Altersdurchschnitt der Belegschaft in Jahren (Mittelwert)
Kleinbetriebe (10–49 Mitarbeiter)	15 (n = 220)	2,87 (n = 223)	2,67 (n = 187)	8,19 (n = 221)	35,6 (n = 223)
Mittelbetriebe (50–249 Mitarbeiter)	25 (n = 171)	3,61 (n = 171)	3,03 (n = 133)	7,79 (n = 171)	36,2 (n = 169)
Großbetriebe (ab 250 Mitarbeiter)	46 (n = 128)	4,82 (n = 125)	3,24 (n = 112)	7,90 (n = 125)	38,0 (n = 122)

Fehlzeiten-Report 2010

◘ Tab. 17.4 Bivariate Korrelationskoeffizienten (nach Pearson)

	BGM	Krankenstand im Unternehmen	Gesundheitszustand der Belegschaft
Betroffenheit von einer alternden Belegschaft: „gar nicht betroffen" (0) bis „sehr stark betroffen" (10)	0,033 (p = 0,45)	0,000 (p = 0,99)	-0,171 (p = 0,00)
Altersdurchschnitt im Unternehmen	0,000 (p = 0,98)	-0,099 (p = 0,04)	-0,092 (p = 0,03)
Gesundheitszustand der Belegschaft: „sehr schlecht" (0) bis „sehr gut" (10)	0,089 (p = 0,04)	-0,281 (p = 0,00)	1

Fehlzeiten-Report 2010

17.4 Diskussion und Schlussfolgerungen

Ziel der vorliegenden Arbeit war es zu prüfen, inwiefern die Unternehmen in der deutschen ITK-Branche mit einer alternden Belegschaft konfrontiert sind und ob dies in Zusammenhang mit der Durchführung von BGM steht. Darüber hinaus wurde untersucht, ob der Altersdurchschnitt in den Unternehmen mit dem Gesundheitszustand und dem Krankenstand im Unternehmen sowie mit dem Vorhandensein von BGM assoziiert ist. Die Analysen ergaben einen niedrigen Altersdurchschnitt der Beschäftigten von knapp 36 Jahren, was die Ergebnisse anderer Arbeiten im Wesentlichen bestätigt (Boedicker 2008). Hierbei gibt es geringe Unterschiede nach Unternehmensgröße, mit einem um etwa zwei Jahre höheren Durchschnittsalter bei Großbetrieben im Vergleich zu Mittel- und Kleinbetrieben. Insgesamt fühlen sich die Unternehmen in nur geringem Maße von einer alternden Belegschaft betroffen, was jedoch in Großunternehmen etwas stärker ausgeprägt ist als v. a. in kleinen Betrieben. Der Gesundheitszustand der Belegschaften wird insgesamt als gut bewertet, wobei es keine nennenswerten Unterschiede nach Unternehmensgröße gibt. Der Krankenstand im Jahre 2007 liegt in der ITK-Brache niedriger als bei anderen (branchenunspezifischen) Untersuchungen (Grobe u. Dörning 2008; Badura et al. 2008; BKK Bundesverband 2007), wobei sich geringe Unterschiede im Hinblick auf die Unternehmensgröße zeigen. So weisen die großen Betriebe einen um etwa 0,6 % höheren Krankenstand auf als die kleinen Unternehmen.

Hinsichtlich der Situation zum BGM zeigte sich, dass lediglich 18 % der ITK-Unternehmen über ein BGM verfügen. Hier sind es wie erwartet v. a. die großen Betriebe, die ein BGM etabliert haben. Auch dieser Befund bestätigt im Wesentlichen die Ergebnisse anderer Studien. So konstatieren z. B. Ulmer und Gröben (2005), Hollederer (2007) und Slesina (2008), dass der Anteil der Unternehmen, die Betriebliche Gesundheitsförderung implementiert haben, noch sehr gering ist und dass man von einer flächendeckenden Verankerung weit entfernt ist. Hinsichtlich der Verbreitung in unterschiedlichen Unternehmensgrößen kommen auch andere Studien (Ulmer u. Gröben 2005; Meyer 2008) zu dem Ergebnis, dass Betriebliche Gesundheitsförderung in kleinen und mittleren Unternehmen eine eher untergeordnete Rolle spielt.

Hinsichtlich der überprüften Zusammenhänge zwischen der Betroffenheit von einer alternden Belegschaft und dem Vorhandensein eines BGM konnten keine signifikanten Beziehungen gefunden werden. Die ursprüngliche Vermutung war, dass Unternehmen, die sich stärker von einer alternden Belegschaft betroffen fühlen, auf diese Herausforderung mit einem BGM reagieren. Dies hat sich nicht bestätigt und kann möglicherweise damit erklärt werden, dass sich die Branche insgesamt in geringem Maße von diesem Phänomen berührt fühlt. Ebenfalls keine signifikante Beziehung besteht zur Höhe des Krankenstandes, was möglicherweise ebenso auf die geringe Betroffenheit zurückgeführt werden kann. Jedoch konnte ein signifikanter negativer Zusammenhang zwischen einer alternden Belegschaft und dem Gesundheitszustand ermittelt werden. Auch der Altersdurchschnitt der Belegschaften ist nicht mit dem Vorhandensein eines BGM assoziiert. Hier mag das niedrige durchschnittliche Alter der Branche und die insgesamt sehr geringe Verbreitung von BGM eine Rolle spielen. Dies könnte ein Hinweis darauf sein, dass bisher noch keine angemessene Auseinandersetzung mit der bereits einsetzenden Herausforderung durch den demografischen Wandel in den Unternehmen stattfindet. Zwar schlägt sich dies bisher nicht im Altersdurchschnitt und im Krankenstand nieder, doch ist damit zu rechnen, dass bei einem Anstieg des Durchschnittsalters unter den bisherigen Arbeitsbedingungen der Branche langfristig auch der Krankenstand steigt.

Der Altersdurchschnitt der Unternehmen hängt negativ mit dem Krankenstand zusammen, aber auch mit dem Gesundheitszustand der Mitarbeiter. Hier bleibt unklar, wie diese (auf den ersten Blick widersprüchlichen) Ergebnisse zu erklären sind. Denkbar wäre, dass infolge des geringen durchschnittlichen Alters noch die Häufigkeit der Krankschreibungen beim Arbeitsunfähigkeitsgeschehen eine Rolle spielt und der Einfluss der Erkrankungsdauer bei älteren Beschäftigten noch nicht zur Geltung kommt. Letzteres wird erst im höheren Alter relevant (Techniker Krankenkasse 2009). Jedoch scheint mit dem Anstieg des Durchschnittsalters der Belegschaft bereits eine schlechtere Einschätzung ihres Gesundheitszustandes einherzugehen. Insgesamt muss aber bei der Interpretation der hier ausgewerteten Daten berücksichtigt werden, dass es sich lediglich um Einschätzungen der Geschäftsführer und nicht um objektive Daten oder Einschätzungen der Mitarbeiter handelt. Nichtsdestotrotz müssen sich die Unternehmen damit auseinandersetzen, dass sie sich zum einen auf veränderte Bewältigungsstrategien von alternden Belegschaften einstellen müssen und darüber hinaus ebenso karriererelevante Aspekte berücksichtigen sollten, um eine dauerhafte Motivation und Unternehmensbindung der Mitarbeiter zu gewährleisten. Hierbei ist es erforderlich, Modelle kreativitätsförderlicher Erwerbsverläufe zu entwickeln, in denen ältere Menschen innovative Wissensträger der Unternehmen sind (Siemers et al. 2009). Dies könnte im Rahmen eines BGM integriert sein.

Infolge der Analysen konnte gezeigt werden, dass die Beurteilung des Gesundheitszustandes der Mitarbeiter mit der Implementierung eines BGM positiv zusammenhängt. Inwieweit ein BGM tatsächlich ursächlich für die bessere Einschätzung des Gesundheitszustandes der Mitarbeiter ist, kann an dieser Stelle jedoch nicht beantwortet werden. Unstrittig ist jedoch, dass sich auch die junge ITK-Branche – demografisch bedingt mit einer insgesamt alternden Belegschaft konfrontiert – mit dem Aufbau eines Alternsmanagements und der Einführung eines BGM den mit diesem Wandel verbundenen Herausforderungen zum Wohl der Mitarbeiter und des Unternehmens stellen muss.

Literatur

Badura B (2001) Betriebliches Gesundheitsmanagement. Was ist das, und wie lässt es sich erfolgreich praktizieren? Bundesgesundheitsblatt – Gesundheitsforschung, Gesundheitsschutz 44:780–787

Badura B, Hehlmann T (2003) Betriebliche Gesundheitspolitik. Der Weg zur gesunden Organisation. Springer Verlag, Berlin Heidelberg

Badura B, Schröder H, Vetter C (2008) Fehlzeiten-Report 2007. Arbeit, Geschlecht und Gesundheit. Springer Medizin Verlag, Heidelberg

Behr M, Geissler U (2005) Entwicklung des Fachkräftebedarfs in ausgewählten Branchen und regionalen Clustern in der Wirtschaftsregion Chemnitz-Zwickau. ifo Dresden berichtet:15–24

BKK Bundesverband (2007) BKK Faktenspiegel – Schwerpunktthema Krankenstand. Essen

BKK Bundesverband (2008) BKK Gesundheitsreport 2008. Seelische Krankheiten prägen das Krankheitsgeschehen. Essen

Boedicker D (2008) Gesund arbeiten und gesund bleiben? In der IT-Wirtschaft?! Fiff-Kommunikation 14:13–16

Boes A, Bultemeier A, Kämpf T et al (2008a) Gesundheit am seidenen Faden. Innenansichten zu den Herausforderungen der Gesundheitsförderung in der IT-Industrie. Transferworkshop des Projektes DiWa-IT am 25. November 2008, München

Boes A, Bultemeier A, Kämpf T et al (2008b) Gesundheitliche Belastungen in der IT-Industrie. Von der Zeitenwende zu einer neuen Belastungskonstellation. Auftaktveranstaltung des Projektes DiWa-IT am 7. Februar 2008, Gelsenkirchen

Bonitz D, Eberle G, Lück P (2007) Wirtschaftlicher Nutzen Betrieblicher Gesundheitsförderung aus Sicht von Unternehmen – Dokumentation einer Befragung. Bonn

Buck H, Weidenhöfer J (2006) Betriebliche Personalpolitik – Demographische Herausforderungen bewerten und annehmen. In: Prager, Jens U, Schleiter, A (Hrsg) Länger leben, arbeiten und sich engagieren. Chancen wertschaffender Beschäftigung bis ins Alter. Verlag Bertelsmann Stiftung, Gütersloh, S 103–116

Bullinger HJ, Lentes HP, Scholtz O (2000) Challenges and chances for innovative companies in a global information society. International Journal of Production Research 38:1469–1500

Grobe T, Dörning H (2008) Gesundheitsreport 2008. Techniker Krankenkasse, Hamburg

Heyde K, Macco K, Vetter C (2009) Krankheitsbedingte Fehlzeiten in der deutschen Wirtschaft im Jahr 2007. In: Badura B, Schröder H, Vetter C (Hrsg) Fehlzeiten-Report 2008. Betriebliches Gesundheitsmanagement: Kosten und Nutzen. Springer Medizin Verlag, Heidelberg, S 205–435

Hollederer A (2007) Betriebliche Gesundheitsförderung in Deutschland – Ergebnisse des IAB-Betriebspanels 2002 und 2004. Das Gesundheitswesen 69:63–76

Luczak H, Cernavin O, Scheuch K et al (2002) Trends of Research and Practice in „Occupational Risk Prevention" as Seen in Germany. Industrial Health 40:74–100

Lünstroth U (2002) Der ältere, erfahrene Softwareentwickler als Innovationsmotor? – Eine Übersicht für den Praktiker. In: Projektverbund Öffentlichkeits- und Marketingstrategie demographischer Wandel (Hrsg) Handlungsanleitungen für eine alternsgerechte Arbeits- und Personalpolitik – Ergebnisse aus dem Transferprojekt. Fraunhofer-IRB-Verlag, Stuttgart, S 37–40

Messersmith J (2007) Managing work-life conflict among information technology workers. Human Resource Management 46:429–451

Meyer JA (2008) Gesundheit in KMU. Widerstände gegen Betriebliches Gesundheitsmanagement in kleinen und mittleren Unternehmen. Gründe, Bedingungen und Wege zur Überwindung. 17 edn. Hamburg

Naumanen P (2006) The health promotion of aging workers from the perspective of occupational health professionals. Public Health Nursing 23:37–45

Pfaff H, Nitzsche A, Jung J (2008) Handbuch zum „Healthy Organisational Resources and Strategies" (HORST). Fragebogen. Köln, Veröffentlichungsreihe der Abteilung Medizinische Soziologie des Instituts für Arbeitsmedizin, Sozialmedizin und Sozialhygiene der Universität zu Köln. Veröffentlichungsreihe der Abteilung Medizinische Soziologie des Instituts für Arbeitsmedizin, Sozialmedizin und Sozialhygiene der Universität zu Köln (Forschungsbericht 3/2008)

Pfaff H, Slesina W (2001) Effektive betriebliche Gesundheitsförderung. Konzepte und methodische Ansätze zur Evaluation und Qualitätssicherung. Juventa, Weinheim München

Sachverständigenrat zur Begutachtung der Entwicklung im Gesundheitswesen (2005) Koordination und Qualität im Gesundheitswesen. Gutachten 2005

Siemers B, Schräder T, Ewald LW et al (2009) Betriebliche Beschäftigungssicherung und Beschäftigungsförderung in der IT-Branche. http://www.jobconsultingplus.de/uploads/IT50PLUS_Cebit09_308.pdf. Gesehen 15 Nov 2009

Slesina W (2008) Betriebliche Gesundheitsförderung in der Bundesrepublik Deutschland. Bundesgesundheitsblatt – Gesundheitsforschung, Gesundheitsschutz 51:296–304

Sockoll I, Kramer I, Bödeker W (2008) IGA Report 13. Wirksamkeit und Nutzen betrieblicher Gesundheitsförderung und Prävention. BKK Bundesverband, Essen

Techniker Krankenkasse (2009) TK-Gesundheitsreport 2009. Veröffentlichungen zum betrieblichen Gesundheitsmanagement der TK, Band 21 – ISSN 1610-8450. Hamburg

Ulmer J, Gröben F (2005) Work Place Health Promotion. A longitudinal study in companies placed in Hessen and Thueringen. Journal of Public Health 13:144–152

Kapitel 18

Betriebliche Konzepte zur Integration älterer Mitarbeiter am Beispiel der Automobilindustrie

H. Friebel · W. Boysen

Zusammenfassung. *Sinkende Geburtenzahlen und eine kontinuierlich steigende Lebenserwartung sind Herausforderungen für alters- und alternsspezifische betriebliche Maßnahmen. Die Sensibilität in den Betrieben für die Folgen des demografischen Wandels muss weiter steigen; personalwirtschaftliche Initiativen und arbeitsplatzbezogene Konzepte der Betriebe können hierbei die Beschäftigungsbedingungen Älterer entscheidend verbessern. Der vorliegende Beitrag zeigt zwei Praxisbeispiele zu einer Demografie-sensiblen Personalpolitik in der Automobilindustrie.*

18.1 Einleitung

Der demografische Wandel geht nicht spurlos an der Arbeitswelt vorbei: Erstens werden Politiken einer alternativen Frühverrentung und Altersteilzeit zunehmend restringiert, zweitens drängt die Wirtschafts- und Beschäftigungspolitik offensiv auf eine biografische Verlängerung der Erwerbsarbeitsphase (Rente mit 67 Jahren) und drittens zwingt die Realität der geburtenschwachen Jahrgänge zu einem Umdenken in der bisherigen Praxis der Personalentwicklung. Inwieweit unter diesen Vorzeichen die Wettbewerbsfähigkeit erhalten werden kann, hängt nicht zuletzt ab von gelungenen Altersmanagementkonzepten, einer Aktivierung der stillen Reserve und Work-Life-Balance-Ansätzen.

Angesichts der demografischen Wanderdüne der Baby-Boom-Generation (geburtenstarke Jahrgänge 1955–1965) wird die Zahl der Personen zwischen 55 und 65 Jahren in den nächsten knapp 20 Jahren bundesweit um ein Drittel zunehmen: „Das entspricht im Vergleich zum Jahr 2002 (zusätzlich) 3,25 Mio. Personen" (IGM 2006, S. 4). Andererseits wird die Anzahl der Jugendlichen im klassischen Ausbildungsalter von 16 bis unter 20 Jahren, die im Jahre 2006 noch knapp 4 Mio. Personen betrug, „im Jahr 2012 auf nur noch 3 Mio. Personen" zurückgehen (Statistisches Bundesamt 2006, S. 5).

Lang gehegte und gepflegte Stereotype über einen naturalisierten Lern- und Leistungsverlust älterer Mitarbeiter entpuppen sich als Ideologie (vgl. Kruse u. Wahl 2010) und weichen im Modernisierungsprozess der gegenteiligen Überzeugung, dass es nur noch gemeinsam mit den Älteren geht. Tradierte Defizit-Konzepte über Ältere verlieren immer mehr an Tragfähigkeit. Kompetenz-Konzepte, die sowohl eine Generalisierung von Alter(n)seffekten[1] vermeiden, als auch den Zusammenhang zwischen individueller Befähigung und institutionalisierter betrieblicher Förderung reflektieren, gewinnen an Bedeutung.

Der vorliegende Beitrag untersucht Strategien zu einer Demografie-sensiblen Personalpolitik in der Automobilindustrie, die in den Bereichen Arbeitsorganisation, Gesundheitsprävention und Weiterbildung vernetzte Initiativen und Konzepte entwickelt und praktiziert. Die Aufmerksamkeit ist dabei auf die Automobilindustrie als Kernbranche eines modernen Wirtschaftsbereiches gerichtet, weil dort der Übergang von der Industriegesellschaft zur Dienstleistungsgesellschaft scharfe Spuren hinterlassen hat: Der Abstieg der dominant erfahrungsbasierten Industriearbeit geht hier besonders dramatisch einher mit dem Aufstieg der wissensbasierten Arbeit und der zunehmenden Integration von Lernen und Arbeit. Dieser Modernisierungsprozess bedeutet zugleich eine radikale Herausforderung für die betriebliche Personalentwicklungsarbeit (vgl. auch Heidemann u. Kuhnhenne 2009). Des Weiteren ist die Automobilindustrie ein ausgesprochen innovativer und hart umkämpfter Markt – es geht darum, mit einer alternden Belegschaft wettbewerbsfähig zu bleiben.

18.2 „Best practice" in der Automobilindustrie

Im Rahmen einer qualitativen empirischen Explorationsstudie zur aktiven Integration älterer Arbeitnehmer (vgl. Boysen u. Friebel 2009) in der Automobilindustrie wurden betriebliche Praxisbeispiele im Sinne von „best practice" dokumentiert und analysiert. Es fanden Expertengespräche statt mit Vertretern der Personalabteilungen, mit Produktionsverantwortlichen und mit den für diese Fragen zuständigen Betriebsratsvertretern zu momentanen und geplanten Unternehmensstrategien im Umgang mit den Auswirkungen des demografischen Wandels. Des Weiteren wurden Werksbegehungen unter professioneller Anleitung vorgenommen. Nachfolgend werden zwei Konzepte zum Alternsmanagement des VW-Konzerns vorgestellt.

Es handelt sich hierbei zum einen um ein Konzept zur Integration und Rehabilitation vorwiegend älterer Mitarbeiter („Work2Work") und zum anderen um ein Pilotprojekt für den gezielten Einsatz von älteren Beschäftigten in altersgemischten Teams („Silverline"). Bei beiden Projekten ist die Arbeitsplatzflexibilität zentrales Thema. Der Stellenwert und die daraus resultierenden Anforderungen für den Betrieb differieren jedoch erheblich.

Beide Projekte werden jeweils durch innerbetriebliche „demografische Büros" strategisch beraten. Das Work2Work-Projekt verfügt darüber hinaus über eine externe wissenschaftliche Begleitung.

18.2.1 Work2Work (Projekt A)

Die Notwendigkeit zur Entwicklung von Unternehmensstrategien zur Bewältigung von Auswirkungen des demografischen Wandels stand nach Auskunft der befragten Experten im Zusammenhang mit der Problematik, dass ein Teil der Beschäftigten im Werk Wolfsburg aufgrund von Handicaps nicht mehr an ihren bisherigen Arbeitsplätzen eingesetzt werden konnten; das betraf im Jahr 2000 im Betrieb bis zu 400 Kollegen. Man geht davon aus, dass 10 % der Belegschaft im Werk Wolfsburg (ca. 5.000 Mitarbeiter) nur eingeschränkt leistungsfähig sind (Rudow et al. 2006, S. 48).

Ins Rollen gebracht wurden die Projekte durch den Betriebsrat, der die Umsetzung der Beschäftigungssicherheit in Form von Schaffung leistungsadäquater Arbeitsplätze für die „Leistungsgewandelten" forderte. Dem Betriebsrat zufolge wurde diese Personengruppe eher „versteckt" in ihrem Arbeiten. Um weiterer Diskriminierung vorzubeugen, entschied man sich daher bewusst gegen eine sogenannte Behindertenwerkstatt. Vielmehr strebte man die Integration der Mitarbeiter in einem Dienstleistungsbereich für bestimmte Arbeiten an, welche vormals im Rahmen von Outsourcing an Fremdfirmen vergeben wurden. Es wurde das Projekt Work2Work ins Leben gerufen.

Bei diesem Projekt geht es um die Herstellung einer optimalen „Passung" zwischen den eingeschränkten Fähigkeiten von älteren Mitarbeitern und deren Arbeitsplatzanforderungen, um somit der notwendigen Rehabilitation und Integration älterer Beschäftigten Rechnung zu tragen. Zentraler Gesichtspunkt des Projekts ist der respektvolle Umgang, welcher mit der Bezeichnung der Gruppe beginnt:

„Wir sprechen nicht von Leistungseinschränkungen, sondern von Leistungswandelung."

---

[1] Warum unterscheiden wir in diesem Beitrag Alter und Altern? Beide Betrachtungsweisen sind notwendig: Alter ist eine Momentaufnahme, ist statisch, erlaubt uns von Fall zu Fall in der Personalentwicklung korrigierend einzugreifen. Altern ist die Aufnahme eines Prozesses mit vielen Unbekannten, ist dynamisch, erlaubt eine mitgehende, nachhaltige Innovationspraxis der Personalentwicklung insgesamt.

Dem Kompetenz-Konzept entsprechend liegt der Fokus bei der Suche nach einem „passenden" Arbeitsplatz auf allen Kompetenzen des Beschäftigten.

„Ich möchte gerne wissen, was sie können – ich möchte nicht wissen, was sie nicht können."

Eine Herausforderung innerhalb des Projektes war, dass die betroffenen Mitarbeiter zudem neue Fähigkeiten erwerben mussten. Da es im Werk keine speziellen Weiterbildungsangebote z. B. für ältere Personen gab, wurden diese innerhalb des Projektes kreiert.

„… haben wir alte PCs zusammengesucht und wo wir dann eine Vorbereitung – ein (betont) Interesse wecken für das, für PC-Schulungen machen beziehungsweise für PC, um dann wieder Fähigkeiten, die die Mitarbeiter haben, entsprechend einzusetzen. Weil, denn ist die Körperlichkeit nicht so gefragt, sondern kann auch 'ne sitzende Tätigkeit machen. … Kann z. B. im Lageristen-Bereich dann Lagereingänge und solche Dinge denn dementsprechend machen."

Zugleich werden bei dem Projekt auch betriebswirtschaftliche Ziele verfolgt: Durch das erwähnte Insourcing vormals fremdvergebener Dienstleistungen soll eine Reduzierung ausgabenwirksamer Fremdleistungen erreicht werden. Zudem soll durch den Einsatz der Leistungsgewandelten eine Vollkostendeckung von mindestens 30 % erwirtschaftet werden (Rudow 2004, S. 385).

Diese Dienstleistungen werden nun jeweils von einem Team aus qualifizierten Stammmitarbeitern und „leistungsgewandelten" Mitarbeitern erbracht und unternehmensintern zu Marktpreisen verrechnet. Voraussetzung für die Integration in das Projekt ist (entsprechend einer Betriebsvereinbarung) eine Werkszugehörigkeit der Person von über zehn Jahren und eine betriebsärztlich festgestellte Wandlung der Leistungsfähigkeit. Der Einsatz der Personen erfolgt in Bereichen wie Fahr-Service, Hausmeistertätigkeit, Werkssicherheit. Der Projektleiter berichtet nicht ohne Stolz:

„Wenn wir dort unsere Work2Work-Leute herausnehmen würden, dann würde kein Toilettenpapier, keine Schraube usw. mehr vorhanden sein … Wir sind überall dort, wo wir gebraucht werden."

Durch das Work2Work-Projekt profitieren sowohl das Unternehmen als auch die Beschäftigten. Nach Angaben eines Personalverantwortlichen gaben im Rahmen einer Befragung 95 % der Beschäftigten an, dass sie mit ihrem neuen Aufgabenbereich zufrieden sind und dass der Umgang mit Vorgesetzten und Kollegen gut ist. Die leistungsgewandelten Mitarbeiter erhalten somit auch ein neues Selbstwertgefühl. Momentan sind ca. 600 „leistungsgewandelte"[2], vorwiegend ältere Mitarbeiter, integriert – insgesamt waren es seit Projektbeginn im Jahr 2000 ca. 1.300 Personen[3]. Des Weiteren können im Unternehmen durch Insourcing Kosten für Fremdleistungen eingespart werden.

18.2.2 Projekt Silverline (Projekt B)

Vor der Einführung des Projektes Silverline war das Thema Demografie v. a. auf der Leistungsebene angesiedelt. Die Auswirkungen des demografischen Wandels auf das Unternehmen Audi stellt eine wachsende Problematik dar. Das Werk Neckarsulm befand sich zum Zeitpunkt der Einführung des R8 in einer Phase wachsender Produktivität ohne personellen Zuwachs. Bei der prognostizierten durchschnittlichen Erhöhung des Belegschaftsalters um jährlich ein halbes Jahr wurde eine altersbedingte Erhöhung des Krankenstandes befürchtet, die einen Risikofaktor für die Wirtschaftlichkeit des Unternehmens dargestellt hätte. Strategien zum Umgang mit den Konsequenzen einer alternden Belegschaft waren bis dahin in erster Linie präventiv auf eine Sicherung des Gesundheitsstandes als Wettbewerbsvorteil ausgelegt. Zusätzlich erschwert wurde die Situation durch den Wegfall der subventionierten Altersteilzeit in Kombination mit dem erhöhten Renteneintrittsalter. Etablierte Produktionsbedingungen, in Form von kurzen Taktfrequenzen, wurden als nicht realisierbar für die gesamte Zeitspanne der Belegschaftsangehörigen gesehen. Entsprechend mussten neue Wege gefunden werden.

Daher wurde mit Produktionsbeginn des Sportwagens R8 das Projekt Silverline ins Leben gerufen, mit dem Audi herausfinden möchte, wie sich die Arbeitsbedingungen für ältere Mitarbeiter in Zukunft ändern müssen, damit das Unternehmen wettbewerbsfähig bleiben kann.

---

2 Der Begriff „Leistungsgewandelte" ist seit Längerem ein Common-Sense-Begriff in der arbeitsschutz- und arbeitsmedizinischen Diskussion. Er subsumiert Mitarbeiter mit Behinderungen und Krankheiten – auch infolge eines Unfalls. In den meisten Fällen handelt es sich um eine krankheitsbedingte eingeschränkte Leistungsfähigkeit (vgl. hierzu Schrader et al. 1995).

3 Detaillierte Informationen über altersspezifische und qualifikatorische Verteilungen der Teilnehmer standen uns nicht zur Verfügung.

Das Pilotprojekt im Audi-Werk Neckarsulm praktiziert den gezielten Einsatz von älteren Mitarbeitern in altersgemischten Teams. In der entsprechenden Montagehalle wird der Sportwagen R8 in Kleinserienfertigung mit langen Taktzeiten und abwechslungsreichen, belastungsreduzierten Tätigkeiten gebaut. In dem Projekt arbeiten ca. 190 Personen – davon sind 21 % über 45 Jahre alt. Der Anteil dieser Altersgruppe hat sich seit Produktionsbeginn im Jahr 2006 verdreifacht. Dominant vertreten ist allerdings noch immer die Altersgruppe der bis 35-Jährigen (46 %) und der über 35- bis 45-Jährigen (33 %).[4]

Für die Arbeitsplätze in der Montage des Sportwagens R8 wurden sukzessive gezielt über 45-jährige Mitarbeiter ausgewählt. Die Arbeitsbedingungen sind besonders ergonomisch auf ältere Beschäftigte zugeschnitten: Die Arbeitsabläufe sind vielfältig, die Taktzeiten viel länger als in der Großserienfertigung und die körperliche Belastung ist reduziert.

Der Personalleiter erläutert, dass es im Grunde auch jedes andere Automodell hätte sein können. Entscheidend sind vielmehr die geringen Stückzahlen, sodass man nicht so viel in Maschinen und Anlagen investiert. Denn gerade bei derart geringen Stückzahlen wird es attraktiv über den Einsatz von mehr manuellen Tätigkeiten nachzudenken. Es handelt sich somit nicht um eine einseitige, sondern eine vielschichtige Belastung.

Als Pilotprojekt wurde das Projekt Silverline anfangs auch von Skepsis begleitet:

„Meine größte Befürchtung war, jetzt gerade bei dem Projekt Silverline, jetzt krieg ich nur die alten, unflexiblen, kranken, eingeschränkten Leute."

Die Rekrutierung von älteren Arbeitnehmern stieß auf nicht eingeplante Schwierigkeiten. Ein wichtiger Wettbewerbsfaktor ist der flexible Einsatz der Mitarbeiter. Durch den hohen Anteil an Facharbeitern sieht sich das Werk in der Lage, das Personal flexibel nach Marktforderungen in verschiedenen Unternehmensbereichen einzusetzen. Die Erfahrungen bei der Einführung des Projektes Silverline zeigen den Konflikt zwischen den Flexibilitätserwartungen des Betriebes und den Sicherheitsbedürfnissen der Belegschaft. Diese manifestierten sich auf drei Ebenen:

a. Aufgeben der bisherigen Statusposition
b. Unsicherheit der Rahmenbedingungen infolge unklarer Absatzmöglichkeiten des Sportwagens R8
c. Unsicherheit bezüglich der neuen Arbeitsanforderungen im Hinblick auf die eigene Person

Zu a: Die auf den Wechsel angesprochenen Mitarbeiter reagierten zwar zugewandt auf das Angebot, doch letztendlich überwog häufig die skeptische Haltung der Besitzstandswahrung der bisherigen Position.

„... vielleicht bei Älteren ist es häufiger mal so, dass sie schon 10, 15, 20 Jahre am gleichen Arbeitsplatz sind und dann vielleicht nicht mehr so wechselbereit sind – aber wirklich dieser, diese Flexibilität auch im Kopf zu sagen: Ich mach jetzt was Neues, ich lass mich mal auf ‚ne, auch ‚ne andere Art von Fertigung im neuen Umfeld, mit neuen Kollegen ein – das ist eigentlich das, wo [wir] jetzt lange dran gearbeitet haben, dass das bei allen im Kopf funktioniert."

Zu b: Erschwerend trat hinzu, dass Audi auf dem Markt nicht als Sportwagenproduzent etabliert war. Weder der Zeitraum, noch der Umfang der R8-Fertigung waren sicher kalkulierbar. Für die wechselnden Arbeitnehmer bedeutete dies, dass sie ggf. ihre sichere Einkommensbasis verlassen mussten.

„...am Anfang war ja nicht klar, wie läuft das Ding, wird es von den Kunden angenommen oder nicht – wir hatten ja keine Vergleich-, Vergleichs-, Erfahrungswerte, ja. ... aber wir konnten nicht garantieren, dass die Mitarbeiter im 2-Schicht-Betrieb arbeiten.... Das heißt, in der Spätschicht gibt es Zuschläge – und in dem Moment, wenn ich nur noch Frühschicht arbeite – was ja theoretisch passieren könnte – dann verliere ich diese Einkommenskomponente."

Zu c: Der Übertritt zur Produktion des R8 war für Arbeitnehmer aus allen Produktionsbedingungen geplant. Dies beinhaltet auch einen Wechsel aus einer kleinen Varianz von Arbeitsanforderungen innerhalb von kurzen Taktfrequenzen zu längeren Arbeitsperioden mit wechselnden Abläufen. Nach Angaben der Experten stellt die Unsicherheit der Bewältigung der komplexen Anforderungen beim Wechsel in die R8-Produktion eine Hürde dar.

„....wenn man also viele Jahre lang in kleinere Arbeitsumfänge – zwar an mehreren Arbeitsplätzen – aber jeweils in kleinerem Umfang gemacht hat, und dann drohen da damals 42 Minuten Arbeitsumfang - Inhalte, die man

---
4 Der Altersdurchschnitt in der R8-Fertigung betrug im Mai 2008 36 Jahre (im Gesamtwerk Neckarsulm 41 Jahre). Auch hier arbeiten „Leistungsgewandelte" (9 % in der R8-Fertigung, 16 % im Gesamtwerk Neckarsulm). Der Facharbeiteranteil beträgt 88 % in der R8-Fertigung; im Gesamtwerk Neckarsulm 65 % (Dienstdorf u. Steinacker 2008, S. 4).

können muss, wo man eben auch keinen Fehler machen darf – das war (betont) unglaublich schwierig, das war viel, viel schwieriger, als wir vorher geglaubt haben."

Entsprechend wurde der Übergang „sanft" gestaltet, indem man zunächst Mitarbeiter geholt hat, die schon in längeren Taktzeiten gearbeitet hatten und zudem auch wechselbereit waren. Erst nach einem erfolgreichen Etablierungslauf und geglückten Übergängen von Kollegen stieg die Bereitschaft für einen Wechsel bei weiteren Beschäftigten an.

„Und dann waren die ersten Kollegen da, die Erfahrung hatten und das transportiert haben ... das hat uns dann geholfen in den weiteren Schritten – da war's dann etwas leichter."

Durch das Projekt Silverline hat das Unternehmen Audi erkannt, dass die Förderung der Flexibilität der Belegschaft einen zentralen Stellenwert hinsichtlich der Erhaltung der Wettbewerbsfähigkeit mit einer alternden Belegschaft einnimmt. Während der gesamten Betriebsangehörigkeit sollen zukünftig Arbeitsplatz- bzw. Arbeitsbereichswechsel als Standard eingeführt werden. Eine Erhöhung der Wechselbereitschaft wird in der Etablierung von horizontalen Karrieren in indirekte Bereiche bzw. auf Arbeitsplätze mit größeren Takteinheiten gesehen. Eine neue Herausforderung stellt hierbei die kontinuierliche Erhaltung und Weiterentwicklung von Kompetenzen der Beschäftigten dar, denn je nach Altersgruppe werden Lerninhalte verschieden aufgenommen.

„Momentan scheren wir ziemlich über einen Kamm. Das heißt, die fachlichen Weiterbildungsangebote, die wir (betont) haben und die Qualifizierungsmaßnahmen, die wir haben, richten sich an die Jungen... Und wenn bei älteren Mitarbeitern das in irgendeiner Form (betont) anders rüber gekommen [ist].... Und da haben wir uns auch schon intern mit beschäftigt – eigentlich noch keine wirklich abschließende und glückliche Lösung – oder Antwort gefunden."

18.3 Do it or lose it

Der Weg vom Projekt A zum Projekt B kommt einem Paradigmenwechsel gleich. Es ist ein Verhältnis zwischen Separation (A) und Integration (B). Es ist ein Verhältnis zwischen Konvention (A) und Innovation (B) zum Alter(n)smanagement.

Das Paradigma des Projekts A stützt sich prinzipiell auf konkrete Problemlösungen, die die Fachwelt bereits vollends akzeptiert hat. Es besteht in Wissenschaft und Praxis allgemeiner Konsens über humane und betriebswirtschaftlich effektive Wege zur Integration von Handicap-Personen. Das Paradigma des Projekts B geht auf die Chancen und Risiken einer neuen Praxis ein. Wie die beiden vorgestellten Projekte zeigen, bedarf es einer heterogenen Methodenvielfalt, damit die Potenziale und Kompetenzen Älterer gefördert und im Sinne eines gesteuerten Wissenstransfers genutzt werden können. Zwei internationale Beispiele zeigen die innovative Umkehr der traditionellen paradigmatischen Orientierung als Folge des demografischen Wandels:

Erstes Beispiel: Japan erlebt momentan die schnellsten demografischen Veränderungen innerhalb der führenden Industrienationen. Dies stellt Firmen in Japan v. a. vor folgende zwei Schwierigkeiten: Befürchteter Mangel an Arbeitskräften und befürchteter Wissens- und Expertiseverlust (Kuhlbacher 2006, S. 103). Toyota, Weltmarktführer in der Automobilindustrie, hat daher seit 2005 ein Programm zur Reintegration der vorher in das Rentner-Dasein geschickten Mitarbeiter entwickelt: „Rehire" nach „Retire" (Kuhlbacher 2007, S. 745). Für bis zu drei weitere Jahre werden qualifizierte Fachkräfte wieder eingestellt bzw. zur Verlängerung ihres Arbeitsverhältnisses motiviert. Toyota bietet darüber hinaus für die Belegschaft „Life planning seminars" an, um jene zu unterstützen und ihre Potenziale zu fördern, die noch nicht das Verrentungsalter erreicht haben (Toyota 2006, S. 53).

Zweites Beispiel: Eine international vergleichende Studie über die Arbeits- und Beschäftigungsfähigkeit älterer Personen im Kontext des demografischen Wandels hat auf die herausragende Stellung von Finnland verwiesen (vgl. Richenhagen 2007). Finnland hat von 2000 bis 2008 die Beschäftigungsquote Älterer durch ein nationales Programm „Älter werdende Arbeitnehmer" deutlich gesteigert. Nach Richenhagen sind dafür v. a. zwei Punkte von Bedeutung:

- Implementierung verschiedener Maßnahmen innerhalb und außerhalb der Unternehmen sowie durch eine altersgerechten Gestaltung der Arbeitsplätze
- die Reduktion verschiedener bestehender materieller Anreize für ein vorzeitiges Ausscheiden aus dem Erwerbsleben bzw. die Umwandlung in positive Anreize für ein längeres Arbeiten

Als wichtigster Faktor im Bereich der Arbeits- und Beschäftigungsfähigkeit wurde auch hier die Teilnahme Älterer an Weiterbildungsmaßnahmen bzw. am lebenslangen Lernen gesehen. Ein systemischer

Ansatz zur Verbindung von Gesundheitsmaßnahmen, Arbeitsplatzbedingungen und Weiterbildung lohnt also – sowohl für die Unternehmen als auch für die Beschäftigten selbst.

18.4 Fazit

Die Erfahrungen aus den Projekten Silverline und Work2Work, bei denen durch gezielte Forderung und Förderung der Arbeitnehmer ein höheres Maß an Flexibilität und Eigenverantwortung bei den Beschäftigten erzielt werden konnte, zeigen vielfältige Handlungsspielräume von Unternehmen auf, um Mitarbeiter alters- wie alternsgerecht arbeiten zu lassen. Gerade die Förderung der Flexibilität innerhalb der Belegschaft wurde bei beiden Projekten als zentrale Zukunftsaufgabe gesehen. Es besteht ein stärkerer Fokus darauf, dass Wechsel als etwas Normaleres angesehen wird und es gilt, die Herausforderung zu meistern, den Mitarbeitern geistige Flexibilität und Veränderungen als Chance nahezubringen.

Die Erfahrungen bei diesen beiden Projekten haben gezeigt, dass solch ein Paradigmenwechsel nicht von heute auf morgen geschehen kann. Zunächst müssen Zweifel und Befürchtungen bei allen Beschäftigtengruppen ausgeräumt werden. Förderlich hierzu ist zum einen, dass die Geschäftsleitung hinter dem Projekt steht, und zum anderen müssen die Arbeitnehmer mit eingebunden und ihre Befürchtungen und Sorgen ernst genommen werden.

Als Defizit wurden in beiden Projekten die fehlenden spezifischen Weiterbildungsmodelle gesehen. Erfahrungsgemäß sei es so, dass die Lerninhalte, die auf Jüngere zugeschnitten seien, bei den Älteren „anders ankommen". Sie bräuchten eine andere Lernkultur, in denen nicht der „Speed von jungen Menschen" das Tempo angibt.

Hinsichtlich der Einführung arbeitsunmittelbarer Lern- und Weiterbildungsprozesse bedarf es einer engen Kooperation zwischen Personalverantwortlichen und den Betriebsräten, um klassische Transferprobleme bei der Unvereinbarkeit von Lern- und Arbeitsumfeld zu minimieren. Lernkultur und Arbeits- bzw. Unternehmenskultur müssen sich verbinden. Der Weiterbildungserfolg wird als Transfererfolg nur dann gesichert werden können, wenn in der Vorbereitungs-, Durchführungs- und Nachbereitungsphase der Maßnahmen immer zugleich auf das Funktionsfeld der Arbeitszusammenhänge geachtet wird. Anderenfalls kann es zu einer Differenz zwischen dem (im Lernfeld erworbenen) Wissen und dem (im Funktionsfeld anzuwendenden) Können kommen. Im Gegensatz zu ihren jüngeren Kollegen sind ältere Arbeitnehmer früher nach viel kürzerer Schulzeit in den Beruf eingestiegen. Die sogenannte tendenzielle Bildungsferne stellt daher eine besondere Herausforderung für die betriebliche Weiterbildung im Rahmen der Personalentwicklung dar. Eine begleitende Evaluationsforschung ist hier sinnvoll und notwendig. Zukunftsorientierte Strategien und Praxen der Integration Älterer sind grundsätzlich darauf angelegt, neben der Weiterbildung auch die Gesundheitsprävention und Eigenverantwortlichkeit zu fördern.

Literatur

Boysen W, Friebel H (2009) Betriebliche Förderung von Arbeitsproduktivität im Alter(n)sprozess der Mitarbeiter/-innen am Beispiel der Automobilindustrie. Hans-Böckler-Stiftung, Düsseldorf

Dienstdorf E, Steinacker S (2008) Motivation für ein bereichsbezogenes Präventionskonzept für N/VQ-46. Audi AG, Neckarsulm

Heidemann W, Kuhnhenne M (2009) Zukunft der Berufsausbildung. Edition der Hans-Böckler-Stiftung, Düsseldorf

IGM-Bezirk Baden-Württemberg (2006) Altersgerechte Arbeit. alpha print medien, Mannheim

Kruse A, Wahl HW (2010) Zukunft Altern. Individuelle und gesellschaftliche Weichenstellungen. Spektrum Akademischer Verlag, Heidelberg

Kuhlbacher F (2006) Nisennananen-mondai: Bedeutung und Auswirkungen einer alternden Bevölkerung und Belegschaft für Firmen in Japan. In: Pohl M Wieczorek I (Hrsg) Politik und Wirtschaft. Institut für Asienkunde (IFA-Japan 2006), Hamburg, S 103–125

Kuhlbacher F (2007) Baby-Boomer-Retirement, Arbeitskräfte und Silbermarkt. Wirtschaftspolitische Blätter 4/2007:745–758

Richenhagen G (2007) Demografischer Wandel in der Arbeitswelt – ein internationaler Vergleich aus Sicht von Arbeits- und Beschäftigungsfähigkeit. In: Zentrum für Lern- und Wissensmanagement der RWTH (Hrsg) Präventiver Arbeits- und Gesundheitsschutz. RWTH Aachen, Aachen

Rudow B (2004) Das gesunde Unternehmen. Oldenbourg, München

Rudow B, Neuberger W, Paeth L (2006) Wertschöpfung durch Wertschätzung. Personalwirtschaft 07/2006:48–51

Schrader K, Meyer-Falcke A, Munker H (1995) Leistungsgewandelte Arbeitnehmer. In: baua – Bundesanstalt für Arbeitsschutz und Arbeitsmedizin (Hrsg) Sonderheft, Bonn, S 23–64

Statistisches Bundesamt (2006) Bevölkerung – 2050. Wiesbaden

Toyota-Motor-Corporation (2006) Relations with Employees. Sustainability Report. Tokyo

Kapitel 19

Aktueller Stand der Umsetzung des Betrieblichen Eingliederungsmanagements

M. Niehaus · G. Vater

Zusammenfassung. *Kranke und behinderte Menschen sind in hohem Maße von Arbeitslosigkeit und Frühberentung bedroht. Eine zunehmende Arbeitsverdichtung sowie der erhöhte Wettbewerbsdruck der Unternehmen verstärken diese Risiken. Obwohl Konventionen und gesetzliche Regelungen die Benachteiligung von Menschen aufgrund bestimmter Merkmale verhindern sollen, finden diese Regelungen in den Unternehmen nicht immer Anwendung. Das ist bedenklich vor dem Hintergrund der demografischen Entwicklung. Die damit einhergehende Veränderung in der Belegschaft wird gegenwärtig von den Unternehmen weder als Herausforderung noch als Chance erkannt, obwohl sich die heutige Arbeitsgesellschaft ein Ausmustern von Arbeitskräften nicht länger leisten kann. Nachhaltige berufliche Integration bedarf frühzeitiger Rehabilitation sowie Prävention. Mit der Einführung des Betrieblichen Eingliederungsmanagements gemäß § 84 Abs. 2 SGB IX hat der Gesetzgeber auf diese Anforderung reagiert. Arbeitgeber sind zur Prävention verpflichtet und müssen frühzeitig handeln, wenn Beschäftigte erkrankt sind und der Arbeitsplatz gefährdet ist. Die Ergebnisse der ersten bundesweiten Studie zur Umsetzung und zum Erfolg des Betrieblichen Eingliederungsmanagements werden im Folgenden vorgestellt und vor dem Hintergrund des aktuellen Forschungsstandes diskutiert. Betriebliches Eingliederungsmanagement kann zu einem erfolgreichen Diversity Management in Unternehmen beitragen.*

19.1 Handlungsbedarf

Bedingt durch den demografischen Wandel müssen die Anforderungen der Arbeitswelt schon heute von insgesamt immer weniger sowie im Durchschnitt älteren Beschäftigten bewältigt werden. Hinzu kommt eine Arbeitsverdichtung als Folge von Rationalisierungen und ein erhöhter Wettbewerbsdruck. Steigende Arbeitsbelastungen sowie die Zunahme psychischer Erkrankungen verstärken die Problemlage zusätzlich. Da kranke und behinderte Menschen in einem hohen Ausmaß von Arbeitslosigkeit und Frühberentung bedroht sind (vgl. Niehaus et al. 2009), hat die Europäische Kommission schon 1998 die Bedeutung präventiver Ansätze in der Beschäftigungspolitik herausgestellt. Diese Strategie wird in Zeiten schlechterer Wirtschaftslage umso wichtiger, denn Arbeitnehmer, die häufiger und länger arbeitsunfähig erkrankt sind, tragen dann ein besonders hohes Risiko des Arbeitsplatzverlustes (DAK Gesundheitsreport 2009).

19.1.1 Alter und Behinderung

Die Rehabilitation und Teilhabe von Menschen mit Behinderungen oder von Menschen, die von Behinderung bedroht sind, ist im Sozialgesetzbuch IX geregelt. Hiermit soll das Recht auf Teilhabe gewährleistet werden (BMAS 2009). Die Umsetzung erweist sich jedoch als verbesserungswürdig, denn die Beschäftigungsquote schwerbehinderter Menschen war 2006 mit 36 % nur halb so hoch wie die von Menschen ohne Behinderung. Gleichzeitig war die Arbeitslosigkeitsquote bei Menschen mit Behinderungen mit 16,6 % fast doppelt so hoch wie die von nicht Behinderten (Bundesagentur für Arbeit 2008).

Im Hinblick auf die demografische Entwicklung muss dies als alarmierend bezeichnet werden. Zum einen, weil eine Behinderung in den meisten Fällen im Laufe des Arbeitslebens erworben wird und gleichzeitig mit steigendem Alter häufiger auftritt. Die aktuelle Statistik der schwerbehinderten Menschen (Statistisches Bundesamt 2009) unterstreicht dies eindrücklich, denn im Dezember 2007 waren mehr als drei Viertel der schwerbehinderten Menschen in Deutschland älter als 55 Jahre und in 82 % aller Fälle wurde die Behinderung durch eine Krankheit verursacht. Zum anderen ist das Alter generell mit dem Auftreten von Erkrankungen verbunden (Wynne u. McAnaney 2004), wie auch die jährlichen Gesundheitsreporte der Krankenkassen immer wieder zeigen. Obwohl ältere Beschäftigte seltener erkranken, benötigen sie mehr Zeit, um sich zu erholen (Fehlzeiten-Report 2009; Gesundheitsreport DAK, BARMER, TK 2009 und BKK 2008). Resultierende chronische Erkrankungen stellen das höchste Risiko für eine verminderte Erwerbsfähigkeit sowie die Frühberentung dar (Rehfeld 2006). Gesundheitliche Einschränkungen und höheres Alter kumulieren somit als Problemlage am Arbeitsmarkt (Niehaus et al. 2009).

19.1.2 Arbeit als Gesundheitsrisiko, neue Herausforderungen durch psychische Erkrankungen

Schon für das Jahr 2003 beschreibt Rehfeld eine bemerkenswerte Entwicklung der Ursachen für das frühzeitige Ausscheiden aus dem Erwerbsleben. Sowohl bei Männern als auch bei Frauen sind psychische Erkrankungen die häufigste Ursache für eine Frühberentung gefolgt von Muskel-Skeletterkrankungen. Der Anteil der psychischen Erkrankungen am Frühberentungsgeschehen hat sich im Zeitraum von 1983 bis 2003 verdreifacht und dürfte als Indikator die zunehmenden psychosozialen Belastungen in Arbeitswelt und Gesellschaft abbilden (Rehfeld 2006). Die Erhaltung der psychischen Gesundheit wird zur Herausforderung des 21. Jahrhunderts. Die gesetzlichen Krankenkassen vermelden deutlich ansteigende Fehlzeiten durch psychische Erkrankungen und Verhaltensstörungen. Nach Reusch (2009) ist dies ein Problem, das maßgeblich durch die Arbeitswelt verursacht wird. Politik und Betriebe sind daher aufgefordert, mehr für die Gesundheit der Beschäftigten zu unternehmen.

Verschiedene Studien zeigen, dass die Arbeit am Krankheitsgeschehen einzelner Erkrankungen (z. B. Muskel-Skelett- und psychische Erkrankungen) beteiligt ist (Kuhn 2008; Bödecker et al. 2008). Bekräftigt wird dies durch die Ergebnisse einer aktuellen Arbeitskräfteerhebung in Deutschland (Grau 2009). 6,3 % der Beschäftigten berichten über arbeitsbedingte Gesundheitsbeschwerden. Am häufigsten werden Beschwerden im Bereich des Muskel-Skelett-Systems genannt, gefolgt von psychischen Erkrankungen. Auch hier steigt die subjektiv wahrgenommene Betroffenheit mit zunehmendem Alter. Unabhängig von den erlebten Beschwerden spielt die psychische Belastung durch Zeitdruck und Arbeitsüberlastung eine noch größere Rolle als die physische Belastung. Vergleichbare Ergebnisse zeigen sich auch in einer repräsentativen Befragung, die 2008 vom Landesinstitut für Gesundheit und Arbeit durchgeführt wurde (LIGA.NRW 2009).

Diese Befunde sprechen für einen deutlichen Zusammenhang zwischen den Arbeitsbedingungen, dem Alter und dem Gesundheitszustand der Beschäftigten, dennoch wird von betrieblicher Seite nicht ausreichend reagiert (Bellmann et al. 2007). Obwohl die Personalverantwortlichen in den Unternehmen die Bedeutung von Gesundheit sowie ihre Mitverantwortung dafür erkannt haben, resultieren aus dieser Erkenntnis nicht zwangsläufig entsprechende Maßnahmen (Gebauer et al. 2007). Im Zweifelsfall nehmen Betriebe bei langen und schwerwiegenden Erkrankungen der Mitarbeiter das Recht zur krankheitsbedingten Kündigung wahr. Das Potenzial und die Fachkompetenz langjähriger Beschäftigter wie z. B. deren Erfahrungswissen, eine hohe Arbeitsmoral, Loyalität und Zuverlässigkeit (Bundesanstalt für Arbeitsschutz und Arbeitsmedizin 2007) geraten dabei in den Hintergrund. Dies ist auch deswegen verwunderlich, da das Altern, im Gegensatz zu vielen anderen Kategorien des Konzepts der Vielfalt, eine Erfahrung ist, auf die sich alle Menschen einstellen müssen (Shore et al. 2009).

Obwohl in der letzten Dekade sehr viel Aufmerksamkeit auf die Teilhabe am Arbeitsmarkt verwendet worden ist, zeigt sich, dass die Beschäftigung von Menschen mit gesundheitlichen Einschränkungen nicht maßgeblich gesteigert werden konnte, sondern im Verhältnis zu anderen Gruppen, vor allem in Deutschland, sogar gesunken ist (OECD 2009). Zudem gelingt eine Rückkehr in das Arbeitsleben nach der Bewilligung einer Erwerbsminderungsrente viel zu selten (ebd.). Deshalb sollte nach Ansicht der OECD mehr Aufmerksamkeit auf eine frühzeitige Prävention als auf die finanzielle Unterstützung gerichtet werden.

19.2 Das Betriebliche Eingliederungsmanagement

Mit dem Betrieblichen Eingliederungsmanagement (BEM) nach § 84 Abs. 2 SGB IX hat der Gesetzgeber auf diese Herausforderungen reagiert und räumt der Prävention am Arbeitsplatz zur Sicherung der beruflichen Teilhabe einen hohen Stellenwert ein. Das 2004 eingeführte Betriebliche Eingliederungsmanagement fordert den Arbeitgeber auf, möglichst frühzeitig Maßnahmen zur Förderung, Erhaltung und Wiederherstellung der Arbeitsfähigkeit der Beschäftigten einzuleiten. Dementsprechend gilt: „Sind Beschäftigte innerhalb eines Jahres länger als sechs Wochen ununterbrochen oder wiederholt arbeitsunfähig, klärt der Arbeitgeber mit der zuständigen Interessenvertretung im Sinne des § 93 SGB IX, bei schwerbehinderten Menschen außerdem mit der Schwerbehindertenvertretung, mit Zustimmung und Beteiligung der betroffenen Person die Möglichkeiten, wie die Arbeitsunfähigkeit möglichst überwunden werden und mit welchen Leistungen oder Hilfen erneuter Arbeitsunfähigkeit vorgebeugt und der Arbeitsplatz erhalten werden kann." Darüber hinaus sind die Rehabilitationsträger und das Integrationsamt aufgerufen, die Arbeitgeber mit Beratung, Prämien und Leistungen zur beruflichen Teilhabe zu unterstützen. Von herausragender Bedeutung bei dieser neuen Norm ist, dass sie nicht nur für schwerbehinderte Mitarbeiter, sondern für alle Betriebsangehörigen gilt.

19.3 Studie zum Betrieblichen Eingliederungsmanagement der Universität zu Köln

Von 2006 bis 2007 wurde von der Universität zu Köln im Auftrag des Bundesministeriums für Arbeit und Soziales empirisch untersucht, ob und wie die gesetzliche Bestimmung des § 84 Abs. 2 SGB IX von Betrieben, Unternehmen und Dienststellen in Deutschland umgesetzt wird (Niehaus et al. 2008). Im Folgenden werden zentrale Ergebnisse dieser Untersuchung vorgestellt und vor dem Hintergrund des gegenwärtigen Forschungsstandes in diesem Feld diskutiert. Ziel der Studie ist die Erfassung quantitativer Aussagen zur Verbreitung des Betrieblichen Eingliederungsmanagements (BEM) und betrieblicher Prävention sowie qualitativer Aussagen über die Art und Weise, mit der die Betriebe bzw. die verschiedenen Akteure ein BEM realisieren. Ebenso sollen die Faktoren aufgezeigt werden, die ein BEM begünstigen und in der Praxis zum Erfolg führen können.

19.3.1 Methodik

Unter der Annahme, dass das BEM nicht flächendeckend in allen Betrieben, Unternehmen und Dienststellen Deutschlands bekannt ist und somit über die Ziehung einer Zufallsstichprobe keine Repräsentativität im Sinne der Fragestellung zu erreichen ist, wurde ein mehrdimensionaler methodischer Zugang gewählt.

Die Untersuchung erfolgte auf vier Forschungsebenen:

1. Bundesweite Befragung von Betrieben, Unternehmen und Dienststellen
   Es haben 630 Personen aus dem Kreis der Schwerbehindertenvertretung, der Betriebs- und Personalräte, der Personalabteilung, des Werkärztlichen Dienstes, der Geschäftsführung, der Beauftragten des Arbeitgebers, der Disability Manager und Betroffene selbst an der bundesweiten Befragung – mit einer starken Beteiligung aus großen Unternehmen – teilgenommen.
2. Bundesweite Befragung in der Zeitschrift „Behinderte Menschen im Beruf" (ZB)
   Bis zum Stichtag 1. September 2007 haben 474 Personen (in der Regel als Schwerbehindertenvertretung) den Fragebogen in der Zeitschrift „Behinderte Menschen im Beruf" (ZB) ausgefüllt.
3. Dokumentenanalyse und Interviews mit 16 Experten der Projekte der Initiative des BMAS „job – Jobs ohne Barrieren" zum § 84 Abs. 2 SGB IX
4. Interviews mit 8 betrieblichen Experten aus Betrieben

19.3.2 Ergebnisse und Diskussion

Verbreitungsgrad und Umsetzungsstand des BEM

Der bundesweiten Befragung entsprechend hat die Mehrheit der großen Unternehmen und mehr als die Hälfte der mittelgroßen Unternehmen ein BEM bereits thematisiert, in kleinen Betrieben ist dies bei weniger als jedem dritten Betrieb der Fall. Die Umsetzung eines

BEM erfolgte in der Hälfte aller befragten Unternehmen (Niehaus et al. 2008).

Eine im nahezu gleichen Zeitraum durchgeführte umfangreiche regionale Studie in Klein- und Mittelunternehmen (Gebauer et al. 2007), bei der knapp 700 Betriebe zur Bekanntheit des BEM befragt wurden, bestätigt die Ergebnisse weitgehend. Während das BEM mehr als der Hälfte der Arbeitgeber von Unternehmen mittlerer Größe bekannt ist, liegt der Bekanntheitsgrad bei den kleinen Unternehmen bei 30 %. Selbst den befragten Betriebsräten ist das BEM nur zur Hälfte bekannt. Die Umsetzung erfolgte in einem Drittel der Klein- und Mittelbetriebe und entspricht dem Ergebnis der bundesweiten Befragung aus Köln (Gebauer et al. 2007). Ein vergleichbares Bild ergibt sich für die Studie „Gesunde Arbeit für alle" (Köpke 2009), hier ist das BEM in seinen Grundelementen im Durchschnitt in zwei Dritteln der befragten Klein- und Mittelunternehmen bekannt. Weitgehend unbekannt ist das BEM hingegen in Klein- und Kleinstbetrieben (Deutsche Rentenversicherung Bund 2007), wie die Studie in der Region Teltow (Berlin/Brandenburg) deutlich macht. Lediglich 10 % der Betriebe hatten zum Zeitpunkt der Befragung das BEM in ihren Betrieben eingeführt.

In Anbetracht der Tatsache, dass in Deutschland Klein- und Kleinstbetriebe am häufigsten vertreten sind und mehr als die Hälfte aller Beschäftigten in diesen tätig sind, wird deutlich, dass die Umsetzung des Betrieblichen Eingliederungsmanagements noch am Anfang steht. Die Zusammenschau aller Ergebnisse der verschiedenen Datenerhebungsebenen von Niehaus et al. (2008), insbesondere die Erfahrungen aus den Projekten im Rahmen der Initiative „job – Jobs ohne Barrieren" (BMAS: 2004–2007), spricht für diese Einschätzung.

Zudem ist es enttäuschend, dass in den Klein- und Mittelunternehmen über die Zeit kein nennenswerter Zuwachs weder im Bekanntheitsgrad noch in der Umsetzung des BEM zu verzeichnen ist (vgl. Köpke 2009).

Kritische Bewertung des BEM

Die Bewertung des BEM aus der Perspektive der Unternehmen fällt sehr unterschiedlich aus. Während in der KoRB-Studie (Kooperation Rehabilitation und Betrieb: Ein Projekt zur Versorgungsforschung in kleinen und mittleren Unternehmen: Gebauer et al. 2007) die Sinnhaftigkeit eines BEM von den Personalverantwortlichen über alle Betriebsgrößen hinweg positiv beurteilt und von 60 % als gut bis sehr gut durchführbar bezeichnet wird, weisen die Studien von Niehaus et al. (2008) und die Studie „Gesunde Arbeit für alle" (Köpke 2009) auf kritische Stimmen vor allem aus den Kleinbetrieben hin. Diese befürchten zu viel Aufwand und sind der Auffassung, dass das BEM keine Lösung bietet, wenn es um die Integration älterer, erkrankter Mitarbeiter bei fehlenden alternativen Arbeitsmöglichkeiten geht. Vermisst wird in einer solchen Situation fachkundige Beratung und externe Unterstützung (Köpke 2009; Niehaus et al. 2008).

Die Erwartungen, die an das BEM gestellt werden, sind teilweise erstaunlich hoch: Die Vorstellungen reichen von Produktionssteigerung, Lösung der Beschäftigungsprobleme, Senkung des Krankenstandes, Bindung von Fachkräften, bis hin zur Sensibilisierung von Führungskräften (Niehaus et al. 2008). Seel (2009) gibt hier zu bedenken, dass das Betriebliche Eingliederungsmanagement kein Allheilmittel ist, das in jedem Einzelfall zur Überwindung bzw. Verringerung von Arbeitsunfähigkeitszeiten und zur Vermeidung personenbedingter Kündigungen beiträgt.

Prävention und gesundheitsförderliche Arbeitsbedingungen

Die Bereitschaft der Arbeitgeber, Rahmenbedingungen für BEM und ein gesundes Altern durch Prävention zu schaffen, ist aktuell nur schwach ausgeprägt. In jedem dritten Betrieb fehlen Maßnahmen der Prävention oder gesundheitsförderlichen Arbeitsgestaltung gänzlich. Eine Differenzierung nach der Art der Maßnahmen zeigt, dass solche, die sich auf die Arbeits- und Organisationsgestaltung beziehen, etwas verbreiteter sind als Maßnahmen, die bei dem Verhalten der Beschäftigten ansetzen. Am häufigsten kommt die ergonomische Gestaltung der Arbeitsplätze zum Einsatz. Exemplarisch für das Fehlen von gesundheitsförderlichen Rahmenbedingungen für ein Betriebliches Eingliederungsmanagement ist, dass nur 10 % der Betriebe die Verweildauer auf alterskritischen Arbeitsplätzen begrenzen.

Das Projekt „Gesunde Arbeit" (Zelfel et al. 2009) weist auf vergleichbare Erkenntnisse hin. Obwohl mehr als die Hälfte der Betriebe angeben, Betriebliche Gesundheitsförderung und Prävention anzubieten, wird die gesamte Breite vorhandener Interventionsmaßnahmen nicht umgesetzt. In den Studien der Deutschen Rentenversicherung Bund (2007) und Köpke (2009) zeigte sich ein noch geringerer Umsetzungsstand im Bereich der Gesundheitsförderung.

Hier wird ein starker Verbesserungsbedarf deutlich, denn die Präventions- und Gesundheitskultur in Unternehmen hat sich als bedeutsamer Indikator für den Erfolg der betrieblichen Wiedereingliederung erwiesen (Niehaus et al. 2008).

Teilnahmebereitschaft, Vertrauen und Angst betroffener Arbeitnehmer

Die Befragten (in der Studie von Niehaus et al. 2008) bewerten die Zustimmungsbereitschaft betroffener Beschäftigter einem Betrieblichen Eingliederungsmanagement gegenüber als neutral bis leicht positiv. Demgegenüber befürchten gerade die Betroffenen als einzige Gruppe innerhalb der Befragten häufiger negative Effekte durch das BEM. Die Ergebnisse zeigen, dass Betroffene häufig in einem Spannungsfeld zwischen Hoffnung auf Arbeitsplatzerhalt und der Angst vor einer Kündigung stehen. Je nachdem, ob das Verhältnis zwischen Arbeitgeber und Betroffenen eher von Misstrauen oder von Vertrauen geprägt ist, wird auch die Durchführung des BEM mehr oder weniger erfolgreich sein. Das Vertrauen der Beschäftigten steigt, wenn sie vor der Durchführung des BEM umfassend und verständlich über die Verfahrensabläufe informiert werden. Neben dieser Transparenz ist auch der verantwortungsvolle Umgang mit den erhobenen Daten eines Betrieblichen Eingliederungsmanagements einer Zustimmung durch die Betroffenen förderlich.

Insofern ist es bedenklich entsprechend der Studie von Niehaus et al. (2008), dass in jedem fünften Betrieb auf die Freiwilligkeit der Teilnahme an einem BEM nicht hingewiesen wird und in knapp einem Drittel der Unternehmen und Dienststellen die betroffenen Personen nicht über Art, Umfang und Verwendung der Daten informiert werden. Zudem ist in einem Drittel der Betriebe noch ungeklärt, wo und wie die erhobenen Daten aufbewahrt werden sollen.

Erfolgreiche Wiedereingliederung bedarf einer Unternehmenskultur, die von gegenseitigem Vertrauen geprägt ist (Niehaus et al. 2008). Diese Einschätzung teilen mehr als 90 % der befragten Arbeitgeber in der Studie der Deutschen Rentenversicherung Bund (2007). Auch in internationalen Studien (Franche et al. 2005; Williams u. Westmoreland 2002) konnte nachgewiesen werden, dass ein vertrauensvolles, wertschätzendes Unternehmensklima sowie Information, Einverständnis und Einbindung der erkrankten Beschäftigten für den Erfolg des Eingliederungsprozesses von großer Bedeutung sind.

Externe Unterstützung im BEM

Bei der Umsetzung eines Betrieblichen Eingliederungsmanagements können verschiedene externe Partner hinzugezogen werden. Partner außerhalb des Betriebes sind die Rehabilitationsträger (Krankenkasse, Rentenversicherung, Agentur für Arbeit, Unfallversicherung) die gemeinsamen Servicestellen sowie bei schwerbehinderten Menschen die Integrationsämter und Integrationsfachdienste. Externe Stellen können die Beteiligten im Betrieb bei der Umsetzung des Eingliederungsmanagements unterstützen, wenn z. B. Leistungen zur Teilhabe oder begleitende Hilfen im Arbeitsleben notwendig werden. Auch eine Unterstützung bei der Einführung des BEM ist möglich. Die gemeinsamen Servicestellen sollen nach dem Willen des Gesetzgebers, neben dem Angebot einer zeitnahen, qualifizierten und individuellen Beratung, Koordinationsaufgaben übernehmen, falls Leistungen verschiedener Träger in Frage kommen.

Entsprechend der Studie von Niehaus et al. (2008) sucht sich jeder zweite Betrieb externe Unterstützung. Mehrheitlich wenden sich die Unternehmen bzw. Dienststellen an die Integrationsämter und Krankenkassen. Auch die Hilfe der Integrationsfachdienste, der Rentenversicherung und der Berufsgenossenschaften wird in Anspruch genommen. Dagegen nehmen die gemeinsamen Servicestellen nicht die Stellung ein, die ihnen vom Gesetzgeber zugewiesen wurde (Niehaus et al. 2008). Einige Unternehmen formulieren den Wunsch, die gemeinsamen Servicestellen sollten offensiver tätig werden (Köpke 2009). Für kleine und mittelgroße Unternehmen steht die „Dienstleistung aus einer Hand" an erster Stelle (Köpke 2009; Niehaus et al. 2008).

Wie chancenreich eine gute Kooperation der Rehabilitationsdienstleister ist, zeigen auch erste Ergebnisse des Modellprojektes „Stärke durch Vernetzung" (Kulick u. Stapel 2009). Durch eine enge Zusammenarbeit von Betrieb, Rehabilitationsträgern und Rehabilitationsanbietern können rehabilitationsbedürftige Teilnehmer frühzeitig identifiziert und einer Rehabilitation zugeführt werden. Damit konnte ein Kernziel des Modellprojektes, der Arbeitsplatzerhalt, bei fast allen Rehabilitanden (deren Rehabilitation mindestens ein Jahr zurücklag) erreicht werden. Für die Bedeutung einer guten Vernetzung sprechen auch die Ergebnisse der Deutschen Rentenversicherung Bund (2007), nach denen ein BEM besonders erfolgreich ist, wenn Beratung und Dienstleistung eng miteinander verzahnt sind oder aus einer Hand geleistet werden. Denn das hochkomplexe Feld der Gesundheitsförderung ist schon für Fachleute schwer zu übersehen, umso mehr gilt dies für die Ratsuchenden selbst. Dem sollte mit einer nachhaltigen Informationspolitik und Öffentlichkeitsarbeit begegnet werden (Köpke 2009).

Auswirkungen des BEM auf Krankenstand und Fehlzeiten

Die Maßnahmen des BEM zielen auf eine Reduzierung der Arbeitsunfähigkeitszeiten ab. Da Arbeitsunfähigkeitszeiten von mehr als sechs Wochen im Zeitraum eines Jahres ein Betriebliches Eingliederungsmanagement auslösen, kann eine Unterschreitung dieser Zeit als Kriterium für ein erfolgreiches Verfahren angesehen werden. Hierbei sollten jedoch die einzelnen BEM-Fälle als Bezugsgröße dienen und nicht eine allgemeine Entwicklung von Fehlzeitenquoten im Betrieb, da diese auch anderen Einflussgrößen unterliegen, welche die Effekte des Betrieblichen Eingliederungsmanagements überdecken könnten.

Der größte Teil der Arbeitsunfähigkeitstage wird von der relativ kleinen Gruppe der langzeiterkrankten Beschäftigten verursacht. Im Jahr 2007 konnte fast die Hälfte aller Arbeitsunfähigkeitstage der AOK-Mitglieder auf 7,5 % der Arbeitsunfähigkeitsfälle mit einer Dauer von mehr als vier Wochen zurückgeführt werden (Badura et al. 2009). Niehaus et al. (2009) konstatieren: „Würden diese Mitarbeiterinnen und Mitarbeiter bereits jetzt in Maßnahmen des Betrieblichen Eingliederungsmanagements aufgenommen und zumindest teilweise erfolgreich eingegliedert, könnte der Anteil des Betrieblichen Eingliederungsmanagements an der Senkung der Krankenstandsquote analysierbar sein. Da aber das Betriebliche Eingliederungsmanagement derzeit in vielen Betrieben noch im Aufbau ist, erst seit kurzem Fälle bearbeitet werden und es in einem Teil der Betriebe noch nicht existiert, werden sich die Auswirkungen auf die Krankenstandsquote flächendeckend erst in der Zukunft zeigen."

Aus der Studie von Niehaus et al. (2008) können zwar keine generalisierenden Aussagen abgeleitet werden, dennoch zeigen sich erste Hinweise auf positive Auswirkungen des Betrieblichen Eingliederungsmanagements: 36 % der betrieblichen Vertreter, die sich an der Untersuchung beteiligten, sprechen von einem positiven Effekt des Betrieblichen Eingliederungsmanagements. In etwa der Hälfte der durchgeführten BEM-Fälle konnte ein leistungsgerechter Einsatz erreicht werden. Viele der Antwortenden, die keine derartigen Effekte benannt haben, weisen ausdrücklich darauf hin, dass dies aufgrund der kurzen Laufzeit des BEM im Betrieb bzw. in der Dienststelle noch nicht möglich sei.

Auch die Ergebnisse anderer Studien bestätigen diesen Trend. Während der Projektlaufzeit der Studie der Deutschen Rentenversicherung Bund konnten 30 % der BEM-Fälle erfolgreich wieder eingegliedert werden, knapp die Hälfte befindet sich zum Zeitpunkt der Berichtlegung noch im Rehabilitationsverfahren, lediglich ein Drittel ist noch zu krank für Maßnahmen, hat eine Rente beantragt oder den Arbeitsvertrag aufgelöst, kein BEM-Fall wurde entlassen. In der Untersuchung „Gute Arbeit für alle" wird das BEM überwiegend positiv beurteilt. Einigen Betrieben ist es gelungen, mithilfe des Integrationsamtes und der Arbeitsagentur gefährdete Arbeitsverhältnisse zu erhalten (Köpke 2009).

Ebenso verzeichnen die Integrationsämter eine Zunahme erfolgreich abgeschlossener BEM-Fälle: 66 % der BEM-Fälle (50 % mehr als 2007) konnten im Jahr 2008 erfolgreich abgeschlossen werden und mündeten daher nicht in eine Zustimmung zur Kündigung. „Diese Steigerung zeigt deutlich, dass das BEM in der betrieblichen Praxis angenommen wird" (BIH 2009). Darüber hinaus kann belegt werden, dass der Professionalisierungsgrad des Betrieblichen Eingliederungsmanagements zwar sehr unterschiedlich ausfällt, offensichtlich ist jedoch, dass Betriebe, die bereits fortgeschrittene Erfahrungen mit dem Betrieblichen Eingliederungsmanagement haben, standardisiert und strukturiert vorgehen. Auch wenn es für eine endgültige Bewertung zu früh ist, zeigen die Ergebnisse doch, dass sich das Instrument BEM auf einem guten Weg befindet (Niehaus et al. 2008).

19.4 Fazit

In Anbetracht einer sich schnell verändernden Arbeitswelt, die gekennzeichnet ist durch Arbeitsplatzunsicherheit bei gleichzeitig steigenden Arbeitsbelastungen und zunehmend älter werdenden Belegschaften, sind die Unternehmen gefordert, sich mehr um die psychische und physische Gesundheit ihrer Mitarbeiter zu kümmern. Der Gesetzgeber hat mit dem Betrieblichen Eingliederungsmanagement einen ersten Schritt in diese Richtung unternommen. Die Umsetzung in den Unternehmen steht noch am Anfang, dennoch zeigen sich erste Erfolge.

Darüber hinaus ist eine gesundheitsförderliche Personalpolitik, die zum einen die Beschäftigten unterstützt und zum anderen versucht, die Arbeitsbelastungen so gering wie möglich zu halten, nicht nur ein Mittel, um die Folgen der demografischen Entwicklung zu bewältigen, sondern eine Investition in die Zukunft im Sinne einer menschlicheren Arbeitswelt für zunehmend vielfältigere Belegschaften.

Literatur

Badura B, Schröder H, Klose J et al (2010) Fehlzeiten-Report 2009. Arbeit und Psyche: Belastungen reduzieren – Wohlbefinden fördern. Springer Medizin Verlag, Heidelberg

Badura B, Schröder H, Vetter C (2009) Fehlzeiten-Report 2008. Betriebliches Gesundheitsmanagement: Kosten und Nutzen. Springer Medizin Verlag, Heidelberg

BARMER (2009) Gesundheitsreport 2009. Psychische Gesundheit. BARMER Ersatzkasse, Wuppertal

Bellmann L, Kistler E, Wahse J (2007) Demographischer Wandel: Betriebe müssen sich auf alternde Belegschaften einstellen. IAB-Kurzbericht (21):1–5

BIH Bundesarbeitsgemeinschaft der Integrationsämter und Hauptfürsorgestellen (2009) Hilfen für schwerbehinderte Menschen im Beruf: Jahresbericht 2008/2009 Universum Verlag, Wiesbaden

BKK (2009) Gesundheitsreport 2008. Seelische Krankheiten prägen das Krankheitsgeschehen. BKK Bundesverband, Essen

BMAS Bundesministerium für Arbeit und Soziales (2009) einfach teilhaben: Das Webportal für Menschen mit Behinderungen, ihre Angehörigen, Verwaltungen und Unternehmen (www.einfach-teilhaben.de)

Bödecker W, Friedel H, Friedrichs M et al (2008) The impact of work on morbidity-related early retirement. Journal of Public Health (16): 97–105 (DOI: 10.1007/s10389-007-0146-9)

Bundesagentur für Arbeit (2008) Arbeitsmarkt 2007: Arbeitsmarktanalyse für Deutschland, West- und Ostdeutschland. Amtliche Nachrichten der Bundesagentur für Arbeit (ANBA), 56 (Sondernummer 2):1–232

Bundesanstalt für Arbeitsschutz und Arbeitsmedizin (2007) SuGA Sicherheit und Gesundheit bei der Arbeit 2005: Unfallverhütungsbericht Arbeit (http://www.baua.de/nn_51314/de/Publikationen/Fachbeitraege/Suga-2005.html?__nnn=true)

DAK (2009) Gesundheitsreport 2009. Analyse der Arbeitsunfähigkeitsdaten. Schwerpunkt Doping am Arbeitsplatz. DAK Forschung, Hamburg

Deutsche Rentenversicherung Bund (2007) Betriebliches Eingliederungsmanagement – Regionale Initiative: Abschlussbericht über das Modellprojekt. DRV, Berlin

Europäische Kommission (1998) Das Beschäftigungsniveau von Menschen mit Behinderungen anheben – eine gemeinsame Herausforderung. Brüssel: Arbeitspapier der Kommissionsdienststellen, SEK (1998) 1550

Franche RL, Cullen K, Clarke J et al (2005) Workplace-Based Return-to-Work Interventions: A Systematic Review of the Quantitative Literature. Journal of Occupational Rehabilitation, 15 (4):607–631

Gebauer E, Hesse B, Heuer J (2007) KoRB Kooperation Rehabilitation und Betrieb: Ein Projekt zur Versorgungsforschung in kleinen und mittleren Unternehmen (Abschlussbericht). Institut für Rehabilitationsforschung Norderney, Abteilung Sozialmedizin, Münster

Grau A (2009) Gesundheitsrisiken am Arbeitsplatz. Statistisches Bundesamt, Wiesbaden (http://www.destatis.de, Pfad: Publikationen → STATmagazin)

Köpke KH (2009) Gesunde Arbeit für alle: Von der Gesundheitsförderung zum Eingliederungsmanagement im Betrieb. DRV Nord, Hamburg Lübeck

Kuhn H (2008) Arbeitsbedingte Einflüsse bei der Entstehung chronischer Krankheiten. In: Badura B, Schröder H, Vetter C (Hrsg) Fehlzeiten-Report 2007. Arbeit, Geschlecht und Gesundheit. Springer Medizin Verlag, Heidelberg

Kulick B, Stapel M (2009) „Stärke durch Vernetzung" – Potential einer Kooperation im betrieblichen Eingliederungsmanagement mit Großbetrieben. In: Deutsche Rentenversicherung Bund (Hrsg) 18. Rehabilitationswissenschaftliches Kolloquium. Innovation in der Rehabilitation – Kommunikation und Vernetzung vom 9. bis 11. März 2009 in Münster. DRV-Schriften, Bd 83. wdv, Bad Homburg, S 228–230

LIGA.NRW (2009) Gesunde Arbeit in NRW 2009. Belastung – Auswirkung – Gestaltung – Bewältigung. LIGA.Praxis 3. Landesinstitut für Gesundheit und Arbeit, Düsseldorf (www.liga.nrw.de)

Niehaus M, Marfels B, Jakobs A (2009) Arbeitslosigkeit verhindern durch Betriebliches Eingliederungsmanagement: Individuelle, betriebliche und ökonomische Nutzenaspekte. In: Hollederer A (Hrsg) Gesundheit von Arbeitslosen fördern. Ein Handbuch für Wissenschaft und Praxis. Fachhochschulverlag, Frankfurt/M, S 371–389

Niehaus M, Magin J, Marfels B et al (2008) Betriebliches Eingliederungsmanagement. Studie zur Umsetzung des Betrieblichen Eingliederungsmanagements nach § 84 Abs. 2 SGB IX. Forschungsbericht F374. Bundesministerium für Arbeit und Soziales, Berlin

OECD Organisation for Economic Co-operation and Development (Hrsg) (2009) Sickness, Disability and Work: Keeping on track in the economic downturn (http://www.oecd.org/dataoecd/42/15/42699911.pdf; Stand: 30.11.2009)

Rehfeld UG (2006) Gesundheitsbedingte Frühberentung. Robert Koch-Institut, Berlin

Reusch J (2009) Gearbeitet, krank geworden, Unfall gehabt: Handlungsfelder für Prävention und Rehabilitation. Gute Arbeit (5):17–26

Seel H (2009) Wenn die Psyche kündigt: Betriebliches Eingliederungsmanagement – ein wirkungsvolles Instrument im Rahmen von Prävention und Gesundheitsmanagement. LVR, DGSP und Kölner Verein für Rehabilitation e. V., Köln (http://www.koelnerverein.de/download_kv/helga_seel_lvr.pdf; Stand: 30.11.2009)

Shore LM, Chung-Herrera BG, Dean M et al (2009) Diversity in Organizations: Where are we now and where are we going? Human Resource Management Review (19):177–133

Statistisches Bundesamt (2009) Sozialleistungen: Schwerbehinderte Menschen 2007. Statistisches Bundesamt, Münster

TK (2009) Gesundheitsreport 2009. Schwerpunkt: Gesundheit von Beschäftigten in Zeitarbeitsunternehmen. Techniker Krankenkasse, Hamburg

Williams RM, Westmoreland M (2002) Perspectives on workplace disability management: A review of the literature. Work 19 (1):87–93

Wynne R, McAnaney D (2004) Employment and Disability: Back to Work Strategies. Office for Official Publications of the European Communities, Luxembourg

Zelfel RC, Alles T, Mozdzanowski M et al (2009) Zum Stand des Gesundheitsmanagements in kleinen und mittleren Unternehmen – eine repräsentative Studie. (Projekt „Gesunde Arbeit"). In: Deutsche Rentenversicherung Bund (Hrsg) 18. Rehabilitationswissenschaftliches Kolloquium. Innovation in der Rehabilitation – Kommunikation und Vernetzung vom 9. bis 11. März 2009 in Münster. DRV-Schriften, Bd 83. wdv, Bad Homburg, S 233–235

Kapitel 20

Entwicklung und Integration eines Betrieblichen Eingliederungsmanagements – das Projekt EIBE

H. Kaiser · B. Jastrow · E. Hörnlein · A. Frohnweiler

Zusammenfassung. *Das Projekt EIBE – Entwicklung und Integration eines Betrieblichen Eingliederungsmanagements (BEM) – hat die Aufgabe, Erkenntnisse in der betrieblichen Praxis zu gewinnen, diese in ein umfassendes Konzept einzuarbeiten und Unternehmen als praktische Hilfe zur Verfügung zu stellen. So wurden im ersten Projektabschnitt in einer Kooperation zwischen dem Institut für Qualitätssicherung in Prävention und Rehabilitation GmbH an der Deutschen Sporthochschule Köln (iqpr) und den Deutschen Berufsförderungswerken praxisrelevante Vorlagen und Arbeitshilfen erarbeitet wie z. B. ein Manual, das Gesprächsleitfäden und weitere Vorlagen enthält, ein Konzept zum Datenschutz sowie ein Muster einer Betriebsvereinbarung. Die Anwendbarkeit dieser Instrumente wurde in 20 Berufsförderungswerken bei nahezu 700 Beschäftigten auf Praxistauglichkeit überprüft und ständig verbessert. Im Fokus der Wissenschaft standen die Beschäftigtengruppen, für die ein BEM hinsichtlich der Integration in Arbeit besonders unterstützend wirken kann, sowie die in einem BEM-Prozess involvierten Akteure und Faktoren, die sich förderlich bzw. hemmend in der Umsetzung auswirken.*
Es wurden Praxishilfen entwickelt, die beim Transfer auf weitere Unternehmen unterschiedlicher Branchen und Größen den Schwerpunkt bildeten. Des Weiteren wurden rechtliche Aspekte wie Datenschutz, Mitwirkungspflicht, Betriebsvereinbarung u. a. beleuchtet, die Praxis hinsichtlich der Vergabe von Bonus- und Prämienleistungen (§ 84 Abs. 3 SGB IX) untersucht sowie auf betriebswirtschaftliche Kosten-Nutzen-Betrachtungen und Vorteile bei der Ein- und Durchführung eines BEM eingegangen.

20.1 Einleitung

Bereits in den vergangenen Jahren haben Arbeitsunfähigkeitszeiten eine große Rolle gespielt, auch aus volkswirtschaftlicher Sicht. So schätzte die Bundesanstalt für Arbeitsschutz und Arbeitsmedizin die Produktionsausfälle mit einer durchschnittlichen Arbeitsunfähigkeit von 12,4 Tagen in 2007 auf insgesamt 40 Milliarden Euro beziehungsweise den Ausfall an Bruttowertschöpfung auf 73 Milliarden Euro. Die Verbesserung und der Erhalt von Beschäftigungsfähigkeit aller Erwerbstätigen stellen gerade in der aktuellen Wirtschaftslage aber eine große Herausforderung für die Wirtschaft und Politik dar und werden zukünftig eine besondere Rolle zum Erhalt von Wettbewerbsfähigkeit deutscher Unternehmen spielen bzw. verstärkt spielen müssen. Ein wirtschaftlicher Aufschwung wird nur mit motivierten, gesunden und qualifizierten Arbeitnehmern zu bewerkstelligen sein. Das Fundament – sozial, volkswirtschaftlich und betriebswirtschaftlich gesehen – bildet dabei die Belegschaft, die mit ihrem Wissen, ihrem Engagement sowie ihrer Leistungsfähigkeit und -bereitschaft den

Hauptbeitrag zu einem wirtschaftlich gesunden Unternehmen leistet. Dies kann beispielsweise durch ein erfolgreiches Diversity- und/oder Betriebliches Gesundheitsmanagement erfolgen. Doch auch die Politik muss sich frühzeitig auf diese Herausforderungen einstellen. Mit der Novellierung des Sozialgesetzbuches (SGB) IX ist sie einen richtigen Schritt in diese Richtung bereits gegangen. Um Arbeit zukunftsfähig zu gestalten und es Unternehmern zu erleichtern, soziale Gerechtigkeit in der Praxis zu leben, müssen jedoch die Rahmenbedingungen weiterhin angepasst bzw. verbessert werden. Nachhaltig gesunde Beschäftigte müssen als Teil einer jeden Unternehmensphilosophie gesehen und dementsprechend gefördert werden. Von Unternehmen und deren Verbänden anfangs kritisch betrachtet, konnte durch die Einführung des SGB IX der Informationsgrad zu diesem umfassenden Thema betrieblicher Gesundheit gesteigert und somit oft der Boden für eine in die Zukunft gerichtete, positive Unternehmensphilosophie bereitet werden.

Das Betriebliche Eingliederungsmanagement (BEM) nach § 84 Abs. 2 SGB IX – seit 2004 gesetzlicher Auftrag und in der Verantwortung des Arbeitgebers – soll dabei ein Instrument sein, um frühzeitig krankheitsbedingtem Ausscheiden aus dem Erwerbsleben vorzubeugen. Ziele sind, Arbeitsunfähigkeit zu überwinden sowie zu identifizieren, mit welchen Leistungen oder Hilfen erneuter Arbeitsunfähigkeit vorgebeugt und der Arbeitsplatz erhalten werden kann. Die Einführung des Instruments hat in vielen Unternehmen zu einem Paradigmenwechsel geführt. Rund um das Thema BEM rückte die Bedeutung von gesunden Beschäftigten stärker ins Bewusstsein und führte zu einer höheren Inanspruchnahme weiterer präventiver Angebote. Dies muss aber weiterhin forciert werden, da zum einen zu erwarten ist, dass aufgrund der demografischen Entwicklung chronische Erkrankungen verbunden mit Langzeitarbeitsunfähigkeiten zunehmen, zum anderen, dass der derzeit zu beobachtende Trend von ansteigenden psychischen Störungen sich nicht zuletzt aufgrund der veränderten Anforderungen in der Arbeitswelt weiterhin fortsetzt. Die Novellierung des § 84 Abs. 2 SGB IX ist eine Maßnahme, um sowohl auf betrieblicher als auch auf volkswirtschaftlicher Ebene für die Zukunft gerüstet zu sein.

20.2 Das Projekt EIBE

In einer Entwicklungspartnerschaft zwischen dem Institut für Qualitätssicherung in Prävention und Rehabilitation GmbH an der Deutschen Sporthochschule Köln (iqpr) und der Arbeitsgemeinschaft Deutscher Berufsförderungswerke stand das Ziel im Vordergrund, ein Modell zur Implementierung eines BEM in 28 Berufsförderungswerken zu entwickeln, dieses dort einzuführen und zu erproben, sowie Erkenntnisse aus der praktischen Eingliederungsarbeit zu gewinnen. Im weiteren Verlauf sollte das entwickelte Modell für viele Unternehmen eine attraktive und effektive Handlungshilfe darstellen. Um eine erhöhte Kompetenz als Basis für eine spätere Dienstleistung für externe Kunden vorzuweisen, war die praktische „Konfrontation" mit dem Thema im eigenen Betrieb der entscheidende Test. Die Anwendungsroutinen und Produkte wurden in den Berufsförderungswerken selbst auf ihre Praktikabilität getestet. Aus der betrieblichen Praxis wurden zudem wissenschaftliche Erkenntnisse gewonnen, die viele Antworten auf oft und immer wieder gestellte Fragen geben.

Zu Beginn des Projekts einigten sich die teilnehmenden Unternehmen auf Strukturen und Zuständigkeiten, ohne die eine Umsetzung systematischer Eingliederung nicht möglich gewesen wäre. So waren die sogenannten EIBE-Koordinatoren für alle Aufgaben zuständig, die im Rahmen des Projekts anfielen, auch für die Einführung des BEM in den einzelnen Einrichtungen vor Ort. In einem Kernprozess (▶ Abschn. 20.2.2) als Mindeststandard zur BEM-Durchführung wurden vom iqpr zu jedem Schritt entsprechende Mustervorlagen für Anschreiben, Gesprächsleitfäden, Dokumentationshilfen, Vorlagen zur datenschutzrechtlichen Erklärungen etc. erarbeitet. Diese wurden anhand ihrer Anwendung und ihrer Akzeptanz u. a. von der wissenschaftlichen Begleitung ausgewertet. Der Erfolg eines BEM hängt entscheidend davon ab, dass das Vorgehen betriebsspezifisch und insbesondere für die Beschäftigten transparent geregelt ist. In EIBE wurde dieser Prozess in 15 von den letztlich 22 aktiv beteiligten Berufsförderungswerken durch eine Betriebsvereinbarung untermauert.

20.2.1 Die wissenschaftliche Begleitung – Qualitätssicherung

Die wissenschaftliche Begleitung in dem Entwicklungsprojekt EIBE hatte in Anlehnung an Brader et al. (2005) eine dreifache Aufgabe zu lösen (s. auch Kaiser et al. 2007):
1. die praxisorientierte Struktur- und Prozessevaluation der Projektaktivitäten,
2. eine entwicklungsorientierte Evaluation, d. h. die Überprüfung von Möglichkeiten bei der Umsetzung,

Modifikation bzw. Verbesserung des BEM im Sinne einer optimierten Zielerreichung und
3. die Anpassung der Produkte an die im Rahmen des Projekts EIBE gewonnenen neuen Erkenntnisse und Erfahrungen.

Schwerpunkt der Begleitung im Projektabschnitt EIBE II war eine formative Evaluation der verschiedenen Aktivitäten zu den im Folgenden aufgeführten Projektfeldern:
1. Das BEM in den Berufsförderungswerken (Konzeption, Fallarbeit, Praxishilfen, Datenschutz, Betriebsvereinbarungen, Akzeptanz)
4. Entwicklungspartnerschaften mit Unternehmen zum BEM
5. Aktivitäten zum betrieblichen Gesundheitsmanagement in den Berufsförderungswerken
6. Begleitung, Bewertung und Dokumentation des Projektverlaufes
7. Vergabepraxis von Bonus- und Prämienregelungen nach § 84 Abs. 3 SGB IX
8. Kosten-Nutzen-Aspekte des BEM

Im Zuge der wissenschaftlichen Erhebungen wurden in jedem Projektabschnitt Bestandsaufnahmen erhoben, halbstandardisierte Interviews mit und schriftliche Befragungen von Projektbeteiligten, Unternehmensvertretern sowie externen Vertretern von Sozialversicherungsträgern, Integrationsämtern u. a. durchgeführt. Die Eingliederungsarbeit wurde von den Fallmanagern kontinuierlich dokumentiert und vom iqpr wissenschaftlich ausgewertet. Weiterhin wurden zur wissenschaftlichen Begleitung Protokolle von insgesamt mehr als 40 Arbeitskreis- und Projektleitungssitzungen und weiteren Veranstaltungen herangezogen, in denen auf die Umsetzung der einzelnen Projektphasen eingewirkt bzw. auf deren Schwerpunktsetzungen Einfluss genommen wurde.

Durch die Einrichtung verschiedener Fachgruppen konnten Themen wie Fallarbeit, Geschäftsfeldaktivitäten sowie Bonus- und Prämienregelungen differenziert betrachtet werden. Weiterhin konnten Fragen zu juristischen Themenfeldern sowie zur Fallsteuerung in Workshops aufgegriffen und beantwortet werden. Fortbildungen, beispielsweise zu Akquisetechniken, Changemanagement oder betrieblicher Gesundheitsberichterstattung sorgten für eine homogene Umsetzung in den einzelnen Berufsförderungswerken. Beratungen mit Betriebsräten und Mitarbeitervertretungen schafften zusätzlichen Input und förderten die rasche Entwicklung von diversen Vereinbarungen.

20.2.2 Der EIBE-Kernprozess

Im Rahmen der Projektlaufzeit haben sich praxisnahe Instrumente entwickelt, die auch verstärkt in den Praxisalltag Einzug hielten. Basis war ein Kernprozess (Abb. 20.1), der von der Signalerkennung bis hin zur Dokumentation und Evaluation das Gerüst der „betrieblichen Eingliederung" für alle Unternehmen bildete. Besonders die Praxishilfen als Teil eines umfassenden Manuals führten zu besonderer Aufmerksamkeit in der betrieblichen Umsetzung. Unterstützung fanden die Praxishilfen durch ein detailliertes Datenschutzkonzept sowie durch Entwürfe zu einer Betriebsvereinbarung zum BEM. Rechtliche Abhandlungen, Diskussionen und Fragen aus der Praxis – die vom virtuellen Juristen „Juri Richter" beantwortet wurden, stützten die Relevanz der entwickelten Praxisroutinen und schafften Rechtssicherheit.

In mehr als 20 Berufsförderungswerken haben sich interdisziplinäre Teams gebildet. Im gesamten Projektverlauf wurden fast 700 Beschäftigte zu einem Informationsgespräch eingeladen. Darunter waren in der ersten Projektphase auch 140 Beschäftigte, denen eine Teilnahme an einem BEM angeboten wurde, obwohl sie weniger als die gesetzlich vorgeschriebenen sechs Wochen krankheitsbedingter Fehlzeiten aufwiesen. Von

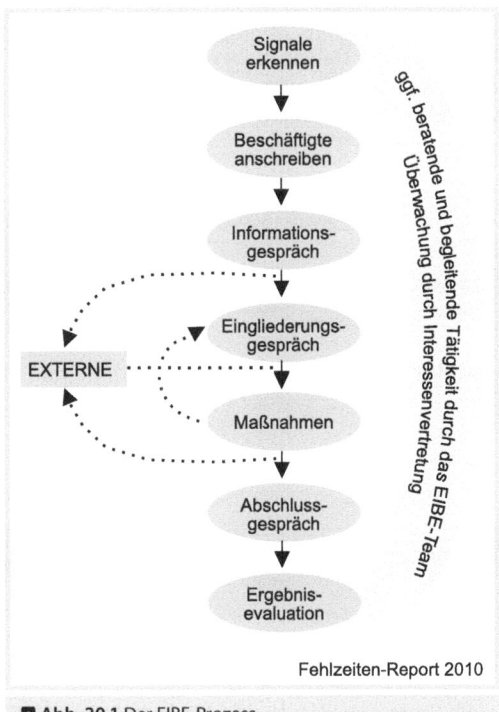

◘ Abb. 20.1 Der EIBE-Prozess

473 nach den gesetzlichen Vorgaben identifizierten Beschäftigten in der zweiten Projektphase haben mehr als die Hälfte (270) an einem Informationsgespräch zum BEM teilgenommen. Von diesen liegen der wissenschaftlichen Begleitung 188 Dokumentationen des Eingliederungsgeschehens vor, aus denen u. a. einige Ergebnisse nachfolgend näher vorgestellt werden.[1]

20.3 Praxiserfahrungen und Ergebnisse

Im Folgenden wird exemplarisch auf Ergebnisse eingegangen, die die erfolgreiche Implementierung in den Einrichtungen dokumentieren sowie förderliche und hinderliche Faktoren herausstellen sollen.

20.3.1 Akzeptanz und Inanspruchnahme

Der Projektverlauf seit Beginn im April 2005 ließ erkennen, dass – mitten in einer Wirtschaftsphase, die von Sozialplänen und der Krise in der beruflichen Rehabilitation geprägt war – die anfängliche Skepsis für ein BEM in den meisten Berufsförderungswerken einer zunehmenden Akzeptanz gewichen ist. Dies unterstützten so selbstverständlich erscheinende Aufgaben wie Informationsvermittlung und Kommunikation, Transparenz und Vertrauensbildung. Letzteres konnte u. a. durch die Regelungen des Datenschutzes und/oder durch Abschluss von Vereinbarungen zwischen Arbeitgeber- und Arbeitnehmervertretungen erreicht werden.

Eine zunehmende Akzeptanz im Projektverlauf zeigte sich nach Meinung der EIBE-Koordinatoren, sowohl bei den Unternehmensleitungen, als auch bei den Fallmanagern, verstärkt auch bei den Beschäftigten und ihren Interessenvertretungen (◘ Tab. 20.1). Weiterhin schätzten sie mögliche Hindernisse und Hürden zu Beginn des Projekts weit höher ein als gegen Projektende. Besonders auffällig waren die Veränderungen bei der Einstellung gegenüber dem „nicht transparenten Nutzen", dem „nicht gesehenen Bedarf", sowie bei der „Befürchtung von negativen Auswirkungen im Betrieb". Hier konnte anfängliche Skepsis sukzessive abgebaut werden. Einen förderlichen Aspekt zum geregelten Ablauf eines BEM sahen die Koordinatoren in dem Abschluss einer Betriebsvereinbarung. So bewerteten 17 von 22 Befragten die Bedeutung von Betriebsvereinbarungen als groß oder sehr groß. Trotz der gesteigerten Akzeptanz in den Berufsförderungswerken und der gewonnenen Kompetenzen und Erkenntnisse war die Übertragsrate auf weitere Unternehmen unterschiedlicher Branchen im regionalen Umfeld der einzelnen Einrichtungen gering (n = 9).

Im Vergleich zur Gesamtbelegschaft der beteiligten Berufsförderungswerke war der Anteil der Frauen sowie der Schwerbehinderten und ihnen Gleichgestellter an Informationsgesprächen auffällig hoch. Diese beiden Gruppen waren es auch, die bei der Einleitung eines BEM im Vergleich zu ihrem Anteil an der Gesamtbelegschaft besonders hohe Zahlen aufwiesen. Herausragend war dabei die Gruppe der Schwerbehinderten und ihnen Gleichgestellten, die trotz eines geringen Anteils

◘ **Tab. 20.1** Akzeptanz des BEM im Vergleich, Befragung der EIBE-Koordinatoren im November 2006 (n = 25) und Oktober 2008 (n = 19)

Akzeptanz	Jahr	Beschäftigte	Geschäftsführung	Betriebsrat/MAV*	Mittlere Führungsebene
Sehr hoch/hoch	2006	7	16	11	11
	2008	13	18	16	10
Eher niedrig/niedrig	2006	11	5	7	8
	2008	3	–	3	5
Kann ich nicht einschätzen	2006	3	1	4	3
	2008	–	1	–	3
Keine Angabe	2006	4	3	3	3
	2008	3	–	–	1
Gesamt	2006	25	25	25	25
	2008	19	19	19	19

*Mitarbeitervertretung

Fehlzeiten-Report 2010

---

[1] Alle Ergebnisse sind im Abschlussbericht des Projekts EIBE erhältlich. Nähere Informationen bei den Autoren.

von 6,3 % an der Gesamtbelegschaft eine über 40 %ige Beteiligung am BEM aufweisen konnten.

Als Gründe für eine Nichtinanspruchnahme eines BEM können nur sehr vereinzelt „mangelndes Vertrauen" bzw. „Befürchtung negativer Konsequenzen" genannt werden. Vielmehr lag die Nichtinanspruchnahme eines BEM in der Ausheilung der Krankheit oder in der Selbsthilfe der Betroffenen begründet. Zum Teil waren Betroffene aber auch so schwer erkrankt, dass eine Besserung durch BEM in diesen Fällen nicht zu erwarten gewesen wäre.

Die Mehrheit (61,7 %) der „BEM-Fälle" war 1- bis 3-mal in den zurückliegenden Kalendermonaten arbeitsunfähig. In mehr als 75 % dieser Einzelfälle traten in der Folge dieselben Erkrankungen, wie zum Beispiel Rückenbeschwerden, erneut auf.

20.3.2 Psychische und physische Beeinträchtigungen

Seit Jahren schon ist der Krankenstand in Deutschland auf niedrigem Niveau. Aber nicht nur Arbeitsunfähigkeit, auch eine verminderte Leistungsfähigkeit bilden einen bemerkenswerten Kostenfaktor für Unternehmen. Psychische Störungen wie Depressionen haben in den letzten Jahren rapide zugenommen. Der Anteil an Ausfalltagen durch psychische Erkrankungen lag einer Schätzung der Bundesanstalt für Arbeitsschutz und Arbeitsmedizin in 2007 bundesweit mit 47,9 Millionen Tagen bei 10,5 %. Bereits 2020 könnten depressive Verstimmungen nach Herzerkrankungen an zweiter Stelle der Ursachen für Arbeitsunfähigkeit stehen (Berufsverband Deutscher Psychologinnen und Psychologen). Die ökonomischen Veränderungen und Umstrukturierungsprozesse in den Unternehmen verursachen Zeit- und Leistungsdruck, dünne Personaldecken oder immer komplexere Aufgaben. Gleichzeitig nimmt die Angst vor Arbeitslosigkeit zu. In 84 % der Betriebe mit mehr als 20 Beschäftigten gibt es Arbeitnehmer, die ständig unter hohem Zeit- und Leistungsdruck arbeiten. Betroffen sind in diesen Unternehmen nicht nur einzelne Beschäftigte mit speziellen Aufgaben, sondern mit durchschnittlich 43 % große Teile der Belegschaft (Hans-Böckler-Stiftung 2009).

Auch in EIBE kristallisierten sich in den Eingliederungsgesprächen nach den Erkrankungen des Stütz- und Bewegungsapparates psychische Beschwerden als kritisch heraus. Weniger als die Hälfte der Menschen mit physischen Erkrankungen nahmen ein BEM in Anspruch, der Anteil war bei Menschen mit psychischen Erkrankungen mit mehr als 68 % erheblich größer.

Neben der Prävention von Erkrankungen des Stütz- und Bewegungsapparates wird der Vorbeugung von psychischen Störungen in den nächsten Jahren ein besonderer Schwerpunkt gewidmet werden müssen. Dies schließt vor allem die elementaren betrieblichen Voraussetzungen wie ressourcenorientierte Mitarbeiterführung, Sozialverhalten auf allen Unternehmensebenen oder Schaffung von Perspektiven durch Förderung und Weiterbildung ein.

20.3.3 Umsetzung von Maßnahmen

Insgesamt gilt es, die Betroffenen mit zielgerichteten Angeboten zu erreichen. Bei der Erarbeitung eines individuellen Maßnahmenplans und der anschließenden Umsetzung dieser Maßnahmen können sowohl interne als auch externe Akteure wie Sozialversicherungsträger als Anbieter von Programmen zum Arbeits- und Gesundheitsschutz sowie zur betrieblichen Gesundheitsförderung hinzugezogen werden. In der vorliegenden Studie übernahmen vorwiegend betriebsinterne Akteure wie die unmittelbaren Vorgesetzten sowie Betriebsärzte eine entscheidende Rolle. Die am häufigsten durchgeführten bzw. geplanten Maßnahmen waren die des Konfliktmanagements, gefolgt von Änderungen in der Arbeitsorganisation.

Im Projektverlauf wurden in den Berufsförderungswerken nur selten Sozialversicherungsträger, Integrationsämter u. a. zur Umsetzung von Maßnahmen hinzugezogen. Die Hintergründe sind unklar; es könnte vermutet werden, dass aufgrund der vorhandenen Potenziale in den Berufsförderungswerken eine Unterstützung von dieser Seite selten notwendig war.

20.3.4 Rechtliche Aspekte

Das Projekt wurde juristisch vom iqpr begleitet. So wurden alle Dokumente, die in der Praxis Anwendung fanden, von einem Juristen geprüft. Zudem bestand für alle Projektbeteiligten sowie für Unternehmen die Möglichkeit, das BEM betreffende, allgemeine juristische Fragestellungen an einen virtuellen Juristen namens „Juri Richter" zu richten. Von diesem Angebot wurde rege Gebrauch gemacht, Juri Richter wurde immer mehr Mittelpunkt der Diskussion und der Entwicklung von juristisch abgesicherten Praxishilfen und somit ein wichtiger Qualitätsbaustein. Es bestanden von Seiten der Unternehmen viele Unsicherheiten z. B. zur Anwendbarkeit auf bestimmte Personengruppen – etwa Honorarkräfte oder Arbeitnehmer nach dem

Tab. 20.2 Förderung des BEM durch Prämien oder Boni durch die Rehabilitationsträger/Integrationsämter

Institution	Förderung von betrieblichem Eingliederungsmanagement durch Prämien oder Boni?			Gesamt
	weder/noch	Prämie	Bonus	
Arbeitsagenturen	189	–	–	189
Integrationsämter	5	8	–	13
Krankenkasse	377	1	1	379
Rentenversicherung	8	1	–	9
Unfallversicherung	18	3	–	23
Gesamt	597	13	1	613

Fehlzeiten-Report 2010

Arbeitnehmerüberlassungsgesetz –, zur Berechnung der Interventionsfrist nach § 84 Abs. 2 SGB IX, zum Datenschutz oder zur Bedeutung des Betrieblichen Eingliederungsmanagements, wenn die Beendigung des Beschäftigungsverhältnisses zur Debatte steht. Tendenziell seltener als arbeitsrechtliche Aspekte wurden sozialrechtliche Gestaltungsmöglichkeiten im Rahmen des Betrieblichen Eingliederungsmanagements thematisiert.

20.3.5 Datenschutz und Betriebsvereinbarungen

Bereits früh im Projektverlauf kristallisierte sich die Bedeutung von Regelungen zur Einhaltung des Datenschutzes heraus. Betriebsvereinbarungen zum BEM waren die Folge, die u. a. auch den Umgang mit vertrauensvollen Daten regelten. Zudem waren die Betriebsvereinbarungen gerade in der für die einzelnen Häuser angespannten Phase eine vertrauensbildende Maßnahme für Beschäftigte und Sozialpartner.

20.3.6 Bonus- und Prämienregelungen – ein zusätzlicher Anreiz?

Ein Stiefkind des § 84 SGB IX bildet der Abs. 3. Dieser besagt, dass Arbeitgeber, die ein BEM einführen, von den Rehabilitationsträgern und Integrationsämtern durch Prämien oder Bonus gefördert werden können. In der Praxis waren solche Anreize für Unternehmen zur Umsetzung eines BEM eher die Ausnahme. Lediglich wenige Unfallversicherungen, Krankenkassen und Integrationsämter haben – bundesweit uneinheitlich – den Unternehmen finanzielle Unterstützung bzw. Sach- oder Dienstleistungen angeboten. So konnten sich zum Beispiel Krankenkassen vorstellen, eine Ausbildung zum Disability Manager finanziell zu unterstützen, jedoch geknüpft an die Bedingung, dass sie von vornherein bei der Einführung eines Betrieblichen Gesundheitsmanagements beteiligt werden. Statt Geldleistungen wurde angeboten, Dienstleistungen in Form von Beratung, Seminarangeboten, Gesundheitstagen u. a. m. zu erbringen. Drei Integrationsämter honorierten im EIBE-Projekt jeweils ein Berufsförderungswerk mit Geldprämien in Höhe von je 10.000 Euro. Diese Prämienzahlungen konnten wiederum in präventive Maßnahmen einfließen und somit allen Beschäftigten zugute kommen. Der weitaus größere Teil der Anträge auf Prämienleistungen wurde häufig aufgrund noch nicht gesicherter Umsetzungskriterien bzw. aktueller Diskussion in einem bundesweiten Arbeitskreis abgelehnt.

Eine im Rahmen von der Universität Nürnberg-Erlangen durchgeführte schriftliche Befragung aller relevanten Sozialversicherungsträger und Integrationsämter zur Praxis der Bonus- bzw. Prämiengewährung brachte das in ◘ Tab. 20.2 dargestellte Ergebnis.

Zu ◘ Tab. 20.2 sei hinzugefügt, dass die Bundesagentur für Arbeit zentral für 189 Arbeitsagenturen antwortete.

20.4 Unternehmen profitieren – auch finanziell!

In einer ebenfalls von der Universität Nürnberg-Erlangen durchgeführten Untersuchung wurde evaluiert, ob sich das BEM für Unternehmen in finanzieller Hinsicht lohnen kann. Mittels einer Kosten-Nutzen-Analyse wurden Gesamtnutzen und Gesamtkosten der Durchführung für ein Unternehmen der Branche „öffentliche und private Dienstleister" mit 257 Mitarbeitern in Geldeinheiten bewertet und verglichen. Auf der Seite der Kosten stehen beispielsweise die Aufwendungen für die Einmaldurchführung eines BEM, laufende Kosten oder aber auch die zu berücksichtigenden Werte für einen möglichen „Produktivitätsverlust" von Beschäftigten.

Auf der Nutzenseite wurden für BEM sieben wichtige monetäre und fünf nicht monetäre Komponenten bestimmt, so beispielsweise Produktivitätsgewinne der Beschäftigten infolge des BEM, Verringerung der AU-Zeiten und Imagegewinn für das Unternehmen. Dem Aspekt des Humankapitals wurde in dieser Untersuchung mehr Bedeutung gewidmet als dies bislang in vielen anderen Situationen der Fall gewesen ist.

Für die BEM-Kosten wurde in dem Beispiel ein Wert in Höhe von 38.612,06 € ermittelt, der BEM-Nutzen beträgt 185.822,60 €. Letzterer resultiert vor allem durch den Produktivitätsgewinn der Betroffenen, die vor der Durchführung nur mit verminderter Leistungsfähigkeit gearbeitet haben. Die Werte ergeben sich durch die vergleichende Betrachtung der Situation eines Unternehmens mit und ohne BEM, d. h. es wurde die Annahme getroffen, dass sich ohne BEM die AU-Zeiten der BEM-Kandidaten im nächsten Jahr nicht ändern bzw. gleich bleiben und keine Produktivitätsgewinne erzielt werden können (da die Betroffenen weiterhin „falsch" eingesetzt werden).

Als Gesamtergebnis ergab sich für das betrachtete Unternehmen ein Wert von 147.210,54 €, der sich durch das BEM ergibt. Anders ausgedrückt führt in diesem Beispiel jeder investierte Euro zu einer künftigen Einsparung in Höhe von 4,81 €, wobei der Return on Invest von vielen weiteren Parametern abhängig sein kann. Mithilfe der Methode der multivariaten Sensitivitätsanalyse lässt sich auf der Datenbasis von EIBE die Kosteneffektivität (KEV) mit verschiedenen Szenarien darstellen (◘ Tab. 20.3).

In der Regel ergibt sich ein positives Ergebnis, erst bei starker Übertreibung (Szenario 2) übersteigen die Kosten den Nutzen.

20.5 BEM – schon erwachsen?

Anfänglich wurde BEM doch eher als verzichtbarer Luxus denn als sinnvolles Instrument zu einer ressourcenorientierten und präventiven Personalpolitik angesehen. Hier kam es in den vergangenen Jahren zu einem erkennbaren Paradigmenwechsel, der die Chancen dieses Instruments für die Zukunftsfähigkeit von Unternehmen voranstellt. Dabei sind sechs Wochen Arbeitsunfähigkeit innerhalb eines Jahres nicht unbedingt als sehr frühe Intervention anzusehen, noch dazu in einer Wirtschaftsphase, in der Unternehmen auf alle Beschäftigten und deren volle Leistungsfähigkeit angewiesen sind. Mehr denn je brauchen Unternehmen leistungsstarke und vor allem motivierte Beschäftigte. Hinzu kommen noch weitere Gründe für ein präventiv ausgerichtetes Personalmanagement – der Facharbeitermangel oder der spätere Renteneintritt ab 67 sollten Unternehmer zu einer nachhaltigen und an Ressourcen orientierten Unternehmenspolitik animieren. Dies gilt gleichwohl für alle Unternehmensgrößen. Derzeit ist die Durchdringungstiefe des BEM noch ungenügend. So ergab eine Studie des iqpr im Rahmen des Projekts „Gesunde Arbeit"[2] im Jahr 2008 in 1.441 Unternehmen mit bis zu 250 Beschäftigten, dass lediglich ein Drittel aller befragten Unternehmensvertreter den Begriff

◘ **Tab. 20.3** Ergebnis Szenarioanalysen

	Szenario 1	Szenario 2	Szenario 3	Szenario 4
Dauer der BEM-Prozessschritte	+100 %	+200 %	-25 %	-50 %
Laufende Betreuung des BEM (180 Minuten mtl.)	480 Min.	960 Min.	135 Min.	90 Min.
BEM-Arbeitnehmer mit anschließend verminderter Produktivität (20 %)	30 %	50 %	10 %	5 %
Die BEM-Fälle hatten mindestens 35 AU-Tage	30	30	40	50
BEM-Kandidaten haben vor dem BEM eine Produktivität von 75 %	90 %	95 %	70 %	60 %
In 25 % aller Fälle hätte BEM einen Rechtsstreit verhindern können	5 %	–	35 %	50 %
Der Humankapitalansatz geht zu 10 % in die Berechnung mit ein	5 %	–	20 %	30 %
Kosten	59.254,55 €	98.903,99 €	19.766,79 €	10.113,77 €
Nutzen	87.593,76 €	59.130,76 €	227.966,02 €	310.745,98 €
Kosteneffektivität (KEV)	1,48	0,60	11,53	30,73

Fehlzeiten-Report 2010

---

2 Näheres unter: www.gesunde-arbeit.net

„Betriebliches Eingliederungsmanagement" kannten. Innerhalb dieser Gruppe sind wiederum einem Drittel die inhaltlichen Anforderungen des § 84 Abs. 2 SGB IX unbekannt. Als Argumente gegen eine Einführung des BEM zum derzeitigen Zeitpunkt wurden bei der Akquise von Unternehmenspartnerschaften im Rahmen von EIBE vorwiegend angeführt:
- „Zurzeit setzen wir andere Prioritäten/Zeitmangel"
- „Eingliederung erkrankter Beschäftigter machen wir schon immer"
- „Arbeitsunfähigkeitszeiten sind bei uns kein Problem"

Von Seiten der Sozialversicherungsträger hat die Einführung von BEM nicht zu einer „homogenen Aufbruchstimmung" geführt. Positive Projektergebnisse und die Entwicklung von lösungsorientierten Prozessschritten konnten Unternehmen bei der Einführung eines BEM jedoch stark unterstützen und führten zu trägerübergreifenden Ansätzen. Anfängliche Diskussionen, ob § 84 Abs. 2 SGB IX auch für den öffentlichen Dienst zutreffen soll, konnten beigelegt werden und die Einführung eines BEM wurde auch hier verstärkt angegangen.

20.6 BEM für KMU – eine zusätzliche Last?

Besondere Bedeutung kommt der Betreuung von kleinen und mittleren Unternehmen (KMU) mit einer Beschäftigtenzahl von bis zu 250 Mitarbeitern zu. Die KMU stellten in 2005 laut einer Studie des Statistischen Bundesamtes[3], weit über 90 % aller Unternehmen, fast 60 % aller Arbeitsplätze und 46 % der Wertschöpfung in der Bundesrepublik Deutschland.

KMU können in der Regel keine Teams für ein BEM vorhalten, haben nicht die Kapazitäten und auch nicht die Kompetenzen, um sich eingehend mit Gesundheitsstrukturen und deren Prozessen auseinanderzusetzen. Auch gibt es in der Regel keinen Betriebsrat, keinen internen Betriebsarzt oder Schwerbehindertenvertreter. Das Gesetz macht auf den Geltungsbezug zur Unternehmensgröße jedoch keinen Unterschied. KMU müssen sich fehlende Kompetenz von externer Seite organisieren.

Einer repräsentativen Befragung des iqpr zufolge weiß ein Fünftel der KMU nicht, an wen sie sich wenden sollen, um Unterstützung beim BEM zu erhalten. So bleiben den KMU auch diesbezügliche Unterstützungsleistungen der Träger vorenthalten. Es bedarf der Unterstützung durch eine Lotsenstelle von außen. Dies wird in der Praxis bereits im Projekt „Gesunde Arbeit" umgesetzt. Besonders wertvoll an diesem Projekt ist das Angebot, einen kompetenten Ansprechpartner für sämtliche betriebliche Gesundheitsfragen vorzuhalten, der wiederum auf ein breites Dienstleisternetzwerk und auf viele strategische Partner zurückgreifen kann. Das Projekt ist auch der Tatsache geschuldet, dass KMU nicht für jeden Bereich einen separaten Dienstleister brauchen, sondern für den Fall der Fälle eine erfahrene Person kontaktierbar sein sollte. Ein kostenloser Service zudem, insofern sich Träger für die Weiterführung des Projekts – auch finanziell – engagieren.

20.7 10 praktische Tipps zur BEM-Einführung

Aus vielen Ergebnissen konkreter Praxisbeispiele lassen sich Tipps ableiten, die für alle Unternehmen, unabhängig ihrer Tradition, Größe oder Branche Geltung haben dürften:
1. Benennen Sie verantwortliche Akteure und definieren Sie deren Aufgaben.
2. Entwickeln Sie einen vertrauensvollen, konsensbasierten Prozess unter Beachtung des Datenschutzes.
3. Soweit möglich, halten Sie die Regelungen in einer Prozessbeschreibung und diese ggf. in einer (vorläufigen) Betriebsvereinbarung fest.
4. Zögern Sie nicht, externe Hilfe in Anspruch zu nehmen z. B. bei der Durchführung eines Workshops zur Einführung eines BEM[4] oder beim Abschluss einer Betriebsvereinbarung. Ein geringes Zeitkontingent sowie geringe Investitionen haben sich so als äußerst effizient erwiesen – in allen Unternehmen.
5. Sorgen Sie für Transparenz! Informieren Sie die Belegschaft über das BEM, die Akteure, den Prozess etc.
6. Schulen Sie Ihre Führungskräfte und geben Sie ihnen Zeit, das Gelernte in der Praxis auch anwenden zu können. So werden Führungskräfte zu einem Erfolgsfaktor in der Umsetzung des BEM.

---
[3] Basierend auf Daten aus mehreren Unternehmensstrukturstatistiken, die das produzierende Gewerbe, den Handel und das Gastgewerbe, den Bereich Verkehr und Nachrichtenübermittlung sowie Teile der sonstigen Dienstleistungsbranchen und damit rund 80 % aller Unternehmen abdecken.

[4] Siehe auch Abschlussbericht des Projekts EIBE, nähere Informationen bei den Autoren

7. Sorgen Sie für Vertrauen! Versuchen Sie, die praktische Eingliederungsarbeit mit potenziell erfolgreichen Praxisbeispielen zu beginnen und machen Sie diese im Unternehmen bekannt!
8. Stellen Sie Ihr Unternehmen zum Beispiel in Form eines Tags der offenen Tür auch externen Partnern, Trägern von Prävention und Rehabilitation, Verbänden, Kommunen etc. vor und nutzen Sie deren Möglichkeiten der Unterstützung Ihrer Gesundheitsstrategien. Binden Sie die Integrationsämter und Integrationsfachdienste ein und fordern Sie die gemeinsamen Servicestellen in allen Fragen zum BEM und zu Leistungen zur Teilhabe am Arbeitsleben heraus.
9. Entwickeln Sie die betriebliche Gesundheitspolitik weiter. Entwickeln Sie über die Einzelfallarbeit im Rahmen des BEM hinaus auf der Grundlage einer Gesundheitsberichterstattung ein abgestimmtes Konzept betrieblicher Gesundheitspolitik.

Und:

10. Nutzen Sie die Möglichkeiten des § 84 Abs. 3 SGB IX, sofern Sie die Punkte 1–9 professionell und erfolgreich umgesetzt haben. Es winken Ihnen möglicherweise Prämien, die Sie wiederum zur Verbesserung der Beschäftigungsfähigkeit nutzen können.

20.8 Ein Blick nach vorne – ist schon alles getan?

Neben der Betrachtung des ökonomischen Nutzens hat das BEM in dem Projekt EIBE einen Nutzen scheinbar bereits damit generiert, dass allein durch die Beschäftigung mit dem Thema „Mitarbeitergesundheit" ein erhöhter Grad der Sensibilisierung in den Unternehmen eingetreten ist: Die Mitarbeiter diskutieren das Thema und erlangen im Zuge der BEM-Entwicklung teilweise einen immensen Kompetenzzugewinn, verstärkt auch in anderen verwandten Themengebieten. Auf Veranstaltungen und Fachseminaren wurde dieser Fakt deutlich. Beschäftigte, die sich intensiv und professionell mit dem Thema auseinandersetzen, entwickeln sich zu wichtigen Eckpfeilern gesunder Unternehmen.

Die frühzeitige und ressourcenorientierte Betrachtung der Interaktion zwischen Mensch, Arbeit und Umwelt ist ein entscheidender Faktor für Unternehmen zur Bindung ihrer Beschäftigten an das Unternehmen und damit auch zum Erhalt von Unternehmenskultur, Qualität und Wettbewerbsfähigkeit. Der Mensch wird zukünftig wieder eine gesteigerte Bedeutung im betrieblichen Kontext einnehmen müssen, seine Motivation und Gesundheit sind elementare Eckpfeiler für wirtschaftlich gesunde Unternehmen. Ein ganzheitliches und integriertes Gesundheitsmanagement, bei dem das BEM neben dem Arbeits- und Gesundheitsschutz und der Betrieblichen Gesundheitsförderung eine Säule bildet, gehört – eng korrespondierend mit der Personal- und Organisationsentwicklung – zur Führungsaufgabe in jedem Unternehmen, egal welcher Branche oder Größe. Die Politik und die Sozialversicherungen sind gleichermaßen gefordert, für mehr Prävention in den Unternehmen, aber auch für Gesundheit als dem wichtigen Querschnittbereich zwischen Familie und Beruf zu werben, denn durch präventive Maßnahmen lassen sich Kosten und Ärger vermeiden. Und nicht zuletzt ist Gesundheit die Basis für Zufriedenheit und Erfolg.

Literatur

Berufsverband deutscher Psychologinnen und Psychologen (2008) Psychologie Gesellschaft Politik – 2008, Psychische Gesundheit am Arbeitsplatz in Deutschland (http://www.bdp-verband.de/aktuell/2008/bericht/BDP-Bericht-2008_Gesundheit-am-Arbeitsplatz.pdf)

Bundesanstalt für Arbeitsschutz und Arbeitsmedizin (2007) Volkswirtschaftliche Kosten durch Arbeitsunfähigkeit 2007 (http://www.baua.de/nn_53930/de/Informationen-fuer-die-Praxis/Statistiken/Arbeitsunfaehigkeit/pdf/Kosten-2007.pdf?)

Brader D, Faßmann H, Lewerenz J et al (2005) Case Management zur Erhaltung von Beschäftigungsverhältnissen von behinderten Menschen (CMB). Abschlussbericht der wissenschaftlichen Begleitung einer Modellinitiative der Bundesarbeitsgemeinschaft für Rehabilitation. Materialien aus dem Institut für empirische Soziologie an der Friedrich-Alexander-Universität Erlangen-Nürnberg

Gesunde Arbeit – Gesund und wettbewerbsfähig? Imagebroschüre. Juni 2009, S 1–8 (www.gesunde-arbeit.net)

Hans-Böckler-Stiftung (2009) Beschäftigte im Dauerstress. Böckler Impuls, Ausgabe 6, S 1

Kaiser H, Frohnweiler A, Jastrow B (2007) Bericht zur Umsetzung des Projekts EIBE – Entwicklung und Integration eines betrieblichen Eingliederungsmanagements, Forschungsbericht Nr. 372 des Bundesministeriums für Arbeit und Soziales

Statistisches Bundesamt (2010) Ausgewählte Ergebnisse für kleine und mittlere Unternehmen in Deutschland 2007 (http://www.destatis.de/jetspeed/portal/cms/Sites/destatis/INTERNET/DE/Content/Publikationen/Querschnittsveroeffentlichungen/WirtschaftStatistik/UnternehmenGewerbeanzeigen/Unternehmen20071_2010,poperty=file.pdf)

Kapitel 21

Die Integration von Gender und Diversity Management im Betrieblichen Gesundheitsmanagement – Ansätze zur Implementierung eines Gender- und Diversity-gerechten Betrieblichen Gesundheitsmanagements

B. Misch · I. Koall

Zusammenfassung. *In der letzten Dekade haben sich betriebliche Gesundheitsmanagementkonzepte und Managing Gender & Diversity-Aktivitäten in deutschen Unternehmen zunehmend etabliert. Beide Ansätze können sich hervorragend ergänzen und – wenn sie ernsthaft angewendet werden – auf die Veränderung der Dominanzkultur in Organisationen zielen. Im vorliegenden Beitrag werden zunächst die Ziele und Erfolgskriterien des Betrieblichen Gesundheitsmanagements (BGM) und Ziele im Bereich von Diversity-Aktivitäten verdeutlicht. Mit dem Konzept Managing Gender & Diversity werden die Vorteile einer Entwicklung hin zu einer androgynen postmodernen Unternehmenskultur erörtert und die geschlechtstypisierende Arbeitsteilung in Frage gestellt. Ergebnisse aus der Geschlechterforschung verweisen auf die Notwendigkeit einer Auflösung von Geschlechtsstereotypen und das Zulassen von mehr Heterogenität in Organisationen. Es wird aufgezeigt, dass im Rahmen von Betrieblichem Gesundheitsmanagement die Erkenntnisse und Konzepte von Managing Gender & Diversity einbezogen werden sollten. Nur so können Diskriminierungen im betrieblichen Alltag auch mithilfe des Betrieblichen Gesundheitsmanagements abgebaut werden.*

21.1 Was ist und was will Betriebliches Gesundheitsmanagement?

Betriebliches Gesundheitsmanagement ist ein systematisches Vorgehen zur Förderung von Gesundheit in Unternehmen, öffentlichen Verwaltungen und Non-Profit-Organisationen. BGM hat das Ziel, Belastungen für die Beschäftigten zu mindern und Ressourcen zu stärken. Durch entsprechende Maßnahmenumsetzungen soll das Wohlbefinden der Beschäftigten im Unternehmen auf der einen Seite und die Produktivität auf der anderen Seite erhöht werden.

Die Wichtigkeit und Notwendigkeit nachhaltiger Betrieblicher Gesundheitsförderung ist weithin anerkannt. Mit der „*Luxemburger Deklaration*" von 1997 (Europäisches Netzwerk für BGF 2007) wurden die folgenden international gültigen Qualitätskriterien und Erfolgskriterien für Betriebliche Gesundheitsförderung (BGF) und die Installation von BGM-Systemen entwickelt:

- *BGM als Teil der Unternehmenspolitik*: Betriebliche Gesundheitsförderung wird als Führungsaufgabe wahrgenommen und in bestehende Managementsysteme integriert. Sie ist somit Teil der Unternehmenspolitik.
- *Beteiligungsorientierung*: Eine gesundheitsgerechte Personalführung und Arbeitsorganisation berücksichtigt die Fähigkeiten der Beschäftigten bei der Arbeitsgestaltung. Beschäftigte werden an Planungen und Entscheidungen beteiligt.
- *Planung*: BGF sollte im Unternehmen auf einem klaren Konzept basieren, das fortlaufend überprüft,

verbessert und allen Beschäftigten bekannt gemacht wird.
- *Soziale Verantwortung*: Erfolgsentscheidend für die BGF ist auch, ob und wie die Organisation ihrer Verantwortung im Umgang mit den natürlichen Ressourcen gerecht wird. Die Rolle der Organisation auf lokaler, regionaler, nationaler und supranationaler Ebene in Bezug auf die Unterstützung gesundheitsförderlicher Initiativen ist hierbei eingeschlossen.
- *Verhaltens- und Verhältnisprävention*: BGF umfasst Maßnahmen zur gesundheitsgerechten Arbeitsgestaltung und Unterstützung gesundheitsgerechten Verhaltens. Die Maßnahmen sollten dauerhaft miteinander verknüpft sein und systematisch durchgeführt werden.
- *Evaluation*: Der Erfolg Betrieblicher Gesundheitsförderung kann an einer Reihe von kurz-, mittel- und langfristigen Indikatoren gemessen werden.

Seit den 1990er Jahren engagiert sich die AOK im Rahmen des gesetzlichen Auftrags (zzt. §§ 20a und b Sozialgesetzbuch V) Betriebliche Gesundheitsförderung beteiligungsorientiert und in Anlehnung an die o. g. Qualitätskriterien umzusetzen. Die in den BGF-Projekten bearbeiteten Themen sind vielseitig. So geht es um klassische Themen wie Arbeitsplatzgestaltung, körperliche Belastungen und Krankenstandssenkung, aber auch „weiche" Themen wie Betriebsklima, Kommunikation, Führungsstil oder Stress(management) werden bearbeitet. Entsprechende Erfolge wie z. B. ein optimierter Arbeitsschutz, die Senkung von Entgeltfortzahlungen, Produktivitätssteigerungen, Ablaufoptimierungen, weniger Personalausfälle, mehr Kundenzufriedenheit, die Senkung von Fehlerquoten, mehr Qualität und Innovation, bessere Verfügbarkeit des Personals etc. konnten nachweislich realisiert werden (Lück 2009). Ein beteiligungsorientiertes BGM rechnet sich also für die Unternehmen. Im Folgenden wollen wir skizzieren, dass Managing Diversity an diese Strategien und Erfahrungen anknüpfen kann, weil es unseres Erachtens konzeptionell und instrumentell anschlussfähig ist.

21.2 Erste Überlegungen zu den Beziehungen von Managing Diversity und Betrieblicher Gesundheitsförderung

Die Erfahrungen der Praxis in Projekten zur Betrieblichen Gesundheitsförderung der AOK zeigen, dass es möglich sein kann, die beiden Ansätze in Einklang zu bringen. Unterscheidungsmerkmale wie Geschlecht, Alter, Nationalität, Religion, sexuelle Orientierung etc. führen noch immer zu Diskriminierungen in Unternehmen. Anhand des *Managing Gender & Diversity*-Konzeptes sollen mit diesem Beitrag Möglichkeiten erörtert werden, wie Diskriminierungen auch mithilfe des Betrieblichen Gesundheitsmanagements abgebaut werden können. Im Weiteren sollen Ideen für die Implementierung eines Gender- & Diversity-gerechten Betrieblichen Gesundheitsmanagements entwickelt werden.

Managing Gender & Diversity ist kein Konzept, das jetzt und gleich eine gesellschaftliche Veränderung von gesundheitszerstörenden Dominanzverhältnissen bewirkt. Es setzt eher auf die langfristigen und zähen Prozesse der strukturellen Antidiskriminierung. Diversity intendiert strategische, kulturelle und operative, instrumentelle Veränderungen organisationaler Prozesse, die es ermöglichen bisher ausgegrenzte und abgewertete Teile der Belegschaft (z. B. Menschen mit Behinderung, Frauen in technischen Berufen, Männer als Teil von Randbelegschaften, Menschen in prekären Arbeitsverhältnissen, Menschen mit Migrationshintergrund, ...) wahrzunehmen und damit auch gesundheitsfördernd in Arbeitsprozesse einzubeziehen. In Deutschland setzen seit einigen Jahren verschiedene große Unternehmen, wie z. B. Ford, BMW, SAP u. a. Konzepte von Diversity-Management um. Ein besonderer Schwerpunkt liegt hier auf den Aspekten der kulturellen Vielfalt. Aber auch kleinere Unternehmen, die wegen ihrer Spezialisierung, auf internationales Fachpersonal zurückgreifen, bemühen sich, entsprechende Konzepte im Unternehmen zu etablieren (z. B. LIMO Mikrooptik GmbH, Dortmund)[1].

Die im Jahr 2006 in Deutschland gestartete „Charta der Vielfalt" (Beauftragte der Bundesregierung für Migration, Flüchtlinge und Integration 2006) trägt zu einem grundlegenden Bekenntnis zu Fairness und Wertschätzung von Menschen in Unternehmen bei. Durch die Unterzeichnung verpflichten sich Unternehmen ein Arbeitsumfeld zu schaffen, das frei ist von Vorurteilen und Ausgrenzungen. Es soll eine offene Unternehmenskultur etabliert werden, die auf Einbeziehung und gegenseitigem Respekt basiert. Unterschiedliche Talente in der Belegschaft und im Arbeitsfeld sollen erkannt und einbezogen werden, um letztlich auch die Kundschaft optimal bedienen zu können.

Die „Charta der Vielfalt" beschreibt sechs Aktionsfelder und gibt damit einen Rahmen vor, in dem Aktivitäten zum Thema Vielfalt begonnen bzw. ergänzt

---
[1] LIMO Lissotschenko Mikrooptik, siehe Internetauftritt www.limo.de; hier unter Work-Life-Balance

werden können. Unterzeichnende Unternehmen verpflichten sich:
- Eine Unternehmenskultur zu pflegen, die von gegenseitigem *Respekt und Wertschätzung* jedes Einzelnen geprägt ist. Es werden Voraussetzungen dafür geschaffen, dass Vorgesetzte wie Mitarbeiter diese Werte erkennen, teilen und leben. Dabei kommt den Führungskräften bzw. Vorgesetzten eine besondere Verpflichtung zu.
- Personalprozesse zu überprüfen und sicherzustellen, dass diese den *vielfältigen Fähigkeiten und Talenten aller Mitarbeiter* sowie dem Leistungsanspruch gerecht werden.
- Die Vielfalt der Gesellschaft innerhalb und außerhalb des Unternehmens anzuerkennen, die darin liegenden Potenziale wertzuschätzen und für das Unternehmen gewinnbringend einzusetzen.
- Die Umsetzung der Charta zum Thema des internen und externen Dialogs zu machen.
- Über die Aktivitäten und den Fortschritt bei der Förderung der Vielfalt und Wertschätzung *jährlich öffentlich Auskunft* zu geben.
- Die Mitarbeiter über Diversity zu informieren und sie bei der Umsetzung der Charta einzubeziehen.

Die Ziele der „Luxemburger Deklaration" sowie der „Charta der Vielfalt" stimmen in den Themen Ermöglichung einer offenen Kommunikationskultur und der Herstellung von transparenten Entscheidungsprozessen in weiten Teilen überein. So werden Elementen der Partizipation und der Inklusion in beiden Konzepten sowohl gesundheitsförderliche als auch effizienzsteigernde Wirkungen zugestanden.

21.3 Was ist und was will *Managing Gender & Diversity*?

Managing Gender & Diversity beruht auf der Idee, dass (hoch)qualifizierte personale Ressourcen knapp sind und ein Management die organisationale Struktur der Nutzung von Ressourcen verändern kann. Diversity beinhaltet einerseits ein tolerables Nebeneinander, welches das Recht der Unterschiedlichkeit befördert, und bezieht sich andererseits auf die Vielfältigkeit einer Multikulturalität, in der die einzelnen Formen noch erkennbar und unterscheidbar sind. Die zunehmende Individualisierung kann zur (un)intendierten Nebenfolge der Entsolidarisierung von Gesellschaften und somit auch von Belegschaften führen. Darin liegt die Gefahr, dass der Nutzen individualisierter personaler Ressourcen durch die Kosten der Rivalität und Konflikte (psychische Belastungen, Erfolgsdruck und mangelnde Gesundheitsfürsorge) aufgezehrt werden. Der aus einer Individualisierung resultierende erhöhte Arbeits- und Leistungsdruck muss mit dem Schutz von arbeitenden Personen verbunden werden: Ein gesundheitsförderliches *Managing Gender & Diversity* im Betrieb ermöglicht es erst, den Nutzen von Diversity-Initiativen nachhaltig zu aktualisieren.

In sogenannten „*Diversity Fokus Gruppen*" wird in verschiedenen Unternehmen bereits mit den Beschäftigten an der Entwicklung einer androgynen, postmodernen Unternehmenskultur gearbeitet. Dabei ermöglicht die Vielfalt der Lebensentwürfe auch eine Vielfalt der gesellschaftlichen und organisationalen Vorstellungen zur Effizienz von ökonomischen Ressourcen in ihren verschiedenen Nutzungsfunktionen (Kiechl 1993). Die moderne Vorstellung der eindeutigen Kausalität über die Effizienz von Arbeitsstrukturen und ihrer Funktionalität wird fragwürdig. Erst die Entzauberung der modernen Unternehmung als rationales Gefüge mit patriarchaler Kultur ermöglicht die Reflexion der geschlechtstypisierten Arbeitsteilung (Lange 1998).

21.4 Wie kann Managing Diversity von der Geschlechterforschung profitieren?

In Unternehmen und Organisationen spielen Faktoren wie Geschlecht, Alter, soziale Herkunft und Qualifikation, Religion, sexuelle Neigung, Art der Lebenszusammenhänge (in familiären Bezügen lebend, als Single lebend, in Mehrgenerationen lebend z. B. mit pflegebedürftigen Angehörigen, alleinerziehend ...), nationale Herkunft (Ethnie) etc. in der öffentlichen Unternehmensdokumentation keine diskriminierungsrelevante Rolle mehr. Es wird vermeintlich nach dem Prinzip der Gleichbehandlung agiert. Durch das Antidiskriminierungsgesetz, Gleichstellungs-, Ausländer- und Schwerbehindertenbeauftragte, die gesetzliche Verpflichtung zu betrieblichen Eingliederungsprozessen nach längeren krankheitsbedingten Abwesenheiten, die mittlerweile als dringend notwendig anerkannte und zum Teil auch praktizierte Familienförderung und nicht zuletzt durch die Erkenntnisse um „demografiefeste" Belegschaftsstrukturen, scheint es somit formal kaum zu Unterschieden in der Karriereperspektive zu kommen. Gleichzeitig sind aus der Frauen- und Geschlechterforschung nach wie vor gravierende Unterschiede in den Verdienst- (Gender Pay Gap, Gender Renten Gap) und Aufstiegsmöglichkeiten bekannt (Teubner 2004, s. auch ▶ Abschn. 21.5). So bestätigen auch neueste Zahlen des „Unfallverhütungsberichtes Arbeit 2010" differenziert nach Wirtschaftszweigen bis zu 34 % Verdienstabstände zwischen Frauen- und Männergehältern. Die Zahlen belegen ebenfalls hohe Frauenanteile in Berufen mit besonders niedrigen Durchschnittsverdiensten. In Berufen mit besonders hohen Durchschnittsverdiensten liegt der höchste Frauenanteil bei 40 % (angestellte Ärztinnen); bei den höchsten Durchschnittsverdiensten liegt der Frauenanteil (Geschäftsführerinnen …) lediglich bei 18,5 % (BMAS 2010, S. 53 ff.). Unter dem Stichwort „Brain Drain" wird in Deutschland die mangelnde Inklusion von qualifiziertem akademischem Personal mit Migrationshintergrund thematisiert (Bade u. Bommes 2004).

Ein möglicher Grund für diese Differenz zwischen öffentlicher Verlautbarung und realer Diskriminierung ist, dass es ohne ein Diversity Management keine Ansatzpunkte zur Veränderung von Organisationen gibt. Das bedeutet, dass auf der Ebene der formalen oder auch funktionalen Integration Normen der Erwerbsarbeit unverändert dem dominanzkulturellen Modell des männlich sozialisierten Alleinverdieners folgen und von den sogenannten geschlechtstypisierenden 1½-Personen-Karrieren ausgegangen wird. Personen, die nicht in dem Modell des bürgerlichen, männlichen Alleinverdieners agieren, werden lediglich nach Modellen der Dominanzkultur (technikorientiert) oder nur eingeschränkt an betrieblichen Gesundheitsförderungsprojekten beteiligt. Überlegungen zur Dekonstruktion einer besonders ausgezeichneten, dominanten „Normalität" der Erwerbsbedingungen und des Gesundheitsmanagements sind ein erster Schritt. Die Veränderung dieser geschlechterdifferenzierenden Gestaltung von Erwerbsbedingungen und Arbeitsplatzgestaltung entstehen allerdings erst im Zusammenhang der Gestaltung der Organisation. Die beschriebenen Anforderungen einer transparenten und partizipativen Entscheidungs- und Kommunikationskultur unterstützen sowohl Diversity-Prozesse als auch ein Betriebliches Gesundheitsmanagement. Denn: Der Abbau dominanzkultureller Strukturen und ein veränderter Umgang mit Mitarbeitern ermöglicht sowohl Vielfalt in der Organisation als auch eine Nachvollziehbarkeit der Wirksamkeit gesundheitsförderlicher Arbeitsbedingungen betrieblicher Prozesse (vgl. Antonovsky 1997)

Die Konstruktion von Zweigeschlechtlichkeit (Wetterer 1995), also die Tendenz zur Klassifizierung von Personen, ist ein kommunikativer Prozess von Dominanz und Diskriminierung, der in seiner Gestaltung und Intention exemplarisch für die Unterdrückung von Vielfalt in Organisationen ist. Die Dominanz, die über Menschen qua geschlechtlicher Zuordnung ausgeübt wird, ist u. E. auch in einem weiteren Sinne auf die gewaltsame Klassifizierung nach Alter, Hautfarbe, sexueller Orientierung, sozialer Herkunft, Religion … zu übertragen. Unterschiede werden in sozialen Kontexten relevant gemacht, weil sie die Funktion der Bewertung und Kontrolle erfüllen können (Koall 2001). Relevant ist aber nicht, dass es Unterschiede zwischen Menschen gibt, die je nach Kontext aktualisiert werden können, sondern die Aufladung dieser Differenzen mit Bewertungen und Beurteilungen, die sich selten von Stereotypisierungen unterscheiden.

Dieser etwas theoretischere Blick verdeutlicht, wie die soziale Konstruktion der (Geschlechter-)Differenz im Wesentlichen von der Übernahme der Rollenerwartungen von Personen bestimmt ist, wie z. B. den Erwartungen an eine binäre, kongruente (Geschlechts-)Identität in Organisationen. Die personale Zurechnung von erfolgreichen Entscheidungen verläuft entlang der Geschlechterhierarchie in Organisationen bzw. die Geschlechterhierarchie ist funktional für die Reproduktion der organisationalen Hierarchie (Koall 2001).

Die geschlechtstypisierende Arbeitsteilung oder andere diskriminierende Verhältnisse in Wirtschaftsorganisationen basieren auf den historisch und sozial ermittelten und gestalteten Annahmen über die Funktionalität von Strukturen – das jeweilige System „fertigt" diese Funktionen aber durch das eigene Beobachten und Bewerten an. Das, was als effizient, d. h. als funktional erfolgreich bezeichnet wird, beruht also auf den bisherigen Beschreibungen und Erwartungen des jeweiligen Systems. Veränderungsvorstellungen müssen an diese bestehenden Beschreibungen und Erwartungen (= Strukturen) anschließen und neuen Be- und Verwertungen zuführen. Um eine Organisation so zu verändern, dass sie in der Lage ist, mit mehr Heterogenität oder Diversity produktiv umzugehen, müssen wir tatsächlich funktionale Alternativen zu bestehenden Diskriminierungen entwickeln.

21.5 Vom Managing Diversity zur Geschlechtergleichstellung

Managing Gender & Diversity bedeutet, sich von den identitätstheoretischen Annahmen der Akzeptanz „weiblicher Besonderheit" zu verabschieden und sich damit auf die Kritik der sozialen Konstruiertheit der Norm der Zweigeschlechtlichkeit (Gildemeister u. Wetterer 1992, Wetterer 1995) zu beziehen. Nicht nur die Unhaltbarkeit von Thesen zum besonderen „weiblichen Führungsstil" (Bischoff 1999) bedeuten, auf identifizierende Vorstellungen zur weiblichen Individualität zu verzichten. Die Typisierung in Weiblichkeit und

Männlichkeit in Organisationen stellt Personen vor das grundsätzliche Dilemma, sich den *ausschließen*den Kategorien von „Mann" oder „Frau" zuzuordnen. Dabei wird mit der „Als-ob"-Konstruktion agiert, dass es nicht möglich sei, in einer Person emotionale, soziale und strategische, rationale Fähigkeiten zu vereinbaren, die nicht vergeschlechtlichten Vorgaben oder Mustern entsprechen. Wir gehen dagegen von einem Menschenbild in Organisationen aus, dass nicht von der Komplementarität der Geschlechter dynamisiert ist, sondern davon, dass Menschen entscheidungsfähige Wesen sind, die sowohl auf „sogenannte weibliche" als auch auf „sogenannte männliche" Einstellungen und Handlungsorientierungen zurückgreifen können. Handlungen und Diskurse werden im Rahmen von Geschlechterhierarchien bewertet, können jedoch interaktionell und organisational reflektiert werden. Erst mit dieser Öffnung oder der De-Konstruktion binärer Geschlechterrollen und -bewertungen wird das personale Potenzial für ein *Managing Gender & Diversity* erschlossen, das in dem Anspruch des Konzeptes auf Verschiedenheit angelegt, intendiert und partiell realisiert ist.

So thematisiert Ely (1995) die Vorteile eines Managing Diversity in der Veränderung der Einnahme von geschlechtstypisierten Verantwortlichkeiten in der Organisation der Unternehmung. Wenn Frauen nicht mehr die „Heilerinnen" eines Sozialsystems sind, dann brauchen Männer vielleicht auch nicht mehr die „Macher" sein. Erst dann gelingt es, bestehende Organisationsvorstellungen des dominanten „one-best-way" in der Herstellung von Unternehmensleistungen aufzubrechen. Damit wird auch das „weibliche" Individuum als soziale Konstruktion einer Organisation fassbar (Ely 1995, Koall 2001).

So sind in geschlechterintegrierten Unternehmen weder die Zuschreibungen geschlechtsidentifizierend, noch werden Personen mit „weiblichen" oder mit „männlichen" Attributen gekennzeichnet. Ely (1995) geht davon aus, dass die genderneutrale Arbeitsrolle eher das Interesse an einer Unternehmensentwicklung bzw. der Unternehmenskultur fördert. Der Respekt vor der Professionalität der Frauen ist in geschlechterintegrierten Unternehmen größer als in geschlechtersegregierten Unternehmen. Auch die Akteure im Bereich der Betrieblichen Gesundheitsförderung und des BGM orientieren sich häufig noch an den Maßstäben einer männlich orientierten Dominanzkultur. Die Betrachtung der Belastungen an Arbeitsplätzen erfolgt häufig einseitig mit Bezug auf das „männliche Normalarbeitsverhältnis" in klassischen männlichen Tätigkeitsfeldern. Starke physische Belastungen stehen dabei oft noch im Vordergrund. Komplexe Belastungssituationen und besondere Belastungen in einer Vielzahl von Frauenberufen (Teubner 2004) wie sie z. B. in klassischen helfenden Berufsfeldern an der Tagesordnung sind, werden eindimensional betrachtet und vermessen. Hier bedarf es methodisch weiter gehender Ansätze (▶ Abschn. 21.6).

Beermann et al. (2008) schlagen etwa eine vergleichende Betrachtung der Arbeitssituation von Frauen und Männern vor, welche die unterschiedlichen Rahmenbedingungen der Arbeit einbeziehen. Männer sind häufiger mit belastenden Umgebungsfaktoren und physischen Belastungen konfrontiert. Auf vergleichsweise hohem Niveau nennen Frauen allerdings tendenziell häufiger psychisch belastende Arbeitsanforderungen wie z. B. „Multiple-tasks"-Situationen und Monotonie. Auch zu berücksichtigen ist die erhebliche (horizontale und vertikale) Segregation des Arbeitsmarktes mit hohen Frauenanteilen im Dienstleistungsbereich, hier insbesondere in personenbezogenen Dienstleistungen. Tätigkeiten und Berufe von Frauen finden sich häufig in Niedriglohnbereichen. Zudem verdienen sie im Durchschnitt weniger Geld (▶ Abschn. 21.4), sind seltener in Führungsfunktionen und häufiger für die Versorgung der Familien zuständig. Mit Letzterem verbunden ist häufig die Teilzeitarbeit (vgl. Beermann et al. 2008, Küsgens et al. 2008).

Faltermaier (2008) kommt hingegen zu dem Schluss, dass eine Subjektorientierung in der BGF wichtig wäre. Methoden der Gesundheitsförderung sollten aus seiner Sicht deshalb geschlechtssensibel sein, sie müssen aber nicht unbedingt auf geschlechtshomogene Gruppen setzen. Dies würde bedeuten, nicht nur objektive Gefährdungsanalysen vorzunehmen, sondern auch das spezifische Gesundheitsverständnis der Mitarbeiter, ihre im Alltag verbreiteten Muster von Risiko- und Gesundheitsverhalten zum Ausgangspunkt professioneller Maßnahmen zu machen. Die Fokussierung auf Geschlechtsunterschiede im Gesundheitsverständnis und -verhalten stellt seiner Meinung nach eine Verengung dar, weil das Geschlecht immer auch mit anderen sozialen Indikatoren wie der sozialen Schicht, dem beruflichen Status oder dem Alter interagiert. Kontemporäre Genderforschungsperspektiven bearbeiten diese Prozesse der Mehrfachdiskriminierung mit dem Ansatz der Intersektionalitätsforschung (Winker u. Degele 2009).

In geschlechterintegrierten Unternehmen wird die Arbeitsleistung von Frauen stärker in Beziehung zu Attributen wie Aggressivität, Gruppenfähigkeit, Selbststeuerung und -förderung gebracht, während ihre Arbeitsleistung weniger im Zusammenhang mit abwertbarem „weiblichen" Verhalten wie Flirten und sexuellen Beziehungen mit Kollegen gesehen wird. Dies geschieht eher in geschlechtersegregierten Unternehmen, in denen ohne weibliches sexualisiertes Verhalten am Arbeitsplatz für Frauen die Karrierechancen schlechter eingeschätzt werden (Ely 1995, S. 613 f., 618). Sogenannte weibliche Eigenschaften werden in geschlechterintegrierten Organisationen als relevante Alternativen zum Erreichen des Erfolges angesehen, während in männlich dominierten Organisationen sogenannte weibliche Eigenschaften eher als erfolgsverhindernd angesehen werden. Hierbei „dürfen" Frauen aber nicht „zu männlich" agieren, wenn sie nicht angefeindet werden wollen (Ely 1995, S. 615 ff.).

Die Beibehaltung von Geschlechtstypisierungen dagegen würde in der Organisation bedeuten, entweder Überlegenheits- oder Diskriminierungsgesten und -semantiken zu benutzen oder auf die emanzipierte Teilhabe am Arbeitsprozess in der Organisation zu verzichten. Die Idee der „Integration von Weiblichkeit oder Männlichkeit" in die Organisation setzt auf der individuellen Ebene voraus, sich mit ausschließenden Kategorien des Mensch-Seins zu identifizieren, also auf Strukturen der Person zurückzugreifen, die zu einer sehr begrenzten Ausübung der Rolle gehören (Parsons 1977, S. 236; dagegen Koall 2001, S. 167 ff.). Damit geraten „vergeschlechtlichte" Wesen in eine paradoxe Situation. Einerseits ist von ihnen gefordert, sich mit den geschlechtstypisierenden Rollenanforderungen auseinanderzusetzen, z. B. werden Frauen mit den Erwartungen konfrontiert, weniger durchsetzungsfähig, aggressiv, aufstiegsorientiert etc. zu sein, auf der anderen Seite wird dieses Verhalten in konventionellen Unternehmenskulturen als zumeist unausgesprochene Voraussetzung für Leistungsfähigkeit transportiert. *Managing Gender & Diversity* kritisiert die Gestaltung vergeschlechtlichender Arbeitsstrukturen und versucht, Perspektiven für individuelle und geschlechtsdetypisierende Formen der Verschiedenheit zu entwickeln.

Ein wichtiger Aspekt in Unternehmen ist es, bei der Einführung von Gender Diversity-Konzepten mit den *Widerständen* zu arbeiten. Die mangelnde *Veränderungsbereitschaft oder die Beharrlichkeit von Systemen* ergibt sich aus dem Willen von Personen, bestehende Privilegien (beispielsweise zur Realitätsdeutung) zu schützen und gegebenenfalls elitäre Definitionen (beispielsweise über adäquates Sozialverhalten) als allgemeingültige Standards vorauszusetzen. Solange eine dominante Gruppe in Organisationen formulieren kann, was „wirklich wichtig" ist oder wessen Ansprüche „relevant" sind, oder genau weiß „was zu tun ist", um beispielsweise im Markt erfolgreich zu sein, wird die Einführung zur Veränderung von sozialen Dominanzen höchst problematisch. Aus diesem Grund ist die Beschäftigung mit der Form der partizipativen Kommunikation in Unternehmen wichtig, um zu ermitteln, wie weniger dominante und auch gesundheitsförderliche Kommunikationskulturen aussehen können.

21.6 Zur Situation des Betrieblichen Gesundheitsmanagements und Veränderungsmöglichkeiten durch ein *Managing Gender & Diversity*

Die ursprünglich in den USA entwickelte Unternehmensstrategie des *Managing Gender & Diversity* berücksichtigt künftige Probleme bei der Personalrekrutierung. Der Ansatz fokussiert nicht auf die oben beschriebene unterstellte Gleichheit, sondern macht sich die Diversitäten in den Belegschaften zu Nutzen. Bisherige traditionelle Konzepte im Bereich des Arbeitsschutzes und der Arbeitssicherheit heben vorrangig auf Belastungen im klassischen männlichen, eher technisch geprägten bzw. physisch belastend geprägten „Normalarbeitsverhältnis" ab. Für diese Arbeitsfelder wurden sehr hohe und nach wissenschaftlichen Kriterien verlässliche Standards entwickelt. Erst im letzten Jahrzehnt rückten die sogenannten „weichen Faktoren" und die psychischen Arbeitsbelastungen (Führung, Kommunikation, Arbeitsabläufe, ...) mehr in den Fokus. Dies hat verschiedene Ursachen. Die Entwicklung hin zur Dienstleistungs- und Wissensgesellschaft und die damit einhergehenden Veränderungen im Arbeitsprozess, die Intensivierung von Arbeit, die Zunahme der Frauenerwerbstätigkeit und die Psychologisierung von Gesellschaft führen zu einer stärkeren Fokussierung auf die sozialen Prozesse der betrieblichen Leistungserstellung. Zudem verpflichten auch gesetzliche Neuregelungen die Betriebe, die psychischen Belastungen mehr zu berücksichtigen. Diesen Entwicklungen entsprechend haben u. a. die Berufsgenossenschaften ihr Personal mit psychologischer und sozialwissenschaftlicher Kompetenz aufgestockt. Der besondere Fokus ihrer Tätigkeiten liegt allerdings noch immer vorrangig auf den objektiv messbaren Belastungsarten (Lärm, ergonomische Gestaltung, Heben und Tragen, ...). So werden etwa im Berufsfeld der Erzieherinnen messbare Belastungen (wie etwa Lärm) von den zuständigen Berufsgenossenschaften und Arbeitssicherheitsfachkräften vorzugsweise in den Fokus genommen. In einem BGF-Projekt der AOK Westfalen-Lippe in der Abteilung Tageseinrichtungen für Kinder im Jugendamt der Stadt Dortmund wurden von Erzieherinnen im Rahmen einer Belastungsabfrage im Gesundheitszirkel hohe Belastungen u. a. in Bereichen der Ablauforganisation, des Vorgesetztenverhaltens, der Kommunikation (z. B. Personalmangel, Zusatzarbeiten wie Gartenarbeit, Zeitmangel, Multifunktionalität, Zahl der Kinder pro Gruppe, Kinder mit Erziehungsproblemen, Vorgesetztenverhalten, Gefühl der Überforderung, ...)[2] beschrieben. Neben den objektiv messbaren Belastungen (wie etwa Lärm) wurden hier weitere hohe Belastungsarten deutlich. Die speziellen Rahmenbedingungen der Arbeit in dem Tätigkeitsfeld der Erzieherinnen müssen methodisch adäquat aufgeschlüsselt werden, damit passgenaue „geschlechtssensible" Maßnahmen, die den jeweiligen Rahmenbedingungen entsprechen, entwickelt werden können.

Die jeweiligen psychischen Belastungsarten lassen sich, je nach Tätigkeit und Berufsgruppe, weiter ausdifferenzieren. Termindruck und Hetze haben andere Variationen für Call-Center-Agenten als z. B. für Beschäftigte in Bereichen der maschinellen Produktion im Rahmen von Gruppenarbeit. So sollten etwa Stressmanagementprogramme die besonderen Belastungen des Jobs berücksichtigen. Mitarbeiter in Berufen mit hauptsächlicher Emotionsarbeit (Erzieher, Altenpfleger, ...) benötigen anders geartete Angebote als etwa Vertriebsingenieure oder Journalisten. Aber auch da, wo die Beschäftigten zu *ungünstigen Arbeitszeiten* arbeiten, sollten entsprechende Angebote zur Verfügung stehen.

Auch Kommunikationsprozesse sind erfahrungsgemäß ebenso nach Branchen zu differenzieren. So sehen diese Prozesse etwa im Krankenhaus mit seinem viergliedrigen hierarchischen System (Medizin, Pflege, Verwaltung und Hauswirtschaft) anders aus als Kommunikationsprozesse in kreativen Arbeitsbereichen mit eher flachen Hierarchien. Die Bedürfnisse sind neben den spezifischen Bedingungen durch die Tätigkeit allerdings auch geprägt durch Diversitäten, wie Geschlecht, Alter, sexuelle Orientierung, familiäre Lebensform, Religion und Nationalität. Diese wichtigen Nahtstellen von Vielfalt gilt es zu integrieren. „Gender- und Diversity-Aspekte" können und sollten integriert werden in Konzepte zum Betrieblichen Gesundheitsmanagement, denn schließlich verfolgen sie ähnliche Ziele.

---

[2] Auswertungen einer Vielzahl von Mitarbeiterbefragungen durch das Wissenschaftliche Institut der AOK (WIdO) ergaben, dass die AOK-Versicherten unter den folgenden (psychischen) Belastungen leiden: Termindruck und Hetze (73 %), Unterbrechungen und Störungen (66 %), zu hohe Arbeitsmengen (63 %), Informationsdefizite (60 %), unsichere Arbeitsverhältnisse (56 %), fehlende Wertschätzung und Anerkennung (54 %), geringe Planbarkeit der Arbeit (49 %), Ärger mit Kunden (36 %), Konflikte in der Gruppe (32 %), ungünstige Arbeitszeiten (28 %) (WIdO 2009).

Dies ist umso wichtiger, je mehr die hierarchische Steuerung kommunikativer Prozesse, die sich immer auch auf soziale Differenzierungen und Diskriminierung stützt, ökonomischer Relevanz entbehrt. Es ergibt sich die ökonomische Notwendigkeit, zunehmend komplexere Systeme mit geringerer hierarchischer Steuerung zu managen, und stattdessen in heterogenen, vernetzten Settings ökonomische Tätigkeiten zu organisieren. Vertikal tief integrierte Unternehmen, d. h. hierarchisierte Unternehmen kommen an die Grenzen ihrer Leistungsfähigkeit (Krebs 1998), denn sie sind in geringerem Maß in der Lage, effiziente Strukturen zu bilden. Sie haben Nachteile in wettbewerbsrelevanten Bereichen (Zeit, Qualität, Preis, Kosten, ...) und sicher auch im motivationalen Bereich.

Eine Competency Based Organization (Nelson 2002, Lawler 1994) bietet die Möglichkeit zur Analyse „versteckter" Kompetenzen (Kompetencys), Fertigkeiten (Skills) und Fähigkeiten (Abilities). Auch die Trennung zwischen personenrelevanten und verhaltensrelevanten Merkmalen (Thomas 2000) ist eine wichtige Voraussetzung, um sich von sozialen Zuschreibungen auf der Basis von sozialen Differenzen („...alle Frauen – Männer, Türken, Schwulen ... – sind xyz") zu verabschieden. Erst dann können, unabhängig von der vorgefassten Perspektive einer Job(relevanz), die personalen Kompetenzen, Fertigkeiten, Fähigkeiten entdeckt und unabhängig von Position und Titel genutzt werden. Damit wird nicht mehr von der bereits vorgefertigten Idee einer organisationalen Kompetenz-Hierarchie ausgegangen. Stattdessen wird in höchst Diversity-relevanter Art gefragt: Welche KSA besitzen und brauchen Individuen, um die organisationalen Ziele zu erreichen?

21.7 Die Synthese: Betriebliches Gesundheitsmanagement und Managing Diversity

Beide Konzepte haben das Ziel, die Fähigkeiten und Ressourcen der Beschäftigten für die Organisation besser nutzbar zu machen. Dies geschieht – vereinfacht ausgedrückt –, indem Verschiedenheit geschätzt und Gesundheit gefördert werden, beides unter hoher Beteiligung der Beschäftigten. Sowohl Betriebliches Gesundheitsmanagement als auch Managing Diversity führen im günstigsten Fall zu einer Win-Win-Situation. Das Engagement und die Arbeitsleistung nehmen zu, die Beschäftigten fühlen sich der Organisation stärker verbunden, sie sind zufriedener und gesünder und profitieren persönlich von den Ansätzen (Antonovsky 1997). Die Organisation verfügt über eine leistungsstarke, loyale und motivierte Belegschaft, mit der sie für Veränderungen und Krisen optimal gewappnet ist. Als Essential können wir festhalten: Ohne das Betriebliche Gesundheitsmanagement mit seinen Anforderungen der organisationalen Gestaltung wird das Konzept Diversity Management nur zur erhöhten Ausbeutung individueller personaler Ressourcen führen und die gewünschten positiven Effekte (Kreativität, Motivation, Engagement durch Wertschätzung der persönlichen Arbeitsstile und Arbeitsbedingungen, ...) von Diversity Management werden „verpuffen"!

In Zukunft sollten die Überlegungen und Ziele von Gender und Diversity Management in Beratungsprozesse im BGM integriert werden und vice versa. Dies ist im Sinne der Mitarbeiter aber auch im Sinne ökonomischer Zielsetzungen in den Unternehmen richtungsweisend.

Literatur

Antonovsky A (1997) Salutogenese. Zur Entmystifizierung der Gesundheit. Deutsche erweiterte Herausgabe von Alexa Franke. dgvt, Tübingen

Bade KJ, Bommes M (2004) Integrationspotentiale in modernen europäischen Wohlfahrtsstaaten – der Fall Deutschland. In: Bade et al (Hrsg) Migrationsreport 2004. Campus, Frankfurt/M, S 11–42

Beauftragte der Bundesregierung für Migration, Flüchtlinge und Integration (2006) Charta der Vielfalt. Berlin

Beermann B, Brenscheidt F, Siefer A (2008) Unterschiede in den Arbeitsbedingungen und -belastungen von Frauen und Männern. In: Badura B, Schröder H, Vetter C (Hrsg) Fehlzeiten-Report 2007. Arbeit, Geschlecht und Gesundheit. Springer Medizin Verlag, Heidelberg, S 69–82

Bischoff S (1999) Frauen und Männer in der Wirtschaft: Miteinander oder gegeneinander? Personalführung 6/99:68–78

BMAS – Bundesministerium für Arbeit und Soziales in Zusammenarbeit mit der BAuA (2010) Sicherheit und Gesundheit bei der Arbeit 2008 – Unfallverhütungsbericht Arbeit, S 53 ff

Ely R (1995) The Power of Demography: Women's Social Construction of Gender Identity at Work. Academy of Management Journal, Vol 38, No 3:589–634

Europäisches Netzwerk für Betriebliche Gesundheitsförderung (2007) Nationale Kontaktstelle Deutschland – BKK Bundesverband GbR, Luxemburger Deklaration zur Betrieblichen Gesundheitsförderung in der Europäischen Union. Essen

Faltermaier T (2008) Geschlechtsspezifische Dimensionen im Gesundheitsverständnis und Gesundheitsverhalten. In: Badura B, Schröder H, Vetter C (Hrsg) Fehlzeiten-Report 2007. Arbeit, Geschlecht und Gesundheit. Springer Medizin Verlag, Heidelberg, S 35–45

Gildemeister R, Wetterer A (1992) Wie Geschlechter gemacht werden – die soziale Konstruktion von Zweigeschlechtlichkeit und ihre Reifizierung in der Frauenforschung. In: Knapp GA, Wetterer A (Hrsg) Traditionen – Brüche, Entwicklungen feministischer Theorie. Forum Frauenforschung Bd 6. Kore, Freiburg, S 201–250

Kiechl R (1993) Managing Diversity – Postmoderne Kulturarbeit in der Unternehmung. Die Unternehmung, Heft 1:67–73

Koall I (2001) Managing Gender & Diversity – von der Homogenität zur Heterogenität in der Organisation der Unternehmung. LIT Verlag, Hamburg

Krebs M (1998) Organisation von Wissen in Unternehmen und Netzwerken. Deutscher Universitätsverlag, Wiesbaden

Küsgens I, Macco K, Vetter C (2008) Krankheitsbedingte Fehlzeiten bei Frauen und Männern – Geschlechtsspezifische Unterschiede im Arbeitsunfähigkeitsgeschehen. In: Badura B, Schröder H, Vetter C (Hrsg) Fehlzeiten-Report 2007. Arbeit, Geschlecht und Gesundheit. Springer Medizin Verlag, Heidelberg, S 97–120

Lange R (1998) Geschlechterverhältnisse im Management von Organisationen. Rainer Hampp Verlag, Mering

Lawler EE (1994) From Job-based to Comentency-based Organizations. Journal of Organizational Behavior 15:3–15

Lück P, Eberle G, Bonitz D (2009) Der Nutzen des betrieblichen Gesundheitsmanagements aus der Sicht von Unernehmen. In: Badura B, Schröder H, Vetter C (Hrsg) Fehlzeiten-Report 2008. Betriebliches Gesundheitsmanagement: Kosten und Nutzen. Springer Medizin Verlag, Heidelberg, S 79–80

Nelson JB (2002) The Boundaryless Organization: Implications for Job Analysis, Recruitment, and Selection. In: Albrecht MH (Hrsg) International HRM – Managing Diversitiy in the Workplace. Blackwell, Malden/MA, p 133–147

Parsons T (1977) Sex roles and family structure. In: Glazer-Malbin N, Youngelson Waehrer, H (eds) Woman in a man-made world. A socioeconomic handbook. Rand McNally, Chicago, p 234–258

Teubner U (2004) Beruf: Vom Frauenberuf zur Geschlechterkonstruktion im Berufssystem. In: Becker R, Kortendiek B (Hrsg) Handbuch Frauen- und Geschlechterforschung, S 431–432

Thomas RR (2000) Managing Diversity. Gabler, Wiesbaden

Wetterer A, (1995) Die soziale Konstruktion von Geschlecht in Professionalisierungsprozessen. Campus, Frankfurt/M

WIdO (2009) Kompaktservice Mitarbeiterbefragungen 2009

Winker G, Degele N (2009) Zur Analyse sozialer Ungleichheiten. transcript, Bielefeld

Kapitel 22

Geschlechtsspezifische Differenzierung von BGF-Konzepten

B. KÖPER · A. SIEFER · B. BEERMANN

Zusammenfassung. *In der Literatur zur Betrieblichen Gesundheitsförderung (BGF) wird unter dem Stichwort Partizipation häufig diskutiert, ob die Konzepte geschlechtsspezifische Unterschiede im Gesundheitsstatus, -verständnis, -verhalten etc. aufgreifen müssten. Die Ottawa-Charta fordert die Partizipation und damit die Subjekt-Bezogenheit der BGF-Konzepte ausdrücklich als eines der maßgeblichen Grundprinzipien. Unzweifelhaft bestehen bezüglich gesundheitsrelevanter Kriterien zwischen Männern und Frauen nennenswerte Unterschiede. Auch im Hinblick auf die arbeitsbedingten Belastungen gibt es bedeutsame geschlechtsspezifische Unterschiede, die in den BGF-Konzepten aufgegriffen werden müssten. Dieser Beitrag geht vor dem beschriebenen Hintergrund der Frage nach, ob das (biologische) Geschlecht oder eher die Rollen von Männern und Frauen bzw. die sich daraus ergebenden Lebens- und Arbeitsumstände Kriterien für differenzielle BGF-Konzepte sein sollten. Im Ergebnis bleibt aufgrund der vorliegenden Daten festzuhalten, dass Aspekte der Prekarität von Arbeitsverhältnissen oder die Stellung im Beruf und insbesondere die Betriebsgröße einen stärkeren Zusammenhang zu Angeboten und zur Inanspruchnahme von Maßnahmen der Betrieblichen Gesundheitsförderung haben als das Geschlecht, wenngleich diese Aspekte nicht unabhängig vom Geschlecht zu betrachten sind.*

22.1 Ausgangssituation/Hintergrund

Frauen und Männer unterscheiden sich in vielfältiger Hinsicht. Abgesehen von genetischen und strukturellen Unterschieden (Fischer u. Hüther 2007) gibt es auch mit Blick auf das Themenfeld Gesundheit gravierende Unterschiede im Gesundheitsstatus, in den Einstellungen zu Gesundheit und im Risiko- bzw. Gesundheitsverhalten (Sieverding 2005; Faltermaier 2004; Merbach u. Brähler 2004). Gesundheitsrelevante Geschlechtsunterschiede sind dabei nicht primär genetisch zu erklären, sondern durch die unterschiedlichen Lebensverhältnisse und Lebensweisen von Männern und Frauen, die u. a. durch die soziale Konstruktion des Geschlechts bedingt sind (Faltermaier 2007; Kuhlmann u. Kolip 2005).

Der wesentliche Unterschied zwischen Frauen und Männern liegt im konkreten Risiko- und Gesundheitsverhalten (Faltermaier 2007): Männer zeigen mehr risikoreiche Verhaltensweisen wie Rauchen, Konsum von Alkohol und illegalen Drogen. Auch neigen sie stärker zu risikoreichem Verhalten in Freizeit, Sport, Straßenverkehr und Sexualität. Das durchschnittlich höhere Risikoverhalten von Männern gilt als Hauptursache für deren geringere Lebenserwartung und die höhere Prävalenz bei Unfällen und lebensbedrohlichen Krankheiten (ebd.). Zusätzlich zu den größeren Belastungen, die mit risikoreicherem Verhalten einhergehen, scheinen sie weniger angemessene Bewältigungsstile (Faltermaier 2004; Sieverding 2005) zu haben als Frauen. Sie neigen zu sozial defensiven Strategien – auch im Sinne eines unrealistischen Optimismus bezüglich ihrer Gesundheit (Schwarzer u. Renner 1996; Weinstein 1994), ziehen sich sozial zurück, anstatt soziale Unterstützung zu suchen und wenden häufiger aggressive Bewältigungsstrategien an. Diese führen dann zusätzlich zu neuen Problemen.

Das Risikoverhalten der Frauen übersteigt das der Männer lediglich bei der unangemessenen Medikamenteneinnahme (Faltermaier 2007). Frauen sind stärker motiviert, für ihre Gesundheit aktiv zu werden, sowohl im Hinblick auf Prävention als auch im Umgang mit Beschwerden (Faltermaier 2005). Ihr Interesse für Gesundheitsthemen ist deutlich höher, meist übernehmen sie in den Familien die Verantwortung für Gesundheitsfragen – im Sinne ihrer eigenen Gesundheitsbelange, aber auch der Belange der anderen Familienmitglieder. Es wird insgesamt deutlich, dass mit dem Geschlecht bestimmte Rollen verbunden sind.

Auf Grundlage dieser Unterschiede drängt sich der Gedanke auf, Männer und Frauen in der Betrieblichen Gesundheitsförderung unterschiedlich anzusprechen, ihnen spezielle Angebote zu unterbreiten und auch für die Aufrechterhaltung der Teilnahmemotivation auf das Geschlecht abgestimmte Konzepte zu entwickeln.

Die Idee der geschlechtsspezifischen Differenzierung von BGF-Angeboten lässt sich schon aus der Ottawa-Charta (1986) ableiten. Hier wurden als grundsätzliche Leitgedanken für die BGF folgende Prinzipien definiert:
- Salutogenetische Perspektive als Grundlage, sodass der Fokus auf die Stärkung von Ressourcen gelenkt wird
- Berücksichtigung verschiedener Ebenen von Prävention und Kuration (Person, Organisation, politische Ebene)
- Betonung der Partizipation und des Empowerment
- Berufliches Setting als Bezugs- und Handlungsrahmen

Insbesondere aus der Forderung nach Partizipation lässt sich die Spezifizierung auf die unterschiedlichen Bedarfe von Frauen und Männern ableiten – ist doch ohne die Berücksichtigung einer subjektiven Bedarfsgerechtigkeit von BGF-Maßnahmen eine angemessene Partizipation schwerlich möglich.

Für die spezifische Ausgestaltung der Angebote reicht es dabei aber wahrscheinlich nicht, sich auf die mit dem biologischen Geschlecht verbundenen Unterschiede zu beziehen. Determinierender Faktor für diese Spezifizierung ist – so ist die Annahme – vielmehr der Aspekt, dass Frauen und Männer aufgrund ihrer Rollen und damit ihrer z. T. erheblich unterschiedlichen Lebensumstände auch in der Arbeitswelt sehr unterschiedlichen Bedingungen und Belastungen ausgesetzt sind (Beermann et al. 2007). Unterschiedliche Arbeitsbedingungen, Arbeitszeiten, besondere Belastungen in typischen „Frauen- oder Männerberufen" machen ebenfalls den geschlechtsspezifischen Zuschnitt von Angeboten in der Betrieblichen Gesundheitsförderung sinnvoll, zumal die unterschiedlichen Bedingungen im engen Zusammenhang mit den geschlechtsspezifischen sozialen Rollen stehen.

Der vorliegende Beitrag greift auf Grundlage einer repräsentativen Beschäftigtenbefragung die Frage auf, ob das biologische Geschlecht oder nicht vielmehr die damit häufig verbundene gesellschaftliche Rollenübernahme mit den daraus resultierenden Arbeitsbedingungen wie Arbeitszeit, Geringfügigkeit, Qualifikation etc. wichtige Determinanten für das Angebot und die Nutzung Betrieblicher Gesundheitsförderung bestimmend sind und damit unabhängig vom biologischen Geschlecht sinnvolle und hinreichende Kriterien für die Spezifizierung von BGF-Konzepten bilden.

22.2 Datenbasis und Methode

Die Daten stammen aus der regelmäßig stattfindenden BiBB/BAuA-Erwerbstätigenbefragung des Bundesinstituts für Berufsbildung (BIBB) und der Bundesanstalt für Arbeitsschutz und Arbeitsmedizin (BAuA) – in diesem Fall aus 2005/06. Im Rahmen dieser Befragung wurde eine repräsentative Stichprobe von 20.000 Beschäftigten in Deutschland generiert und zu Aspekten der Arbeitsbedingungen, d. h. Belastungen, Anforderungen, Beanspruchungen, Ressourcen, Gesundheit und Sicherheit befragt. Auch Fragen zur Verfügbarkeit von und Teilnahme an Angeboten der Betrieblichen Gesundheitsförderung waren enthalten.

Die Hypothese, die diesem Beitrag zugrunde liegt, ist, dass nicht das biologische Geschlecht, sondern die damit häufig verbundene gesellschaftliche Rollenübernahme mit den daraus resultierenden Arbeitsbedingungen für das Angebot und die Nutzung Betrieblicher Gesundheitsförderung relevant sind.

Zur Überprüfung des Zusammenhangs von Geschlecht, Determinanten gesellschaftlicher Rollenübernahme und dem wahrgenommenen Angebot von Maßnahmen der Betrieblichen Gesundheitsförderung bzw.

der Teilnahme an diesen Maßnahmen wurden Daten zu Arbeits- und Lebensbedingungen ausgewertet, von denen angenommen wurde, dass sie mit dem Angebot von bzw. der Teilnahme an Leistungen in der Betrieblichen Gesundheitsförderung im Zusammenhang stehen. Zu diesen Kriterien zählen u. a. Geschlecht, Umfang der Arbeitszeit, Befristung des Beschäftigtenverhältnisses, Aufgaben in der Kinderbetreuung, Betriebsgröße, Qualifikation.

Für die hier interessierenden Variablen Angebot bzw. die Unkenntnis des Angebots sowie die Teilnahme an Maßnahmen lauteten die entsprechenden Items:

„Wurden in Ihrem Betrieb in den letzten zwei Jahren Maßnahmen der Betrieblichen Gesundheitsförderung durchgeführt"
- Angebot/bzw. Kenntnis: Antwortkategorie „ja"
- Information/Unkenntnis: Antwortkategorie „weiß nicht"
„Haben Sie daran teilgenommen?"
- Teilnahme: Antwortkategorie „ja"

In einem ersten Analyseschritt wurden Kreuztabellen erstellt und Unterschiede auf ihre statistische Signifikanz mittels Chi^2-Test überprüft.

Für die Variablen, bei denen in der Kreuztabellierung zwischen den Gruppen ein signifikanter Unterschied festgestellt werden konnte, wurde im zweiten Schritt eine Korrelationsanalyse durchgeführt. Zudem wurde geprüft, ob für diese Merkmale eine Konfundierung mit dem Geschlecht vorlag.

22.3 Ergebnisse

In den folgenden Abschnitten werden zunächst die Ergebnisse der Kreuztabellierung und danach die der Korrelationsanalyse dargestellt. Dabei ist in den Abbildungen links jeweils die Gruppe aufgeführt, aus deren Richtung die Hypothese formuliert ist, und rechts die jeweilige Vergleichsgruppe. Die Gruppen bilden zum Teil dichotome Merkmale ab (z. B. Geschlecht), z. T. handelt es sich um die Extreme von mehrstufigen Gruppeneinteilungen. So gab es z. B. für die Betriebsgröße sechs Stufen, wobei in den Abbildungen nur die größte und die kleinste Betriebsgruppe aufgeführt wurden.

Bei den Angeboten von BGF-Maßnahmen (Frage: Gab es Angebote/Antwortkategorie *Angebot „ja"*) zeigte sich, dass Mitarbeiter in prekären Arbeitssituationen oder untergeordneter Stellung im Beruf seltener angaben, es habe in ihrem Unternehmen in den letzten zwei Jahren Angebote gegeben (◘ Abb. 22.1). Geringfügig- und Teilzeitbeschäftigte, Zeitarbeitnehmer und befristet Beschäftigte berichteten signifikant weniger Angebote als ihre jeweiligen Vergleichsgruppen. Die größten Gruppenunterschiede im Hinblick auf diese Prekaritätsmerkmale ergaben sich dabei für Geringfügigkeit und Teilzeit. In Bezug auf das Angebot zeigte sich eine Benachteiligung von Frauen gegenüber Männern: Fast 12 % weniger Frauen gaben an, es habe entsprechende Angebote gegeben.

In großen Betrieben berichteten Mitarbeiter deutlich häufiger als in Kleinbetrieben über BGF-Maßnahmen. Auch im Hinblick auf die Zufriedenheit bei der Arbeit gab es Unterschiede zwischen den Gruppen. Die unzufriedenen Mitarbeiter berichteten deutlich weniger Angebote als die zufriedenen Beschäftigten.

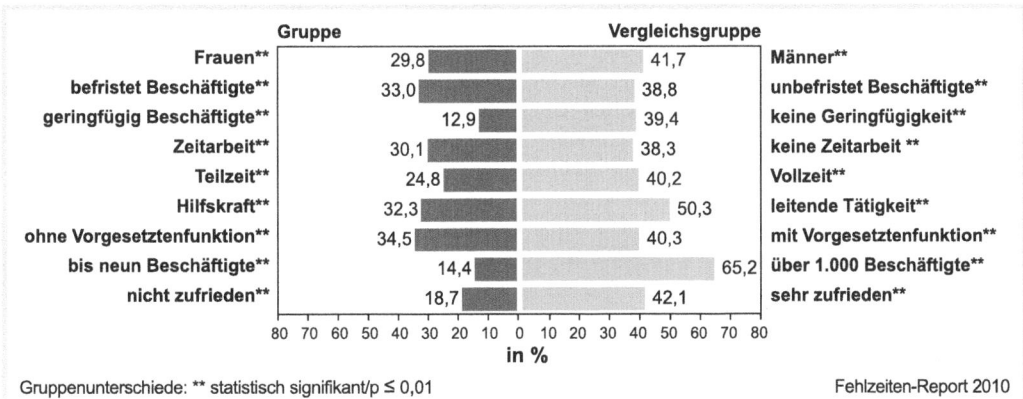

◘ Abb. 22.1 Beschäftigungsgruppen, die angaben, es habe in den letzten zwei Jahren BGF-Angebote ihrem Betrieb gegeben

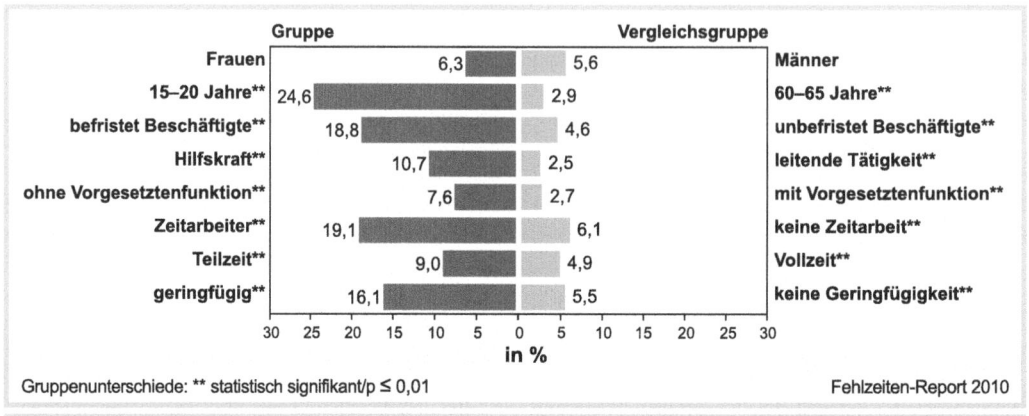

◘ Abb. 22.2 Beschäftigungsgruppen, die angaben, von BGF-Angeboten ihres Arbeitgebers keine Kenntnis zu haben

Was die Information bzw. Unkenntnis im Hinblick auf die BGF-Angebote betrifft, so ergab sich folgendes Bild:

Frauen berichteten nur unwesentlich häufiger als Männer, dass sie keine Kenntnis von Angeboten oder Maßnahmen hatten (Antwortkategorie „weiß nicht" bei der Frage nach BGF-Angeboten). Einen stärkeren Einfluss als das Geschlecht zeigten wiederum Faktoren, die für die Prekarität von Arbeitsverhältnissen und die Stellung im Beruf stehen. Dabei berichteten geringfügig und befristet Beschäftigte, Zeitarbeiter und Teilzeitbeschäftigte sowie Beschäftigte mit geringerer Qualifikation[1] und ohne Vorgesetztenstatus häufiger, sie hätten keine Kenntnis über BGF-Angebote. Sehr junge Mitarbeiter hatten deutlich häufiger als ältere Mitarbeiter keine Kenntnis von Angeboten ihres Arbeitgebers.

◘ Abb. 22.2 fasst die Ergebnisse in Bezug auf die Unkenntnis von BGF-Angeboten zusammen:

Interessant war auch die Frage, ob die Mitarbeiter das BGF-Angebot wahrnehmen, falls eines vorhanden war (◘ Abb. 22.3). Tendenziell nahmen Mitarbeiter in prekären Beschäftigungsverhältnissen weniger an den Maßnahmen teil. Dies galt für Zeitarbeiter, Teilzeit- und befristet Beschäftigte. Geringfügig Beschäftigte hingegen nahmen die Angebote sogar häufiger wahr als ihre Vergleichsgruppe, wobei dieser Gruppenunterschied nicht signifikant wurde. Hinsichtlich der Qualifikation und des beruflichen Status zeigte sich für die Teilnahme das gleiche Bild wie für Angebot und Informationsstand: Geringer Qualifizierte und Mitarbeiter ohne Vorgesetztenfunktion nahmen an den Maßnahmen weniger teil.

Das Geschlecht spielte für die Teilnahme keine Rolle. Besonders groß hingegen war der Gruppenunterschied zwischen sehr jungen und älteren Beschäftigten. Die allgemeine Zufriedenheit im Beruf eines Mitarbeiters machte ebenfalls einen größeren Unterschied aus: Zufriedene Mitarbeiter nahmen häufiger an den Maßnahmen teil als unzufriedene, allerdings ergab sich kein statistisch signifikanter Unterschied.

Die Aufgabe der Kindererziehung von Kindern unter 18 Jahren spielte wider Erwarten bei der Teilnahme an BGF-Angeboten keine Rolle. Es mag sein, dass sich bei einer anderen Einteilung der Altersgruppen (etwa Kinder unter 14 Jahren) deutliche Auswirkungen des Merkmals Kindererziehung ergeben hätten. Der Fragebogen erlaubte diese Differenzierung jedoch nicht.

Da die Fragestellung des Beitrags sich auf die Notwendigkeit einer Geschlechtsspezifizierung in den BGF-Konzepten bezieht, wurde die Konfundierung des Geschlechtsmerkmals mit den Kriterien überprüft, die deutlichere Gruppenunterschiede als das Geschlecht bei den BGF-Variablen ergaben. ◘ Tab. 22.1 stellt die Korrelationen dar. Es bestätigten sich auch hier die seit Langem bekannte Tatsache, dass Frauen im Vergleich zu Männern deutlich mehr in Teilzeit arbeiten, mehr geringfügig beschäftigt und geringer qualifiziert sind, seltener eine Vorgesetztenfunktion innehaben und die Beschäftigtenquote von Frauen in kleinen Unternehmen höher ist als in großen. Die höchsten Korrelationen mit dem Geschlecht ergaben sich für die Merkmale Teilzeitarbeit und Qualifikation.

---

1 Die verwendete Abstufung für die Qualifikation lag nur für die Gruppe der Arbeiter vor. Insofern reduziert sich die ausgewertete Stichprobe hier auf diese Gruppe. Vergleichbare Ergebnisse lassen sich in ähnlichem Maße auch für die Angestellten nachweisen.

Geschlechtsspezifische Differenzierung von BGF-Konzepten

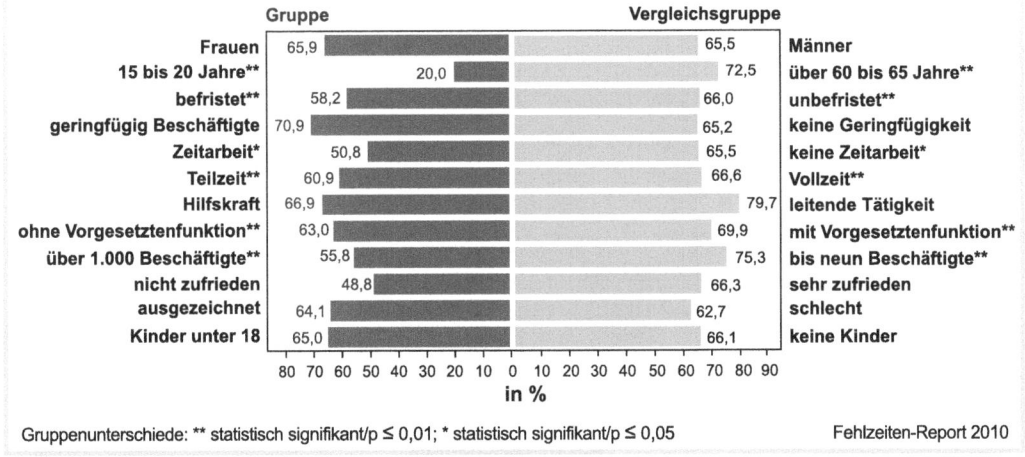

◘ Abb. 22.3 Beschäftigungsgruppen, die angaben, sie hätten an den Angeboten des Arbeitgebers (sofern es ein solches in den letzten zwei Jahren gab) teilgenommen

◘ Tab. 22.1 Korrelation Geschlecht (Frau)

Merkmal	r
Teilzeit	0,446**
Geringfügigkeit	0,184**
Qualifikation	-0,373**
Vorgesetztenfunktion	-0,163**
Betriebsgröße	-0,131**

**p ≥ 0,01
Wertebereich -1 ≥ r ≥ 1, wobei = 0 kein Zusammenhang, -1/1 = neg./pos. Zusammenhang

Fehlzeiten-Report 2010

Bemerkenswert war, dass mit zunehmender Betriebsgröße zwar deutlich mehr BGF-Angebote vorhanden waren (◘ Abb. 22.1), die Teilnahmequote der Mitarbeiter indes mit zunehmender Betriebsgröße abnahm (◘ Abb. 22.3). Über die in den Tabellen aufgeführten Extremgruppen bei der Betriebsgröße hinaus wird dieser Zusammenhang daher auch für die übrigen Betriebsgrößen dargestellt.

◘ Abb. 22.4[2] zeigt die Betriebsgrößenkategorisierung von 9 bis über 1.000 Beschäftigten. Mit der Betriebsgröße war eine deutliche Zunahme von BGF-Angeboten festzustellen (dunkle Säulen). Der Anteil der Mitarbeiter, die in den Betrieben an den Maßnahmen teilnehmen, sank indes mit zunehmender Betriebsgröße (helle Säulen), sodass das Vorhandensein von BGF-Strukturen die tatsächliche Umsetzung von Maßnahmen nicht zu gewährleisten schien.

Die Korrelationsanalyse der Variablen Angebot „ja", Angebot „weiß nicht" und Teilnahme an den Angeboten ergab keine substanziellen Zusammenhänge. Allein die Betriebsgröße wies mit dem Angebot von BGF-Maßnahmen einen Zusammenhang von r = 0,343 auf, was verdeutlicht, dass große Betriebe ihren Mitarbeitern deutlich häufiger BGF-Angebote unterbreiten. Viele der im ersten Analyseschritt identifizierten möglichen Einflussfaktoren für die Kenntnis und die Teilnahme von BGF wiesen in der Korrelationsanalyse nur geringe und damit unbedeutende Zusammenhänge auf. Dies gilt

---

2 Die hellen Säulen (Teilnahme) bilden die prozentuale Teilnahmequote in den verschiedenen Unternehmensgrößen ab, die dunklen Säulen die BGF-Angebote in diesen Unternehmensklassen. Insofern stehen die dunklen Säulen im Prinzip für Unternehmen, in denen es Angebote gibt, und die hellen Säulen für die Mitarbeiter, die in diesen Unternehmen an den Maßnahmen teilnehmen. Beispiel: In etwa 10 % der Unternehmen bis zu neun Beschäftigten werden BGF-Maßnahmen angeboten. Wenn solche Angebote bestehen, nehmen über 70 % der Beschäftigten dieser Unternehmensgruppe teil.

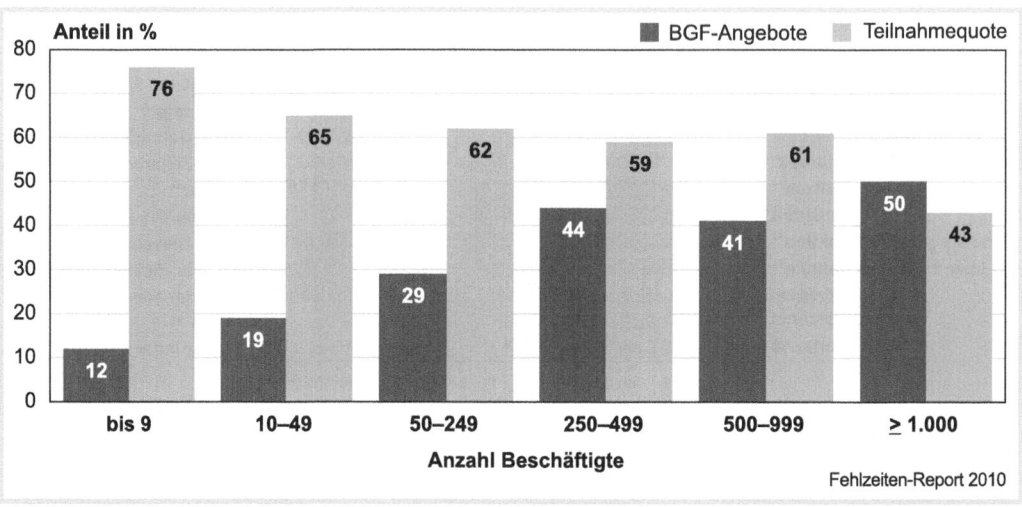

◘ Abb. 22.4 Angebot von Maßnahmen der BGF und Teilnahmequote

beispielsweise auch für das Merkmal „Zufriedenheit", das in den Kreuztabellen ◘ Abb. 22.1 und ◘ Abb. 22.3 bei den Extremgruppen der unzufriedenen und sehr zufriedenen Beschäftigten hohe Unterschiede ergab. Ausgewiesen sind in ◘ Tab. 22.2 alle Korrelationen von mehr als r = 0,1.

Auf Grundlage der schwachen Korrelationen von Merkmalen der Arbeitsbedingungen mit dem Angebot, der Unkenntnis und der Teilnahme an BGF-Maßnahmen wurde deutlich, dass zwar statistisch signifikante Unterschiede zwischen Gruppen von Beschäftigten bestehen, diese aber bis auf das Merkmal „Betriebsgröße" keine substanziellen Korrelationen mit den BGF-Variablen aufweisen.

22.4 Diskussion

Die Grundprinzipien Betrieblicher Gesundheitsförderung legen partizipative und auf unterschiedliche Bedingungen zugeschnittene Konzepte nahe. Vor diesem Hintergrund sollten das Gesundheitsverständnis und Gesundheitsverhalten von Frauen und Männern, deren soziale Rollen und die damit verbundenen unterschiedlichen Lebens- und Arbeitsbedingungen einen Einfluss auf die betrieblichen Konzepte der Gesundheitsförderung haben. Ziel dieses Beitrags war es, vor diesem Hintergrund zu überprüfen, ob für die Angebote, die Information über bestehende Angebote und die Inanspruchnahme von BGF-Maßnahmen tatsächlich das

◘ Tab. 22.2 Korrelationen verschiedener Merkmale mit BGF-Angebot und Teilnahme (r > 0,10)

Merkmal	Angebot		Teilnahme
	ja	weiß nicht/ Unkenntnis	
Geschlecht (Frau)	-0,123**		
Arbeitszeit	0,137**		
Qualifikation/Arbeitergruppe	0,131**	-0,118**	
Befristung		0,189**	
Betriebsgröße/EU-Definition	0,343**		-0,139**
Geringfügigkeit der Beschäftigung	-0,133**	0,111**	
Stundenlohn	0,177**	0,142**	

**$p \geq 0,01$
Wertebereich $-1 \geq r \geq 1$, wobei = 0 kein Zusammenhang, -1/1 = neg./pos. Zusammenhang

Geschlecht, oder eher Rahmenbedingungen der Arbeit wie Prekarität oder Status im Beruf relevant sind und ob der häufig geforderte geschlechtsspezifische Zuschnitt von Konzepten im Sinne einer Subjekt-Orientierung hinreichend ist.

Bei der Frage nach BGF-Angeboten zeigte sich eine Benachteiligung von Mitarbeitern in kleineren Betrieben, von Frauen, von Beschäftigten mit prekären Arbeitsbedingungen sowie Mitarbeitern mit geringerer Qualifikation.

Besonders stark waren die Unterschiede in Abhängigkeit von der Betriebsgröße. In großen Unternehmen mit über 1.000 Beschäftigten war der Prozentsatz von Mitarbeitern, die BGF-Angebote berichteten, über 50 Prozentpunkte höher als in Kleinstunternehmen. Dies hat auf Grundlage der Literatur zur BGF in Klein- und Kleinstbetrieben sowohl Gründe auf der betrieblichen, wie auch auf der überbetrieblichen Ebene (Kriener 2005). Intern stellen begrenzte Ressourcen das Hauptproblem für die BGF dar. Die meisten Unternehmen stehen unter hohem wirtschaftlichen Druck und haben wenig Spielraum für Aufgaben, die nicht den Kernprozessen entsprechen (Kuhn 1997). Neben dem Ressourcenproblem ist der Mangel an Strukturen für die BGF ein Hauptproblem (Matschke 1997). Dieser Mangel wirkt sich auf die Einhaltung gesetzlicher Bestimmungen – beispielsweise im Arbeitsschutz – und erst recht auf freiwillige Leistungen der BGF aus (Scharinger u. Gabriel 2000). Die Inhaber kleiner Unternehmen haben zudem häufig wenig Wissen über BGF und eine geringe Affinität zum Thema. Der Nutzen ist den Entscheidern wenig transparent und es besteht eine hohe Skepsis gegenüber externer Bevormundung (Fromm u. Pröll 2000). Überbetriebliche Gründe für das geringe BGF-Angebot in kleinen Unternehmen sind der geringe Bekanntheitsgrad, die Tatsache, dass wenig „Best-practice"-Beispiele aus kleinen Unternehmen vorliegen, mangelnde überbetriebliche Unterstützung sowie die fehlende Vernetzung mit BGF-Akteuren (Kriener 2005).

Frauen waren im Hinblick auf BGF-Angebote gegenüber den Männern benachteiligt. 12 % weniger Frauen als Männer gaben an, dass ihr Arbeitgeber BGF-Angebote unterbreite. Die Möglichkeit, dass der beschriebene Betriebsgrößeneffekt gegebenenfalls mit dem Geschlecht konfundiert ist, wurde überprüft. Tatsächlich war der Frauenanteil in kleinen Unternehmen höher als in großen Betrieben. Die Korrelation der Merkmale Betriebsgröße und Geschlecht erwies sich mit r = 0,13 aber als eher gering, sodass das mangelnde Angebot in kleinen Unternehmen mehr, aber nicht hauptsächlich Frauen betrifft.

Neben Betriebsgröße und Geschlecht gab es v. a. große Unterschiede zwischen den Vergleichsgruppen bezogen auf Prekaritätsmerkmale von Arbeit wie Arbeitszeit, Geringfügigkeit, Befristung und Zeitarbeit.

Besonders hoch war dabei der Geschlechtsunterschied im Hinblick auf Teilzeitbeschäftigung. 47,2 % der Frauen, aber nur 8,3 % der Männer waren auf Grundlage der ausgewerteten Daten teilzeitbeschäftigt. Die Korrelation von Geschlecht (in diesem Fall „Frau") und Teilzeitbeschäftigung lag bei r = 0,45, sodass von einer hohen Konfundierung zwischen Arbeitszeit und Geschlecht auszugehen ist. Geringfügig beschäftigt waren 12,2 % der Frauen und 2,8 % der Männer. Die Korrelation zwischen Geschlecht und Geringfügigkeit lag bei r = 0,18 und ist damit ähnlich der Betriebsgröße nicht substanziell.

Die hier dargestellten Auswertungen zum Zusammenhang von Geschlecht und Arbeitsbedingungen werden durch Befunde aus der Literatur gestützt: 80 % der Teilzeit-Beschäftigten in Europa sind Frauen, die hauptsächlich aufgrund familiärer (Zusatz-)Aufgaben dieses Arbeitszeitmodell wählen (Dressel 2007). Arbeit in Teilzeit oder geringfügige Beschäftigung stehen häufig im Zusammenhang mit Diskriminierung am Arbeitsplatz, was Aufstiegsmöglichkeiten, Gehalt, Zugang zu Unterstützung, Einbindung in wichtige Informationsprozesse etc. betrifft (Beermann et al. 2007). Tätigkeiten, die in Teilzeit ausgeübt werden, gehören häufig zum Niedriglohnbereich. Zudem sind Frauen in nur wenigen Berufen und Branchen tätig. So sind in der EU 60 % Frauen in nur sechs der insgesamt 62 Wirtschaftszweige beschäftigt. Der Schwerpunkt liegt dabei in Dienstleistungsberufen des Gesundheits- und Sozialwesens, des Einzelhandels, der Bildung und Ausbildung, der öffentlichen Verwaltung und des Hotel- und Gaststättengewerbes. Konkret sind typische Frauenberufe Verkäuferinnen, Haushaltshilfen, Pflegeberufe, sonstige Bürotätigkeiten, Verwaltungsfachkräfte, Dienstleistungen im hauswirtschaftlichen Bereich im Gaststättengewerbe. 25 % der Frauen in Europa (24 % in Deutschland) finden sich in nur vier Berufskategorien mit geringem Qualifikations- und Einkommensniveau und hohem Anteil an Teilzeitarbeit. In den sechs typischen „Frauenberufen" sind im Vergleich nicht einmal ein Drittel der erwerbstätigen Männer beschäftigt, deren Berufskonzentration in höher qualifizierten Bereichen stattfindet. In Deutschland zählen zu den sechs häufigsten „Männerberufen" Kfz-Fahrer, Berufe im Bereich der Baukonstruktion, Leiter kleiner Unternehmen, Bauberufe, material- und ingenieurtechnische Berufe, Maschinenmechaniker und Schlosser (Dressel 2007). Insofern stehen hinter den Gruppen, die in unserer Untersuchung im Hinblick auf BGF-Angebote benachteiligt sind, zu einem hohen Prozentsatz tatsächlich Frauen.

Geringer qualifizierte Mitarbeiter oder solche ohne Vorgesetztenfunktion berichteten ebenfalls weniger Angebote als ihre jeweiligen Vergleichsgruppen. Die statistisch signifikanten Gruppenunterschiede waren mit 16 bzw. 18 % dabei nicht unerheblich. Bei der Prüfung von Zusammenhängen mit dem Geschlecht ergab sich, dass Frauen im Vergleich zu Männern schlechter qualifiziert sind (r = -0,37) und seltener Vorgesetztenfunktionen innehaben (r = -0,17).

Bezüglich des Informationsstandes bzw. der Unkenntnis zu Angeboten in der BGF zeigte sich ein ähnliches Bild wie beim Vorhandensein von Angeboten. Mitarbeiter in prekären Beschäftigungssituationen, geringer qualifizierte Mitarbeiter oder solche ohne Vorgesetztenfunktion gaben häufiger an, keine Kenntnis über Angebote des Arbeitgebers zu haben. Tendenziell fanden sich auch im Hinblick auf die Teilnahme Unterschiede zwischen prekär Beschäftigten und ihren Vergleichsgruppen mit der Ausnahme der geringfügig Beschäftigten. Deutlicher als die Prekaritätsmerkmale waren im Hinblick auf die Teilnahme an BGF-Maßnahmen Unterschiede bzgl. des Alters und in der Betriebsgröße.

Der Unterschied zwischen älteren und jüngeren Mitarbeitern mag im unterschiedlichen Gesundheitsstatus bzw. im Umgang mit Belastungen liegen. Ältere Mitarbeiter haben in Bezug auf die Arbeitsbelastungen nachgewiesenermaßen ein anderes Belastungserleben. Sie sind weniger als ihre jüngeren Kollegen in der Lage, körperliche Belastungen, Belastungen aus Nacht- und Schichtarbeit und Anforderungen an Konzentration und Komplexität „wegzustecken" (Fuchs 2006).

Zufriedene Mitarbeiter nahmen deutlich häufiger an den Maßnahmen teil als unzufriedene. Die Richtung der Wirkung lässt sich auf Grundlage der ausgewerteten Daten nicht abschätzen, da beispielsweise entsprechende Daten zum Engagement und zur Bindung an den Arbeitgeber nicht vorlagen.

Der stärkste korrelative Zusammenhang im Hinblick auf Angebot und Teilnahme ging bei den untersuchten Variablen von der Betriebsgröße aus. Je kleiner ein Betrieb war, desto weniger Angebote wurden berichtet, desto höher war jedoch andererseits die Teilnahmequote, wenn tatsächlich Angebote vorlagen. Dies hat wahrscheinlich folgende Gründe: Kleinbetriebe sind stärker als große Unternehmen durch eine familiäre Kultur geprägt, bei der Arbeit und Privatsphäre tendenziell eher verschmelzen, was zu einer größeren Transparenz der persönlichen Lebensumstände führt (Breuker u. Sochert 2001). Ein mögliches Potenzial dieser größeren Transparenz liegt in der leichteren Thematisierung von Gesundheit und Sicherheit am Arbeitsplatz (Fromm u. Pröll 2000). Die „ausgeprägten und relativ leicht mobilisierbaren Potenziale der Kommunikation, Kooperation und Kompetenz" werden als wesentliche und typische Ressourcen für die Gesundheitsförderung in Kleinbetrieben betrachtet (ebd., S. 231). Stärker als in großen Unternehmen sind die Mitarbeiter aufeinander angewiesen und die gegenseitigen sozialen Verpflichtungen sind stärker ausgeprägt (Kriener 2005). Dies lässt vermuten, dass der soziale Druck, an den angebotenen Maßnahmen teilzunehmen, in kleinen Unternehmen höher ist als in großen. Gegebenenfalls ist aufgrund der kurzen Informationswege und der höheren Transparenz bei flachen Hierarchien und einfachen Strukturen auch die Bedarfsgerechtigkeit der Angebote höher. Die vorliegenden Daten erlauben jedoch keine konkreten Aussagen dazu.

22.5 Fazit und Ausblick

Wesentliche Defizite der Gesundheitsförderung werden in der fehlenden systematischen Bedarfs- und Zielgruppenanalyse für Gesundheitsförderungsprogramme allgemein und in den Betrieben gesehen (Badura u. Ritter 1998). Veröffentlichungen, die sich mit den Unterschieden zwischen Frauen und Männern hinsichtlich genetischer Differenzen, Gesundheitsstatus, Einstellungen zu Gesundheit, Gesundheitstheorien, Gesundheitsverhalten und Unterschieden in den Belastungsspektren beschäftigen, kommen zu dem Schluss, dass diese Differenzen in geschlechtsspezifischen Konzepten zur Gesundheitsförderung münden sollten und damit zur notwendigen Ausrichtung an Zielgruppen beitragen könnten. Der vorliegende Beitrag lieferte empirische Hinweise zur Frage, ob eine geschlechtsspezifische Ausrichtung von BGF-Konzepten hinreichend ist.

Das biologische Geschlecht allein war dabei im Sinne der Hypothese kein Kriterium, das im Hinblick auf BGF-Angebote, die Kenntnis dieser Angebote und die Teilnahme deutlich unterschied. Eher ergaben sich hinsichtlich der Prekaritätsmerkmale und des beruflichen Status bei der Arbeit sowie der Betriebsgröße signifikante Unterschiede zwischen den jeweiligen Vergleichsgruppen. Da diese Merkmale jedoch mit dem Geschlecht – teils schwach teils aber auch deutlich – im Zusammenhang standen, kann insgesamt im Hinblick auf BGF, insbesondere bezüglich der verfügbaren Angebote, durchaus von einer Benachteiligung der Frauen ausgegangen werden kann.

Für partizipative Konzepte, die die Forderung nach Bedarfsgerechtigkeit erfüllen, scheint indes die reine Ausrichtung am biologischen Geschlecht nicht hinreichend, durchgängigere und stärkere Merkmale ließen hier die Arbeitsbedingungen und die Betriebsgröße erkennen. Bei der Spezifizierung von Angeboten ist daher eine genaue Analyse der formalen und tatsächlichen Arbeitsbedingungen in einem Betrieb notwendig.

Insgesamt muss betont werden, dass in der vorliegenden Untersuchung nur die Quantität des Angebots erfasst werden konnte. Qualitative Aussagen zu den Angeboten wurden nicht erhoben. Ob sich die Gruppen, die weniger Angebote berichteten, daher benachteiligt fühlen oder ob es über die Angebote hinaus in den betrachteten Gruppen von Beschäftigten einen Bedarf gibt, kann auf der Grundlage der vorliegenden Daten nicht beantwortet werden. Antworten zu diesen komplexeren Fragen zu finden, wäre daher eine wichtige und interessante Aufgabe für weitere Datenerhebungen oder Studien, die ihren Fokus auf diese spezifische Frage richten.

Literatur

Badura B, Ritter W (1998) Qualitätssicherung in der Betrieblichen Gesundheitsförderung. In: Ducki A, Metz AM (Hrsg) Handbuch Betriebliche Gesundheitsförderung. Verlag für Angewandte Psychologie, Göttingen, S 223–235

Breuker G, Sochert R (2001) Klein, gesund und wettbewerbsfähig. Der Beitrag betrieblicher Gesundheitsförderung zur Verbesserung von Gesundheit und Wohlbefinden in Klein- und Mittelunternehmen. In: Pfaff V, Slesina W (Hrsg) Effektive betriebliche Gesundheitsförderung – Konzepte und methodische Ansätze zur Evaluation und Qualitätssicherung. Juventa, Weinheim, S 213–227

Beermann B, Brenscheidt F, Siefer A (2007) Unterschiede in den Arbeitsbedingungen und -belastungen von Frauen und Männern. In: Badura B, Schröder H, Vetter C (Hrsg) Fehlzeiten-Report 2007 – Arbeit, Geschlecht und Gesundheit. Springer Medizin Verlag, Heidelberg, S 69–82

Dressel C (2007) Die Erwerbsbeteiligung von Frauen und Männern. In: Badura B, Schröder H, Vetter C (Hrsg) Fehlzeiten-Report 2007 – Arbeit, Geschlecht und Gesundheit. Springer Medizin Verlag, Heidelberg, S 49–68

Faltermaier T (2004) Männliche Identität und Gesundheit – Warum Gesundheit von Männern? In: Altgeld T (Hrsg) Männergesundheit. Neue Herausforderungen für Gesundheitsförderung und Prävention. Juventa, Weinheim, S 11–33

Faltermaier T (2005) Subjektive Konzepte und Theorien von Gesundheit und Krankheit. In: Schwarzer R (Hrsg) Gesundheitspsychologie – Enzyklopädie der Psychologie C/X/1. Hogrefe, Göttingen, S 55–70

Faltermaier T (2007) Geschlechtsspezifische Determinanten im Gesundheitsverständnis und Gesundheitsverhalten. In: Badura B, Schröder H, Vetter C (Hrsg) Fehlzeiten-Report 2007 – Arbeit, Geschlecht und Gesundheit, Springer Medizin Verlag, Heidelberg, S 35–46

Fischer JE, Hüther G (2007) Biologische Grundlagen der Genderdifferenz. In: Badura B, Schröder H, Vetter C (Hrsg) Fehlzeiten-Report 2007 – Arbeit, Geschlecht und Gesundheit. Springer Medizin Verlag, Heidelberg, S 21–34

Fromm C, Pröll U (2000) Zur sozialen Konstitution von Gesundheit und Sicherheit in Kleinbetrieben – Ansatzpunkte für ressourcenorientierte Präventionskonzepte. In: Brandenburg U et al (Hrsg) Gesundheitsmanagement im Unternehmen – Grundlagen, Konzepte und Evaluation. Juventa, Weinheim, S 221–235

Fuchs T (2006) Was ist gute Arbeit? Anforderungen aus der Sicht von Erwerbstätigen. Bundesanstalt für Arbeitsschutz und Arbeitsmedizin, Dortmund/Berlin

Kriener B (2005) Bei uns geht es um's Überleben – Charakteristika kleiner Unternehmen und ihre Bedeutung für die Durchführung betrieblicher Gesundheitsförderung. In: Meggener O, Pelster K, Sochert R (Hrsg) Betriebliche Gesundheitsförderung in kleinen und mittleren Unternehmen. Huber, Bern, S 181–188

Kuhlmann E, Kolip P (2005) Gender und Public Health – Grundlegende Orientierungen für Forschung, Praxis und Politik. Juventa, Weinheim

Kuhn K (1997) Notwendige Voraussetzungen für eine erfolgreiche Gesundheitsförderung in Klein- und Mittelbetrieben. In: Bundesanstalt für Arbeitsschutz und Arbeitsmedizin (Hrsg) Gesundheitsförderung als betriebliches Alltagshandeln in kleinen und mittleren Unternehmen, Bericht vom Workshop am 08.06.1996 in Berlin. Schriftenreihe der BAuA, TBB77. BAuA, Dortmund, S 76–79

Matschke B (1997) Gesundheitsförderung als betriebliches Alltagshandeln. In: Bundesanstalt für Arbeitsschutz und Arbeitsmedizin (Hrsg) Gesundheitsförderung als betriebliches Alltagshandeln in kleinen und mittleren Unternehmen. Bericht vom Workshop am 08.06.1996 in Berlin. Schriftenreihe der BAuA, TBB77. BAuA, Dortmund, S 8–17

Merbach M, Brähler E (2004) Daten zur Krankheiten und Sterblichkeit von Jungen und Männern. In: Altgeld T (Hrsg) Männergesundheit – Neue Herausforderungen für Gesundheitsförderung und Prävention. Juventa, Weinheim, S 67–84

Scharinger C, Gabriel R (2000) Statusbericht Gesundheitsförderung in kleinen und mittleren Unternehmen in Österreich. Bericht im Auftrag des Europäischen Netzwerks Betriebliche Gesundheitsförderung. Forschungsbericht der Oberösterreichischen Gebietskrankenkasse, Linz

Schwarzer R, Renner H (1996) Risikoeinschätzung und Optimismus. In: Schwarzer R (Hrsg) Gesundheitspsychologie. Hogrefe, Göttingen, S 43–66

Sieverding M (2005) Geschlecht und Gesundheit. In: Schwarzer R (Hrsg) Gesundheitspsychologie, Enzyklopädie der Psychologie C/X/1. Hogrefe, Göttingen, S 55–70

Weinstein ND (1994) References on perceived invulnerability and optimistic biases about risk of future life events. Unpubl. Manuscript, Rutgers University

WHO (1986) Ottawa Charta zur Gesundheitsförderung. (http://www.who.it/AboutWHO/Policy/20010827_2)

Kapitel 23

Das neue Elterngeld: Erfahrungen und betriebliche Nutzungsbedingungen von Vätern

S. Pfahl · S. Reuyss

Zusammenfassung. *Mit der neuen Elterngeldregelung aus dem Jahr 2007 wird Vätern ein variables Instrument an die Hand gegeben, sich nach der Geburt eines Kindes je nach Selbstverständnis, familialer und beruflicher Konstellation stärker in die familiale Fürsorge einzubringen. Es können dabei fünf Typen von Elterngeldvätern identifiziert werden, die sich auch in ihren Motivlagen unterscheiden. Als zentral für die Entscheidung zugunsten einer Nutzung der Elterngeldmonate erweisen sich die Rahmenbedingungen und Reaktionen am Arbeitsplatz. In der betrieblichen Praxis entwickeln sich neue Ansprüche und Forderungen von Vätern gegenüber ihren Betrieben, die auf das Aufbrechen der betrieblichen Anwesenheitskultur, von starren Regelungen des Arbeitsortes und der Arbeitszeit sowie der betrieblichen Geschlechterkultur abzielen. Darüber hinaus zeigen sich weitere arbeitsweltliche Gleichstellungseffekte. Im Folgenden möchten wir zeigen, dass mithilfe gesetzlicher Änderungen umfassende gleichstellungsorientierte Wirkungen auf den Weg gebracht und entsprechende Verhaltensänderungen in der Arbeitswelt erreicht werden können. Es wird deutlich, dass die Dimension Geschlecht für ein Diversity Management im Unternehmen gerade in Bezug auf die Work-Life-Balance von Bedeutung ist und die Vereinbarkeit von Beruf und Familie durch die gesetzlichen Neuregelungen einen wichtigen Schritt vorangegangen ist.*

23.1 Ausgangslage

Erwerbsarbeit und Männlichkeit sind in modernen Gesellschaften eng miteinander verknüpft. Dies zeigt sich auch daran, dass zentrale Felder der Arbeitswelt, wie die Gestaltung von Arbeitszeiten oder Arbeitsorganisation, auf den männlichen, von Fürsorgeaufgaben befreiten Familienernäher ausgerichtet sind. Die Erwerbsarbeit ist einerseits Voraussetzung, um am gesellschaftlichen Leben hinreichend partizipieren zu können, andererseits führt eine übermäßige Konzentration auf Erwerbsarbeit zu negativen physischen und psychischen Beeinträchtigungen und stellt eine Quelle für permanenten Zeitstress dar. Entscheidend für das individuelle und familiale Wohlbefinden ist daher, wie sich die berufliche und außerberufliche Sphäre zeitlich und inhaltlich vereinbaren lassen (Klenner u. Pfahl 2005; Gille u. Marbach 2004). Diese Vereinbarkeit wird wesentlich beeinflusst durch das konkrete Zusammenspiel von Erwerbs-, Familien- und Geschlechterarrangement innerhalb der einzelnen Familien.

Welche Ansprüche Eltern in Bezug auf die Vereinbarkeit aller Lebensbereiche formulieren und welche konkreten Lösungen auf familialer Ebene sie hierfür finden, unterliegt nicht nur aufgrund der seit Jahren steigenden Erwerbsorientierung von Müttern einem

Wandel, sondern auch wegen des wachsenden Interesses von Vätern an Erziehungs- bzw. Betreuungsaufgaben (Döge 2007; Wippermann et al. 2009). Nur noch knapp 30 % der Väter begreifen ihre Rolle in der Familie als „Ernährer", während sich rund 70 % auch als „Erzieher" sehen. Väter wollen nicht nur für den Lebensunterhalt zuständig sein, sondern auch aktiv Zeit mit ihren Kindern verbringen (Fthenakis u. Minsel 2002). Männer aus fast allen sozialen Milieus orientieren sich inzwischen an den Leitbildern von Gleichberechtigung in der Partnerschaft sowie aktiver Vaterschaft (Wippermann et al. 2009). Damit stellt sich auch für Männer die Frage nach einem gesunden und ausgewogenen Verhältnis von beruflichem und außerberuflichem Leben immer dringlicher (Klenner 2007; Dilger et al. 2007; Jurczyk 2005; BMFSFJ 2005).

Parallel dazu vertieft sich das Wissen darüber, dass die Vereinbarkeit von Familienaufgaben und beruflichen Aufgaben ein wichtiges Kriterium für den Gesundheitserhalt von Beschäftigten ist. Familienfreundliche Maßnahmen im Betrieb, welche die Übernahme von familialen Betreuungs- und Fürsorgetätigkeiten unterstützen, reduzieren Beanspruchungen und gesundheitliche Risiken. Gesunde Beschäftigte sind besser in der Lage, die durch Beruf und Privatleben verursachte Doppelbelastung aufzufangen. Umgekehrt hat das Eingebundensein in tragfähige und unterstützende Familien- und Sozialbeziehungen positive Auswirkungen auf ihre Motivation, Konzentration und Leistungsfähigkeit in der Erwerbsarbeit – auch dies trägt zum Gesundheitserhalt bei.

An dieser Stelle setzt das seit Januar 2007 geltende Bundeselterngeld- und Elternzeitgesetz (BEEG) an: Die Ausgestaltung des Elterngeldes als Einkommensersatzleistung in Höhe von 67 % des durchschnittlichen Nettoverdienstes für maximal 14 Monate ermuntert erwerbstätige Mütter, ihre Erwerbsunterbrechung nach der Geburt zu verkürzen und früher an den Arbeitsplatz zurückzukehren. Im Gegenzug bieten das Elterngeld als Einkommensersatzleistung sowie die expliziten „Partnermonate" einen deutlichen Anreiz in Richtung der Väter, einen Teil der Erwerbsunterbrechung zu übernehmen und sich stärker in die Fürsorge und Betreuung ihrer Kinder einzubringen.

Die Arbeitswelt hinkt den Leitbildern geteilter Verantwortung und geteilter Vereinbarkeit von Mutter und Vater noch hinterher: Betriebliche Vereinbarkeitsangebote werden im Regelfall auf Mütter ausgerichtet, sie berücksichtigen selten die Väter und deren spezifische Interessen. Ob Väter von der neuen Elterngeld-Regelung aber auch tatsächlich Gebrauch machen, so die Ausgangsüberlegung zum hier vorgestellten Forschungsprojekt[1], hängt allerdings wesentlich von den konkreten betrieblichen Bedingungen und der Offenheit der jeweiligen Betriebskultur ab. Letztlich entscheidet sich erst am Arbeitsplatz der Väter, ob eine partnerschaftliche Aufteilung von Familienaufgaben auf beide Elternteile tatsächlich realisiert werden kann und das Gesetz so zu mehr Gleichstellung in Betrieb und Familie beiträgt.

23.2 Forschungsfrage und methodisches Vorgehen

Vor diesem Hintergrund ging die explorative Studie „Das neue Elterngeld – Erfahrungen und betriebliche Nutzungsbedingungen von Vätern" des Instituts für sozialwissenschaftlichen Transfer (im Folgenden: SowiTra-Studie) den Fragen nach, wie das BEEG in den Betrieben aufgegriffen bzw. umgesetzt wird und welche Effekte es dort in Hinblick auf Gleichstellung und eine nachhaltige Umverteilung familialer Aufgaben auslöst.[2] Ausgehend von der Annahme, dass die gesetzliche Neuregelung durchaus das Potenzial birgt, eine Art „Türöffnerfunktion" zu entwickeln und Gleichstellungsfragen in den Betrieben (wieder) neu und mit einem um die Väter erweiterten Blickwinkel auf die betriebliche Agenda zu setzen, wurden folgende Ziele der Studie formuliert:

- gemeinsame Nutzungspraxis von Elternpaaren untersuchen
- Motive der Väter erheben
- (betriebliche) Erfahrungen der Väter erfassen
- unterstützende und hemmende Rahmenbedingungen herausarbeiten
- nachhaltige Effekte der Elterngeldmonate beschreiben

Die Studie basiert auf zwei empirischen Methoden: Zum einen wurden im Rahmen einer bundesweiten, quantitativen Online-Untersuchung (August bis November 2008) bereits vorliegende Erfahrungen von 624 erwerbstätigen Elterngeld-Vätern erhoben und ausgewertet. Zum anderen wurden im Rahmen bundesweit

---

1 Die Studie wurde 2008–2009 am Institut für sozialwissenschaftlichen Transfer (Berlin) von den Autoren durchgeführt und von der Hans-Böckler-Stiftung finanziell gefördert.
2 Gemäß dem Charakter einer explorativen Studie sollten wesentliche betriebliche Regelungen und Rahmenbedingungen erfasst und ihr Einfluss auf die von den Vätern gemachten Erfahrungen sichtbar gemacht werden. Ein konfirmatorisches, Hypothesen-prüfendes Vorgehen war aufgrund finanzieller Restriktionen nicht vorgesehen.

durchgeführter qualitativer Leitfadeninterviews 29 Elterngeld-Väter und 23 betriebliche Experten aus acht Untersuchungsbetrieben[3] zu ihren persönlichen wie betrieblichen Erfahrungen mit den neuen Elterngeldmonaten befragt (November 2008 bis Februar 2009).

23.3 Unterschiedliche Typen von Elterngeld-Vätern

Entgegen der Alltagswahrnehmung weisen die von uns qualitativ wie quantitativ befragten Elterngeld-Väter eine große Varianz in ihren Nutzungsmustern und Motivlagen auf. Es gibt nicht „den" Elterngeld-Vater, sondern eine Vielfalt von männlichen Nutzern entlang von sechs zentralen Unterscheidungskriterien: Die Väter unterscheiden sich hinsichtlich der Dauer und Lage ihrer Elterngeldzeit, der Lage in Relation zu den Elterngeldmonaten der Partnerin (parallel oder zeitlich versetzt), der Art der Inanspruchnahme (als arbeitsfreie Auszeit oder in Teilzeit), der Kombination mit sich anschließender (unbezahlter) Elternzeit sowie hinsichtlich möglicher Vorerfahrung mit Elternzeit für frühere Kinder. Anhand dieser Kriterien ließen sich aus den qualitativen Interviews fünf Nutzertypen herausarbeiten, die durch die quantitativen Ergebnisse bestätigt und weiter präzisiert werden konnten. Die so gewonnenen fünf Typen von Elterngeld-Vätern unterscheiden sich in ihren Nutzungsmustern, aber auch hinsichtlich ihrer Nutzungsmotive und -ziele:

1. Die Vorsichtigen: Dieser Gruppe gehören die „Newcomer" unter den Vätern an, die sich erst einmal vorsichtig der Möglichkeit annähern wollen, selbst Elterngeldmonate zu nutzen. Diese Väter nehmen ein oder zwei Partnermonate in Anspruch, fast immer als echte Auszeit und mehrheitlich direkt im Anschluss an die Geburt. Meist haben sie keine Vorerfahrungen mit früherer Elternzeit oder familienbedingter Teilzeit. Sie betonen häufiger als andere Väter, dass sie sich auf Wunsch ihrer Partnerinnen an den Elterngeldmonaten beteiligen. Sie wollen ihr eigenes berufliches Fortkommen nicht gefährden und halten die Auszeit deshalb möglichst kurz. Gleichzeitig möchten sie aber auch schon möglichst frühzeitig mit ihrem Kind zusammen

sein können. Es ist ihnen wichtig, in der Elterngeldzeit eine schöne, gemeinsame Familienzeit zu haben und die Partnerin in dieser Zeit (nach der Geburt) zu entlasten. Dazu gehört auch, sich nach der Geburt Zeit für eine Neuorganisation der größer gewordenen Familie zu nehmen, um gemeinsam neue Alltagsrhythmen und Routinen zu entwickeln. Allerdings stellen sie die vorrangige Zuständigkeit der Partnerin für den Bereich der Care-Arbeit nicht dauerhaft in Frage. Dieser Gruppe gehören 46 % der Elterngeld-Väter an.

Exemplarisch für diese Gruppe sind etwa die folgenden Zitate zweier Befragter:

„Wir hatten eine schöne gemeinsame Zeit, um was Schönes miteinander zu unternehmen."

„Für die Mutter alleine ist das zu viel. Wenn, dann auch direkt am Anfang helfen."

2. Die (Semi-)Paritätischen: Dieser Gruppe gehören die berufsorientierten Väter an, die dennoch ausgeprägte egalitäre Ansprüche an Partnerschaft und die Aufteilung von Berufs- und Care-Arbeit verfolgen. Diese Väter beziehen zwischen drei und acht Monaten Elterngeld und nehmen ihre Auszeit meist versetzt zur ebenfalls erwerbstätigen Partnerin. Ihnen ist eine berufliche Auszeit für Vater und Mutter wichtig. Das Nutzungsmuster ist darauf zugeschnitten, dass beide Partner nicht allzu lang aus dem Beruf aussteigen – sie aber dennoch die Familienverantwortung (annähernd) gleichberechtigt untereinander aufteilen können. Den Vätern dieser Gruppe ist es wichtig, die eigene Partnerin gezielt zu unterstützen, bei der Kinderbetreuung, aber auch in beruflicher Hinsicht. Dabei machen sie sich weniger Sorgen als andere Väter um die beruflichen Konsequenzen, die ihre jeweilige Inanspruchnahme haben könnte. Vielmehr erwarten sie, dass auch der Beruf mal Rücksicht auf die familialen Verpflichtungen nehmen muss. Viele Väter dieser Gruppe betonen, dass sie sich mit ihrer Nutzungsdauer von mindestens drei Monaten gezielt von den vorsichtigen Elterngeld-Vätern absetzen wollten, die ja „bloß" die Partnermonate in Anspruch nehmen. Dieser Gruppe gehören 14 % der Elterngeld-Väter in der Online-Befragung an; zwei Befragte, die hier einzuordnen sind, äußerten sich wie folgt:

„Das war für uns klar, dass wir uns die Zeiten der Kinderbetreuung auf jeden Fall teilen wollten."

„Haben sogar etwas Elterngeld verschenkt. Aber sie wollte auch nicht so lange aus der Abteilung raus."

---

[3] Die acht Untersuchungsbetriebe stellen aus forschungspraktischen Gründen eher eine Positivauswahl dar. Es handelt sich um Betriebe, die vergleichsweise gut in Sachen Familienorientierung aufgestellt sind, die bereits über entsprechende Betriebsvereinbarungen verfügen oder hinsichtlich Beruf und Familie auditiert sind und in denen sich im November 2008 bereits Väter mit tatsächlicher Nutzung der Elterngeldzeit finden lassen.

3. Die Familienorientierten: Dieser Gruppe gehören Väter an, für die Familie und Kind im Mittelpunkt ihres Nutzungsinteresses stehen. Sie nehmen zwischen einem und acht Elterngeldmonaten in Anspruch, kombinieren dies aber zusätzlich noch mit einer sich anschließenden, unbezahlten Elternzeit, um insgesamt eine längere Familienphase zu realisieren. Die Elterngeldmonate nehmen sie fast immer versetzt zur Partnerin: Die Partnerin beginnt zunächst nach der Geburt, die Väter übernehmen dann ab dem 2. Lebenshalbjahr des Kindes. Hintergrund hierfür ist der Wunsch, das Kind möglichst lang – meist bis zum zweiten Geburtstag – von beiden Eltern selbst betreuen zu lassen. Zum Teil ist dies aber auch darauf zurück zu führen, dass in der Wohnumgebung keine Betreuungsangebote für unter zweijährige Kinder bestehen. Diese Väter möchten nicht nur im Anschluss an die Geburt beim Kind sein, sondern auch langfristig als gleichwertiger Elternteil fungieren. Häufiger als andere verfügen sie schon über entsprechende Vorerfahrungen mit Eltern- bzw. Erziehungszeiten oder Teilzeitphasen. Zudem reduzieren sie ihre Arbeitszeit im Anschluss an die Elterngeldmonate eher als andere. Sie betonen zudem, dass sie ihre Elterngeldzeit nach familialen Bedürfnissen ausgestaltet haben und nicht vorrangig auf eine Abstimmung des Zeitraums auf ihre beruflichen Aufgaben geachtet haben. Dieser Gruppe gehören 9 % der Elterngeld-Väter aus der Online-Befragung an. Einschätzungen von Befragten aus dieser Gruppe lauten etwa:

„Das hat uns nach hinten den Zeitraum geöffnet, dass der Kleine länger betreut ist."

„[Mein Anspruch:] ... die wirklich harte Linie: wickeln, füttern, Krankheiten und alles was dazu gehört."

4. Die Umgekehrten: Dieser Gruppe gehören Väter an, denen die berufliche Entwicklung ihrer Partnerin ausgesprochen wichtig ist, weil diese möglicherweise die höhere berufliche Qualifikation aufweist und/oder mehr verdient. Sie nutzen daher neun bis zwölf Monate selbst, während die Partnerin nur den kleineren Teil der Monate in Anspruch nimmt. Allerdings nehmen sie im Anschluss keine weitere (unbezahlte) Elternzeit. Diese Väter nutzen die Elterngeldzeit entweder versetzt zur Partnerin (dann eher als Auszeit) oder auch parallel mit ihr (dann eher in Teilzeit). Es ist ihnen überdurchschnittlich wichtig, die Verantwortung für die Familie mit ihren Partnerinnen langfristig zu teilen, und damit auch das berufliche Fortkommen der Partnerinnen zu unterstützen. Sie betonen, dass dies dazu beiträgt, die finanzielle Verantwortung für die Familie in unsicheren Arbeitsmarktzeiten auf beide Partner zu splitten. Die eigene berufliche Karriere spielt für diese Väter eine etwas schwächere Rolle als für andere Vätergruppen. So ist es ihnen zum Teil durchaus angenehm, mit der längeren Elterngeldzeit auch einmal etwas Abstand zum eigenen Beruf/Arbeitsplatz zu erlangen. Sorgen um die eigenen beruflichen Konsequenzen durch die Elterngeldzeit machen sie sich seltener als andere. Dieser Gruppe gehören 6 % der Elterngeld-Väter aus der Online-Befragung an.

„Bei zwei Erwachsenen in der Familie sind das zwei Chancen, den materiellen Bedarf in der Familie zu decken. [... Es wäre doch die] größte Idiotie, wenn wir diese Chance nicht nutzen."

5. Die Familienzentrierten: Dieser Gruppe gehören Väter an, die dem Bereich der Familie auch langfristig in ihrem Leben Priorität einräumen. Sie nutzen ebenfalls zwischen neun und zwölf Elterngeldmonate, kombinieren dies aber noch mit zusätzlicher, unbezahlter Elternzeit im Anschluss. Zudem verfügen sie häufiger als andere auch schon über Vorerfahrungen mit Elternzeit bzw. Erziehungszeit für ein früheres Kind. Für diese Väter ist es im Vergleich zu allen anderen Befragten wichtiger, schon frühzeitig viel Zeit mit dem Kind zu verbringen. Dabei betonen sie, dass dies ihrem eigenen Interesse entspricht und weniger auf den Wunsch der Partnerin zurückgeht. Zudem möchten sie mit ihrer vergleichsweise langen Inanspruchnahme das berufliche Fortkommen ihrer Partnerinnen unterstützen. Ihre Nutzung der Elterngeldmonate erfolgt fast immer versetzt zur Partnerin, mit dem Interesse, ihren Kindern damit eine möglichst lange Zeit der Eigenbetreuung durch die Eltern zu ermöglichen. Im Anschluss an die Elterngeldmonate reduzieren sie dann auch überdurchschnittlich häufig ihre Arbeitszeit. Zugleich ist es Vätern dieser Gruppe jedoch auch auffallend wichtig, trotz der längeren, kombinierten Inanspruchnahme von Elterngeld und Elternzeit ihren Arbeitsplatz nicht gänzlich zu gefährden. Dieser Gruppe gehören 5 % der Elterngeld-Väter aus der Online-Befragung an.

„Sie ist besser im Job als ich. Sie ist wesentlich strukturierter und effizienter und hat bessere Karriereaussichten [...] und es schränkt einen im Mannsein nicht ein."

23.4 Motive für eine Inanspruchnahme der Elterngeldmonate

Auch die Motive für eine Nutzung der Elterngeldmonate fallen vielfältiger aus als gemeinhin angenommen wird. In der Online-Befragung stuften die erwerbstätigen Väter v. a. die familiären Motive als „sehr wichtig" oder „wichtig" für ihre Entscheidung zugunsten einer eigenen Elterngeldzeit ein, während die beruflichen Motive von etwas schwächerer Bedeutung waren (◘ Abb. 23.1). Die größte Bedeutung haben das Interesse am Kind sowie die gegenüber der Partnerin empfundene Verantwortung.

Auf der Basis der qualitativen Interviews lassen sich die Motive der Väter noch differenzierter beschreiben. Sie sind auf vier unterschiedlichen Ebenen angesiedelt: Familienleben, Partnerin, Kind und Vater selbst. Bezogen auf das gemeinsame Familienleben geht es den Elterngeld-Vätern um dreierlei, wenn sie die Elterngeldmonate für sich in Anspruch nehmen: a) Vielen geht es zunächst nur um das Erleben einer schönen, befristeten, gemeinsamen Familienzeit mit Frau und Kind(ern), für andere b) steht die Neuorganisation des gemeinsamen Familienalltags nach der Geburt des neuen Familienmitglieds im Vordergrund. Bei einigen Wenigen war c) das Ziel einer dauerhaften Prioritätenverlagerung – weg

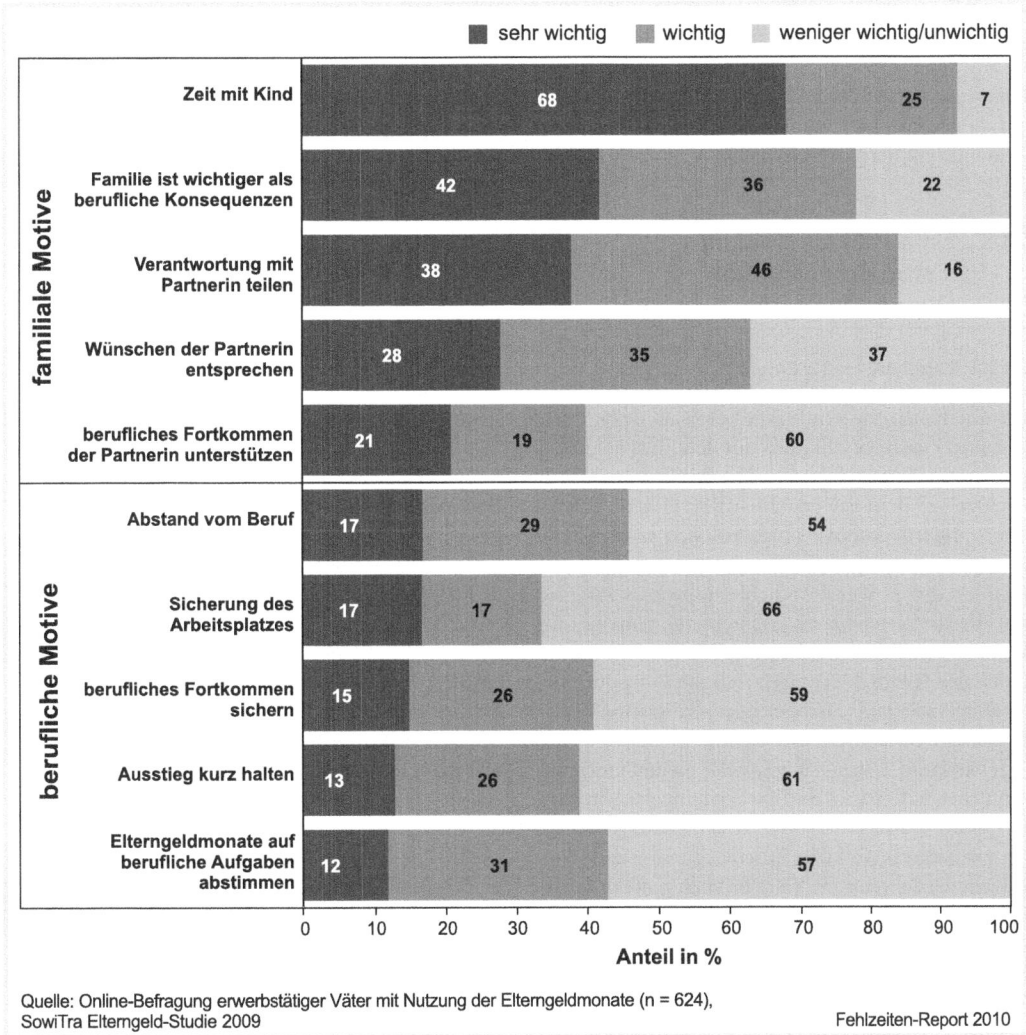

◘ **Abb. 23.1** Motive für die Inanspruchnahme der Elterngeldmonate (EGM) von Vätern (2008)

vom Beruf, hin zum Familienleben – handlungsleitend. Auch die Partnerin stellt einen für das Handeln der Väter zentralen Bezugspunkt dar. Ein Teil der Väter möchte a) die Partnerin in der Familienphase (und insbesondere nach den Anstrengungen der Geburt) temporär entlasten, andere b) verfolgen mit ihrer Nutzung den Anspruch, die Partnerin bei der Rückkehr in ihre Berufstätigkeit zu unterstützen und diesen Übergang mit abzufedern. Als drittes wesentliches Motiv für die Entscheidung der Väter erweist sich die Beziehung zum neu geborenen Kind. Ein Teil der Väter möchte a) mit der Nutzung der Elterngeldzeit die Vater-Kind-Beziehung von Anfang an stärken, andere Väter gehen noch etwas weiter und formulieren b) die Absicht sich dauerhaft als gleichwertiger Elternteil neben der Mutter zu etablieren. Und schließlich fokussiert sich ein Teil der Nutzungsinteressen auch auf die *Väter* selbst: Einige wenige Väter wollen a) die Gelegenheit nutzen, um die Elterngeldzeit als „Urlaub" zu nutzen, andere b) wollen auf diesem Weg einen für sie dringenden temporären Abstand zum Beruf verwirklichen.

23.5 Einflussfaktoren auf die Inanspruchnahme von Elterngeldmonaten

23.5.1 Familiale Faktoren

Familienbezogene Einflussfaktoren nehmen einen besonders wichtigen Einfluss auf den Entscheidungsprozess der Väter, wenn sie sich – häufig bereits viele Monate vor dem gewünschten Beginn der eigenen Elterngeldzeit – mit der Frage befassen, ob sie ein bis zwei „Partnermonate" oder mehr Monate in Anspruch nehmen wollen. Der Entscheidungsprozess wird von fast allen befragten Vätern als intensiver, gemeinsamer Diskussionsprozess mit der Partnerin geschildert. Die familialen Faktoren erweisen sich meist als noch bedeutungsvoller und entscheidender als die betrieblichen Faktoren. Relevant sind im Einzelnen:

Finanzielle Situation der Familie: Sie übt einen wesentlichen Einfluss auf die Entscheidung der Väter aus. Der Charakter als Einkommensersatzleistung setzt dabei einen starken positiven Anreiz zugunsten einer Nutzung durch die Väter. Die Väter rechnen gemeinsam mit ihren Partnerinnen den möglichen Einkommensverlust während der Elterngeldzeit durch und prüfen, wie viele Elterngeldmonate sich die Familie leisten kann und will. Auch die generelle Nicht-Nutzung wäre für viele Väter aber gleichbedeutend mit einer Art finanziellen „Verlustes", weil die Einkommensersatzleistung dann quasi „verschenkt" würde.

Berufstätigkeit der Partnerin: Ein zentraler Aspekt für die Entscheidung ist die berufliche Situation der Partnerin. Hier spielen neben Jobzufriedenheit, Arbeitsmarktchancen und Karrieremöglichkeiten der Partnerin auch die Einkommens- und Karriererelation beider Partner zueinander eine wichtige Rolle. Relevant sind auch terminliche Aspekte, wann die Partnerin am günstigsten wieder an den Arbeitsplatz zurückkehren kann/will oder wann sie eine neue Stelle antreten muss/will.

Eigene Geschlechter- und Familienvorstellungen: Die grundlegenden normativen Vorstellungen des Paares darüber, ob und wie lange Säuglinge vorrangig die Mutter als Betreuungsperson brauchen bzw. zu welchen Anteilen Frau und Mann welche anfallenden Care-Arbeiten übernehmen können/sollten, entscheiden mit über die Dauer der väterlichen Elterngeldzeit. Hiervon beeinflusst wird auch die Frage, ob sich der Vater zutraut, allein zu Hause die Betreuung zu übernehmen (versetzt zur Partnerin), oder ob er seine Elterngeldmonate lieber parallel zur Partnerin nimmt.

Betreuungsmöglichkeiten für Kinder: Neben der Überzeugung, ab wann das eigene Kind überhaupt in einer Einrichtung (oder durch dritte Personen) betreut werden soll, nehmen hier v. a. die vorhandenen Kinderbetreuungsangebote im Wohnumfeld sowie deren Kosten und Qualität Einfluss auf die Entscheidung.

Soziale Netzwerke: Wenn die Eltern am Wohnort nur eingeschränkt oder gar nicht auf ein unterstützendes Betreuungsnetzwerk aus Familie oder Freunden zurückgreifen können, ist es umso wichtiger, dass der Vater eine stärkere Rolle als Betreuer des Kindes wahrnimmt. In solchen Fällen nehmen beide Eltern vergleichsweise mehr Elterngeldmonate in Anspruch.

Informationsstand: Gerade weil nur wenige Väter bisher auf eine professionelle Elterngeldberatung zurückgreifen (können), kommt es immer noch zu Wissensdefiziten. Auf dieser Basis entscheiden sich viele Männer für Standardlösungen, da ihnen die mögliche Optionsvielfalt, insbesondere was die Kombination von Elterngeldzeit mit Teilzeit oder was den Wechselturnus zwischen den Partnern betrifft, nicht bekannt ist.

23.5.2 Betriebliche Faktoren

Wenn auch mit deutlich geringerem Gewicht, werden neben den familialen auch die betrieblichen Faktoren von den Elterngeld-Vätern als relevant erlebt. Fast alle Väter machen sich Gedanken darüber, wie Betrieb, Vorgesetzte und Kollegen auf ihre Entscheidung reagieren werden und sie suchen rechtzeitig nach kompromissorientierten Lösungen. Unterschiedlich gewichtet wird von ihnen allerdings die Frage, ob und wie stark betriebliche Aspekte gegebenenfalls den familialen Belangen Vorrang einräumen müssen.

Betriebskultur: Die Väter registrieren sehr aufmerksam, wie offen die Stimmung im Betrieb gegenüber Familie und Fürsorgeaufgaben ist. Wo vorhanden, beziehen sie sich explizit auf vorhandene familienorientierte Unternehmensleitbilder oder Selbstverpflichtungen. Als hinderlich wird eine ausgeprägte betriebliche Anwesenheitskultur empfunden, während eine flexible, ergebnisorientierte Arbeitskultur sich als unterstützend erweist.

Betriebsgröße und -branche: Die Nutzungsbedingungen im öffentlichen Dienst sowie die in größeren Organisationen werden vergleichsweise als günstiger beurteilt als die in privaten Unternehmen oder in kleineren Organisationen. Auffallend ist, wie stark sich die Nutzungsbedingungen selbst zwischen Abteilungen oder Teams des gleichen Unternehmens unterscheiden können, denn: wegweisend ist jeweils die Haltung des direkten Vorgesetzten.

Arbeitsbereich und Aufgabenspektrum: Tendenziell günstiger für eine mehrmonatige Abwesenheit, wie die der Elterngeldzeit, ist eine Tätigkeit, die keine tagtägliche Anwesenheit erfordert und die auch vertreten oder umverteilt werden kann. Führungskräfte, die selbst Elterngeldmonate genutzt haben, betonen ihren vergleichsweise höheren Handlungs- und Gestaltungsspielraum, welcher ihnen eine Inanspruchnahme im Vergleich zu anderen Beschäftigten sogar erleichtert hat.

Abwesenheitszeiten: Die Möglichkeit, die elterngeldbedingte Abwesenheit organisieren zu können, ist der Dreh- und Angelpunkt für die Nutzungsentscheidung der Väter. Meist besteht in den Betrieben keine geregelte Vertretungslösung, was den Gestaltungsspielraum der Väter einschränkt. Dort, wo hingegen flexible Arbeitsformen bekannt sind und geregelte Vertretungsformen existieren, sind die Betriebe deutlich besser aufgestellt für die Organisation von Elterngeldzeiten.

Personalpolitische Akteure: Von den Personalabteilungen, Betriebs- bzw. Personalräten sowie Gleichstellungsbeauftragten fühlt sich die Mehrheit der Elterngeld-Väter nur mäßig unterstützt, wobei die Personalabteilungen noch am günstigsten beurteilt werden. Betriebs- und Personalräte bzw. Gleichstellungsbeauftragte sind häufig nicht proaktiv tätig, sondern schalten sich erst ein, wenn sich im Einzelfall massive Konflikte abzeichnen.

Kollegen und Vorgesetzte: Die stärkste Unterstützung erhalten Elterngeld-Väter vonseiten der weiblichen Kolleginnen. Die Unterstützung anderer Väter und weiterer männlicher Kollegen fällt deutlich schwächer aus. Am schlechtesten schneiden die Vorgesetzten ab: Nur jeder dritte Vorgesetzte wurde als deutlich unterstützend erlebt. Interessanterweise erhalten die (Semi-)Paritätisch ausgerichteten Elterngeld-Väter die insgesamt geringste Unterstützung im Betrieb.

23.6 Nachhaltige Effekte

Generell wird die Elterngeldzeit – und der damit verbundene engere Kontakt zum Kind – von den Vätern fast ausnahmslos als persönlicher Gewinn bewertet, meist sogar dann, wenn auf dem Weg zur Nutzung zunächst betriebliche Schwierigkeiten gemeistert werden mussten. Diejenigen Väter, die ihren Wunsch nach einer Elterngeldzeit auch tatsächlich realisieren konnten, bewerten die beruflichen Konsequenzen dieser Auszeit dann auch vergleichsweise günstig. Für die Mehrheit von ihnen hat sich die berufliche Situation nach der Rückkehr aus der Elterngeldzeit nicht verändert (◘ Abb. 23.2). So gut wie alle Elterngeld-Väter würden erneut eine Elterngeldzeit in Anspruch nehmen, viele dann sogar länger als bisher.

Zugleich hat sich unsere Ausgangshypothese, dass die Elterngeldzeit nicht spurlos an den Vätern vorbei geht und sie hinterher zumindest graduell „verändert" wieder an den Arbeitsplatz zurückkehren, durchaus bestätigt. Die Beziehung zum Kind, der Zusammenhalt mit der Partnerin, die Familie insgesamt gewinnt für sie in der Elterngeldzeit und darüber hinaus an Bedeutung. Dies impliziert für eine Mehrheit der befragten Väter durchaus nachhaltige Verhaltensänderungen: Die Väter weisen nicht nur zu Hause ein größeres Interesse auf, sich an Kinderbetreuung und Familienaufgaben zu beteiligen, sondern sie vertreten diese Interessen in der Folge auch offener am Arbeitsplatz. Viele der befragten Väter nutzen die im Betrieb bereits vorher vorhandenen Möglichkeiten einer flexiblen Arbeitszeitgestaltung nun stärker familienorientiert. Sie schöpfen Gleitzeitspannen aus und passen die Arbeitszeitlage an die Alltagsrhythmen der Familie an, etwa um morgens die Kinder noch in den Kindergarten zu bringen, oder machen an anderen Tagen gezielt Feierabend, um die Kinder wieder abzuholen. Andere Väter schränken die Anzahl ihrer Überstunden ein oder hinterfragen die Notwendigkeit, familienunfreundliche Abend-, Wochenendtermine oder häufige Dienstreisen wahrzunehmen zu müssen. Viele kritisieren überlange Arbeitszeiten und

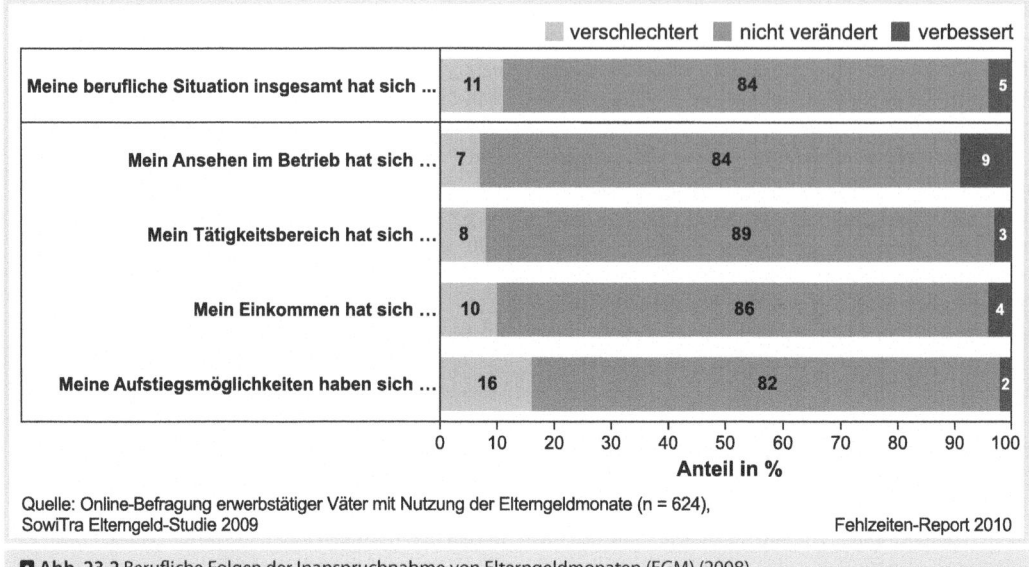

Abb. 23.2 Berufliche Folgen der Inanspruchnahme von Elterngeldmonaten (EGM) (2008)

immerhin jeder fünfte Elterngeld-Vater (19 %) verkürzt unmittelbar im Anschluss an die Elterngeldmonate (vorübergehend) die vertragliche Arbeitszeitdauer.

Einige Väter formulieren explizit, dass sie ihre bisherige Prioritätensetzung revidiert haben, in welcher die Erwerbsarbeit unangefochten den ersten Platz einnahm. Jetzt erscheint es ihnen vielmehr wünschenswert, eine angemessene Balance zwischen den Lebensbereichen zu finden, auch wenn sie dafür der Erwerbsarbeit Grenzen setzen müssen. Sie distanzieren sich von einem „Arbeiten ohne Ende", wie es vorher viele praktiziert haben:

„Zu viel Arbeit ist eigentlich immer da. Wir haben immer viel zu tun. Natürlich ist es besser, wenn ich 50 Stunden da bin, besser als 30 Stunden, aber man muss halt gucken, dass man die Prioritäten anders setzt."

Eine Reihe der befragten Väter macht zudem die Erfahrung, dass ihre geänderte Sichtweise und die neuen Erfahrungshorizonte auch durchaus positiv auf ihre Arbeit zurückwirken.

„Aber die Distanz finde ich irgendwie gesund [lacht]. Das hilft einem [...] also ich sehe das alles mit ein bisschen mehr Distanz, und teilweise, wenn es brenzlig wird, reagiere ich jetzt besser."

Zudem entwickeln die Elterngeld-Väter mehr Verständnis und Respekt gegenüber solchen weiblichen Kolleginnen, die täglich die Doppelbelastung von Beruf und Kindererziehung bewältigen. Dies hat zur Folge, dass sie etwa Teilzeitarbeit von Kolleginnen inzwischen anders bewerten und diesen Respekt auch offen und anerkennend kommunizieren, was sich positiv auf Arbeitsbeziehungen und Abteilungsklima auswirkt. Die befragten Elterngeld-Väter erleben und schätzen, dass die eigene Elterngeldzeit den Anstoß dafür geben kann, am Arbeitsplatz auch unter männlichen Kollegen über solche Themen wie Kindererziehung, Familie oder die eigene Vaterrolle ins Gespräch zu kommen. Von den Kollegen oder Vorgesetzten als „ganzer Mensch" mit Kindern bzw. Fürsorgeverpflichtungen wahrgenommen zu werden, etwa im Rahmen einer kleinen Feierstunde anlässlich der Geburt, wird von den befragten Vätern ausgesprochen positiv begrüßt.

23.7 Schlussfolgerungen

Die historisch gewachsenen Muster geschlechtsspezifischer Arbeitsteilung haben Männer bislang sehr einseitig auf die Sphäre der Berufsarbeit festgelegt. Sowohl mit der Art und Weise, wie sich Männer auf Erwerbsarbeit beziehen, als auch mit den Bedingungen, unter denen sie Erwerbsarbeit leisten, gehen Belastungen und gesundheitliche Risiken einher. Jedoch wollen immer mehr Männer sich nicht mehr ausschließlich auf die Sphäre der Erwerbsarbeit festlegen lassen. Will man diese Entwicklung fördern, gilt es, Männer dabei zu unterstützen, sich stärker als bisher auch über Fürsorgearbeiten zu identifizieren. Dies bedeutet, partnerschaftliche Lösungen zur Vereinbarkeit von beruflichem und außerberuflichem Leben zu befördern. So muss beispielsweise (erwerbstätigen) Eltern die Möglichkeit zur umfassenden Kinderbetreuung gegeben und einseitige, gesundheitliche Dauerbelastungen für beide vermieden werden. Die noch immer verbreitete Ausblendung von Familie, Kindern und Fürsorgeverpflichtungen von Männern/Vätern aus der Arbeitswelt steht sowohl dem Ziel einer Humanisierung der Arbeitswelt als auch dem einer gesellschaftlichen Gleichstellung von Frau und Mann im Wege. Zudem entspricht eine solche Ausblendung auch nicht mehr den Wünschen der Elterngeld-Väter, die sich vielmehr eine stärkere Berücksichtigung ihrer Vaterrolle und ihrer väterlichen Fürsorgeaufgaben auch im Betrieb wünschen.

Die Projektergebnisse sprechen dafür, dass dem neuen Elterngeldgesetz durchaus ein „Türöffner"-Potenzial für eine bessere, gesündere und geschlechtergerechte Arbeitsgestaltung innewohnt, da gerade die Väter, die schon eigene Erfahrung mit der Elterngeldzeit gemacht haben, ein durchaus hohes Interesse an kürzeren und familienorientierten Arbeitszeiten, an Telearbeit oder stärker mitbestimmten Arbeitsformen formulieren. Zudem konstatieren Väter wie betriebliche Experten im Rahmen unserer Befragungen mehrheitlich, dass der betriebliche Alltag mit der stärkeren Inanspruchnahme der Elterngeldmonate durch die Väter bereits angefangen hat, sich zu verändern. Die Interessen der Väter stoßen in den von uns betrachteten Untersuchungsbetrieben arbeitsorganisatorische Veränderungen an, wie etwa die Einführung von alternierender Telearbeit oder die Etablierung von Teilzeitarbeit für Männer. Dies hat in der Folge bereits zum Abbau bisher bekannter Stigmatisierungen geführt:

„Bis hin zur Geschäftsführung lässt sich sagen, dass diese einen Wandel erkennt und sich dazu bekennt, dass dies mehr und mehr ein Männerthema ist." (Gleichstellungsbeauftragte)

„Die werden nicht stigmatisiert. Früher war Elternzeit immer so ein bisschen: ‚Guck mal den an, der muss daheim Windeln wechseln.' Das hatte so etwas... Das Negativimage ist jetzt ganz weg." (Betriebsrat)

Diese Ansätze gilt es, u. a. über die politische Weiterführung einer von Vater und Mutter partnerschaftlich genutzten Elterngeldregelung, weiter zu befördern.

Literatur

BMFSFJ – Bundesministerium für Familie, Senioren, Frauen und Jugend (2005) Siebter Familienbericht. Familie zwischen Flexibilität und Verlässlichkeit. Berlin

Fthenakis W, Minsel B (2002) Die Rolle des Vaters in der Familie. Schriftenreihe des Bundesministerium für Familie, Senioren, Frauen und Jugend, Bd 213, Kohlhammer, Stuttgart Berlin Köln

Dilger A, Gerlach I, Schneider H (2007) Betriebliche Familienpolitik. Potenziale und Instrumente aus multidisziplinärer Sicht. VS Verlag, Wiesbaden

Döge P (2007) Männer – auf dem Weg zu aktiver Vaterschaft. Aus Politik und Zeitgeschichte 07:27–32

Gille M, Marbach J (2004) Arbeitsteilung von Paaren und ihre Belastung mit Zeitstress. In: Statistisches Bundesamt (Hrsg) Alltag in Deutschland. Analysen zur Zeitverwendung. Forum der Bundesstatistik, Bd 43, Wiesbaden, S 86–113

Jurczyk K (2005) Work-Life-Balance und geschlechtergerechte Arbeitsteilung. Alte Fragen neu gestellt. In: Seifert H (Hrsg) Flexible Zeiten in der Arbeitswelt. Campus, Frankfurt New York, S 102–123

Klenner C (2007) Familienfreundliche Betriebe – Anspruch und Wirklichkeit. Aus Politik und Zeitgeschehen 34:17–25

Klenner C, Pfahl S (2005): Stabilität und Flexibilität. Ungleichmäßige Arbeitszeitmuster und familiale Arrangements. In: Seifert H (Hrsg) Flexible Zeiten in der Arbeitswelt. Campus, Frankfurt New York, S 124–168

Wippermann C, Calmbach M, Wippermann K (2009) Männer: Rolle vorwärts, Rolle rückwärts? Verlag Barbara Budrich, Opladen

Kapitel 24

Die Dimension ‚sexuelle Orientierung' im Kontext von (Anti-)Diskriminierung, Diversity und betrieblicher Gesundheitspolitik

A. LOSERT

Zusammenfassung. *Die ‚sexuelle Orientierung' wird zunehmend als Dimension diskutiert, die im Diskurs um Unternehmenskultur und soziale Beziehungen am Arbeitsplatz berücksichtigt werden muss. Der vorliegende Artikel stellt anhand aktueller Studien die Situation nicht-heterosexueller Beschäftigter am Arbeitsplatz dar und thematisiert gesundheitliche Auswirkungen eines nicht-offenen Umgangs mit der ‚sexuellen Orientierung' im sozialen Arbeitsumfeld. Nach einer Erörterung der Einbindung dieser Dimension in das Konzept Diversity Management werden Gemeinsamkeiten zwischen Betrieblichem Gesundheitsmanagement (BGM) und Diversity Management (DiM) angesprochen. Es wird festgehalten, dass erst durch eine betriebliche Gesundheitspolitik, die auch Diversity-Aspekte berücksichtigt und von allen betrieblichen Akteuren getragen wird, eine Veränderung der Unternehmenskultur hin zu einem offeneren Umgang mit Vielfalt erreicht werden kann.*

24.1 Einleitung

In den letzten Jahren ist die ‚sexuelle Orientierung'[1] als gesellschaftliches Thema sowohl in den Medien als auch in der Wissenschaft deutlich präsenter geworden. Das Lebenspartnerschaftsgesetz (LPartG) von 2001, die Aufnahme der ‚sexuellen Identität' als geschütztes Merkmal im Allgemeinen Gleichbehandlungsgesetz (AGG) 2006 sowie Initiativen, den Artikel 3 im Grundgesetz um diese Dimension zu ergänzen, haben als Maßnahmen der Gleichstellung und Antidiskriminierung daran einen großen Anteil. Ein Fokus der gesellschaftlichen Veränderungen liegt v. a. auf der Arbeitswelt. So hat das AGG vorwiegend arbeitsrechtliche Konsequenzen und mit dem Managementinstrument Diversity Management, das auch in Deutschland zunehmend umgesetzt wird, erlangt die ‚sexuelle Orientierung' den Status einer sogenannten Kerndimension von Vielfalt. Doch was heißt das für den betrieblichen Arbeitsalltag? Wie sieht die Situation nicht-heterosexueller Beschäftigter aus und hat diese etwas mit gesundheitlichen Aspekten zu tun? Gibt es Verbindungen zwischen Diversity Management und betrieblicher Gesundheitspolitik, die es erleichtern könnten, mit der ‚sexuellen Orientierung' im Arbeitsumfeld umzugehen? Da es bisher noch keine wissenschaftliche Studie mit diesem Fokus gibt, möchte der folgende Artikel unter diesen Fragestellungen verschiedene Forschungsergebnisse zusammenführen und Anregungen zur weiteren Auseinandersetzung mit dem Thema bieten.

---

[1] Die Dimension ‚sexuelle Orientierung' wird wie andere Dimensionen der Vielfalt in Anführungsstriche gesetzt, um präsent zu machen, dass ich diese Einordnungen als sozial konstruierte Strukturkategorien verstehe.

24.2 Die Dimension ‚sexuelle Orientierung' am Arbeitsplatz

Die ‚sexuelle Orientierung' im Zusammenhang mit dem sozialen Umfeld Arbeitsplatz wurde zunächst seit Mitte der 1970er Jahre vereinzelt in gewerkschaftlichen, wissenschaftlichen und politischen Kontexten als Thema aufgegriffen. Erst durch die o. g. Entwicklungen ist sie in den letzten Jahren intensiver diskutiert worden. Da sich die Bearbeitung des Themas v. a. auf Homosexualität in der Arbeitswelt fokussiert[2,] wird dieser Schwerpunkt im Folgenden übernommen und v. a. die Situation von lesbischen und schwulen Arbeitnehmer/innen[3] beleuchtet.

24.2.1 Aktueller Forschungsstand zur Situation homosexueller Arbeitnehmer/innen

Als Schwerpunkte der wissenschaftlichen Studien zu diesem Thema[4] lassen sich der Umgang mit der eigenen Lebensform am Arbeitsplatz sowie die Diskriminierungserfahrungen lesbischer und schwuler Arbeitnehmer/innen identifizieren. Die erste umfassende Erhebung wurde von Knoll et al. 1997 unter dem Titel „Grenzgänge. Lesben und Schwule in der Arbeitswelt" veröffentlicht. Von den für diese Studie befragten 2.522 Schwulen und Lesben geben 28 % an, ihre Homosexualität am Arbeitsplatz komplett zu verschweigen und weitere 38,8 % haben sich nur einigen bzw. wenigen Kolleg/innen gegenüber geoutet[5]. Insgesamt 81 % der Befragten geben an, im Arbeitsleben mindestens einmal aufgrund ihrer ‚sexuellen Orientierung' diskriminiert worden zu sein (Knoll et al. 1997). 2007 wurden erneut 2.230 schwule und lesbische Beschäftigte zu ihrer Situation am Arbeitsplatz befragt, von denen 10,1 % ihre ‚sexuelle Orientierung' am Arbeitsplatz komplett verschweigen und 41,8 % nur mit wenigen Kolleg/innen offen darüber sprechen. Somit haben sich immer noch mehr als die Hälfte der Befragten (51,9 %) dafür entschieden, ihre ‚sexuelle Orientierung' den meisten oder allen Arbeitskolleg/innen gegenüber zu verheimlichen. Darüber hinaus geben 77,5 % der Schwulen und Lesben an, am Arbeitsplatz mindestens eine Form der Diskriminierung oder Benachteiligung aufgrund ihrer ‚sexuellen Orientierung' erfahren zu haben (Frohn 2007). Die Zahlen machen deutlich, dass es trotz weitreichender rechtlicher und gesellschaftlicher Veränderungen in Deutschland zwar eine leichte Entwicklung zum offeneren Umgang mit Homosexualität am Arbeitsplatz gegeben hat, die Situation nicht-heterosexueller Arbeitnehmer/innen jedoch nach wie vor häufig von Geheimhaltung und Diskriminierungserfahrungen geprägt ist.

Ergänzend zu diesen quantitativen Studien wurde in qualitativen Arbeiten der Umgang homosexueller Arbeitnehmer/innen mit ihrer Lebensform am Arbeitsplatz genauer untersucht. So benennt Maas (1999) anhand von Interviews mit schwulen Führungskräften sieben verschiedene Strategien für den Umgang mit Homosexualität am Arbeitsplatz. Diese reichen von der Vortäuschung einer heterosexuellen Lebensweise über die Vermeidung privater Themen am Arbeitsplatz bis hin zu einer völligen Offenlegung des Privatlebens. Maas verweist jedoch darauf, dass es sich bei den Strategien nicht um eine starre Typologie handle, sondern vielmehr situationsbezogen die jeweils passende Umgangsweise gewählt werde. Auch eine qualitative Studie über lesbische Angestellte bestätigt diese Ergebnisse und weist nach, dass der Umgang mit Nicht-Heterosexualität am Arbeitsplatz ein dauerhafter Prozess ist. Die interviewten Frauen setzen für sich selbst aufgrund von Einschätzungen des Arbeitsumfeldes, der Kolleg/innen, der Unternehmenskultur, der Branche des Betriebs sowie auf der Grundlage bisheriger Erfahrungen und Befürchtungen Handlungsspielräume fest, die ebenfalls von totaler Geheimhaltung bis völliger Offenheit reichen. Diese stellen dann den Rahmen für die jeweils individuellen Handlungsweisen und das Kommunikationsverhalten dar (Losert 2004). Deutlich wird in beiden Studien, dass v. a. die Frage: „Wem erzähle ich was?" – also das „Informations-Management" (Maas 1999) – eine dauerhafte Herausforderung für schwule und lesbische Arbeitnehmer/innen ist.

---

2 Umfassend betrachtet gehören neben der Homosexualität auch die (vermeintliche Norm) Heterosexualität, Bisexualität oder andere nicht-heterosexuelle Orientierungen als Ausprägungen zur Dimension ‚sexuelle Orientierung'.

3 Auf ausdrücklichen Wunsch der Autorin wird in diesem Beitrag auf die in diesem Buch aus Gründen der besseren Lesbarkeit verwendete sprachliche Regelung der männlichen Schreibweise verzichtet.

4 Auf eine Erläuterung der Methodik wird aus Platzgründen an dieser Stelle verzichtet (vgl. hierzu z. B. Knoll et al. 1997; Losert 2009); zum Überblick der wissenschaftlichen Bearbeitung des Themas vgl. Losert 2004, 2007.

5 Der Begriff Outing (Verb: sich outen) bezeichnet als eingedeutschter Begriff die Praxis, seine nicht-heterosexuelle Lebensform im eigenen sozialen Umfeld öffentlich zu machen.

24.2.2 Informations-Management als Herausforderung am Arbeitsplatz

Im Gegensatz zu anderen Merkmalen, aufgrund derer im Alltags- und Arbeitsleben Benachteiligung und Diskriminierung erfahren wird (z. B. Hautfarbe, Geschlecht, sichtbare Behinderung) wird die ‚sexuelle Orientierung' als „nicht-sichtbares" Identitätsmerkmal (Beatty u. Kirby 2006) gefasst. In unserer Gesellschaft gilt Heterosexualität als Norm, sodass zumeist so lange vorausgesetzt wird, dass jemand heterosexuell ist, bis er oder sie etwas anderes offenbart und damit riskiert, als abweichend von einer vermeintlichen gesellschaftlichen Norm wahrgenommen zu werden. Aufgrund dieser sogenannten Heteronormativität werden beispielsweise Gespräche über heterosexuelle Partnerschaften und Kinder oder das Zeigen von Heterosexualität (Ehering, Familienfoto) als „normales" soziales Miteinander unter Kolleg/innen eingestuft und nicht hinterfragt, während Gespräche über gleichgeschlechtliche Beziehungspartner/innen häufig als sexuell und damit nicht angemessen am Arbeitsplatz eingestuft werden. Nicht-heterosexuelle Arbeitnehmer/innen müssen demnach ständig entscheiden, welche ihrer Kolleg/innen über ihr Privatleben (nicht) Bescheid wissen sollen und ob sie negative Reaktionen ihres Umfeldes auf ein Gespräch über ihr Privatleben riskieren. Ein Zitat aus einem Interview mit einem schwulen Beschäftigten der Finanzdienstleistungsbranche macht dies deutlich:

„Und es gibt immer wieder Situationen, ... weiß ich nicht, man kommt montags in das Unternehmen, ‚Und was hast du am Wochenende gemacht', und so weiter, so das Typische ... wo man allein schon Energie aufwendet, dreimal zu überlegen, ja wie erzählst' es nun?"[6]

Der Fokus liegt also bei dem „nicht-sichtbaren" Merkmal ‚sexuelle Orientierung' auf der permanenten und energieaufwändigen Überwachung der eigenen Kommunikation – dem sogenannten Informations-Management (Clair et al. 2005), also der Entscheidung, wie viel man von sich preisgibt. Wie bereits in den o. g. qualitativen Studien gezeigt, muss diese Entscheidung immer wieder neu getroffen werden und ist u. a. von der Einschätzung des sozialen Umfelds am Arbeitsplatz abhängig. Aber auch kontextuelle Faktoren die gesamte Organisation betreffend, wie z. B. die Branche oder das Arbeitsklima, führen – wenn sie positiv eingeschätzt werden – zu einem offeneren Umgang mit der eigenen Homosexualität am Arbeitsplatz (vgl. auch Köllen 2010). Werden soziale und organisationale Bedingungen eher ungünstig eingeschätzt, befürchten nicht-heterosexuelle Beschäftigte negative Konsequenzen auf ein Outing und wählen eher Strategien, sich im Kolleg/innenkreis nicht zu offenbaren. Frohn (2007) belegt, dass diese Befürchtungen bei einem Großteil der am Arbeitsplatz nicht-offen-lebenden Schwulen und Lesben vorhanden sind. Nur knapp über die Hälfte (51,2 %) der befragten „verschlossen Lebenden" erwartet im Falle eines Outings ein „Ausmaß an Akzeptanz" durch ihr Umfeld von mehr als 70 %. Über ein Viertel der Befragten geht sogar von einer Akzeptanz von weniger als 50 % aus. Diese Befürchtungen und die permanente Notwendigkeit eines Informationsmanagements bleiben nicht ohne Folgen auf die Gesundheit, wie das folgende Kapitel zeigen wird.

24.2.3 ‚Sexuelle Orientierung' und Gesundheit

Den ständigen Prozess des Informations-Managements bei nicht komplett am Arbeitsplatz offen lebenden Schwulen und Lesben belegt Frohn (2007), wenn er feststellt, es „müssen sich zwischen 40 und 60 % der Befragten – ihrer Einschätzung nach – über einige Dinge mehr Gedanken machen als ihre heterosexuellen Kollegen/innen". Zu diesen „Dingen" gehören u. a. die Fragen, was aus dem Privatleben erzählt werden kann (Wochenende, Partnerschaft etc.), welche Symbole am Arbeitsplatz gezeigt werden können (z. B. Bilder, Aufkleber) oder über welche besuchten kulturellen Veranstaltungen gesprochen werden darf. Frohn stellt anhand statistischer Zusammenhänge fest, dass homosexuelle Arbeitnehmer/innen umso mehr „Ressourcen bzw. Kapazitäten" in diese Selbstüberwachung stecken müssen, je verschlossener sie am Arbeitsplatz leben. Diese kognitiven und emotionalen Prozesse des Informations-Managements und der oben beschriebenen dauerhaft präsenten Befürchtungen für den Fall eines Outings können die nicht-heterosexuellen Beschäftigten sehr belasten. Das wird von den Betroffenen jedoch häufig erst im Nachhinein wahrgenommen, wie das folgende

---
6 Interview aus dem Material zu Losert 2009. Für dieses Promotionsprojekt wurden in drei Unternehmen der Finanzdienstleistungsbranche, die Diversity Management implementiert haben, qualitative Interviews mit Beschäftigten, Betriebsrät/innen und Diversity-Verantwortlichen geführt. Mittels Grounded Theory konnte der Blick der Arbeitnehmer/innen und ihrer Interessenvertretung auf dieses Managementinstrument exploriert werden. Die Dissertation wurde unter dem Titel „Perspektiven auf Diversity Management: Beschäftigte – Betriebsrat – Management" im Oktober 2009 an der Universität Hamburg (Institut für Soziologie) eingereicht.

Interviewzitat eines inzwischen am Arbeitsplatz offen lebenden schwulen Arbeitnehmers zeigt:

„Man hat zum größten Teil mich so akzeptiert, wie ich bin, und das war ‚n schönes Gefühl. Das war wirklich ‚n schönes Gefühl. Es ist wirklich eine, eine (betont:) Last von meinen Schultern runter gefallen, die nicht unerheblich war, die mich auch wirklich gebremst hat."[7]

Das soziale Umfeld am Arbeitsplatz sowie das Verhältnis von Erwerbsarbeit und anderen Lebensbereichen können nach Wülser und Ulich (2009) bei allen Arbeitnehmer/innen als Stressoren wirken, die psychische Belastungen sowie gesundheitliche Beanspruchungs- und Stressfolgen auslösen. Blickt man nun auf nicht-heterosexuelle Beschäftigte, die ihre ‚sexuelle Orientierung' am Arbeitsplatz nicht offen leben (können), so werden genau diese Stressoren wirksam. Demzufolge überrascht es nicht, dass in Bezug auf (teilweise) verschlossen lebende, homosexuelle Beschäftigte statistisch eine höhere psychosomatische Belastung sowie mehr somatische Beschwerden nachgewiesen werden als bei offen Lebenden (Frohn 2007). Kaszinski (2000) stellt fest: „Wenn Menschen für sie wesentliche Anteile ihrer Persönlichkeit nicht leben können, kann diese Unterdrückung zu innerer Kündigung und Krankheit führen." Zusätzlich sind gesundheitliche – v. a. psychosomatische – Belastungen bei aufgrund ihrer ‚sexuellen Orientierung' diskriminierten homosexuellen Beschäftigten deutlich höher als bei nicht-heterosexuellen Arbeitnehmer/innen, die sich nicht diskriminiert fühlen (Schneeberger et al. 2002, Frohn 2007)

Neben den rechtlich gebotenen Antidiskriminierungsaufgaben im Betrieb (v. a. aus dem AGG) gibt es also auch gesundheitsbezogene Argumente, die dafür sprechen, die Dimension ‚sexuelle Orientierung' am Arbeitsplatz aktiv zu bearbeiten. Es gilt v. a., durch entsprechende betriebliche Maßnahmen die Rahmenbedingungen wie z. B. das Unternehmensklima zu verändern, um eine positivere Einschätzung und damit eine belastungsfreie Entscheidung für oder gegen eine Offenlegung der eigenen ‚sexuellen Orientierung' am Arbeitsplatz zu ermöglichen. Diversity Management und betriebliche Gesundheitspolitik bieten hierfür Ansatzpunkte, wie im Folgenden gezeigt werden soll.

24.3 Die Dimension ‚sexuelle Orientierung' im Diversity Management

Diversity Management als Unternehmenskonzept zum Umgang mit u. a. personeller Vielfalt findet seit ca. Ende der 1990er Jahre zunehmend Anwendung v. a. in Großunternehmen sowie Eingang in die wissenschaftliche Diskussion (zum Konzept s. Krell in diesem Band). Die Diversity-Dimension ‚sexuelle Orientierung' ist dabei jedoch einer der wenig bearbeiteten Diversity-Faktoren und wird erst seit einigen Jahren intensiver beleuchtet (vgl. Frohn 2007, Losert 2007, Köllen 2010). Zusätzlich zu rechtlichen Begründungen (Diskriminierungsverbot nach dem AGG) und ethisch-moralischen bzw. auch gesundheitsbezogenen Grundlagen werden v. a. ökonomische Argumente herangezogen, um auf die Notwendigkeit der Integration dieser Dimension in ein Diversity Management hinzuweisen. Beschäftigte, die aufgrund eines Vielfalt gegenüber nicht offenen Unternehmensklimas entscheiden, ihre ‚sexuelle Orientierung' am Arbeitsplatz (teilweise) zu verheimlichen, investierten viel Energie in den Prozess des Versteckens, die nicht für die eigentliche Arbeit zur Verfügung stehe (Stuber 2004). Ziel der Diversity-Maßnahmen sollte also sein, ein benachteiligungs- und diskriminierungsfreies Arbeitsklima zu schaffen, um nicht-heterosexuellen Arbeitnehmer/innen die Möglichkeit zu geben, angstfrei und offen mit ihrer ‚sexuellen Orientierung' in der Arbeitswelt umzugehen.[8] Dass dies gelingen könnte, belegen erste Untersuchungen, die einen positiven Zusammenhang zwischen implementierten Diversity-Maßnahmen die ‚sexuelle Orientierung' betreffend und der Offenheit nicht-heterosexueller Beschäftigter am Arbeitsplatz nachweisen (Day u. Greene 2008, Köllen 2010).

Mögliche Diversity-Maßnahmen bezogen auf die ‚sexuelle Orientierung'

In der Literatur werden verschiedene Maßnahmen aufgeführt, die für eine umfassende Einbeziehung der Dimension ‚sexuelle Orientierung' in das Diversity

---

7 Interview aus dem Material zu Losert 2009

8 Das heißt nicht, dass ein völliges Offenleben die einzige Möglichkeit des Umgangs mit der eigenen ‚sexuellen Orientierung' am Arbeitsplatz sein soll. Die Entscheidung, inwieweit Kolleg/innen und Vorgesetzte über das Privatleben Bescheid wissen, muss nach wie vor der jeweiligen Person selbst überlassen bleiben. Wichtig ist eine offene Unternehmenskultur jedoch dafür, dass ein Klima geschaffen wird, in dem nicht-heterosexuelle Beschäftigte diese Entscheidung befürchtungs- und belastungsfrei treffen können und auch wenn sie sich nicht oder nur wenigen Kolleginnen gegenüber outen, keine Angst vor den Konsequenzen haben müssen, falls es doch „rauskommen" sollte.

Management in Unternehmen implementiert werden sollten (vgl. Frohn 2007, Day u. Greene 2008, Köllen 2010). Vor allem die offizielle Förderung (materiell wie immateriell) von Netzwerken nicht-heterosexueller Beschäftigter[9] gilt als wichtiges Instrument zur Bearbeitung dieser Dimension und soll sowohl die Vernetzung miteinander unterstützen als auch die Thematisierung der ‚sexuellen Orientierung' in der betrieblichen Öffentlichkeit ermöglichen. Weiterhin werden Trainings zur Sensibilisierung für die Vielfalt der Beschäftigten sowohl für alle Mitarbeiter/innen als auch besonders für die Führungskräfte empfohlen, die neben anderen Diversity-Dimensionen auch die ‚sexuelle Orientierung' thematisieren. Die Anpassung der Sozialleistungen für Lebenspartner/innen, wie z. B. betriebliche Rentenansprüche, Mitversicherungsansprüche bei betrieblichen Zusatzleistungen zur Krankenversicherungen oder freie Tage zur Eheschließung, an die Regelungen für (nicht-)eheliche Lebensgemeinschaften ist teilweise rechtlich geboten[10], bei einigen Leistungen aber ebenfalls als Diversity-Maßnahme anzusehen. Zielgruppenmarketing – also die gezielte Ansprache nicht-heterosexueller Kund/innen und die Präsenz von Unternehmen auf zielgruppenspezifischen Veranstaltungen z. B. in Form von Sponsoring – sowie die Thematisierung der Dimension ‚sexuelle Orientierung' in betriebsinternen Medien ergänzen die Aufzählung möglicher Diversity-Maßnahmen. Erklärtes Ziel ist hierbei, die Schaffung eines offenen Unternehmensklimas in Bezug auf das Thema zu erreichen.

Umsetzung in der Diversity-Praxis deutscher Unternehmen

Für die Praxis des Diversity Managements in deutschen Unternehmen zeigt sich, dass Maßnahmen, die die ‚sexuelle Orientierung' betreffen, nicht zum Standard der Umsetzung gehören (Europäische Kommission 2005, Köllen 2007, Krell 2008). Doch selbst wenn die Dimension in das Diversity Management einbezogen ist, werden nur wenige der möglichen Maßnahmen umgesetzt. In einigen Großunternehmen existieren Netzwerke nicht-heterosexueller Arbeitnehmer/innen, die offiziell vom Management gefördert werden. Diese Netzwerke leisten umfassende Austausch-, Beratungs- und Öffentlichkeitsarbeit und tragen somit den Hauptteil der Einbindung der Dimension ‚sexuelle Orientierung' in das Diversity Management. Vielfach wird es über Intranetkommunikation nicht-heterosexuellen Beschäftigten ermöglicht, auch anonym den Netzwerken beizutreten, um nicht unbeabsichtigt am Arbeitsplatz geoutet zu werden, aber dennoch Informationen und Unterstützung zu erhalten. Die Gleichstellung der Sozialleistungen für eingetragene Lebenspartner/innen mit denen für Eheleute wird, wenn Diversity Management implementiert wurde, von den Unternehmen ebenfalls als Diversity-Maßnahme benannt. Voraussetzung zur Inanspruchnahme dieser Leistungen ist allerdings das Offenlegen der Verpartnerung, sodass am Arbeitsplatz nicht geoutete Beschäftigte darauf verzichten müssen. Einige wenige Unternehmen betreiben darüber hinaus gezieltes Marketing oder Sponsoring von Veranstaltungen bezogen auf die Dimension ‚sexuelle Orientierung'(vgl. Köllen 2007, 2010; Losert 2009).

Die bisher hauptsächlich umgesetzten Maßnahmen fokussieren jedoch als Zielgruppen v. a. nicht-heterosexuelle Beschäftigte und werden deshalb – wie das gesamte Diversity Management in Unternehmen – von der Belegschaft mehrheitlich als Förderung sogenannter „Minderheiten" wahrgenommen. Die Unternehmenskultur kann sich jedoch erst in Richtung einer Offenheit gegenüber der Vielfalt der Belegschaft positiv entwickeln, wenn z. B. durch Diversity-Trainings für alle Beschäftigten oder die Thematisierung der ‚sexuellen Orientierung' im betrieblichen Kontext eine Sensibilisierung aller Mitarbeiter/innen für Benachteiligungen, gesundheitliche Belastungen und Vielfalt erreicht würde.[11] In diesem Zusammenhang könnte es vorteilhaft sein, Anknüpfungspunkte zwischen Diversity Management und betrieblicher Gesundheitspolitik zu nutzen, wie im Folgenden aufgezeigt wird.

24.4 Anknüpfungspunkte zur betrieblichen Gesundheitspolitik

Überlegungen und Maßnahmen zur betrieblichen Gesundheitspolitik lassen häufig die Arbeits- und Organisationsbedingungen der Beschäftigten außen vor, obwohl nach Badura et al. (2008a) wissenschaftlich bereits „gut belegt ist, dass die horizontalen Beziehungen unter Arbeitskollegen die Gesundheit positiv oder negativ beeinflussen". Diversity Management setzt mit seiner

---

9 Diese Netzwerke werden oft auch als LSBT-Netzwerke bezeichnet, was eine Abkürzung für lesbisch, schwul, bisexuell, transgender ist.

10 Nach einem Beschluss des Bundesverfassungsgerichts vom 07.07.2009 (1 BvR 1164/ 07) ist die Ungleichbehandlung von Ehe und eingetragener Lebenspartnerschaft im Bereich der betrieblichen Hinterbliebenenversorgung für Arbeitnehmer des öffentlichen Dienstes, die bei der Versorgungsanstalt des Bundes und der Länder zusatzversichert sind, mit Art. 3 Abs. 1 GG unvereinbar.

11 Vertiefend zu diesen Ergebnissen vgl. Losert 2009.

Zielsetzung eines benachteiligungs- und diskriminierungsfreien Arbeitsklimas genau an diesen Beziehungen an. Die ‚sexuelle Orientierung' ist dabei nur eine von vielen betrachteten Dimensionen der Vielfalt, in denen die Beschäftigten Unterschiede und Gemeinsamkeiten aufweisen. Es wird daher davon ausgegangen, dass eine umfassende Implementierung von Diversity Management auch Auswirkungen auf die Situation nicht-heterosexueller Beschäftigter am Arbeitsplatz hat, gerade weil nicht mehr eine vermeintliche Abweichung von einer Norm, sondern die Vielfalt der Beschäftigten insgesamt in den Mittelpunkt des Interesses gerückt wird. Im Folgenden sollen deshalb die Gemeinsamkeiten von Betrieblichem Gesundheitsmanagement (BGM) und Diversity Management insgesamt kurz erörtert werden, bevor die Verantwortung aller betrieblichen Akteure in diesen Prozessen angesprochen wird.

24.4.1 Gemeinsamkeiten der Konzepte Diversity Management und Betriebliches Gesundheitsmanagement (BGM)

Betriebliches Gesundheitsmanagement als Konzept der Unternehmensführung umfasst sowohl Arbeitsschutz als auch Gesundheitsförderung (Wülser u. Ulich 2009) und geht davon aus, dass nicht ausschließlich die Vermeidung von Fehlzeiten, sondern „der Erhalt und die Förderung von Beschäftigungsfähigkeit durch Investitionen in das betriebliche Sozialkapital" – also die Belegschaft – zukünftig besonders wichtig sein werden (Badura et al. 2008a). Damit fasst das Betriebliche Gesundheitsmanagement ebenso wie Diversity Management die Belegschaft als wichtige Ressource für den wirtschaftlichen Erfolg von Unternehmen auf. Die Expertenkommission von Bertelsmann Stiftung und Hans-Böckler-Stiftung zur „zukunftsfähigen betrieblichen Gesundheitspolitik" lenkt ihr besonderes Augenmerk auf die Unternehmenskultur und die zwischenmenschlichen Beziehungen insgesamt, um das von ihr definierte Ziel der Gesundheitspolitik „Gesunde Arbeit in einer gesunden Organisation", zu erreichen (Expertenkommission 2004). Mit diesem Fokus wird zugleich die Hauptschnittstelle zwischen BGM und Diversity Management benannt: der Umgang miteinander am Arbeitsplatz (zur möglichen Integration beider Managementsysteme s. Altgeld in diesem Band).

In der wissenschaftlichen Betrachtung von BGM wird deutlich, dass mit Alter, Behinderung, Geschlecht und auch dem Faktor Migrationshintergrund (vgl. Badura et al. 2008b; Rombach 2008; die Beiträge in diesem Band) bereits einige der sogenannten Kerndimensionen von Diversity eine wichtige Rolle spielen. Die ‚sexuelle Orientierung' gehört dabei in beiden Bereichen zu den weniger beachteten Faktoren, obwohl sie als Dimension der personellen Vielfalt sowohl für Diversity Management als auch für gesundheitliche Aspekte am Arbeitsplatz relevant ist.

Ein weiterer gemeinsamer Aspekt ist die schwierige Umsetzung der Konzepte in die Unternehmenspraxis. Ebenso wie Diversity Management hat auch das Betriebliche Gesundheitsmanagement mit Akzeptanzproblemen zu kämpfen. Zum einen werden die Maßnahmen häufig lediglich als „weiche Themen" und nicht in ihrem Zusammenhang mit ökonomischen Vorteilen gesehen. Zum anderen findet die Umsetzung häufig nur in Form vereinzelter Maßnahmen statt und die für eine Veränderung der Unternehmenskultur notwendige umfassende Implementierung der Konzepte bleibt aus (vgl. Gitzi u. Köllen 2006; Badura et al. 2008a). Dies könnte an der Komplexität der Ansätze liegen. Beide Managementkonzepte sind darauf angewiesen, für ihre wissenschaftliche Weiterentwicklung Modelle und Erkenntnisse aus interdisziplinären Zusammenhängen heranzuziehen (z. B. Betriebswirtschaftslehre, Psychologie, Soziologie, Gesundheitswissenschaften) und in der praktischen Umsetzung zur Konzeption und Implementierung von Maßnahmen den spezifischen betrieblichen Kontext zu berücksichtigen (vgl. Krell 2008; Wülser u. Ulich 2009). Daher lassen sich für die Einführung der Konzepte keine „Patentrezepte" aufstellen, sondern die verschiedenen betrieblichen Akteure sind gemeinsam gefordert, speziell für ihre betriebsspezifischen Situationen angemessene Lösungen zu finden.

24.4.2 Veränderung der Unternehmenskultur – eine Gemeinschaftsaufgabe

Von der Unternehmensleitung durchgeführtes Betriebliches Gesundheitsmanagement wie auch Aktivitäten zu Arbeitsschutz und Gesundheitsförderung seitens anderer betrieblicher Akteure wie z. B. der Interessenvertretung der Arbeitnehmer/innen werden unter dem gemeinsamen Begriff der betrieblichen Gesundheitspolitik gefasst (Expertenkommission 2004). Dieser weite Begriff macht deutlich, dass umfassendes präventives Handeln in diesem Bereich genau wie die intensive Umsetzung von Diversity Management eine betriebliche Gemeinschaftsaufgabe darstellt. Nutzt man dabei die Gemeinsamkeiten und Anknüpfungspunkte beider Managementkonzepte, lassen sich durch thematische Überschneidungen Synergieeffekte erzielen. Maßnahmen der Gesundheitsförderung, die auf eine Veränderung der Unternehmenskultur und ein besseres soziales Miteinander am Arbeitsplatz abzielen, können durch Diversity-Maßnahmen ergänzt oder durch die Implementierung von Diversity Management überhaupt erst angestoßen werden.

Die Entscheidung, ob BGM und/oder Diversity Management implementiert werden, liegt bei der Unternehmensleitung. In der Umsetzung und Ausgestaltung ist jedoch eine weitreichende Zusammenarbeit gefragt. Vor allem Führungskräfte sind dafür verantwortlich, die Relevanz der Konzepte und deren Umsetzung an ihre Mitarbeiter/innen zu vermitteln, sowie für die Themen zu sensibilisieren. Die Einbeziehung der gesamten Belegschaft in den Umsetzungsprozess wird sowohl für die betriebliche Gesundheitspolitik als auch für Diversity Management als wesentlicher Erfolgsfaktor betrachtet. So können Befragungen der Mitarbeiter/innen wichtige Hinweise auf die notwendigen Maßnahmen geben sowie Workshops oder betriebliche Öffentlichkeitsarbeit zur Sensibilisierung der Belegschaft beitragen. Eine besondere Rolle kommt im gesamten Umsetzungsprozess der betrieblichen Interessenvertretung zu. Betriebsräte, die durch das Betriebsverfassungsgesetz auch mit Aufgaben im Bereich der Antidiskriminierung und der Gesundheitsförderung ausgestattet sind, bringen die Perspektive der Belegschaft in die Konzeption der Umsetzung ein und begleiten die Aktivitäten der Unternehmensleitungen kritisch. Zusätzlich können in Betriebsvereinbarungen z. B. Regelungen zum Umgang miteinander am Arbeitsplatz festgehalten und damit Aussagen sowohl zum Diversity Management als auch dem BGM getroffen werden (vgl. Expertenkommission 2004; Stuber 2004; Badura et al. 2008a; Losert 2009).

Als hilfreiches Werkzeug könnte im Umsetzungsprozess von Diversity Management und betrieblicher Gesundheitspolitik der DGB-Index Gute Arbeit genutzt werden, der aus subjektiver Arbeitnehmer/innen-Sicht u. a. etwas über Stress- und Belastungsanzeigen aber auch über die wahrgenommene Unternehmenskultur aussagt und damit eine Grundlage für die Auswahl einzuführender Maßnahmen bietet (Fuchs 2009, Reusch 2009). Ein weiteres Instrument, das im Kontext beider Managementkonzepte diskutiert wird, ist die Balanced Scorecard als Mess- und Kontrollwerkzeug, das der Komplexität der Konzepte gerecht wird (vgl. Stuber 2004; Horváth et al. 2009).

24.5 Fazit

Die Auseinandersetzung mit Betrieblichem Gesundheitsmanagement und Diversity Management macht deutlich, dass die Qualität sozialer Beziehungen am Arbeitsplatz sowohl Einfluss auf Gesundheit und Krankheit als auch auf die Nutzung personeller Ressourcen hat und somit ein wichtiges Thema der Unternehmensführung sein muss (vgl. Stuber 2004; Badura et al. 2008a). Auch die Situation nicht-heterosexueller Arbeitnehmer/innen ist von den sozialen Beziehungen am Arbeitsplatz abhängig und erweist sich als belastend bei ungünstigen Rahmenbedingungen oder sogar mit negativen gesundheitlichen Auswirkungen behaftet, wenn die Unternehmenskultur einen offenen Umgang mit der eigenen ‚sexuellen Orientierung' erschwert oder verhindert. Es kann jedoch nicht darum gehen, diese Dimension allein durch Einzelmaßnahmen herauszustellen und damit weiterhin zu einem Problem der „Betroffenen" zu machen. Vielmehr gilt es, durch umfassende Maßnahmen im Diversity Management und der betrieblichen Gesundheitspolitik eine Unternehmenskultur zu schaffen, in der sich alle Beschäftigten in ihrer Vielfalt wahrgenommen fühlen sowie ein benachteiligungs- und diskriminierungsfreies Arbeitsklima möglich ist. Ein „Diversity-Blick" auf das Betriebliche Gesundheitsmanagement würde ermöglichen, fern von pauschalen Maßnahmen die Bedürfnisse der Beschäftigten unter Einbeziehung verschiedenster Faktoren wie z. B. Geschlecht, Alter, Herkunft, Familienverpflichtungen oder ‚sexueller Orientierung' bei der Gestaltung betrieblicher Gesundheitspolitik zu berücksichtigen und betriebsspezifisch passgenaue Lösungen zu entwickeln. Ein solches Diversity- und Gesundheitsmanagement hätte neben positiven Auswirkungen für alle Beschäftigten auch zur Folge, dass ein offeneres Arbeitsklima geschaffen und sich die Situation nicht-heterosexueller Arbeitnehmer/innen weniger belastend darstellen würde. Die Umsetzung der Managementkonzepte erweist sich dabei als Herausforderung, die eine Zusammenarbeit der betrieblichen Akteure erfordert, um in einem langfristigen Prozess erfolgreich gemeistert werden zu können.

Literatur

Badura B, Greiner W, Rixgens P et al (2008a) Sozialkapital. Grundlagen von Gesundheit und Unternehmenserfolg. Springer, Berlin

Badura B, Schröder H, Vetter C (2008b) Fehlzeiten-Report 2007. Arbeit, Geschlecht und Gesundheit. Springer Medizin Verlag, Heidelberg

Beatty JE, Kirby SL (2006) Beyond the Legal Environment: How Stigma Influences Invisible Identity Groups in the Workplace. Employee Responsibilities and Rights Journal 1:29–44

Clair JA, Beatty JE, Maclean TL (2005) Out of Sight but not out of Mind: Managing Invisible Social Identities in the Workplace. Academy of Management Review 1:78–95

Day NE, Greene PG (2008) A Case for Sexual Orientation. Diversity Management in Small and Large Organizations. Human Resource Management 3:637–654

Europäische Kommission (2005) Geschäftsnutzen von Vielfalt. Bewährte Verfahren am Arbeitsplatz. Generaldirektion Beschäftigung, soziale Angelegenheiten und Chancengleichheit. Referat D3, Luxemburg

Expertenkommission der Bertelsmann Stiftung und der Hans-Böckler-Stiftung (2004) Zukunftsfähige betriebliche Gesundheitspolitik. Bertelsmann Verlagsgesellschaft, Gütersloh

Frohn D (2007) Out im Office?! Sexuelle Identität, (Anti-)Diskriminierung und Diversity am Arbeitsplatz. Reihe des Schwulen Netzwerks NRW e.V. – Alltagswelten – Expertenwelten Band 13. Eigendruck, Köln

Fuchs T (2009) Der DGB-Index Gute Arbeit – die DGB-Berichterstattung. In: Giesert M (Hrsg) … ohne Gesundheit ist alles nichts! Beteiligung von Beschäftigten an der betrieblichen Gesundheitsförderung. VSA-Verlag, Hamburg, S 69–93

Gitzi A, Köllen T (2006) Die Rolle von Partizipation im Diversity Management: eine Praxisanalyse. In: Bendl R, Hanappi-Egger E, Hofmann R (Hrsg) Agenda Diversität Gender- und Diversitätsmanagement in Wissenschaft und Praxis. Rainer Hampp Verlag, Mering, S 25–43

Horváth P, Gamm N, Isensee J (2009) Einsatz der Balanced Scorecard bei der Strategieumsetzung im Betrieblichen Gesundheitsmanagement. In: Badura B, Schröder H, Vetter C (Hrsg) Fehlzeitenreport 2008. Betriebliches Gesundheitsmanagement: Kosten und Nutzen. Springer Medizin Verlag, Heidelberg, S 127–138

Kaszinski S (2000) Konzepte und Umsetzungen des Managing Diversity – ein systematischer Überblick. In: KOBRA (Hrsg) Managing Diversity – Ansätze zur Schaffung transkultureller Organisationen. Werkstattpapier zur Frauenförderung Nr. 14. Berlin, S 73–109

Knoll C, Edinger M, Reisbeck G (1997) Grenzgänge. Schwule und Lesben im der Arbeitswelt. Profil Verlag, München Wien

Köllen T (2007) Part of the Whole? Homosexuality in Companies' Diversity Policies and in Business Research: Focus on Germany. The International Journal of Diversity in Organisations, Communities and Nations 5:315–322

Köllen T (2010) Bemerkenswerte Vielfalt: Homosexualität und Diversity Management. Betriebswirtschaftliche und sozialpsychologische Aspekte der Diversity-Dimension ‚sexuelle Orientierung'. Rainer Hampp Verlag, Mering

Krell G (2008) Diversity Management. Chancengleichheit für alle und auch als Wettbewerbsfaktor. In: Krell G (Hrsg) Chancengleichheit durch Personalpolitik. Gleichstellung von Frauen und Männern in Unternehmen und Verwaltungen. 5. vollständig überarbeitete und erweiterte Aufl. Gabler, Wiesbaden, S 63–80

Losert A (2004) Lesbische Frauen im Angestelltenverhältnis und ihr Umgang mit dieser Lebensform am Arbeitsplatz. Magisterarbeit. Grin Verlag für akademische Texte, München

Losert A (2007) Die Diversity-Dimension „sexuelle Orientierung" in Theorie und Praxis – eine Bestandsaufnahme mit Ausblick. In: Koall I, Bruchhagen V, Höher F (Hrsg) Diversity Outlooks. Managing Diversity zwischen Ethik, Profit und Antidiskriminierung. LIT-Verlag, Münster, S 320–336

Losert A (2009) Perspektiven auf Diversity Management: Beschäftigte – Betriebsrat – Management. Unveröffentlichte Dissertation. Eingereicht im Fachbereich Sozialwissenschaften der Universität Hamburg am 01.10.2009

Maas J (1999) Identität und Stigma-Management von homosexuellen Führungskräften. Deutscher Universitäts-Verlag, Wiesbaden

Reusch J (2009) Der DGB-Index Gute Arbeit im Spiegel der Beschäftigten. In: Giesert M (Hrsg) … ohne Gesundheit ist alles nichts! Beteiligung von Beschäftigten an der betrieblichen Gesundheitsförderung. VSA-Verlag, Hamburg, S 56–68

Rombach W (2008) Betriebliche Prävention – eine Einheit. In: Giesert M (Hrsg) Prävention: Pflicht & Kür. Gesundheitsförderung und Prävention in der betrieblichen Praxis. VSA-Verlag, Hamburg, S 27–36

Schneeberger A, Rauschfleisch U, Battegay R (2002) Psychosomatische Folgen und Begleitphänomene der Diskriminierung am Arbeitsplatz bei Homosexuellen Menschen. Schweizer Archiv für Neurologie und Psychiatrie 3:137–143

Stuber M (2004) Diversity. Das Potenzial von Vielfalt nutzen – den Erfolg durch Offenheit steigern. Luchterhand, München Unterschleißheim

Wülser M, Ulich E (2009) Gesundheitsmanagement in Unternehmen. 3. überarbeitete Auflage, Gabler Verlag, Wiesbaden

Kapitel 25

Diversity Management im National Health Service[1]

M. JOGI · P. DEEMER · C. BAXTER

Zusammenfassung. *Im National Health Service (NHS), dem staatlichen Gesundheitssystem Großbritanniens, nimmt Diversity Management bei der Erbringung qualitativ hochwertiger Dienstleistungen für die britische Bevölkerung eine zentrale Rolle ein. Dies ist im ersten Leitsatz der Statuten des NHS verankert (Department of Health 2009). Der NHS strebt zudem an, ein Arbeitgeber erster Wahl zu sein und besonders leistungsfähige Mitarbeiter, die eine breite Palette von Perspektiven, Ansichten, Wissen und Know-how einbringen, anzuziehen und zu halten. Um angemessene Dienstleistungen für die gesamte Gemeinschaft erbringen zu können, muss der NHS die Gemeinden repräsentieren, denen er dient. Als größter Arbeitgeber in Europa ist es sein Ziel, im öffentlichen Sektor eine Führungsrolle zu übernehmen und Vorbild für andere zu sein.*

25.1 Einführung

Im Jahre 2000 entwickelte der NHS sein erstes landesweites Konzept für Gleichstellung und Vielfalt (Department of Health 2000) und untermauerte es mit einem Umsetzungsplan mit der Bezeichnung „Positively Diverse". Das in diesem Beitrag beschriebene Programm der Equality and Diversity Partners baut auf diesem früheren Ansatz auf. Die zentrale Herausforderung bleibt: „Wie setzt man bewährte Verfahren in 400 einzelnen, zunehmend autonomen Organisationen konsequent um?"

In diesem Beitrag werden die Grundprinzipien für ein Diversity-Management-Programm des NHS und der Ansatz des Develop-Spread-and-Sustain-Modells dargelegt und beschrieben, wie sie den Transfer guter Praxis im Umgang mit Gleichstellung und Vielfalt in NHS-Organisationen in ganz England erleichtern.

25.2 Die Vorteile der Vielfalt im NHS

Das Diversity Management im NHS hat – innerhalb der gesetzlichen Rahmenbedingungen – einen moralischen, einen juristischen und einen betriebswirtschaftlichen Aspekt.

Ein Grundprinzip des NHS ist die Gewährleistung, dass jede Person unabhängig von Rasse, Geschlecht, sexueller Orientierung, Alter, Behinderung und Religion den gleichen Zugang zu Gesundheitsdienstleistungen hat. Nach den Statuten „bietet der NHS einen umfassenden Service für alle, unabhängig von Geschlecht, Rasse, Behinderung, Alter, sexueller Orientierung, Religion oder Weltanschauung. Er ist verpflichtet, jedem Einzelnen zu dienen und die Menschenrechte zu achten"

---

[1] Übersetzung aus dem Englischen von Susanne Sollmann.

(Department of Health 2009). Darüber hinaus wurden die Grundwerte des NHS festgelegt: „Wir setzen unsere Ressourcen zum Wohle der ganzen Gemeinschaft ein und stellen sicher, dass niemand ausgeschlossen oder zurückgelassen wird. Wir erkennen an, dass manche Menschen mehr Hilfe benötigen, dass schwierige Entscheidungen getroffen werden müssen – und dass die Möglichkeiten anderer schwinden, wenn wir Ressourcen verschwenden. Es ist uns bewusst, dass wir alle dazu beitragen müssen, uns selbst und unsere Gemeinden gesünder zu machen" (ebd.). Die moralische Komponente ist demnach im Vereinigten Königreich bereits fest verankert.

Alle oben genannten Aspekte der Vielfalt sind von der Diskriminierungs-Gesetzgebung im Vereinigten Königreich abgedeckt. Der Anwendungsbereich dieser Regelung wird zunehmend ausgeweitet, wie auch die Sensibilisierung sowohl für die Existenz als auch die Unzulässigkeit von ungerechter Behandlung am Arbeitsplatz zunimmt. Die wachsende Zahl von Gerichtsverfahren aufgrund von Diskriminierung und steigende Entschädigungssummen bei erfolgreichen Klagen bestätigen, dass die Nichtbeachtung der Gleichstellung und Vielfalt teuer werden kann und zudem potenziell dem Ruf der Organisation schadet. Ein proaktives Diversity Management führt nachweislich zu einer Abnahme von Rechtsstreitigkeiten und einer Erhöhung der Kundenzufriedenheit (EG-Direktion 2003). Zudem verpflichtet die Einführung des Gleichstellungsgesetzes (Equality Bill) in Großbritannien mit seiner Betonung von Outcomes, Transparenz, Rechenschaftspflicht und Durchsetzung von Gleichbehandlung die NHS-Organisationen, bei all ihren Aktivitäten ein Höchstmaß an Gleichstellung und Vielfalt sicherzustellen (House of Commons 2009).

Diversity Management ist ein relativ neues internationales betriebliches Instrument zur Bekämpfung von Diskriminierungen. Der Schwerpunkt liegt auf der Bewusstmachung der finanziellen Vorteile der Vielfältigkeit. Die Alterung der Belegschaften gilt beispielsweise weithin als einer der wichtigsten Trends in Wirtschaft und Gesellschaft der nächsten 25 Jahre. Es wird vermutet, dass sich die Zahl der Rentner je Arbeitnehmer in den OECD-Ländern in den nächsten fünf Jahrzehnten verdoppeln wird, wenn nichts getan wird, um bessere Beschäftigungschancen für ältere Arbeitnehmer zu fördern. Dies wird den allgemeinen Lebensstandard bedrohen und enormen Druck auf die Finanzierung der sozialen Sicherungssysteme ausüben. Um diesen großen Herausforderungen zu begegnen, sollte Arbeit zu einem attraktiven und lohnenden Angebot für ältere Arbeitnehmer gemacht werden (OECD 2006).

So stellte der öffentliche Dienst des Vereinigten Königreichs fest, dass sich der Wert einer vielfältigen Belegschaft auch in einer positiven Beziehung zwischen Repräsentanz einer Gruppe unter den Mitarbeitern, Erbringung von Dienstleistungen und Kundenorientierung widerspiegelt. War eine Gruppe besser als eine andere in der Belegschaft vertreten, erbrachte sie auch bessere Leistungen und wies eine höhere Kundenorientierung auf. In Regierungsbehörden trat dieser Effekt bezogen auf Geschlechts- und Altersgruppen am stärksten auf (National Audit Office 2004).

Darüber hinaus zeigen neuere Erkenntnisse, dass individuelle Unterschiede wesentlich zu hoher Produktivität, Kreativität, Innovation und Wettbewerbsvorteilen beitragen (CIPD 2008). Es gibt zahlreiche Belege dafür, dass Organisationen durch gute Praxis beim Diversity Management und eine bessere Einbeziehung des Personals Produktivitätszuwächse verzeichnen können. Einige Beispiele:

- Beim London Borough of Camden sanken bereits im ersten Jahr der Einführung eines Work-Life-Balance-Modells die durch krankheitsbedingte Fehlzeiten verursachten Kosten um 2,5 % (The Work Foundation 2005).
- IBM erzielte durch Einführung von flexiblen Arbeitszeitmodellen eine 30 %ige Steigerung der Produktivität, British Telecom meldete allein im Bereich Personalbeschaffung Einsparungen von 3 Mio. Euro im Jahr dadurch, dass 98 % der Wiedereinsteigerinnen weiterbeschäftigt wurden (CIPD 2006).
- Das Chartered Institute of Personnel and Development (CIPD) schätzt, dass der Verlust nur eines Mitarbeiters bis zu 18.000 Euro Kosten für die Rekrutierung eines neuen Mitarbeiters sowie durch Produktivitätsverlust verursacht (CIPD 2006).
- Vielfalt fördert Innovation: Arbeitsteams, die unterschiedliche Stile und Talente in sich vereinigen, zeichnen sich dadurch aus, dass sie herausragende Innovationen erzielen (Scott 2007).

Das vom Department of Health herausgegebene Next Stage Review hat aus der Perspektive der britischen Regierung die Vision eines NHS entwickelt, bei dem die Qualität der Versorgung im Mittelpunkt steht. Der Begriff Qualität umfasst dabei die Bereiche Sicherheit, Leistungsfähigkeit und Patientenerfahrungen (Department of Health 2008). Dadurch entwickelte sich eine gemeinsame Sprache des NHS, in der über Qualität im gesamten System kommuniziert wird und die sich v. a. auf verbesserten Service und Kundenorientierung zum Wohle aller Personen und der unterschiedlichen Gruppen, die das Gesundheitssystem in Anspruch nehmen, bezieht. Der NHS ist eine vielfältige Gruppe von Organisationen, die Dienstleistungen planen, erbringen und überwachen. Diese Organisationen sind rechenschaftspflichtig gegenüber der Öffentlichkeit, den Gemeinden und den Patienten, für die sie einen umfassenden Service bieten, unabhängig von Geschlecht, Rasse, Behinderung, Alter, sexueller Orientierung, Religion oder Weltanschauung. Der Zugang zu den Dienstleistungen ist am klinischen Bedarf orientiert und nicht an der Zahlungsfähigkeit einer Person. Der NHS ist ein nationaler Service, der aus nationalen Steuermitteln finanziert wird. Die Rahmenbedingungen für den NHS setzt die Regierung fest, die auch dem Parlament gegenüber dafür verantwortlich ist, dass der NHS funktioniert. Die NHS-Organisationen sind verpflichtet, einen optimalen Gegenwert für das Geld der Steuerzahler zu bieten und die begrenzten Ressourcen wirksam, gerecht und nachhaltig zu nutzen. Ihre Leistungen müssen die Bedürfnisse und Präferenzen der Patienten, derer Familien und Betreuer reflektieren. Und bei der Erbringung einer sicheren, effektiven und patientenzentrierten Gesundheitsversorgung gilt es, höchste Standards in puncto Qualität und Professionalität einzuhalten.

Angesichts dieser Erkenntnisse besteht die Herausforderung für den NHS darin, ein gutes Diversity Management zu entwickeln, es in allen NHS-Organisationen zu verbreiten und sicherzustellen, dass die Verbesserungen nachhaltig sind. Einer der Kernpunkte dieser Strategie ist das von der Arbeitsgruppe NHS Employers entwickelte Programm Equality and Diversity Partners.

25.3 Das NHS Employers Equality and Diversity Team

Die Arbeitsgruppe NHS Employers vertritt die Interessen der NHS-Trusts in England in Personalfragen und hilft sicherzustellen, dass der NHS ein Arbeitgeber ist, für den Menschen gern arbeiten. Sie pflegt eine partnerschaftliche Arbeitsweise und ermöglicht den Austausch von Ideen, Informationen und bewährten Verfahren.

Das NHS Employers Equality and Diversity Team gibt die strategische Ausrichtung des NHS zu Fragen der Gleichstellung und Vielfalt vor. Sie unterstützt die Arbeitgeber dabei, gesetzliche Vorgaben umzusetzen, fördert gute fachliche Praxis und hilft den Organisationen, bewährte Verfahren zu etablieren sowie Probleme am Arbeitsplatz stärker herauszuarbeiten. Darüber hinaus untersucht das Team die Auswirkungen von Personalproblemen auf die Leistungserbringung und bietet entsprechende Beratung an. Die Unterstützung der NHS-Organisationen wird durch die vom Team durchgeführten Programme, durch die Erstellung von Briefing-Unterlagen und eine jährliche Konferenz gewährleistet.

Das Team arbeitet mit anderen wichtigen Gruppen zusammen: den NHS Employers, den NHS Partner Trusts, den strategischen Gesundheitsbehörden, dem britische Gesundheitsministerium, mit Arbeitnehmervertretern sowie Repräsentanten spezieller Interessengruppen. ◘ Tab. 25.1 führt die wichtigsten Interessengruppen auf.

◘ **Tab. 25.1** Interessengruppen des Diversity Managements im NHS

Typ	Gruppe	Rolle in Bezug auf das Equality & Diversity-Team
Strategieforen des NHS-Verbandes	Core Reference Group NHS Diversity Forum Gewerkschaften – vertreten durch den Staff Council und das Social Partnership Forum Black and Minority Ethnic Leadership Forum Ambulance Diversity Forum Equality and Diversity Partners	Die „Augen und Ohren" des E&D-Teams agieren als Bezugspunkte zur Hervorhebung wichtiger Schlüsselfragen.
Spezielle Diversity-Interessenvertreter	Arbeitgeberforum Behinderte Arbeitgeberforum Religion bzw. Glauben Arbeitgeberforum Alter Stonewall Race For Opportunity Opportunity Now	erhöhen die Fachkompetenz des E&D-Teams.
Andere Gruppen	Zentralregierung: Gleichbehandlungsstelle und Kabinettsamt Gesundheitsministerium Das Institut für Innovation des NHS Personalrat (Untergruppe Gleichstellung und Vielfalt) Forum Sozialpartnerschaft Regulierungsbehörden (Personal und Dienstleistungen). Menschenrechtskommission (EHRC) Care Quality Commission	ermöglichen dem E&D-Team die Einflussnahme auf andere Organisationen im Namen des NHS.

Fehlzeiten-Report 2010

25.4 Das Programm Equality and Diversity Partners

25.4.1 Grundsätze

Das Programm Equality and Diversity Partners baut auf dem Modell Develop, Spread and Sustain (Entwicklung, Verbreitung und Nachhaltigkeit) der NHS Employers auf. In das Programm flossen gründlich erforschte Erkenntnisse dazu ein,
- wie sich Best-Practice-Standards entwickeln,
- wie Informationen über Netzwerke ausgetauscht/verbreitet werden und
- wie nachhaltig Verbesserungen sind.

Entwicklung
Menschen sind erwiesenermaßen am leistungsfähigsten, wenn ihnen Raum für ihre Entwicklung gewährt wird und sie die für sich bestmöglichen Verfahren herausfinden können. Die NHS Employers haben daher einen flexiblen Ansatz zur Verbreitung und zum Austausch von Ideen, Informationen und bewährten Verfahren zum Thema Gleichstellung und Vielfalt im gesamten NHS entwickelt. Die darin eingeflossenen Erfahrungen können neue Standorte an ihre eigenen Bedingungen anpassen, ohne von vorn anfangen zu müssen.

Verbreitung
Die Verbreitung bewährter Verfahren ist ein wesentlicher Bestandteil des Programms, dem eine systematische Übersicht des National Co-ordinating Centre for NHS Service Delivery and Organisation über die Weitergabe guter Ideen zugrunde liegt (NCCSDO 2004).

Netzwerke ermöglichen es, sich mit den unterschiedlichsten Fachleuten auszutauschen. Die Mitglieder eines Netzwerks unterstützen sich in ihrem Lernprozess gegenseitig. Posch (1994) unterscheidet zwischen hierarchischen und dynamischen Netzwerken. Ausgehend von der Arbeit von Schön (1991) konstatiert er, dass hierarchische Netzwerke auf technischer Rationalität basieren. Er beschreibt drei Annahmen, die mit diesem Ansatz verbunden sind. Erstens gibt es für praktische Probleme allgemeine Lösungen, zweitens können diese Lösungen außerhalb von praktischen Situationen entwickelt werden und drittens können die Lösungen in die Praxis übertragen werden und praktische Probleme lösen. Der wesentliche Zweck von dynamischen Netzwerken sei es dagegen, Beziehungen zur gegenseitigen Unterstützung aufzubauen, um auch in komplexen Situationen und trotz Unsicherheit verantwortlich handeln zu können (Posch 1994).

Auch bei der praktischen Umsetzung des Develop-Spread-and-Sustain-Modells zeigte sich, dass für bestimmte Probleme allgemeine Lösungen angeboten und verbreitet werden können. Angesichts der wachsenden Autonomie der einzelnen NHS-Organisationen bei der Entwicklung eines eigenen Weges wurden lediglich Rahmenbedingungen und Zielvorgaben definiert sowie breite Unterstützung gewährt und den Organisationen darüber hinaus ermöglicht, ihre eigenen Programme zu definieren, statt sie ihnen vorzugeben.

Sollen die gewonnenen Erkenntnisse berücksichtigt und danach gehandelt werden, müssen Netzwerke proaktiv und Unterstützung leicht zugänglich sein.

Nachhaltigkeit
Die oben beschriebene Arbeit des Institute for Healthcare Improvement zeigt, dass Nachhaltigkeit und Verbreitung eng miteinander verbunden sind: Verbesserungen und neue Erkenntnisse wurden v. a. deshalb nicht aufrechterhalten, weil sie isoliert stattfanden, sich nur auf die unmittelbare Umgebung bezogen und sich deshalb nicht verbreiteten. Das Programm zielt darauf, eine Kultur der kontinuierlichen Verbesserung im gesamten NHS zu etablieren. Der Austausch bewährter Verfahren soll auch über längere Zeiträume gewährleistet sein. Im Folgenden finden sich zwei praktische Definitionen von Nachhaltigkeit des NHS Institute for Innovation und des NHS Sustainability Model and Guide (NHS Institute for Innovation and Improvement 2007).

„Nachhaltigkeit bedeutet, dass neue Wege der Zusammenarbeit und bessere Ergebnisse zur Norm werden. Nicht nur der Prozess und das Ergebnis verändern sich, sondern auch die zugrunde liegenden Einstellungen und Systeme haben sich gewandelt. Im Ergebnis lässt sich ein Jahr später zumindest feststellen, dass im zurückliegenden Jahr oder über einen längeren Zeitraum hinweg kein Rückfall in die alte Verfahrensweise oder auf das alte Leistungsniveau erfolgt ist. Darüber hinaus ist die Organisation in der Lage Herausforderungen zu meistern, sie hat sich gleichzeitig mit anderen Veränderungen weiterentwickelt und vielleicht tatsächlich im Laufe der Zeit weiter verbessert."

„Verbesserungen sind dann nachhaltig, wenn ein neu implementierter Prozess im Laufe der Zeit weiter optimiert und zu der Art und Weise wird, ‚wie wir es machen' und ein Rückfall in ‚alte', vor Beginn des Veränderungsprozesses übliche Verfahren nicht mehr vorkommt."

In beiden Fällen konzentrieren sich die wichtigsten Konzepte auf die Fortsetzung und Weiterentwicklung von Maßnahmen, denen ein positiver Nutzen zugeschrieben wird und die zu verbessertem Service führen, der kein Extraservice ist, sondern zum Standard wird. Nachhaltigkeit hat viele Dimensionen.

Die Verbreitung beinhaltet die Ermittlung der wichtigsten Lernprozesse und Veränderungsprinzipien, die kontinuierlich aus dem Verbesserungsprozess in vielen Bereichen des NHS entstehen. Das Programm schafft gezielt Bedingungen, welche die Übernahme dieser Lernprozesse und Prinzipien durch den gesamten NHS beschleunigen.

Entwicklung, Verbreitung und Nachhaltigkeit

Das Develop-Spread-and-Sustain-Modell des NHS wurde auf der Grundlage dieser Lernprozesse entwickelt (◘ Abb. 25.1). Es handelt sich hierbei um ein soziales System mit Merkmalen hierarchischer und dynamischer Netzwerke und bezieht sich auf die NHS-Organisationen und das Equality and Diversity Team. Das Modell kombiniert die Vorteile eines hierarchischen Netzwerks, das es Organisationen ermöglicht, auf zentraler und nationaler Ebene zusammenzuarbeiten, um gemeinsame Lösungen zu entwickeln (die Zeit und Geld sparen), mit den Vorteilen der Arbeit auf regionaler Ebene, bei der spezielle Themen bearbeitet und lokale Innovationen und Praktiken gefördert werden können. Das Modell mit seiner Adaption der Begriffe „Nachhaltigkeit" und „Verbreitung" sorgt dafür, dass neue Wege der Zusammenarbeit beibehalten werden: Die verbesserte Leistung wird in der Organisation zur Norm. Die Einhaltung rechtlicher Vorgaben ist dabei selbstverständlich. Ziel ist es, zu einem vorbildlichen Arbeitgeber zu werden. Dies bedeutet, dass ein Führungsstil ausgeübt wird, der die Mitarbeiter einbezieht und unterstützt, damit sie sich

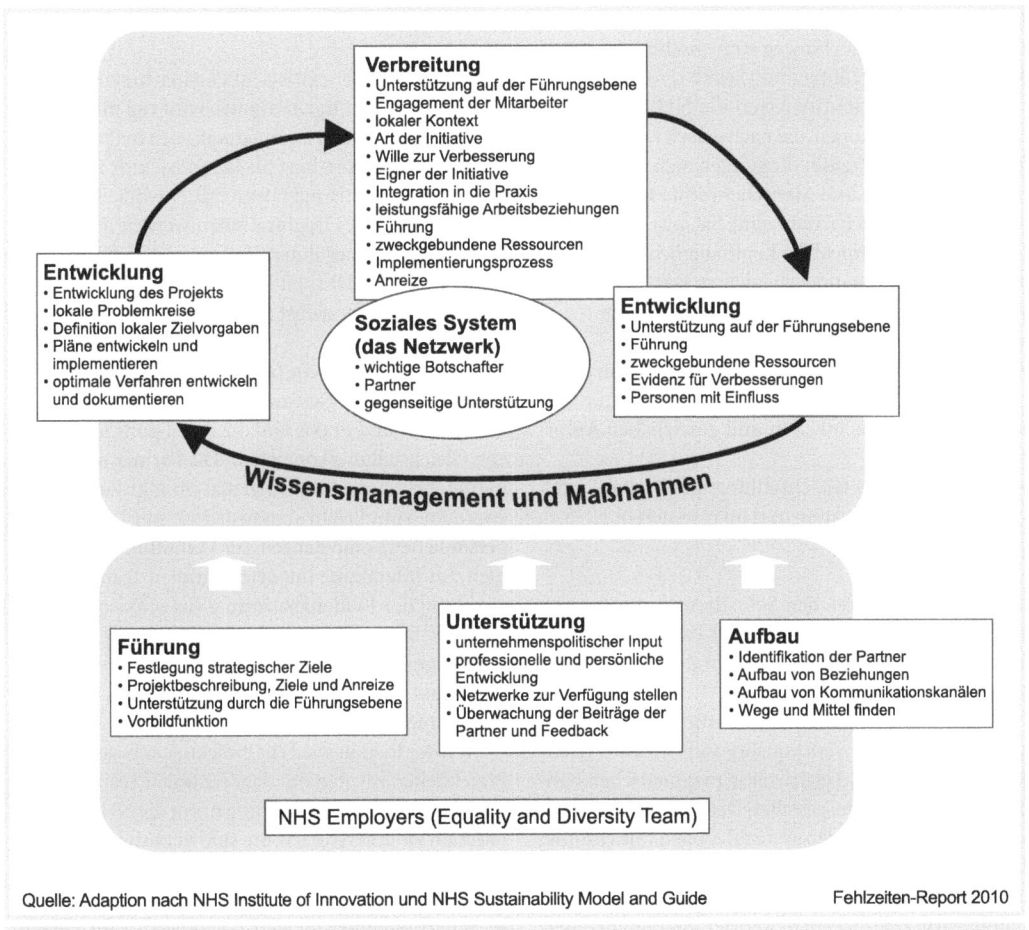

◘ Abb. 25.1 Das Develop-Spread-and-Sustain-Modell

stärker gewürdigt fühlen. Davon profitieren wiederum die Patienten; die Organisation kommuniziert mit den Gemeinden, für die sie Dienstleistungen erbringt, und wertschätzt Vielfalt, was sich auch am Arbeitsplatz widerspiegelt. Die Adaption der „Verbreitung" ermöglicht es, einen Lernprozess, bewährte Verfahren oder eine Verbesserung in die gesamte Organisation oder Region einzubringen, und trägt damit zu hoch leistungsfähigen Organisationen bei.

25.4.2 Design und Prozess der Partner-Programme

Die Vision für die Zukunft besteht darin, die NHS-Organisationen so breit aufzustellen, dass sie Ansprechpartner für das gesamte Spektrum der Bevölkerung in England sind. Dabei sollten alle Organisationstypen und -größen vertreten sein. Ziel ist es, lokale Zentren der Partner-Organisationen zu bilden, die landesweit über alle NHS-Trusts hinweg strategisches Denken in Bezug auf Gleichstellung und Vielfalt fördern.

Im Jahr 2008 identifizierten die NHS Employers Partner-Organisationen, die nachweisen konnten, dass sie vorbildliche Arbeitsbedingungen bieten, bei denen Gleichheit, Vielfalt und Menschenrechte integrale Bestandteile der Betriebskultur sind. Sie mussten belegen, dass sie in einem Umfeld der kontinuierlichen Verbesserung einen Kulturwandel vollziehen. Das bedeutete:
- Engagement für Gleichstellung und Vielfalt,
- Nachweis guter Mitarbeiterführung,
- Nachweis, dass die Mitarbeiter wertgeschätzt werden,
- Erfüllung der rechtlichen und gesetzlichen Anforderungen,
- Bereitschaft, die Gleichstellung und Vielfalt in der gesamten Organisation und im erweiterten NHS zu fördern.

Nach einem erfolgreichen Selbstbewertungsprozess wurden 20 NHS-Organisationen als Partner-Organisationen für Gleichheit und Vielfalt für das Geschäftsjahr 2009/10 ausgewählt.

Seit April 2009 wurden diese Partner unter der Leitung des NHS Employers Equality and Diversity Teams mit strategischen und gleichzeitig pragmatischen Führungsinstrumenten ausgestattet. Der zugrunde liegende organisatorische Ansatz zur nachhaltigen Entwicklung der Gleichstellung und des Diversity Managements geht auf das bereits erwähnte „Positively-Diverse (PD)"-Programm zurück. PD ist ein bewährter, gut dokumentierter Ansatz für die Planung und Durchführung von Veränderungen bei der Erbringung von Dienstleistungen (Department of Health 2001).

Ziele der Partner-Organisationen waren:
- die Gleichstellung und Vielfalt in ihrer eigenen Organisation zu verbessern,
- die Sensibilisierung für nachhaltige Verbesserungen durch ein zielorientiertes Diversity Management zu erhöhen,
- als Gradmesser für die wichtigsten Fragen für den erweiterten NHS zu fungieren und relevante Beratung und Orientierung leisten zu können,
- zur Entwicklung guter fachlicher Verfahren beizutragen und eine Sammlung von Fallstudien anzulegen, aus denen andere lernen können – unter Berücksichtigung von Initiativen des Gesundheitsministeriums und deren Implikationen bezüglich Gleichstellung und Vielfalt,
- zu einem breiteren Verständnis von Gleichstellung und Vielfalt im Zusammenhang mit Qualität, Innovation, Produktivität und Prävention beizutragen.

2011 sollen weitere 20 bis 30 Partner hinzukommen. Jede der Partner-Organisationen wird eng mit mindestens fünf weiteren NHS-Organisationen in ihrer Region zusammenarbeiten bzw. als deren Mentor fungieren, um eigene Erfahrungen weiterzuentwickeln und zu verbreiten. Diese Organisationen werden die Partner der Zukunft. Über einen Zeitraum von fünf Jahren werden so die Mehrheit der NHS-Organisationen in England entweder selbst Partner sein oder von einem Partner betreut.

Auf nationaler Ebene bietet das Programm weiterhin Gelegenheiten für Networking, den Austausch innovativer Politik und Praxis und die Beteiligung am Aufbau von Gleichstellungskompetenz. Die Partner werden auf nationaler Ebene bis zu viermal im Jahr zusammenkommen: zum Erfahrungsaustausch, zur Entwicklung persönlicher Kompetenzen, zur Vermittlung von Leitlinien, zur Interaktion mit dem zentralen Team, zur Entwicklung der Evidenzbasierung für praxisorientierte Gleichstellungsverfahren und den Umgang mit einer vielfältigen Belegschaft, zur gemeinsamen Einflussnahme auf den Equality and Diversity Council und den Leadership Council des Gesundheitsministeriums.

In jeder Region wird ein Projektleiter bestimmt. Die Projektleiter arbeiten mit dem zentralen Team und den Partnern ihrer Region zusammen, um die NHS-Organisationen zu unterstützen. Sie sind verantwortlich für:
- Zusammenarbeit mit den Strategic Health Authorities
- Schaffung einer lokalen „Denkfabrik" für Gleichstellung und Vielfalt

- Einbindung von Interessenvertretern
- Pflege von partnerschaftlichen Arbeitsbeziehungen mit den zuständigen Gremien
- Unterstützung der Partner und NHS-Organisationen bei der Durchführung von Veranstaltungen
- Durchführung von regionalen Konferenzen mit NHS-Organisationen zur Diskussion neuer Fragestellungen
- Personalentwicklung und Beratung zu Richtlinien und neuen gesetzlichen Regelungen
- Beratung zu geeigneten Verfahren zur Umsetzung von Gleichstellung und Vielfalt am Arbeitsplatz
- Förderung und Dokumentation von „Best Practice" des Diversity Managements

25.4.3 Evaluation

Das Partner-Programm mit seinem Einsatz des Develop-Spread-and-Sustain-Modells beinhaltet eine Reihe von komplexen Interventionen. Üblicherweise bestehen diese Interventionen aus mehreren interagierenden Komponenten und stellen deshalb die Gutachter zusätzlich zu den praktischen und methodischen Schwierigkeiten, die im Rahmen einer erfolgreichen Evaluation überwunden werden müssen, vor eine Reihe spezifischer Probleme. Dazu gehören u. a. die Standardisierung des Designs und der Durchführung der Interventionen, ihre Sensibilität für bestimmte lokale Besonderheiten, die organisatorischen und logistischen Schwierigkeiten beim Einsatz experimenteller Verfahren für einen Kurswechsel bei Dienstleistungen oder Strategien und die Länge und Komplexität der Kausalketten, die Interventionen mit Ergebnissen verknüpfen.

Bei so vielen Einflüssen wird die Bewertung sich auf Verbesserungen bei Gleichstellung und Vielfalt konzentrieren und nur begrenzten Wert auf spezielle, dem Programm inhärente, Probleme legen. Ziele der Evaluation sind:
- Bewertung der Fortschritte der einzelnen Partner-Standorte mithilfe eines Benchmarking,
- Vergleich der Partner hinsichtlich Gleichstellung und Vielfalt mit benachbarten und Fremdinstitutionen,
- Bewertung der Verbreitung von Aktivitäten innerhalb und zwischen den Standorten sowie
- Bewertung des Umfangs, in dem Verbesserungen nachhaltig sind.

25.5 Fortschritte

Im November 2009 war das Netzwerk voll funktionsfähig und wurde in acht der zehn Gesundheitsregionen in England eingesetzt. Es wurden Fallstudien für folgende Bereiche entwickelt und veröffentlicht:
- Einführung einer Mediationsstelle
- Diversity-Monitoring und Benchmarking
- Dolmetscherdienste
- Planung der finanziellen Zukunft des Personals kurz vor dem Ruhestand
- Entwicklung eines Plans für ein Netzwerk zum Thema Gleichstellung und Vielfalt

Im Laufe der kommenden Monate sind diverse Veranstaltungen zum Thema Gleichstellung und Vielfalt in Bezug sowohl auf Personal als auch auf Dienstleistungen geplant. Es werden Experten eingeladen, die ihr Wissen weitergeben und ein Forum für den Austausch bewährter Verfahren bieten.

Partner-Trusts sind verpflichtet, an Benchmarking-Studien zu den Themen Behinderte, sexuelle Orientierung und Gleichstellung der Geschlechter teilzunehmen. Die Studien basieren auf den Bewertungen führender Interessengruppen. Ein Beispiel ist das Employers Forum on Disability (EFD). Der vom EFD entwickelte „Disability Standard" zum Umgang mit behinderten Mitarbeitern ist der einzige Benchmark, der die Leistung einer Organisation hinsichtlich aller Aspekte von Behinderung misst. Die alle zwei Jahre durchgeführte, von Experten validierte Selbstbewertung besteht aus rund 150 Fragen und Evidenznachweisen. Mehr als 100 private und öffentliche Organisationen aus verschiedenen Branchen nahmen am Disability Standard 2009 teil. Dazu gehören BT, BBC, Bradford & Airedale Teaching Primary Care Trust, Hampshire Police Force, Lloyds Bank Group und Sainsbury's (EFD 2009). In diesem Jahr vergab das EFD den ersten Rang in der jährlichen Benchmarking-Studie an den 5 Boroughs Partnership Trust und an den Portsmouth Hospitals NHS Trust (beide sind Partner für Gleichstellung und Vielfalt).

Das Feedback der Partner hat bereits deutlich gemacht, dass
- der Partner-Status einen starken strategischen Hebel zur Übertragung der Gleichstellung und Vielfalt in die Praxis bedeutet,
- die persönliche Entwicklung rund um Gleichstellung und Vielfalt vorangetrieben wurde,
- der Austausch über bewährte Verfahren und die Betreuung per E-Mail und Einzelschulungen als hilfreich angesehen wird,

- der Status als Partner für Gleichstellung und Vielfalt den Weg für eine partnerschaftliche Zusammenarbeit mit den lokalen Partnern und regionalen Gesundheitsbehörden bereitet hat,
- der Partner-Status hohes Ansehen mit sich bringt, den Weg ebnet für weitere Benchmarking-Studien und weitere Möglichkeiten bietet, die bisher nicht zur Verfügung standen.

Die folgenden Aussagen von Partnern reflektieren die positiven Auswirkungen des Partner-Konzepts für Gleichstellung und Vielfalt:

„Die Mitgliedschaft in der Gruppe der Equality & Diversity-Partners des NHS hat sowohl meinem Trust als auch mir in diesem Jahr unschätzbaren Nutzen gebracht. Dazu gehören insbesondere: die Möglichkeit, durch Schulungen zur Gleichstellungsrichtlinie der EU und die neuen Vorgaben für den öffentlichen Dienst im Gleichstellungsgesetz, Einfluss auf künftige Rechtsvorgaben und die damit verbundenen Verhaltensregeln zu nehmen." (E&D Partner Site London)

„Indem wir in Forschungsprojekte eingebunden waren, konnten wir eine Qualitätssicherung unserer eigenen Arbeit und Methoden vornehmen. Durch das Programm hatten wir auch die Gelegenheit, uns von führenden Experten im Bereich des Diversity Managements betreuen und inspirieren zu lassen. Das Programm legt großes Gewicht auf handlungsorientiertes Lernen und schult vor allem die Personen, die innerhalb ihrer eigenen Trusts Pionierarbeit beim Diversity Managements leisten." (E&D Partner Site South East Coast Ambulance Trust)

„Meine Teilnahme am E&D-Partner-Programm hat meine Fähigkeiten, mein Selbstvertrauen und meine Fachkompetenz im Bereich des Diversity Managements und Mainstreamings erhöht. Für mich als Teilnehmer des Programms haben sich viele Türen geöffnet, wie z. B. die Möglichkeit, die Weiterentwicklung der E&D-Agenda der Trusts auf eine strategische Ebene zu heben. Durch Feedback im Bewertungsprozess konnte die Organisation eine weitere strategische Analyse durchführen und einen detaillierten Aktionsplan aufstellen." (E&D Partner Site South London und Maudsley)

„Als Partner habe ich direkten Zugang zu Informationen und Möglichkeiten erhalten und kann den Trust dabei unterstützen, führend im ergebnisorientierten Diversity Management zu werden. In den letzten Monaten haben wir an drei verschiedenen Benchmarking-Studien teilgenommen, die Behinderungen, Geschlechtergerechtigkeit und sexuelle Orientierung thematisierten. Die Ergebnisberichte haben uns die Planung von Aktionen erleichtert. Wir hatten die Gelegenheit, an nationalen Beratungen rund um das vorgeschlagene Gleichstellungsgesetz teilzunehmen. Ich hatte zudem direkten Zugang zum NHS Employers E&D-Team, das mir eine Menge Unterstützung und Feedback zu den Ideen und Initiativen in meinem Trust gab. Derzeit unterstützt es mich bei der Durchführung einer Benchmarking-Studie zum Thema geschlechtsspezifisches Lohngefälle."(E&D Partner Site Bradford Care Trust)

25.6 Zusammenfassung

Das Equality-and-Diversity-Partner-Programm und die zugrunde liegende Nutzung des Develop-Spread-and-Sustain-Modells sind erfolgreich auf den Weg gebracht worden. Das Fundament für eine noch stärkere Zusammenarbeit und Interaktion ist gelegt. Durch den Austausch von Know-how über Organisationen und Regionen hinweg können Diversity-Management-Praktiker sehr viel von erfolgreichen NHS-Initiativen lernen.

Genauso wichtig ist es, Informationen über gescheiterte Initiativen sowie die Gründe für dieses Scheitern weiterzugeben. Dadurch wird nicht nur Doppelarbeit reduziert und zu größerer Effizienz beigetragen, sondern auch der Austausch von Ideen und Meinungen angeregt.

Dieses Modell hat zu vermehrter Kommunikation beigetragen und es ist zu hoffen, dass die begonnene Arbeit weitergeführt werden kann, damit im gesamten NHS ein ständiges Forum zum Informationsaustausch, zur Interaktion und Kooperation entsteht.

Literatur

CIPD – Chartered Institute of Public Relations (2006) Diversity in Business: How much Progress have employers made? First Findings. Survey Report. London

CIPD – Chartered Institute of Public Relations (2006) Employee Turnover and Retention Factsheet. (http://www.cipd.co.uk/subjects/hrpract/turnover/empturnretent.htm. Cited 23 Nov 2009

CIPD – Chartered Institute of Public Relations (2008) Managing Diversity and the Business Case. Chartered Institute of Personnel and Development. CIPD,London

Department of Health (2000) The Vital Connection – an equalities framework for the NHS. London

Department of Health (2001) Positively Diverse – The Field Book: a practical guide to managing diversity in the NHS. London

Department of Health (2008) High Quality Care for All: NHS Next Stage Review final report. Command paper, cmd 7432

Department of Health (2009) The NHS Constitution: securing the NHS today for generations to come. London

EC Directorate (2003) General FOR Employment, Industrial Relations and Social Affairs

EFD – Employers Forum on Disability (2009) Disability Standard 2009. Viewed at http://www.efd.org.uk/disability/disability-standard. Cited 23 Nov 2009

House of Commons (2009) Equality Bill

National Audit Office (2004) Delivering public services to a diverse society. Report by the comptroller and auditor general HC 19-I Session 2004–2005, 10 December 2004

NCCSDO – National Co-ordinating Centre for NHS Service Delivery and Organisation (2004) How to Spread Good Ideas – A systematic review of the literature on diffusion, dissemination and sustainability of innovations in health service delivery and organisation, R & D, NCCSDO, London

NHS Institute for Innovation and Improvement (2007) Sustainability and its relationship with spread and adoption

OECD (2006) Live Longer, Work Longer: a synthesis report. Organisation for Economic Cooperation and Development. OECE, Paris

Posch P (1994) Networking in Environmental Education. OECD Documents: Evaluating Innovation in Environmental Education. OECD, Paris

Schön D (1991) The Reflective Practitioner: how professionals think in action. Ashgate, Farnham

Scott E (2007) Diversity Powers Innovation. Center for American Progress. (http://www.americanprogress.org/issues/2007/01/diversity_powers_innovation.html. Cited 23 Nov 2009

The Work Foundation (2005) Making the Case: the Business Benefits. (http://www.theworkfoundation.com/difference/e4wlb/businessbenefits.aspx. cited 23 Nov 2009

Kapitel 26

Anforderungen und Lösungen kultureller Diversifizierung im Rahmen der Betrieblichen Gesundheitsförderung – Ein Praxisbeispiel aus der Metallbranche

E. Grofmeyer

Zusammenfassung. *In dem Projekt der AOK Bayern wurden Belastungen der Mitarbeiter unterschiedlicher Kulturen untersucht. Das Hauptaugenmerk lag auf der Analyse der kulturell unterschiedlichen Belastungen der Mitarbeiter und deren Lösungen. Mitarbeiter, die sich dem türkischen Kulturkreis zugehörig fühlen, standen dabei im Fokus. Neben klassischen Belastungen, wie monotonen, körperlich hoch anstrengenden Arbeiten, Schichtarbeit und Überstunden, wurden spezifische Beanspruchungen dieser Mitarbeiter analysiert und Veränderungsmöglichkeiten erarbeitet. Die Schwerpunkte bildeten Sprachprobleme, Informationsdefizite, mangelnde Dialogbereitschaft, divergente Urlaubswünsche, Ungleichbehandlung, Organisationsanpassungen in Zeiten des Ramadan und Verpflegungsangebote. Die positiven Erfahrungen und Erfolge wurden in der Bewertung des Projektes sichtbar und konnten auf andere Abteilungen übertragen werden.*

26.1 Einleitung

Entwicklungen wie die Alterung der Gesellschaft und die europäische Integration tragen dazu bei, dass die Bevölkerung in Deutschland ethnisch, kulturell und religiös vielfältiger wird. Menschen mit Migrationshintergrund machen einen immer größeren Teil der Bevölkerung aus. In Deutschland leben derzeit rund 7,3 Mio. Ausländer. Zusammen mit Eingebürgerten, Aussiedlern und Kindern aus binationalen Ehen, sprechen wir von über 14 Mio. Menschen in Deutschland, die einen Migrationshintergrund aufweisen. Das ist fast jeder fünfte Einwohner (Stuber 2006). Mehr als die Hälfte der Migranten stammt aus dem Mittelmeerraum. Darunter sind 1,9 Mio. türkische Staatsbürger (REMID 2009).

Eine ähnliche Verteilung ist auch in vielen Unternehmen zu beobachten, insbesondere im Produzierenden Gewerbe. Dass Vielfalt eine Herausforderung für ein Unternehmen bedeutet, wird anhand eines Praxisbeispiels aus der Metallbranche dargestellt.

Bei dem Unternehmen handelt es sich um einen bayerischen Betrieb, in dem Metallerzeugnisse für den Handel hergestellt werden. Seit 1997 engagiert sich ein „Arbeitskreis Gesundheit" (AKG) für die Motivation, Zufriedenheit und Gesundheit der Mitarbeiter. Standen anfänglich nur die Fehlzeiten auf der Tagesordnung, so sind es mittlerweile vielfältige Themen, wie demografischer Wandel, gesundheitsgerechte Mitarbeiterführung, Stressmanagement u. v. m. Zur Erfassung von Belastungen und Ressourcen wurden drei Mitarbeiterbefragungen, jährliche AU-Analysen (Arbeitsunfähigkeitsdatenanalysen), Gefährdungsanalysen und Gesundheitszirkel durchgeführt. Bei den Befragungen wie auch bei den AU-Analysen wurde nach Nationalitäten bzw. Kulturkreisen differenziert.

Anhand der Arbeitsunfähigkeitsdaten können Nationalitätenauswertungen erstellt werden. Diese orientieren sich allerdings lediglich an der jeweiligen Staatszugehörigkeit. So sind seit Ende der 1980er Jahre etwa drei Millionen „ethnisch" Deutsche mit ihren Angehörigen aus Osteuropa zugewandert. Sie werden in der Statistik nicht als „Ausländer" geführt, da sie die deutsche Staatsangehörigkeit erhalten haben. Ebenfalls nicht mehr Ausländer im statistischen Sinne sind eingebürgerte Migranten. Die Zahl der eingebürgerten Türken beispielsweise stieg von etwa 42.000 im Jahr 1997 auf 178.000 im Jahr 2001. Doch der deutsche Pass gewährleistet nicht, dass die sozialen Integrationshürden überwunden werden. Die Suche nach einem treffenden Oberbegriff für diese verschiedenen Gruppen ist nicht einfach. Trotz vieler Beschränkungen etabliert sich die Bezeichnung „Migrant" (Ausländerzentralregister 2002).

Bei Berücksichtigung kultureller Diversifizierung zeigt das Projekt, dass
- sich Mitarbeiter in vielerlei Hinsicht unterscheiden;
- ein Bewusstsein für Vielfalt und die positive Einstellung zur Unterschiedlichkeit den Umgang mit anderen Menschen mitbestimmt und zu mehr „Offenheit" führt;
- die grundlegende, positive Ausrichtung eines Unternehmens auf Vielfalt und Individualität als Leitgedanke gelebt werden kann.

Darüber hinaus verdeutlicht das Projekt Voraussetzungen und Anforderungen Betrieblicher Gesundheitsförderung bei der Thematisierung kultureller Diversifizierung.

Es wird auf Möglichkeiten eingegangen, positive Erfahrungen und Erfolge aus dem Projekt zu systematisieren, diese auf andere Betriebe bzw. Bereiche zu übertragen und in entsprechenden Maßnahmen zu berücksichtigen, mit dem Ziel, Mitarbeiter und Führungskräfte unterschiedlicher Kulturen für das Thema zu sensibilisieren und kulturell unterschiedliche/spezifische Belastungen zu vermeiden bzw. zu reduzieren.

26.2 Der Arbeitskreis Gesundheit steuert die Aktivitäten des Betrieblichen Gesundheitsmanagements

Bereits 1997 wurde ein Betriebliches Gesundheitsmanagement (BGM) mit Krankenstandsanalysen der AOK Bayern eingeführt. Seither tagt der AKG, bestehend aus einem Vertreter der Geschäftsleitung, Produktionsleiter, Personalleiter, Betriebsarzt, Betriebsratsvorsitzendem/-stellvertreter und Sicherheitsingenieur, regelmäßig, um weitere Schritte Betrieblicher Gesundheitsförderung zu planen.

In den AU-Analysen der AOK Bayern werden wichtige Krankenstandskennzahlen differenziert nach Geschlecht, Alter, Stellung im Beruf, Tätigkeitsgruppen und auch Diagnosehauptgruppen jeweils im Vergleich zur Branche (Branche 28, Herstellung von Metallerzeugnissen[1]) dargestellt und diskutiert. Wurde der relativ hohe Krankenstand aufgrund einer guten Auftragslage in den ersten Jahren noch hingenommen, so wurde 2000 ein Krankenstandswert von 8,3 % als kritische „Schieflage" bezeichnet und weitere Schritte im Sinne des Betrieblichen Gesundheitsmanagements verabredet.

Um ein firmeninternes Gesamtbelastungsbild über alle Abteilungen (Kostenstellen) zu erhalten, ist 2002 die erste Mitarbeiterbefragung (Vetter u. Redmann 2005) durchgeführt worden. Eine eindeutige Ursachenzuschreibung ist durch vier „Gesundheitszirkel" (Resch u. Gunkel 2004) in tätigkeitshomogenen Bereichen erfolgt. Der Gesundheitszirkel als Analyseinstrument bot sich an, um betroffene Mitarbeiter zu beteiligen; dessen Tenor war: „Mitarbeiter bei der Frage nach der Gesundheit mit ins Boot zu holen, denn Mitarbeiter sind die Experten ihres Arbeitsplatzes!" Hohe Belastungen und damit zusammenhängende hohe Arbeitsunfähigkeitszeiten wurden vom AKG in jeweils zwei Montage- und Fertigungsabteilungen identifiziert. Zudem handelte es sich bei diesen vier Abteilungen um mitarbeiterstarke Beschäftigungsgruppen, die dadurch einen großen Einfluss auf den Gesamtkrankenstand hatten. In diesen Gesundheitszirkeln sind zunächst Probleme und Belastungen der Mitarbeiter erfasst, anschließend Lösungen bzw. Lösungsansätze aus Sicht der Mitarbeiter gesucht worden, die dann in einer Präsentationsrunde im AKG diskutiert wurden. Dabei sind für ca. 80 % der aufgelisteten Belastungen Interventionsmaßnahmen verabredet worden, die Verantwortliche (sogenannte „Kümmerer") regelmäßig überprüft haben. Um eine Verbindlichkeit der beschlossenen Aktivitäten zu gewährleisten, ist in Sitzungen zum „Stand der Umsetzung" der jeweilige Grad der Abarbeitung erfasst worden.

Weitere Aktivitäten werden seit 2000 regelmäßig durchgeführt. So gibt es jedes Jahr „Gesundheitstage" mit verschiedenen Gesundheitsthemen, Screenings in Form von Reihenuntersuchungen, wie Cardioscan zur Herz- und Stressmessung, Fett- und Blutfettmessungen, Blutdruck- und Zuckermessungen, Risikotest zu Herz-Kreislauferkrankungen, Vortragsreihen, Seminare z. B. zur Raucherentwöhnung, Führungskräfteschulungen beispielsweise zu „gesundheitsgerechter Mitarbeiter-

---

1 Statistisches Bundesamt (2009)

führung" bis hin zu medialer Aufklärung durch Informationsstände, -materialien, Plakate und Flyer.

26.3 Die Vielfalt der Belegschaft berücksichtigen (Das Diversity-Projekt als vertiefende Projektphase)

Ab dem Jahr 2000 wurden die AU-Analysen durch eine weitere Differenzierung der Mitarbeiter nach Nationalitäten ergänzt. Es kristallisierten sich auffällige Krankenstandswerte insbesondere bei den türkischen Mitarbeitern heraus. Der Krankenstandswert der türkischen Mitarbeiter im Stammwerk (160 türkische Mitarbeiter; 16,3 % der Belegschaft) lag bei 14,6 % (◘ Abb. 26.1).

Ursächlich für den erhöhten Krankenstand waren einige auffällige Krankheitsdiagnosen (◘ Tab. 26.1) (AOK Bayern 2008, DIMDI 2009).

So waren bei der Häufigkeit der Erkrankungsarten Auffälligkeiten bei den *Endokrinen, Ernährungs-*

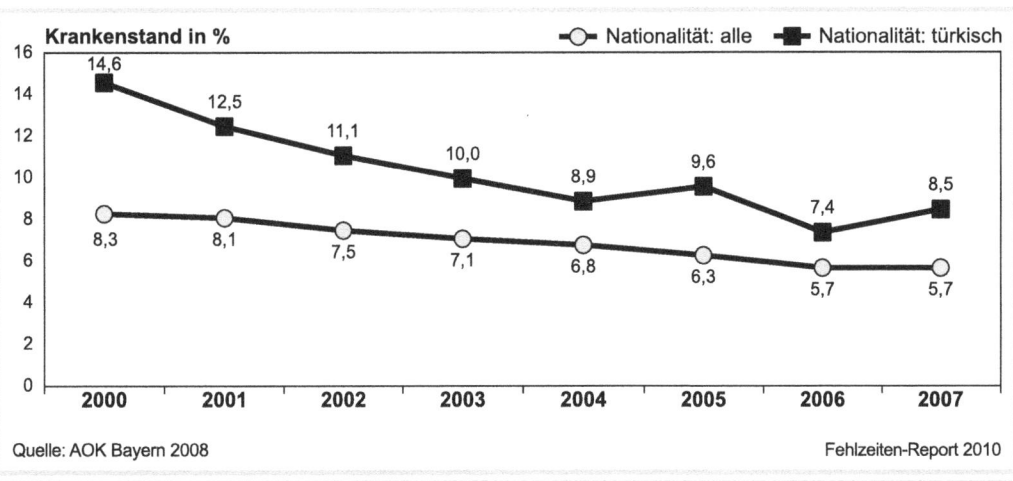

◘ Abb. 26.1 Krankenstand-Jahresvergleich nach Nationalitäten

◘ Tab. 26.1 Diagnosehauptgruppen nach Nationalitäten

	Diagnosehauptgruppen	AU-Fälle je 100 VJ		AU-Tage je 100 VJ		AU-Tage je Fall	
		türkisch	deutsch	türkisch	deutsch	türkisch	deutsch
ICD 1	Bestimmte infektiöse und parasitäre Krankheiten	15,7	17,6	95,1	107,8	6,1	6,1
ICD 4	Endokrine, Ernährungs- und Stoffwechselkrankheiten	9,7	2,2	333,3	74,4	34,3	33,5
ICD 5	Psychische und Verhaltensstörungen	9,7	4,6	467,3	148,3	48,1	32,4
ICD 6	Krankheiten des Nervensystems	5,4	6,7	230,7	200,6	42,7	30,1
ICD 9	Krankheiten des Kreislaufsystems	13,5	10,8	242,0	258,6	17,9	23,9
ICD 10	Krankheiten des Atmungssystems	62,7	53,3	616,9	399,7	9,8	7,5
ICD 11	Krankheiten des Verdauungssystems	25,4	26,9	265,8	236,1	10,5	8,8
ICD 13	Krankheiten des Muskel-Skelett-Systems und des Bindegewebes	74,6	51,6	2.083,7	971,9	27,9	18,8
ICD 18	Symptome und abnorme klinische und Laborbefunde	18,9	11,7	163,1	97,8	8,6	8,4
ICD 19	Verletzungen, Vergiftungen und bestimmte andere Folgen äußerer Ursachen	17,3	21,2	244,7	351,0	14,2	16,5
	Insgesamt	272,8	223,9	5.102,5	3.100,4	18,7	13,8

n = 928,8 VJ (Versichertenjahre) bei 2.167 AU-Fällen
Quelle: AOK Bayern

und Stoffwechselkrankheiten (ICD 4), *Krankheiten des Kreislaufsystems* (ICD 9) und bei den *Krankheiten des Muskel-Skelett-Systems* (ICD 13) zu sehen. Bezüglich der Arbeitsunfähigkeitstage insgesamt sowie der Dauer eines Arbeitsunfähigkeitsfalles kamen *Bestimmte infektiöse und parasitäre Krankheiten* (ICD 1), *Psychische und Verhaltensstörungen* (ICD 5) und *Krankheiten des Nervensystems* (ICD 6) hinzu.

Aufgrund dieser Auswertungen wurde ein weiterer *Gesundheitszirkel mit türkischen Mitarbeitern* initiiert. Bezüglich des Kulturkreises war dies eine homogene Zusammensetzung. Jedoch sollten bei der Durchführung möglichst unterschiedliche Bereiche des Unternehmens erfasst werden. Die Teilnehmer kamen aus den Bereichen Galvanik, Schweißerei, Montage, Staplerfahren und Musterbau. Zudem war die Zusammensetzung bezüglich der Stellung im Beruf heterogen, sodass ein türkischer Meister (gleichzeitig auch BR-Mitglied), Facharbeiter und ungelernte Kräfte (Helfer) involviert waren.

26.3.1 Projektziele und Voraussetzungen

Im AKG ist vor Beginn des Projektes über die Unterschiedlichkeiten der kulturell differenten Belegschaft diskutiert worden. Als primäres Ziel wurde die „Verbesserung des Gesundheitszustandes" und damit eine „Krankenstandsenkung" verabredet. In der Diskussion darüber sind die Schwerpunkte der Unterschiedlichkeit sichtbar geworden. So nehmen die Bereiche Erziehung, Werte, Kultur, Sprache, Wissen, Machtbeziehungen, Ernährung, Bildung, Religion, Sexualität, Umgang mit der eigenen Gesundheit, Geschlechterrolle, Verhaltensmuster, Weltanschauung u. v. m. Einfluss auf ein Diversity Management. Um ein interkulturelles Handeln zu ermöglichen und Ressourcen von Migranten zu nutzen, müssen diese Unterschiedlichkeiten zunächst bewusst gemacht, anschließend verstanden und schließlich respektiert und akzeptiert werden.

Bevor Instrumente wie die Mitarbeiterbefragung oder auch der Gesundheitszirkel mit türkischen Mitarbeitern im AKG beschlossen wurden, galt es, einen internen, proaktiven Zugang zur kulturell vielfältigen Mitarbeiterschaft zu erhalten. Dazu waren mehrere Informationsveranstaltungen, aber auch interne Medien („Schwarzes Brett", Betriebszeitung, Intranet) hilfreich. Das Potenzial des Diversity Managements soll die volle Arbeitskraft eines Mitarbeiters nutzen, indem leistungshemmende Faktoren in seinem Umfeld reduziert werden (Köppel u. Sandner 2008). Die Führungskräfte durchlaufen im Dialog mit den Mitarbeitern einen Lernprozess, der es ihnen ermöglicht, umsichtiger und somit effizienter zu führen.

Bei der Zieldefinition war eine Präzisierung entscheidend für den späteren Erfolg, da sich hiernach der konkrete Einsatz der Instrumente gestaltete (Belinszki 2003). So erhielten folgende Faktoren große Aufmerksamkeit:
– Ausschöpfen des Mitarbeiterpotenzials
– krankheitsbedingte Ausfälle reduzieren
– Arbeitszufriedenheit stärken
– interne Kommunikation fördern, Konflikte lösen, Sprachbarrieren abbauen
– Identifikation mit dem Unternehmen stärken
– Öffnung der Unternehmenskultur hinsichtlich einer Atmosphäre des gegenseitigen Lernens, Wertschätzung kultureller Vielfalt, Verständnis füreinander wecken
– häufigeres Einbeziehen von Mitarbeitern mit Migrationshintergrund, damit andere Sichtweisen für lösungsorientiertes Handeln entstehen

Weitere sekundäre Projektziele waren:
– Aufbau interkultureller Kompetenzen der Führungskräfte
– Zusammenwirken von verschiedenen Arbeitsstilen
– Stärkung der Position des Unternehmens auf dem Arbeitsmarkt
– neue Rekrutierungsstrategien bei drohendem Fachkräftemangel
– Personalverfügbarkeit in Zeiten konjunkturellen Aufschwungs bzw. bei Belebung der Auftragslage

26.3.2 Planung und Durchführung von Mitarbeiterbefragungen

Jede der drei ab 2002 in Zusammenarbeit mit der AOK Bayern durchgeführten Befragungen bestand aus 55 Fragen aus den Bereichen:
– gesundheitliche Situation
– Interesse an Maßnahmen zur Betrieblichen Gesundheitsförderung
– Arbeitsplatz und Arbeitsplatzumgebung
– Kantinenessen
– Belastungen am Arbeitsplatz
– Verhältnis zu Kollegen, Vorgesetzten und Mitarbeitern
– Wohlbefinden in der Firma
– Angaben zur Person

Selbstverständlich wurde die Befragung anonym durchgeführt. Die Fragebögen konnten in einem Zeitraum von 14 Tagen in Urnen eingeworfen werden. Für Mitarbeiter mit sprachlichen oder Verständnisschwierigkeiten wurden „Übersetzer" benannt, die den Kollegen helfend zur Verfügung standen. Abwesenden Mitarbeitern (Erkrankungen, Urlaub, Auslandsaufenthalt etc.) wurde der Befragungsbogen und Ausfüllhinweise postalisch, mit frankiertem Rückumschlag, zugeschickt. Alle Angaben sind streng vertraulich behandelt worden. Betriebsleitung, Betriebsrat und der AKG erhielten nur das Gesamtergebnis, nicht das Resultat einzelner Fragebögen, sodass der Rückschluss auf einzelne Mitarbeiter nicht möglich war.

26.3.3 Zielgruppe – Definition der Diversifikationsgruppen

Schon in der ersten Mitarbeiterbefragung wurde die „Staatsangehörigkeit" als Auswertungsvariable berücksichtigt. Um die Erfolge sichtbar zu machen, ist drei Jahre später eine vergleichende Folgebefragung durchgeführt worden. Die Auswertung nach der Staatsangehörigkeit war jedoch nicht hinreichend, da Mitarbeiter mit Migrationshintergrund (Türken, Russlanddeutsche etc.) häufig einen deutschen Pass besitzen (eingebürgerte Migranten[2]), und somit korrekterweise „deutsch" angekreuzt hatten.

Bei der zweiten, 2005 durchgeführten Mitarbeiterbefragung ist als Differenzierungsmerkmal nach dem „zugehörigen Kulturkreis" gefragt worden, mithilfe dessen eine Zuordnung von ethnischen Gruppen weitgehend geklärt wurde. Die Differenzierung wurde durch die Frage: „Welchem Kulturkreis fühlen Sie sich zugehörig?: Deutschland, Türkei, Russland, Griechenland, Balkanstaaten, Italien, Portugal und Sonstige" vorgenommen. Eine weitere Differenzierung der Muslime nach Sunniten, Aleviten, Imamiten, Schiiten, Kurden u. a. wurde nicht vorgenommen.[3] Alternativ zur Frage nach dem zugehörigen Kulturkreis hätte sich auch die Frage nach der „Muttersprache" angeboten.

26.3.4 Ergebnisse aus den Mitarbeiterbefragungen

Lag die Beteiligungs-/Rücklaufquote in der ersten Befragung noch bei 57,1 %, so war das Interesse der Belegschaft an den Folgebefragungen, trotz eines Anreizsystems (Losnummern für jede eingeworfene Befragung und Tombolaziehung) deutlich geringer (2005: 45,4 % und 2008: 30,1 %). Die nachlassende Beteiligungsquote wurde vom AKG positiv interpretiert, da korrespondierend zu den Befragungsergebnissen eine auffällige Verbesserung des Krankenstandes zu beobachten war. So sind die Belastungseinschätzungen teilweise erheblich zurückgegangen und die Ressourcen, z. B. Unterstützung durch die Vorgesetzten, deutlich gestiegen.

Bezogen auf die Mitarbeiter, die sich dem türkischen Kulturkreis zugehörig fühlen, waren die Rücklaufquoten deutlich geringer. So beteiligten sich lediglich 28,3 % dieser Mitarbeitergruppe an der Befragung (◘ Abb. 26.2).

Zudem war auch der Rücklauf in den Abteilungen/Gruppen „Hilfsstellen", „Fertigung/Draht" und der Altersgruppe der über 50-Jährigen gering. Diese Bereiche sind überdurchschnittlich stark von türkischen Mitarbeitern besetzt. Um dies zu interpretieren, hat der Betriebsrat zahlreiche Interviews mit türkischen Mitarbeitern geführt. Dabei wurden der sehr umfangreiche Befragungsbogen (55 Fragen auf 13 Seiten), Sprachprobleme, die Aussage „Warum soll ich mich beteiligen? – Es ist doch alles in Ordnung!", aber auch „Warum soll ich mich beteiligen? – Es passiert ja doch nicht viel!" genannt.

Für Mitarbeiter, die sich dem türkischen oder dem deutschen Kulturkreis zugehörig fühlen, zeigten sich in Bezug auf ihre kulturellen Unterschiedlichkeiten in 2005 folgende Auffälligkeiten:

— Bei der Frage nach der Lokalisation von Rücken- und Gelenkschmerzen wurden von den türkischen Mitarbeitern, mit Ausnahme von Hals- und Nackenbeschwerden, alle anderen elf Bereiche mit deutlichen Abweichungen (Höchstwerten) eingestuft.
— Ein Viertel der türkischen Mitarbeiter (25,3 %) glaubt, dass „Veränderungen der Arbeitsbedingungen die Beschwerden verringern könnten". Dies schätzen nur 18,6 % der deutschen Mitarbeiter so ein.
— Gut jeder dritte türkische Mitarbeiter wünscht sich einen anderen Arbeitsplatz (36,5 %). Die Zufriedenheit der deutschen Mitarbeiter ist diesbezüglich höher (27,4 %).

---

2 in Anlehnung an: Ausländerzentralregister, Stand: 31.12.2002

3 Eine weitere Differenzierung nach Sunniten, Aleviten und Kurden wäre sinnvoll, da die Beachtung religiöser Gebote weitere Unterschiede zeigen würde. Aus Datenschutzgründen war dies jedoch nicht möglich.

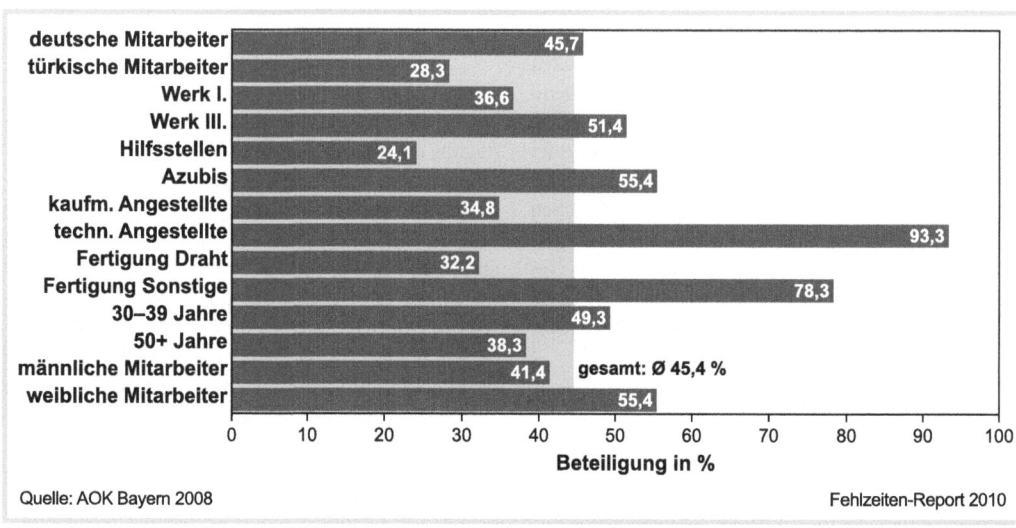

☐ Abb. 26.2 Beteiligungsquote Mitarbeiterbefragung 2005

- Insgesamt sind 21,0 % der türkischen Mitarbeiter unzufrieden mit der Arbeit (deutsche Mitarbeiter: 12,0 %).
- Viele Mitarbeiter „denken mit" und bringen sich durch entsprechendes Engagement ein. Jedoch äußerten 32,9 % der türkischen Befragten, dass von ihnen keine Verbesserungsvorschläge erwartet werden. Bei der deutschen Belegschaft meinen dies 13,7 %.
- Vorgesetzte reagieren auf Fehler eher mit Druck und Ärger. 30,4 % der türkischen Mitarbeiter, aber nur 26,6 % der deutschen Mitarbeiter empfinden dies so.
- Türkische Mitarbeiter (56,8 %) wünschen sich beim Kantinenessen mehr Gerichte anderer Nationalitäten. Nur 20,4 % der deutschen Mitarbeiter äußerten diesen Wunsch.

Bei der Frage nach Belastungen durch die Bedingungen am Arbeitsplatz ergaben sich teilweise deutliche Abweichungen in ☐ Tab. 26.2 dargestellten Bereichen (WIdO 2005):
- 56,3 % der türkischen Befragten sind der Meinung, von ihren Vorgesetzten vor anderen (öffentlich) zurechtgewiesen zu werden. Nur 31,2 % der deutschen Mitarbeiter empfinden so.
- Bei der Frage, ob Vorgesetzte cholerisch auf Fragen reagieren, antworten 33,8 % der türkischen Mitarbeiter (12,7 % der Deutschen) mit „ja" und 43,2 % mit „manchmal" (33,4 % der deutschen Mitarbeiter).

☐ Tab. 26.2 Belastungen durch die Bedingungen am Arbeitsplatz nach Nationalität (in %)

	deutsch	türkisch
Ständiges Stehen	34,7	59,2
Gebückte Haltung/Bücken	25,9	37,1
Arbeiten mit zur Seite gedrehtem Oberkörper	15,5	21,9
Ununterbrochen gleiche Bewegung	21,1	38,8
Schwere Hebearbeiten	24,2	42,6
Tragen schwerer Gegenstände	20,1	36,8
Schieben/Ziehen schwerer Gegenstände	17,5	26,8
Körperlich schwere Arbeit	20,4	38,8
Staub/Schmutz	25,5	35,2
Ständige Aufmerksamkeit/Konzentration	20,2	26,2
Große Genauigkeit	20,8	32,8
Große Arbeitsmengen	25,4	29,2
Hohes Arbeitstempo	28,2	50,7
Hektik	34,0	41,4

Quelle: Vetter u. Redmann 2005

- Lediglich 48,0 % der türkischen Mitarbeiter gefällt die Art der Arbeit/Tätigkeit an ihrem jetzigen Arbeitsplatz. 60,0 % der deutschen Mitarbeiter sind mit der Art der Arbeit/Tätigkeit an ihrem Arbeitsplatz

Soziodemografische Daten zeigten, dass 90,8 % der türkischen und 78,5 % der deutschen Mitarbeiter männlich sind. 22,1 % der türkischen und 17,0 % der deutschen Mitarbeiter sind älter als 50 Jahre. Überdurchschnittlich viele türkische Mitarbeiter (26,4 %) arbeiten in der Montageabteilung (18,2 % Deutsche), sowie (37,5 %) in der Fertigung/Draht (18,2 % Deutsche).

26.3.5 Initiierung eines Gesundheitszirkels mit türkischen Mitarbeitern

Zur weiteren Analyse ist ein Gesundheitszirkel mit *türkischen Mitarbeitern* und mit *Mitarbeitern, die sich dem türkischen Kulturkreis zugehörig fühlen,* durchgeführt worden. Zudem ist bei der Auswahl der Teilnehmer auch auf betriebsinterne Daten zurückgegriffen worden, die belegen, dass die meisten türkischen Mitarbeiter in den Abteilungen Fertigung, Galvanik und Montage arbeiten. Das sind Abteilungen in denen körperlich hoch anstrengende Tätigkeiten ausgeübt werden. Zudem arbeiten türkische Mitarbeiter überwiegend im Akkord sowie im Schichtbetrieb.

Der Gesundheitszirkel tagte viermal jeweils zwei Stunden. Vor Beginn des Projektes ist eine Informationsveranstaltung zur Durchführung eines Gesundheitszirkels in den entsprechenden Abteilungen durchgeführt worden. Dabei wurde über Ziele, Abläufe und Inhalte informiert. Ferner ist auf Abteilungsbesprechungen und dem firmeninternen Intranet sowie an den sogenannten „Schwarzen Brettern" auf die Durchführung hingewiesen worden.

Die Auswahl der Teilnehmer erfolgte auf freiwilliger Basis. Die Gesundheitszirkelzeiten waren Arbeitszeiten, bzw. wurden in der „Freiphase" als Zeitgutschrift gutgeschrieben. Die Moderation wurde von einem Berater für Betriebliche Gesundheitsförderung der AOK Bayern übernommen. Zur Unterstützung der Teilnehmer nahmen zudem der Betriebsratsvorsitzende sowie der Betriebsarzt an den Sitzungen teil. Da nicht alle Teilnehmer der deutschen Sprache mächtig waren, ist Wert auf einen teilnehmenden Vermittler/Dolmetscher, der schwierige Punkte übersetzen konnte, gelegt worden.

Ausgangspunkt der Arbeit im Gesundheitszirkel waren folgende drei Fragen:
1. Welche Belastungen am Arbeitsplatz nehmen Einfluss auf ihre Gesundheit?
2. Welche Verbesserungsmöglichkeiten gibt es?
3. Gibt es Gründe, die den erhöhten Krankenstand der türkischen Mitarbeiter erklären?

Aufgabe des Gesundheitszirkels war es, die vorhandenen Belastungsfaktoren und Probleme der türkischen Mitarbeiter genauer zu analysieren und arbeitsplatznahe und umsetzbare Vorschläge zur Verbesserung der Probleme und Belastungen zu entwickeln. Nach Abschluss des Gesundheitszirkels sind die Ergebnisse im erweiterten AKG präsentiert und Umsetzungsmöglichkeiten beschlossen worden. Um die Realisierung zu gewährleisten, wurden Verantwortliche benannt und eine Zeitschiene der Abarbeitung festgelegt. Regelmäßige Wiederholungszirkel zeigten den Verlauf des Umsetzungsstandes.

26.3.6 Ergebnisse des Gesundheitszirkels (kulturell unterschiedliche Probleme, Lösungen und Interventionen)

Im Folgenden werden insbesondere die kulturell spezifischen Belastungen und deren Lösungen beschrieben, die im Gesundheitszirkel erarbeitet und umgesetzt wurden.

Hohe körperliche und monotone Belastungen

Türkische Mitarbeiter sind besonders oft hohen körperlichen Belastungen ausgesetzt. Die Verteilung der türkischen Mitarbeiter in körperlich hoch anspruchsvollen Bereichen wie der Montage, Fertigung und Galvanik mit überwiegenden Mitarbeitern im Drei-Schichtbetrieb sowie an Akkordarbeitsplätzen ist bezeichnend. Maßgeblich dafür ist die geringere Qualifikation der Türken, die ohne entsprechende Berufsausbildung als Hilfskräfte bzw. „Helfer" engagiert wurden. Zusätzlich erschwerten Sprachprobleme den Weg in eine Anstellung als Facharbeiter oder Angestellter. Um den hohen körperlichen Belastungen zu begegnen, wurden Rotationsmodelle, in denen nach festgelegten Zeitintervallen „schwere" und „leichtere" Arbeitsplätze gewechselt werden, eingeführt. Zum Ausgleich der hohen Belastungen wurden arbeitsplatzbezogene Rückenschulen, aber auch individuelle Angebote zum „rückenfreundlichen Arbeiten" direkt am Arbeitsplatz angeboten. Da die Rückenschule nach Arbeitsende kaum Resonanz erfuhr, wurden diese Angebote zu 50 % als Arbeitszeit gutgeschrieben sowie die Angebote an die Arbeitszeiten der drei Arbeitsschichten angepasst.

Sprachkurse helfen, Informationsdefizite auszugleichen

Aufträge wurden von den türkischen Mitarbeitern oftmals nicht verstanden. Sprachprobleme der Mitarbeiter, aber auch der Dialekt vieler Vorgesetzter, führten dazu. „Nichtverstehen" wird von vielen Türken als Schwäche angesehen, die den Stolz und die Selbstsicherheit untergraben. Missverständnisse waren an der Tagesordnung. Heute wird größter Wert auf eine offene, ehrliche und verständliche Kommunikation gelegt. Führungskräfte wurden diesbezüglich geschult, Übersetzer und Ansprechpartner benannt und regelmäßige Besprechungen durchgeführt. Seither wird von allen Mitarbeitern erwartet, bei Verständnisproblemen nachzufragen. Zudem wurde der Betriebsrat, durch zwei türkische Vertrauenspersonen, die als Integrationsbeauftragte fungieren, erweitert. Sie vermitteln bei Konflikten und klären Unverständliches. Seit acht Jahren werden nun Deutsch-Sprachkurse mit wachsender Beteiligung angeboten. Das Interesse nahm deutlich zu, als einige Führungskräfte entsprechend ihrer Vorbildfunktion Sprachkurse in Türkisch absolvierten. Sie waren damit in der Lage, türkischsprachige Mitarbeiter in Ihrer Sprache anzusprechen.

Der offene Dialog und die Urlaubswünsche

Viele Familien oder Angehörige türkischer Mitarbeiter leben in der Türkei, im geografisch ungünstigen Fall in der Region um Trabzon. Ein Besuch der Familie mit dem PKW bedeutet eine An- und Rückreisezeit von jeweils einer Woche. Die Gewährung von Urlaubsanträgen sieht normalerweise drei, in Ausnahmefällen auch vier zusammenhängende Wochen vor, sodass Urlaubsanträge von sechs oder sieben Wochen, so wie sie meist von türkischen Mitarbeitern gestellt werden, Probleme bereiten. Die benötigte Personalstärke in einigen Abteilungen würde für die erforderliche Produktion nicht ausreichen. Künftig galt nicht „Wer zuerst kommt, mahlt zuerst!", sondern es wurde das Prinzip der Abwechslung eingeführt. Kollidierende Urlaubswünsche werden ausgehandelt, sodass jeder (über die Jahre) zu seinem Anspruch kommt – keiner wird bevorzugt oder benachteiligt. Die Regelungen dazu sind nachvollziehbar und offen, so dass eine Ungleichbehandlung ausgeschlossen werden kann. Mittlerweile ist zudem ein Betriebsurlaub eingeführt worden, der einer Personalenge in den vier Wochen Sommerurlaub entgegenwirkt. Des Weiteren nutzen heute viele Türken günstige und zeitsparende Flugangebote in ihr Heimatland.

Gleichbehandlung bei Überstundengewährung und -abbau

Türkische Mitarbeiter arbeiten oft in unteren Lohngruppen, in der Nachtschicht und häufig an ungeliebten Arbeitsplätzen. Nachtschichten und auch Überstunden wurden gerne von türkischen Mitarbeitern übernommen, da der Verdienst durch Nachtschichtzuschläge verbessert werden konnte. Überstunden konnten zudem angesammelt und nach den Wünschen der Mitarbeiter wieder ausgeglichen werden. Die Praxis diesbezüglich sah anders aus. Beim Abbau von Überstunden sind die Wünsche der Mitarbeiter oft nicht berücksichtigt worden. Sie wurden nach dem Motto „Yüksel, morgen brauchst du nicht zu kommen!" angeordnet. Heute gilt das Mitspracherecht aller, auch beim Abbau von Überstunden. Mitarbeiter können nach Absprache mit ihrem Vorgesetzten und der Vereinbarkeit mit der Produktion und Auftragslage ihre Überstunden frei wählen. Bei allen Fragen bezüglich der Gleichbehandlung aller steht auch der Betriebsrat gerne zur Verfügung. Um ein möglichst gerechtes Verhalten bei Entscheidungen zu erwirken, werden die Abteilungen verstärkt interkulturell zusammengesetzt.

Zeitliche Flexibilität in Zeiten des Ramadan

Im Ramadan[4], dem neunten Monat des Mondkalenders, offenbarte der Erzengel Gabriel nach islamischer Überlieferung dem Propheten Mohamed die Sure 96, die erste der 114 Suren des Korans. In einer der Suren steht: „Esst und trinkt, bis der weiße Faden vom schwarzen Faden der Morgenröte zu unterscheiden ist" (Darwish 1985; Hassib 1998; Zaidan 1996). Aber tagsüber ist praktisch alles verboten, was Genuss bereitet: Essen, Trinken und auch Rauchen. Ausgenommen sind Kranke, Reisende, Kinder und schwangere Frauen. Tägliches Fasten in Kombination mit in hohem Maß körperlich anstrengender Arbeit führt jedoch leider immer wieder zu gesundheitlichen Auffälligkeiten. Dies ist besonders ausgeprägt, wenn der Ramadan in den Sommer fällt und die Tage heißer und länger sind. Um den türkischen Mitarbeitern die Ausübung ihrer Religion zu ermöglichen, wird allen Moslems zu Zeiten des Ramadans angeboten, eine „Wunsch-Schicht" zu wählen. Selbstverständlich dürfen alle anderen Mitarbeiter dadurch nicht benachteiligt werden. Eine ausgleichende „Wunsch-Schicht" steht auch allen anderen Mitarbeitern für den gleichen Zeitraum im Rest des Jahres zu.

---

4 siehe: http://www.islam-pedia.de

Um alle Mitarbeiter, nicht nur über die Zeiten des Ramadan, sondern auch über weitere Feiertage anderer Nationen zu informieren, hängt nun ein Kalender mit allen internationalen Feiertagen am Personaleingang.

Die Speisenkarte anpassen

Schon in den Mitarbeiterbefragungen wurde von den türkischen Mitarbeitern die „Wahlmöglichkeit für die Zusammenstellung des Essens", sowie der Wunsch nach „mehr Gerichten anderer Länder" geäußert. In Gesprächen wurde der zunächst kritische Kantinenwirt überzeugt und die Nachfrage nach türkischen Gerichten geklärt. Mittlerweile gibt es neben wöchentlich wechselnden „Essen der Nationen" immer ein Angebot für Moslems. Der „Döner Kebab" ist mittlerweile auch bei den Deutschen bekannt und beliebt. Die türkische Küche hat aber viel mehr zu bieten. Da die Gerichte mehrsprachig angepriesen werden, wissen heute viele Mitarbeiter, dass mit „Köfte" Frikadellen gemeint sind. Auch weitere Gerichte wie Karniyarik (gefüllte Auberginen), Güvec (Schmorgemüse), Mücver (Zucchini-Puffer), Kabak Dolmasi (Zucchini mit Hackfleischfüllung) und viele andere stehen heute auf der Speisenkarte. Wie sich nach der Umstellung herausstellte, haben auch die deutschen Mitarbeiter diese gut angenommen.

26.4 Evaluation und Erfolgsfaktoren

Die einzelnen Projektaktivitäten sind nach Abschluss in Abständen von ca. drei Monaten bewertet worden. Diese Zeiteinheiten sind nötig, um die verabredeten Interventionen umsetzen zu können. So werden beschlossene Verbesserungsvorschläge oftmals direkt bzw. zeitnah umgesetzt. Der jeweilige „Stand der Umsetzung" wird vom AKG überprüft und die Ergebnisse in Abteilungsbesprechungen, über das „Schwarze Brett", sowie über das Intranet der Firma an die Mitarbeiter kommuniziert.

Seit Jahren erhebt die AOK Bayern Daten zur Wirkung der Betrieblichen Gesundheitsförderung in Unternehmen. Die wichtigsten Nutzeneffekte aus Sicht der Unternehmen werden mithilfe eines Fragebogens detailliert erhoben. Insbesondere leistet BGF einen wertvollen Beitrag zur Verbesserung „weicher" Erfolgsfaktoren wie Kommunikation und Betriebsklima. Das Instrument soll in der Lage sein, Wirkungen der komplexen, gleichermaßen auf Verhalten und Verhältnisse abzielenden BGF abzubilden (Winter u. Singer 2008) Die Frage nach der Zufriedenheit des Unternehmens mit der Unterstützung der AOK im Projektverlauf, sowie mit dem Projektergebnis ergab jeweils ein „sehr zufrieden". Verbesserungen sind in folgenden Nutzenkategorien erreicht worden: Gesundheitskompetenz, Gesundheitsverhalten, physische Belastungen, Betriebsklima und Arbeitszufriedenheit, Kommunikation, Mitwirkungsmöglichkeiten, Betriebsorganisation und das betriebliche Verpflegungsangebot. Diesen Bereichen ist ein „sehr hoher Nutzen", den physischen Belastungen und Mitwirkungsmöglichkeiten ein „hoher Nutzen" attestiert worden.

Als wesentliche Erfolgsfaktoren sind zu nennen:
- eine vorausgegangene Analyse der Belastungen, um die Zielgruppen zu bestimmen und entsprechende Instrumente zu wählen
- die Bereitschaft des Unternehmens, ein Diversity-Management-Projekt mitzugestalten und gewünschten Veränderungsmaßnahmen offen gegenüberzustehen
- dass türkische und deutsche Mitarbeiter als Experten ihres Arbeitsplatzes und als Experten ihrer speziellen Situation einbezogen wurden
- eine neutrale Moderation durch die AOK, die sich positiv auf die Mitarbeiterbeteiligung (Mitarbeiterbefragung und Gesundheitszirkel) ausgewirkt hat

Insbesondere die türkischen Mitarbeiter erlebten den Gesundheitszirkel nach anfänglicher Skepsis als stark wertschätzend, da der Arbeitgeber die Teilnahme aktiv gefördert (Arbeitszeit) und entsprechende Verbesserungsvorschläge umgesetzt hat.

Die Kommunikation, nicht nur unter den türkischen Mitarbeitern, sondern auch im Austausch der kulturellen Vielfalt hat sich deutlich verbessert. Maßgeblich war das beteiligungsorientierte Verfahren zur Analyse kulturell unterschiedlicher Gesundheitsbelastungen und einer nachfolgenden Maßnahmenentwicklung.

Das Kommunikationsverhalten der Vorgesetzten hat sich in einigen Bereichen stark verändert:
- Der Umgangston hat sich verändert (z. B. werden alle türkischen Mitarbeiter nun mit Namen angesprochen).
- Der Umgang mit allen Mitarbeitern ist vertrauensvoller geworden.
- Vorgesetzte nehmen sich mehr Zeit für Gespräche.
- Eine Kommunikation der „kurzen Wege" hat sich etabliert; bei Fragen und Problemen werden Vorgesetzte direkt angesprochen, Vorgesetzte wenden sich ebenso zeitnah und direkt an ihre Mitarbeiter.
- Die Regelmäßigkeit von Abteilungsbesprechungen zwischen Mitarbeitern und Vorgesetzten hat die „Scheu vor Kommunikation" genommen.

26.5 Fazit und Möglichkeiten der Systematisierung

Diversity Management lohnt sich. Die konstruktive Auseinandersetzung mit interkultureller Vielfalt zeigt eine wertschätzende Haltung gegenüber allen Mitarbeitern. Einstellungen zur Unterschiedlichkeit werden überdacht, der Umgang mit Mitarbeitern wird durch mehr „Offenheit" gekennzeichnet, die Kommunikation verbessert sich. So steigert eine „gelebte Diversity" die Arbeitszufriedenheit und sorgt für ein angenehmeres Arbeitsumfeld. Zudem wird Diversity als positiver Imagefaktor gesehen, denn auch zukünftig sind Mitarbeiter mit Migrationshintergrund unverzichtbar. Durch diese „Offenheit" erhält das Unternehmen eine größere Auswahl an potenziellen Mitarbeitern, eine sinkende Fluktuation, eine höhere Loyalität und Einsatzbereitschaft. Diversity ist der Grundstein für ein offeneres, toleranteres und damit verständnisvolleres Miteinander. Die hohe Zufriedenheit des Arbeitgebers, aber auch aller Beteiligten, insbesondere der türkischen Mitarbeiter, belegt dies.

Voraussetzungen für die Wirksamkeit eines solchen Projektes sind:
- ein maßgeschneidertes Angebot für Mitarbeitergruppen im Unternehmen,
- eine aktive Unterstützung durch die Unternehmensleitung und den Betriebsrat,
- eine vertrauensvolle und wertschätzende Haltung gegenüber den Mitarbeitern,
- die aktive Beteiligung der Mitarbeiter.

Bereits bestehende Strukturen eines systematischen Betrieblichen Gesundheitsmanagements, wie ein AKG, unterstützen eine offene und konstruktive Diskussion des Themas „Gesundheit" im Unternehmen. Das Projekt zeigt, dass das Verständnis für Vielfalt innerhalb der Belegschaft zugenommen hat. Die Zusammenarbeit unter den Mitarbeitern, aber auch mit den Vorgesetzten hat sich in vielen Bereichen deutlich verbessert. Insbesondere die „weichen" Faktoren, wie innerbetriebliche Kommunikation, Betriebsklima, Arbeitszufriedenheit und Einflussnahme haben enorm an Bedeutung gewonnen. Das dargestellte Projekt umfasste zunächst lediglich einige wenige Abteilungen, die durch einen hohen Anteil türkischer Mitarbeiter gekennzeichnet waren. Probleme, Belastungen, aber auch Lösungen und Wege in ein gemeinsames, interkulturelles Handeln sind auf weitere Abteilungen übertragen worden und für andere Unternehmen erfolgversprechend übertragbar.

Literatur

AOK Bayern (2008) AU/PC 4.4–1/08
Ausländerzentralregister (2009) Bundesamt für Migration und Flüchtlinge (www.bamf.de)
Belinszki E (2003) Die Praxis von Diversity Management – Zusammenfassende Betrachtung von Best Practice Beispielen. In: Belinszki E, Hansen K, Müller U (Hrsg) Diversity Management – Best Practice im internationalen Feld. Münster, S 351–360
Darwish A (1985) „Was ist Islam?" Islamisches Zentrum München
DIMDI – Deutsches Institut für Medizinische Dokumentation und Information(2009) Internationale Klassifikation der Krankheiten, 10. Revision
Hassib A (1998) Führer durch das Fasten. Rissalat al-Masjid, Zürich
Köppel P, Sandner D (2008) Synergie durch Vielfalt – Praxisbeispiele zu Cultural Diversity in Unternehmen. Bertelsmann Stiftung, Gütersloh
Religionswissenschaftlicher Medien- und Informationsdienst e.V. (remid) (2009) Marburg (www.remid.de)
Resch G, Gunkel L (2004) Der Gesundheitszirkel. Eine Information der AOK. Broschüre wdv-Verlag, Bad Homburg
Stuber M (2006) Kulturelle Vielfalt systematisch nutzen. Personalmagazin 5/2006, S 70–71
Statistisches Bundesamt (2009) Statistische Systematik der Wirtschaftszweige in der Europäischen Gemeinschaft NACE 1 Rev. 2
Vetter C, Redmann A (2005) Arbeit und Gesundheit. Ergebnisse aus Mitarbeiterbefragungen in mehr als 150 Betrieben. Wissenschaftliches Institut der AOK (WIdO), Bonn
WIdO – Wissenschaftliches Institut der AOK (2005) AOK-Service Gesunde Unternehmen, Mitarbeiterbefragung
Winter W, Singer C (2008) Erfolgsfaktoren Betrieblicher Gesundheitsförderung – Eine Bilanz aus Sicht bayerischer Unternehmen. In: Fehlzeiten-Report 2008. Betriebliches Gesundheitsmanagement: Kosten und Nutzen. Springer, Berlin Heidelberg New York, S 163–170
Zaidan A (1996) Einführung in die islamischen gottesdienstlichen Handlungen. Frankfurt/M

Kapitel 27

Gesunde Vielfalt in Berufs- und Lebenssituationen – Diversity Management bei der AOK Hessen

S. LAMBERT

Zusammenfassung. Seit dem Jahr 2002 ist Diversity Management als Teilgebiet in die Unternehmensführung der AOK Hessen integriert. „Vielheit in der Einheit" dient als Leitmotiv für die zahlreichen Aktivitäten des Diversity Managements. Wettbewerbsfähigkeit, Beschäftigungsfähigkeit und ein verbesserter Kundennutzen bestimmen die Aktivitäten des Diversity Managements der AOK Hessen. Ausgehend von der Bestimmung wichtiger Handlungsfelder wurden Diversity-Teilkonzepte erarbeitet und systematisch mit Maßnahmen unterlegt. Gesundheitsmanagement ist als ein Handlungsfeld in das Diversity-Konzept integriert. Den jeweiligen Berufs- und Lebenssituationen der Beschäftigten angepasst, werden zielorientiert Human-Resources-(HR-)Aktivitäten initiiert und umgesetzt. Diversity Management trägt so dazu bei, die AOK Hessen und ihre Belegschaft auf die Herausforderungen der Zukunft vorzubereiten.

27.1 Mit Diversity Management Vielfalt in der Einheit gestalten

Eine vorausschauende Personalpolitik muss die steigende Komplexität der Unternehmensumwelt und die zunehmende Vielfalt von Berufs- und Lebenssituationen der Beschäftigten gleichermaßen berücksichtigen. Dabei gilt zunächst: Betriebswirtschaftlich gesehen ist Vielfalt kein Wert an sich und nicht jede Art von Vielfalt ist erwünscht. Das Optimum von Homogenität und Heterogenität ist unternehmensspezifisch so zu gestalten, dass das relativ richtige Maß an Gleichheit und Verschiedenheit gefunden wird. Die AOK Hessen ordnet Diversity Management als integralen Bestandteil der Unternehmensführung zu. Die Ziele des Diversity Managements leiten sich aus den gesetzlichen Vorgaben und den strategischen Unternehmenszielen ab.

Mit der Einrichtung der Stabsstelle Chancengleichheit und Diversity Management im Jahr 2002, die der Hauptabeilung Personal- und Ressourcenmanagement zugeordnet ist, wurden die Diversity-Management-Aktivitäten institutionalisiert und sind inzwischen in der Unternehmens- und Personalstrategie fest verankert. Die Aktivitäten konzentrieren sich schwerpunktmäßig auf die Themenfelder Geschlecht, Familie und Alter, die sich unmittelbar aus der Personalstruktur ergeben. Sie sind mit Diversity-Teilkonzepten, Zielen und Maßnahmen unterlegt (◘ Abb. 27.1) (vgl. Geschäftsbericht AOK Hessen 2008). In Zukunft soll als vierte Säule das Handlungsfeld „kulturelle Vielfalt" in das Diversity-Konzept aufgenommen werden. Dieser Beitrag zeigt die Entscheidungshintergründe für den Aufbau des Diversity-Managements auf und informiert insbesondere

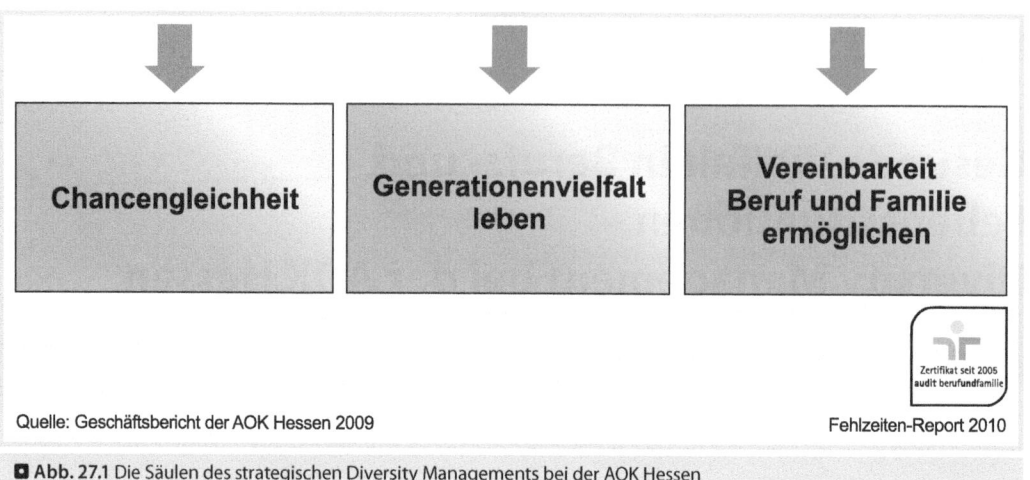

Abb. 27.1 Die Säulen des strategischen Diversity Managements bei der AOK Hessen

über das Teilkonzept „Altersdiversity Management", in welches das Gesundheitsmanagement integriert ist.

27.2 Personalstrukturanalyse

Grundlage der Diversity-Aktivitäten bilden Datenanalysen zur Personalstruktur sowie die Entwicklung von darauf aufbauenden Trendszenarien und Prognosen, die in den Jahren 2001–2002 erarbeitet wurden (Lambert 2004).

Die Analysen zeigten: Zwei Drittel der Beschäftigten bei der AOK Hessen sind Frauen, wobei die Relation der Geschlechter nach Altersgruppe, Funktionsbereich und Führungsebene sehr unterschiedlich ist. Insbesondere in den jüngeren Altersgruppen waren Männer deutlich unterrepräsentiert. Zudem war der Anteil männlicher Auszubildender immer weiter zurückgegangen, sodass die jungen Männer im Unternehmen zunehmend in die Gefahr liefen, einen „Exotenstatus" einzunehmen. Manche Unternehmensbereiche waren überwiegend mit Frauen besetzt, in anderen hingegen dominierten Männer. Der Frauenanteil auf der Führungsebene belief sich im Jahr 2002 auf knapp 20 %. Zentrale Erkenntnis der Analysen war: Die Mehrheit der Beschäftigten der AOK-Hessen sind Frauen, im Management sind Frauen dagegen eine Minderheit. Des Weiteren betrug der Anteil der Teilzeitbeschäftigten 30 %. Vor allem Frauen mit familiären Verpflichtungen gehen einer Teilzeitbeschäftigung nach. Die Trendanalyse zeigte, dass der Anteil der Teilzeitbeschäftigten aufgrund der Personalstruktur weiter ansteigen wird. Diese Erkenntnis musste bezüglich der Auswirkungen auf die Arbeitsorganisation und der beruflichen Entwicklungsmöglichkeiten von Frauen berücksichtigt werden.

Hinsichtlich der Altersstruktur prägen in der AOK Hessen – wie bei vielen Unternehmen – die geburtenstarken Jahrgänge, die sogenannten „Baby-Boomer", das Bild (◘ Abb. 27.2). So erweist sich die AOK Hessen noch als ein vergleichsweise junges Unternehmen. In der Konsequenz bedeutet dies jedoch, dass der demografische Wandel gerade deshalb schneller als in der Gesamtbevölkerung voranscheiten würde und dass diese Entwicklung aufgrund der „gewachsenen" Personalstruktur dann unumkehrbar sein wird.

Bei der Konzeptionierung des Diversity Managements wurden deshalb ausgehend von der Personalstruktur folgende Schwerpunkte mit Priorität bearbeitet:

- *Geschlecht*: Chancengleichheit für Frauen und Männer
- *Familie*: Vereinbarkeit von Beruf und Familie
- *Alter*: Bewältigung des demografischen Wandels und Zusammenarbeit der Generationen

27.3 Das Diversity-Management-Konzept bei der AOK Hessen

Zunächst wurde im Jahr 2002 mit dem Teilkonzept „Chancengleichheit für Frauen und Männer" begonnen. Aus den Analyseergebnissen und den Zukunftstrends wurden zur verbesserten Gewährleistung von Chancengerechtigkeit bei der AOK Hessen fünf Handlungsfelder mit insgesamt 40 Einzelmaßnahmen abgeleitet, die sich an Frauen und Männer richten (vgl. Lambert 2006):

Gesunde Vielfalt in Berufs- und Lebenssituationen

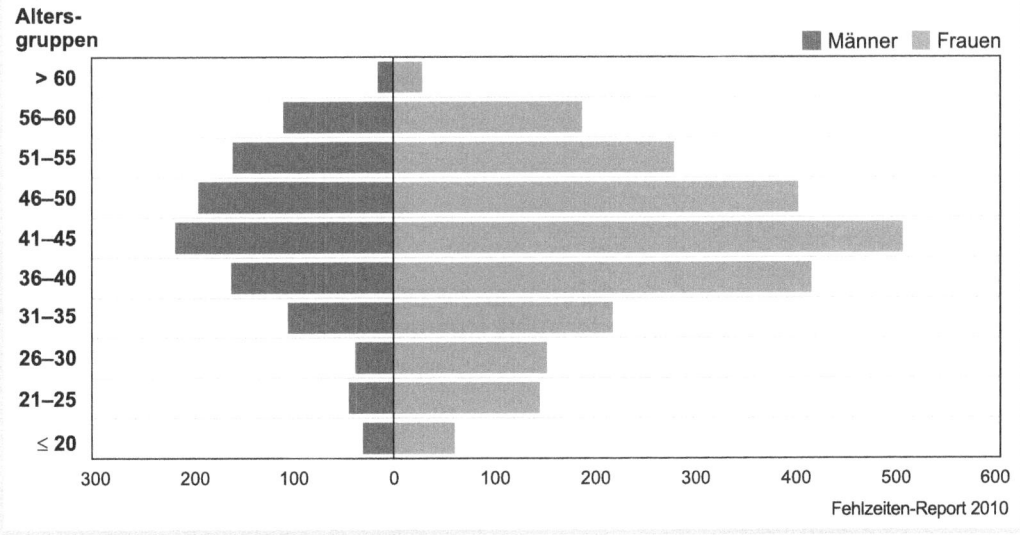

◘ Abb. 27.2 Altersstruktur nach Geschlecht im Jahr 2008

1. Verschiedenheit als Chance
2. Arbeitsorganisation
3. Berufliche Entwicklung von Frauen
4. Elternzeit
5. Sensibilisierung

Die erste Umsetzungsphase war bis zum Jahr 2007 angelegt. Im Jahr 2008 erfolgte die Gesamtevaluation und darauf aufbauend die Ziel- und Maßnahmenfortschreibung bis zum Jahr 2013.

Die Vereinbarkeit von Beruf und Familie wird über das audit berufundfamilie, eine Initiative der gemeinnützigen Hertie-Stiftung, abgedeckt. Hierbei handelt es sich um ein strategisches Managementinstrument zur besseren Vereinbarkeit von Beruf und Familie. In einem strukturierten Prozess werden in insgesamt acht Handlungsfeldern Ziele für eine familienbewusste Personalpolitik festgelegt und Maßnahmen erarbeitet, die innerhalb von drei Jahren umzusetzen sind.

Im Jahr 2007 folgte das Konzept „Generationenvielfalt", das die demografischen Veränderungen fokussiert.

Die Trennung nach Handlungsfeldern ist zunächst eine analytische Betrachtung. In der Unternehmensrealität ist die Vernetzung der Maßnahmen zum einen wesentlich, zum anderen lässt sie sich auch nicht immer scharf trennen. Wie die nachfolgende ausführliche Erläuterung des Konzeptes der „Generationenvielfalt" zeigt, finden sich dort ebenfalls Aspekte der Vereinbarkeit von Familie und Beruf wieder. Des Weiteren hat sich bei der Entwicklung der Maßnahmen gezeigt, dass eine Förderung der personellen Vielfalt im Unternehmen zumeist mit der Förderung der Gesundheit und des Wohlbefindens der Beschäftigten einhergeht. Wenn beispielsweise die Vereinbarkeit von Beruf und Privatleben gewährleistet ist, sind die Mitarbeiter weniger belastet und hiermit in Zusammenhang stehende Sorge entfällt. Dadurch kann die Zufriedenheit und somit auch die Motivation und Produktivität der Mitarbeiter erhöht werden. Sind Mitarbeiter weniger Belastungen ausgesetzt, können zugleich krankheitsbedingte Fehlzeiten reduziert werden.

27.4 Generationenvielfalt – mit allen Generationen in die Zukunft

Das Diversity-Konzept wurde um die Variable „Alter" erweitert. Unter der Abkürzung GeVi „Generationenvielfalt bei der AOK Hessen – Chancen für die Zukunft" gibt dieses Teilkonzept Antworten auf die demografischen Veränderungen. Bei der Konzeptentwicklung wurde deutlich, dass die fünf Handlungsfelder des Konzepts „Chancengleichheit" (► Abschn. 27.3) prinzipiell übertragbar sind. Aus der Erfahrung mit Stereotypisierungen resultierend, änderte man allerdings die Bezeichnung des Handlungsfeldes „Sensibilisierung". In der Praxis ergaben sich Vorbehalte gegen den in der wissenschaftlichen Diversity-Literatur weit verbreiteten Begriff. Er unterstellt den Adressaten der Maßnahmen

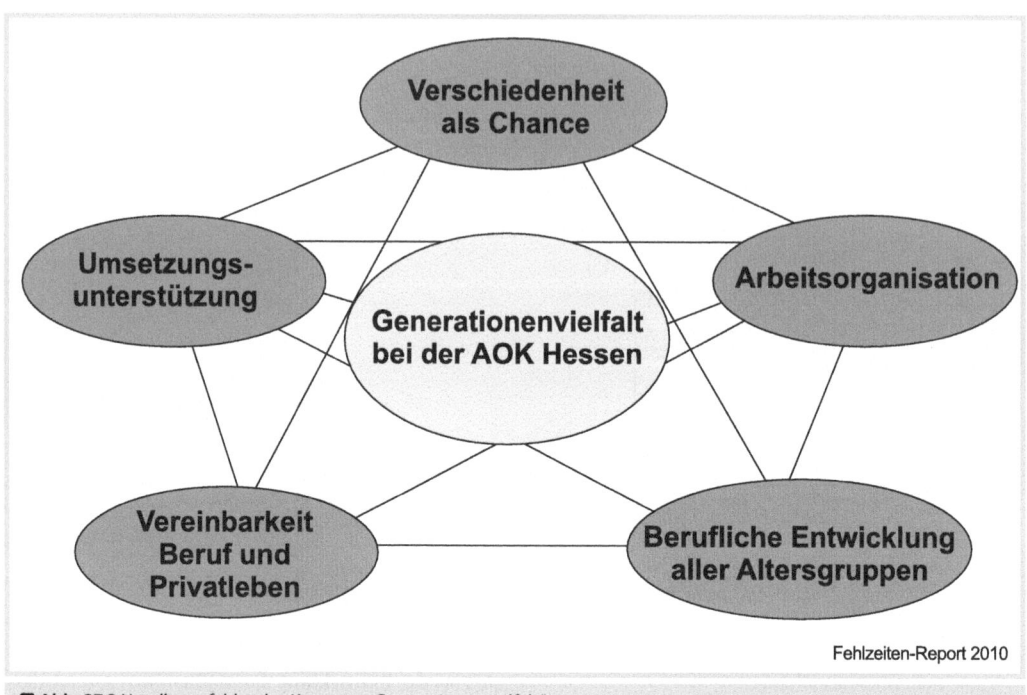

◘ Abb. 27.3 Handlungsfelder des Konzepts „Generationenvielfalt"

im ersten Augenschein zunächst fehlende Kompetenz und erschwert die Akzeptanz von Interventionen. Wer nimmt schon für sich in Anspruch „unsensibel" zu sein? Insgesamt spielen die Kommunikation und die Sprachverwendung im Rahmen von Diversity-Management-Konzepten eine wichtige Rolle, sodass bei der Konzeptentwicklung und der Umsetzung darauf zu achten ist, keine „neuen" Diskriminierungen zu schaffen. ◘ Abb. 27.3 zeigt die verschiedenen Handlungsfelder des Konzepts „Generationenvielfalt", welche nachfolgend beschrieben werden. In allen Konzepten zum demografischen Wandel hat die Gesundheitsförderung auch im Sinne der Prävention einen hohen Stellenwert. Die Gesunderhaltung der Beschäftigten ist deshalb ein maßgebliches Element des Konzepts „Generationenvielfalt". Alle Aktivitäten hierzu sind dem Handlungsfeld „Vereinbarkeit von Beruf und Privatleben" zugeordnet.

27.5 GeVi-Jet – Job-Alter statt Lebensalter

Um einer solchen neuen Diskriminierung bei der Implementierung von Diversity-Management-Konzepten vorzubeugen, war zunächst der grundsätzliche Umgang mit dem Thema „Alter" zu klären. Wer ist alt? Was bedeutet es, jüngerer bzw. älterer Mitarbeiter zu sein? Hinter dem bekannten Sprichwort „Alt werden möchte jeder, alt sein niemand", steht die Erkenntnis, dass Stereotype und Vorurteile häufig unbewusst die Wahrnehmung des Lebensalters mit beeinflussen. So schreiben Personalchefs Flexibilität und Innovation eher den jüngeren Mitarbeitern zu, Zuverlässigkeit und Loyalität dagegen den Älteren[1]. Gleichzeitig kennt jeder „junge Alte" und „alte Junge" und bestätigt damit den aktuellen Forschungsstand, nach dem das Lebensalter allein wenig über die Leistungsfähigkeit eines Menschen aussagt, insbesondere nicht bei kaufmännischen Tätigkeiten. Bewusst sollte daher auf Lebensalter-bezogene Etikettierungen verzichtet werden, um der Individualität der Mitarbeiter gerecht zu werden.

Auch in der gerontologischen Forschung wird gefordert, nicht mehr länger in Alterskohorten zu denken, sondern die individuelle Bildungs- und Berufskarriere in den Vordergrund zu stellen (vgl. Boerligst et al. 1998). Verschiedenheit zu nutzen heißt für die AOK Hessen, v. a. den unterschiedlichen Erfahrungshintergrund und die individuelle Berufsbiografie der Menschen zu berücksichtigen. Der GeVi-JET steht für das Job-Alter

---

1 Befragung Tower/Perrin im Handelsblatt vom 21.01.05

eines Mitarbeiters: JET wie Job-Starter, Erfahrene oder Top-Erfahrene. Damit soll sowohl die Orientierung an Kompetenzen statt am Lebensalter als auch die Dynamik des Berufslebens verdeutlicht werden. Dahinter steckt zusätzlich der Gedanke, dass die Übernahme einer neuen Aufgabe prinzipiell in jedem Lebensalter möglich ist.

Verschiedenheit als Chance

Unterschiedliche Erfahrungen für das Unternehmen und die Kunden optimal zu nutzen, ist übergeordnetes Ziel des Handlungsfeldes „Verschiedenheit als Chance". Die Maßnahmen beziehen sich auf den Wissens- und Erfahrungstransfer. Ein Mentoring-Programm für Job-Starter wurde etabliert. Der Vorstand und die zweite Führungsebene begleiten die Mentees als Mentoren und stellen neuen Führungskräften ihr Wissen und ihre Erfahrung zur Verfügung. Das Unternehmen will auch darauf vorbereitet sein, wenn Schlüsselkräfte altersbedingt ausscheiden. Maßnahmen im Rahmen des Ausbildungsmanagements und der Rekrutierung sorgen bereits dafür, dass die AOK Hessen auch in Zukunft über genügend Nachwuchskräfte verfügt und diese an das Unternehmen gebunden bleiben.

Arbeitsorganisation

Als Leitziel des Diversity-Schwerpunktes „Alter" ist sicherzustellen, dass Arbeitskräfte kundengerecht und kostengemäß zur Verfügung stehen. Dabei sollen die betrieblichen Belange und die lebensphasenbezogenen bzw. individuellen Bedarfe der Mitarbeiter berücksichtigt werden. Wie bereits dargestellt, gibt es vielfältige Arbeitszeitmodelle, um die Lage der Arbeitszeit umfassend flexibel zu gestalten. Arbeitsorte flexibel zu wählen ist in bestimmten Tätigkeitsbereichen ebenfalls möglich. Die Flexibilität des Arbeitsortes wird evaluiert und bedarfsgerecht entwickelt. Es gilt weiterhin, Ein- und Ausstiege im Rahmen von „Tätigkeitsunterbrechungen" aus familiären Gründen, aufgrund persönlicher Interessen – z. B. Weiterbildung oder Sabbaticals –, aber auch aus gesundheitlichen Gründen von Unternehmensseite so zu begleiten, dass die Kompetenzen der Mitarbeiter erhalten bleiben und ein den individuellen Erfordernissen angepasster Wiedereinstieg gewährleistet wird.

Berufliche Entwicklung aller Altersgruppen

Dieses Handlungsfeld zielt auf die Nutzung der Potenziale aller Altersgruppen und beschäftigt sich mit den Auswirkungen des demografischen Wandels auf die Personalentwicklung. Erfahrene und Top-Erfahrene sind zukünftig die Hauptadressaten der Personalentwicklung. Während gegenwärtig die Familiengründung oft mit den Karriereambitionen kollidiert, sollen künftig flexible Karrieremodelle für eine bessere Vereinbarkeit von Privatleben und Beruf sorgen. Die entsprechenden Karrierewege werden beschrieben, adressatengerechte Weiterbildungsmaßnahmen für Erfahrene und Top-Erfahrene sind entwickelt.

Vereinbarkeit von Beruf und Privatleben

In diesem Handlungsfeld sind u. a. die Ziele zum Gesundheitsmanagement festgehalten. Hierzu gehört auch, dass die unterschiedliche Bedeutung von Gesundheit für die Beschäftigten stärker berücksichtigt werden soll. Schon in der Arbeitsgruppe zum GeVi-Konzept zeigte sich: Beschäftigte haben unterschiedliche Erwartungen an die Ausgestaltung gesundheitlicher Präventionsmaßnahmen. Unterschiedliche Belastungen und Verpflichtungen, wie Kinderbetreuung oder die Pflege von Angehörigen, sind typische Belastungssituationen der frühen-mittleren Erwerbsphase bzw. der späteren Erwerbsphase, starke Arbeitsbelastung über längere Strecken ist für die mittlere Phase des Berufslebens (z. B. durch Projektarbeit) kennzeichnend und das gleitende Ausscheiden aus dem Berufsleben stellt wiederum andere Anforderungen an ein Betriebliches Gesundheitsmanagement.

Gemäß dem Prinzip, alle Mitarbeitergenerationen im Fokus zu behalten, ergänzt der Service „Beruf und Pflege" seit dem Jahr 2007 den bereits im Jahr 2004 eingeführten Kinderbetreuungs-Service. Eine alternde Bevölkerung ist immer häufiger mit Pflegeaufgaben konfrontiert, die mit dem Beruf zu vereinbaren sind. Kompetenztrainings für pflegende Mitarbeiter in Kooperation mit anderen Unternehmen werden angeboten (Elder Care). Die interne und externe Resonanz auf die Schulungsreihe und die vielen Anfragen von Arbeitgebern an die AOK Hessen zum Schulungskonzept zeigen, dass hier Bedarf besteht und Unternehmen nach Lösungsmöglichkeiten für die Vereinbarkeit von Beruf und Pflegeaufgaben für ihre Beschäftigten suchen.

Umsetzungsunterstützung

Maßnahmen zur Umsetzungsunterstützung helfen dabei, das Konzept „Generationenvielfalt" nachhaltig in die Praxis der AOK Hessen zu integrieren. Trainingsmodule für Führungskräfte leisten den Transfer in den Führungsalltag. Personalwirtschaftliche Instrumente wie Führungsleitlinien, Mitarbeiter- und Zielvereinbarungsgespräche sowie Auswahlverfahren sind ebenfalls Diversity-orientiert anzupassen. Eine entsprechende interne und externe Kommunikationsstrategie, die jährliche Evaluation aller Diversity-Aktivitäten sowie regelmäßige Statusberichte unterstützen die Nachhaltigkeit der Maßnahmen.

27.6 Erfahrungen und Effekte

Inzwischen zeigen die Diversity-Aktivitäten konkrete Erfolge. So konnte der Frauenanteil in Führungspositionen von unter 20 % auf über 22 % gesteigert werden – und dies sogar bei sinkender absoluter Zahl der Führungskräfte. Der Frauenanteil an der Gruppe der Fachkräfte und Spezialisten konnte gegenüber dem Jahr 2005 um 5,6 % erhöht werden. Der Anteil männlicher Auszubildender wurde von 21 % im Jahre 2002 auf 40 % im Jahr 2008 erhöht.

Der Kinderbetreuungs-Service wird nach wie vor gut angenommen. Über 200 Beratungen konnten bis Ende 2008 durchgeführt werden. Am Kompetenztraining „Beruf und Pflege" nahmen bereits im ersten Umsetzungsjahr 2007 insgesamt 54 Mitarbeiter der AOK Hessen und der beteiligten Kooperationsunternehmen teil.

Familienphasenorientierte Serviceleistungen sind deshalb verstärkt anzubieten und werden in der AOK Hessen weiter ausgebaut.

Im Jahr 2010 soll die Attraktivität von Führungspositionen für Frauen und Männer erneut analysiert werden, v. a. im Hinblick auf eine gezieltere Förderung von Frauen und Männern, um die im Unternehmen vorhanden Potenziale noch besser nutzen zu können. Das Personalmarketing für männliche Auszubildende wird weiter optimiert. Für das Gesundheitsmanagement hat sich eine Arbeitsgruppe etabliert, die alle Gesundheitsaktivitäten bündeln und unter Diversity-Gesichtspunkten weiterentwickeln wird.

Bei der Umsetzung der vielfältigen Maßnahmen hat sich gezeigt, dass das Rad nicht jedes Mal neu erfunden werden muss. Teilweise fehlte nur die entsprechende Kommunikation und Vernetzung von Maßnahmen. So hängen die Möglichkeiten zur flexiblen Arbeitsorganisation und die Vereinbarkeit von Beruf und Familie eng zusammen. Die AOK Hessen verfügt über vielfältige Teilzeitmodelle. Eine Analyse der gelebten Teilzeitpraxis zeigte zum einen, dass sehr individuelle Lösungen gefunden werden können. Zum anderen wurde allerdings auch deutlich, dass diese flexiblen Alternativen weniger bekannt sind als die klassischen Teilzeitmodelle. Entsprechend wurden die vorhandenen und praktizierten Modelle flexibler Arbeitsorganisation als Handlungshilfe für Führungskräfte und Mitarbeiter in der Online-Broschüre zusammengestellt. Ergänzt um unterstützende Serviceleistungen, wie ein Kinderbetreuungs-Service und ein Service Beruf und Pflege, können nun individuelle Lösungen angeboten werden, die sowohl den betrieblichen Erfordernissen entsprechen, aber auch die Belastung des Einzelnen reduzieren.

Das Diversity-Management-Konzept ist auf eine kontinuierliche Veränderung und Verbesserung hin angelegt. Deutlich wurde dabei: Es kann nicht alles auf einmal in Angriff genommen werden, was selbst bei umfangreichen Ressourcen auch nicht sinnvoll wäre.

Den Handlungsbedarf aufzuzeigen, Vorhandenes umzubauen, neue Fundamente zu legen und die wichtigsten Pfeiler zu setzen, ist Zielsetzung dieser langfristigen Perspektive, um im Spannungsfeld von Ökonomie und sozialer Verantwortung die notwendigen Maßnahmen für heute zu ergreifen und die richtigen Weichen für die nahe Zukunft zu stellen.

Angesichts der demografischen Entwicklung und der absehbaren weiteren Flexibilitätsanforderungen an das Unternehmen und die Beschäftigten, praktiziert die AOK Hessen Diversity Management als eine dauerhafte und systematisch zu bearbeitende Aufgabe, die dabei hilft, die Leistungsfähigkeit und das Leistungsvolumen der Mitarbeiter sowie die Innovationskraft des Unternehmens zu erhalten. Arbeitgeber werden zukünftig noch stärker als bisher gefordert sein, für die unterschiedlichen Lebenslagen der Beschäftigten individuelle Lösungen zu finden. Der Diversity-Management-Ansatz bietet hierfür einen geeigneten Handlungsrahmen, da er die Unternehmensstrategie mit der Individualität der Mitarbeiter verbindet.

Literatur

Boerligst JG, Münnichs JA, Heijden B (1998) The older worker in the organization. In: Drenth PJD, Thierry H, Wolff CJ de (Hrsg) Handbook of work and organizational psychology. 2. edn. Psychology Press, Hove, pp 183–213

Geschäftsbericht AOK Hessen (2008) http://www.aok.de/assets/media/hessen/hes-geschaeftsbericht-2008.pdf. Gesehen 18 Feb 2010

Lambert S (2004) In der Vielfalt liegt die Zukunft. Personalwirtschaft H 01:18–20

Lambert S (2006) Die Zukunft gestalten. Diversity Management bei der AOK Hessen. In: Becker M, Seidel A (Hrsg) Diversity Management. Unternehmens- und Personalpolitik der Vielfalt. Schäffer-Poeschel, Stuttgart, S 295–308

Teil B:

Daten und Analysen

Kapitel 28

Krankheitsbedingte Fehlzeiten in der deutschen Wirtschaft im Jahr 2009

K. Macco · M. Stallauke

Zusammenfassung. *Der folgende Beitrag liefert umfassende und differenzierte Daten zu den krankheitsbedingten Fehlzeiten in der deutschen Wirtschaft. Datenbasis sind die Arbeitsunfähigkeitsmeldungen der 9,6 Millionen erwerbstätigen AOK-Mitglieder in Deutschland. Ein einführendes Kapitel gibt zunächst einen Überblick über die allgemeine Krankenstandsentwicklung und wichtige Determinanten des Arbeitsunfähigkeitsgeschehens. Im Einzelnen wird u. a. eingegangen auf die Verteilung der Arbeitsunfähigkeit, die Bedeutung von Kurz- und Langzeiterkrankungen und Arbeitsunfällen, regionale Unterschiede in den einzelnen Bundesländern sowie die Abhängigkeit des Krankenstandes von Faktoren wie der Betriebsgröße und der Beschäftigtenstruktur. In elf separaten Kapiteln wird dann detailliert die Krankenstandsentwicklung in den unterschiedlichen Wirtschaftszweigen beleuchtet.*

28.1 Überblick über die krankheitsbedingten Fehlzeiten im Jahr 2009

Allgemeine Krankenstandsentwicklung

Im Jahr 2009 stieg der Krankenstand von 4,6 auf 4,8 %. Im Schnitt waren die AOK-versicherten Arbeitnehmer 17,3 Kalendertage krankgeschrieben. 54 % aller AOK-Mitglieder waren mindestens einmal im Jahr krankgeschrieben. Ursache für die Zunahme der Krankheitstage ist hauptsächlich die starke Zunahme der Atemwegserkrankungen. Diese haben im Vergleich zum Vorjahr um 12,4 % zugenommen. Vor allem im Januar und November lag der Krankenstand mit 5,7 bzw. 5,5 % deutlich über den Vorjahreswerten.

Das Fehlzeitengeschehen wird hauptsächlich von sechs Krankheitsarten dominiert. Im Jahr 2009 gingen knapp ein Viertel der Fehlzeiten auf Muskel- und Skeletterkrankungen (23,0 %) zurück. Danach folgen Atemwegserkrankungen (14,0 %), Verletzungen (12,3 %), psychische Erkrankungen (8,6 %) sowie Erkrankungen des Herz- und Kreislaufsystems und der Verdauungsorgane (6,8 bzw. 6,2 %).

Für die Zunahme der Krankheitstage in 2009 sind neben dem deutlichen Anstieg der Krankheiten des Atmungssystems die seit Jahren steigenden Fehlzeiten aufgrund psychischer Erkrankungen verantwortlich. Seit 1997 haben psychische Erkrankungen um 93 % zugenommen. In diesem Jahr wurden erstmals mehr Fälle aufgrund psychischer Erkrankungen (4,4 %) als aufgrund von Herz- und Kreislauferkrankungen (4,2 %) registriert.

Im Gegensatz zu Atemwegserkrankungen verursachen Krankheiten wie beispielsweise psychische Erkrankungen (22,7 Tage je Fall), Herz- und Kreislauferkrankungen (18,6 Tage je Fall), Muskel- und Skeletterkrankungen (16,2 Tage je Fall) oder Verletzungen (16,3 Tage je Fall) lange Ausfallzeiten. Auf diese vier Erkrankungsarten gingen in 2009 bereits 61 % der durch Langzeitfälle verursachten Fehlzeiten zurück.

Langzeiterkrankungen mit einer Dauer von mehr als sechs Wochen, verursachen weit mehr als ein Drittel der Ausfalltage (39,5 % der AU-Tage). Hingegen lag ihr Anteil an den Arbeitsunfähigkeitsfällen bei nur 4,2 %. Bei Erkrankungen mit einer Dauer von 1–3 Tagen verhielt es sich genau umgekehrt. Ihr Anteil an den Arbeitsunfähigkeitsfällen lag bei 34,7 %, doch nur 6,1 % der Arbeitsunfähigkeitstage gingen darauf zurück.

Schätzungen der Bundesanstalt für Arbeitsschutz und Arbeitsmedizin zufolge verursachten im Jahr 2008 456,8 Mio. AU-Tage[1] volkswirtschaftliche Produktionsausfälle von 43 bzw. 78 Mrd. Euro Ausfall an Bruttowertschöpfung (Bundesministerium für Arbeit und Soziales 2010).

Der Anstieg des Krankenstandes bedeutet für die Krankenkassen auch höhere Ausgaben an Krankengeld. Nach Angaben des Bundesministeriums für Gesundheit stiegen die Ausgaben für Krankengeld im Jahr 2009 um 10,4 % auf über 7,2 Mrd. Euro (Bundesministerium für Gesundheit 2010).

Fehlzeitengeschehen nach Branchen

Im Jahr 2009 wurde in fast jeder Branche ein Anstieg des Krankenstandes verzeichnet. Der Krankenstand lag in der Branche Energie, Wasser, Entsorgung und Bergbau mit 5,7 % am höchsten. Ebenfalls hohe Krankenstände verzeichneten die Branchen Öffentliche Verwaltung und Sozialversicherung (5,4 %), Verkehr und Transport (5,3 %) sowie das Baugewerbe (5,1 %). Der niedrigste Krankenstand war in der Branche Banken und Versicherungen mit 3,3 % zu finden.

Bei den Branchen Baugewerbe, Land- und Forstwirtschaft sowie Verkehr und Transport handelt es sich um Bereiche mit hohen körperlichen Arbeitsbelastungen und überdurchschnittlich vielen Arbeitsunfällen. Im Baugewerbe gingen 8,1 % der Arbeitsunfähigkeitsfälle auf Arbeitsunfälle zurück. In der Land- und Forstwirtschaft waren es sogar 8,8 % und im Bereich Verkehr und Transport 5,2 %.

Viele Arbeitsunfähigkeitsfälle durch Verletzungen sind in den Branchen Baugewerbe, Land- und Forstwirtschaft sowie im verarbeitenden Gewerbe zu verzeichnen. Dies liegt unter anderem an dem hohen Anteil an Arbeitsunfällen in diesen Branchen. Der Bereich Verkehr und Transport verzeichnet mit 19,9 Tagen je Fall die höchste Falldauer vor der Branche Land- und Forstwirtschaft mit 18,5 Tagen je Fall (Baugewerbe: 17,6 Tage je Fall).

Obwohl in allen Branchen ein Anstieg der Atemwegserkrankungen zu verzeichnen ist, dominieren diese im tertiären Sektor. Mit 60,3 Arbeitsunfähigkeitsfällen je 100 AOK-Mitglieder verzeichnen Banken und Versicherungen nicht nur die meisten Atemwegserkrankungen, sondern auch den höchsten Anstieg im Vergleich zum Vorjahr. Die Falldauer ist hier jedoch mit 5,6 Tagen die kürzeste. An zweiter Stelle folgt die öffentliche Verwaltung mit 55,9 Arbeitsunfähigkeitsfällen je 100 AOK-Mitglieder, wobei hier die Falldauer mit 7,1 Tagen erheblich höher liegt als bei Banken und Versicherungen.

Psychische Erkrankungen sind v. a. in der Dienstleistungsbranche zu verzeichnen. Der Anteil der Arbeitsunfähigkeitsfälle ist mit 12,4 Arbeitsunfähigkeitsfällen je 100 AOK-Mitglieder mehr als doppelt so hoch wie im Baugewerbe (5,9 AU-Fälle je 100 AOK-Mitglieder).

Fehlzeitengeschehen nach Altersgruppen

Zwar nimmt mit zunehmendem Alter die Zahl der Krankmeldungen ab, doch steigt die Dauer der Arbeitsunfähigkeitsfälle kontinuierlich. Ältere Mitarbeiter sind also weniger krank, fallen aber in der Regel länger aus, als ihre jüngeren Kollegen. Dies liegt zum einen daran, dass Ältere häufiger von mehreren Erkrankungen gleichzeitig betroffen sind (Multimorbidität), aber sich auch das Krankheitsspektrum verändert.

Bei den jüngeren Arbeitnehmern zwischen 15 und 19 Jahren dominieren v. a. Atemwegserkrankungen und Verletzungen. 28,1 % der Ausfalltage gingen in dieser Altersgruppe auf Atemwegserkrankungen zurück. Der Anteil der Verletzungen liegt bei 20,8 % (60- bis 64-Jährige: jeweils 8,5 %).

Ältere Arbeitnehmer leiden zunehmend an Muskel- und Skelett- oder Herz- und Kreislauferkrankungen. Diese Krankheitsarten sind häufig mit langen Ausfalltagen verbunden. Im Schnitt fehlt ein Arbeitnehmer aufgrund einer Atemwegserkrankung 6,5 Tage, bei einer Muskel- und Skeletterkrankung fehlt er hingegen 16,2 Tage. So gehen in der Gruppe der 60- bis 64-Jährigen mehr als ein Viertel der Ausfalltage auf Muskel- und Skeletterkrankungen und knapp 13 % auf Herz- und Kreislauferkrankungen zurück. Bei den 15- bis 19-Jährigen hingegen sind es lediglich 8,8 bzw. 1,5 %.

---

1 Dieser Wert ergibt sich durch die Multiplikation von 35.845 tausend Arbeitnehmern mit durchschnittlich 12,7 AU-Tagen. Die AU-Tage beziehen sich auf Werktage.

Fehlzeitengeschehen nach Geschlecht

Im allgemeinen Fehlzeitengeschehen zeigen sich keine großen Unterschiede zwischen den Geschlechtern. Der Krankenstand bei Männern liegt mit 4,8 % um 0,1 Prozentpunkte höher als bei Frauen. Frauen sind mit einer AU-Quote von 55,1 % etwas häufiger krank als Männer (53,3 %) dafür aber kürzer (Frauen: 11,2 Tage je Fall; Männer: 11,8 Tage je Fall).

Unterschiede zeigen sich jedoch bei Betrachtung des Krankheitsspektrums. Insbesondere Verletzungen und Muskel- und Skeletterkrankungen führen bei Männern häufiger zur Arbeitsunfähigkeit als bei Frauen. Bei Frauen hingegen liegen vermehrt psychische Erkrankungen oder Atemwegserkrankungen vor. Dies dürfte damit zusammenhängen, dass Männer nach wie vor in größerem Umfang körperlich beanspruchenden und unfallträchtigen Tätigkeiten nachgehen. So ist der Großteil der männlichen AOK-Versicherten im Verarbeitenden Gewerbe und im Dienstleistungsbereich beispielsweise als Kraftfahrzeugführer, Lager- und Transportarbeiter oder Metallarbeiter tätig. Im Dienstleistungsbereich finden sich ebenfalls viele Frauen, aber auch im Handel und in der Öffentlichen Verwaltung. Frauen gehen verstärkt Berufen wie Bürofachkraft, Verkäuferin, Raum- und Hausratreinigerin nach oder sind im sozialen Bereich beispielsweise als Krankenschwester oder Sozialarbeiterin tätig.

Deutlicher werden die Unterschiede bei genauerer Betrachtung der einzelnen Krankheitsarten. Bei den Herz- und Kreislauferkrankungen leiden Frauen vermehrt an Krankheiten der Venen, Lymphgefäße und Lymphknoten. Auch zeigen sich Unterschiede bei den ischämischen Herzkrankheiten wie beispielsweise dem Myokardinfarkt. 15,3 % der Fälle gehen bei den Männern auf diese Krankheitsart zurück, bei den Frauen sind es nur 6,3 %.

Bei den psychischen Erkrankungen gehen bei den Frauen ein Drittel der Arbeitsunfähigkeiten innerhalb dieser Erkrankungen auf affektive Störungen wie Depressionen zurück, bei den Männern sind es etwas mehr als ein Viertel. Ebenfalls knapp 23 % der Fehlzeiten gehen bei den Männern auf psychische Verhaltensstörungen durch psychotrope Substanzen wie Alkohol oder Tabak zurück, bei Frauen sind es lediglich 6,1 %.

28.1.1 Datenbasis und Methodik

Die folgenden Ausführungen zu den krankheitsbedingten Fehlzeiten in der deutschen Wirtschaft basieren auf einer Analyse der Arbeitsunfähigkeitsmeldungen aller erwerbstätigen AOK-Mitglieder. Die AOK ist nach wie vor die Krankenkasse mit dem größten Marktanteil in Deutschland. Sie verfügt daher über die umfangreichste Datenbasis zum Arbeitsunfähigkeitsgeschehen. Bei den Auswertungen wurden auch freiwillig Versicherte berücksichtigt. Ausgewertet wurden die Daten des Jahres 2009 – in diesem Jahr waren insgesamt 9,6 Millionen Arbeitnehmer bei der AOK versichert.

Datenbasis der Auswertungen sind sämtliche Arbeitsunfähigkeitsfälle, die der AOK im Jahr 2009 gemeldet wurden. Allerdings werden Kurzzeiterkrankungen bis zu drei Tagen von den Krankenkassen nur erfasst, soweit eine ärztliche Krankschreibung vorliegt. Der Anteil der Kurzzeiterkrankungen liegt daher höher, als dies in den Krankenkassendaten zum Ausdruck kommt. Hierdurch verringern sich die Fallzahlen und die rechnerische Falldauer erhöht sich entsprechend. Langzeitfälle mit einer Dauer von mehr als 42 Tagen wurden in die Auswertungen mit einbezogen, da sie von entscheidender Bedeutung für das Arbeitsunfähigkeitsgeschehen in den Betrieben sind.

Die Arbeitsunfähigkeitszeiten werden von den Krankenkassen so erfasst wie sie auf den Krankmeldungen angegeben sind. Auch Wochenenden und Feiertage gehen dabei in die Berechnung mit ein, soweit sie in den Zeitraum der Krankschreibung fallen. Die Ergebnisse sind daher mit betriebsinternen Statistiken, bei denen nur die Arbeitstage berücksichtigt werden, nur begrenzt vergleichbar. Bei jahresübergreifenden Arbeitsunfähigkeitsfällen wurden ausschließlich Fehlzeiten in die Auswertungen mit einbezogen, die im Auswertungsjahr anfielen.

◘ Tab. 28.1.1 gibt einen Überblick über die wichtigsten Kennzahlen und Begriffe, die in diesem Beitrag zur Beschreibung des Arbeitsunfähigkeitsgeschehens verwendet werden. Die Berechnung der Kennzahlen erfolgt auf der Basis der Versicherungszeiten, d. h. es wird berücksichtigt, ob ein Mitglied ganzjährig oder nur einen Teil des Jahres bei der AOK versichert war bzw. als in einer bestimmten Branche oder Berufsgruppe beschäftigt geführt wurde.

Aufgrund der speziellen Versichertenstruktur der AOK sind die Daten nur bedingt repräsentativ für die Gesamtbevölkerung in der Bundesrepublik Deutschland bzw. die Beschäftigten in den einzelnen Wirtschaftszweigen. Infolge ihrer historischen Funktion als Basiskasse weist die AOK einen überdurchschnittlich hohen Anteil an Versicherten aus dem gewerblichen Bereich auf. Angestellte sind dagegen in der Versichertenklientel der AOK unterrepräsentiert.

Im Jahr 2008 fand eine Revision der Klassifikation der Wirtschaftszweige (bisher Ausgabe 2003) statt. Die

Tab. 28.1.1 Kennzahlen und Begriffe zur Beschreibung des Arbeitsunfähigkeitsgeschehens

Kennzahl	Definition	Einheit, Ausprägung	Erläuterungen
AU-Fälle	Anzahl der Fälle von Arbeitsunfähigkeit	je AOK-Mitglied bzw. je 100 AOK-Mitglieder in % aller AU-Fälle	Jede Arbeitsunfähigkeitsmeldung, die nicht nur die Verlängerung einer vorangegangenen Meldung ist, wird als ein Fall gezählt. Ein AOK-Mitglied kann im Auswertungszeitraum mehrere AU-Fälle aufweisen.
AU-Tage	Anzahl der AU-Tage, die im Auswertungsjahr anfielen	je AOK-Mitglied bzw. je 100 AOK-Mitglieder in % aller AU-Tage	Da arbeitsfreie Zeiten wie Wochenenden und Feiertage, die in den Krankschreibungszeitraum fallen, mit in die Berechnung eingehen, können sich Abweichungen zu betriebsinternen Fehlzeitenstatistiken ergeben, die bezogen auf die Arbeitszeiten berechnet wurden. Bei jahresübergreifenden Fällen werden nur die AU-Tage gezählt, die im Auswertungsjahr anfielen.
AU-Tage je Fall	mittlere Dauer eines AU-Falls	Kalendertage	Indikator für die Schwere einer Erkrankung
Krankenstand	Anteil der im Auswertungszeitraum angefallenen Arbeitsunfähigkeitstage am Kalenderjahr	in %	War ein Versicherter nicht ganzjährig bei der AOK versichert, wird dies bei der Berechnung des Krankenstandes entsprechend berücksichtigt.
Krankenstand, standardisiert	nach Alter und Geschlecht standardisierter Krankenstand	in %	Um Effekte der Alters- und Geschlechtsstruktur bereinigter Wert
AU-Quote	Anteil der AOK-Mitglieder mit einem oder mehreren Arbeitsunfähigkeitsfällen im Auswertungsjahr	in %	Diese Kennzahl gibt Auskunft darüber, wie groß der von Arbeitsunfähigkeit betroffene Personenkreis ist
Kurzzeiterkrankungen	Arbeitsunfähigkeitsfälle mit einer Dauer von 1–3 Tagen	in % aller Fälle/Tage	Erfasst werden nur Kurzzeitfälle, bei denen eine Arbeitsunfähigkeitsbescheinigung bei der AOK eingereicht wurde
Langzeiterkrankungen	Arbeitsunfähigkeitsfälle mit einer Dauer von mehr als 6 Wochen	in % aller Fälle/Tage	Mit Ablauf der 6.Woche endet in der Regel die Lohnfortzahlung durch den Arbeitgeber, ab der 7. Woche wird durch die Krankenkasse Krankengeld gezahlt
Arbeitsunfälle	durch Arbeitsunfälle bedingte Arbeitsunfähigkeitsfälle	je 100 AOK-Mitglieder in % aller AU-Fälle/-Tage	Arbeitsunfähigkeitsfälle, bei denen auf der Krankmeldung als Krankheitsursache „Arbeitsunfall" angegeben wurde, nicht enthalten sind Wegeunfälle
AU-Fälle/Tage nach Krankheitsarten	Arbeitsunfähigkeitsfälle/-tage mit einer bestimmten Diagnose	je 100 AOK-Mitglieder in % aller AU-Fälle bzw. -Tage	Ausgewertet werden alle auf den Arbeitsunfähigkeitsbescheinigungen angegebenen ärztlichen Diagnosen, verschlüsselt werden diese nach der Internationalen Klassifikation der Krankheitsarten (ICD-10)

Fehlzeiten-Report 2010

Klassifikation der Wirtschaftszweige Ausgabe 2008 wird vom Statistischen Bundesamt veröffentlicht (▶ Anhang). Aufgrund der Revision kam es zu klassifikationsbedingten Verschiebungen zwischen den Branchen und eine Vergleichbarkeit mit den Vorjahresdaten ist nur bedingt möglich. Daher werden bei Jahresvergleichen Kennzahlen für das Jahr 2008 sowohl für die Klassifikationsversion 2003 als auch für die Version 2008 ausgewiesen.

Die Klassifikation der Wirtschaftszweige, Ausgabe 2008, enthält insgesamt fünf Differenzierungsebenen, von denen allerdings bei den vorliegenden Analysen nur die ersten drei berücksichtigt wurden. Unterschieden wird zwischen Wirtschaftsabschnitten, -abteilun-

◘ Tab. 28.1.2 AOK-Mitglieder nach Wirtschaftsabschnitten im Jahr 2009 nach der Klassifikation der Wirtschaftszweigschlüssel, Ausgabe 2008

Wirtschaftsabschnitte	Pflichtmitglieder		Freiwillige Mitglieder
	Absolut	Anteil an der Branche (in %)	Absolut
Banken/Versicherungen	110.924	11,1	7.860
Baugewerbe	672.597	42,8	4.330
Dienstleistungen	3.620.561	41,9	35.277
Energie/Wasser/Entsorgung/Bergbau	144.520	26,2	4.918
Handel	1.240.533	30,8	1.460
Land- und Forstwirtschaft	149.031	68,2	13.582
Öffentl. Verwaltung/Sozialversicherung	603.884	35,7	238
Verarbeitendes Gewerbe	2.148.153	33,7	8.465
Verkehr/Transport	545.470	24,5	55.745
Sonstige	191.560	17,8	3085
Insgesamt	**9.427.233**	**34,4**	**134.960**

Fehlzeiten-Report 2010

gen und -gruppen. Ein Abschnitt ist beispielsweise die Branche „Energie, Wasser, Entsorgung und Bergbau". Diese untergliedert sich in die Wirtschaftsabteilungen „Bergbau und Gewinnung von Steinen und Erden", „Energieversorgung" und „Wasserversorgung, Abwasser- und Abfallentsorgung und Beseitigung von Umweltverschmutzungen". Die Wirtschaftsabteilung „Bergbau und Gewinnung von Steinen und Erden" umfasst wiederum die Wirtschaftsgruppen „Kohlenbergbau", „Erzbergbau" etc. Im vorliegenden Unterkapitel erfolgt die Betrachtung zunächst ausschließlich auf der Ebene der Wirtschaftsabschnitte (► Anhang 2). In den folgenden Kapiteln wird dann auch nach Wirtschaftsabteilungen und teilweise auch nach Wirtschaftsgruppen differenziert. Die Metallindustrie, die nach der Systematik der Wirtschaftszweige der Bundesanstalt für Arbeit zum Verarbeitenden Gewerbe gehört, wird, da sie die größte Branche des Landes darstellt, in einem eigenen Kapitel behandelt (► Kap. 28.9). Auch dem Bereich „Erziehung und Unterricht" wird angesichts der zunehmenden Bedeutung des Bildungsbereichs für die Produktivität der Volkswirtschaft ein eigenes Kapitel gewidmet (► Kap. 28.6). Aus ◘ Tab. 28.1.2 ist die Anzahl der AOK-Mitglieder in den einzelnen Wirtschaftsabschnitten sowie deren Anteil an den sozialversicherungspflichtig Beschäftigten insgesamt[2] ersichtlich.

Angesichts nach wie vor unterschiedlicher Morbiditätsstrukturen werden neben den Gesamtergebnissen für die Bundesrepublik Deutschland die Ergebnisse für Ost- und Westdeutschland separat ausgewiesen.

Die Verschlüsselung der Diagnosen erfolgt nach der 10. Revision des ICD (International Classification of Diseases).[3] Teilweise weisen die Arbeitsunfähigkeitsbescheinigungen mehrere Diagnosen auf. Um einen Informationsverlust zu vermeiden, werden bei den diagnosebezogenen Auswertungen im Unterschied zu anderen Statistiken[4], die nur eine (Haupt-) Diagnose berücksichtigen, auch Mehrfachdiagnosen[5] in die Auswertungen mit einbezogen.

28.1.2 Allgemeine Krankenstandsentwicklung

Im Jahr 2009 haben die krankheitsbedingten Fehlzeiten erneut zugenommen. Bei den 9,6 Millionen erwerbstätigen AOK-Mitgliedern stieg der Krankenstand von 4,6 auf 4,8 % (◘ Tab. 28.1.3). 54 % der AOK-Mitglieder meldeten sich mindestens einmal krank. Die Versicherten waren im Jahresdurchschnitt 17,3 Kalendertage krankgeschrieben.[6] 5,3 % der Arbeitsunfähigkeitstage waren durch Arbeitsunfälle bedingt.

Die Zahl der krankheitsbedingten Ausfalltage nahm im Vergleich zum Vorjahr um 2,3 % zu. Im Osten sind

---

2 Errechnet auf der Basis der Beschäftigtenstatistik der Bundesagentur für Arbeit, Stichtag: 30.06.2009 (Bundesagentur für Arbeit 2009).

3 International übliches Klassifikationssystem der Weltgesundheitsorganisation (WHO)

4 Beispielsweise die von den Krankenkassen im Bereich der gesetzlichen Krankenversicherung herausgegebene Krankheitsartenstatistik

5 Leidet ein Arbeitnehmer an unterschiedlichen Krankheitsbildern (Multimorbidität) kann eine Arbeitsunfähigkeitsbescheinigung mehrere Diagnosen aufweisen. Insbesondere bei älteren Beschäftigten kommt dies häufiger vor.

6 Wochenenden und Feiertage eingeschlossen

■ Tab. 28.1.3 Krankenstandskennzahlen 2009 im Vergleich zum Vorjahr

	Krankenstand (in %)	Arbeitsunfähigkeiten je 100 AOK-Mitglieder				Tage je Fall	Veränd. z. Vorj. (in %)	AU-Quote (in %)
		Fälle	Veränd. z. Vorj. (in %)	Tage	Veränd. z. Vorj. (in %)			
West	4,8	152,6	1,3	1.733,4	1,4	11,4	0,0	54,2
Ost	4,8	142,9	4,8	1.742,4	6,9	12,2	1,7	53,2
Bund	4,8	150,9	1,8	1.734,9	2,3	11,5	0,9	54,0

Fehlzeiten-Report 2010

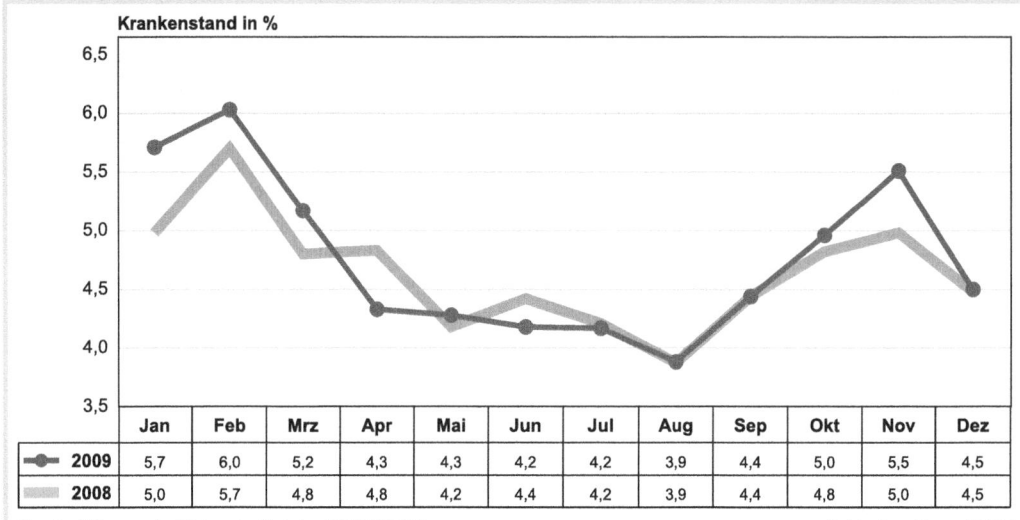

Quelle: Wissenschaftliches Institut der AOK (WIdO) Fehlzeiten-Report 2010

■ Abb. 28.1.1 Krankenstand im Jahr 2009 im saisonalen Verlauf im Vergleich zum Vorjahr, AOK-Mitglieder

die Fehlzeiten sogar um 6,9 % gestiegen (West: 1,4 %). Dies schlägt sich auch im Krankenstand nieder. Im Osten ist der Krankenstand im Vergleich zum Vorjahr um 0,3 Prozentpunkte gestiegen (West: 0,1 Prozentpunkte). Die durchschnittliche Dauer der Krankmeldungen stieg um 1,7 % an, wohingegen sie in Westdeutschland stagnierte. Die Zahl der von Arbeitsunfähigkeit betroffen AOK-Mitglieder (AU-Quote: Anteil der AOK-Mitglieder mit mindestens einem AU-Fall) stieg im Jahr 2009 um 1,1 Prozentpunkte auf 54,0 %.

Nach den Influenzawerten des Robert Koch-Instituts war Deutschland zu Beginn und Ende des Jahres 2009 von einer heftigen Grippewelle betroffen (Buda et al 2010). Der monatliche Verlauf des Krankenstands bestätigt diese Entwicklung. Der Krankenstand der Monate Januar und November lag deutlich über den Vorjahreswerten, was auf einen Anstieg der Atemwegserkrankungen zurückzuführen ist. Der höchste Krankenstand wurde im Februar mit 6,0 % erreicht. (■ Abb. 28.1.1).

■ Abb. 28.1.2 zeigt die längerfristige Entwicklung des Krankenstandes in den Jahren 1994–2009. Seit Mitte der 1990er Jahre ist ein Rückgang der Krankenstände zu verzeichnen. 2006 sank der Krankenstand auf 4,2 % und erreichte damit den niedrigsten Stand seit der Wiedervereinigung.

Trotz eines Anstiegs des Krankenstandes seit 2007 liegt dieser im Vergleich zu den 1990er Jahren nach wie vor auf einem niedrigen Niveau. Die Gründe für die niedrigen Krankenstände sind vielfältig. Neben strukturellen Faktoren, wie dem geringeren Anteil älterer Arbeitnehmer, der Abnahme körperlich belastender Tätigkeiten sowie einer verbesserten Gesundheitsvorsorge in den Betrieben, kann auch die wirtschaftliche Situation eine Rolle spielen. Umfragen zeigen, dass eine aus Sicht des Mitarbeiters angespannte Lage auf dem Arbeitsmarkt dazu führt, dass Arbeitnehmer auf Krankmeldungen verzichten. Damit will der Mitarbeiter vermeiden, dass der Arbeitsplatz gefährdet wird.

Krankheitsbedingte Fehlzeiten in der deutschen Wirtschaft im Jahr 2009

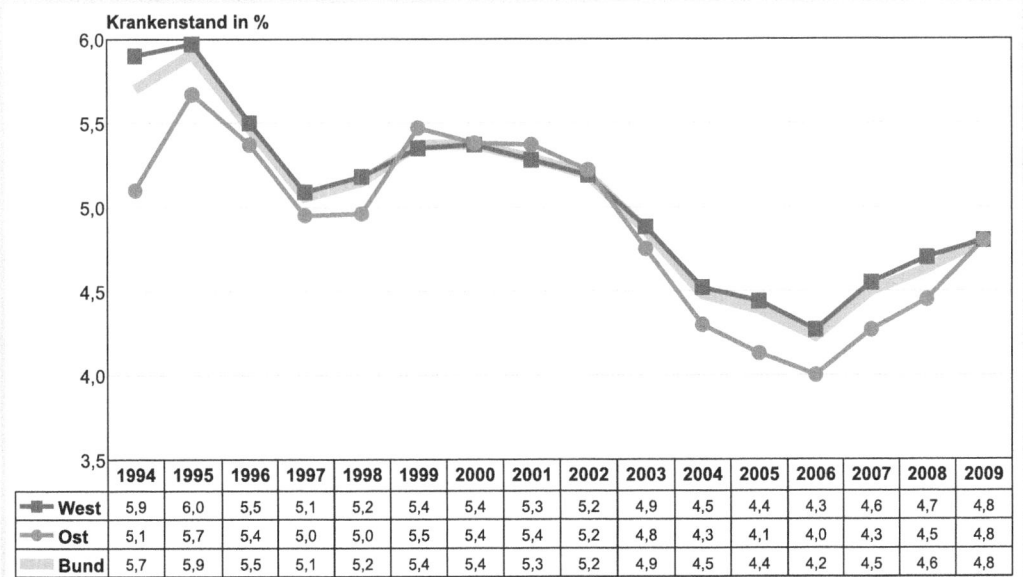

◘ Abb. 28.1.2 Entwicklung des Krankenstandes in den Jahren 1994–2009, AOK-Mitglieder

Bis zum Jahr 1998 war der Krankenstand in Ostdeutschland stets niedriger als in Westdeutschland. In den Jahren 1999 bis 2002 waren dann jedoch in den neuen etwas höhere Werte als in den alten Ländern zu verzeichnen. Diese Entwicklung wird vom Institut für Arbeitsmarkt- und Berufsforschung auf Verschiebungen in der Altersstruktur der erwerbstätigen Bevölkerung zurückgeführt (Kohler 2002). Diese war nach der Wende zunächst in den neuen Ländern günstiger, weil viele Arbeitnehmer vom Altersübergangsgeld Gebrauch machten. Dies habe sich aufgrund altersspezifischer Krankenstandsquoten in den durchschnittlichen Krankenständen niedergeschlagen. Inzwischen sind diese Effekte jedoch ausgelaufen. Im Jahr 2009 lag der Krankenstand in beiden Teilen Deutschlands bei 4,8 %.

28.1.3 Verteilung der Arbeitsunfähigkeit

Den Anteil der Arbeitnehmer, die in einem Jahr mindestens einmal krankgeschrieben wurden wird als die Arbeitsunfähigkeitsquote bezeichnet. Diese lag in 2009 bei 54,0 % (◘ Abb. 28.1.3). Der Anteil der AOK-Mitglieder, die das ganze Jahr überhaupt nicht krankgeschrieben waren, lag somit bei 46,0 %.

◘ Abb. 28.1.4 zeigt die Verteilung der kumulierten Arbeitsunfähigkeitstage auf die AOK-Mitglieder in Form

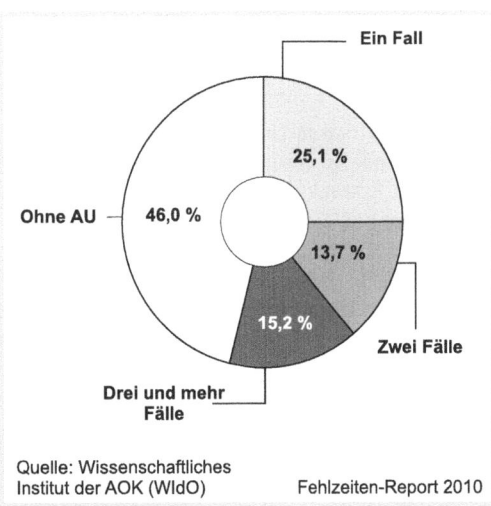

◘ Abb. 28.1.3 Arbeitsunfähigkeitsquote der AOK-Mitglieder im Jahr 2009

einer Lorenzkurve. Daraus ist ersichtlich, dass der überwiegende Teil der Tage sich auf einen relativ kleinen Teil der AOK-Mitglieder konzentriert. Die folgenden Zahlen machen dies deutlich:

– Ein Viertel der Arbeitsunfähigkeitstage entfällt auf nur 1,5 % der Mitglieder.

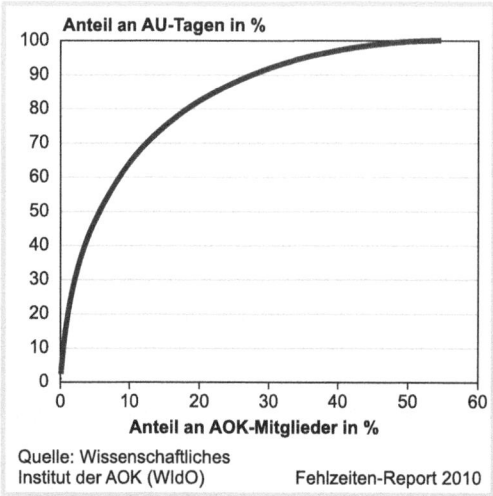

Abb. 28.1.4 Lorenzkurve zur Verteilung der Arbeitsunfähigkeitstage der AOK-Mitglieder im Jahr 2009

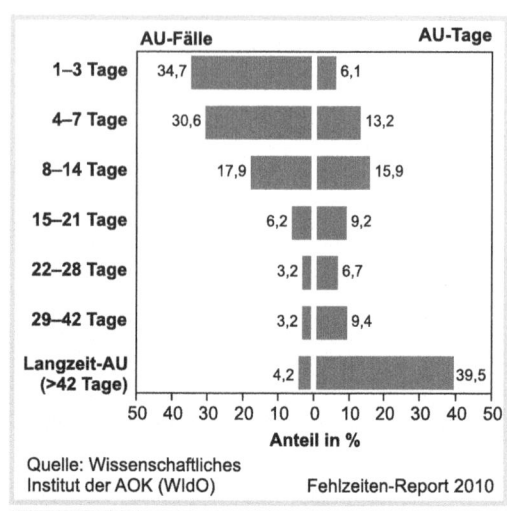

Abb. 28.1.5 Arbeitsunfähigkeitstage und -fälle der AOK-Mitglieder im Jahr 2009 nach der Dauer

- Die Hälfte der Tage wird von lediglich 5,6 % der Mitglieder verursacht.
- Knapp 80 % der Arbeitsunfähigkeitstage gehen auf nur 18,0 % der AOK-Mitglieder zurück.

28.1.4 Kurz- und Langzeiterkrankungen

Die Höhe des Krankenstandes wird entscheidend durch länger dauernde Arbeitsunfähigkeitsfälle bestimmt. Die Zahl dieser Erkrankungsfälle ist zwar relativ gering, aber für eine große Zahl von Ausfalltagen verantwortlich (◘ Abb. 28.1.5). 2009 waren knapp die Hälfte aller Arbeitsunfähigkeitstage (48,9 %) auf lediglich 7,4 % der Arbeitsunfähigkeitsfälle zurückzuführen. Dabei handelt es sich um Fälle mit einer Dauer von mehr als vier Wochen. Besonders zu Buche schlagen Langzeitfälle, die sich über mehr als sechs Wochen erstrecken. Obwohl ihr Anteil an den Arbeitsunfähigkeitsfällen im Jahr 2009 nur 4,2 % betrug, verursachten sie 39,5 % des gesamten AU-Volumens. Langzeitfälle sind häufig auf chronische Erkrankungen zurückzuführen. Der Anteil der Langzeitfälle nimmt mit zunehmendem Alter deutlich zu.

Kurzzeiterkrankungen wirken sich zwar oft sehr störend auf den Betriebsablauf aus, spielen aber, anders als häufig angenommen, für den Krankenstand nur eine untergeordnete Rolle. Auf Arbeitsunfähigkeitsfälle mit einer Dauer von 1–3 Tagen gingen 2009 lediglich 6,1 % der Fehltage zurück, obwohl ihr Anteil an den Arbeitsunfähigkeitsfällen 34,7 % betrug. Da viele Arbeitgeber in den ersten drei Tagen einer Erkrankung keine ärztliche Arbeitsunfähigkeitsbescheinigung verlangen, liegt der Anteil der Kurzzeiterkrankungen allerdings in der Praxis höher, als dies in den Daten der Krankenkassen zum Ausdruck kommt. Nach einer Befragung des Instituts der deutschen Wirtschaft (Schnabel 1997) hat jedes zweite Unternehmen die Attestpflicht ab dem ersten Krankheitstag eingeführt. Der Anteil der Kurzzeitfälle von 1–3 Tagen an den krankheitsbedingten Fehltagen in der privaten Wirtschaft beträgt danach insgesamt durchschnittlich 11,3 %. Auch wenn man berücksichtigt, dass die Krankenkassen die Kurzzeit-Arbeitsunfähigkeit nicht vollständig erfassen, ist also der Anteil der Erkrankungen von 1–3 Tagen am Arbeitsunfähigkeitsvolumen insgesamt nur gering. Von Maßnahmen, die in erster Linie auf eine Reduzierung der Kurzzeitfälle abzielen, ist daher kein durchgreifender Effekt auf den Krankenstand zu erwarten. Maßnahmen, die auf eine Senkung des Krankenstandes abzielen, sollten vorrangig bei den Langzeitfällen ansetzen. Welche Krankheitsarten für die Langzeitfälle verantwortlich sind, wird in ▶ Abschn. 28.1.15 dargestellt.

2009 war der Anteil der Langzeiterkrankungen mit 46,6 % im Baugewerbe am höchsten und in der Branche Banken und Versicherungen mit 32,5 % am niedrigsten. Der Anteil der Kurzzeiterkrankungen schwankte in den einzelnen Wirtschaftszweigen zwischen 10,0 % bei Banken und Versicherungen und 3,9 % im Bereich Verkehr und Transport (◘ Abb. 28.1.6).

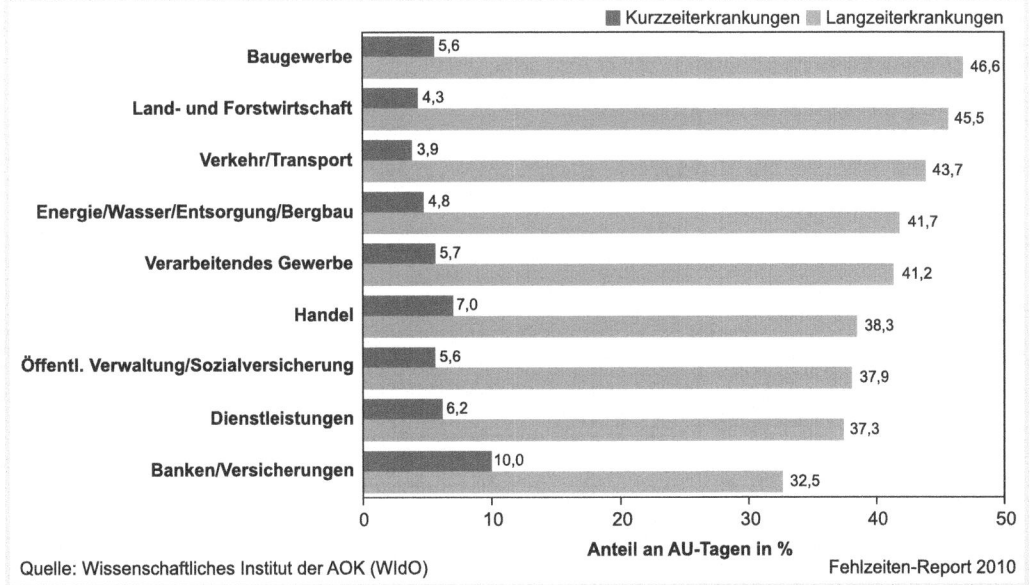

◘ Abb. 28.1.6 Anteil der Kurz- und Langzeiterkrankungen an den Arbeitsunfähigkeitstagen nach Branchen im Jahr 2009, AOK-Mitglieder

28.1.5 Krankenstandsentwicklung in den einzelnen Branchen

Im Jahr 2009 wies die Branche Energie, Wasser, Entsorgung und Bergbau mit 5,7 % den höchsten Krankenstand, Banken und Versicherungen mit 3,3 % den niedrigsten Krankenstand auf (◘ Abb. 28.1.7). Bei dem hohen Krankenstand in der Öffentlichen Verwaltung (5,4 %) muss allerdings berücksichtigt werden, dass ein großer Teil der in diesem Sektor beschäftigten AOK-Mitglieder keine Bürotätigkeiten ausübt, sondern in gewerblichen Bereichen mit teilweise sehr hohen Arbeitsbelastungen tätig ist, wie z. B. im Straßenbau, in der Straßenreinigung und Abfallentsorgung, in Gärtnereien etc.. Insofern sind die Daten, die der AOK für diesen Bereich vorliegen, nicht repräsentativ für die gesamte Öffentliche Verwaltung. Hinzu kommt, dass die in den Öffentlichen Verwaltungen beschäftigten AOK-Mitglieder eine im Vergleich zur freien Wirtschaft ungünstige Altersstruktur aufweisen, die zum Teil für die erhöhten Krankenstände mitverantwortlich ist. Schließlich spielt auch die Tatsache, dass die Öffentlichen Verwaltungen ihrer Verpflichtung zur Beschäftigung Schwerbehinderter stärker nachkommen als andere Branchen, eine erhebliche Rolle. Der Anteil erwerbstätiger Schwerbehinderter liegt im öffentlichen Dienst um etwa 50 % höher als in anderen Sektoren (6,6 % der Beschäftigten in der Öffentlichen Verwaltung gegenüber 4,2 % in anderen Beschäftigungssektoren). Nach einer Studie der Hans-Böckler-Stiftung ist die gegenüber anderen Beschäftigungsbereichen höhere Zahl von Arbeitsunfähigkeitsfällen im öffentlichen Dienst knapp zur Hälfte allein auf den erhöhten Anteil an schwerbehinderten Arbeitnehmern zurückzuführen (Marstedt u. Müller 1998).[7]

Die Höhe des Krankenstandes resultiert aus der Zahl der Krankmeldungen und deren Dauer. Im Jahr 2009 lagen bei den Öffentlichen Verwaltungen und in der Branche Energie, Wasser, Entsorgung und Bergbau sowohl die Zahl der Krankmeldungen als auch die mittlere Dauer der Krankheitsfälle über dem Durchschnitt (◘ Abb. 28.1.8). Der überdurchschnittlich hohe Krankenstand im Baugewerbe und im Bereich Verkehr und Transport war dagegen ausschließlich auf die lange Dauer (12,6 bzw. 14,2 Tage je Fall) der Arbeitsunfähigkeitsfälle zurückzuführen. Auf den hohen Anteil der Langzeitfälle in diesen Branchen wurde bereits in

---

[7] Vgl. dazu den Beitrag von Gerd Marstedt et al. in: Badura B, Litsch M, Vetter C (Hrsg) (2001) Fehlzeiten-Report 2001, Springer, Berlin (u. a.). Weitere Ausführungen zu den Bestimmungsfaktoren des Krankenstandes in der öffentlichen Verwaltung finden sich im Beitrag von Alfred Oppolzer in: Badura B, Litsch M, Vetter C (Hrsg) (2000) Fehlzeiten-Report 1999, Springer, Berlin (u. a.).

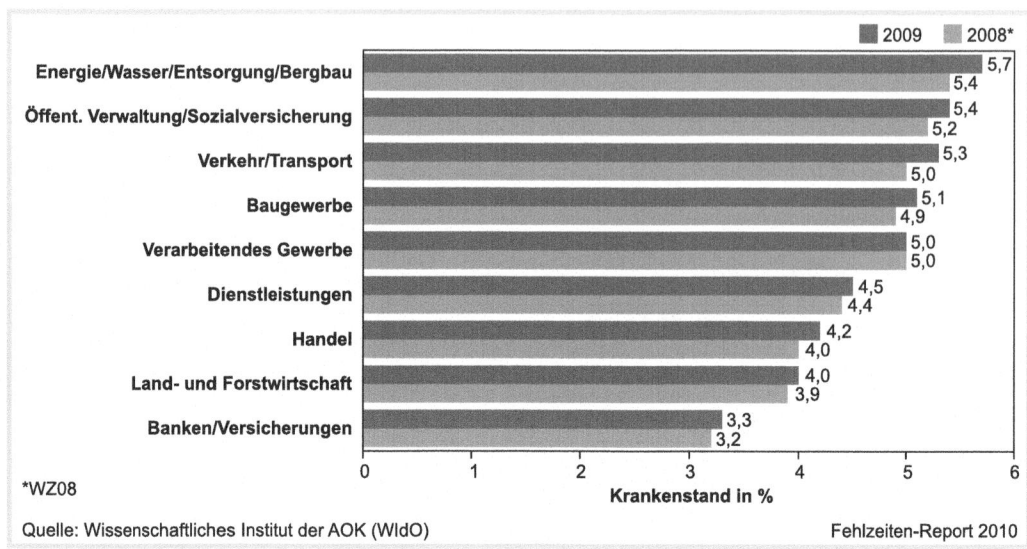

◘ Abb. 28.1.7 Krankenstand der AOK-Mitglieder nach Branchen im Jahr 2009 im Vergleich zum Vorjahr

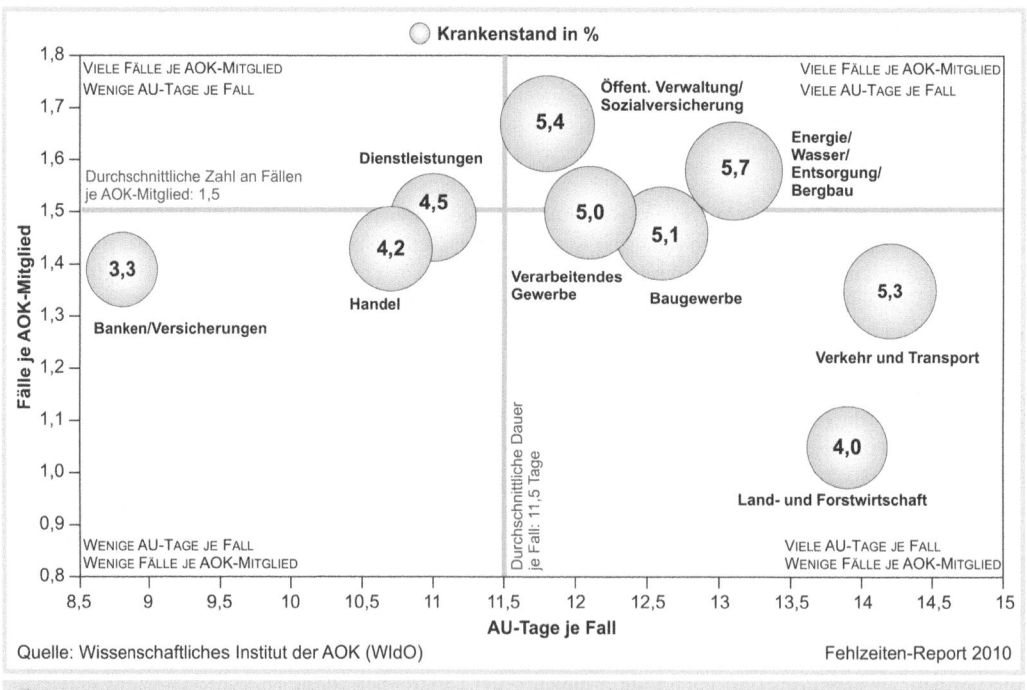

◘ Abb. 28.1.8 Krankenstand der AOK-Mitglieder nach Branchen im Jahr 2009 nach Bestimmungsfaktoren

▸ Abschn. 28.1.4 hingewiesen. Die Zahl der Krankmeldungen war dagegen im Bereich Verkehr und Transport geringer als im Branchendurchschnitt.

◘ Tab. 28.1.4 zeigt die Krankenstandsentwicklung in den einzelnen Branchen in den Jahren 1993–2009, differenziert nach West- und Ostdeutschland. Im Vergleich zum Vorjahr stieg der Krankenstand im Jahr 2009 in fast allen Branchen. In den meisten Wirtschaftszweigen war der Krankenstand in Ostdeutschland niedriger als in Westdeutschland.

Krankheitsbedingte Fehlzeiten in der deutschen Wirtschaft im Jahr 2009

Tab. 28.1.4 Entwicklung des Krankenstandes der AOK-Mitglieder in den Jahren 1993–2009 (in %)

Wirtschaftsab-schnitte		1993	1994	1995	1996	1997	1998	1999	2000	2001	2002	2003	2004	2005	2006	2007	2008 (WZ03)	2008 (WZ08)*	2009
Banken/Versi-cherungen	West	4,2	4,4	3,9	3,5	3,4	3,5	3,6	3,6	3,5	3,5	3,3	3,1	3,1	2,7	3,1	3,1	3,1	3,2
	Ost	2,9	3,0	4,0	3,6	3,6	3,6	4,0	4,1	4,1	4,1	3,5	3,2	3,3	3,2	3,4	3,6	3,6	3,9
	Bund	3,9	4,0	3,9	3,5	3,4	3,5	3,7	3,6	3,6	3,5	3,3	3,1	3,1	2,8	3,1	3,2	3,2	3,3
Baugewerbe	West	6,7	7,0	6,5	6,1	5,8	6,0	6,0	6,1	6,0	5,8	5,4	5,0	4,8	4,6	4,9	5,1	5,1	5,1
	Ost	4,8	5,5	5,5	5,3	5,1	5,2	5,5	5,4	5,5	5,2	4,6	4,1	4,0	3,8	4,2	4,5	4,5	4,7
	Bund	6,2	6,5	6,2	5,9	5,6	5,8	5,9	5,9	5,9	5,7	5,3	4,8	4,7	4,4	4,8	4,9	4,9	5,1
Dienstleistun-gen	West	5,6	5,7	5,2	4,8	4,6	4,7	4,9	4,9	4,9	4,8	4,6	4,2	4,1	4,0	4,3	4,4	4,4	4,5
	Ost	5,4	6,1	6,0	5,6	5,3	5,2	5,6	5,5	5,4	5,2	4,7	4,2	4,0	3,8	4,1	4,3	4,3	4,6
	Bund	5,5	5,8	5,3	4,9	4,7	4,8	5,0	5,0	4,9	4,8	4,6	4,2	4,1	4,0	4,3	4,4	4,4	4,5
Energie/Wasser/ Entsorgung/ Bergbau	West	6,4	6,4	6,2	5,7	5,5	5,7	5,9	5,8	5,7	5,5	5,2	4,9	4,8	4,4	4,8	4,9	4,9	5,8
	Ost	4,8	5,2	5,0	4,1	4,2	4,0	4,4	4,4	4,4	4,5	4,1	3,7	3,7	3,6	3,7	3,9	3,9	5,3
	Bund	5,8	6,0	5,8	5,3	5,2	5,3	5,6	5,5	5,4	5,3	5,0	4,6	4,6	4,3	4,6	4,7	4,7	5,7
Handel	West	5,6	5,6	5,2	4,6	4,5	4,6	4,6	4,6	4,6	4,5	4,2	3,9	3,8	3,7	3,9	4,1	4,1	4,2
	Ost	4,2	4,6	4,4	4,0	3,8	3,9	4,2	4,2	4,2	4,1	3,7	3,4	3,3	3,3	3,6	3,8	3,8	4,1
	Bund	5,4	5,5	5,1	4,5	4,4	4,5	4,5	4,6	4,5	4,5	4,2	3,8	3,7	3,6	3,9	4,0	4,0	4,2
Land- und Forstwirtschaft	West	5,6	5,7	5,4	4,6	4,6	4,8	4,6	4,6	4,6	4,5	4,2	3,8	3,5	3,3	3,6	3,1	3,7	3,0
	Ost	4,7	5,5	5,7	5,5	5,0	4,9	6,0	5,5	5,4	5,2	4,9	4,3	4,3	4,1	4,4	4,6	4,6	5,0
	Bund	5,0	5,6	5,6	5,1	4,8	4,8	5,3	5,0	5,0	4,8	4,5	4,0	3,9	3,7	3,9	4,1	3,9	4,0
Öffentl. Verwal-tung/Sozialver-sicherung	West	7,1	7,3	6,9	6,4	6,2	6,3	6,6	6,4	6,1	6,0	5,7	5,3	5,3	5,1	5,3	5,3	5,3	5,5
	Ost	5,1	5,9	6,3	6,0	5,8	5,7	6,2	5,9	5,9	5,7	5,3	5,0	4,5	4,7	4,8	4,9	4,9	5,3
	Bund	6,6	6,9	6,8	6,3	6,1	6,2	6,5	6,3	6,1	5,9	5,6	5,2	5,1	5,0	5,2	5,2	5,2	5,4
Verarbeitendes Gewerbe	West	6,2	6,3	6,0	5,4	5,2	5,3	5,6	5,6	5,6	5,5	5,2	4,8	4,8	4,6	4,9	5,0	5,0	5,0
	Ost	5,0	5,4	5,3	4,8	4,5	4,6	5,2	5,1	5,2	5,1	4,7	4,3	4,2	4,1	4,9	4,6	4,6	4,9
	Bund	6,1	6,2	5,9	5,3	5,1	5,2	5,6	5,6	5,5	5,5	5,1	4,7	4,7	4,5	4,8	5,0	5,0	5,0
Verkehr/Trans-port	West	6,6	6,8	4,7	5,7	5,3	5,4	5,6	5,6	5,6	5,6	5,3	4,9	4,8	4,7	4,9	5,1	5,1	5,3
	Ost	4,4	4,8	4,7	4,6	4,4	4,5	4,8	4,8	4,9	4,9	4,5	4,2	4,2	4,1	4,3	4,5	4,5	5,0
	Bund	6,2	6,4	5,9	5,5	5,2	5,3	5,5	5,5	5,5	5,5	5,2	4,8	4,7	4,6	4,8	4,9	4,9	5,3

*aufgrund der Revision der Wirtschaftszweigklassifikation in 2008 ist eine Vergleichbarkeit mit den Vorjahren nur bedingt möglich

Fehlzeiten-Report 2010

Einfluss der Alters- und Geschlechtsstruktur

Die Höhe des Krankenstandes hängt entscheidend vom Alter der Beschäftigten ab. Die krankheitsbedingten Fehlzeiten nehmen mit steigendem Alter deutlich zu. Die Höhe des Krankenstandes variiert ebenfalls in Abhängigkeit vom Geschlecht (◘ Abb. 28.1.9).

Zwar geht die Zahl der Krankmeldungen mit zunehmendem Alter zurück, die durchschnittliche Dauer der Arbeitsunfähigkeitsfälle steigt jedoch kontinuierlich an (◘ Abb. 28.1.10). Ältere Mitarbeiter sind also seltener krank als ihre jüngeren Kollegen, fallen aber bei einer Erkrankung in der Regel wesentlich länger aus. Der starke Anstieg der Falldauer hat zur Folge, dass der Krankenstand trotz der Abnahme der Krankmeldungen mit zunehmendem Alter deutlich ansteigt. Hinzu kommt, dass ältere Arbeitnehmer im Unterschied zu ihren jüngeren Kollegen häufiger von mehreren Erkrankungen gleichzeitig betroffen sind (Multimorbidität). Auch dies kann längere Ausfallzeiten mit sich bringen.

Da die Krankenstände in Abhängigkeit von Alter und Geschlecht sehr stark variieren, ist es sinnvoll, beim Vergleich der Krankenstände unterschiedlicher Branchen oder Regionen die Alters- und Geschlechtsstruktur zu berücksichtigen. Mithilfe von Standardisierungsverfahren lässt sich berechnen wie der Krankenstand in den unterschiedlichen Bereichen ausfiele, wenn man eine durchschnittliche Alters- und Geschlechtsstruktur zugrunde legen würde. ◘ Abb. 28.1.11 zeigt die standardisierten Werte für die einzelnen Wirtschaftszweige im Vergleich zu den nicht standardisierten Krankenständen.[8]

In den meisten Branchen fallen die standardisierten Werte niedriger aus als die nicht standardisierten. Insbesondere im Baugewerbe (0,9 Prozentpunkte), in der Branche Energie, Wasser, Entsorgung und Bergbau (0,8 Prozentpunkte) und in der öffentlichen Verwal-

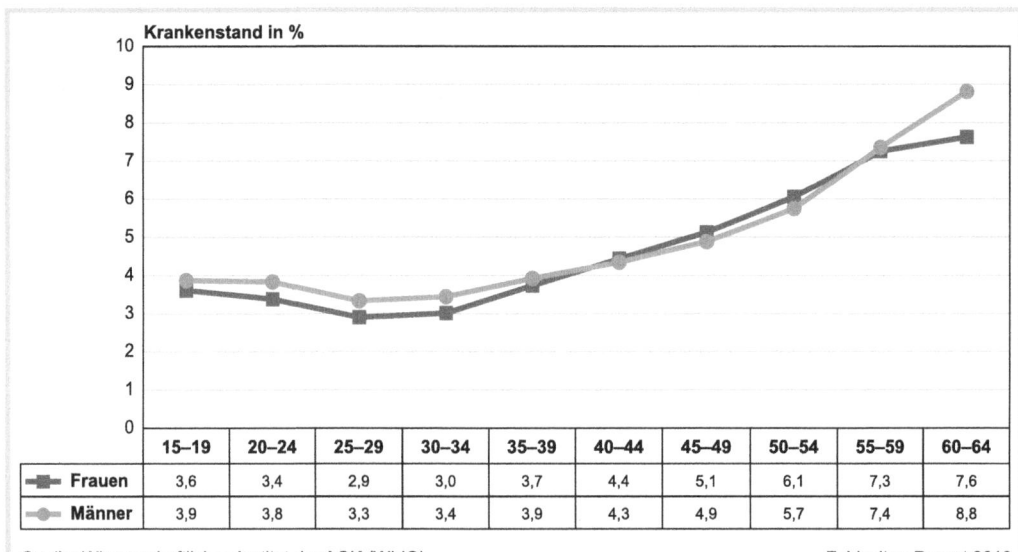

◘ **Abb. 28.1.9** Krankenstand der AOK-Mitglieder im Jahr 2009 nach Alter und Geschlecht

---

8 Berechnet nach der Methode der direkten Standardisierung – zugrunde gelegt wurde die Alters- und Geschlechtsstruktur der erwerbstätigen Mitglieder der gesetzlichen Krankenversicherung insgesamt im Jahr 2008 (Mitglieder mit Krankengeldanspruch). Quelle: AOK-Bundesverband, SA 40 auf Basis des 2. RSA-Zwischenausgleiches 2008. Weil den erwerbstätigen Mitgliedern als Datenquelle die Satzart 40-Versichertengruppen X1 und X2 (Versicherte mit Anspruch auf Krankengeld) zugrunde liegen, sind in den Daten auch nicht erwerbstätige Personengruppen enthalten, z. B. Empfänger von Arbeitslosengeld 1 oder Elterngeld.

Krankheitsbedingte Fehlzeiten in der deutschen Wirtschaft im Jahr 2009

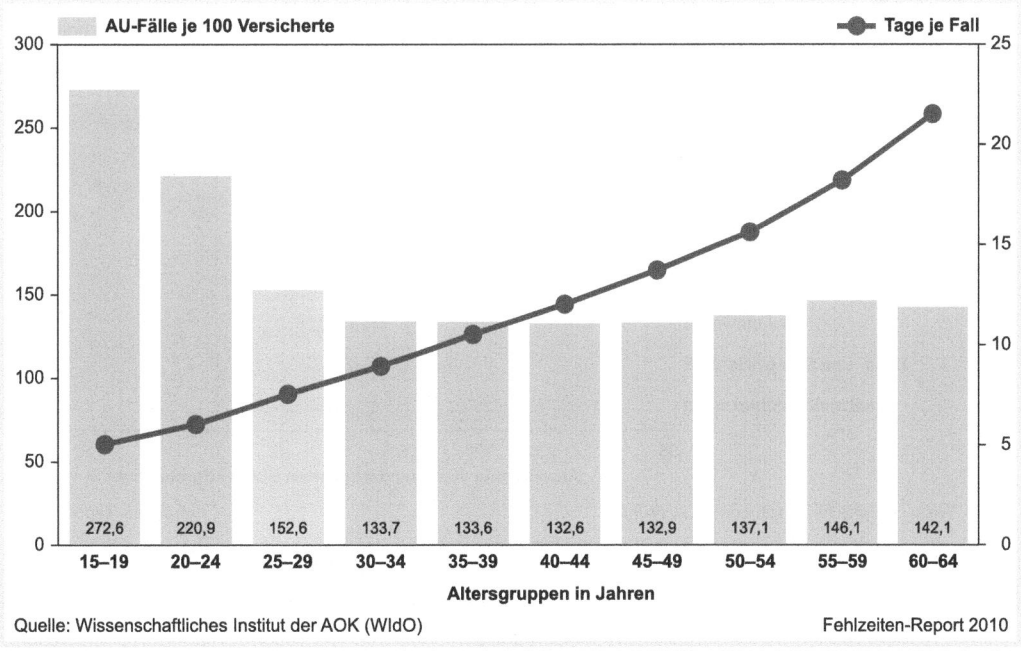

◘ Abb. 28.1.10 Anzahl der Fälle und Dauer der Arbeitsunfähigkeit der AOK-Mitglieder im Jahr 2009 nach Alter

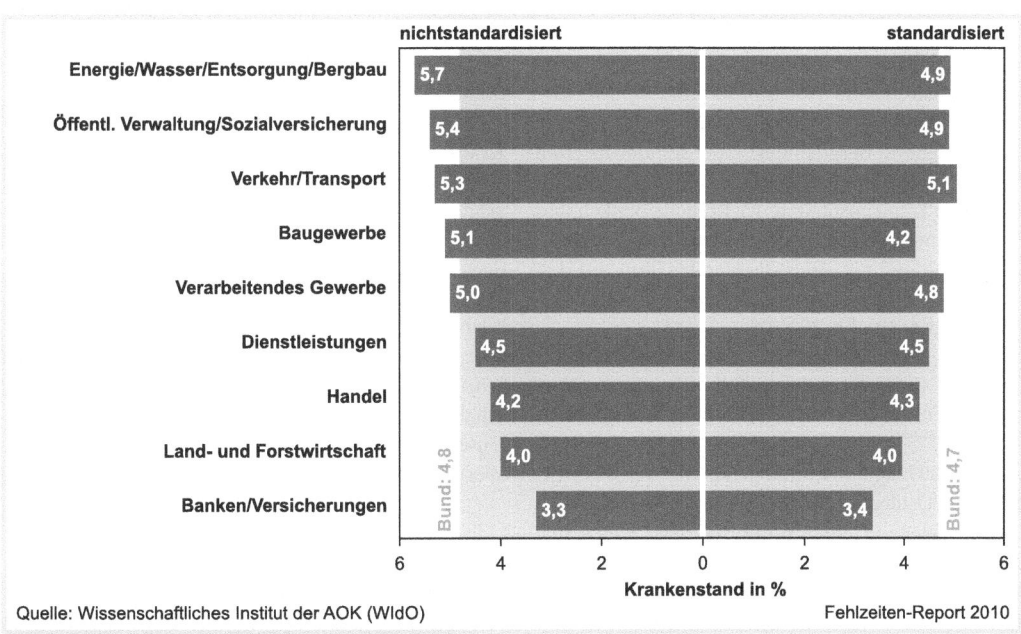

◘ Abb. 28.1.11 Alters- und geschlechtsstandardisierter Krankenstand der AOK-Mitglieder im Jahr 2009 nach Branchen

tung (0,5 Prozentpunkte) ist der überdurchschnittlich hohe Krankenstand zu einem erheblichen Teil auf die Altersstruktur in diesen Bereichen zurückzuführen. Im Handel und in der Branche Banken und Versicherungen hingegen ist es genau umgekehrt. Dort wären bei einer

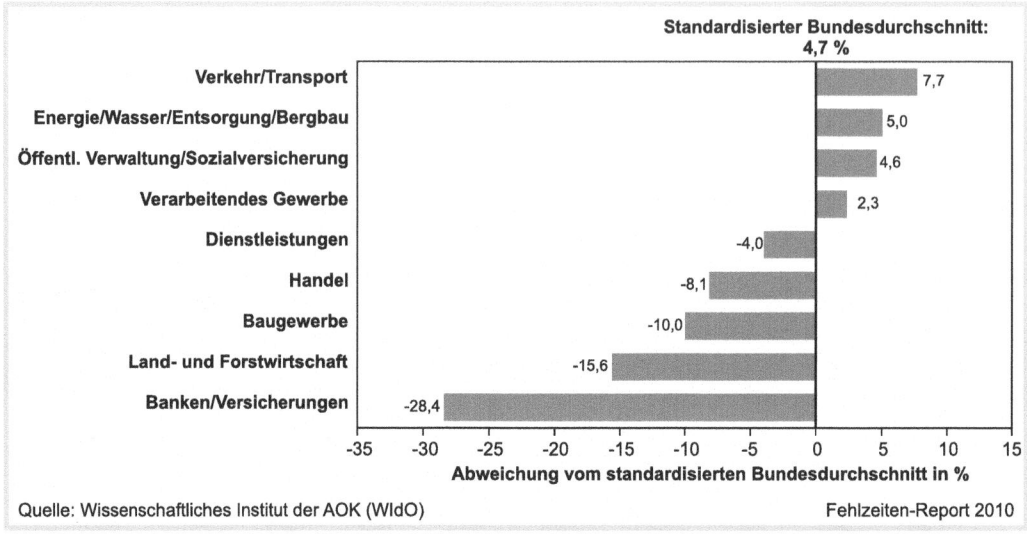

◘ Abb. 28.1.12 Abweichungen der alters- und geschlechtsstandardisierten Krankenstände vom Bundesdurchschnitt im Jahr 2009 nach Branchen, AOK-Mitglieder

durchschnittlichen Altersstruktur etwas höhere Krankenstände zu erwarten (jeweils 0,1 Prozentpunkte).

◘ Abb. 28.1.12 zeigt die Abweichungen der standardisierten Krankenstände vom Bundesdurchschnitt. Im Bereich Verkehr und Transport, Verarbeitendes Gewerbe, Öffentliche Verwaltung sowie Energie, Wasser, Entsorgung und Bergbau liegen die standardisierten Werte über dem Durchschnitt. Hingegen ist der standardisierte Krankenstand in der Branche Banken und Versicherung um mehr als ein Viertel geringer als im Bundesdurchschnitt. Dies ist in erster Linie auf den hohen Angestelltenanteil in dieser Branche zurückzuführen (vgl. ▶ Abschn. 28.1.9).

28.1.6 Fehlzeiten nach Bundesländern

Im Jahr 2009 lag der Krankenstand sowohl in West- als auch in Ostdeutschland bei 4,8 % (vgl. ◘ Tab. 28.1.3). Zwischen den einzelnen Bundesländern zeigen sich jedoch erhebliche Unterschiede im Krankenstand (◘ Abb. 28.1.13). Die höchsten Krankenstände waren 2009 im Saarland (5,7 %) und in den Stadtstaaten Berlin (5,6 %) und Hamburg (5,6 %) zu verzeichnen. Die niedrigsten Krankenstände wiesen die Bundesländer Bayern (4,2 %), Niedersachen (4,3 %) und Sachsen (4,5 %) auf.

Die hohen Krankenstände kommen auf unterschiedliche Weise zustande. In Berlin und Hamburg lag sowohl die Zahl der Arbeitsunfähigkeitsfälle als auch deren durchschnittliche Dauer über dem Bundesdurchschnitt (◘ Abb. 28.1.14). Im Saarland ist der hohe Krankenstand dagegen ausschließlich auf die lange Dauer der Arbeitsunfähigkeitsfälle zurückzuführen.

Inwieweit sind die regionalen Unterschiede im Krankenstand auf unterschiedliche Alters- und Geschlechtsstrukturen zurückzuführen? ◘ Abb. 28.1.15 zeigt die nach Alter und Geschlecht standardisierten Werte für die einzelnen Bundesländer im Vergleich zu den nicht standardisierten Krankenständen.[9] Durch die Berücksichtigung der Alters- und Geschlechtsstruktur relativieren sich die beschriebenen regionalen Unterschiede im Krankenstand nur geringfügig. Die oben beschriebene Verteilungsstruktur bleibt im Wesentlichen erhalten. Bei Berlin und Hamburg zeigen sich gar keine Unterschiede, bei Bremen fallen die standardisierten Werte um lediglich 0,1 Prozentpunkte niedriger aus.

---

9 Berechnet nach der Methode der direkten Standardisierung – zugrunde gelegt wurde die Alters- und Geschlechtsstruktur der erwerbstätigen Mitglieder der gesetzlichen Krankenversicherung insgesamt im Jahr 2008 (Mitglieder mit Krankengeldanspruch). Quelle: AOK-Bundesverband, SA 40 auf Basis des 2. RSA-Zwischenausgleiches 2008. Weil den erwerbstätigen Mitgliedern als Datenquelle die Satzart-40-Versichertengruppen X1 und X2 (Versicherte mit Anspruch auf Krankengeld) zugrunde liegen, sind in den Daten auch nicht erwerbstätige Personengruppen enthalten, z. B. Empfänger von Arbeitslosengeld 1 oder Elterngeld.

Krankheitsbedingte Fehlzeiten in der deutschen Wirtschaft im Jahr 2009

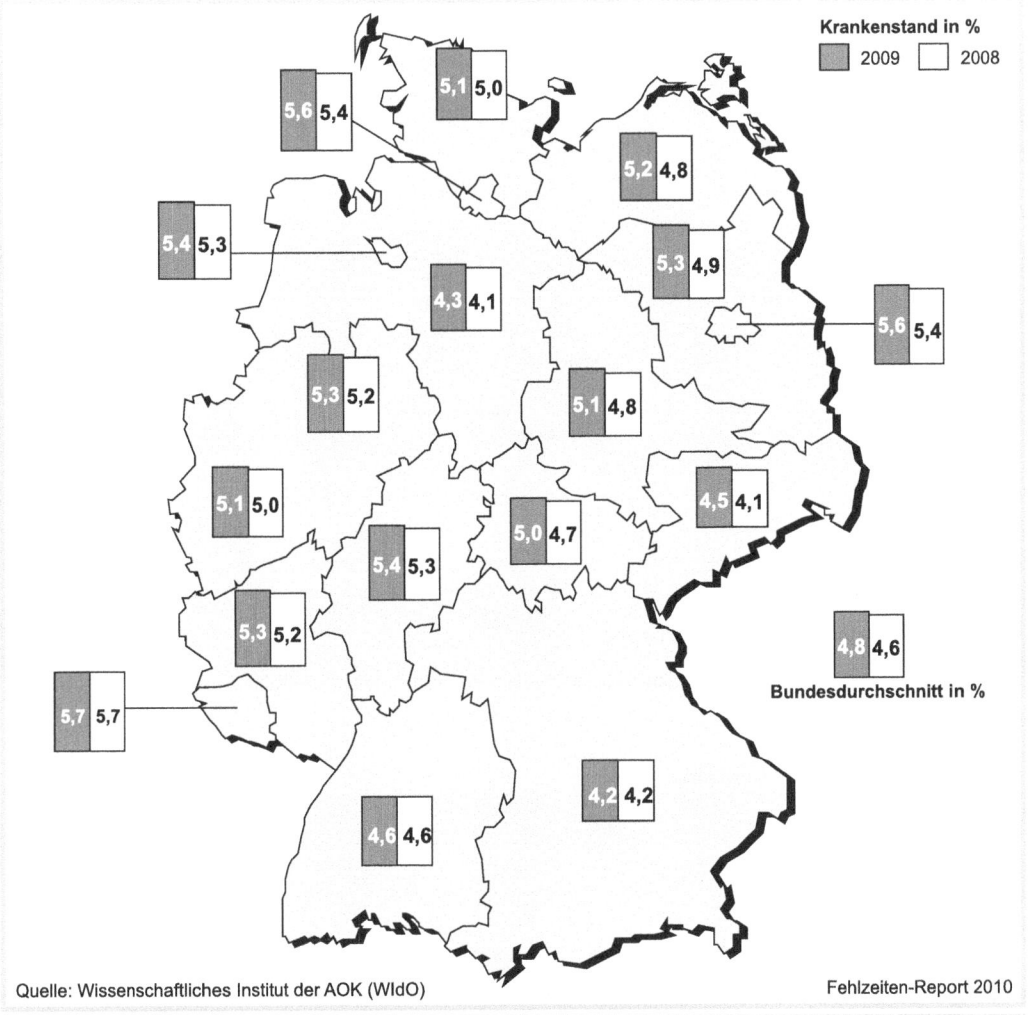

◘ Abb. 28.1.13 Krankenstand der AOK-Mitglieder nach Regionen im Jahr 2009 im Vergleich zum Vorjahr

Auch bei Bayern und Niedersachsen zeigen sich keine Unterschiede, erzielen sie doch nach der Standardisierung trotzdem noch immer die günstigsten Werte.

◘ Abb. 28.1.16 zeigt die Abweichungen der standardisierten Krankenstände vom Bundesdurchschnitt. Die höchsten Werte weisen Berlin und Hamburg auf. Dort liegen die standardisierten Werte mit 18,6 bzw. 18,3 % über dem Durchschnitt. In Bayern und Niedersachsen ist der standardisierte Krankenstand deutlich niedriger als im Bundesdurchschnitt.

Im Vergleich zum Vorjahr haben im Jahr 2009 die Arbeitsunfähigkeitsfälle in fast allen Bundesländern zugenommen (◘ Tab. 28.1.5). Bei den Krankmeldungen waren die größten Anstiege in Berlin (6,3 %), Brandenburg und Sachsen (jeweils 5,9 %) zu verzeichnen. Die Zahl der Arbeitsunfähigkeitstage stieg am stärksten in Sachsen (7,6 %), in Mecklenburg-Vorpommern (7,5 %) und in Brandenburg (7,4 %). Die Falldauer hat v. a. in den Bundesländern Bremen (4,1 %) und Mecklenburg-Vorpommern (3,3 %) zugenommen.

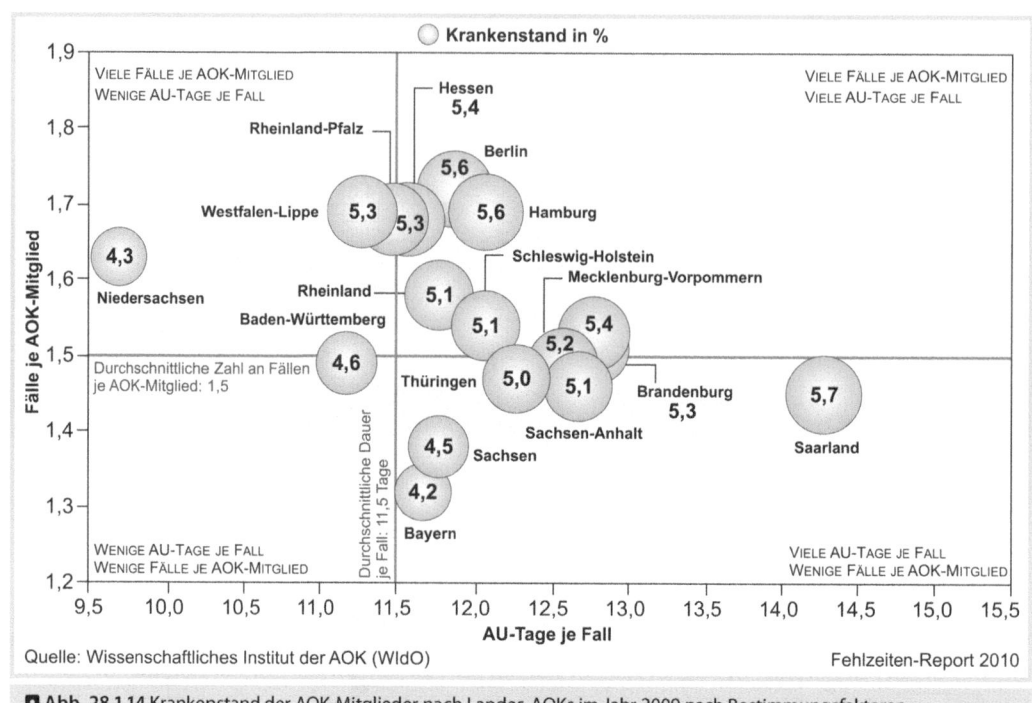

◘ Abb. 28.1.14 Krankenstand der AOK-Mitglieder nach Landes-AOKs im Jahr 2009 nach Bestimmungsfaktoren

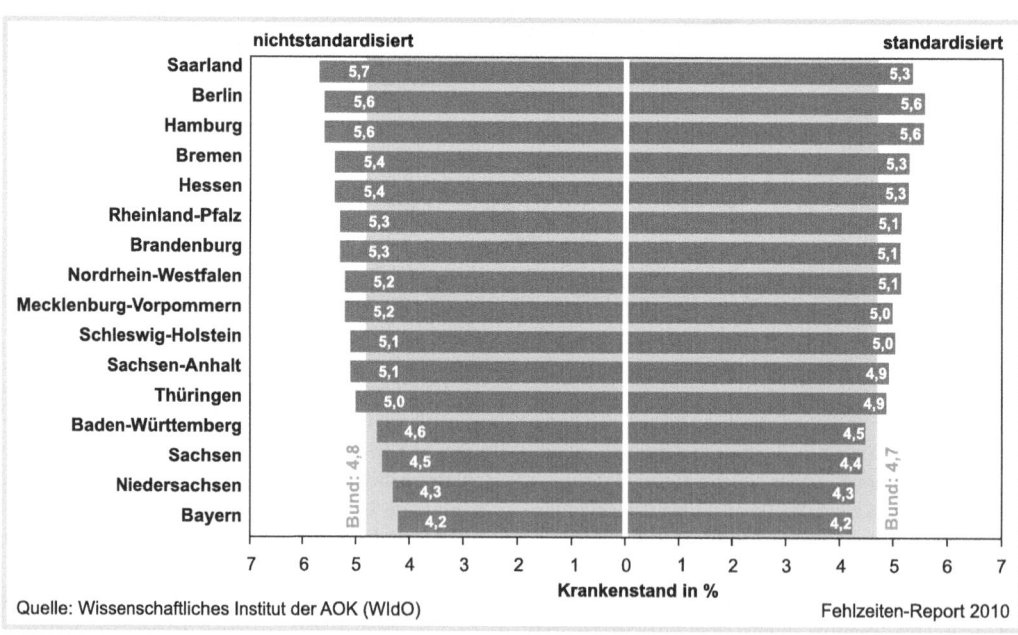

◘ Abb. 28.1.15 Alters- und geschlechtsstandardisierter Krankenstand der AOK-Mitglieder im Jahr 2009 nach Bundesländern

Krankheitsbedingte Fehlzeiten in der deutschen Wirtschaft im Jahr 2009

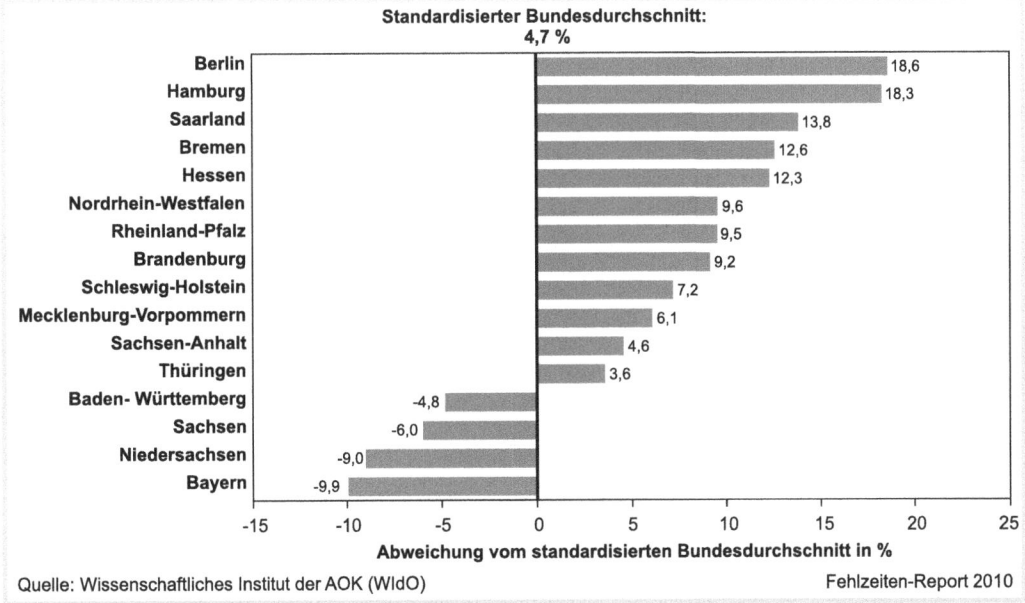

Quelle: Wissenschaftliches Institut der AOK (WIdO)   Fehlzeiten-Report 2010

◘ Abb. 28.1.16 Abweichungen der alters- und geschlechtsstandardisierten Krankenstände vom Bundesdurchschnitt im Jahr 2009 nach Bundesländern, AOK-Mitglieder

◘ Tab. 28.1.5 Krankenstandskennzahlen nach Bundesländern im Jahr 2009 im Vergleich zum Vorjahr

	Arbeitsunfähigkeiten je 100 AOK-Mitglieder				Tage je Fall	Veränd. z. Vorj. (in %)
	Fälle	Veränd. z. Vorj. (in %)	Tage	Veränd. z. Vorj. (in %)		
Baden Württemberg	149,3	-0,4	1.669,3	0,2	11,2	0,9
Bayern	132,5	1,6	1.546,5	1,1	11,7	0,0
Berlin	172,3	6,3	2.042,7	3,1	11,9	-2,5
Brandenburg	151,5	5,9	1.937,9	7,4	12,8	1,6
Bremen	153,5	-3,6	1.962,5	0,2	12,8	4,1
Hamburg	169,0	3,8	2.038,5	3,0	12,1	-0,8
Hessen	168,4	2,1	1.959,7	1,6	11,6	-0,9
Mecklenburg-Vorpommern	149,2	3,9	1.881,0	7,5	12,6	3,3
Niedersachsen	162,6	4,5	1.576,1	4,1	9,7	0,0
Rheinland	157,6	1,0	1.858,2	1,7	11,8	0,9
Rheinland-Pfalz	167,8	2,5	1.922,6	1,4	11,5	-0,9
Saarland	145,4	-0,3	2.076,7	0,4	14,3	0,7
Sachsen	138,1	5,9	1.633,6	7,6	11,8	1,7
Sachsen-Anhalt	146,3	3,3	1.865,7	5,6	12,7	1,6
Schleswig-Holstein	154,3	3,3	1.872,5	2,4	12,1	-0,8
Thüringen	147,3	2,5	1.812,9	4,7	12,3	2,5
Westfalen-Lippe	169,2	-0,4	1.918,2	1,6	11,3	1,8
Bund	**150,9**	**1,8**	**1.734,9**	**2,3**	**11,5**	**0,9**

Fehlzeiten-Report 2010

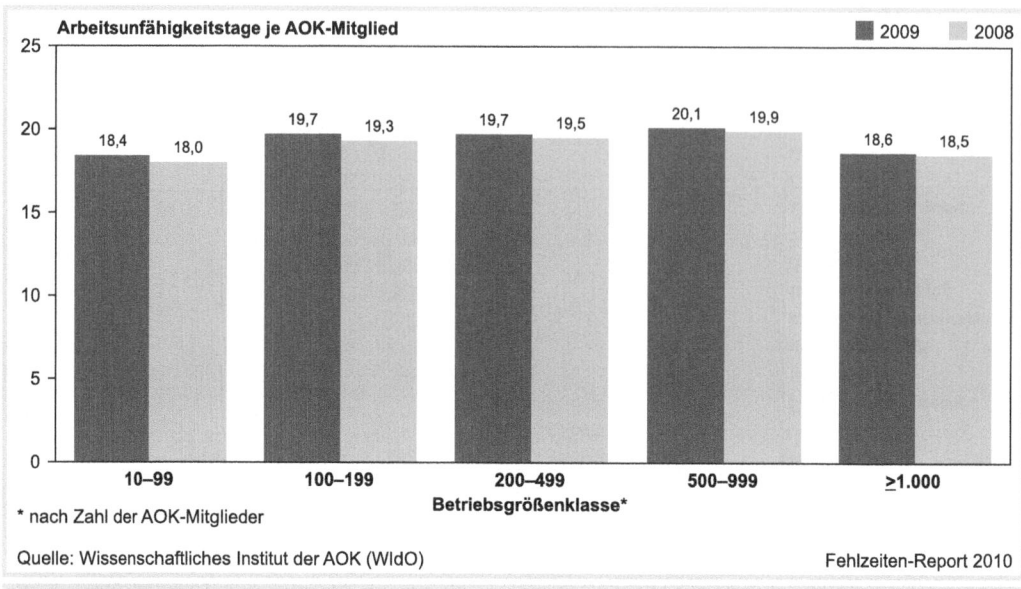

◘ Abb. 28.1.17 Tage der Arbeitsunfähigkeit je AOK-Mitglied nach Betriebsgröße im Jahr 2009 im Vergleich zum Vorjahr

28.1.7 Fehlzeiten nach Betriebsgröße

Mit zunehmender Betriebsgröße steigt die Anzahl der krankheitsbedingten Fehltage. Während die Mitarbeiter von Betrieben mit 10–99 AOK-Mitgliedern im Jahr 2009 durchschnittlich 18,4 Tage fehlten, fielen in Betrieben mit 500–999 AOK-Mitgliedern pro Mitarbeiter 20,1 Fehltage an (◘ Abb. 28.1.17).[10] In größeren Betrieben mit 1.000 und mehr AOK-Mitgliedern nimmt dann allerdings die Zahl der Arbeitsunfähigkeitstage wieder ab. Dort waren 2009 nur 18,6 Fehltage je Mitarbeiter zu verzeichnen.

Eine Untersuchung des Instituts der Deutschen Wirtschaft kam zu einem ähnlichen Ergebnis (Schnabel 1997). Mithilfe einer Regressionsanalyse konnte darüber hinaus nachgewiesen werden, dass der positive Zusammenhang zwischen Fehlzeiten und Betriebsgröße nicht auf andere Einflussfaktoren wie zum Beispiel die Beschäftigtenstruktur oder Schichtarbeit zurückzuführen ist, sondern unabhängig davon gilt.

28.1.8 Fehlzeiten nach Stellung im Beruf

Die krankheitsbedingten Fehlzeiten variieren erheblich in Abhängigkeit von der beruflichen Stellung (◘ Abb. 28.1.18). Die höchsten Fehlzeiten weisen Arbeiter mit 20,7 Tage je AOK-Mitglied auf, die niedrigsten sind bei den Angestellten mit 12,9 Tagen zu finden. Im Vergleich zum Vorjahr nahm im Jahr 2009 die Zahl der Arbeitsunfähigkeitstage bei allen Statusgruppen zu.

Worauf sind die erheblichen Unterschiede in der Höhe des Krankenstandes in Abhängigkeit von der beruflichen Stellung zurückzuführen? Zunächst muss berücksichtigt werden, dass Angestellte häufiger als Arbeiter bei Kurzerkrankungen von ein bis drei Tagen keine Arbeitsunfähigkeitsbescheinigung vorlegen müssen. Dies hat zur Folge, dass bei Angestellten die Kurzzeiterkrankungen in geringerem Maße von den Krankenkassen erfasst werden als bei Arbeitern. Dann ist zu bedenken, dass gleiche Krankheitsbilder je nach Art der beruflichen Anforderungen durchaus in einem Fall zur Arbeitsunfähigkeit führen können, im anderen Fall aber nicht. Bei schweren körperlichen Tätigkeiten, die im Bereich der industriellen Produktion immer noch eine große Rolle spielen, haben Erkrankungen viel eher Arbeitsunfähigkeit zur Folge als etwa bei Bürotätigkeiten. Hinzu kommt, dass sich die Tätigkeiten von gering qualifizierten Arbeitnehmern im Vergleich zu höher qualifizierten Beschäftigten in der Regel durch ein größeres Maß an physiologisch-ergonomischen

---

10 Als Maß für die Betriebsgröße wird hier die Anzahl der AOK-Mitglieder in den Betrieben zugrunde gelegt, die allerdings in der Regel nur einen Teil der gesamten Belegschaft ausmachen.

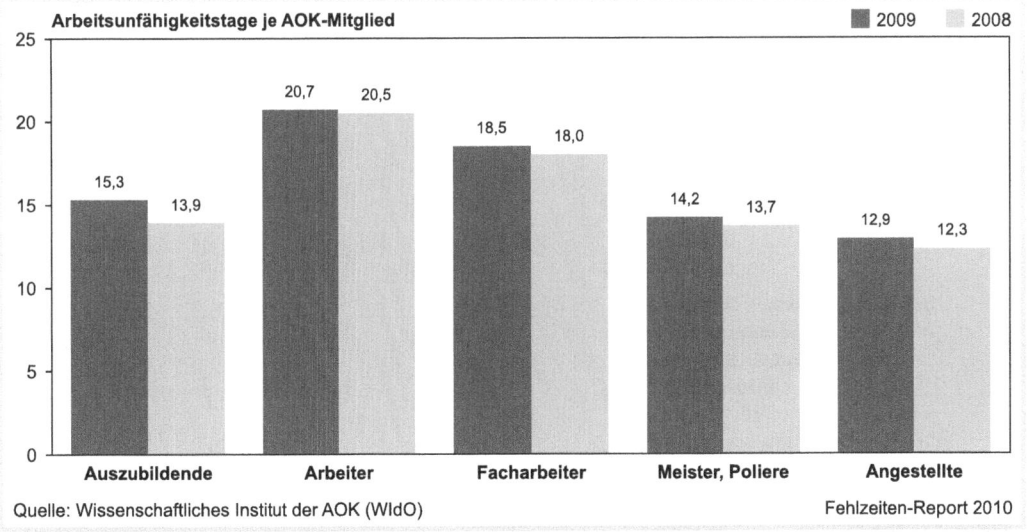

◘ Abb. 28.1.18 Tage der Arbeitsunfähigkeit je AOK-Mitglied nach der Stellung im Beruf im Jahr 2009 im Vergleich zum Vorjahr

Belastungen, eine höhere Unfallgefährdung und damit durch erhöhte Gesundheitsrisiken auszeichnen. Eine nicht unerhebliche Rolle dürfte schließlich auch die Tatsache spielen, dass in höheren Positionen das Ausmaß an Verantwortung, aber gleichzeitig auch der Handlungsspielraum und die Gestaltungsmöglichkeiten zunehmen. Dies führt zu größerer Motivation und stärkerer Identifikation mit der beruflichen Tätigkeit. Aufgrund dieser Tatsache ist in der Regel der Anteil motivationsbedingter Fehlzeiten bei höherem beruflichem Status geringer.

Nicht zuletzt muss berücksichtigt werden, dass sich das niedrigere Einkommensniveau bei Arbeitern ungünstig auf die außerberuflichen Lebensverhältnisse wie z. B. die Wohnsituation, die Ernährung und die Erholungsmöglichkeiten auswirkt. Untersuchungen haben auch gezeigt, dass bei einkommensschwachen Gruppen verhaltensbedingte gesundheitliche Risikofaktoren wie Rauchen, Bewegungsarmut und Übergewicht stärker ausgeprägt sind als bei Gruppen mit höherem Einkommen (Mielck 2000).

28.1.9 Fehlzeiten nach Berufsgruppen

Auch bei den einzelnen Berufsgruppen gibt es große Unterschiede hinsichtlich der krankheitsbedingten Fehlzeiten (◘ Abb. 28.1.19). Die Art der ausgeübten Tätigkeit hat erheblichen Einfluss auf das Ausmaß der Fehlzeiten. Die meisten Arbeitsunfähigkeitstage weisen Berufsgruppen aus dem gewerblichen Bereich auf, wie beispielsweise Straßenreiniger und Waldarbeiter. Dabei handelt es sich häufig um Berufe mit hohen körperlichen Arbeitsbelastungen und überdurchschnittlich vielen Arbeitsunfällen (► Abschn. 28.1.11). Einige der Berufsgruppen mit hohen Krankenständen sind auch in besonders hohem Maße psychischen Arbeitsbelastungen ausgesetzt wie Helfer in der Krankenpflege. Die niedrigsten Krankenstände sind bei akademischen Berufsgruppen wie z. B. Hochschullehrern, Ingenieuren oder Ärzten zu verzeichnen. Während Hochschullehrer im Jahr 2009 im Durchschnitt nur 4,9 Tage krankgeschrieben waren, waren es bei den Straßenreinigern und Abfallbeseitigern 28,8 Tage, also fast sechsmal so viel.

Auch der Anteil der Beschäftigten, die von Arbeitsunfähigkeit betroffen sind, differiert in den einzelnen Berufsgruppen erheblich. Bei den Hochschullehrern meldeten sich im Jahr 2009 nur 25,3 % der AOK-Mitglieder einmal oder mehrere Male krank. Bei den Straßenwarten waren es dagegen 74,6 %, also fast dreimal soviel.

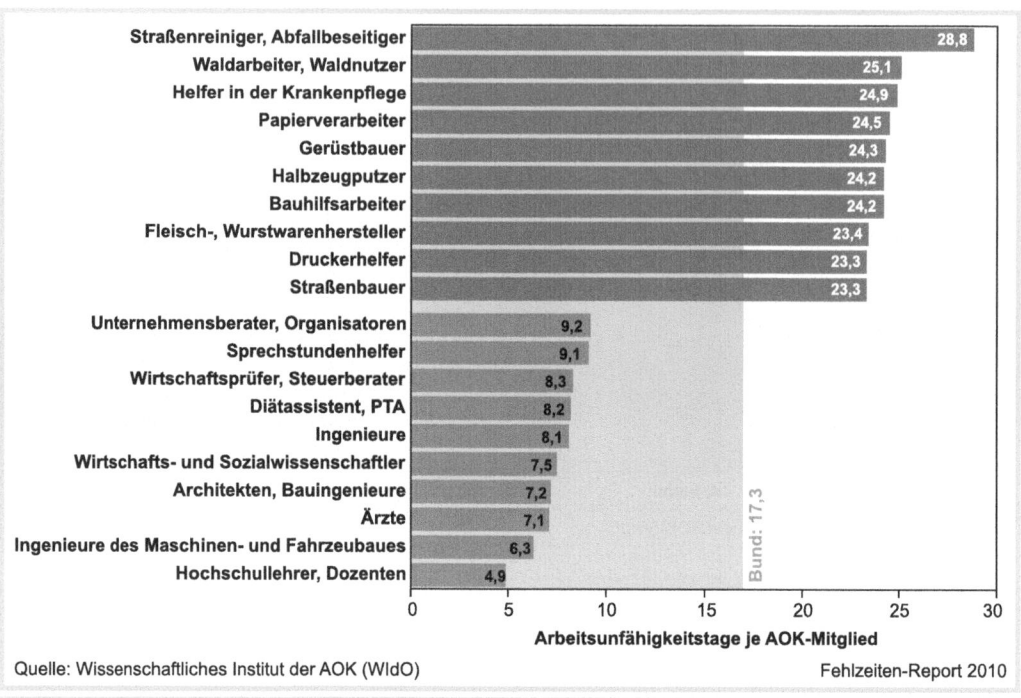

Abb. 28.1.19 Berufsgruppen mit hohen und niedrigen Fehlzeiten je AOK-Mitglied im Jahr 2009

28.1.10 Fehlzeiten nach Wochentagen

Die meisten Krankschreibungen sind am Wochenanfang zu verzeichnen (◘ Abb. 28.1.20). Zum Wochenende hin nimmt die Zahl der Arbeitsunfähigkeitsmeldungen tendenziell ab. 2009 entfiel mehr als ein Drittel (34,0 %) der wöchentlichen Krankmeldungen auf den Montag.

Bei der Bewertung der gehäuften Krankmeldungen am Montag muss allerdings berücksichtigt werden, dass der Arzt am Wochenende in der Regel nur in Notfällen aufgesucht wird, da die meisten Praxen geschlossen sind. Deshalb erfolgt die Krankschreibung für Erkrankungen, die am Wochenende bereits begannen, in den meisten Fällen erst am Wochenanfang. Insofern sind in den Krankmeldungen vom Montag auch die Krankheitsfälle vom Wochenende mit enthalten. Die Verteilung der Krankmeldungen auf die Wochentage ist also in erster Linie durch die ärztlichen Sprechstundenzeiten bedingt (von Ferber und Kohlhausen 1970). Dies wird häufig in der Diskussion um den „blauen Montag" nicht bedacht.

Geht man davon aus, dass die Wahrscheinlichkeit zu erkranken an allen Wochentagen gleich hoch ist und verteilt die Arbeitsunfähigkeitsmeldungen vom Samstag, Sonntag und Montag gleichmäßig auf diese drei Tage, beginnen am Montag – „wochenendbereinigt" – nur noch 12,4 % der Krankheitsfälle. Danach ist der Montag nach dem Freitag (10,2 %) der Wochentag mit der geringsten Zahl an Krankmeldungen.

Das Ende der Arbeitswoche wird von der Mehrheit der Ärzte als Ende der Krankschreibung bevorzugt (◘ Abb. 28.1.21). 2009 endeten 43,6 % der Arbeitsunfähigkeitsfälle am Freitag. Nach dem Freitag ist der Mittwoch der Wochentag, an dem die meisten Krankmeldungen (14,1 %) abgeschlossen sind.

Da meist bis Freitag krankgeschrieben wird, nimmt der Krankenstand gegen Ende der Woche hin zu. Daraus abzuleiten, dass am Freitag besonders gerne „krankgefeiert" wird, um das Wochenende auf Kosten des Arbeitgebers zu verlängern, erscheint wenig plausibel, insbesondere wenn man bedenkt, dass der Freitag der Werktag mit den wenigsten Krankmeldungen ist.

Krankheitsbedingte Fehlzeiten in der deutschen Wirtschaft im Jahr 2009

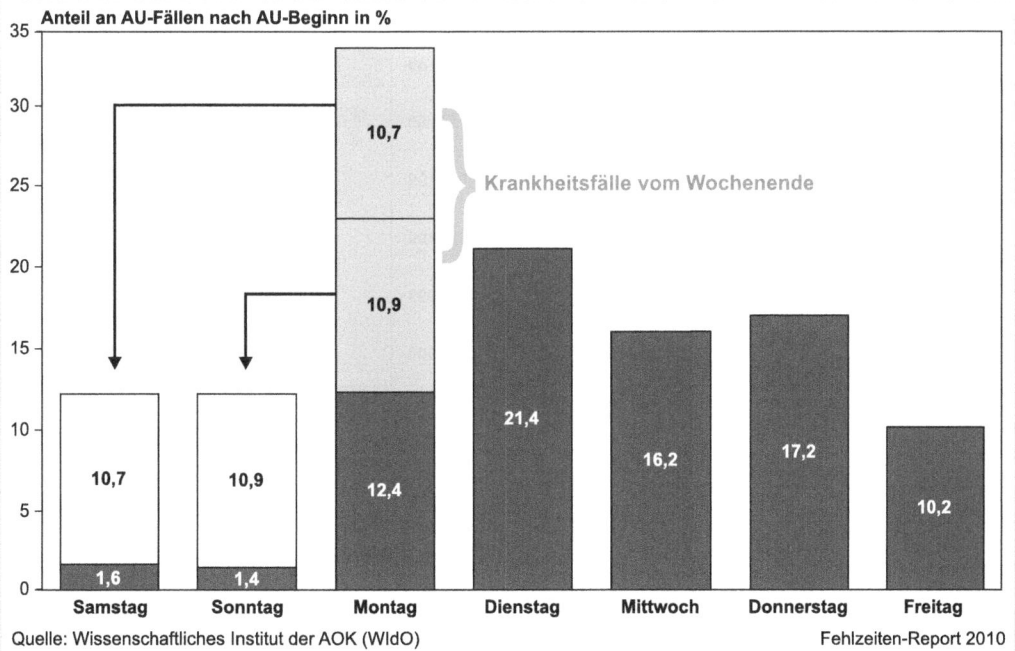

Abb. 28.1.20 Verteilung der Arbeitsunfähigkeitsfälle der AOK-Mitglieder nach AU-Beginn im Jahr 2009

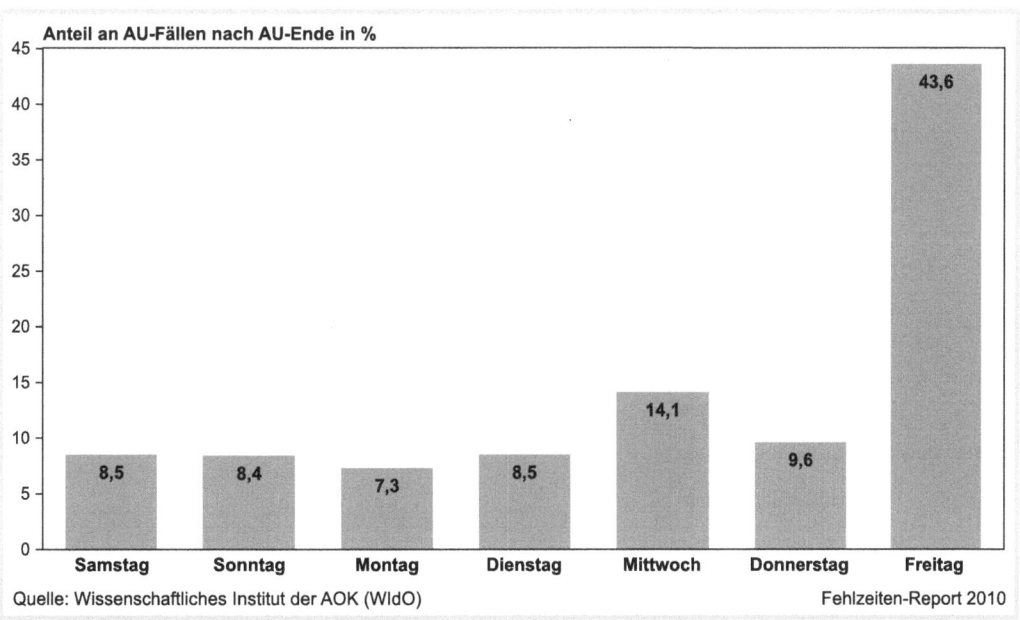

Abb. 28.1.21 Verteilung der Arbeitsunfähigkeitsfälle der AOK-Mitglieder nach AU-Ende im Jahr 2009

28.1.11 Arbeitsunfälle

Im Jahr 2009 waren 3,9 % der Arbeitsunfähigkeitsfälle auf Arbeitsunfälle zurückzuführen. Diese waren für 5,3 % der Arbeitsunfähigkeitstage verantwortlich. Bezogen auf 1.000 AOK-Mitglieder waren 58 Arbeitsunfälle mit einem Arbeitsunfähigkeitsvolumen von 901 Tagen zu verzeichnen. Die durchschnittliche Falldauer eines Arbeitsunfalls betrug 15,4 Tage. Im Vergleich zum Vorjahr ging die Zahl der Arbeitsunfälle und die darauf zurückzuführenden Fehlzeiten zurück (2008: 63 Fälle und 932 Tage je 1.000 AOK-Mitglieder).

In kleineren Betrieben kommt es wesentlich häufiger zu Arbeitsunfällen als in größeren Betrieben (◘ Abb. 28.1.22).[11] Die Unfallquote in Betrieben mit 10–49 AOK-Mitgliedern war im Jahr 2009 1,7-mal so hoch wie in Betrieben mit 1.000 und mehr AOK-Mitgliedern. Auch die durchschnittliche Dauer einer unfallbedingten Arbeitsunfähigkeit ist in kleineren Betrieben höher als in größeren Betrieben, was darauf hindeutet, dass dort häufiger schwere Unfälle passieren. Während ein Arbeitsunfall in einem Betrieb mit 10–49 AOK-Mitgliedern durchschnittlich 15,9 Tage dauerte, waren es in Betrieben mit 100–199 AOK-Mitgliedern lediglich 14,4 Tage.

In den einzelnen Wirtschaftszweigen variiert die Zahl der Arbeitsunfälle erheblich, die meisten sind in der Land- und Forstwirtschaft und im Baugewerbe zu verzeichnen (◘ Abb. 28.1.23). So gingen beispielsweise 8,8 % der AU-Fälle und 11,7 % der AU-Tage in der Land- und Forstwirtschaft auf Arbeitsunfälle zurück. Ohne die arbeitsbedingten Unfälle wäre der Krankenstand in dieser Branche (4,0 %) um 0,5 Prozentpunkte niedriger. Neben dem Baugewerbe und der Land- und

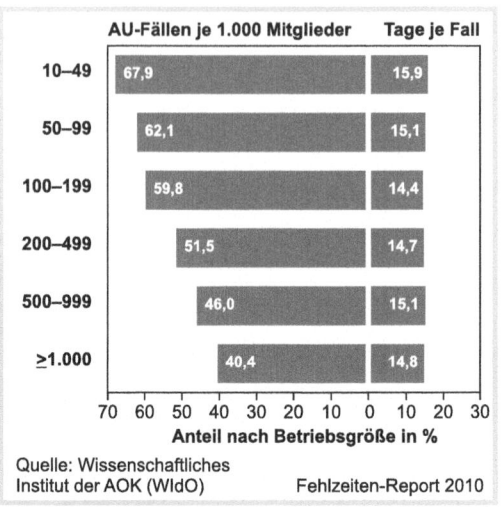

◘ Abb. 28.1.22 Fehlzeiten der AOK-Mitglieder aufgrund von Arbeitsunfällen nach Betriebsgröße im Jahr 2009

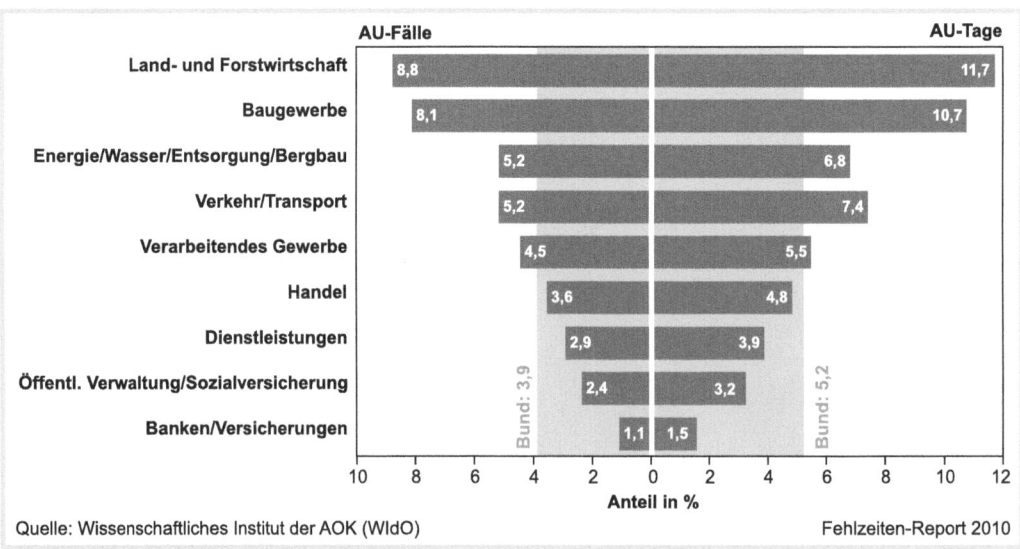

◘ Abb. 28.1.23 Fehlzeiten der AOK-Mitglieder aufgrund von Arbeitsunfällen nach Branchen im Jahr 2009

---

11 Als Maß für die Betriebsgröße wird hier die Anzahl der AOK-Mitglieder in den Betrieben zugrunde gelegt, die allerdings in der Regel nur einen Teil der gesamten Belegschaft ausmachen (vgl. Kap. 28.1.7).

Krankheitsbedingte Fehlzeiten in der deutschen Wirtschaft im Jahr 2009

Forstwirtschaft waren auch in der Branche Energie, Wasser, Entsorgung und Bergbau und im Bereich Verkehr und Transport (je 5,2 % der Fälle) überdurchschnittlich viele Arbeitsunfälle zu verzeichnen. Den geringsten Anteil an Arbeitsunfällen verzeichneten die Banken und Versicherungen mit 1,1 % der Fälle.

In Ostdeutschland ist die Zahl der Arbeitsunfälle etwas höher als in Westdeutschland (Ost: 59 Fälle je 1.000 AOK-Mitglieder; West: 58 Fälle je 1.000 AOK-Mitglieder), die durchschnittliche Dauer der Fälle ist jedoch deutlich höher (16,9 vs. 15,1 Tage). Daher ist auch der Anteil der Arbeitsunfälle am Krankenstand in den östlichen Bundesländern größer als in den westlichen (◘ Abb. 28.1.24).

Insbesondere in der Land- und Forstwirtschaft war die Zahl der auf Arbeitsunfälle zurückgehenden Arbeitsunfähigkeitstage in Ostdeutschland höher als in Westdeutschland (◘ Abb. 28.1.25). Ebenso war dies in den Branchen Verkehr und Transport, Verarbeitendes Gewerbe, Handel und im Dienstleistungsbereich der

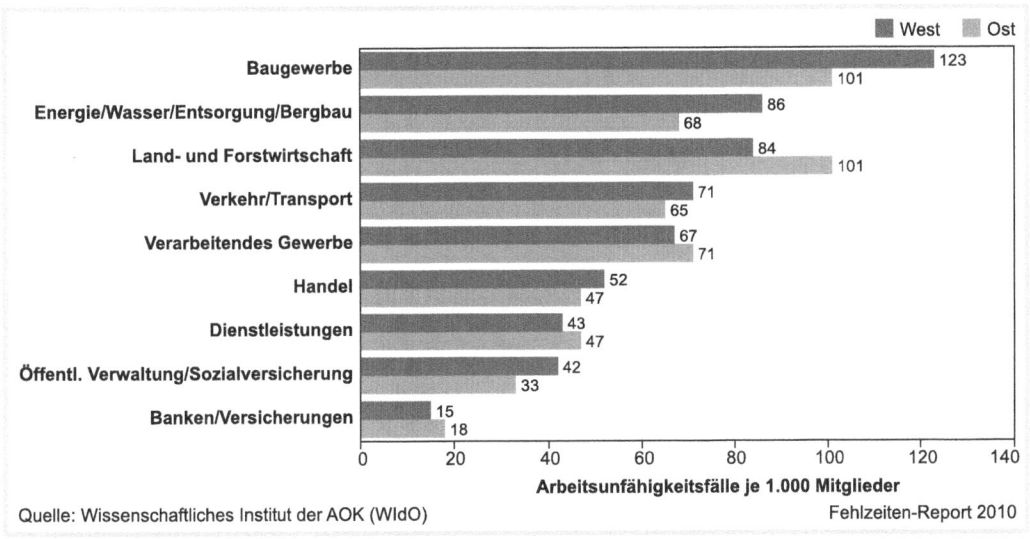

◘ Abb. 28.1.24 Fälle der Arbeitsunfähigkeit der AOK-Mitglieder aufgrund von Arbeitsunfällen nach Branchen in West- und Ostdeutschland im Jahr 2009

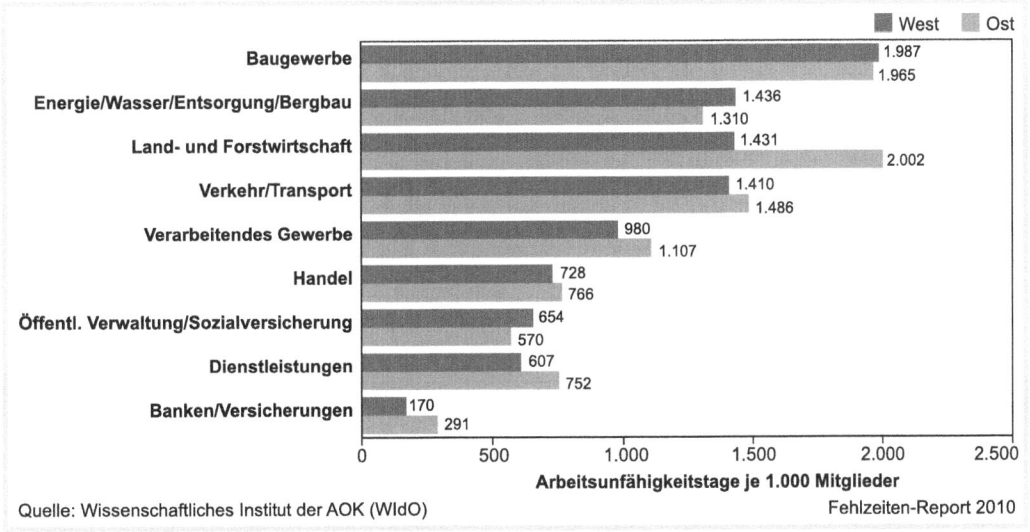

◘ Abb. 28.1.25 Tage der Arbeitsunfähigkeit durch Arbeitsunfälle nach Branchen in West- und Ostdeutschland im Jahr 2009

Fall. In den Branchen Bau, Öffentliche Verwaltung sowie Energie, Wasser, Entsorgung und Bergbau fielen dagegen in Ostdeutschland weniger unfallbedingte Ausfallzeiten an.

◘ Tab. 28.1.6 zeigt die Berufsgruppen, die in besonderem Maße von arbeitsbedingten Unfällen betroffen sind. Spitzenreiter sind im Jahr 2009 Wächter und Aufseher (4.349 AU-Tage je 1.000 AOK-Mitglieder), Waldarbeiter (4.320 AU-Tage je 1.000 AOK-Mitglieder) und Kraftfahrzeugführer (4.314 AU-Tage je 1.000 AOK-Mitglieder).

◘ **Tab. 28.1.6** Tage der Arbeitsunfähigkeit durch Arbeitsunfälle nach Berufsgruppen im Jahr 2009, AOK-Mitglieder

Berufsgruppe	AU-Tage je 1.000 AOK-Mitglieder
Wächter, Aufseher	4.349
Waldarbeiter, Waldnutzer	4.320
Kraftfahrzeugführer	4.314
Betonbauer	4.151
Sonstige Bauhilfsarbeiter, Bauhelfer	4.062
Straßenreiniger, Abfallbeseitiger	3.943
Helfer in der Krankenpflege	3.915
Sonstige Tiefbauer	3.887
Hauswirtschaftliche Betreuer	3.799
Bauhilfsarbeiter	3.790
Raum-, Hausratreiniger	3.785
Sozialarbeiter, Sozialpfleger	3.743
Lager-, Transportarbeiter	3.740
Facharbeiter	3.718
Warenaufmacher, Versandfertigmacher	3.698
Lagerverwalter, Magaziner	3.676
Straßenbauer	3.666
Postverteiler	3.610
Maler, Lackierer (Ausbau)	3.572
Dachdecker	3.552
Maurer	3.539
Chemiebetriebswerker	3.535
Stahlbauschlosser, Eisenschiffbauer	3.511
Sonstige Montierer	3.510
	Fehlzeiten-Report 2010

28.1.12 Krankheitsarten im Überblick

Das Krankheitsgeschehen wird im Wesentlichen von sechs großen Krankheitsgruppen (nach ICD-10) bestimmt: Muskel- und Skeletterkrankungen, Atemwegserkrankungen, Verletzungen, Psychische und Verhaltensstörungen, Herz- und Kreislauferkrankungen sowie Erkrankungen der Verdauungsorgane. (◘ Abb. 28.1.26).

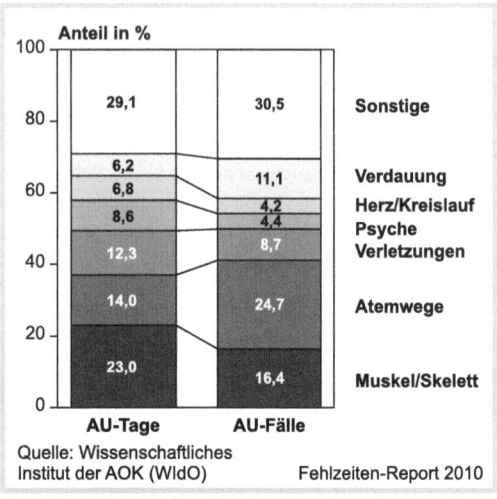

◘ **Abb. 28.1.26** Arbeitsunfähigkeit der AOK-Mitglieder nach Krankheitsarten im Jahr 2009

70,9 % der Arbeitsunfähigkeitsfälle und 69,5 % der Arbeitsunfähigkeitstage gingen 2009 auf das Konto dieser sechs Krankheitsarten. Der Rest verteilte sich auf sonstige Krankheitsgruppen.

Der häufigste Anlass für Krankschreibungen waren Atemwegserkrankungen. Im Jahr 2009 war diese Krankheitsart für fast ein Viertel der Arbeitsunfähigkeitsfälle (24,7 %) verantwortlich. Aufgrund einer relativ geringen durchschnittlichen Erkrankungsdauer betrug der Anteil der Atemwegserkrankungen am Krankenstand allerdings nur 14,0 %. Die meisten Arbeitsunfähigkeitstage wurden durch Muskel- und Skeletterkrankungen verursacht, die häufig mit langen Ausfallzeiten verbunden sind. Allein auf diese Krankheitsart waren 2009 23,0 % der Arbeitsunfähigkeitstage zurückzuführen, obwohl sie nur für 16,4 % der Arbeitsunfähigkeitsfälle verantwortlich war.

◘ Abb. 28.1.27 zeigt die Anteile der Krankheitsarten an den krankheitsbedingten Fehlzeiten im Jahr 2009 im Vergleich zum Vorjahr. Während der Anteil an Atemwegserkrankungen um 1,5 Prozentpunkte und den der psychischen Erkrankungen um jeweils 0,3 Prozentpunkte gestiegen ist, nahmen verletzungsbedingte Ausfalltage um 0,3 Prozentpunkte ab. Erstmals in diesem Jahr liegt der prozentuale Anteil der Fehlzeiten aufgrund psychischer Erkrankungen mit 4,4 % höher als Herz- und Kreislauferkrankungen (4,2 %).

Die ◘ Abb. 28.1.28 und ◘ Abb. 28.1.29 zeigen die Entwicklung der häufigsten Krankheitsarten in den Jahren 1999–2009 in Form einer Indexdarstellung. Ausgangsbasis ist dabei der Wert des Jahres 1998. Dieser wurde

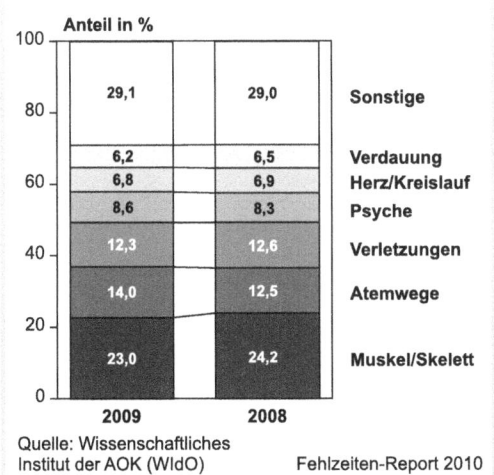

Abb. 28.1.27 Tage der Arbeitsunfähigkeit der AOK-Mitglieder nach Krankheitsarten im Jahr 2009 im Vergleich zum Vorjahr

auf 100 normiert. Wie in den Abbildungen deutlich erkennbar ist, haben die psychischen Erkrankungen in den letzten Jahren deutlich zugenommen. Die Zahl der auf diese Krankheitsart zurückgehenden Arbeitsunfähigkeitsfälle ist seit 1998 um 93,0 %, die der -tage um 82,6 % gestiegen. In den Jahren 2000 und 2001 war ein besonders starker Anstieg der Krankmeldungen aufgrund psychischer Störungen zu verzeichnen. Dies dürfte nicht nur auf eine Zunahme der Erkrankungsraten, sondern auch auf veränderte Diagnosestellungen in den Arztpraxen (Wechsel des Diagnoseschlüssels von ICD-9 zu ICD-10 im Jahr 2000)[12] zurückzuführen sein.

Der Anteil psychischer und psychosomatischer Erkrankungen an der Frühinvalidität hat in den letzten Jahren ebenfalls erheblich zugenommen. Inzwischen geht fast ein Drittel der Frühberentungen auf eine psychisch bedingte Erwerbsminderung zurück (Robert Koch-Institut 2006). Nach Prognosen der Weltgesundheitsorganisation (WHO) ist mit einem weiteren Anstieg der psychischen Erkrankungen zu rechnen. Der Prävention dieser Erkrankungen wird daher in Zukunft eine wachsende Bedeutung zukommen.

Fehlzeiten aufgrund von Erkrankungen des Verdauungssystems, Herz- und Kreislauferkrankungen, Muskel- und Skeletterkrankungen und Verletzungen haben dagegen seit 1998 abgenommen. So reduzierten sich die Arbeitsunfähigkeitsfälle, die auf Verletzungen zurückgingen, um 21,0 %. Allerdings unterliegen die durch Atemwegserkrankungen bedingten Fehlzeiten aufgrund von Jahr zu Jahr unterschiedlich stark auftretenden Grippewellen teilweise erheblichen Schwankungen. Im Vergleich zum Vorjahr wurde hier ein Zuwachs der Ausfalltage um 12,2 % verzeichnet.

Zwischen West- und Ostdeutschland sind nach wie vor Unterschiede in der Verteilung der Krankheitsarten festzustellen (◘ Abb. 28.1.30). In den westlichen Bundesländern verursachten Muskel- und Skeletterkrankungen (2,8 Prozentpunkte) und psychische Erkrankungen (1,1 Prozentpunkte) mehr Fehltage als in den neuen Bundesländern.

Auch in Abhängigkeit vom Geschlecht ergeben sich deutliche Unterschiede in der Morbiditätsstruktur (◘ Abb. 28.1.31). Insbesondere Verletzungen und muskuloskelettale Erkrankungen führen bei Männern häufiger zur Arbeitsunfähigkeit als bei Frauen. Dies dürfte damit zusammenhängen, dass Männer nach wie vor in größerem Umfang körperlich beanspruchende und unfallträchtige Tätigkeiten ausüben als Frauen. Auch der Anteil der Erkrankungen des Verdauungssystems und der Herz- und Kreislauferkrankungen an den Arbeitsunfähigkeitsfällen und -tagen ist bei Männern höher als bei Frauen. Bei den Herz- und Kreislauferkrankungen ist insbesondere der Anteil an den AU-Tagen bei Männern deutlich höher als bei Frauen, da diese in stärkerem Maße von schweren und langwierigen Erkrankungen wie Herzinfarkt betroffen sind.

Psychische Erkrankungen und Atemwegserkrankungen kommen dagegen bei Frauen häufiger vor als bei Männern. Bei den psychischen Erkrankungen sind die Unterschiede besonders groß. Während sie bei den Männern in der Rangfolge nach AU-Tagen erst an fünfter Stelle stehen, nehmen sie bei den Frauen bereits den dritten Rang ein.

◘ Abb. 28.1.32 zeigt die Bedeutung der Krankheitsarten für die Fehlzeiten in den unterschiedlichen Altersgruppen. Aus der Abbildung ist deutlich zu ersehen, dass die Zunahme der krankheitsbedingten Ausfalltage mit dem Alter v. a. auf den starken Anstieg der Muskel- und Skeletterkrankungen und der Herz- und Kreislauferkrankungen zurückzuführen ist. Während diese beiden Krankheitsarten bei den jüngeren Altersgruppen noch eine untergeordnete Bedeutung haben, verursachen sie in den höheren Altersgruppen die meisten Arbeitsunfähigkeitstage. Bei den 60- bis 64-Jährigen gehen mehr

---

12 Die Verschlüsselung der Diagnosen erfolgte bis zum Jahr 1999 nach der 9. Revision des ICD (International Classification of Diseases). Im Jahr 2000 wurde auf die 10. Revision umgestellt. Die ICD-10 ist insgesamt feiner gegliedert und nimmt z. T. andere Zuweisungen der Diagnosen zu den Diagnosegruppen vor. Zudem war bis 1999 die Verschlüsselung Sache der Krankenkassen; seit 2000 erfolgt diese direkt durch die Krankenhäuser und Vertragsärzte.

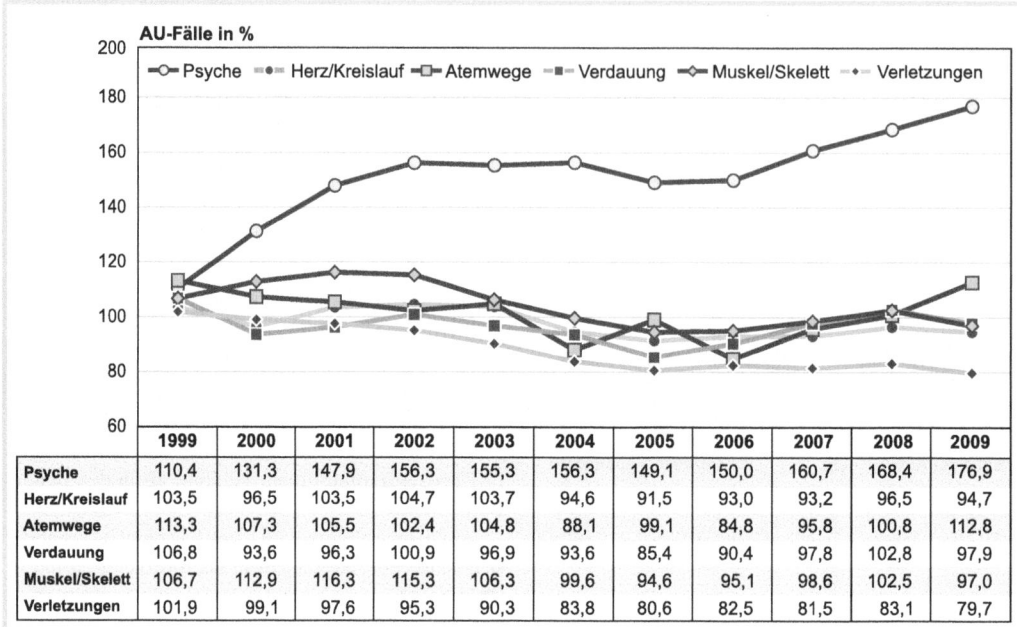

Abb. 28.1.28 Fälle der Arbeitsunfähigkeit der AOK-Mitglieder nach Krankheitsarten in den Jahren 1999–2009, Indexdarstellung (1998 = 100 %)

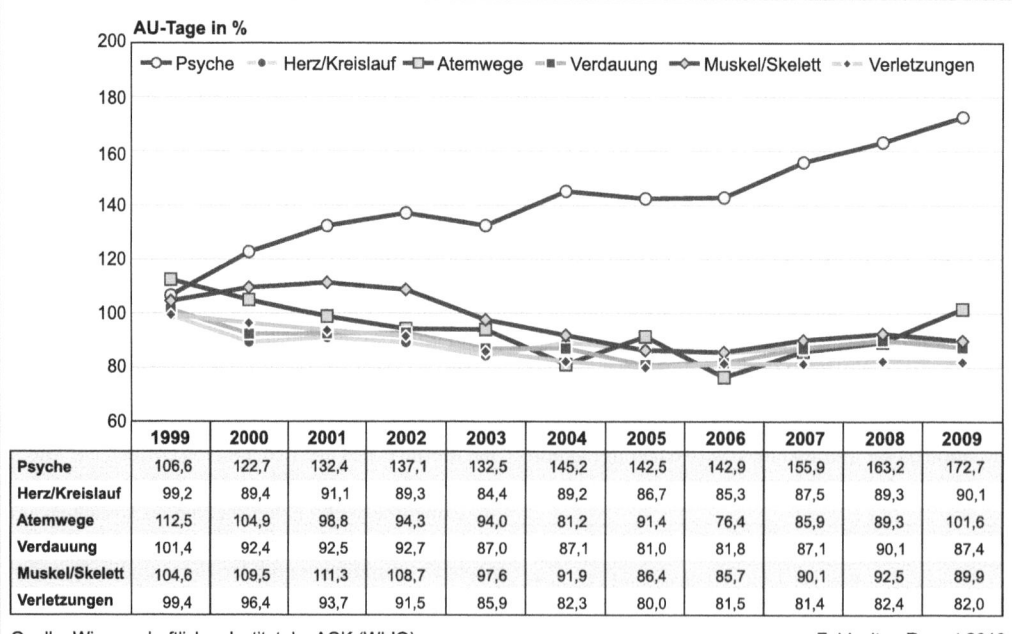

Abb. 28.1.29 Tage der Arbeitsunfähigkeit der AOK-Mitglieder nach Krankheitsarten in den Jahren 1999–2009, Indexdarstellung (1998 = 100 %)

Krankheitsbedingte Fehlzeiten in der deutschen Wirtschaft im Jahr 2009

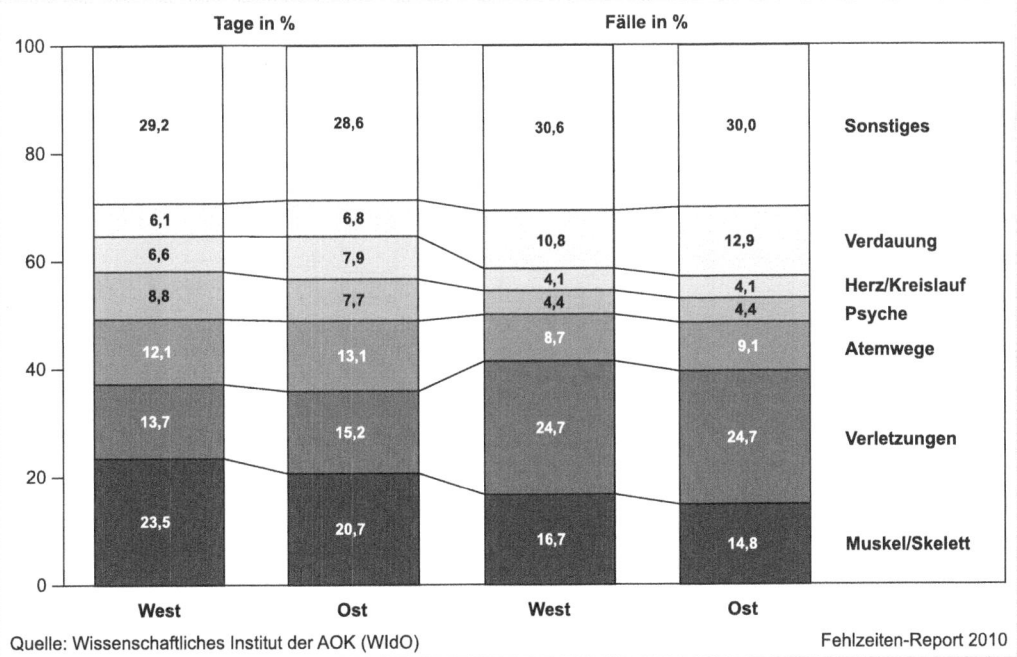

Abb. 28.1.30 Arbeitsunfähigkeit der AOK-Mitglieder nach Krankheitsarten in West- und Ostdeutschland im Jahr 2009

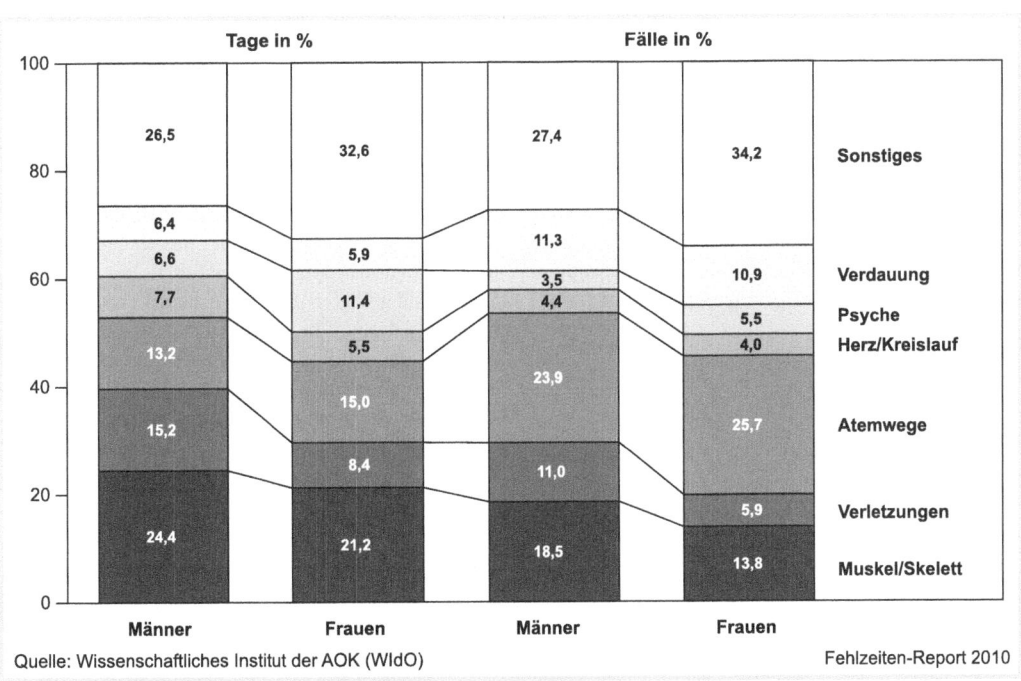

Abb. 28.1.31 Arbeitsunfähigkeit der AOK-Mitglieder nach Krankheitsarten und Geschlecht im Jahr 2009

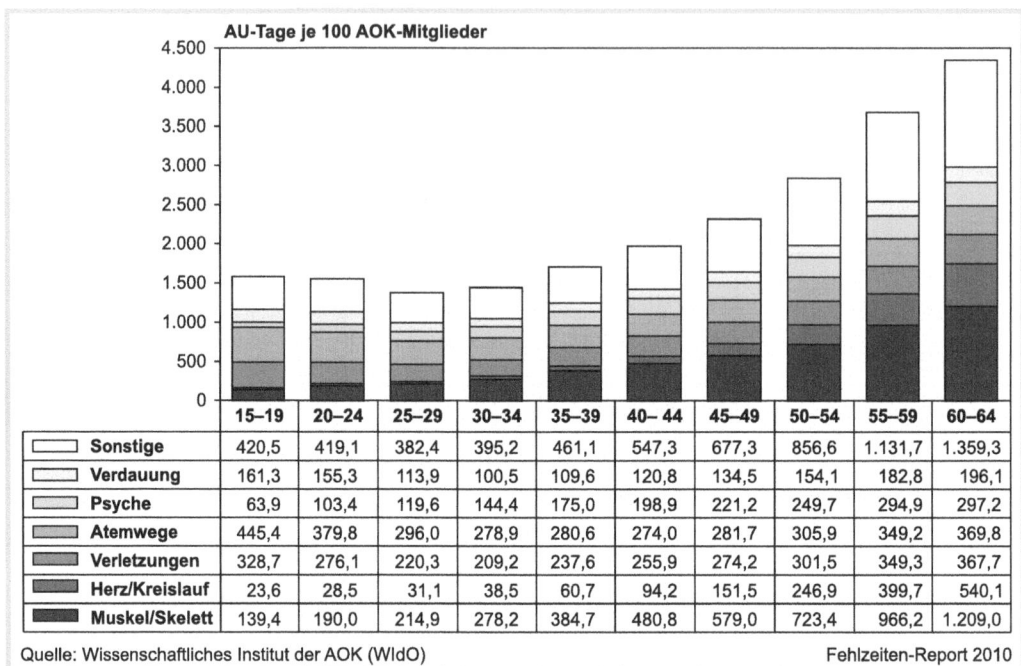

☐ Abb. 28.1.32 Tage der Arbeitsunfähigkeit je 100 AOK-Mitglieder nach Krankheitsarten und Alter im Jahr 2009

als ein Viertel (27,9 %) der Ausfalltage auf das Konto der muskuloskelettalen Erkrankungen. Muskel- und Skeletterkrankungen und Herz- und Kreislauferkrankungen zusammen sind bei dieser Altersgruppe für fast die Hälfte des Krankenstandes (40,3 %) verantwortlich. Neben diesen beiden Krankheitsarten nehmen auch die Fehlzeiten aufgrund psychischer Erkrankungen und Verhaltensstörungen in den höheren Altersgruppen vermehrt zu, allerdings in geringerem Ausmaß.

28.1.13 Die häufigsten Einzeldiagnosen

In ☐ Tab. 28.1.7 sind die 40 häufigsten Einzeldiagnosen nach Anzahl der Arbeitsunfähigkeitsfälle aufgelistet. Im Jahr 2009 waren auf diese Diagnosen 57,3 % aller AU-Fälle und 43,2 % aller AU-Tage zurückzuführen.

Der mit Abstand häufigsten Einzeldiagnose, die im Jahr 2009 zu Arbeitsunfähigkeit führte, lagen akute Infektionen der oberen Atemwege mit 8,0 % der AU-Fälle und 3,7 % der AU-Tage zugrunde.

Unter den häufigsten Diagnosen sind auch Krankheitsbilder aus dem Bereich der Muskel- und Skeletterkrankungen besonders zahlreich vertreten. Die zweithäufigste Diagnose, die zu Krankmeldungen führt, sind Rückenschmerzen mit 6,4 % der AU-Fälle und -Tage.

Des Weiteren sind Erkrankungen aus dem Bereich des Verdauungssystems und psychische Erkrankungen am stärksten unter den häufigsten Einzeldiagnosen anzutreffen.

Tab. 28.1.7 Anteile der 40 häufigsten Einzeldiagnosen an den AU-Fällen und AU-Tagen im Jahr 2009, AOK-Mitglieder

ICD-10	Bezeichnung	AU-Fälle in %	AU-Tage in %
J06	Akute Infektionen der oberen Atemwege	8,0	3,7
M54	Rückenschmerzen	6,4	6,4
K52	Nichtinfektiöse Gastroenteritis und Kolitis	3,4	1,3
J20	Akute Bronchitis	3,1	1,8
J40	Nicht akute Bronchitis	2,4	1,4
A09	Diarrhoe und Gastro- enteritis, vermutlich infektiösen Ursprungs	2,4	0,9
K08	Sonstige Krankheiten der Zähne und des Zahnhalteapparates	2,0	0,4
B34	Viruskrankheit	1,8	0,8
I10	Essentielle Hypertonie	1,5	2,5
K29	Gastritis und Duodenitis	1,5	0,8
R10	Bauch- und Beckenschmerzen	1,4	0,7
T14	Verletzung an einer nicht näher bezeichneten Körperregion	1,4	1,3
J03	Akute Tonsillitis	1,3	0,6
J01	Akute Sinusitis	1,2	0,6
J02	Akute Pharyngitis	1,2	0,6
J32	Chronische Sinusitis	1,1	0,6
F32	Depressive Episode	1,1	2,4
J11	Grippe	1,0	0,5
R51	Kopfschmerz	1,0	0,4
M53	Sonstige Krankheiten der Wirbelsäule und des Rückens	0,9	1,1
F43	Reaktionen auf schwere Belastungen und Anpassungsstörungen	0,8	1,3
M51	Sonstige Bandscheibenschäden	0,8	2,1
M99	Biomechanische Funktionsstörungen	0,8	0,6
M25	Sonstige Gelenkkrankheiten	0,8	0,9
M77	Sonstige Enthesopathien	0,7	0,9
M75	Schulterläsionen	0,7	1,5
J04	Akute Laryngitis und Tracheitis	0,7	0,4
R11	Übelkeit und Erbrechen	0,7	0,4
B99	Sonstige Infektionskrankheiten	0,7	0,3
S93	Luxation, Verstauchung und Zerrung der Gelenke und Bänder in Höhe des oberen Sprunggelenkes und des Fußes	0,7	0,7
M23	Binnenschädigung des Kniegelenkes	0,6	1,3
M79	Sonstige Krankheiten des Weichteilgewebes	0,6	0,6
R50	Fieber unbekannter Ursache	0,6	0,3
J00	Akute Rhinopharyngitis (Erkältungsschnupfen)	0,6	0,3
F45	Somatoforme Störungen	0,6	0,9
J98	Sonstige Krankheiten der Atemwege	0,6	0,3
G43	Migräne	0,6	0,2
R42	Schwindel und Taumel	0,6	0,4
N39	Sonstige Krankheiten des Harnsystems	0,5	0,3
M47	Spondylose	0,5	0,7
	Summe	57,3	43,2
	Sonstige	42,7	56,8
	Gesamt	100,0	100,0

Fehlzeiten-Report 2010

28.1.14 Krankheitsarten nach Branchen

Bei der Verteilung der Krankheitsarten bestehen erhebliche Unterschiede zwischen den Branchen, die im Folgenden für die wichtigsten Krankheitsgruppen aufgezeigt werden.

Muskel- und Skeletterkrankungen

Die Muskel- und Skeletterkrankungen verursachen in fast allen Branchen die meisten Fehltage (◘ Abb. 28.1.33). Ihr Anteil an den Arbeitsunfähigkeitstagen bewegte sich im Jahr 2009 in den einzelnen Branchen zwischen 16,0 % bei Banken und Versicherungen und 27,0 % im Baugewerbe. In Wirtschaftszweigen mit überdurchschnittlich hohen Krankenständen sind häufig die muskuloskeletalen Erkrankungen besonders ausgeprägt und tragen wesentlich zu den erhöhten Fehlzeiten bei.

◘ Abb. 28.1.34 zeigt die Anzahl und durchschnittliche Dauer der Krankmeldungen aufgrund von Muskel- und Skeletterkrankungen in den einzelnen Branchen. Die meisten Arbeitsunfähigkeitsfälle waren im Bereich Energie, Wasser, Entsorgung und Bergbau zu verzeichnen, mehr als doppelt so viele wie bei den Banken und Versicherungen.

Die muskuloskeletalen Erkrankungen sind häufig mit langen Ausfallzeiten verbunden. Die mittlere Dauer der Krankmeldungen schwankte im Jahr 2009 in den einzelnen Branchen zwischen 13,7 Tagen bei Banken und Versicherungen und 17,7 Tagen der Branchen Baugewerbe, Land- und Forstwirtschaft sowie Verkehr und Transport. Im Branchendurchschnitt lag sie bei 16,2 Tagen.

◘ Abb. 28.1.35 zeigt die zehn Berufsgruppen mit hohen und niedrigen Fehlzeiten aufgrund von Muskel- und Skeletterkrankungen. Die meisten Arbeitsunfähigkeitsfälle sind bei den Warenaufmachern und Versandfertigmachern zu verzeichnen, während hingegen Sprechstundenhelfer vergleichsweise geringe Fehlzeiten aufgrund von Muskel- und Skeletterkrankungen aufweisen.

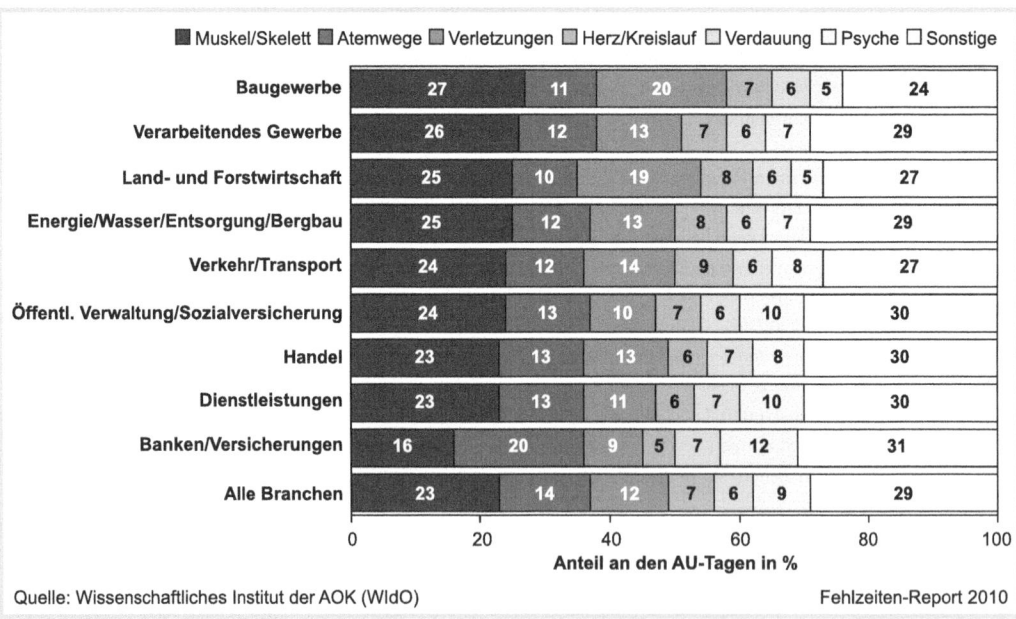

◘ Abb. 28.1.33 Tage Arbeitsunfähigkeit der AOK-Mitglieder nach Krankheitsarten und Branche im Jahr 2009

Krankheitsbedingte Fehlzeiten in der deutschen Wirtschaft im Jahr 2009

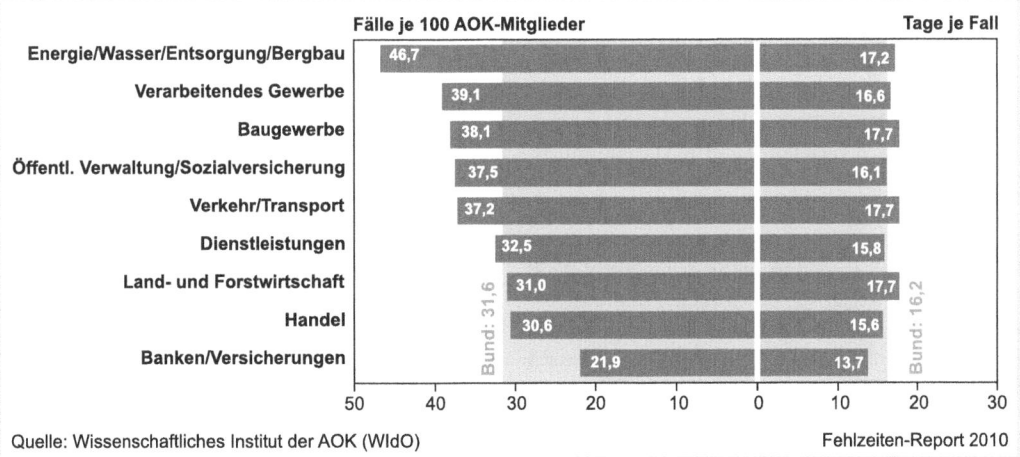

Abb. 28.1.34 Krankheiten des Muskel- und Skelettsystems und des Bindegewebes nach Branchen im Jahr 2009, AOK-Mitglieder

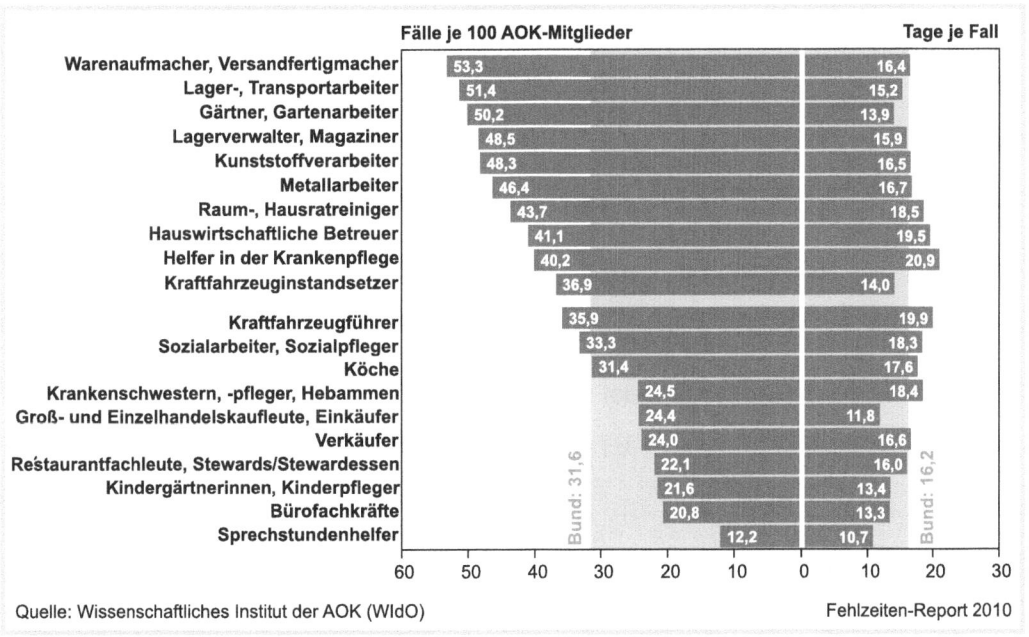

Abb. 28.1.35 Muskel-Skeletterkrankungen nach Berufen im Jahr 2009, AOK-Mitglieder

Atemwegserkrankungen

Die meisten Erkrankungsfälle aufgrund von Atemwegserkrankungen waren im Jahr 2009 bei den Banken und Versicherungen zu verzeichnen (◘ Abb. 28.1.36). Überdurchschnittlich viele Fälle fielen unter anderem auch in der Öffentlichen Verwaltung und im Dienstleistungsbereich an.

Aufgrund einer großen Anzahl an Bagatellfällen ist die durchschnittliche Erkrankungsdauer bei dieser Krankheitsart relativ gering. Im Branchendurchschnitt liegt sie bei 6,5 Tagen. In den einzelnen Branchen bewegte sie sich im Jahr 2009 zwischen 5,6 Tagen bei Banken und Versicherungen und 7,8 Tagen im Bereich Verkehr und Transport.

Der Anteil der Atemwegserkrankungen an den Arbeitsunfähigkeitstagen (◘ Abb. 28.1.32) ist bei den Banken und Versicherungen (20,0 %) am höchsten, in der Land- und Forstwirtschaft (10,0 %) am niedrigsten.

In ◘ Abb. 28.1.37 sind die hohen und niedrigen Fehlzeiten aufgrund von Atemwegserkrankungen von zehn Berufsgruppen dargestellt. Spitzenreiter sind Kindergärtnerinnen und Kinderpfleger mit 82,1 Arbeitsunfähigkeitsfällen je 100 AOK-Mitglieder und einer vergleichsweise geringen Falldauer von 5,6 Tagen je Fall, während hingegen die Kraftfahrzeugführer im Vergleich zwar relativ wenig an Atemwegserkrankungen leiden, jedoch eine überdurchschnittliche Falldauer von 8,8 Tagen aufweisen.

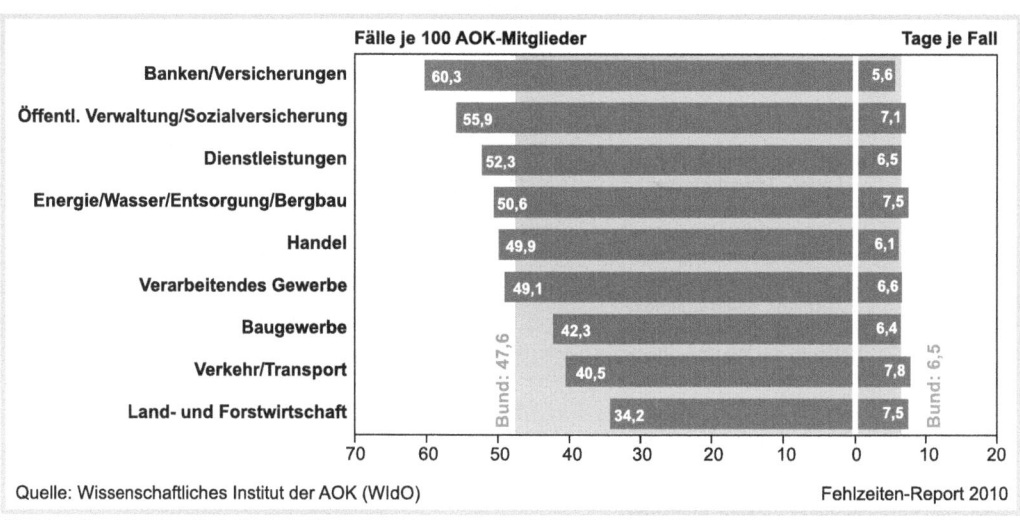

◘ Abb. 28.1.36 Krankheiten des Atmungssystems nach Branchen im Jahr 2009, AOK-Mitglieder

Krankheitsbedingte Fehlzeiten in der deutschen Wirtschaft im Jahr 2009

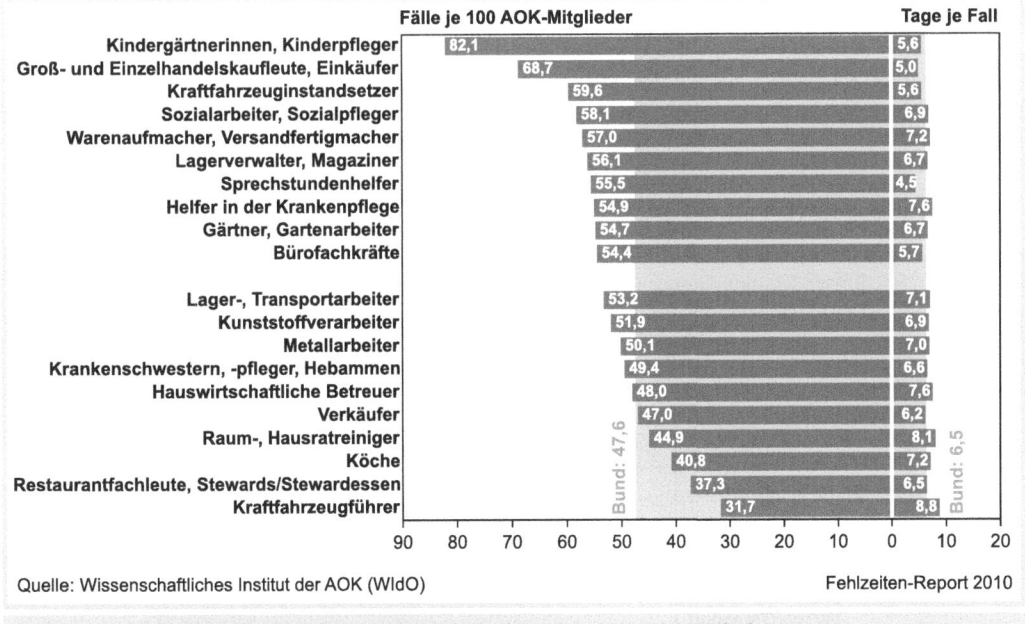

Abb. 28.1.37 Krankheiten des Atmungssystems nach Berufen im Jahr 2009, AOK-Mitglieder

Verletzungen

Der Anteil der Verletzungen an den Arbeitsunfähigkeitstagen variiert sehr stark zwischen den einzelnen Branchen (◘ Abb. 28.1.32). Am höchsten ist er in Branchen mit vielen Arbeitsunfällen. Im Jahr 2009 bewegte er sich zwischen 9,0 % bei den Banken und Versicherungen und 20,0 % im Baugewerbe. Im Baugewerbe war die Zahl der Fälle mehr als doppelt so hoch wie bei Banken und Versicherungen (◘ Abb. 28.1.38). Die Dauer der verletzungsbedingten Krankmeldungen schwankte in den einzelnen Branchen zwischen 13,9 Tagen bei Banken und Versicherungen und 19,9 Tagen im Bereich Verkehr und Transport. Dies zeigt sich auch bei den Berufsgruppen (◘ Abb. 28.1.39).

Ein erheblicher Teil der Verletzungen ist auf Arbeitsunfälle zurückzuführen. In der Land- und Forstwirtschaft, dem Baugewerbe sowie im Bereich Verkehr und Transport gehen bei den Verletzungen mehr als ein Drittel der Fehltage auf Arbeitsunfälle zurück (◘ Abb. 28.1.40). Am niedrigsten ist der Anteil der Arbeitsunfälle bei den Banken und Versicherungen. Dort beträgt er lediglich 11,0 %.

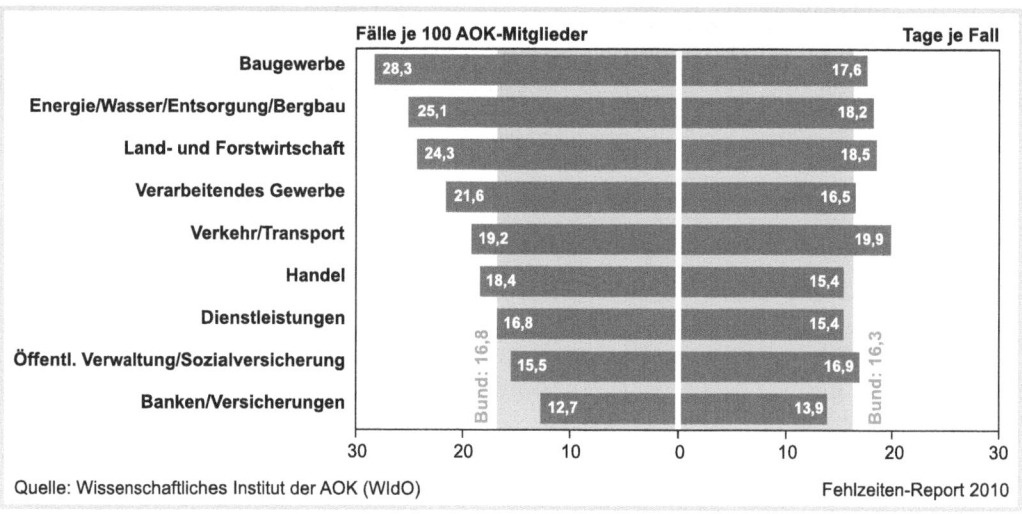

◘ **Abb. 28.1.38** Verletzungen, Vergiftungen und bestimmte andere Folgen äußerer Ursachen nach Branchen im Jahr 2009, AOK-Mitglieder

Krankheitsbedingte Fehlzeiten in der deutschen Wirtschaft im Jahr 2009

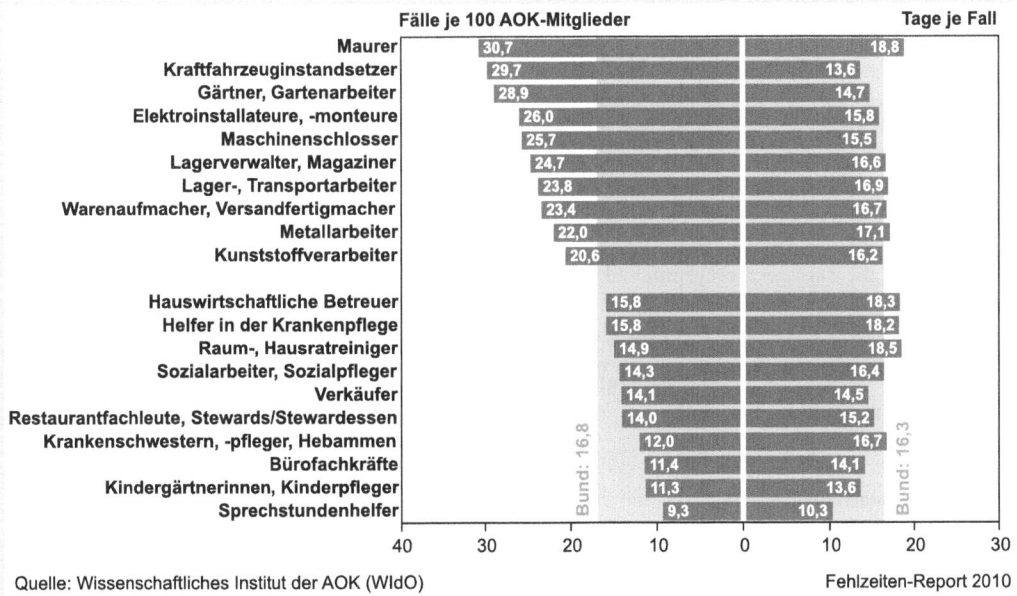

■ Abb. 28.1.39 Anteil der Arbeitsunfälle an den Verletzungen nach Berufen im Jahr 2009, AOK-Mitglieder

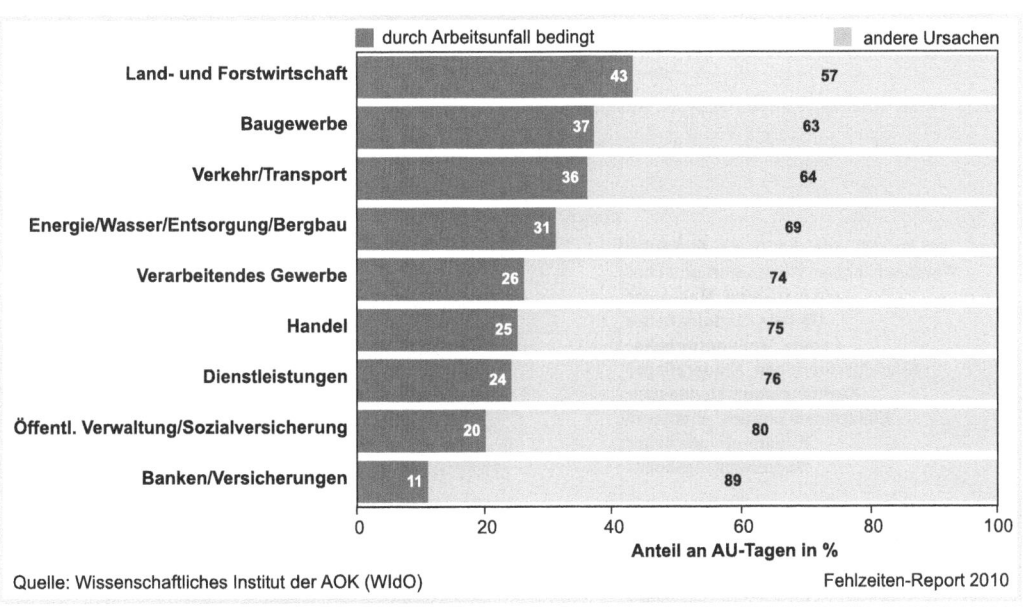

■ Abb. 28.1.40 Anteil der Arbeitsunfälle an den Verletzungen nach Branchen im Jahr 2009, AOK-Mitglieder

Erkrankungen der Verdauungsorgane

Auf Erkrankungen der Verdauungsorgane gingen im Jahr 2009 in den einzelnen Branchen 6,0 % bis 7,0 % der Arbeitsunfähigkeitstage zurück (◘ Abb. 28.1.32). Die Unterschiede zwischen den Wirtschaftszweigen hinsichtlich der Zahl der Arbeitsunfähigkeitsfälle sind relativ gering. Einzig die Branche Energie, Wasser, Entsorgung und Bergbau verzeichnet mit 28,0 % eine vergleichsweise hohe Anzahl an Arbeitsunfähigkeitsfällen. Am niedrigsten war die Zahl der Arbeitsunfähigkeitsfälle in der Land- und Forstwirtschaft. Die Dauer der Fälle betrug im Branchendurchschnitt 6,4 Tage. In den einzelnen Branchen bewegte sie sich zwischen 5,2 und 7,9 Tagen (◘ Abb. 28.1.41).

Die Berufe mit den höchsten bzw. niedrigsten Arbeitsunfähigkeitsfällen aufgrund von Erkrankungen des Verdauungssystems waren im Jahr 2009 Groß- und Einzelhandelskaufleute und Einkäufer bzw. Kraftfahrzeugführer (◘ Abb. 28.1.42).

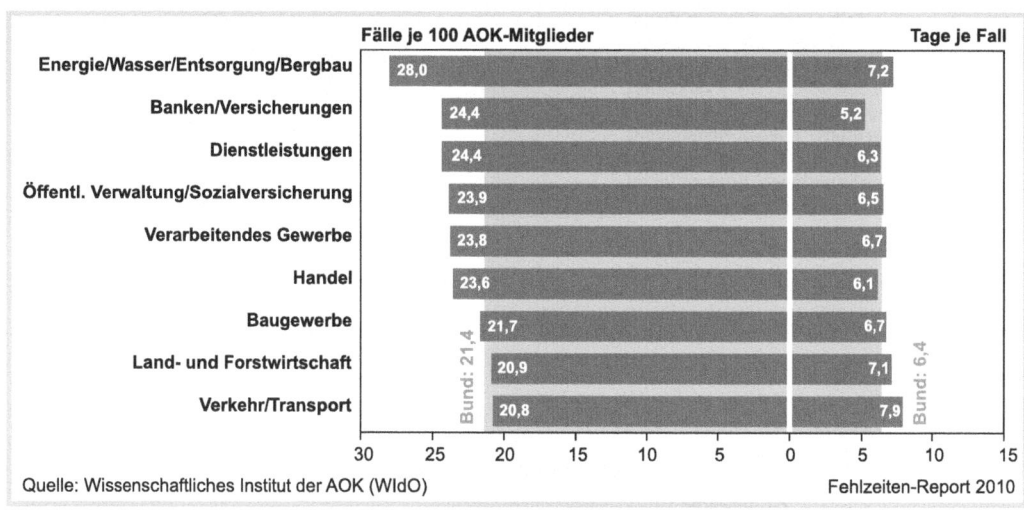

◘ **Abb. 28.1.41** Krankheiten des Verdauungssystems nach Branchen im Jahr 2009, AOK-Mitglieder

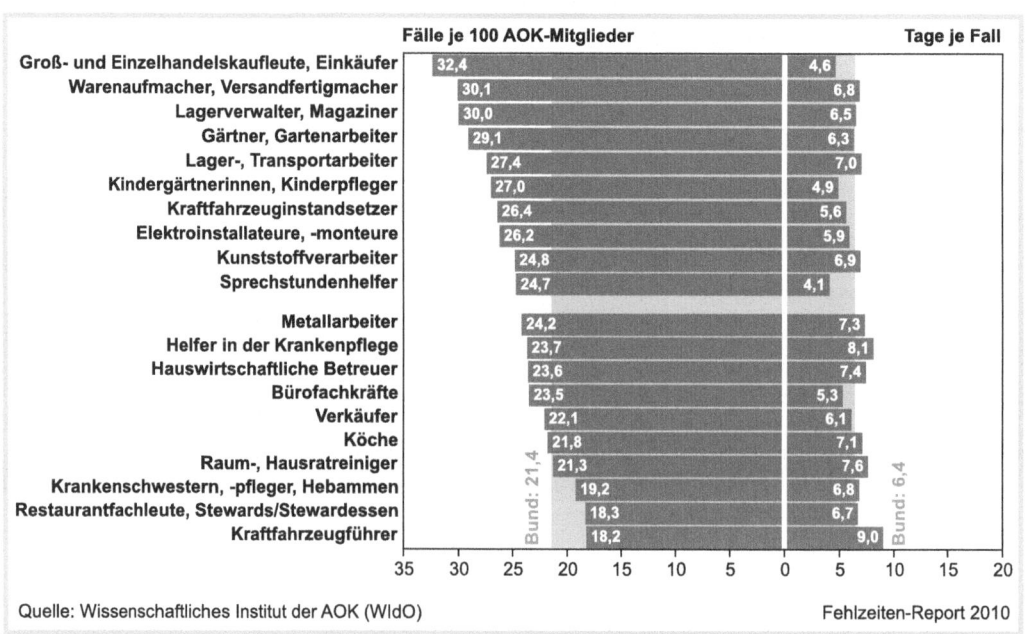

◘ **Abb. 28.1.42** Krankheiten des Verdauungssystems nach Berufen im Jahr 2009, AOK-Mitglieder

Herz- und Kreislauferkrankungen

Der Anteil der Herz- und Kreislauferkrankungen an den Arbeitsunfähigkeitstagen lag im Jahr 2009 in den einzelnen Branchen zwischen 5,0 % und 9,0 % (◘ Abb. 28.1.32). Die meisten Erkrankungsfälle waren im Bereich Energie, Wasser, Entsorgung und Bergbau zu verzeichnen. Am niedrigsten war die Anzahl der Fälle bei den Beschäftigten im Baugewerbe. Herz- und Kreislauferkrankungen bringen oft lange Ausfallzeiten mit sich. Die Dauer eines Erkrankungsfalls bewegte sich in den einzelnen Wirtschaftsbereichen zwischen 13,0 Tagen bei den Banken und Versicherungen und 23,9 Tagen im Bereich Verkehr und Transport (◘ Abb. 28.1.43).

◘ Abb. 28.1.44 stellt die hohen und niedrigen Fehlzeiten aufgrund von Erkrankungen des Kreislaufsystems nach Berufen im Jahr 2009 dar. Die Berufsgruppe mit den höchsten Arbeitsunfähigkeitsfällen sind die Warenaufmacher und Versandfertigmacher. Die niedrigsten AU-Fälle sind in der Berufsgruppe der Sprechstundenhelfer zu verzeichnen. Mit 26,6 bzw. 25,4 Tagen je Fall fallen Kraftfahrzeugführer bzw. Maurer überdurchschnittlich lange aufgrund von Erkrankungen des Kreislaufsystems aus.

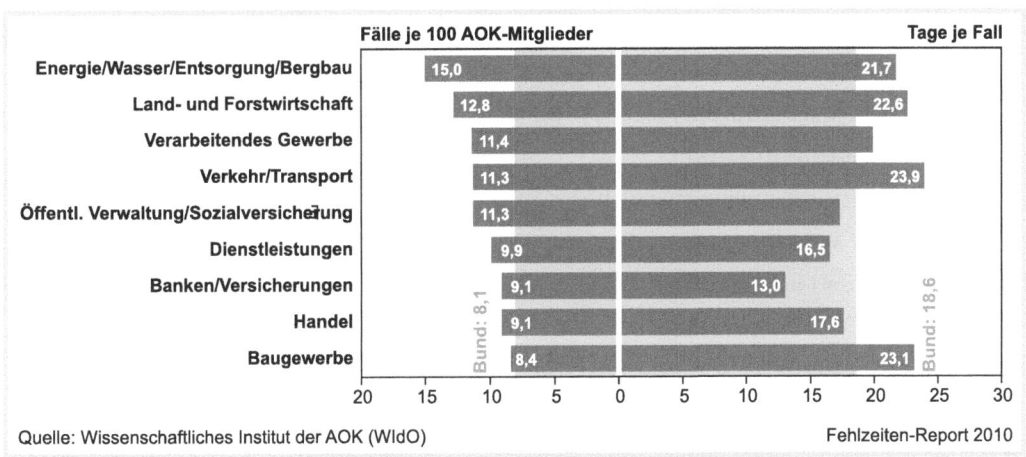

◘ Abb. 28.1.43 Krankheiten des Kreislaufsystems nach Branchen im Jahr 2009, AOK-Mitglieder

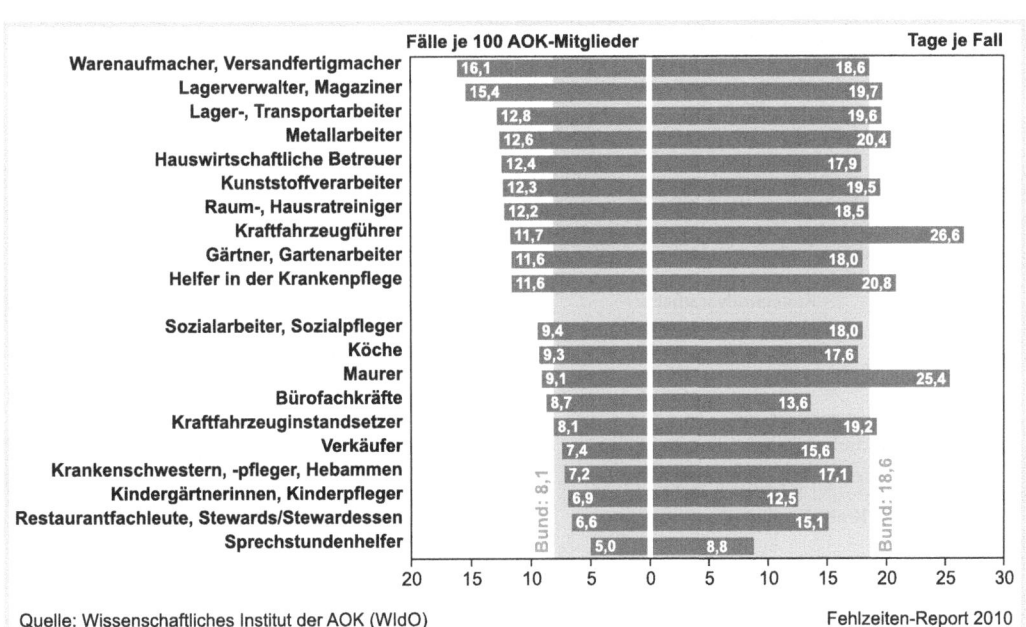

◘ Abb. 28.1.44 Krankheiten des Kreislaufsystems nach Berufen im Jahr 2009, AOK-Mitglieder

Psychische und Verhaltensstörungen

Der Anteil der psychischen und Verhaltensstörungen an den krankheitsbedingten Fehlzeiten schwankte in den einzelnen Branchen erheblich. Die meisten Erkrankungsfälle sind im tertiären Sektor zu verzeichnen. Während im Baugewerbe nur rund 5,9 % der Arbeitsunfähigkeitsfälle auf psychische und Verhaltensstörungen zurückgingen, waren es im Dienstleistungsbereich 12,4 %. Die durchschnittliche Dauer der Arbeitsunfähigkeitsfälle bewegte sich in den einzelnen Branchen zwischen 22,1 und 25,0 Tagen (◘ Abb. 28.1.45).

Gerade im Dienstleistungsbereich tätige Personen, wie Helfer in der Krankenpflege oder Sozialarbeiter, sind verstärkt von psychischen Erkrankungen betroffen. Psychische Erkrankungen sind oftmals mit langen Ausfallzeiten verbunden. Im Schnitt fehlt ein Arbeitnehmer 22,7 Tage (◘ Abb. 28.1.46).

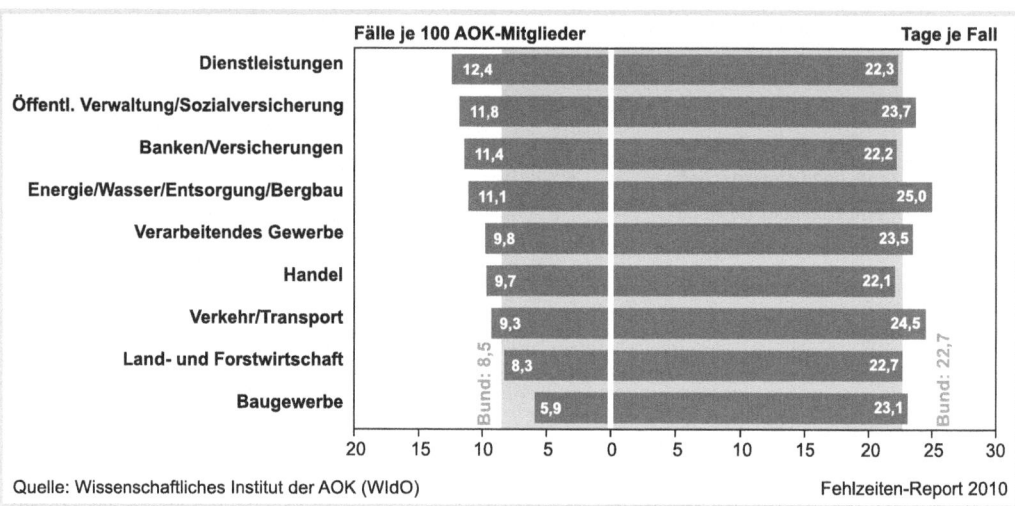

◘ Abb. 28.1.45 Psychische und Verhaltensstörungen nach Branchen im Jahr 2009, AOK-Mitglieder

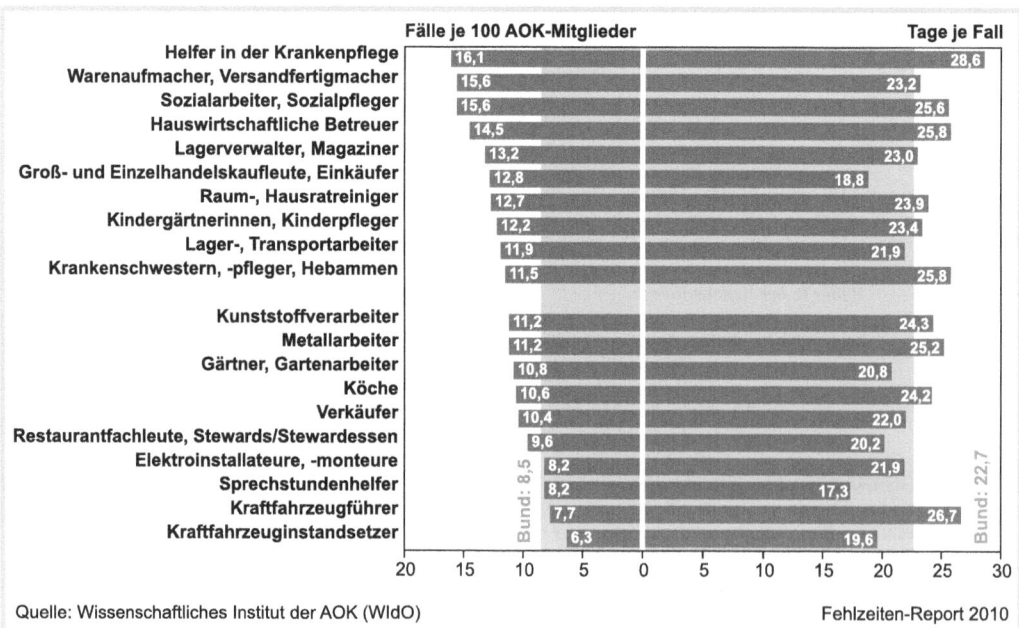

◘ Abb. 28.1.46 Psychische und Verhaltensstörungen nach Berufen im Jahr 2009, AOK-Mitglieder

28.1.15 Langzeitfälle nach Krankheitsarten

Langzeitarbeitsunfähigkeit mit einer Dauer von mehr als sechs Wochen stellt sowohl für die Betroffenen als auch für die Unternehmen und Krankenkassen eine besondere Belastung dar. Daher kommt der Prävention derjenigen Erkrankungen, die zu langen Ausfallzeiten führen, eine spezielle Bedeutung zu.

Ebenso wie im Arbeitsunfähigkeitsgeschehen insgesamt spielen auch bei den Langzeitfällen die Muskel- und Skeletterkrankungen und Verletzungen eine entscheidende Rolle. Auf diese beiden Krankheitsarten gingen 2009 bereits 39,0 % der durch Langzeitfälle verursachten Fehlzeiten zurück. An dritter und vierter Stelle stehen die psychischen und Verhaltensstörungen sowie die Herz- und Kreislauferkrankungen mit einem Anteil von 12,0 bzw. 10,0 % an den durch Langzeitfälle bedingten Fehlzeiten (◘ Abb. 28.1.47).

Auch in den einzelnen Wirtschaftsabteilungen geht die Mehrzahl der durch Langzeitfälle bedingten Arbeitsunfähigkeitstage auf die o. g. Krankheitsarten zurück (◘ Abb. 28.1.48). Der Anteil der muskuloskelet-

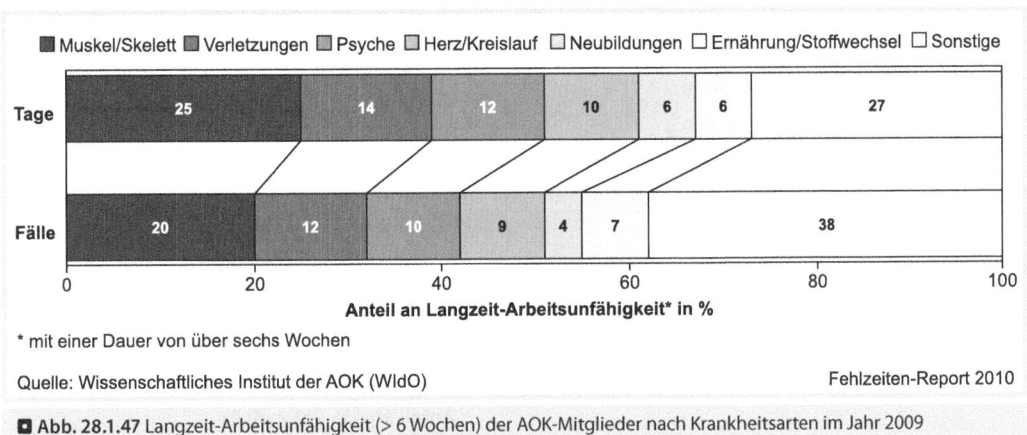

◘ Abb. 28.1.47 Langzeit-Arbeitsunfähigkeit (> 6 Wochen) der AOK-Mitglieder nach Krankheitsarten im Jahr 2009

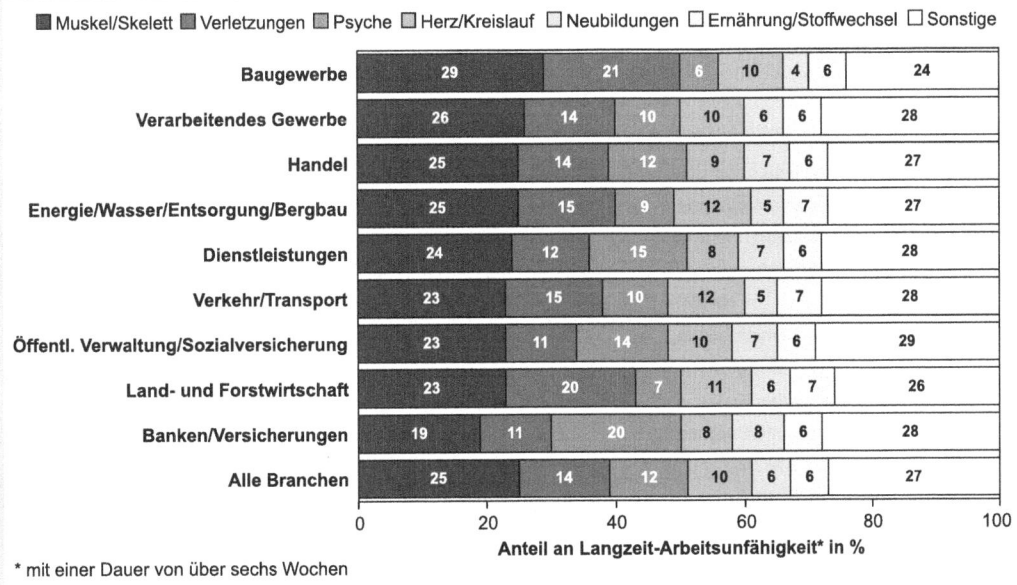

◘ Abb. 28.1.48 Langzeit-Arbeitsunfähigkeit (> 6 Wochen) der AOK-Mitglieder nach Krankheitsarten und Branchen im Jahr 2009

talen Erkrankungen ist am höchsten im Baugewerbe (29,0 %). Bei den Verletzungen werden die höchsten Werte ebenfalls im Baugewerbe (21,0 %) und in der Land- und Forstwirtschaft erreicht (20,0 %). Psychischen Erkrankungen verursachen bezogen auf die Langzeiterkrankungen die meisten Ausfalltage bei Banken und Versicherungen (20,0 %). Der Anteil der Herz- und Kreislauferkrankungen ist am ausgeprägtesten im Bereich Verkehr und Transport sowie im Bereich Energie, Wasser, Entsorgung und Bergbau (jeweils 12,0 %).

Krankheitsarten nach Diagnoseuntergruppen

In dem vorhergehenden Kapitel wurde die Bedeutung der branchenspezifischen Tätigkeitsschwerpunkte und -belastungen für die Krankheitsarten aufgezeigt. Doch auch innerhalb der Krankheitsarten zeigen sich Differenzen aufgrund der unterschiedlichen arbeitsbedingten Belastungen. In den ◘ Abb. 28.1.49 bis ◘ Abb. 28.1.54 wird die Verteilung der wichtigsten Krankheitsarten nach Diagnoseuntergruppen (nach ICD 10) und Branche dargestellt.

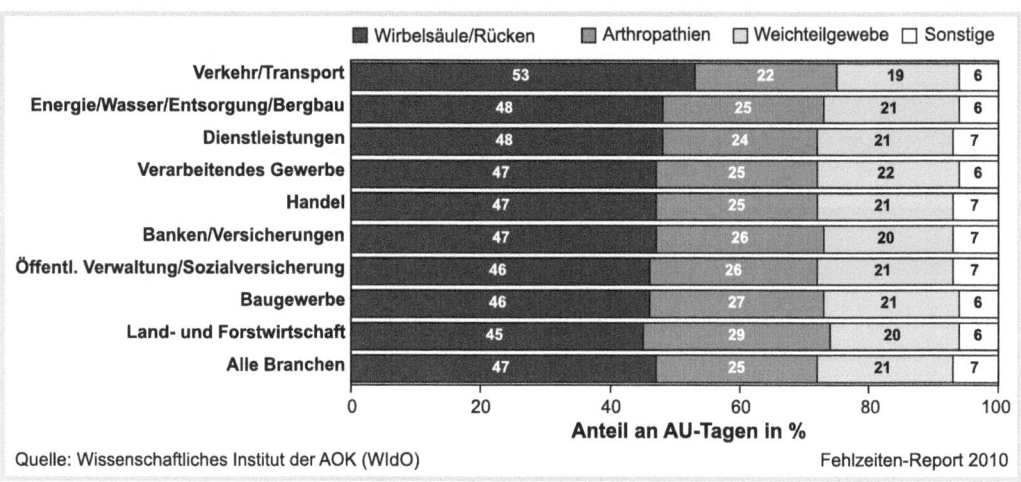

◘ Abb. 28.1.49 Krankheiten des Muskel-, Skelettsystems und Bindegewebserkrankungen nach Diagnoseuntergruppen und Branchen im Jahr 2009, AOK-Mitglieder

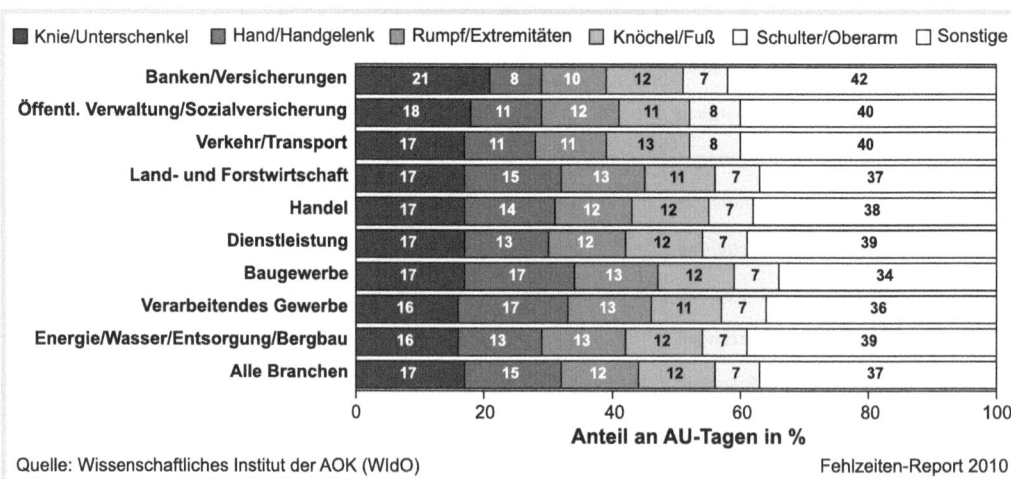

◘ Abb. 28.1.50 Verletzungen, Vergiftungen und bestimmte andere Folgen äußerer Ursachen nach Diagnoseuntergruppen und Branchen im Jahr 2009, AOK-Mitglieder

Krankheitsbedingte Fehlzeiten in der deutschen Wirtschaft im Jahr 2009

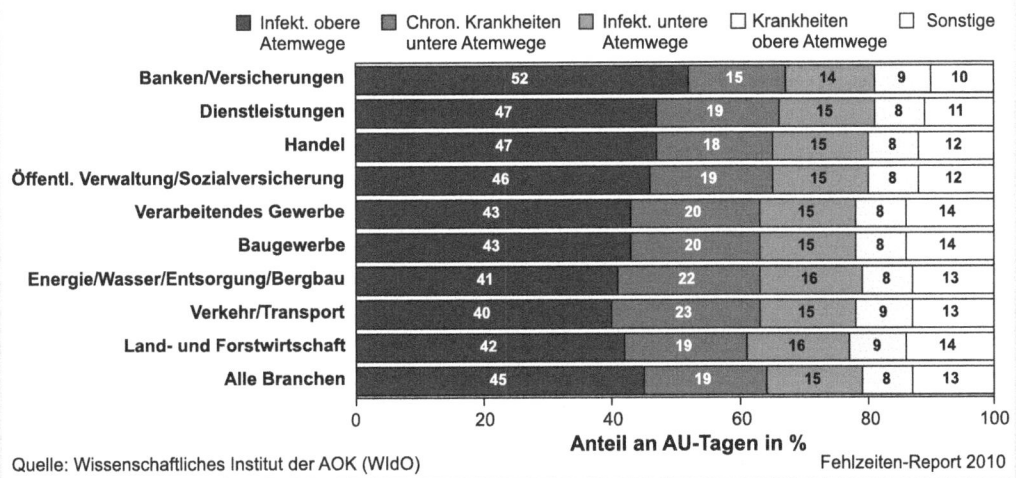

Abb. 28.1.51 Krankheiten des Atmungssystems nach Diagnoseuntergruppen und Branchen im Jahr 2009, AOK-Mitglieder

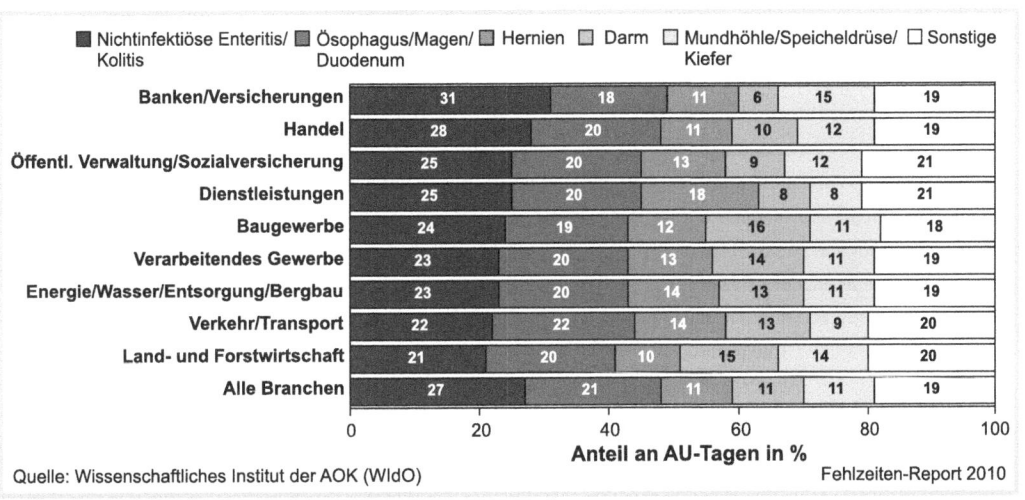

Abb. 28.1.52 Krankheiten des Verdauungssystems nach Diagnoseuntergruppen und Branchen im Jahr 2009, AOK-Mitglieder

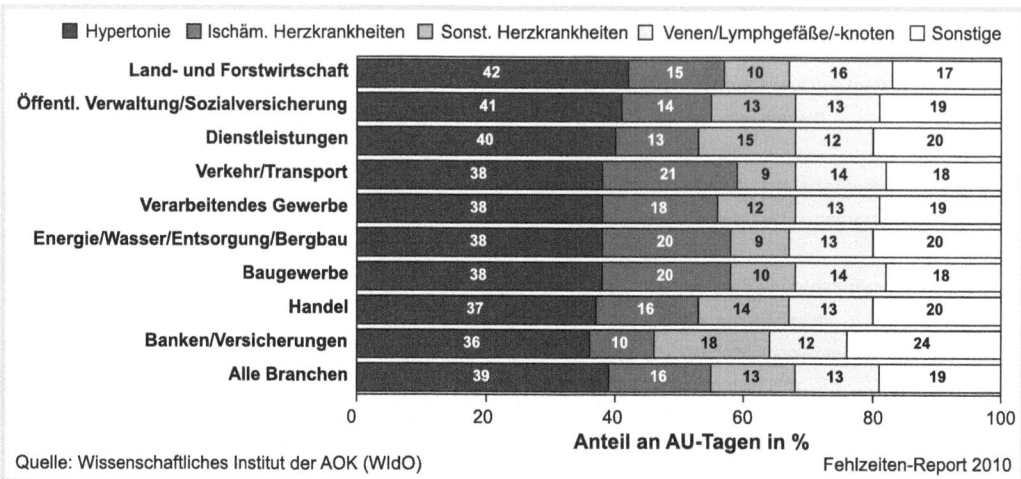

Abb. 28.1.53 Krankheiten des Kreislaufsystems nach Diagnoseuntergruppen und Branchen im Jahr 2009, AOK-Mitglieder

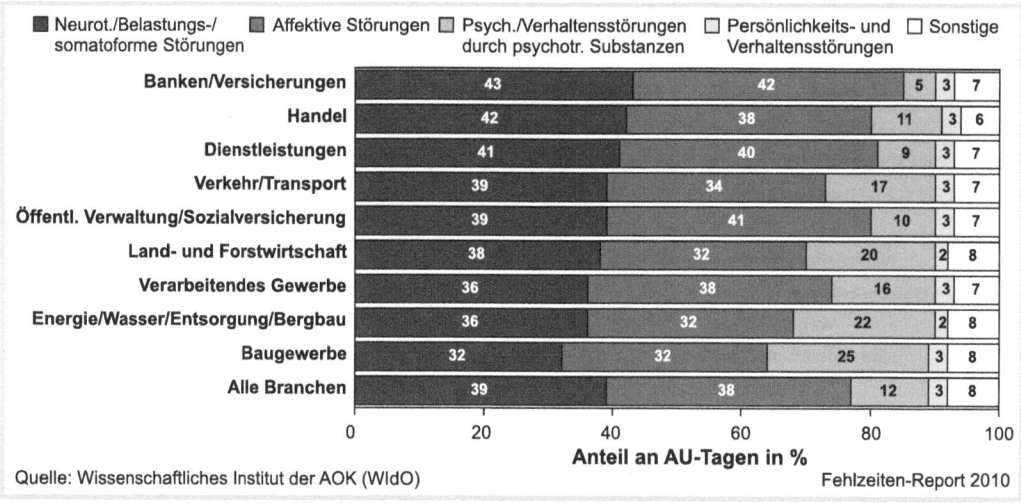

Abb. 28.1.54 Psychische und Verhaltensstörungen nach Diagnoseuntergruppen und Branchen im Jahr 2009, AOK-Mitglieder

Literatur

Buda S, Wilking H, Schweiger B et al und AGI-Studiengruppe (2010) Influenza Wochenbericht Kalenderwoche 7 (13.02. bis 19.02.2010). Robert Koch-Institut, Berlin

Bundesministerium für Arbeit und Soziales (2010) Sicherheit und Gesundheit bei der Arbeit 2008. Dortmund Berlin Dresden

Bundesministerium für Gesundheit (2010) Vorläufige Rechnungsergebnisse der gesetzlichen Krankenversicherung nach der Statistik KV 45, 1.–4. Quartal 2009

Robert Koch-Institut (2006) Gesundheitsbedingte Frühberentung. Schwerpunktbericht der Gesundheitsberichterstattung des Bundes. Berlin

Bundesagentur für Arbeit (2009) Arbeitsmarkt in Zahlen – Beschäftigungsstatistik – Sozialversicherungspflichtig Beschäftigte nach Wirtschaftszweigen (WZ 2008) in Deutschland, Stand 30.06.2009. Nürnberg

Kohler H (2002) Krankenstand – Ein beachtlicher Kostenfaktor mit fallender Tendenz. IAB-Werkstattbericht, Diskussionsbeiträge des Instituts für Arbeitsmarkt- und Berufsforschung der Bundesanstalt für Arbeit. Ausgabe 1/30.01.2002

Schnabel C (1997) Betriebliche Fehlzeiten, Ausmaß, Bestimmungsgründe und Reduzierungsmöglichkeiten. Institut der deutschen Wirtschaft, Köln

Marstedt G, Müller R (1998) Ein kranker Stand? Fehlzeiten und Integration älterer Arbeitnehmer im Vergleich Öffentlicher Dienst – Privatwirtschaft. Forschung aus der Hans-Böckler-Stiftung, Bd 9. Edition Sigma, Berlin

Mielck A (2000) Soziale Ungleichheit und Gesundheit. Huber, Bern

Ferber C von, Kohlhausen K (1970) Der „blaue Montag" im Krankenstand. Arbeitsmedizin, Sozialmedizin, Arbeitshygiene. H 2:25–30

Überblick über die krankheitsbedingten Fehlzeiten im Jahr 2009

28.2 Banken und Versicherungen

Tabelle 28.2.1	Entwicklung des Krankenstands der AOK-Mitglieder in der Branche Banken und Versicherungen in den Jahren 1994 bis 2009.	303
Tabelle 28.2.2	Arbeitsunfähigkeit der AOK-Mitglieder in der Branche Banken und Versicherungen nach Bundesländern im Jahr 2009 im Vergleich zum Vorjahr	303
Tabelle 28.2.3	Arbeitsunfähigkeit der AOK-Mitglieder in der Branche Banken und Versicherungen nach Wirtschaftsabteilungen im Jahr 2009	304
Tabelle 28.2.4	Kennzahlen der Arbeitsunfähigkeit der AOK-Mitglieder nach ausgewählten Berufsgruppen in der Branche Banken und Versicherungen im Jahr 2009	304
Tabelle 28.2.5	Dauer der Arbeitsunfähigkeit der AOK-Mitglieder in der Branche Banken und Versicherungen im Jahr 2009.	304
Tabelle 28.2.6	Tage der Arbeitsunfähigkeit je AOK-Mitglied nach Wirtschaftsabteilung und Betriebsgröße in der Branche Banken und Versicherungen im Jahr 2009	305
Tabelle 28.2.7	Krankenstand in Prozent nach der Stellung im Beruf in der Branche Banken und Versicherungen im Jahr 2009, AOK-Mitglieder	305
Tabelle 28.2.8	Tage der Arbeitsunfähigkeit je AOK-Mitglied nach der Stellung im Beruf in der Branche Banken und Versicherungen im Jahr 2009.	305
Tabelle 28.2.9	Anteil der Arbeitsunfälle an den AU-Fällen und -Tagen in Prozent nach Wirtschaftsabteilungen in der Branche Banken und Versicherungen im Jahr 2009, AOK-Mitglieder	306
Tabelle 28.2.10	Tage und Fälle der Arbeitsunfähigkeit durch Arbeitsunfälle nach Berufsgruppen in der Branche Banken und Versicherungen im Jahr 2009, AOK-Mitglieder	306
Tabelle 28.2.11	Tage und Fälle der Arbeitsunfähigkeit je 100 AOK-Mitglieder nach Krankheitsarten in der Branche Banken und Versicherungen in den Jahren 1995 bis 2009	306
Tabelle 28.2.12	Verteilung der Arbeitsunfähigkeitstage nach Krankheitsarten in Prozent in der Branche Banken und Versicherungen im Jahr 2009, AOK-Mitglieder	307
Tabelle 28.2.13	Verteilung der Arbeitsunfähigkeitsfälle nach Krankheitsarten in Prozent in der Branche Banken und Versicherungen im Jahr 2009, AOK-Mitglieder	307
Tabelle 28.2.14	Verteilung der Arbeitsunfähigkeitstage nach Krankheitsarten und ausgewählten Berufsgruppen in der Branche Banken und Versicherungen im Jahr 2009, AOK-Mitglieder.	307
Tabelle 28.2.15	Verteilung der Arbeitsunfähigkeitsfälle nach Krankheitsarten und ausgewählten Berufsgruppen in der Branche Banken und Versicherungen im Jahr 2009, AOK-Mitglieder.	308
Tabelle 28.2.16	Anteile der 40 häufigsten Einzeldiagnosen an den AU-Fällen und AU-Tagen in der Branche Banken und Versicherungen im Jahr 2009, AOK-Mitglieder	309
Tabelle 28.2.17	Anteile der 40 häufigsten Diagnoseuntergruppen an den AU-Fällen und AU-Tagen in der Branche Banken und Versicherungen im Jahr 2009, AOK-Mitglieder.	310

Krankheitsbedingte Fehlzeiten in der deutschen Wirtschaft im Jahr 2009

Tab. 28.2.1 Entwicklung des Krankenstands der AOK-Mitglieder in der Branche Banken und Versicherungen in den Jahren 1994 bis 2009

Jahr	Krankenstand in %			AU-Fälle je 100 AOK-Mitglieder			Tage je Fall		
	West	Ost	Bund	West	Ost	Bund	West	Ost	Bund
1994	4,4	3,0	4,0	114,7	71,8	103,4	12,8	14,1	13,0
1995	3,9	4,0	3,9	119,3	111,2	117,9	11,9	13,8	12,2
1996	3,5	3,6	3,5	108,0	109,3	108,1	12,2	12,5	12,2
1997	3,4	3,6	3,4	108,4	110,0	108,5	11,5	11,9	11,5
1998	3,5	3,6	3,5	110,6	112,2	110,7	11,4	11,7	11,4
1999	3,6	4,0	3,7	119,6	113,3	119,1	10,8	11,6	10,9
2000	3,6	4,1	3,6	125,6	148,8	127,1	10,5	10,2	10,5
2001	3,5	4,1	3,6	122,2	137,5	123,1	10,6	10,8	10,6
2002	3,5	4,1	3,5	125,0	141,3	126,1	10,1	10,6	10,2
2003	3,3	3,5	3,3	126,0	137,1	127,0	9,5	9,4	9,5
2004	3,1	3,2	3,1	117,6	127,7	118,8	9,7	9,3	9,6
2005	3,1	3,3	3,1	122,6	132,0	123,8	9,2	9,0	9,1
2006	2,7	3,2	2,8	108,1	126,7	110,7	9,2	9,1	9,2
2007	3,1	3,4	3,1	121,0	133,6	122,8	9,2	9,3	9,2
2008 (WZ03)	3,1	3,6	3,2	127,0	136,6	128,4	9,0	9,6	9,1
2008 (WZ08)*	3,1	3,6	3,2	126,9	135,9	128,3	9,0	9,6	9,1
2009	3,2	3,9	3,3	136,8	150,9	138,8	8,6	9,5	8,8

*aufgrund der Revision der Wirtschaftszweigklassifikation in 2008 ist eine Vergleichbarkeit mit den Vorjahren nur bedingt möglich

Fehlzeiten-Report 2010

Tab. 28.2.2 Arbeitsunfähigkeit der AOK-Mitglieder in der Branche Banken und Versicherungen nach Bundesländern im Jahr 2009 im Vergleich zum Vorjahr

Bundesland	Krankenstand in %	Arbeitsunfähigkeit je 100 AOK-Mitglieder				Tage je Fall	Veränd. z. Vorj. in %	AU-Quote in %
		AU-Fälle	Veränd. z. Vorj. in %	AU-Tage	Veränd. z. Vorj. in %			
Baden-Württemberg	3,1	131,7	8,0	1.130,3	3,7	8,6	-3,4	55,1
Bayern	3,0	116,7	8,7	1.081,5	5,5	9,3	-2,1	49,2
Berlin	4,7	166,4	26,7	1.700,0	12,3	10,2	-11,3	51,3
Brandenburg	4,2	161,3	18,5	1.534,6	10,2	9,5	-6,9	54,0
Bremen	3,5	130,7	1,3	1.262,2	-9,2	9,7	-10,2	50,1
Hamburg	3,8	159,4	13,0	1.372,1	-20,4	8,6	-29,5	54,1
Hessen	3,8	160,7	6,8	1.379,3	0,1	8,6	-6,5	56,2
Mecklenburg-Vorpommern	4,3	145,7	6,4	1.566,4	19,1	10,7	11,5	53,4
Niedersachsen	3,0	152,7	11,4	1.102,8	8,4	7,2	-2,7	57,0
Nordrhein-Westfalen	3,6	156,5	4,6	1.313,9	-0,9	8,4	-5,6	56,8
Rheinland-Pfalz	3,7	155,5	9,1	1.347,2	14,4	8,7	4,8	57,0
Saarland	4,4	155,7	12,6	1.593,3	-5,1	10,2	-15,7	57,8
Sachsen	4,0	150,0	11,6	1.442,3	11,8	9,6	0,0	60,3
Sachsen-Anhalt	3,9	149,5	-0,6	1.421,0	-3,4	9,5	-3,1	54,1
Schleswig-Holstein	3,7	141,3	2,9	1.333,4	2,0	9,4	-1,1	52,2
Thüringen	3,7	155,4	12,6	1.334,7	4,0	8,6	-7,5	60,0
West	3,2	136,8	7,8	1.180,8	3,2	8,6	-4,4	53,8
Ost	3,9	150,9	11,0	1.434,2	9,9	9,5	-1,0	59,4
Bund	3,3	138,8	8,2	1.216,9	4,2	8,8	-3,3	54,6

Fehlzeiten-Report 2010

◻ **Tab. 28.2.3** Arbeitsunfähigkeit der AOK-Mitglieder in der Branche Banken und Versicherungen nach Wirtschaftsabteilungen im Jahr 2009

Wirtschaftsabteilung	Krankenstand in %		Arbeitsunfähigkeiten je 100 AOK-Mitglieder		Tage je Fall	AU-Quote in %
	2009	2009 stand.*	Fälle	Tage		
Finanzdienstleistungen	3,3	3,3	139,5	1.203,6	8,6	57,0
Versicherungen, Rückversicherungen, Pensionskassen (ohne Sozialversicherung)	3,7	3,9	150,2	1.357,1	9,0	53,7
Assoziierte Tätigkeiten	3,2	3,5	127,1	1.175,4	9,2	46,0
Branche insgesamt	**3,3**	**3,4**	**138,8**	**1.216,9**	**8,8**	**54,6**
Alle Branchen	**4,8**	**4,7**	**150,9**	**1.734,9**	**11,5**	**54,0**

*Krankenstand alters- und geschlechtsstandardisiert

Fehlzeiten-Report 2010

◻ **Tab. 28.2.4** Kennzahlen der Arbeitsunfähigkeit der AOK-Mitglieder nach ausgewählten Berufsgruppen in der Branche Banken und Versicherungen im Jahr 2009

Tätigkeit	Krankenstand in %	Arbeitsunfähigkeiten je 100 AOK-Mitglieder		Tage je Fall	AU-Quote in %	Anteil der Berufsgruppe an der Branche in %*
		Fälle	Tage			
Bankfachleute	3,0	137,1	1.092,5	8,0	57,4	53,7
Bürofachkräfte	3,4	135,7	1.223,0	9,0	49,1	12,1
Bürohilfskräfte	3,8	126,0	1.403,2	11,1	43,5	2,3
Datenverarbeitungsfachleute	2,8	124,4	1.030,4	8,3	51,1	1,3
Krankenversicherungsfachleute (nicht Sozialversicherung)	4,5	172,2	1.635,8	9,5	58,3	1,7
Lebens-, Sachversicherungsfachleute	3,4	147,8	1.224,1	8,3	52,1	12,1
Lehrlinge	3,3	233,2	1.199,7	5,1	59,7	1,1
Pförtner, Hauswarte	4,0	106,1	1.448,3	13,7	49,3	1,0
Raum-, Hausratreiniger	5,6	138,5	2.060,7	14,9	59,3	3,4
Branche insgesamt	**3,3**	**138,8**	**1.216,9**	**8,8**	**54,6**	**1,2****

* Anteil der AOK-Mitglieder in der Berufsgruppe an den in der Branche beschäftigten AOK-Mitgliedern insgesamt
** Anteil der AOK-Mitglieder in der Branche an allen AOK-Mitgliedern

Fehlzeiten-Report 2010

◻ **Tab. 28.2.5** Dauer der Arbeitsunfähigkeit der AOK-Mitglieder in der Branche Banken und Versicherungen im Jahr 2009

Fallklasse	Branche hier		alle Branchen	
	Anteil Fälle in %	Anteil Tage in %	Anteil Fälle in %	Anteil Tage in %
1–3 Tage	43,2	10,0	34,7	6,1
4–7 Tage	30,0	16,6	30,6	13,2
8–14 Tage	15,1	17,3	17,9	15,9
15–21 Tage	4,4	8,6	6,2	9,2
22–28 Tage	2,4	6,5	3,2	6,7
29–42 Tage	2,2	8,5	3,2	9,4
Langzeit-AU (> 42 Tage)	2,7	32,5	4,2	39,5

Fehlzeiten-Report 2010

Krankheitsbedingte Fehlzeiten in der deutschen Wirtschaft im Jahr 2009

◘ Tab. 28.2.6 Tage der Arbeitsunfähigkeit je AOK-Mitglied nach Wirtschaftsabteilung und Betriebsgröße in der Branche Banken und Versicherungen im Jahr 2009

Wirtschaftsabteilungen	Betriebsgröße (Anzahl der AOK-Mitglieder)					
	10–49	50–99	100–199	200–499	500–999	≥ 1.000
Finanzdienstleistungen	11,4	12,0	12,2	13,3	13,9	12,4
Versicherungen, Rückversicherungen, Pensionskassen (ohne Sozialversicherung)	13,4	12,3	13,7	15,3	14,6	–
Assoziierte Tätigkeiten	14,2	13,3	14,5	28,1	–	–
Branche insgesamt	11,9	12,1	12,5	13,7	14,1	12,4
Alle Branchen	18,0	19,3	19,7	19,7	20,1	18,6

Fehlzeiten-Report 2010

◘ Tab. 28.2.7 Krankenstand in Prozent nach der Stellung im Beruf in der Branche Banken und Versicherungen im Jahr 2009, AOK-Mitglieder

Wirtschaftsabteilung	Stellung im Beruf				
	Auszubildende	Arbeiter	Facharbeiter	Meister, Poliere	Angestellte
Finanzdienstleistungen	2,6	5,1	4,7	3,7	3,0
Versicherungen, Rückversicherungen, Pensionskassen (ohne Sozialversicherung)	2,8	5,3	4,7	3,5	3,5
Assoziierte Tätigkeiten	2,7	4,8	4,5	3,5	3,1
Branche insgesamt	2,7	4,8	4,5	3,5	3,1
Alle Branchen	4,2	5,7	5,1	3,9	3,5

Fehlzeiten-Report 2010

◘ Tab. 28.2.8 Tage der Arbeitsunfähigkeit je AOK-Mitglied nach der Stellung im Beruf in der Branche Banken und Versicherungen im Jahr 2009

Wirtschaftsabteilung	Stellung im Beruf				
	Auszubildende	Arbeiter	Facharbeiter	Meister, Poliere	Angestellte
Finanzdienstleistungen	9,4	18,7	17,2	13,7	11,0
Versicherungen, Rückversicherungen, Pensionskassen (ohne Sozialversicherung)	10,1	19,2	17,2	12,7	12,8
Assoziierte Tätigkeiten	12,6	13,1	13,7	9,8	11,9
Branche insgesamt	10,0	17,6	16,3	12,6	11,4
Alle Branchen	15,3	20,7	18,5	14,2	12,9

Fehlzeiten-Report 2010

◘ Tab. 28.2.9 Anteil der Arbeitsunfälle an den AU-Fällen und -Tagen in Prozent nach Wirtschaftsabteilungen in der Branche Banken und Versicherungen im Jahr 2009, AOK-Mitglieder

Wirtschaftsabteilung	AU-Fälle in %	AU-Tage in %
Finanzdienstleistungen	1,1	1,4
Versicherungen, Rückversicherungen, Pensionskassen (ohne Sozialversicherung)	1,1	1,8
Assoziierte Tätigkeiten	1,1	1,8
Branche insgesamt	1,1	1,5
Alle Branchen	3,9	5,2

Fehlzeiten-Report 2010

◘ Tab. 28.2.10 Tage und Fälle der Arbeitsunfähigkeit durch Arbeitsunfälle nach Berufsgruppen in der Branche Banken und Versicherungen im Jahr 2009, AOK-Mitglieder

Tätigkeit	Arbeitsunfähigkeit je 1.000 AOK-Mitglieder	
	AU-Tage	AU-Fälle
Köche	935,1	77,7
Raum-, Hausratreiniger	322,9	21,8
Lebens-, Sachversicherungsfachleute	213,3	19,6
Bürofachkräfte	146,5	11,7
Bankfachleute	121,2	12,4
Branche insgesamt	186,9	15,3
Alle Branchen	900,7	58,4

Fehlzeiten-Report 2010

◘ Tab. 28.2.11 Tage und Fälle der Arbeitsunfähigkeit je 100 AOK-Mitglieder nach Krankheitsarten in der Branche Banken und Versicherungen in den Jahren 1995 bis 2009

Jahr	Arbeitsunfähigkeiten je 100 AOK-Mitglieder										
	Psyche		Herz/Kreislauf		Atemwege		Verdauung		Muskel/Skelett		Verletzungen	
	Tage	Fälle	Tage	Fälle	Tage	Fälle	Tage	Fälle	Tage	Fälle	Tage	Fälle
1995	102,9	4,1	154,9	8,2	327,6	43,8	140,1	19,1	371,0	20,0	179,5	10,7
1996	107,8	3,8	129,5	6,6	286,2	39,8	119,4	17,9	339,3	17,2	166,9	9,9
1997	104,8	4,1	120,6	6,8	258,1	39,8	112,5	17,8	298,0	16,9	161,1	9,8
1998	109,3	4,5	112,8	6,9	252,3	40,4	109,3	18,1	313,9	18,0	152,2	9,7
1999	113,7	4,8	107,6	6,9	291,2	46,4	108,7	19,0	308,3	18,6	151,0	10,3
2000	138,4	5,8	92,5	6,3	281,4	45,3	99,1	16,6	331,4	19,9	145,3	10,0
2001	144,6	6,6	99,8	7,1	264,1	44,4	98,8	17,3	334,9	20,5	147,6	10,3
2002	144,6	6,8	96,7	7,1	254,7	44,0	105,1	19,0	322,6	20,6	147,3	10,5
2003	133,9	6,9	88,6	7,1	261,1	46,5	99,0	18,7	288,0	19,5	138,2	10,3
2004	150,2	7,1	92,8	6,5	228,5	40,6	103,7	19,0	273,1	18,4	136,5	9,8
2005	147,5	7,0	85,1	6,5	270,1	47,7	100,1	17,9	248,8	18,1	132,1	9,7
2006	147,2	7,0	79,8	6,2	224,6	40,8	98,8	18,3	243,0	17,4	134,0	9,6
2007	167,2	7,5	87,7	6,3	243,9	44,4	103,0	19,6	256,9	18,1	125,2	9,1
2008 (WZ03)	172,7	7,7	86,7	6,5	258,1	46,8	106,2	20,0	254,0	18,0	134,6	9,5
2008 (WZ08)*	182,3	7,8	85,3	6,5	256,9	46,7	107,1	20,0	254,0	18,0	134,6	9,5
2009	182,3	8,2	80,6	6,2	303,2	54,6	105,4	20,2	242,2	17,7	134,2	9,6

*Aufgrund der Revision der Wirtschaftszweigklassifikation in 2008 ist eine Vergleichbarkeit mit den Vorjahren nur bedingt möglich

Fehlzeiten-Report 2010

Tab. 28.2.12 Verteilung der Arbeitsunfähigkeitstage nach Krankheitsarten in Prozent in der Branche Banken und Versicherungen im Jahr 2009, AOK-Mitglieder

Wirtschaftsabteilung	AU-Tage in %						
	Psyche	Herz/Kreislauf	Atemwege	Verdauung	Muskel/Skelett	Verletzungen	Sonstige
Finanzdienstleistungen	11,4	5,1	19,7	6,7	15,7	8,6	32,8
Versicherungen, Rückversicherungen, Pensionskassen (ohne Sozialversicherung)	12,4	5,7	19,9	7,0	15,9	7,7	31,4
Assoziierte Tätigkeiten	13,0	5,2	18,3	6,8	15,1	9,6	32,0
Branche insgesamt	11,7	5,2	19,5	6,8	15,6	8,6	32,6
Alle Branchen	8,6	6,8	14,0	6,2	23,0	12,3	29,1

Fehlzeiten-Report 2010

Tab. 28.2.13 Verteilung der Arbeitsunfähigkeitsfälle nach Krankheitsarten in Prozent in der Branche Banken und Versicherungen im Jahr 2009, AOK-Mitglieder

Wirtschaftsabteilung	AU-Fälle in %						
	Psyche	Herz/Kreislauf	Atemwege	Verdauung	Muskel/Skelett	Verletzungen	Sonstige
Finanzdienstleistungen	4,5	3,5	31,4	11,4	10,1	5,5	33,6
Versicherungen, Rückversicherungen, Pensionskassen (ohne Sozialversicherung)	5,1	3,7	31,1	11,4	10,7	5,3	32,7
Assoziierte Tätigkeiten	5,3	3,5	30,3	12,3	9,9	5,6	33,1
Branche insgesamt	4,7	3,6	31,2	11,5	10,1	5,5	33,4
Alle Branchen	4,4	4,2	24,7	11,1	16,4	8,7	30,5

Fehlzeiten-Report 2010

Tab. 28.2.14 Verteilung der Arbeitsunfähigkeitstage nach Krankheitsarten und ausgewählten Berufsgruppen in der Branche Banken und Versicherungen im Jahr 2009, AOK-Mitglieder

Tätigkeit	AU-Tage in %						
	Psyche	Herz/Kreislauf	Atemwege	Verdauung	Muskel/Skelett	Verletzungen	Sonstige
Bankfachleute	11,8	4,5	21,6	6,9	13,5	8,5	33,2
Bürofachkräfte	13,0	5,4	19,3	6,9	14,8	7,8	32,8
Bürohilfskräfte	11,7	4,1	15,1	6,7	19,1	9,9	33,4
Datenverarbeitungsfachleute	11,7	6,1	22,2	6,6	11,7	6,4	35,3
Krankenversicherungsfachleute (nicht Sozialversicherung)	15,7	7,7	19,7	8,6	12,6	7,7	28,0
Lebens-, Sachversicherungsfachleute	12,9	4,9	21,2	7,3	14,2	8,7	30,8
Lehrlinge	8,6	1,6	30,8	9,8	7,7	12,8	28,7
Pförtner, Hauswarte	8,9	10,0	11,9	6,9	24,0	9,9	28,4
Raum-, Hausratreiniger	8,5	7,4	11,2	5,3	26,0	8,7	32,9
Stenographen, Stenotypistinnen, Maschinenschreiber	11,1	6,5	18,1	5,0	18,5	7,5	33,3
Branche insgesamt	11,7	5,2	19,5	6,8	15,6	8,6	32,6
Alle Branchen	8,6	6,8	14,0	6,2	23,0	12,3	29,1

Fehlzeiten-Report 2010

Tab. 28.2.15 Verteilung der Arbeitsunfähigkeitsfälle nach Krankheitsarten und ausgewählten Berufsgruppen in der Branche Banken und Versicherungen im Jahr 2009, AOK-Mitglieder

Tätigkeit	AU-Fälle in %						
	Psyche	Herz/Kreislauf	Atemwege	Verdauung	Muskel/Skelett	Verletzungen	Sonstige
Bankfachleute	4,4	3,2	32,9	11,5	8,9	5,4	33,7
Bausparkassenfachleute	4,7	3,1	31,9	10,6	9,3	4,7	35,7
Bürofachkräfte	5,4	3,5	30,2	11,8	10,2	4,9	34,0
Bürohilfskräfte	5,5	4,2	25,1	11,8	13,7	5,2	34,5
Datenverarbeitungsfachleute	4,6	3,9	34,7	10,9	8,9	5,1	31,9
Krankenversicherungsfachleute (nicht Sozialversicherung)	5,9	3,8	33,1	12,4	9,1	5,6	30,1
Lebens-, Sachversicherungsfachleute	4,8	3,2	32,6	12,4	9,2	5,6	32,2
Lehrlinge	2,9	1,9	37,6	13,3	5,2	4,7	34,4
Pförtner, Hauswarte	3,9	7,7	22,1	10,1	20,4	8,4	27,4
Raum-, Hausratreiniger	5,3	6,1	20,3	9,9	18,9	6,3	33,2
Stenographen, Stenotypistinnen, Maschinenschreiber	5,8	3,7	29,6	10,5	11,1	4,7	34,6
Branche insgesamt	**4,7**	**3,6**	**31,2**	**11,5**	**10,1**	**5,5**	**33,4**
Alle Branchen	**4,4**	**4,2**	**24,7**	**11,1**	**16,4**	**8,7**	**30,5**

Fehlzeiten-Report 2010

◘ Tab. 28.2.16 Anteile der 40 häufigsten Einzeldiagnosen an den AU-Fällen und AU-Tagen in der Branche Banken und Versicherungen im Jahr 2009, AOK-Mitglieder

ICD-10	Bezeichnung	AU-Fälle in %	AU-Tage in %
J06	Akute Infektionen der oberen Atemwege	10,4	5,8
M54	Rückenschmerzen	3,6	4,0
J20	Akute Bronchitis	3,5	2,2
K52	Nichtinfektiöse Gastroenteritis und Kolitis	3,5	1,5
J40	Nicht chronische Bronchitis	2,7	1,7
A09	Diarrhoe und Gastroenteritis	2,5	1,1
K08	Sonstige Krankheiten der Zähne und des Zahnhalteapparates	2,3	0,7
B34	Viruskrankheit	2,3	1,2
J01	Akute Sinusitis	1,9	1,1
J02	Akute Pharyngitis	1,7	0,9
J03	Akute Tonsillitis	1,7	1,0
J32	Chronische Sinusitis	1,6	1,0
R10	Bauch- und Beckenschmerzen	1,4	0,8
K29	Gastritis und Duodenitis	1,4	0,7
J11	Grippe	1,3	0,8
F32	Depressive Episode	1,2	3,5
J04	Akute Laryngitis und Tracheitis	1,1	0,7
I10	Essentielle Hypertonie	1,1	1,7
R51	Kopfschmerz	1,0	0,5
F43	Reaktionen auf schwere Belastungen und Anpassungsstörungen	1,0	1,9
G43	Migräne	0,9	0,4
B99	Sonstige Infektionskrankheiten	0,8	0,5
N39	Sonstige Krankheiten des Harnsystems	0,8	0,5
J98	Sonstige Krankheiten der Atemwege	0,8	0,5
J00	Akute Rhinopharyngitis [Erkältungsschnupfen]	0,7	0,4
R50	Fieber unbekannter Ursache	0,7	0,4
T14	Verletzung an einer nicht näher bezeichneten Körperregion	0,7	0,7
R11	Übelkeit und Erbrechen	0,7	0,4
Z38	Lebendgeborene nach dem Geburtsort	0,7	0,3
F45	Somatoforme Störungen	0,7	1,3
M53	Sonstige Krankheiten der Wirbelsäule und des Rückens	0,6	0,7
M51	Sonstige Bandscheibenschäden	0,6	1,6
F48	Andere neurotische Störungen	0,6	1,0
M99	Biomechanische Funktionsstörungen	0,5	0,4
R42	Schwindel und Taumel	0,5	0,4
R53	Unwohlsein und Ermüdung	0,5	0,5
S93	Luxation, Verstauchung und Zerrung der Gelenke und Bänder in Höhe des oberen Sprunggelenkes und des Fußes	0,5	0,6
A08	Virusbedingte und sonstige näher bezeichnete Darminfektionen	0,5	0,2
M79	Sonstige Krankheiten des Weichteilgewebes	0,5	0,5
M23	Binnenschädigung des Kniegelenkes	0,5	1,0
	Summe hier	**60,0**	**45,1**
	Restliche	40,0	54,9
	Gesamtsumme	**100,0**	**100,0**

Fehlzeiten-Report 2010

◘ **Tab. 28.2.17** Anteile der 40 häufigsten Diagnoseuntergruppen an den AU-Fällen und AU-Tagen in der Branche Banken und Versicherungen im Jahr 2009, AOK-Mitglieder

ICD-10	Bezeichnung	AU-Fälle in %	AU-Tage in %
J00–J06	Akute Infektionen der oberen Atemwege	17,5	9,8
M40–M54	Krankheiten der Wirbelsäule und des Rückens	5,2	7,2
J20–J22	Sonstige akute Infektionen der unteren Atemwege	4,0	2,6
J40–J47	Chronische Krankheiten der unteren Atemwege	4,0	2,8
K50–K52	Nichtinfektiöse Enteritis und Kolitis	3,9	2,0
A00–A09	Infektiöse Darmkrankheiten	3,3	1,5
R50–R69	Allgemeinsymptome	3,2	2,5
K00–K14	Krankheiten der Mundhöhle, der Speicheldrüsen und der Kiefer	2,9	1,0
B25–B34	Sonstige Viruskrankheiten	2,6	1,4
F40–F48	Neurotische, Belastungs- und somatoforme Störungen	2,5	5,2
J30–J39	Sonstige Krankheiten der oberen Atemwege	2,4	1,7
R10–R19	Symptome bzgl. Verdauungssystem und Abdomen	2,3	1,4
M60–M79	Krankheiten der Weichteilgewebe	2,0	3,0
K20–K31	Krankheiten des Ösophagus, des Magens und des Duodenums	2,0	1,1
M00–M25	Arthropathien	1,8	3,9
J10–J18	Grippe und Pneumonie	1,7	1,3
G40–G47	Episod. und paroxysmale Krankheiten des Nervensystems	1,6	1,3
F30–F39	Affektive Störungen	1,5	5,1
N30–N39	Sonstige Krankheiten des Harnsystems	1,3	0,7
I10–I15	Hypertonie	1,2	1,9
R00–R09	Symptome bzgl. Kreislauf- und Atmungssystem	1,1	0,7
Z20–Z29	Pot. Gesundheitsrisiken bzgl. übertragbarer Krankheiten	1,0	0,6
J95–J99	Sonstige Krankheiten des Atmungssystems	0,9	0,6
B99–B99	Sonstige Infektionskrankheiten	0,9	0,5
T08–T14	Verletzungen Rumpf, Extremitäten u. a. Körperregionen	0,9	0,9
O60–O75	Komplikationen bei Wehentätigkeit und Entbindung	0,8	0,5
N80–N98	Krankheiten des weiblichen Genitaltraktes	0,8	0,9
S90–S99	Verletzungen der Knöchelregion und des Fußes	0,8	1,0
I80–I89	Krankheiten der Venen, Lymphgefäße und -knoten	0,8	0,9
K55–K63	Sonstige Krankheiten des Darmes	0,8	0,7
S80–S89	Verletzungen des Knies und des Unterschenkels	0,8	1,8
O30–O48	Betreuung der Mutter	0,7	0,5
I95–I99	Sonstige Krankheiten des Kreislaufsystems	0,7	0,5
R40–R46	Symptome bzgl. Wahrnehmung, Stimmung und Verhalten	0,7	0,6
O20–O29	Sonstige mit Schwangerschaft verbundene Krankheiten	0,7	0,7
E70–E90	Stoffwechselstörungen	0,6	1,1
D10–D36	Gutartige Neubildungen	0,6	0,8
H65–H75	Krankheiten des Mittelohres und des Warzenfortsatzes	0,6	0,4
M95–M99	Sonstige Krankheiten des Muskel-Skelett-Systems und des Bindegewebes	0,6	0,5
C00–C75	Bösartige Neubildungen	0,6	2,3
	Summe hier	82,3	73,9
	Restliche	17,7	26,1
	Gesamtsumme	100,0	100,0

Fehlzeiten-Report 2010

28.3 Baugewerbe

Tabelle 28.3.1	Entwicklung des Krankenstands der AOK-Mitglieder in der Branche Baugewerbe in den Jahren 1994 bis 2009	312
Tabelle 28.3.2	Arbeitsunfähigkeit der AOK-Mitglieder in der Branche Baugewerbe nach Bundesländern im Jahr 2009 im Vergleich zum Vorjahr	312
Tabelle 28.3.3	Arbeitsunfähigkeit der AOK-Mitglieder in der Branche Baugewerbe nach Wirtschaftsabteilungen im Jahr 2009	313
Tabelle 28.3.4	Kennzahlen der Arbeitsunfähigkeit der AOK-Mitglieder nach ausgewählten Berufsgruppen in der Branche Baugewerbe im Jahr 2009	313
Tabelle 28.3.5	Dauer der Arbeitsunfähigkeit der AOK-Mitglieder in der Branche Baugewerbe im Jahr 2009	314
Tabelle 28.3.6	Tage der Arbeitsunfähigkeit je AOK-Mitglied nach Wirtschaftsabteilung und Betriebsgröße in der Branche Baugewerbe im Jahr 2009	314
Tabelle 28.3.7	Krankenstand in Prozent nach der Stellung im Beruf in der Branche Baugewerbe im Jahr 2009, AOK-Mitglieder	314
Tabelle 28.3.8	Tage der Arbeitsunfähigkeit je AOK-Mitglied nach der Stellung im Beruf in der Branche Baugewerbe im Jahr 2009	315
Tabelle 28.3.9	Anteil der Arbeitsunfälle an den AU-Fällen und -Tagen in Prozent nach Wirtschaftsabteilungen in der Branche Baugewerbe im Jahr 2009, AOK-Mitglieder	315
Tabelle 28.3.10	Tage und Fälle der Arbeitsunfähigkeit durch Arbeitsunfälle nach Berufsgruppen in der Branche Baugewerbe im Jahr 2009, AOK-Mitglieder	316
Tabelle 28.3.11	Tage und Fälle der Arbeitsunfähigkeit je 100 AOK-Mitglieder nach Krankheitsarten in der Branche Baugewerbe in den Jahren 1995 bis 2009	317
Tabelle 28.3.12	Verteilung der Arbeitsunfähigkeitstage nach Krankheitsarten in Prozent in der Branche Baugewerbe im Jahr 2009, AOK-Mitglieder	317
Tabelle 28.3.13	Verteilung der Arbeitsunfähigkeitsfälle nach Krankheitsarten in Prozent in der Branche Baugewerbe im Jahr 2009, AOK-Mitglieder	318
Tabelle 28.3.14	Verteilung der Arbeitsunfähigkeitstage nach Krankheitsarten und ausgewählten Berufsgruppen in der Branche Baugewerbe im Jahr 2009, AOK-Mitglieder	318
Tabelle 28.3.15	Verteilung der Arbeitsunfähigkeitsfälle nach Krankheitsarten und ausgewählten Berufsgruppen in der Branche Baugewerbe im Jahr 2009, AOK-Mitglieder	319
Tabelle 28.3.16	Anteile der 40 häufigsten Einzeldiagnosen an den AU-Fällen und AU-Tagen in der Branche Baugewerbe im Jahr 2009, AOK-Mitglieder	320
Tabelle 28.3.17	Anteile der 40 häufigsten Diagnoseuntergruppen an den AU-Fällen und AU-Tagen in der Branche Baugewerbe im Jahr 2009, AOK-Mitglieder	321

◘ Tab. 28.3.1 Entwicklung des Krankenstands der AOK-Mitglieder in der Branche Baugewerbe in den Jahren 1994 bis 2009

Jahr	Krankenstand in %			AU-Fälle je 100 AOK-Mitglieder			Tage je Fall		
	West	Ost	Bund	West	Ost	Bund	West	Ost	Bund
1994	7,0	5,5	6,5	155,3	137,3	150,2	14,9	13,5	14,6
1995	6,5	5,5	6,2	161,7	146,9	157,6	14,7	13,7	14,5
1996	6,1	5,3	5,9	145,0	134,8	142,2	15,5	14,0	15,1
1997	5,8	5,1	5,6	140,1	128,3	137,1	14,6	14,0	14,5
1998	6,0	5,2	5,8	143,8	133,8	141,4	14,7	14,0	14,5
1999	6,0	5,5	5,9	153,0	146,3	151,5	14,2	13,9	14,1
2000	6,1	5,4	5,9	157,3	143,2	154,5	14,1	13,8	14,1
2001	6,0	5,5	5,9	156,3	141,5	153,6	14,0	14,1	14,0
2002	5,8	5,2	5,7	154,3	136,0	151,2	13,8	14,0	13,8
2003	5,4	4,6	5,3	148,8	123,0	144,3	13,3	13,7	13,3
2004	5,0	4,1	4,8	136,6	110,8	131,9	13,4	13,7	13,4
2005	4,8	4,0	4,7	136,0	107,1	130,8	13,0	13,7	13,1
2006	4,6	3,8	4,4	131,6	101,9	126,2	12,7	13,7	12,8
2007	4,9	4,2	4,8	141,4	110,3	135,7	12,7	14,0	12,9
2008 (WZ03)	5,1	4,5	4,9	147,8	114,9	141,8	12,5	14,2	12,8
2008 (WZ08)*	5,0	4,4	4,9	147,3	114,3	141,2	12,5	14,2	12,8
2009	5,1	4,7	5,1	151,8	120,8	146,2	12,4	14,2	12,6

*aufgrund der Revision der Wirtschaftszweigklassifikation in 2008 ist eine Vergleichbarkeit mit den Vorjahren nur bedingt möglich

Fehlzeiten-Report 2010

◘ Tab. 28.3.2 Arbeitsunfähigkeit der AOK-Mitglieder in der Branche Baugewerbe nach Bundesländern im Jahr 2009 im Vergleich zum Vorjahr

Bundesland	Krankenstand in %	Arbeitsunfähigkeit je 100 AOK-Mitglieder				Tage je Fall	Veränd. z. Vorj. in %	AU-Quote in %
		AU-Fälle	Veränd. z. Vorj. in %	AU-Tage	Veränd. z. Vorj. in %			
Baden-Württemberg	5,4	159,3	2,0	1.971,7	0,6	12,4	-1,6	58,2
Bayern	4,6	131,2	3,7	1.680,1	3,1	12,8	-0,8	52,4
Berlin	4,9	121,7	7,7	1.779,6	-0,7	14,6	-8,2	39,2
Brandenburg	4,8	125,5	5,4	1.769,9	4,0	14,1	-1,4	49,1
Bremen	5,5	146,2	-4,5	2.024,3	1,4	13,8	6,2	51,1
Hamburg	6,3	158,0	4,6	2.311,6	1,4	14,6	-3,3	52,4
Hessen	6,1	161,1	2,5	2.214,3	2,0	13,7	-0,7	56,1
Mecklenburg-Vorpommern	5,1	128,4	6,7	1.855,8	9,0	14,5	2,1	48,6
Niedersachsen	4,3	154,2	5,4	1.566,2	3,9	10,2	-1,0	56,5
Nordrhein-Westfalen	5,5	167,8	2,6	2.015,5	1,5	12,0	-0,8	56,3
Rheinland-Pfalz	5,9	176,0	3,8	2.137,3	0,4	12,1	-4,0	59,6
Saarland	6,8	162,9	0,2	2.471,3	5,0	15,2	4,8	58,2
Sachsen	4,5	115,8	5,9	1.624,7	4,6	14,0	-1,4	49,9
Sachsen-Anhalt	5,1	126,6	5,5	1.876,1	5,6	14,8	0,0	48,1
Schleswig-Holstein	5,4	156,1	2,1	1.953,3	3,1	12,5	0,8	56,3
Thüringen	4,8	125,1	4,7	1.756,9	7,6	14,0	2,2	51,2
West	5,1	151,8	3,1	1.877,9	1,9	12,4	-0,8	55,2
Ost	4,7	120,8	5,7	1.711,8	5,6	14,2	0,0	49,8
Bund	5,1	146,2	3,5	1.847,7	2,5	12,6	-1,6	54,2

Fehlzeiten-Report 2010

◘ Tab. 28.3.3 Arbeitsunfähigkeit der AOK-Mitglieder in der Branche Baugewerbe nach Wirtschaftsabteilungen im Jahr 2009

Wirtschaftsabteilung	Krankenstand in %		Arbeitsunfähigkeiten je 100 AOK-Mitglieder		Tage je Fall	AU-Quote in %
	2009	2009 stand.*	Fälle	Tage		
Hochbau	5,4	4,2	133,9	1.958,6	14,6	51,8
Tiefbau	5,6	4,0	132,3	2.026,7	15,3	55,6
Vorbereitende Baustellenarbeiten, Bauinstallation, sonstiges Baugewerbe	4,9	4,3	152,5	1.779,4	11,7	54,5
Branche insgesamt	5,1	4,2	146,2	1.847,7	12,6	54,2
Alle Branchen	4,8	4,7	150,9	1.734,9	11,5	54,0

*Krankenstand alters- und geschlechtsstandardisiert

Fehlzeiten-Report 2010

◘ Tab. 28.3.4 Kennzahlen der Arbeitsunfähigkeit der AOK-Mitglieder nach ausgewählten Berufsgruppen in der Branche Baugewerbe im Jahr 2009

Tätigkeit	Krankenstand in %	Arbeitsunfähigkeiten je 100 AOK-Mitglieder		Tage je Fall	AU-Quote in %	Anteil der Berufsgruppe an der Branche in %*
		Fälle	Tage			
Bauhilfsarbeiter	6,3	140,1	2.304,2	16,4	58,5	1,9
Baumaschinenführer	5,5	114,4	2.007,8	17,6	53,1	1,4
Betonbauer	6,4	154,4	2.318,4	15,0	49,5	2,9
Bürofachkräfte	2,7	95,7	981,2	10,3	41,7	5,7
Dachdecker	5,7	171,4	2.094,4	12,2	59,4	3,5
Elektroinstallateure, -monteure	4,6	165,1	1.677,9	10,2	60,2	7,2
Erdbewegungsmaschinenführer	5,5	105,1	2009,6	19,1	51,8	1,2
Fliesenleger	5,2	149,2	1.883,6	12,6	55,7	1,6
Gerüstbauer	6,6	177,9	2.398,0	13,5	50,9	1,7
Isolierer, Abdichter	5,7	151,1	2.067,4	13,7	51,8	2,3
Kraftfahrzeugführer	5,6	110,6	2.042,3	18,5	50,8	1,8
Maler, Lackierer (Ausbau)	4,9	173,2	1.794,7	10,4	58,1	7,0
Maurer	5,5	137,6	2.014,4	14,6	54,2	10,4
Rohrinstallateure	5,1	172,9	1.850,0	10,7	64,0	7,8
Sonstige Bauhilfsarbeiter, Bauhelfer	5,1	136,0	1.866,1	13,7	43,9	7,7
Sonstige Tiefbauer	5,7	126,1	2.075,1	16,5	55,8	2,7
Straßenbauer	5,6	154,3	2.055,9	13,3	58,7	2,6
Stukkateure, Gipser, Verputzer	5,9	163,4	2.157,5	13,2	57,3	1,7
Tischler	4,3	151,3	1.577,2	10,4	58,4	3,1
Zimmerer	5,0	146,4	1.836,6	12,5	57,8	3,0
Branche insgesamt	5,1	146,2	1.847,7	12,6	54,2	7,1**

* Anteil der AOK-Mitglieder in der Berufsgruppe an den in der Branche beschäftigten AOK-Mitgliedern insgesamt
**Anteil der AOK-Mitglieder in der Branche an allen AOK-Mitgliedern

Fehlzeiten-Report 2010

Tab. 28.3.5 Dauer der Arbeitsunfähigkeit der AOK-Mitglieder in der Branche Baugewerbe im Jahr 2009

Fallklasse	Branche hier		Alle Branchen	
	Anteil Fälle in %	Anteil Tage in %	Anteil Fälle in %	Anteil Tage in %
1–3 Tage	36,2	5,6	34,7	6,1
4–7 Tage	29,2	11,3	30,6	13,2
8–14 Tage	16,9	13,7	17,9	15,9
15–21 Tage	6,0	8,2	6,2	9,2
22–28 Tage	3,1	5,9	3,2	6,7
29–42 Tage	3,3	8,7	3,2	9,4
Langzeit-AU (> 42 Tage)	5,3	46,6	4,2	39,5

Fehlzeiten-Report 2010

Tab. 28.3.6 Tage der Arbeitsunfähigkeit je AOK-Mitglied nach Wirtschaftsabteilung und Betriebsgröße in der Branche Baugewerbe im Jahr 2009

Wirtschaftsabteilungen	Betriebsgröße (Anzahl der AOK-Mitglieder)					
	10–49	50–99	100–199	200–499	500–999	≥ 1.000
Hochbau	20,2	20,6	20,7	20,7	18,5	–
Tiefbau	20,6	20,1	19,1	23,5	22,8	–
Vorbereitende Baustellenarbeiten, Bauinstallation, sonstiges Baugewerbe	18,9	19,2	18,7	19,3	12,4	–
Branche insgesamt	19,5	19,9	19,4	21,4	18,4	–
Alle Branchen	18,0	19,3	19,7	19,7	20,1	18,6

Fehlzeiten-Report 2010

Tab. 28.3.7 Krankenstand in Prozent nach der Stellung im Beruf in der Branche Baugewerbe im Jahr 2009, AOK-Mitglieder

Wirtschaftsabteilung	Stellung im Beruf				
	Auszubildende	Arbeiter	Facharbeiter	Meister, Poliere	Angestellte
Hochbau	5,2	5,7	5,8	5,1	2,9
Tiefbau	5,2	5,8	5,8	4,8	2,8
Vorbereitende Baustellenarbeiten, Bauinstallation, sonstiges Baugewerbe	4,5	5,5	5,2	4,2	2,9
Branche insgesamt	4,6	5,6	5,4	4,5	2,9
Alle Branchen	4,2	5,7	5,1	3,9	3,5

Fehlzeiten-Report 2010

Tab. 28.3.8 Tage der Arbeitsunfähigkeit je AOK-Mitglied nach der Stellung im Beruf in der Branche Baugewerbe im Jahr 2009

Wirtschaftsabteilung	Stellung im Beruf				
	Auszubildende	Arbeiter	Facharbeiter	Meister, Poliere	Angestellte
Hochbau	19,1	20,7	21,0	18,5	10,8
Tiefbau	19,0	21,3	21,2	17,7	10,1
Vorbereitende Baustellenarbeiten, Bauinstallation, sonstiges Baugewerbe	16,4	19,9	19,0	15,5	10,7
Branche insgesamt	16,9	20,3	19,8	16,5	10,7
Alle Branchen	15,3	20,7	18,5	14,2	12,9

Fehlzeiten-Report 2010

Tab. 28.3.9 Anteil der Arbeitsunfälle an den AU-Fällen und -Tagen in Prozent nach Wirtschaftsabteilungen in der Branche Baugewerbe im Jahr 2009, AOK-Mitglieder

Wirtschaftsabteilung	AU-Fälle in %	AU-Tage in %
Hochbau	9,9	12,5
Tiefbau	8,2	10,2
Vorbereitende Baustellenarbeiten, Bauinstallation, sonstiges Baugewerbe	7,7	10,3
Branche insgesamt	8,1	10,7
Alle Branchen	3,9	5,2

Fehlzeiten-Report 2010

◻ **Tab. 28.3.10** Tage und Fälle der Arbeitsunfähigkeit durch Arbeitsunfälle nach Berufsgruppen in der Branche Baugewerbe im Jahr 2009, AOK-Mitglieder

Tätigkeit	Arbeitsunfähigkeit je 1.000 AOK-Mitglieder	
	AU-Tage	AU-Fälle
Zimmerer	3.359,8	214,6
Betonbauer	3.308,5	168,2
Gerüstbauer	3.220,6	178,0
Dachdecker	2.965,7	193,9
Maurer	2.540,9	142,6
Kraftfahrzeugführer	2.490,7	101,4
Sonstige Bauhilfsarbeiter, Bauhelfer	2.467,4	132,3
Bauhilfsarbeiter	2.451,0	123,6
Feinblechner	2.420,0	153,3
Sonstige Tiefbauer	2.340,0	117,7
Stukkateure, Gipser, Verputzer	2.114,1	117,5
Tischler	2.083,9	146,3
Hilfsarbeiter	2.034,4	106,5
Isolierer, Abdichter	2.031,1	113,2
Straßenbauer	1.939,3	121,7
Rohrinstallateure	1.920,4	145,4
Baumaschinenführer	1.848,8	95,3
Elektroinstallateure, -monteure	1.562,1	114,0
Maler, Lackierer (Ausbau)	1.548,7	100,7
Fliesenleger	1.424,6	87,3
Branche insgesamt	**1.983,2**	**119,0**
Alle Branchen	**900,7**	**58,4**

Fehlzeiten-Report 2010

Tab. 28.3.11 Tage und Fälle der Arbeitsunfähigkeit je 100 AOK-Mitglieder nach Krankheitsarten in der Branche Baugewerbe in den Jahren 1995 bis 2009

Jahr	Arbeitsunfähigkeiten je 100 AOK-Mitglieder											
	Psyche		Herz/Kreislauf		Atemwege		Verdauung		Muskel/Skelett		Verletzungen	
	Tage	Fälle	Tage	Fälle	Tage	Fälle	Tage	Fälle	Tage	Fälle	Tage	Fälle
1995	69,1	2,6	208,2	8,0	355,9	43,5	205,2	23,6	780,6	38,5	602,6	34,4
1996	70,5	2,5	198,8	7,0	308,8	37,3	181,0	21,3	753,8	35,0	564,8	31,7
1997	65,3	2,7	180,0	7,0	270,4	35,5	162,5	20,5	677,9	34,4	553,6	31,9
1998	69,2	2,9	179,1	7,3	273,9	37,1	160,7	20,9	715,7	37,0	548,9	31,7
1999	72,2	3,1	180,3	7,5	302,6	41,7	160,6	22,4	756,0	39,5	547,9	32,2
2000	80,8	3,6	159,7	6,9	275,1	39,2	144,2	19,3	780,1	41,2	528,8	31,2
2001	89,0	4,2	163,6	7,3	262,0	39,0	145,0	19,7	799,9	42,3	508,4	30,3
2002	90,7	4,4	159,7	7,3	240,8	36,7	141,0	20,2	787,2	41,8	502,0	29,7
2003	84,7	4,3	150,0	7,1	233,3	36,7	130,8	19,1	699,3	38,2	469,0	28,6
2004	102,0	4,4	158,3	6,6	200,2	30,6	132,1	18,6	647,6	36,0	446,6	26,8
2005	101,1	4,2	155,2	6,5	227,0	34,7	122,8	17,0	610,4	34,2	435,3	25,7
2006	91,9	4,1	146,4	6,4	184,3	29,1	119,4	17,8	570,6	33,8	442,6	26,4
2007	105,1	4,4	148,5	6,6	211,9	33,5	128,7	19,3	619,3	35,6	453,9	26,0
2008 (WZ03)	108,2	4,6	157,3	6,9	218,5	34,9	132,8	20,4	646,1	37,0	459,8	26,5
2008 (WZ08)*	107,3	4,6	156,4	6,9	217,0	34,7	131,4	20,2	642,3	36,9	459,2	26,5
2009	112,3	4,9	163,5	7,1	254,8	40,1	132,5	19,8	629,8	35,7	458,7	26,0

*Aufgrund der Revision der Wirtschaftszweigklassifikation in 2008 ist eine Vergleichbarkeit mit den Vorjahren nur bedingt möglich

Fehlzeiten-Report 2010

Tab. 28.3.12 Verteilung der Arbeitsunfähigkeitstage nach Krankheitsarten in Prozent in der Branche Baugewerbe im Jahr 2009, AOK-Mitglieder

Wirtschaftsabteilung	AU-Tage in %						
	Psyche	Herz/Kreislauf	Atemwege	Verdauung	Muskel/Skelett	Verletzungen	Sonstige
Hochbau	4,4	7,7	9,1	5,3	19,4	20,7	24,5
Tiefbau	4,8	9,3	9,1	5,5	20,2	16,7	25,5
Vorbereitende Baustellenarbeiten, Bauinstallation, sonstiges Baugewerbe	5,0	6,3	12,1	5,9	23,6	20,4	23,9
Branche insgesamt	4,9	7,1	11,0	5,7	27,2	19,8	24,3
Alle Branchen	8,6	6,8	14,0	6,2	23,0	12,3	29,1

Fehlzeiten-Report 2010

◘ Tab. 28.3.13 Verteilung der Arbeitsunfähigkeitsfälle nach Krankheitsarten in Prozent in der Branche Baugewerbe im Jahr 2009, AOK-Mitglieder

Wirtschaftsabteilung	AU-Fälle in %						
	Psyche	Herz/Kreislauf	Atemwege	Verdauung	Muskel/Skelett	Verletzungen	Sonstige
Hochbau	2,5	4,4	19,7	10,4	21,0	15,7	26,3
Tiefbau	2,8	5,4	18,8	10,8	22,0	13,3	26,9
Vorbereitende Baustellenarbeiten, Bauinstallation, sonstiges Baugewerbe	2,7	3,5	23,3	11,1	18,9	14,2	26,3
Branche insgesamt	2,7	3,9	22,1	10,9	19,7	14,3	26,4
Alle Branchen	4,4	4,2	24,7	11,1	16,4	8,7	30,5

Fehlzeiten-Report 2010

◘ Tab. 28.3.14 Verteilung der Arbeitsunfähigkeitstage nach Krankheitsarten und ausgewählten Berufsgruppen in der Branche Baugewerbe im Jahr 2009, AOK-Mitglieder

Tätigkeit	AU-Tage in %						
	Psyche	Herz/Kreislauf	Atemwege	Verdauung	Muskel/Skelett	Verletzungen	Sonstige
Bauhilfsarbeiter	5,1	8,0	9,3	5,0	31,2	17,7	23,7
Baumaschinenführer	4,8	12,2	8,2	4,8	27,0	15,0	28,0
Betonbauer	4,6	7,3	9,5	5,0	30,0	20,5	23,1
Bürofachkräfte	9,8	5,5	14,7	6,6	18,5	10,5	34,4
Dachdecker	4,3	4,8	10,5	5,6	28,0	25,4	21,4
Elektroinstallateure, -monteure	4,7	6,9	14,5	6,3	22,9	19,8	24,9
Erdbewegungsmaschinenführer	4,9	10,5	7,4	5,8	28,4	14,2	28,8
Fliesenleger	5,0	6,6	10,7	5,3	33,6	17,2	21,6
Gerüstbauer	4,2	4,8	10,2	5,4	29,7	25,3	20,4
Isolierer, Abdichter	4,6	6,6	10,7	6,2	29,0	19,8	23,1
Kraftfahrzeugführer	4,5	10,8	8,1	5,3	27,7	16,6	27,0
Maler, Lackierer (Ausbau)	4,7	5,9	13,3	6,5	25,9	20,1	23,6
Maurer	3,5	7,7	8,7	5,4	29,6	21,8	23,3
Rohrinstallateure	4,2	5,8	13,1	6,1	26,8	21,2	22,8
Sonstige Bauhilfsarbeiter, Bauhelfer	4,6	6,4	10,0	5,8	28,6	22,7	21,9
Sonstige Tiefbauer	3,8	9,1	8,2	5,5	30,9	17,0	25,5
Straßenbauer	4,6	8,4	10,0	5,8	28,6	17,3	25,3
Stukkateure, Gipser, Verputzer	4,8	5,7	11,0	5,3	31,6	19,5	22,1
Tischler	4,8	5,2	12,9	6,0	25,0	24,6	21,5
Zimmerer	2,8	5,2	9,4	5,1	26,4	30,6	20,5
Branche insgesamt	4,9	7,1	11,0	5,7	27,2	19,8	24,3
Alle Branchen	8,6	6,8	14,0	6,2	23,0	12,3	29,1

Fehlzeiten-Report 2010

◘ Tab. 28.3.15 Verteilung der Arbeitsunfähigkeitsfälle nach Krankheitsarten und ausgewählten Berufsgruppen in der Branche Baugewerbe im Jahr 2009, AOK-Mitglieder

Tätigkeit	AU-Fälle in %						
	Psyche	Herz/Kreislauf	Atemwege	Verdauung	Muskel/Skelett	Verletzungen	Sonstige
Bauhilfsarbeiter	2,6	4,7	18,7	9,3	25,1	14,0	25,6
Baumaschinenführer	3,1	7,0	16,5	10,5	22,0	12,3	28,6
Betonbauer	2,5	4,5	19,0	9,6	23,4	16,1	24,9
Bürofachkräfte	4,4	3,9	26,3	11,5	11,3	6,5	36,1
Dachdecker	2,3	2,8	21,2	11,2	19,8	18,6	24,1
Elektroinstallateure, -monteure	2,3	3,4	26,7	11,9	15,8	13,7	26,2
Erdbewegungsmaschinenführer	3,2	7,0	15,3	10,2	23,4	11,5	29,4
Fliesenleger	2,5	3,3	22,7	10,7	22,4	13,3	25,1
Gerüstbauer	2,6	3,0	19,8	10,0	24,3	17,8	22,5
Isolierer, Abdichter	2,8	4,0	20,9	10,9	23,3	13,4	24,7
Kraftfahrzeugführer	2,8	7,0	16,5	10,5	22,2	12,7	28,3
Maler, Lackierer (Ausbau)	2,6	3,0	24,3	12,3	17,5	13,5	26,8
Maurer	2,2	4,3	19,3	10,8	21,7	16,5	25,2
Rohrinstallateure	2,0	2,9	24,8	11,5	18,1	15,1	25,6
Bauhilfsarbeiter, Bauhelfer	2,8	4,1	19,1	9,9	23,9	16,0	24,2
Sonstige Tiefbauer	2,5	5,6	17,6	10,5	24,4	13,7	25,7
Straßenbauer	2,6	4,3	20,1	11,3	20,7	14,5	26,5
Stukkateure, Gipser, Verputzer	2,7	3,5	22,1	10,2	23,3	13,4	24,8
Tischler	2,2	2,8	24,8	11,3	17,7	16,1	25,1
Zimmerer	1,8	3,0	21,0	9,8	19,1	21,5	23,8
Branche insgesamt	2,7	3,9	22,1	10,9	19,7	14,3	26,4
Alle Branchen	4,4	4,2	24,7	11,1	16,4	8,7	30,5

Fehlzeiten-Report 2010

◘ Tab. 28.3.16 Anteile der 40 häufigsten Einzeldiagnosen an den AU-Fällen und AU-Tagen in der Branche Baugewerbe im Jahr 2009, AOK-Mitglieder

ICD-10	Bezeichnung	AU-Fälle in %	AU-Tage in %
M54	Rückenschmerzen	7,7	7,3
J06	Akute Infektionen der oberen Atemwege	7,1	2,8
K52	Nichtinfektiöse Gastroenteritis und Kolitis	3,5	1,1
J20	Akute Bronchitis	2,9	1,3
A09	Diarrhoe und Gastroenteritis	2,4	0,7
T14	Verletzung an einer nicht näher bezeichneten Körperregion	2,4	2,1
J40	Bronchitis	2,2	1,0
K08	Sonstige Krankheiten der Zähne und des Zahnhalteapparates	2,0	0,4
B34	Viruskrankheit	1,6	0,6
I10	Essentielle Hypertonie	1,5	2,5
K29	Gastritis und Duodenitis	1,3	0,6
J03	Akute Tonsillitis	1,3	0,5
J02	Akute Pharyngitis	1,1	0,4
S93	Luxation, Verstauchung und Zerrung der Gelenke und Bänder in Höhe des oberen Sprunggelenkes und des Fußes	1,1	1,2
M51	Sonstige Bandscheibenschäden	1,1	2,7
R10	Bauch- und Beckenschmerzen	1,0	0,5
J01	Akute Sinusitis	1,0	0,4
M25	Sonstige Gelenkkrankheiten	1,0	1,1
J11	Grippe	1,0	0,4
M23	Binnenschädigung des Kniegelenkes	1,0	2,0
M99	Biomechanische Funktionsstörungen	0,9	0,7
M75	Schulterläsionen	0,9	1,9
J32	Chronische Sinusitis	0,9	0,4
M77	Sonstige Enthesopathien	0,9	1,0
M53	Sonstige Krankheiten der Wirbelsäule und des Rückens	0,9	1,0
R51	Kopfschmerz	0,9	0,3
S61	Offene Wunde des Handgelenkes und der Hand	0,8	0,8
S83	Luxation, Verstauchung und Zerrung des Kniegelenkes und von Bändern des Kniegelenkes	0,7	1,4
S60	Oberflächliche Verletzung des Handgelenkes und der Hand	0,7	0,5
B99	Sonstige Infektionskrankheiten	0,7	0,3
M79	Sonstige Krankheiten des Weichteilgewebes	0,6	0,5
R11	Übelkeit und Erbrechen	0,6	0,2
R50	Fieber unbekannter Ursache	0,6	0,3
M47	Spondylose	0,6	0,9
M17	Gonarthrose	0,5	1,5
F32	Depressive Episode	0,5	1,1
J00	Akute Rhinopharyngitis [Erkältungsschnupfen]	0,5	0,2
J98	Sonstige Krankheiten der Atemwege	0,5	0,2
J04	Akute Laryngitis und Tracheitis	0,5	0,2
S62	Fraktur im Bereich des Handgelenkes und der Hand	0,5	1,2
	Summe hier	**50,2**	**36,9**
	Restliche	49,8	63,1
	Gesamtsumme	**100,0**	**100,0**

Fehlzeiten-Report 2010

◘ Tab. 28.3.17 Anteile der 40 häufigsten Diagnoseuntergruppen an den AU-Fällen und AU-Tagen in der Branche Baugewerbe im Jahr 2009, AOK-Mitglieder

ICD-10	Bezeichnung	AU-Fälle in %	AU-Tage in %
J00–J06	Akute Infektionen der oberen Atemwege	11,6	4,7
M40–M54	Krankheiten der Wirbelsäule und des Rückens	10,1	12,3
M60–M79	Krankheiten der Weichteilgewebe	4,3	5,6
K50–K52	Nichtinfektiöse Enteritis und Kolitis	3,8	1,3
M00–M25	Arthropathien	3,8	7,1
J40–J47	Chronische Krankheiten der unteren Atemwege	3,5	2,1
J20–J22	Sonstige akute Infektionen der unteren Atemwege	3,4	1,6
A00–A09	Infektiöse Darmkrankheiten	3,2	1,0
T08–T14	Verletzungen Rumpf, Extremitäten u. a. Körperregionen	2,9	2,6
R50–R69	Allgemeinsymptome	2,7	1,8
S60–S69	Verletzungen des Handgelenkes und der Hand	2,6	3,5
K00–K14	Krankheiten der Mundhöhle, der Speicheldrüsen und der Kiefer	2,6	0,6
K20–K31	Krankheiten des Ösophagus, des Magens und des Duodenums	1,9	1,0
S90–S99	Verletzungen der Knöchelregion und des Fußes	1,9	2,5
B25–B34	Sonstige Viruskrankheiten	1,8	0,7
R10–R19	Symptome bzgl. Verdauungssystem und Abdomen	1,8	0,9
S80–S89	Verletzungen des Knies und des Unterschenkels	1,7	3,4
I10–I15	Hypertonie	1,7	2,9
J30–J39	Sonstige Krankheiten der oberen Atemwege	1,5	0,9
J10–J18	Grippe und Pneumonie	1,5	0,9
S00–S09	Verletzungen des Kopfes	1,2	1,1
R00–R09	Symptome bzgl. Kreislauf- und Atmungssystem	1,1	0,7
F40–F48	Neurotische, Belastungs- und somatoforme Störungen	1,1	1,6
M95–M99	Sonstige Krankheiten des Muskel-Skelett-Systems und des Bindegewebes	1,1	0,8
G40–G47	Episod. und paroxysmale Krankheiten des Nervensystems	0,9	0,8
E70–E90	Stoffwechselstörungen	0,8	1,5
S20–S29	Verletzungen des Thorax	0,8	1,2
F10–F19	Psychische und Verhaltensstörungen durch psychotrope Substanzen	0,7	1,2
I80–I89	Krankheiten der Venen, der Lymphgefäße und -knoten	0,7	0,8
B99–B99	Sonstige Infektionskrankheiten	0,7	0,3
G50–G59	Krankheiten von Nerven, Nervenwurzeln und Nervenplexus	0,7	1,1
S40–S49	Verletzungen der Schulter und des Oberarmes	0,7	1,5
L00–L08	Infektionen der Haut und der Unterhaut	0,7	0,7
F30–F39	Affektive Störungen	0,7	1,6
J95–J99	Sonstige Krankheiten des Atmungssystems	0,6	0,4
K55–K63	Sonstige Krankheiten des Darmes	0,6	0,6
I20–I25	Ischämische Herzkrankheiten	0,6	1,5
S50–S59	Verletzungen des Ellenbogens und des Unterarmes	0,6	1,3
R40–R46	Symptome bzgl. Wahrnehmung, Stimmung und Verhalten	0,6	0,4
I30–I52	Sonstige Formen der Herzkrankheit	0,5	1,1
	Summe hier	83,7	77,6
	Restliche	16,3	22,4
	Gesamtsumme	100,0	100,0

Fehlzeiten-Report 2010

28.4 Dienstleistungen

Tabelle 28.4.1	Entwicklung des Krankenstands der AOK-Mitglieder in der Branche Dienstleistungen in den Jahren 1994 bis 2009.	323
Tabelle 28.4.2	Arbeitsunfähigkeit der AOK-Mitglieder in der Branche Dienstleistungen nach Bundesländern im Jahr 2009 im Vergleich zum Vorjahr.	323
Tabelle 28.4.3	Arbeitsunfähigkeit der AOK-Mitglieder in der Branche Dienstleistungen nach Wirtschaftsabteilungen im Jahr 2009.	324
Tabelle 28.4.4	Kennzahlen der Arbeitsunfähigkeit der AOK-Mitglieder nach ausgewählten Berufsgruppen in der Branche Dienstleistungen im Jahr 2009.	325
Tabelle 28.4.5	Dauer der Arbeitsunfähigkeit der AOK-Mitglieder in der Branche Dienstleistungen im Jahr 2009.	325
Tabelle 28.4.6	Tage der Arbeitsunfähigkeit je AOK-Mitglied nach Wirtschaftsabteilung und Betriebsgröße in der Branche Dienstleistungen im Jahr 2009.	326
Tabelle 28.4.7	Krankenstand in Prozent nach der Stellung im Beruf in der Branche Dienstleistungen im Jahr 2009, AOK-Mitglieder.	326
Tabelle 28.4.8	Tage der Arbeitsunfähigkeit je AOK-Mitglied nach der Stellung im Beruf in der Branche Dienstleistungen im Jahr 2009.	327
Tabelle 28.4.9	Anteil der Arbeitsunfälle an den AU-Fällen und -Tagen in Prozent nach Wirtschaftsabteilungen in der Branche Dienstleistungen im Jahr 2009, AOK-Mitglieder.	327
Tabelle 28.4.10	Tage und Fälle der Arbeitsunfähigkeit durch Arbeitsunfälle nach Berufsgruppen in der Branche Dienstleistungen im Jahr 2009, AOK-Mitglieder.	328
Tabelle 28.4.11	Tage und Fälle der Arbeitsunfähigkeit je 100 AOK-Mitglieder nach Krankheitsarten in der Branche Dienstleistungen in den Jahren 1995 bis 2009.	328
Tabelle 28.4.12	Verteilung der Arbeitsunfähigkeitstage nach Krankheitsarten in Prozent in der Branche Dienstleistungen im Jahr 2009, AOK-Mitglieder.	329
Tabelle 28.4.13	Verteilung der Arbeitsunfähigkeitsfälle nach Krankheitsarten in Prozent in der Branche Dienstleistungen im Jahr 2009, AOK-Mitglieder.	329
Tabelle 28.4.14	Verteilung der Arbeitsunfähigkeitstage nach Krankheitsarten und ausgewählten Berufsgruppen in der Branche Dienstleistungen im Jahr 2009, AOK-Mitglieder.	330
Tabelle 28.4.15	Verteilung der Arbeitsunfähigkeitsfälle nach Krankheitsarten und ausgewählten Berufsgruppen in der Branche Dienstleistungen im Jahr 2009, AOK-Mitglieder.	331
Tabelle 28.4.16	Anteile der 40 häufigsten Einzeldiagnosen an den AU-Fällen und AU-Tagen in der Branche Dienstleistungen im Jahr 2009, AOK-Mitglieder.	332
Tabelle 28.4.17	Anteile der 40 häufigsten Diagnoseuntergruppen an den AU-Fällen und AU-Tagen in der Branche Dienstleistungen im Jahr 2009, AOK-Mitglieder.	333

◘ Tab. 28.4.1 Entwicklung des Krankenstands der AOK-Mitglieder in der Branche Dienstleistungen in den Jahren 1994 bis 2009

Jahr	Krankenstand in %			AU-Fälle je 100 AOK-Mitglieder			Tage je Fall		
	West	Ost	Bund	West	Ost	Bund	West	Ost	Bund
1994	5,7	6,1	5,8	136,9	134,9	136,6	14,0	14,6	14,1
1995	5,2	6,0	5,3	144,7	149,1	145,5	13,5	14,5	13,7
1996	4,8	5,6	4,9	133,7	142,5	135,3	13,7	14,3	13,8
1997	4,6	5,3	4,7	132,0	135,1	132,5	12,8	13,9	13,0
1998	4,7	5,2	4,8	136,6	136,4	136,6	12,6	13,5	12,8
1999	4,9	5,6	5,0	146,2	155,7	147,6	12,2	13,1	12,3
2000	4,9	5,5	5,0	152,7	165,0	154,3	11,8	12,3	11,9
2001	4,9	5,4	4,9	150,0	155,2	150,7	11,8	12,7	12,0
2002	4,8	5,2	4,8	149,6	152,6	150,0	11,7	12,4	11,8
2003	4,6	4,7	4,6	146,4	142,9	145,9	11,4	11,9	11,4
2004	4,2	4,2	4,2	132,8	127,3	131,9	11,6	12,0	11,7
2005	4,1	4,0	4,1	131,7	121,6	130,1	11,3	11,9	11,4
2006	4,0	3,8	4,0	130,3	118,3	128,3	11,2	11,8	11,3
2007	4,3	4,1	4,3	142,0	128,6	139,7	11,1	11,7	11,2
2008 (WZ03)	4,4	4,3	4,4	149,3	133,1	146,9	10,9	11,9	11,0
2008 (WZ08)*	4,4	4,3	4,4	148,3	133,9	145,9	10,8	11,7	10,9
2009	4,5	4,6	4,5	150,6	141,1	149,0	10,8	11,9	11,0

*aufgrund der Revision der Wirtschaftszweigklassifikation in 2008 ist eine Vergleichbarkeit mit den Vorjahren nur bedingt möglich

Fehlzeiten-Report 2010

◘ Tab. 28.4.2 Arbeitsunfähigkeit der AOK-Mitglieder in der Branche Dienstleistungen nach Bundesländern im Jahr 2009 im Vergleich zum Vorjahr

Bundesland	Kranken- stand in %	Arbeitsunfähigkeit je 100 AOK-Mitglieder				Tage je Fall	Veränd. z. Vorj. in %	AU- Quote in %
		AU- Fälle	Veränd. z. Vorj. in %	AU- Tage	Veränd. z. Vorj. in %			
Baden-Württemberg	4,2	145,6	0,2	1.544,9	1,3	10,6	1,0	50,6
Bayern	4,0	129,0	1,5	1.442,7	0,8	11,2	-0,9	45,4
Berlin	5,6	164,3	6,1	2.030,5	2,7	12,4	-3,1	46,7
Brandenburg	5,2	149,0	5,2	1.884,5	6,2	12,6	0,8	50,5
Bremen	5,1	148,6	-5,2	1.851,8	1,5	12,5	7,8	47,9
Hamburg	5,3	166,0	3,8	1.942,2	3,4	11,7	-0,8	49,7
Hessen	5,0	164,7	1,5	1.807,2	2,2	11,0	0,9	51,2
Mecklenburg-Vorpommern	4,9	142,0	4,0	1.789,0	6,6	12,6	2,4	47,3
Niedersachsen	4,2	163,3	3,9	1.528,9	4,9	9,4	1,1	52,9
Nordrhein-Westfalen	4,8	160,7	1,0	1.739,6	1,9	10,8	0,9	51,5
Rheinland-Pfalz	4,8	167,5	2,7	1.762,4	2,2	10,5	-0,9	52,7
Saarland	5,1	147,9	-1,3	1.846,3	-0,4	12,5	0,8	47,4
Sachsen	4,3	136,8	7,0	1.575,5	8,2	11,5	0,9	51,2
Sachsen-Anhalt	5,0	144,1	3,4	1.827,0	5,2	12,7	1,6	47,9
Schleswig-Holstein	5,0	152,6	3,7	1.841,9	4,1	12,1	0,8	51,3
Thüringen	4,7	146,9	2,0	1.733,6	4,5	11,8	2,6	50,6
West	4,5	150,6	1,6	1.630,4	2,0	10,8	0,0	49,8
Ost	4,6	141,1	5,4	1.682,2	6,9	11,9	1,7	50,2
Bund	4,5	149,0	2,1	1.639,4	2,8	11,0	0,9	49,9

Fehlzeiten-Report 2010

◘ Tab. 28.4.3 Arbeitsunfähigkeit der AOK-Mitglieder in der Branche Dienstleistungen nach Wirtschaftsabteilungen im Jahr 2009

Wirtschaftsabteilung	Krankenstand in %		Arbeitsunfähigkeiten je 100 AOK-Mitglieder		Tage je Fall	AU-Quote in %
	2009	2009 stand.*	Fälle	Tage		
Dienstleistungen überwiegend für Unternehmen	5,0	5,0	168,0	1.810,9	10,8	46,4
Freiberufliche, wissenschaftliche und technische Dienstleistungen	3,7	3,9	138,1	1.343,9	9,7	51,2
Sonstige Dienstleistungen	4,5	4,4	165,2	1.648,7	10,0	55,5
Gastgewerbe	3,7	3,8	113,3	1.338,5	11,8	39,6
Gesundheits- und Sozialwesen	5,0	4,9	156,8	1.838,4	11,7	58,5
Grundstücks- und Wohnungswesen	4,0	3,7	119,1	1.445,6	12,1	47,7
Information und Kommunikation	3,1	3,5	126,5	1.127,5	8,9	45,0
Kunst, Unterhaltung, Erholung	4,1	4,1	120,7	1.499,4	12,4	41,0
Private Haushalte, Herstellung von Waren, Dienstleistungen für den Eigenbedarf	2,6	2,6	76,6	950,4	12,4	33,2
Branche insgesamt	**4,5**	**4,5**	**149,0**	**1.639,4**	**11,0**	**49,9**
Alle Branchen	**4,8**	**4,7**	**150,9**	**1.734,9**	**11,5**	**54,0**

*Krankenstand alters- und geschlechtsstandardisiert

Fehlzeiten-Report 2010

◘ **Tab. 28.4.4** Kennzahlen der Arbeitsunfähigkeit der AOK-Mitglieder nach ausgewählten Berufsgruppen in der Branche Dienstleistungen im Jahr 2009

Tätigkeit	Krankenstand in %	Arbeitsunfähigkeiten je 100 AOK-Mitglieder		Tage je Fall	AU-Quote in %	Anteil der Berufsgruppe an der Branche in %*
		Fälle	Tage			
Bürofachkräfte	3,3	141,2	1.199,1	8,5	50,5	6,5
Friseur(e)	3,2	173,7	1.182,5	6,8	56,7	1,8
Gärtner, Gartenarbeiter	5,1	169,9	1.866,8	11,0	55,1	1,4
Glas-, Gebäudereiniger	5,3	151,4	1.941,8	12,8	49,8	1,2
Hauswirtschaftliche Betreuer	5,9	149,3	2.154,2	14,4	55,0	2,4
Heimleiter, Sozialpädagogen	4,2	146,6	1.525,7	10,4	58,1	1,5
Helfer in der Krankenpflege	6,8	169,5	2.495,1	14,7	62,0	2,9
Hilfsarbeiter	4,9	203,8	1.785,9	8,8	42,1	8,2
Kindergärtnerinnen, Kinderpfleger	4,2	183,1	1.533,9	8,4	64,3	1,7
Köche	4,5	127,7	1.651,9	12,9	44,6	7,6
Krankenschwestern, -pfleger, Hebammen	4,6	139,5	1.695,6	12,2	58,3	4,9
Lager-, Transportarbeiter	5,4	183,9	1.957,9	10,6	48,0	2,1
Pförtner, Hauswarte	4,6	114,6	1.674,0	14,6	47,2	1,4
Raum-, Hausratreiniger	5,7	148,9	2.079,0	14,0	53,2	8,2
Restaurantfachleute, Steward/Stewardessen	3,3	105,6	1.193,8	11,3	36,1	4,0
Sozialarbeiter, Sozialpfleger	5,8	169,2	2.124,5	12,6	60,4	5,3
Sprechstundenhelfer	2,5	140,3	896,2	6,4	52,5	3,6
Gästebetreuer	4,0	123,8	1.459,3	11,8	42,0	1,2
Verkäufer	4,3	138,2	1.552,3	11,2	45,6	2,8
Wächter, Aufseher	5,1	126,7	1.868,7	14,7	46,5	1,5
Branche insgesamt	**4,5**	**149,0**	**1.639,4**	**11,0**	**49,9**	**38,2****

* Anteil der AOK-Mitglieder in der Berufsgruppe an den in der Branche beschäftigten AOK-Mitgliedern insgesamt
**Anteil der AOK-Mitglieder in der Branche an allen AOK-Mitgliedern

Fehlzeiten-Report 2010

◘ **Tab. 28.4.5** Dauer der Arbeitsunfähigkeit der AOK-Mitglieder in der Branche Dienstleistungen im Jahr 2009

Fallklasse	Branche hier		Alle Branchen	
	Anteil Fälle in %	Anteil Tage in %	Anteil Fälle in %	Anteil Tage in %
1–3 Tage	34,0	6,3	34,7	6,1
4–7 Tage	32,0	14,6	30,6	13,2
8–14 Tage	18,1	16,7	17,9	15,9
15–21 Tage	6,1	9,4	6,2	9,2
22–28 Tage	3,0	6,6	3,2	6,7
29–42 Tage	3,0	9,1	3,2	9,4
Langzeit-AU (> 42 Tage)	3,8	37,3	4,2	39,5

Fehlzeiten-Report 2010

Tab. 28.4.6 Tage der Arbeitsunfähigkeit je AOK-Mitglied nach Wirtschaftsabteilung und Betriebsgröße in der Branche Dienstleistungen im Jahr 2009

Wirtschaftsabteilungen	Betriebsgröße (Anzahl der AOK-Mitglieder)					
	10–49	50–99	100–199	200–499	500–999	≥ 1.000
Dienstleistungen überwiegend für Unternehmen	18,6	18,8	18,7	19,2	20,4	15,8
Freiberufliche, wissenschaftliche und technische Dienstleistungen	14,5	17,2	18,1	17,5	18,3	18,8
Sonstige Dienstleistungen	18,1	20,0	21,1	20,3	17,7	19,1
Gastgewerbe	14,7	17,5	20,2	21,1	20,2	24,5
Gesundheits- und Sozialwesen	20,7	20,9	20,7	20,2	20,8	18,6
Grundstücks- und Wohnungswesen	17,0	20,6	24,5	24,5	–	–
Information und Kommunikation	11,6	14,1	15,6	15,0	19,6	–
Kunst, Unterhaltung und Erholung	16,6	19,3	18,8	14,9	13,3	21,5
Private Haushalte, Herstellung von Waren, Dienstleistungen durch private Haushalte für den Eigenbedarf	11,9	–	9,2	–	–	–
Branche insgesamt	17,9	19,4	19,6	19,5	20,0	18,4
Alle Branchen	18,0	19,3	19,7	19,7	20,1	18,6

Fehlzeiten-Report 2010

Tab. 28.4.7 Krankenstand in Prozent nach der Stellung im Beruf in der Branche Dienstleistungen im Jahr 2009, AOK-Mitglieder

Wirtschaftsabteilung	Stellung im Beruf				
	Auszubildende	Arbeiter	Facharbeiter	Meister, Poliere	Angestellte
Dienstleistungen überwiegend für Unternehmen	4,3	5,0	5,3	4,2	3,9
Freiberufliche, wissenschaftliche und technische Dienstleistungen	3,4	5,9	4,8	3,6	2,7
Sonstige Dienstleistungen	5,0	5,6	3,9	3,4	3,9
Gastgewerbe	4,1	3,7	3,5	4,0	3,2
Gesundheits- und Sozialwesen	3,7	7,4	5,4	4,4	4,4
Grundstücks- und Wohnungswesen	3,3	4,6	4,9	3,5	3,2
Information und Kommunikation	2,8	5,2	4,2	3,1	2,6
Kunst, Unterhaltung und Erholung	3,7	4,5	4,9	4,8	3,5
Private Haushalte, Herstellung von Waren, Dienstleistungen durch private Haushalte für den Eigenbedarf	3,3	2,5	2,8	1,4	2,3
Branche insgesamt	3,9	5,1	4,5	3,9	3,7
Alle Branchen	4,2	5,7	5,1	3,9	3,5

Fehlzeiten-Report 2010

Tab. 28.4.8 Tage der Arbeitsunfähigkeit je AOK-Mitglied nach der Stellung im Beruf in der Branche Dienstleistungen im Jahr 2009

Wirtschaftsabteilung	Stellung im Beruf				
	Auszubildende	Arbeiter	Facharbeiter	Meister, Poliere	Angestellte
Dienstleistungen überwiegend für Unternehmen	15,8	18,4	19,3	15,3	14,3
Freiberufliche, wissenschaftliche und technische Dienstleistungen	12,5	21,5	17,5	13,1	9,9
Sonstige Dienstleistungen	18,1	20,4	14,2	12,5	14,4
Gastgewerbe	15,0	13,6	12,8	14,6	11,7
Gesundheits- und Sozialwesen	13,6	27,0	19,6	16,0	16,0
Grundstücks- und Wohnungswesen	12,2	16,7	17,9	12,8	11,8
Information und Kommunikation	10,3	18,9	15,3	11,4	9,4
Kunst, Unterhaltung und Erholung	13,7	16,4	17,9	17,3	12,8
Private Haushalte, Herstellung von Waren, Dienstleistungen durch private Haushalte für den Eigenbedarf	11,9	9,1	10,1	5,2	8,6
Branche insgesamt	14,4	18,5	16,6	14,2	13,6
Alle Branchen	15,3	20,7	18,5	14,2	12,9

Fehlzeiten-Report 2010

Tab. 28.4.9 Anteil der Arbeitsunfälle an den AU-Fällen und -Tagen in Prozent nach Wirtschaftsabteilungen in der Branche Dienstleistungen im Jahr 2009, AOK-Mitglieder

Wirtschaftsabteilung	AU-Fälle in %	AU-Tage in %
Dienstleistungen überwiegend für Unternehmen	4,2	5,6
Freiberufliche, wissenschaftliche und technische Dienstleistungen	2,2	3,2
Sonstige Dienstleistungen	2,2	3,1
Gastgewerbe	4,1	4,7
Gesundheits- und Sozialwesen	2,1	2,6
Grundstücks- und Wohnungswesen	3,1	4,5
Information und Kommunikation	1,5	2,3
Kunst, Unterhaltung und Erholung	4,7	7,2
Private Haushalte, Herstellung von Waren, Dienstleistungen durch private Haushalte für den Eigenbedarf	2,3	3,3
Branche insgesamt	2,9	3,9
Alle Branchen	3,9	5,2

Fehlzeiten-Report 2010

◘ Tab. 28.4.10 Tage und Fälle der Arbeitsunfähigkeit durch Arbeitsunfälle nach Berufsgruppen in der Branche Dienstleistungen im Jahr 2009, AOK-Mitglieder

Tätigkeit	Arbeitsunfähigkeit je 1.000 AOK-Mitglieder	
	AU-Tage	AU-Fälle
Industriemechaniker/innen	2.309,1	145,6
Gärtner, Gartenarbeiter	1.590,3	105,1
Kraftfahrzeugführer	1.301,0	69,4
Hilfsarbeiter	1.270,7	103,1
Lager-, Transportarbeiter	1.096,5	78,9
Glas-, Gebäudereiniger	967,2	54,1
Pförtner, Hauswarte	949,4	54,1
Wächter, Aufseher	772,0	38,7
Köche	742,8	57,8
Hauswirtschaftliche Betreuer	666,9	39,5
Raum-, Hausratreiniger	647,1	39,8
Helfer in der Krankenpflege	628,8	38,5
Sozialarbeiter, Sozialpfleger	527,8	33,6
Restaurantfachleute, Steward/Stewardessen	493,2	37,1
Verkäufer	455,4	34,2
Krankenschwestern, -pfleger, Hebammen	404,4	27,3
Bürofachkräfte	205,4	15,7
Sprechstundenhelfer	144,4	16,9
Branche insgesamt	**632,2**	**43,8**
Alle Branchen	**900,7**	**58,4**

Fehlzeiten-Report 2010

◘ Tab. 28.4.11 Tage und Fälle der Arbeitsunfähigkeit je 100 AOK-Mitglieder nach Krankheitsarten in der Branche Dienstleistungen in den Jahren 1995 bis 2009

Jahr	Arbeitsunfähigkeiten je 100 AOK-Mitglieder											
	Psyche		Herz/Kreislauf		Atemwege		Verdauung		Muskel/Skelett		Verletzungen	
	Tage	Fälle	Tage	Fälle	Tage	Fälle	Tage	Fälle	Tage	Fälle	Tage	Fälle
1995	131,2	5,4	189,5	9,8	388,0	47,1	196,9	23,7	577,8	30,4	304,6	18,9
1996	126,7	5,1	166,6	8,6	350,8	43,5	173,5	22,0	529,5	27,9	285,6	17,7
1997	120,9	5,4	153,0	8,7	309,8	41,8	159,5	21,6	467,4	27,1	267,9	17,3
1998	129,5	5,8	150,0	8,9	307,2	43,3	155,3	22,0	480,0	28,7	260,5	17,4
1999	137,2	6,3	147,1	9,2	343,9	48,9	159,4	24,1	504,9	31,3	260,8	18,0
2000	163,5	7,7	131,5	8,3	321,8	45,8	142,8	20,4	543,2	33,4	249,3	17,2
2001	174,7	8,6	135,5	9,0	303,0	44,8	143,3	20,9	554,2	34,5	246,0	17,2
2002	180,1	8,9	131,4	9,0	289,1	43,5	143,9	21,9	542,4	34,1	239,2	16,7
2003	175,1	8,8	125,2	8,9	289,3	44,7	134,6	20,9	491,7	31,5	226,0	15,8
2004	187,1	8,8	130,4	7,9	247,0	37,4	133,3	20,0	463,9	29,2	216,7	14,6
2005	179,3	8,2	123,3	7,4	275,1	41,7	121,8	18,2	429,9	27,2	208,9	13,9
2006	181,7	8,4	122,7	7,6	234,5	36,5	125,9	19,6	435,3	28,0	217,8	14,7
2007	201,1	9,1	126,2	7,6	264,4	41,3	135,8	21,6	461,1	29,5	220,2	14,9
2008 (WZ03)	211,3	9,5	129,6	7,9	276,0	43,4	141,4	22,7	477,2	31,0	225,5	15,3
2008 (WZ08)*	208,8	9,5	126,2	7,8	273,5	43,3	139,4	22,5	466,7	30,6	222,4	15,2
2009	220,9	9,9	126,0	7,6	314,1	48,7	135,2	21,4	453,6	28,8	218,7	14,2

*aufgrund der Revision der Wirtschaftszweigklassifikation in 2008 ist eine Vergleichbarkeit mit den Vorjahren nur bedingt möglich

Fehlzeiten-Report 2010

◘ Tab. 28.4.12 Verteilung der Arbeitsunfähigkeitstage nach Krankheitsarten in Prozent in der Branche Dienstleistungen im Jahr 2009, AOK-Mitglieder

Wirtschaftsabteilung	AU-Tage in %						
	Psyche	Herz/ Kreislauf	Atem- wege	Verdau- ung	Muskel/ Skelett	Verlet- zungen	Sonstige
Dienstleistungen überwiegend für Unternehmen	8,3	6,2	14,7	6,6	23,6	12,3	28,3
Freiberufliche, wissenschaftliche und technische Dienstleistungen	10,6	5,6	16,4	6,6	19,4	9,9	31,5
Sonstige Dienstleistungen	10,3	5,8	16,4	6,6	20,2	9,7	31,0
Gastgewerbe	9,7	5,8	13,2	6,8	21,4	11,8	31,3
Gesundheits- und Sozialwesen	12,3	5,8	14,6	5,9	21,3	8,7	31,4
Grundstücks- und Wohnungswesen	8,5	8,0	12,8	6,3	22,2	11,1	31,1
Information und Kommunikation	10,6	6,0	19,1	7,2	16,7	9,2	31,2
Kunst, Unterhaltung und Erholung	10,7	6,5	14,0	6,2	19,8	13,2	29,6
Private Haushalte, Herstellung von Waren, Dienstleistungen durch private Haushalte für den Eigenbedarf	9,2	6,5	11,1	5,9	19,2	10,8	37,3
Branche insgesamt	**10,5**	**6,0**	**14,9**	**6,4**	**21,5**	**10,3**	**30,4**
Alle Branchen	**8,6**	**6,8**	**14,0**	**6,2**	**23,0**	**12,3**	**29,1**

Fehlzeiten-Report 2010

◘ Tab. 28.4.13 Verteilung der Arbeitsunfähigkeitsfälle nach Krankheitsarten in Prozent in der Branche Dienstleistungen im Jahr 2009, AOK-Mitglieder

Wirtschaftsabteilung	AU-Fälle in %						
	Psyche	Herz/ Kreislauf	Atem- wege	Verdau- ung	Muskel/ Skelett	Verlet- zungen	Sonstige
Dienstleistungen überwiegend für Unternehmen	4,6	4,0	23,5	11,2	18,4	8,9	29,4
Freiberufliche, wissenschaftliche und technische Dienstleistungen	4,8	3,6	27,9	11,5	12,6	6,6	33,0
Sonstige Dienstleistungen	4,9	3,9	27,1	11,6	13,3	6,7	32,5
Gastgewerbe	5,2	4,1	22,5	11,2	15,3	9,0	32,7
Gesundheits- und Sozialwesen	5,8	4,0	26,1	10,9	13,9	6,3	33,0
Grundstücks- und Wohnungswesen	4,6	5,4	23,2	11,0	15,9	7,8	32,1
Information und Kommunikation	4,8	3,7	30,7	11,5	11,3	5,8	32,2
Kunst, Unterhaltung und Erholung	6,0	4,5	24,1	10,2	14,7	9,3	31,2
Private Haushalte, Herstellung von Waren, Dienstleistungen durch private Haushalte für den Eigenbedarf	5,5	5,6	21,2	9,8	15,1	6,9	35,9
Branche insgesamt	**5,2**	**4,0**	**25,4**	**11,1**	**15,0**	**7,4**	**31,9**
Alle Branchen	**4,4**	**4,2**	**24,7**	**11,1**	**16,4**	**8,7**	**30,5**

Fehlzeiten-Report 2010

Tab. 28.4.14 Verteilung der Arbeitsunfähigkeitstage nach Krankheitsarten und ausgewählten Berufsgruppen in der Branche Dienstleistungen im Jahr 2009, AOK-Mitglieder

Tätigkeit	AU-Tage in %						
	Psyche	Herz/ Kreislauf	Atem- wege	Verdau- ung	Muskel/ Skelett	Verlet- zungen	Sonstige
Bürofachkräfte	12,5	5,1	19,1	7,2	13,8	8,0	34,3
Friseur(e/innen)	9,1	3,8	20,7	8,5	14,8	9,0	34,1
Gärtner, Gartenarbeiter	6,2	6,2	13,4	6,5	25,7	17,3	24,7
Glas-, Gebäudereiniger	7,6	6,7	12,9	5,8	26,7	11,7	28,6
Hauswirtschaftliche Betreuer	11,1	6,2	11,5	5,3	25,6	8,7	31,6
Heimleiter, Sozialpädagogen	15,4	4,7	18,1	5,9	15,6	9,2	31,1
Helfer in der Krankenpflege	12,8	6,4	12,4	5,5	24,6	8,2	30,1
Hilfsarbeiter	6,7	5,0	16,4	7,6	23,5	14,8	26,0
Kindergärtnerinnen, Kinderpflegerinnen	13,5	4,0	22,4	6,6	13,9	7,2	32,4
Köche	10,0	6,2	12,3	6,4	23,2	11,0	30,9
Krankenschwestern, -pfleger, Hebammen	13,0	5,3	14,8	5,8	20,3	8,9	31,9
Lager-, Transportarbeiter	7,4	6,1	14,4	6,8	25,5	12,6	27,2
Pförtner, Hauswarte	8,5	9,4	10,7	6,2	23,2	12,2	29,8
Raum-, Hausratreiniger	9,5	6,7	12,2	5,4	26,4	8,7	31,1
Restaurantfachleute, Steward/ Stewardessen	10,2	5,2	13,6	6,9	20,6	12,2	31,3
Sozialarbeiter, Sozialpfleger	13,7	5,6	14,3	5,8	21,7	8,1	30,8
Sprechstundenhelfer	11,6	3,6	21,2	8,6	10,8	7,9	36,3
Gästebetreuer	9,9	6,0	13,7	6,5	21,4	11,4	31,1
Verkäufer	11,0	5,3	14,5	6,5	21,4	9,2	32,1
Wächter, Aufseher	11,9	8,6	13,1	6,4	19,1	10,0	30,9
Branche insgesamt	**10,5**	**6,0**	**14,9**	**6,4**	**21,5**	**10,3**	**30,4**
Alle Branchen	**8,6**	**6,8**	**14,0**	**6,2**	**23,0**	**12,3**	**29,1**

Fehlzeiten-Report 2010

◼ Tab. 28.4.15 Verteilung der Arbeitsunfähigkeitsfälle nach Krankheitsarten und ausgewählten Berufsgruppen in der Branche Dienstleistungen im Jahr 2009, AOK-Mitglieder

Tätigkeit	AU-Fälle in %						
	Psyche	Herz/Kreislauf	Atemwege	Verdauung	Muskel/Skelett	Verletzungen	Sonstige
Bürofachkräfte	5,3	3,5	29,7	12,2	9,5	5,1	34,7
Friseur(e)	4,3	2,9	28,8	12,9	9,1	5,6	36,4
Gärtner, Gartenarbeiter	3,4	3,7	22,5	11,2	20,5	12,6	26,1
Glas-, Gebäudereiniger	4,5	4,5	21,5	10,3	21,2	8,7	29,3
Hauswirtschaftliche Betreuer	6,0	4,9	21,3	9,9	18,4	6,7	32,8
Heimleiter, Sozialpädagogen	6,4	3,1	30,9	10,1	11,0	6,0	32,5
Helfer in der Krankenpflege	6,5	4,5	23,7	9,9	17,1	6,5	31,8
Hilfsarbeiter	3,9	3,4	23,4	11,8	19,6	10,3	27,6
Kindergärtnerinnen, Kinderpflegerinnen	4,8	2,6	34,7	11,3	8,7	4,6	33,3
Köche	5,2	4,4	21,6	11,1	16,6	9,0	32,1
Krankenschwestern, -pfleger, Hebammen	6,0	3,7	26,9	10,2	13,2	6,3	33,7
Lager-, Transportarbeiter	4,2	3,9	22,8	11,2	20,6	9,3	28,0
Pförtner, Hauswarte	4,9	6,7	19,7	10,4	18,8	9,5	30,0
Raum-, Hausratreiniger	5,5	5,1	21,0	9,6	20,2	6,7	31,9
Restaurantfachleute, Steward/Stewardessen	5,6	3,7	23,1	11,3	14,1	8,8	33,4
Sozialarbeiter, Sozialpfleger	6,7	3,9	25,6	10,5	14,7	6,1	32,5
Sprechstundenhelfer	4,3	2,6	30,2	13,3	6,5	4,9	38,2
Gästebetreuer	5,2	4,1	23,1	10,8	15,0	8,2	33,6
Verkäufer	5,6	3,7	24,7	11,2	14,1	7,1	33,6
Wächter, Aufseher	7,0	6,0	21,9	10,6	15,0	7,6	31,9
Branche insgesamt	5,2	4,0	25,4	11,1	15,0	7,4	31,9
Alle Branchen	4,4	4,2	24,7	11,1	16,4	8,7	30,5

Fehlzeiten-Report 2010

Tab. 28.4.16 Anteile der 40 häufigsten Einzeldiagnosen an den AU-Fällen und AU-Tagen in der Branche Dienstleistungen im Jahr 2009, AOK-Mitglieder

ICD-10	Bezeichnung	AU-Fälle in %	AU-Tage in %
J06	Akute Infektionen der oberen Atemwege	8,2	4,1
M54	Rückenschmerzen	6,0	6,2
K52	Nichtinfektiöse Gastroenteritis und Kolitis	3,7	1,5
J20	Akute Bronchitis	3,1	1,9
A09	Diarrhoe und Gastroenteritis	2,6	1,0
J40	Bronchitis	2,5	1,4
B34	Viruskrankheit	1,8	0,9
K08	Sonstige Krankheiten der Zähne und des Zahnhalteapparates	1,7	0,4
K29	Gastritis und Duodenitis	1,6	0,9
R10	Bauch- und Beckenschmerzen	1,6	0,9
J03	Akute Tonsillitis	1,4	0,7
I10	Essentielle Hypertonie	1,4	2,2
J01	Akute Sinusitis	1,3	0,7
F32	Depressive Episode	1,3	3,1
J02	Akute Pharyngitis	1,3	0,6
J32	Chronische Sinusitis	1,2	0,7
T14	Verletzung an einer nicht näher bezeichneten Körperregion	1,1	1,0
F43	Reaktionen auf schwere Belastungen und Anpassungsstörungen	1,0	1,8
R51	Kopfschmerz	1,0	0,5
J11	Grippe	1,0	0,6
M53	Sonstige Krankheiten der Wirbelsäule und des Rückens	0,9	1,1
R11	Übelkeit und Erbrechen	0,8	0,4
J04	Akute Laryngitis und Tracheitis	0,8	0,4
M51	Sonstige Bandscheibenschäden	0,7	1,8
M99	Biomechanische Funktionsstörungen	0,7	0,6
B99	Sonstige Infektionskrankheiten	0,7	0,4
M25	Sonstige Gelenkkrankheiten	0,7	0,8
F45	Somatoforme Störungen	0,7	1,1
G43	Migräne	0,7	0,3
M77	Sonstige Enthesopathien	0,7	0,9
N39	Sonstige Krankheiten des Harnsystems	0,6	0,4
R50	Fieber unbekannter Ursache	0,6	0,4
M79	Sonstige Krankheiten des Weichteilgewebes	0,6	0,6
J00	Akute Rhinopharyngitis [Erkältungsschnupfen]	0,6	0,3
F48	Andere neurotische Störungen	0,6	0,9
M75	Schulterläsionen	0,6	1,3
J98	Sonstige Krankheiten der Atemwege	0,6	0,3
S93	Luxation, Verstauchung und Zerrung der Gelenke und Bänder in Höhe des oberen Sprunggelenkes und des Fußes	0,6	0,7
R42	Schwindel und Taumel	0,6	0,4
R53	Unwohlsein und Ermüdung	0,5	0,5
	Summe hier	58,1	44,7
	Restliche	41,9	55,3
	Gesamtsumme	100,0	100,0

Fehlzeiten-Report 2010

◘ **Tab. 28.4.17** Anteile der 40 häufigsten Diagnoseuntergruppen an den AU-Fällen und AU-Tagen in der Branche Dienstleistungen im Jahr 2009, AOK-Mitglieder

ICD-10	Bezeichnung	AU-Fälle in %	AU-Tage in %
J00–J06	Akute Infektionen der oberen Atemwege	13,5	6,8
M40–M54	Krankheiten der Wirbelsäule und des Rückens	8,0	10,1
K50–K52	Nichtinfektiöse Enteritis und Kolitis	4,1	1,8
J40–J47	Chronische Krankheiten der unteren Atemwege	3,8	2,7
J20–J22	Sonstige akute Infektionen der unteren Atemwege	3,6	2,2
A00–A09	Infektiöse Darmkrankheiten	3,3	1,3
R50–R69	Allgemeinsymptome	3,2	2,4
M60–M79	Krankheiten der Weichteilgewebe	3,1	4,4
F40–F48	Neurotische, Belastungs- und somatoforme Störungen	2,7	4,5
R10–R19	Symptome bzgl. Verdauungssystem und Abdomen	2,6	1,5
M00–M25	Arthropathien	2,5	5,1
K20–K31	Krankheiten des Ösophagus, des Magens und des Duodenums	2,2	1,3
K00–K14	Krankheiten der Mundhöhle, der Speicheldrüsen und der Kiefer	2,2	0,6
B25–B34	Sonstige Viruskrankheiten	2,0	1,0
J30–J39	Sonstige Krankheiten der oberen Atemwege	1,8	1,2
F30–F39	Affektive Störungen	1,6	4,3
I10–I15	Hypertonie	1,5	2,5
J10–J18	Grippe und Pneumonie	1,5	1,0
G40–G47	Episod. und paroxysmale Krankheiten des Nervensystems	1,4	1,1
T08–T14	Verletzungen Rumpf, Extremitäten u. a. Körperregionen	1,3	1,3
R00–R09	Symptome bzgl. Kreislauf- und Atmungssystem	1,1	0,8
N30–N39	Sonstige Krankheiten des Harnsystems	1,0	0,7
S60–S69	Verletzungen des Handgelenkes und der Hand	1,0	1,3
S90–S99	Verletzungen der Knöchelregion und des Fußes	1,0	1,3
S80–S89	Verletzungen des Knies und des Unterschenkels	0,9	1,8
N80–N98	Krankheiten des weiblichen Genitaltraktes	0,8	0,8
M95–M99	Sonstige Krankheiten des Muskel-Skelett-Systems und des Bindegewebes	0,8	0,7
B99–B99	Sonstige Infektionskrankheiten	0,8	0,4
I80–I89	Krankheiten der Venen, der Lymphgefäße und -knoten	0,8	0,9
R40–R46	Symptome bzgl. Wahrnehmung, Stimmung und Verhalten	0,7	0,6
J95–J99	Sonstige Krankheiten des Atmungssystems	0,7	0,5
Z20–Z29	Pot. Gesundheitsrisiken bzgl. übertragbarer Krankheiten	0,7	0,4
E70–E90	Stoffwechselstörungen	0,7	1,1
I95–I99	Sonstige Krankheiten des Kreislaufsystems	0,7	0,4
G50–G59	Krankheiten von Nerven, Nervenwurzeln und Nervenplexus	0,6	1,2
K55–K63	Sonstige Krankheiten des Darmes	0,6	0,6
S00–S09	Verletzungen des Kopfes	0,6	0,5
O60–O75	Komplikationen bei Wehentätigkeit und Entbindung	0,6	0,3
O20–O29	Sonstige mit Schwangerschaft verbundene Krankheiten	0,6	0,5
F10–F19	Psychische und Verhaltensstörungen durch psychotrope Substanzen	0,6	1,0
	Summe hier	**81,2**	**72,9**
	Restliche	18,8	27,1
	Gesamtsumme	**100,0**	**100,0**

Fehlzeiten-Report 2010

28.5 Energie, Wasser, Entsorgung und Bergbau

Tabelle 28.5.1	Entwicklung des Krankenstands der AOK-Mitglieder in der Branche Energie, Wasser, Entsorgung und Bergbau in den Jahren 1994 bis 2009	335
Tabelle 28.5.2	Arbeitsunfähigkeit der AOK-Mitglieder in der Branche Energie, Wasser, Entsorgung und Bergbau nach Bundesländern im Jahr 2009 im Vergleich zum Vorjahr	335
Tabelle 28.5.3	Arbeitsunfähigkeit der AOK-Mitglieder in der Branche Energie, Wasser, Entsorgung und Bergbau nach Wirtschaftsabteilungen im Jahr 2009	336
Tabelle 28.5.4	Kennzahlen der Arbeitsunfähigkeit der AOK-Mitglieder nach ausgewählten Berufsgruppen in der Branche Energie, Wasser, Entsorgung und Bergbau im Jahr 2009.	336
Tabelle 28.5.5	Dauer der Arbeitsunfähigkeit der AOK-Mitglieder in der Branche Energie, Wasser, Entsorgung und Bergbau im Jahr 2009	337
Tabelle 28.5.6	Tage der Arbeitsunfähigkeit je AOK-Mitglied nach Wirtschaftsabteilung und Betriebsgröße in der Branche Energie, Wasser, Entsorgung und Bergbau im Jahr 2009. .	337
Tabelle 28.5.7	Krankenstand in Prozent nach der Stellung im Beruf in der Branche Energie, Wasser, Entsorgung und Bergbau im Jahr 2009, AOK-Mitglieder	337
Tabelle 28.5.8	Tage der Arbeitsunfähigkeit je AOK-Mitglied nach der Stellung im Beruf in der Branche Energie, Wasser, Entsorgung und Bergbau im Jahr 2009	338
Tabelle 28.5.9	Anteil der Arbeitsunfälle an den AU-Fällen und -Tagen in Prozent nach Wirtschaftsabteilungen in der Branche Energie, Wasser, Entsorgung und Bergbau im Jahr 2009, AOK-Mitglieder.	338
Tabelle 28.5.10	Tage und Fälle der Arbeitsunfähigkeit durch Arbeitsunfälle nach Berufsgruppen in der Branche Energie, Wasser, Entsorgung und Bergbau im Jahr 2009, AOK-Mitglieder .	339
Tabelle 28.5.11	Tage und Fälle der Arbeitsunfähigkeit je 100 AOK-Mitglieder nach Krankheitsarten in der Branche Energie, Wasser, Entsorgung und Bergbau in den Jahren 1995 bis 2009 .	339
Tabelle 28.5.12	Verteilung der Arbeitsunfähigkeitstage nach Krankheitsarten in Prozent in der Branche Energie, Wasser, Entsorgung und Bergbau im Jahr 2009, AOK-Mitglieder.	340
Tabelle 28.5.13	Verteilung der Arbeitsunfähigkeitsfälle nach Krankheitsarten in Prozent in der Branche Energie, Wasser, Entsorgung und Bergbau im Jahr 2009, AOK-Mitglieder.	340
Tabelle 28.5.14	Verteilung der Arbeitsunfähigkeitstage nach Krankheitsarten und ausgewählten Berufsgruppen in der Branche Energie, Wasser, Entsorgung und Bergbau im Jahr 2009, AOK-Mitglieder	341
Tabelle 28.5.15	Verteilung der Arbeitsunfähigkeitsfälle nach Krankheitsarten und ausgewählten Berufsgruppen in der Branche Energie, Wasser, Entsorgung und Bergbau im Jahr 2009, AOK-Mitglieder.	342
Tabelle 28.5.16	Anteile der 40 häufigsten Einzeldiagnosen an den AU-Fällen und AU-Tagen in der Branche Energie, Wasser, Entsorgung und Bergbau im Jahr 2009, AOK-Mitglieder.	343
Tabelle 28.5.17	Anteile der 40 häufigsten Diagnoseuntergruppen an den AU-Fällen und AU-Tagen in der Branche Energie, Wasser, Entsorgung und Bergbau im Jahr 2009, AOK-Mitglieder .	344

Krankheitsbedingte Fehlzeiten in der deutschen Wirtschaft im Jahr 2009

◻ Tab. 28.5.1 Entwicklung des Krankenstands der AOK-Mitglieder in der Branche Energie, Wasser, Entsorgung und Bergbau in den Jahren 1994 bis 2009

Jahr	Krankenstand in %			AU-Fälle je 100 AOK-Mitglieder			Tage je Fall		
	West	Ost	Bund	West	Ost	Bund	West	Ost	Bund
1994	6,4	5,2	6,0	143,8	117,4	136,7	16,1	14,0	15,6
1995	6,2	5,0	5,8	149,0	126,4	143,3	15,6	13,9	15,2
1996	5,7	4,1	5,3	139,1	112,4	132,3	15,7	13,8	15,3
1997	5,5	4,2	5,2	135,8	107,1	129,1	14,8	13,8	14,6
1998	5,7	4,0	5,3	140,4	108,1	133,4	14,8	13,6	14,6
1999	5,9	4,4	5,6	149,7	118,8	143,4	14,4	13,5	14,2
2000	5,8	4,4	5,5	148,8	122,3	143,7	14,3	13,1	14,1
2001	5,7	4,4	5,4	145,0	120,3	140,4	14,3	13,5	14,2
2002	5,5	4,5	5,3	144,9	122,0	140,7	13,9	13,4	13,8
2003	5,2	4,1	5,0	144,2	121,6	139,9	13,2	12,4	13,0
2004	4,9	3,7	4,6	135,2	114,8	131,1	13,1	11,9	12,9
2005	4,8	3,7	4,6	139,1	115,5	134,3	12,7	11,7	12,5
2006	4,4	3,6	4,3	127,1	112,8	124,2	12,7	11,7	12,5
2007	4,8	3,7	4,6	138,7	117,0	134,3	12,7	11,6	12,5
2008 (WZ03)	4,9	3,9	4,7	142,6	121,6	138,2	12,6	11,8	12,4
2008 (WZ08)*	5,6	4,9	5,4	157,8	132,3	152,1	13,0	13,5	13,1
2009	5,8	5,3	5,7	162,4	142,8	158,1	13,0	13,5	13,1

*aufgrund der Revision der Wirtschaftszweigklassifikation in 2008 ist eine Vergleichbarkeit mit den Vorjahren nur bedingt möglich

Fehlzeiten-Report 2010

◻ Tab. 28.5.2 Arbeitsunfähigkeit der AOK-Mitglieder in der Branche Energie, Wasser, Entsorgung und Bergbau nach Bundesländern im Jahr 2009 im Vergleich zum Vorjahr

Bundesland	Kranken-stand in %	Arbeitsunfähigkeit je 100 AOK-Mitglieder				Tage je Fall	Veränd. z. Vorj. in %	AU-Quote in %
		AU-Fälle	Veränd. z. Vorj. in %	AU-Tage	Veränd. z. Vorj. in %			
Baden-Württemberg	5,5	158,1	4,2	2.005,4	6,3	12,7	2,4	61,4
Bayern	4,9	136,1	2,8	1.785,8	1,4	13,1	-1,5	56,7
Berlin	7,2	188,4	-0,7	2.636,7	6,2	14,0	6,9	49,6
Brandenburg	5,8	144,0	8,7	2.099,6	11,0	14,6	2,1	58,3
Bremen	6,1	172,1	-7,4	2.244,0	-10,5	13,0	-3,7	63,1
Hamburg	7,2	193,8	13,6	2.619,3	25,3	13,5	9,8	62,7
Hessen	6,9	178,9	3,1	2.515,3	1,5	14,1	-1,4	66,3
Mecklenburg-Vorpommern	5,8	147,8	10,8	2.100,3	7,9	14,2	-2,7	61,5
Niedersachsen	4,9	166,5	5,4	1.779,5	3,2	10,7	-1,8	61,4
Nordrhein-Westfalen	6,6	174,3	1,6	2.394,1	3,8	13,7	2,2	65,2
Rheinland-Pfalz	6,8	184,7	5,0	2.464,1	4,8	13,3	-0,7	64,7
Saarland	6,2	146,8	-4,5	2.262,6	-3,7	15,4	0,7	61,5
Sachsen	5,0	140,1	8,6	1.823,3	7,1	13,0	-1,5	59,3
Sachsen-Anhalt	5,3	142,2	6,8	1.921,4	6,9	13,5	0,0	55,9
Schleswig-Holstein	5,9	161,7	6,5	2.165,8	7,7	13,4	1,5	61,4
Thüringen	5,6	148,8	4,6	2.033,5	9,1	13,7	4,6	59,4
West	5,8	162,4	2,9	2.118,3	3,3	13,0	0,0	61,7
Ost	5,3	142,8	7,9	1.924,0	8,0	13,5	0,0	58,9
Bund	5,7	158,1	3,9	2.075,5	4,3	13,1	0,0	61,1

Fehlzeiten-Report 2010

◨ **Tab. 28.5.3** Arbeitsunfähigkeit der AOK-Mitglieder in der Branche Energie, Wasser, Entsorgung und Bergbau nach Wirtschaftsabteilungen im Jahr 2009

Wirtschaftsabteilung	Krankenstand in %		Arbeitsunfähigkeiten je 100 AOK-Mitglieder		Tage je Fall	AU-Quote in %
	2009	2009 stand.*	Fälle	Tage		
Abwasserentsorgung	5,6	4,7	155,4	2.039,5	13,1	61,0
Bergbau und Gewinnung von Steinen und Erden	4,9	3,7	127,7	1.798,6	14,1	56,4
Beseitigung von Umweltverschmutzungen, sonstige Entsorgung	6,6	5,0	157,2	2.421,7	15,4	56,1
Energieversorgung	4,7	4,2	150,7	1.702,5	11,3	59,9
Sammlung, Behandlung und Beseitigung von Abfällen	5,6	5,6	172,7	2.449,1	14,2	62,8
Wasserversorgung	5,3	4,6	157,3	1.918,9	12,2	64,2
Branche insgesamt	**5,7**	**4,9**	**158,1**	**2.075,5**	**13,1**	**61,1**
Alle Branchen	4,8	4,7	150,9	1.734,9	11,5	54

*Krankenstand alters- und geschlechtsstandardisiert

Fehlzeiten-Report 2010

◨ **Tab. 28.5.4** Kennzahlen der Arbeitsunfähigkeit der AOK-Mitglieder nach ausgewählten Berufsgruppen in der Branche Energie, Wasser, Entsorgung und Bergbau im Jahr 2009

Tätigkeit	Krankenstand in %	Arbeitsunfähigkeiten je 100 AOK-Mitglieder		Tage je Fall	AU-Quote in %	Anteil der Berufsgruppe an der Branche in %*
		Fälle	Tage			
Betriebsschlosser, Reparaturschlosser	5,4	161,6	1.980,3	12,3	65,2	2,3
Bürofachkräfte	3,4	140,1	1.240,0	8,9	55,5	9,4
Elektroinstallateure, -monteure	4,5	146,0	1.626,9	11,1	61,2	6,9
Energiemaschinisten	4,8	131,9	1.757,3	13,3	61,5	1,3
Erdbewegungsmaschinenführer	6,1	126,7	2.231,8	17,6	57,2	1,4
Gärtner, Gartenarbeiter	8,1	219,8	2.949,5	13,4	67,6	1,1
Hilfsarbeiter	6,4	193,6	2.338,5	12,1	58,7	3,5
Kraftfahrzeugführer	6,8	155,7	2.495,2	16,0	62,5	16,4
Kraftfahrzeuginstandsetzer	5,8	163,0	2.129,4	13,1	64,7	1,5
Lager-, Transportarbeiter	6,5	170,8	2.374,8	13,9	63,3	2,6
Lehrlinge	3,9	261,3	1.408,4	5,4	67,1	1,0
Maschinenwärter, Maschinistenhelfer	5,0	135,2	1.809,7	13,4	61,2	1,0
Raum-, Hausratreiniger	6,7	166,6	2.445,9	14,7	63,3	1,8
Rohrinstallateure	5,8	166,8	2.102,0	12,6	67,1	2,1
Rohrnetzbauer, Rohrschlosser	5,4	162,2	1.973,3	12,2	67,6	2,8
Sonstige Maschinisten	4,9	134,1	1.777,1	13,2	56,6	1,2
Sonstige Techniker	3,7	119,0	1.365,1	11,5	54,7	1,0
Straßenreiniger, Abfallbeseitiger	7,9	197,4	2.883,8	14,6	68,4	10,7
Warenprüfer, -sortierer	6,2	168,6	2.262,9	13,4	61,9	2,7
Branche insgesamt	**5,7**	**158,1**	**2.075,5**	**13,1**	**61,1**	**1,6****

* Anteil der AOK-Mitglieder in der Berufsgruppe an den in der Branche beschäftigten AOK-Mitgliedern insgesamt
**Anteil der AOK-Mitglieder in der Branche an allen AOK-Mitgliedern

Fehlzeiten-Report 2010

Krankheitsbedingte Fehlzeiten in der deutschen Wirtschaft im Jahr 2009

Tab. 28.5.5 Dauer der Arbeitsunfähigkeit der AOK-Mitglieder in der Branche Energie, Wasser, Entsorgung und Bergbau im Jahr 2009

Fallklasse	Branche hier		Alle Branchen	
	Anteil Fälle in %	Anteil Tage in %	Anteil Fälle in %	Anteil Tage in %
1–3 Tage	32,1	4,8	34,7	6,1
4–7 Tage	28,0	10,6	30,6	13,2
8–14 Tage	19,5	15,5	17,9	15,9
15–21 Tage	7,5	9,9	6,2	9,2
22–28 Tage	3,9	7,2	3,2	6,7
29–42 Tage	4,0	10,3	3,2	9,4
Langzeit-AU (> 42 Tage)	5,0	41,7	4,2	39,5

Fehlzeiten-Report 2010

Tab. 28.5.6 Tage der Arbeitsunfähigkeit je AOK-Mitglied nach Wirtschaftsabteilung und Betriebsgröße in der Branche Energie, Wasser, Entsorgung und Bergbau im Jahr 2009

Wirtschaftsabteilungen	Betriebsgröße (Anzahl der AOK-Mitglieder)					
	10–49	50–99	100–199	200–499	500–999	≥ 1.000
Abwasserentsorgung	22,7	20,8	18,8	–	–	–
Bergbau und Gewinnung von Steinen und Erden	19,7	17,0	12,4	19,1	–	–
Beseitigung von Umweltverschmutzungen und sonstige Entsorgung	20,4	34,8	32,8	–	–	–
Energieversorgung	16,1	17,7	18,3	18,9	18,0	–
Sammlung, Behandlung und Beseitigung von Abfällen	23,2	24,6	28,9	30,3	32,7	–
Wasserversorgung	19,8	19,2	19,6	19,0	–	–
Branche insgesamt	**20,6**	**21,2**	**21,8**	**23,8**	**24,6**	**–**
Alle Branchen	**18,0**	**19,3**	**19,7**	**19,7**	**20,1**	**18,6**

Fehlzeiten-Report 2010

Tab. 28.5.7 Krankenstand in Prozent nach der Stellung im Beruf in der Branche Energie, Wasser, Entsorgung und Bergbau im Jahr 2009, AOK-Mitglieder

Wirtschaftsabteilung	Stellung im Beruf				
	Auszubildende	Arbeiter	Facharbeiter	Meister, Poliere	Angestellte
Abwasserentsorgung	3,8	6,6	5,9	3,3	3,6
Bergbau und Gewinnung von Steinen und Erden	3,7	5,5	5,1	5,6	2,4
Beseitigung von Umweltverschmutzungen und sonstige Entsorgung	3,8	8,0	6,3	8,1	2,3
Energieversorgung	3,2	6,3	5,3	3,1	3,4
Sammlung, Behandlung und Beseitigung von Abfällen	4,6	7,4	6,5	5,4	3,8
Wasserversorgung	3,6	7,5	5,7	2,6	3,5
Branche insgesamt	**3,6**	**7,0**	**5,7**	**3,6**	**3,4**
Alle Branchen	**4,2**	**5,7**	**5,1**	**3,9**	**3,5**

Fehlzeiten-Report 2010

Tab. 28.5.8 Tage der Arbeitsunfähigkeit je AOK-Mitglied nach der Stellung im Beruf in der Branche Energie, Wasser, Entsorgung und Bergbau im Jahr 2009

Wirtschaftsabteilung	Stellung im Beruf				
	Auszubildende	Arbeiter	Facharbeiter	Meister, Poliere	Angestellte
Abwasserentsorgung	13,8	24,0	21,6	11,9	13,0
Bergbau und Gewinnung von Steinen und Erden	13,4	20,1	18,7	20,4	8,9
Beseitigung von Umweltverschmutzungen und sonstige Entsorgung	13,9	29,3	23,2	29,5	8,2
Energieversorgung	11,8	23,2	19,5	11,4	12,4
Sammlung, Behandlung und Beseitigung von Abfällen	16,9	26,9	23,7	19,7	13,7
Wasserversorgung	13,2	27,3	20,6	9,4	12,8
Branche insgesamt	**13,3**	**25,6**	**21,0**	**13,2**	**12,5**
Alle Branchen	15,3	20,7	18,5	14,2	12,9

Fehlzeiten-Report 2010

Tab. 28.5.9 Anteil der Arbeitsunfälle an den AU-Fällen und -Tagen in Prozent nach Wirtschaftsabteilungen in der Branche Energie, Wasser, Entsorgung und Bergbau im Jahr 2009, AOK-Mitglieder

Wirtschaftsabteilung	AU-Fälle in %	AU-Tage in %
Abwasserentsorgung	4,6	6,2
Bergbau und Gewinnung von Steinen und Erden	6,6	9,3
Beseitigung von Umweltverschmutzungen und sonstige Entsorgung	5,6	7,7
Energieversorgung	3,2	4,2
Sammlung, Behandlung und Beseitigung von Abfällen	6,4	7,9
Wasserversorgung	3,4	4,6
Branche insgesamt	**5,2**	**6,8**
Alle Branchen	3,9	5,2

Fehlzeiten-Report 2010

◘ Tab. 28.5.10 Tage und Fälle der Arbeitsunfähigkeit durch Arbeitsunfälle nach Berufsgruppen in der Branche Energie, Wasser, Entsorgung und Bergbau im Jahr 2009, AOK-Mitglieder

Tätigkeit	Arbeitsunfähigkeit je 1.000 AOK-Mitglieder	
	AU-Tage	AU-Fälle
Sonstige Bauhilfsarbeiter, Bauhelfer	2.925,3	144,4
Baumaschinenführer	2.620,6	100,0
Steinbearbeiter	2.346,2	122,0
Lager-, Transportarbeiter	2.257,4	118,9
Hilfsarbeiter	2.107,9	134,4
Kraftfahrzeugführer	2.049,6	113,3
Erdbewegungsmaschinenführer	1.981,7	93,8
Straßenreiniger, Abfallbeseitiger	1.901,4	111,6
Warenprüfer, -sortierer	1.814,9	109,6
Betriebsschlosser, Reparaturschlosser	1.699,5	93,3
Kraftfahrzeuginstandsetzer	1.661,5	135,2
Sonstige Maschinisten	1.655,9	77,4
Industriemechaniker/innen	1.523,4	117,8
Gärtner, Gartenarbeiter	1.415,3	98,4
Rohrnetzbauer, Rohrschlosser	1.068,5	76,2
Rohrinstallateure	886,0	70,8
Elektroinstallateure, -monteure	868,5	57,6
Bürofachkräfte	238,3	17,1
Branche insgesamt	1.408,6	82,0
Alle Branchen	900,7	58,4

Fehlzeiten-Report 2010

◘ Tab. 28.5.11 Tage und Fälle der Arbeitsunfähigkeit je 100 AOK-Mitglieder nach Krankheitsarten in der Branche Energie, Wasser, Entsorgung und Bergbau in den Jahren 1995 bis 2009

Jahr	Arbeitsunfähigkeiten je 100 AOK-Mitglieder											
	Psyche		Herz/Kreislauf		Atemwege		Verdauung		Muskel/Skelett		Verletzungen	
	Tage	Fälle	Tage	Fälle	Tage	Fälle	Tage	Fälle	Tage	Fälle	Tage	Fälle
1995	97,5	3,5	225,6	9,4	388,0	45,0	190,5	22,7	713,0	35,2	381,6	22,1
1996	95,0	3,4	208,2	8,5	345,8	40,8	168,6	21,0	664,2	32,2	339,2	19,3
1997	96,1	3,6	202,5	8,6	312,8	39,5	159,4	20,8	591,7	31,8	326,9	19,4
1998	100,6	3,9	199,5	8,9	314,8	40,6	156,4	20,8	637,4	34,3	315,3	19,4
1999	109,0	4,2	191,8	9,1	358,0	46,5	159,4	22,2	639,7	35,5	333,0	19,9
2000	117,1	4,7	185,3	8,4	305,5	40,2	140,8	18,6	681,8	37,5	354,0	20,5
2001	128,8	5,1	179,0	9,1	275,2	37,6	145,3	19,2	693,3	38,0	354,0	20,4
2002	123,5	5,5	176,2	9,2	262,8	36,7	144,0	20,2	678,0	38,3	343,6	19,6
2003	125,3	5,8	167,0	9,5	276,9	39,4	134,4	20,1	606,6	35,5	320,6	19,0
2004	136,6	5,7	179,8	8,9	241,9	33,9	143,2	20,2	583,5	34,5	301,5	17,7
2005	134,4	5,5	177,8	8,9	289,5	40,4	134,6	18,7	547,0	33,2	299,8	17,5
2006	131,5	5,6	180,1	8,9	232,2	33,7	131,8	19,3	540,1	32,9	294,5	17,7
2007	142,8	6,1	187,1	9,2	255,4	36,4	141,0	20,7	556,8	33,5	293,1	16,9
2008 (WZ03)	152,0	6,1	186,1	9,4	264,6	38,1	140,7	21,0	563,9	34,0	295,0	16,9
2008 (WZ08)*	161,5	6,7	212,6	10,5	293,0	39,4	167,2	23,3	674,7	40,3	361,8	20,4
2009	179,1	7,2	223,8	10,3	340,2	45,1	166,5	23,0	677,2	39,4	362,9	19,9

*aufgrund der Revision der Wirtschaftszweigklassifikation in 2008 ist eine Vergleichbarkeit mit den Vorjahren nur bedingt möglich

Fehlzeiten-Report 2010

◘ Tab. 28.5.12 Verteilung der Arbeitsunfähigkeitstage nach Krankheitsarten in Prozent in der Branche Energie, Wasser, Entsorgung und Bergbau im Jahr 2009, AOK-Mitglieder

Wirtschaftsabteilung	AU-Tage in %						
	Psyche	Herz/ Kreislauf	Atem- wege	Verdau- ung	Muskel/ Skelett	Verlet- zungen	Sonstige
Abwasserentsorgung	6,2	8,6	12,8	5,9	25,5	14,7	26,3
Bergbau und Gewinnung von Steinen und Erden	4,8	9,4	10,6	5,8	25,8	15,4	28,2
Beseitigung von Umweltver- schmutzungen und sonstige Entsorgung	6,5	6,9	11,3	6,0	21,8	17,2	30,3
Energieversorgung	7,8	7,5	14,7	6,4	22,8	11,8	29,0
Sammlung, Behandlung und Beseitigung von Abfällen	6,6	8,5	12,0	6,1	26,3	13,8	26,7
Wasserversorgung	6,6	8,4	13,3	6,6	24,7	13,0	27,4
Branche insgesamt	**6,7**	**8,3**	**12,6**	**6,2**	**25,2**	**13,5**	**27,5**
Alle Branchen	**8,6**	**6,8**	**14,0**	**6,2**	**23,0**	**12,3**	**29,1**

Fehlzeiten-Report 2010

◘ Tab. 28.5.13 Verteilung der Arbeitsunfähigkeitsfälle nach Krankheitsarten in Prozent in der Branche Energie, Wasser, Entsorgung und Bergbau im Jahr 2009, AOK-Mitglieder

Wirtschaftsabteilung	AU-Fälle in %						
	Psyche	Herz/ Kreislauf	Atem- wege	Verdau- ung	Muskel/ Skelett	Verlet- zungen	Sonstige
Abwasserentsorgung	3,3	5,3	22,3	12,3	19,1	9,9	27,8
Bergbau und Gewinnung von Steinen und Erden	2,7	5,7	20,7	11,2	19,9	11,3	28,5
Beseitigung von Umweltver- schmutzungen und sonstige Entsorgung	3,7	4,9	21,8	10,8	21,2	10,8	26,8
Energieversorgung	3,7	4,7	25,4	11,5	16,9	8,4	29,4
Sammlung, Behandlung und Beseitigung von Abfällen	3,7	5,2	20,7	11,3	21,2	10,6	27,3
Wasserversorgung	3,4	5,3	23,4	11,5	18,6	9,0	28,8
Branche insgesamt	**3,5**	**5,1**	**22,3**	**11,4**	**19,5**	**9,9**	**28,3**
Alle Branchen	**4,4**	**4,2**	**24,7**	**11,1**	**16,4**	**8,7**	**30,5**

Fehlzeiten-Report 2010

Tab. 28.5.14 Verteilung der Arbeitsunfähigkeitstage nach Krankheitsarten und ausgewählten Berufsgruppen in der Branche Energie, Wasser, Entsorgung und Bergbau im Jahr 2009, AOK-Mitglieder

Tätigkeit	AU-Tage in %						
	Psyche	Herz/Kreislauf	Atemwege	Verdauung	Muskel/Skelett	Verletzungen	Sonstige
Betriebsschlosser, Reparaturschlosser	4,7	7,5	12,1	7,0	24,8	15,1	28,8
Bürofachkräfte	11,4	6,3	19,1	6,8	15,0	7,8	33,6
Elektroinstallateure, -monteure	5,4	7,6	14,4	6,1	23,9	14,6	28,0
Energiemaschinisten	6,2	7,9	13,9	7,1	23,8	12,1	29,0
Erdbewegungsmaschinenführer	4,5	13,8	8,3	5,7	22,5	12,1	33,1
Gärtner, Gartenarbeiter	7,7	10,1	12,9	5,7	27,2	10,3	26,1
Hilfsarbeiter	6,6	6,9	14,3	6,3	24,1	16,4	25,4
Kraftfahrzeugführer	5,8	9,8	10,1	5,7	26,8	14,2	27,6
Kraftfahrzeuginstandsetzer	4,3	7,8	13,6	5,8	27,6	16,6	24,3
Lager-, Transportarbeiter	6,0	7,9	11,5	6,1	27,4	15,2	25,9
Lehrlinge	6,3	1,7	29,6	10,9	8,4	19,9	23,2
Maschinenwärter, Maschinistenhelfer	5,7	8,5	13,3	7,3	27,1	14,7	23,4
Raum-, Hausratreiniger	7,9	7,3	12,9	5,4	24,9	8,7	32,9
Rohrinstallateure	7,3	8,1	11,9	7,3	25,8	12,3	27,3
Rohrnetzbauer, Rohrschlosser	5,4	8,3	14,4	6,3	27,2	14,3	24,1
Sonstige Maschinisten	5,9	11,6	11,9	6,9	23,2	14,7	25,8
Sonstige Techniker	6,4	8,1	14,4	8,5	17,3	8,5	36,8
Straßenreiniger, Abfallbeseitiger	6,7	7,8	12,2	6,2	28,6	13,4	25,1
Warenprüfer, -sortierer	6,6	7,4	11,1	6,7	26,6	12,8	28,8
Branche insgesamt	**6,7**	**8,3**	**12,6**	**6,2**	**25,2**	**13,5**	**27,5**
Alle Branchen	**8,6**	**6,8**	**14,0**	**6,2**	**23,0**	**12,3**	**29,1**

Fehlzeiten-Report 2010

◘ Tab. 28.5.15 Verteilung der Arbeitsunfähigkeitsfälle nach Krankheitsarten und ausgewählten Berufsgruppen in der Branche Energie, Wasser, Entsorgung und Bergbau im Jahr 2009, AOK-Mitglieder

Tätigkeit	AU-Fälle in %						
	Psyche	Herz/ Kreislauf	Atem- wege	Verdau- ung	Muskel/ Skelett	Verlet- zungen	Sonstige
Betriebsschlosser, Reparatur- schlosser	2,7	4,7	22,0	11,5	19,6	11,0	28,5
Bürofachkräfte	4,6	3,8	30,4	12,1	10,3	5,3	33,5
Elektroinstallateure, -monteure	2,6	4,7	25,2	11,5	17,5	10,2	28,3
Energiemaschinisten	4,1	6,3	22,6	11,8	18,5	8,3	28,4
Erdbewegungsmaschinenführer	2,8	7,4	16,8	10,6	21,2	10,2	31,0
Gärtner, Gartenarbeiter	4,2	6,0	21,9	10,9	22,2	8,7	26,1
Hilfsarbeiter	3,9	4,3	21,1	11,5	21,3	11,8	26,1
Kraftfahrzeugführer	3,4	6,1	18,9	10,9	22,3	11,1	27,3
Kraftfahrzeuginstandsetzer	2,5	5,1	24,1	9,7	19,6	12,9	26,1
Lager-, Transportarbeiter	3,3	4,9	20,4	11,1	22,8	11,2	26,3
Lehrlinge	2,0	1,9	35,6	14,5	7,3	10,2	28,5
Maschinenwärter, Maschinisten- helfer	3,5	5,5	22,5	11,4	20,6	10,4	26,1
Raum-, Hausratreiniger	5,1	5,4	21,0	10,7	19,9	6,0	31,9
Rohrinstallateure	3,5	5,2	20,5	11,2	21,8	9,6	28,2
Rohrnetzbauer, Rohrschlosser	2,5	5,4	23,2	12,3	19,9	10,4	26,3
Sonstige Maschinisten	3,3	6,1	19,5	11,6	20,1	11,3	28,1
Sonstige Techniker	3,7	5,4	23,9	13,9	14,1	6,5	32,5
Straßenreiniger, Abfallbeseitiger	3,5	5,1	20,2	11,3	23,2	10,6	26,1
Warenprüfer, -sortierer	3,9	4,8	19,9	11,5	21,9	10,5	27,5
Branche insgesamt	**3,5**	**5,1**	**22,3**	**11,4**	**19,5**	**9,9**	**28,3**
Alle Branchen	**4,4**	**4,2**	**24,7**	**11,1**	**16,4**	**8,7**	**30,5**

Fehlzeiten-Report 2010

◘ Tab. 28.5.16 Anteile der 40 häufigsten Einzeldiagnosen an den AU-Fällen und AU-Tagen in der Branche Energie, Wasser, Entsorgung und Bergbau im Jahr 2009, AOK-Mitglieder

ICD-10	Bezeichnung	AU-Fälle in %	AU-Tage in %
M54	Rückenschmerzen	7,5	7,1
J06	Akute Infektionen der oberen Atemwege	7,0	3,1
J20	Akute Bronchitis	3,2	1,7
K52	Nichtinfektiöse Gastroenteritis und Kolitis	3,0	1,1
K08	Sonstige Krankheiten der Zähne und des Zahnhalteapparates	2,5	0,4
J40	Bronchitis	2,4	1,3
I10	Essentielle Hypertonie	2,1	3,0
A09	Diarrhoe und Gastroenteritis	2,1	0,7
T14	Verletzung an einer nicht näher bezeichneten Körperregion	1,5	1,4
B34	Viruskrankheit	1,5	0,7
K29	Gastritis und Duodenitis	1,3	0,7
M51	Sonstige Bandscheibenschäden	1,1	2,4
R10	Bauch- und Beckenschmerzen	1,1	0,5
J01	Akute Sinusitis	1,0	0,5
J02	Akute Pharyngitis	1,0	0,4
M75	Schulterläsionen	1,0	1,8
M53	Sonstige Krankheiten der Wirbelsäule und des Rückens	1,0	1,1
J03	Akute Tonsillitis	1,0	0,4
J11	Grippe	1,0	0,5
J32	Chronische Sinusitis	0,9	0,5
M77	Sonstige Enthesopathien	0,9	1,0
M25	Sonstige Gelenkkrankheiten	0,9	0,9
M99	Biomechanische Funktionsstörungen	0,8	0,6
M23	Binnenschädigung des Kniegelenkes	0,8	1,4
S93	Luxation, Verstauchung und Zerrung der Gelenke und Bänder in Höhe des oberen Sprunggelenkes und des Fußes	0,8	0,9
F32	Depressive Episode	0,8	1,5
R51	Kopfschmerz	0,7	0,3
M79	Sonstige Krankheiten des Weichteilgewebes	0,6	0,5
I25	Chronische ischämische Herzkrankheit	0,6	1,3
F43	Reaktionen auf schwere Belastungen und Anpassungsstörungen	0,6	1,0
M47	Spondylose	0,6	0,8
M17	Gonarthrose	0,6	1,2
B99	Sonstige Infektionskrankheiten	0,6	0,3
E11	Diabetes mellitus	0,6	1,0
J04	Akute Laryngitis und Tracheitis	0,6	0,3
E66	Adipositas	0,5	1,0
E78	Störungen des Lipoproteinstoffwechsels und sonstige Lipidämien	0,5	0,9
J00	Akute Rhinopharyngitis [Erkältungsschnupfen]	0,5	0,2
R50	Fieber unbekannter Ursache	0,5	0,3
R42	Schwindel und Taumel	0,5	0,4
	Summe hier	56,2	45,1
	Restliche	43,8	54,9
	Gesamtsumme	100,0	100,0

Fehlzeiten-Report 2010

◨ **Tab. 28.5.17** Anteile der 40 häufigsten Diagnoseuntergruppen an den AU-Fällen und AU-Tagen in der Branche Energie, Wasser, Entsorgung und Bergbau im Jahr 2009, AOK-Mitglieder

ICD-10	Bezeichnung	AU-Fälle in %	AU-Tage in %
J00–J06	Akute Infektionen der oberen Atemwege	11,1	5,0
M40–M54	Krankheiten der Wirbelsäule und des Rückens	10,2	11,8
M60–M79	Krankheiten der Weichteilgewebe	4,1	5,1
J40–J47	Chronische Krankheiten der unteren Atemwege	3,8	2,7
M00–M25	Arthropathien	3,8	6,0
J20–J22	Sonstige akute Infektionen der unteren Atemwege	3,7	2,0
K50–K52	Nichtinfektiöse Enteritis und Kolitis	3,4	1,4
K00–K14	Krankheiten der Mundhöhle, der Speicheldrüsen und der Kiefer	3,0	0,6
A00–A09	Infektiöse Darmkrankheiten	2,7	1,0
R50–R69	Allgemeinsymptome	2,5	1,9
I10–I15	Hypertonie	2,4	3,5
K20–K31	Krankheiten des Ösophagus, des Magens und des Duodenums	2,0	1,2
T08–T14	Verletzungen Rumpf, Extremitäten u. a. Körperregionen	1,9	1,8
R10–R19	Symptome bzgl. Verdauungssystem und Abdomen	1,8	1,0
B25–B34	Sonstige Viruskrankheiten	1,7	0,8
F40–F48	Neurotische, Belastungs- und somatoforme Störungen	1,6	2,4
J30–J39	Sonstige Krankheiten der oberen Atemwege	1,5	0,9
J10–J18	Grippe und Pneumonie	1,5	1,0
S60–S69	Verletzungen des Handgelenkes und der Hand	1,4	1,9
S90–S99	Verletzungen der Knöchelregion und des Fußes	1,3	1,6
S80–S89	Verletzungen des Knies und des Unterschenkels	1,2	2,3
R00–R09	Symptome bzgl. Kreislauf- und Atmungssystem	1,2	0,8
G40–G47	Episod. und paroxysmale Krankheiten des Nervensystems	1,1	1,0
E70–E90	Stoffwechselstörungen	1,0	1,6
F30–F39	Affektive Störungen	1,0	2,2
M95–M99	Sonstige Krankheiten des Muskel-Skelett-Systems und des Bindegewebes	0,9	0,7
K55–K63	Sonstige Krankheiten des Darmes	0,9	0,8
I20–I25	Ischämische Herzkrankheiten	0,9	1,8
I80–I89	Krankheiten der Venen, der Lymphgefäße und -knoten	0,8	0,9
S00–S09	Verletzungen des Kopfes	0,8	0,8
E10–E14	Diabetes mellitus	0,8	1,3
F10–F19	Psychische und Verhaltensstörungen durch psychotrope Substanzen	0,8	1,5
I30–I52	Sonstige Formen der Herzkrankheit	0,7	1,2
G50–G59	Krankheiten von Nerven, Nervenwurzeln und Nervenplexus	0,7	1,0
L00–L08	Infektionen der Haut und der Unterhaut	0,6	0,6
J95–J99	Sonstige Krankheiten des Atmungssystems	0,6	0,5
R40–R46	Symptome bzgl. Wahrnehmung, Stimmung und Verhalten	0,6	0,5
C00–C75	Bösartige Neubildungen	0,6	1,9
Z70–Z76	Sonstige Inanspruchnahme des Gesundheitswesens	0,6	1,0
B99–B99	Sonstige Infektionskrankheiten	0,6	0,3
	Summe hier	81,8	76,3
	Restliche	18,2	23,7
	Gesamtsumme	100,0	100,0

Fehlzeiten-Report 2010

28.6 Erziehung und Unterricht

Tabelle 28.6.1	Entwicklung des Krankenstands der AOK-Mitglieder in der Branche Erziehung und Unterricht in den Jahren 1994 bis 2009	346
Tabelle 28.6.2	Arbeitsunfähigkeit der AOK-Mitglieder in der Branche Erziehung und Unterricht nach Bundesländern im Jahr 2009 im Vergleich zum Vorjahr	346
Tabelle 28.6.3	Arbeitsunfähigkeit der AOK-Mitglieder in der Branche Erziehung und Unterricht nach Wirtschaftsabteilungen im Jahr 2009	347
Tabelle 28.6.4	Kennzahlen der Arbeitsunfähigkeit der AOK-Mitglieder nach ausgewählten Berufsgruppen in der Branche Erziehung und Unterricht im Jahr 2009.............	347
Tabelle 28.6.5	Dauer der Arbeitsunfähigkeit der AOK-Mitglieder in der Branche Erziehung und Unterricht im Jahr 2009	348
Tabelle 28.6.6	Tage der Arbeitsunfähigkeit je AOK-Mitglied nach Wirtschaftsabteilung und Betriebsgröße in der Branche Erziehung und Unterricht im Jahr 2009	348
Tabelle 28.6.7	Krankenstand in Prozent nach der Stellung im Beruf in der Branche Erziehung und Unterricht im Jahr 2009, AOK-Mitglieder...................................	348
Tabelle 28.6.8	Tage der Arbeitsunfähigkeit je AOK-Mitglied nach der Stellung im Beruf in der Branche Erziehung und Unterricht im Jahr 2009	349
Tabelle 28.6.9	Anteil der Arbeitsunfälle an den AU-Fällen und -Tagen in Prozent nach Wirtschaftsabteilungen in der Branche Erziehung und Unterricht im Jahr 2009, AOK-Mitglieder ..	349
Tabelle 28.6.10	Tage und Fälle der Arbeitsunfähigkeit durch Arbeitsunfälle nach Berufsgruppen in der Branche Erziehung und Unterricht im Jahr 2009, AOK-Mitglieder............	350
Tabelle 28.6.11	Tage und Fälle der Arbeitsunfähigkeit je 100 AOK-Mitglieder nach Krankheitsarten in der Branche Erziehung und Unterricht in den Jahren 2000 bis 2009	350
Tabelle 28.6.12	Verteilung der Arbeitsunfähigkeitstage nach Krankheitsarten in Prozent in der Branche Erziehung und Unterricht im Jahr 2009, AOK-Mitglieder............	351
Tabelle 28.6.13	Verteilung der Arbeitsunfähigkeitsfälle nach Krankheitsarten in Prozent in der Branche Erziehung und Unterricht im Jahr 2009, AOK-Mitglieder............	351
Tabelle 28.6.14	Verteilung der Arbeitsunfähigkeitstage nach Krankheitsarten und ausgewählten Berufsgruppen in der Branche Erziehung und Unterricht im Jahr 2009, AOK-Mitglieder..	352
Tabelle 28.6.15	Verteilung der Arbeitsunfähigkeitsfälle nach Krankheitsarten und ausgewählten Berufsgruppen in der Branche Erziehung und Unterricht im Jahr 2009 AOK-Mitglieder..	353
Tabelle 28.6.16	Anteile der 40 häufigsten Einzeldiagnosen an den AU-Fällen und AU-Tagen in der Branche Erziehung und Unterricht im Jahr 2009, AOK-Mitglieder............	354
Tabelle 28.6.17	Anteile der 40 häufigsten Diagnoseuntergruppen an den AU-Fällen und AU-Tagen in der Branche Erziehung und Unterricht im Jahr 2009, AOK-Mitglieder............	355

Tab. 28.6.1 Entwicklung des Krankenstands der AOK-Mitglieder in der Branche Erziehung und Unterricht in den Jahren 1994 bis 2009

Jahr	Krankenstand in %			AU-Fälle je 100 AOK-Mitglieder			Tage je Fall		
	West	Ost	Bund	West	Ost	Bund	West	Ost	Bund
1994	6,0	8,3	6,8	180,5	302,8	226,3	12,0	10,1	11,0
1995	6,1	9,8	7,5	193,8	352,2	253,3	11,5	10,2	10,8
1996	6,0	9,5	7,5	220,6	364,8	280,3	10,0	9,5	9,7
1997	5,8	8,9	7,0	226,2	373,6	280,6	9,4	8,7	9,0
1998	5,9	8,4	6,9	237,2	376,1	289,1	9,1	8,2	8,7
1999	6,1	9,3	7,3	265,2	434,8	326,8	8,4	7,8	8,1
2000	6,3	9,2	7,3	288,2	497,8	358,3	8,0	6,8	7,5
2001	6,1	8,9	7,1	281,6	495,1	352,8	7,9	6,6	7,3
2002	5,6	8,6	6,6	267,2	507,0	345,5	7,7	6,2	7,0
2003	5,3	7,7	6,1	259,4	477,4	332,4	7,4	5,9	6,7
2004	5,1	7,0	5,9	247,5	393,6	304,7	7,6	6,5	7,0
2005	4,6	6,6	5,4	227,8	387,2	292,1	7,4	6,2	6,8
2006	4,4	6,1	5,1	223,0	357,5	277,6	7,2	6,2	6,7
2007	4,7	6,1	5,3	251,4	357,2	291,0	6,9	6,2	6,6
2008 (WZ03)	5,0	6,2	5,4	278,0	349,8	303,4	6,6	6,4	6,6
2008 (WZ08)*	5,0	6,2	5,4	272,1	348,5	297,4	6,7	6,5	6,6
2009	5,2	6,5	5,6	278,2	345,3	297,9	6,8	6,9	6,9

*aufgrund der Revision der Wirtschaftszweigklassifikation in 2008 ist eine Vergleichbarkeit mit den Vorjahren nur bedingt möglich

Fehlzeiten-Report 2010

Tab. 28.6.2 Arbeitsunfähigkeit der AOK-Mitglieder in der Branche Erziehung und Unterricht nach Bundesländern im Jahr 2009 im Vergleich zum Vorjahr

Bundesland	Krankenstand in %	Arbeitsunfähigkeit je 100 AOK-Mitglieder				Tage je Fall	Veränd. z. Vorj. in %	AU-Quote in %
		AU-Fälle	Veränd. z. Vorj. in %	AU-Tage	Veränd. z. Vorj. in %			
Baden-Württemberg	3,9	200,9	7,5	1.424,9	5,8	7,1	-1,4	53,7
Bayern	3,7	162,4	9,5	1.349,4	6,6	8,3	-2,4	49,7
Berlin	9,0	486,4	-4,6	3.270,1	3,9	6,7	8,1	66,6
Brandenburg	6,9	377,0	2,8	2.524,6	6,6	6,7	3,1	65,3
Bremen	5,8	216,2	-24,8	2.110,7	15,0	9,8	53,1	57,5
Hamburg	7,0	355,7	-0,9	2.556,5	4,1	7,2	5,9	69,0
Hessen	6,2	350,8	4,4	2.262,1	10,6	6,4	4,9	66,4
Mecklenburg-Vorpommern	6,5	341,5	3,0	2.358,7	10,3	6,9	7,8	63,0
Niedersachsen	4,9	288,2	5,3	1.788,9	3,3	6,2	-1,6	61,0
Nordrhein-Westfalen	5,7	333,3	0,5	2.095,2	0,4	6,3	0,0	60,7
Rheinland-Pfalz	6,2	368,6	10,5	2.260,4	-1,1	6,1	-11,6	67,3
Saarland	6,9	332,3	0,4	2.519,2	6,7	7,6	7,0	61,7
Sachsen	6,6	346,8	-1,2	2.397,2	4,4	6,9	6,2	65,7
Sachsen-Anhalt	6,0	319,1	-6,6	2.189,2	-0,6	6,9	7,8	56,0
Schleswig-Holstein	4,6	226,9	5,2	1.671,5	6,8	7,4	1,4	54,4
Thüringen	6,6	342,1	-1,6	2.424,7	8,7	7,1	10,9	62,8
West	5,2	278,2	2,2	1.901,8	4,2	6,8	1,5	58,6
Ost	6,5	345,3	-0,9	2.382,1	5,4	6,9	6,2	63,2
Bund	5,6	297,9	0,2	2.042,9	3,7	6,9	4,5	60,0

Fehlzeiten-Report 2010

◘ Tab. 28.6.3 Arbeitsunfähigkeit der AOK-Mitglieder in der Branche Erziehung und Unterricht nach Wirtschaftsabteilungen im Jahr 2009

Wirtschaftsabteilung	Krankenstand in %		Arbeitsunfähigkeiten je 100 AOK-Mitglieder		Tage je Fall	AU-Quote in %
	2009	2009 stand.*	Fälle	Tage		
Dienstleistungen für den Unterricht	4,8	4,5	310,0	1.750,2	5,6	58,2
Grundschulen	4,4	4,1	137,2	1.595,5	11,6	54,6
Kindergärten und Vorschulen	4,7	5,0	187,4	1.732,9	9,2	63,8
Sonstiger Unterricht	6,0	5,2	347,7	2.194,9	6,3	59,1
Tertiärer, post-sekundärer, nicht tertiärer Unterricht	4,2	4,1	196,2	1.516,6	7,7	48,9
Weiterführende Schulen	5,9	5,0	321,4	2.154,4	6,7	62,6
Branche insgesamt	**5,6**	**5,0**	**297,9**	**2.042,9**	**6,9**	**60,0**
Alle Branchen	4,8	4,7	150,9	1.734,9	11,5	54,0

*Krankenstand alters- und geschlechtsstandardisiert

Fehlzeiten-Report 2010

◘ Tab. 28.6.4 Kennzahlen der Arbeitsunfähigkeit der AOK-Mitglieder nach ausgewählten Berufsgruppen in der Branche Erziehung und Unterricht im Jahr 2009

Tätigkeit	Krankenstand in %	Arbeitsunfähigkeiten je 100 AOK-Mitglieder		Tage je Fall	AU-Quote in %	Anteil der Berufsgruppe an der Branche in %*
		Fälle	Tage			
Bürofachkräfte	4,7	259,6	1.714,7	6,6	56,0	8,8
Facharbeiter	5,5	247,0	2.020,5	8,2	43,8	2,0
Fachschul-, Berufsschul-, Werklehrer	3,4	112,7	1.252,6	11,1	49,2	1,4
Friseur(e)	6,9	573,4	2.503,3	4,4	76,9	1,4
Gärtner, Gartenarbeiter	7,5	372,3	2.746,8	7,4	63,6	1,9
Groß- und Einzelhandelskaufleute, Einkäufer	6,7	477,9	2.443,1	5,1	73,2	1,8
Hauswirtschaftliche Betreuer	7,4	290,7	2.700,2	9,3	68,5	1,4
Heimleiter, Sozialpädagogen	4,2	172,7	1.541,8	8,9	59,3	2,9
Hilfsarbeiter	9,2	387,4	3.353,9	8,7	54,3	6,4
Hochschullehrer, Dozenten an höheren Fachschulen und Akademien	1,7	70,7	613,7	8,7	29,1	1,7
Kindergärtnerinnen, Kinderpfleger	4,2	192,4	1.534,0	8,0	64,9	9,2
Köche	6,9	335,5	2.515,9	7,5	68,5	3,5
Lehrlinge	7,0	500,3	2.573,2	5,1	70,8	6,3
Maler, Lackierer (Ausbau)	8,0	574,8	2.913,2	5,1	74,9	2,0
Raum-, Hausratreiniger	6,3	154,0	2.289,3	14,9	60,8	3,6
Real-, Volks-, Sonderschullehrer	2,8	105,2	1.038,4	9,9	43,2	1,4
Sonstige Lehrer	3,2	112,4	1.185,7	10,6	42,8	3,4
Sozialarbeiter, Sozialpfleger	5,1	222,4	1.876,9	8,4	57,4	1,9
Tischler	8,0	524,8	2.910,5	5,5	73,2	1,5
Verkäufer	7,0	508,1	2.549,6	5,0	69,7	4,7
Branche insgesamt	**5,6**	**297,9**	**2.042,9**	**6,9**	**60,0**	**2,0****

* Anteil der AOK-Mitglieder in der Berufsgruppe an den in der Branche beschäftigten AOK-Mitgliedern insgesamt
**Anteil der AOK-Mitglieder in der Branche an allen AOK-Mitgliedern

Fehlzeiten-Report 2010

Tab. 28.6.5 Dauer der Arbeitsunfähigkeit der AOK-Mitglieder in der Branche Erziehung und Unterricht im Jahr 2009

Fallklasse	Branche hier		Alle Branchen	
	Anteil Fälle in %	Anteil Tage in %	Anteil Fälle in %	Anteil Tage in %
1–3 Tage	46,7	13,1	34,7	6,1
4–7 Tage	30,9	22,0	30,6	13,2
8–14 Tage	14,1	20,5	17,9	15,9
15–21 Tage	3,6	9,0	6,2	9,2
22–28 Tage	1,6	5,6	3,2	6,7
29–42 Tage	1,5	7,4	3,2	9,4
Langzeit-AU (> 42 Tage)	1,6	22,4	4,2	39,5

Fehlzeiten-Report 2010

Tab. 28.6.6 Tage der Arbeitsunfähigkeit je AOK-Mitglied nach Wirtschaftsabteilung und Betriebsgröße in der Branche Erziehung und Unterricht im Jahr 2009

Wirtschaftsabteilungen	Betriebsgröße (Anzahl der AOK-Mitglieder)					
	10–49	50–99	100–199	200–499	500–999	≥ 1.000
Dienstleistungen für den Unterricht	22,7	18,2	–	20,7	–	–
Grundschulen	17,1	15,9	17,6	22,3	–	–
Kindergärten und Vorschulen	17,1	19,1	22,3	22,1	24,7	–
Sonstiger Unterricht	21,7	25,1	25,8	26,8	28,6	19,9
Tertiärer und post-sekundärer, nicht tertiärer Unterricht	14,5	22,9	23,4	12,6	11,6	–
Weiterführende Schulen	17,7	22,5	26,5	26,4	39,9	27,5
Branche insgesamt	**18,9**	**23,3**	**25,6**	**25,2**	**23,2**	**22,9**
Alle Branchen	**18,0**	**19,3**	**19,7**	**19,7**	**20,1**	**18,6**

Fehlzeiten-Report 2010

Tab. 28.6.7 Krankenstand in Prozent nach der Stellung im Beruf in der Branche Erziehung und Unterricht im Jahr 2009, AOK-Mitglieder

Wirtschaftsabteilung	Stellung im Beruf				
	Auszubildende	Arbeiter	Facharbeiter	Meister, Poliere	Angestellte
Dienstleistungen für den Unterricht	5,6	8,3	4,0	–	2,6
Grundschulen	2,5	7,4	6,1	9,5	3,2
Kindergärten und Vorschulen	3,6	6,9	6,6	5,5	4,4
Sonstiger Unterricht	7,3	7,6	4,5	3,3	4,0
Tertiärer und post-sekundärer, nicht tertiärer Unterricht	6,8	7,8	6,6	2,4	2,9
Weiterführende Schulen	7,4	7,3	5,3	3,8	4,2
Branche insgesamt	**7,2**	**7,5**	**5,2**	**3,8**	**4,0**
Alle Branchen	**4,2**	**5,7**	**5,1**	**3,9**	**3,5**

Fehlzeiten-Report 2010

◘ **Tab. 28.6.8** Tage der Arbeitsunfähigkeit je AOK-Mitglied nach der Stellung im Beruf in der Branche Erziehung und Unterricht im Jahr 2009

Wirtschaftsabteilung	Stellung im Beruf				
	Auszubildende	Arbeiter	Facharbeiter	Meister, Poliere	Angestellte
Dienstleistungen für den Unterricht	20,4	30,3	14,4	–	9,4
Grundschulen	9,3	27,0	22,4	34,8	11,7
Kindergärten und Vorschulen	13,1	25,3	24,1	20,1	16,0
Sonstiger Unterricht	26,5	27,8	16,4	12,0	14,6
Tertiärer und post-sekundärer, nicht tertiärer Unterricht	24,8	28,4	24,0	8,9	10,5
Weiterführende Schulen	26,9	26,7	19,5	13,8	15,2
Branche insgesamt	**26,4**	**27,4**	**19,0**	**13,9**	**14,6**
Alle Branchen	**15,3**	**20,7**	**18,5**	**14,2**	**12,9**

Fehlzeiten-Report 2010

◘ **Tab. 28.6.9** Anteil der Arbeitsunfälle an den AU-Fällen und -Tagen in Prozent nach Wirtschaftsabteilungen in der Branche Erziehung und Unterricht im Jahr 2009, AOK-Mitglieder

Wirtschaftsabteilung	AU-Fälle in %	AU-Tage in %
Dienstleistungen für den Unterricht	1,7	1,8
Grundschulen	2,7	4,6
Kindergärten und Vorschulen	1,5	2,4
Sonstiger Unterricht	2,0	2,9
Tertiärer und post-sekundärer, nicht tertiärer Unterricht	1,7	2,7
Weiterführende Schulen	2,2	3,2
Branche insgesamt	**2,0**	**2,9**
Alle Branchen	**3,9**	**5,2**

Fehlzeiten-Report 2010

◘ **Tab. 28.6.10** Tage und Fälle der Arbeitsunfähigkeit durch Arbeitsunfälle nach Berufsgruppen in der Branche Erziehung und Unterricht im Jahr 2009, AOK-Mitglieder

Tätigkeit	Arbeitsunfähigkeit je 1.000 AOK-Mitglieder	
	AU-Tage	AU-Fälle
Tischler	1.334,3	154,9
Sonstige Mechaniker	1.237,7	180,9
Industriemechaniker/innen	1.092,7	156,0
Hauswirtschaftliche Betreuer	1.062,1	84,8
Gärtner, Gartenarbeiter	988,6	98,4
Warenaufmacher, Versandfertigmacher	973,7	115,6
Hilfsarbeiter	960,3	66,0
Lagerverwalter, Magaziner	949,8	105,8
Maler, Lackierer (Ausbau)	877,5	129,7
Pförtner, Hauswarte	866,8	49,8
Köche	841,9	92,7
Lehrlinge	835,7	106,7
Raum-, Hausratreiniger	714,9	30,5
Groß- und Einzelhandelskaufleute, Einkäufer	439,7	80,0
Verkäufer	411,8	77,7
Sonstige Lehrer	372,0	30,0
Kindergärtnerinnen, Kinderpflegerinnen	338,9	25,6
Heimleiter, Sozialpädagogen	318,6	23,8
Bürofachkräfte	254,4	27,1
Branche insgesamt	**602,2**	**59,4**
Alle Branchen	**900,7**	**58,4**

Fehlzeiten-Report 2010

◘ **Tab. 28.6.11** Tage und Fälle der Arbeitsunfähigkeit je 100 AOK-Mitglieder nach Krankheitsarten in der Branche Erziehung und Unterricht in den Jahren 2000 bis 2009

Jahr	Arbeitsunfähigkeiten je 100 AOK-Mitglieder										
	Psyche		Herz/Kreislauf		Atemwege		Verdauung		Muskel/Skelett		Verletzungen	
	Tage	Fälle	Tage	Fälle	Tage	Fälle	Tage	Fälle	Tage	Fälle	Tage	Fälle
2000	200,3	13,3	145,3	16,1	691,6	122,5	268,8	55,4	596,0	56,0	357,1	33,8
2001	199,2	13,9	140,8	16,1	681,8	125,5	265,8	55,8	591,4	56,8	342,0	32,9
2002	199,6	14,2	128,7	15,3	623,5	118,9	257,3	57,3	538,7	54,4	327,0	32,0
2003	185,4	13,5	120,7	14,8	596,5	116,7	239,2	55,5	470,6	48,9	296,4	30,0
2004	192,8	14,0	121,5	12,7	544,1	101,0	245,2	53,0	463,3	46,9	302,8	29,1
2005	179,7	12,5	102,4	11,0	557,4	104,0	216,9	49,3	388,1	40,2	281,7	27,7
2006	174,6	12,0	99,8	11,2	481,8	92,8	215,6	50,0	365,9	38,0	282,7	27,7
2007	191,0	12,9	97,1	10,5	503,6	97,6	229,8	52,9	366,9	38,5	278,0	27,1
2008 (WZ03)	201,0	13,5	96,2	10,5	506,8	99,1	237,3	55,8	387,0	40,8	282,0	27,9
2008 (WZ08)*	199,5	13,3	97,6	10,4	498,4	97,3	232,6	54,5	387,1	40,3	279,3	27,2
2009	226,5	14,7	102,7	9,9	557,5	103,5	223,7	50,2	382,8	39,2	265,2	24,7

*aufgrund der Revision der Wirtschaftszweigklassifikation in 2008 ist eine Vergleichbarkeit mit den Vorjahren nur bedingt möglich

Fehlzeiten-Report 2010

◘ **Tab. 28.6.12** Verteilung der Arbeitsunfähigkeitstage nach Krankheitsarten in Prozent in der Branche Erziehung und Unterricht im Jahr 2009, AOK-Mitglieder

Wirtschaftsabteilung	AU-Tage in %						
	Psyche	Herz/Kreislauf	Atemwege	Verdauung	Muskel/Skelett	Verletzungen	Sonstige
Dienstleistungen für den Unterricht	8,1	1,9	27,2	8,0	17,7	8,4	28,7
Grundschulen	10,0	6,1	15,1	5,3	23,2	11,3	29,0
Kindergärten und Vorschulen	11,7	5,1	20,0	6,4	17,3	7,8	31,7
Sonstiger Unterricht	8,7	3,8	23,1	10,0	15,1	11,2	28,1
Tertiärer und post-sekundärer, nicht tertiärer Unterricht	9,5	5,0	21,0	7,6	16,5	9,9	30,5
Weiterführende Schulen	8,5	4,1	23,4	9,3	14,6	11,6	28,5
Branche insgesamt	**9,2**	**4,1**	**22,5**	**9,0**	**15,5**	**10,7**	**29,0**
Alle Branchen	**8,6**	**6,8**	**14,0**	**6,2**	**23,0**	**12,3**	**29,1**

Fehlzeiten-Report 2010

◘ **Tab. 28.6.13** Verteilung der Arbeitsunfähigkeitsfälle nach Krankheitsarten in Prozent in der Branche Erziehung und Unterricht im Jahr 2009, AOK-Mitglieder

Wirtschaftsabteilung	AU-Fälle in %						
	Psyche	Herz/Kreislauf	Atemwege	Verdauung	Muskel/Skelett	Verletzungen	Sonstige
Dienstleistungen für den Unterricht	3,2	2,2	31	12,6	10,7	5,5	34,8
Grundschulen	5,2	4,2	27,4	9,6	15,7	7,2	30,7
Kindergärten und Vorschulen	4,8	3,0	32,1	11,0	10,8	4,8	33,5
Sonstiger Unterricht	4,1	2,7	28,4	14,6	11,1	7,0	32,1
Tertiärer und post-sekundärer, nicht tertiärer Unterricht	4,3	3,4	29,2	13,3	11,6	6,7	31,5
Weiterführende Schulen	3,9	2,8	29,2	14,7	10,7	7,5	31,2
Branche insgesamt	**4,1**	**2,8**	**29,1**	**14,1**	**11,0**	**6,9**	**32,0**
Alle Branchen	**4,4**	**4,2**	**24,7**	**11,1**	**16,4**	**8,7**	**30,5**

Fehlzeiten-Report 2010

◘ Tab. 28.6.14 Verteilung der Arbeitsunfähigkeitstage nach Krankheitsarten und ausgewählten Berufsgruppen in der Branche Erziehung und Unterricht im Jahr 2009, AOK-Mitglieder

Tätigkeit	AU-Tage in %						
	Psyche	Herz/ Kreislauf	Atem- wege	Verdau- ung	Muskel/ Skelett	Verlet- zungen	Sonstige
Bürofachkräfte	11,2	4,0	22,3	9,0	13,4	7,4	32,7
Facharbeiter	9,8	6,3	19,8	7,8	19,7	10,5	26,1
Fachschul-, Berufsschul-, Werklehrer	18,3	6,0	18,1	6,2	12,1	5,9	33,4
Friseur(e)	8,7	2,1	26,4	11,6	9,3	5,9	36,0
Gärtner, Gartenarbeiter	7,0	4,4	21,7	9,0	19,2	13,5	25,2
Groß- und Einzelhandelskaufleute, Einkäufer	9,0	2,0	27,2	11,6	10,0	9,5	30,7
Hauswirtschaftliche Betreuer	9,0	5,1	18,9	8,5	21,2	8,7	28,6
Heimleiter, Sozialpädagogen	12,4	4,7	22,2	7,3	13,8	6,8	32,8
Hilfsarbeiter	7,8	5,4	21,5	8,9	21,9	9,6	24,9
Hochschullehrer, Dozenten an höheren Fachschulen und Akademien	12,4	6,1	22,6	6,3	10,8	9,3	32,5
Kindergärtnerinnen, Kinderpflegerinnen	13,0	3,8	23,7	6,3	13,1	7,8	32,3
Köche	9,2	4,5	20,4	10,5	14,6	10,9	29,9
Lehrlinge	6,9	1,8	28,6	11,7	11,6	15,1	24,3
Maler, Lackierer (Ausbau)	5,2	1,7	28,3	12,9	12,3	15,0	24,6
Raum-, Hausratreiniger	9,2	7,4	12,5	4,7	25,8	8,8	31,6
Real-, Volks-, Sonderschullehrer	18,3	6,1	19,8	4,1	9,9	6,7	35,1
Sonstige Lehrer	11,9	7,0	16,8	6,6	14,6	9,9	33,2
Sozialarbeiter, Sozialpfleger	10,3	4,4	22,8	7,9	17,9	7,2	29,5
Tischler	5,4	2,2	27,6	12,0	12,0	17,0	23,8
Verkäufer	8,2	2,1	27,1	11,8	10,7	9,1	31,0
Branche insgesamt	**9,2**	**4,1**	**22,5**	**9,0**	**15,5**	**10,7**	**29,0**
Alle Branchen	**8,6**	**6,8**	**14,0**	**6,2**	**23,0**	**12,3**	**29,1**

Fehlzeiten-Report 2010

Tab. 28.6.15 Verteilung der Arbeitsunfähigkeitsfälle nach Krankheitsarten und ausgewählten Berufsgruppen in der Branche Erziehung und Unterricht im Jahr 2009 AOK-Mitglieder

Tätigkeit	AU-Fälle in %						
	Psyche	Herz/ Kreislauf	Atemwege	Verdauung	Muskel/ Skelett	Verletzungen	Sonstige
Bürofachkräfte	5,0	2,9	28,7	13,4	9,7	4,8	35,5
Facharbeiter	5,7	4,4	25,4	12,5	14,7	7,1	30,2
Fachschul-, Berufsschul-, Werklehrer	6,2	4,3	31,1	10,5	8,7	4,6	34,6
Friseur(e)	4,2	2,3	27,7	14,2	8,2	3,8	39,6
Gärtner, Gartenarbeiter	3,9	3,1	27,2	15,0	13,6	9,3	27,9
Groß- und Einzelhandelskaufleute, Einkäufer	4,0	2,3	29,2	15,0	9,0	5,6	34,9
Hauswirtschaftliche Betreuer	4,6	3,9	25,7	13,8	13,0	6,0	33,0
Heimleiter, Sozialpädagogen	5,6	2,8	33,2	10,9	9,8	4,5	33,2
Hilfsarbeiter	5,3	3,9	25,3	13,4	17,3	6,6	28,2
Hochschullehrer, Dozenten an höheren Fachschulen und Akademien	6,2	3,9	32,0	10,0	7,7	5,2	35,0
Kindergärtnerinnen, Kinderpflegerinnen	4,8	2,5	34,8	11,1	8,4	4,5	33,9
Köche	4,0	3,1	27,3	16,1	9,8	8,1	31,6
Lehrlinge	3,3	2,0	30,9	15,7	9,3	8,2	30,6
Maler, Lackierer (Ausbau)	2,8	1,8	29,4	17,3	10,5	8,6	29,6
Raum-, Hausratreiniger	5,7	5,6	21,7	9,3	20,0	6,0	31,7
Sonstige Lehrer	6,1	4,9	26,9	10,9	11,8	6,4	33,0
Sozialarbeiter, Sozialpfleger	5,7	3,6	31,1	12,6	11,2	4,7	31,1
Tischler	2,9	1,8	30,9	16,1	10,0	10,1	28,2
Verkäufer	3,8	2,3	28,8	15,7	8,4	5,5	35,5
Branche insgesamt	**4,1**	**2,8**	**29,1**	**14,1**	**11,0**	**6,9**	**32,0**
Alle Branchen	**4,4**	**4,2**	**24,7**	**11,1**	**16,4**	**8,7**	**30,5**

Fehlzeiten-Report 2010

◘ Tab. 28.6.16 Anteile der 40 häufigsten Einzeldiagnosen an den AU-Fällen und AU-Tagen in der Branche Erziehung und Unterricht im Jahr 2009, AOK-Mitglieder

ICD-10	Bezeichnung	AU-Fälle in %	AU-Tage in %
J06	Akute Infektionen der oberen Atemwege	10,8	7,3
K52	Nichtinfektiöse Gastroenteritis und Kolitis	6,1	3,4
M54	Rückenschmerzen	4,9	5,1
A09	Diarrhoe und Gastroenteritis	3,9	2,1
J20	Akute Bronchitis	3,2	2,6
K29	Gastritis und Duodenitis	2,8	1,6
J40	Bronchitis	2,5	2,0
R51	Kopfschmerz	2,3	1,0
B34	Viruskrankheit	2,3	1,5
R10	Bauch- und Beckenschmerzen	2,1	1,2
J03	Akute Tonsillitis	2,1	1,5
J02	Akute Pharyngitis	1,7	1,1
R11	Übelkeit und Erbrechen	1,4	0,7
K08	Sonstige Krankheiten der Zähne und des Zahnhalteapparates	1,4	0,5
J01	Akute Sinusitis	1,3	0,9
J32	Chronische Sinusitis	1,2	0,9
J11	Grippe	1,1	0,8
T14	Verletzung an einer nicht näher bezeichneten Körperregion	1,1	1,2
G43	Migräne	1,1	0,5
J00	Akute Rhinopharyngitis [Erkältungsschnupfen]	1,0	0,6
F32	Depressive Episode	0,9	2,6
J04	Akute Laryngitis und Tracheitis	0,9	0,7
F43	Reaktionen auf schwere Belastungen und Anpassungsstörungen	0,9	1,7
B99	Sonstige Infektionskrankheiten	0,8	0,5
J98	Sonstige Krankheiten der Atemwege	0,8	0,5
I10	Essentielle Hypertonie	0,8	1,5
F45	Somatoforme Störungen	0,7	1,0
S93	Luxation, Verstauchung und Zerrung der Gelenke und Bänder in Höhe des oberen Sprunggelenkes und des Fußes	0,7	0,9
A08	Virusbedingte Darminfektionen	0,6	0,4
R50	Fieber unbekannter Ursache	0,6	0,5
M99	Biomechanische Funktionsstörungen	0,6	0,5
M53	Sonstige Krankheiten der Wirbelsäule und des Rückens	0,6	0,7
R42	Schwindel und Taumel	0,6	0,4
M25	Sonstige Gelenkkrankheiten	0,6	0,7
N39	Sonstige Krankheiten des Harnsystems	0,6	0,4
M79	Sonstige Krankheiten des Weichteilgewebes	0,5	0,6
I95	Hypotonie	0,5	0,3
G44	Sonstige Kopfschmerzsyndrome	0,5	0,3
R53	Unwohlsein und Ermüdung	0,5	0,4
I99	Sonstige Krankheiten des Kreislaufsystems	0,4	0,3
	Summe hier	67,4	51,4
	Restliche	32,6	48,6
	Gesamtsumme	100,0	100,0

Fehlzeiten-Report 2010

Tab. 28.6.17 Anteile der 40 häufigsten Diagnoseuntergruppen an den AU-Fällen und AU-Tagen in der Branche Erziehung und Unterricht im Jahr 2009, AOK-Mitglieder

ICD-10	Bezeichnung	AU-Fälle in %	AU-Tage in %
J00–J06	Akute Infektionen der oberen Atemwege	17,5	12,2
K50–K52	Nichtinfektiöse Enteritis und Kolitis	6,6	3,7
M40–M54	Krankheiten der Wirbelsäule und des Rückens	6,3	7,5
A00–A09	Infektiöse Darmkrankheiten	4,9	2,6
R50–R69	Allgemeinsymptome	4,2	2,8
R10–R19	Symptome bzgl. Verdauungssystem und Abdomen	3,7	2,2
J20–J22	Sonstige akute Infektionen der unteren Atemwege	3,7	3,0
K20–K31	Krankheiten des Ösophagus, des Magens und des Duodenums	3,6	2,2
J40–J47	Chronische Krankheiten der unteren Atemwege	3,6	3,1
B25–B34	Sonstige Viruskrankheiten	2,5	1,7
F40–F48	Neurotische, Belastungs- und somatoforme Störungen	2,3	4,1
M60–M79	Krankheiten der Weichteilgewebe	2,1	3,0
G40–G47	Episod. und paroxysmale Krankheiten des Nervensystems	2,0	1,3
J30–J39	Sonstige Krankheiten der oberen Atemwege	1,9	1,6
K00–K14	Krankheiten der Mundhöhle, der Speicheldrüsen und der Kiefer	1,7	0,7
M00–M25	Arthropathien	1,7	3,5
J10–J18	Grippe und Pneumonie	1,4	1,2
T08–T14	Verletzungen Rumpf, Extremitäten u. a. Körperregionen	1,3	1,5
F30–F39	Affektive Störungen	1,2	3,5
S60–S69	Verletzungen des Handgelenkes und der Hand	1,1	1,8
S90–S99	Verletzungen der Knöchelregion und des Fußes	1,0	1,5
R00–R09	Symptome bzgl. Kreislauf- und Atmungssystem	1,0	0,8
I95–I99	Sonstige Krankheiten des Kreislaufsystems	1,0	0,6
N30–N39	Sonstige Krankheiten des Harnsystems	0,9	0,7
J95–J99	Sonstige Krankheiten des Atmungssystems	0,8	0,7
B99–B99	Sonstige Infektionskrankheiten	0,8	0,6
I10–I15	Hypertonie	0,8	1,6
N80–N98	Krankheiten des weiblichen Genitaltraktes	0,8	0,7
S80–S89	Verletzungen des Knies und des Unterschenkels	0,8	1,7
R40–R46	Symptome bzgl. Wahrnehmung, Stimmung und Verhalten	0,7	0,6
M95–M99	Sonstige Krankheiten des Muskel-Skelett-Systems und des Bindegewebes	0,7	0,6
H65–H75	Krankheiten des Mittelohres und des Warzenfortsatzes	0,6	0,5
S00–S09	Verletzungen des Kopfes	0,6	0,6
F10–F19	Psychische und Verhaltensstörungen durch psychotrope Substanzen	0,5	1,1
K55–K63	Sonstige Krankheiten des Darmes	0,5	0,5
L00–L08	Infektionen der Haut und der Unterhaut	0,5	0,7
I80–I89	Krankheiten der Venen, der Lymphgefäße und -knoten	0,4	0,6
Z20–Z29	Pot. Gesundheitsrisiken bzgl. übertragbarer Krankheiten	0,4	0,3
O20–O29	Sonstige mit Schwangerschft verbundene Krankheiten	0,4	0,5
G50–G59	Krankheiten von Nerven, Nervenwurzeln und Nervenplexus	0,4	0,6
	Summe hier	86,9	78,7
	Restliche	13,1	21,3
	Gesamtsumme	100,0	100,0

Fehlzeiten-Report 2010

28.7 Handel

Tabelle 28.7.1	Entwicklung des Krankenstands der AOK-Mitglieder in der Branche Handel in den Jahren 1994 bis 2009	357
Tabelle 28.7.2	Arbeitsunfähigkeit der AOK-Mitglieder in der Branche Handel nach Bundesländern im Jahr 2009 im Vergleich zum Vorjahr	357
Tabelle 28.7.3	Arbeitsunfähigkeit der AOK-Mitglieder in der Branche Handel nach Wirtschaftsabteilungen im Jahr 2009	358
Tabelle 28.7.4	Kennzahlen der Arbeitsunfähigkeit der AOK-Mitglieder nach ausgewählten Berufsgruppen in der Branche Handel im Jahr 2009	358
Tabelle 28.7.5	Dauer der Arbeitsunfähigkeit der AOK-Mitglieder in der Branche Handel im Jahr 2009	358
Tabelle 28.7.6	Tage der Arbeitsunfähigkeit je AOK-Mitglied nach Wirtschaftsabteilung und Betriebsgröße in der Branche Handel im Jahr 2009	359
Tabelle 28.7.7	Krankenstand in Prozent nach der Stellung im Beruf in der Branche Handel im Jahr 2009, AOK-Mitglieder	359
Tabelle 28.7.8	Tage der Arbeitsunfähigkeit je AOK-Mitglied nach der Stellung im Beruf in der Branche Handel im Jahr 2009	359
Tabelle 28.7.9	Anteil der Arbeitsunfälle an den AU-Fällen und -Tagen in Prozent nach Wirtschaftsabteilungen in der Branche Handel im Jahr 2009, AOK-Mitglieder	359
Tabelle 28.7.10	Tage und Fälle der Arbeitsunfähigkeit durch Arbeitsunfälle nach Berufsgruppen in der Branche Handel im Jahr 2009, AOK-Mitglieder	360
Tabelle 28.7.11	Tage und Fälle der Arbeitsunfähigkeit je 100 AOK-Mitglieder nach Krankheitsarten in der Branche Handel in den Jahren 1995 bis 2009	360
Tabelle 28.7.12	Verteilung der Arbeitsunfähigkeitstage nach Krankheitsarten in Prozent in der Branche Handel im Jahr 2009, AOK-Mitglieder	361
Tabelle 28.7.13	Verteilung der Arbeitsunfähigkeitsfälle nach Krankheitsarten in Prozent in der Branche Handel im Jahr 2009, AOK-Mitglieder	361
Tabelle 28.7.14	Verteilung der Arbeitsunfähigkeitstage nach Krankheitsarten und ausgewählten Berufsgruppen in der Branche Handel im Jahr 2009, AOK-Mitglieder	361
Tabelle 28.7.15	Verteilung der Arbeitsunfähigkeitsfälle nach Krankheitsarten und ausgewählten Berufsgruppen in der Branche Handel im Jahr 2009, AOK-Mitglieder	362
Tabelle 28.7.16	Anteile der 40 häufigsten Einzeldiagnosen an den AU-Fällen und AU-Tagen in der Branche Handel im Jahr 2009, AOK-Mitglieder	363
Tabelle 28.7.17	Anteile der 40 häufigsten Diagnoseuntergruppen an den AU-Fällen und AU-Tagen in der Branche Handel im Jahr 2009, AOK-Mitglieder	364

Krankheitsbedingte Fehlzeiten in der deutschen Wirtschaft im Jahr 2009

◘ Tab. 28.7.1 Entwicklung des Krankenstands der AOK-Mitglieder in der Branche Handel in den Jahren 1994 bis 2009

Jahr	Krankenstand in %			AU-Fälle je 100 AOK-Mitglieder			Tage je Fall		
	West	Ost	Bund	West	Ost	Bund	West	Ost	Bund
1994	5,6	4,6	5,5	144,1	105,9	138,3	13,1	14,1	13,3
1995	5,2	4,4	5,1	149,7	116,2	144,7	12,8	14,1	13,0
1996	4,6	4,0	4,5	134,3	106,2	129,9	12,9	14,4	13,1
1997	4,5	3,8	4,4	131,3	100,7	126,9	12,3	13,9	12,5
1998	4,6	3,9	4,5	134,1	102,0	129,6	12,3	13,8	12,5
1999	4,6	4,2	4,5	142,7	113,4	138,9	11,9	13,6	12,1
2000	4,6	4,2	4,6	146,5	117,9	143,1	11,6	13,0	11,7
2001	4,6	4,2	4,5	145,4	113,2	141,8	11,5	13,5	11,7
2002	4,5	4,1	4,5	145,5	114,4	142,0	11,4	13,0	11,5
2003	4,2	3,7	4,2	140,5	110,7	136,8	11,0	12,4	11,2
2004	3,9	3,4	3,8	127,0	100,9	123,4	11,2	12,2	11,3
2005	3,8	3,3	3,7	127,9	100,7	123,9	10,9	12,1	11,0
2006	3,7	3,3	3,6	122,7	97,0	118,9	11,0	12,3	11,2
2007	3,9	3,6	3,9	132,4	106,6	128,6	10,9	12,2	11,0
2008 (WZ03)	4,1	3,8	4,0	140,4	112,0	136,2	10,6	12,3	10,8
2008 (WZ08)*	4,1	3,7	4,0	139,9	111,7	135,7	10,6	12,2	10,8
2009	4,2	4,1	4,2	146,4	122,1	142,8	10,5	12,2	10,7

*aufgrund der Revision der Wirtschaftszweigklassifikation in 2008 ist eine Vergleichbarkeit mit den Vorjahren nur bedingt möglich

Fehlzeiten-Report 2010

◘ Tab. 28.7.2 Arbeitsunfähigkeit der AOK-Mitglieder in der Branche Handel nach Bundesländern im Jahr 2009 im Vergleich zum Vorjahr

Bundesland	Krankenstand in %	Arbeitsunfähigkeit je 100 AOK-Mitglieder				Tage je Fall	Veränd. z. Vorj. in %	AU-Quote in %
		AU-Fälle	Veränd. z. Vorj. in %	AU-Tage	Veränd. z. Vorj. in %			
Baden-Württemberg	4,1	148,0	4,3	1.511,3	2,4	10,2	-1,9	55,8
Bayern	3,8	130,7	5,0	1.387,3	2,8	10,6	-1,9	51,4
Berlin	4,1	128,8	10,1	1.494,2	2,7	11,6	-6,5	43,0
Brandenburg	4,4	126,4	10,3	1.622,9	9,3	12,8	-1,5	49,8
Bremen	4,6	139,4	-1,8	1.672,3	1,6	12,0	3,4	52,2
Hamburg	5,1	164,1	4,8	1.869,2	1,4	11,4	-3,4	55,3
Hessen	4,7	159,3	5,1	1.709,7	2,0	10,7	-3,6	55,5
Mecklenburg-Vorpommern	4,2	123,0	9,0	1.545,1	7,9	12,6	-0,8	48,1
Niedersachsen	3,8	151,7	7,3	1.384,4	6,5	9,1	-1,1	56,1
Nordrhein-Westfalen	4,5	152,9	3,4	1.641,6	3,5	10,7	0,0	55,9
Rheinland-Pfalz	4,8	163,9	5,3	1.750,9	2,4	10,7	-2,7	58,9
Saarland	5,0	146,6	3,8	1.830,8	-0,8	12,5	-4,6	54,6
Sachsen	3,8	117,5	9,4	1.395,7	9,5	11,9	0,0	50,6
Sachsen-Anhalt	4,7	130,3	10,0	1.713,2	12,5	13,2	3,1	49,4
Schleswig-Holstein	4,5	150,1	5,3	1.653,2	3,0	11,0	-2,7	54,9
Thüringen	4,3	129,0	7,6	1.569,1	6,4	12,2	-0,8	52,2
West	4,2	146,4	4,6	1.532,6	3,0	10,5	-0,9	54,5
Ost	4,1	122,1	9,3	1.491,2	9,3	12,2	0,0	50,5
Bund	4,2	142,8	5,2	1.526,4	3,9	10,7	-0,9	53,9

Fehlzeiten-Report 2010

Tab. 28.7.3 Arbeitsunfähigkeit der AOK-Mitglieder in der Branche Handel nach Wirtschaftsabteilungen im Jahr 2009

Wirtschaftsabteilung	Krankenstand in %		Arbeitsunfähigkeiten je 100 AOK-Mitglieder		Tage je Fall	AU-Quote in %
	2009	2009 stand.*	Fälle	Tage		
Einzelhandel	3,9	4,2	135,9	1.441,1	10,6	51,1
Großhandel	4,6	4,4	145,4	1.672,7	11,5	56,4
Kraftfahrzeughandel	4,0	3,9	158,5	1463,8	9,2	57,6
Branche insgesamt	4,2	4,3	142,8	1.526,4	10,7	53,9
Alle Branchen	4,8	4,7	150,9	1.734,9	11,5	54,0

*Krankenstand alters- und geschlechtsstandardisiert

Fehlzeiten-Report 2010

Tab. 28.7.4 Kennzahlen der Arbeitsunfähigkeit der AOK-Mitglieder nach ausgewählten Berufsgruppen in der Branche Handel im Jahr 2009

Tätigkeit	Krankenstand in %	Arbeitsunfähigkeiten je 100 AOK-Mitglieder		Tage je Fall	AU-Quote in %	Anteil der Berufsgruppe an der Branche in %*
		Fälle	Tage			
Bürofachkräfte	2,9	122,0	1.054,0	8,6	49,9	8,7
Groß- und Einzelhandelskaufleute, Einkäufer	3,1	156,7	1.114,5	7,1	56,2	6,4
Handelsvertreter, Reisende	3,4	118,4	1.249,0	10,5	48,4	1,0
Hilfsarbeiter	4,9	155,7	1.780,4	11,4	51,1	1,4
Kassierer	4,8	134,0	1.735,6	13,0	55,0	2,6
Kraftfahrzeugführer	5,6	126,9	2.050,4	16,2	55,6	4,8
Kraftfahrzeuginstandsetzer	4,3	172,2	1.557,1	9,0	62,6	6,2
Lager-, Transportarbeiter	5,7	170,9	2.064,5	12,1	60,0	6,7
Lagerverwalter, Magaziner	5,5	164,4	1.999,4	12,2	62,7	4,2
Lehrlinge	3,7	255,1	1.340,9	5,3	66,9	1,0
Verkäufer	3,9	131,3	1.427,0	10,9	50,0	27,7
Warenaufmacher, Versandfertigmacher	5,8	172,2	2.127,8	12,4	58,7	2,6
Branche insgesamt	4,2	142,8	1.526,4	10,7	53,9	13,1**

* Anteil der AOK-Mitglieder in der Berufsgruppe an den in der Branche beschäftigten AOK-Mitgliedern insgesamt
**Anteil der AOK-Mitglieder in der Branche an allen AOK-Mitgliedern

Fehlzeiten-Report 2010

Tab. 28.7.5 Dauer der Arbeitsunfähigkeit der AOK-Mitglieder in der Branche Handel im Jahr 2009

Fallklasse	Branche hier		alle Branchen	
	Anteil Fälle in %	Anteil Tage in %	Anteil Fälle in %	Anteil Tage in %
1–3 Tage	37,5	7,0	34,7	6,1
4–7 Tage	31,0	14,5	30,6	13,2
8–14 Tage	16,6	15,9	17,9	15,9
15–21 Tage	5,5	8,9	6,2	9,2
22–28 Tage	2,8	6,4	3,2	6,7
29–42 Tage	2,8	9,0	3,2	9,4
Langzeit-AU (> 42 Tage)	3,8	38,3	4,2	39,5

Fehlzeiten-Report 2010

Krankheitsbedingte Fehlzeiten in der deutschen Wirtschaft im Jahr 2009

Tab. 28.7.6 Tage der Arbeitsunfähigkeit je AOK-Mitglied nach Wirtschaftsabteilung und Betriebsgröße in der Branche Handel im Jahr 2009

Wirtschaftsabteilungen	Betriebsgröße (Anzahl der AOK-Mitglieder)					
	10–49	50–99	100–199	200–499	500–999	≥ 1.000
Einzelhandel	15,1	16,7	17,3	17,4	18,2	16,5
Großhandel	17,5	18,7	19,8	20,1	21,1	15,0
Kraftfahrzeughandel	15,4	16,1	16,6	18,4	19,3	–
Branche insgesamt	16,2	17,6	18,3	18,4	18,7	16,3
Alle Branchen	18,0	19,3	19,7	19,7	20,1	18,6

Fehlzeiten-Report 2010

Tab. 28.7.7 Krankenstand in Prozent nach der Stellung im Beruf in der Branche Handel im Jahr 2009, AOK-Mitglieder

Wirtschaftsabteilung	Stellung im Beruf				
	Auszubildende	Arbeiter	Facharbeiter	Meister, Poliere	Angestellte
Einzelhandel	3,7	4,7	4,2	3,5	3,4
Großhandel	3,7	5,8	5,2	4,0	3,1
Kraftfahrzeughandel	4,0	4,7	4,5	3,5	2,9
Branche insgesamt	3,8	5,3	4,7	3,6	3,2
Alle Branchen	4,2	5,7	5,1	3,9	3,5

Fehlzeiten-Report 2010

Tab. 28.7.8 Tage der Arbeitsunfähigkeit je AOK-Mitglied nach der Stellung im Beruf in der Branche Handel im Jahr 2009

Wirtschaftsabteilung	Stellung im Beruf				
	Auszubildende	Arbeiter	Facharbeiter	Meister, Poliere	Angestellte
Einzelhandel	13,4	17,1	15,4	12,7	12,3
Großhandel	13,4	21,0	19,1	14,4	11,2
Kraftfahrzeughandel	14,7	17,0	16,3	12,9	10,5
Branche insgesamt	13,8	19,4	17,0	13,1	11,7
Alle Branchen	15,3	20,7	18,5	14,2	12,9

Fehlzeiten-Report 2010

Tab. 28.7.9 Anteil der Arbeitsunfälle an den AU-Fällen und -Tagen in Prozent nach Wirtschaftsabteilungen in der Branche Handel im Jahr 2009, AOK-Mitglieder

Wirtschaftsabteilung	AU-Fälle in %	AU-Tage in %
Einzelhandel	2,9	3,8
Großhandel	4,0	5,7
Kraftfahrzeughandel	4,5	5,5
Branche insgesamt	3,6	4,8
Alle Branchen	3,9	5,2

Fehlzeiten-Report 2010

◘ Tab. 28.7.10 Tage und Fälle der Arbeitsunfähigkeit durch Arbeitsunfälle nach Berufsgruppen in der Branche Handel im Jahr 2009, AOK-Mitglieder

Tätigkeit	Arbeitsunfähigkeit je 1.000 AOK-Mitglieder	
	AU-Tage	AU-Fälle
Kraftfahrzeugführer	1.920,3	93,9
Tischler	1.691,7	122,6
Landmaschineninstandsetzer	1.515,1	139,2
Fleischer	1.438,9	102,7
Elektroinstallateure, -monteure	1.227,5	85,5
Lager-, Transportarbeiter	1.207,9	73,3
Kraftfahrzeuginstandsetzer	1.089,6	103,3
Lagerverwalter, Magaziner	1.033,0	65,4
Hilfsarbeiter	1.025,4	71,0
Pförtner, Hauswarte	1.000,3	68,5
Sonstige Mechaniker	847,0	78,7
Warenaufmacher, Versandfertigmacher	792,6	51,3
Verkäufer	471,5	35,5
Kassierer	436,5	27,1
Groß- und Einzelhandelskaufleute, Einkäufer	346,1	28,8
Bürofachkräfte	229,6	15,4
Branche insgesamt	**734,0**	**50,9**
Alle Branchen	**900,7**	**58,4**

Fehlzeiten-Report 2010

◘ Tab. 28.7.11 Tage und Fälle der Arbeitsunfähigkeit je 100 AOK-Mitglieder nach Krankheitsarten in der Branche Handel in den Jahren 1995 bis 2009

Jahr	Arbeitsunfähigkeiten je 100 AOK-Mitglieder											
	Psyche		Herz/Kreislauf		Atemwege		Verdauung		Muskel/Skelett		Verletzungen	
	Tage	Fälle	Tage	Fälle	Tage	Fälle	Tage	Fälle	Tage	Fälle	Tage	Fälle
1995	101,3	4,1	175,6	8,5	347,2	43,8	183,5	22,6	592,8	31,9	345,0	21,1
1996	92,4	3,8	152,5	7,1	300,8	38,8	153,0	20,3	524,4	27,6	308,0	18,8
1997	89,6	4,0	142,2	7,4	268,9	37,5	143,7	20,2	463,5	26,9	293,2	18,4
1998	95,7	4,3	142,2	7,6	266,0	38,5	140,9	20,4	480,4	28,3	284,6	18,3
1999	100,4	4,7	139,6	7,8	301,5	44,0	142,3	21,7	499,5	30,0	280,8	18,5
2000	113,7	5,5	119,8	7,0	281,4	42,5	128,1	19,1	510,3	31,3	278,0	18,8
2001	126,1	6,3	124,0	7,6	266,0	41,9	128,9	19,8	523,8	32,5	270,3	18,7
2002	131,0	6,7	122,5	7,7	254,9	41,0	129,6	20,8	512,6	32,0	265,8	18,4
2003	127,0	6,6	114,6	7,6	252,1	41,5	121,3	19,8	459,2	29,4	250,8	17,4
2004	136,9	6,4	120,4	6,8	215,6	34,6	120,4	19,0	424,2	27,1	237,7	16,0
2005	135,8	6,2	118,1	6,6	245,8	39,4	113,5	17,6	399,1	25,9	230,5	15,5
2006	137,2	6,3	117,7	6,7	202,9	33,5	115,7	18,4	400,5	26,0	234,8	15,7
2007	151,2	6,8	120,3	6,8	231,0	37,9	122,6	20,0	426,0	27,1	234,3	15,4
2008 (WZ03)	159,5	7,1	124,1	7,0	244,6	40,6	127,6	21,3	439,2	28,2	238,9	15,8
2008 (WZ08)*	158,2	7,1	123,2	7,0	243,2	40,4	127,3	21,2	435,9	28,0	238,8	15,8
2009	168,3	7,6	122,3	6,9	284,1	46,5	126,0	20,8	428,8	27,4	241,8	15,7

*aufgrund der Revision der Wirtschaftszweigklassifikation in 2008 ist eine Vergleichbarkeit mit den Vorjahren nur bedingt möglich

Fehlzeiten-Report 2010

◘ **Tab. 28.7.12** Verteilung der Arbeitsunfähigkeitstage nach Krankheitsarten in Prozent in der Branche Handel im Jahr 2009, AOK-Mitglieder

Wirtschaftsabteilung	AU-Tage in %						
	Psyche	Herz/Kreislauf	Atemwege	Verdauung	Muskel/Skelett	Verletzungen	Sonstige
Einzelhandel	10,1	5,6	14,9	6,6	20,6	10,8	31,4
Großhandel	7,7	7,2	13,5	6,2	23,7	12,8	28,9
Kraftfahrzeughandel	6,4	5,8	16,2	6,8	21,8	16,5	26,5
Branche insgesamt	8,6	6,3	14,6	6,5	22,0	12,4	29,6
Alle Branchen	**8,6**	**6,8**	**14,0**	**6,2**	**23,0**	**12,3**	**29,1**

Fehlzeiten-Report 2010

◘ **Tab. 28.7.13** Verteilung der Arbeitsunfähigkeitsfälle nach Krankheitsarten in Prozent in der Branche Handel im Jahr 2009, AOK-Mitglieder

Wirtschaftsabteilung	AU-Fälle in %						
	Psyche	Herz/Kreislauf	Atemwege	Verdauung	Muskel/Skelett	Verletzungen	Sonstige
Einzelhandel	4,8	3,7	25,9	11,5	13,6	7,6	32,9
Großhandel	4,0	4,3	24,6	11,3	17,2	8,8	29,8
Kraftfahrzeughandel	3,0	3,1	27,6	11,6	15,1	11,4	28,2
Branche insgesamt	**4,2**	**3,8**	**25,7**	**11,5**	**15,1**	**8,7**	**31,0**
Alle Branchen	**4,4**	**4,2**	**24,7**	**11,1**	**16,4**	**8,7**	**30,5**

Fehlzeiten-Report 2010

◘ **Tab. 28.7.14** Verteilung der Arbeitsunfähigkeitstage nach Krankheitsarten und ausgewählten Berufsgruppen in der Branche Handel im Jahr 2009, AOK-Mitglieder

Tätigkeit	AU-Tage in %						
	Psyche	Herz/Kreislauf	Atemwege	Verdauung	Muskel/Skelett	Verletzungen	Sonstige
Bürofachkräfte	10,8	5,2	18,2	7,0	15,5	9,5	33,8
Groß- und Einzelhandelskaufleute, Einkäufer	9,7	3,8	21,4	8,1	14,3	12,1	30,6
Handelsvertreter, Reisende	11,1	7,2	15,2	6,7	18,5	11,8	29,5
Hilfsarbeiter	8,1	6,2	13,3	6,2	24,6	12,7	28,9
Kassierer	11,8	5,5	13,7	5,7	22,3	8,4	32,6
Kraftfahrzeugführer	5,5	9,6	9,7	5,4	26,7	15,5	27,6
Kraftfahrzeuginstandsetzer	4,8	5,7	16,2	6,6	23,0	19,1	24,6
Lager-, Transportarbeiter	7,3	7,0	13,2	6,1	26,7	12,9	26,8
Lagerverwalter, Magaziner	7,4	7,4	12,8	5,8	26,2	12,2	28,2
Lehrlinge	5,7	1,4	27,1	10,3	10,0	17,0	28,5
Verkäufer	11,1	5,5	14,7	6,7	19,9	10,0	32,1
Warenaufmacher, Versandfertigmacher	8,5	6,8	12,9	6,0	26,1	10,3	29,4
Branche insgesamt	**8,6**	**6,3**	**14,6**	**6,5**	**22,0**	**12,4**	**29,6**
Alle Branchen	**8,6**	**6,8**	**14,0**	**6,2**	**23,0**	**12,3**	**29,1**

Fehlzeiten-Report 2010

◘ Tab. 28.7.15 Verteilung der Arbeitsunfähigkeitsfälle nach Krankheitsarten und ausgewählten Berufsgruppen in der Branche Handel im Jahr 2009, AOK-Mitglieder

Tätigkeit	AU-Fälle in %						
	Psyche	Herz/Kreislauf	Atemwege	Verdauung	Muskel/Skelett	Verletzungen	Sonstige
Bürofachkräfte	4,6	3,4	29,7	12,1	10,1	5,9	34,2
Groß- und Einzelhandelskaufleute, Einkäufer	3,8	2,6	31,3	12,9	9,1	7,3	33,0
Handelsvertreter, Reisende	5,3	4,6	26,1	12,0	13,9	7,5	30,6
Hilfsarbeiter	4,3	4,1	23,1	10,5	19,0	9,5	29,5
Kassierer	5,9	4,1	24,8	10,6	14,2	6,3	34,1
Kraftfahrzeugführer	3,3	5,8	18,9	10,5	22,2	11,8	27,5
Kraftfahrzeuginstandsetzer	2,3	2,7	27,9	11,4	15,8	13,5	26,4
Lager-, Transportarbeiter	4,0	4,3	22,7	11,0	21,1	9,2	27,7
Lagerverwalter, Magaziner	3,8	4,7	23,1	11,0	20,1	8,9	28,4
Lehrlinge	2,8	1,8	32,4	14,0	8,0	8,7	32,3
Verkäufer	5,3	3,7	25,7	11,5	12,9	7,3	33,6
Warenaufmacher, Versandfertigmacher	4,5	4,4	22,8	11,0	20,0	7,7	29,6
Branche insgesamt	**4,2**	**3,8**	**25,7**	**11,5**	**15,1**	**8,7**	**31,0**
Alle Branchen	**4,4**	**4,2**	**24,7**	**11,1**	**16,4**	**8,7**	**30,5**

Fehlzeiten-Report 2010

◘ Tab. 28.7.16 Anteile der 40 häufigsten Einzeldiagnosen an den AU-Fällen und AU-Tagen in der Branche Handel im Jahr 2009, AOK-Mitglieder

ICD-10	Bezeichnung	AU-Fälle in %	AU-Tage in %
M54	Akute Infektionen der oberen Atemwege	8,3	4,0
J06	Rückenschmerzen	5,9	6,0
K52	Nichtinfektiöse Gastroenteritis und Kolitis	3,7	1,4
J20	Akute Bronchitis	3,2	1,8
A09	Diarrhoe und Gastroenteritis	2,6	1,0
J40	Bronchitis	2,5	1,4
K08	Sonstige Krankheiten der Zähne und des Zahnhalteapparates	2,0	0,5
B34	Viruskrankheit	1,9	0,9
K29	Gastritis und Duodenitis	1,5	0,8
R10	Bauch- und Beckenschmerzen	1,5	0,8
J03	Akute Tonsillitis	1,5	0,7
T14	Verletzung an einer nicht näher bezeichneten Körperregion	1,4	1,3
J02	Akute Pharyngitis	1,4	0,6
J01	Akute Sinusitis	1,3	0,7
I10	Essentielle Hypertonie	1,2	2,2
J32	Chronische Sinusitis	1,2	0,6
J11	Grippe	1,1	0,6
F32	Depressive Episode	1,0	2,4
R51	Kopfschmerz	1,0	0,4
F43	Reaktionen auf schwere Belastungen und Anpassungsstörungen	0,9	1,5
M53	Sonstige Krankheiten der Wirbelsäule und des Rückens	0,8	1,0
M51	Sonstige Bandscheibenschäden	0,8	2,0
M99	Biomechanische Funktionsstörungen	0,8	0,6
R11	Übelkeit und Erbrechen	0,8	0,4
J04	Akute Laryngitis und Tracheitis	0,7	0,4
B99	Sonstige Infektionskrankheiten	0,7	0,4
M25	Sonstige Gelenkkrankheiten	0,7	0,8
S93	Luxation, Verstauchung und Zerrung der Gelenke und Bänder in Höhe des oberen Sprunggelenkes und des Fußes	0,7	0,8
R50	Fieber unbekannter Ursache	0,7	0,4
M77	Sonstige Enthesopathien	0,7	0,9
M75	Schulterläsionen	0,7	1,4
J98	Sonstige Krankheiten der Atemwege	0,6	0,3
J00	Akute Rhinopharyngitis [Erkältungsschnupfen]	0,6	0,3
M23	Binnenschädigung des Kniegelenkes	0,6	1,3
M79	Sonstige Krankheiten des Weichteilgewebes	0,6	0,6
F45	Somatoforme Störungen	0,6	0,9
G43	Migräne	0,6	0,2
N39	Sonstige Krankheiten des Harnsystems	0,6	0,4
R42	Schwindel und Taumel	0,5	0,4
A08	Virusbedingte Darminfektionen	0,5	0,2
	Summe hier	58,4	43,3
	Restliche	41,6	56,7
	Gesamtsumme	100,0	100,0

Fehlzeiten-Report 2010

◨ **Tab. 28.7.17** Anteile der 40 häufigsten Diagnoseuntergruppen an den AU-Fällen und AU-Tagen in der Branche Handel im Jahr 2009, AOK-Mitglieder

ICD-10	Bezeichnung	AU-Fälle in %	AU-Tage in %
J00–J06	Akute Infektionen der oberen Atemwege	13,7	6,6
M40–M54	Krankheiten der Wirbelsäule und des Rückens	7,9	10,0
K50–K52	Nichtinfektiöse Enteritis und Kolitis	4,1	1,7
J40–J47	Chronische Krankheiten der unteren Atemwege	3,9	2,6
J20–J22	Sonstige akute Infektionen der unteren Atemwege	3,7	2,1
A00–A09	Infektiöse Darmkrankheiten	3,4	1,3
M60–M79	Krankheiten der Weichteilgewebe	3,2	4,6
R50–R69	Allgemeinsymptome	3,0	2,3
M00–M25	Arthropathien	2,7	5,3
K00–K14	Krankheiten der Mundhöhle, der Speicheldrüsen und der Kiefer	2,5	0,7
R10–R19	Symptome bzgl. Verdauungssystem und Abdomen	2,5	1,4
F40–F48	Neurotische, Belastungs- und somatoforme Störungen	2,2	3,7
B25–B34	Sonstige Viruskrankheiten	2,2	1,0
K20–K31	Krankheiten des Ösophagus, des Magens und des Duodenums	2,1	1,2
J30–J39	Sonstige Krankheiten der oberen Atemwege	1,8	1,2
T08–T14	Verletzungen Rumpf, Extremitäten u. a. Körperregionen	1,7	1,6
J10–J18	Grippe und Pneumonie	1,5	1,1
I10–I15	Hypertonie	1,4	2,5
S60–S69	Verletzungen des Handgelenkes und der Hand	1,3	1,8
F30–F39	Affektive Störungen	1,3	3,4
G40–G47	Episod. und paroxysmale Krankheiten des Nervensystems	1,2	1,0
S90–S99	Verletzungen der Knöchelregion und des Fußes	1,2	1,6
R00–R09	Symptome bzgl. Kreislauf- und Atmungssystem	1,1	0,8
S80–S89	Verletzungen des Knies und des Unterschenkels	1,0	2,1
N30–N39	Sonstige Krankheiten des Harnsystems	0,9	0,6
M95–M99	Sonstige Krankheiten des Muskel-Skelett-Systems und des Bindegewebes	0,9	0,7
I80–I89	Krankheiten der Venen, der Lymphgefäße und -knoten	0,8	0,9
B99–B99	Sonstige Infektionskrankheiten	0,8	0,4
J95–J99	Sonstige Krankheiten des Atmungssystems	0,7	0,5
R40–R46	Symptome bzgl. Wahrnehmung, Stimmung und Verhalten	0,7	0,6
S00–S09	Verletzungen des Kopfes	0,7	0,7
K55–K63	Sonstige Krankheiten des Darmes	0,7	0,7
E70–E90	Stoffwechselstörungen	0,7	1,2
N80–N98	Krankheiten des weiblichen Genitaltraktes	0,7	0,6
Z20–Z29	Pot. Gesundheitsrisiken bzgl. übertragbarer Krankheiten	0,6	0,3
I95–I99	Sonstige Krankheiten des Kreislaufsystems	0,6	0,4
G50–G59	Krankheiten von Nerven, Nervenwurzeln und Nervenplexus	0,6	1,1
L00–L08	Infektionen der Haut und der Unterhaut	0,6	0,6
F10–F19	Psychische und Verhaltensstörungen durch psychotrope Substanzen	0,5	1,0
Z70–Z76	Sonstige Inanspruchnahme des Gesundheitswesens	0,5	1,0
	Summe hier	**81,6**	**72,9**
	Restliche	18,4	27,1
	Gesamtsumme	**100,0**	**100,0**

Fehlzeiten-Report 2010

28.8 Land- und Forstwirtschaft

Tabelle 28.8.1	Entwicklung des Krankenstands der AOK-Mitglieder in der Branche Land- und Forstwirtschaft in den Jahren 1994 bis 2009	366
Tabelle 28.8.2	Arbeitsunfähigkeit der AOK-Mitglieder in der Branche Land- und Forstwirtschaft nach Bundesländern im Jahr 2009 im Vergleich zum Vorjahr	366
Tabelle 28.8.3	Arbeitsunfähigkeit der AOK-Mitglieder in der Branche Land- und Forstwirtschaft nach Wirtschaftsabteilungen im Jahr 2009	367
Tabelle 28.8.4	Kennzahlen der Arbeitsunfähigkeit der AOK-Mitglieder nach ausgewählten Berufsgruppen in der Branche Land- und Forstwirtschaft im Jahr 2009	367
Tabelle 28.8.5	Dauer der Arbeitsunfähigkeit der AOK-Mitglieder in der Branche Land- und Forstwirtschaft im Jahr 2009	367
Tabelle 28.8.6	Tage der Arbeitsunfähigkeit je AOK-Mitglied nach Wirtschaftsabteilung und Betriebsgröße in der Branche Land- und Forstwirtschaft im Jahr 2009	368
Tabelle 28.8.7	Krankenstand in Prozent nach der Stellung im Beruf in der Branche Land- und Forstwirtschaft im Jahr 2009, AOK-Mitglieder	368
Tabelle 28.8.8	Tage der Arbeitsunfähigkeit je AOK-Mitglied nach der Stellung im Beruf in der Branche Land- und Forstwirtschaft im Jahr 2009	368
Tabelle 28.8.9	Anteil der Arbeitsunfälle an den AU-Fällen und -Tagen in Prozent nach Wirtschaftsabteilungen in der Branche Land- und Forstwirtschaft im Jahr 2009, AOK-Mitglieder	368
Tabelle 28.8.10	Tage und Fälle der Arbeitsunfähigkeit durch Arbeitsunfälle nach Berufsgruppen in der Branche Land- und Forstwirtschaft im Jahr 2009, AOK-Mitglieder	369
Tabelle 28.8.11	Tage und Fälle der Arbeitsunfähigkeit je 100 AOK-Mitglieder nach Krankheitsarten in der Branche Land- und Forstwirtschaft in den Jahren 1995 bis 2009	369
Tabelle 28.8.12	Verteilung der Arbeitsunfähigkeitstage nach Krankheitsarten in Prozent in der Branche Land- und Forstwirtschaft im Jahr 2009, AOK-Mitglieder	370
Tabelle 28.8.13	Verteilung der Arbeitsunfähigkeitsfälle nach Krankheitsarten in Prozent in der Branche Land- und Forstwirtschaft im Jahr 2009, AOK-Mitglieder	370
Tabelle 28.8.14	Verteilung der Arbeitsunfähigkeitstage nach Krankheitsarten und ausgewählten Berufsgruppen in der Branche Land- und Forstwirtschaft im Jahr 2009, AOK-Mitglieder	370
Tabelle 28.8.15	Verteilung der Arbeitsunfähigkeitsfälle nach Krankheitsarten und ausgewählten Berufsgruppen in der Branche Land- und Forstwirtschaft im Jahr 2009, AOK-Mitglieder	371
Tabelle 28.8.16	Anteile der 40 häufigsten Einzeldiagnosen an den AU-Fällen und AU-Tagen in der Branche Land- und Forstwirtschaft im Jahr 2009, AOK-Mitglieder	372
Tabelle 28.8.17	Anteile der 40 häufigsten Diagnoseuntergruppen an den AU-Fällen und AU-Tagen in der Branche Land- und Forstwirtschaft im Jahr 2009, AOK-Mitglieder	373

Tab. 28.8.1 Entwicklung des Krankenstands der AOK-Mitglieder in der Branche Land- und Forstwirtschaft in den Jahren 1994 bis 2009

Jahr	Krankenstand in %			AU-Fälle je 100 AOK-Mitglieder			Tage je Fall		
	West	Ost	Bund	West	Ost	Bund	West	Ost	Bund
1994	5,7	5,5	5,6	132,0	114,0	122,7	15,7	15,4	15,5
1995	5,4	5,7	5,6	140,6	137,3	139,2	14,7	15,1	14,9
1996	4,6	5,5	5,1	137,3	125,0	132,3	12,9	16,3	14,2
1997	4,6	5,0	4,8	137,4	117,7	129,7	12,3	15,4	13,4
1998	4,8	4,9	4,8	143,1	121,4	135,1	12,1	14,9	13,0
1999	4,6	6,0	5,3	149,6	142,6	147,6	11,6	14,2	12,3
2000	4,6	5,5	5,0	145,7	139,7	142,7	11,6	14,3	12,9
2001	4,6	5,4	5,0	144,3	130,2	137,6	11,7	15,1	13,2
2002	4,5	5,2	4,8	142,4	126,5	135,0	11,4	15,1	13,0
2003	4,2	4,9	4,5	135,5	120,5	128,5	11,2	14,8	12,8
2004	3,8	4,3	4,0	121,5	109,1	115,6	11,4	14,6	12,8
2005	3,5	4,3	3,9	113,7	102,1	108,4	11,3	15,3	13,0
2006	3,3	4,1	3,7	110,2	96,5	104,3	11,0	15,4	12,8
2007	3,6	4,4	3,9	117,1	102,2	110,8	11,1	15,7	12,9
2008 (WZ03)	3,7	4,6	4,1	121,1	107,6	115,4	11,1	15,7	12,9
2008 (WZ08)*	3,1	4,6	3,9	101,5	101,6	101,6	11,3	16,5	13,9
2009	3,0	5,0	4,0	101,0	108,9	104,8	11,0	16,8	13,9

*aufgrund der Revision der Wirtschaftszweigklassifikation in 2008 ist eine Vergleichbarkeit mit den Vorjahren nur bedingt möglich

Fehlzeiten-Report 2010

Tab. 28.8.2 Arbeitsunfähigkeit der AOK-Mitglieder in der Branche Land- und Forstwirtschaft nach Bundesländern im Jahr 2009 im Vergleich zum Vorjahr

Bundesland	Krankenstand in %	Arbeitsunfähigkeit je 100 AOK-Mitglieder				Tage je Fall	Veränd. z. Vorj. in %	AU-Quote in %
		AU-Fälle	Veränd. z. Vorj. in %	AU-Tage	Veränd. z. Vorj. in %			
Baden-Württemberg	2,9	95,8	-1,5	1.040,6	-6,0	10,9	-4,4	27,9
Bayern	2,8	86,4	1,5	1.037,5	1,6	12,0	0,0	28,6
Berlin	5,2	139,9	-20,8	1.893,4	11,6	13,5	40,6	41,0
Brandenburg	5,2	106,9	10,2	1.909,9	13,0	17,9	2,9	44,3
Bremen	3,5	117,1	-3,3	1.266,6	-43,6	10,8	-41,6	41,0
Hamburg	3,7	99,8	14,2	1.358,9	-19,9	13,6	-29,9	29,7
Hessen	3,5	105,3	-12,5	1.279,6	-19,6	12,2	-7,6	31,7
Mecklenburg-Vorpommern	5,0	97,1	6,2	1.816,8	9,6	18,7	3,3	44,0
Niedersachsen	3,1	113,6	4,4	1.123,6	5,4	9,9	1,0	36,4
Nordrhein-Westfalen	2,9	100,8	-2,4	1.065,9	-6,4	10,6	-3,6	27,6
Rheinland-Pfalz	3,3	102,3	-9,5	1.188,7	-15,8	11,6	-7,2	20,5
Saarland	4,1	154,4	28,1	1.494,7	26,5	9,7	-1,0	55,0
Sachsen	4,8	111,7	7,1	1.762,5	9,3	15,8	1,9	47,6
Sachsen-Anhalt	4,9	105,1	6,2	1.787,9	9,1	17,0	2,4	45,2
Schleswig-Holstein	3,5	105,0	4,4	1.267,5	4,0	12,1	0,0	33,5
Thüringen	5,3	118,4	6,2	1.931,7	4,2	16,3	-1,8	49,4
West	3,0	101,0	-0,5	1.108,0	-3,3	11,0	-2,7	29,8
Ost	5,0	108,9	7,2	1.832,3	9,0	16,8	1,8	46,4
Bund	4,0	104,8	3,1	1.457,1	3,2	13,9	0,0	36,5

Fehlzeiten-Report 2010

◘ **Tab. 28.8.3** Arbeitsunfähigkeit der AOK-Mitglieder in der Branche Land- und Forstwirtschaft nach Wirtschaftsabteilungen im Jahr 2009

Wirtschaftsabteilung	Krankenstand in %		Arbeitsunfähigkeiten je 100 AOK-Mitglieder		Tage je Fall	AU-Quote in %
	2009	2009 stand.*	Fälle	Tage		
Fischerei und Aquakultur	4,0	3,7	98,4	1.462,0	14,9	42,2
Forstwirtschaft, Holzeinschlag	5,1	4,4	135,0	1.848,5	13,7	45,5
Landwirtschaft, Jagd und damit verbundene Tätigkeiten	3,9	3,9	102,5	1.426,9	13,9	35,8
Branche insgesamt	4,0	4,0	104,8	1.457,1	13,9	36,5
Alle Branchen	4,8	4,7	150,9	1.734,9	11,5	54,0

*Krankenstand alters- und geschlechtsstandardisiert

Fehlzeiten-Report 2010

◘ **Tab. 28.8.4** Kennzahlen der Arbeitsunfähigkeit der AOK-Mitglieder nach ausgewählten Berufsgruppen in der Branche Land- und Forstwirtschaft im Jahr 2009

Tätigkeit	Krankenstand in %	Arbeitsunfähigkeiten je 100 AOK-Mitglieder		Tage je Fall	AU-Quote in %	Anteil der Berufsgruppe an der Branche in %*
		Fälle	Tage			
Bürofachkräfte	2,9	87,2	1.041,9	12,0	40,4	1,5
Floristen	2,6	105,9	946,9	8,9	48,0	1,5
Gärtner, Gartenarbeiter	3,2	120,6	1.153,8	9,6	33,3	16,2
Hilfsarbeiter	4,1	117,2	1.496,7	12,8	38,6	1,2
Kraftfahrzeugführer	4,5	107,5	1.630,3	15,2	46,3	1,8
Landarbeitskräfte	3,3	80,3	1.200,6	15,0	24,9	38,2
Landmaschineninstandsetzer	4,5	107,6	1.632,3	15,2	52,9	1,2
Landwirt(e), Pflanzenschützer	3,3	116,7	1.209,9	10,4	42,6	7,0
Melker	6,9	109,8	2.511,6	22,9	56,1	3,3
Tierpfleger und verwandte Berufe	5,7	106,1	2.070,5	19,5	50,3	5,6
Tierzüchter	4,7	122,7	1.726,0	14,1	53,2	2,8
Verkäufer	3,7	97,6	1.358,5	13,9	36,5	1,1
Waldarbeiter, Waldnutzer	5,6	145,5	2.048,0	14,1	47,2	4,3
Branche insgesamt	4,0	104,8	1.457,1	13,9	36,5	1,6**

* Anteil der AOK-Mitglieder in der Berufsgruppe an den in der Branche beschäftigten AOK-Mitgliedern insgesamt
**Anteil der AOK-Mitglieder in der Branche an allen AOK-Mitgliedern

Fehlzeiten-Report 2010

◘ **Tab. 28.8.5** Dauer der Arbeitsunfähigkeit der AOK-Mitglieder in der Branche Land- und Forstwirtschaft im Jahr 2009

Fallklasse	Branche hier		alle Branchen	
	Anteil Fälle in %	Anteil Tage in %	Anteil Fälle in %	Anteil Tage in %
1–3 Tage	31,0	4,3	34,7	6,1
4–7 Tage	28,6	10,4	30,6	13,2
8–14 Tage	19,5	14,4	17,9	15,9
15–21 Tage	7,3	9,1	6,2	9,2
22–28 Tage	3,9	6,8	3,2	6,7
29–42 Tage	3,9	9,5	3,2	9,4
Langzeit-AU (> 42 Tage)	5,8	45,5	4,2	39,5

Fehlzeiten-Report 2010

◘ **Tab. 28.8.6** Tage der Arbeitsunfähigkeit je AOK-Mitglied nach Wirtschaftsabteilung und Betriebsgröße in der Branche Land- und Forstwirtschaft im Jahr 2009

Wirtschaftsabteilungen	Betriebsgröße (Anzahl der AOK-Mitglieder)					
	10–49	50–99	100–199	200–499	500–999	≥ 1.000
Fischerei und Aquakultur	11,4	–	–	–	–	–
Forstwirtschaft und Holzeinschlag	21,0	18,5	19,7	–	–	–
Landwirtschaft, Jagd und damit verbundene Tätigkeiten	16,3	17,0	14,7	8,5	10,4	–
Branche insgesamt	16,5	17,1	15,3	8,5	10,4	–
Alle Branchen	18,0	19,3	19,7	19,7	20,1	18,6

Fehlzeiten-Report 2010

◘ **Tab. 28.8.7** Krankenstand in Prozent nach der Stellung im Beruf in der Branche Land- und Forstwirtschaft im Jahr 2009, AOK-Mitglieder

Wirtschaftsabteilung	Stellung im Beruf				
	Auszubildende	Arbeiter	Facharbeiter	Meister, Poliere	Angestellte
Fischerei und Aquakultur	2,7	4,3	4,4	3,0	2,8
Forstwirtschaft, Holzeinschlag	5,1	4,8	5,9	3,4	3,1
Landwirtschaft, Jagd und damit verbundene Tätigkeiten	3,6	3,1	4,7	4,9	3,2
Branche insgesamt	3,6	3,2	4,8	4,8	3,2
Alle Branchen	4,2	5,7	5,1	3,9	3,5

Fehlzeiten-Report 2010

◘ **Tab. 28.8.8** Tage der Arbeitsunfähigkeit je AOK-Mitglied nach der Stellung im Beruf in der Branche Land- und Forstwirtschaft im Jahr 2009

Wirtschaftsabteilung	Stellung im Beruf				
	Auszubildende	Arbeiter	Facharbeiter	Meister, Poliere	Angestellte
Fischerei und Aquakultur	9,8	15,7	16,1	11,0	10,2
Forstwirtschaft, Holzeinschlag	18,5	17,4	21,4	12,5	11,2
Landwirtschaft, Jagd und damit verbundene Tätigkeiten	13,1	11,2	17,3	17,7	11,7
Branche insgesamt	13,2	11,7	17,6	17,3	11,6
Alle Branchen	15,3	20,7	18,5	14,2	12,9

Fehlzeiten-Report 2010

◘ **Tab. 28.8.9** Anteil der Arbeitsunfälle an den AU-Fällen und -Tagen in Prozent nach Wirtschaftsabteilungen in der Branche Land- und Forstwirtschaft im Jahr 2009, AOK-Mitglieder

Wirtschaftsabteilung	AU-Fälle in %	AU-Tage in %
Fischerei und Aquakultur	7,9	9,9
Forstwirtschaft, Holzeinschlag	9,6	15,6
Landwirtschaft, Jagd und damit verbundene Tätigkeiten	8,7	11,3
Branche insgesamt	8,8	11,7
Alle Branchen	3,9	5,2

Fehlzeiten-Report 2010

◘ **Tab. 28.8.10** Tage und Fälle der Arbeitsunfähigkeit durch Arbeitsunfälle nach Berufsgruppen in der Branche Land- und Forstwirtschaft im Jahr 2009, AOK-Mitglieder

Tätigkeit	Arbeitsunfähigkeit je 1.000 AOK-Mitglieder	
	AU-Tage	AU-Fälle
Waldarbeiter, Waldnutzer	3.297,2	149,7
Melker	2.944,1	127,7
Tierpfleger und verwandte Berufe	2.913,2	134,9
Industriemechaniker/innen	2.121,0	131,3
Landmaschineninstandsetzer	2.025,0	107,3
Kraftfahrzeugführer	2.015,4	102,0
Tierzüchter	1.996,5	120,0
Landwirt(e/innen), Pflanzenschützer/innen	1.647,0	123,6
Landarbeitskräfte	1.480,6	80,2
Hilfsarbeiter	1.216,8	82,7
Gärtner, Gartenarbeiter	1.003,3	62,6
Branche insgesamt	**1.706,0**	**92,2**
Alle Branchen	900,7	58,4

Fehlzeiten-Report 2010

◘ **Tab. 28.8.11** Tage und Fälle der Arbeitsunfähigkeit je 100 AOK-Mitglieder nach Krankheitsarten in der Branche Land- und Forstwirtschaft in den Jahren 1995 bis 2009

Jahr	Arbeitsunfähigkeiten je 100 AOK-Mitglieder											
	Psyche		Herz/Kreislauf		Atemwege		Verdauung		Muskel/Skelett		Verletzungen	
	Tage	Fälle	Tage	Fälle	Tage	Fälle	Tage	Fälle	Tage	Fälle	Tage	Fälle
1995	126,9	4,2	219,6	9,1	368,7	39,5	205,3	20,5	627,2	30,8	415,2	22,9
1996	80,7	3,3	172,3	7,4	306,7	35,5	163,8	19,4	561,5	29,8	409,5	23,9
1997	75,0	3,4	150,6	7,4	270,0	34,3	150,6	19,3	511,1	29,7	390,3	23,9
1998	79,5	3,9	155,0	7,8	279,3	36,9	147,4	19,8	510,9	31,5	376,8	23,7
1999	89,4	4,5	150,6	8,2	309,1	42,0	152,1	21,7	537,3	34,0	366,8	23,7
2000	80,9	4,2	140,7	7,6	278,6	35,9	136,3	18,4	574,4	35,5	397,9	24,0
2001	85,2	4,7	149,4	8,2	262,5	35,1	136,2	18,7	587,8	36,4	390,1	23,6
2002	85,0	4,6	155,5	8,3	237,6	33,0	134,4	19,0	575,3	35,7	376,6	23,5
2003	82,8	4,6	143,9	8,0	233,8	33,1	123,7	17,8	512,0	32,5	368,5	22,5
2004	92,8	4,5	145,0	7,2	195,8	27,0	123,5	17,3	469,8	29,9	344,0	20,9
2005	90,1	4,1	142,3	6,7	208,7	28,6	111,3	14,7	429,7	26,8	336,2	19,7
2006	84,3	4,0	130,5	6,5	164,4	23,4	105,6	15,0	415,1	26,9	341,5	20,3
2007	90,2	4,1	143,8	6,6	187,2	26,9	112,5	16,2	451,4	28,1	347,5	20,0
2008 (WZ03)	94,9	4,5	153,2	7,0	195,6	27,8	119,6	17,3	472,0	29,2	350,9	19,9
2008 (WZ08)*	88,2	4,0	160,5	6,8	176,9	23,8	112,4	15,5	436,4	24,8	336,1	18,3
2009	95,9	4,2	155,5	6,9	207,5	27,5	107,1	15,0	427,5	24,1	337,9	18,2

*aufgrund der Revision der Wirtschaftszweigklassifikation in 2008 ist eine Vergleichbarkeit mit den Vorjahren nur bedingt möglich

Fehlzeiten-Report 2010

Tab. 28.8.12 Verteilung der Arbeitsunfähigkeitstage nach Krankheitsarten in Prozent in der Branche Land- und Forstwirtschaft im Jahr 2009, AOK-Mitglieder

Wirtschaftsabteilung	AU-Tage in %						
	Psyche	Herz/Kreislauf	Atemwege	Verdauung	Muskel/Skelett	Verletzungen	Sonstige
Fischerei und Aquakultur	3,6	9,4	8,3	7,6	25,4	16,9	28,8
Forstwirtschaft, Holzeinschlag	4,7	6,8	10,8	4,9	26,1	23,5	23,2
Landwirtschaft, Jagd und damit verbundene Tätigkeiten	5,2	8,5	11,2	5,8	22,6	17,6	29,1
Branche insgesamt	5,1	8,3	11,1	5,7	22,9	18,1	28,8
Alle Branchen	8,6	6,8	14,0	6,2	23,0	12,3	29,1

Fehlzeiten-Report 2010

Tab. 28.8.13 Verteilung der Arbeitsunfähigkeitsfälle nach Krankheitsarten in Prozent in der Branche Land- und Forstwirtschaft im Jahr 2009, AOK-Mitglieder

Wirtschaftsabteilung	AU-Fälle in %						
	Psyche	Herz/Kreislauf	Atemwege	Verdauung	Muskel/Skelett	Verletzungen	Sonstige
Fischerei und Aquakultur	3,9	5,1	17,1	11,9	17,2	14,9	30,0
Forstwirtschaft, Holzeinschlag	2,7	4,6	20,6	9,9	21,3	15,2	25,7
Landwirtschaft, Jagd und damit verbundene Tätigkeiten	3,2	5,1	20,4	11,2	17,5	13,3	29,2
Branche insgesamt	3,1	5,1	20,4	11,1	17,9	13,5	28,9
Alle Branchen	4,4	4,2	24,7	11,1	16,4	8,7	30,5

Fehlzeiten-Report 2010

Tab. 28.8.14 Verteilung der Arbeitsunfähigkeitstage nach Krankheitsarten und ausgewählten Berufsgruppen in der Branche Land- und Forstwirtschaft im Jahr 2009, AOK-Mitglieder

Tätigkeit	AU-Tage in %						
	Psyche	Herz/Kreislauf	Atemwege	Verdauung	Muskel/Skelett	Verletzungen	Sonstige
Bürofachkräfte	11,2	6,3	13,9	7,5	16,6	9,7	34,8
Floristen	8,0	4,8	16,7	6,1	17,3	11,9	35,2
Gärtner, Gartenarbeiter	6,3	5,6	14,5	6,9	22,8	15,9	28,0
Hilfsarbeiter	5,2	7,6	11,4	6,0	24,2	17,9	27,7
Kraftfahrzeugführer	5,0	8,0	9,9	5,3	27,0	18,3	26,5
Landarbeitskräfte	4,2	9,3	10,1	6,0	22,7	19,0	28,7
Landmaschineninstandsetzer	2,2	11,0	9,7	7,3	20,8	20,4	28,6
Landwirt(e), Pflanzenschützer	4,7	6,1	14,5	7,2	17,2	23,7	26,6
Melker	4,5	10,2	8,1	4,5	27,5	16,5	28,7
Tierpfleger und verwandte Berufe	5,4	9,4	9,7	4,3	23,8	18,4	29,0
Tierzüchter	6,0	7,6	13,8	5,2	21,7	17,3	28,4
Verkäufer	7,4	6,5	14,7	5,1	20,9	12,4	33,0
Waldarbeiter, Waldnutzer	4,0	6,2	10,6	4,5	28,4	24,7	21,6
Branche insgesamt	5,1	8,3	11,1	5,7	22,9	18,1	28,8
Alle Branchen	8,6	6,8	14,0	6,2	23,0	12,3	29,1

Fehlzeiten-Report 2010

◘ Tab. 28.8.15 Verteilung der Arbeitsunfähigkeitsfälle nach Krankheitsarten und ausgewählten Berufsgruppen in der Branche Land- und Forstwirtschaft im Jahr 2009, AOK-Mitglieder

Tätigkeit	AU-Fälle in %						
	Psyche	Herz/Kreislauf	Atemwege	Verdauung	Muskel/Skelett	Verletzungen	Sonstige
Bürofachkräfte	4,9	4,9	24,0	11,3	12,9	7,3	34,7
Floristen	4,5	3,2	25,6	11,9	11,4	7,0	36,4
Gärtner, Gartenarbeiter	3,1	3,5	23,1	11,3	18,5	10,9	29,6
Hilfsarbeiter	3,1	5,3	21,0	11,1	20,0	12,1	27,4
Kraftfahrzeugführer	2,7	5,1	19,8	11,4	19,8	13,5	27,7
Landarbeitskräfte	3,0	5,8	18,5	11,3	18,4	14,7	28,3
Landmaschineninstandsetzer	1,4	6,5	19,3	12,0	18,8	15,6	26,4
Landwirt(e), Pflanzenschützer	2,2	3,4	24,6	12,7	12,3	16,9	27,9
Melker	3,6	6,6	15,3	10,2	21,0	14,7	28,6
Tierpfleger und verwandte Berufe	3,8	6,2	17,5	9,5	19,4	15,3	28,3
Tierzüchter	3,2	5,0	21,3	11,1	16,2	15,1	28,1
Verkäufer	5,6	5,1	21,6	11,5	16,4	8,0	31,8
Waldarbeiter, Waldnutzer	2,5	4,2	19,9	10,0	23,4	15,9	24,1
Branche insgesamt	**3,1**	**5,1**	**20,4**	**11,1**	**17,9**	**13,5**	**28,9**
Alle Branchen	**4,4**	**4,2**	**24,7**	**11,1**	**16,4**	**8,7**	**30,5**

Fehlzeiten-Report 2010

◨ Tab. 28.8.16 Anteile der 40 häufigsten Einzeldiagnosen an den AU-Fällen und AU-Tagen in der Branche Land- und Forstwirtschaft im Jahr 2009, AOK-Mitglieder

ICD-10	Bezeichnung	AU-Fälle in %	AU-Tage in %
M54	Rückenschmerzen	6,6	6,2
J06	Akute Infektionen der oberen Atemwege	6,1	2,6
J20	Akute Bronchitis	2,8	1,5
K52	Nichtinfektiöse Gastroenteritis und Kolitis	2,8	0,9
K08	Sonstige Krankheiten der Zähne und des Zahnhalteapparates	2,7	0,5
I10	Essentielle Hypertonie	2,2	3,4
T14	Verletzung an einer nicht näher bezeichneten Körperregion	2,1	1,9
J40	Bronchitis	2,0	1,0
A09	Diarrhoe und Gastroenteritis	1,9	0,6
B34	Viruskrankheit	1,4	0,6
J03	Akute Tonsillitis	1,3	0,6
K29	Gastritis und Duodenitis	1,3	0,7
R10	Bauch- und Beckenschmerzen	1,2	0,6
J02	Akute Pharyngitis	1,0	0,4
M53	Sonstige Krankheiten der Wirbelsäule und des Rückens	0,9	1,0
S93	Luxation, Verstauchung und Zerrung der Gelenke und Bänder in Höhe des oberen Sprunggelenkes und des Fußes	0,9	0,9
J11	Grippe	0,9	0,4
M25	Sonstige Gelenkkrankheiten	0,9	0,9
J01	Akute Sinusitis	0,8	0,4
M99	Biomechanische Funktionsstörungen	0,8	0,6
M77	Sonstige Enthesopathien	0,8	0,9
M51	Sonstige Bandscheibenschäden	0,8	1,8
J32	Chronische Sinusitis	0,7	0,4
M23	Binnenschädigung des Kniegelenkes	0,7	1,4
M75	Schulterläsionen	0,7	1,4
R51	Kopfschmerz	0,6	0,3
S61	Offene Wunde des Handgelenkes und der Hand	0,6	0,6
F32	Depressive Episode	0,6	1,2
M79	Sonstige Krankheiten des Weichteilgewebes	0,6	0,5
S60	Oberflächliche Verletzung des Handgelenkes und der Hand	0,6	0,4
E66	Adipositas	0,6	1,1
S83	Luxation, Verstauchung und Zerrung des Kniegelenkes und von Bändern des Kniegelenkes	0,6	1,1
F43	Reaktionen auf schwere Belastungen und Anpassungsstörungen	0,6	0,8
E11	Diabetes mellitus	0,5	1,0
M65	Synovitis und Tenosynovitis	0,5	0,5
J04	Akute Laryngitis und Tracheitis	0,5	0,3
S80	Oberflächliche Verletzung des Unterschenkels	0,5	0,4
S20	Oberflächliche Verletzung des Thorax	0,5	0,5
M17	Gonarthrose	0,5	1,1
R11	Übelkeit und Erbrechen	0,5	0,2
	Summe hier	52,6	41,6
	Restliche	47,4	58,4
	Gesamtsumme	100,0	100,0

Fehlzeiten-Report 2010

◘ Tab. 28.8.17 Anteile der 40 häufigsten Diagnoseuntergruppen an den AU-Fällen und AU-Tagen in der Branche Land- und Forstwirtschaft im Jahr 2009, AOK-Mitglieder

ICD-10	Bezeichnung	AU-Fälle in %	AU-Tage in %
J00–J06	Akute Infektionen der oberen Atemwege	10,4	4,5
M40–M54	Krankheiten der Wirbelsäule und des Rückens	8,8	9,9
M60–M79	Krankheiten der Weichteilgewebe	3,7	4,5
M00–M25	Arthropathien	3,6	6,4
K00–K14	Krankheiten der Mundhöhle, der Speicheldrüsen und der Kiefer	3,3	0,7
J20–J22	Sonstige akute Infektionen der unteren Atemwege	3,3	1,7
K50–K52	Nichtinfektiöse Enteritis und Kolitis	3,1	1,1
J40–J47	Chronische Krankheiten der unteren Atemwege	3,1	2,1
T08–T14	Verletzungen Rumpf, Extremitäten u. a. Körperregionen	2,6	2,3
A00–A09	Infektiöse Darmkrankheiten	2,5	0,8
I10–I15	Hypertonie	2,5	4,0
R50–R69	Allgemeinsymptome	2,3	1,6
S60–S69	Verletzungen des Handgelenkes und der Hand	2,2	2,8
R10–R19	Symptome bzgl. Verdauungssystem und Abdomen	2,0	1,1
K20–K31	Krankheiten des Ösophagus, des Magens und des Duodenums	1,9	1,1
S90–S99	Verletzungen der Knöchelregion und des Fußes	1,6	2,0
B25–B34	Sonstige Viruskrankheiten	1,6	0,7
S80–S89	Verletzungen des Knies und des Unterschenkels	1,6	3,2
J10–J18	Grippe und Pneumonie	1,4	1,0
F40–F48	Neurotische, Belastungs- und somatoforme Störungen	1,4	2,0
J30–J39	Sonstige Krankheiten der oberen Atemwege	1,2	0,7
S00–S09	Verletzungen des Kopfes	1,2	1,1
R00–R09	Symptome bzgl. Kreislauf- und Atmungssystem	1,1	0,7
E70–E90	Stoffwechselstörungen	1,0	1,7
M95–M99	Sonstige Krankheiten des Muskel-Skelett-Systems und des Bindegewebes	0,9	0,7
G40–G47	Episod. und paroxysmale Krankheiten des Nervensystems	0,9	0,7
G50–G59	Krankheiten von Nerven, Nervenwurzeln und Nervenplexus	0,8	1,3
I80–I89	Krankheiten der Venen, der Lymphgefäße und -knoten	0,8	0,9
S20–S29	Verletzungen des Thorax	0,8	1,1
F30–F39	Affektive Störungen	0,8	1,6
I30–I52	Sonstige Formen der Herzkrankheit	0,8	1,5
N30–N39	Sonstige Krankheiten des Harnsystems	0,7	0,5
E10–E14	Diabetes mellitus	0,7	1,3
L00–L08	Infektionen der Haut und der Unterhaut	0,7	0,7
F10–F19	Psychische und Verhaltensstörungen durch psychotrope Substanzen	0,7	1,0
I20–I25	Ischämische Herzkrankheiten	0,7	1,4
S40–S49	Verletzungen der Schulter und des Oberarmes	0,7	1,4
K55–K63	Sonstige Krankheiten des Darmes	0,6	0,5
S50–S59	Verletzungen des Ellenbogens und des Unterarmes	0,6	1,1
E65–E68	Adipositas	0,6	1,2
	Summe hier	79,2	74,6
	Restliche	20,8	25,4
	Gesamtsumme	100,0	100,0

Fehlzeiten-Report 2010

28.9 Metallindustrie

Tabelle 28.9.1	Entwicklung des Krankenstands der AOK-Mitglieder in der Branche Metallindustrie in den Jahren 1994 bis 2009	375
Tabelle 28.9.2	Arbeitsunfähigkeit der AOK-Mitglieder in der Branche Metallindustrie nach Bundesländern im Jahr 2009 im Vergleich zum Vorjahr	375
Tabelle 28.9.3	Arbeitsunfähigkeit der AOK-Mitglieder in der Branche Metallindustrie nach Wirtschaftsabteilungen im Jahr 2009	376
Tabelle 28.9.4	Kennzahlen der Arbeitsunfähigkeit der AOK-Mitglieder nach ausgewählten Berufsgruppen in der Branche Metallindustrie im Jahr 2009	376
Tabelle 28.9.5	Dauer der Arbeitsunfähigkeit der AOK-Mitglieder in der Branche Metallindustrie im Jahr 2009	377
Tabelle 28.9.6	Tage der Arbeitsunfähigkeit je AOK-Mitglied nach Wirtschaftsabteilung und Betriebsgröße in der Branche Metallindustrie im Jahr 2009	377
Tabelle 28.9.7	Krankenstand in Prozent nach der Stellung im Beruf in der Branche Metallindustrie im Jahr 2009, AOK-Mitglieder	377
Tabelle 28.9.8	Tage der Arbeitsunfähigkeit je AOK-Mitglied nach der Stellung im Beruf in der Branche Metallindustrie im Jahr 2009	378
Tabelle 28.9.9	Anteil der Arbeitsunfälle an den AU-Fällen und -Tagen in Prozent nach Wirtschaftsabteilungen in der Branche Metallindustrie im Jahr 2009, AOK-Mitglieder	378
Tabelle 28.9.10	Tage und Fälle der Arbeitsunfähigkeit durch Arbeitsunfälle nach Berufsgruppen in der Branche Metallindustrie im Jahr 2009, AOK-Mitglieder	379
Tabelle 28.9.11	Tage und Fälle der Arbeitsunfähigkeit je 100 AOK-Mitglieder nach Krankheitsarten in der Branche Metallindustrie in den Jahren 2000 bis 2009	379
Tabelle 28.9.12	Verteilung der Arbeitsunfähigkeitstage nach Krankheitsarten in Prozent in der Branche Metallindustrie im Jahr 2009, AOK-Mitglieder	380
Tabelle 28.9.13	Verteilung der Arbeitsunfähigkeitsfälle nach Krankheitsarten in Prozent in der Branche Metallindustrie im Jahr 2009, AOK-Mitglieder	380
Tabelle 28.9.14	Verteilung der Arbeitsunfähigkeitstage nach Krankheitsarten und ausgewählten Berufsgruppen in der Branche Metallindustrie im Jahr 2009, AOK-Mitglieder	381
Tabelle 28.9.15	Verteilung der Arbeitsunfähigkeitsfälle nach Krankheitsarten und ausgewählten Berufsgruppen in der Branche Metallindustrie im Jahr 2009, AOK-Mitglieder	382
Tabelle 28.9.16	Anteile der 40 häufigsten Einzeldiagnosen an den AU-Fällen und AU-Tagen in der Branche Metallindustrie im Jahr 2009, AOK-Mitglieder	383
Tabelle 28.9.17	Anteile der 40 häufigsten Diagnoseuntergruppen an den AU-Fällen und AU-Tagen in der Branche Metallindustrie im Jahr 2009, AOK-Mitglieder	384

◘ **Tab. 28.9.1** Entwicklung des Krankenstands der AOK-Mitglieder in der Branche Metallindustrie in den Jahren 1994 bis 2009

Jahr	Krankenstand in %			AU-Fälle je 100 AOK-Mitglieder			Tage je Fall		
	West	Ost	Bund	West	Ost	Bund	West	Ost	Bund
1994	6,4	5,3	6,3	156,5	131,1	153,7	14,2	13,7	14,1
1995	6,0	5,1	5,9	165,7	141,1	163,1	13,6	13,7	13,6
1996	5,5	4,8	5,4	150,0	130,2	147,8	13,9	13,9	13,9
1997	5,3	4,5	5,2	146,7	123,7	144,4	13,1	13,4	13,2
1998	5,3	4,6	5,2	150,0	124,6	147,4	13,0	13,4	13,0
1999	5,6	5,0	5,6	160,5	137,8	158,3	12,8	13,4	12,8
2000	5,6	5,0	5,5	163,1	141,2	161,1	12,6	12,9	12,6
2001	5,5	5,1	5,5	162,6	140,1	160,6	12,4	13,2	12,5
2002	5,5	5,0	5,5	162,2	143,1	160,5	12,5	12,7	12,5
2003	5,2	4,6	5,1	157,1	138,6	155,2	12,0	12,2	12,0
2004	4,8	4,2	4,8	144,6	127,1	142,7	12,2	12,1	12,2
2005	4,8	4,1	4,7	148,0	127,8	145,6	11,9	11,8	11,9
2006	4,5	4,0	4,5	138,8	123,3	136,9	11,9	11,9	11,9
2007	4,8	4,3	4,8	151,2	134,0	149,0	11,7	11,7	11,7
2008 (WZ03)	5,0	4,5	4,9	159,9	142,2	157,5	11,4	11,5	11,4
2008 (WZ08)*	5,0	4,5	5,0	160,8	143,0	158,5	11,5	11,5	11,5
2009	4,9	4,7	4,9	151,1	142,1	149,9	11,9	12,2	11,9

*aufgrund der Revision der Wirtschaftszweigklassifikation in 2008 ist eine Vergleichbarkeit mit den Vorjahren nur bedingt möglich

Fehlzeiten-Report 2010

◘ **Tab. 28.9.2** Arbeitsunfähigkeit der AOK-Mitglieder in der Branche Metallindustrie nach Bundesländern im Jahr 2009 im Vergleich zum Vorjahr

Bundesland	Kranken-stand in %	Arbeitsunfähigkeit je 100 AOK-Mitglieder				Tage je Fall	Veränd. z. Vorj. in %	AU-Quote in %
		AU-Fälle	Veränd. z. Vorj. in %	AU-Tage	Veränd. z. Vorj. in %			
Baden-Württemberg	4,7	147,8	-8,0	1.714,4	-4,1	11,6	4,5	60,3
Bayern	4,4	138,6	-5,7	1.599,4	-2,7	11,5	2,7	57,1
Berlin	5,8	138,5	-0,4	2.118,7	-2,2	15,3	-1,9	55,2
Brandenburg	5,1	146,3	1,5	1.848,5	4,5	12,6	2,4	58,5
Bremen	5,4	160,0	-1,8	1.970,7	2,5	12,3	4,2	54,9
Hamburg	6,0	160,7	0,7	2.207,6	0,7	13,7	0,0	60,1
Hessen	5,7	164,1	-4,5	2.074,1	-1,3	12,6	3,3	63,1
Mecklenburg-Vorpommern	5,5	156,7	1,2	1.992,0	7,7	12,7	6,7	59,9
Niedersachsen	4,4	166,4	0,5	1.612,9	1,4	9,7	1,0	61,7
Nordrhein-Westfalen	5,5	159,8	-6,4	2.024,6	-1,1	12,7	5,8	62,8
Rheinland-Pfalz	5,4	159,6	-4,3	1.982,0	-2,5	12,4	1,6	63,5
Saarland	5,8	119,6	-6,7	2.111,2	-2,3	17,7	4,7	51,6
Sachsen	4,5	136,5	-0,1	1.656,3	6,2	12,1	6,1	58,5
Sachsen-Anhalt	5,1	149,6	0,7	1.853,2	2,2	12,4	1,6	58,5
Schleswig-Holstein	5,3	159,0	-3,4	1.936,1	-2,5	12,2	0,8	62,3
Thüringen	4,9	150,7	-3,3	1.801,3	1,7	12,0	5,3	60,5
West	**4,9**	**151,1**	**-6,0**	**1.799,7**	**-2,5**	**11,9**	**3,5**	**60,4**
Ost	**4,7**	**142,1**	**-0,6**	**1.730,1**	**4,8**	**12,2**	**6,1**	**59,0**
Bund	**4,9**	**149,9**	**-5,4**	**1.790,6**	**-1,6**	**11,9**	**3,5**	**60,2**

Fehlzeiten-Report 2010

◻ **Tab. 28.9.3** Arbeitsunfähigkeit der AOK-Mitglieder in der Branche Metallindustrie nach Wirtschaftsabteilungen im Jahr 2009

Wirtschaftsabteilung	Krankenstand in %		Arbeitsunfähigkeiten je 100 AOK-Mitglieder		Tage je Fall	AU-Quote in %
	2009	2009 stand.*	Fälle	Tage		
Herstellung von Datenverarbeitungsgeräten, elektronischen und optischen Erzeugnissen	4,2	4,1	146,6	1.531,0	10,4	57,8
Herstellung von elektrischen Ausrüstungen	5,0	4,8	152,8	1.809,4	11,8	61,7
Herstellung von Kraftwagen und Kraftwagenteilen	5,1	5,1	145,9	1.846,9	12,7	59,3
Herstellung von Metallerzeugnissen	5,2	5,0	156,1	1.911,6	12,2	60,9
Maschinenbau	4,4	4,2	144,7	1.610,9	11,1	59,7
Metallerzeugung und -bearbeitung	5,5	5,1	149,2	2.017,5	13,5	61,1
Sonstiger Fahrzeugbau	5,1	4,9	163,2	1.855,1	11,4	62,2
Branche insgesamt	**4,9**	**4,5**	**149,9**	**1.790,6**	**11,9**	**60,2**
Alle Branchen	**4,8**	**4,7**	**150,9**	**1.734,9**	**11,5**	**54,0**

*Krankenstand alters- und geschlechtsstandardisiert

Fehlzeiten-Report 2010

◻ **Tab. 28.9.4** Kennzahlen der Arbeitsunfähigkeit der AOK-Mitglieder nach ausgewählten Berufsgruppen in der Branche Metallindustrie im Jahr 2009

Tätigkeit	Krankenstand in %	Arbeitsunfähigkeiten je 100 AOK-Mitglieder		Tage je Fall	AU-Quote in %	Anteil der Berufsgruppe an der Branche in %*
		Fälle	Tage			
Bauschlosser	5,4	177,0	1.978,9	11,2	66,2	2,1
Betriebsschlosser, Reparaturschlosser	5,0	154,6	1.843,2	11,9	62,5	1,8
Bürofachkräfte	2,6	121,3	954,4	7,9	51,8	5,6
Dreher	4,8	156,3	1.758,9	11,3	62,5	3,6
Elektrogeräte-, Elektroteilemontierer	6,2	169,3	2.258,2	13,3	66,3	2,8
Elektrogerätebauer	3,7	150,4	1.361,1	9,1	59,6	1,6
Elektroinstallateure, -monteure	4,2	137,9	1.549,3	11,2	58,4	2,8
Hilfsarbeiter	5,3	164,7	1.948,7	11,8	61,4	3,8
Industriemechaniker	5,2	175,4	1.894,9	10,8	63,1	3,1
Kunststoffverarbeiter	6,1	171,7	2.233,2	13,0	64,7	1,8
Lager-, Transportarbeiter	5,6	155,3	2.026,3	13,0	62,6	2,1
Maschinenschlosser	4,5	145,5	1.630,9	11,2	61,3	5,6
Metallarbeiter	5,9	158,4	2.152,5	13,6	63,0	9,3
Schweißer, Brennschneider	6,3	171,5	2.285,4	13,3	65,4	2,5
Sonstige Mechaniker	4,2	163,3	1.539,5	9,4	63,1	1,9
Sonstige Montierer	5,9	156,8	2.161,8	13,8	63,2	4,0
Stahlbauschlosser, Eisenschiffbauer	5,9	166,9	2.146,9	12,9	65,2	1,6
Warenaufmacher, Versandfertigmacher	6,0	156,7	2.200,6	14,0	63,3	1,5
Warenprüfer, -sortierer	5,0	136,2	1.812,0	13,3	58,3	1,5
Werkzeugmacher	3,9	146,7	1.440,2	9,8	60,9	2,7
Branche insgesamt	**4,9**	**149,9**	**1.790,6**	**11,9**	**60,2**	**12,0****

* Anteil der AOK-Mitglieder in der Berufsgruppe an den in der Branche beschäftigten AOK-Mitgliedern insgesamt
**Anteil der AOK-Mitglieder in der Branche an allen AOK-Mitgliedern

Fehlzeiten-Report 2010

Tab. 28.9.5 Dauer der Arbeitsunfähigkeit der AOK-Mitglieder in der Branche Metallindustrie im Jahr 2009

Fallklasse	Branche hier		alle Branchen	
	Anteil Fälle in %	Anteil Tage in %	Anteil Fälle in %	Anteil Tage in %
1–3 Tage	35,3	6,0	34,7	6,1
4–7 Tage	29,6	12,2	30,6	13,2
8–14 Tage	17,6	15,1	17,9	15,9
15–21 Tage	6,2	9,0	6,2	9,2
22–28 Tage	3,4	6,8	3,2	6,7
29–42 Tage	3,4	9,8	3,2	9,4
Langzeit-AU (> 42 Tage)	4,5	41,1	4,2	39,5

Fehlzeiten-Report 2010

Tab. 28.9.6 Tage der Arbeitsunfähigkeit je AOK-Mitglied nach Wirtschaftsabteilung und Betriebsgröße in der Branche Metallindustrie im Jahr 2009

Wirtschaftsabteilungen	Betriebsgröße (Anzahl der AOK-Mitglieder)					
	10–49	50–99	100–199	200–499	500–999	≥ 1.000
Herstellung von Datenverarbeitungsgeräten, elektronischen und optischen Erzeugnissen	14,9	16,5	17,8	16,3	15,2	–
Herstellung von elektrischen Ausrüstungen	16,6	19,1	18,8	19,5	20,1	17,8
Herstellung von Kraftwagen und Kraftwagenteilen	17,4	18,7	19,1	19,3	18,5	18,2
Herstellung von Metallerzeugnissen	19,3	19,6	20,0	19,5	19,2	19,1
Maschinenbau	16,5	16,9	15,8	16,2	14,7	14,8
Metallerzeugung und -bearbeitung	20,2	19,9	21,1	20,1	20,8	20,0
Sonstiger Fahrzeugbau	17,7	17,8	18,1	21,3	20,8	16,1
Branche insgesamt	**17,8**	**18,4**	**18,4**	**18,4**	**18,0**	**17,6**
Alle Branchen	**18,0**	**19,3**	**19,7**	**19,7**	**20,1**	**18,6**

Fehlzeiten-Report 2010

Tab. 28.9.7 Krankenstand in Prozent nach der Stellung im Beruf in der Branche Metallindustrie im Jahr 2009, AOK-Mitglieder

Wirtschaftsabteilung	Stellung im Beruf				
	Auszubildende	Arbeiter	Facharbeiter	Meister, Poliere	Angestellte
Herstellung von Datenverarbeitungsgeräten, elektronischen und optischen Erzeugnissen	2,8	5,5	4,2	3,0	2,4
Herstellung von elektrischen Ausrüstungen	3,3	6,0	4,7	3,2	2,4
Herstellung von Kraftwagen und Kraftwagenteilen	3,3	5,9	4,8	3,0	2,5
Herstellung von Metallerzeugnissen	4,4	6,0	5,2	3,8	2,7
Maschinenbau	3,5	5,5	4,7	3,1	2,5
Metallerzeugung und -bearbeitung	3,9	6,3	5,3	3,8	2,5
Sonstiger Fahrzeugbau	3,4	6,1	5,6	4,3	2,7
Branche insgesamt	**3,7**	**5,9**	**4,9**	**3,4**	**2,5**
Alle Branchen	**4,2**	**5,7**	**5,1**	**3,9**	**3,5**

Fehlzeiten-Report 2010

Tab. 28.9.8 Tage der Arbeitsunfähigkeit je AOK-Mitglied nach der Stellung im Beruf in der Branche Metallindustrie im Jahr 2009

Wirtschaftsabteilung	Stellung im Beruf				
	Auszubildende	Arbeiter	Facharbeiter	Meister, Poliere	Angestellte
Herstellung von Datenverarbeitungsgeräten, elektronischen und optischen Erzeugnissen	10,2	20,1	15,3	11,0	8,8
Herstellung von elektrischen Ausrüstungen	11,9	21,8	17,3	11,5	8,9
Herstellung von Kraftwagen und Kraftwagenteilen	12,1	21,6	17,6	10,9	9,1
Herstellung von Metallerzeugnissen	15,9	22,1	18,8	14,0	9,9
Maschinenbau	12,8	20,2	17,0	11,4	9,1
Metallerzeugung und -bearbeitung	14,3	22,9	19,2	13,7	9,1
Sonstiger Fahrzeugbau	12,4	22,2	20,5	15,6	9,9
Branche insgesamt	13,6	21,6	17,8	12,4	9,2
Alle Branchen	15,3	20,7	18,5	14,2	12,9

Fehlzeiten-Report 2010

Tab. 28.9.9 Anteil der Arbeitsunfälle an den AU-Fällen und -Tagen in Prozent nach Wirtschaftsabteilungen in der Branche Metallindustrie im Jahr 2009, AOK-Mitglieder

Wirtschaftsabteilung	AU-Fälle in %	AU-Tage in %
Herstellung von Datenverarbeitungsgeräten, elektronischen und optischen Erzeugnissen	2,0	2,6
Herstellung von elektrischen Ausrüstungen	2,9	3,6
Herstellung von Kraftwagen und Kraftwagenteilen	3,2	3,5
Herstellung von Metallerzeugnissen	6,0	6,9
Maschinenbau	4,7	5,6
Metallerzeugung und -bearbeitung	6,0	7,0
Sonstiger Fahrzeugbau	4,5	5,3
Branche insgesamt	4,6	5,4
Alle Branchen	3,9	5,2

Fehlzeiten-Report 2010

◘ Tab. 28.9.10 Tage und Fälle der Arbeitsunfähigkeit durch Arbeitsunfälle nach Berufsgruppen in der Branche Metallindustrie im Jahr 2009, AOK-Mitglieder

Tätigkeit	Arbeitsunfähigkeit je 1.000 AOK-Mitglieder	
	AU-Tage	AU-Fälle
Halbzeugputzer und sonstige Formgießerberufe	2.214,1	147,0
Stahlbauschlosser, Eisenschiffbauer	2.103,9	140,5
Industriemechaniker/innen	1.947,5	162,9
Bauschlosser	1.934,2	151,6
Schweißer, Brennschneider	1.916,8	134,4
Betriebsschlosser, Reparaturschlosser	1.477,8	110,1
Feinblechner	1.200,7	109,3
Blechpresser, -zieher, -stanzer	1.186,8	77,3
Metallarbeiter	1.150,1	72,3
Maschinenschlosser	1.106,8	82,8
Fräser	995,0	76,7
Lager-, Transportarbeiter	950,4	54,8
Hilfsarbeiter	940,2	70,9
Sonstige Mechaniker	930,3	79,1
Dreher	927,1	76,9
Werkzeugmacher	864,3	74,7
Kunststoffverarbeiter	862,9	58,6
Elektroinstallateure, -monteure	860,5	53,3
Sonstige Montierer	586,2	39,0
Branche insgesamt	**973,3**	**68,6**
Alle Branchen	900,7	58,4

Fehlzeiten-Report 2010

◘ Tab. 28.9.11 Tage und Fälle der Arbeitsunfähigkeit je 100 AOK-Mitglieder nach Krankheitsarten in der Branche Metallindustrie in den Jahren 2000 bis 2009

Jahr	Arbeitsunfähigkeiten je 100 AOK-Mitglieder										
	Psyche		Herz/Kreislauf		Atemwege		Verdauung		Muskel/Skelett		Verletzungen	
	Tage	Fälle	Tage	Fälle	Tage	Fälle	Tage	Fälle	Tage	Fälle	Tage	Fälle
2000	125,2	5,6	163,1	8,5	332,7	46,5	148,6	20,8	655,7	39,1	343,6	23,5
2001	134,9	6,4	165,4	9,1	310,6	45,6	149,9	21,6	672,0	40,8	338,9	23,4
2002	141,7	6,8	164,9	9,4	297,9	44,1	151,1	22,5	671,3	41,1	338,9	23,1
2003	134,5	6,7	156,5	9,3	296,8	45,1	142,2	21,5	601,3	37,9	314,5	21,7
2004	151,3	6,8	168,4	8,7	258,0	38,0	143,5	21,0	574,9	36,1	305,3	20,4
2005	150,7	6,6	166,7	8,7	300,6	44,4	136,0	19,6	553,4	35,3	301,1	19,9
2006	147,1	6,5	163,0	8,8	243,0	36,7	135,7	20,3	541,1	35,1	304,5	20,2
2007	154,4	6,9	164,0	8,8	275,3	42,1	142,2	21,8	560,3	36,0	303,9	20,2
2008 (WZ03)	162,9	7,1	168,5	9,2	287,2	44,6	148,4	23,3	580,4	37,9	308,6	20,7
2008 (WZ08)*	165,0	7,2	171,3	9,3	289,2	44,7	149,3	23,3	590,7	38,5	311,8	20,9
2009	170,6	7,2	173,4	8,7	303,3	46,3	137,9	19,7	558,2	34,1	307,9	19,0

*aufgrund der Revision der Wirtschaftszweigklassifikation in 2008 ist eine Vergleichbarkeit mit den Vorjahren nur bedingt möglich

Fehlzeiten-Report 2010

◘ **Tab. 28.9.12** Verteilung der Arbeitsunfähigkeitstage nach Krankheitsarten in Prozent in der Branche Metallindustrie im Jahr 2009, AOK-Mitglieder

Wirtschaftsabteilung	AU-Tage in %						
	Psyche	Herz/Kreislauf	Atemwege	Verdauung	Muskel/Skelett	Verletzungen	Sonstige
Herstellung von Datenverarbeitungsgeräten, elektronischen und optischen Erzeugnissen	9,3	6,7	15,8	6,1	21,4	10,4	30,3
Herstellung von elektrischen Ausrüstungen	8,3	7,2	13,6	5,9	24,3	10,9	29,8
Herstellung von Kraftwagen und Kraftwagenteilen	8,2	7,3	13,2	5,9	26,3	11,8	27,3
Herstellung von Metallerzeugnissen	7,2	7,6	12,6	5,9	24,6	14,8	27,3
Maschinenbau	6,6	7,8	13,8	6,2	23,2	14,4	28,0
Metallerzeugung und -bearbeitung	7,3	8,2	11,9	5,9	25,4	14,1	27,2
Sonstiger Fahrzeugbau	6,5	7,6	14,2	6,5	25,4	13,6	26,2
Branche insgesamt	**7,5**	**7,6**	**13,3**	**6,0**	**24,4**	**13,5**	**27,7**
Alle Branchen	**8,6**	**6,8**	**14,0**	**6,2**	**23,0**	**12,3**	**29,1**

Fehlzeiten-Report 2010

◘ **Tab. 28.9.13** Verteilung der Arbeitsunfähigkeitsfälle nach Krankheitsarten in Prozent in der Branche Metallindustrie im Jahr 2009, AOK-Mitglieder

Wirtschaftsabteilung	AU-Fälle in %						
	Psyche	Herz/Kreislauf	Atemwege	Verdauung	Muskel/Skelett	Verletzungen	Sonstige
Herstellung von Datenverarbeitungsgeräten, elektronischen und optischen Erzeugnissen	4,6	4,2	26,9	11,3	15,2	6,8	31,0
Herstellung von elektrischen Ausrüstungen	4,3	4,6	24,6	11,0	17,3	8,0	30,2
Herstellung von Kraftwagen und Kraftwagenteilen	4,3	4,8	23,6	10,3	19,8	8,7	28,5
Herstellung von Metallerzeugnissen	3,6	4,5	23,6	10,8	18,1	11,3	28,1
Maschinenbau	3,3	4,5	25,4	11,1	16,8	10,4	28,5
Metallerzeugung und -bearbeitung	3,8	5,0	22,4	10,4	19,5	11,1	27,8
Sonstiger Fahrzeugbau	3,4	4,4	25,0	11,3	18,4	9,9	27,6
Branche insgesamt	**3,8**	**4,6**	**24,3**	**10,8**	**17,9**	**10,0**	**28,6**
Alle Branchen	**4,4**	**4,2**	**24,7**	**11,1**	**16,4**	**8,7**	**30,5**

Fehlzeiten-Report 2010

◨ Tab. 28.9.14 Verteilung der Arbeitsunfähigkeitstage nach Krankheitsarten und ausgewählten Berufsgruppen in der Branche Metallindustrie im Jahr 2009, AOK-Mitglieder

Tätigkeit	AU-Tage in %						
	Psyche	Herz/Kreislauf	Atemwege	Verdauung	Muskel/Skelett	Verletzungen	Sonstige
Bauschlosser	5,7	7,5	13,0	6,3	24,0	18,5	25,0
Betriebsschlosser, Reparaturschlosser	5,2	8,1	12,5	6,5	23,9	17,1	26,7
Bürofachkräfte	10,0	5,2	19,4	7,2	14,1	9,0	35,1
Dreher	6,3	8,5	13,4	6,3	23,1	15,3	27,1
Elektrogeräte-, Elektroteilemontierer	10,7	6,4	13,2	5,4	25,5	8,2	30,6
Elektrogerätebauer	8,1	6,8	17,1	7,0	17,6	12,9	30,5
Elektroinstallateure, -monteure	6,6	8,5	13,6	6,2	23,2	14,4	27,5
Hilfsarbeiter	8,3	7,0	13,7	6,1	24,8	12,5	27,6
Industriemechaniker	5,3	6,7	13,9	6,1	23,6	20,0	24,4
Kunststoffverarbeiter	8,2	7,3	12,2	5,8	26,7	11,1	28,7
Lager-, Transportarbeiter	7,4	8,3	12,4	6,1	25,9	12,2	27,7
Maschinenschlosser	5,9	7,7	13,1	6,1	24,0	16,4	26,8
Metallarbeiter	8,4	7,5	11,8	5,7	26,5	12,1	28,0
Schweißer, Brennschneider	5,7	8,4	12,9	6,0	27,1	15,2	24,7
Sonstige Mechaniker	5,7	5,9	16,1	6,9	21,4	17,3	26,7
Sonstige Montierer	9,3	7,1	12,4	5,6	27,5	10,1	28,0
Stahlbauschlosser, Eisenschiffbauer	5,7	7,6	12,2	5,5	26,0	17,9	25,1
Warenaufmacher, Versandfertigmacher	8,6	8,0	12,1	5,4	27,3	10,7	27,9
Warenprüfer, -sortierer	8,7	8,2	12,1	5,8	24,4	10,2	30,6
Werkzeugmacher	5,3	7,9	14,6	6,6	21,0	17,3	27,3
Branche insgesamt	**7,5**	**7,6**	**13,3**	**6,0**	**24,4**	**13,5**	**27,7**
Alle Branchen	**8,6**	**6,8**	**14,0**	**6,2**	**23,0**	**12,3**	**29,1**

Fehlzeiten-Report 2010

◘ Tab. 28.9.15 Verteilung der Arbeitsunfähigkeitsfälle nach Krankheitsarten und ausgewählten Berufsgruppen in der Branche Metallindustrie im Jahr 2009, AOK-Mitglieder

Tätigkeit	AU-Fälle in %						
	Psyche	Herz/ Kreislauf	Atem- wege	Verdau- ung	Muskel/ Skelett	Verlet- zungen	Sonstige
Bauschlosser	2,6	3,9	23,8	10,8	18,0	14,2	26,7
Betriebsschlosser, Reparatur- schlosser	2,8	4,6	23,9	11,3	17,8	13,0	26,6
Bürofachkräfte	4,1	3,2	31,1	12,2	9,4	5,7	34,3
Dreher	3,3	4,4	25,1	11,3	16,6	11,5	27,8
Elektrogeräte-, Elektroteilemon- tierer	5,7	4,9	23,0	10,5	18,4	5,8	31,7
Elektrogerätebauer	3,5	3,6	29,6	11,5	12,8	8,8	30,2
Elektroinstallateure, -monteure	3,3	4,9	25,3	11,4	17,0	9,5	28,6
Hilfsarbeiter	4,3	4,3	23,3	11,0	19,3	9,3	28,5
Industriemechaniker	2,7	3,7	24,3	10,8	17,1	15,3	26,1
Kunststoffverarbeiter	4,5	4,7	22,3	10,2	20,7	8,3	29,3
Lager-, Transportarbeiter	4,3	5,1	22,7	10,5	20,2	8,5	28,7
Maschinenschlosser	2,9	4,4	24,8	11,0	17,3	12,3	27,3
Metallarbeiter	4,4	4,9	22,0	10,1	20,7	9,2	28,7
Schweißer, Brennschneider	3,2	5,1	22,1	10,1	21,4	12,4	25,7
Sonstige Mechaniker	3,0	3,6	27,8	11,9	14,6	11,6	27,5
Sonstige Montierer	5,0	5,1	21,8	10,2	20,8	7,7	29,4
Stahlbauschlosser, Eisenschiff- bauer	2,8	4,2	23,1	10,4	19,1	14,2	26,2
Warenaufmacher, Versandfertig- macher	4,7	5,3	22,1	10,4	20,6	8,0	28,9
Warenprüfer, -sortierer	5,0	5,6	22,9	10,5	18,3	7,1	30,6
Werkzeugmacher	2,7	4,1	26,7	11,6	14,7	12,3	27,9
Branche insgesamt	3,8	4,6	24,3	10,8	17,9	10,0	28,6
Alle Branchen	4,4	4,2	24,7	11,1	16,4	8,7	30,5

Fehlzeiten-Report 2010

◘ Tab. 28.9.16 Anteile der 40 häufigsten Einzeldiagnosen an den AU-Fällen und AU-Tagen in der Branche Metallindustrie im Jahr 2009, AOK-Mitglieder

ICD-10	Bezeichnung	AU-Fälle in %	AU-Tage in %
J06	Akute Infektionen der oberen Atemwege	7,9	3,5
M54	Rückenschmerzen	6,9	6,6
J20	Akute Bronchitis	3,2	1,7
K52	Nichtinfektiöse Gastroenteritis und Kolitis	3,1	1,1
J40	Bronchitis	2,5	1,3
A09	Diarrhoe und Gastroenteritis	2,2	0,7
K08	Sonstige Krankheiten der Zähne und des Zahnhalteapparates	2,1	0,4
I10	Essentielle Hypertonie	1,8	2,7
B34	Viruskrankheit	1,8	0,7
T14	Verletzung an einer nicht näher bezeichneten Körperregion	1,7	1,5
K29	Gastritis und Duodenitis	1,4	0,7
J03	Akute Tonsillitis	1,2	0,5
J02	Akute Pharyngitis	1,2	0,5
J01	Akute Sinusitis	1,1	0,5
R10	Bauch- und Beckenschmerzen	1,1	0,5
J11	Grippe	1,1	0,5
J32	Chronische Sinusitis	1,0	0,5
M51	Sonstige Bandscheibenschäden	1,0	2,3
M53	Sonstige Krankheiten der Wirbelsäule und des Rückens	1,0	1,1
F32	Depressive Episode	0,9	2,1
R51	Kopfschmerz	0,9	0,4
M75	Schulterläsionen	0,9	1,7
M25	Sonstige Gelenkkrankheiten	0,9	0,9
M77	Sonstige Enthesopathien	0,8	1,0
M99	Biomechanische Funktionsstörungen	0,8	0,6
M23	Binnenschädigung des Kniegelenkes	0,8	1,4
B99	Sonstige Infektionskrankheiten	0,7	0,3
M79	Sonstige Krankheiten des Weichteilgewebes	0,7	0,6
R50	Fieber unbekannter Ursache	0,7	0,3
S93	Luxation, Verstauchung und Zerrung der Gelenke und Bänder in Höhe des oberen Sprunggelenkes und des Fußes	0,6	0,7
F43	Reaktionen auf schwere Belastungen und Anpassungsstörungen	0,6	0,9
J04	Akute Laryngitis und Tracheitis	0,6	0,3
J98	Sonstige Krankheiten der Atemwege	0,6	0,3
R11	Übelkeit und Erbrechen	0,6	0,3
J00	Akute Rhinopharyngitis [Erkältungsschnupfen]	0,6	0,2
R42	Schwindel und Taumel	0,5	0,4
M47	Spondylose	0,5	0,8
S61	Offene Wunde des Handgelenkes und der Hand	0,5	0,6
F45	Somatoforme Störungen	0,5	0,7
I25	Chronische ischämische Herzkrankheit	0,5	1,1
	Summe hier	57,5	42,9
	Restliche	42,5	57,1
	Gesamtsumme	100,0	100,0

Fehlzeiten-Report 2010

◘ **Tab. 28.9.17** Anteile der 40 häufigsten Diagnoseuntergruppen an den AU-Fällen und AU-Tagen in der Branche Metallindustrie im Jahr 2009, AOK-Mitglieder

ICD-10	Bezeichnung	AU-Fälle in %	AU-Tage in %
J00–J06	Akute Infektionen der oberen Atemwege	12,6	5,6
M40–M54	Krankheiten der Wirbelsäule und des Rückens	9,4	11,3
J40–J47	Chronische Krankheiten der unteren Atemwege	3,9	2,6
M60–M79	Krankheiten der Weichteilgewebe	3,8	5,1
J20–J22	Sonstige akute Infektionen der unteren Atemwege	3,7	2,0
K50–K52	Nichtinfektiöse Enteritis und Kolitis	3,4	1,3
M00–M25	Arthropathien	3,4	5,9
R50–R69	Allgemeinsymptome	2,9	2,0
A00–A09	Infektiöse Darmkrankheiten	2,9	1,0
K00–K14	Krankheiten der Mundhöhle, der Speicheldrüsen und der Kiefer	2,7	0,6
K20–K31	Krankheiten des Ösophagus, des Magens und des Duodenums	2,0	1,2
I10–I15	Hypertonie	2,0	3,1
T08–T14	Verletzungen Rumpf, Extremitäten u. a. Körperregionen	2,0	1,8
B25–B34	Sonstige Viruskrankheiten	2,0	0,8
R10–R19	Symptome bzgl. Verdauungssystem und Abdomen	1,9	1,1
S60–S69	Verletzungen des Handgelenkes und der Hand	1,8	2,4
F40–F48	Neurotische, Belastungs- und somatoforme Störungen	1,7	2,7
J30–J39	Sonstige Krankheiten der oberen Atemwege	1,7	1,0
J10–J18	Grippe und Pneumonie	1,6	1,0
F30–F39	Affektive Störungen	1,2	3,0
R00–R09	Symptome bzgl. Kreislauf- und Atmungssystem	1,2	0,8
S90–S99	Verletzungen der Knöchelregion und des Fußes	1,2	1,5
G40–G47	Episod. und paroxysmale Krankheiten des Nervensystems	1,1	1,0
S80–S89	Verletzungen des Knies und des Unterschenkels	1,1	2,2
M95–M99	Sonstige Krankheiten des Muskel-Skelett-Systems und des Bindegewebes	0,9	0,8
E70–E90	Stoffwechselstörungen	0,9	1,5
I80–I89	Krankheiten der Venen, der Lymphgefäße und -knoten	0,9	1,0
K55–K63	Sonstige Krankheiten des Darmes	0,8	0,7
S00–S09	Verletzungen des Kopfes	0,7	0,7
B99–B99	Sonstige Infektionskrankheiten	0,7	0,4
J95–J99	Sonstige Krankheiten des Atmungssystems	0,7	0,5
R40–R46	Symptome bzgl. Wahrnehmung, Stimmung und Verhalten	0,7	0,6
G50–G59	Krankheiten von Nerven, Nervenwurzeln und Nervenplexus	0,7	1,2
F10–F19	Psychische und Verhaltensstörungen durch psychotrope Substanzen	0,7	1,3
I20–I25	Ischämische Herzkrankheiten	0,7	1,6
L00–L08	Infektionen der Haut und der Unterhaut	0,6	0,6
E10–E14	Diabetes mellitus	0,6	1,1
I30–I52	Sonstige Formen der Herzkrankheit	0,6	1,1
N30–N39	Sonstige Krankheiten des Harnsystems	0,6	0,4
Z70–Z76	Sonstige Inanspruchnahme des Gesundheitswesens	0,5	0,9
	Summe hier	**82,5**	**75,4**
	Restliche	17,5	24,6
	Gesamtsumme	**100,0**	**100,0**

Fehlzeiten-Report 2010

28.10 Öffentliche Verwaltung

Tabelle 28.10.1	Entwicklung des Krankenstands der AOK-Mitglieder in der Branche Öffentliche Verwaltung in den Jahren 1994 bis 2009	386
Tabelle 28.10.2	Arbeitsunfähigkeit der AOK-Mitglieder in der Branche Öffentliche Verwaltung nach Bundesländern im Jahr 2009 im Vergleich zum Vorjahr	386
Tabelle 28.10.3	Arbeitsunfähigkeit der AOK-Mitglieder in der Branche Öffentliche Verwaltung nach Wirtschaftsabteilungen im Jahr 2009	387
Tabelle 28.10.4	Kennzahlen der Arbeitsunfähigkeit der AOK-Mitglieder nach ausgewählten Berufsgruppen in der Branche Öffentliche Verwaltung im Jahr 2009	387
Tabelle 28.10.5	Dauer der Arbeitsunfähigkeit der AOK-Mitglieder in der Branche Öffentliche Verwaltung im Jahr 2009	388
Tabelle 28.10.6	Tage der Arbeitsunfähigkeit je AOK-Mitglied nach Wirtschaftsabteilung und Betriebsgröße in der Branche Öffentliche Verwaltung im Jahr 2009	388
Tabelle 28.10.7	Krankenstand in Prozent nach der Stellung im Beruf in der Branche Öffentliche Verwaltung im Jahr 2009, AOK-Mitglieder	388
Tabelle 28.10.8	Tage der Arbeitsunfähigkeit je AOK-Mitglied nach der Stellung im Beruf in der Branche Öffentliche Verwaltung im Jahr 2009	388
Tabelle 28.10.9	Anteil der Arbeitsunfälle an den AU-Fällen und -Tagen in Prozent nach Wirtschaftsabteilungen in der Branche Öffentliche Verwaltung im Jahr 2009, AOK-Mitglieder	389
Tabelle 28.10.10	Tage und Fälle der Arbeitsunfähigkeit durch Arbeitsunfälle nach Berufsgruppen in der Branche Öffentliche Verwaltung im Jahr 2009, AOK-Mitglieder	389
Tabelle 28.10.11	Tage und Fälle der Arbeitsunfähigkeit je 100 AOK-Mitglieder nach Krankheitsarten in der Branche Öffentliche Verwaltung in den Jahren 1995 bis 2009	390
Tabelle 28.10.12	Verteilung der Arbeitsunfähigkeitstage nach Krankheitsarten in Prozent in der Branche Öffentliche Verwaltung im Jahr 2009, AOK-Mitglieder	390
Tabelle 28.10.13	Verteilung der Arbeitsunfähigkeitsfälle nach Krankheitsarten in Prozent in der Branche Öffentliche Verwaltung im Jahr 2009, AOK-Mitglieder	391
Tabelle 28.10.14	Verteilung der Arbeitsunfähigkeitstage nach Krankheitsarten und ausgewählten Berufsgruppen in der Branche Öffentliche Verwaltung im Jahr 2009, AOK-Mitglieder	391
Tabelle 28.10.15	Verteilung der Arbeitsunfähigkeitsfälle nach Krankheitsarten und ausgewählten Berufsgruppen in der Branche Öffentliche Verwaltung im Jahr 2009, AOK-Mitglieder	392
Tabelle 28.10.16	Anteile der 40 häufigsten Einzeldiagnosen an den AU-Fällen und AU-Tagen in der Branche Öffentliche Verwaltung im Jahr 2009, AOK-Mitglieder	393
Tabelle 28.10.17	Anteile der 40 häufigsten Diagnoseuntergruppen an den AU-Fällen und AU-Tagen der Branche Öffentliche Verwaltung im Jahr 2009, AOK-Mitglieder	394

◘ Tab. 28.10.1 Entwicklung des Krankenstands der AOK-Mitglieder in der Branche Öffentliche Verwaltung in den Jahren 1994 bis 2009

Jahr	Krankenstand in %			AU-Fälle je 100 AOK-Mitglieder			Tage je Fall		
	West	Ost	Bund	West	Ost	Bund	West	Ost	Bund
1994	7,3	5,9	6,9	161,2	129,1	152,0	16,2	14,9	15,9
1995	6,9	6,3	6,8	166,7	156,3	164,1	15,6	14,9	15,4
1996	6,4	6,0	6,3	156,9	155,6	156,6	15,4	14,7	15,2
1997	6,2	5,8	6,1	158,4	148,8	156,3	14,4	14,1	14,3
1998	6,3	5,7	6,2	162,6	150,3	160,0	14,2	13,8	14,1
1999	6,6	6,2	6,5	170,7	163,7	169,3	13,8	13,6	13,8
2000	6,4	5,9	6,3	172,0	174,1	172,5	13,6	12,3	13,3
2001	6,1	5,9	6,1	165,8	161,1	164,9	13,5	13,3	13,5
2002	6,0	5,7	5,9	167,0	161,9	166,0	13,0	12,9	13,0
2003	5,7	5,3	5,6	167,3	158,8	165,7	12,4	12,2	12,3
2004	5,3	5,0	5,2	154,8	152,2	154,3	12,5	12,0	12,4
2005**	5,3	4,5	5,1	154,1	134,3	150,0	12,6	12,2	12,5
2006	5,1	4,7	5,0	148,7	144,7	147,9	12,5	11,8	12,3
2007	5,3	4,8	5,2	155,5	151,1	154,6	12,4	11,7	12,3
2008 (WZ03)	5,3	4,9	5,2	159,8	152,1	158,3	12,2	11,8	12,1
2008 (WZ08)*	5,3	4,9	5,2	159,9	152,2	158,4	12,1	11,8	12,1
2009	5,5	5,3	5,4	167,9	164,9	167,3	11,9	11,7	11,8

*aufgrund der Revision der Wirtschaftszweigklassifikation in 2008 ist eine Vergleichbarkeit mit den Vorjahren nur bedingt möglich
**ohne Sozialversicherung/Arbeitsförderung

Fehlzeiten-Report 2010

◘ Tab. 28.10.2 Arbeitsunfähigkeit der AOK-Mitglieder in der Branche Öffentliche Verwaltung nach Bundesländern im Jahr 2009 im Vergleich zum Vorjahr

Bundesland	Krankenstand in %	Arbeitsunfähigkeit je 100 AOK-Mitglieder				Tage je Fall	Veränd. z. Vorj. in %	AU-Quote in %
		AU-Fälle	Veränd. z. Vorj. in %	AU-Tage	Veränd. z. Vorj. in %			
Baden-Württemberg	5,1	158,7	6,1	1.849,3	4,2	11,7	-1,7	60,1
Bayern	5,0	145,1	4,8	1.808,7	2,0	12,5	-2,3	57,0
Berlin	5,7	176,1	9,0	2.089,0	8,8	11,9	0,0	59,2
Brandenburg	6,4	179,2	8,7	2.332,5	8,5	13,0	0,0	65,3
Bremen	6,3	179,1	2,1	2.298,2	-1,1	12,8	-3,0	65,1
Hamburg	5,8	175,8	-1,5	2.108,6	-1,5	12,0	0,0	56,5
Hessen	6,2	191,2	3,6	2.268,4	-0,1	11,9	-3,3	64,4
Mecklenburg-Vorpommern	6,4	184,3	4,8	2.353,6	7,5	12,8	2,4	65,1
Niedersachsen	5,2	184,5	6,7	1.891,1	3,6	10,2	-3,8	64,2
Nordrhein-Westfalen	6,1	183,9	2,6	2.218,9	1,2	12,1	-0,8	63,0
Rheinland-Pfalz	6,1	186,2	6,2	2.241,9	4,4	12,0	-1,6	64,4
Saarland	6,7	169,8	5,8	2.462,7	1,7	14,5	-4,0	62,5
Sachsen	4,8	158,5	9,2	1.755,8	7,9	11,1	-0,9	62,4
Sachsen-Anhalt	5,5	164,0	6,6	2.005,8	4,1	12,2	-2,4	60,1
Schleswig-Holstein	6,1	171,3	5,0	2.215,8	0,7	12,9	-4,4	62,7
Thüringen	5,6	170,3	8,3	2.040,7	11,8	12,0	3,4	62,5
West	5,5	167,9	5,0	1.992,7	2,5	11,9	-1,7	61,0
Ost	5,3	164,9	8,3	1.931,5	7,9	11,7	-0,8	62,6
Bund	5,4	167,3	5,6	1.980,3	3,5	11,8	-2,5	61,3

Fehlzeiten-Report 2010

◘ Tab. 28.10.3 Arbeitsunfähigkeit der AOK-Mitglieder in der Branche Öffentliche Verwaltung nach Wirtschaftsabteilungen im Jahr 2009

Wirtschaftsabteilung	Krankenstand in %		Arbeitsunfähigkeiten je 100 AOK-Mitglieder		Tage je Fall	AU-Quote in %
	2009	2009 stand.*	Fälle	Tage		
Exterritoriale Organisationen und Körperschaften	7,1	6,1	207,7	2.598,6	12,5	66,4
Öffentliche Verwaltung	5,4	4,9	163,9	1.969,1	12,0	60,3
Sozialversicherung	4,8	4,4	168,3	1.763,7	10,5	64,1
Branche insgesamt	5,4	4,9	167,3	1.980,3	11,8	61,3
Alle Branchen	4,8	4,7	150,9	1.734,9	11,5	54,0

*Krankenstand alters- und geschlechtsstandardisiert

Fehlzeiten-Report 2010

◘ Tab. 28.10.4 Kennzahlen der Arbeitsunfähigkeit der AOK-Mitglieder nach ausgewählten Berufsgruppen in der Branche Öffentliche Verwaltung im Jahr 2009

Tätigkeit	Krankenstand in %	Arbeitsunfähigkeiten je 100 AOK-Mitglieder		Tage je Fall	AU-Quote in %	Anteil der Berufsgruppe an der Branche in %*
		Fälle	Tage			
Bauhilfsarbeiter	7,0	179,6	2.542,7	14,2	68,4	2,7
Bürofachkräfte	4,5	162,0	1.637,5	10,1	61,9	26,3
Bürohilfskräfte	6,3	180,0	2.302,0	12,8	63,7	1,1
Gärtner, Gartenarbeiter	7,6	233,1	2.758,3	11,8	71,2	2,6
Hilfsarbeiter	6,7	191,7	2.428,2	12,7	58,8	1,5
Hochschullehrer, Dozenten an höheren Fachschulen und Akademien	1,1	50,5	386,2	7,6	21,5	1,3
Kindergärtnerinnen, Kinderpflegerinnen	4,5	193,0	1.657,0	8,6	67,4	6,2
Köche	8,1	208,9	2.942,4	14,1	69,8	1,8
Kraftfahrzeugführer	7,1	177,1	2.586,7	14,6	66,1	1,6
Krankenschwestern, -pfleger, Hebammen	4,6	133,1	1.678,6	12,6	56,6	1,3
Lager-, Transportarbeiter	7,3	193,8	2.652,4	13,7	68,3	2,1
Leitende und administrativ entscheidende Verwaltungsfachleute	2,8	103,0	1.026,2	10,0	42,4	1,3
Pförtner, Hauswarte	5,5	125,2	1.989,8	15,9	55,5	3,2
Raum-, Hausratreiniger	7,3	167,2	2.659,0	15,9	64,7	8,8
Real-, Volks-, Sonderschullehrer	3,6	128,5	1.296,3	10,1	52,2	2,5
Sozialarbeiter, Sozialpfleger	5,1	157,6	1.845,5	11,7	58,9	1,5
Stenographen, Stenotypistinnen, Maschinenschreiber	5,4	166,9	1.971,7	11,8	65,1	2,2
Straßenreiniger, Abfallbeseitiger	8,4	217,6	3.082,9	14,2	73,0	1,7
Straßenwarte	6,6	217,0	2.402,8	11,1	75,4	1,2
Waldarbeiter, Waldnutzer	7,5	213,4	2.748,7	12,9	73,4	1,6
Branche insgesamt	5,4	167,3	1.980,3	11,8	61,3	6,4**

* Anteil der AOK-Mitglieder in der Berufsgruppe an den in der Branche beschäftigten AOK-Mitgliedern insgesamt
**Anteil der AOK-Mitglieder in der Branche an allen AOK-Mitgliedern

Fehlzeiten-Report 2010

◘ **Tab. 28.10.5** Dauer der Arbeitsunfähigkeit der AOK-Mitglieder in der Branche Öffentliche Verwaltung im Jahr 2009

Fallklasse	Branche hier		alle Branchen	
	Anteil Fälle in %	Anteil Tage in %	Anteil Fälle in %	Anteil Tage in %
1–3 Tage	33,9	5,6	34,7	6,1
4–7 Tage	28,5	11,9	30,6	13,2
8–14 Tage	19,3	16,7	17,9	15,9
15–21 Tage	6,8	9,9	6,2	9,2
22–28 Tage	3,7	7,5	3,2	6,7
29–42 Tage	3,6	10,5	3,2	9,4
Langzeit-AU (> 42 Tage)	4,2	37,9	4,2	39,5

Fehlzeiten-Report 2010

◘ **Tab. 28.10.6** Tage der Arbeitsunfähigkeit je AOK-Mitglied nach Wirtschaftsabteilung und Betriebsgröße in der Branche Öffentliche Verwaltung im Jahr 2009

Wirtschaftsabteilungen	Betriebsgröße (Anzahl der AOK-Mitglieder)					
	10–49	50–99	100–199	200–499	500–999	≥ 1.000
Exterritoriale Organisationen und Körperschaften	21,4	19,9	24,7	27,2	28,2	28,0
Öffentliche Verwaltung	18,9	20,1	20,2	21,5	23,7	19,2
Sozialversicherung	17,8	18,7	18,7	21,4	19,1	16,7
Branche insgesamt	**19,0**	**20,2**	**20,4**	**21,8**	**23,3**	**19,3**
Alle Branchen	**18,0**	**19,3**	**19,7**	**19,7**	**20,1**	**18,6**

Fehlzeiten-Report 2010

◘ **Tab. 28.10.7** Krankenstand in Prozent nach der Stellung im Beruf in der Branche Öffentliche Verwaltung im Jahr 2009, AOK-Mitglieder

Wirtschaftsabteilung	Stellung im Beruf				
	Auszubildende	Arbeiter	Facharbeiter	Meister, Poliere	Angestellte
Exterritoriale Organisationen und Körperschaften	4,2	8,5	8,7	4,1	5,7
Öffentliche Verwaltung	3,4	8,1	6,6	4,2	4,4
Sozialversicherung	3,1	7,1	5,6	4,7	4,7
Branche insgesamt	**3,4**	**8,1**	**6,7**	**4,2**	**4,6**
Alle Branchen	**4,2**	**5,7**	**5,1**	**3,9**	**3,5**

Fehlzeiten-Report 2010

◘ **Tab. 28.10.8** Tage der Arbeitsunfähigkeit je AOK-Mitglied nach der Stellung im Beruf in der Branche Öffentliche Verwaltung im Jahr 2009

Wirtschaftsabteilung	Stellung im Beruf				
	Auszubildende	Arbeiter	Facharbeiter	Meister, Poliere	Angestellte
Exterritoriale Organisationen und Körperschaften	15,3	31,2	31,6	15,1	20,7
Öffentliche Verwaltung	12,4	29,4	24,1	15,5	16,1
Sozialversicherung	11,3	26,0	20,4	17,2	17,1
Branche insgesamt	**12,4**	**29,7**	**24,5**	**15,3**	**16,7**
Alle Branchen	**15,3**	**20,7**	**18,5**	**14,2**	**12,9**

Fehlzeiten-Report 2010

Tab. 28.10.9 Anteil der Arbeitsunfälle an den AU-Fällen und -Tagen in Prozent nach Wirtschaftsabteilungen in der Branche Öffentliche Verwaltung im Jahr 2009, AOK-Mitglieder

Wirtschaftsabteilung	AU-Fälle in %	AU-Tage in %
Exterritoriale Organisationen und Körperschaften	2,2	3,0
Öffentliche Verwaltung	2,7	3,6
Sozialversicherung	0,8	1,0
Branche insgesamt	**2,4**	**3,2**
Alle Branchen	**3,9**	**5,2**

Fehlzeiten-Report 2010

Tab. 28.10.10 Tage und Fälle der Arbeitsunfähigkeit durch Arbeitsunfälle nach Berufsgruppen in der Branche Öffentliche Verwaltung im Jahr 2009, AOK-Mitglieder

Tätigkeit	Arbeitsunfähigkeit je 1.000 AOK-Mitglieder	
	AU-Tage	AU-Fälle
Waldarbeiter, Waldnutzer	2.837,9	179,7
Straßenbauer	1.830,2	107,9
Sonstige Bauhilfsarbeiter, Bauhelfer	1.765,1	82,1
Bauhilfsarbeiter	1.708,5	100,6
Straßenwarte	1.628,6	118,5
Straßenreiniger, Abfallbeseitiger	1.528,0	105,6
Gärtner, Gartenarbeiter	1.486,3	106,8
Lager-, Transportarbeiter	1.296,0	78,8
Kraftfahrzeuginstandsetzer	1.070,6	84,9
Kraftfahrzeugführer	1.054,2	60,0
Hilfsarbeiter	1.038,6	65,3
Elektroinstallateure, -monteure	893,0	49,1
Pförtner, Hauswarte	869,4	44,1
Wächter, Aufseher	845,7	37,9
Köche	827,2	46,0
Raum-, Hausratreiniger	639,4	32,4
Kindergärtnerinnen, Kinderpflegerinnen	271,3	23,0
Real-, Volks-, Sonderschullehrer	267,3	16,7
Bürofachkräfte	215,3	15,1
Branche insgesamt	**637,1**	**40,0**
Alle Branchen	**900,7**	**58,4**

Fehlzeiten-Report 2010

◻ **Tab. 28.10.11** Tage und Fälle der Arbeitsunfähigkeit je 100 AOK-Mitglieder nach Krankheitsarten in der Branche Öffentliche Verwaltung in den Jahren 1995 bis 2009

Jahr	Arbeitsunfähigkeiten je 100 AOK-Mitglieder											
	Psyche		Herz/Kreislauf		Atemwege		Verdauung		Muskel/Skelett		Verletzungen	
	Tage	Fälle	Tage	Fälle	Tage	Fälle	Tage	Fälle	Tage	Fälle	Tage	Fälle
1995	168,1	4,2	272,1	9,1	472,7	39,5	226,4	20,5	847,3	30,8	327,6	22,9
1996	165,0	3,3	241,9	7,4	434,5	35,5	199,8	19,4	779,1	29,8	312,4	23,9
1997	156,7	3,4	225,2	7,4	395,1	34,3	184,0	19,3	711,5	29,7	299,8	23,9
1998	165,0	3,9	214,1	7,8	390,7	36,9	178,4	19,8	720,0	31,5	288,1	23,7
1999	176,0	4,5	207,0	8,2	427,8	42,0	179,1	21,7	733,3	34,0	290,5	23,7
2000	198,5	8,1	187,3	10,1	392,0	50,5	160,6	21,3	749,6	41,4	278,9	17,4
2001	208,7	8,9	188,4	10,8	362,4	48,7	157,4	21,7	745,4	41,8	272,9	17,1
2002	210,1	9,4	182,7	10,9	344,1	47,7	157,9	23,0	712,8	41,6	267,9	17,1
2003	203,2	9,4	170,5	11,1	355,1	50,5	151,5	22,8	644,3	39,3	257,9	16,5
2004	213,8	9,6	179,9	10,2	313,1	43,6	153,1	22,5	619,0	37,9	251,5	15,5
2005**	211,4	9,4	179,4	10,1	346,2	47,2	142,3	19,7	594,5	36,4	252,5	15,1
2006	217,8	9,4	175,5	10,2	297,4	42,0	142,8	21,3	585,5	35,9	248,5	15,0
2007	234,4	9,9	178,3	10,1	326,0	46,2	148,6	22,3	600,6	36,1	239,2	14,1
2008 (WZ03)	245,1	10,2	176,0	10,2	331,8	47,6	150,3	22,9	591,9	36,1	238,2	14,2
2008 (WZ08)*	245,2	10,3	175,9	10,2	332,0	47,7	150,4	22,9	591,5	36,2	238,0	14,2
2009	255,2	10,8	177,1	10,2	387,0	54,8	148,5	22,8	577,6	35,8	245,5	14,5

*aufgrund der Revision der Wirtschaftszweigklassifikation in 2008 ist eine Vergleichbarkeit mit den Vorjahren nur bedingt möglich
**ohne Sozialversicherung/Arbeitsförderung

Fehlzeiten-Report 2010

◻ **Tab. 28.10.12** Verteilung der Arbeitsunfähigkeitstage nach Krankheitsarten in Prozent in der Branche Öffentliche Verwaltung im Jahr 2009, AOK-Mitglieder

Wirtschaftsabteilung	AU-Tage in %						
	Psyche	Herz/Kreislauf	Atemwege	Verdauung	Muskel/Skelett	Verletzungen	Sonstige
Exterritoriale Organisationen und Körperschaften	8,4	8,3	13,2	5,6	25,0	9,5	30,0
Öffentliche Verwaltung	9,6	7,0	14,9	5,7	22,9	9,9	30,0
Sozialversicherung	13,4	6,0	17,8	6,3	17,5	7,0	32,0
Branche insgesamt	**10,0**	**6,9**	**15,1**	**5,8**	**22,5**	**9,6**	**30,1**
Alle Branchen	**8,6**	**6,8**	**14,0**	**6,2**	**23,0**	**12,3**	**29,1**

Fehlzeiten-Report 2010

Tab. 28.10.13 Verteilung der Arbeitsunfähigkeitsfälle nach Krankheitsarten in Prozent in der Branche Öffentliche Verwaltung im Jahr 2009, AOK-Mitglieder

Wirtschaftsabteilung	AU-Fälle in %						
	Psyche	Herz/Kreislauf	Atemwege	Verdauung	Muskel/Skelett	Verletzungen	Sonstige
Exterritoriale Organisationen und Körperschaften	4,8	5,5	21,6	9,7	20,8	6,8	30,8
Öffentliche Verwaltung	4,9	4,7	25,3	10,5	16,9	7,0	30,7
Sozialversicherung	5,7	4,3	28,3	11,4	12,3	4,9	33,1
Branche insgesamt	5,0	4,7	25,4	10,6	16,6	6,7	31,0
Alle Branchen	4,4	4,2	24,7	11,1	16,4	8,7	30,5

Fehlzeiten-Report 2010

Tab. 28.10.14 Verteilung der Arbeitsunfähigkeitstage nach Krankheitsarten und ausgewählten Berufsgruppen in der Branche Öffentliche Verwaltung im Jahr 2009, AOK-Mitglieder

Tätigkeit	AU-Tage in %						
	Psyche	Herz/Kreislauf	Atemwege	Verdauung	Muskel/Skelett	Verletzungen	Sonstige
Bauhilfsarbeiter	5,4	7,9	11,3	5,2	30,1	13,3	26,8
Bürofachkräfte	13,0	6,0	18,0	6,3	16,2	7,5	33,0
Bürohilfskräfte	10,3	8,0	14,8	5,6	21,6	8,7	31,0
Gärtner, Gartenarbeiter	7,4	6,7	13,6	6,0	28,4	11,8	26,1
Hilfsarbeiter	7,5	8,7	14,1	6,8	25,0	11,3	26,6
Hochschullehrer, Dozenten an höheren Fachschulen und Akademien	11,0	3,4	25,9	5,8	10,1	9,1	34,7
Kindergärtnerinnen, Kinderpflegerinnen	13,2	3,9	22,8	6,3	14,1	7,2	32,5
Köche	11,0	6,6	12,9	5,0	26,7	8,2	29,6
Kraftfahrzeugführer	6,9	9,5	11,9	5,8	27,7	10,9	27,3
Krankenschwestern, -pfleger, Hebammen	13,3	5,9	14,6	5,3	20,8	9,1	31,0
Lager-, Transportarbeiter	7,1	8,2	12,1	5,8	28,7	12,3	25,8
Leitende und administrativ entscheidende Verwaltungsfachleute	10,4	6,1	18,5	7,6	14,7	9,0	33,7
Pförtner, Hauswarte	8,1	10,3	11,3	5,6	25,1	10,4	29,2
Raum-, Hausratreiniger	9,3	7,4	11,7	4,5	27,9	8,2	31,0
Real-, Volks-, Sonderschullehrer	14,6	6,8	20,1	5,2	12,1	7,2	34,0
Sozialarbeiter, Sozialpfleger	14,8	6,1	15,8	5,6	17,6	7,5	32,6
Stenographen, Stenotypistinnen, Maschinenschreiber	13,9	6,1	16,1	5,9	17,8	7,3	32,9
Straßenreiniger, Abfallbeseitiger	6,5	6,9	12,5	5,9	30,8	12,1	25,3
Straßenwarte	4,7	6,2	14,2	6,5	27,7	15,4	25,3
Waldarbeiter, Waldnutzer	4,1	6,4	11,6	4,9	31,2	18,2	23,6
Branche insgesamt	10,0	6,9	15,1	5,8	22,5	9,6	30,1
Alle Branchen	8,6	6,8	14,0	6,2	23,0	12,3	29,1

Fehlzeiten-Report 2010

◘ Tab. 28.10.15 Verteilung der Arbeitsunfähigkeitsfälle nach Krankheitsarten und ausgewählten Berufsgruppen in der Branche Öffentliche Verwaltung im Jahr 2009, AOK-Mitglieder

Tätigkeit	AU-Fälle in %						
	Psyche	Herz/Kreislauf	Atemwege	Verdauung	Muskel/Skelett	Verletzungen	Sonstige
Bauhilfsarbeiter	3,2	5,5	19,7	9,3	24,7	10,6	27,0
Bürofachkräfte	5,6	4,3	28,4	11,4	11,8	5,1	33,4
Bürohilfskräfte	6,0	5,8	23,8	10,9	16,5	6,1	30,9
Gärtner, Gartenarbeiter	3,9	4,4	21,9	10,8	22,9	9,6	26,5
Hilfsarbeiter	4,7	5,7	20,6	11,6	21,0	8,5	27,9
Kindergärtnerinnen, Kinderpflegerinnen	4,9	2,8	34,2	10,8	9,2	4,4	33,7
Köche	6,0	5,2	21,3	10,0	20,5	6,3	30,7
Kraftfahrzeugführer	4,0	6,5	19,9	10,5	23,7	7,4	28,0
Krankenschwestern, -pfleger, Hebammen	6,3	3,8	26,5	9,5	14,3	6,8	32,8
Lager-, Transportarbeiter	4,0	5,7	20,2	10,3	23,6	8,9	27,3
Leitende und administrativ entscheidende Verwaltungsfachleute	4,9	4,9	28,7	12,5	10,4	5,2	33,4
Pförtner, Hauswarte	4,8	7,4	19,7	10,0	20,3	8,2	29,6
Raum-, Hausratreiniger	5,7	5,6	20,7	9,3	21,2	6,1	31,4
Real-, Volks-, Sonderschullehrer	6,6	4,4	33,8	9,4	9,6	4,6	31,6
Sozialarbeiter, Sozialpfleger	6,1	3,7	29,5	10,1	12,6	5,5	32,5
Stenographen, Stenotypistinnen, Maschinenschreiber	6,8	4,9	26,0	10,5	13,9	4,9	33,0
Straßenreiniger, Abfallbeseitiger	3,9	5,0	20,1	10,4	24,8	9,4	26,4
Straßenwarte	2,8	4,3	22,6	11,2	21,7	10,9	26,5
Waldarbeiter, Waldnutzer	2,3	4,6	20,0	9,5	25,5	13,3	24,8
Branche insgesamt	**5,0**	**4,7**	**25,4**	**10,6**	**16,6**	**6,7**	**31,0**
Alle Branchen	**4,4**	**4,2**	**24,7**	**11,1**	**16,4**	**8,7**	**30,5**

Fehlzeiten-Report 2010

◘ Tab. 28.10.16 Anteile der 40 häufigsten Einzeldiagnosen an den AU-Fällen und AU-Tagen in der Branche Öffentliche Verwaltung im Jahr 2009, AOK-Mitglieder

ICD-10	Bezeichnung	AU-Fälle in %	AU-Tage in %
J06	Akute Infektionen der oberen Atemwege	8,2	4,1
M54	Rückenschmerzen	6,1	6,1
J20	Akute Bronchitis	3,3	2,0
K52	Nichtinfektiöse Gastroenteritis und Kolitis	2,7	1,1
J40	Bronchitis	2,5	1,5
K08	Sonstige Krankheiten der Zähne und des Zahnhalteapparates	2,3	0,5
A09	Diarrhoe und Gastroenteritis	2,0	0,7
I10	Essentielle Hypertonie	1,9	2,7
B34	Viruskrankheit	1,8	0,9
J01	Akute Sinusitis	1,4	0,7
F32	Depressive Episode	1,3	2,9
K29	Gastritis und Duodenitis	1,2	0,7
J02	Akute Pharyngitis	1,2	0,6
J32	Chronische Sinusitis	1,2	0,7
R10	Bauch- und Beckenschmerzen	1,2	0,6
J03	Akute Tonsillitis	1,1	0,5
T14	Verletzung an einer nicht näher bezeichneten Körperregion	1,0	0,9
J11	Grippe	1,0	0,6
M53	Sonstige Krankheiten der Wirbelsäule und des Rückens	1,0	1,1
F43	Reaktionen auf schwere Belastungen und Anpassungsstörungen	0,9	1,5
J04	Akute Laryngitis und Tracheitis	0,9	0,5
M51	Sonstige Bandscheibenschäden	0,9	1,8
M75	Schulterläsionen	0,8	1,5
M77	Sonstige Enthesopathien	0,8	0,9
M99	Biomechanische Funktionsstörungen	0,8	0,6
R51	Kopfschmerz	0,8	0,4
M25	Sonstige Gelenkkrankheiten	0,7	0,8
F45	Somatoforme Störungen	0,7	1,0
G43	Migräne	0,7	0,3
M79	Sonstige Krankheiten des Weichteilgewebes	0,7	0,6
B99	Sonstige Infektionskrankheiten	0,6	0,3
M23	Binnenschädigung des Kniegelenkes	0,6	1,2
J98	Sonstige Krankheiten der Atemwege	0,6	0,3
N39	Sonstige Krankheiten des Harnsystems	0,6	0,4
F48	Andere neurotische Störungen	0,6	0,8
J00	Akute Rhinopharyngitis [Erkältungsschnupfen]	0,6	0,3
R50	Fieber unbekannter Ursache	0,6	0,3
M47	Spondylose	0,5	0,8
M17	Gonarthrose	0,5	1,2
R42	Schwindel und Taumel	0,5	0,4
	Summe hier	56,8	44,8
	Restliche	43,2	55,2
	Gesamtsumme	100,0	100,0

Fehlzeiten-Report 2010

◘ **Tab. 28.10.17** Anteile der 40 häufigsten Diagnoseuntergruppen an den AU-Fällen und AU-Tagen der Branche Öffentliche Verwaltung im Jahr 2009, AOK-Mitglieder

ICD-10	Bezeichnung	AU-Fälle in %	AU-Tage in %
J00–J06	Akute Infektionen der oberen Atemwege	13,4	6,7
M40–M54	Krankheiten der Wirbelsäule und des Rückens	8,6	10,2
J40–J47	Chronische Krankheiten der unteren Atemwege	4,0	2,9
J20–J22	Sonstige akute Infektionen der unteren Atemwege	3,8	2,3
M60–M79	Krankheiten der Weichteilgewebe	3,5	4,8
M00–M25	Arthropathien	3,3	5,8
K50–K52	Nichtinfektiöse Enteritis und Kolitis	3,1	1,4
K00–K14	Krankheiten der Mundhöhle, der Speicheldrüsen und der Kiefer	2,9	0,7
R50–R69	Allgemeinsymptome	2,7	2,2
A00–A09	Infektiöse Darmkrankheiten	2,6	1,0
F40–F48	Neurotische, Belastungs- und somatoforme Störungen	2,5	4,1
I10–I15	Hypertonie	2,1	3,1
B25–B34	Sonstige Viruskrankheiten	2,0	1,0
R10–R19	Symptome bzgl. Verdauungssystem und Abdomen	1,9	1,1
K20–K31	Krankheiten des Ösophagus, des Magens und des Duodenums	1,8	1,1
J30–J39	Sonstige Krankheiten der oberen Atemwege	1,8	1,1
F30–F39	Affektive Störungen	1,7	4,2
J10–J18	Grippe und Pneumonie	1,5	1,1
G40–G47	Episod. und paroxysmale Krankheiten des Nervensystems	1,4	1,1
T08–T14	Verletzungen Rumpf, Extremitäten u. a. Körperregionen	1,2	1,1
R00–R09	Symptome bzgl. Kreislauf- und Atmungssystem	1,1	0,8
N30–N39	Sonstige Krankheiten des Harnsystems	1,0	0,6
S80–S89	Verletzungen des Knies und des Unterschenkels	0,9	1,8
E70–E90	Stoffwechselstörungen	0,9	1,4
M95–M99	Sonstige Krankheiten des Muskel-Skelett-Systems und des Bindegewebes	0,9	0,7
S90–S99	Verletzungen der Knöchelregion und des Fußes	0,9	1,1
I80–I89	Krankheiten der Venen, der Lymphgefäße und -knoten	0,9	0,9
K55–K63	Sonstige Krankheiten des Darmes	0,8	0,7
J95–J99	Sonstige Krankheiten des Atmungssystems	0,8	0,5
S60–S69	Verletzungen des Handgelenkes und der Hand	0,8	1,0
R40–R46	Symptome bzgl. Wahrnehmung, Stimmung und Verhalten	0,7	0,6
B99–B99	Sonstige Infektionskrankheiten	0,7	0,4
N80–N98	Krankheiten des weiblichen Genitaltraktes	0,7	0,7
G50–G59	Krankheiten von Nerven, Nervenwurzeln und Nervenplexus	0,7	1,1
C00–C75	Bösartige Neubildungen	0,7	2,2
D10–D36	Gutartige Neubildungen	0,7	0,7
Z70–Z76	Sonstige Inanspruchnahme des Gesundheitswesens	0,7	1,1
E10–E14	Diabetes mellitus	0,6	1,0
I30–I52	Sonstige Formen der Herzkrankheit	0,6	1,0
I20–I25	Ischämische Herzkrankheiten	0,6	1,1
	Summe hier	81,5	76,4
	Restliche	18,5	23,6
	Gesamtsumme	100,0	100,0

Fehlzeiten-Report 2010

28.11 Verarbeitendes Gewerbe

Tabelle 28.11.1	Entwicklung des Krankenstands der AOK-Mitglieder in der Branche Verarbeitendes Gewerbe in den Jahren 1994-2009.............................	396
Tabelle 28.11.2	Arbeitsunfähigkeit der AOK-Mitglieder in der Branche Verarbeitendes Gewerbe nach Bundesländern im Jahr 2009 im Vergleich zum Vorjahr......................	396
Tabelle 28.11.3	Arbeitsunfähigkeit der AOK-Mitglieder in der Branche Verarbeitendes Gewerbe nach Wirtschaftsabteilungen im Jahr 2009	397
Tabelle 28.11.4	Kennzahlen der Arbeitsunfähigkeit der AOK-Mitglieder nach ausgewählten Berufsgruppen in der Branche Verarbeitendes Gewerbe im Jahr 2009	398
Tabelle 28.11.5	Dauer der Arbeitsunfähigkeit der AOK-Mitglieder in der Branche Verarbeitendes Gewerbe im Jahr 2009...	398
Tabelle 28.11.6	Tage der Arbeitsunfähigkeit je AOK-Mitglied nach Wirtschaftsabteilung und Betriebsgröße in der Branche Verarbeitendes Gewerbe im Jahr 2009	399
Tabelle 28.11.7	Krankenstand in Prozent nach der Stellung im Beruf in der Branche Verarbeitendes Gewerbe im Jahr 2009, AOK-Mitglieder.........................	400
Tabelle 28.11.8	Tage der Arbeitsunfähigkeit je AOK-Mitglied nach der Stellung im Beruf in der Branche Verarbeitendes Gewerbe im Jahr 2009............................	401
Tabelle 28.11.9	Anteil der Arbeitsunfälle an den AU-Fällen und -Tagen in Prozent nach Wirtschaftsabteilungen in der Branche Verarbeitendes Gewerbe im Jahr 2009, AOK-Mitglieder...	402
Tabelle 28.11.10	Tage und Fälle der Arbeitsunfähigkeit durch Arbeitsunfälle nach Berufsgruppen in der Branche Verarbeitendes Gewerbe im Jahr 2009, AOK-Mitglieder	403
Tabelle 28.11.11	Tage und Fälle der Arbeitsunfähigkeit je 100 AOK-Mitglieder nach Krankheitsarten in der Branche Verarbeitendes Gewerbe in den Jahren 1995 bis 2009.................	404
Tabelle 28.11.12	Verteilung der Arbeitsunfähigkeitstage nach Krankheitsarten in Prozent in der Branche Verarbeitendes Gewerbe im Jahr 2009, AOK-Mitglieder	405
Tabelle 28.11.13	Verteilung der Arbeitsunfähigkeitsfälle nach Krankheitsarten in Prozent in der Branche Verarbeitendes Gewerbe im Jahr 2009, AOK-Mitglieder	406
Tabelle 28.11.14	Verteilung der Arbeitsunfähigkeitstage nach Krankheitsarten und ausgewählten Berufsgruppen in der Branche Verarbeitendes Gewerbe im Jahr 2009, AOK-Mitglieder.	407
Tabelle 28.11.15	Verteilung der Arbeitsunfähigkeitsfälle nach Krankheitsarten und ausgewählten Berufsgruppen in der Branche Verarbeitendes Gewerbe im Jahr 2009, AOK-Mitglieder.	408
Tabelle 28.11.16	Anteile der 40 häufigsten Einzeldiagnosen an den AU-Fällen und AU-Tagen in der Branche Verarbeitendes Gewerbe im Jahr 2009, AOK-Mitglieder	409
Tabelle 28.11.17	Anteile der 40 häufigsten Diagnoseuntergruppen an den AU-Fällen und AU-Tagen in der Branche Verarbeitendes Gewerbe im Jahr 2009, AOK-Mitglieder	410

◘ **Tab. 28.11.1** Entwicklung des Krankenstands der AOK-Mitglieder in der Branche Verarbeitendes Gewerbe in den Jahren 1994-2009

Jahr	Krankenstand in %			AU-Fälle je 100 AOK-Mitglieder			Tage je Fall		
	West	Ost	Bund	West	Ost	Bund	West	Ost	Bund
1994	6,3	5,5	6,2	151,4	123,7	148,0	14,9	15,3	14,9
1995	6,0	5,3	5,9	157,5	133,0	154,6	14,6	15,2	14,7
1996	5,4	5,9	5,3	141,8	122,4	139,5	14,7	15,2	14,8
1997	5,1	4,5	5,1	139,0	114,1	136,1	13,8	14,5	13,8
1998	5,3	4,6	5,2	142,9	118,8	140,1	13,7	14,5	13,8
1999	5,6	5,2	5,6	152,7	133,3	150,5	13,5	14,4	13,6
2000	5,7	5,2	5,6	157,6	140,6	155,7	13,2	13,6	13,3
2001	5,6	5,3	5,6	155,6	135,9	153,5	13,2	14,2	13,3
2002	5,5	5,2	5,5	154,7	136,9	152,7	13,0	13,8	13,1
2003	5,1	4,8	5,1	149,4	132,8	147,4	12,5	13,2	12,6
2004	4,8	4,4	4,7	136,5	120,2	134,4	12,8	13,3	12,8
2005	4,8	4,3	4,7	138,6	119,4	136,0	12,5	13,2	12,6
2006	4,6	4,2	4,5	132,9	115,4	130,5	12,6	13,1	12,7
2007	4,9	4,5	4,8	143,1	124,7	140,5	12,5	13,1	12,6
2008 (WZ03)	5,1	4,8	5,0	150,9	132,8	148,3	12,3	13,3	12,4
2008 (WZ08)*	5,0	4,8	5,0	151,7	132,9	148,9	12,2	13,1	12,3
2009	5,1	5,0	5,1	153,0	138,6	150,8	12,2	13,2	12,4

*aufgrund der Revision der Wirtschaftszweigklassifikation in 2008 ist eine Vergleichbarkeit mit den Vorjahren nur bedingt möglich

Fehlzeiten-Report 2010

◘ **Tab. 28.11.2** Arbeitsunfähigkeit der AOK-Mitglieder in der Branche Verarbeitendes Gewerbe nach Bundesländern im Jahr 2009 im Vergleich zum Vorjahr

Bundesland	Kranken-stand in %	Arbeitsunfähigkeit je 100 AOK-Mitglieder				Tage je Fall	Veränd. z. Vorj. in %	AU-Quote in %
		AU-Fälle	Veränd. z. Vorj. in %	AU-Tage	Veränd. z. Vorj. in %			
Baden-Württemberg	5,1	156,9	0,2	1.850,7	0,3	11,8	0,0	61,2
Bayern	4,6	134,9	1,3	1.677,5	1,5	12,4	0,0	56,2
Berlin	6,1	142,4	7,6	2.224,4	7,1	15,6	-0,6	55,3
Brandenburg	5,5	144,0	6,9	2.001,8	6,6	13,9	0,0	58,6
Bremen	6,3	158,1	-4,2	2.313,0	-1,3	14,6	2,8	60,0
Hamburg	6,5	175,6	3,4	2.372,7	6,3	13,5	3,1	60,9
Hessen	5,8	162,3	1,4	2.125,1	2,3	13,1	0,8	62,6
Mecklenburg-Vorpommern	5,7	153,4	9,1	2.079,3	10,7	13,6	1,5	58,8
Niedersachsen	4,7	162,4	2,2	1.715,2	2,2	10,6	0,0	61,7
Nordrhein-Westfalen	5,7	163,7	0,3	2.069,8	2,5	12,6	1,6	62,7
Rheinland-Pfalz	5,5	160,5	1,5	2.011,1	0,8	12,5	-0,8	61,4
Saarland	6,2	135,5	-0,6	2.251,4	0,5	16,6	1,2	57,0
Sachsen	4,6	131,9	5,4	1.677,4	5,4	12,7	0,0	56,9
Sachsen-Anhalt	5,3	140,3	2,0	1.952,6	4,3	13,9	2,2	57,1
Schleswig-Holstein	5,6	163,5	1,4	2.048,5	-3,1	12,5	-4,6	60,9
Thüringen	5,4	146,7	1,1	1.964,3	1,4	13,4	0,8	59,7
West	**5,1**	**153,0**	**0,9**	**1.872,5**	**1,4**	**12,2**	**0,0**	**60,1**
Ost	**5,0**	**138,6**	**4,3**	**1.827,4**	**4,8**	**13,2**	**0,8**	**57,8**
Bund	**5,1**	**150,8**	**1,3**	**1.865,8**	**1,8**	**12,4**	**0,8**	**59,7**

Fehlzeiten-Report 2010

◘ Tab. 28.11.3 Arbeitsunfähigkeit der AOK-Mitglieder in der Branche Verarbeitendes Gewerbe nach Wirtschaftsabteilungen im Jahr 2009

Wirtschaftsabteilung	Krankenstand in %		Arbeitsunfähigkeiten je 100 AOK-Mitglieder		Tage je Fall	AU-Quote in %
	2009	2009 stand.*	Fälle	Tage		
Getränkeherstellung	5,6	4,8	144,8	2.053,5	14,2	59,5
Herstellung von Bekleidung	4,4	3,9	141,2	1.604,6	11,4	54,6
Herstellung von chemischen Erzeugnissen	5,1	4,8	158,8	1.859,4	11,7	62,4
Herstellung von Druckerzeugnissen, Vervielfältigung von bespielten Ton-, Bild- und Datenträgern	4,9	4,5	146,6	1794,3	12,2	59,0
Herstellung von Glas, Glaswaren, Keramik, Verarbeitung von Steinen und Erden	5,4	4,8	143,2	1.966,0	13,7	59,6
Herstellung von Gummi- und Kunststoffwaren	5,3	5,1	156,3	1.950,4	12,5	62,1
Herstellung von Holz-, Flecht-, Korb- und Korkwaren (ohne Möbel)	5,1	4,7	146,1	1.866,5	12,8	60,3
Herstellung von Leder, Lederwaren und Schuhen	5,4	4,8	142,0	1.969,1	13,9	58,5
Herstellung von Möbeln	5,1	4,8	151,2	1.872,8	12,4	61,3
Herstellung von Nahrungs- und Futtermitteln	5,0	5,0	148,5	1.829,3	12,3	57,2
Herstellung von Papier, Pappe und Waren daraus	5,7	5,3	160,6	2.076,5	12,9	65,2
Herstellung von pharmazeutischen Erzeugnissen	5,1	4,9	178,0	1.845,7	10,4	63,5
Herstellung von sonstigen Waren	4,5	4,3	154,5	1.647,0	10,7	60,1
Herstellung von Textilien	5,1	4,7	140,4	1.871,5	13,3	58,1
Kokerei, Mineralölverarbeitung	4,1	3,8	131,1	1.511,7	11,5	56,6
Reparatur, Installation von Maschinen und Ausrüstungen	4,8	4,4	149,0	1.737,9	11,7	57,1
Tabakverarbeitung	5,5	5,1	156,9	2.004,7	12,8	61,4
Branche insgesamt	**5,1**	**4,8**	**150,8**	**1.865,8**	**12,4**	**59,7**
Alle Branchen	**4,8**	**4,7**	**150,9**	**1.734,9**	**11,5**	**54,0**

*Krankenstand alters- und geschlechtsstandardisiert

Fehlzeiten-Report 2010

◘ Tab. 28.11.4 Kennzahlen der Arbeitsunfähigkeit der AOK-Mitglieder nach ausgewählten Berufsgruppen in der Branche Verarbeitendes Gewerbe im Jahr 2009

Tätigkeit	Krankenstand in %	Arbeitsunfähigkeiten je 100 AOK-Mitglieder		Tage je Fall	AU-Quote in %	Anteil der Berufsgruppe an der Branche in %*
		Fälle	Tage			
Backwarenhersteller	4,1	137,1	1.496,3	10,9	53,7	2,5
Betriebsschlosser, Reparaturschlosser	5,4	150,2	1.986,7	13,2	64,0	1,6
Bürofachkräfte	2,6	118,1	952,4	8,1	50,6	5,6
Chemiebetriebswerker	5,9	173,7	2.149,5	12,4	66,4	4,0
Elektroinstallateure, -monteure	4,1	132,5	1.499,4	11,3	57,2	1,3
Fleisch-, Wurstwarenhersteller	6,6	178,5	2.408,1	13,5	64,2	1,5
Fleischer	5,1	144,3	1.861,4	12,9	54,1	1,9
Gummihersteller, -verarbeiter	6,3	147,1	2.281,8	15,5	63,1	1,4
Hilfsarbeiter	5,6	169,9	2.059,7	12,1	61,7	5,1
Holzaufbereiter	5,7	149,8	2.071,5	13,8	63,2	2,1
Kraftfahrzeugführer	5,6	120,4	2.046,7	17,0	55,1	2,3
Kunststoffverarbeiter	5,9	168,3	2.140,6	12,7	65,5	7,0
Lager-, Transportarbeiter	5,8	159,9	2.106,9	13,2	61,7	2,5
Lagerverwalter, Magaziner	5,4	158,1	1.964,1	12,4	63,2	1,1
Sonstige Papierverarbeiter	6,8	170,8	2.487,5	14,6	68,7	1,2
Tischler	4,6	152,7	1.685,7	11,0	61,6	3,2
Verkäufer	4,0	129,2	1.452,5	11,2	52,4	7,1
Verpackungsmittelhersteller	6,1	176,9	2.219,7	12,5	68,4	1,2
Warenaufmacher, Versandfertigmacher	6,4	172,9	2.345,4	13,6	64,9	4,6
Zucker-, Süßwaren-, Speiseeishersteller	6,3	171,7	2.317,2	13,5	62,7	1,1
Branche insgesamt	**5,1**	**150,8**	**1.865,8**	**12,4**	**59,7**	**11,0****

* Anteil der AOK-Mitglieder in der Berufsgruppe an den in der Branche beschäftigten AOK-Mitgliedern insgesamt
**Anteil der AOK-Mitglieder in der Branche an allen AOK-Mitgliedern

Fehlzeiten-Report 2010

◘ Tab. 28.11.5 Dauer der Arbeitsunfähigkeit der AOK-Mitglieder in der Branche Verarbeitendes Gewerbe im Jahr 2009

Fallklasse	Branche hier		alle Branchen	
	Anteil Fälle in %	Anteil Tage in %	Anteil Fälle in %	Anteil Tage in %
1–3 Tage	33,1	5,4	34,7	6,1
4–7 Tage	30,1	12,1	30,6	13,2
8–14 Tage	18,5	15,4	17,9	15,9
15–21 Tage	6,6	9,2	6,2	9,2
22–28 Tage	3,5	6,8	3,2	6,7
29–42 Tage	3,5	9,8	3,2	9,4
Langzeit-AU (> 42 Tage)	4,7	41,3	4,2	39,5

Fehlzeiten-Report 2010

◘ **Tab. 28.11.6** Tage der Arbeitsunfähigkeit je AOK-Mitglied nach Wirtschaftsabteilung und Betriebsgröße in der Branche Verarbeitendes Gewerbe im Jahr 2009

Wirtschaftsabteilungen	Betriebsgröße (Anzahl der AOK-Mitglieder)					
	10–49	50–99	100–199	200–499	500–999	≥ 1.000
Getränkeherstellung	19,7	22,6	23,4	21,6	24,6	–
Herstellung von Bekleidung	15,2	16,4	19,8	21,6	11,0	13,1
Herstellung von chemischen Erzeugnissen	19,0	19,8	19,8	18,9	20,0	15,9
Herstellung von Druckerzeugnissen, Vervielfältigung von bespielten Ton-, Bild- und Datenträgern	18,4	20,7	19,5	19,5	–	–
Herstellung von Glas, Glaswaren, Keramik, Verarbeitung von Steinen und Erden	20,4	20,4	19,8	20,2	15,6	–
Herstellung von Gummi- und Kunststoffwaren	19,2	20,0	20,5	19,3	20,4	19,7
Herstellung von Holz-, Flecht-, Korb- und Korkwaren (ohne Möbel)	18,6	19,8	19,8	20,5	20,8	–
Herstellung von Leder, Lederwaren und Schuhen	19,2	20,6	21,9	21,0	–	–
Herstellung von Möbeln	17,9	19,7	21,8	20,6	20,3	–
Herstellung von Nahrungs- und Futtermitteln	17,2	20,6	21,4	21,1	20,3	21,5
Herstellung von Papier, Pappe und Waren daraus	21,0	22,0	21,2	19,3	25,2	–
Herstellung von pharmazeutischen Erzeugnissen	17,9	18,7	19,3	21,4	15,7	–
Herstellung von sonstigen Waren	16,7	17,9	19,0	20,3	18,6	–
Herstellung von Textilien	18,6	18,8	21,2	18,8	20,2	–
Kokerei, Mineralölverarbeitung	18,4	19,5	16,9	9,8	9,6	–
Reparatur, Installation von Maschinen und Ausrüstungen	17,6	20,9	16,3	19,5	–	–
Tabakverarbeitung	21,3	24,0	15,6	21,1	20,2	–
Branche insgesamt	18,4	20,2	20,5	20,2	19,6	18,2
Alle Branchen	18,0	19,3	19,7	19,7	20,1	18,6

Fehlzeiten-Report 2010

◻ **Tab. 28.11.7** Krankenstand in Prozent nach der Stellung im Beruf in der Branche Verarbeitendes Gewerbe im Jahr 2009, AOK-Mitglieder

Wirtschaftsabteilung	Stellung im Beruf				
	Auszubildende	Arbeiter	Facharbeiter	Meister, Poliere	Angestellte
Getränkeherstellung	3,8	6,3	6,1	4,2	3,4
Herstellung von Bekleidung	3,4	5,4	4,4	4,0	2,4
Herstellung von chemischen Erzeugnissen	3,2	6,2	4,9	3,2	2,6
Herstellung von Druckerzeugnissen, Vervielfältigung von bespielten Ton-, Bild- und Datenträgern	3,7	6,1	4,7	4,2	3,0
Herstellung von Glas, Glaswaren, Keramik, Verarbeitung von Steinen und Erden	4,1	6,0	5,6	4,0	2,9
Herstellung von Gummi- und Kunststoffwaren	3,7	6,0	5,0	3,4	2,8
Herstellung von Holz-, Flecht-, Korb- und Korkwaren (ohne Möbel)	4,2	5,8	5,1	3,4	2,7
Herstellung von Leder, Lederwaren und Schuhen	3,7	6,0	5,5	3,5	2,8
Herstellung von Möbeln	4,0	6,1	5,1	3,4	2,4
Herstellung von Nahrungs- und Futtermitteln	3,9	6,1	4,8	3,9	3,6
Herstellung von Papier, Pappe und Waren daraus	3,6	6,6	5,4	3,5	2,7
Herstellung von pharmazeutischen Erzeugnissen	3,0	6,4	5,3	3,2	3,0
Herstellung von sonstigen Waren	3,3	5,6	4,4	3,1	2,9
Herstellung von Textilien	3,9	6,0	5,1	4,0	2,9
Kokerei, Mineralölverarbeitung	2,4	5,7	4,2	4,5	2,7
Reparatur, Installation von Maschinen und Ausrüstungen	3,8	5,5	5,3	3,2	2,8
Tabakverarbeitung	2,6	6,3	4,8	3,6	3,3
Branche insgesamt	**3,8**	**6,0**	**5,0**	**3,6**	**3,0**
Alle Branchen	**4,2**	**5,7**	**5,1**	**3,9**	**3,5**

Fehlzeiten-Report 2010

◘ **Tab. 28.11.8** Tage der Arbeitsunfähigkeit je AOK-Mitglied nach der Stellung im Beruf in der Branche Verarbeitendes Gewerbe im Jahr 2009

Wirtschaftsabteilung	Stellung im Beruf				
	Auszubildende	Arbeiter	Facharbeiter	Meister, Poliere	Angestellte
Getränkeherstellung	13,7	23,2	22,2	15,3	12,3
Herstellung von Bekleidung	12,4	19,7	15,9	14,6	8,9
Herstellung von chemischen Erzeugnissen	11,8	22,5	18,0	11,5	9,5
Herstellung von Druckerzeugnissen, Vervielfältigung von bespielten Ton-, Bild- und Datenträgern	13,4	22,4	17,3	15,2	10,8
Herstellung von Glas, Glaswaren, Keramik, Verarbeitung von Steinen und Erden	15,1	21,9	20,3	14,6	10,5
Herstellung von Gummi- und Kunststoffwaren	13,6	22,0	18,2	12,4	10,1
Herstellung von Holz-, Flecht-, Korb- und Korkwaren (ohne Möbel)	15,4	21,3	18,7	12,5	10,0
Herstellung von Leder, Lederwaren und Schuhen	13,6	22,0	19,9	12,7	10,1
Herstellung von Möbeln	14,5	22,4	18,5	12,5	8,9
Herstellung von Nahrungs- und Futtermitteln	14,1	22,1	17,6	14,4	13,0
Herstellung von Papier, Pappe und Waren daraus	13,1	23,9	19,6	12,7	10,0
Herstellung von pharmazeutischen Erzeugnissen	10,9	23,2	19,3	11,6	10,8
Herstellung von sonstigen Waren	12,1	20,4	16,0	11,2	10,4
Herstellung von Textilien	14,3	21,8	18,6	14,7	10,6
Kokerei, Mineralölverarbeitung	8,6	20,9	15,4	16,3	9,8
Reparatur, Installation von Maschinen und Ausrüstungen	13,9	20,0	19,4	11,7	10,1
Tabakverarbeitung	9,6	23,1	17,6	13,0	12,2
Branche insgesamt	**13,7**	**22,1**	**18,4**	**13,3**	**11,0**
Alle Branchen	**15,3**	**20,7**	**18,5**	**14,2**	**12,9**

Fehlzeiten-Report 2010

◘ **Tab. 28.11.9** Anteil der Arbeitsunfälle an den AU-Fällen und -Tagen in Prozent nach Wirtschaftsabteilungen in der Branche Verarbeitendes Gewerbe im Jahr 2009, AOK-Mitglieder

Wirtschaftsabteilung	AU-Fälle in %	AU-Tage in %
Getränkeherstellung	5,7	7,0
Herstellung von Bekleidung	1,8	2,3
Herstellung von chemischen Erzeugnissen	2,7	3,5
Herstellung von Druckerzeugnissen, Vervielfältigung von bespielten Ton-, Bild- und Datenträgern	2,9	3,9
Herstellung von Glas, Glaswaren, Keramik, Verarbeitung von Steinen und Erden	6,0	7,7
Herstellung von Gummi- und Kunststoffwaren	3,7	4,5
Herstellung von Holz-, Flecht-, Korb- und Korkwaren (ohne Möbel)	7,3	9,4
Herstellung von Leder, Lederwaren und Schuhen	3,1	3,4
Herstellung von Möbeln	5,4	6,5
Herstellung von Nahrungs- und Futtermitteln	4,9	6,0
Herstellung von Papier, Pappe und Waren daraus	4,2	5,1
Herstellung von pharmazeutischen Erzeugnissen	2,1	3,1
Herstellung von sonstigen Waren	2,7	3,2
Herstellung von Textilien	3,6	4,7
Kokerei, Mineralölverarbeitung	3,1	4,6
Reparatur, Installation von Maschinen und Ausrüstungen	6,0	7,9
Tabakverarbeitung	2,5	3,8
Branche insgesamt	**4,5**	**5,5**
Alle Branchen	**3,9**	**5,2**

Fehlzeiten-Report 2010

◘ **Tab. 28.11.10** Tage und Fälle der Arbeitsunfähigkeit durch Arbeitsunfälle nach Berufsgruppen in der Branche Verarbeitendes Gewerbe im Jahr 2009, AOK-Mitglieder

Tätigkeit	Arbeitsunfähigkeit je 1.000 AOK-Mitglieder	
	AU-Tage	AU-Fälle
Betonbauer	2.586,8	158,8
Formstein-, Betonhersteller	2.367,1	123,1
Fleischer	1.969,5	140,2
Holzaufbereiter	1.915,3	110,7
Kraftfahrzeugführer	1.866,9	86,1
Tischler	1.692,0	120,4
Betriebsschlosser, Reparaturschlosser	1.584,2	103,1
Fleisch-, Wurstwarenhersteller	1.535,3	99,0
Hilfsarbeiter	1.257,7	81,9
Milch-, Fettverarbeiter	1.253,9	84,6
Warenaufmacher, Versandfertigmacher	1.187,9	70,8
Verpackungsmittelhersteller	1.103,6	72,8
Lager-, Transportarbeiter	1.047,5	61,5
Elektroinstallateure, -monteure	1.035,7	75,2
Backwarenhersteller	989,5	67,5
Kunststoffverarbeiter	845,9	59,7
Chemiebetriebswerker	736,4	47,1
Verkäufer	607,6	47,7
Bürofachkräfte	208,1	15,9
Branche insgesamt	**1.024,6**	**65,5**
Alle Branchen	**900,7**	**58,4**

Fehlzeiten-Report 2010

◘ Tab. 28.11.11 Tage und Fälle der Arbeitsunfähigkeit je 100 AOK-Mitglieder nach Krankheitsarten in der Branche Verarbeitendes Gewerbe in den Jahren 1995 bis 2009

Jahr	Arbeitsunfähigkeiten je 100 AOK-Mitglieder											
	Psyche		Herz/Kreislauf		Atemwege		Verdauung		Muskel/Skelett		Verletzungen	
	Tage	Fälle	Tage	Fälle	Tage	Fälle	Tage	Fälle	Tage	Fälle	Tage	Fälle
1995	109,4	4,1	211,3	9,5	385,7	47,1	206,4	24,9	740,0	38,1	411,3	25,9
1996	102,2	3,8	189,6	8,1	342,8	42,4	177,6	22,5	658,4	33,2	375,3	23,3
1997	97,3	3,9	174,3	8,2	303,1	40,9	161,3	21,9	579,3	32,4	362,7	23,2
1998	101,2	4,3	171,4	8,5	300,9	42,0	158,4	22,2	593,0	34,3	353,8	23,2
1999	108,4	4,7	175,3	8,8	345,4	48,2	160,7	23,5	633,3	36,9	355,8	23,5
2000	130,6	5,8	161,8	8,4	314,5	43,1	148,5	20,0	695,1	39,6	340,4	21,3
2001	141,4	6,6	165,9	9,1	293,7	41,7	147,8	20,6	710,6	41,2	334,6	21,2
2002	144,0	7,0	162,7	9,2	278,0	40,2	147,5	21,4	696,1	40,8	329,1	20,8
2003	137,8	6,9	152,8	9,1	275,8	41,1	138,0	20,4	621,1	37,6	307,2	19,6
2004	154,2	6,9	164,5	8,4	236,7	34,1	138,9	19,8	587,9	35,5	297,7	18,3
2005	153,7	6,7	164,1	8,3	274,8	39,6	132,3	18,4	562,2	34,5	291,1	17,8
2006	153,0	6,7	162,3	8,5	226,0	33,1	133,6	19,3	561,3	34,7	298,5	18,2
2007	165,8	7,0	170,5	8,6	257,2	37,7	143,5	20,9	598,6	36,1	298,2	17,9
2008 (WZ03)	172,3	7,4	175,7	9,0	270,3	40,0	147,1	22,0	623,6	37,8	301,7	18,3
2008 (WZ08)*	170,6	7,3	173,9	9,0	270,0	40,3	146,9	22,2	619,5	37,7	300,4	18,4
2009	178,8	7,7	176,5	8,9	304,0	45,0	141,7	21,1	601,5	35,7	302,9	17,9

*aufgrund der Revision der Wirtschaftszweigklassifikation in 2008 ist eine Vergleichbarkeit mit den Vorjahren nur bedingt möglich

Fehlzeiten-Report 2010

◘ Tab. 28.11.12 Verteilung der Arbeitsunfähigkeitstage nach Krankheitsarten in Prozent in der Branche Verarbeitendes Gewerbe im Jahr 2009, AOK-Mitglieder

Wirtschaftsabteilung	AU-Tage in %						
	Psyche	Herz/ Kreislauf	Atem- wege	Verdau- ung	Muskel/ Skelett	Verlet- zungen	Sonstige
Getränkeherstellung	6,4	8,0	10,8	5,6	27,5	14,4	27,3
Herstellung von Bekleidung	9,2	7,5	13,6	5,6	24,2	7,9	32,0
Herstellung von chemischen Erzeugnissen	7,2	7,5	14,0	6,3	25,5	11,3	28,2
Herstellung von Druckerzeugnissen, Vervielfältigung von bespielten Ton-, Bild- und Datenträgern	9,3	7,8	13,1	5,9	23,4	11,1	29,4
Herstellung von Glas, Glaswaren, Keramik, Verarbeitung von Steinen und Erden	5,6	8,4	11,2	5,7	26,8	15,0	27,3
Herstellung von Gummi- und Kunststoffwaren	7,8	7,6	12,7	5,9	26,5	11,5	28,0
Herstellung von Holz-, Flecht-, Korb- und Korkwaren (ohne Möbel)	5,9	7,4	11,4	5,7	25,3	17,8	26,3
Herstellung von Leder, Lederwaren und Schuhen	9,0	8,2	11,7	5,4	26,2	8,4	31,1
Herstellung von Möbeln	6,6	7,1	11,8	6,0	26,7	14,6	27,2
Herstellung von Nahrungs- und Futtermitteln	7,7	6,7	13,0	6,1	24,3	12,6	29,6
Herstellung von Papier, Pappe und Waren daraus	7,7	7,7	12,1	5,6	26,8	12,6	27,5
Herstellung von pharmazeutischen Erzeugnissen	9,3	6,9	16,1	6,2	21,5	10,2	29,8
Herstellung von sonstigen Waren	8,5	6,9	14,9	6,0	22,3	10,4	31,0
Herstellung von Textilien	8,3	7,8	11,7	5,8	24,8	11,4	30,2
Kokerei, Mineralölverarbeitung	8,7	8,7	13,3	6,0	21,2	13,8	28,3
Reparatur, Installation von Maschinen und Ausrüstungen	6,1	7,1	13,2	6,1	24,2	16,3	27,0
Tabakverarbeitung	8,5	6,8	14,1	5,6	25,0	9,6	30,4
Branche insgesamt	**7,5**	**7,4**	**12,7**	**5,9**	**25,2**	**12,7**	**28,6**
Alle Branchen	**8,6**	**6,8**	**14,0**	**6,2**	**23,0**	**12,3**	**29,1**

Fehlzeiten-Report 2010

Tab. 28.11.13 Verteilung der Arbeitsunfähigkeitsfälle nach Krankheitsarten in Prozent in der Branche Verarbeitendes Gewerbe im Jahr 2009, AOK-Mitglieder

Wirtschaftsabteilung	AU-Fälle in %						
	Psyche	Herz/ Kreislauf	Atemwege	Verdauung	Muskel/ Skelett	Verletzungen	Sonstige
Getränkeherstellung	3,6	5,1	20,7	10,5	20,5	10,9	28,7
Herstellung von Bekleidung	4,9	4,6	24,2	11,2	16,2	5,7	33,2
Herstellung von chemischen Erzeugnissen	3,8	4,8	24,6	11,0	19,0	8,0	28,8
Herstellung von Druckerzeugnissen, Vervielfältigung von bespielten Ton-, Bild- und Datenträgern	4,7	4,7	24,1	11,1	17,4	7,9	30,1
Herstellung von Glas, Glaswaren, Keramik, Verarbeitung von Steinen und Erden	3,3	5,2	21,3	10,5	20,6	11,1	28,0
Herstellung von Gummi- und Kunststoffwaren	4,1	4,7	23,3	10,6	19,8	8,7	28,8
Herstellung von Holz-, Flecht-, Korb- und Korkwaren (ohne Möbel)	3,1	4,4	22,4	10,6	19,5	12,7	27,3
Herstellung von Leder, Lederwaren und Schuhen	4,9	5,5	21,4	10,3	19,0	6,8	32,1
Herstellung von Möbeln	3,4	4,3	22,9	11,0	19,6	10,7	28,1
Herstellung von Nahrungs- und Futtermitteln	4,0	4,3	22,9	11,1	17,3	9,5	30,9
Herstellung von Papier, Pappe und Waren daraus	3,9	4,7	22,6	10,6	20,4	9,3	28,5
Herstellung von pharmazeutischen Erzeugnissen	4,7	4,1	27,0	11,1	15,7	6,4	31,0
Herstellung von sonstigen Waren	4,3	4,4	25,9	11,4	15,4	7,3	31,3
Herstellung von Textilien	4,5	5,0	22,3	11,1	18,8	8,1	30,2
Kokerei, Mineralölverarbeitung	4,1	4,3	24,8	10,7	17,3	9,1	29,7
Reparatur, Installation von Maschinen und Ausrüstungen	3,1	4,1	24,6	10,8	17,7	12,1	27,6
Tabakverarbeitung	4,9	5,0	23,1	12,1	17,4	6,9	30,6
Branche insgesamt	**4,0**	**4,6**	**23,3**	**10,9**	**18,5**	**9,3**	**29,4**
Alle Branchen	4,4	4,2	24,7	11,1	16,4	8,7	30,5

Fehlzeiten-Report 2010

◘ **Tab. 28.11.14** Verteilung der Arbeitsunfähigkeitstage nach Krankheitsarten und ausgewählten Berufsgruppen in der Branche Verarbeitendes Gewerbe im Jahr 2009, AOK-Mitglieder

Tätigkeit	AU-Tage in %						
	Psyche	Herz/ Kreislauf	Atemwege	Verdauung	Muskel/ Skelett	Verletzungen	Sonstige
Backwarenhersteller	7,6	5,4	14,5	7,1	22,0	15,3	28,1
Betriebsschlosser, Reparaturschlosser	5,0	8,8	11,1	6,1	25,3	16,2	27,5
Bürofachkräfte	10,3	5,7	18,5	7,2	13,8	9,4	35,1
Chemiebetriebswerker	7,4	7,6	13,7	6,0	26,4	10,9	28,0
Elektroinstallateure, -monteure	6,0	8,0	14,0	6,1	24,0	15,3	26,6
Fleisch-, Wurstwarenhersteller	6,4	7,1	12,3	5,5	29,0	11,9	27,8
Fleischer	5,1	6,8	10,6	6,1	25,4	19,1	26,9
Gummihersteller, -verarbeiter	8,1	7,4	12,4	5,8	29,3	10,1	26,9
Hilfsarbeiter	7,1	7,5	12,8	6,1	26,2	12,8	27,5
Holzaufbereiter	5,6	8,4	11,3	5,3	26,5	17,1	25,8
Kraftfahrzeugführer	5,1	9,9	8,7	5,2	27,8	15,3	28,0
Kunststoffverarbeiter	8,3	7,4	12,5	5,6	27,3	10,8	28,1
Lager-, Transportarbeiter	7,3	8,1	12,0	6,0	26,8	12,3	27,5
Sonstige Papierverarbeiter	8,5	8,1	10,9	5,3	28,4	10,7	28,1
Tischler	5,3	6,1	12,4	6,2	24,6	20,0	25,4
Verkäufer	9,9	5,5	13,8	6,5	19,4	11,1	33,8
Verpackungsmittelhersteller	7,8	7,1	12,2	5,3	27,1	12,2	28,3
Warenaufmacher, Versandfertigmacher	8,2	6,8	12,4	5,5	27,4	10,8	28,9
Zucker-, Süßwaren-, Speiseeishersteller	8,1	7,1	13,2	5,9	25,8	10,3	29,6
Branche insgesamt	**7,5**	**7,4**	**12,7**	**5,9**	**25,2**	**12,7**	**28,6**
Alle Branchen	**8,6**	**6,8**	**14,0**	**6,2**	**23,0**	**12,3**	**29,1**

Fehlzeiten-Report 2010

◘ Tab. 28.11.15 Verteilung der Arbeitsunfähigkeitsfälle nach Krankheitsarten und ausgewählten Berufsgruppen in der Branche Verarbeitendes Gewerbe im Jahr 2009, AOK-Mitglieder

Tätigkeit	AU-Fälle in %						
	Psyche	Herz/ Kreislauf	Atem- wege	Verdau- ung	Muskel/ Skelett	Verlet- zungen	Sonstige
Backwarenhersteller	3,8	3,4	24,4	12,1	14,4	11,3	30,6
Betriebsschlosser, Reparatur- schlosser	2,7	5,3	22,4	10,7	18,9	12,4	27,6
Bürofachkräfte	4,0	3,5	30,5	12,2	9,2	5,8	34,8
Chemiebetriebswerker	4,0	4,9	23,6	10,6	20,6	7,9	28,4
Fleisch-, Wurstwarenhersteller	3,4	4,9	21,3	9,2	23,7	9,3	28,2
Fleischer	2,8	3,8	21,1	10,6	18,7	15,4	27,6
Gummihersteller, -verarbeiter	4,7	5,0	21,9	9,9	23,2	7,9	27,4
Hilfsarbeiter	3,9	4,6	22,4	10,9	20,4	9,1	28,7
Holzaufbereiter	3,2	4,9	21,1	10,2	21,3	12,9	26,4
Kraftfahrzeugführer	3,2	6,4	17,6	10,1	22,3	11,6	28,8
Kunststoffverarbeiter	4,3	4,8	22,6	10,4	20,8	8,5	28,6
Lager-, Transportarbeiter	4,0	5,1	22,1	10,9	20,9	9,2	27,8
Sonstige Papierverarbeiter	4,4	5,1	20,8	9,8	22,9	8,3	28,7
Tischler	2,5	3,5	24,0	11,1	18,3	14,0	26,6
Verkäufer	5,0	3,9	24,2	11,8	11,8	8,2	35,1
Verpackungsmittelhersteller	4,0	4,1	22,9	10,7	20,5	9,2	28,6
Warenaufmacher, Versandfertig- macher	4,4	4,8	21,6	10,4	21,2	8,1	29,5
Zucker-, Süßwaren-, Speiseeis- hersteller	4,5	5,1	21,2	11,5	19,4	7,8	30,5
Branche insgesamt	**4,0**	**4,6**	**23,3**	**10,9**	**18,5**	**9,3**	**29,4**
Alle Branchen	**4,4**	**4,2**	**24,7**	**11,1**	**16,4**	**8,7**	**30,5**

Fehlzeiten-Report 2010

Tab. 28.11.16 Anteile der 40 häufigsten Einzeldiagnosen an den AU-Fällen und AU-Tagen in der Branche Verarbeitendes Gewerbe im Jahr 2009, AOK-Mitglieder

ICD-10	Bezeichnung	AU-Fälle in %	AU-Tage in %
J06	Akute Infektionen der oberen Atemwege	7,4	3,3
M54	Rückenschmerzen	7,1	6,8
J20	Akute Bronchitis	3,2	1,7
K52	Nichtinfektiöse Gastroenteritis und Kolitis	3,1	1,1
J40	Bronchitis	2,4	1,3
A09	Diarrhoe und Gastroenteritis	2,2	0,8
K08	Sonstige Krankheiten der Zähne und des Zahnhalteapparates	2,1	0,4
I10	Essentielle Hypertonie	1,7	2,7
B34	Viruskrankheit	1,7	0,7
T14	Verletzung an einer nicht näher bezeichneten Körperregion	1,6	1,4
K29	Gastritis und Duodenitis	1,3	0,7
R10	Bauch- und Beckenschmerzen	1,3	0,6
J03	Akute Tonsillitis	1,2	0,5
J02	Akute Pharyngitis	1,1	0,5
J01	Akute Sinusitis	1,1	0,5
J11	Grippe	1,0	0,5
M53	Sonstige Krankheiten der Wirbelsäule und des Rückens	1,0	1,2
J32	Chronische Sinusitis	1,0	0,5
F32	Depressive Episode	1,0	2,1
M51	Sonstige Bandscheibenschäden	1,0	2,3
M75	Schulterläsionen	0,9	1,8
M77	Sonstige Enthesopathien	0,9	1,1
M25	Sonstige Gelenkkrankheiten	0,9	0,9
R51	Kopfschmerz	0,9	0,4
M99	Biomechanische Funktionsstörungen	0,8	0,6
M23	Binnenschädigung des Kniegelenkes	0,7	1,4
F43	Reaktionen auf schwere Belastungen und Anpassungsstörungen	0,7	1,1
M79	Sonstige Krankheiten des Weichteilgewebes	0,7	0,6
B99	Sonstige Infektionskrankheiten	0,7	0,3
R50	Fieber unbekannter Ursache	0,6	0,3
S93	Luxation, Verstauchung und Zerrung der Gelenke und Bänder in Höhe des oberen Sprunggelenkes und des Fußes	0,6	0,7
R11	Übelkeit und Erbrechen	0,6	0,3
J04	Akute Laryngitis und Tracheitis	0,6	0,3
R42	Schwindel und Taumel	0,6	0,4
M47	Spondylose	0,6	0,8
J00	Akute Rhinopharyngitis [Erkältungsschnupfen]	0,5	0,2
M65	Synovitis und Tenosynovitis	0,5	0,7
S61	Offene Wunde des Handgelenkes und der Hand	0,5	0,6
J98	Sonstige Krankheiten der Atemwege	0,5	0,3
F45	Somatoforme Störungen	0,5	0,8
	Summe hier	**56,8**	**43,2**
	Restliche	43,2	56,8
	Gesamtsumme	**100,0**	**100,0**

Fehlzeiten-Report 2010

◘ Tab. 28.11.17 Anteile der 40 häufigsten Diagnoseuntergruppen an den AU-Fällen und AU-Tagen in der Branche Verarbeitendes Gewerbe im Jahr 2009, AOK-Mitglieder

ICD-10	Bezeichnung	AU-Fälle in %	AU-Tage in %
J00–J06	Akute Infektionen der oberen Atemwege	12,0	5,4
M40–M54	Krankheiten der Wirbelsäule und des Rückens	9,6	11,5
M60–M79	Krankheiten der Weichteilgewebe	4,1	5,5
J40–J47	Chronische Krankheiten der unteren Atemwege	3,8	2,5
J20–J22	Sonstige akute Infektionen der unteren Atemwege	3,7	2,0
K50–K52	Nichtinfektiöse Enteritis und Kolitis	3,5	1,4
M00–M25	Arthropathien	3,4	6,2
A00–A09	Infektiöse Darmkrankheiten	2,9	1,0
R50–R69	Allgemeinsymptome	2,9	2,1
K00–K14	Krankheiten der Mundhöhle, der Speicheldrüsen und der Kiefer	2,6	0,6
R10–R19	Symptome bzgl. Verdauungssystem und Abdomen	2,1	1,2
K20–K31	Krankheiten des Ösophagus, des Magens und des Duodenums	2,0	1,1
I10–I15	Hypertonie	1,9	3,1
T08–T14	Verletzungen Rumpf, Extremitäten u. a. Körperregionen	1,9	1,7
F40–F48	Neurotische, Belastungs- und somatoforme Störungen	1,9	2,9
B25–B34	Sonstige Viruskrankheiten	1,8	0,8
S60–S69	Verletzungen des Handgelenkes und der Hand	1,6	2,2
J30–J39	Sonstige Krankheiten der oberen Atemwege	1,6	1,0
J10–J18	Grippe und Pneumonie	1,5	1,0
F30–F39	Affektive Störungen	1,3	2,9
R00–R09	Symptome bzgl. Kreislauf- und Atmungssystem	1,2	0,8
G40–G47	Episod. und paroxysmale Krankheiten des Nervensystems	1,2	1,0
S90–S99	Verletzungen der Knöchelregion und des Fußes	1,1	1,4
S80–S89	Verletzungen des Knies und des Unterschenkels	1,0	2,0
M95–M99	Sonstige Krankheiten des Muskel-Skelett-Systems und des Bindegewebes	1,0	0,8
I80–I89	Krankheiten der Venen, der Lymphgefäße und -knoten	0,9	1,0
E70–E90	Stoffwechselstörungen	0,8	1,4
G50–G59	Krankheiten von Nerven, Nervenwurzeln und Nervenplexus	0,8	1,3
R40–R46	Symptome bzgl. Wahrnehmung, Stimmung und Verhalten	0,7	0,6
K55–K63	Sonstige Krankheiten des Darmes	0,7	0,7
N30–N39	Sonstige Krankheiten des Harnsystems	0,7	0,5
B99–B99	Sonstige Infektionskrankheiten	0,7	0,3
S00–S09	Verletzungen des Kopfes	0,7	0,6
J95–J99	Sonstige Krankheiten des Atmungssystems	0,7	0,5
I20–I25	Ischämische Herzkrankheiten	0,6	1,4
F10–F19	Psychische und Verhaltensstörungen durch psychotrope Substanzen	0,6	1,1
Z70–Z76	Sonstige Inanspruchnahme des Gesundheitswesens	0,6	1,0
L00–L08	Infektionen der Haut und der Unterhaut	0,6	0,6
I30–I52	Sonstige Formen der Herzkrankheit	0,6	1,0
D10–D36	Gutartige Neubildungen	0,5	0,6
	Summe hier	69,8	69,3
	Restliche	30,2	30,7
	Gesamtsumme	100,0	100,0

Fehlzeiten-Report 2010

28.12 Verkehr und Transport

Tabelle 28.12.1	Entwicklung des Krankenstands der AOK-Mitglieder in der Branche Verkehr und Transport in den Jahren 1994 bis 2009	412
Tabelle 28.12.2	Arbeitsunfähigkeit der AOK-Mitglieder in der Branche Verkehr und Transport nach Bundesländern im Jahr 2009 im Vergleich zum Vorjahr	412
Tabelle 28.12.3	Arbeitsunfähigkeit der AOK-Mitglieder in der Branche Verkehr und Transport nach Wirtschaftsabteilungen im Jahr 2009	413
Tabelle 28.12.4	Kennzahlen der Arbeitsunfähigkeit der AOK-Mitglieder nach ausgewählten Berufsgruppen in der Branche Verkehr und Transport im Jahr 2009	413
Tabelle 28.12.5	Dauer der Arbeitsunfähigkeit der AOK-Mitglieder in der Branche Verkehr und Transport im Jahr 2009	413
Tabelle 28.12.6	Tage der Arbeitsunfähigkeit je AOK-Mitglied nach Wirtschaftsabteilung und Betriebsgröße in der Branche Verkehr und Transport im Jahr 2009	414
Tabelle 28.12.7	Krankenstand in Prozent nach der Stellung im Beruf in der Branche Verkehr und Transport im Jahr 2009, AOK-Mitglieder	414
Tabelle 28.12.8	Tage der Arbeitsunfähigkeit je AOK-Mitglied nach der Stellung im Beruf in der Branche Verkehr und Transport im Jahr 2009	414
Tabelle 28.12.9	Anteil der Arbeitsunfälle an den AU-Fällen und -Tagen in Prozent nach Wirtschaftsabteilungen in der Branche Verkehr und Transport im Jahr 2009, AOK-Mitglieder	415
Tabelle 28.12.10	Tage und Fälle der Arbeitsunfähigkeit durch Arbeitsunfälle nach Berufsgruppen in der Branche Transport und Verkehr im Jahr 2009, AOK-Mitglieder	415
Tabelle 28.12.11	Tage und Fälle der Arbeitsunfähigkeit je 100 AOK-Mitglieder nach Krankheitsarten in der Branche Verkehr und Transport in den Jahren 1995 bis 2009	416
Tabelle 28.12.12	Verteilung der Arbeitsunfähigkeitstage nach Krankheitsarten in Prozent in der Branche Verkehr und Transport im Jahr 2009, AOK-Mitglieder	416
Tabelle 28.12.13	Verteilung der Arbeitsunfähigkeitsfälle nach Krankheitsarten in Prozent in der Branche Verkehr und Transport im Jahr 2009, AOK-Mitglieder	417
Tabelle 28.12.14	Verteilung der Arbeitsunfähigkeitstage nach Krankheitsarten und ausgewählten Berufsgruppen in der Branche Verkehr und Transport im Jahr 2009, AOK-Mitglieder	417
Tabelle 28.12.15	Verteilung der Arbeitsunfähigkeitsfälle nach Krankheitsarten und ausgewählten Berufsgruppen in der Branche Verkehr und Transport im Jahr 2009, AOK-Mitglieder	418
Tabelle 28.12.16	Anteile der 40 häufigsten Einzeldiagnosen an den AU-Fällen und AU-Tagen in der Branche Verkehr und Transport im Jahr 2009, AOK-Mitglieder	419
Tabelle 28.12.17	Anteile der 40 häufigsten Diagnoseuntergruppen an den AU-Fällen und AU-Tagen in der Branche Verkehr und Transport im Jahr 2009, AOK-Mitglieder	420

Krankheitsbedingte Fehlzeiten in der deutschen Wirtschaft im Jahr 2009

Tab. 28.12.1 Entwicklung des Krankenstands der AOK-Mitglieder in der Branche Verkehr und Transport in den Jahren 1994 bis 2009

Jahr	Krankenstand in %			AU-Fälle je 100 AOK-Mitglieder			Tage je Fall		
	West	Ost	Bund	West	Ost	Bund	West	Ost	Bund
1994	6,8	4,8	6,4	139,9	101,5	132,6	16,6	16,1	16,5
1995	4,7	4,7	5,9	144,2	109,3	137,6	16,1	16,1	16,1
1996	5,7	4,6	5,5	132,4	101,5	126,5	16,2	16,8	16,3
1997	5,3	4,4	5,2	128,3	96,4	122,5	15,1	16,6	15,3
1998	5,4	4,5	5,3	131,5	98,6	125,7	15,0	16,6	15,3
1999	5,6	4,8	5,5	139,4	107,4	134,1	14,6	16,4	14,8
2000	5,6	4,8	5,5	143,2	109,8	138,3	14,3	16,0	14,5
2001	5,6	4,9	5,5	144,1	108,7	139,3	14,2	16,5	14,4
2002	5,6	4,9	5,5	143,3	110,6	138,8	14,2	16,2	14,4
2003	5,3	4,5	5,2	138,7	105,8	133,8	14,0	15,4	14,1
2004	4,9	4,2	4,8	125,0	97,6	120,6	14,3	15,6	14,4
2005	4,8	4,2	4,7	126,3	99,0	121,8	14,0	15,4	14,2
2006	4,7	4,1	4,6	121,8	94,7	117,2	14,2	15,8	14,4
2007	4,9	4,3	4,8	128,8	101,5	124,1	14,0	15,5	14,2
2008 (WZ03)	5,1	4,5	4,9	135,4	106,7	130,5	13,6	15,3	13,9
2008 (WZ08)*	5,1	4,5	5,0	135,7	105,1	130,5	13,8	15,7	14,1
2009	5,3	5,0	5,3	139,7	114,2	135,4	13,9	16,0	14,2

*aufgrund der Revision der Wirtschaftszweigklassifikation in 2008 ist eine Vergleichbarkeit mit den Vorjahren nur bedingt möglich

Fehlzeiten-Report 2010

Tab. 28.12.2 Arbeitsunfähigkeit der AOK-Mitglieder in der Branche Verkehr und Transport nach Bundesländern im Jahr 2009 im Vergleich zum Vorjahr

Bundesland	Krankenstand in %	Arbeitsunfähigkeit je 100 AOK-Mitglieder				Tage je Fall	Veränd. z. Vorj. in %	AU-Quote in %
		AU-Fälle	Veränd. z. Vorj. in %	AU-Tage	Veränd. z. Vorj. in %			
Baden-Württemberg	5,2	139,8	1,3	1.906,0	2,4	13,6	0,7	52,2
Bayern	4,8	122,0	4,1	1.750,1	3,9	14,3	-0,7	46,9
Berlin	5,4	130,0	5,1	1.973,0	-1,6	15,2	-6,2	47,7
Brandenburg	5,5	118,7	10,4	1.989,3	12,4	16,8	1,8	49,4
Bremen	6,1	150,7	-2,6	2.222,7	3,1	14,8	6,5	56,5
Hamburg	6,0	152,3	4,1	2.205,7	7,1	14,5	2,8	51,6
Hessen	5,8	162,3	2,9	2.129,1	2,1	13,1	-0,8	54,5
Mecklenburg-Vorpommern	4,6	105,5	6,4	1.684,6	6,3	16,0	0,0	43,3
Niedersachsen	4,5	140,2	6,5	1.640,0	5,5	11,7	-0,8	52,4
Nordrhein-Westfalen	5,8	146,1	2,0	2.125,1	5,2	14,5	2,8	53,1
Rheinland-Pfalz	5,6	144,4	3,4	2.034,1	2,4	14,1	-0,7	52,9
Saarland	6,1	126,2	5,1	2.240,7	6,2	17,8	1,1	50,8
Sachsen	4,9	113,5	9,6	1.792,4	13,4	15,8	3,3	49,4
Sachsen-Anhalt	5,1	114,2	10,2	1.866,4	10,1	16,3	-0,6	46,9
Schleswig-Holstein	5,4	125,9	3,8	1.977,4	8,1	15,7	4,0	48,5
Thüringen	5,1	117,4	5,5	1.868,1	5,2	15,9	-0,6	49,3
West	**5,3**	**139,7**	**2,9**	**1.944,7**	**3,8**	**13,9**	**0,7**	**51,4**
Ost	**5,0**	**114,2**	**8,7**	**1.829,0**	**10,7**	**16,0**	**1,9**	**48,5**
Bund	**5,3**	**135,4**	**3,8**	**1.925,0**	**4,9**	**14,2**	**0,7**	**50,9**

Fehlzeiten-Report 2010

◨ Tab. 28.12.3 Arbeitsunfähigkeit der AOK-Mitglieder in der Branche Verkehr und Transport nach Wirtschaftsabteilungen im Jahr 2009

Wirtschaftsabteilung	Krankenstand in %		Arbeitsunfähigkeiten je 100 AOK-Mitglieder		Tage je Fall	AU-Quote in %
	2009	2009 stand.*	Fälle	Tage		
Lagerei, Sonstige Dienstleistungen für den Verkehr	5,5	5,2	147,3	2.008,0	13,6	54,6
Landverkehr, Transport in Rohrfernleitungen	5,1	4,8	119,3	1.859,6	15,6	47,2
Luftfahrt	5,0	5,2	175,8	1.815,8	10,3	61,1
Post-, Kurier-, Expressdienste	4,8	5,0	137,8	1.759,8	12,8	46,6
Schifffahrt	4,1	3,7	90,0	1.496,2	16,6	34,5
Branche insgesamt	**5,3**	**5,1**	**135,4**	**1.925,0**	**14,2**	**50,9**
Alle Branchen	4,8	4,7	150,9	1.734,9	11,5	54,0

*Krankenstand alters- und geschlechtsstandardisiert

Fehlzeiten-Report 2010

◨ Tab. 28.12.4 Kennzahlen der Arbeitsunfähigkeit der AOK-Mitglieder nach ausgewählten Berufsgruppen in der Branche Verkehr und Transport im Jahr 2009

Tätigkeit	Krankenstand in %	Arbeitsunfähigkeiten je 100 AOK-Mitglieder		Tage je Fall	AU-Quote in %	Anteil der Berufsgruppe an der Branche in %*
		Fälle	Tage			
Bürofachkräfte	3,4	122,0	1.243,8	10,2	49,2	5,2
Kraftfahrzeugführer	5,3	113,2	1.952,1	17,2	46,3	54,8
Kraftfahrzeuginstandsetzer	4,8	145,1	1.739,0	12,0	59,5	1,2
Lager-, Transportarbeiter	6,1	178,2	2.213,5	12,4	59,9	12,7
Lagerverwalter, Magaziner	5,9	180,5	2.135,6	11,8	62,3	2,9
Postverteiler	5,7	179,4	2.082,6	11,6	54,2	1,5
Schienenfahrzeugführer	7,2	172,1	2.611,3	15,2	65,9	1,0
Stauer, Möbelpacker	6,6	171,9	2.414,5	14,0	56,0	1,0
Verkehrsfachleute (Güterverkehr)	3,1	148,2	1.139,7	7,7	54,8	3,2
Warenaufmacher, Versandfertigmacher	6,4	204,2	2.331,6	11,4	61,2	1,5
Branche insgesamt	**5,3**	**135,4**	**1.925,0**	**14,2**	**50,9**	**5,7****

* Anteil der AOK-Mitglieder in der Berufsgruppe an den in der Branche beschäftigten AOK-Mitgliedern insgesamt
**Anteil der AOK-Mitglieder in der Branche an allen AOK-Mitgliedern

Fehlzeiten-Report 2010

◨ Tab. 28.12.5 Dauer der Arbeitsunfähigkeit der AOK-Mitglieder in der Branche Verkehr und Transport im Jahr 2009

Fallklasse	Branche hier		alle Branchen	
	Anteil Fälle in %	Anteil Tage in %	Anteil Fälle in %	Anteil Tage in %
1–3 Tage	27,6	3,9	34,7	6,1
4–7 Tage	29,9	10,7	30,6	13,2
8–14 Tage	20,7	15,1	17,9	15,9
15–21 Tage	8,0	9,7	6,2	9,2
22–28 Tage	4,0	6,9	3,2	6,7
29–42 Tage	4,2	10,0	3,2	9,4
Langzeit-AU (> 42 Tage)	5,6	43,7	4,2	39,5

Fehlzeiten-Report 2010

◘ Tab. 28.12.6 Tage der Arbeitsunfähigkeit je AOK-Mitglied nach Wirtschaftsabteilung und Betriebsgröße in der Branche Verkehr und Transport im Jahr 2009

Wirtschaftsabteilungen	Betriebsgröße (Anzahl der AOK-Mitglieder)					
	10–49	50–99	100–199	200–499	500–999	≥ 1.000
Lagerei, Sonstige Dienstleistungen für den Verkehr	19,9	21,2	21,1	21,8	25,7	25,0
Landverkehr, Transport in Rohrfernleitungen	18,7	21,4	24,1	26,8	25,0	25,1
Luftfahrt	16,5	16,9	17,3	17,9	21,7	–
Post-, Kurier-, Expressdienste	18,1	20,1	18,7	20,3	23,0	16,3
Schifffahrt	15,2	25,8	–	–	–	–
Branche insgesamt	**19,3**	**21,1**	**21,8**	**23,3**	**24,4**	**23,1**
Alle Branchen	**18,0**	**19,3**	**19,7**	**19,7**	**20,1**	**18,6**

Fehlzeiten-Report 2010

◘ Tab. 28.12.7 Krankenstand in Prozent nach der Stellung im Beruf in der Branche Verkehr und Transport im Jahr 2009, AOK-Mitglieder

Wirtschaftsabteilung	Stellung im Beruf				
	Auszubildende	Arbeiter	Facharbeiter	Meister, Poliere	Angestellte
Lagerei, Sonstige Dienstleistungen für den Verkehr	4,2	6,1	5,8	5,3	3,4
Landverkehr, Transport in Rohrfernleitungen	3,7	5,3	5,5	5,3	4,0
Luftfahrt	4,6	10,1	6,2	11,0	4,2
Post-, Kurier-, Expressdienste	4,8	5,0	4,9	2,2	4,0
Schifffahrt	3,5	4,7	4,3	1,0	3,1
Branche insgesamt	**4,1**	**5,7**	**5,6**	**5,3**	**3,6**
Alle Branchen	**4,2**	**5,7**	**5,1**	**3,9**	**3,5**

Fehlzeiten-Report 2010

◘ Tab. 28.12.8 Tage der Arbeitsunfähigkeit je AOK-Mitglied nach der Stellung im Beruf in der Branche Verkehr und Transport im Jahr 2009

Wirtschaftsabteilung	Stellung im Beruf				
	Auszubildende	Arbeiter	Facharbeiter	Meister, Poliere	Angestellte
Lagerei, Sonstige Dienstleistungen für den Verkehr	15,2	22,2	21,1	19,4	12,4
Landverkehr, Transport in Rohrfernleitungen	13,6	19,2	19,9	19,3	14,5
Luftfahrt	16,6	36,9	22,7	40,2	15,3
Post-, Kurier-, Expressdienste	17,6	18,4	17,9	8,0	14,4
Schifffahrt	12,7	17,2	15,7	3,6	11,4
Branche insgesamt	**14,9**	**20,8**	**20,4**	**19,3**	**13,3**
Alle Branchen	**15,3**	**20,7**	**18,5**	**14,2**	**12,9**

Fehlzeiten-Report 2010

Tab. 28.12.9 Anteil der Arbeitsunfälle an den AU-Fällen und -Tagen in Prozent nach Wirtschaftsabteilungen in der Branche Verkehr und Transport im Jahr 2009, AOK-Mitglieder

Wirtschaftsabteilung	AU-Fälle in %	AU-Tage in %
Lagerei, Sonstige Dienstleistungen für den Verkehr	5,2	7,6
Landverkehr, Transport in Rohrfernleitungen	5,3	7,2
Luftfahrt	1,5	2,1
Post-, Kurier-, Expressdienste	5,5	7,5
Schifffahrt	6,6	10,3
Branche insgesamt	**5,2**	**7,4**
Alle Branchen	**3,9**	**5,2**

Fehlzeiten-Report 2010

Tab. 28.12.10 Tage und Fälle der Arbeitsunfähigkeit durch Arbeitsunfälle nach Berufsgruppen in der Branche Transport und Verkehr im Jahr 2009, AOK-Mitglieder

Tätigkeit	Arbeitsunfähigkeit je 1.000 AOK-Mitglieder	
	AU-Tage	AU-Fälle
Stauer, Möbelpacker	2.103,7	127,0
Postverteiler	1.850,8	123,6
Kraftfahrzeugführer	1.696,1	73,1
Kraftfahrzeuginstandsetzer	1.651,9	114,0
Lager-, Transportarbeiter	1.426,2	85,9
Lagerverwalter, Magaziner	1.395,3	84,0
Warenaufmacher, Versandfertigmacher	943,4	60,7
Bürofachkräfte	281,1	18,2
Branche insgesamt	**1.422,6**	**70,2**
Alle Branchen	**900,7**	**58,4**

Fehlzeiten-Report 2010

◘ Tab. 28.12.11 Tage und Fälle der Arbeitsunfähigkeit je 100 AOK-Mitglieder nach Krankheitsarten in der Branche Verkehr und Transport in den Jahren 1995 bis 2009

Jahr	Arbeitsunfähigkeiten je 100 AOK-Mitglieder											
	Psyche		Herz/Kreislauf		Atemwege		Verdauung		Muskel/Skelett		Verletzungen	
	Tage	Fälle	Tage	Fälle	Tage	Fälle	Tage	Fälle	Tage	Fälle	Tage	Fälle
1995	94,1	3,5	233,0	9,0	359,1	33,4	205,9	21,0	741,6	35,7	452,7	24,0
1996	88,2	3,7	213,7	8,8	321,5	38,5	181,2	21,0	666,8	36,0	425,0	23,9
1997	83,9	3,4	195,5	7,7	281,8	34,8	163,6	19,4	574,0	32,1	411,4	22,0
1998	89,1	3,6	195,2	7,9	283,4	33,1	161,9	19,0	591,5	30,7	397,9	21,9
1999	95,3	3,8	192,9	8,1	311,9	34,5	160,8	19,2	621,2	32,5	396,8	21,7
2000	114,7	5,2	181,9	8,0	295,1	37,1	149,4	18,0	654,9	36,6	383,3	21,3
2001	124,3	6,1	183,1	8,6	282,2	36,8	152,3	18,9	680,6	38,6	372,8	21,0
2002	135,9	6,6	184,2	8,9	273,1	36,1	152,1	19,5	675,7	38,3	362,4	20,4
2003	136,0	6,7	182,0	9,1	271,5	36,4	144,2	18,7	615,9	35,6	345,2	19,3
2004	154,3	6,8	195,6	8,4	234,4	30,1	143,5	17,7	572,5	32,8	329,6	17,6
2005	159,5	6,7	193,5	8,4	268,8	34,7	136,2	16,6	546,3	31,8	327,1	17,3
2006	156,8	6,7	192,9	8,5	225,9	29,0	135,7	17,1	551,7	31,9	334,7	17,6
2007	166,1	7,0	204,2	8,7	249,9	32,6	143,6	18,4	575,2	32,8	331,1	17,0
2008 (WZ03)	172,5	7,3	205,5	9,1	260,0	34,6	149,0	19,2	584,3	34,3	332,0	17,1
2008 (WZ08)*	171,8	7,2	210,2	9,2	259,5	34,0	150,6	18,7	597,5	34,3	339,8	17,2
2009	190,8	7,8	223,2	9,3	297,4	38,1	149,0	18,7	607,7	34,3	341,0	17,2

*aufgrund der Revision der Wirtschaftszweigklassifikation in 2008 ist eine Vergleichbarkeit mit den Vorjahren nur bedingt möglich

Fehlzeiten-Report 2010

◘ Tab. 28.12.12 Verteilung der Arbeitsunfähigkeitstage nach Krankheitsarten in Prozent in der Branche Verkehr und Transport im Jahr 2009, AOK-Mitglieder

Wirtschaftsabteilung	AU-Tage in %						
	Psyche	Herz/Kreislauf	Atemwege	Verdauung	Muskel/Skelett	Verletzungen	Sonstige
Lagerei, Sonstige Dienstleistungen für den Verkehr	7,2	8,5	11,9	6,0	25,0	14,0	27,4
Landverkehr, Transport in Rohrfernleitungen	7,9	9,9	11,2	5,8	23,0	12,9	29,3
Luftfahrt	11,1	4,2	21,8	6,5	18,5	9,0	28,9
Post-, Kurier-, Expressdienste	8,2	6,2	12,9	5,7	24,8	14,5	27,7
Schifffahrt	7,1	9,4	10,2	6,8	18,2	14,7	33,6
Branche insgesamt	7,6	8,8	11,8	5,9	24,1	13,5	28,3
Alle Branchen	8,6	6,8	14,0	6,2	23,0	12,3	29,1

Fehlzeiten-Report 2010

◘ Tab. 28.12.13 Verteilung der Arbeitsunfähigkeitsfälle nach Krankheitsarten in Prozent in der Branche Verkehr und Transport im Jahr 2009, AOK-Mitglieder

Wirtschaftsabteilung	AU-Fälle in %						
	Psyche	Herz/ Kreislauf	Atem- wege	Verdau- ung	Muskel/ Skelett	Verlet- zungen	Sonstige
Lagerei, Sonstige Dienstleistungen für den Verkehr	4,1	4,9	22,1	10,8	20,0	9,8	28,3
Landverkehr, Transport in Rohrfernleitungen	4,8	6,2	20,3	10,6	18,9	9,6	29,6
Luftfahrt	5,5	2,6	31,8	9,3	13,1	5,8	31,9
Post-, Kurier-, Expressdienste	4,6	4,3	22,1	10,1	19,8	10,5	28,6
Schifffahrt	4,4	6,6	20,8	9,9	16,0	12,1	30,2
Branche insgesamt	**4,4**	**5,3**	**21,6**	**10,6**	**19,5**	**9,7**	**28,9**
Alle Branchen	**4,4**	**4,2**	**24,7**	**11,1**	**16,4**	**8,7**	**30,5**

Fehlzeiten-Report 2010

◘ Tab. 28.12.14 Verteilung der Arbeitsunfähigkeitstage nach Krankheitsarten und ausgewählten Berufsgruppen in der Branche Verkehr und Transport im Jahr 2009, AOK-Mitglieder

Tätigkeit	AU-Tage in %						
	Psyche	Herz/ Kreislauf	Atem- wege	Verdau- ung	Muskel/ Skelett	Verlet- zungen	Sonstige
Bürofachkräfte	11,2	6,8	16,4	6,6	17,1	9,0	32,9
Kraftfahrzeugführer	6,9	10,5	9,9	5,6	24,0	14,0	29,1
Kraftfahrzeuginstandsetzer	5,9	8,1	12,8	6,4	24,4	17,4	25,0
Lager-, Transportarbeiter	7,4	6,7	13,1	6,1	27,1	13,4	26,2
Lagerverwalter, Magaziner	7,2	7,0	13,2	6,2	25,7	13,7	27,0
Postverteiler	9,7	4,6	14,8	5,4	23,1	15,3	27,1
Schienenfahrzeugführer	13,1	8,6	14,2	6,1	21,2	11,2	25,6
Stauer, Möbelpacker	5,3	7,8	10,4	5,8	32,3	16,2	22,2
Verkehrsfachleute (Güterverkehr)	9,6	5,7	19,9	8,0	16,5	10,9	29,4
Warenaufmacher, Versandfertigmacher	9,2	5,4	13,7	6,7	28,1	10,9	26,0
Branche insgesamt	**7,6**	**8,8**	**11,8**	**5,9**	**24,1**	**13,5**	**28,3**
Alle Branchen	**8,6**	**6,8**	**14,0**	**6,2**	**23,0**	**12,3**	**29,1**

Fehlzeiten-Report 2010

◘ **Tab. 28.12.15** Verteilung der Arbeitsunfähigkeitsfälle nach Krankheitsarten und ausgewählten Berufsgruppen in der Branche Verkehr und Transport im Jahr 2009, AOK-Mitglieder

Tätigkeit	AU-Fälle in %						
	Psyche	Herz/ Kreislauf	Atem- wege	Verdau- ung	Muskel/ Skelett	Verlet- zungen	Sonstige
Bürofachkräfte	5,2	4,1	27,6	11,5	11,8	5,8	34,0
Kraftfahrzeugführer	4,4	6,6	18,6	10,3	20,5	10,5	29,1
Kraftfahrzeuginstandsetzer	3,0	4,8	23,4	10,9	18,7	13,2	26,0
Lager-, Transportarbeiter	4,0	4,2	22,5	10,6	22,3	9,6	26,8
Lagerverwalter, Magaziner	3,8	4,3	23,3	11,2	20,3	9,6	27,5
Postverteiler	5,1	3,2	23,7	10,1	18,0	11,2	28,7
Schienenfahrzeugführer	7,4	6,0	22,7	11,4	16,9	8,0	27,6
Stauer, Möbelpacker	3,3	3,7	19,2	10,1	26,9	14,4	22,4
Verkehrsfachleute (Güterverkehr)	3,9	3,1	31,3	12,9	10,0	6,5	32,3
Warenaufmacher, Versandfertig- macher	4,6	3,9	23,3	11,4	21,3	8,2	27,3
Branche insgesamt	4,4	5,3	21,6	10,6	19,5	9,7	28,9
Alle Branchen	4,4	4,2	24,7	11,1	16,4	8,7	30,5

Fehlzeiten-Report 2010

◘ Tab. 28.12.16 Anteile der 40 häufigsten Einzeldiagnosen an den AU-Fällen und AU-Tagen in der Branche Verkehr und Transport im Jahr 2009, AOK-Mitglieder

ICD-10	Bezeichnung	AU-Fälle in %	AU-Tage in %
M54	Rückenschmerzen	8,1	7,4
J06	Akute Infektionen der oberen Atemwege	6,7	2,9
J20	Akute Bronchitis	2,9	1,5
K52	Nichtinfektiöse Gastroenteritis und Kolitis	2,9	1,0
J40	Bronchitis	2,3	1,2
I10	Essentielle Hypertonie	2,1	3,2
A09	Diarrhoe und Gastroenteritis	2,0	0,7
K08	Sonstige Krankheiten der Zähne und des Zahnhalteapparates	1,9	0,3
B34	Viruskrankheit	1,5	0,6
T14	Verletzung an einer nicht näher bezeichneten Körperregion	1,4	1,3
K29	Gastritis und Duodenitis	1,4	0,7
R10	Bauch- und Beckenschmerzen	1,1	0,5
M51	Sonstige Bandscheibenschäden	1,1	2,4
M53	Sonstige Krankheiten der Wirbelsäule und des Rückens	1,1	1,1
J01	Akute Sinusitis	1,0	0,5
J03	Akute Tonsillitis	1,0	0,4
F32	Depressive Episode	1,0	1,9
J02	Akute Pharyngitis	0,9	0,4
M75	Schulterläsionen	0,9	1,6
J32	Chronische Sinusitis	0,9	0,5
J11	Grippe	0,9	0,4
M99	Biomechanische Funktionsstörungen	0,9	0,7
M25	Sonstige Gelenkkrankheiten	0,8	0,9
S93	Luxation, Verstauchung und Zerrung der Gelenke und Bänder in Höhe des oberen Sprunggelenkes und des Fußes	0,8	0,9
F43	Reaktionen auf schwere Belastungen und Anpassungsstörungen	0,8	1,2
R51	Kopfschmerz	0,8	0,4
M77	Sonstige Enthesopathien	0,8	0,8
I25	Chronische ischämische Herzkrankheit	0,7	1,4
M23	Binnenschädigung des Kniegelenkes	0,7	1,2
M79	Sonstige Krankheiten des Weichteilgewebes	0,6	0,5
E11	Diabetes mellitus	0,6	1,1
M47	Spondylose	0,6	0,9
E66	Adipositas	0,6	1,1
B99	Sonstige Infektionskrankheiten	0,6	0,3
E78	Störungen des Lipoproteinstoffwechsels und sonstige Lipidämien	0,6	1,0
R50	Fieber unbekannter Ursache	0,6	0,3
R42	Schwindel und Taumel	0,6	0,4
F45	Somatoforme Störungen	0,5	0,7
J04	Akute Laryngitis und Tracheitis	0,5	0,2
J00	Akute Rhinopharyngitis [Erkältungsschnupfen]	0,5	0,2
	Summe hier	55,7	44,7
	Restliche	44,3	55,3
	Gesamtsumme	100,0	100,0

Fehlzeiten-Report 2010

◘ **Tab. 28.12.17** Anteile der 40 häufigsten Diagnoseuntergruppen an den AU-Fällen und AU-Tagen in der Branche Verkehr und Transport im Jahr 2009, AOK-Mitglieder

ICD-10	Bezeichnung	AU-Fälle in %	AU-Tage in %
M40–M54	Krankheiten der Wirbelsäule und des Rückens	10,9	12,3
J00–J06	Akute Infektionen der oberen Atemwege	10,7	4,7
J40–J47	Chronische Krankheiten der unteren Atemwege	3,7	2,6
M60–M79	Krankheiten der Weichteilgewebe	3,7	4,5
J20–J22	Sonstige akute Infektionen der unteren Atemwege	3,4	1,8
K50–K52	Nichtinfektiöse Enteritis und Kolitis	3,3	1,3
M00–M25	Arthropathien	3,2	5,1
R50–R69	Allgemeinsymptome	2,9	2,1
A00–A09	Infektiöse Darmkrankheiten	2,6	0,9
K00–K14	Krankheiten der Mundhöhle, der Speicheldrüsen und der Kiefer	2,5	0,5
I10–I15	Hypertonie	2,4	3,7
F40–F48	Neurotische, Belastungs- und somatoforme Störungen	2,1	3,0
K20–K31	Krankheiten des Ösophagus, des Magens und des Duodenums	2,0	1,2
R10–R19	Symptome bzgl. Verdauungssystem und Abdomen	1,9	1,0
T08–T14	Verletzungen Rumpf, Extremitäten u. a. Körperregionen	1,7	1,6
B25–B34	Sonstige Viruskrankheiten	1,7	0,7
J30–J39	Sonstige Krankheiten der oberen Atemwege	1,5	0,9
S90–S99	Verletzungen der Knöchelregion und des Fußes	1,5	1,9
J10–J18	Grippe und Pneumonie	1,4	0,9
S80–S89	Verletzungen des Knies und des Unterschenkels	1,3	2,4
R00–R09	Symptome bzgl. Kreislauf- und Atmungssystem	1,3	0,9
F30–F39	Affektive Störungen	1,2	2,6
S60–S69	Verletzungen des Handgelenkes und der Hand	1,2	1,6
G40–G47	Episod. und paroxysmale Krankheiten des Nervensystems	1,2	1,2
E70–E90	Stoffwechselstörungen	1,1	1,7
M95–M99	Sonstige Krankheiten des Muskel-Skelett-Systems und des Bindegewebes	1,0	0,8
I20–I25	Ischämische Herzkrankheiten	1,0	2,0
E10–E14	Diabetes mellitus	0,9	1,5
I80–I89	Krankheiten der Venen, der Lymphgefäße und -knoten	0,8	0,9
F10–F19	Psychische und Verhaltensstörungen durch psychotrope Substanzen	0,8	1,3
S00–S09	Verletzungen des Kopfes	0,8	0,8
K55–K63	Sonstige Krankheiten des Darmes	0,8	0,8
R40–R46	Symptome bzgl. Wahrnehmung, Stimmung und Verhalten	0,7	0,6
I30–I52	Sonstige Formen der Herzkrankheit	0,7	1,4
G50–G59	Krankheiten von Nerven, Nervenwurzeln und Nervenplexus	0,7	1,0
J95–J99	Sonstige Krankheiten des Atmungssystems	0,7	0,5
E65–E68	Adipositas	0,7	1,3
L00–L08	Infektionen der Haut und der Unterhaut	0,6	0,7
B99–B99	Sonstige Infektionskrankheiten	0,6	0,3
S20–S29	Verletzungen des Thorax	0,6	0,8
	Summe hier	81,8	75,8
	Restliche	18,2	24,2
	Gesamtsumme	100,0	100,0

Fehlzeiten-Report 2010

Kapitel 29

Die Arbeitsunfähigkeit in der Statistik der GKV

K. Busch

Zusammenfassung. *Der vorliegende Beitrag gibt anhand der Statistiken des Bundesministeriums für Gesundheit (BMG) einen Überblick über die Arbeitsunfähigkeitsdaten der gesetzlichen Krankenkassen (GKV). Zunächst werden die Arbeitsunfähigkeitsstatistiken der Krankenkassen und die Erfassung der Arbeitsunfähigkeit erläutert. Hiernach wird auf die Entwicklung der Fehlzeiten auf GKV-Ebene eingegangen. Ebenfalls wird Bezug auf die Unterschiede der Fehlzeiten zwischen den verschiedenen Kassen genommen.*

29.1 Arbeitsunfähigkeitsstatistiken der Krankenkassen

Die Krankenkassen haben nach § 79 SGB IV Übersichten über ihre Rechnungs- und Geschäftsergebnisse sowie sonstige Statistiken zu erstellen und über den GKV-Spitzenverband an das Bundesministerium für Gesundheit zu liefern. Bis zur Gründung des GKV-Spitzenverbandes war dies Aufgabe der Bundesverbände der einzelnen Kassenarten. Näheres hierzu wird in der Allgemeinen Verwaltungsvorschrift über die Statistik in der gesetzlichen Krankenversicherung (KSVwV) geregelt. Bezüglich der Arbeitsunfähigkeitsfälle finden sich Regelungen zu drei Statistiken:

- Krankenstand: Bestandteil der monatlichen Mitgliederstatistik KM1
- Arbeitsunfähigkeitsfälle und -tage: Bestandteil der Jahresstatistik KG2
- Arbeitsunfähigkeitsfälle und -tage nach Krankheitsarten: Jahresstatistik KG8

Am häufigsten wird in der allgemeinen Diskussion mit dem Krankenstand argumentiert, wobei häufig unterschiedliche Definitionen unter diesem Begriff zur Anwendung kommen. Der Krankenstand in der amtlichen Statistik wird über eine Stichtagserhebung gewonnen, die zum jeden Ersten eines Monats durchgeführt wird. Die Krankenkasse ermittelt im Rahmen ihrer Mitgliederstatistik die zu diesem Zeitpunkt arbeitsunfähig kranken Pflicht- und freiwilligen Mitglieder mit einem Krankengeldanspruch. Vor dem Jahr 2007 bezog sich der Krankenstand auf die Pflichtmitglieder, wobei aber die Rentner, Studenten, Jugendlichen und Behinderten, Künstler, Wehr-, Zivil- sowie Dienstleistende bei der Bundespolizei, landwirtschaftliche Unternehmer und Vorruhestandsgeldempfänger unberücksichtigt blieben, da für diese Gruppen in der Regel keine Arbeitsunfähigkeitsbescheinigungen von einem behandelnden Arzt ausgestellt wurden. Seit dem Jahr 2005 bleiben auch die Arbeitslosengeld-II-Empfänger unberücksichtigt, da sie im Gegensatz zu den früheren Arbeitslosenhilfeempfängern keinen Anspruch auf Krankengeld haben und somit AU-Bescheinigungen nicht notwendigerweise für diesen Mitgliederkreis ausgestellt und den Krankenkassen übersandt werden.

AU-Bescheinigungen werden vom behandelnden Arzt ausgestellt und unmittelbar an die Krankenkasse gesandt, die sie zur Ermittlung des Krankenstandes auszählt. Die Veröffentlichung des Krankenstandes erfolgt monatlich im Rahmen der Mitgliederstatistik KM1. Aus den zwölf Stichtagswerten eines Jahres wird als arithmetisches Mittel ein jahresdurchschnittlicher Krankenstand errechnet. Dabei werden auch Korrekturen berücksichtigt, die z. B. wegen verspäteter Meldungen notwendig werden.

Eine Totalauszählung der Arbeitsunfähigkeitsfälle und -tage erfolgt in der Jahresstatistik KG2. Da in dieser Statistik nicht nur das AU-Geschehen an einem Stichtag erfasst wird, sondern jeder einzelne AU-Fall mit seinen dazugehörigen Tagen, ist die Aussagekraft höher. Allerdings können die Auswertungen der einzelnen Krankenkassen auch erst nach Abschluss des Kalenderjahres beginnen und die Ergebnisse nur mit einer zeitlichen Verzögerung von mehr als einem halben Jahr vorgelegt werden.

29.2 Erfassung von Arbeitsunfähigkeit

Informationsquelle für eine bestehende Arbeitsunfähigkeit der pflichtversicherten Arbeiter bildet die Arbeitsunfähigkeitsbescheinigung des behandelnden Arztes. Nach § 5 EFZG bzw. § 3 LFZG ist der Arzt verpflichtet, dem Träger der gesetzlichen Krankenversicherung unverzüglich eine Bescheinigung über die Arbeitsunfähigkeit mit Angaben über den Befund und die voraussichtliche Dauer zuzuleiten; nach Ablauf der vermuteten Erkrankungsdauer stellt der Arzt bei Weiterbestehen der Arbeitsunfähigkeit eine Fortsetzungsbescheinigung aus. Das Vorliegen einer Krankheit allein ist für die statistische Erhebung nicht hinreichend, entscheidend ist die Feststellung des Arztes, dass der Arbeitnehmer infolge des konkret vorliegenden Krankheitsbildes an der Erbringung seiner Arbeitsleistung verhindert ist (§ 3 EFZG). Der arbeitsunfähig schreibende Arzt einerseits und der ausgeübte Beruf andererseits spielen daher für Menge und Art der AU-Fälle eine nicht unbedeutende Rolle.

Voraussetzung für die statistische Erfassung eines AU-Falles ist somit im Normalfall das Vorliegen einer AU-Bescheinigung; zu berücksichtigen sind jedoch auch Fälle von Arbeitsunfähigkeit, die der Krankenkasse auf andere Weise als über die AU-Bescheinigung bekannt werden. Dies können z. B. Meldungen von Krankenhäusern über eine stationäre Behandlung sein. Nicht berücksichtigt werden solche AU-Fälle, für die die Krankenkasse nicht Kostenträger ist, aber auch Fälle eines Arbeitsunfalls oder einer Berufskrankheit, für die der Träger der Unfallversicherung das Heilverfahren nicht übernommen hat. Nicht erfasst werden auch Fälle, bei denen eine andere Stelle, wie z. B. die Rentenversicherung, ein Heilverfahren ohne Kostenbeteiligung der Krankenkasse durchführt. Die Lohnfortzahlung durch den Arbeitgeber wird allerdings nicht als Fall mit anderem Kostenträger gewertet, sodass AU-Fälle sowohl den Zeitraum der Lohnfortzahlung als auch den mit Bezug von Krankengeld umfassen.

Fehlen am Arbeitsplatz während der Mutterschutzfristen ist kein Arbeitsunfähigkeitsfall im Sinne der Statistik, da Mutterschaft keine Krankheit ist. AU-Zeiten, die aus Komplikationen während einer Schwangerschaft oder bei der Geburt entstehen, werden jedoch berücksichtigt, soweit sich dadurch die Freistellungsphase um den Geburtstermin herum verlängert.

Aus dem Erhebungstatbestand Arbeitsunfähigkeit folgt die Begrenzung des erfassbaren Personenkreises. In der Statistik werden daher nur die AU-Fälle von Pflicht- und freiwilligen Mitgliedern mit einem Krankengeldanspruch berücksichtigt.

Die mitversicherten Familienangehörigen und die Rentner sind definitionsgemäß nicht versicherungspflichtig beschäftigt, sie können somit im Sinne des Krankenversicherungsrechts nicht arbeitsunfähig krank sein.

Da die statistische Erfassung der Arbeitsunfähigkeit primär auf die AU-Bescheinigung des behandelnden Arztes abgestellt ist, können insbesondere bei den Kurzzeitarbeitsunfähigkeiten Untererfassungen auftreten. Ist während der ersten drei Tage eines Fernbleibens von der Arbeitsstelle wegen Krankheit dem Arbeitgeber keine AU-Bescheinigung vorzulegen (durch Gesetz oder durch Tarifvertrag), so erhält die Krankenkasse nur in Ausnahmefällen Kenntnis hiervon. Andererseits bescheinigt der Arzt nur die voraussichtliche Dauer der Arbeitsunfähigkeit; tritt jedoch vorher wieder Arbeitsfähigkeit ein, erhält auch in diesen Fällen die Krankenkasse nur selten eine Meldung. Gehen AU-Bescheinigungen bei den Krankenkassen nicht zeitgerecht ein, so kann es zu einer Nichtberücksichtigung bei der Berechnung des Krankenstandes kommen, da die Ermittlung des Krankenstandes in der Regel schon eine Woche nach dem Stichtag erfolgt.

Der AU-Fall wird zeitlich in gleicher Weise abgegrenzt wie der Versicherungsfall im rechtlichen Sinn. Demnach sind mehrere mit Arbeitsunfähigkeit ver-

Die Arbeitsunfähigkeit in der Statistik der GKV

bundene Erkrankungen, die als ein Versicherungsfall gelten, auch als ein AU-Fall zu zählen. Der Fall wird abgeschlossen, wenn ein anderer Kostenträger (z. B. die Rentenversicherung) ein Heilverfahren durchführt; besteht anschließend weiter Arbeitsunfähigkeit, wird ein neuer Leistungsfall gezählt. Der AU-Fall wird statistisch in dem Jahr berücksichtigt, in dem er abgeschlossen wird; diesem Jahr werden zugleich alle Tage des Falles zugeordnet, auch wenn sie kalendermäßig teilweise im Vorjahr lagen.

29.3 Entwicklung des Krankenstandes

Der Krankenstand hat sich gegenüber den 1970er und 1980er Jahren deutlich reduziert. Er befindet sich derzeit auf einem Niveau, das seit Einführung der Lohnfortzahlung für Arbeiter im Jahr 1970 noch nie unterschritten wurde. Zeiten vor 1970 sind nur bedingt vergleichbar, da durch eine andere Rechtsgrundlage bezüglich der Lohnfortzahlung und des Bezugs von Krankengeld auch andere Meldewege und Erfassungsmethoden zur Anwendung kamen. Der Krankenstand kann aufgrund seiner Erhebungsmethode als Stichtagsbetrachtung nur bedingt ein zutreffendes Ergebnis zur absoluten Höhe der Ausfallzeiten wegen Krankheit liefern. Die zwölf Monatsstichtage betrachten nur jeden 30. Kalendertag, sodass z. B. eine Grippewelle möglicherweise nur deswegen nicht erfasst wird, weil sie zufällig in den Zeitraum zwischen zwei Stichtage fällt. Es ergeben sich saisonale Schwankungen nicht nur aus den Jahreszeiten heraus, auch ist zu berücksichtigen, dass Stichtage auf Sonn- und Feiertage fallen können, sodass eine beginnende Arbeitsunfähigkeit dann erst einen Tag später festgestellt werden würde (◘ Abb. 29.1).

Die Krankenstände der einzelnen Kassenarten unterscheiden sich zum Teil erheblich. Die Ursachen hierzu dürften in den unterschiedlichen Mitgliederkreisen bzw. deren Berufs- und Alters- sowie Geschlechtsstrukturen liegen. In den weiteren Beiträgen des vorliegenden Bandes wird für die Mitglieder der AOKs ausführlich auf die unterschiedlichen Fehlzeitenniveaus der einzelnen Berufsgruppen und Branchen eingegangen. Ein anderes Berufsspektrum bei den Mitgliedern einer anderen Kassenart führt somit auch automatisch zu einem abweichenden Krankenstandsniveau bei gleichem individuellen, berufsbedingten Krankheitsgeschehen der Mitglieder (◘ Abb. 29.2).

Durch Fusionen bei den Krankenkassen reduziert sich auch die Zahl der Verbände. So haben sich zuletzt

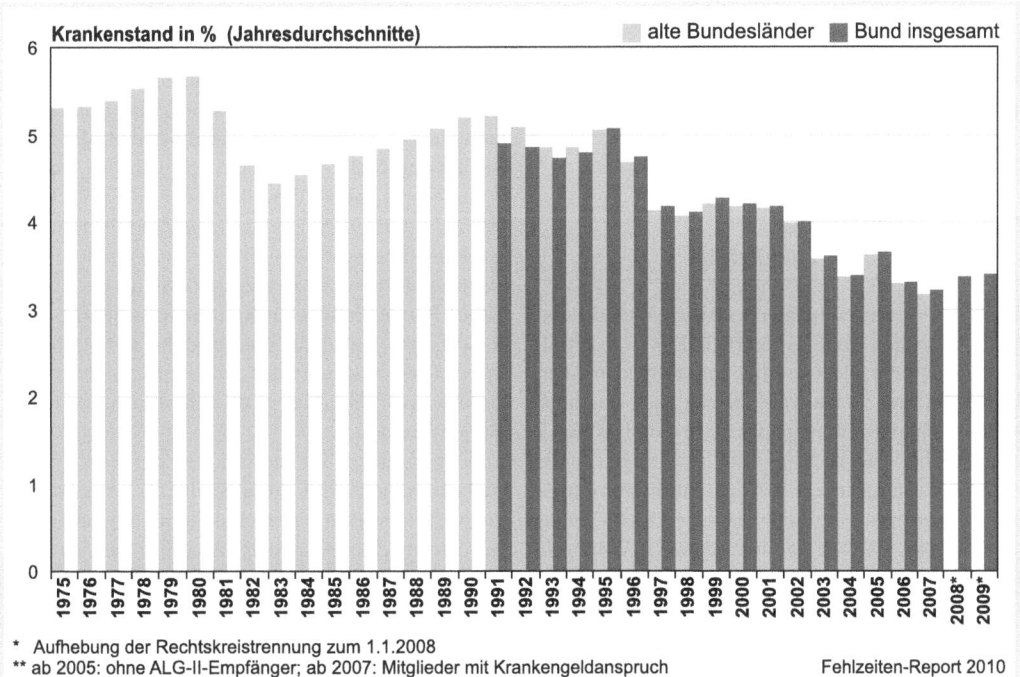

* Aufhebung der Rechtskreistrennung zum 1.1.2008
** ab 2005: ohne ALG-II-Empfänger; ab 2007: Mitglieder mit Krankengeldanspruch   Fehlzeiten-Report 2010

◘ Abb. 29.1 Entwicklung des Krankenstandes** 1975 – 2009

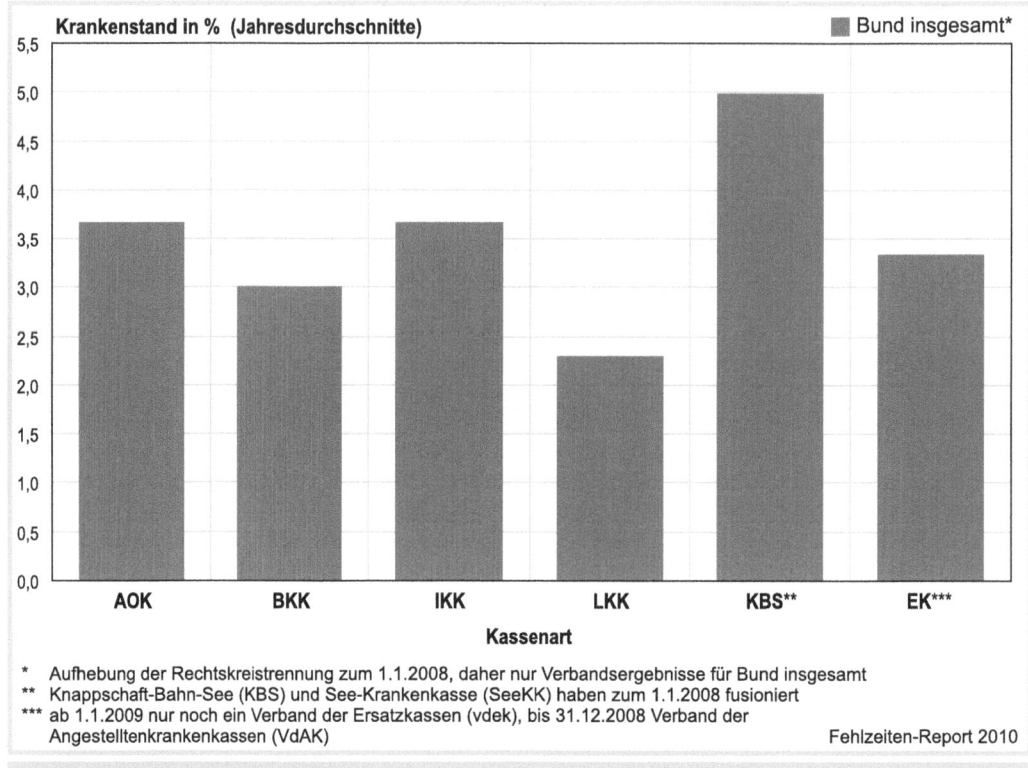

◘ Abb. 29.2 Krankenstand nach Kassenarten 2008

die Verbände der Arbeiterersatzkassen und der Angestellten Krankenkassen zum Verband der Ersatzkassen e.V. (vdek) zusammengeschlossen.

29.4 Entwicklung der Arbeitsunfähigkeitsfälle

Durch die Totalauszählungen der Arbeitsunfähigkeitsfälle im Rahmen der GKV-Statistik KG2 werden die o. a. Mängel einer Stichtagserhebung vermieden. Allerdings kann eine Totalauszählung erst nach Abschluss des Beobachtungszeitraums, d. h. nach dem Jahresende erfolgen. Die Meldewege und die Nachrangigkeit der Statistikerhebung gegenüber dem Jahresrechnungsabschluss bringen es mit sich, dass die Ergebnisse der GKV-Statistik KG2 erst im August vom GKV-Spitzenverband zu einem Bundesergebnis zusammengeführt und dem Bundesministerium für Gesundheit übermittelt werden.

Ein Vergleich der Entwicklung von Krankenstand und Arbeitsunfähigkeitstagen je 100 Pflichtmitglieder zeigt, dass sich das Krankenstandsniveau und das Niveau der AU-Tage je 100 Pflichtmitglieder gleichgerichtet entwickelt, wobei es jedoch eine leichte Unterzeichnung beim Krankenstand gegenüber den AU-Tagen gibt (◘ Abb. 29.3). Hieraus lässt sich schließen, dass der Krankenstand als Frühindikator für die Entwicklung des AU-Geschehens zu nutzen ist. Zeitreihen für das gesamte Bundesgebiet liegen erst für den Zeitraum ab dem Jahr 1991 vor, da zu diesem Zeitpunkt auch in den neuen Bundesländern das Krankenversicherungsrecht aus den alten Bundesländern eingeführt wurde. Ab 1995 wurde Berlin insgesamt den alten Bundesländern zugeordnet, zuvor gehörte der Ostteil Berlins zu den neuen Bundesländern.

Der Vergleich der Entwicklung der Arbeitsunfähigkeitstage je 100 Pflichtmitglieder nach Kassenarten zeigt, dass es recht unterschiedliche Entwicklungen bei den einzelnen Kassenarten gegeben hat. Am deutlichsten wird die Reduzierung des Krankenstandes bei den Betriebskrankenkassen, die durch die Wahlfreiheit zwischen den Kassen und der Öffnung der meisten Betriebskrankenkassen auch für betriebsfremde Personen einen Zugang an Mitgliedern mit einer günstigeren Risikostruktur zu verzeichnen hatten. Die günstigere

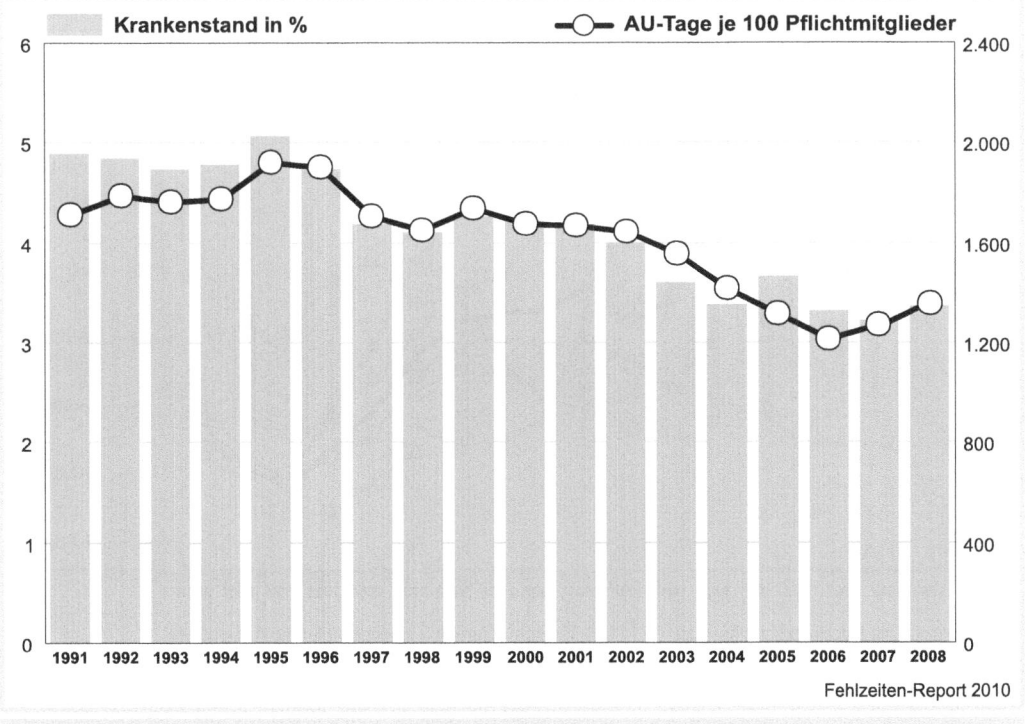

Abb. 29.3 Entwicklung von Krankenstand und AU-Tagen je 100 Pflichtmitglieder 1991–2008

Risikostruktur dürfte insbesondere in mobilen, wechselbereiten und gut verdienenden jüngeren Personen liegen, aber auch in anderen, weniger gesundheitlich gefährdeten Berufsgruppen, die die Möglichkeit hatten, sich bei Betriebskrankenkassen mit einem günstigen Beitragssatz zu versichern. Auch die IKK profitierte von dieser Entwicklung, denn eine Innungskrankenkasse hatte aufgrund ihres günstigen Beitragssatzes in den letzten fünf Jahren einen Mitgliederzuwachs von über 500 Tsd., davon allein fast 475 Tsd. Pflichtmitglieder mit einem Entgeltfortzahlungsanspruch von sechs Wochen. Diese Kasse reduziert mit ihrem jahresdurchschnittlichen Krankenstand im Jahr 2007 von 1,49 % und einem Anteil von fast 17 % an den Pflichtmitgliedern mit einem Entgeltfortzahlungsanspruch von 6 Wochen der Innungskrankenkassen insgesamt den Krankenstand dieser Kassenart deutlich. Am ungünstigsten verlief die Entwicklung bei den Angestelltenersatzkassen (EKAng), die nach einer Zwischenphase mit höheren AU-Tagen je 100 Pflichtmitgliedern im Jahr 2006 wieder das Niveau von 1991 erreicht hatten, dem Jahr, in dem diese Kassenart den günstigsten Krankenstand melden konnte. In den Jahren 2007 und 2008 folgten aber auch die Angestelltenersatzkassen dem leichten Trend des Anstiegs der AU-Tage je Mitglied (Abb. 29.4).

Insgesamt hat sich die Bandbreite der gemeldeten AU-Tage je 100 Pflichtmitglieder zwischen den verschiedenen Kassenarten deutlich reduziert. Im Jahr 1991 wiesen die Betriebskrankenkassen noch 2.275 AU-Tage je 100 Pflichtmitglieder aus, während die Angestelltenersatzkassen nur 1.217 AU-Tage je 100 Pflichtmitglieder meldeten, dies ist eine Differenz von über 1.000 AU-Tage je 100 Pflichtmitglieder. Im Jahr 2008 hat sich diese Differenz zwischen der ungünstigsten und der günstigsten Kassenart auf unter 300 AU-Tage je 100 Pflichtmitglieder reduziert. Lässt man die beiden Sondersysteme, KBS (Knappschaft) und Seekrankenkasse, unberücksichtigt, so reduziert sich die Differenz zwischen den Arbeiterersatzkassen mit 1.413,1 AU-Tagen je 100 Pflichtmitglieder und den Innungskrankenkassen mit 1.302,5 AU-Tagen je 100 Pflichtmitglieder auf gerade 112 AU-Tage je 100 Pflichtmitglieder und damit auf etwa 10 % des Wertes von 1991.

In der Statistik KG2 wird auch nach Mitgliedergruppen differenziert. Aus Abbildung 29.5 wird deutlich, dass der Anteil der AU-Tage aber insbesondere durch die Pflichtmitglieder gebildet wird, die Mitglieder-

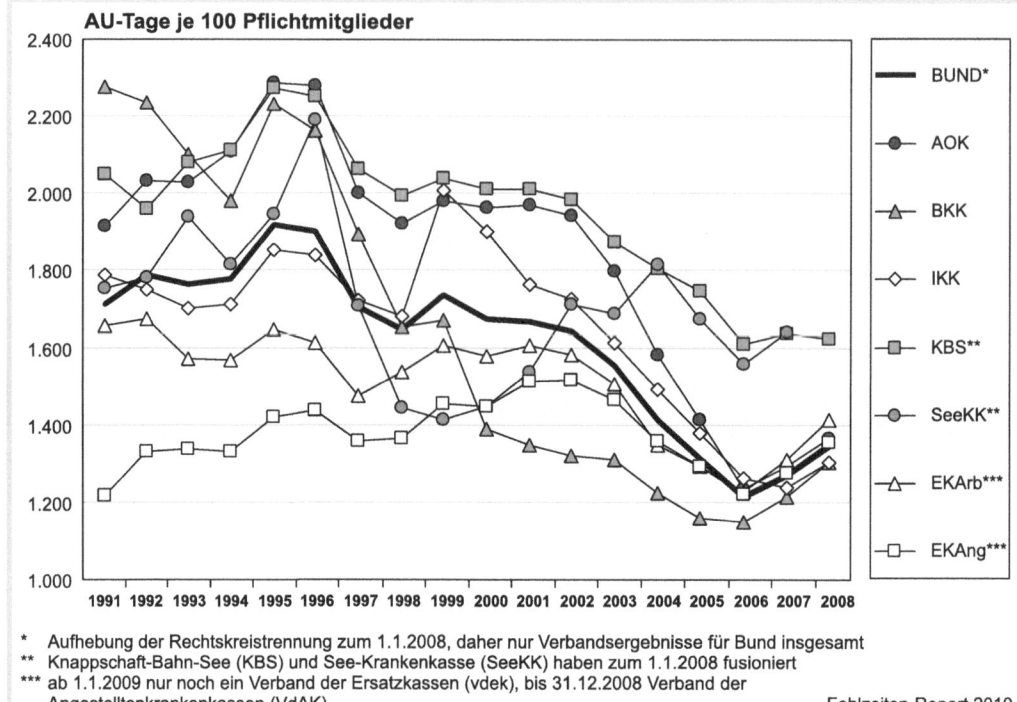

* Aufhebung der Rechtskreistrennung zum 1.1.2008, daher nur Verbandsergebnisse für Bund insgesamt
** Knappschaft-Bahn-See (KBS) und See-Krankenkasse (SeeKK) haben zum 1.1.2008 fusioniert
*** ab 1.1.2009 nur noch ein Verband der Ersatzkassen (vdek), bis 31.12.2008 Verband der Angestelltenkrankenkassen (VdAK)

Fehlzeiten-Report 2010

◘ Abb. 29.4 Arbeitsunfähigkeitstage je 100 Pflichtmitglieder nach Kassenarten 1991–2008

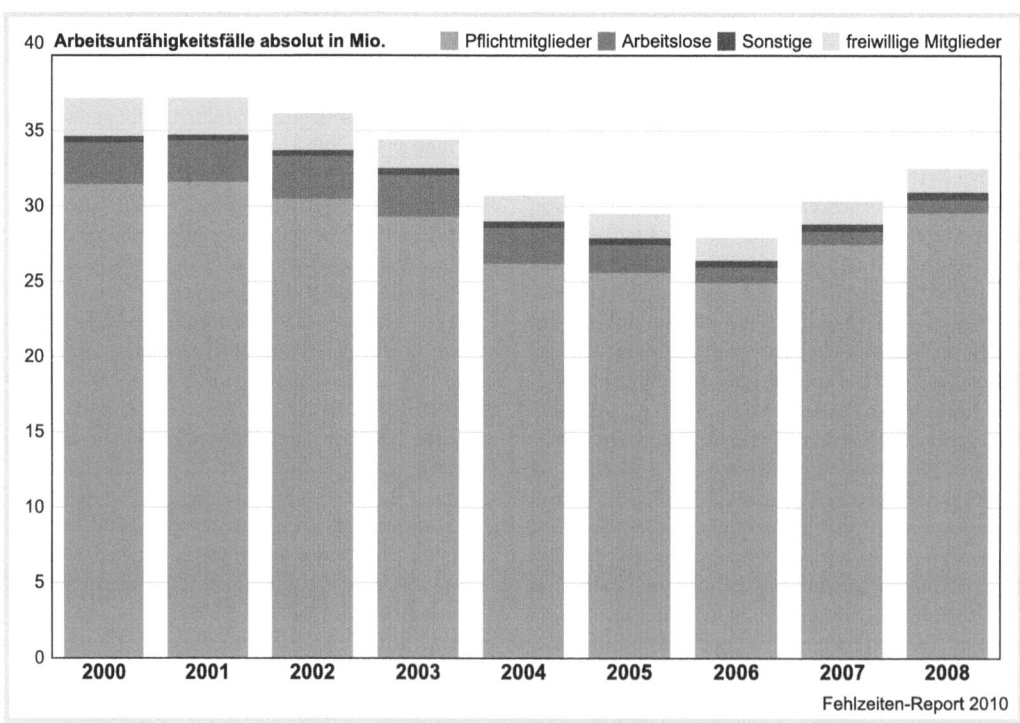

Fehlzeiten-Report 2010

◘ Abb. 29.5 Arbeitsunfähigkeitsfälle nach Mitgliedergruppen im Zeitverlauf 2000–2008

Die Arbeitsunfähigkeit in der Statistik der GKV

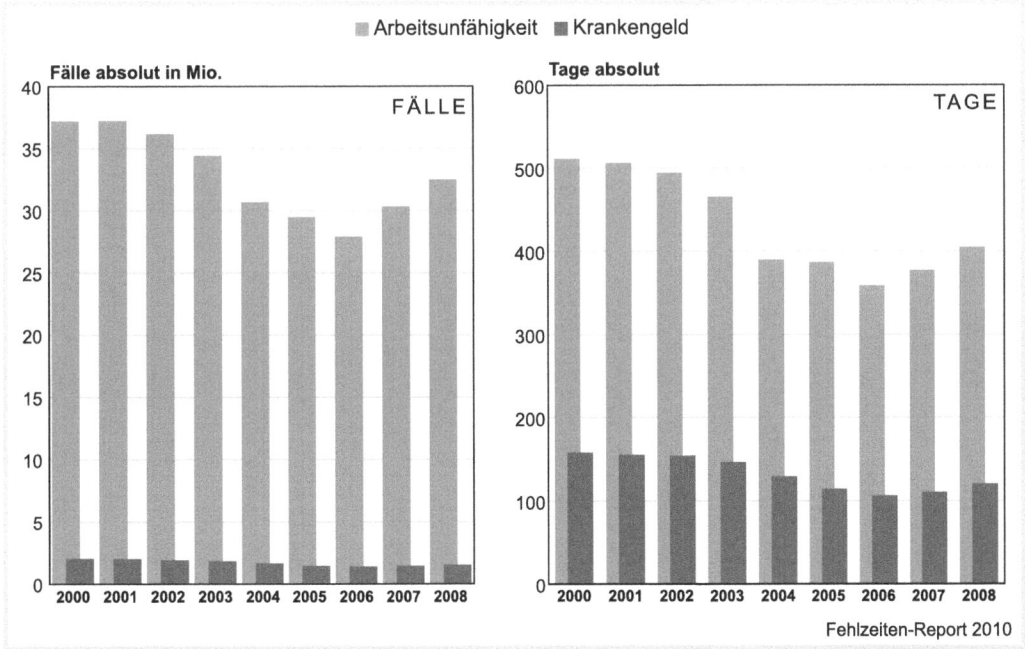

Abb. 29.6 Arbeitsunfähigkeits- und Krankengeldfälle sowie Arbeitsunfähigkeits- und Krankengeldtage 2000–2008

gruppe, die auch bei den sozialversicherungspflichtig Beschäftigten den größten Anteil hat. Deutlich wird auch die Reduzierung der AU-Tage bei den Arbeitslosen, wo durch die Reform der Arbeitslosenhilfe die Empfänger von SGB-II-Leistungen (Hartz IV) kein Krankengeld mehr beziehen und somit aus dem Kreis der berücksichtigten Personen ausschieden. Der Rückgang bei den AU-Tagen der freiwilligen Mitglieder entspricht dem allgemeinen Trend (◘ Abb. 29.5).

29.5 Arbeitsunfähigkeitsfälle und Krankengeldfälle

Nur ein Bruchteil der AU-Fälle hat eine Dauer von sechs Wochen und länger. Zu diesem Zeitpunkt endet die Lohn-/Entgeltfortzahlung. In ◘ Abbildung 29.6 werden die Arbeitsunfähigkeitsfälle und Krankengeldfälle nebeneinandergestellt: Von den 32,5 Mio. AU-Fällen wurden im Jahr 2008 nur 1,5 Mio. zu KG-Fällen. Allerdings spielt dieses Verhältnis die Bedeutung für das Arbeitsunfähigkeitsgeschehen herunter, denn der Vergleich der entsprechenden Tage dazu lässt den Anteil der KG-Tage deutlich wachsen. Beträgt der Anteil des Krankengeldes bei den Fällen noch unter 5 %, so steigt er bei den Tagen auf fast 30 %. Hierdurch wird deutlich, welche Bedeutung die Langzeitfälle für das Arbeitsunfähigkeitsgeschehen insgesamt haben. Beträgt die durchschnittliche Dauer einer Arbeitsunfähigkeit gerade 12,5 Tage je AU-Fall, so steigt dieser Wert beim Krankengeld auf 79,0 Tage je KG-Fall, also auf das 6,4-fache (◘ Abb. 29.6).

Kapitel 30

Betriebliches Gesundheitsmanagement und Krankenstand in der Bundesverwaltung

F. Isidoro Losada · M. Mellenthin-Schulze[1]

Zusammenfassung. Der folgende Beitrag fasst den Bericht zum Krankenstand in der unmittelbaren Bundesverwaltung für das Erhebungsjahr 2008 zusammen und vergleicht die Ergebnisse mit denen der AOK-Erhebung. Neben einführenden Angaben zur Personalstruktur der unmittelbaren Bundesverwaltung und zu Methodik und Vergleichbarkeit enthält der Beitrag differenzierte Daten zu den krankheitsbedingten Fehlzeiten im Bundesdienst. Auf die Darstellung der allgemeinen Krankenstandsentwicklung folgen Angaben zum Krankenstand nach Dauer, nach Geschlecht sowie nach Laufbahngruppen. Bei der Gegenüberstellung der Daten von Bundesverwaltung und AOK wird ausführlich auf die vergleichsweise ungünstige Altersstruktur des Bundespersonals und die Bedeutung des Faktors „Lebensalter" für den Krankenstand eingegangen.

30.1 Einführung

Die Bundesregierung hat mit dem Kabinettsbeschluss vom 28. Februar 2007 im Umsetzungsplan zum Regierungsprogramm „Zukunftsorientierte Verwaltung durch Innovationen" (Bundesministerium des Innern 2007, 2008 und 2009a) alle Behörden der unmittelbaren Bundesverwaltung[2] verpflichtet, eine langfristige und evaluierbare „systematische Gesundheitsförderung im unmittelbaren Bundesdienst" als Bestandteil ihrer Personal- und Organisationsentwicklung einzuführen. Die Umsetzung der Betrieblichen Gesundheitsförderung (BGF) soll mit Blick auf die im Grundgesetz verankerte Ressorthoheit[3] dezentral und behördenbezogen erfolgen. Damit liegt bei der jeweiligen Behördenleitung aber auch bei den Interessenvertretungen der Beschäftigten die Verantwortung für die Umsetzung. Sie sind somit

---

1 Die Verfasserinnen waren im Rahmen Ihrer Tätigkeit im Bundesministerium des Innern zuständig für den Krankenstand und die Gesundheitsförderung in der unmittelbaren Bundesverwaltung. Der Beitrag gibt allein ihre persönliche Auffassung wieder.

2 Zur unmittelbaren Bundesverwaltung gehören die obersten Bundesbehörden einschließlich deren Geschäftsbereichsbehörden. Oberste Bundesbehörden sind das Bundeskanzleramt, die Bundesministerien, die Bundestags- und Bundesratsverwaltung, das Bundespresseamt, das Bundespräsidialamt, der Bundesrechnungshof, das Bundesverfassungsgericht, der Beauftragte der Bundesregierung für Kultur und Medien. In den obersten Bundesbehörden werden in der Regel nur Angelegenheiten von politischer Bedeutung insbesondere Vorbereitung von Gesetzentwürfen wahrgenommen. Ferner üben sie Aufsicht über den ihnen zugeordneten Geschäftsbereichsbehörden aus. Die Geschäftsbereichsbehörden nehmen überwiegend Tätigkeiten des Verwaltungsvollzugs wahr.

3 Die Ressorthoheit beruht auf dem Ressortprinzip, das im Art. 65 S. 2 GG die Selbstständigkeit und Eigenverantwortung der Ministerien innerhalb der Bundesregierung begründet.

aufgefordert, das Thema „Betriebliches Gesundheitsmanagement (BGM)" gemeinsam mit den Beschäftigten voranzutreiben. Die Umsetzungsberichte zum Regierungsprogramm „Zukunftsorientierte Verwaltung durch Innovationen" 2007 bis 2009 (Bundesministerium des Innern 2007, 2008 und 2009a) informieren über die Fortschritte und beschreiben die ressortübergreifenden Arbeitsprogramme. In diesen werden das Betriebliche Gesundheitsmanagement und die systematische Betriebliche Gesundheitsförderung fortgeschrieben, weiterentwickelt und evaluiert.

Eine zukunftsfähige betriebliche Gesundheitspolitik entspricht dem Geist der „Ottawa-Charta zur Gesundheitsförderung" der WHO (1986) und der „Luxemburger Deklaration zur betrieblichen Gesundheitsförderung in der Europäischen Union" (1997). Danach umfasst die Betriebliche Gesundheitsförderung „alle gemeinsamen Maßnahmen von Arbeitgebern, Arbeitnehmern und der Gesellschaft zur Verbesserung von Gesundheit und Wohlbefinden am Arbeitsplatz".

Betriebliche Gesundheitsförderung spielt eine herausragende Rolle für die Produktivität der Behörden und für die Nachhaltigkeit von Sozialschutzsystemen. Gesunde Beschäftigte sind Grundlage einer zukunftsorientierten und innovativen Bundesverwaltung. Angesichts der demografischen Entwicklung (Rückgang der Erwerbsbevölkerung, Zunahme des Anteils älterer Beschäftigter) und knapper werdender personeller/finanzieller Ressourcen wird es – auch im Bundesdienst – immer wichtiger, die Gesundheit der Beschäftigten zu fördern und ihre Arbeits- und Leistungsfähigkeit bis zum Eintritt in den Ruhestand zu erhalten. Gesundheit ist ein hohes Gut, dessen Schutz und Pflege sowohl im Interesse der Beschäftigten als auch des Arbeitsgebers liegt. Durch die Förderung der Gesundheit der Beschäftigten, werden die krankheitsbedingten Kosten gesenkt und die Leistungsfähigkeit gesteigert. Dabei geht es nicht nur um die Reduzierung betrieblicher bzw. volkswirtschaftlicher Kosten, sondern um das ausgewogene körperliche, geistige und soziale Wohlbefinden der Beschäftigten.

Das Gesundheitsmanagement ist in der Bundesverwaltung ein zentrales Thema. Dabei gewinnt das ganzheitlich angelegte Thema des Betrieblichen Gesundheitsmanagements kontinuierlich an Bedeutung. Die Gesundheit der Beschäftigten zu fördern und zu erhalten ist eine Kernaufgabe, damit die Arbeitszufriedenheit, Motivation und Leistungsbereitschaft bewahrt und gesteigert werden kann. BGM sollte als Teil des Personalmanagements oder der Organisationsentwicklung integraler Bestandteil des Verwaltungshandelns sein.

Das Bundesministerium des Innern erstellt seit 1995 jährlich einen Bericht zum Krankenstand in der unmittelbaren Bundesverwaltung. Der Bericht hat zunächst nur die Fehlzeiten der krankheitsbedingt abwesenden Beschäftigten erfasst. Der zunächst rein statistisch ausgerichtete Bericht ist seit dem Jahr 2004 v. a. um den Bereich der Gesundheitsförderung und Gesundheitsmanagement erheblich ausgeweitet worden. Er wertet den Stand innerhalb der Bundesbehörden zum Thema Gesundheitsmanagement und Gesundheitsförderung seit 2005 aus, umfasst den Krankenstand in der unmittelbaren Bundesverwaltung und zeigt seine Entwicklung seit 1995 auf.

Seit 2007 wird auf der Basis des Programms „Zukunftsorientierte Verwaltung durch Innovationen" darauf geachtet, dass verstärkt der Gesundheitszustand und die Leistungsfähigkeit der anwesenden Beschäftigten in den Fokus genommen werden. Gesundheitsmanagement und Gesundheitsförderung zielten im Denken der Umsetzungspläne des Regierungsprogramms auf die Gesundheit und damit auf die Arbeitsfähigkeit aller Beschäftigten im Bundesdienst. Damit soll zugleich ein Beitrag zum Erhalt der Attraktivität des Bundesdienstes als Arbeitgeber geleistet werden. In seiner jetzigen Form stellt der jährlich veröffentlichte Gesundheitsförderungs- und Krankenstandsbericht ein wichtiges Benchmark-Instrument dar. Durch die in der Erhebung 2007 neu eingeführte Altersstandardisierung soll die Vergleichbarkeit innerhalb der unmittelbaren Bundesbehörden erhöht werden. Die Altersstandardisierung konnte allerdings im Jahr 2008 noch nicht für alle Beschäftigten durchgeführt werden. Gleichwohl bieten die vorliegenden Daten von ca. 65 % der Beschäftigten eine Möglichkeit den Einfluss des Alters beim Krankenstand herauszuarbeiten.

Um den Vergleich nicht nur innerhalb der Bundesverwaltung, sondern auch mit den Ländern und der Privatwirtschaft zu ermöglichen, wird der Bericht seit dem Jahr 2004 auf der Internetseite des BMI (www.bmi.bund.de)[4] veröffentlicht und erstmals im Fehlzeiten-Report 2007 des Wissenschaftlichen Instituts der AOK zusammenfassend vorgestellt.

---

4 Bundesministerium des Innern (2009a), Gesundheitsförderungsbericht 2008

30.1.1 Anmerkungen zu Methodik und Vergleichbarkeit

Auswertung des Gesundheitsmanagements in der Bundesverwaltung

Zur Umsetzung des Gesundheitsmanagements und damit auch der Gesundheitsförderung in der Bundesverwaltung gab es im Jahr 2005 die erste zusammenfassende Auswertung, die auf einer standardisierten Abfrage basierte. Seitdem beteiligen sich an dieser Abfrage die obersten Bundesbehörden und ihre Geschäftsbereichsbehörden. Abgefragt werden zwölf Kernelemente zum Betrieblichen Gesundheitsmanagement in den betroffenen Behörden. Dabei wird geprüft, ob diese Elemente bereits eingeführt wurden, deren Einführung geplant oder nicht vorgesehen ist.

Grunddaten des Krankenstandes

In der Erhebung der Bundesverwaltung zählen nur die Arbeitstage, an denen Beschäftigte arbeitsunfähig waren, als Fehltage. Damit ist es möglich, die Personalausfallkosten auf Grundlage der tatsächlich ausgefallenen Arbeitstage zu berechnen. Die Anzahl der Krankheitsfälle wird nicht erfasst. In die Krankenstandsberechnung der AOK gehen Wochenenden und Feiertage als Arbeitstage ein, soweit sie in den Zeitraum der Krankschreibung fallen.

Um die Krankenstandszahlen der unmittelbaren Bundesverwaltung mit denen der AOK vergleichen zu können, wird die Krankheitsquote nicht in Prozent der 365 Kalendertage, sondern in Prozent der Arbeitstage eines Jahres angegeben. Dabei werden 251 Arbeitstage pro Jahr zugrunde gelegt (365 abzüglich Wochenenden und Feiertage)[5]. Eine Unterscheidung zwischen Teilzeitbeschäftigten und Vollzeitbeschäftigten wird nicht getroffen, die Ausfalltage von Teilzeitbeschäftigten werden als ganze Tage gerechnet.

Bei einem Vergleich mit den AOK-Daten ist ferner zu berücksichtigen, dass die AOK Fehltage aufgrund von Kuren (Kosten werden in der Regel von der gesetzlichen Rentenversicherung getragen) sowie einen Teil der Kurzzeiterkrankungen nicht erfasst. Für letztere werden oft keine Arbeitsunfähigkeitsbescheinigungen ausgestellt. In der Erhebung der Bundesverwaltung werden diese Fehlzeiten dagegen vollständig miterfasst.

Für eine Gegenüberstellung der Fehlzeiten sind die Bundeswerte daher entsprechend zu bereinigen. Dazu sind sie um die Fehlzeiten durch Rehabilitationsmaßnahmen (0,34 Fehltage für 2008) und um pauschal 50 % der Kurzzeiterkrankungen (1,32 Fehltage für 2008) zu vermindern.

Die Bundesverwaltung ermittelt den Krankenstand differenziert nach Dauer der Erkrankung, Alter, Geschlecht, Laufbahngruppen (einfacher, mittlerer, gehobener, höherer Dienst), Statusgruppen (Beamte, Tarifbeschäftigte, Auszubildende und Anwärter) sowie nach Behördenzugehörigkeit (oberste Bundesbehörde/Geschäftsbereichsbehörden)[6].

Eine Differenzierung der Daten nach Geschlecht wird seit der Erhebung 2004 vorgenommen. Mit dem Jahr 2007 hat eine regelmäßige Erfassung der Fehlzeiten nach Altersgruppen begonnen, sodass eine Altersstrukturanalyse und Altersstandardisierung des Krankenstandes, im ersten Schritt für einen Teil der Beschäftigten, in der Bundesverwaltung vorgenommen werden kann. Eine vollständige Altersstandardisierung für alle Beschäftigten der unmittelbaren Bundesverwaltung ist beabsichtigt.

Aussagen über die Krankheitsursachen können nicht getroffen werden, da die Diagnosen auf den Arbeitsunfähigkeitsbescheinigungen nur den Krankenkassen, nicht aber dem Arbeitgeber zugänglich sind.

Die folgenden Ausführungen betreffen die unmittelbare Bundesverwaltung.

30.1.2 Die Personalstruktur der unmittelbaren Bundesverwaltung[7]

Der Gesundheitsförderungsbericht erfasst 274.529 Beschäftigte[8], die in der unmittelbaren Bundesverwaltung arbeiten. Davon waren im Jahr 2008 rund 8,3 % in den obersten Bundesbehörden (insbesondere Ministerien) und rund 91,7 % in deren Geschäftsbereichsbehörden tätig. Vier Ministerien (Bundesministerium der Verteidigung, Bundesministerium des Innern, Bundesministerium der Finanzen, Bundesministerium für Verkehr, Bau und Stadtentwicklung) stellen zusammen mit ihren Geschäftsbereichsbehörden über 80 % der Beschäftigten

---

5 Etwaige Abweichungen von den 251 Arbeitstagen (je nach Bundesland und Anzahl der Feiertage) wirken sich nur geringfügig auf die Prozentwerte aus.

6 Auf eine Differenzierung nach Statusgruppen und Behördenzugehörigkeit wird im Folgenden verzichtet, da sie für den Vergleich mit den AOK-Daten nicht relevant ist.

7 Bundesministerium des Innern (2009a), Gesundheitsförderungsbericht 2008

8 Beamte, Tarifbeschäftigte und Auszubildende und Anwärter, jedoch ohne Soldaten

der gesamten unmittelbaren Bundesverwaltung. Die Gesamthöhe des Krankenstandes wird also wesentlich von diesen vier großen Behörden bzw. deren Geschäftsbereichsbehörden beeinflusst.

Der Frauenanteil ist mit 35,2 % aller Beschäftigten in der Bundesverwaltung gegenüber 45,4 % in der gesamten Erwerbsbevölkerung relativ gering. Dies ist v. a. auf die in einigen großen Geschäftsbereichsbehörden vorherrschenden typischen „Männerberufe" (z. B. Bundespolizei, Zollverwaltung) zurückzuführen. In den obersten Bundesbehörden liegt der Frauenanteil dagegen bei knapp 50 %.

Von den Beschäftigten der unmittelbaren Bundesverwaltung sind 46,8 % Beamte, 48,4 % Tarifbeschäftigte und 4,7 % Auszubildende und Anwärter.

Anders als in der AOK-Erhebung werden die Bundesbediensteten im Gesundheitsförderungsbericht nicht nach Berufsgruppen oder Stellung im Beruf klassifiziert, sondern nach den vier Laufbahngruppen einfacher, mittlerer, gehobener und höherer Dienst. Die Zuordnung zu einer Laufbahngruppe hängt von Ausbildungsstand und Qualifikation[9] ab und ist mit unterschiedlichen Anforderungen, einem unterschiedlichen Maß an Verantwortung sowie entsprechend unterschiedlichen Einkommen verbunden. Die Beschäftigten der Bundesverwaltung sind zu 9,1 % im einfachen Dienst und zu 52,5 % im mittleren Dienst tätig. Auf den gehobenen Dienst entfallen 24 % und auf den höheren Dienst 9,6 % der Beschäftigten.

30.2 Gesundheitsmanagement/ Betriebliche systematische Gesundheitsförderung[10]

Die Ottawa-Charta stellte ein neues Paradigma für das Verständnis von Gesundheit und Krankheit auf: die Stärkung der Kompetenz der Bevölkerung zu gesundheitsbewusstem Handeln, zur Problembewältigung und zu sozialem Engagement (Empowerment) ebenso wie die Entwicklung gesundheitsfördernder Lebens- und Arbeitswelten. Dabei stand ein ganzheitlicher und interdisziplinärer Ansatz im Vordergrund, um die Vernetzung auf vielfältigen ineinander greifenden Ebenen zu ermöglichen.

Die unmittelbare Bundesverwaltung ist dem Handlungsfeld „Arbeitswelt" zuzurechnen. Gemeinsam mit den Handlungsfeldern „Krankenhäuser", „Schulen" etc.

bilden sie die Grundlage für einen umfassenden Ansatz von Gesundheit im Sinne von körperlich-psychischem und geistigem Wohlbefinden. Betriebliches Gesundheitsmanagement zielt auf ein gesundheitsgerechtes und gesundheitsförderliches Verhalten der Beschäftigten auch über die betriebliche Arbeitssituation hinaus.

Um das Betriebliche Gesundheitsmanagement zu stärken, ist es nötig, sowohl an der Organisationsstruktur einer Behörde und an der Gestaltung des Arbeitsplatzes aber auch bei dem Verhalten der Beschäftigten anzusetzen. Kernelemente der systematischen Betrieblichen Gesundheitsförderung sind die Basis dieser Analyse. Sie bewertet die Gesundheit und Lebensqualität der Beschäftigten und damit die Arbeitsfähigkeit aller Beschäftigten. Parameter hierfür sind die Reduzierung von Fehltagen und den damit verbundenen Krankheitskosten.

Die Kernelemente zur systematischen BGF werden wiederholt seit 2005 mit einer standardisierten Abfrage in den einzelnen Bundesbehörden erfasst, um den Stand des Gesundheitsmanagements in der Bundesverwaltung festzustellen und Fortschritte bewerten zu können.

Die abgefragten Kernelemente der Betrieblichen Gesundheitsförderung hierbei sind:

- regelmäßige, behördenbezogene Analyse der Krankenstandsdaten, um daraus Maßnahmen abzuleiten
- Dienstvereinbarung oder ein von der Hausleitung gebilligtes Konzept zur BGF
- Steuerungsgremium zur hausinternen Koordinierung und Umsetzung der BGF
- Integration der BGF in die Personal- und Organisationsentwicklung
- regelmäßige Veranstaltungen, Seminare und Informationsangebote zu gesundheitsrelevanten Themen
- Bereitstellung geeigneter finanzieller und personeller Ressourcen
- Einbindung der BGF in die Führungsaufgabe
- Berücksichtigung der BGF in der Aus- und Fortbildung, speziell der Führungskräfte
- Einführung einer behördeninternen Berichterstattung über durchgeführte und geplante gesundheitsförderliche Maßnahmen und deren Ergebnisse
- regelmäßige und fortlaufende Fortschrittsprüfung durch die Hausleitung

An der Abfrage für das Jahr 2008 haben sich 22 oberste Bundesbehörden und 106 Geschäftsbereichsbehörden beteiligt.

Der größte Teil der Behörden (118 von 128) bietet inzwischen Maßnahmen zur Wiedereingliederung von

---

9 § 17 Abs. 2 bis 5 Bundesbeamtengesetz

10 Bundesministerium des Innern (2009a), Gesundheitsförderungsbericht 2008

Beschäftigten nach längerer Arbeitsunfähigkeit an. Das betriebliche Wiedereingliederungsmanagement basiert auf der Grundlage von § 84 Abs. 2 SGB IX und gilt für alle Beschäftigten, die innerhalb eines Jahres ununterbrochen oder länger als sechs Wochen arbeitsunfähig waren. Dieses Verfahren bietet die Chance, mehr für erkrankte und behinderte Beschäftigte zu tun, aber auch das Arbeitsumfeld und die Arbeitsbedingungen näher zu betrachten. Neben dem integrativen Ansatz für den Beschäftigten, steht an dieser Stelle die Prävention im Vordergrund.

Maßnahmen der Betrieblichen Gesundheitsförderung, insbesondere im Bereich der Verhaltens- und Verhältnisprävention, sind wichtige Bestandteile eines Gesundheitsmanagements. Hierfür werden geeignete finanzielle und personelle Ressourcen in 72 der 128 Behörden zur Verfügung gestellt. Die Grundlage für diese Maßnahmen bildet bei 65 der 128 Behörden eine Bedarfsermittlung (z. B. durch eine Analyse des Krankenstandes, durch Arbeitsplatzbegehungen, durch Mitarbeiter- oder Expertenbefragungen oder durch Gefährdungsbeurteilungen).

Ein gutes Drittel aller Behörden verfügt über eine interne Berichterstattung (44 von 128) oder eine Dienstvereinbarung bzw. über ein hauseigenes Konzept zum Betrieblichen Gesundheitsmanagement (43 von 128). Entsprechend haben ein gutes Drittel aller Behörden die Betriebliche Gesundheitsförderung in die Personal- und Organisationsentwicklung (51 von 128) integriert und sehen eine Fortschrittsprüfung durch die Hausleitung (46 von 128) vor. Fast die Hälfte (56 von 128) verfügt über ein Steuerungsgremium.

Schließlich gaben 56 der Behörden an, dass BGF Bestandteil in der Aus- und Fortbildung der Führungskräfte ist. In 47 Behörden werden die übrigen Beschäftigten (47 von 128) bei diesen Aus- und Fortbildungen berücksichtigt.

Die Abfrage zeigt trotz der vielfältigen positiven Ansätze noch Verbesserungsbedarf bei Planung, Umsetzung, Steuerung und Evaluierung von BGF. Dieses betrifft insbesondere auch die Wahrnehmung des Themas als Führungsaufgabe.

Durch die Auswertung werden aber nicht nur Erkenntnisse zu den bereits eingeführten oder geplanten gesundheitsförderlichen Maßnahmen im Bundesdienst gewonnen. Sie unterstützt das interne Benchmarking und damit die systematische Selbstbewertung und Verbesserung der Aktivitäten sowie den qualitativ hochwertigen Erfahrungsaustausch zwischen den einzelnen Bundesbehörden im Bereich des Betrieblichen Gesundheitsmanagements. Durch die kontinuierliche Dokumentation seit 2005 kann die Entwicklung innerhalb der unmittelbaren Bundesverwaltung beobachtet werden. Der Erfahrungsaustausch und die jährliche Berichtspflicht ermöglichen gleichzeitig eine dynamische Fortentwicklung mit Synergieeffekten. Auf Empfehlung des Bundesrechnungshofes nehmen die Einrichtungen der mittelbaren Bundesverwaltung[11] seit Ende 2008 an dem Projekt der Implementierung einer systematischen Gesundheitsförderung teil und sind in den Prozess einbezogen.

30.3 Allgemeine Krankenstandsentwicklung

Die jährliche Erhebung zum Krankenstand in der Bundesverwaltung ist eine wichtige Datengrundlage für die Konzeption von Maßnahmen zur Senkung von Fehlzeiten sowie für die Entwicklung von Maßnahmen zur systematischen Betrieblichen Gesundheitsförderung. Sie schafft eine transparente Ausgangslage und liefert Vergleichswerte, die den Handlungsbedarf sichtbar werden lassen.

Tab. 30.1 zeigt, dass der Krankenstand im Bundesdienst seit dem Jahr 2007 gestiegen ist und 2008 nur knapp unter dem Niveau von 2001 liegt. Der Kranken-

Tab. 30.1 Fehlzeitenentwicklung in der unmittelbaren Bundesverwaltung 1998–2008

	Durchschnittliche Fehltage je Beschäftigten	Krankheitsquote in %
1998	16,4	6,5
1999	16,9	6,8
2000	16,8	6,7
2001	16,4	6,5
2002	16,2	6,5
2003	15,7	6,3
2004	15,6	6,2
2005	16,0	6,4
2006	15,4	6,1
2007	15,7	6,3
2008	16,3	6,5

Quelle: Bundesministerium des Innern (2007, 2009, 2009a), Gesundheitsförderungsbericht 2008 sowie Krankenstands- und Gesundheitsförderungsberichte 2006 und 2007

Fehlzeiten-Report 2010

---

11 Hierzu gehören die Beschäftigten bei Körperschaften, Anstalten und Stiftungen des öffentlichen Rechts (z. B.: Sozialversicherungsanstalten und Bundesagentur für Arbeit) unter Bundesaufsicht und die Beschäftigten der Bundesbank

stand in der unmittelbaren Bundesverwaltung ist im Jahr 2008 um 0,61 Fehltage und damit um 0,24 Prozentpunkte angestiegen. Auch die AOK-Erhebungen für die gesetzliche Krankenversicherung und für die AOK-Versicherten weisen einen Anstieg um 0,18 bzw. 0,1 Prozentpunkte auf. Damit konnte der seit 2007 zu verzeichnende Anstieg des Krankenstandes sowohl in der gesetzlichen Krankenversicherung (GKV) als auch in der unmittelbaren Bundesverwaltung im Jahr 2008 beobachtet werden.

30.4 Kurz- und Langzeiterkrankungen

Bei der Erhebung der Fehlzeiten nach Dauer der Erkrankung differenziert der Gesundheitsförderungsbericht der unmittelbaren Bundesverwaltung nach Kurzzeiterkrankungen (1–3 Arbeitstage), längeren Erkrankungen (4–30 Arbeitstage) und Langzeiterkrankungen über 30 Arbeitstage. Letzteres entspricht einer Krankheitsdauer von 6 Wochen bzw. 42 Kalendertagen, ist also mit den Langzeiterkrankungen in der AOK-Erhebung vergleichbar.

Im Jahr 2008 lag der Schwerpunkt der Fehltage – wie in den Vorjahren – bei den Erkrankungen von mehr als drei Tagen (81,7 %: davon 49,9 % längere Erkrankungen und 31,8 % Langzeiterkrankungen). Rund 16,2 % der Fehltage fielen auf Erkrankungen von 1–3 Tagen. Mit einem Anteil von 2,1 % spielten Rehabilitationsmaßnahmen nur eine geringe Rolle. Wie anhand der ◘ Tab. 30.2 zu erkennen ist, hat sich diese Verteilung der Fehltage von 1998 bis 2008 nicht wesentlich verändert. Auffällig ist aber, dass der Anteil der Kurzzeiterkrankungen kontinuierlich leicht gestiegen ist (Ausnahme: 2005) und im Jahr 2008 mit 16,2 % einen Höchststand erreicht hat. Im Gegenzug ist der Anteil der Erkrankungen ab 4 Tage von 86,8 % im Jahr 1998 auf 81,7 % im Jahr 2008 gesunken. Der Großteil davon entfällt weiterhin auf längere Erkrankungen (49,9 %) bei leichtem Rückgang gegenüber dem Vorjahr (2007: 51,2 %).

Auch der Anteil der Langzeiterkrankungen von über 30 Tagen, der seit 2002 gesondert erfasst wird, ist von 31,7 % (2002) auf 30,3 % (2006) gesunken. Seit 2007 ist dieser Anteil wieder angestiegen und hat 2008 mit 31,8 % seinen Höchststand erreicht. Gleiches gilt für den – relativ unbedeutenden – Anteil der Fehltage aufgrund von Rehabilitationsmaßnahmen, der seit 2000 (2,7 %) bis 2006 (2,0 %) kontinuierlich zurückgegangen ist, 2007 bei diesem Wert stagnierte und 2008 einen leichten Anstieg auf 2,1 % aufweist.

◘ **Tab. 30.2** Verteilung der Fehltage nach der Dauer der Erkrankung von 1998 bis 2008 (in %)

	Dauer der Erkrankung			Reha-Maßnahmen
	1–3 Tage	4–30 Tage	> 30 Tage	
1998	11,3	86,8		1,9
1999	11,3	86,6		2,1
2000	12,0	85,3		2,7
2001	12,5	84,8		2,7
2002	13,2	52,6	31,7	2,5
2003	14,0	52,0	31,4	2,5
2004	14,8	51,7	31,2	2,3
2005	14,7	53,1	30,0	2,2
2006	15,8	51,9	30,3	2,0
2007	16,0	51,2	30,8	2,0
2008	16,2	49,9	31,8	2,1

Quelle: Bundesministerium des Innern (2009a), Gesundheitsförderungsbericht 2008

Fehlzeiten-Report 2010

30.5 Krankenstand nach Geschlecht

Seit 2004 wird der Krankenstand in der Bundesverwaltung differenziert nach Geschlecht erhoben. Danach haben Frauen durchgängig etwas höhere Fehlzeiten als Männer (◘ Tab. 30.3).

◘ **Tab. 30.3** Durchschnittliche Fehltage nach Geschlecht von 2004 bis 2008

	Frauen	Männer	Insgesamt
2004*	16,6	15,2	15,6
2005	17,1	15,3	16,0
2006	16,5	14,7	15,4
2007	17,2	15,0	15,7
2008	17,4	15,7	16,3

* In der Erhebung nach Geschlecht für das Jahr 2004 konnte ein großes Ressort noch nicht berücksichtigt werden.
Quelle: Bundesministerium des Innern (2009a), Gesundheitsförderungsbericht 2008

Fehlzeiten-Report 2010

So belegt die Erhebung 2008 einen um durchschnittlich 1,7 Fehltage und damit rund 10,8 % höheren Krankenstand von Frauen gegenüber Männern. Nicht nur beim Vergleich der Gesamtfehlzeiten, sondern auch beim Vergleich der Fehlzeiten innerhalb der einzelnen Laufbahn-, Status- und Behördengruppen weisen die weiblichen Beschäftigten fast in allen Bereichen einen höheren Krankenstand auf als ihre männlichen Kolle-

Tab. 30.4 Fehltage je Beschäftigten nach Krankheitsdauer und Geschlecht 2008

Geschlecht	Kurzzeiterkran-kungen 1–3 Tage		Längere Erkran-kungen 4–30 Tage		Langzeiterkrankun-gen über 30 Tage		Reha-Maßnahmen		Insge-samt
	Fehl-tage	Anteil in %	Fehl-tage	Anteil in %	Fehl-tage	Anteil in %	Fehl-tage	Anteil in %	
Frauen	3,1	17,5	8,5	48,6	5,5	31,4	0,4	2,5	17,4
Männer	2,4	15,4	8,0	50,7	5,1	32,1	0,3	1,8	15,7
Insgesamt	2,6	16,2	8,2	49,9	5,2	31,8	0,3	2,1	16,3

Quelle: Bundesministerium des Innern (2009a), Gesundheitsförderungsbericht 2008

Fehlzeiten-Report 2010

gen. Bei der Differenzierung nach Dauer der Krankheit sind die Fehlzeiten der Frauen bei den Kurzzeiterkrankungen jeweils etwas höher als bei den Männern. Hingegen haben die Männer höhere Fehlzeiten bei den Erkrankungen von über vier Tagen: Dieser Anteil ist um 2,8 % höher als bei den Frauen (◘ Tab. 30.4).

Als mögliche Ursachen für geschlechtsspezifische Differenzen beim Krankenstand sind generell die unterschiedlichen Erwerbsstrukturen und Arbeitsbedingungen für Frauen und Männer, geschlechtsspezifische Unterschiede im Gesundheitsbewusstsein und der Krankheitsbewältigung sowie die Folgen von Doppelbelastungen durch Familie und Beruf zu nennen (vgl. Köper et al. in diesem Band).

30.6 Krankenstand nach Laufbahngruppen

Zu den wichtigsten Ergebnissen der Krankenstandserhebung der Bundesverwaltung zählt die Erkenntnis, dass die Zahl der Fehltage deutlich mit der Laufbahngruppenzugehörigkeit der Beschäftigten korreliert. Je höher die Laufbahngruppe, desto niedriger der Krankenstand, je niedriger die Laufbahngruppe, desto höher der Krankenstand.

Die durchschnittlichen Fehltage steigen von 7,93 im höheren Dienst über 13,61 im gehobenen Dienst und 18,77 im mittleren Dienst auf 22,29 im einfachen Dienst an. Der Krankenstand im einfachen Dienst ist über 14,3 Fehltage höher als im höheren Dienst (◘ Tab. 30.5).

30.7 Fehltage nach Alter

Seit der Erhebung 2007 wird für die Beschäftigten der Bundesbehörden der Krankenstand auch nach Alter aufgegliedert. Die Aussagen, die im Folgenden getroffen werden, beziehen sich auf etwa 65 % der Beschäftigten der Bundesbehörden im Jahr 2008 und sind somit nicht auf die Bundesverwaltung insgesamt voll übertragbar.

Tab. 30.5 Durchschnittliche Fehltage nach Laufbahngruppen von 1998 bis 2008

	Höherer Dienst	Gehobener Dienst	Mittlerer Dienst	Einfacher Dienst	Insgesamt
1998	7,8	12,3	16,6	20,9	16,4
1999	7,8	12,5	17,5	21,4	16,9
2000	8,0	12,4	17,3	21,4	16,8
2001	7,5	12,0	17,3	20,5	16,4
2002	7,6	11,9	17,2	20,3	16,2
2003	7,3	11,7	17,0	19,2	15,7
2004	7,3	11,6	16,7	19,6	15,6
2005	7,8	12,3	17,6	19,6	16,0
2006	7,8	12,7	17,4	19,4	15,4
2007	7,9	13,1	17,9	21,1	15,7
2008	7,9	13,6	18,8	22,3	16,3

Quelle: Bundesministerium des Innern (2007, 2009, 2009a), Gesundheitsförderungsbericht 2008 sowie Krankenstands- und Gesundheitsförderungsberichte 2006 und 2007

Fehlzeiten-Report 2010

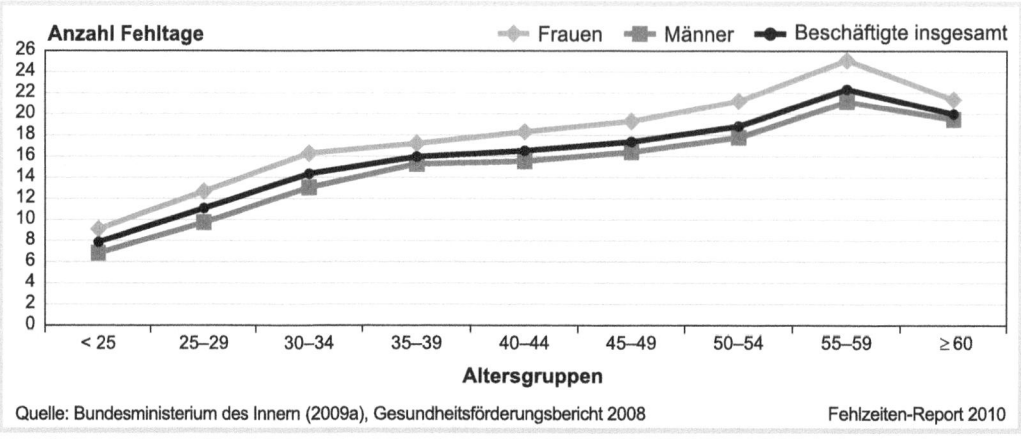

◘ Abb. 30.1 Fehltage der Beschäftigten der Bundesverwaltung nach Geschlecht und Altersgruppen 2008

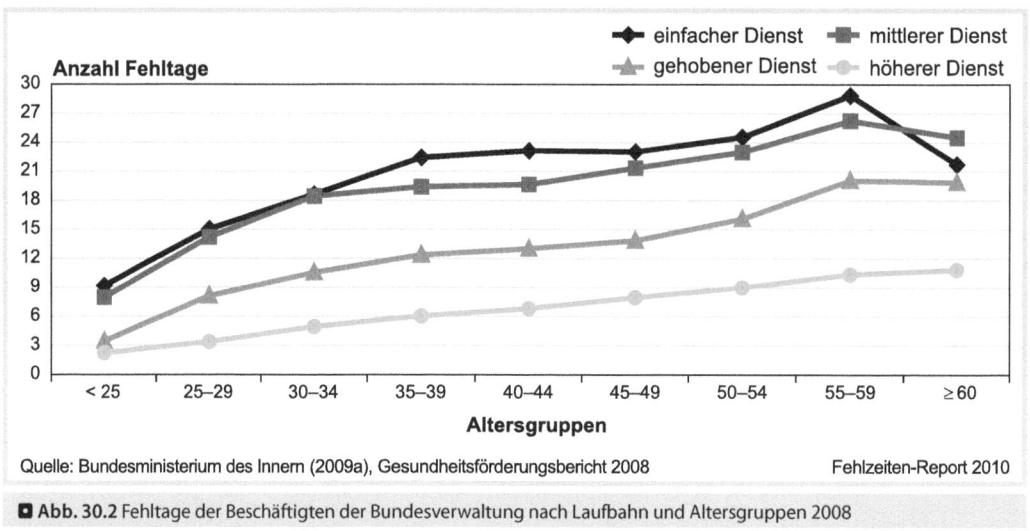

◘ Abb. 30.2 Fehltage der Beschäftigten der Bundesverwaltung nach Laufbahn und Altersgruppen 2008

◘ Abb. 30.1 stellt die Entwicklung der Fehltage der Beschäftigten der Bundesverwaltung nach Altersgruppen für das Jahr 2008 getrennt nach den Geschlechtern dar.

◘ Abb. 30.1 zeigt einen – unabhängig vom Geschlecht – ansteigenden Verlauf der Fehltage mit zunehmendem Alter, der sich erst in der Altersgruppe der über 60-Jährigen umkehrt. Letzteres ist vermutlich auf den als „healthy-worker-effect" bezeichneten Selektionsmechanismen zurückzuführen. Danach scheiden gesundheitlich stark beeinträchtigte Beschäftigte über Frühverrentungsmöglichkeiten und Altersteilzeit oftmals aus, sodass sie in der Betrachtungsgruppe keine Berücksichtigung finden. Beschäftigte unter 25 Jahre waren im Durchschnitt lediglich 7,88 Tage krank, während Beschäftigte im Alter zwischen 55 und 59 Jahren durchschnittlich 22,36 Fehltage zu verbuchen hatten und damit drei Mal häufiger krank waren als die unter 25-Jährigen. Der Krankenstand der Frauen in der Bundesverwaltung ist um 2,04 Tage (12,8 %) höher als der Krankenstand der Männer. Wie der Verlauf zeigt, liegt der Krankenstand der Frauen in allen Altersgruppen über dem der Männer. In der Tendenz gibt es allerdings keine signifikanten Unterschiede zwischen den Fehltagen der Frauen und der Männer.

Der Verlauf in ◘ Abb. 30.1 spiegelt sich in ◘ Abb. 30.2 auch in der Betrachtung nach Alter und Laufbahngruppen deutlich wider. Es veranschaulicht zudem, dass die festgestellte Korrelation „je höher die Laufbahngruppe, desto niedriger der Krankenstand" auch anhand der Erfassung nach Altersgruppen deutlich in Erscheinung tritt. Grundsätzlich steigen zwar die Fehltage in den Laufbahngruppen mit dem Alter kontinuierlich an, jedoch geht die Entwicklung von unterschiedlichen Fehltagen aus (Alter 25–29 Jahre: einfacher Dienst 15,05; mittlerer Dienst 14,21; gehobener Dienst 8,10; höherer Dienst 3,38) und endet auch auf unterschiedlichen Niveaus.

Interessant ist an dieser Stelle auch, dass die höchste Differenz zwischen den Laufbahngruppen in der Altersgruppe der 35- bis 39-Jährigen zu finden ist: Beschäftigte des höheren Dienstes haben 6,04 Fehltage, Beschäftigte des einfachen Dienstes 22,41 Fehltage; das ist eine Differenz von 16,37 Tagen. In der Altersgruppe der 40- bis 44-Jährigen zeigt sich eine Differenz von 16,33 Tagen. In dieser Altersgruppe haben die Beschäftigten im höheren Dienst 6,81 Fehltage und die des einfachen Dienstes 23,14 Fehltage.

Anhand der ◘ Abb. 30.2 ist zu sehen, dass beim Krankenstand des höheren Dienstes der healthy-worker-effect nicht eintritt, während er bei den anderen Laufbahngruppen unterschiedliche Ausprägung hat: Im gehobenen Dienst sind die Fehltage minimal rückgängig, im mittleren Dienst sinken die Fehltage schon stärker und im einfachen Dienst ist der Rückgang der Fehltage stark ausgeprägt. Je niedriger die Laufbahngruppe ist, desto höher ist somit dieser Effekt zu spüren.

30.8 Vergleich mit dem Krankenstand der AOK-Versicherten

Der bereinigte Wert FN[12] in der Bundesverwaltung liegt 2008 mit 5,85 % deutlich über dem Gesamtwert der AOK (4,6 %), aber auch über dem Wert der im Bereich öffentliche Verwaltung/Sozialversicherung beschäftigten AOK-Versicherten (5,2 %). Auch in den Jahren von 1998 bis 2008 sind die Fehlzeiten der Bundesverwaltung jeweils höher als die Gesamtwerte der AOK, während die Werte der AOK für den Bereich öffentliche Verwaltung/Sozialversicherung bis zum Jahr 2003 etwa den Werten für die Bundesverwaltung entsprechen (◘ Tab. 30.6).

Bei diesem Vergleich ist zu berücksichtigen, dass die Erhebungsparameter (► Abschn. 30.1.1) nicht exakt einander entsprechen, sodass kein 100 %iger Vergleich möglich ist. In der Tendenz bleibt der Unterschied jedoch signifikant.

Eine mögliche Erklärung für die relativ hohen Fehlzeiten in der Bundesverwaltung könnte die ungünstige Altersstruktur (◘ Tab. 30.7) im öffentlichen Dienst sein. Wissenschaftliche Studien und die Erhebungen der Krankenkassen zeigen, dass die Wahrscheinlichkeit zu erkranken insbesondere durch das Lebensalter beeinflusst wird. Das altersspezifische Grundmuster ist dadurch gekennzeichnet, dass die unter 25-Jährigen öfter, aber kürzer arbeitsunfähig sind, während die älteren Erwerbstätigen seltener, aber länger erkranken. Insbesondere bei der Gruppe der über 45-Jährigen steigt

◘ Tab. 30.6 Entwicklung des Krankenstandes der Beschäftigten der unmittelbaren Bundesverwaltung im Vergleich zu den AOK-Versicherten und den AOK-Versicherten im Bereich der öffentlichen Verwaltung/Sozialversicherung (jeweils in %) von 1998–2008

	1998	1999	2000	2001	2002	2003	2004	2005	2006	2007	2008
AOK*	5,2	5,4	5,4	5,3	5,2	4,9	4,5	4,4	4,2	4,5	4,6
davon ÖV**	6,2	6,5	6,3	6,1	5,9	5,6	5,2	5,1	5,0	5,2	5,2
Bund***	6,0	6,2	6,1	6,0	5,9	5,7	5,6	5,8	5,5	5,7	5,9

* Gesamtzahlen AOK, Krankenstand der erwerbstätigen AOK-Versicherten in % (bei der AOK versicherte Beschäftigte des Bundes sind enthalten). Quelle: Badura et al. 2010
** AOK-Bereich öffentliche Verwaltung/Sozialversicherung (bei der AOK versicherte Beschäftigte des Bundes sind enthalten). Im Jahr 2005 ohne „Sozialversicherung/Arbeitsförderung". Quelle: Badura et al. 2010
*** Bereinigte Zahlen: Abgezogen wurden Rehabilitationsmaßnahmen und 50 v.H. der Kurzzeiterkrankungen; kein Abzug erfolgte für Fehlzeiten auf Grund von Arbeits-/Dienstunfällen und Wegeunfällen.
Quelle: Bundesministerium des Innern (2007, 2009, 2009a), Gesundheitsförderungsbericht 2008 sowie Krankenstands- und Gesundheitsförderungsberichte 2006 und 2007

Fehlzeiten-Report 2010

---

12 Bereinigte Zahlen: Abgezogen wurden Rehabilitationsmaßnahmen und 50 v. H. der Kurzzeiterkrankungen; kein Abzug erfolgte für Fehlzeiten aufgrund von Arbeits-/Dienstunfällen und Wegeunfällen.

Tab. 30.7 Altersstruktur des Personals der Bundesverwaltung und der Erwerbsbevölkerung insgesamt in den Jahren 2004 bis 2008 (jeweils in %)

Altersgruppen nach Jahren	Unmittelbare Bundesverwaltung					Erwerbsbevölkerung insgesamt				
	2004	2005	2006	2007	2008	2004	2005	2006	2007	2008
< 25	5,6	6,1	6,2	6,1	6,2	11,2	11,4	11,9	12,0	12,0
25–44	43,8	42,0	40,6	39,0	38,2	50,4	50,1	49,1	48,0	47,0
45–59	42,7	43,6	44,9	46,2	47,1	33,1	33,2	34,1	34,7	35,6
≥ 60	7,9	8,3	8,2	8,7	8,5	5,3	5,3	4,9	5,3	5,5

Quelle: Bundesministerium des Innern (2009a), Gesundheitsförderungsbericht 2008

Fehlzeiten-Report 2010

die Zahl der Krankheitstage als Folge von chronischen Erkrankungen deutlich an.

Die Altersstruktur der Bundesverwaltung weicht mit einem hohen Anteil älterer Beschäftigter deutlich von der allgemeinen Altersstruktur der Erwerbstätigen ab. Nach einer Erhebung des Statischen Bundesamtes zum Stichtag 30. Juni 2008 waren 55,6 % der Beschäftigten in der Bundesverwaltung im Alter von 45 und mehr Jahren und 6,2 % jünger als 25 Jahre (Statistisches Bundesamt 2009a). Die Vergleichswerte für die erwerbstätige Bevölkerung in Deutschland insgesamt lagen bei 41,1 % für die ab 45-Jährigen und 12 % für die unter 25-Jährigen (Statistisches Bundesamt 2009b). Die 25- bis 44-Jährigen, die in der gesamten Erwerbsbevölkerung mit 47 % die stärkste Altersgruppe bildeten, machten im Bundesdienst nur 38,2 % aus (◘ Tab. 30.7).

Erst wenn das vergleichsweise hohe Durchschnittsalter der Beschäftigten in der unmittelbaren Bundesverwaltung berücksichtigt und eine entsprechende Standardisierung des Zahlenmaterials vorgenommen wird, ist ein verlässlicher Vergleich zwischen Bundesdienst und AOK-Versicherten bzw. der Privatwirtschaft insgesamt möglich. Betrachtet man nur die rund 65 % der Beschäftigten der unmittelbaren Bundesverwaltung, für die im Jahr 2008 eine Altersstandardisierung vorgenommen werden konnte, beträgt der bereinigte Krankenstand 5,95 %. Bei Abbildung der Alters- und Geschlechterstruktur der unmittelbaren Bundesverwaltung auf die entsprechende Struktur der AOK-Versicherten ergibt sich ein Krankenstand von 5,58 % – es ergibt sich somit eine Annäherung an den AOK-Wert.[13]

30.9 Zwischenbilanz und Ausblick

Das Betriebliche Gesundheitsmanagement in der unmittelbaren Bundesverwaltung bekommt Dynamik. Es ist ein beschäftigtenfreundliches Konzept mit einem ganzheitlichen Ansatz. Gesundheitsmanagement greift zum einen in das individuelle Gesundheitsverhalten der Beschäftigten ein, zum anderen auch in die Arbeitsorganisation der Behörden. BGM führt dadurch zu einer Win-Win-Situation bei Arbeitgebern und bei Beschäftigten – gekennzeichnet wird diese zum einen durch eine hohe Arbeitsfähigkeit, zum anderen durch eine Verbesserung von Lebensqualität[14]. Mit dem Projekt „Systematische Betriebliche Gesundheitsförderung im unmittelbaren Bundesdienst" im Rahmen des Regierungsprogramms „Zukunftsorientierte Verwaltung durch Innovationen" hat die Bundesregierung die erforderlichen Weichen gestellt. Gleichzeitig soll der Krankenstand reduziert werden und zum Ausgleich bzw. zur Milderung der Folgen der zunehmenden Alterung von Belegschaften und zur Aktivierung von bisher ungenutzten Potenzialen von Beschäftigten dienen. Der hohe Krankenstand und der weiter steigende Altersdurchschnitt in der Bundesverwaltung signalisieren jedoch zusätzlichen Handlungsbedarf.

In jährlichen Ressortbesprechungen seit 2006 werden im Ressortkreis gemeinsame Folgerungen aus dem Gesundheitsförderungsbericht gezogen. Folgende Ergebnisse sind hervorzuheben:
- Das Bundesministerium des Innern bereitet die wesentlichen Daten für jedes Ressort (oberste Bundesbehörde und Geschäftsbereichsbehörden) in einer internen Benchmarkunterlage auf. Hier werden die jeweiligen Einzeldaten der Ressorts den entsprechenden Durchschnittsdaten für den unmittelbaren Bundesdienst gegenübergestellt.

---

13 Quelle: Bundesministerium des Innern (2009a) Gesundheitsförderungsbericht 2008

14 Innovative Verwaltung 2007

- Für ein Benchmarking mit der Privatwirtschaft und innerhalb des Bundesdienstes ist mit der Erhebung 2007 ein Einstieg in die Alters- und Geschlechterstandardisierung erfolgt. Dieser soll in Zukunft auf alle Beschäftigten des Bundesdienstes ausgeweitet werden. Angesichts des höheren Durchschnittsalters der Beschäftigten im öffentlichen Dienst lassen sich nur so Verzerrungen beim Vergleich mit der Gesamtwirtschaft vermeiden.
- Die ressortweite Einführung einer systematischen Betrieblichen Gesundheitsförderung innerhalb des Regierungsprogramms „Zukunftsorientierte Verwaltung durch Innovationen" wird mit dem Umsetzungsplan 2009 fortgeschrieben und weiterentwickelt. Mit den Umsetzungsplänen, die jährlich evaluiert werden, sind alle Entscheidungsträger in den Ressorts und Behörden verpflichtet, eine langfristig angelegte und evaluierbare Gesundheitsförderung als Bestandteil der Personal- und Organisationsentwicklung verbindlich einzuführen bzw. zu optimieren.
- Zusätzliche Beratungsressourcen für Gesundheitsförderungsmanagement werden dem Bundesdienst durch die Unfallkasse des Bundes zur Verfügung gestellt.

Die Bundesregierung will mit diesen Bemühungen auch zu Großunternehmen der Privatwirtschaft aufschließen. Diese verstehen Betriebliches Gesundheitsmanagement als Teil ihrer Unternehmensphilosophie und als wirtschaftliche Prävention, um die Potenziale ihrer Beschäftigten langfristig zu erhalten und zu stärken und um die Mitarbeiter gleichzeitig an sich zu binden. Dieser Herausforderung stellt sich die Bundesregierung, damit ihr im öffentlichen Dienst eine Vorreiterrolle zuwachsen kann.

Literatur

Badura B, Hellmann T (2003) Betriebliche Gesundheitspolitik – Der Weg zur gesunden Organisation. Springer Verlag, Berlin Heidelberg

Badura B, Litsch M, Vetter C (2000) Fehlzeiten-Report 1999. Psychische Belastung am Arbeitsplatz. Springer Verlag, Berlin Heidelberg

Badura B, Schellschmidt H, Vetter C (2007) Fehlzeiten-Report 2006. Chronische Krankheiten – Betriebliche Strategien zur Gesundheitsförderung, Prävention und Wiedereingliederung. Springer Verlag, Berlin Heidelberg

Badura B, Schröder H, Vetter C (2008) Fehlzeiten-Report 2007. Arbeit, Geschlecht und Gesundheit. Springer Medizin Verlag, Berlin Heidelberg

Badura B, Schröder H, Klose J et al (2010) Fehlzeiten-Report 2009. Arbeit und Psyche: Belastungen reduzieren – Wohlbefinden fördern. Springer Medizin Verlag, Berlin Heidelberg

Bitzer B (2008) Fehlzeiten als Chance – Ein praxisorientierter Leitfaden für das betriebliche Gesundheitsmanagement. 5. Auflage. Expert-Verlag, Renningen

BKK Bundesverband (2006) BKK Gesundheitsreport 2006. Demografischer und wirtschaftlicher Wandel – gesundheitliche Folgen. 30. Ausgabe. Essen

Breithaupt R (2007) Gesundheitsförderung als innovatives Projekt beim Bund. Innovative Verwaltung 9:22–23

Bundesministerium des Innern (2007) Krankenstands- und Gesundheitsförderungsbericht 2006. Im Internet abrufbar unter www.bmi.bund.de (Themen A–Z, Öffentlicher Dienst, Personalmanagement)

Bundesministerium des Innern (2007) Projekt 1.5 Systematische betriebliche Gesundheitsförderung im unmittelbaren Bundesdienst. In: Bundesministerium des Innern (Hrsg) Umsetzungsplan 2009 Regierungsprogramm Zukunftsorientierte Verwaltung durch Innovationen, S 18–19

Bundesministerium des Innern (2008) Projekt 1.5 Systematische betriebliche Gesundheitsförderung im unmittelbaren Bundesdienst. In: Bundesministerium des Innern (Hrsg) Umsetzungsplan 2009 Regierungsprogramm Zukunftsorientierte Verwaltung durch Innovationen, S 34–36

Bundesministerium des Innern (2009) Krankenstands- und Gesundheitsförderungsbericht 2007. Im Internet abrufbar unter www.bmi.bund.de (Themen A–Z, Öffentlicher Dienst, Personalmanagement)

Bundesministerium des Innern (2009a) Gesundheitsförderungsbericht 2008. Im Internet abrufbar unter www.bmi.bund.de (Themen A–Z, Öffentlicher Dienst, Personalmanagement)

Bundesministerium des Innern (2009b) Projekt 1.5 Systematische betriebliche Gesundheitsförderung im unmittelbaren Bundesdienst. In: Bundesministerium des Innern (Hrsg) Umsetzungsplan 2009 Regierungsprogramm Zukunftsorientierte Verwaltung durch Innovationen, S 30–32

Bundesministerium des Innern (2009c) Der öffentliche Dienst des Bundes. Berlin

DAK (2007) DAK Gesundheitsreport 2007. Hamburg Berlin

Isidoro Losada F, Mellenthin-Schulze M (2009) Krankenstand und Gesundheitsförderung in der Bundesverwaltung. In: Badura B, Schröder H, Vetter C (Hrsg) Fehlzeiten-Report 2008. Betriebliches Gesundheitsmanagement: Kosten und Nutzen. Springer Medizin Verlag, Berlin Heidelberg, S 443–453

Marstedt G, Müller R, Jansen R (2002) Rationalisierung, Arbeitsbelastungen und Arbeitsunfähigkeit im Öffentlichen Dienst. In: Badura B, Litsch M, Vetter C (Hrsg) Fehlzeiten-Report 2001. Gesundheitsmanagement im öffentlichen Sektor. Springer, Berlin Heidelberg, S 19–37

Slesina W (2008) Betriebliche Gesundheitsförderung in der Bundesrepublik Deutschland. In: Bundesgesundheitsblatt – Gesundheitsforschung und Gesundheitsschutz, Arbeit und Gesundheit. Heidelberg

Statistisches Bundesamt (2009a) Beschäftigte des Bundes nach Einstufungen und Altersgruppen 2008. Dienstbericht. Für den Dienstgebrauch der obersten Bundesbehörden. Wiesbaden

Statistisches Bundesamt (2009b) Mikrozensus 2008 Bevölkerung und Erwerbstätigkeit. Stand und Entwicklung der Erwerbstätigkeit. Band 2 Deutschland. Fachserie 1, Reihe 4.1.1. Wiesbaden

TK (2008) TK Gesundheitsreport 2008. Hamburg

Vetter C, Küsgens I, Madaus C (2007) Krankheitsbedingte Fehlzeiten in der deutschen Wirtschaft im Jahr 2005. In: Badura B, Schellschmidt H, Vetter C (Hrsg) Fehlzeiten-Report 2006. Chronische Krankheiten. Springer Medizin Verlag, Berlin Heidelberg, S 201–42

Anhang

A 1   Internationale Statistische Klassifikation der Krankheiten und verwandter Gesundheitsprobleme (10. Revision, Version 2008, German Modification)

A 2   Branchen in der deutschen Wirtschaft basierend auf der Klassifikation der Wirtschaftszweige (Ausgabe 2008/NACE)

Anhang 1

Internationale Statistische Klassifikation der Krankheiten und verwandter Gesundheitsprobleme (10. Revision, Version 2008, German Modification)

I.	**Bestimmte infektiöse und parasitäre Krankheiten (A00-B99)**
A00-A09	Infektiöse Darmkrankheiten
A15-A19	Tuberkulose
A20-A28	Bestimmte bakterielle Zoonosen
A30-A49	Sonstige bakterielle Krankheiten
A50-A64	Infektionen, die vorwiegend durch Geschlechtsverkehr übertragen werden
A65-A69	Sonstige Spirochätenkrankheiten
A70-A74	Sonstige Krankheiten durch Chlamydien
A75-A79	Rickettsiosen
A80-A89	Virusinfektionen des Zentralnervensystems
A90-A99	Durch Arthropoden übertragene Viruskrankheiten und virale hämorrhagische Fieber
B00-B09	Virusinfektionen, die durch Haut- und Schleimhautläsionen gekennzeichnet sind
B15-B19	Virushepatitis
B20-B24	HIV-Krankheit [Humane Immundefizienz-Viruskrankheit]
B25-B34	Sonstige Viruskrankheiten
B35-B49	Mykosen
B50-B64	Protozoenkrankheiten
B65-B83	Helminthosen
B85-B89	Pedikulose [Läusebefall], Akarinose [Milbenbefall] und sonstiger Parasitenbefall der Haut
B90-B94	Folgezustände von infektiösen und parasitären Krankheiten
B95-B97	Bakterien, Viren und sonstige Infektionserreger als Ursache von Krankheiten, die in anderen Kapiteln klassifiziert sind
B99	Sonstige Infektionskrankheiten

II. Neubildungen (C00-D48)

C00-C75	Bösartige Neubildungen an genau bezeichneten Lokalisationen, als primär festgestellt oder vermutet, ausgenommen lymphatisches, blutbildendes und verwandtes Gewebe
C76-C80	Bösartige Neubildungen ungenau bezeichneter, sekundärer und nicht näher bezeichneter Lokalisationen
C81-C96	Bösartige Neubildungen des lymphatischen, blutbildenden und verwandten Gewebes, als primär festgestellt und vermutet
C97	Bösartige Neubildungen als Primärtumoren an mehreren Lokalisationen
D00-D09	In-situ-Neubildungen
D10-D36	Gutartige Neubildungen
D37-D48	Neubildungen unsicheren oder unbekannten Verhaltens

III. Krankheiten des Blutes und der blutbildenden Organe sowie bestimmte Störungen mit Beteiligung des Immunsystems (D50-D90)

D50-D53	Alimentäre Anämien
D55-D59	Hämolytische Anämien
D60-D64	Aplastische und sonstige Anämien
D65-D69	Koagulopathien, Purpura und sonstige hämorrhagische Diathesen
D70-D77	Sonstige Krankheiten des Blutes und der blutbildenden Organe
D80-D90	Bestimmte Störungen mit Beteiligung des Immunsystems

IV. Endokrine, Ernährungs- und Stoffwechselkrankheiten (E00-E90)

E00-E07	Krankheiten der Schilddrüse
E10-E14	Diabetes mellitus
E15-E16	Sonstige Störungen der Blutglukose-Regulation und der inneren Sekretion des Pankreas
E20-E35	Krankheiten sonstiger endokriner Drüsen
E40-E46	Mangelernährung
E50-E64	Sonstige alimentäre Mangelzustände
E65-E68	Adipositas und sonstige Überernährung
E70-E90	Stoffwechselstörungen

V. Psychische und Verhaltensstörungen (F00-F99)

F00-F09	Organische, einschließlich symptomatischer psychischer Störungen
F10-F19	Psychische und Verhaltensstörungen durch psychotrope Substanzen
F20-F29	Schizophrenie, schizotype und wahnhafte Störungen
F30-F39	Affektive Störungen
F40-F48	Neurotische, Belastungs- und somatoforme Störungen
F50-F59	Verhaltensauffälligkeiten mit körperlichen Störungen und Faktoren
F60-F69	Persönlichkeits- und Verhaltensstörungen
F70-F79	Intelligenzstörung
F80-F89	Entwicklungsstörungen
F90-F98	Verhaltens- und emotionale Störungen mit Beginn in der Kindheit und Jugend
F99	Nicht näher bezeichnete psychische Störungen

Int. Statistische Klassifikation der Krankheiten und verwandter Gesundheitsprobleme

VI.	Krankheiten des Nervensystems (G00-G99)
G00-G09	Entzündliche Krankheiten des Zentralnervensystems
G10-G13	Systematrophien, die vorwiegend das Zentralnervensystem betreffen
G20-G26	Extrapyramidale Krankheiten und Bewegungsstörungen
G30-G32	Sonstige degenerative Krankheiten des Nervensystems
G35-G37	Demyelinisierende Krankheiten des Zentralnervensystems
G40-G47	Episodische und paroxysmale Krankheiten des Nervensystems
G50-G59	Krankheiten von Nerven, Nervenwurzeln und Nervenplexus
G60-G64	Polyneuropathien und sonstige Krankheiten des peripheren Nervensystems
G70-G73	Krankheiten im Bereich der neuromuskulären Synapse und des Muskels
G80-G83	Zerebrale Lähmung und sonstige Lähmungssyndrome
G90-G99	Sonstige Krankheiten des Nervensystems

VII.	Krankheiten des Auges und der Augenanhangsgebilde (H00-H59)
H00-H06	Affektionen des Augenlides, des Tränenapparates und der Orbita
H10-H13	Affektionen der Konjunktiva
H15-H22	Affektionen der Sklera, der Hornhaut, der Iris und des Ziliarkörpers
H25-H28	Affektionen der Linse
H30-H36	Affektionen der Aderhaut und der Netzhaut
H40-H42	Glaukom
H43-H45	Affektionen des Glaskörpers und des Augapfels
H46-H48	Affektionen des N. opticus und der Sehbahn
H49-H52	Affektionen der Augenmuskeln, Störungen der Blickbewegungen sowie Akkommodationsstörungen und Refraktionsfehler
H53-H54	Sehstörungen und Blindheit
H55-H59	Sonstige Affektionen des Auges und Augenanhangsgebilde

VIII.	Krankheiten des Ohres und des Warzenfortsatzes (H60-H95)
H60-H62	Krankheiten des äußeren Ohres
H65-H75	Krankheiten des Mittelohres und des Warzenfortsatzes
H80 H83	Krankheiten des Innenohres
H90-H95	Sonstige Krankheiten des Ohres

IX.	Krankheiten des Kreislaufsystems (I00-I99)
I00-I02	Akutes rheumatisches Fieber
I05-I09	Chronische rheumatische Herzkrankheiten
I10-I15	Hypertonie [Hochdruckkrankheit]
I20-I25	Ischämische Herzkrankheiten
I26-I28	Pulmonale Herzkrankheit und Krankheiten des Lungenkreislaufs
I30-I52	Sonstige Formen der Herzkrankheit
I60-I69	Zerebrovaskuläre Krankheiten
I70-I79	Krankheiten der Arterien, Arteriolen, und Kapillaren
I80-I89	Krankheiten der Venen, der Lymphgefäße und de Lymphknoten, anderenorts nicht klassifiziert
I95-I99	Sonstige und nicht näher bezeichnete Krankheiten des Kreislaufsystems

X. Krankheiten des Atmungssystems (J00-J99)

J00-J06	Akute Infektionen der oberen Atemwege
J10-J18	Grippe und Pneumonie
J20-J22	Sonstige akute Infektionen der unteren Atemwege
J30-J39	Sonstige Krankheiten der oberen Atemwege
J40-J47	Chronische Krankheiten oder unteren Atemwege
J60-J70	Lungenkrankheiten durch exogene Substanzen
J80-J84	Sonstige Krankheiten der Atmungsorgane, die hauptsächlich das Interstitium betreffen
J85-J86	Purulente und nekrotisierende Krankheitszustände der unteren Atemwege
J90-J94	Sonstige Krankheiten der Pleura
J95-J99	Sonstige Krankheiten des Atmungssystems

XI. Krankheiten des Verdauungssystems (K00-K93)

K00-K14	Krankheiten der Mundhöhle, der Speicheldrüsen und der Kiefer
K20-K31	Krankheiten des Ösophagus, des Magens und des Duodenums
K35-K38	Krankheiten des Appendix
K40-K46	Hernien
K50-K52	Nichtinfektiöse Enteritis und Kolitis
K55-K63	Sonstige Krankheiten des Darms
K65-K67	Krankheiten des Peritoneums
K70-K77	Krankheiten der Leber
K80-K87	Krankheiten der Gallenblase, der Gallenwege und des Pankreas
K90-K93	Sonstige Krankheiten des Verdauungssystems

XII. Krankheiten der Haut und der Unterhaut (L00-L99)

L00-L08	Infektionen der Haut und der Unterhaut
L10-L14	Bullöse Dermatosen
L20-L30	Dermatitis und Ekzem
L40-L45	Papulosquamöse Hautkrankheiten
L50-L54	Urtikaria und Erythem
L55-L59	Krankheiten der Haut und der Unterhaut durch Strahleneinwirkung
L60-L75	Krankheiten der Hautanhangsgebilde
L80-L99	Sonstige Krankheiten der Haut und der Unterhaut

XIII. Krankheiten des Muskel-Skelett-Systems und des Bindegewebes (M00-M99)

M00-M25	Arthropathien
M30-M36	Systemkrankheiten des Bindegewebes
M40-M54	Krankheiten der Wirbelsäule und des Rückens
M60-M79	Krankheiten der Weichteilgewebe
M80-M94	Osteopathien und Chondropathien
M95-M99	Sonstige Krankheiten des Muskel-Skelett-Systems und des Bindegewebes

XIV. Krankheiten des Urogenitalsystems (N00-N99)

N00-N08	Glomeruläre Krankheiten
N10-N16	Tubulointerstitielle Nierenkrankheiten
N17-N19	Niereninsuffizienz
N20-N23	Urolithiasis
N25-N29	Sonstige Krankheiten der Niere und des Ureters
N30-N39	Sonstige Krankheiten des Harnsystems
N40-N51	Krankheiten der männlichen Genitalorgane
N60-N64	Krankheiten der Mamma [Brustdrüse]
N70-N77	Entzündliche Krankheiten der weiblichen Beckenorgane
N80-N98	Nichtentzündliche Krankheiten des weiblichen Genitaltraktes
N99	Sonstige Krankheiten des Urogenitalsystems

XV. Schwangerschaft, Geburt und Wochenbett (O00-O99)

O00-O08	Schwangerschaft mit abortivem Ausgang
O09	Schwangerschaftsdauer
O10-O16	Ödeme, Proteinurie und Hypertonie während der Schwangerschaft, der Geburt und des Wochenbettes
O20-O29	Sonstige Krankheiten der Mutter, die vorwiegend mit der Schwangerschaft verbunden sind
O30-O48	Betreuung der Mutter im Hinblick auf den Feten und die Amnionhöhle sowie mögliche Entbindungskomplikationen
O60-O75	Komplikation bei Wehentätigkeit und Entbindung
O80-O84	Entbindung
O85-O92	Komplikationen, die vorwiegend im Wochenbett auftreten
O95-O99	Sonstige Krankheitszustände während der Gestationsperiode, die anderenorts nicht klassifiziert sind.

XVI. Bestimmte Zustände, die ihren Ursprung in der Perinatalperiode haben (P00-P96)

P00-P04	Schädigung des Feten und Neugeborenen durch mütterliche Faktoren und durch Komplikationen bei Schwangerschaft, Wehentätigkeit und Entbindung
P05-P08	Störungen im Zusammenhang mit der Schwangerschaftsdauer und dem fetalen Wachstum
P10-P15	Geburtstrauma
P20-P29	Krankheiten des Atmungs- und Herz-Kreislaufsystems, die für die Perinatalperiode spezifisch sind
P35-P39	Infektionen, die für die Perinatalperiode spezifisch sind
P50-P61	Hämorrhagische und hämatologische Krankheiten beim Feten und Neugeborenen
P70-P74	Transitorische endokrine und Stoffwechselstörungen, die für Feten und das Neugeborene spezifisch sind
P75P78	Krankheiten des Verdauungssystems beim Feten und Neugeborenen
P80-P83	Krankheitszustände mit Beteiligung der Haut und der Temperaturregulation beim Feten und Neugeborenen
P90-P96	Sonstige Störungen, die ihren Ursprung in der Perinatalperiode haben

XVII. Angeborene Fehlbildungen, Deformitäten und Chromosomenanomalien (Q00-Q99)

Q00-Q07	Angeborene Fehlbildungen des Nervensystems
Q10-Q18	Angeborene Fehlbildungen des Auges, des Ohres, des Gesichts und des Halses
Q20-Q28	Angeborene Fehlbildungen des Kreislaufsystems
Q30Q34	Angeborene Fehlbildungen des Atmungssystems
Q35-Q37	Lippen-, Kiefer- und Gaumenspalte
Q38-Q45	Sonstige angeborene Fehlbildungen des Verdauungssystems
Q50-Q56	Angeborene Fehlbildungen der Genitalorgane
Q60-Q64	Angeboren Fehlbildungen des Harnsystems
Q65-Q79	Angeborene Fehlbildungen und Deformitäten des Muskel-Skelett-Systems
Q80-Q89	Sonstige angeborene Fehlbildungen
Q90-Q99	Chromosomenanomalien, anderenorts nicht klassifiziert

XVIII. Symptome und abnorme klinische und Laborbefunde, die anderenorts nicht klassifiziert sind (R00-R99)

R00-R09	Symptome, die das Kreislaufsystem und Atmungssystem betreffen
R10-R19	Symptome, die das Verdauungssystem und das Abdomen betreffen
R20-R23	Symptome, die die Haut und das Unterhautgewebe betreffen
R25-R29	Symptome, die das Nervensystem und Muskel-Skelett-System betreffen
R30-R39	Symptome, die das Harnsystem betreffen
R40-R46	Symptome, die das Erkennungs- und Wahrnehmungsvermögen, die Stimmung und das Verhalten betreffen
R47-R49	Symptome, die die Sprache und die Stimme betreffen
R50-R69	Allgemeinsymptome
R70-R79	Abnorme Blutuntersuchungsbefunde ohne Vorliegen einer Diagnose
R80-R82	Abnorme Urinuntersuchungsbefunde ohne Vorliegen einer Diagnose
R83-R89	Abnorme Befunde ohne Vorliegen einer Diagnose bei der Untersuchung anderer Körperflüssigkeiten, Substanzen und Gewebe
R90-R94	Abnorme Befunde ohne Vorliegen einer Diagnose bei bildgebender Diagnostik und Funktionsprüfungen
R95-R99	Ungenau bezeichnete und unbekannte Todesursachen

XIX. Verletzungen, Vergiftungen und bestimmte andere Folgen äußerer Ursachen (S00-T98)

S00-S09	Verletzungen des Kopfes
S10-S19	Verletzungen des Halses
S20-S29	Verletzungen des Thorax
S30-S39	Verletzungen des Abdomens, der Lumbosakralgegend, der Lendenwirbelsäule und des Beckens
S40-S49	Verletzungen der Schulter und des Oberarms
S50-S59	Verletzungen des Ellenbogens und des Unterarms
S60-S69	Verletzungen des Handgelenks und der Hand
S70-S79	Verletzungen der Hüfte und des Oberschenkels
S80-S89	Verletzungen des Knies und des Unterschenkels
S90-S99	Verletzungen der Knöchelregion und des Fußes
T00-T07	Verletzung mit Beteiligung mehrerer Körperregionen
T08-T14	Verletzungen nicht näher bezeichneter Teile des Rumpfes, der Extremitäten oder anderer Körperregionen
T15-T19	Folgen des Eindringens eines Fremdkörpers durch eine natürliche Körperöffnung
T20-T32	Verbrennungen oder Verätzungen
T36-T50	Vergiftungen durch Arzneimittel, Drogen und biologisch aktive Substanzen
T51-T65	Toxische Wirkungen von vorwiegend nicht medizinisch verwendeten Substanzen
T66-T78	Sonstige nicht näher bezeichnete Schäden durch äußere Ursachen
T79	Bestimmte Frühkomplikationen eines Traumas

Int. Statistische Klassifikation der Krankheiten und verwandter Gesundheitsprobleme

XIX.	**Verletzungen, Vergiftungen und bestimmte andere Folgen äußerer Ursachen (S00-T98)**
T80-T88	Komplikationen bei chirurgischen Eingriffen und medizinischer Behandlung, anderenorts nicht klassifiziert
T89	Sonstige Komplikationen eines Traumas, anderenorts nicht klassifiziert
T90-T98	Folgen von Verletzung, Vergiftungen und sonstigen Auswirkungen äußerer Ursachen
XX.	**Äußere Ursachen von Morbidität und Mortalität (V01-Y98)**
V01-X59	Unfälle
X60-X84	Vorsätzliche Selbstbeschädigung
X85-Y09	Tätlicher Angriff
Y10-Y34	Ereignis, dessen nähere Umstände unbestimmt sind
Y35-Y36	Gesetzliche Maßnahmen und Kriegshandlungen
Y40-Y84	Komplikationen bei der medizinischen und chirurgischen Behandlung
XXI.	**Faktoren, die den Gesundheitszustand beeinflussen und zur Inanspruchnahme des Gesundheitswesen führen (Z00-Z99)**
Z00-Z13	Personen, die das Gesundheitswesen zur Untersuchung und Abklärung in Anspruch nehmen
Z20-Z29	Personen mit potentiellen Gesundheitsrisiken hinsichtlich übertragbarer Krankheiten
Z30-Z39	Personen, die das Gesundheitswesen im Zusammenhang mit Problemen der Reproduktion in Anspruch nehmen
Z40-Z54	Personen, die das Gesundheitswesen zum Zwecke spezifischer Maßnahmen und zur medizinischen Betreuung in Anspruch nehmen
Z70-Z76	Personen, die das Gesundheitswesen aus sonstigen Gründen in Anspruch nehmen
Z80-Z99	Personen mit potentiellen Gesundheitsrisiken aufgrund der Familien- oder Eigenanamnese und bestimmte Zustände, die den Gesundheitszustand beeinflussen
XXII.	**Schlüssel für besondere Zwecke (U00-U99)**

Anhang 2

Branchen in der deutschen Wirtschaft basierend auf der Klassifikation der Wirtschaftszweige (Ausgabe 2008/NACE)

Banken und Versicherungen		
K	**Erbringung von Finanz- und Versicherungsdienstleistungen**	
	64	Erbringung von Finanzdienstleistungen
	65	Versicherungen, Rückversicherungen und Pensionskassen (ohne Sozialversicherung)
	66	Mit Finanz- und Versicherungsdienstleistungen verbundene Tätigkeiten
Baugewerbe		
F	**Baugewerbe**	
	41	Hochbau
	42	Tiefbau
	43	Vorbereitende Baustellenarbeiten, Bauinstallation und sonstiges Ausbaugewerbe
Dienstleistungen		
I	**Gastgewerbe**	
	55	Beherbergung
	56	Gastronomie
J	**Information und Kommunikation**	
	58	Verlagswesen
	59	Herstellung, Verleih und Vertrieb von Filmen und Fernsehprogrammen; Kinos; Tonstudios und Verlegen von Musik
	60	Rundfunkveranstalter
	61	Telekommunikation
	62	Erbringung von Dienstleistungen der Informationstechnologie
	63	Informationsdienstleistungen
L	**Grundstücks- und Wohnungswesen**	
	68	Grundstücks- und Wohnungswesen

M	**Erbringung von freiberuflichen, wissenschaftlichen und technischen Dienstleistungen**	
	69	Rechts- und Steuerberatung, Wirtschaftsprüfung
	70	Verwaltung und Führung von Unternehmen und Betrieben; Unternehmensberatung
	71	Architektur- und Ingenieurbüros; technische, physikalische und chemische Untersuchung
	72	Forschung und Entwicklung
	73	Werbung und Marktforschung
	74	Sonstige freiberufliche, wissenschaftliche und technische Tätigkeiten
	75	Veterinärwesen
N	**Erbringung von sonstigen wirtschaftlichen Dienstleistungen**	
	77	Vermietung von beweglichen Sachen
	78	Vermittlung und Überlassung von Arbeitskräften
	79	Reisebüros, Reiseveranstalter und Erbringung sonstiger Reservierungsdienstleistungen
	80	Wach- und Sicherheitsdienste sowie Detekteien
	81	Gebäudebetreuung; Garten- und Landschaftsbau
	82	Erbringung von wirtschaftlichen Dienstleistungen für Unternehmen und Privatpersonen a. n. g.
Q	**Gesundheits- und Sozialwesen**	
	86	Gesundheitswesen
	87	Heime (ohne Erholungs- und Ferienheime)
	88	Sozialwesen (ohne Heime)
R	**Kunst, Unterhaltung und Erholung**	
	90	Kreative, künstlerische und unterhaltende Tätigkeiten
	91	Bibliotheken, Archive, Museen, botanische und zoologische Gärten
	92	Spiel-, Wett- und Lotteriewesen
	93	Erbringung von Dienstleistungen des Sports, der Unterhaltung und der Erholung
S	**Erbringung von sonstigen Dienstleistungen**	
	94	Interessenvertretungen sowie kirchliche und sonstige religiöse Vereinigungen (ohne Sozialwesen und Sport)
	95	Reparatur von Datenverarbeitungsgeräten und Gebrauchsgütern
	96	Erbringung von sonstigen überwiegend persönlichen Dienstleistungen
T	**Private Haushalte mit Hauspersonal; Herstellung von Waren und Erbringung von Dienstleistungen durch private Haushalte für den Eigenbedarf**	
	97	Private Haushalte mit Hauspersonal
	98	Herstellung von Waren und Erbringung von Dienstleistungen durch private Haushalte für den Eigenbedarf ohne ausgeprägten Schwerpunkt

Energie, Wasser, Entsorgung und Bergbau

B	**Bergbau und Gewinnung von Steinen und Erden**	
	5	Kohlenbergbau
	6	Gewinnung von Erdöl und Erdgas
	7	Erzbergbau
	8	Gewinnung von Steinen und Erden, sonstiger Bergbau
	9	Erbringung von Dienstleistungen für den Bergbau und für die Gewinnung von Steinen und Erden
D	**Energieversorgung**	
	35	Energieversorgung

Branchen in der deutschen Wirtschaft (Ausgabe 2008/NACE)

E	**Wasserversorgung; Abwasser- und Abfallentsorgung und Beseitigung von Umweltverschmutzungen**	
	36	Wasserversorgung
	37	Abwasserentsorgung
	38	Sammlung, Behandlung und Beseitigung von Abfällen; Rückgewinnung
	39	Beseitigung von Umweltverschmutzungen und sonstige Entsorgung

Erziehung und Unterricht

P	**Erziehung und Unterricht**	
	85	Erziehung und Unterricht

Handel

G	**Handel; Instandhaltung und Reparatur von Kraftfahrzeugen**	
	45	Handel mit Kraftfahrzeugen; Instandhaltung und Reparatur von Kraftfahrzeugen
	46	Großhandel (ohne Handel mit Kraftfahrzeugen)
	47	Einzelhandel (ohne Handel mit Kraftfahrzeugen)

Land- und Forstwirtschaft

A	**Land- und Forstwirtschaft, Fischerei**	
	1	Landwirtschaft, Jagd und damit verbundene Tätigkeiten
	2	Forstwirtschaft und Holzeinschlag
	3	Fischerei und Aquakultur

Metallindustrie

C	**Verarbeitendes Gewerbe**	
	24	Metallerzeugung und -bearbeitung
	25	Herstellung von Metallerzeugnissen
	26	Herstellung von Datenverarbeitungsgeräten, elektronischen und optischen Erzeugnissen
	27	Herstellung von elektrischen Ausrüstungen
	28	Maschinenbau
	29	Herstellung von Kraftwagen und Kraftwagenteilen
	30	Sonstiger Fahrzeugbau

Öffentliche Verwaltung

O	**Öffentliche Verwaltung, Verteidigung; Sozialversicherung**	
	84	Öffentliche Verwaltung, Verteidigung; Sozialversicherung
U	**Exterritoriale Organisationen und Körperschaften**	
	99	Exterritoriale Organisationen und Körperschaften

Verarbeitendes Gewerbe

C	**Verarbeitendes Gewerbe**	
	10	Herstellung von Nahrungs- und Futtermitteln
	11	Getränkeherstellung
	12	Tabakverarbeitung
	13	Herstellung von Textilien
	14	Herstellung von Bekleidung
	15	Herstellung von Leder, Lederwaren und Schuhen
	16	Herstellung von Holz-, Flecht-, Korb- und Korkwaren (ohne Möbel)
	17	Herstellung von Papier, Pappe und Waren daraus
	18	Herstellung von Druckerzeugnissen; Vervielfältigung von bespielten Ton-, Bild- und Datenträgern
	19	Kokerei und Mineralölverarbeitung
	20	Herstellung von chemischen Erzeugnissen
	21	Herstellung von pharmazeutischen Erzeugnissen
	22	Herstellung von Gummi- und Kunststoffwaren
	23	Herstellung von Glas und Glaswaren, Keramik, Verarbeitung von Steinen und Erden
	31	Herstellung von Möbeln
	32	Herstellung von sonstigen Waren
	33	Reparatur und Installation von Maschinen und Ausrüstungen

Verkehr und Transport

H	**Verkehr und Lagerei**	
	49	Landverkehr und Transport in Rohrfernleitungen
	50	Schifffahrt
	51	Luftfahrt
	52	Lagerei sowie Erbringung von sonstigen Dienstleistungen für den Verkehr
	53	Post-, Kurier- und Expressdienste

Die Autorinnen und Autoren

Thomas Altgeld

Landesvereinigung für Gesundheit und Akademie für Sozialmedizin Niedersachsen e.V.
Fenskeweg 2
30165 Hannover

Geboren 1963, Diplom Psychologe. Geschäftsführer der Landesvereinigung für Gesundheit und Akademie für Sozialmedizin Niedersachsen e.V. Arbeitsschwerpunkte: Systemische Organisationsentwicklung und -beratung, gesundheitliche Chancengleichheit, Qualitätsmanagement in der Gesundheitsförderung, Männergesundheit. Herausgeber des Newsletters zur Gesundheitsförderung „impu!se". Vorstandsmitglied der Bundesvereinigung für Prävention und Gesundheitsförderung e.V. Bonn und der Bundesarbeitsgemeinschaft Mehr Sicherheit für Kinder e.V. Bonn. Leiter der Arbeitsgruppe 7 „Gesund aufwachsen" von gesundheitsziele.de.

Prof. Dr. Bernhard Badura

Universität Bielefeld
Fakultät für Gesundheitswissenschaften
Postfach 10 01 31
33501 Bielefeld

Geboren 1943, Dr. rer. soc., Studium der Soziologie, Philosophie und Politikwissenschaften in Tübingen, Freiburg, Konstanz, Harvard/Mass. Seit dem 7. März 2008 Emeritus der Fakultät für Gesundheitswissenschaften der Universität Bielefeld.

Carol Baxter

NHS Employers
29, Bressenden Place
London
SW1E 5DD

Krankenschwester, Hebamme, Gemeindeschwester und Fachkraft für Gesundheitsförderung. Tätigkeit im Hochschulbereich, zuletzt als Professorin für Pflegewissenschaften an der Middlesex University. Schwerpunkte in der wissenschaftlichen Arbeit sowie Kernthemen verschiedener Publikationen: Gleichstellung, Vielfalt und Menschenrechte. Autorin des wegweisenden Werkes „Managing Diversity and Equality in Health and Social Care" (erschienen im Harcourt-Verlag sowie beim Royal College of Nursing (RCN)). Weiterentwicklung der Fachkompetenz in diesem Bereich u.a. durch Beteiligung an zahlreichen Initiativen des britischen Gesundheitsministeriums zum Thema Ungleichbehandlung.

Dr. Beate Beermann

Bundesanstalt für Arbeitsschutz und Arbeitsmedizin (BAuA)
Friedrich-Henkel-Weg 1–25
44149 Dortmund

Studium der Psychologie mit dem Schwerpunkt Sozialpsychologie und Arbeits- und Organisationspsychologie. Von 1985 bis 1992 wissenschaftliche Mitarbeiterin im Institut für Arbeitsphysiologie an der Universität Dortmund. Seit 1992 wissenschaftliche Mitarbeiterin in der Abteilung „Strategie und Grundsatzfragen" der BAuA. Seit 2002 Leiterin der Gruppe „Politikberatung, Soziale und Wirtschaftliche Rahmenbedingungen".

Prof. Dr. Lutz Bellmann

Institut für Arbeitsmarkt- und Berufsforschung
Die Forschungseinrichtung der Bundesagentur für Arbeit
Regensburger Straße 104
90478 Nürnberg

Geboren 1956, Studium, 1985 Promotion und 2003 Habilitation im Fachbereich Wirtschaftswissenschaften an der Leibniz-Universität Hannover. 2009 Ernennung zum Universitätsprofessor für Volkswirtschaftslehre, insbes. Arbeitsökonomie, an der Friedrich-Alexander Universität Erlangen-Nürnberg bei gleichzeitiger Leitung des IAB-Forschungsbereichs „Betriebe und Beschäftigung" und des IAB-Betriebspanels. Ausgewählte Arbeitsschwerpunkte: Themen der atypischen Beschäftigung, der betrieblichen Aus- und Weiterbildung sowie weitere personal- und arbeitsökonomische Fragestellungen.

Dr. Wolfgang Bödeker

BKK Bundesverband
Abteilung Gesundheit
Kronprinzenstraße 6
45128 Essen

Leiter des Referats „Initiative Gesundheit und Arbeit" beim Bundesverband der Betriebskrankenkassen. Ausbildung zum Krankenpfleger, Studium der Mathematik und Biologie. Arbeitsgebiete: Arbeitsbedingte Erkrankungen, Kosten und Nutzen der Prävention, arbeitsweltbezogene Gesundheitsberichterstattung.

Die Autorinnen und Autoren

Wibke Boysen

Universität Hamburg
Rentzelstraße 7
20146 Hamburg

Master of Arts, Wissenschaftliche Mitarbeiterin in der Projektgruppe (Weiter-)Bildung im Lebenszusammenhang. Schwerpunkte: Lebenslaufforschung, Verknüpfung von Erwerbs-, Bildungs-, Familienverläufen, Demografischer Wandel.

Patrick Brzoska

Universität Bielefeld
Fakultät für Gesundheitswissenschaften
Abt. Epidemiologie & International Public Health
Universitätsstraße 25
33615 Bielefeld

Bachelor of Science, MPH. Seit 2006 in der Abteilung Epidemiologie & International Public Health an der Fakultät für Gesundheitswissenschaften der Universität Bielefeld. Arbeitsschwerpunkte: Migration und Gesundheit, chronische Krankheiten, Krankheitsvorstellungen und International Public Health. Lehre in Epidemiologie und International Public Health im Bachelor-Studiengang „Health Communication". Aktuelle Forschung zur rehabilitativen Versorgung bei Menschen mit Migrationshintergrund und Entwicklung quantitativer Erhebungsinstrumente für die Migrationsforschung.

Klaus Busch

Bundesministerium für Gesundheit
Rochusstraße 1
53123 Bonn

Studium der Elektrotechnik/Nachrichtentechnik an der FH Lippe, Abschluss: Diplom-Ingenieur. Studium der Volkswirtschaftslehre mit dem Schwerpunkt Sozialpolitik an der Universität Hamburg, Abschluss: Diplom-Volkswirt. Referent in der Grundsatz- und Planungsabteilung des Bundesministeriums für Arbeit und Sozialordnung (BMA) für das Rechnungswesen und die Statistik in der Sozialversicherung. Referent in der Abteilung „Krankenversicherung" des Bundesministeriums für Gesundheit (BMG) für ökonomische Fragen der zahnmedizinischen Versorgung und für Heil- und Hilfsmittel. Derzeit Referent in der Abteilung „Grundsatzfragen der Gesundheitspolitik, Pflegesicherung" des BMG im Referat „Grundsatzfragen der Gesundheitspolitik, Gesamtwirtschaftliche Aspekte des Gesundheitswesens". Vertreter des BMG im Statistischen Beirat des Statistischen Bundesamtes.

Paul Deemer

NHS Employers
29, Bressenden Place
London
SW1E 5DD

Seit mehr als 20 Jahren im Personalbereich tätig sowie in der Kommunalverwaltung, im ehrenamtlichen Bereich und im Gesundheitssektor. Während der Tätigkeit bei der gemeinnützigen Organisation Barnardo's Übernahme der Funktion des nationalen Beauftragten für Gleichstellung und Vielfalt. Im Jahr

2000 Berufung in die Arbeitsgruppe für Gleichstellung und Vielfalt beim britischen Gesundheitsministerium, Schwerpunkt: Mitentwicklung eines landesweiten Diversity-Management-Konzepts. Derzeitige Beschäftigung bei den NHS Employers, die die Interessen von NHS Trusts in ganz England vertreten. Aufgaben: Unterstützung der NHS-Organisationen bei der Einführung geeigneter Diversity-Management-Verfahren.

Prof. Dr. Manfred Ehling

Statistisches Bundesamt
Gustav-Stresemann-Ring 11
65189 Wiesbaden

Seit März 2009 Leitung des Arbeitsbereiches „Bevölkerungsentwicklung, Migration, Gebietsgliederung, Rechtspflege" im Statistischen Bundesamt. Davor Leitung des Instituts für Forschung und Entwicklung in der Bundesstatistik. Professor für angewandte statistische Methoden an der Hochschule Fresenius für Wirtschaft und Medien in Idstein. Arbeitsschwerpunkte: Grundsatzfragen der Bevölkerungsstatistik, statistische und demografische Methoden sowie Auswirkungen des demografischen Wandels.

Anne Fitzgerald

Universität Bielefeld
Fakultät für Gesundheitswissenschaften
Universitätsstraße 25
33615 Bielefeld

Geboren 1961 in England. Studium der Betriebswirtschaftslehre an der FH Worms, danach IT-Trainee-Programm in Deutschland und den USA, anschließend 13 Jahre als Systems Engineer und IT-Consultant tätig. 2004 berufliche Umorientierung in das Gesundheits- und Sozialwesen, Projektmanagerin für eine NGO, Masterabschluss in „Management von Gesundheits- und Sozialeinrichtungen" der TU Kaiserslautern. Anschließend als Qualitätsmanagerin im Krankenhaus beschäftigt. Seit Oktober 2007 Doktorandin im Promotionsstudiengang Public Health der Fakultät für Gesundheitswissenschaften der Universität Bielefeld.

Prof. Dr. Harry Friebel

Universität Hamburg
Fakultät Wirtschafts- und Sozialwissenschaften
Fachbereich Sozialökonomie
Von-Melle-Park 9
20146 Hamburg

Hochschullehrer für Soziologie an der Universität Hamburg. Schwerpunkte: Bildungs- und Biografieforschung, Weiterbildung, Methoden empirischer Sozialforschung, Demografischer Wandel. Leiter der Projektgruppe (Weiter-)Bildung im Lebenszusammenhang.

Die Autorinnen und Autoren

Anne Frohnweiler

Institut für Qualitätssicherung in Prävention und Rehabilitation GmbH
Eupener Straße 70
50933 Köln

Magister der Sozialwissenschaften. Wissenschaftliche Mitarbeiterin in Unternehmen der Gesundheitsberatung und Einrichtungen der beruflichen Rehabilitation. Nach langjähriger Tätigkeit in der Beruflichen Rehabilitation seit 2005 am Institut für Qualitätssicherung in Prävention und Rehabilitation (iqpr) an der Deutschen Sporthochschule Köln tätig. Maßgeblich an der Umsetzung des Projekts EIBE beteiligt und u. a. Durchführung der Unternehmensberatungen zum Betrieblichen Eingliederungsmanagement.

Edgar Grofmeyer

AOK Bayern – Die Gesundheitskasse
Zentrale – Gesundheitsförderung
Prinzregentenplatz 1
86150 Augsburg

Geboren 1962. Studium der Diplom-Sportwissenschaften an der Deutschen Sporthochschule Köln. Studium der Diplom-Wirtschaftswissenschaften an der Albertus-Magnus-Universität zu Köln. Berater für Betriebliche Gesundheitsförderung. Demografie-Berater nach INQA. Seit 1996 in verschiedenen Feldern der Gesundheitsförderung der AOK Bayern tätig. Aufgabenspektrum: Beratung und Begleitung von Unternehmen im Betrieblichen Gesundheitsmanagement, Erstellung von Arbeitsunfähigkeitsanalysen und Mitarbeiterbefragungen, Moderation von Gesundheitszirkeln und Workshops, Durchführung und Evaluation von Projekten in den Handlungsfeldern: Gesundheitsgerechte Mitarbeiterführung, Stressmanagement, Kommunikation, Demografie und Mentale Fitness.

Prof. Dr. Martina Harms

amd Akademie Mode & Design
Staatlich anerkannte private Hochschule
Alte Rabenstraße 1
20148 Hamburg

Diplom-Ökonomin, seit 2007 Professorin für BWL mit Schwerpunkt Unternehmens- und Personalführung an der amd Hamburg. Seit über 15 Jahren national wie international als selbstständige Unternehmensberaterin tätig. Aktuelle Themenschwerpunkte: Führung, Interkulturelles Management, Betriebliches Gesundheitsmanagement.

Miriam-Maleika Höltgen

Wissenschaftliches Institut der AOK (WIdO)
Rosenthaler Straße 31
10178 Berlin

Geboren 1972, Studium der Germanistik, Geschichte und Politikwissenschaften an der Friedrich-Schiller-Universität Jena; hier bis 2001 wissenschaftliche Mitarbeiterin am Institut für Literaturwissenschaft. 2001 bis 2005 freiberuflich und angestellt tätig in den Bereichen Redaktion, Lektorat, Layout und Herstellung. Seit 2005 im AOK-Bundesverband; Mitarbeiterin des Wissenschaftlichen Instituts der AOK (WIdO) u. a. im Forschungsbereich Betriebliche Gesundheitsförderung. Verantwortlich für das Lektorat des Fehlzeiten-Reports.

Erich Hörnlein

Berufsförderungswerk Nürnberg gemeinnützige GmbH
Schleswigerstraße 101
90427 Nürnberg

Diplom-Sozialpädagoge (FH); Master of Social Management; Certified Disability Management Professional – CDMP™. Seit 1977 beim Berufsförderungswerk Nürnberg in der Beratung leistungsgewandelter Menschen tätig und Leitung des Centers Reha- und Integrationsmanagement. Koordinierung des Betrieblichen Eingliederungsmanagements für die Beschäftigten des Berufsförderungswerks Nürnberg. Eingebunden in die EIBE-Projektleitung und aktuell als Regionalleiter in dem vom Bundesministerium für Arbeit und Soziales und der Initiative Neue Qualität der Arbeit geförderten Projekt Gesunde Arbeit tätig.

Fernanda Isidoro Losada

c/o Presse- und Informationsamt der Bundesregierung-BPA
Dorotheenstraße 84
10117 Berlin

Geboren 1970, Volljuristin und Diplom-Sozialwissenschaftlerin. Studium der Rechtswissenschaften (Schwerpunkt Europäisches Recht) und der Sozialwissenschaften (Schwerpunkt internationale Politik) an der Universität Hannover. 1998 Tätigkeit beim Landesamt für Statistik in Niedersachsen. 2002 Vorbereitung und Durchführung des 54. Weltkongresses des Internationalen Statistischen Instituts für das Statistische Bundesamt. Seit 2003 Referentin im Bundesministerium des Innern. Zunächst im Referat für Internationale Zusammenarbeit in Verwaltungsfragen tätig. Von 2007 bis 2009 im Referat für Arbeitsschutz und Unfallverhütung im Bundesdienst/Zentralstelle für Arbeitsschutz im Bundesministerium des Innern. Arbeitsschwerpunkte: Krankenstands- und Gesundheitsförderungsbericht der unmittelbaren Bundesverwaltung, betriebliche Gesundheitsförderung, Arbeitsschutz und Unfallverhütung im Bundesdienst. Seit Sept. 2009 abgeordnet vom Bundesministerium des Innern zur Beauftragten für Migration, Flüchtlinge und Integration im Bundeskanzleramt. Dort im Arbeitsstab für Ausländer- und Flüchtlingsrecht, Frauenrechte und Soziales als Referentin beschäftigt.

Birgit Jastrow

Institut für Qualitätssicherung in Prävention und Rehabilitation GmbH
Landshuter Allee 162a
80637 München

Diplom-Sportlehrerin, Master of Health Administration. Bis 2000 Studium der Sportwissenschaften an der Deutschen Sporthochschule Köln. Anfang 2009 weiterer Studienabschluss (Master of Health Administration) an der Universität Bielefeld. Seit 2005 im Institut für Qualitätssicherung in Prävention und Rehabilitation an der Deutschen Sporthochschule Köln. Tätigkeitsschwerpunkte: Betriebliches Gesundheitsmanagement insbesondere Betriebliches Eingliederungsmanagement. Wissenschaftliche Mitarbeiterin in den Projekten EIBE und Gesunde Arbeit.

Mohamed Jogi

NHS Employers
29, Bressenden Place
London
SW1E 5DD

14 Jahre Erfahrung im Bereich Personal und Organisationsentwicklung. Spezialgebiete: allgemeines Personalmanagement, Change Management, Organisationsentwicklung sowie Gleichstellung und Vielfalt. Betreuung und Durchführung größerer Interventionen im Personal- und Organisationsentwicklungsbereich sowie im Diversity Management für Führungskräfte und Beschäftigte in Banken, im Gesundheitswesen und im Notfalldienst im In- und Ausland. Mitglied des Chartered Institute for Management and Development, Europas größtem Institut für Personalmanagement und -entwicklung. Studium in Huddersfield, Leeds und Manchester mit dem Abschluss Bachelor of Law sowie Master-Abschlüsse in Internationalen Beziehungen und Personalmanagement.

Julia Jung

IMVR – Institut für Medizinsoziologie, Versorgungsforschung und Rehabilitationswissenschaft der Humanwissenschaftlichen Fakultät und der Medizinischen Fakultät der Universität zu Köln (KöR)
Eupener Straße 129
50933 Köln

Von 1999–2003 Studium der Pflege (Diplom-Pflegewirtin) und von 2004–2007 Studium Public Health (Master of Science) an der Hochschule Fulda. Nach Abschluss als wissenschaftliche Mitarbeiterin im IMVR, zunächst Mitarbeit in zwei Projekten zur Entwicklung und Validierung von Erhebungsinstrumenten der Versorgungsforschung. Seit 2007 vorwiegend im Bereich Arbeit und Gesundheit, insbesondere betriebliche Gesundheitsförderung (Projekt PäKoNet). Darüber hinaus Lehre an der Medizinischen Fakultät und Arbeit an Fragestellungen der Cologne Smoking Study (CoSmoS).

Harald Kaiser

Institut für Qualitätssicherung in Prävention und Rehabilitation GmbH
Landshuter Allee 162a
80637 München

Diplom Ingenieur, Fachrichtung Maschinenbau, Betriebswirt – Master of Business Management, Certified Disability Management Professional – CDMP™, Consensus Based Disability Management Auditor – CBDMA™. Seit 1998 beim Institut für Qualitätssicherung in Prävention und Rehabilitation (iqpr) an der Deutschen Sporthochschule Köln. Seit 2000 Leitung von Unternehmensprojekten, vorrangig in großen Unternehmen. In 2007 Übernahme der Leitung der Geschäftsstelle des iqpr in München. Leitung des Projektes EIBE und aktuell verantwortlich für das vom Bundesministerium für Arbeit und Soziales und der Initiative Neue Qualität der Arbeit geförderte Projekt Gesunde Arbeit.

Joachim Klose

Wissenschaftliches Institut der AOK (WIdO)
Rosenthaler Straße 31
10178 Berlin

Geboren 1958, Diplom-Soziologe. Nach Abschluss des Studiums der Soziologie an der Universität Bamberg (Schwerpunkt Sozialpolitik und Sozialplanung) wissenschaftlicher Mitarbeiter im Rahmen der Berufsbildungsforschung an der Universität Duisburg. Seit 1993 wissenschaftlicher Mitarbeiter im Wissenschaftlichen Institut der AOK (WIdO) im AOK-Bundesverband; Leiter des Forschungsbereiches Betriebliche Gesundheitsförderung und Pflege.

Dr. Iris Koall

Technische Universität Dortmund
Forschungs- und Innovationszentrum
der Fakultät Rehabilitationswissenschaften
Emil-Figge-Straße 50
44227 Dortmund

Geboren 1960. Forschungsbeauftragte ForTe (Forschungsinstitut Teilhabe) der Fakultät Rehabilitationswissenschaften der Technischen Universität Dortmund. Dozentin und Trainerin für Gender- und Diversity. Mitgründerin von DiVersion: Managing Gender & Diversity – Lehrgang wissenschaftlicher Weiterbildung des Zentrums für Weiterbildung Technische Universität Dortmund, Supervisorin (DGSv). Zahlreiche Publikationen zum Thema Gender & Diversity.

Dr. Birgit Köper

Bundesanstalt für Arbeitsschutz und Arbeitsmedizin (BAuA)
Friedrich-Henkel-Weg 1–25
44149 Dortmund

Studium der Wirtschaftswissenschaften und Organisationspsychologie an den Universitäten Bochum und Dortmund. Nach der Tätigkeit an der Universität Dortmund als wissenschaftliche Mitarbeiterin im Rahmen diverser Forschungsprojekte Unternehmensberatung mit den Schwerpunkten Belastung/Beanspruchung, Führung, Team und Kommunikation. Seit 2002 verantwortlich für die Initiierung, Konzeption und fachliche Begleitung von Forschungsprojekten und Fachveranstaltungen der BAuA in dem Feld ökonomischer Fragestellungen von Gesundheit und Sicherheit bei der Arbeit.

Dr. Petra Köppel

Synergy Consult
Am Haselweg 4
85599 Parsdorf

Volkswirtin, promoviert in Personal und Organisation und Inhaberin des Beratungsunternehmens Synergy Consult. Begleitung von Unternehmen im Rahmen von Change Management und Personalentwicklung bei der Konzeptionierung und Implementierung von Diversity Management. Durchführung von Diversity Audits, Erstellung des Business Case und Erarbeitung von Maßnahmen von Sensibilisierungstrainings bis Mentoringprogrammen. Unterstützung der kulturellen Integration nach M&As, des interkulturellen Management und der Optimierung von virtueller Füh-

Die Autorinnen und Autoren

rung. Parallel Gastdozentin an der Chulalongkorn University in Bangkok. Zuvor als Projektmanagerin bei der Bertelsmann Stiftung tätig sowie im Human Resources Management von deutschen Großunternehmen und in der Wissenschaft.

Christoph Kowalski

IMVR – Institut für Medizinsoziologie, Versorgungsforschung und Rehabilitationswissenschaft der Humanwissenschaftlichen Fakultät und der Medizinischen Fakultät der Universität zu Köln (KöR)
Eupener Straße 129
50933 Köln

Studium der Soziologie, Mittlere und Neuere Geschichte und Theater-, Film- und Fernsehwissenschaft in Köln und Clemont-Ferrand. 2007 Abschluss des Studiums als Magister Artium. Von 2005 bis 2007 studentische Hilfskraft im Zentrum für Versorgungsforschung Köln (ZVFK) und seit 2007 wissenschaftlicher Mitarbeiter in der Abteilung Medizinische Soziologie der Uniklinik Köln. Seit November 2009 Abteilungsleiter der Abteilung Medizinsoziologie des IMVR und Ansprechpartner für die Lehre.

Prof. Dr. Gertraude Krell

Hindenburgdamm 64 D
12203 Berlin

Bis 2007 Professorin für Betriebswirtschaftslehre mit dem Schwerpunkt Personalpolitik an der Freien Universität Berlin. Seit 2007 (aus gesundheitlichen Gründen vorzeitig) in Pension, aber weiterhin Arbeit zu Themen Chancengleichheit, Personalpolitik, insbesondere mit Blick auf Führungspositionen und Entgelt; Gender und Diversity; Emotionen in Organisationen; Diskurs und Ökonomie.

PD Dr. Ellen Kuhlmann

Goethe Universität Frankfurt am Main
Institut für Gesellschaftswissenschaften und Politikanalyse
Robert Mayer Straße 5
60054 Frankfurt am Main

Soziologin und Gesundheitswissenschaftlerin. Professur ‚Sozialpolitik und Sozialstruktur' an der Goethe Universität Frankfurt und Senior Lecturer im Department of Social and Policy Sciences an der University of Bath, Großbritannien. Mitglied im EU Forschungsnetzwerk COST Action ‚Medicine and Management'. Forschungsschwerpunkte: Professionen und Gesundheitsberufe, Organisation der Gesundheitsversorgung, international vergleichende Gesundheitspolitik und -versorgung, Gender Mainstreaming im Gesundheitssystem.

Sonja Lambert

AOK Hessen
Hauptabteilung Personal- und Ressourcenmanagement
Stabsstelle Chancengleichheit und Diversity Management
Klarenthaler Straße 32
65173 Wiesbaden

Geboren 1956, Diplom-Verwaltungswirtin. Von 1982 bis 1993 in leitenden Funktionen bei der damaligen AOK Wiesbaden-Rheingau-Taunus beschäftigt, zuletzt als Leiterin der Abteilung Personalservice und Personalentwicklung. Seit 1993 bei der AOK Hessen tätig; ab 2003 als Leiterin der Stabsstelle Chancengleichheit und Diversity Management. Arbeitsschwerpunkte: Erarbeitung der Diversity Strategie sowie Entwicklung, Implementierung und Evaluation von Diversity-Management-Maßnahmen. Lehrbeauftragte für Human Resources Management Master of Arts Studium Plus der FH Gießen-Friedberg, Buchbeiträge und Artikel zu Themen des Diversity Managements.

Dr. Thomas Lampert

Robert Koch-Institut
Abt. für Epidemiologie und Gesundheitsberichterstattung
General-Pape-Straße 62
12101 Berlin

Geboren 1970, Studium der Soziologie, Psychologie und Statistik an der Freien Universität Berlin. Promotion an der Technischen Universität Berlin. Tätigkeiten als wissenschaftlicher Mitarbeiter am Max-Planck-Institut für Bildungsforschung und an der Technischen Universität Berlin. Seit 2002 wissenschaftlicher Mitarbeiter am Robert Koch-Institut, seit 2006 stellvertretender Leiter des Fachgebiets Gesundheitsberichterstattung. Arbeitsschwerpunkte: Soziale und gesundheitliche Ungleichheit, Lebensstil und Gesundheit, Kinder- und Jugendgesundheit.

Dr. Christa Larsen

Institut für Arbeit, Wirtschaft und Kultur
Goethe-Universität Frankfurt am Main
Robert Mayer Straße 1
60054 Frankfurt

Sozialwissenschaftlerin, seit 2007 Geschäftsführerin des Instituts für Wirtschaft, Arbeit und Kultur (IWAK) – Zentrum an der Goethe-Universität Frankfurt a. M. Aufbau von Monitoringsystemen zur Beobachtung des pflegerischen und ärztlichen Arbeitsmarkts, Beratung von Ministerien und Verbänden im Bereich Gesundheit und Pflege sowie Koordinierung eines EU-Netzwerkes ‚Regional Labour Market Monitoring'. Forschungs- und Arbeitsschwerpunkte: regionale, nationale und internationale Arbeitsmärkte und Qualifizierung, Prognosen, Gesundheits- und Pflegeberichterstattung sowie Arbeitskräftemanagement in Regionen und Organisationen.

Die Autorinnen und Autoren

Annett Losert

Prozessbegleitung – Beratung – Moderation
Meister-Francke-Straße 13
22309 Hamburg

Geboren 1976, gelernte Bankkauffrau. 2000 bis 2005 Studium der Soziologie, Frauen- und Geschlechterstudien und Psychologie an der Universität Oldenburg. 2006 bis 2009 Promotion zu Diversity Management am Institut für Soziologie der Universität Hamburg. Seit 1998 zunächst nebenberuflich jetzt freiberuflich als Trainerin, Beraterin und Moderatorin u. a. für Universitäten, Betriebsräte und Gewerkschaften tätig.

Patricia Lück

AOK-Bundesverband
Rosenthaler Straße 31
10178 Berlin

Diplom-Psychologin. Seit 1992 Projektleiterin für Betriebliche Gesundheitsförderung in Berlin, von 1995 bis 2008 bei der AOK Westfalen-Lippe. Durchführung von BGF-Projekten in Unternehmen unterschiedlichster Branchen (z. B. Öffentlicher Dienst, Entsorger, metallverarbeitendes Gewerbe, Transport). Kooperationsprojekte u. a. mit der Universität Hamburg, BAuA, Berufsgenossenschaften. Mitwirkung an einer mehrjährigen Studie des AOK-Bundesverbandes zum wirtschaftlichen Nutzen Betrieblichen Gesundheitsmanagements. Seit 2009 als Referentin für Betriebliche Gesundheitsförderung im AOK-Bundesverband in Berlin. Mitwirkung in Kooperationsprojekten, z. B. DNBGF (Deutsches Netzwerk BGF) und iga (Initiative Gesundheit & Arbeit).

Katrin Macco

Wissenschaftliches Institut der AOK (WIdO)
Rosenthaler Straße 31
10178 Berlin

Geboren 1976, staatl. gepr. Fremdsprachenkorrespondentin. Studium der Sozialwissenschaften an der Friedrich-Alexander-Universität Erlangen-Nürnberg und an der Universidade Técnica in Lissabon. 2004 bis 2007 Tätigkeit bei verschiedenen Krankenkassen im Bereich Betriebliches Gesundheitsmanagement. Seit 2008 wissenschaftliche Mitarbeiterin im Wissenschaftlichen Institut der AOK (WIdO) im AOK-Bundesverband, Forschungsbereich Betriebliche Gesundheitsförderung. Arbeitsschwerpunkte: Arbeit und Gesundheit, betriebliche und branchenbezogene Gesundheitsberichterstattung, Fehlzeitenanalysen.

Monik Mellenthin-Schulze

Bundesministerium des Inneren
Alt-Moabit 101 D
10559 Berlin

Geboren 1983 in Zehdenick. 1999–2002 Ausbildung zur Fachangestellten für Bürokommunikation im Bundesministerium des Innern. Seit 2002 Sachbearbeiterin im Bundesministerium des Innern. Aufgabenschwerpunkte: 2002–2004 Grundsatzangelegenheiten der Personalbetreuung, seit 2004 Grundsatzangelegenheiten des öffentlichen Dienstes, Personalstandsstatistik, Krankenstand und Gesundheitsförderung in der unmittelbaren Bundesverwaltung. 2003–2005 Besuch einer Abendschule und Erwerb der Fachhochschulreife. Seit 2005 Studentin der Wirtschaftswissenschaften an der FernUniversität Hagen.

Ulla Mielke

Wissenschaftliches Institut der AOK (WIdO)
Rosenthaler Straße 31
10178 Berlin

Geboren 1965, 1981 Ausbildung zur Apothekenhelferin. Anschließend zwei Jahre als Apothekenhelferin tätig. 1985 Ausbildung zur Bürokauffrau im AOK-Bundesverband. Ab 1987 Mitarbeiterin im damaligen Selbstverwaltungsbüro des AOK-Bundesverbandes. Seit 1991 Mitarbeiterin des Wissenschaftlichen Instituts der AOK (WIdO) im AOK-Bundesverband im Bereich Mediengestaltung. Verantwortlich für die grafische Gestaltung des Fehlzeiten-Reports.

Bärbel Misch

AOK Westfalen-Lippe
RD Recklinghausen, Bottrop, Gelsenkirchen
Westerholter Weg 82
45657 Recklinghausen

Geboren 1960, Diplom Sozialwissenschaftlerin, systemische Organisationsberaterin. Studium der Sozialwissenschaften, Schwerpunkt Arbeits- und Betriebssoziologie, Frauenforschung. Seit dem Studium Beschäftigung und Praxis im Thema „Gender". 1990–1994 wissenschaftliche Mitarbeiterin in NRW-Regionalstellen Frau und Beruf, Schwerpunkt „Betriebliche Frauenförderung". Seit 1995 Projektkoordinatorin Betriebliche Gesundheitsförderung bei der AOK Westfalen-Lippe. Prozessberatung und Leitung von BGF-Projekten mit Partnerunternehmen in unterschiedlichsten Branchen (z. B. Erzieherinnen, stationäre und ambulante Altenpflege, Müllabfuhr, Automobilzulieferer, Metallverarbeitung, Gas- und Wasserversorgung). Kooperationsprojekte mit INQA, Berufsgenossenschaften etc., Organisation von Fachveranstaltungen, Fachreferentin. Veröffentlichungen u. a. zu Projekterfahrungen in BG-Zeitschriften.

Prof. Dr. Mathilde Niehaus

Universität zu Köln
Lehrstuhl für Arbeit und Berufliche Rehabilitation
Herbert-Lewin Straße 2
50931 Köln

Univ.-Prof. Dr. rer. nat. Dr. phil. habil. Dipl.-Psychologin, seit 2003 an der Universität zu Köln auf dem Lehrstuhl für Arbeit und Berufliche Rehabilitation. Zuvor Professorin an der Universität Wien, Gastprofessorin an der Universität Klagenfurt und Lehre an den Universitäten Oldenburg und Trier. Schwerpunkte: anwendungsorientierte Forschung im Bereich der beruflichen und betrieblichen Rehabilitation sowie zu Fragen der sozialen Integration von benachteiligten Jugendlichen, von Männern und Frauen mit gesundheitlichen Einschränkungen /Behinderungen im nationalen und europäischen Vergleich. Im Jahr 2008 im Auftrag des Bundesministeriums für Arbeit und Soziales Veröffentlichung von zwei Forschungsberichten zur Umsetzung der neuen Instrumente im SGB IX „Integrationsvereinbarungen" und „Betriebliches Eingliederungsmanagement".

Die Autorinnen und Autoren

Claudia Oldenburg

Bundesanstalt für Arbeitsschutz
und Arbeitsmedizin (BAuA)
Friedrich-Henkel-Weg 1–25
44149 Dortmund

Magisterstudium der Politikwissenschaft und der Sprachwissenschaft des Deutschen in Magdeburg, Freiburg und Paris sowie ein Aufbaustudium in European Studies mit Schwerpunkt Politik und Verwaltung am Collège d'Europe in Brügge, Belgien. Nach dem Studium im Umweltausschuss des Europäischen Parlaments und in privaten Forschungsinstituten tätig mit Schwerpunkten in der Umwelt- und Entwicklungspolitik sowie zu Corporate Governance und CSR. Seit 2008 bei der Bundesanstalt für Arbeitsschutz und Arbeitsmedizin in Dortmund beschäftigt mit den Schwerpunkten volkswirtschaftliche Fragestellungen des Arbeitsschutzes und Politikberatung.

Prof. Dr. Renate Ortlieb

Karl-Franzens-Universität Graz
Sozial- und Wirtschaftswissenschaftliche Fakultät
Institut für Personalpolitik
Universitätsstraße 15/E4
8010 Graz (Österreich)

Dr. rer. pol., Dipl.-Kfr., seit 2009 Professorin für Personal an der Sozial- und Wirtschaftswissenschaftlichen Fakultät der Karl-Franzens-Universität Graz. 2002 Promotion an der Freien Universität mit einer Arbeit über Betrieblichen Krankenstand, 2009 Habilitation an der Freien Universität. Veröffentlichung von Aufsätzen u. a. in den Zeitschriften Management Revue, Zeitschrift für Arbeits- und Organisationspsychologie und Schmalenbach Business Review. Forschungsschwerpunkte: Beschäftigungsstrategien in Organisationen, speziell im Hinblick auf Personen mit Migrationshintergrund, Betrieblicher Krankenstand, Betriebliche Altersvorsorge, Geschlechterverhältnisse in Organisationen sowie Diversity und Diversity Management.

Holger Pfaff

IMVR – Institut für Medizinsoziologie, Versorgungsforschung und Rehabilitationswissenschaft der Humanwissenschaftlichen Fakultät und der Medizinischen Fakultät der Universität zu Köln (KöR)
Eupener Straße 129
50933 Köln

Studium der Sozial- und Verwaltungswissenschaften an den Universitäten Erlangen-Nürnberg, Konstanz und Ann Arbor/USA. Zunächst wissenschaftlicher Mitarbeiter bzw. Assistent an der Universität Oldenburg und der TU Berlin. 1995 Habilitation im Fach Soziologie. Anschließende Gastprofessur für das Fach „Technik- und Industriesoziologie" an der TU Berlin. 1997 Übernahme der Professur für das Fach „Medizinische Soziologie" an der Universität zu Köln. Seit 2002 Sprecher des Zentrums für Versorgungsforschung Köln. Vorsitzender der Deutschen Gesellschaft für Medizinische Soziologie (DGMS), Sprecher der Clearingstelle Versorgungsforschung NRW und seit 2006 Vorsitzender des Deutschen Netzwerks Versorgungsforschung (DNVF) e.V.

Svenja Pfahl

SowiTra – Institut für sozialwissenschaftlichen Transfer
Mahlowerstr. 23/24
12049 Berlin

Diplom-Soziologin (Jg. 1968) mit den Schwerpunkten Arbeit und Arbeitszeit, Vereinbarkeit von Familie und Beruf, familiale Lebensformen, Gewerkschaften, soziale Kompetenz. Gründungsmitglied und gleichberechtigte Partnerin bei SowiTra. Seit 2003 Promotion an der Philosophischen Fakultät III der Humboldt-Universität zu Berlin zum Thema: „Auswirkungen flexibler Arbeitszeiten auf die Gestaltung von Alltag und Familienzeiten aus Sicht von Eltern und Kindern". Von 1999 bis 2002 wissenschaftliche Mitarbeiterin am Wirtschafts- und Sozialwissenschaftlichen Institut (WSI) in der Hans-Böckler-Stiftung, in zwei Forschungsprojekten zu den Auswirkungen flexibler Arbeitszeiten auf den gesamten Lebenszusammenhang von Beschäftigten. Zudem Referentin im Schwerpunkt „Soziale Kompetenz" des DGB-Bildungswerkes e.V. (Düsseldorf) und Lehrbeauftragte an der FU Berlin und der Humboldt-Universität zu Berlin.

Prof. Dr. Sibylle Raasch

Universität Hamburg
Fakultät Wirtschafts- und Sozialwissenschaften
Fachbereich Sozialökonomie/Rechtswissenschaft
Von-Melle-Park 9
20146 Hamburg

Studium der Rechtswissenschaft und Soziologie an der Universität Hamburg mit Abschluss 1. und 2. juristisches Staatsexamen. Von 1973–1993 wissenschaftliche Mitarbeiterin für öffentliches Recht und Völkerrecht an der Hamburger Universität für Wirtschaft und Politik. 1993–1995 wissenschaftliche Mitarbeiterin am Bundesverfassungsgericht mit den Bereichen Parlamentsrecht und Strafvollstreckung. Seit 1995 Hochschuldozentin für öffentliches Recht und Legal Gender Studies an der Hamburger Universität für Wirtschaft und Politik, seit 2005 an der Universität Hamburg. Anfangs Sprecherin des Studien- und Forschungsschwerpunktes Geschlechterverhältnisse/Frauenforschung, später Entwicklung und Leitung des Masterstudiengangs Gender und Arbeit bis 2005. Seit 2007 als Expertin im Beirat der Antidiskriminierungsstelle des Bundes. 2009 Gastprofessorin auf der Marianne Beth-Gastprofessur für Legal Gender Studies der Universität Wien. Aktuelle Forschungsgebiete: Gleichstellungspolitik im Erwerbsleben, Zeitpolitik, Verfassungsrecht.

Die Autorinnen und Autoren

Prof. Dr. Daniela Rastetter

Universität Hamburg
Fakultät Wirtschafts- und Sozialwissenschaften
Fachbereich Sozialökonomie/Rechtswissenschaft
Von-Melle-Park 9
20146 Hamburg

Studium der Psychologie, Promotion an der Universität Augsburg zum Thema „Sexualität und Herrschaft in Organisationen", Habilitation zum Thema „Emotionsarbeit im Dienstleistungsbereich". Seit 2002 Professorin für Personal, Organisation und Gender Studies an der Universität Hamburg, Fachbereich Sozialökonomie (vormals HWP). Derzeitiges Forschungsprojekt: Mikropolitik und Aufstiegskompetenz von Frauen. Arbeitsschwerpunkte: Gender und Organisation, Emotionen in Organisationen, Personalauswahl, Mikropolitik.

Prof. Dr. Oliver Razum

Universität Bielefeld
Fakultät für Gesundheitswissenschaften
Abt. Epidemiologie & International Public Health
Universitätsstraße 25
33501 Bielefeld

Arzt und Epidemiologe, seit 2004 Leitung der Abteilung Epidemiologie & International Public Health an der Fakultät für Gesundheitswissenschaften der Universität Bielefeld. Schwerpunkte: epidemiologische Forschung zur Gesundheit von Migranten und zur gesundheitlichen Situation in deren Herkunftsländern (vorwiegend Mittelmeerraum und afrikanische Länder). 2008 Veröffentlichung des Schwerpunktberichtes „Migration und Gesundheit" mit weiteren Kooperationspartnern (darunter das EMZ) für das Robert Koch-Institut. Aktuelle Forschung zur Verbesserung der häuslichen Pflege bei türkischen Migranten, zur Rehabilitation bei türkischen Migranten und zu kleinräumigen gesundheitlichen Unterschieden in Deutschland.

Katharina Reiss

Universität Bielefeld
Fakultät für Gesundheitswissenschaften
Abt. Epidemiologie & International Public Health
Universitätsstraße 25
33501 Bielefeld

BSc, 2005 Beginn des Studiums der Gesundheitskommunikation an der Universität Bielefeld. Juli 2008 Abschluss mit einer Untersuchung zum Thema Rauchen bei Aussiedlern aus der ehemaligen Sowjetunion. Seit Oktober 2008 Studium im Master of Public Health-Programm der Universität Bielefeld. Seit 2007 Arbeit in der Abteilung Epidemiologie & International Public Health an der Fakultät für Gesundheitswissenschaften der Universität Bielefeld im Bereich „Migration und Gesundheit" mit Fokus auf die gesundheitliche Situation der Aussiedler in Deutschland.

Stefan Reuyß

SowiTra – Institut für sozialwissenschaftlichen Transfer
Mahlowerstr. 23/24
12049 Berlin

Diplom-Soziologe mit den Schwerpunkten Arbeit-, Gender- und Zeitforschung. Gründungsmitglied und gleichberechtigter Partner bei SowiTra (Institut für sozialwissenschaftlichen Transfer in Berlin). Dort in verschiedenen Projekten zum Thema Gleichstellung, Fürsorgearbeit und Vereinbarkeit tätig, u. a. in dem Projekt „Das neue Elterngeld - Erfahrungen und betriebliche Nutzungsbedingungen von Vätern". Zuvor wissenschaftlicher Mitarbeiter bei verschiedenen Institutionen, u. a. am Wirtschafts- und Sozialwissenschaftlichen Institut (WSI) in der Hans-Böckler-Stiftung, dem GenderKompetenzZentrum (HU Berlin) und der Hamburger Universität. Zudem als Gendertrainer und Lehrbeauftragter an verschiedenen Hochschulen aktiv.

Dr. Livia Ryl

Robert Koch-Institut
Abt. für Epidemiologie und Gesundheitsberichterstattung
General-Pape-Straße 62
12101 Berlin

Geboren 1978, Studium der Erziehungswissenschaft, Psychologie und Soziologie an der Friedrich-Schiller-Universität Jena und der Freien Universität Berlin. 2008 Promotion an der Fakultät für Gesundheitswissenschaften an der Universität Bielefeld. Seit 2007 wissenschaftliche Mitarbeiterin in der Gesundheitsberichterstattung des Bundes am Robert Koch-Institut. Arbeitsschwerpunkte: gesundheitliche Ungleichheit, psychische Gesundheit, Gesundheitsindikatoren.

Ramazan Salman

Ethno-Medizinisches Zentrum e.V.
Königstraße 6
30175 Hannover

Geboren 1960 in Istanbul, Dipl.-Sozialwissenschaftler. Geschäftsführer des Ethno-Medizinischen Zentrums e.V. International renommierter Gesundheitsforscher, Trainer und Berater für interkulturelle Organisationsentwicklung und kommunales Integrationsmanagement. Ausbildung von Professionellen aus öffentlichen Diensten und privaten Unternehmen sowie erfolgreichen und gut integrierten Migranten in Betrieben und anderen Settings zu Mediatoren in seinem Projekt „MiMi – Mit Migranten für Migranten". Würdigung des Projekts MiMi von der WHO mit einer „Case Study" (2008). Autor verschiedener Bücher zum Thema Migration. Mitwirken in zahlreichen nationalen (Integrationsgipfel der Bundesregierung u. a.) und internationalen Gremien („Committee of Experts on Migration and Access to Health Care" u. a.). Im August 2008 Übertragung der Leitung des Projekts „AIDS and Mobility Europa" von der Executive Agency for Health and Consumers der Europäischen Union. Sozialunternehmer des Jahres 2008 (Schwabfoundation), Bundesverdienstkreuz am Bande 2009. Weitere Preise im Gesundheitsbereich, u. a. Zukunftspreis, Nachhaltigkeitspreis, Präventionspreis und Qualitätspreis.

Dr. Anke Christine Saß

Robert Koch-Institut
Abt. für Epidemiologie und Gesundheitsberichterstattung
General-Pape-Straße 62
12101 Berlin

Geboren 1973, Studium der Sprechwissenschaft an der Humboldt-Universität zu Berlin, Institut für Rehabilitationswissenschaften. Tätigkeit als Sprachtherapeutin und als wissenschaftliche Mitarbeiterin am Institut für Rehabilitationswissenschaften. 2001 Promotion am Institut für Sprache und Kommunikation der Technischen Universität Berlin, 2003 Magister Public Health am Institut für Gesundheitswissenschaften der Technischen Universität Berlin. Seit 2004 wissenschaftliche Mitarbeiterin in der Gesundheitsberichterstattung des Bundes am Robert Koch-Institut. Arbeitsschwerpunkte: Soziale Ungleichheit und Gesundheit, Migration und Gesundheit, Gesundheit im Alter, Männergesundheit.

Helmut Schröder

Wissenschaftliches Institut der AOK (WIdO)
Rosenthaler Straße 31
10178 Berlin

Geboren 1965. Nach dem Abschluss als Diplom-Soziologe an der Universität Mannheim als wissenschaftlicher Mitarbeiter im Wissenschaftszentrum Berlin für Sozialforschung (WZB), dem Zentrum für Umfragen, Methoden und Analysen e.V. (ZUMA) in Mannheim sowie dem Institut für Sozialforschung der Universität Stuttgart tätig. Seit 1996 wissenschaftlicher Mitarbeiter im Wissenschaftlichen Institut der AOK (WIdO) im AOK-Bundesverband und dort insbesondere in den Bereichen Arzneimittel, Heilmittel, Betriebliche Gesundheitsförderung sowie Evaluation tätig; stellvertretender Geschäftsführer des WIdO.

Prof. Dr. Barbara Sieben

Freie Universität Berlin
Fachbereich Wirtschaftswissenschaft
Institut für Management
Boltzmannstraße 20
14195 Berlin

Seit 2007 Juniorprofessorin für Human Resource Management mit Schwerpunkt Diversity am Institut für Management der Freien Universität Berlin. Zuvor als wissenschaftliche Mitarbeiterin tätig, Promotion 2006 mit einer Dissertation zum Thema Management und Emotionen. Publikation von Forschungsbeiträgen in Zeitschriften wie Managementforschung, Management Revue and Human Relations. Mitherausgeberin eines Bandes zu „Diversity Studies". Schwerpunkte in Forschung und Lehre: Gender und Diversity in Organisationen, Emotionen in Organisationen und Management von Dienstleistungsarbeit.

Anke Siefer

Bundesanstalt für Arbeitsschutz und Arbeitsmedizin (BAuA)
Gruppe „Politikberatung, Soziale und wirtschaftliche Rahmenbedingungen"
Friedrich-Henkel-Weg 1–25
44149 Dortmund

Geboren 1972 in Velbert, Diplom-Statistikerin. Seit 2003 Mitarbeiterin der Bundesanstalt für Arbeitsschutz und Arbeitsmedizin in der Gruppe „Soziale- und wirtschaftliche Rahmenbedingungen, Arbeitsschutzberichterstattung" mit den Arbeitsschwerpunkten Unfallstatistik und Arbeitsschutzberichterstattung.

Susanne Sollmann

Wissenschaftliches Institut der AOK (WIdO)
Rosenthaler Straße 31
10178 Berlin

Studium der Anglistik und Kunsterziehung an der Rheinischen Friedrich-Wilhelms-Universität Bonn und am Goldsmiths College, University of London. 1986 bis 1988 wissenschaftliche Hilfskraft am Institut für Informatik der Universität Bonn. Seit 1989 Mitarbeiterin des Wissenschaftlichen Instituts der AOK (WIdO) im AOK-Bundesverband u. a. im Projekt Krankenhausbetriebsvergleich und im Forschungsbereich Krankenhaus; zuständig für Übersetzungen im Fehlzeiten-Report.

Bettina Sommer

Statistisches Bundesamt
Gustav-Stresemann-Ring 11
65189 Wiesbaden

Referatsleiterin im Statistischen Bundesamt, zuständig für Bevölkerungsvorausberechnungen und demografische Analysen. Tätigkeitsbereich: Berechnungen und Untersuchungen zum Geburtenverhalten und zur Lebenserwartung. Durchführung mehrerer Vorausberechnungen und Modellrechnungen zur Bevölkerungsentwicklung in Deutschland und den Bundesländern.

Mirko Sporket

Max Planck Institute for Demographic Research
Deputy Director MaxNetAging
Konrad-Zuse-Straße 1
18057 Rostock

Mitarbeiter am Max Planck Institut für Demografische Forschung in Rostock. Koordinierung des Max Planck International Research Network on Aging (ein Netzwerk von 15 Max-Planck-Instituten und weiteren internationalen Forschungseinrichtungen). Zuvor als wissenschaftlicher Mitarbeiter am Institut für Gerontologie an der Technischen Universität Dortmund, Arbeitsbereich „Demografischer Wandel und Arbeitswelt" beschäftigt, in zahlreiche nationale und internationale Forschungsprojekte eingebunden. 2009 Promotion zum Thema „Organisationen im demografischen Wandel – Alternsmanagement in der betrieblichen Praxis" an der TU Dortmund.

Die Autorinnen und Autoren

Manuela Stallauke

Wissenschaftliches Institut der AOK (WIdO)
Rosenthaler Straße 31
10178 Berlin

Geboren 1984, Master of Science in Public Health and Administration. Von 2004 bis 2010 Studium der Gesundheitswissenschaften an der Hochschule Neubrandenburg. Von 2006 bis 2009 wissenschaftliche Hilfskraft im Fachbereich Gesundheit, Pflege, Management. Seit November 2009 Praktikantin im Wissenschaftlichen Institut der AOK (WIdO) im AOK-Bundesverband im Forschungsbereich Betriebliche Gesundheitsförderung.

Anne Starker

Robert Koch-Institut
Abt. für Epidemiologie und Gesundheitsberichterstattung
General-Pape-Straße 62
12101 Berlin

Geboren 1970, Studium der Ernährungswissenschaft an der Friedrich Schiller Universität Jena. 2001 Magister Public Health im Schwerpunkt Epidemiologie an der Universität Bremen. Seit 2002 wissenschaftliche Mitarbeiterin am Robert Koch-Institut. Arbeitsschwerpunkte: Prävention und Gesundheitsförderung, Kinder- und Jugendgesundheit, Geschlecht und Gesundheit, Indikatoren der Gesundheitsberichterstattung.

Gudrun Vater

Universität zu Köln
Lehrstuhl für Arbeit und Berufliche Rehabilitation
Herbert-Lewin-Straße 2
50931 Köln

Dipl.-Psychologin, Studium der Psychologie an der Universität Wuppertal. Seit 2006 wissenschaftliche Mitarbeiterin an der Universität zu Köln, Lehrstuhl für Arbeit und Berufliche Rehabilitation. Schwerpunkte: Betriebliche Gesundheitsförderung, Betriebliches Eingliederungsmanagement und anwendungsorientierte Forschung im Bereich Übergang Schule – Beruf von Jugendlichen mit Lernbehinderung.

Dr. Christine Watrinet

ars serendi
Tannenstraße 25
71088 Holzgerlingen

Langjährige praktische und wissenschaftliche Erfahrung in den Bereichen Personalmanagement und Arbeitswissenschaften. Begleitung von KMU und Großunternehmen bei der Umsetzung eines Diversity Managements oder vergleichbarer Maßnahmen vom Konzept über die erforderlichen (Sensibilisierungs-) Workshops bis hin zur Umsetzung und Evaluation. Besonderer Schwerpunkt in der Gestaltung altersgerechter Arbeitssysteme. Lehrauftrag für Gender- und Diversity-orientiertes Personalmanagement an der Freien Universität Berlin.

Dr. Thomas Ziese

Robert Koch-Institut
Abt. für Epidemiologie und Gesundheitsbericht-
stattung
General-Pape-Straße 62
12101 Berlin

Studium der Medizin in Berlin. Wissenschaftlicher Mitarbeiter im Institut für Sozialmedizin und Epidemiologie. Teilnehmer des European Programme for Intervention Epidemiology Training (Swedish Center of Infectios Disease Control). Seit 1998 Leiter des Fachgebietes Gesundheitsberichterstattung am Robert Koch-Institut.

Stichwortverzeichnis

A

Absentismus 45
Abwanderung 62, 104
Allgemeines Gleichbehandlungsgesetz 6, 11, 30, 235
Altenpflege 107
Alter 4, 18, 24, 30, 52, 91, 116, 122, 154, 165, 184, 190, 208, 240, 243, 254, 263, 282, 295, 435, 447
Altersdurchschnitt 180
Altersmanagement 164, 183
Alterspyramide 61
Altersstandardisierung 450
Altersstruktur 64, 130, 167, 175
– -analyse 167
Altersteilzeit 183
Angestellte 77, 133, 144, 288
Antidiskriminierung 235
Antidiskriminierungsstelle 12
Arbeiter 133, 144, 288
Arbeitgeberpflichten 13
Arbeitsbedingungen 40, 77, 106, 142, 171, 176, 186, 216, 217, 239
Arbeitsbelastung 142, 143, 171, 189, 194, 289, 267
Arbeitsbeziehungen 249
Arbeitsfähigkeit 86, 187, 191
Arbeitsformen 231
Arbeitsintensität 176
Arbeitsklima 113, 117, 146, 240
Arbeitskräfte 103
Arbeitskräfteentwicklung 104
Arbeitskräftemanagement 101

Arbeitskräftemangel 129
Arbeitskultur 231
Arbeitsleben 237
Arbeitsleistung 45, 211
Arbeitslosigkeit 87, 142, 189, 201
Arbeitsmarkt 7, 83, 103, 141
Arbeitsmarktanalyse 168
Arbeitsorganisation 176, 184, 225, 264, 265, 267
Arbeitsplatz 40, 187, 226, 228, 230, 236, 276
Arbeitsplatzflexibilität 184
Arbeitsplatzgestaltung 208, 210
Arbeitsplatzunsicherheit 194
Arbeitspotenzial 64
Arbeitsprozesse 165, 208
Arbeitsrecht 141
Arbeitsschutz 39, 141, 150, 154, 208, 212, 221, 240
Arbeitssicherheit 212
Arbeitssituation 142, 217
Arbeitsteilung 210
Arbeitsumgebung 144, 176
Arbeitsunfähigkeit 40, 70, 198, 434
Arbeitsunfähigkeitsbescheinigung 443
Arbeitsunfähigkeitsdaten 253
Arbeitsunfähigkeitsfälle 433, 436
Arbeitsunfähigkeitsquote 277
Arbeitsunfähigkeitstage 277, 436
Arbeitsunfähigkeitszeiten 130, 194
Arbeitsunfälle 77, 130, 142, 153, 292, 304, 434
Arbeitsverhältnis 208
Arbeitswelt 142, 183, 190, 225, 226, 235

Arbeitszeiten 143, 176, 213, 217, 221, 225, 231, 244, 259
Arbeitszufriedenheit 96, 171, 176, 217, 261, 442
Ärzteschaft 102
Atemwegserkrankungen 69, 302
Audit Beruf und Familie 19
Aufgabenverschiebung 103
Ausbildungsniveau 131
Automobilindustrie 184

B
Balanced Scorecard 95, 241
Beamte 444
Beanspruchung 142, 216
Bedarfsanalyse 95, 445
Behinderung 4, 18, 25, 30, 52, 154, 189, 208, 237, 243
Belastungen 186, 207, 215, 216, 253, 254, 259, 265, 289
- gesundheitliche 176
- körperliche 222
- physische 261
- psychische 144, 211, 238
Belegschaft 180
Benachteiligung 6, 18
Beruf 131, 435
Berufsgenossenschaften 40
Berufsgruppen 103, 115, 213, 289
Berufskrankheit 130, 142, 153, 434
Beschäftigtenstruktur 7
Beschäftigung 84, 85, 143, 217, 218
Beschäftigungsfähigkeit 169, 187, 197, 240
Beschäftigungsquote 190
Beschwerden 147, 148
Beschwerdestelle 14
best practice 184, 221
Betriebliche Gesundheitsförderung 165, 216
betriebliche Gesundheitspolitik 238
Betriebliches Eingliederungsmanagement 51, 191, 198
Betriebliches Gesundheitsmanagement 38, 48, 154, 176, 198, 207, 240, 254, 442
Betriebsgröße 38, 180, 192, 219, 231, 288
Betriebsklima 51, 261
Betriebsrat 184
Betriebsvereinbarungen 202
Betriebszugehörigkeit 96
Bevölkerung 57, 58, 65
Bildung 59, 75
Bildungsstand 117
Branche 122, 142, 177, 204, 231, 279, 292, 300, 310, 435
Bundeselterngeld- und Elternzeitgesetz 226
Bundesländer 284
Bundesverwaltung 441
Burnout 176

C
Chancengleichheit 8, 124, 264
Charta der Vielfalt 30, 124, 208
Cultural Diversity Management 25
Chronische Erkrankungen 198

D
Demografie 40
demografischer Wandel 29, 52, 83, 98, 102, 141, 163, 175, 183, 189, 253, 264
Depressionen 201
Develop-Spread-and-Sustain-Modell 246
Diagnoseuntergruppen 310
Dienstleistungssektor 143
Disability Manager 191, 202
Diskriminierung 6, 12, 210, 221, 236, 244, 266
Diversity 116
- Dilemma 5
- Dimensionen 4, 48
- Klima 93
- Merkmale 93
DiversityCultureIndex 92
Diversity-Culture-Kit 95
Diversity Management 3, 11, 24, 48, 91, 102, 153, 165, 208, 235, 243, 256, 263
3D-Jobs 142

E
Einkommen 230
Einstellungsverfahren 14
Einzeldiagnosen 298
Elterngeld 226
Entgeltdiskriminierung 15
Erfahrungen 24
Erfahrungsaustausch 157
Erkrankungen 255
Erkrankungen des Verdauungssystem 69, 306
Erkrankungsdauer 136, 302, 434
Erwerbsalter 71
Erwerbsarbeit 210, 225, 238
Erwerbsbedingungen 210
Erwerbsbeteiligung 85
Erwerbsbevölkerung 130
Erwerbsgesellschaft 84
Erwerbsleben 190
Erwerbslosigkeit 132
Erwerbsminderungsrente 191
Erwerbspersonenpotenzial 87
Erwerbsquoten 87
Erwerbsunfähigkeit 76, 87
Erwerbsunterbrechung 226
Evaluation 158, 169

Stichwortverzeichnis

Expertengespräche 184
Experteninterview 13

F
Fachkräfte 85, 98
Fähigkeiten 185, 213
Fallstudien 125
Fehltage 136, 443
Fehlzeiten 40, 48, 71, 97, 137, 175, 190, 194, 199, 240, 244, 253, 265, 275
Fertigkeiten 213
Flexibilisierung 99
Flexibilität 51, 86, 175, 187, 266
Fluktuation 176
Fortbildung 157
Frauen 95, 103, 200, 208
Frühberentung 70, 130, 189, 295
Frühverrentung 183
Führung 92, 112, 208
Führungskräfte 14, 40, 50, 77, 94, 96, 117, 156, 170, 192, 204, 209, 231, 236, 254, 256, 260, 267, 445
Führungsverhalten 154

G
Geburten 59
Gefährdungsanalysen 253
Gender Mainstreaming 103
Geschlecht 4, 18, 24, 30, 52, 91, 116, 122, 143, 147, 154, 208, 217, 237, 243, 254, 263, 282, 435, 446
Gesundheit 40, 130, 146, 156, 237, 253
Gesundheitsberichterstattung 137
Gesundheitsförderung 73, 193, 240, 266, 442
Gesundheitslotsen 154
Gesundheitspolitik 205, 442
Gesundheitsprävention 86, 184
Gesundheitsrisiken 131
Gesundheitssektor 102
Gesundheitsverhalten 71, 211, 215
Gesundheitsverständnis 211
Gesundheitszirkel 40, 169, 259
Gesundheitszustand 178
Gleichstellung 19, 226, 243, 246
Globalisierung 11, 52, 83, 102, 141, 175
Grippewelle 276
Großunternehmen 180
Gute Praxis 165, 244

H
Handel 143
Handlungsspielräume 146, 236
Healthy-Migrant-Effect 133
Healthy-Worker-Effect 448

Herkunft 30, 116
Herz-Kreislauf-Erkrankungen 69, 201, 307
Heterosexualität 237
Homosexualität 236
Humankapital 49, 203
Humanressourcen 24, 167, 176

I
Information 14, 40, 193
Informations-Management 237
Innovation 30, 51, 208, 244, 266, 442
Insourcing 185
Instrumente 28, 86
Integration 95, 121, 164, 184
Interkulturelles Betriebliches Gesundheitsmanagement 53, 153
Internationalisierung 8, 25
Internationalität 124
ITK-Branche 176

K
Karrierechancen 106, 126, 212, 230
Kasten 42
Kinderlosigkeit 59
Klagen 17
Klassifikation der Wirtschaftszweige 273
Kleinstunternehmen 221
Klein- und Mittelbetriebe 38, 192, 204
Kommunikation 44, 50, 99, 114, 200, 208, 236, 260
Kompetenzen 107, 125, 183, 185, 213, 248
Konzentration 226
Kooperation 168
Kosten 8, 17, 27, 70, 94, 97, 171, 175, 201, 202, 230, 244, 442
Kosten-Nutzen-Analyse 202
Krankengeld 433, 439
Krankenstand 169, 176, 185, 192, 201, 255, 275, 433, 443, 445
Krankheit 238, 294, 433
Krankheitskosten 176
Krankheitsquote 443
Kultur 25, 116, 154
Kulturkreis 257
Kundenorientierung 244
Kundenzufriedenheit 29, 244
Kündigung 238
Kurzzeiterkrankungen 278, 443

L
Langzeitarbeitsunfähigkeit 198, 309
Langzeiterkrankungen 194, 278, 446
Langzeitfälle 439

Laufbahngruppe 447
Lebenserwartung 61, 69, 215
Leistungsdruck 201
Leistungsfähigkeit 40, 45, 166, 197, 201, 212, 226, 266, 442
Leistungsgewandelte 184

M

Managing Gender & Diversity-Konzept 208
Marketing 8, 239
Marktzugang 27
Maßnahmen 157
- verhaltenpräventive 40
- verhältnispräventive 40
Mehrfachdiagnosen 275
Mentorensysteme 172
Metallbranche 253
Migration 59, 77, 85, 102, 141
Migrationshintergrund 26, 63, 91, 121, 129, 153, 208, 240, 253
Mitarbeiter 30, 40, 170
- Befragungen 40, 95, 168
Mortalitätsrisiko 75
Motivation 40, 49, 91, 94, 111, 166, 214, 226, 253, 265, 289
Motive 229
Multimorbidität 282
Muskel-Skelett-Erkrankungen 147, 190, 300

N

Nachhaltigkeit 169, 246, 268
Nachtschicht 260
Nachwuchskräfte 115
National Health Service 243
Nationalitäten 255
Netzwerke 43, 141, 239, 246
Niedriglohnbereich 211
Normalarbeitsverhältnis 84, 210
Nutzen 8, 38, 43, 176, 203, 209, 261

O

öffentliche Verwaltung 449
Organisation
- Klima 94
- Kultur 8, 112
- monokulturell 7
- multikulturell 7
- Strukturen 113

P

Partizipation 50, 216
Personal 176
- Abteilung 14, 40, 231
- Auswahl 94
- Entwicklung 45, 154, 167, 183, 249, 267
- Kosten 101
- Management 203
- Marketing 268
- Politik 7, 164, 184, 194, 203, 263
- Praktiken 125
- Rekrutierung 212
- Strategie 263
- Struktur 115, 121
- Verwaltung 14
Pflegekräfte 104, 113
Position
- essenzialistische 5
- konstruktivistische 5
Potenzial 125
Prävention 73, 191, 201, 205, 216, 266
Produktivität 40, 51, 83, 166, 185, 203, 207, 244, 265, 442
Professionalität 211
Prozess 154
Psychische Erkrankungen 69, 189, 201, 295, 308

Q

Qualifikation 64, 123, 131, 148, 209, 259, 444
- Mix 103
Qualität 86, 105, 112, 205, 208, 244

R

Rehabilitation 184, 189, 205, 446
Rekrutierung 104, 167
Religion 4, 18, 30, 154, 208, 209, 243
religiöse Zeichen 16
Renteneintrittsalter 185
Ressourcen 92, 102, 107, 142, 144, 203, 207, 209, 216, 240, 244, 245, 253, 256, 442
- finanzielle 38, 101, 111, 141, 176
- materielle 111
- personelle 38, 42, 176
- zeitliche 42

S

Sensibilisierung 99
sexuelle Identität 4, 18, 30, 208, 235
Shareholder Value 29
soziale Lage 75
sozialer Status 131
Sozialkapital 45, 112, 240
sozioökonomische Situation 130

Stichwortverzeichnis

Standardisierungsverfahren 282
Stellung im Beruf 75, 132, 217, 254, 256, 288
Sterbefälle 59
Steuerkreis 39
Stichtagserhebung 433
Stress 146
– Management 253
Stressor 238
Struktur 154
Studie 13, 25, 121, 191, 226
Synergie durch Vielfalt 30

T
Tätigkeit 142, 213
Team 8, 184
Teilzeitarbeit 85, 143, 211
Termindruck 213
Treppe der Synergie 26

U
Umsetzungsprobleme 27
Unfallquote 292
Unternehmensentwicklung 211
Unternehmenserfolg 29, 240
Unternehmensführung 263
Unternehmensgröße 122
Unternehmensklima 44, 193, 239
Unternehmenskultur 27, 51, 92, 98, 154, 171, 205, 209, 211, 226, 231

Unternehmensleitbild 92
Unternehmensstrategien 184
Unternehmensziele 263

V
Verarbeitendes Gewerbe 143
Verletzungen 304
Vielfalt 4, 23, 48, 92, 116, 121, 153, 190, 208, 235, 239, 243, 254, 263

W
Weiterbildung 86, 165, 184, 185
Werte 24, 91, 116
Wertschätzung 92, 96, 209
Wertschöpfung 204
Wettbewerbsfähigkeit 49, 166, 183, 184, 187, 197, 205
Wettbewerbsvorteil 92, 126, 176, 244
Wiedereingliederung 193
Wissen 221
Wissensgemeinschaft 172
Wissensmanagement 165
Wochentage 290
Wohlbefinden 49, 116, 207, 225, 444
Work-Life-Balance 183, 244, 266

Z
Zufriedenheit 45, 94, 230, 253, 265
Zuwanderung 63, 129
Zwischenbilanz 157

SPRINGER NATURE

GPSR Compliance

The European Union's (EU) General Product Safety Regulation (GPSR) is a set of rules that requires consumer products to be safe and our obligations to ensure this.

If you have any concerns about our products, you can contact us on ProductSafety@springernature.com

In case Publisher is established outside the EU, the EU authorized representative is:

Springer Nature Customer Service Center GmbH
Europaplatz 3
69115 Heidelberg, Germany

The manufacturer's authorised representative in the EU is Springer Nature Customer Service Centre GmbH, Europaplatz 3, 69115 Heidelberg, Germany. If you have any concerns regarding our products, please contact ProductSafety@springernature.com

Printed and bound by CPI Group (UK) Ltd, Croydon, CR0 4YY

23/03/2026

02076675-0019